深入浅出TCP/IP和VPN

李宗标◎著

内 容 简 介

本书以RFC为基础，以“TCP/IP→MPLS→MPLS VPN”为主线，系统介绍了相关的网络协议，包括TCP/IP体系的基本协议（物理层、数据链路层、网络层、传输层、应用层）、路由协议（OSPF、IS-IS、RIP、BGP），以及MPLS和MPLS VPN。

本书尽可能地以相对轻松的笔调来讲述略显枯燥的网络协议知识。本书也尽可能地深挖网络概念背后的细节和本质，期望做到生动有趣、深入浅出，能给读者枯燥的学习增加一点轻松快乐。

本书适用于对网络协议零基础而期望入门或者有一定基础而期望能有所提高的读者，适用于深入网络协议开发/测试的读者，适用于计算机系统维护的管理员，也适用于仅仅希望对网络协议做一些简单了解的读者。

图书在版编目(CIP)数据

深入浅出TCP / IP和VPN / 李宗标著. —北京：北京大学出版社，2021.5
ISBN 978-7-301-32024-2

Ⅰ. ①深… Ⅱ. ①李… Ⅲ. ①计算机网络－通信协议－路由选择 Ⅳ. ①TN915.04

中国版本图书馆CIP数据核字(2021)第034248号

书　　名　深入浅出TCP/IP和VPN
SHENRU QIANCHU TCP/IP HE VPN
著作责任者　李宗标　著
责 任 编 辑　王继伟　刘　云
标 准 书 号　ISBN 978-7-301-32024-2
出 版 发 行　北京大学出版社
地　　址　北京市海淀区成府路205 号　100871
网　　址　http://www.pup.cn　　新浪微博:@ 北京大学出版社
电 子 信 箱　pup7@ pup.cn
电　　话　邮购部 010-62752015　发行部 010-62750672　编辑部 010-62570390
印 刷 者　三河市博文印刷有限公司
经 销 者　新华书店
787毫米×1092毫米　16开本　50.25印张　1152千字
2021年5月第1版　2021年5月第1次印刷
印　　数　1-3000册
定　　价　198.00元

前言

INTRODUCTION

为什么要写这本书？

TCP/IP 与 MPLS VPN 并非什么“崭新”的技术，也非什么“时髦”的技术，相反它还显得有点“古老”。

在计算机网络领域中，有很多经典的书籍珠玉在前。决定写这本书时，我虽然鼓足了勇气，但是内心仍然充满了忐忑。

未来，应该是 AI 的时代；未来，更是连接的时代。从这一点来说，TCP/IP 与 MPLS VPN 并不过时，它的“青春”才刚刚开始。只有打下坚实的基础，才能在未来的路上迎接无数的挑战和机遇。

TCP/IP 与 MPLS VPN 的知识体系浩瀚如烟，即使超越不了经典，我也希望可以为一些读者的“入门”做一点贡献。怀着这样的心情，我终于下定决心，提笔写下本书。

如果问题问对了方向，答案也就找到一半。在写作本书的过程中，我努力地思考问题。例如，TCP 连接是什么？它是一个物理的信道，还是一个逻辑的隧道？又如，URI 与 URL 到底是什么关系？我们把平时上网所输入的地址称为 URL，是不是显得很“文盲”？诸如此类，不胜枚举。

如果我的问题也是您的问题，那么我所寻找的答案是不是可以为您释疑？如果我的困惑也是您的困惑，那么我所追求的真相是不是可以让您不再迷茫？

学习网络协议的过程，也许会令人感觉非常枯燥和疲惫。当有一天您更上一层楼的时候，我衷心希望，您闻着自己的一身“臭汗”，能对本书说一句：真香！

本书特色

窃以为，学习网络协议最好的方法不是阅读参考书籍，而是阅读 RFC。但是，那么多 RFC 文档都通读一遍，确实是一个很大的挑战，尤其是对英语不太好的读者来说更是如此。

那我就将 RFC 读给您听！

本书在写作的过程中，我参阅了大量的 RFC，结合 RFC 和各种资料，并尝试对这些信息进行抽象、归纳、提炼、总结，以及比喻，以尽量做到深入浅出，使内容浅显易懂。

是的，还有比喻，通过幽默或形象的比喻是为了能让枯燥的学习变轻松。例如，OSPF、IS-IS、BGP 都是需要去解决“网络那么大，一锅炖不下”的问题；再如，L3VPN Option A 方案，采取的是“专车”→“裸泳”→“专车”的转发技术。

但是，幽默只是一点调味剂，它不是遥控器，打不开网络协议这部连续剧。抽象、归纳、提炼、总结才是真谛。学习网络协议需要一个完整的知识体系，本书沿着“TCP/IP → MPLS → MPLS VPN”这一条主线，尽可能为您揭开网络协议的神秘面纱，为您构建网络协议的知识大厦添砖加瓦。

本书内容及知识体系

本书分为三部分。第一部分（第 0 ~ 5 章）讲述的是计算机网络模型及 TCP/IP 体系的基本协议；第二部分（第 6 ~ 9 章）讲述的是路由协议，包括 OSPF、IS-IS、RIP 和 BGP；第三部分（第 10 ~ 12 章）讲述的是 VPN 通信协议，包括 MPLS 及 MPLS VPN。各章内容如下。

第 0 章　计算机网络模型：讲述了 OSI 七层模型和 TCP/IP 模型，以及两者之间的关系。

第 1 章　物理层浅说：讲述通信系统的基本模型和传输媒体。

第 2 章　数据链路层：讲述数据链路层的基本使命、两个典型的链路层协议（PPP 和 Ethernet），并针对 Ethernet 更进一步阐述 STP/RSTP 和 VLAN。

第 3 章　网络层：讲述 Internet 的发展简史、IP 地址分类、报文格式、IP 路由，以及 ARP、ICPM 等。

第 4 章　传输层：讲述 TCP/UDP 的报文结构和 TCP 连接的概念，并围绕连接讲述 TCP 一系列的传输控制机制 —— 可靠性保证、滑动窗口、拥塞控制等。

第 5 章　HTTP：讲述 HTTP 的报文结构和 HTTP 连接的概念，并针对 HTTP 的各个部件（URI、Header、Methods、Status Code、Cookie、Session、Cache）进行详细地解读。

第 6 章　OSPF：讲述 OSPF 的基础算法 Dijkstra、报文格式和 OSPF 的基本机制（邻居发现、DR、接口状态机、LSA），并结合 OSPF 的大网解决方案，进一步阐述网络的分区、LSA 的分类、LSA 的泛洪等机制。

第 7 章　IS-IS：讲述 IS-IS 的 ISO 地址、IS-IS 的区域、报文格式等基本概念，并讲述 IS-IS 的邻接关系建立、链路状态泛洪等机制。

第 8 章　RIP：讲述 RIP 的基础算法 Bellman-Ford 算法、报文格式，以及 RIP 的报文处理、防环处理等机制。

第 9 章　BGP：讲述 BGP 的基本机制、报文格式、路径优选机制、自身的大网解决方案，以及 BGP 路径属性。

第 10 章　MPLS：讲述 MPLS 的转发模型、标签分发协议和 LSP 的构建机制。

第 11 章　MPLS L3VPN：讲述 L3VPN 的概念模型、转发模型和 L3VPN 的控制信令，以及 L3VPN 的跨域解决方案。

第 12 章　MPLS L2VPN：讲述 L2VPN 的基本模型和分类，L2VPN 的数据面、控制面（Martini 流派、Kompella 流派），以及 L2VPN 和 L3VPN 的对比。

本书读者对象

- 在校学生
- 网络相关的设计和开发人员
- 计算机系统维护的管理员
- 网络协议开发 / 测试人员
- 对网络感兴趣的人

本书阅读建议

无论学习什么都应讲究循序渐进的原则。对于网络协议基础尚浅的读者，建议“好读书，不求甚解”，遇到一些暂时没弄懂的问题或一些过于细节的内容不必深究。“每有会意，便欣然忘食”，从头到尾多读几遍，有些答案便会自然浮现。

还是那句话，学习网络协议最好的方法是阅读 RFC。强烈建议您在对本书有一个基本了解以后，一定要结合本书阅读相关的 RFC。很多相关的 RFC 在书中已经提到，您也可以从 IETF RFCs 查找相应的 RFC。

对路由器 / 交换机进行配置也是学习网络协议的一个非常好的方法。非常抱歉，由于篇幅和时间的关系，本书没有涉及相关的配置举例。您可以参考相关资料，再结合本书，对照学习。

抽象、归纳、提炼、总结，我努力去做到这八个字，也建议您在阅读本书的过程中也去做到这八个字。

致谢

由于笔者的水平有限，书中难免存在不妥和疏漏之处，还请读者不吝赐教，指出本书的不当之处。

在写作的过程中，我的同事和朋友王蓥、陈苍、刘明宝、林浩、林章等给予了我很多帮助，尤其是饶家鼎同学，帮我指出了不少错误；微信公众号（bgstx001）里还有一些朋友留言、打赏，给了我很多鼓励和支持。在此，我一并表示衷心的感谢！

感谢北京大学出版社的魏雪萍主任、王继伟编辑、刘云编辑的指导和帮助，本书才能顺利出版。

感谢我的家人，在背后默默地奉献和支持！他们的爱，是我力量的源泉！

李宗标

目录
CONTENTS

第 2 章 数据链路层

第3章 网络层

第 8 章 RIP

第 9 章 BGP

第10章 MPLS

第11章 MPLS L3VPN

第 12 章 MPLS L2VPN

参考文献

第0章 计算机网络模型

从前慢

——木心

记得早先少年时
大家诚诚恳恳
说一句　是一句

清早上火车站
长街黑暗无行人
卖豆浆的小店冒着热气

从前的日色变得慢
车，马，邮件都慢
一生只够爱一个人

从前的锁也好看
钥匙精美有样子
你锁了　人家就懂了

读完这首诗，有的人感慨一生只够爱一个人，有的人感叹再也回不到从前的车、马、邮件都慢的生活，有的人感怀“你锁了，人家就懂了”。而浪漫且实用主义的人则会大手一挥：邮件很慢？给你太平洋一样宽的网络！

网络，在不同的行业有不同的定义，通信行业中的网络，指的是计算机网络。“计算机”一词有着互联网时代深深的烙印，但在当今的移动互联网及（不久的）将来的物联网时代，不应该将网络的终端都归结为计算机。但是从网络连接的角度来说，我们也不必过于关注网络的终端类型，而应专注于连接本身。所以，本书仍然采用“计算机网络”这个名词，一方面是因为现在还没有一个新的公认的名词来取代“计算机网络”；另一方面也是为了继承历史，对于很多网络概念的理解不至于困惑。

计算机网络有两个非常典型的模型：OSI 模型和 TCP/IP 模型。两者有很多相似性，同时还存在着竞争。从结果来看，作为互联网的基石，TCP/IP 模型无疑胜出了竞争。但是，要想理解 TCP/IP 模型，从 OSI 模型入手是一个非常重要和非常好的切入点。下面就从 OSI 模型开始，开启计算机网络模型之旅。

0.1 OSI 七层模型

OSI 模型（开放系统互连参考模型，Open System Interconnection Reference Model，OSI RM）

有七层，所以有时人们也称之为OSI七层模型。OSI模型的诞生有两条线。

一条来自官方渠道：1977年英国标准协会（British Standards Institution，BSI）向国际标准化组织（International Organization for Standardization，ISO）提议，为了定义分布处理之间的通信基础设施，需要一个标准的体系结构。于是，ISO就开放系统互连（OSI）问题成立了一个专委会，指定由美国国家标准协会（American National Standards Institute，ANSI）开发一个标准草案，在专委会第一次正式会议之前提交。

另一条来自民间渠道（或称为企业渠道）：20世纪70年代中期，Honeywell Information System公司为了开发一些原型系统而成立了一个小组，该小组主要关注数据库系统的设计，其技术负责人是Charles W. Bachman。当时为了支持数据库系统的访问，需要一个结构化的分布式通信系统体系结构。于是该小组研究了现有的一些解决方案，其中包括IBM公司的SNA（System Network Architecture）、ARPANET（Internet的前身）协议，以及为标准化的数据库正在研究的一些表示服务的相关概念。1977年该小组提出了一个七层的体系结构模型，他们内部称之为分布式系统体系结构（Distributed System Architecture，DSA）。

两条线的碰撞是在ANSI的会议上，Charles W. Bachman参加了会议，并提交了他的七层模型，而且该模型是OSI专委会所收到的唯一草案。

1978年3月，在OSI专委会召开于华盛顿的会议上，与会专家很快达成了共识，认为该分层体系结构能够满足开放式系统的大多数需求，而且具有可扩展能力，能够满足新的需求。于是，该临时版本于1978年发布，1979年稍作细化之后成为最终的版本。OSI模型的七层模型如表0-1所示。

“了却君王天下事，赢得生前身后名。”可惜，Bachman并没有赢得“OSI之父”之类的名声。现在提及OSI七层模型，很少有人会想起Bachman当年所做的贡献。不知道Bachman是不是也会觉得，当年所提出的七层模型不过是他工作中的一个插曲而已。因为如果单从表面上的荣誉来衡量，Bachman的更伟大的工作也许是其1964年所开发的全球首个网状数据库管理系统IDS（Integrated Data Store），并且IDS为Bachman于1973年赢得了图灵奖。

表0-1　OSI七层模型

层数	英文名称	中文名称	简述	典型协议
1	Physical Layer	物理层	为传输数据而建立、维护和拆除的物理链路，可提供机械的、电气的、功能的和规程的特性，传输非结构的位流及故障检测指示	RS-232C、RS-449/422/423、V.24、X.21、X.21bis
2	Data Link Layer	数据链路层	在网络层实体间提供数据发送和接收的功能和过程，提供数据链路的流量控制	HDLC、PPP、802.2、802.3

续表

层数	英文名称	中文名称	简述	典型协议
3	Network Layer	网络层	控制分组传送系统的操作、路由选择、用户控制、网络互连等功能，它的作用是将具体的物理传送对高层透明	IP、IPX
4	Transport Layer	传输层	提供建立、维护和拆除传送连接的功能，选择网络层提供最合适的服务，在系统之间提供可靠的、透明的数据传送，提供端到端的错误恢复和流量控制	TCP、UDP
5	Session Layer	会话层	提供两进程之间建立、维护和结束会话连接的功能；提供交互会话的管理功能，如 3 种数据流方向的控制，即一路交互、两路交替和两路同时会话模式	SQL、NFS、RPC
6	Presentation Layer	表示层	代表应用进程协商数据表示，完成数据转换、格式化和文本压缩	JPEG、ASCII、DECOIC
7	Application Layer	应用层	提供 OSI 用户服务，如事务处理程序、文件传送协议和网络管理等	HTTP、FTP、TFTP、SMTP、SNMP、DNS、TELNET、HTTPS POP3、DHCP

注意：OSI 只是一个抽象模型，定义了控制互连系统交互规则的标准骨架，它并不包含任何具体的实现。那些具体的实现（相应的协议），只是按照 OSI 的定义对应到相应的 OSI 层而已。

关于 OSI 模型每一层更简单的描述如表 0-2 所示。

表 0-2　OSI 模型一句话简述

层数	中文名称	一句话简述
1	物理层	比特流传输
2	数据链路层	提供介质访问、链路管理
3	网络层	寻址和路由选择
4	传输层	建立主机端到端连接
5	会话层	建立、维护和管理会话
6	表示层	处理数据格式、数据加密等
7	应用层	提供应用程序间通信

按照 OSI 模型，对于两个主机（Host）之间的通信，可以抽象为图 0-1 所示的交互过程。

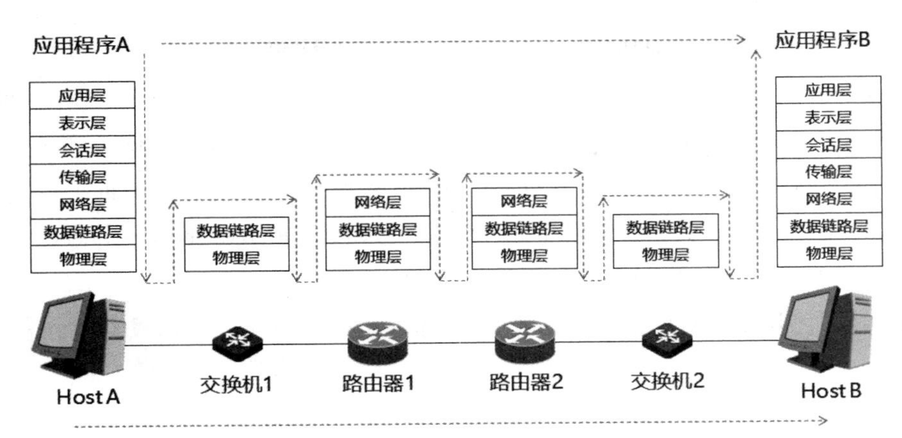

图 0-1 OSI 通信模型

图 0-1 中，位于 Host A 的应用程序 A 发送信息给位于 Host B 的应用程序 B，从物理设备的角度看，消息从 Host A 经过交换机 1→路由器 1→路由器 2→交换机 2，最后到达 Host B。从 OSI 模型角度来说，信息从应用程序 A 到达了应用层，然后经过表示层、会话层、传输层、网络层、数据链路层，最后从物理层离开了 Host A。中间交换机只需要处理 2 层，路由器只需要处理 3 层。信息到达 Host B 时，再反向从物理层一直传递到应用层，最后到达应用程序 B。

应用程序 A 和 B 之间的信息传输，归根结底是比特流的传输，这也是信息在物理层的表现形式。物理层并不关注其所传输的内容是什么，而只关注相关的物理信号。但是，OSI 的其他层对信息的处理并不是透明的，其具体的处理过程将会在后面章节中逐步展开。这里只需简单理解：在发送方是一个逐层加封协议头的过程，在接收方是一个逐层解封协议头的过程，如图 0-2 所示。

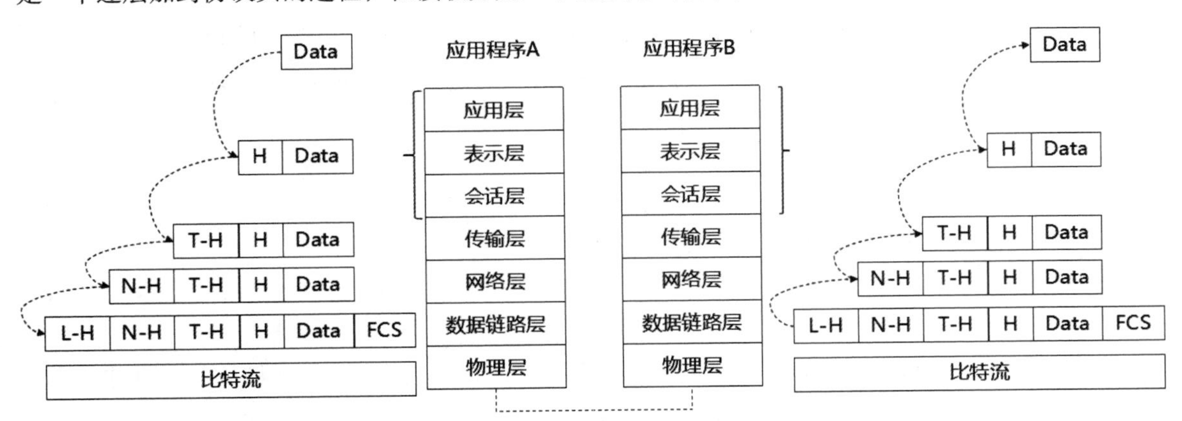

图 0-2 OSI 封装 - 解封装过程

说明： 前面讲过，OSI 模型并不包含具体的协议，这里却又提到了协议头，原因有如下两点。

①在具体的实现中总是需要各种协议。

②完全抛开协议，抽象地讲述 OSI 比较困难。

图 0-2 中，H 是 Header 的缩写，表示协议所对应的协议头。由于 OSI 模型与 TCP/IP 模型不同，现在主流的实现使用的是 TCP/IP 协议，因此在图 0-2 中，应用层、表示层、会话层这 3 层仅用一个笼统的协议头来指代。对于传输层、网络层、数据链路层来说，发送方需要依次加封 1 个 T-H（Transport Header）、1 个 N-H（Network Header）、1 个 L-H（Link Data Header），而接收方需要相应地将协议头解封（去除）。最后可以看到，应用程序 A 所要发送的数据（Data）到达应用程序 B 时，仍然是相同的数据。在数据链路层还有一个帧校验序列（Frame Check Sequence，FCS，俗称帧尾），该内容在后面的章节将会讲述。

OSI 模型中的各层不仅对信息进行处理，还对信息进行了命名，梳理成了一个个的“专业术语”，如表 0-3 所示。

表 0-3　OSI 各层对信息的专业术语命名

层数	中文名称	信息的专业术语
1	物理层	比特（bit），国内更多地称之为比特流（bit stream），但是国外则直接简称为 bit
2	数据链路层	帧（Frame）
3	网络层	包（Packet）
4	传输层	TCP：段（Segment） UDP：数据报（Datagram）
5	会话层	数据（Data）
6	表示层	
7	应用层	

说明：从第 1 层到第 7 层还有一个通用名词，即协议数据单元（Protocol Data Unit，PDU）。也就是说，无论是 bit、Frame、Segment、Datagram，还是 Data，均可以称之为 PDU。日常习惯上，如无特别需要，从第 2 层开始，人们不太严格区分各层所传输信息的命名，统统以“报文”称之。

0.2 TCP/IP 模型

尽管 OSI 模型有很多不尽如人意的地方，但对它再怎么赞美也不为过，因为一个新生事物总会有很多不完善的地方，但却打开了一个新的领域。下面看一种与 OSI 模型存在对应关系的 TCP/IP 模型。

OSI 模型是一个抽象的定义，它并不包含任何具体的实现协议，只是那些具体的协议按照定义对照到 OSI 的某些层（Layer）。而 TCP/IP 则可以按照“反方向”理解，它先有一批具体的协议（称为“协议族”），然后再抽象归纳为 TCP/IP 模型。当然，这只是一种理解方式而已。

TCP/IP 是一个协议族，其不仅包括传输控制协议（Transmission Control Protocol，TCP）和网际协议（Internet Protocol，IP），还包括其他很多协议，如 ARP、ICMP、UDP 等。TCP/IP 的英文名称是 TCP/IP Protocol Suite 或 TCP/IP Protocols，之所以被简称为 TCP/IP，是因为这两个协议是协议族中最早通过的两个协议，当然相对来说，这两个协议也比较重要、有名。TCP/IP 协议族由 IETF（Internet Engineering Task Force，互联网工程任务组）负责维护。TCP/IP 的另一个名称是互联网协议族（Internet Protocol Suite，IPS）。

TCP/IP 协议最早发源于美国国防部（United States Department of Defense，DOD 或 DoD）的 ARPANET 项目，因此也被称为 DoD 模型（DoD Model）。

最早的 TCP/IP 由文顿·格雷·瑟夫（Vinton Gray Cerf）和罗伯特·卡恩（Robert Kahn）开发，后来 TCP/IP 慢慢地通过竞争战胜了其他一些网络协议方案（如 OSI 模型）。1983 年 1 月 1 日，在因特网的前身（ARPANET）中，TCP/IP 取代旧的网络控制协议（Network Control Protocol，NCP），从而成为今天的互联网的基石。

TCP/IP 模型并不像 OSI 模型那样有一个准确的定义，有定义 4 层模型的，也有定义 5 层模型的，而且各层的名字也不尽相同。

对于 TCP/IP 模型，综合各种资料，笔者以为可以进行如下下划分。

① 从“学究”的角度来说，TCP/IP 模型分为 4 层，因为这是 RFC 1122 所定义的。

② 从实用的角度来说，TCP/IP 模型分为 5 层，因为这更易于理解。

基于以上观点，TCP/IP 模型及其与 OSI 模型的对应关系如表 0-4 所示。

表 0-4　TCP/IP 模型及其与 OSI 模型的对应关系

<table>
<tr><th colspan="2">OSI 模型</th><th colspan="2">TCP/IP 四层模型</th><th colspan="2">TCP/IP 五层模型</th></tr>
<tr><th>英文名称</th><th>中文名称</th><th>英文名称</th><th>中文名称</th><th>英文名称</th><th>中文名称</th></tr>
<tr><td>Application Layer</td><td>应用层</td><td rowspan="3">Application Layer</td><td rowspan="3">应用层</td><td rowspan="3">Application Layer</td><td rowspan="3">应用层</td></tr>
<tr><td>Presentation Layer</td><td>表示层</td></tr>
<tr><td>Session Layer</td><td>会话层</td></tr>
<tr><td>Transport Layer</td><td>传输层</td><td>Transport Layer</td><td>传输层</td><td>Transport Layer</td><td>传输层</td></tr>
<tr><td>Network Layer</td><td>网络层</td><td>Internet Layer</td><td>网络互连层</td><td>Network Layer</td><td>网络层</td></tr>
<tr><td>Data Link Layer</td><td>数据链路层</td><td rowspan="2">Network Interface Layer</td><td rowspan="2">网络接口层</td><td>Data Link Layer</td><td>数据链路层</td></tr>
<tr><td>Physical Layer</td><td>物理层</td><td>Physical Layer</td><td>物理层</td></tr>
</table>

在表 0-4 中，TCP/IP 四层模型的第 1 层模型笔者采用 Cisco Academy（思科研究院）的命名，即网络接口层；而其余 3 层采用 RFC 1122 的命名。

对于 TCP/IP 五层模型，笔者采用 OSI 对应层级的模型名称（这也是大多数文档的命名方法），更多是要表达 TCP/IP 模型与 OSI 模型的区别与联系：OSI 模型的最上面 3 层被 TCP/IP 合并为一层，其余各层相同。

对于 TCP/IP 模型，不必纠结其是四层还是五层模型，因为不同的语境有不同的说法，两者都是对的。另外，我们常常说，（数据）链路层是第 2 层，网络层是第 3 层，这里面的潜台词是采用了五层模型的概念。TCP/IP 主要协议如表 0-5 所示。

表 0-5　TCP/IP 主要协议

<table>
<tr><th>TCP/IP 四层模型</th><th>TCP/IP 五层模型</th><th>主要协议</th></tr>
<tr><td>应用层</td><td>应用层</td><td>HTTP、FTP、TFTP、SMTP、SNMP、DNS</td></tr>
<tr><td>传输层</td><td>传输层</td><td>TCP、UDP</td></tr>
<tr><td>网络互连层</td><td>网络层</td><td>ICMP、IGMP、IP、ARP、RARP</td></tr>
<tr><td rowspan="2">网络接口层</td><td>数据链路层</td><td rowspan="2">无（采用其他协议族的协议）</td></tr>
<tr><td>物理层</td></tr>
</table>

从表 0-5 可以看出，TCP/IP 模型的网络接口层（数据链路层和物理层）并没有具体的协议。这很难说是 TCP/IP 的优点或缺点。虽然 TCP/IP 并没有定义网络接口层（数据链路层 / 物理层）协议，但是其他协议族相应的协议很多都能为 TCP/IP 所用，比如：以太网（Ethernet）、令牌环（Token Ring）、光纤数据分布接口（FDDI）、点对点协议（PPP）、X.25、帧中继（Frame Relay）、ATM 等。所谓“强者恒强”，即使 TCP/IP 并没有在这个层面与这些协议竞争，但这些协议却默默地支撑着 TCP/IP。

第1章

物理层浅说

提起物理层，最先映入脑海的可能就是网线。但物理层绝对不是网线（双绞线）这么简单。从某种意义上说，网络模型中的物理层是学习过程中最容易忽略的一层。但是，物理层是涉及物理学、数学、材料学等较多知识的一个层。比如著名的香农（Shannon）定理就与物理层密切相关。不过从掌握基本概念和基础学习的角度来看，可暂时忘记物理层，从最基本的通信系统切入，不失为一种较好的方法。

1.1 通信系统基本模型

我们日常的电话、视频、微信等，都属于通信。这些通信场景形态各异、千差万别，但是抽象地看，其背后都符合一个通信系统的基本模型，如图 1-1 所示。

图 1-1　通信系统基本模型

信源指信息的发送方，信宿指信息的接收方。在图 1-1 中，信源、信宿及中间的信号传输（网络）都是非常抽象的，它甚至可以指代一条狗、一只猫和“以太”（古希腊哲学家亚里士多德所设想的一种物质）。

狗（信源）与猫（信宿）的对视，通过眼神交流，它们之间为“光通信”，其信号传输网络则是“以太”。

在图 1-1 中，却有两个不那么抽象的模块：编码和调制 / 解调这两个模块其实并不那么抽象，是因为我们要讲述的还是计算机通信，而不是完全抽象的通信系统。另外，编码、调制、解调，虽然不像 TCP/IP 那样显山露水，却是通信系统非常基础的部分。尤其是编码，是基础的基础。

1.1.1　编码

通过网络，我们可以获取很多信息，然而网络中“跑”的一般都是数字信号。数字信号就是以常见的二进制数字表示的信号，类似于“0101”这样的比特流。假设，用高（正）电平表示 1，用低（零）电平表示 0，信源要发送一串比特流“1010110”给信宿，则其信号传输如图 1-2 所示。

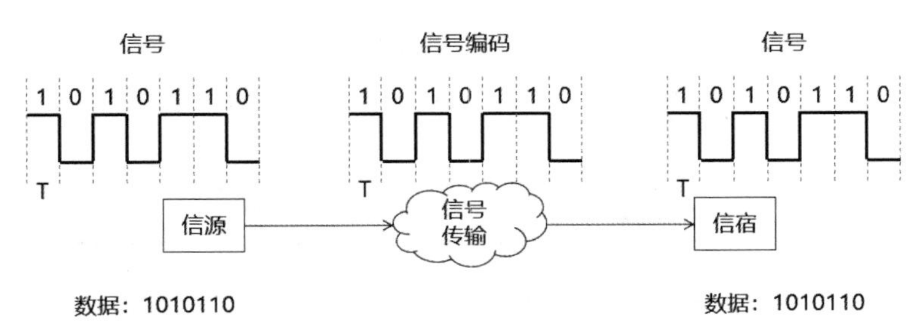

图 1-2　发送比特流

在图 1-2 中，信源将数据“1010110”转换为固定时间间隔（周期为 T）的信号进行发送，网络传输对原始脉冲信号没有做任何改变（也没有任何衰减和噪声干扰），信宿接收到脉冲信号以后，需要将这些脉冲信号进行还原，得到原始信息（1010110），这就要求信宿和信源的时钟要同步。

时钟同步是通信系统中一个重要且涉及知识面极广的话题，由于本书主题是协议，因此这里不进行详述。可以这样简单理解时钟同步：信宿还原信号的频率与信源发送信号的频率要相同。图 1-3 描述了时钟同步与不同步的情形。

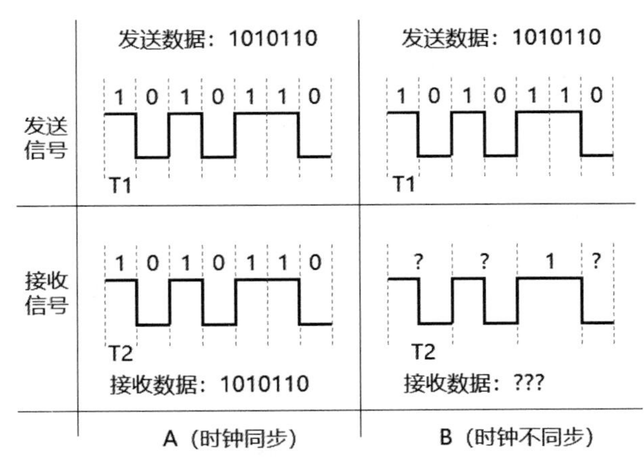

图 1-3　时钟同步与不同步的情形

在图 1-3 中，当时钟同步时，信宿和信源的时钟频率相同，即 T2 = T1，所以信宿能够正确地还原出信源发送的数据（1010110）；而当时钟不同步时，信宿的时钟周期是信源的 2 倍，即 T2 = 2T1，此时数据传输就会出错。

时钟同步是网络通信中一个非常重要的基础条件，其定义如下：信宿端的定时时钟频率与其所接收的码元的速率完全相同，并且定时时钟信号与所接收的码元信号的频率保持固定的最佳相位关系。信宿端获得或产生符合这一要求的定时信号的过程称为时钟同步（或称为位同步或比特同步）。

该定义包含以下几层含义。

- 信宿端的时钟与其所接收的码元（信号）频率必须相同。
- 信宿端可通过某种方法获得这个频率：信源端专门发送同步信息（称为导频），信宿端从导频信号中提取出时钟频率，也称为外同步法。
- 信宿端也可从其所接收的码元（信号）中提取出该频率，而不需要额外的导频信号，也称为自同步法。

1. 归零编码

归零编码（Return Zero Encoding，RZ 编码）就是将一个信号周期 T 分为两个部分：T1 时段用以表达（传输）数据，T2 时段用以将信号电平归零，如图 1-4 所示。

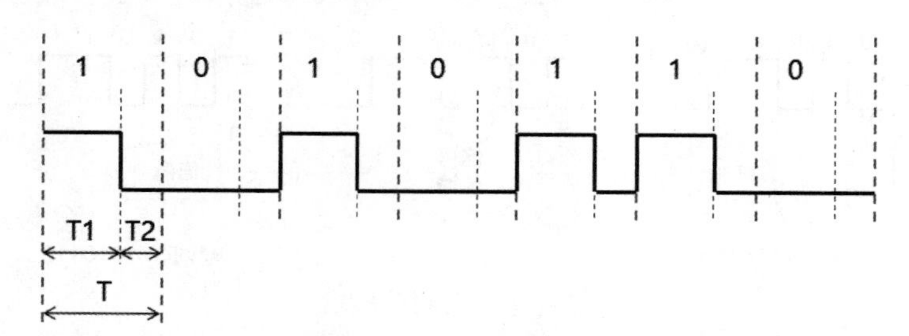

图 1-4 RZ 编码（单极性）

图 1-4 中，RZ 编码就是利用 T2 时段内的归零信号表达（传输）时钟信号，其优点是不需要额外的导频信号；缺点是传输效率下降，其传输效率只有 T1/T。就传输效率而言，自同步（信号里包含时钟信息）可能更具优势。

RZ 编码分为单极性归零编码和双极性归零编码。图 1-4 表示的就是单极性归零编码，它用高电平表示 1，用低电平表示 0。而双极性归零编码则用正（高）电平表示 1，负（低）电平表示 0，更容易看出归零的效果，如图 1-5 所示。

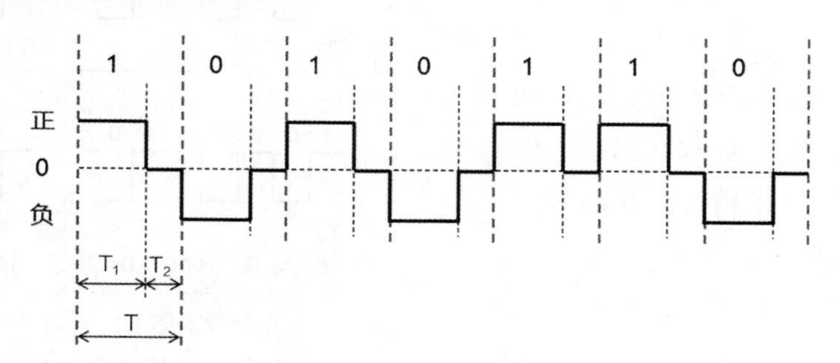

图 1-5 RZ 编码（双极性）

2. 不归零编码

不归零编码（None Return Zero Encoding，NRZ 编码）表示传输完一个码之后电压不需要回到 0，如图 1-6 所示。

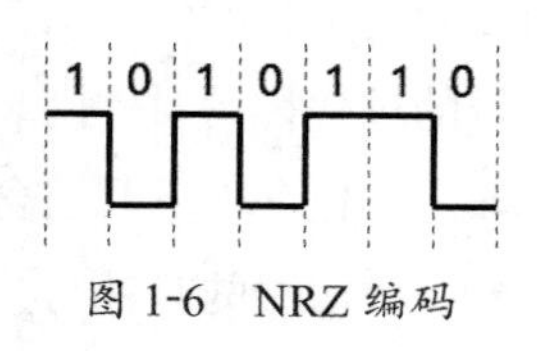

图 1-6 NRZ 编码

NRZ 编码的优点是传输效率是 100%，缺点是信号中没有包含时钟信息。NRZ 编码若想传输高速同步数据，基本上都要带时钟线（异步低速传输可以没有），这是额外的负担。

3. 反向不归零编码

RZ 编码自带时钟信息，但是传输效率相对较低；而 NRZ 编码传输效率高（100%），但是不能自带时钟信息。反向不归零编码（Non Return Zero Inverted Encoding，NRZI 编码）则解决了 RZ/NRZ 编码的矛盾：既能自带时钟信息，又能高效传输，如图 1-7 所示。

NRZI 编码的规则是：与前一个信号对比，如果相同，则为 1；如果不同，则为 0。

极端情况下，如果发送一串全 0 的比特流，如“0000000”，则 NRZI 编码会变成图 1-8 所示。

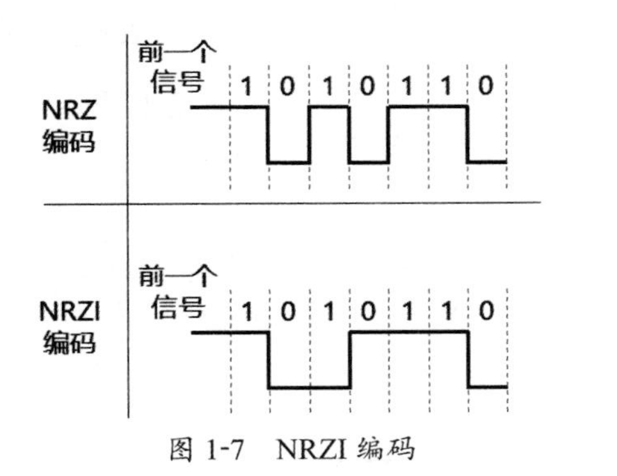

图 1-7　NRZI 编码

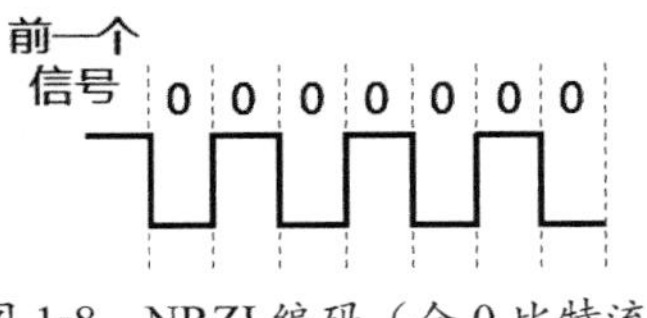

图 1-8　NRZI 编码（全 0 比特流）

需要特别说明，NRZI 编码“害怕”全 1 比特流，因为如果“全 1”，则无法提取时钟信息。其解决方案是在一定数量的 1 后面插入一个 0，然后在解码时再将这个 0 删去除。例如，著名的 USB 2.0 协议就规定在 7 个 1 后面插入一个 0。如果要发送 8 个 1(11111111)，那么其 NRZI 编码如图 1-9 所示。

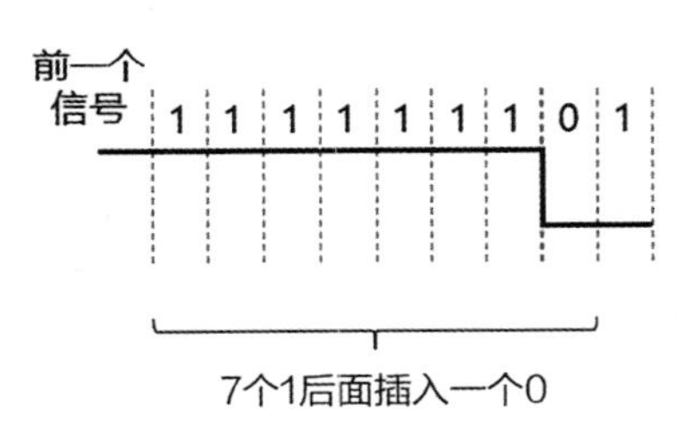

图 1-9　NRZI 编码（8 个 1 的比特流）

4. 曼彻斯特编码

曼彻斯特编码（Manchester Encoding）也称为相位编码（Phase Encoding，PE）。前文介绍的 RZ、NRZ、NRZI 编码都以电平高低来表达数字信号，而曼彻斯特编码则以电平跳变来表达数字信号，如图 1-10 所示。

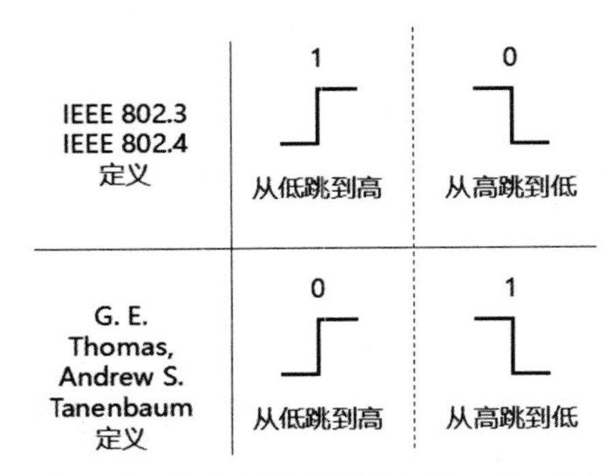

图 1-10　曼彻斯特编码关于比特的标识

图 1-10 表述了曼彻斯特编码两种定义数字信号比特 1/0 的方法（现在这两种定义都有应用），如下所述。

① IEEE 802.3（以太网）、IEEE 802.4（令牌总线）中规定，低 - 高电平跳变表示 1，高 - 低电平跳变表示 0。

② G. E. Thomas、Andrew S. Tanenbaum 于 1949 年提出，低 - 高电平跳变表示 0，高 - 低电平跳变表示 1。

对于“1010110”的曼彻斯特编码如图 1-11 所示。从图中可以看出，曼彻斯特编码的传输效率与 R2 编码一样，也是有损传输，没有达到 100%。

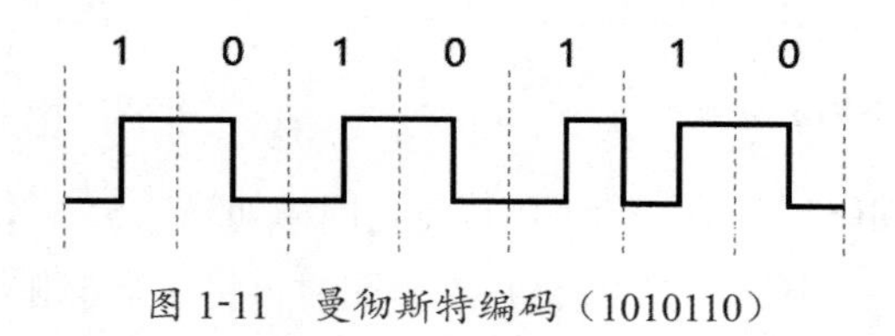

图 1-11　曼彻斯特编码（1010110）

5. 差分曼彻斯特编码

差分曼彻斯特编码关于比特的标识如图 1-12 所示。

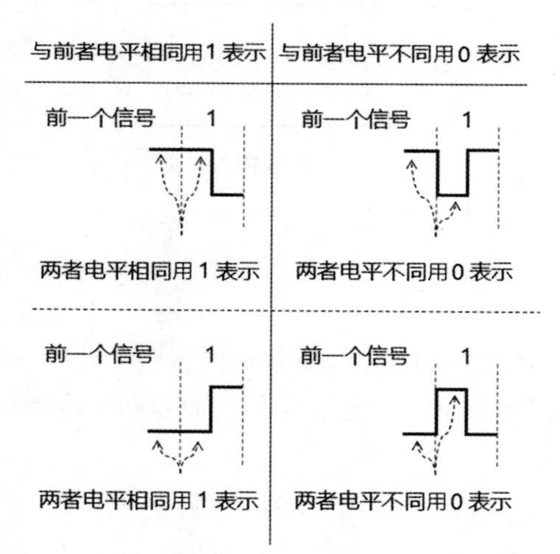

图 1-12　差分曼彻斯特编码关于比特的标识

对于“1010110”的差分曼彻斯特编码，如图 1-13 所示。从图可以看出，差分曼彻斯特编码的传输效率与曼彻斯特编码一样，也是有损传输效率，没能达到 100%。

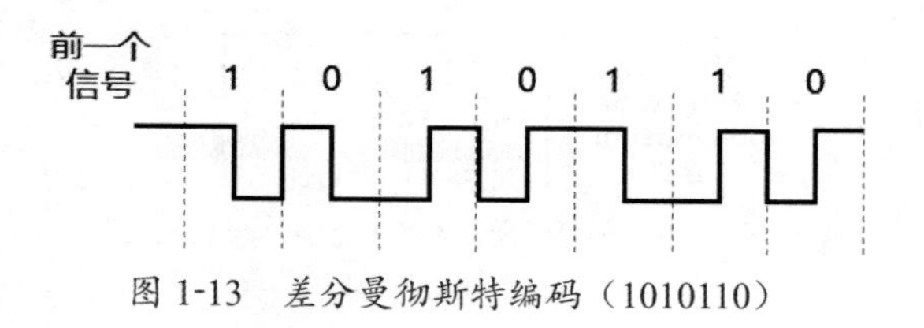

图 1-13　差分曼彻斯特编码（1010110）

1.1.2 码元

码元在通信中也是非常基础的概念，其定义如下：在数字通信中常用时间间隔相同的符号来表示一个二进制数字，这样的时间间隔内的信号称为（二进制）码元。

也有另一种描述是：在使用时间域（或简称为时域）的波形表示数字信号时，代表不同离散数值的基本波形就称为码元。

如图 1-14 所示，其表达的其实就是 NRZ 编码。用高电平（电压为 E）表示二进制数字 1，用低电平（电压为 0）表示二进制数字 0，而高电平 / 低电平的持续时间为 T。也就是说，持续时间为 T 的电压 E，或者持续时间为 T 的电压 0，均被称为码元。

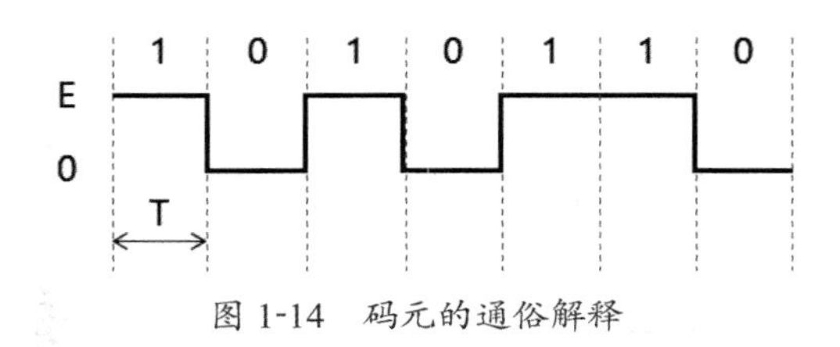

图 1-14 码元的通俗解释

在图 1-14 中，一个码元携带一个比特信息（E 等价于 1，0 等价于 0），也有一个码元携带多个比特信息的情况，如图 1-15 所示。

码元有 2E、E、-E、-2E，分别代表 01、00、10、11，即 1 个码元可以携带 2 个比特信息。

码元所表达的含义是：计算机（广义的计算机）只能处理 0/1 这样的二进制数字，即信号只有 2 个状态，但是网络传输的信号不只有 2 个状态，也可以有 4 个状态，也可以有更多的状态。

码元与第 1.1.1 节中所介绍的编码方法并不矛盾，两者可以结合起来使用。例如，用图 1-15 所表示的码元，基于 NRZ 编码表达“10101100”这 8 个比特，如图 1-16 所示。

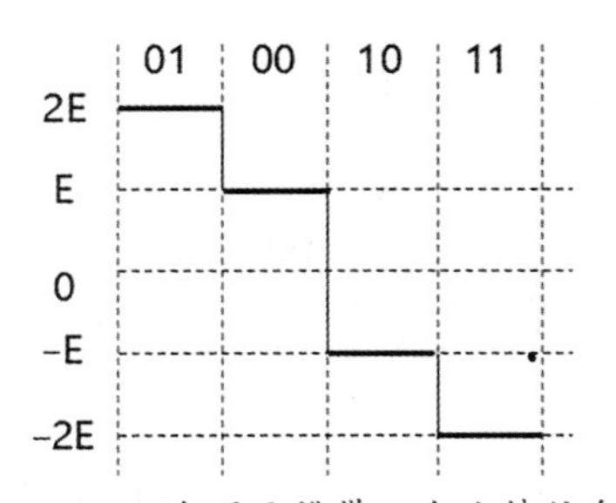

图 1-15 1 个码元携带 2 个比特信息

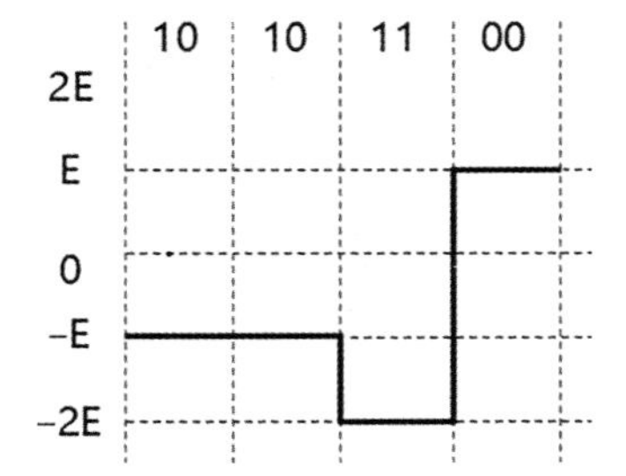

图 1-16 码元与 NRZ 编码（10101100）

1.1.3 调制与解调

从网络中传输的信号的“本源”的角度来看，信号分为两种：基带信号（基本频带信号）、带通信号。

基带信号就是来自信源的信号，其没有做任何处理。计算机从网卡输出的信号属于基带信号。基带信号往往包含有较多的低频成分，甚至有直流成分，而许多信道（1.1.4 小节会介绍这个概念，这里暂且理解为传输线路）并不能传输这种低频分量或直流分量，因此必须对基带信号进行调制（Modulation）。

带通信号就是基带信号经过载波调制后的信号，其目的是把信号的频率范围搬移到较高的频段，以便在信道中传输。

载波就是载着基带信号的波（信号）。载波一般是高频波，以正弦波为例，其波形如图 1-17 所示。

图 1-17　载波示例

（1）调制

调制即载波承载基带信号的方式，包括调幅、调频、调相 3 种，如图 1-18 所示（假设基带信号是数字信号）。

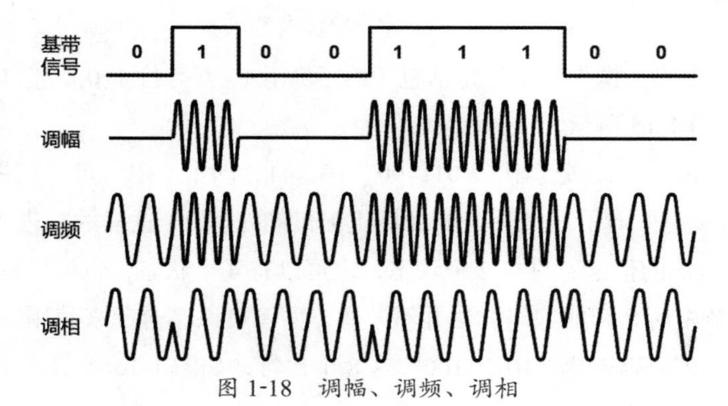

图 1-18　调幅、调频、调相

- 调幅（Amplitude Modulation，AM），就是用载波信号的不同振幅来表达基带信号的信息（数字信号中的 0/1）。
- 调频（Frequency Modulation，FM），就是用载波信号的不同频率来表达基带信号的信息。
- 调相（Phase Modulation，PM），就是用载波信号的相位来表达基带信号的信息。

（2）解调

解调（Demodulation）是调制的逆过程，从调制的信号中提取基带信号。与调制的分类相对应，解调分为幅度解调、频率解调和相位解调。

1.1.4　信道

在图 1-1 中，从信源发出的信号，经过编码、调制以后就进入了信号传输阶段。信号传输在物理层方面要经过信道。

信道即消息传输所经过的介质，比如两个人在对话，空气就是信道。对于计算机网络来说，信道分为逻辑信道和物理信道。逻辑信道并不是一个很通用的概念，提起信道，一般指物理信道。物理信道是指用于传输数据信号的物理通路，由传输介质与有关通信设备组成。本书中，如果不特别说明，信道指的就是物理信道。

1. 信道的分类

信道分类的维度有很多种，如果从传输媒体（介质）的角度来看，信道共分为三类：有线信道、存储信道、无线信道。

（1）有线信道

有线信道的传输介质包括双绞线（俗称网线）、同轴电缆、光纤等，分别如图 1-19 ~ 图 1-21 所示。

图 1-19　双绞线

图 1-20　同轴电缆

图 1-21　光纤

所谓有线信道，指信号能够在这些介质中传输，就像火车在铁轨上运行一样。双绞线和同轴电缆传输的是电信号，光纤传输的是光信号。当然，无论是电信号、光信号，归根结底都是电磁波。之所以有这些不同的有线信道，是因为不同的介质所能传输的信号的频率不同，其所体现的传输效率、商业化价值也不同。随着科技的发展及应用场景的区别，自然也就衍生出不同的有线信道。

（2）存储信道

存储信道是一种广义的计算机通信信道，磁带、光盘、磁盘等数据存储媒质也可以被看作是一种通信信道。将数据写入存储媒质的过程即等效于发射机将信号传输到信道的过程，将数据从存储媒质读出的过程即等效于接收机从信道接收信号的过程。

（3）无线信道

存储信道和有线信道一样，都是有传输介质的，但是无线信道呢？我们知道，电磁波是不需要传输介质的。通信领域将频段称为无线信道。例如，常用的 IEEE 802.11b/g 工作在 2.4 ~ 2.4835GHz 频段，这些频段被分为 11 或 13 个信道。

不同频率的电磁波其适用场景不同，如表 1-1 所示。

表 1-1　部分电磁波及适用场景

频带名称	频率范围	波段名称	波长范围	适用场景
超低频（SLF）	30 ~ 300Hz	超长波	1000 ~ 10000km	用于某些家庭控制系统
特低频（ULF）	300 ~ 3kHz	特长波	100 ~ 1000km	直接转换成声音、模拟系统中的电话声音
甚低频（VLF）	3 ~ 30kHz	甚长波	10 ~ 100km	直接转换成声音、超声、地球物理学研究、长距离导航、航海通信
低频（LF）	30 ~ 300kHz	长波	1 ~ 10km	国际广播、全向信标、长距离导航、航海通信
中频（MF）	300 ~ 3000kHz	中波	100 ~ 1000m	调幅广播、全向信标、海事及航空通信
高频（HF）	3 ~ 30MHz	短波	10 ~ 100m	无线电业余爱好者、国际广播、军事通信、长距离飞机和轮船通信
甚高频（VHF）	30 ~ 300MHz	米波	1 ~ 10m	VHF 电视、调频广播和双向无线电、调幅飞机通信、飞机导航
特高频（UHF）	300 ~ 3000MHz	分米波	10 ~ 100cm	UHF 电视、蜂窝电话、雷达、微波链路、个人通信系统
超高频（SHF）	3 ~ 30GHz	厘米波	1 ~ 10cm	卫星通信、雷达、陆地微波链路、无线本地环
极高频（EHF）	30 ~ 300GHz	毫米波	1 ~ 10mm	射电天文学、遥感、人体扫描仪、无线本地环
至高频（THF）	300 ~ 3000GHz	丝米波或亚毫米波	0.1 ~ 1mm	—

（4）信道是不是“一根线”

根据传输介质，信道分为有线信道、存储信道和无线信道，那么信道是“一根线”吗？这个问题，乍一看有点奇怪。存储信道根本不是“一根线”，而是“一块硬盘”（或者 U 盘之类的存储介质）。而无线信道，既不是“一根线”，也不是“一块硬盘”，仅仅是一些频段而已。那么，为什么会有人问信道是不是“一根线”呢？

图 1-20 中的网线有 4 对双绞线，8 根线，那么它是 1 个信道还是 8 个信道呢？

我们平时说的光纤通信，很多场景下通信工程所布施的并不是一根光纤，而是由很多根光纤组成的光缆。那么，信道是一根光纤还是多根光纤呢？

对于“有线信道是不是一根线”这个问题，其实是想表达信道的特征之一：信道有“一对或多对”输入端和“一对或多对”输出端。

如此，我们就不用纠结“信道是不是一根线”这样的问题了。对于信道而言，它不是一根线还是多根线的问题，而是有几对输入 / 输出端。例如，信道有 2 对输入 / 输出端，但具体到是用一根线还是多根线，那就是具体实现的问题了。

对于无线信道也是一样的，虽然它只是一个频段，但这个频段仍然可以细分为几对的输入 / 输出端。对于存储信道，也可以用磁盘阵列来实现多对的输入 / 输出端。

2. 信道的双工模型

信道的双工模型分为 3 类：单工（Simplex）、半双工（Half-duplex）和全双工（Full-duplex），如图 1-22 所示。

- 单工通信指只能单向传输信息，而且永远是固定的单向传输。例如，收音机只能接收电台发送过来的信息，却不能将相关信息发送回去。
- 半双工通信指可以双向传输，但是同一时间只能沿一个方向传输。例如，使用对讲机时，A 说 B 听，等 A 说完，然后切换传输方向，即 B 说 A 听。

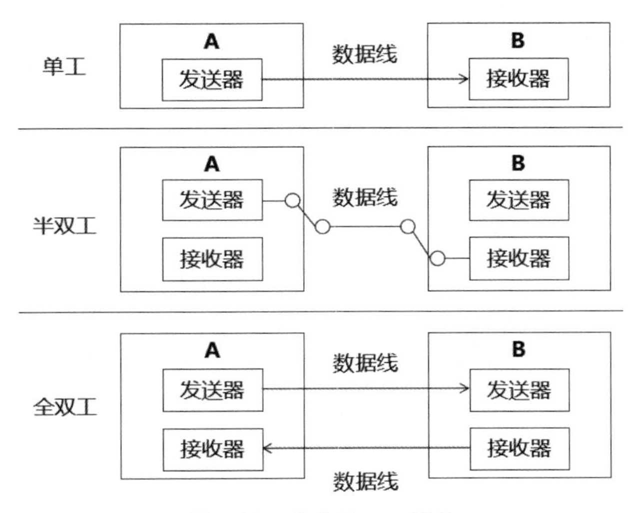

图 1-22　信道的双工模型

- 全双工指可以同时双向传输，我们日常中的打电话利用的就是全双工模式。

需要强调的是，单工、半双工、全双工更多取决于发送方和接收方的能力，而与信道本身没有太大的关系。如在单行道中，汽车只能往一个方向行驶，与道路本身没有关系，而在网络通信中，单工模式下数据只能朝一个方向传输，与数据线并没有关系，是由接收方和发送方的能力决定的。总之，在计算机网络通信中，通信的双工模式取决于通信的双方。

3. 信道的容量

对于有线信道和无线信道所传输的信息，其本质都是电磁波。对于无线信道而言，它本身就是一个频带。频带指信号所占据的宽度，有一个最高频率和一个最低频率，如 1 ~ 1.1GHz 的信道，其最低频率是 1GHz，最高频率是 1.1G Hz。对于有线信道，只讲了传输介质（双绞线、同轴电缆、光纤等），没有直观地表达频带，但是传输介质所有能通过的频率也是有范围的，例如，双绞线五类线（下文会描述五类线的定义）所能通过的最高频率是 100MHz。从这个意义上讲，有线信道其实是间接地表达了频带的概念。

对此，将引出一个非常重要的概念，即信道的带宽。

对于无线信道而言，信道的带宽就是信道的最高频率减去信道的最低频率，即

$$B = f_{\max} - f_{\min}$$

对于有线信道而言，信道的带宽就是其传输介质所能通过的最高频率。

信道的带宽与我们平时所说的带宽不是同一概念。我们平时所说的带宽其计量单位是 bit/s，即上网的速度，如 1 小时能下载多少部电影。而信道的带宽的单位是 Hz，这是一个纯数学的、抽象的概念，对应到通信上，就是信号的频率。这两个概念不同，但下载电影也要依靠信道传输，所以下载速度和信号频率是有关系的。两者之间究竟有什么关系呢？可先从奈奎斯特定理说起。

说明： 有些资料中，把本小节定义的信道带宽称为模拟信道带宽，把我们平时所说的上网带宽称为数字信道带宽。

（1）奈奎斯特定理

一个带宽 100MHz 的信道，1s 到底能传输多少比特？这是早期的通信人必须面对和思考的问题。要想知道一个信道 1s 能传输多少比特，首先需要考虑它能传输多少码元。

美国 AT&T 的电信工程师亨利 • 奈奎斯特（Harry Nyquist）也思考了这个问题，并于 1924 年推导出在理想低通信道的最高码元传输速率公式。

1928 年奈奎斯特推导出采样定理，称为奈奎斯特采样定理。1948 年信息论的创始人香农（Shannon，1916—2001 年）对这一定理加以明确地说明并正式作为定理引用，因此在许多文献中也称之为香农采样定理。同时，也有很多文献称之为采样定理（Sampling Theory）。本文沿用奈奎斯特定理这一称谓。

在理想（无噪声）低通信道下，最高码元传输速度为

$$V = 2W \text{ (Baud)}$$

式中，W 为理想低通信道的带宽，单位是 Hz；V 的单位是 Baud（波特），表示 1s 有多少码元。

奈奎斯特公式的另一种表达方法是：每赫兹带宽的理想低通信道的最高码元传输速率是每秒 2 个码元。

说明： 低通信道就是信号的所有低频分量，即频率不超过某个上限值，都能够不失真地通过此信道，而频率超过该上限值的所有高频分量都不能通过该信道。

我们已经知道，一个码元可以携带一个或多个比特的信息，那么是不是意味着只要设计出包含

无限多个比特信息的码元，就能有无限多的比特带宽呢？这要从香农定理说起。

（2）香农公式

香农是美国数学家、信息论的创始人，通信业的鼻祖。在介绍香农公式之前，首先看噪声对信道传输的影响，如图 1-23 所示。

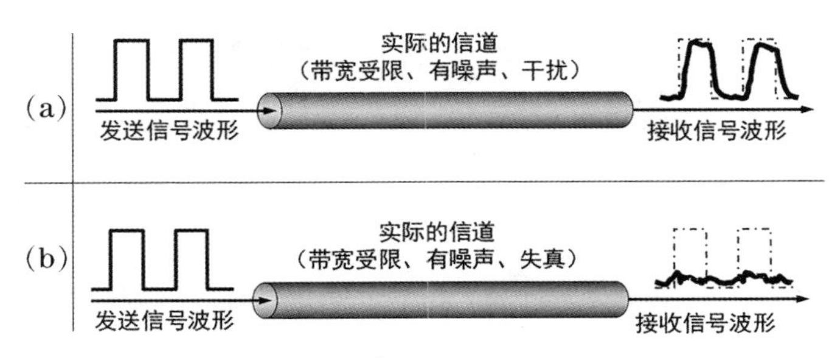

图 1-23　噪声对信道传输的影响

图 1-23（a）中，噪声对传输信号造成了干扰，但是仍能正确还原出原始信号，而图 1-23（b）中，噪声对传输信号的干扰非常严重，导致信号失真，无法正确还原出原始信号。

在没有噪声的情况下，如果仅仅从带宽的角度来看，我们当然希望 1 个码元所携带的比特信息越多越好。但是，现实情况中必须考虑噪声，如图 1-24 所示。

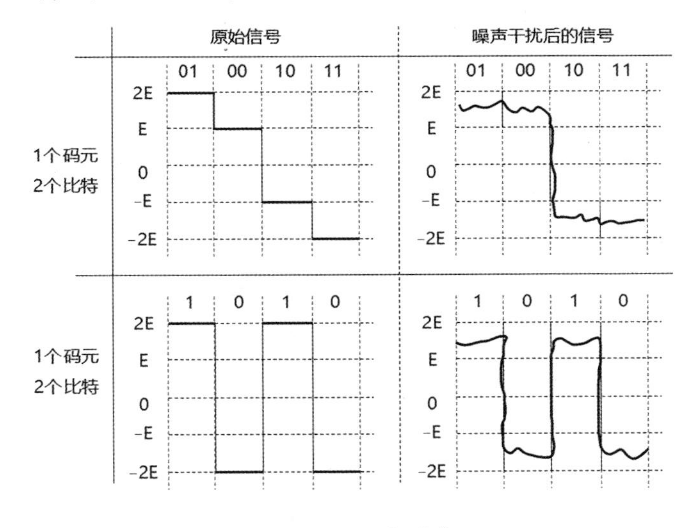

图 1-24　码元与噪声

从图 1-24 可以看到，1 个码元携带 2 个比特，显然比携带 1 个比特的抗噪声干扰能力弱。那么，到底 1 个码元携带多少个比特合适呢？或者说，在有噪声的情况下，1 个信道传输比特的速度到底是多少呢？

香农公式回答了这个问题，即

$$C = B\log_2(1 + S/N)$$

式中，B 为信道的带宽，单位是 Hz；S 为信道内所传信号的平均功率；N 为信道内部的高斯噪声功率；C 为带宽受限且有高斯白噪声干扰的信道的极限、无差错的信息传输速率，单位是 bits/s。

对于香农定理，可以得出以下结论。

①信道的带宽或信道中的信噪比越大，则信号的极限传输速率就越高。

②对一定的传输带宽和一定的信噪比，信息传输速率的上限已确定。

③只要信息的传输速率低于信道的极限传输速率，就一定能找到某种方法实现无差错的传输。

④香农定理得出的为极限信息传输速率，实际信道能达到的传输速率要比它低得多。

下面看一个简单的例子：对于 3kHz 带宽的电话信道，假设信道的信噪比为 35dB，那么根据香农公式，可以计算出该信道最大的比特传输速率为

$$C = 3000\log_2(1 + 10^{3.5}) \approx 34882\text{bits/s}$$

1.2 传输媒体

传输媒体是数据传输系统中发送器和接收器之间的物理路径。传输媒体可分为导向（guided）媒体和非导向（unguided）媒体两大类。

- 导向媒体对应的是有线信道。对导向媒体而言，电磁波被引导沿某一固定媒体前进，如双绞线、同轴电缆和光纤。其传输性能主要取决于媒体自身性质。
- 非导向媒体对应的是无线信道。例如，大气和外层空间，它们提供了传输电磁波信号的方式，但不引导它们的传播方向。其传输性能主要取决于信号带宽。

无论是有线信道还是无线信道，其传输的都是电磁波，而电磁波的运动是不需要介质的，但是这里的传输媒体所起的作用是什么呢?

假设地球处于一个真空中且不是一个导体，那么从 A 点发送的电磁波，将沿着直线飞向太空，而无法到达它所希望的目的地 B，如图 1-25 所示。

简单地说，无论是导向媒体还是非导向媒体，其作用都要把电磁波“折弯”，以使其能够到达目的地。下面逐个介绍这些传输媒体。

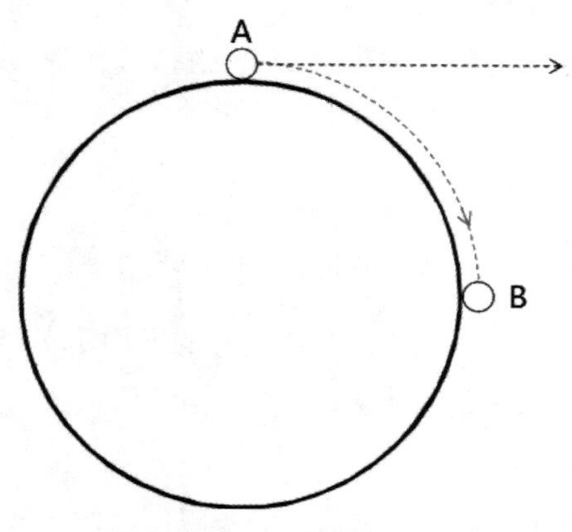

图 1-25　电磁波的运动方向

1.2.1 导向媒体

常用的导向媒体有双绞线、同轴电缆和光纤。下面先从光纤开始介绍，因为它的“导向原理”最直观和易于理解。

1. 光纤

光纤是光导纤维的简称，可作为光传导工具。光纤的抽象结构如图 1-26 所示。护套是一层薄的塑料外套（也称涂覆层），其作用是保护内部的包层和纤芯，以免其受到周围环境的伤害（如水、火、电击等）。纤芯是一种由玻璃或塑料制成的纤维，外面包围着一层折射率比纤芯低的玻璃封套，俗称包层。

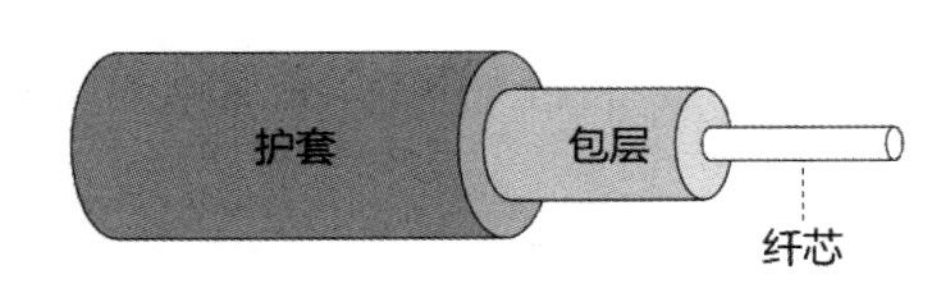

图 1-26　光纤的抽象结构

（1）光纤传输

光在纤芯中穿行（传输）时离不开包层，因为纤芯（即使加上护套）无法承载光纤通信的“重任”。这是因为光纤的传输原理是光的全反射。光的全反射指光由光密介质（光在此介质中的折射率大）射到光疏介质（光在此介质中折射率小）的界面时，全部被反射回原介质内的现象。

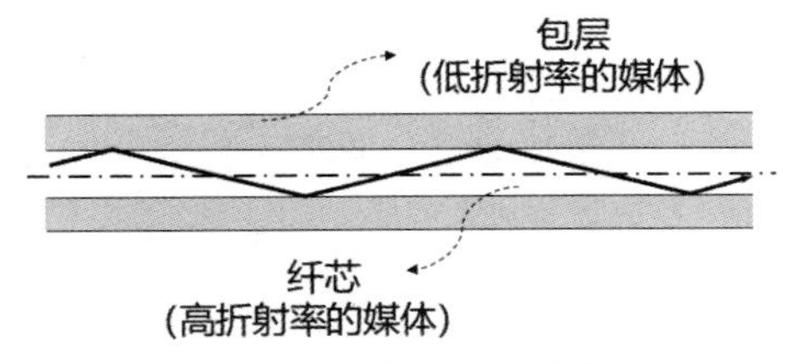

图 1-27　光的全反射示意图

关于光的全反射，本书只给出一个简单的示例，如图 1-27 所示。

通过图 1-27 可以想象，即使光纤是弯的，由于全反射的原因，光也仍然只能沿着光纤传输。这就是导向媒体名称的来源：电磁波被引导着沿某一固定媒体前进。

（2）单模光纤和多模光纤

光学上把具有一定频率一定偏振状态和传播方向的光波称为光波的一种模式。若一种光纤只允许传输一个模式的光波，则称其为单模光纤；如果一种光纤允许同时传输多个模式的光波，则称其为多模光纤。单模光纤与多模光纤的区别如表 1-2 所示。

表 1-2　单模光纤与多模光纤的区别

属性	单模光纤	多模光纤
传输距离	一般来说，传输距离越长，传输带宽越大	一般来说，传输距离越短，传输带宽越小
工作波长	所传输的光的波长是 1310nm 或 1550nm	所传输的光的波长是 850nm 或 1310nm
纤芯直径	8 ~ 10μm，一般是 9μm	典型的纤直径是 50μm 或 62.5μm，其中 50μm 性能较好

续表

属性	单模光纤	多模光纤
光源	LD（Laser Diode，激光二极管，简称激光），也有使用少量的光谱线较窄的 LED（Light Emitting Diode，发光二极管）	LED
护套颜色	黄色	橙色、水绿色、紫色

单模光纤的带宽为 2000MHz（需要注意的是，带宽的计量单位是 Hz），多模光纤的带宽为 50 ~ 500MHz。总的来说，在传输带宽一样的情况下，单模光纤的传输距离比多模光纤要远得多。综合成本及传输带宽、传输距离等各方面因素，单模光纤一般用于长距离传输，多模光纤一般用于短距离传输。

2. 双绞线

双绞线（Twisted Pair）是把两根互相绝缘的铜导线（约 1mm）并排在一起，然后用规则的方法（逆时针）绞合起来构成的基本单元。对称的扭绞可以减少两条线之间的电磁干扰（降低信号干扰的程度），每一根导线在传输中辐射的电波会被另一根线上发出的电波抵消。一般来说，扭绞的越密，其抗干扰能力就越强。

网络系统中最常用的双绞线（俗称网线）是由不同颜色的四对双绞线（橙、蓝、绿、棕）组成的。有时把一对双绞线称为双绞线，有时也把多对双绞线（网线）称为双绞线，混合而用。下文如无特别说明，就将网线称为双绞线。

光纤是基于光的全反射原理而沿着光纤传输的导向媒体，双绞线也是一种导向媒体，那么它是基于什么原理使电磁波沿其传输呢？

- 导线传递能量（电磁波）的主体并不是电子，而是电场。
- 电磁能量（电磁波）是通过导体的表面和周围介质传播的，导线（双绞线）起到引导和导向作用。

（1）双绞线的分类

双绞线按照有无屏蔽层可以分为两类：屏蔽双绞线和非屏蔽双绞线，如图 1-28 所示。屏蔽双绞线比非屏蔽双绞线多了一层屏蔽层。屏蔽双绞线电缆的结构能减小辐射，防止信息被窃听，同时具有较高的传输速率，但价格也较昂贵。无屏蔽双绞线重量轻、易弯曲、易安装、成本较低。

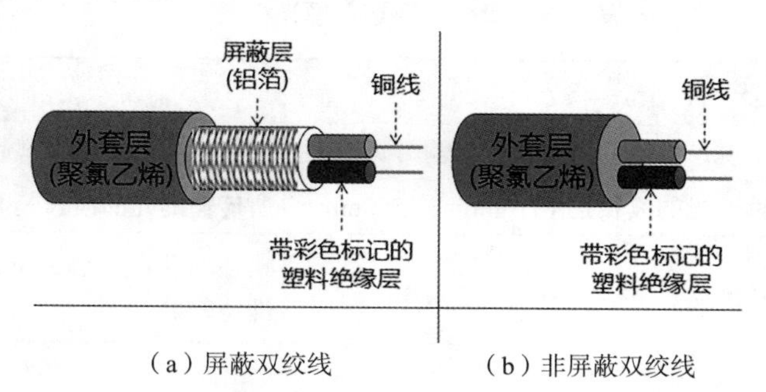

（a）屏蔽双绞线　　（b）非屏蔽双绞线

图 1-28　屏蔽双绞线和非屏蔽双绞线示意图

双绞线如果按照电气性能来区分，可以分为 CAT-1、CAT-2 等多种类别，其中 CAT 是 Category（种类、类别）一词的缩写。表 1-3 所示为各类双绞线的特征。

表 1-3　各类双绞线的特征

种类	带宽	最大传输带宽	适用场景	备注
CAT-1	750kHz	10Mbit/s	以往用在传统电话网络，不能用于数据传输	未被 TIA/EIA 承认
CAT-2	1MHz	4Mbit/s	以往常用在 4Mbit/s 的令牌环网络	未被 TIA/EIA 承认
CAT-3	16MHz	10Mbit/s	IEEE 802.5 令牌环 IEEE 802.3 10BASE-T IEEE 802.12 100BASE-VG IEEE 802.3 10BASE-T4 ATM 51.84/25.92/12.96Mbit/s	被 TIA/EIA-568-B 所界定及承认
CAT-4	20MHz	16Mbit/s	以往常用在 16Mbit/s 的令牌环网络	未被 TIA/EIA 承认
CAT-5	100MHz	1Gbit/s	IEEE 802.3： 10BASE-T 100BASE-XT 快速以太网 ATM 155Mbit/s	被 TIA/EIA-568-A 所界定及承认
CAT-5e	100MHz	1.2Gbit/s	IEEE 802.3： 100BASE-XT 快速以太网 1000BASE-T 吉比特以太网	被 TIA/EIA-568-B 所界定及承认。超五类。不支持 10GE
CAT-6	250MHz	2.4Gbit/s	IEEE 802.3： 1000BASE-T 吉比特以太网	被 TIA/EIA-568-B 所界定及承认。支持 10GE，但传输距离不能超过 37m
CAT-6a	500MHz	10Gbit/s	可用于 10Gbit/s 以太网	超六类。支持 10GE，传输距离可以达到 100m
CAT-7	600MHz	10Gbit/s	可用于 10Gbit/s 以太网	为 ISO/IEC 11801 Class F 缆线标准的非正式名称，一般称为 CAT-7 线，目前未被 TIA/EIA 承认

表 1-3 中，CAT-1 是一类线，CAT-2 是二类线，以此类推。而 CAT-5e 比 CAT-5 要好，但未达到 CAT-6 的标准，所以称为超五类。同理，CAT-6a 称为超六类。从理论上讲，表 1-3 中列出的每一类双绞线都可以应用于语音传输，但是从价格等因素考虑，类别大于等于 CAT-3 的双绞线一般用于数据传输。

表 1-3 中还提到了令牌环、ATM、IEEE 802.3 等词汇，这些概念将在下一章介绍。这里对类似 1000BASE-T 这样的词汇做一个简单说明。

① 1000 代表带宽，单位是 M，1000 即 1000M。

② BASE 是 baseband（基带）的缩写，即传输的是没有经过调制的基带信号。

③ T 代表双绞线。

（2）颜色序列与针脚功能

从 CAT-3 到 CAT-7 等各类双绞线都是由 4 对（8 根）双绞线组合而成，这 4 对双绞线每一根的颜色，以及哪两根应该绞合在一起都有一定的规范。目前，在北美乃至全球，双绞线标准中应用最广的是 ANSI/EIA/TIA-568A 和 ANSI/EIA/TIA-568B（实际上应为 ANSI/EIA/TIA-568B.1，简称为 T568B），这两个标准最主要的区别就是芯线序列不同。

说明： ANSI（American National Standards Institute）为美国国家标准协会。TIA（Telecommunication Industry Association）为美国通信工业协会。EIA（Electronic Industries Alliance）为美国电子工业协会。

T568A 线序为白绿、绿、白橙、蓝、白蓝、橙、白棕、棕，如图 1-29 所示。

T568B 线序为白橙、橙、白绿、蓝、白蓝、绿、白棕、棕，如图 1-30 所示。

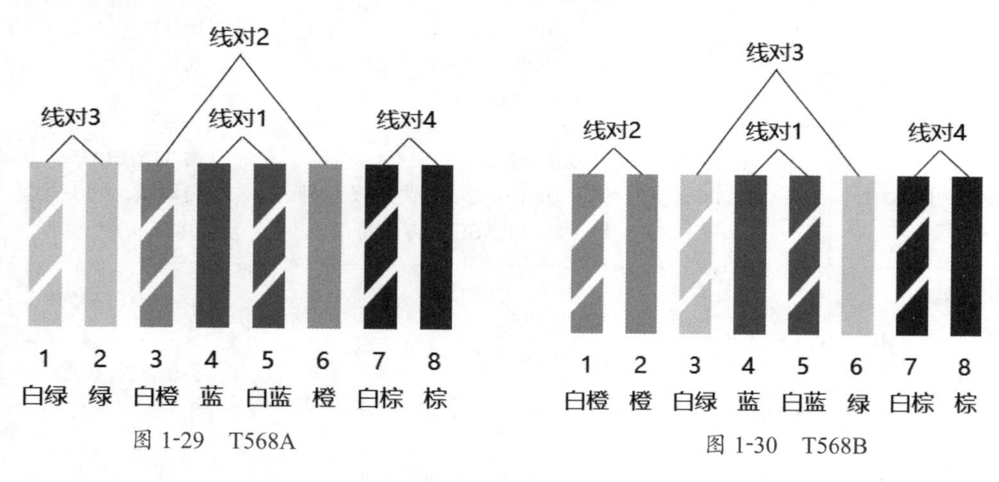

图 1-29　T568A

图 1-30　T568B

图 1-29 和图 1-30 同时指明了哪两根线应该绞合在一起，组成一对双绞线。如果不看颜色只看序号，T568A 与 T568B 的组队序号都是 1/2、3/6、4/5、7/8。

T568A 和 T568B 虽然颜色序列不同，但是都是用于 8 针配线，最常见的就是 RJ45 水晶头。模块插座 / 插头的两种颜色代码是以太网使用双绞线连接时常用的一种连接器插头，也称为 8P8C（8 Position 8 Contact），表示 8 个位置（Position，指 8 个凹槽）、8 个触点（Contact，指 8 个金属接点），如图 1-31 所示。

图 1-31　RJ45

图 1-31 中的 8 只针脚（pin）（即凹槽和触点）的功能如表 1-4 和表 1-5 所示。

表 1-4 RJ45 的 8 只针脚的功能（一）

PIN 序号	A 类（如 100BASE-TX）		B 类（如 100BASE-T4）	
	名称	功能	名称	功能
1	TX+	Tranceive Data+（发送数据 +）	TX_D1+	Tranceive Data+（发送数据 +）
2	TX-	Tranceive Data-（发送数据 -）	TX_D1-	Tranceive Data-（发送数据 -）
3	RX+	Receive Data+（接收数据 +）	RX_D2+	Receive Data+（接收数据 +）
4	n/c	Not connected（未使用）	BI_D3+	Bi-directional Data+（双向数据 +）
5	n/c	Not connected（未使用）	BI_D3-	Bi-directional Data-（双向数据 -）
6	RX-	Receive Data-（接收数据 -）	RX_D2-	Receive Data-（接收数据 -）
7	n/c	Not connected（未使用）	BI_D4+	Bi-directional Data+（双向数据 +）
8	n/c	Not connected（未使用）	BI_D4-	Bi-directional Data-（双向数据 -）

表 1-5 RJ45 的 8 只针脚的功能（二）

PIN 序号	C 类（如 1000BASE-T）		D 类（如 1000BASE-TX）	
	名称	功能	名称	功能
1	BI_DA+	Bi-directional Data+（双向数据 +）	TX_D1+	Tranceive Data+（发送数据 +）
2	BI_DA-	Bi-directional Data-（双向数据 -）	TX_D1-	Tranceive Data-（发送数据 -）
3	BI_DB+	Bi-directional Data+（双向数据 +）	RX_D2+	Receive Data+（接收数据 +）
4	BI_DC+	Bi-directional Data+（双向数据 +）	TX_D3+	Tranceive Data+（发送数据 +）
5	BI_DC-	Bi-directional Data-（双向数据 -）	TX_D3-	Tranceive Data-（发送数据 -）
6	BI_DB-	Bi-directional Data-（双向数据 -）	RX_D2-	Receive Data-（接收数据 -）
7	BI_DD+	Bi-directional Data+（双向数据 +）	RX_D4+	Receive Data+（接收数据 +）
8	BI_DD-	Bi-directional Data-（双向数据 -）	RX_D4-	Receive Data-（接收数据 -）

表 1-4 和 1-5 描述的 RJ45 各个针脚的电气作用（其中“+”表示正极，“-”表示负极）针对的是 T568B 标准，如果针对 T568A 标准，需要反过来（发送数据变成接收数据，接收数据变成发送数据。无论是 T568A 标准还是 T568B 标准，RJ45 的 8 个针脚的电气作用均取决于其所对应的以太网类型。有的以太网（如 100BASE-TX）只使用了其中 4 个针脚（4 对双绞线中的 2 对），另外 4 只针脚未做使用（另外 2 对双绞线没有使用）；有的以太网（如 100BASE-T4）则使用了全部 8 个针脚（使用了其中全部 4 对双绞线）。

常见的以太网类型与 RJ45 针脚（及其他传输介质：光纤、同轴电缆）之间的关系如表 1-6 所示。

表 1-6　常见的以太网类型与传输介质之间的关系

以太网类型	说明
10BASE2	细同轴电缆，10Mbit/s，传输距离为 200m（实际为 185m）
10BASE5	粗同轴电缆，10Mbit/s，传输距离为 500m
10BASE-F	光纤（单模或多模），10Mbit/s，分为 FP、FL、FB 三种连接类型。其中 FP 使用无源集线器连接，传输距离为 500m；FB 使用有源连接器连接，传输距离为 3000m；FL 使用多个中继器连接，可以进一步延长传输距离
10BASE-T	电话双绞线（1 对），10Mbit/s，传输距离为 100m
100BASE-FX	光纤（单模或多模），100Mbit/s。100Base-FX 使用的是两根光纤，其中一根用于发送数据，另一根用于接收数据。在全双工模式下，单模光纤的最大传输距离是 40km，多模光纤的最大传输距离是 2km
100BASE-T	包括 100BASE-T2、100BASE-T4
100BASE-T2	2 对 CAT-3 类双绞线，100Mbit/s，传输距离为 100m。已经废弃
100BASE-T4	4 对 CAT-3/4/5 类非屏蔽双绞线，100Mbit/s，传输距离为 100m。已经废弃
100BASE-TX	2 对 CAT-5 类非屏蔽双绞线（或更好），100Mbit/s，传输距离为 100m
1000BASE-CX	采用的是 150Ω 平衡屏蔽双绞线，最大传输距离为 25m，使用 9 芯 D 型连接器连接电缆（注意不是水晶头）
1000BASE-LX	光纤（单模或多模），工作波长范围为 1270 ~ 1355nm。使用 62.5μm/50μm 多模光纤的最大传输距离为 550m，使用 10μm 单模光纤的最大传输距离为 5km。传输带宽是 1000Mbit/s
1000BASE-SX	只支持多模光纤，工作波长为 770 ~ 860nm，使用 62.5/125μm 多模光纤的最大传输距离为 275m，使用 50/125μm 多模光纤的最大传输距离为 550m。传输带宽是 1000Mbit/s
1000BASE-T	4 对 CAT-5 类非屏蔽双绞线（或更好），1000Mbit/s，传输距离为 100m
1000BASE-TX	4 对 CAT-6 类非屏蔽双绞线（或更好），1000Mbit/s，传输距离为 100m

3. 直连网线与交叉网线

一根网线连接两个设备时需要考虑接线的方式，以实现信号的正确发送与接收，如图 1-32 所示。

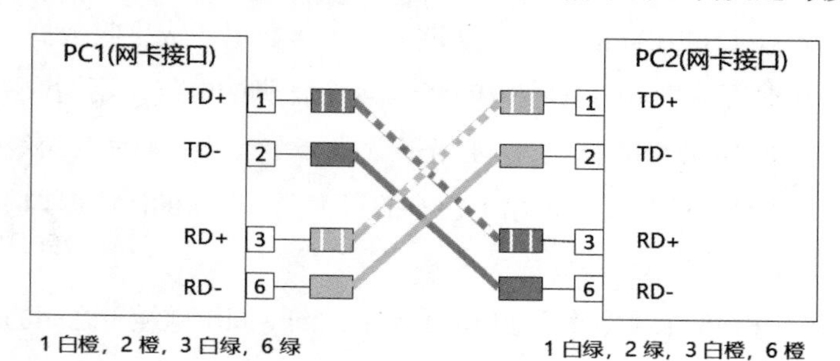

图 1-32　两个 PC 机的互连

图 1-32 表示两个 PC 机的互连，一个 PC 的发送端（点）需要与另一个 PC 的接收端（点）连接，这是通过交叉网线（Cross-over Cable）的连接实现的。所谓交叉网线就是一根网线的两端（水晶头），一端是 T568B 线序，另一端是 T568A 线序。

还有一种互连需要直连网线（Straight Forward Cable）。所谓直连网线就是一根网线的两端（水晶头）都是同一种线序，或者是 T568B 线序，或者是 T568A 线序，如图 1-33 所示。

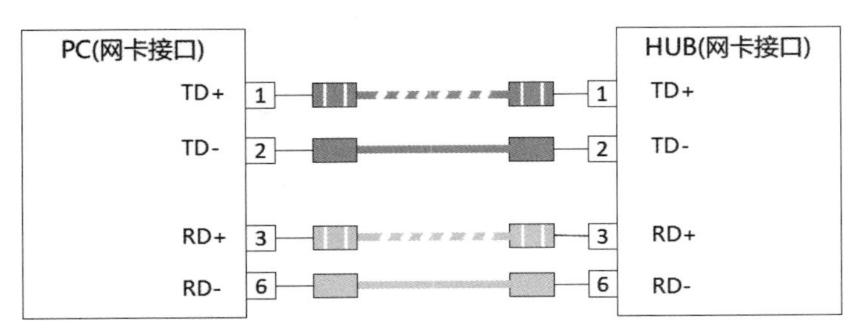

图 1-33 PC 机与 HUB 的互连

判断该用交叉网线还是直连网线，可以依据双方连接的设备类型。如果是同种类型，则用交叉网线；如果不同，则用直连网线。设备类型的划分方法如下。

① PC 机等各种终端、路由器划分为数据终端设备（Data Terminal Equipment，DTE）类型。

②交换机和HUB（集线器）划分为数据通信设备（Data Communications Equipment，DCE）类型。

这是一种广义的划分方法，对于选择直连网线和交叉网线非常有效。这种选择主要存在于 100BASE-T 以太网中。对于 1000BASE-T 以太网来说，4 对双绞线都是双向收发，不存在该问题。

读者可能会有疑惑，图 1-33 中，PC 机的发送端（点）对接 HUB 的发送端（点），即使数据从 PC 发出去，HUB 该如何接收?

要回答这个问题，就要了解介质相关接口（Medium Dependent Interface，MDI）和介质相关接口交叉（MDI Crossover，MDIX）。

MDI 是一种接口类型，其内部收发情况与外部接口一致；MDIX 也是一种接口类型，其内部收发情况与外部接口做了交叉，如图 1-34 所示。

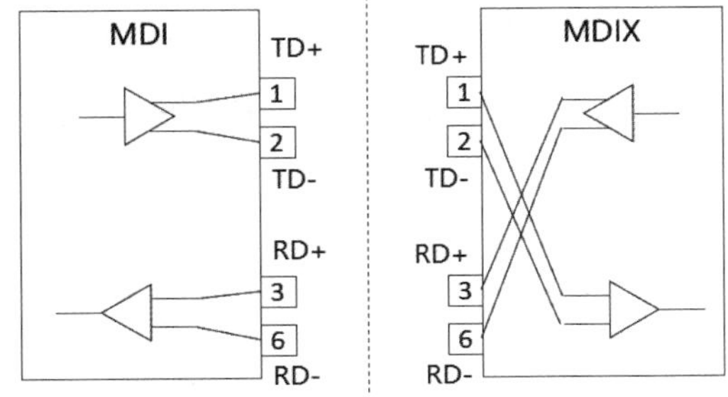

图 1-34 MDI 和 MDIX 接口

从图 1-34 可以看到，MDIX 的内部将接收和发送进行了调换。

普通主机、路由器等的网上接口类型通常为 MDI；交换机和 HUB 的接口通常为 MDIX，但其 uplink 端口（用于连接到另一个集线器或交换机）通常也采用 MDI。

异种接口互相连接时采用直连网线，而同种接口互相连接时采用交叉网线。将 PC 与 HUB 连接，进一步基于 MDI/MDIX 展开细节，如图 1-35 所示。因为 HUB 在其内部将接收与发送进行了调换，才使得 PC 与 HUB 之间使用直连网线是正确的。

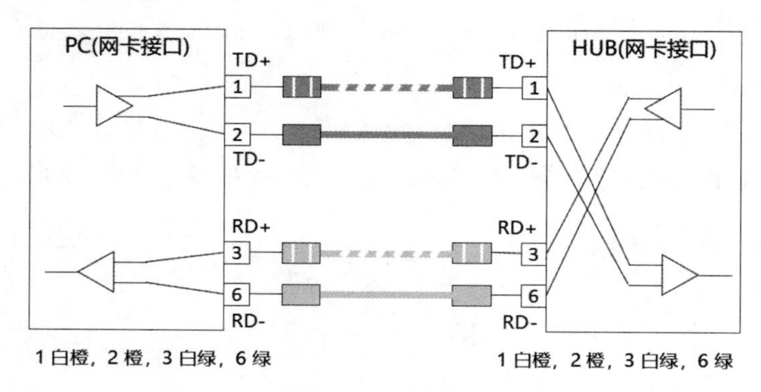

图 1-35　PC 与 HUB 的连接（细节展开）

下面对交叉网线和直连网线的应用场景进行总结，如表 1-7 所示。

表 1-7　交叉网线与直连网线的应用场景

场景	基于设备类型	基于 MDI/MDIX
同种设备类型连接（如 PC 与 PC）	交叉网线	交叉网线
异种设备类型连接（如 PC 与 HUB）	直连网线	直连网线

通过表 1-7 可以看到，无论是基于设备类型还是基于接口类型（MDI/MDIX），其对直连网线和交叉网线的选择结果是一致的。而基于设备类型的判断，其根本原因源于接口类型的异同。

3. 同轴电缆

同轴电缆从用途上可分为基带同轴电缆（50Ω）和宽带同轴电缆（75Ω）两大类。宽带同轴电缆指的是用于有线电视进行模拟信号传输的同轴电缆，不在本书讨论范围。本书需要讨论的是基带同轴电缆，它仅仅用于数字传输，传输带宽可以达到 10Mbit/s。

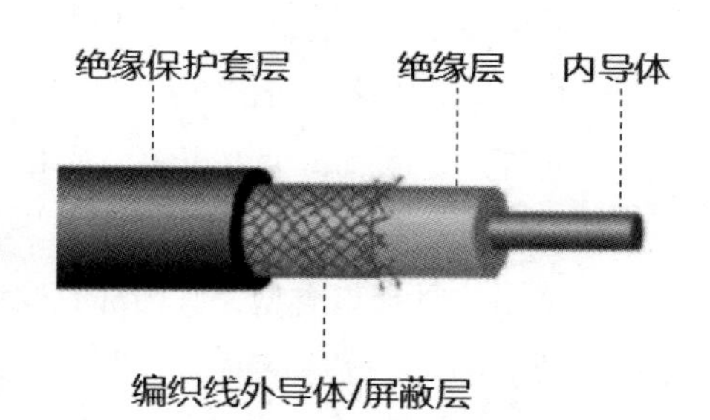

图 1-36　同轴电缆的抽象结构

同轴电缆的抽象结构如图 1-36 所示，由里到外分为 4 层：内导体，即中心铜线（单股的实心线或多股绞合线）；绝缘层，塑料绝缘体；编织线外导体（或称屏蔽层），网状铜线导电层；绝缘保护套层，大多为聚氯乙烯或特氟纶材料。

中心铜线和网状铜线导电层形成电流回路，同时因为中心铜线和网状铜线导电层为同轴关系，所以称其为同轴电缆。需要指出的是，同轴电缆与双绞线一样。

①导线传递能量（电磁波）的主体并不是电子，而是电场。

②电磁能量（电磁波）是通过导体的表面和周围介质传播的，导线（同轴电缆）起到引导和导

向作用。

由于同轴电缆的性能（传输带宽、传输距离）不高，而且价格较贵，因此其在很多场景下都被双绞线、光纤所替代。

1.2.2 非导向媒体

我们知道，无论是有线通信（导向媒体）还是无线通信（非导向媒体），其传输的都是电磁波。而电磁波在没有受到“外力”的作用下，是沿着直线传播的。

光纤利用全发射原理，使信号（电磁波）沿着光纤传输；导线（双绞线、同轴电缆）利用物理学原理，使信号（电磁波）沿着导线传输。而无线通信中的天波通信、地波通信（下文会描述）则可以类比为光纤的全反射和导线的“导向”。

1. 无线传输路径概述

图 1-37 表明了无线通信的抽象架构：需要发送天线和接收天线，当然该架构是极度简化的架构。我们知道，电磁波在没有“外力”的情况下是直线传播的。如果不考虑“外力”，电磁波从发送天线发出后，将会奔向浩瀚的宇宙，而接收天线就无法得到任何信息。但是，电磁波实际的传播路径在地球与地球之上的电离层之间。地球是一个导体，它对电磁波的作用相当于导线（双绞线、同轴电缆）；电离层是一个反射体，它对于电磁波的作用相当于光纤。

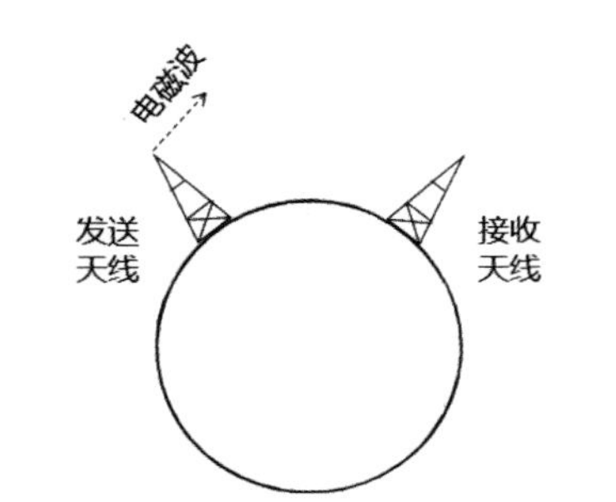

图 1-37 信号（电磁波）刚发送时瞬间的抽象架构

频率低于 2MHz 的电磁波受地球的“束缚”作用比较大，其传播路径如图 1-38 所示。低于 2MHz 的电磁波，由于受地球的“束缚”，它基本只能沿着地球表面的轨迹运行，从而使接收天线能够接收到发送天线发送出来的电磁波。这种传播方式称为地波传输。

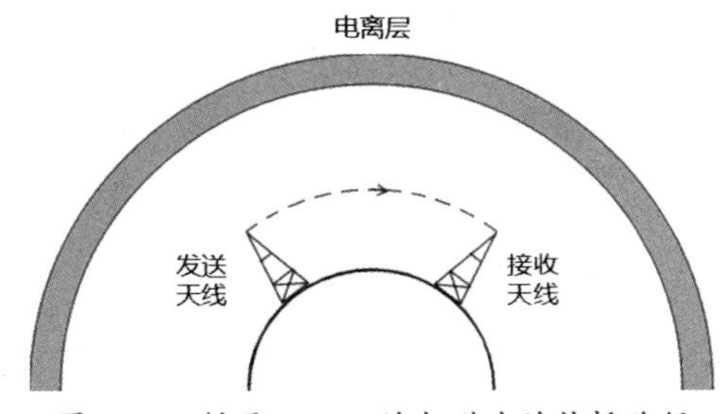

图 1-38 低于 2MHz 的电磁波的传播路径

频率大于 2MHz 但是低于 30MHz 的电磁波可以逃逸地球的“束缚”，但是不能穿透地球外层的电离层，它的传播路径如图 1-39 所示。大于 2MHz 但是低于 30MHz 的电磁波虽然逃逸了地球的“束缚”，但是却被电离层反射回来，从而使接收天线能够接收到发送天线发送出来的电磁波。这种传播方式称为天波传输。

频率大于 30MHz 的电磁波则能够逃逸地球的“束缚”，也能穿透电离层而不被反射回来。此时可以调整电磁波的发送方向，如图 1-40 所示。大于 30MHz 的电磁波虽然能够穿透电离层，但是只要调整好它的传播方向，它仍然可以沿着直线传播，从而被接收天线所接收。这种传播方式称为直线传播。

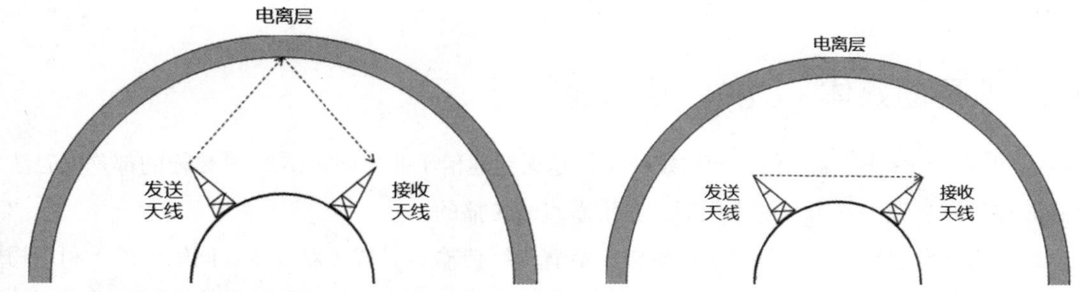

图 1-39 大于 2MHz 低于 30MHz 的电磁波的传播路径　　图 1-40 大于 30MHz 的电磁波的传播路径

2. 无线传播类型

电磁波频谱与典型应用如图 1-41 所示。

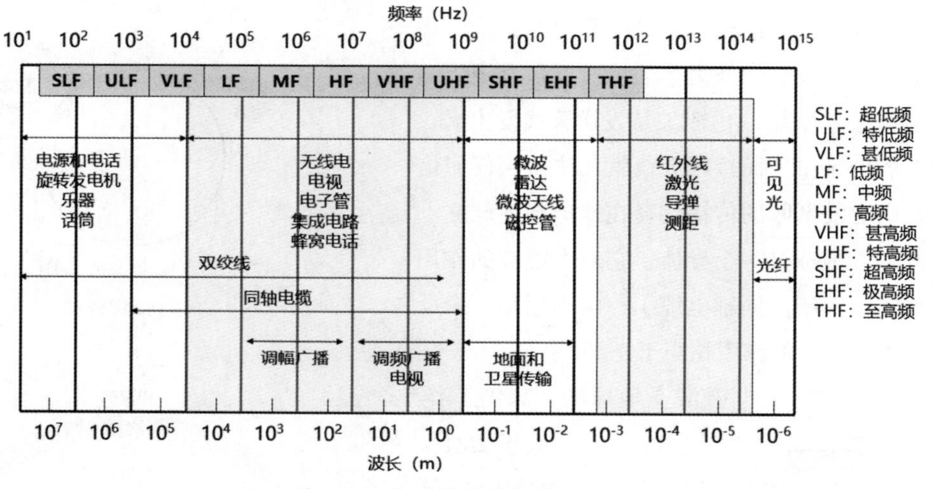

图 1-41 电磁波频谱与典型应用

电磁波传播方式与典型应用（无线场景）如表 1-8 所示。

表 1-8 电磁波传播方式与典型应用（无线场景）

频带名称	频率范围	波长范围	传播类型	适用场景
超低频（SLF）	30 ~ 300Hz	1000 ~ 10000km	地波传输	用于某些家庭控制系统
特低频（ULF）	300Hz ~ 3kHz	100 ~ 1000km	地波传输	直接转换成声音、模拟系统中的电话声音
甚低频（VLF）	3 ~ 30kHz	10 ~ 100km	地波传输	直接转换成声音、超声、地球物理学研究、长距离导航、航海通信

续表

频带名称	频率范围	波长范围	传播类型	适用场景
低频（LF）	30 ~ 300kHz	1 ~ 10km	地波传输	国际广播、全向信标、长距离导航、航海通信
中频（MF）	300kHz ~ 3MHz	100 ~ 1000m	地波传输 天波传输	调幅广播、全向信标、海事及航空通信
高频（HF）	3 ~ 30MHz	10 ~ 100m	天波传输	无线电业余爱好者、国际广播、军事通信、长距离飞机和轮船通信
甚高频（VHF）	30 ~ 300MHz	1 ~ 10m	直线传输	VHF 电视、调频广播和双向无线电、调幅飞机通信、飞机导航
特高频（UHF）	300MHz ~ 3GHz	10 ~ 100cm	直线传输	UHF 电视、蜂窝电话、雷达、微波链路、个人通信系统
超高频（SHF）	3 ~ 30GHz	1 ~ 10cm	直线传输	卫星通信、雷达、陆地微波链路、无线本地环
极高频（EHF）	30 ~ 300GHz	1 ~ 10mm	直线传输	射电天文学、遥感、人体扫描仪、无线本地环
至高频（THF）	300 ~ 3000GHz	0.1 ~ 1mm	直线传输	—
红外线	300GHz ~ 400THz	770mm ~ 1nm	直线传输	红外局域网、客户电子应用
可见光	400 ~ 900THz	330 ~ 770nm	直线传输	光通信

表 1-8 中描述的应用主要是基于无线场景，如果缩小其应用范围，只考虑无线网络数据通信，那么其分类情况如表 1-9 所示。

表 1-9　无线数据通信分类

通信类别	频率范围	波长范围	传播类型	备注
长波	低于 300kHz	大于 1km	地波传输	—
中波	300kHz ~ 3MHz	100 ~ 1000m	地波传输 天波传输	按照国际无线电咨询委员会的规定，短波是指频率为 3 ~ 30MHz、波长为 10 ~ 100m 的无线电波，但是短波通信实际使用范围为 1.5 ~ 30MHz
短波	3 ~ 30MHz	10 ~ 100m	天波传输 直线传输	
微波	300MHz ~ 300GHz	1cm ~ 100mm	直线传输	—
红外线 激光	300GHz ~ 400THz	770mm ~ 1nm	直线传输	—

地波传输、天波传输、直线传输在前文已经做了简单介绍，这里补充介绍微波通信的相关内容。

微波通信采用的是直线传输。如果要传输更远的距离，由于地球曲面的影响及空间传输的损耗，每隔 50km 左右就需要设置中继站，将电波放大转发而延伸。这种通信方式也称为微波中继通信或微波接力通信，如图 1-42 所示。

除了微波中继通信外，还有一种卫星通信。卫星通信利用人造地球卫星作为中继站来转发微波，从而实现两个或多个站点间的通信。

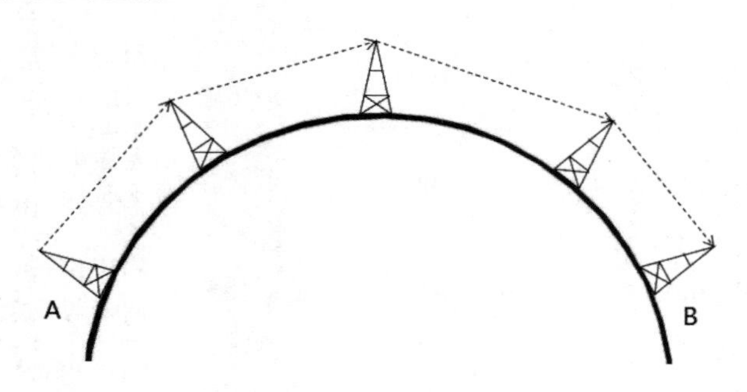

图 1-42　微波中继通信

按照通信卫星运行的轨道不同，通信卫星也可分为低轨道（Low Earth Orbit，LEO）通信卫星、中轨道（Medium Earth Orbit，MEO）通信卫星、高轨道同步（Geosynchronous Earth Orbit，GEO）通信卫星。现在主要应用的是 GEO 卫星。GEO 卫星是在地球赤道上空约 36000km 的太空中围绕地球的圆形轨道运行的通信卫星，其绕地球运行周期为 1 恒星日，与地球自转同步，因而与地球之间处于相对静止状态，故称为静止卫星、固定卫星或同步卫星。

1.3 物理层综述

本章内容讲解采取的是倒叙方式，先介绍通信系统的基本模型和传输媒体，再对物理层进行综合性的描述，这样更容易理解。

物理层位于 OSI 七层模型的第一层，有以下两个目的（或者说功能）。

- 为相邻节点设备提供传送数据的通路（信道）。
- 为相邻节点设备提供透明、可靠的比特流传输。

基于这两个目的，ISO 给物理层所下的定义是：为建立、维护和释放数据链路实体之间的二进制比特传输的物理连接（信道），所定制的机械、电气、功能、规程等主要构件及其特性。简单地说，就是包括机械特性、电气特性、功能特性、规程特性。

- 机械特性指明接线接口所用接线器的形状和尺寸、引线数目和排列、固定和锁定装置等。
- 电气特性指明连接线缆的各通信线上出现的信号类型、编码方式等相关参数，如电压范围、曼彻斯特编码等。

- 功能特性指明某通信线上出现的某一信号状态的意义。例如 RJ45，对应到 100BASE-TX，其各个针脚（PIN）的功能如表 1-10 所示。

表 1-10　RJ45/100BASE-TX 各个针脚（PIN）的功能

PIN 序号	PIN 名称	功能
1	TX+	Tranceive Data+（发送数据 +）
2	TX-	Tranceive Data-（发送数据 -）
3	RX+	Receive Data+（接收数据 +）
4	N/C	Not connected（未使用）
5	N/C	Not connected（未使用）
6	RX-	Receive Data-（接收数据 -）
7	N/C	Not connected（未使用）
8	N/C	Not connected（未使用）

- 规程特性指明针对每个功能的可能事件序列及其相关信令的出现顺序。常见的以太网的信道建立并不需要显示的规程，所以我们一般对规程特性感受不深。在传统的固定电话网中，就存在“拨号连接事件序列”“挂机拆线事件序列”等规程特性。

前面各小节所介绍的内容都属于物理层的相关特性，这里不再重复。物理层主要协议和规范如图 1-43 所示。

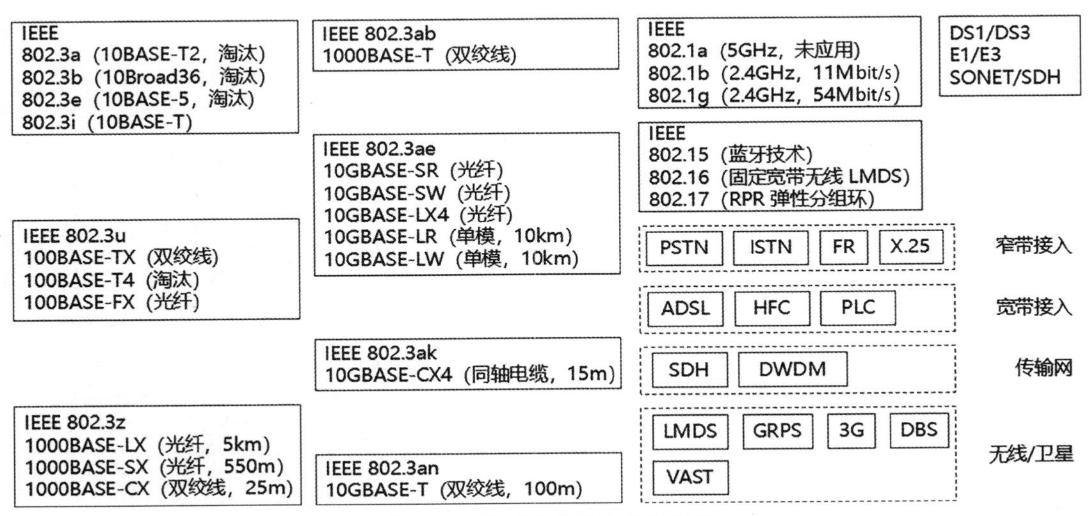

图 1-43　物理层主要协议和规范

物理层实在是过于庞大和复杂，涉及很多物理学和数学知识，并涉及太多的领域。限于本书的主题和篇幅，这里只能对物理层做一个“浅说”。

第2章

数据链路层

数据链路层位于OSI七层模型的第二层，如图2-1所示。OSI关于数据链路层的定义是：数据链路层的目的是提供功能上和规程上的方法，以便建立、维护和释放网络实体间的数据链路。

说明： 网络通信协议，以前称为规程（Procedure），现在称为协议（Protocol）。

该定义比较抽象，不好理解。我们可以把此定义分解为如下几层含义。

- 网络实体间的链路（Link）。网络实体包括终端［如主机（Host）］、集线器（Hub）、网桥（Bridge）、路由器（Router），如图2-2所示。可以看到，网络实体之间的链路其实就是网络实体之间的（物理）信道，所以网络实体之间的链路有时也称为物理链路。

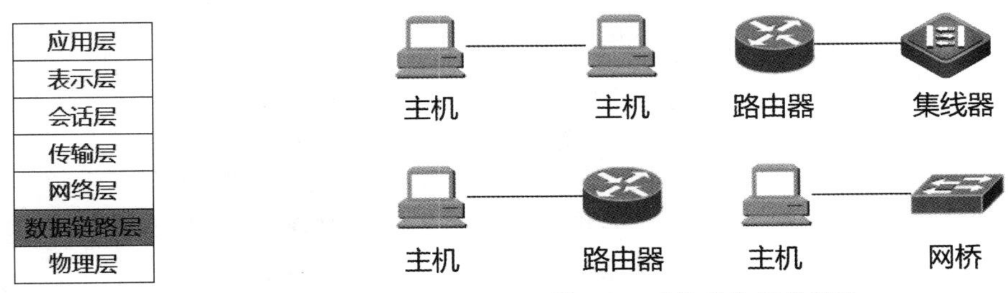

图2-1　数据链路层的位置

图2-2　网络实体间的链路

- 数据链路。在网络实体间的链路的基础上，再叠加上一些“规程”（数据链路层协议），就是数据链路。
- 数据链路层。虽然“OSI七层模型仅仅是一个抽象的模型，定义一种抽象结构，定义了控制互联系统交互规则的标准骨架，它并不包含任何具体的实现”，但是从易于理解的角度来看，可以把数据链路层看作是一些相关的协议的集合。数据链路层所包含的这些协议都有相同的目的和使命，都是为了解决一些共性的问题。

2.1 数据链路层的基本使命

“业精于勤荒于嬉，行成于思毁于随”，如果要知道这句古文意思，首先要会断句，即“业，精于勤，荒于嬉；行，成于思，毁于随”。

对于网络通信来说也是如此。我们知道，物理层传输的是比特流（忽略其中的数模转换/调制解调/编码解码），如果要正确地处理这些比特流，那么首先就需要能够将这些比特流“正确地断句”。

“正确地断句”，是数据链路层的责任。数据链路层将物理层传输的比特流切割成一小段一小段的比特流，每一小段比特流在数据链路层中称为帧（Frame）。

从物理层的比特流到数据链路层的帧，我们称之为“比特流断流成帧”（断流指将比特流分成多个小段），这是自下而上的流程。

网络层的包（Package）到了数据链路层以后，也需要首先封装成帧，然后转变为物理层传输的比特流，我们称之为“报文封装成帧”，这是自上而下的过程。

比特流断流成帧、报文封装成帧统称为“成帧”，或者“信息成帧”。信息成帧正是数据链路层的基本使命之一。

数据链路层除了要完成信息成帧的工作外，还需要对上下层透明。也就是说，无论数据链路层采用什么技术，上下层都不感知。上层（网络层）只需将它的报文传递给数据链路层，而下层（物理层）也只需按照自己的“思路”传输比特流，如图 2-3 所示。

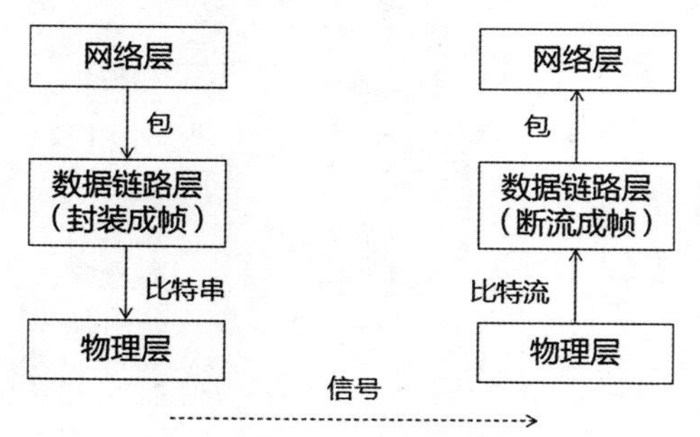

图 2-3　透明传输示意

图 2-3 的左图，数据链路层将网络层传递给它的包封装成帧，然后以比特串的形式传递给物理层；图 2-3 的右图，数据链路层将物理层传递给它的比特流断流成帧，然后经过相关处理后，再将帧进行解封装变成包，然后传递给网络层。

说明：OSI 的层与层之间传递的其实都是比特，只不过每一层有每一层的术语而已。例如，网络层称之为报文，数据链路层称之为帧，物理层称之为比特流。用更抽象的说法来讲，这些都是每一层的协议数据单元。

数据链路层对物理层是透明的，但是物理层却无法向数据链路层保证其传输绝对没有错误，因为物理层的噪声几乎无法避免。

对于物理层可能传输过来的错误，数据链路层应该进行差错检测，即物理层所传输过来的比特流如果有错误，数据链路层应该能检测出来，这是数据链路层的工作。

综上所述，我们可以得出数据链路层的 3 个基本使命：信息成帧、透明传输、差错检测。下面分别讲述数据链路层是如何完成这 3 个基本使命的。

2.1.1　信息成帧

在介绍信息成帧的基本原理之前，先介绍两个概念：字符与比特、异步传输与同步传输。

1. 字符与比特

很多资料和规范都会将数据链路层分为“面向字符的链路”和“面向比特的链路”。

“面向字符”和“面向比特”是一个让人迷惑的区分方式。我们知道，物理层传输的是比特流，它根本没有什么字符的概念。而所谓“字符”，只不过是人的理解方式，其实，计算机的世界都是比特，数据链路层同样如此。

以美国信息交换标准代码（American Standard Code for Information Interchange，ASCII）为例，人们对英语（及其他基于拉丁字母的西欧语言）进行了编码，如表 2-1 所示。

表 2-1　ASCII 码举例

英语字母	ASCII 码（二进制 / 比特串）
A	01000001
B	01000010
C	01000011
D	01000100

表 2-1 列举了 4 个英语字母 A、B、C、D，每个字母都用 8 个（实际上是 7 个，最高位是 0）比特来表示（编码）。与之对应，代码中如果出现这样的 8 个比特，如看到 01000001，就认为是字母 A。

从本质上说，无论是物理层还是数据链路层，或者是其他层，它们看到的都是比特流。如果人所编写的程序（实现数据链路层协议的程序）可以将这些比特流按照一定的编码（如 ASCII 码）格式进行截取（如每 8 个比特截成 1 小节）、翻译（如翻译成英语字母），那么就可以认为数据链路层传输的是“字符（串）”；如果传输的比特流“不按套路出牌”，程序截取翻译之后是一堆乱码，那么就可以认为数据链路层传输的是“比特”。

2. 异步传输与同步传输

对于数据链路层传输的帧，通俗理解就是一段比特流。为了简化模型，假设网络上传输唯一的一段比特流，如图 2-4 所示。信源发送了一段比特流（1010）给信宿。对于信宿来说，它必然存在两个时刻：T1 时刻，信宿尚未收到比特流；T2 时刻，信宿开始收到比特流，如图 2-5 所示。

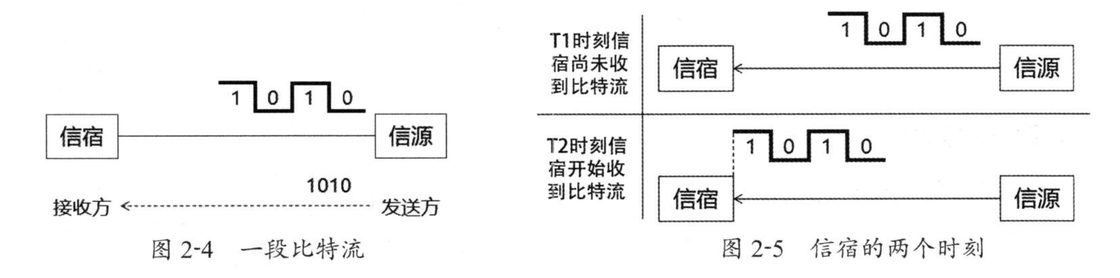

图 2-4　一段比特流

图 2-5　信宿的两个时刻

这就引发了第一个问题：信宿需要知道“这串比特流”什么时候开始。假设用高电平（如 +5V）代表比特“1”，用低电平（如 0V）代表比特“0”，因为信源在没有发送比特时，信源和信宿之间的链路也是有电平的，或者高电平或者低电平，或者高高低低的电平，所以信宿一定要能区分链路空闲时的情况和链路上真正的信息到达时的情况。信宿不能在 T1 时刻认为信息来了，那样会多接收信息；信宿也不能在 T2 时刻认为信息还没来，那样会少接收信息，极端情况下会漏掉所有信息。

用通信方面的术语来讲，即信宿一定要知道“帧”什么开始，并要知道“帧”什么时候结束！

数据链路层一定要知道帧什么开始和什么时候结束，其具体的实现方法与其传输的是“比特”还是与“字符”相关，也与是异步传输还是同步传输相关。

异步传输和同步传输指的是通信双方（或者多方）之间的时钟是否同步。第 1 章中简单介绍过时钟同步的方法：信源端专门发送同步信息（称为导频），信宿端从导频信号中提取出时钟频率，称为外同步法；信宿端从其所接收的（数据）码元（信号）中提取出这个频率，而不需要额外的导频信号，称为自同步法。

对于异步传输而言，它们的时钟完全独立，不需要同步，时钟频率可以不同，如图 2-6 所示。

图 2-6 表达了两种情形，其中时钟同步场景中，信源发送的是 1010，信宿理解的也是 1010；对于时钟异步场景，假设信宿的时钟频率是信源的 2 倍，那么信宿就会将信源发送的 1010 理解为 11001100，这就会导致错误。

因此，虽然是时钟异步，信宿和信源之间的差异也必须在一定的范围内（一般小于 7%），否则无法进行正常通信。即使在一定的误差范围内，双方所传输的比特数也不能太多，否则由于误差积累，仍然会出现错误，如图 2-7 所示。同步传输不会存在这样的问题，但并不是每一帧所包含的比特数越多越好。

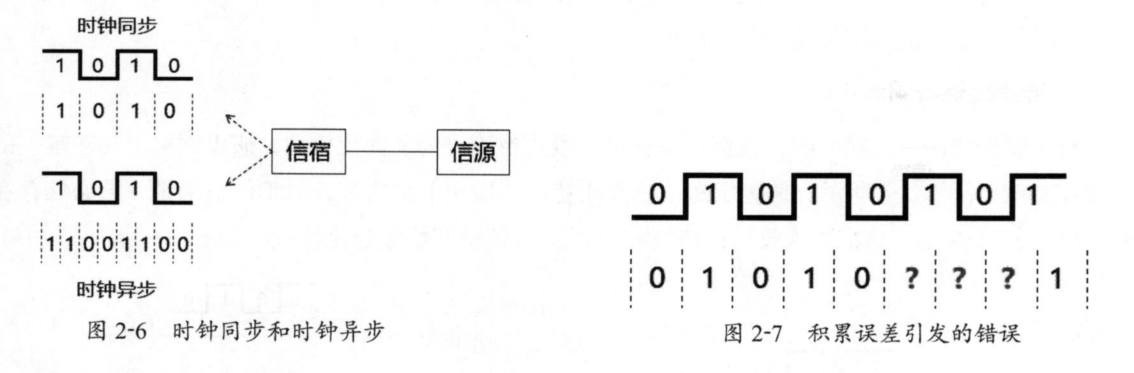

图 2-6　时钟同步和时钟异步

图 2-7　积累误差引发的错误

3. 异步传输信息成帧

前面提到异步传输所传输的比特数不能太多，那么我们通过选择只传输 1 个字符来理解。

① 1 个字符到底有几个比特取决于编码方式。例如，ASCII 码就是 8 个比特。

②具体采用什么样的编码（或者说 1 个字符包含几个比特）不体现在帧结构中（传输的比特串），而是由人们提前约定好。如果发送方认为 1 个字符是 5 个比特，而接收方认为 1 个字符是 6 个比特，那么这样的通信就会失败（双方无法正确沟通）。

异步传输的帧结构如图2-8所示。异步传输在链路空闲时处于高电平（1），所以采用低电平（0）表示信息的起始位。信宿端时刻监控自己接口的电平，当发现电平由高（1）变低（0）时，可知该比特是信息的起始位。

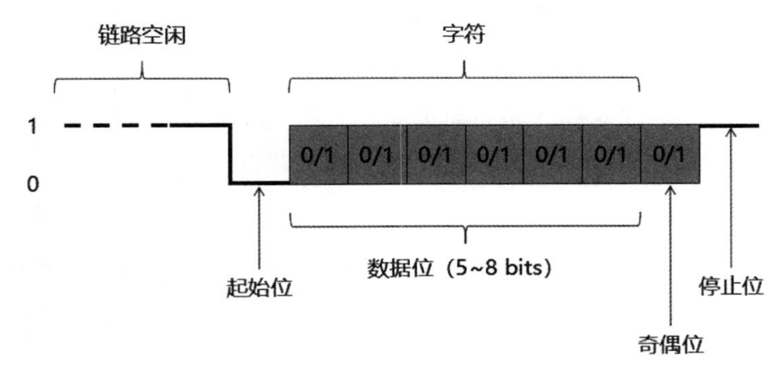

图 2-8　异步传输的帧结构

起始位占用1个比特。起始位后面就是数据位，即1个字符。1个字符占用5 ~ 8个比特（不同的实现采用不同的比特数）。

数据位后面是1个比特的奇偶校验位，是可选的（奇偶校验位是为了信息传输的差错检测）。

奇偶校验位后面是停止位，表示1个字符传输结束。停止位用高电平表示，占位1个比特、1.5个比特或2个比特。这里的比特不是指数量的比特，而是指发送时间。假设1个比特发送的时间是1ms，那么1.5比特则表示发送1.5ms（高电平）。

异步传输的单位是1个字符（再加上起始位、奇偶位、停止位），其可以在任意时间发送1个字符，发送完1个字符后，可以间隔任意时间再次发送下一个字符。注意，间隔或链路空闲并不是真的“空闲”，而是链路为高电平（1）。假设字符是101010，奇偶位是0，停止位是1，在发送该字符之前链路空闲了一段时间，对应的比特是11…11，那么信宿接收到的“比特”流如图2-9所示。

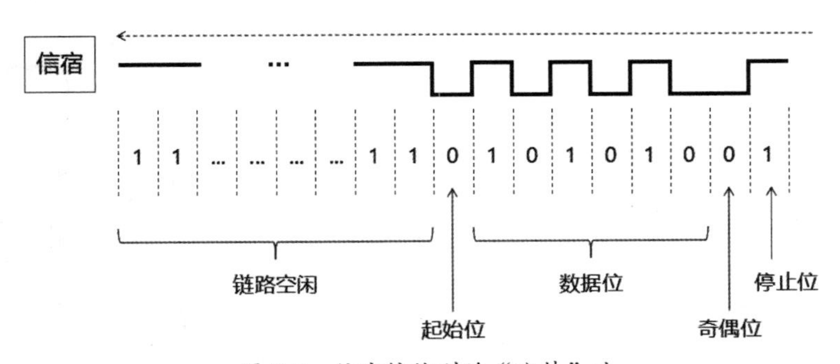

图 2-9　信宿接收到的“比特”流

图2-9中，对“比特”二字之所以加引号，是因为信宿接收的是电平信号，进行解码以后，这些电平信号才是真正的比特流。

说明：这里的解码与ASCII码的解码不同，其类似于NRZ码的解码，具体内容可参见第1章。

无论是电平信号还是比特流，由于信源和信宿的时钟并没有同步，随着时间的积累，其差异会越来越大，因此双方无法正确通信。这个问题怎么解决呢？实际上，信宿做了以下两件事情。

①时刻“紧盯”链路上的电平信号。

②一旦“监视”到信息起始信号（从高电平变成低电平），马上就认为信息开始传输，于是立刻进行时钟同步。

由此可知，异步传输并不是完全不进行时钟同步，其只是在信息接收前的那一刻才开始时钟同步，也仅做一次时钟同步。这一次时钟同步可以保证接下来的信息接收是正确的，但信息的比特位数不能太多（否则也会因为误差积累而引发错误）。

异步传输的信宿监测到信息的起始位后立刻进行时钟同步，然后即可接收信息。但是，无论是数据（字符）还是数据后面的奇偶位，都只是一个个比特，那么信宿是如何知道哪些比特是数据位，哪些比特是奇偶位呢？这就是前文介绍的，数据包含几个比特一定要事先约定好，否则信源可能认为数据是 5 比特，而信宿认为数据是 6 比特，双方肯定无法正常通信。实际上，不仅数据包含几个比特需要事先约定，而且是否有奇偶位也需要约定，因为奇偶位是可选的。

既然数据位、奇偶位都已经事先约定好了，那么为什么还需要停止位呢？毕竟因为信宿已经知道这一次的信息传输是否结束了。

停止位的真正目的不是表达信息传输的停止，而是为了信息传输的开始。假设每传输一个字符就等 1min，那么有无停止位并不重要，因为停止位的电平是高电平（1），链路空闲的电平也是高电平（1），无论有无停止位，信宿都会知道信息传输结束，链路上的电平也都会变成高电平。但是，如果传入一个字符以后，马上就传输下一个字符呢？如图 2-10 所示。

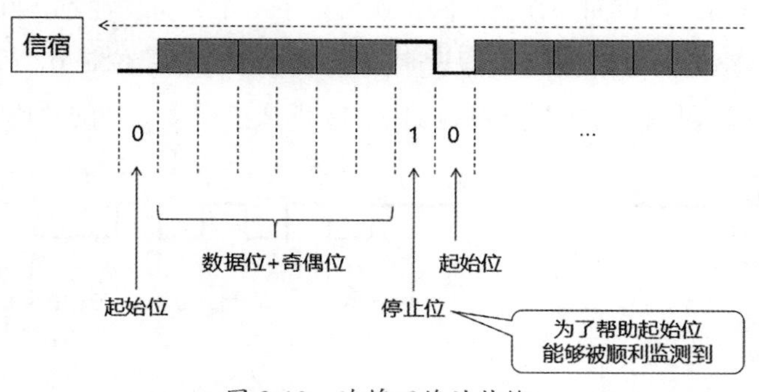

图 2-10　连绵不绝的传输

通过图 2-10 可以看到，停止位的真正目的是帮助下一个起始位能够被顺利监测到（以便重新同步时钟），进而达到连续传输的目的。

图 2-10 除了表达了停止位的作用外，也很好地表达了异步传输的传输效率。虽然链路没有空闲，但是每一个字符都必须附加起始位、停止位（有的还有奇偶位），所以异步传输的传输效率很低。

- 最高传输效率：数据位是 8 比特，起始位是 1 比特，停止位是 1 比特，无奇偶位（0 比特），那么传输效率为 $8/(8+1+1)\times 100\% = 80\%$。

- 最低传输效率：数据位是 5 比特，起始位是 1 比特，停止位是 2 比特，奇偶位是 1 比特，那么传输效率为 $5/(5+1+2+1)\times 100\% \approx 55.56\%$。

由于异步传输的传输效率较低，因此目前异步传输在网络领域已经很少被采用。但是，计算机主机与输入、输出设备之间一般还采用异步传输方式，如键盘、RS-232 串口等。

虽然网络领域很少采用异步传输，但其对于理解数据链路层的“信息成帧”的基本思路和原理非常有帮助。

异步传输的几个特点如下。

①每一个字符独立发送，字符间的间隔是任意的。

②每个字符以起始位和停止位加以分割，故异步传输也称为起止式异步传输。

③信源和信宿之间的时钟是独立和异步的，两者只在每个字符的起始位进行一次时钟同步。

④通信（传输）效率低。

⑤通信设备要求简单。

⑥适用于低速链路。

4. 同步传输信息成帧

与异步传输相比，同步传输可以一次传输更多的比特。但同步传输同样也存在帧的起始和结束定位的问题，只是在发展过程中，根据其所传输的内容出现了两种流派。

①一种传输的内容是字符串，虽然本质仍然是比特流，但是这些比特可以按照一定的编码格式（如 ASCII 码）进行有效的编码、解码，称为字符传输（异步传输也可以称为字符传输）。

②一种传输的内容是比特，如前文所述，这些比特无法按照一定的编码格式（如 ASCII 码）进行有效的编码、解码，称为比特传输。

说明：同步传输的字符传输、比特传输指的都是 1 帧传输多个字符、多个比特；而异步传输的字符传输，指 1 帧传输的是单个字符。

无论是字符传输还是比特传输，同步链路在空闲时都不能像异步传输那样一直是高电平，所以同步传输不能像异步传输那样以一个比特的起始位作为一帧的开始标记，同理也不能以 1 ～ 2 个比特的停止位作为一帧的结束标记。同步传输的帧的定界符（帧的开始和结束标记）需要进行专门设计。

（1）面向字符的同步传输

既然传输的内容是字符，那么对应的协议也就自然地将帧的定界符（帧的开始和结束标记）设计为字符（1 个字符）。

同步传输链路层协议中，除了有定界字符外，还有其他相关的字符，这些字符统称为控制字符（有时又细分为格式字符和控制字符）。例如，二进制同步通信（Binary Synchronous Communication，BSC）协议的控制字符就包括 SOH、STX 等，如表 2-2 所示。

表 2-2　BSC 协议的控制字符

字符	含义	数值（二进制）	类型（细分）
SOH	Start of Heading 报头开始	0000 0001	格式字符
STX	Start of Text 正文开始	0000 0010	格式字符
ETB	End of Transmission Block 结束传输块	0001 0111	格式字符
ETX	End of Text 正文结束	0000 0011	格式字符
ACK	Acknowledge 收到通知	0000 0110	控制字符
NAK	Negative Acknowledge 拒绝接收	0001 0101	控制字符
ENQ	Enquire 请求	0000 0101	控制字符
EOT	End of Transmission 传输结束	0000 0100	控制字符
SYN	Synchronous 同步空闲	0001 0110	控制字符
DLE	Data Link Escape 数据链路转义	0001 0000	控制字符

实际上，表 2-2 描述的 BSC 协议的控制字符采用的是 ASCII 码。业界把这种以字符（如 ASCII 码的控制字符）作为帧传输的控制字段的协议称为面向字符的协议。需要注意的是，这里以控制字段是字符还是比特来区分协议的类型。

说明：BSC 是 IBM 公司提出的协议，是面向字符协议的典型代表。面向字符协议适用于点对点、点对多点线路结构，目前在局域网、广域网中已经基本不再使用，不过在面向终端的网络系统中仍被较多使用。

控制字段与 1 个帧是什么关系呢？仍以 BSC 为例，BSC 帧结构如图 2-11 所示。

图 2-11 中，报头和正文都是用户自己的数据，其被控制字符分割为两部分；块校验字码（Block Check Code，BCC）属于差错检测范畴（不属于控制字符，也不是字符）。

这里关注的是 BSC 如何定界 1 个帧：以 2 个 SYN 字符开始，以 1 个 ETB 或 ETX 字符结束。“结束”二字之所以加上引号，是因为 BSC 在帧的最后还加上了校验字段（BCC）。

更一般地，可以抽象地表达面向字符协议的帧结构，如图 2-12 所示。

SYN	SYN	SOH	报头	STX	正文	ETB ETX	BCC
同步字符		报头开始	用户定义	报头结束	正文字段（数据信息）	分组结束或者报文结束	校验字段

图 2-11　BSC 帧结构

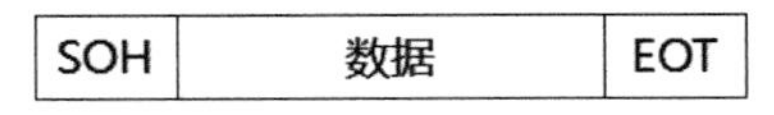

图 2-12　面向字符协议的抽象的帧结构

图 2-13 表明，一个抽象的面向字符协议的帧结构以 1 个 SOH 字符开始，以 1 个 EOT 字符结束。

（2）面向比特的同步传输

数据链路层以比特作为帧传输的控制字段的同步传输，称为面向比特的同步传输，其对应的协议称为面向比特的（同步传输）协议。对于帧定界，不同的协议有不同的定界方法。这里先举两个例子，帮助读者理解。

①第一个例子是高级数据链路控制（High Level Data Link Control，HDLC）协议，其帧格式如图 2-13 所示。

比特	8	8	8	可变	16	8
	标志 F	地址 A	控制 C	信息 Info	帧检验序列 FCS	标志 F

图 2-13　HDLC 协议帧格式

这里只关注 HDLC 协议帧的定界，即图 2-13 的两个标志（Flag，简称 F）字段。F 字段占有 8 个比特，对应的值是 01111110（0x7E）。第 1 个 F 字段表示帧的开始，第 2 个 F 字段表示帧的结束。可以看到，HDLC 协议帧的定界非常简单直接。

这里有一点需要说明，HDLC 协议的 F 字段是 8 个比特，因此可以将其对应到 ASCII 码。ASCII 码中的 01111110 表示字符“~”（波浪号）。那么，是否可以认为 HDLC 协议是面向字符的传输协议呢？答案是否定的。因为 HDLC 协议的本意并不是采用 ASCII 码来做控制字符，只是恰巧它的控制字符（如 F 字段）是 8 个比特，可以对应到 ASCII 码而已。另外，面向字符的协议采用的是 ASCII 码所定义的控制字符，而不是其中的普通字符。HDLC 协议的 F 字段（01111110）对应的不是 ASCII 的控制字符，而是普通字符（“~”）。从这个角度来看，也不能认为 HDLC 协议是面向字符的协议。

这么解释不容易理解，还可以用一个更简单的方法来判断：面向比特的控制字段有的并不以整个字符作为整体，而是将这个字符打开，其中的不同的比特表达不同的含义。例如，HDLC 协议的“控制（C）”字段如图 2-14 所示。

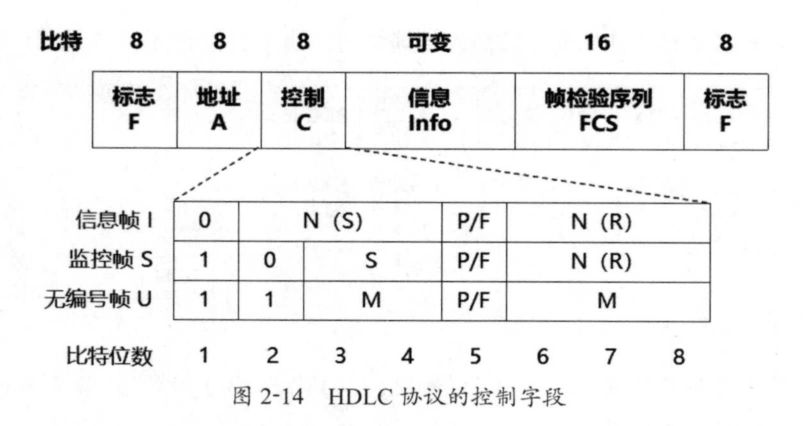

图 2-14 HDLC 协议的控制字段

图 2-14 中，HDLC 协议的帧分为 3 类（信息帧、监控帧、无编号帧），每一类帧的控制字段的不同比特有不同的含义。因此，可以很直观地看到，HDLC 协议是面向比特的协议，而不是面向字符的协议。

还有一种判断方法也非常直接：有的协议的控制字段的长度超过 1 个字符，那它也肯定是面向比特的协议。

需要强调的是，协议中的控制字段指的是非信息字段，而并非该字段的名字为“控制”。

说明： HDLC 协议由 OSI 颁布，前身为 IBM 开发的同步数据链路控制规程（Synchronous Data Link Control，SDLC）。

②第二个例子是以太网 MAC 帧格式（具体请参见“2.3 以太网”），如图 2-15 所示。

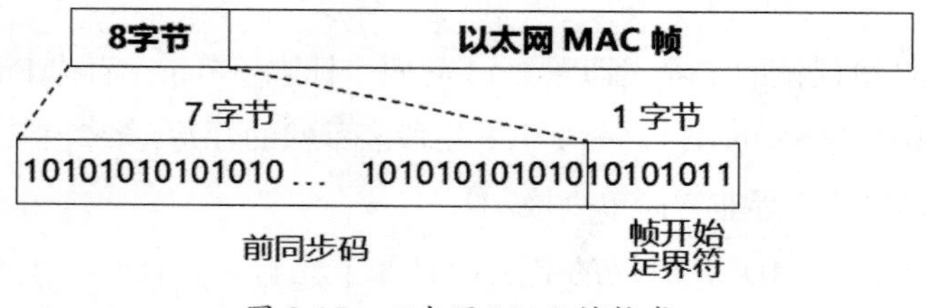

图 2-15 以太网 MAC 帧格式

严格来说，以太网 MAC 帧的定界符不属于数据链路层的一部分，而是属于物理层。它的定界符位于 MAC 帧的之前的 8 个字节（称为前导码），其中前 7 个字节称为前同步码（7 个 10101010），目的是时钟同步；第 8 字节是帧开始定界符，表示一个以太网 MAC 帧的开始，其值为 10101011。

以太网中没有显示帧结束的标志字段。以太网采用曼彻斯特编码，当链路空闲时，以太网发送的空闲信号是高电平，这样以太网就比较容易发现一个帧的结束，因而不需要专门的帧结束定界符，如图 2-16 所示。

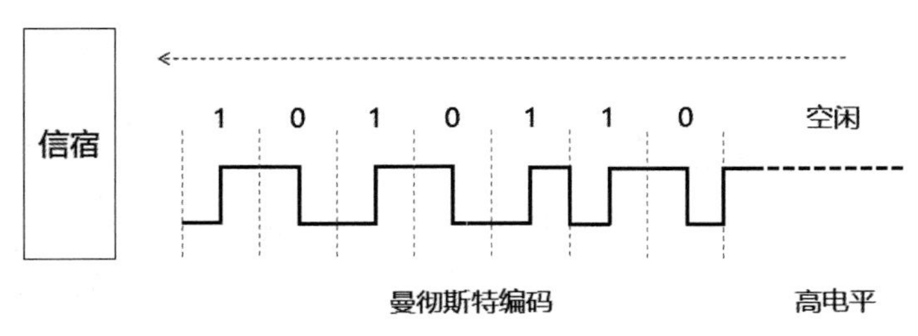

图 2-16　以太网 MAC 帧的结束

从图 2-16 可以看到，以太网在传输有效信息时，因为采用的是曼彻斯特编码，每个信号周期都有电平的跳变，而在空闲时一直是高电平。利用这个特征，以太网可以定界出一个帧的结束位置。这种定位方法也称为物理层编码违例法。

空闲时是高电平，也就暗示了以太网帧在开始之前必须要有前同步码的原因：链路空闲时只有高电平，无法携带时钟信息，信宿与信源之间无法进行时钟同步（双方之间也没有导频信号），所以必须依靠前同步码进行时钟同步。

说明：如果只看这一点，以太网能否称为同步传输是存疑的。因为在链路空闲时，以太网的时钟无法通过链路上的空闲信号来保证同步。实际上，以太网还有其他方式和技术来保证时钟同步，但由于该内容超出了本书范围，因此不再深入讨论。

5. 小结

异步传输停止位的本质如图 2-17 所，如果仅仅依靠电平的变化，异步传输无法区分奇偶位、数据位与停止位，因为它们都是高电平。

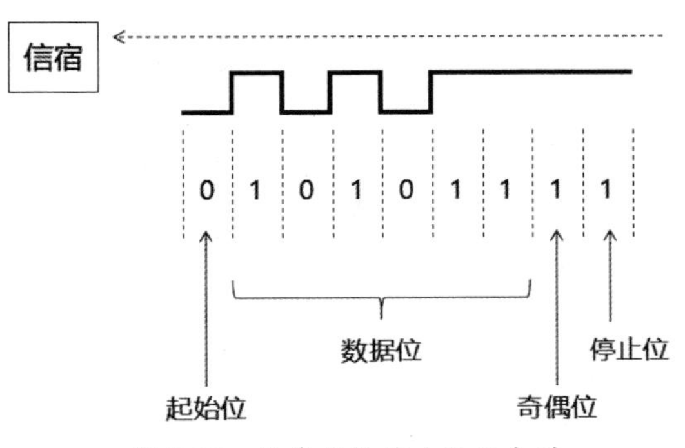

图 2-17　异步传输停止位的本质

我们知道，停止位的目的不是用于标识一帧的结束，而是为了让信宿能够识别出下一帧的起始位（进而进行时钟同步），从而达到连续传输信息的目的。

既然停止位的目的不是用于标识一帧的结束，也无法标识一帧的结束，那么异步传输是如何定位一帧的结束呢？答案是长度，即异步传输一定需要事先知道数据位的长度（即包含多少位比特）以及是否有奇偶位。所以，异步传输的帧结束的定界方法本质上是字符 / 比特计数法。可以从两个维度理解帧定界，一是帧定界的本质是依赖于物理层还是数据链路层，二是帧定界的方法。

（1）帧定界的本质依赖

以异步传输为例，帧的开始是以起始位为标志的。本质上，异步传输依据的不仅仅是起始位这 1 个比特，而是依据空闲链路与起始位电平的差异：空闲电路是高电平，起始位是低电平。也就是说，从本质上讲，异步传输定界帧的开始，依赖的是物理层，而不是数据链路层。

异步传输的帧开始定界不是仅仅依据起始位，且它的帧结束定界也完全不是依据停止位，而是依赖字符 / 比特的计数。因为它所计数的字符 / 比特是帧中的数据位，所以可以得出结论：异步传输的帧结束定界，其本质是依赖数据链路层。

更一般地，可以抽象出帧定界本质依赖的区分方法：如果帧定界所依据的内容完全属于数据链路层，那么它的本质依赖就是数据链路层；如果帧定界所依据的内容涉及物理层，那么它的本质依赖就是物理层。

根据该原则可以推导出：以太网的帧开始定界和帧结束定界其本质都是物理层，HDLC 协议的帧开始定界和帧结束定界的本质依赖都是数据链路层，面向字符的同步传输的帧开始定界和帧结束定界的本质依赖都是数据链路层。

（2）帧定界的方法

帧开始定界，无论其本质是依赖于物理层还是依赖于数据链路层，都只有一种方法，即基于一个标记（简称标记法），只不过标记的方法不同：异步传输通过一个标记比特（起始位），面向字符的同步传输通过一个标记字符，面向比特的同步传输通过一个标记比特串。

帧结束定界则有 3 种方法：通过字符 / 比特计数（简称计数法），通过帧结束标记（简称标记法），通过物理层编码违例法（简称违例法）。这 3 种方法可以独立使用，也可以计数法与标记法、违例法结合使用。

不同传输模式所采用的帧定界方法如表 2-3 所示。

表 2-3　不同传输模式所采用的帧定界方法

传输模式	帧开始定界本质依赖	帧开始定界方法	帧结束定界本质依赖	帧结束定界方法	举例
异步传输	物理层	标记法	数据链路层	计数法	—
面向字符的同步传输	数据链路层	标记法	数据链路层	标记法	帧开始定界： BSC：SOH 帧结束定界： BSC：ETB/ETX
面向比特的同步传输	物理层 数据链路层	标记法	物理层 数据链路层	计数法 标记法 违例法	帧开始定界： HDLC：01111110 以太网：10101011 帧结束定界： HDLC：01111110 以太网：违例法

2.1.2 透明传输

引入透明传输这个话题，是由帧的定界引发的。下面以一个抽象的面向字符的同步传输为例进行介绍，如图 2-18 所示。

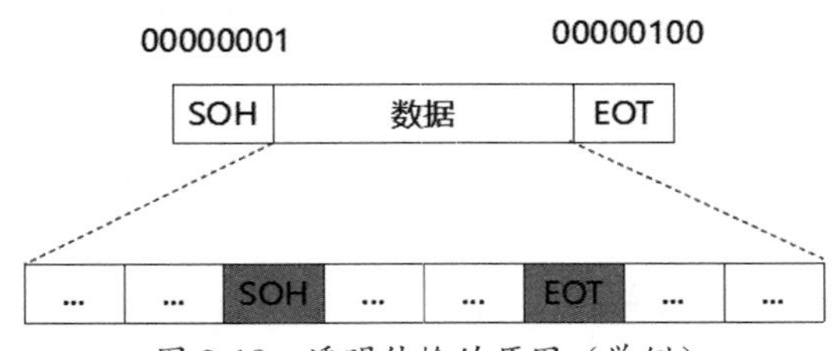

图 2-18 透明传输的原因（举例）

设想这样一个情景：面向字符的同步传输，一开始假设其所传输的都是 ASCII 可显示的字符（如 a、b、c、d、0、1、2 等字符），所以它可以采用 ASCII 的控制字符或通信专用字符（0 ~ 31 及 127，共 33 个）作为其控制字符。这种假设在一段时间内是成立的，所以面向字符的同步传输协议也一直运行得很正常。

当协议要传输非 ASCII 可显示的字符时，问题就出现了。例如，在图 2-18 所传输的数据中出现了 SOH、EOT 等定界字符，应该如何处理呢？是当作数据还是当作控制字符？退一万步，即使面向字符的同步传输可以遵守那个誓言，但也没有用，因为另一个特性面向比特的同步传输，它需要帧定界标记比特串（例如，HDLC 是 01111110，以太网是 10101011），谁也不能保证其所要传输的内容中没有包含这些标记比特串。

为了做帧定界，数据链路层中引入了帧定界标记（或者是一个字符，或者是一串比特），而链路层所传输的内容中也出现了相同的比特串或字符，于是就引发了数据链路层的困扰。那么，如何解决这个问题呢？让数据链路层的上层（网络层）或下层（物理层）来解决？而网络层和物理层是一脸的无辜：谁惹的祸谁解决，怎么能让别人背锅呢？

让网络层和物理层不能感知数据链路层的问题，让它们觉得数据链路层是“透明”的，便是透明传输一词的来源，也是数据链路层的本意。

数据链路层为了解决透明传输的问题，使用了两种方法：字符填充和比特填充。

1. 字符填充

在所传输的数据中，如果出现了协议的控制字符（不仅仅是帧定界字符），那么要做如下两件事情。

①发送方：在该字符前面插入一个特殊字符，即转义字符。

②接收方：删除相应的转义字符（然后交给网络层）。

仍以一个抽象的面向字符的同步传输为例，观察转义字符如何填充，如图 2-19 所示。

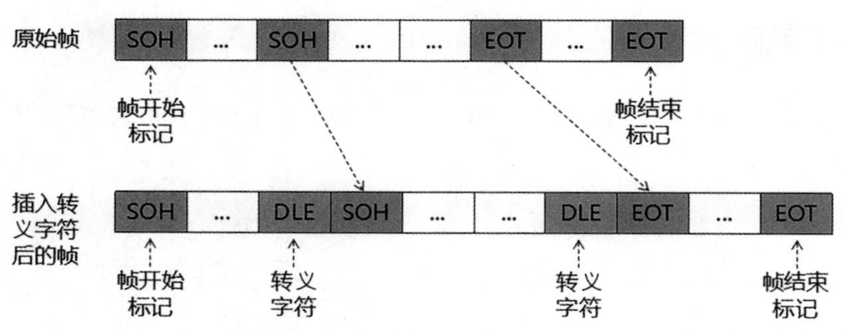

图 2-19　字符填充

在图 2-19 中，原始帧中出现了 SOH、EOT 两个控制字符，于是在这两个字符前面插入了转义字符 DLE。数据链路转义（Data Link Escape，DLE）字符对应到 ASCII 码，就是 00010000。如果在传输数据中出现了 DLE 字符，那么同理，也在 DLE 前面插入 1 个转义字符（DLE）。

2. 比特填充

比特填充对应的帧定界是比特串的情形。例如，HDLC、PPP 等协议的帧定界比特串都是 01111110，即 2 个“0”中间有 6 个“1”。在所传输的数据中如果出现了 5 个连续比特“1”，那么会做如下两件事情。

①发送方：在第 5 个比特“1”后面插入 1 个比特“0”。

②接收方：将连续 5 个比特“1”后面的比特“0”删除，然后交给网络层。

仍用抽象的图例来表达比特填充，如图 2-20 所示。

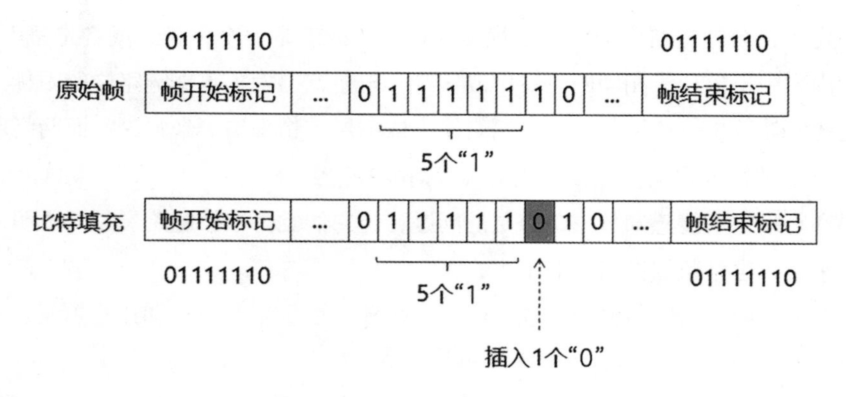

图 2-20　比特填充

从图 2-20 中可以看到，传输数据中出现了 01111110 这样的帧定界标记，由于比特填充，它会变成 011111010，因而不会引发混淆。

以太网的帧开始定界比特串是 10101011，如果传输数据中出现了这样的比特串，应该这么办呢?

有人认为以太网的帧开始定界比特串之前还有 7 个字节（每个字节 =8 比特）的前同步符

（7 个 10101010），可以通过这个来区分。但是，如果传输数据中出现了“1010101010101010101010101010101010101010101010101010101010101011”（7 个 10101010，1 个 10101011），那该怎么办？

还有更麻烦的问题：异步传输的帧开头，是一个起始位，就是 1 个比特“0”，那么传输数据中出现了比特“0”怎么办？还有，异步传输的结束是停止位，是比特“1”，那么传输数据中出现了比特“1”怎么办？

为了解决这个问题，我们需要从头梳理一下，前面提到过如下两点。

①异步传输和以太网的帧开始定界，其本质都是依赖于物理层。

②异步传输的帧结束定界依赖于数据链路层的计数法，以太网的帧结束定界依赖于物理层。

也就是说，异步传输和以太网的帧开始定界和帧结束定界都没有依赖数据链路层的字符标记或比特串标记，因此数据链路层中的数据不存在被误认为“标记”的困扰，也即从根本上就不存在透明传输的问题。一般地，我们可以总结如下。

①只有本质上依赖数据链路层的字符 / 比特串标记作为帧定界符的协议，才存在透明传输的问题。

②对于面向字符的同步传输，通过字符填充做到透明传输。

③对于面向比特的同步传输，通过比特填充做到透明传输。

2.1.3 差错检测

由于噪声及其他原因，物理层可能会出现传输错误，对于 OSI 的上层来说，它们必须能够检测并修正这些错误。在网络技术发展的初始阶段，数据链路层比较复杂，基本承担了检测、修正的责任。随着网络的发展，数据链路层越来越聚焦于差错检测，而错误的修正则由更上层（网络层、传输层）来完成。相应地，本小节也聚焦于差错检测，而且仅聚焦于帧内容的差错检测。

帧内容的差错检测指的是不检测帧中的控制字符（或比特串），而只检测其他部分，如图 2-21 所示。对于 BSC 协议，只检测报头和正文部分；对于 HDLC，则只检测地址、控制、信息 3 个字段。

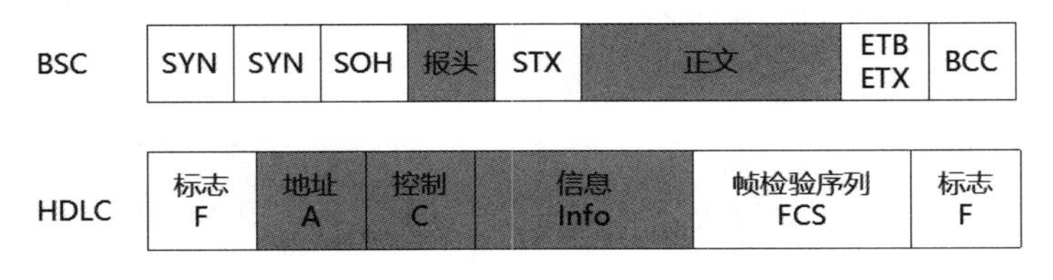

图 2-21　帧内容差错检测

图 2-21 中，BSC 的错误检测字段称为块校验字码（BCC），HDLC 协议的错误检测字段称为帧校验序列（FCS）。对于绝大部分协议来说，错误检测字段都称为 FCS，而且 FCS 的实现方法目前采用的都是循环冗余校验（Cyclic Redundancy Check, CRC）算法。

对于 CRC 算法，首先用打比方的说法进行介绍，以方便理解。

我们先不考虑二进制、帧定界，以及协议等。假设网络传输的就是自然数（1,2,3,⋯），在传输的过程中，可能会因为某种原因将数字改变，也可能会保持数字不变。那么，接收方如何知道其所接收的数字有没有被改变呢?

用打比方的方法来判断传输是否正确有如下 5 个步骤。

①发送方、接收方共同约定一个除数，如 3。

②发送方将自己要传输的数字（A）除以 3，得到余数 X，X = A mod 3。

③发送方传输两个数字：A（原本要传输的数字）、X。

④接收方收到两个数字：B（有可能被修改；有可能没有被修改，即等于 A）、X。

⑤接收方用 B 除以 3（双发共同约定的除数），如果余数是 X，那么接收方认为其所接收的数字没有被修改；否则，接收方认为其所接收的数字被修改。

说明：X = A mod 3 表示 X 等于 A 除以 3 所得的余数。

但实际上，通过这种打比方的方法来判断传输是否有错也是有缺陷的。

①假设 A = 5，被除数是 3，那么 X = 5 mod 3 = 2。发送方发送 5 和 2 两个数字。

②如果 A 被修改为 6，那么接收方接收到 6 和 2 两个数字。接收方计算 Y = 6 mod 3 = 0，发现 0 不等于 2（接收到的第 2 个数字），则认为所接收到的数字 6 被修改。这个判断是对的。

③如果 A 被修改为 8，那么接收方接收到 8 和 2 两个数字。接收方计算 Y = 8 mod 3 = 2，发现 2 等于 2（接收到的第 2 个数字），则认为所接收到的数字 8 没有被修改。显然，这个判断是错的。

④如果第 2 个数字（X）被修改，那么接收方则无法判断。

以上是对 CRC 算法打的一个比方，两者有几点是相通的。

①两个算法是一个思想，即都利用除法及余数的原理进行错误侦测。

② CRC 算法无法保证 100% 能够判断正确但其判断正确的概率比打比方的方法要大。

③如果附加信息（如打比方的附加信息是余数）也被传输错误，那么接收方将无法判断它所接收的信息是否正确。

可以看出，CRC 虽然并不完美，不过综合来看，它是最合适的。下面用剥层的方法来讲述 CRC 算法，下文中的单位“比特”（bit）也常常称为“位”。

CRC 算法的第 1 层含义是：信源在要传输的 k 比特数据 D 后添加 m 比特冗余位 F，形成 n（$n = k + m$）比特的传输帧 T，再将其发送出去，如图 2-22 所示。

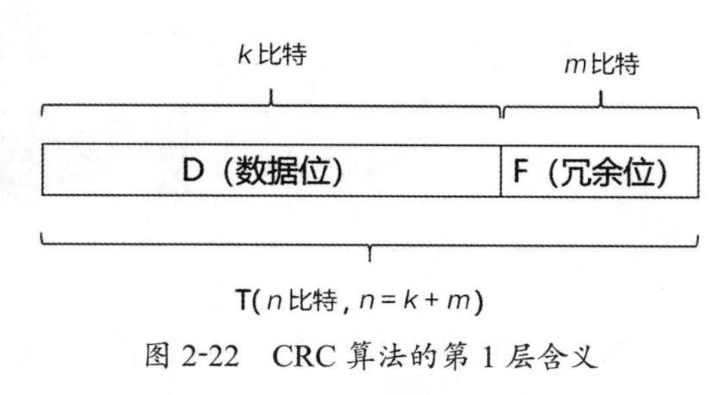

图 2-22 CRC 算法的第 1 层含义

CRC 算法的第 2 层含义是：信源和信宿同时约定一个（$m + 1$）比特的整数 P，并且使得

$$T = 2^m D + F \quad (1)$$

$$T \bmod P = 0 \quad (2)$$

①将 D 左移 m 位，即得到 T1，即 $T1 = 2^m D$。假设 D = 1101011011，$m = 4$，如图 2-23 所示。

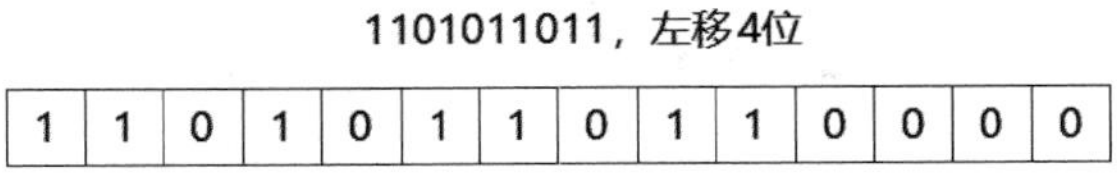

1101011011，左移4位

1	1	0	1	0	1	1	0	1	1	0	0	0	0

图 2-23　D 左移 m 位

②用 T1（D 左移 m 位）除以事先约定好的除数 P（$m+1$ 位），得到余数 F。也就是说，F（m 位）不是随便赋值，F = T1 mod P。这样才能有 T = T1 + F，T mod P = 0。

这里要强调的一点是，二进制的除法与十进制的除法不同。本质上来说，二进制并没有定义除法，只是 CRC 算法借用了“除法”这一名词，定义了自己的算法而已，因此千万不能将二进制的除法理解为十进制的除法。CRC 除法的示例如图 2-24 所示。

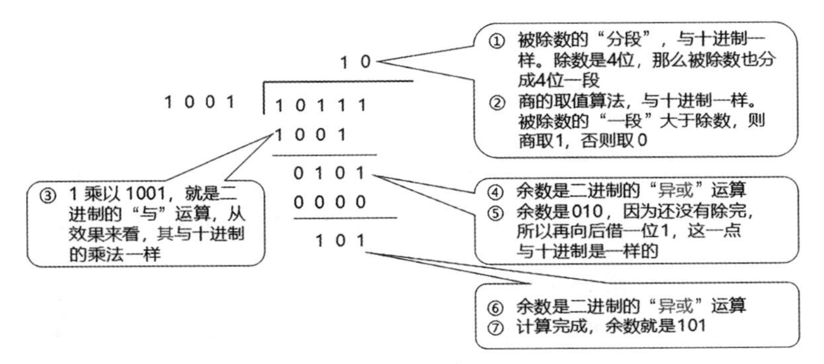

图 2-24　CRC 除法示例

二进制的除法与十进制的除法类似，只是在计算余数时，十进制使用的是减法，二进制使用的是异或。假设除数 P = 10011，那么 T1 除以 P 所得的余数为

$$F = T1 \bmod P = 11010110110000 \bmod 10011 = 1110$$

那么，T = T1 + F = 11010110111110，如图 2-25 所示。

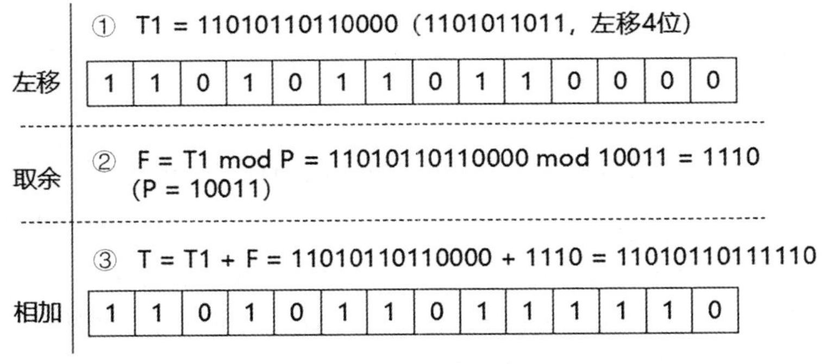

图 2-25　T 的取值

CRC 算法的第 3 层含义是：选择一个好的除数。前文通过打比方的方法讲过，有些错误是无法识别的，CRC 算法也一样。CRC 算法追求的不是 100% 的识别率，而是尽可能接近 100%。要想尽可能接近 100%，则需要选择一个好的被除数。

在介绍如何选择一个好的除数之前，先介绍一个概念：生成多项式。对于生成多项式，可以按如下方式进行简单理解。

一个二进制数，如 1101，可以用十进制的方法表示，即

$$1101 = 1 \times 2^3 + 1 \times 2^2 + 0 \times 2^1 + 1 \times 2^0$$

如果把 2 换成 X，那么就变为

$$1101 = 1 \times X^3 + 1 \times X^2 + 0 \times X^1 + 1 \times X^0$$

将上述表达式记为 G(X)，即

$$\begin{aligned} G(X) &= 1 \times X^3 + 1 \times X^2 + 0 \times X^1 + 1 \times X^0 \\ &= X^3 + X^2 + 1 \end{aligned}$$

如果 $G(X) = X^5 + X^3 + X^1 + 1$，即

$$G(X) = 1 \times X^5 + 0 \times X^4 + 1 \times X^3 + 0 \times X^2 + 1 \times X^1 + 1 \times X^0$$

那么 G(X) 对应的二进制数就是 101011。

CRC 算法的被除数也使用此种方法表达。对于 CRC 算法的除数，ITU-IEEE 标准组织已经给出了相关的数值：CRC-12、CRC-16、CRC-CCITT、CRC-32，如表 2-4 所示。

表 2-4　CRC 生成多项式

名称	多项式	二进制数	应用举例
CRC-12	$X^{12}+X^{11}+X^3+X^2+X+1$	1100000001111	telecom systems
CRC-16	$X^{16}+X^{15}+X^2+1$	11000000000000101	Bisync、Modbus、USB、ANSI X3.28、SIA DC-07
CRC-CCITT	$X^{16}+X^{12}+X^5+1$	10001000000100001	OSI HDLC、ITU X.25、V.34/V.41/V.42、PPP-FCS
CRC-32	$X^{32}+X^{26}+X^{23}+X^{22}+X^{16}+X^{12}+X^{11}+X^{10}+X^8+X^7+X^5+X^4+X^2+X+1$	100000100110000010001110110110111	ZIP、RAR、IEEE 802 LAN/FDDI、IEEE 1394、PPP-FCS

著名的以太网选择的是 CRC-32，如图 2-26 所示。其中，FCS 字段占用 4 字节，即 CRC-32 所对应的余数。有资料表明，当物理层的误码率为 10^{-8} 时，MAC 子层可使未检测到的差错小于 10^{-14}，这意味着传输差不多 1 万部高清电影才会出现 1 个比特错误的漏检测。

图 2-26　以太网 MAC 帧格式

图 2-26 同时也暗示了 CRC 算法的第 4 层含义：从算法上来说，$T = 2^m D + F$，但是实际的协议中，数据部分占用数据相关的字段，FCS 占用 FCS 相关的字段，并不表示真的就将两者相加后传输。其从 BSC 帧格式（参见图 2-21）看得更明显，BSC 的报头和正文分别占用两个不同的字段，BSC 的 BCC 占用另外的字段。

以上通过 4 层含义以层层剥开的方式讲述了 CRC 的基本原理。另外，数据链路层、发送端 FCS 的生成和接收端 CRC 的检验都采用硬件完成，处理迅速，不会延误数据的传输（延迟非常小），而且也基本上能够以接近 100% 的概率检测出错误比特。

上面讲述了数据链路层的基本使命，下面再讲述两个典型协议 PPP 和以太网，以对数据链路层有更深的了解。

2.2 点对点协议

点对点协议（Point-to-Point Protocol，PPP）可用于 Internet 拨号上网，也可以作为广域网（Wide Area Network，WAN）路由器之间连接的数据链路层协议。

从表面上看，PPP 的帧格式与 HDLC 相同，但是 HDLC 是面向比特的协议，而 PPP 是面向字符的协议。作为一个面向字符的协议，PPP 同时支持异步传输与同步传输链路，这两者的帧格式一致，但是透明传输机制不同。

虽然 PPP 与 HDLC 帧格式非常相似，但是 PPP 的目标并不是替代 HDLC 的，而是替代串行线路网际协议（Serial Line Internet Protocol，SLIP）。PPP 作为一个数据链路层协议，其涉及了部分网络层的范畴。

2.2.1 PPP 综述

本小节从 PPP 的诞生、协议、状态机 3 个方面对 PPP 进行简要描述，以使读者对 PPP 有一个综合性的认识。

1. PPP 简介

PPP 的诞生有两条相关的线，一个是串行线路网际协议（SLIP），一个是高级数据链路控制（HDLC）。

SLIP 出现于 20 世纪 80 年代初，是一个面向字符的异步传输协议，支持 TCP/IP（作为 TCP/IP 的数据链路层）。SLIP 对数据报进行简单封装，然后用串行 RS 232 线路进行传输，可以支持计算机终端到主机、主机到路由器、路由器之间的通信。SLIP 比较有名的应用是主机通过 Modem（调制解调器）拨号上网，如图 2-27 所示。

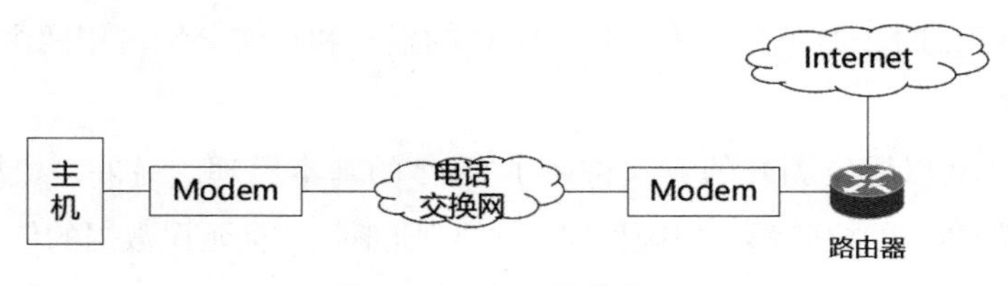

图 2-27　SLIP 拨号上网

SLIP 的优点是简单，缺点是过于简单，例如，它无法协商也无法告知通信双方彼此的 IP 地址，而是需要人打电话询问对方的 IP 地址，然后配置好才能正常通信。另外，在实际的实现中，出现了各种不兼容的版本，SLIP 最终没有成为一种标准协议，在 20 世纪 90 年代早期被 PPP 所取代。

从使用场景来说，PPP 与 SLIP 相似，但其帧格式却与 HDLC 非常相似。HDLC 是一个面向比特、同步传输的数据链路层协议，由 OSI 根据 IBM 公司的 SDLC 协议扩展开发而成。

20 世纪 70 年代初，IBM 公司率先提出了面向比特的 SDLC。随后，ANSI 和 OSI 均采纳并发展了 SDLC，并分别提出了自己的标准：ANSI 的 ADCCP（Advanced Data Control Procedure，高级通信控制过程）、OSI 的 HDLC。之后，ITU-T 基于 HDLC 提出了 LAPs 标准（X.25 中的 LAPB、ISDN 中的 LAPD、带差错控制功能 Modem 中的 LAPM），IEEE 802.2 LLC 也是基于 HDLC。

说　明：ITU（International Telecommunication Union）为国际电信联盟，ITU-T（ITU Telecommunication Standardization Sector）为国际电信联盟远程通信标准化组，IEEE（Institute of Electrical and Electronics Engineers）为电气和电子工程师协会。

源于 SDLC 的 HDLC 也曾很受欢迎，但现在却逐渐被淘汰了。从复杂度来说，HDLC 与 SLIP 相比，不可同日而语，但是殊途同归，HDLC 的优点是复杂，缺点是过于复杂。由于数据链路层的很多功能已经由传输层来完成，再加上现在链路的质量越来越好，所以，HDLC 诸多复杂的特性也就没有多大的必要了，因而被逐步淘汰。

PPP 的复杂度介于 SLIP 和 HDLC 之间，并且在用户拨号上网（接入 Internet）方面鲜有竞争对手，因此使用最广泛。虽然现在一般是用以太网上的点对点协议（Point-to-Point Protocol over Ethernet，PPPoE）替代 PPP，但是广义地讲，PPPoE 仍可归为 PPP 一类。

PPP 的帧格式如图 2-28 所示。其帧格式与 HDLC 非常相似，只比 HDLC 多了一个“协议”字段。PPP 中的地址字段和控制字段并无意义，其中地址字段固定等于 0xFF，控制字段固定等于 0x03。

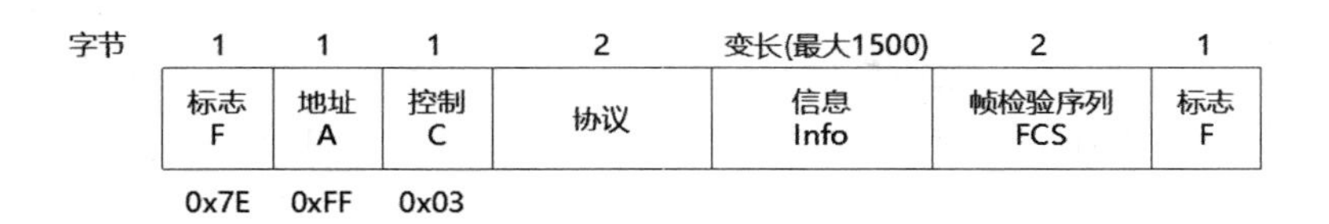

图 2-28　PPP 的帧格式

地址字段固定等于 0xFF 比较好理解，因为 PPP 只是一个点到点的协议，并不需要关注对端的地址。物理链路连接到哪里，它就通到哪里，而且链接的源和宿分别只有一个点，没有歧义。这可以从 PPP 拨号配置页面来直观地理解，如图 2-29 所示。PPP 只要求输入用户名和密码，并不用输入对端的地址。

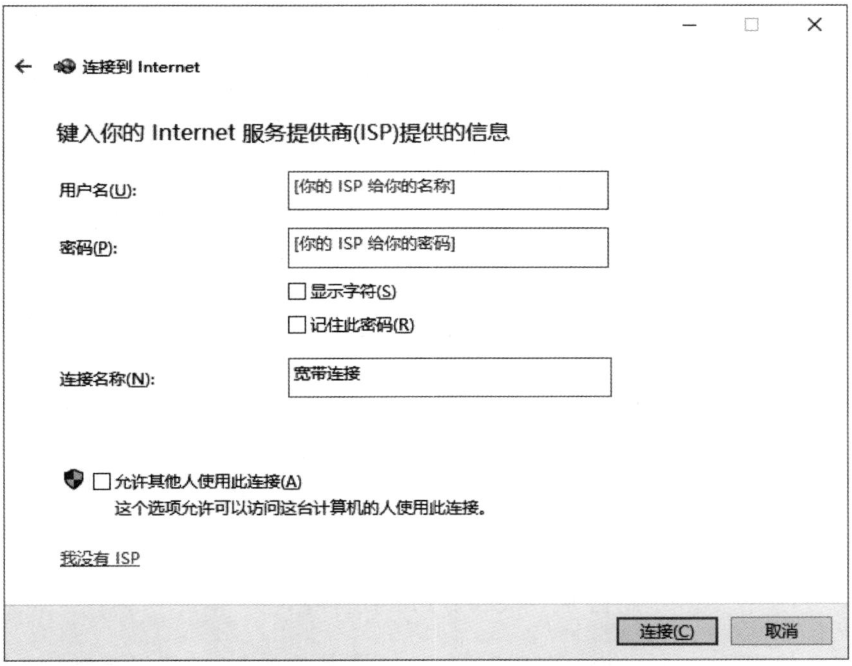

连接到 Internet

键入你的 Internet 服务提供商(ISP)提供的信息

用户名(U):　[你的 ISP 给你的名称]

密码(P):　[你的 ISP 给你的密码]

☐ 显示字符(S)

☐ 记住此密码(R)

连接名称(N):　宽带连接

☐ 允许其他人使用此连接(A)
这个选项允许可以访问这台计算机的人使用此连接。

我没有 ISP

连接(C)　取消

图 2-29　PPP 拨号配置页面

控制字段固定为 0x03，是因为 HDLC 借助控制字段实现了许多复杂的功能，而 PPP 并不需要。

PPP 相对于 SLIP 多了协议字段和 FCS 字段。FCS 字段可进行差错检测，从这一点可以看出 PPP 比 SLIP 更加可靠。另外，协议字段使得 PPP 比 SLIP 更加灵活。SLIP 只能承载 IP 报文，而 PPP 通过协议字段的标识可以承载更多的协议报文。例如，当协议字段等于 0x0021 时，表示承载的是 IP 报文，当协议字段等于 0x002B 时，表示承载的是互联网分组交换协议（Internetwork Packet Exchange Protocol，IPX）报文等。协议字段的值还包括 PPP 自身的协议，如当协议字段等于

0xC021 时，表示承载的是 PPP 自身的 LCP 信息；当协议字段等于 0x8021 时，表示承载的是 PPP 自身的 IPCP（NCP 的一种）信息。

PPP 替代了 SLIP，因此必须覆盖 SLIP 的场景，即支持异步传输链路。在异步传输时，PPP 的信息字段是 8 比特无奇偶校验的字符。同时，PPP 和 SLIP 一样，其透明传输机制也采用字符填充技术。对照图 2-28 可以看到，异步传输时，PPP 的传输效率非常低。同时，PPP 也支持同步传输链路。同步传输时，PPP 采用的是比特填充的透明传输技术。

PPP 拨号上网如图 2-30 所示。这仅是 PPP 的一个示意，但是其本质是不变的，即主机需要与路由器协商进而获取 IP 地址。

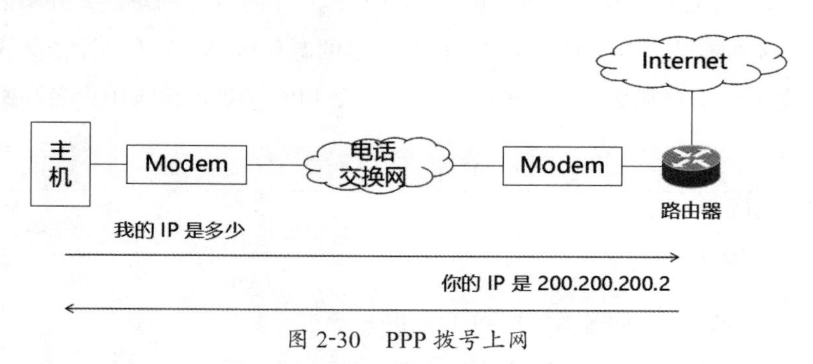

图 2-30　PPP 拨号上网

为了避免产生“PPP 的应用场景只能是拨号上网”的误解，下面举例说明两个路由器通过 PPP 连接的情况，如图 2-31 所示。两个路由器之间商量的不是 IP 地址，而是 MRU（Maximum Receive Unit，最大接收单元）。

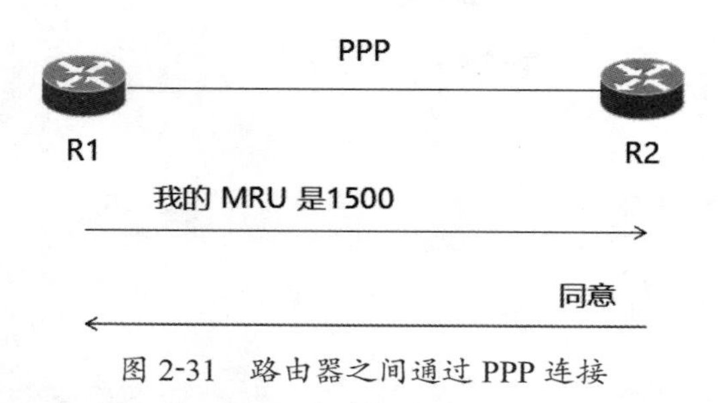

图 2-31　路由器之间通过 PPP 连接

说明：MRU 与 MTU（Maximum Transfer Unit，最大传输单元）表示同一含义，只是 PPP 习惯用 MRU，以太网习惯用 MTU。

PPP 分为两层，即链路控制协议（Link Control Protocol，LCP）和网络控制协议（Network Control Protocols，NCP）。协商 MRU 位于 LCP，协商 IP 位于 NCP。

简单地说，LCP 就是创建链路、协商相关参数（如 MRU）、认证（拨号上网中需要输入用户名、密码就是为了认证）等。这些步骤完成以后，还需要协商网络层相关的一些参数，这部分内容属于 NCP。

由于 PPP 支持多种网络层协议，因此实际上 NCP 不是一个协议，而是一组协议的组成。例如，与 IP 协议对应的 NCP 是 IPCP（Internet Protocol Control Protocol），与 AppleTalk 对应的 NCP 是 ATCP（AppleTalk Control Protocol）。

LCP 与 NCP 的关系如图 2-32 所示。

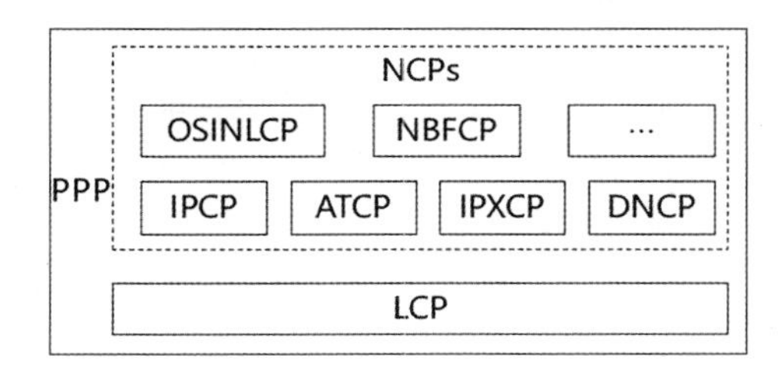

图 2-32　LCP 与 NCP 的关系

前文说过，PPP 承载的是自身协议时，是通过协议字段进行区分的，如 0xC021，表示 LCP。LCP、NCP 所对应的协议字段的值、RFC 等信息如表 2-5 所示。

表 2-5　LCP、NCP 所对应的协议字段的值、RFC 等信息

类别	RFC	标准名称	说明	协议字段
核心	RFC 1661	PPP	PPP 基础协议，描述了 PPP 的体系结构、通用操作，以及 LCP 的细节	0xC021
核心	RFC 1662	类 HDLC 帧中的 PPP	定义了 PPP 基于 HDLC 中使用的成帧方法，是 PPP 主要标准的辅助标准	0xC021
核心	RFC 1570	PPP LCP 扩展	为 LCP 定义了两种特性，即允许设备相互识别、允许每台设备告诉另一台设备当前会话保持了多长时间	0xC021
LCP	RFC 1334	PPP 鉴别协议	定义了 PAP 和 CHAP 两个 PPP 鉴别协议	0xC023
LCP	RFC 1994	PPP 挑战握手鉴别协议（CHAP）	更新 RFC 1334 中有关 CHAP 的内容	0xC223
NCP	RFC 1332	PPP 互联网协议控制协议（IPCP）	用于 IP 的 NCP	0x8021
NCP	RFC 1377	PPP OSI 网络层控制协议（OSINLCP）	对应 OSI 网络层协议的 NCP，如 CNLP、ES-IS、IS-IS 等	0x8023
NCP	RFC 1378	PPP AppleTalk 控制协议（ATCP）	用于 AppleTalk 协议的 NCP	0x8029

续表

类别	RFC	标准名称	说明	协议字段
NCP	RFC 1552	PPP 网间分组交换控制协议（IPXCP）	用于 Novell IPX 协议的 NCP	0x802B
NCP	RFC 2043	PPP SNA 控制协议（SNACP）	用于 IBM 的系统网络体系结构（SNA）的 NCP	0x804d
NCP	RFC 1762	DECnet Phase IV 控制协议（DNCP）	用于 DECnet Phase IV 协议的 NCP	0x8027
NCP	RFC 2097	PPP NetBIOS 帧控制协议（NBFCP）	用于 NetBIOS 帧的 NCP	0x803F
NCP	RFC 5072	PPP 上的 IP 版本 6（IPv6CP）	用于 IPv6 的 NCP	0x8057

表 2-5 中，RFC 1661 等归属于核心类别，但是它更多的还是表达 LCP 的内容，所以笔者将其协议字段的值写为 0xC021。

从协议类别上，PPP 分为 LCP 和 NCP，那么它们之间是如何配合的呢?

2. PPP 的状态机

PPP 的状态机如图 2-33 所示。或者换一种风格的状态机表示方式，如图 2-34 所示。

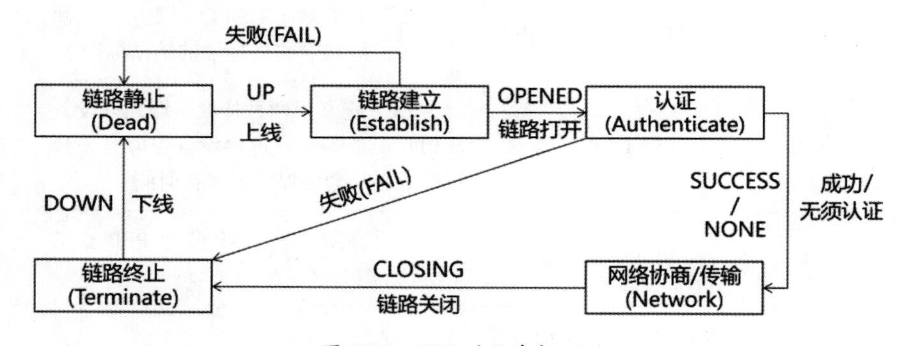

图 2-33　PPP 的状态机（1）

图 2-33 和图 2-34 表达的含义相同，状态机的起始状态是 Dead，即链路静止。其源于拨号上网的场景，当一个计算机没有拨号时，它与路由器之间的链路是不存在的。两台没有开机的计算机之间的网线就是处于这样的状态，如图 2-35 所示。

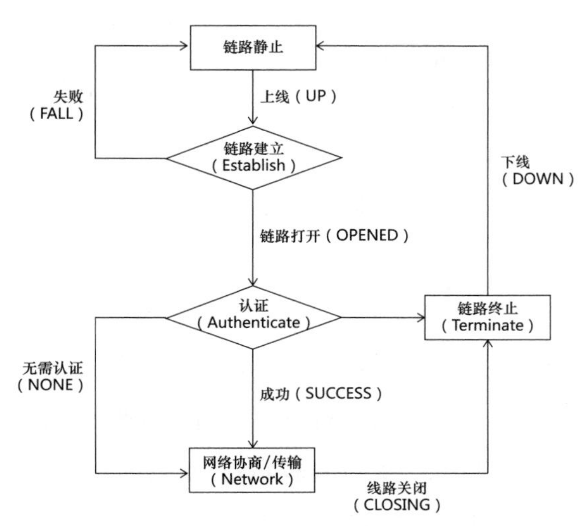

图 2-34　PPP 的状态机（2）

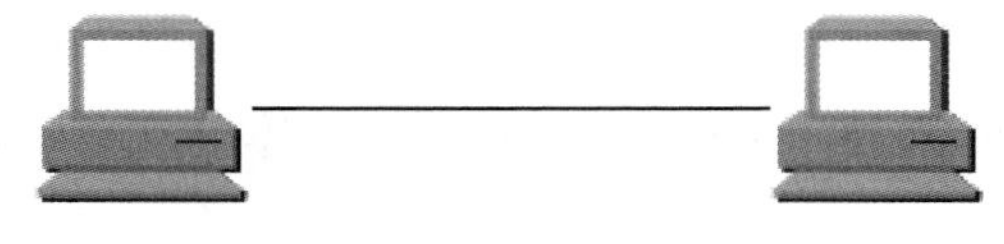

图 2-35　两台计算机之间的网线

即使不是拨号上网，即使是两台路由器之间的连接，当路由器没有上电时，它们之间的链路也是一样处于 Dead 状态，即物理链路还没有准备好。

当主机拨号，对端路由器感知到载波信号（或者是两个路由器都上电），双方建立了物理链路以后，就开始进入 LCP 链路建立（Establish）阶段。LCP 链路的建立过程，就是双方互相发送 LCP 报文及协商一些参数信息的过程。

当参数协商好以后，就进入了认证（Authenticate）阶段。认证阶段是可选的，即也可以不认证直接进入下一阶段。认证有两种方式，一种是相对简单的口令鉴别协议（Password Authentication Protocol，PAP），另一种是相对复杂但是更加安全的口令握手鉴别协议（Challenge-Handshake Authentication Protocol，CHAP）。

当认证成功（或者不需要认证）以后，即进入网络层参数的协商阶段。例如，假设 PPP 承载的协议是 IP，那么就会选择相应的 IPCP 进行协商。其实 NCP 与 LCP 的本质是一样的，都是协商相关参数，只是 LCP 协商的参数侧重于数据链路层相关的参数，而 NCP 协商的是网络层相关的参数。当 NCP 协商成功后，即可传输数据。这里的数据指的是上一层的报文，如传输的是 IP 报文。数据传输结束，NCP 就可以结束 PPP 链路，此时 PPP 又重新进入 Dead 状态。

2.2.2　LCP

LCP 的报文格式如图 2-36 所示。

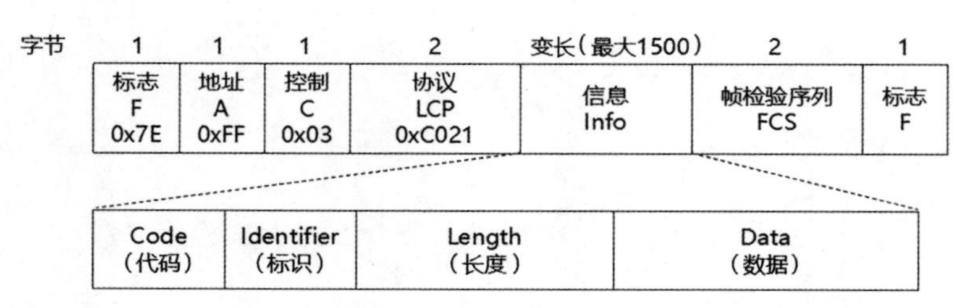

图 2-36　LCP 报文格式

对于 LCP 报文格式，这里需要首先明确两点。

①它的协议字段的值是 0xC021，表示该帧是 LCP 协议。

② LCP 具体的内容放在信息字段中承载。也就是说，信息字段既可以承载 PPP 所要真正传输的数据，也可以承载 LCP 的具体内容，而且 LCP 的具体内容也只能在信息字段中承载。

LCP 报文可以分为三大类，即链路配置报文（Link Configuration Packets）、链路终止报文（Link Termination Packets）和链路维护报文（Link Maintenance Packets）。每一类报文又包括请求报文和应答报文，有的应答报文又可以细分为 Ack、Nak、Reject 等。这些报文由 LCP 报文中的 Code 字段进行区分，主要的 11 类报文如表 2-6 所示。

表 2-6　LCP 的主要报文

报文类别	Code	报文名
链路配置报文	1	Configure-Request
	2	Configure-Ack
	3	Configure-Nak
	4	Configure-Reject
链路终止报文	5	Terminate-Request
	6	Terminate-Ack
链路维护报文	7	Code-Reject
	8	Protocol-Reject
	9	Echo-Request
	10	Echo-Reply
	11	Discard-Request

我们一直强调，LCP 是对 PPP 链路的相关参数进行协商。通过表 2-6 可以看到，其更准确的描述是：LCP 的链路配置报文才是对参数进行协商，其他两类则用于链路终止和链路维护。

1. LCP 报文结构

针对表 2-6 中的各个报文，下面对其报文结构逐个进行讲述。

（1）配置请求与确认

LCP 的链路配置报文对 PPP 链路参数进行协商。一般来说，这些参数都可以取默认值，只有在某些参数应该取其他值时才会进行协商。参数协商的正常流程是一方发送配置请求（Configure-Request）报文，另一方回以配置确认（Configure-Ack）报文。两者的报文结构完全相同，只是 Code 字段的取值不同（前者等于 1，后者等于 2），如图 2-37 所示。

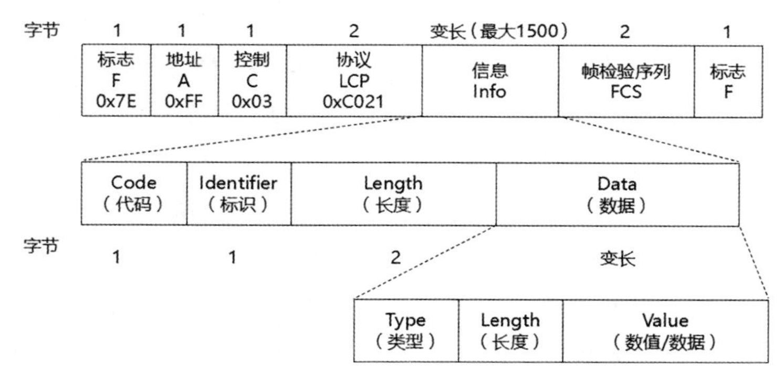

图 2-37　Configure Request / Ack 报文结构

图2-37中有Code、Identifier等字段。下面用两个路由器协商MRU的场景来举例，如图2-31所示。

① R1 向 R2 发送 LCP 协商信息，通报自己的 MRU 是 1500。

② R2 向 R1 回以 LCP 协商信息，告知 R1，其认可该参数配置。

下面将该场景的报文展现出来（为了简化描述，省略报文头的标志、地址、控制、协议 4 个字段，以及报文尾的 FCS、标志两个字段），如图 2-38 所示。R1 发送的请求报文中，Code（代码）字段的值等于 1，表示配置请求。配置请求表达的是一类报文，本图表达是要配置 MRU，其他的配置请求，如配置 Authentication-Protocol（认证协议）等，也属于配置请求报文。

字节数	1	1	2	1	1	2
字段名	Code (代码)	Identifier (标识)	Length (长度)	Type (类型)	Length (长度)	MRU
R1 请求报文	1	1	8	1	4	1500
R2 应答报文	2	1	8	1	4	1500

图 2-38　LCP 协商报文举例

R2 的应答报文的报文结构与请求报文完全相同，只是其 Code 字段的值等于 2，表示配置确认。这表达的也是一类报文：凡是对配置请求表示认可的应答，都是配置确认。

在 R1 发送的请求报文中，Identifier（标识）字段的值等于 1，该字段是为了标识该请求报文，因为 R1 可能会发送多个请求报文。如果 R1 发送 A、B、C 3 个报文，R2 同意了 A 请求，拒绝了 B、C 两个请求，那么 R1 和 R2 之间如何标识这 3 个不同的请求呢？就是根据 Identifier 字段。例如，R1 发送的 A 报文的 Identifier = 1，B 报文的 Identifier = 2，C 报文的 Identifier = 3，那么 R2 的应答报文也填上相应的值，这样双方就会互相知道对方对每个报文的态度（同意、不同意等）。路由器或主机每一次发送的配置请求报文的 Identifier 都应该不同，但是 RFC 1661 中并没有规定 Identifier 的取值算法。

R1 发送的请求报文中，第 3 个字段是 Length（长度），它表示 PPP 报文信息字段［也包括 Padding（填充）］的长度（单位是字节），即 LCP 的 Code、Identifier、Length 字段再加上后面的数据（如图 2-38 中的 Type、Length、MRU）的长度，不包括 PPP 报文最后的 2 个字段（FCS、标志），也不包括 PPP 报文的前 4 个字段（标志、地址、控制、协议）。

R1 发送的请求报文中，再往后就是配置的具体参数（称为配置选项）。配置选项分为多种，MRU 只是其中一个，所以采用 TLV（Type、Length、Value）的格式。对于图 2-38 来说，所配置的 Type = 1，表示希望配置 MRU。而 TLV 中的 Length（图 2-38 中的第 2 个 Length 字段）与传统的 Length 字段的区别是，它表示 Type、Length、Value（如图 2-38 中的 MRU）3 个字段的长度（单位是字节）。TLV 中的 Value 与传统的 Value 相同，图 2-38 表示的 MRU，其值等于 1500。

R2 的应答报文中，因为 Code = 2，表示配置确认，所以（RFC 1661 规定）必须将 R1 请求报文中的配置选项原封不动地带上。所以，在图 2-38 中可以看到，R2 的应答报文的配置选项部分与 R1 的完全相同。图 2-38 仅仅举例了一个配置选项，如果是多个配置选项，R2 的应答报文的配置选项部分也必须与 R1 完全相同，而且顺序也必须完全相同，如图 2-39 所示。

字节数	1	1	2	1	1	2
字段名	Type（类型）	Length（长度）	Authentication-Protocol	Type（类型）	Length（长度）	MRU
R1 请求报文配置选项	3	4	0xc023(PAP)	1	4	1500
R2 应答报文配置选项	3	4	0xc023(PAP)	1	4	1500

图 2-39　LCP 配置确认报文的配置选项

图 2-39 中，Type = 3，表示 Authentication-Protocol 这一配置选项，其取值可以为 0xc023（PAP）、0xc223（CHAP）。

当将相关的配置选项参数都协商好以后，PPP 链路就进入 LCP 链路打开状态（LCP Opened State）。

说明：为了行文方便，本小节后续以 R1 指代 LCP 请求报文的发送方，R2 指代 LCP 应答报文的发送方。

（2）配置未确认

LCP 的链路配置流程，除了配置请求与确认外，还包括配置未确认（Configure-Nak）和配置拒绝（Configure-Reject）。这里介绍 Configure-Nak。

Configure-Nak 的报文结构与 Configure-Request/Ack 一样，只是 Code 字段的值不同（等于 3）。Nak 表示不确认，即接收方认识所有发送方发送的配置选项，但对其中某些（或者全部）配置选项不认可。例如，发送方的 Configure-Request 中希望将 Authentication-Protocol 配置为 0xc023（PAP），但是接收方不认可，希望将其配置为 0xc223（CHAP），于是就会返回一个 Configure-Nak 报文。下面看一个具体的例子，如图 2-40 所示。

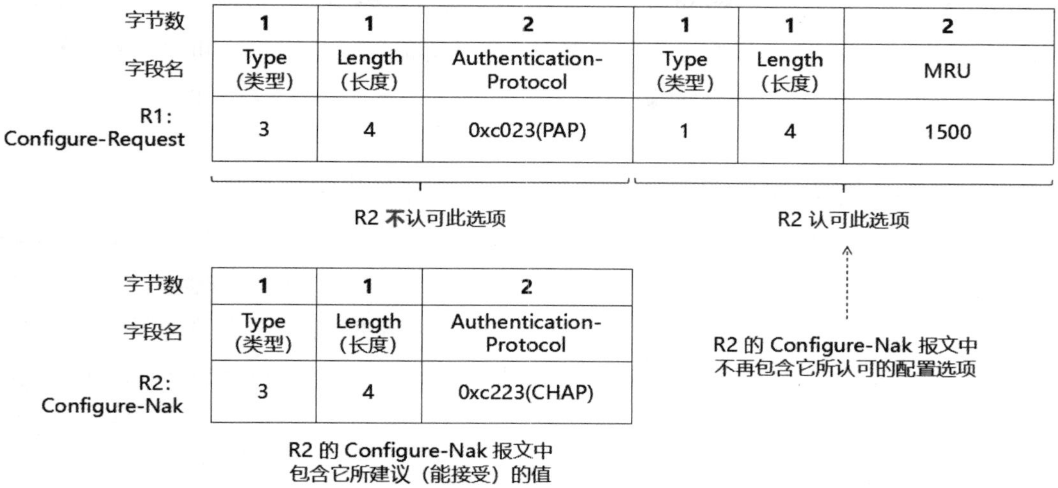

字节数	1	1	2	1	1	2
字段名	Type（类型）	Length（长度）	Authentication-Protocol	Type（类型）	Length（长度）	MRU
R1: Configure-Request	3	4	0xc023(PAP)	1	4	1500

R2 不认可此选项　　R2 认可此选项

字节数	1	1	2
字段名	Type（类型）	Length（长度）	Authentication-Protocol
R2: Configure-Nak	3	4	0xc223(CHAP)

R2 的 Configure-Nak 报文中不再包含它所认可的配置选项

R2 的 Configure-Nak 报文中包含它所建议（能接受）的值

图 2-40　Configure-Nak 举例

图 2-40 中，R2 对 MRU 表示认可，但是对 Authentication-Protocol 取值为 PAP 不认可，它期望是 CHAP。所以，在 R2 的应答报文中可以看到，配置选项中携带有 Type = 3 的 Authentication-Protocol，并且其值为 0xc223（CHAP）。

图 2-40 只是表达了配置选项相关字段，省略了 Code 等字段。根据前文描述可知，R1 的 Configure-Request 报文的 Code = 1，R2 的 Configure-Nak 报文的 Code = 3。更重要的是，R2 的 Configure-Nak 报文的 Identifier 要与 R1 的 Configure-Request 报文的 Identifier 相同。如果 R1 曾经发送了多个 Configure-Request 报文，它的判断依据是比较其发送的最后一个报文的 Identifier，如果 R2 的应答报文中的 Identifier 与之不同，则会认为该报文非法，并且默默丢弃。这一点不仅是针对 Configure-Request 报文与 Configure-Nak 报文，所有相关的请求 - 应答报文都按照此规则操作（下文会涉及其他请求 - 应答报文）。

R1 收到 R2 合法的 Configure-Nak 报文以后，如果能够接受 R2 所建议的值，就会继续发送一个新的 Configure-Request 报文。该报文只需携带上次没有达成一致的配置选项及配置选项的值，即 Configure-Nak 报文建议的值。另外，该新报文的 Identifier 也会取一个新值，以区分上一个 Configure-Request 报文。可以想象，R2 收到 R1 新的 Configure-Request 报文后，肯定会回以 Configure-Ack 报文。这样，双方协商成功，建立起 1 个 LCP 链路（如果还有其他配置选项需要协商，那么双方继续重复上述动作）。

如果 R1 不能接受 R2 的 Configure-Nak 报文建议的值，那么 R1 可以选择相应配置选项的默认值进行重新协商。如果基于默认值，双方仍然不能协商成功，那么 LCP 链路则建立失败。

还有两点需要补充说明。

①如果 R1 只发送了若干配置选项，即使 R2 表示都认可，但是 R2 认为还有其他配置选项需要

协商，那么 R2 仍然回以 Configure-Nak 报文，该报文中携带 R2 认为需要协商的配置选项。

②一个配置选项可能有多个值，R1 的 Configure-Request 报文只会携带一个值，如果 R2 不满意该值，则其 Configure-Nak 报文中可以携带多个它认为能接受的值。R1 可以在新的 Configure-Request 报文中挑选一个它认为合适的值。

（3）配置拒绝

配置拒绝（Configure-Reject）的报文结构与 Configure-Request/Ack 一样，只是 Code 字段的值不同（等于 4）。Configure-Reject 与 Configure-Nak 一样，可以拒绝部分 Configure-Request 的配置选项（也可以是全部）。其拒绝的原因包括：R2“不认识”R1 发送的配置选项类型（如“不认识”MRU）；或认为某些配置选项不能协商（由管理员进行配置）。

Configure-Reject 报文的原理与 Configure-Nak 报文基本一样，其所包含的配置选项是所要拒绝的选项，只是不需要修改其中的值。

（4）终止请求与确认

当 PPP 的一端（R1）觉得应该终止链路时，它会发送终止请求（Terminate-Request）报文。该报文会一直发送，直到收到对端（R2）的终止确认（Terminate-Ack）报文。

对于 R2 来说，如果它收到 R1 的 Terminate-Request 报文，则必须回以 Terminate-Ack 报文。如果 R1 没有收到 R2 的回应，那么它应该间隔多少时间继续发送 Terminate-Request 报文？如果 R2 收到 R1 的请求报文，那么它应该在多少时间内必须回应 Terminate-Ack 报文？对于这两个问题，RFC 1661 都没有明确定义，而是交由厂商自己决定。

Terminate-Request 和 Terminate-Ack 的报文结构一样，只是 Code 字段的值不同，如图 2-41 所示。Terminate-Request / Ack 报文并不需要像 Configure 报文那样需要附加上配置选项（TLV 结构），因为 Code 已经说明一切。如果没有 Data 字段，它甚至不需要 Length 字段。

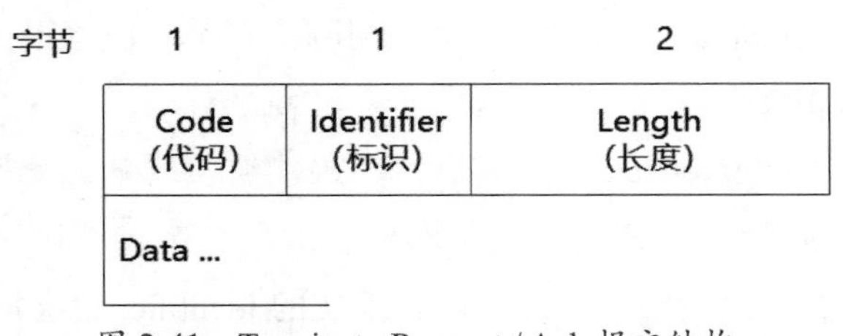

图 2-41　Terminate-Request / Ack 报文结构

很多 PPP LCP 的报文结构都包含 Data 字段，它们的含义都是一样的：包含 0 到多个字节，具体长度由 Length 字段标记，Length 的值减去 4（Code=1，Identifier=1，Length=2）等于 Data 字段的长度，这些数据仅供发送者使用，接收者并不需要理解。

（5）代码拒绝

配置拒绝是因为不认识配置选项（或者不愿意协商该配置选项，而是应该交由管理员配置）而拒绝，但是却认识 LCP 的 Code 代码。

如果一方不认识对方发送过来的 LCP 报文中的 Code 代码，则会回以对方一个代码拒绝（Code-Reject）报文。Code-Reject 报文结构如图 2-42 所示。

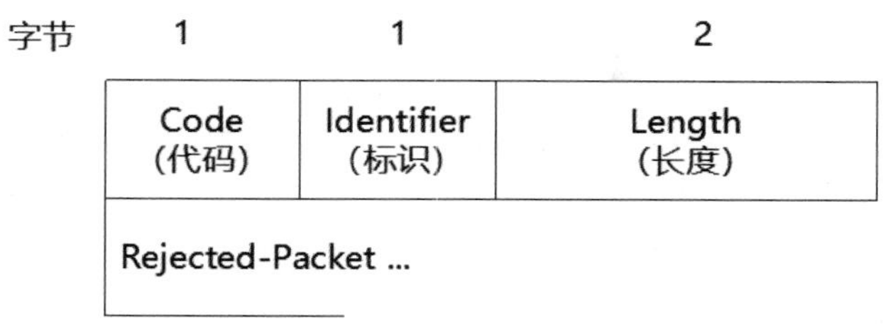

图 2-42　Code-Reject 报文结构

在图 2-42 中，Rejected-Packet 字段表示被拒绝的报文，具体指其所拒绝的 LCP 报文的 Information 字段，长度由 Length 字段标记。需要注意的是，Configure-Reject 报文的 Information 字段总长度不能超过 MRU，超出部分需要截断，即 Rejected-Packet 字段的内容有可能要被截断，因为它的长度加上 4 不能超过 MRU。

（6）协议拒绝截断

如果一方不支持对方发送过来的 PPP 报文的协议字段所代表的协议，则回以对方 1 个协议拒绝（Protocol Reject）报文。例如，R1 发送的 PPP 报文中的协议字段的值为 0x002B（期望承载 IPX 协议），但是 R2 不支持 IPX，那么 R2 就必须回以 Protocol-Reject 报文。

需要强调的是，Protocol-Reject 报文一定要在 LCP 链路打开阶段回复，否则接收方对于所收到的 Protocol-Reject 报文一律默默丢弃。Protocol-Reject 报文的结构如图 2-43 所示。Rejected-Protocol 的值等于 PPP 报文中的协议字段的值，Rejected-Information 的值等于 PPP 报文中信息字段的值。Protocol-Reject 报文中，从 Code 开始，到 Rejected-Information 结束，如果长度超过 MRU，则需要截断（Rejected-Information）。

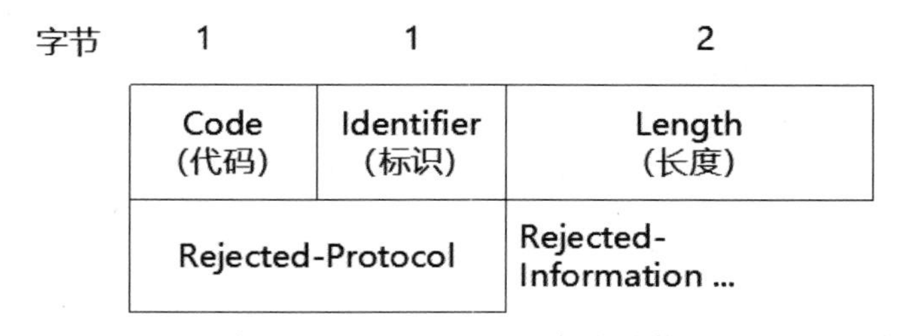

图 2-43　Protocol-Reject 报文结构

（7）回显请求和应答

回显请求（Echo-Request）和回显应答（Echo-Reply）报文是为了检测链路是否环回（Loopback），而不是协商，所以没有 Echo-Ack/Nak/Reject 等报文。两者只有在 LCP 链路打开阶段才有效，其他阶段收到此报文，PPP 的任何一方都会默默丢弃。

Echo-Request / Reply 检测环路的基本原理是利用一个魔术数字（Magic-Number，简称魔数）

来检测，如图 2-44 所示。

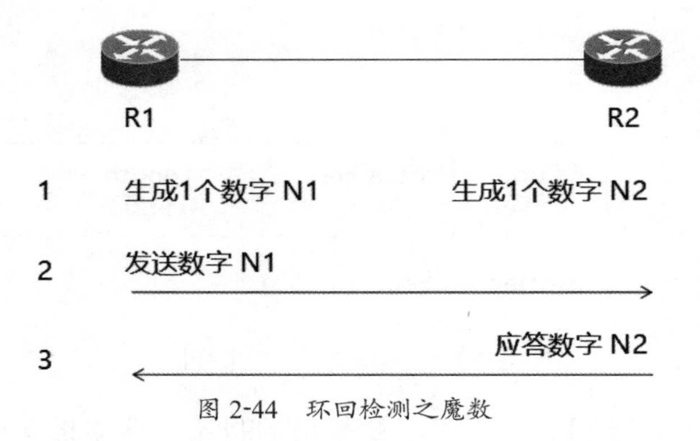

图 2-44　环回检测之魔数

在图 2-44 中，R1 和 R2 在发送报文之前首先各自生成一个数字 N1 和 N2。然后，R1 将 N1 通过 Echo-Request 发送给 R2，R2 收到该报文后，通过 Echo-Reply 报文将 N2 发送给 R1。R1 收到 N2 后，如果发现 N2 等于 N1，那么 R1 即认为链路环回，即其连接的对端 R2 不存在。这里要强调的一点是，R1 生成的 N1 和 R2 生成的 N2 不能随意“撞车”，即要以非常大的概率保证两者不能相同，否则上述判断环回的规则就是错误的。

满足这样条件的两个数字就称为魔数。RFC 1661 并没有明确给出生成魔数的算法，而是建议采用足够随机的随机数生成算法，如采用网卡地址（MAC 地址）作为随机数种子等。

Echo-Request 和 Echo-Reply 报文结构一样，只是 Code 字段的值不同（前者等于 9，后者等于 10），如图 2-45 所示。Data 字段与 Terminate-Request/Ack 报文中的 Data 字段的含义一样，这里不再赘述。

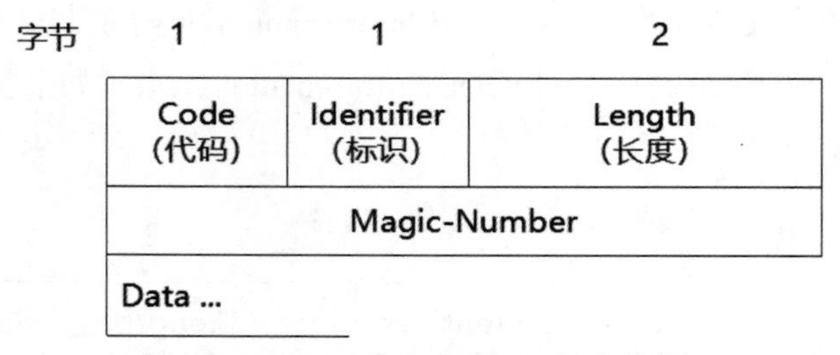

图 2-45　Code-Request/Reply 报文结构

（8）丢弃请求

丢弃请求（Discard-Request）表示，该报文没有（也不需要）应答报文。Discard-Request 只有在 LCP 链路打开阶段才有效，其他阶段收到此报文，PPP 的任何一方都会默默丢弃。

这个报文的目的是测量 PPP 链路的性能测试、调试等，其报文结构与 Terminate-Request/Ack 报文完全相同，仅仅是 Code 字段的值（等于 11）不同。

2. 配置选项

链路配置报文中涉及了配置选项，如图 2-46 所示。

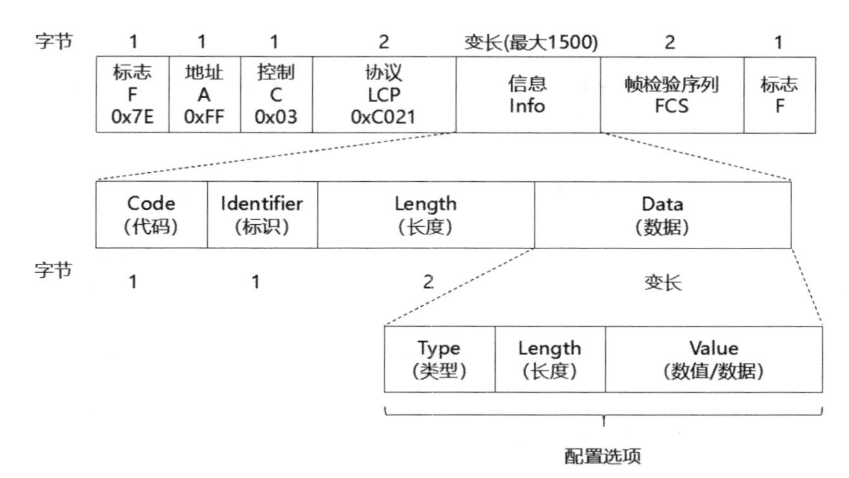

图 2-46 配置选项

每个配置选项可以通过链路配置报文进行协商；也可以不协商，此时使用配置选项的默认值（每一个配置选项都有默认值）。LCP 的主要配置选项如表 2-7 所示。

表 2-7 LCP 的主要配置选项

类型	配置选项	Value 字节数	默认值
0	RESERVED	—	—
1	MRU	2	1500
3	Authentication-Protocol 认证协议	≥ 2	不认证
4	Quality-Protocol 质量协议	≥ 2	不监控
5	Magic-Number 魔数	4	0
7	Protocol-Field-Compression 协议域（字段）压缩	0	不压缩
8	Address-and-Control-Field-Compression 地址 - 控制域（字段）压缩	0	不压缩

表 2-7 中的 Value 字节数指配置选项中 Value 字段所占用的字节数。认证协议和质量协议本身只占用 2 字节，但是它们可能还有附加的 Data，所以整体的字节数大于等于 2，如图 2-47 所示。对于协议域（字段）压缩和地址 - 控制域（字段）压缩而言，则不需要 Value 字段，如图 2-48 所示。这是因为两个压缩协议的配置选项的值，实际上就是 1（表示压缩）和 0（表示不压缩），而 LCP 发送配置协商的目的就是要压缩，所以不需要再额外用一个 Value 字段来表示需要压缩。

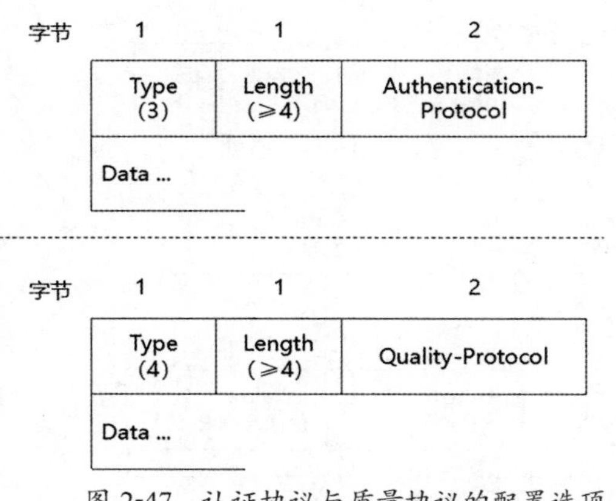

图 2-47 认证协议与质量协议的配置选项

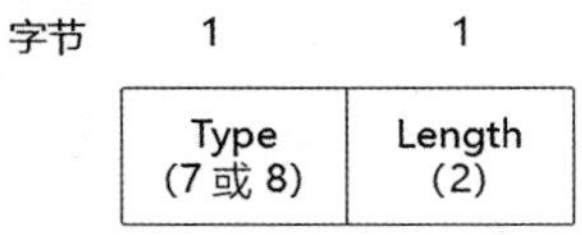

字节	1	1
	Type (7 或 8)	Length (2)

图 2-48 两个压缩协议的配置选项

表 2-7 中的 6 个配置选项中，MRU、认证协议、魔数在前文已经介绍过，这里不再重复。下面简单介绍其余 3 个。

质量协议配置选项是为了协商一个协议进行链路质量监控。当前质量协议可以取的值是 0xc025（Link Quality Report）。Link Quality Report 协议超出了本书的范围，读者可以参考 RFC 1333。

协议域（字段）压缩的含义是压缩 PPP 报文中的协议字段，如图 2-49 所示。

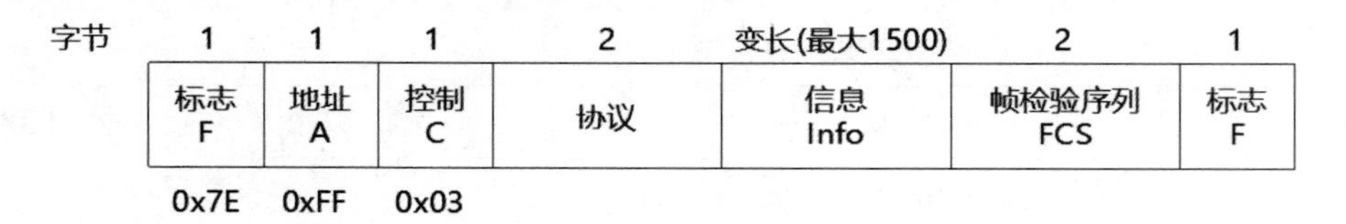

图 2-49 PPP 帧格式

协议字段占用 2 字节，如果压缩，则会占用 1 字节（节省 1 字节）。在低速链路的场景下（异步传输），即使只节省了 1 字节，对带宽利用率的提升也是比较可观的。

如果 PPP 的通信双方没有协商协议域（字段）压缩，而一方发送协议字段压缩（1 字节）的报文，则另一方会丢弃该报文。如果双方已经协商了可以压缩，那么双方发送协议字段压缩（1 字节）报文，或者发送协议字段不压缩（2 字节）报文。

需要强调的是，在发送 LCP 报文期间，双方不能发送协议字段压缩（1 字节）报文。

协议域（字段）压缩还使用了一定的压缩算法，而地址 - 控制域（字段）压缩则可以理解为没有使用压缩算法。因为这两个字段在 PPP 报文中并无意义（都是取固定的值，前者是 0xFF，后者是 0x03），所以其压缩算法就是直接不要这两个字段。也就是说，如果选择地址 - 控制域（字段）压缩，那么 PPP 报文中就没有这两个字段。与协议域（字段）压缩一样，地址 - 控制域（字段）压缩报文在发送 LCP 报文期间也不能发送。

2.2.3　IPCP

PPP 经过 LCP 配置协商（及认证）以后，即进入 NCP 协商阶段。NCP 由一组协议组成，如 IPCP、ATCP、IPXCP、NBFCP 等。本小节即介绍 IPCP。

从某种意义上来说，无论是 IPCP 还是其他 NCPs，都可以归类为网络层，这里暂时不讨论这些概念的区别，而是重点介绍 IPCP。IPCP 报文结构与 LCP 非常相似，如图 2-50 所示。

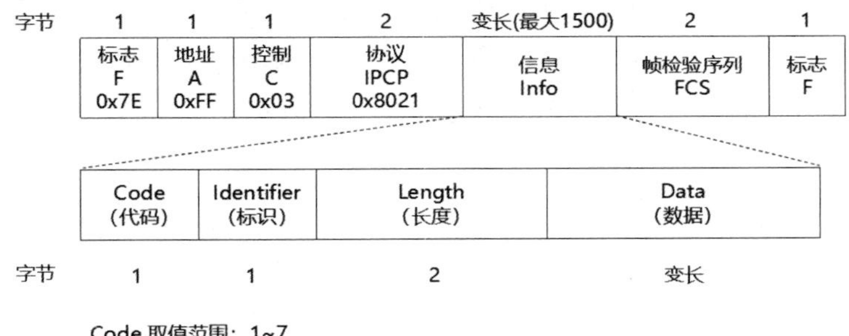

图 2-50　IPCP 报文结构

从图 2-50 可以看到，IPCP 与 LCP 报文结构的区别为如下两点。

① “协议”字段取值不同，LCP 的值是 0xC021，IPCP 的值是 0x8021。

② Code 字段的取值不同，IPCP 的取值范围只能是 1 ～ 7，而 LCP 则要更多，如表 2-6 所示。

需要强调的是，IPCP 的配置选项与 LCP 完全相同（见图 2-46），区别仅在于配置选项的取值不同。IPCP 的主要配置选项如表 2-8 所示。

表 2-8　IPCP 的主要配置选项

类型	配置选项	Value 字节数	默认值
1	IP-Addresses（已废弃）	—	—
2	IP-Compression-Protocol IP 压缩协议	≥ 2	不压缩
3	IP-Address 分配或协商 IP 地址	4	不分配 / 不协商

表 2-8 中的配置选项 IP-Addresses（Type = 1）与 IP-Address（Type = 3），从字面意义上看仅是英语的复数与单数之差，但是 IP-Addresses（Type = 1）已经废弃。

前面介绍的协议域（字段）压缩和地址 - 控制域（字段）压缩，它们压缩的是 PPP 的报文头（前者压缩协议字段，后者压缩地址 - 控制字段），而 IPCP 的 IP 压缩协议压缩的是 PPP 的信息字段，也即 PPP 所真正传输的数据。因为 IPCP 对应的是 IP 报文，所以 IP 压缩协议压缩的实际上就是 IP 报文。

IP 压缩协议配置选项的结构如图 2-51 所示。

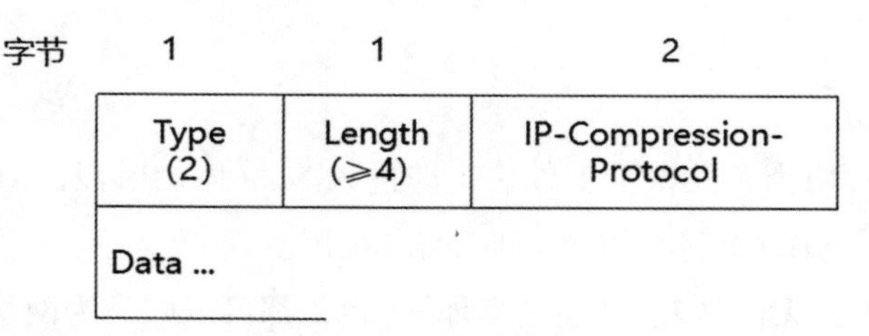

图 2-51 IP 压缩协议配置选项的结构

图 2-51 中的 IP-Compression-Protocol 字段当前可以选择的值是 0x002D，其含义是 Van Jacobson Compressed TCP/IP，其算法由 Van Jacobson 提出。当 IPCP 协商了该值后，就意味着后续的 PPP 所传输的报文是 Van Jacobson 压缩的 TCP/IP 报文，相应地，PPP 报文头的协议字段的值也是 0x002D（不是常用的 0x0021）。

说明： Van Jacobson 压缩的是 TCP/IP 的报文头，能将 40 字节的报文头压缩至约 3 字节，这对于低速链路（300 ～ 19200bit/s）的传输性能有很大的提高。

IP-Address 配置选项是分配或协商 IP 地址，其结构如图 2-52 所示。

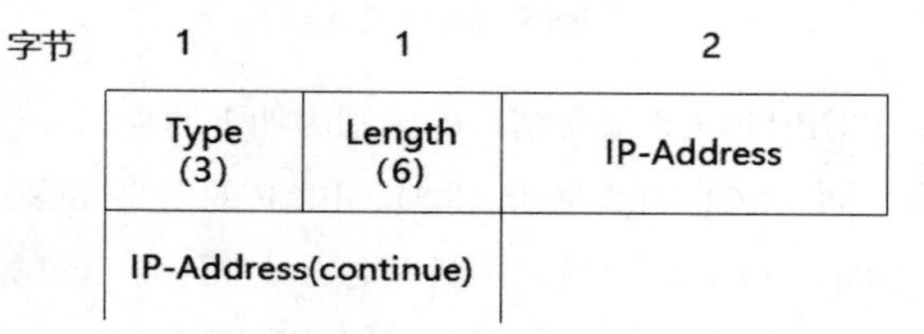

图 2-52 IP-Address 配置选项的结构

图 2-52 中，IP-Address 占用 4 字节，当其值等于“0.0.0.0”时，意味着发送方期望对方（接收方）给其分配一个 IP 地址。此时，对方将会回应一个 Configure-Nak 报文，并在该 Nak 报文中填上合适的 IP 地址。

当然，Configure-Request 的发送方也可以填上一个合法的 IP 地址，这意味着发送方试图告知对方期望使用该 IP 地址。接收方如果认可，则回应一个 Configure-Ack 报文；否则仍然回应一个 Configure-Nak 报文，并在该 Nak 报文中填上合适的 IP 地址。

当 IP 地址必须要求协商，而发送 Configure-Request 的报文中并没有包含该配置选项时，接收方也需要回应一个 Configure-Nak 报文，并在该 Nak 报文中附加上 IP-Address 配置选项，并填上自己期望的 IP 地址。这样，双方会在后续的报文中进一步协商双方的 IP 地址。

2.3 以太网

从距离的角度来看，网络可以分为局域网、城域网、广域网。

- 局域网（Local Area Network，LAN）是指在某一区域内由多台计算机互连成的计算机组，一般是方圆几千米以内。
- 城域网 (Metropolitan Area Network，MAN) 是在一个城市范围内所建立的计算机通信网。
- 广域网（Wide Area Network，WAN）也称为远程网（Long Haul Network ），通常跨接很大的物理范围，所覆盖的范围从几十千米到几千千米。广域网能连接多个城市或国家，或横跨几个洲，能提供远距离通信，形成国际性的远程网络。

以太网诞生之初，其应用场景仅局限于局域网，后来随着技术发展，其应用范围逐步从局域网延展到城域网、广域网。

2.3.1 局域网和 IEEE 802 概述

提起局域网，读者可能会想到这样几个关键词：以太网、无线局域网、IEEE 802。IEEE 802 代表一系列的局域网标准；以太网、无线局域网都是这些标准的一部分，同时也代表当前最广泛的应用场景。

说明：IEEE 于 1963 年 1 月 1 日由美国电气工程师学会（American Institute of Electrical Engineers，AIEE）和美国无线电工程师学会（Institute of Radio Engineers，IRE）合并而成，是一个国际性的电子技术与信息科学工程师协会，而且是目前全球最大的非营利性专业技术学会。IEEE 致力于电气、电子、计算机工程和与科学有关的领域的开发和研究，在太空、计算机、电信、生物医学、电力及消费性电子产品等领域都是主要的权威机构。

IEEE 802 也称为局域网 / 城域网标准委员会（LAN /MAN Standards Committee，LMSC），因为其成立于 1980 年 2 月，故而得名 IEEE 802。虽然其名称是局域网 / 城域网，但是 IEEE 802 的范围除了这两个网络外，目前还扩展到了其他领域，如 WPAN（Wireless Personal Area Network，无线个人网络，是一种采用无线连接的个人局域网，所采用的技术有蓝牙、ZigBee 等）、WRAN［Wireless Regional Area Networks，无线区域网络，面向无线宽带（远程）接入，面向独立分散的、人口稀疏的区域，传输范围可达 100km］。

IEEE 802 包含一系列的标准，每个标准都由一个独立的工作组来制定。到目前为止，其拥有的工作组如表 2-9 所示。

表 2-9 IEEE 802 工作组

工作组	名称	状态
802.1	Higher Layer LAN Protocols Working Group	Active
802.3	Ethernet Working Group	Active
802.11	Wireless LAN Working Group	Active
802.15	Wireless Personal Area Network (WPAN) Working Group	Active

续表

工作组	名称	状态
802.18	Radio Regulatory TAG	Active
802.19	Wireless Coexistence Working Group	Active
802.21	Media Independent Handover Services Working Group	Active
802.22	Wireless Regional Area Networks	Active
802.24	Vertical Applications TAG	Active
802.16	Broadband Wireless Access Working Group	Hibernating
802.2	Logical Link Control Working Group	Disbanded
802.4	Token Bus Working Group	Disbanded
802.5	Token Ring Working Group	Disbanded
802.6	Metropolitan Area Network Working Group	Disbanded
802.7	Broadband TAG	Disbanded
802.8	Fiber Optic TAG	Disbanded
802.9	Integrated Services LAN Working Group	Disbanded
802.10	Security Working Group	Disbanded
802.12	Demand Priority Working Group	Disbanded
802.14	Cable Modem Working Group	Disbanded
802.17	Resilient Packet Ring Working Group	Disbanded
802.20	Mobile Broadband Wireless Access (MBWA) Working Group	Disbanded
802.23	Emergency Services Working Group	Disbanded

表 2-9 中各个工作组的状态（Active 为活跃，Hibernating 为蛰伏 / 不活跃，Disbanded 为已解散）反映了时代的发展和技术的更替。

IEEE 802 将数据链路层分为逻辑链路控制（Logical Link Control，LLC）和媒介接入控制（Media Access Control，MAC）两个子层。LLC 为上层封装了处理任何类型 MAC 层的方法，其主要功能包括如下几点。

①传输可靠性保障和控制。

②数据包的分段与重组。

③数据包的顺序传输。

④定义服务接入点（Service Access Points，SAP）。

LLC 是在 HDLC 的基础上发展起来的，并使用了 HDLC 规范的子集。LLC 定义了 4 种数据通信操作类型。

①类型 1：不确认的无连接服务。

②类型 2：面向连接的服务。

③类型 3：无连接应答响应服务。

④类型 4：高速传送服务。

随着时代发展，局域网出现了如下变化。

①局域网的网络质量越来越好。

② 20 世纪 90 年代后，以太网在竞争激烈的局域网市场中脱颖而出，已经取得了垄断地位，并且几乎成了局域网（固定网络）的代名词。

③ TCP/IP 体系使用的局域网是 DIX Ethernet，而不是 IEEE 802.3 标准中的局域网。

由于以上几个原因，IEEE 802 委员会制定的 LLC 子层的作用已经没有意义，因此 IEEE 802.2 工作组也已经解散。

虽然 LLC（802.2）、令牌总线（802.4）、令牌环（802.5）等已经失去意义，但 802.3 分为数据链路层和物理层两部分还是有意义的。IEEE 802 当前标准家族如图 2-53 所示。

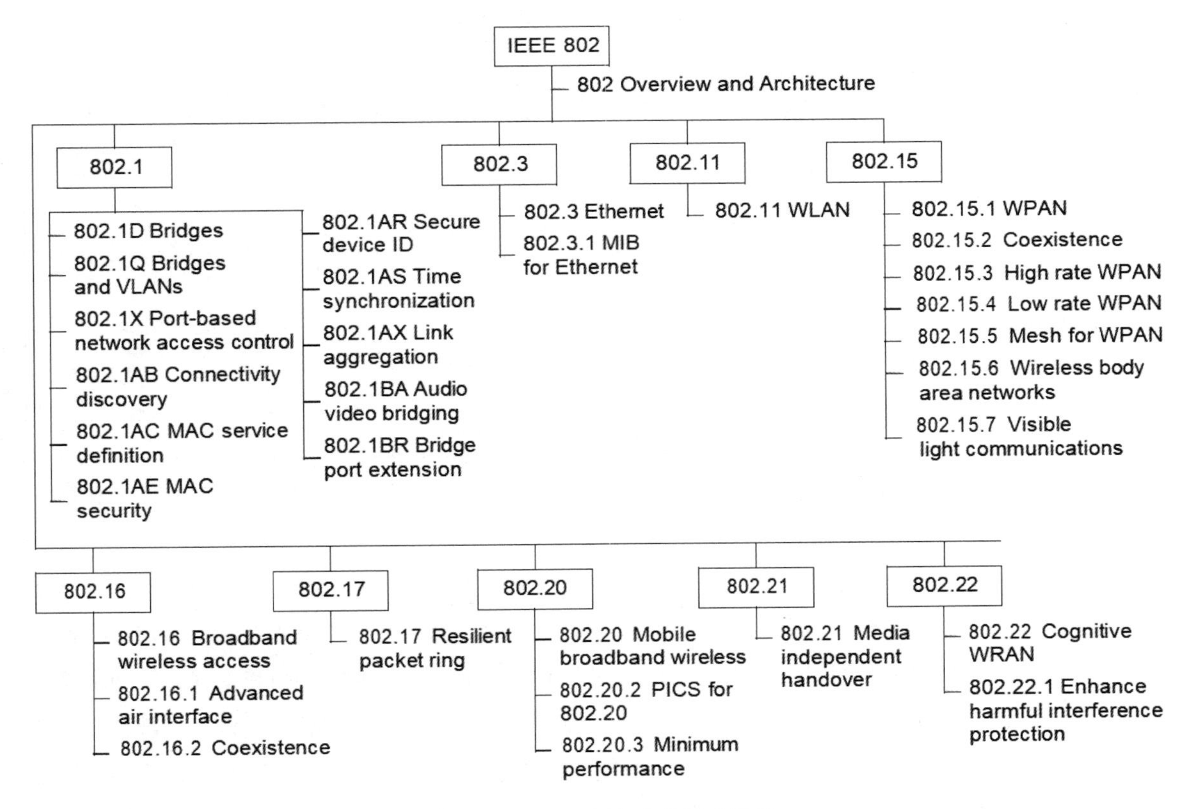

图 2-53 IEEE 802 当前标准家族

IEEE 802 当前标准家族涉及很多无线网络内容，本书对此不过多介绍。

历史上，局域网出现过几种网络拓扑（TOPO）形态，如图 2-54 所示。

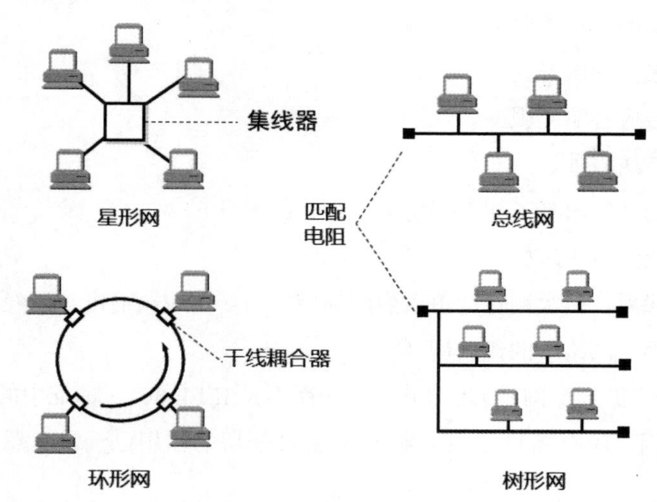

图 2-54　局域网的拓扑结构

图 2-54 中的拓扑结构形态与标准相关，如表 2-10 所示。

表 2-10　局域网拓扑结构与对应标准

拓扑结构	标准	状态
环形网	IEEE 802.5 令牌环	已淘汰
总线网	IEEE 802.4 令牌总线	已淘汰
总线网	IEEE 802.3 以太网	活跃
星形网	IEEE 802.3 以太网 物理上是星形，逻辑上是总线	活跃
树形网	IEEE 802.3 以太网 总线网的变形	活跃

表 2-10 中虽然有已经淘汰的拓扑结构和标准，但是它们与以太网一样，都有一个共同的特征，即都是广播网络。这一点与 PPP 不同，PPP 是点对点网络。

说明：广播式网络在网络中只有一个单一的通信信道，由该网络中所有的主机共享，即多个计算机连接到一条通信线路的不同分支点上，任意一个节点所发出的帧分组能被其他所有节点接收。

IEEE 802.3 以太网总线网络（以下简称总线网）是半双工网络（令牌环网和令牌总线网也是半双工网络，但它们已被淘汰，故本书不再介绍），表面上看，这是因为总线网只有“一根线”（一个单一的通信信道），它只能是半双工，否则会发生信号碰撞，如图 2-55 所示。PC1 和 PC2 同时发送信号 S1 和 S2，这两个信号会在唯一的信道（“一根线”）的某处发生信号碰撞。在发生碰撞时，总线上传输的信号就会产生严重的失真，从而使接收方无法从中恢复出有用的信息。

但是，我们知道双绞线有 4 对收 / 发线，为什么总线网只用"一根线"呢？为了简化模型，就以一对收 / 发线为例，观察 PPP 网络的组网，如图 2-56 所示。由于有一对收 / 发线，因此 PC1 和 PC2 可以同时发送信号 S1 和 S2，而不会发生碰撞，进而使 PPP 网络能够成为一个全双工网络。

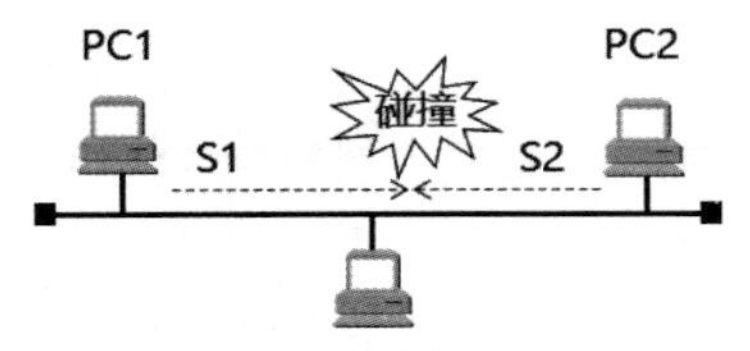

图 2-55　总线网信号碰撞

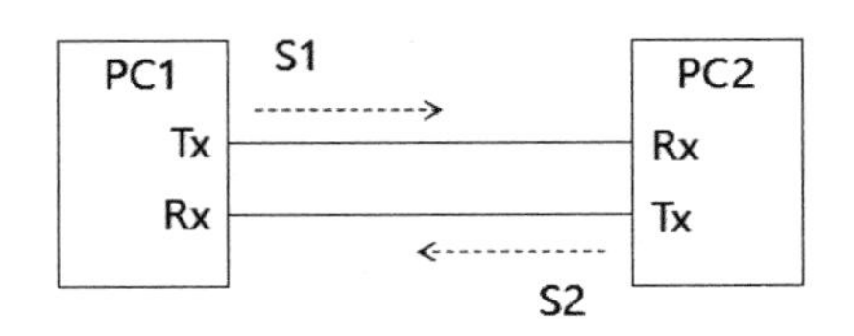

图 2-56　PPP 网络全双工

需要强调的是，图 2-56 中的每一根"线"的两端都分别连接 PC 的接收端口（Rx）和发送端口（Tx）。这一点非常重要，否则如果"接收对接收，发送对发送"，两个计算机将无法正常通信。

那么，这样的连接要求对于总线网来说意味着什么呢？如图 2-57 所示，PC1 的 Rx 连接着 PC2 的 Tx，PC1 的 Tx 连接着 PC2 的 Rx，两者之间能正确通信。但是 PC3 呢？

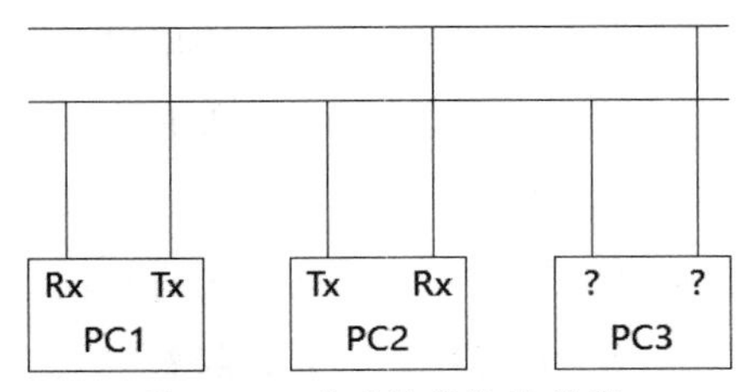

图 2-57　"两根线"的总线

为了易于描述，把 PC1、PC2 这种能正常通信的连接方式标记为 PC1 = –PC2。那么，如果 PC1、PC2、PC3 三者之间都能正常通信，则需要如下等式成立。

① PC1 = –PC2。

② PC2 = –PC3。

③ PC3 = –PC1。

显然，这 3 个等式不能同时成立，除非 PC1 = PC2 = PC3 = 0（没有意义）。所以，总线网只有"一根线"（一个单一的通信信道）是不得已的选择，即使双绞线有 4 对收 / 发线。因此，总线网也只能是一个半双工网络。实际上，总线网也并没有选择双绞线作为那根总线，而是选择了同轴电缆。

星形网在物理上是一个星形拓扑结构，但其在逻辑上仍然是一个总线网络，星形网中间的连接点是集线器（Hub），各个计算机与 Hub 之间的连接采用的是双绞线，这似乎可以全双工，其实不然。因为 Hub 内部的连接仍然是一个"总线"，即"一根线"（一个单一的通信信道）。所以，星形网也是一个半双工网络，其逻辑结构如图 2-58 所示。

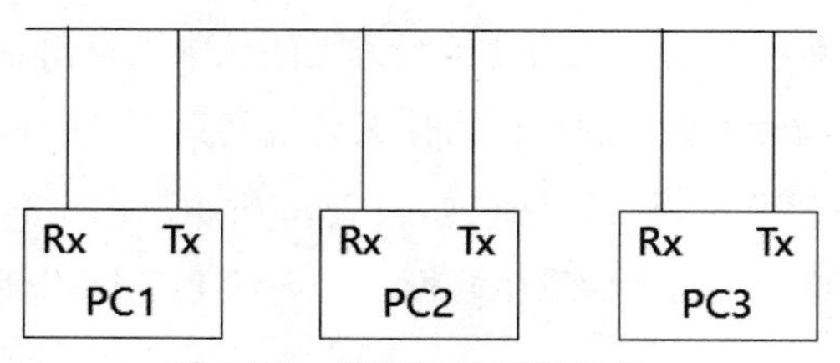

图 2-58 星形网的逻辑结构

说明：Hub 的主要功能是对接收到的信号进行再生整形放大，以扩大网络的传输距离，同时把所有节点集中在以它为中心的节点上。Hub 工作于 OSI 参考模型第一层，即物理层。

Hub 是一个多端口的转发器，当以 Hub 为中心设备时，若网络中某条线路产生了故障，并不影响其他线路的工作，所以 Hub 在局域网中得到了广泛的应用。

树形网是总线网的一个变形，因此仍然是一个半双工网络。在实际组网中，树形网采用 Hub 级联，如图 2-59 所示。

Hub 是一个物理层设备，图 2-54~ 图 2-59 有一个共同的特点，该特点也是早期局域网定义的一个关键要素：局域网所有的组网元素，除了计算机外，其他的仅仅是物理网线再加上物理层设备（Hub）/ 物理层元器件（匹配电阻、干线耦合器等），而没有二层设备（网桥 / 交换机）、三层设备（路由器）。

从这个意义上来说，通过交换机组成的一个网络，无论其物理范围多小（如小于 10m），都不能称为局域网。但是，随着以太网在局域网竞争中的胜出，以及以太网的发展，基于交换机组网乃至 VLAN 也都称为局域网。

以太网后来发展到快速以太网和千兆以太网、万兆以太网，其也从半双工变成了全双工，而且网络类型也不再是总线网（总线网只能是半双工）。

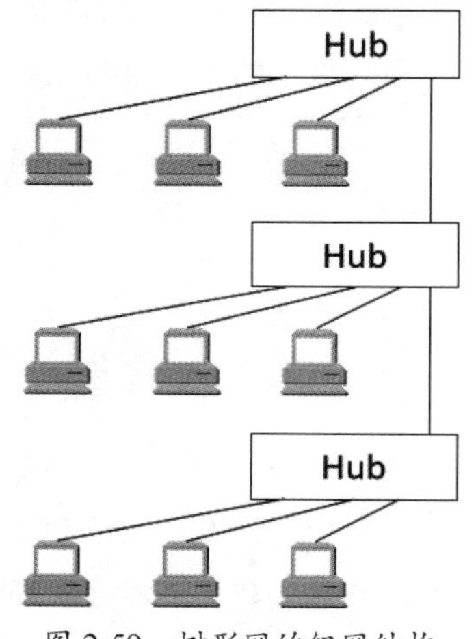

图 2-59 树形网的组网结构

2.3.2 以太网的起源

以太网由施乐（Xerox）公司开发。1979 年，乔布斯与施乐公司达成一项协议，苹果公司接受施乐公司 100 万美元的入资，而作为交换条件之一，施乐公司必须向乔布斯展示其施乐帕克研究中心的所有发明。乔布斯后来说：“他们当时根本没意识到自己拥有些什么。”

人们通常认为以太网发明于 1973 年，当年罗伯特 · 梅特卡夫（Robert Metcalfe,）给他 PARC（Palo Alto Research Center）的老板写了一篇有关以太网潜力的备忘录。但是梅特卡夫本人认为以太网是之后几年才出现的。1976 年，梅特卡夫和他的助手大卫 · 伯格（David Boggs）发表了一篇名为《以太网：局域计算机网络的分布式包交换技术》的文章。1977 年底，梅特卡夫和他的合作者获得了“具有冲突检测的多点数据通信系统”的专利。多点传输系统被称为 CSMA/CD（Carrier Sense Multiple Access with collision Detection，带冲突检测的载波侦听多路访问），标志着以太网的诞生。

1979 年，梅特卡夫为了开发个人电脑和局域网离开了施乐公司，成立了 3Com 公司。3Com 公司对DEC（Digital Equipment Corporation）、Intel和Xerox进行游说，希望与他们一起将以太网标准化、规范化。该通用以太网标准于 1980 年 9 月 30 日出台。

1980 年 9 月 30 日出台的以太网标准称为 DIX Ethernet I（DIX 为 DEC、Intel、Xeroxsasan 三个公司名称的首字母），随后又出台了 DIX Ethernet II 及 IEEE 802.3，其发展历程如图 2-60 所示。

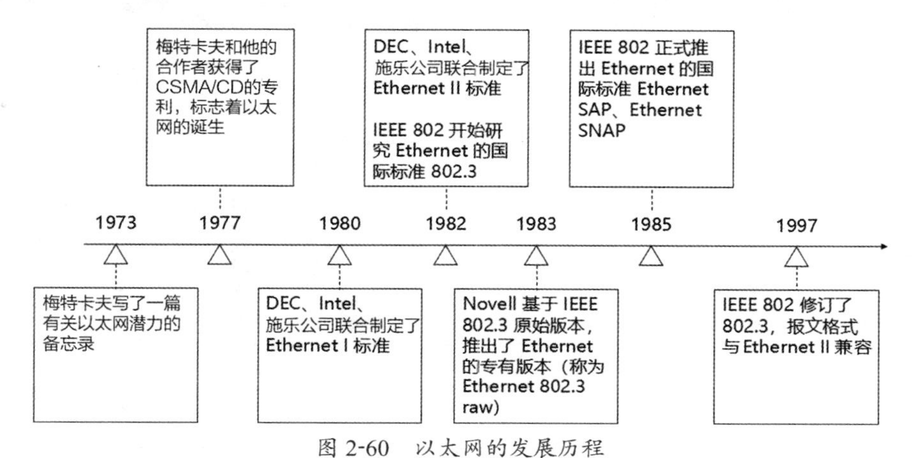

图 2-60　以太网的发展历程

除了 DIX Ethernet I，从图 2-60 可以看到，以太网标准还有 Ethernet II（DIX 公司）、Ethernet 802.3 raw（Novell 公司）、Ethernet SAP（IEEE 802.3/802.2）、Ethernet SNAP（IEEE 802.3/802.2）、Ethernet 802.3 97 修订版（IEEE 802.3）。这 5 个标准有两个共同特点：帧格式基本一致；采用的都是 CSMA/CD 协议。

由于世界上目前普遍采用的标准是Ethernet II，因此平时所说的以太网实际指的是Ethernet II（也记作 Ethernet V2、DIX Ethernet V2、DIX Ethernet II）。

2.3.3　以太网的帧格式

1. Ethernet II

Ethernet II 的帧格式（对应 RFC 894）如图 2-61 所示，其中 8 字节前导符并不属于 Ethernet II 帧格式的一部分，其作用是帧定界：前 7 字节是 7 个 10101010，目的是时钟同步；第 8 字节是帧开始定界符，表示一个以太网帧的开始，其值为 10101011。Ethernet II 把这 8 字节称为前同步码；而 IEEE 802.3 标准将前 7 字节称为前同步码，第 8 字节称为帧开始定界符（Start-of-Frame Delimiter，SFD）。这两个标准只是对这 8 字节的称呼不同，但其值完全一样。

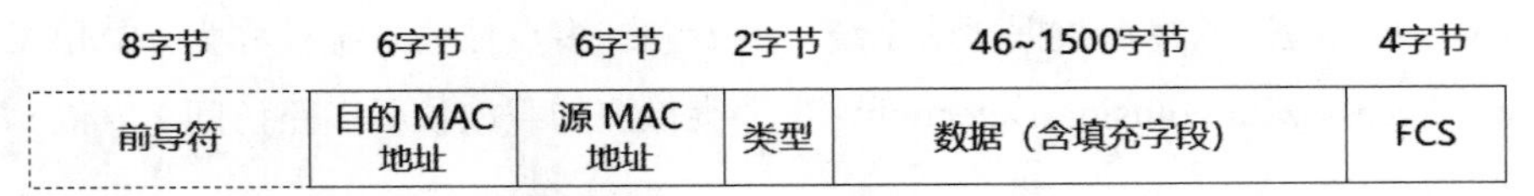

图 2-61　Ethernet II 的帧格式

①类型（Type）字段占用 2 字节，用来标识其承载的数据（图 2-61 中的数据字段）类型。类型字段与数据类型（举例）如表 2-11 所示。

表 2-11　类型字段与数据类型（举例）

Type 值	数据类型
0x0800	IP
0x0806	ARP
0x8100	802.1q
0x8137	Novell IPX/SPX
0x809B	Apple Talk
0x814C	SNMP
0x86DD	IPv6
0x8864	PPPoE

②数据字段是以太网帧真正承载的数据，其最大长度是 1500 字节，这是由于 MTU 的限制，它的最小长度是 46 字节。如果数据长度不足 46 字节，则需要补上填充字段（填充字段的值可以是 0，也可以是其他）。

③FCS 字段在前文已经讲过，这里不再赘述。MAC 地址和源 MAC 地址字段将在下节进行讲解。

2. Ethernet SAP

我们知道，IEEE 802 将数据链路层分为 LLC 和 MAC 两个子层，Ethernet SAP 的帧结构中即体现了这两个子层。所以，有些资料将以太网称为 IEEE 802.3（对应 MAC 子层），有时又将以太网称为 IEEE 802.2/802.3（802.2 对应 LLC 子层），这只是不同语境下的不同表述，都可以认为是对的。从帧结构来说，LLC 和 MAC 子层的关系如图 2-62 所示。

MAC 子层	LLC 子层	数据（含填充字段）	FCS

图 2-62　LLC 和 MAC 子层的关系（帧结构）

首先比较 Ethernet SAP 的 MAC 子层帧与 Ethernet II 的关系，其帧结构如图 2-63 所示。

8字节	6字节	6字节	2字节	46~1500字节	4字节	
前导符	目的 MAC 地址	源 MAC 地址	类型	数据（含填充字段）	FCS	Ethernet II
前导符	目的 MAC 地址	源 MAC 地址	长度	数据（含填充字段）	FCS	Ethernet SAP

图 2-63　Ethernet SAP 的 MAC 子层与 Ethernet II 的帧结构

图 2-63 中的前导符不属于 Ethernet 的帧字段。Ethernet SAP 的 MAC 子层与 Ethernet II 帧只有一个字段有区别。

① Ethernet II 对应的字段是“类型”，标识其承载的数据类型。

② Ethernet SAP 的字段为“长度”，标识其所承载的数据的长度，即图中的数据字段（含填充字段）的长度。

那么问题来了！

①问题 1：两者在帧结构中处于同一位置，如何区分该值表达“类型”还是“长度”？

其区分方法就是看该字段的取值。Ethernet II 定义所有类型的取值都大于等于 0x0600（十进制 1536），而 Ethernet SAP 中该字段表示长度时，其值最大为 0x05DC（十进制 1500）。所以，如果该值大于 1500，则可以认为该字段标识“类型”；否则，该字段标识“长度”。

说明：Type 等于 0x0600（十进制 1536）时，标识承载的数据类型是 Xerox NS IDP。

②问题 2：没有长度标识，Ethernet II 如何知道数据字段的长度?

前面讲述了以太网的帧（结尾）定界的方法即违例法。因为可以通过违例法知道帧的结尾，那么往前数 4 字节（FCS 字段的长度）就是数据字段的结尾；而数据字段的开头就位于帧起始处加上 14 字节的地方 [目的 MAC（6）+ 源 MAC（6）+ 类型（2）]。由此可知，“数据”字段是可以定位的，其长度也是可以知道的。

说明：以太网传送数据以帧为单位，各帧之间必须有一定的间隙。标准以太网的间隙是 9.6μs，快速以太网的间隙是 0.96μs。

③问题 3：没有类型标识，Ethernet SAP 如何知道其所承载的数据类型?

Ethernet SAP 中的 SAP 属于 LLC 子层的概念。由于 LLC 子层在当今网络应用中已经不再使用，因此这里只做简单介绍。Ethernet SAP 的帧格式就是将图 2-63 中的 Ethernet SAP 的 MAC 子层帧继续打开，如图 2-64 所示。

图 2-64　Ethernet SAP 的帧格式（1）

图 2-64 中有两个“数据”字段，它们的含义是不同的。同时，图 2-64 中也没有将前导符画出来（以后如无特别需要，不会再画出前导符）。

图 2-64 中，DSAP、SSAP 分别表示目的 SAP（Destination SAP）和源 SAP（Source SAP）。SAP 表示其后承载的数据类型。例如，SAP = 0x06，表示 IP 数据；SAP = 0x98，表示 ARP；SAP = 0xE0，表示 Novell NetWare 等。

图 2-64 中的控制字段基本不使用（一般被设为 0x03，指明采用无连接服务的 802.2 无编号数据格式）。

将图 2-64 中的帧格式换一种表达方法，如图 2-65 所示。

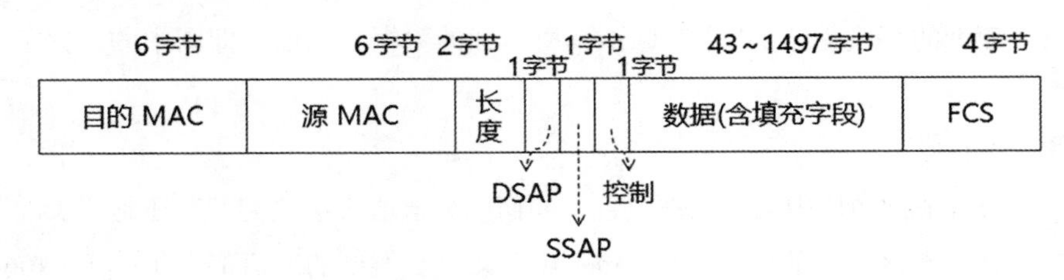

图 2-65　Ethernet SAP 的帧格式（2）

3. Ethernet SNAP

为了能承载数据类型，也为了能更好地传输 IP 报文，IEEE 802 在 Ethernet SAP 的基础上又添加了几个字段，这样的帧称为 Ethernet SNAP。其帧格式如图 2-66 所示。

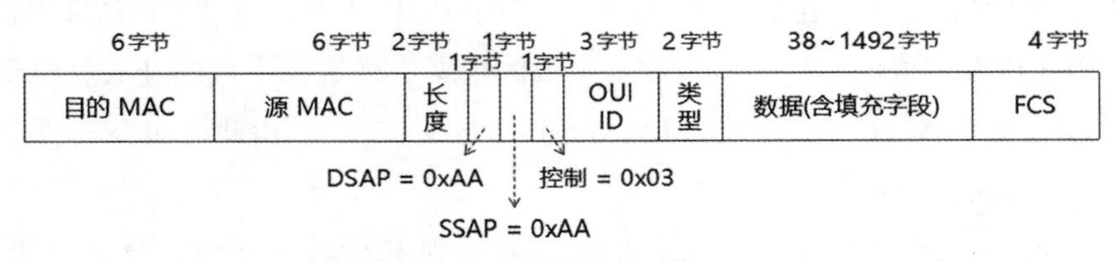

图 2-66　Ethernet SNAP 的帧格式

SNAP 是 Subnetwork Access Protocol 的缩写，这里的 Subnetwork 与 IP 网络中的子网（Subnetwork）不是同一个概念，可以简单理解为协议类型。

图 2-66 中，DSAP 和 SSAP 的值都取固定的值 0xAA，控制字段也取固定的值 0x03。这也就意味着，Ethernet SNAP 除了连接服务固定采用无连接服务的 802.2 无编号数据格式外，也放弃了 DSAP 和 SSAP 这两个字段。Ethernet SNAP 是用图 2-66 中的“类型”字段来表达它所承载的数据类型，如 0x0800 表示 IP，0x0806 表示 ARP，0x8137 表示 Novell IPX/SPX，0x809B 表示 Apple Talk。

图 2-66 中的 OUI（Organizationally Unique Identifier，组织唯一标识符）字段的值通常等于 MAC 地址的前 3 字节，即网络适配器厂商代码。

4. Ethernet 802.3 97 修订版

与 Ethernet II 的帧格式相对应的是 RFC 894（1984 年 4 月），与 Ethernet SAP/SNAP 的帧格式相对应的是 RFC 1042（1988 年 2 月）。而第一次大规模使用 TCP/IP 系统的是 BSD UNIX 4.x 版本，其时间介于 RFC 894 和 RFC 1042。为了避免与其他主机之间不能互操作的风险，BSD UNIX 采用了 Ethernet II 帧格式。

由于 BSD UNIX 和 TCP/IP 的影响力，再加上局域网的质量越来越好，因此网络上运行的以太网协议其帧格式基本就是 Ethernet II。

为了与 Ethernet II 兼容，IEEE 802 委员会在 1997 年修订了 IEEE 802.3 的帧格式，如图 2-67 所示，是为了兼容而做的改变。

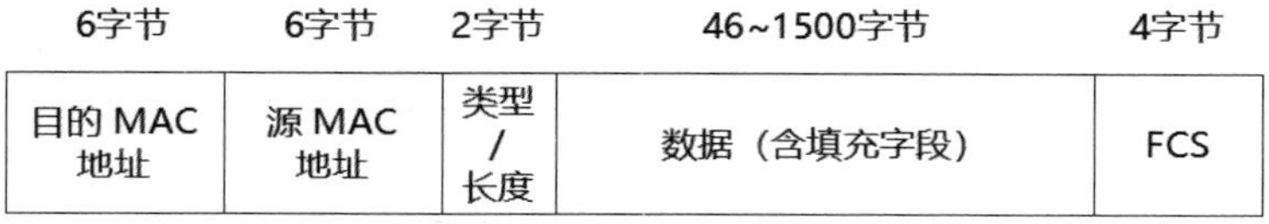

6字节	6字节	2字节	46~1500字节	4字节
目的 MAC 地址	源 MAC 地址	类型 / 长度	数据（含填充字段）	FCS

图 2-67　Ethernet 802.3 97 修订版的帧格式

平时我们说以太网，有时说 DIX Ethernet II，有时说 IEEE 802.3，有时说所谓以太网其实指的是 DIX Ethernet II，而不是 IEEE 802.3。这些只是不同的语境有不同的表达方式而已。事实上，以太网的帧格式为 DIX Ethernet II 的帧格式。

5. Ethernet 802.3 raw

1983 年，Novell 公司抢在 IEEE 802 委员会之前率先发布了 IEEE 802.2/3 的帧格式（及其相关的产品）。但是，Novell 公司的帧格式与 Ethernet SAP/SNAP 并不兼容，因此并没有流行起来。IEEE 802.2/3 的帧格式称为 Ethernet 802.3 raw，如图 2-68 所示。

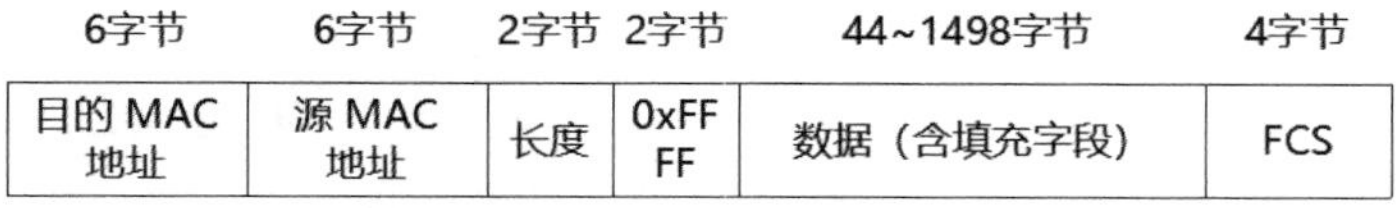

6字节	6字节	2字节	2字节	44~1498字节	4字节
目的 MAC 地址	源 MAC 地址	长度	0xFF FF	数据（含填充字段）	FCS

图 2-68　Ethernet 802.3 raw 的帧格式

从图 2-68 可以看到，Ethernet 802.3 raw 中并没有类型字段，这是因为 Novell 公司并没有打算支持其他协议，只想支持自家的协议 IPX/SPX。

图 2-68 预留了一个 2 字节的字段，固定取值为 0xFFFF，这是因为 Novell 公司认为 IEEE 802.2/3 会在该位置也有 2 字节。

2.3.4　IEEE 802.3 概述

IEEE 802.3 源于 DIX Ethernet II，当前网络上的以太网的格式也是 DIX Ethernet II。但是我们应该知道，自 DIX Ethernet II 以后，IEEE 802.3 已经做了很多扩展，带宽从 10M 已经发展到了 10G。

因此，关于以太网与 IEEE 802.3，需要注意以下区别。

①当说到帧格式时，以太网指的是 DIX Ethernet II。

②当说到标准时，以太网指的是 IEEE 802.3。

③有人也以 CSMA/CD 来指代以太网，这是因为 CSMA/CD 在以太网中的地位非常重要，而且 CSMA/CD 也非常出名。

为了厘清这些区别，下面首先介绍 IEEE 802.3 的基本内容。

1. IEEE 802.3 的基本内容

IEEE 802.3 的基本内容包括数据链路层的 MAC 子层和物理层的相关内容，其可以有两种表达方式，如图 2-69 和图 2-70 所示。

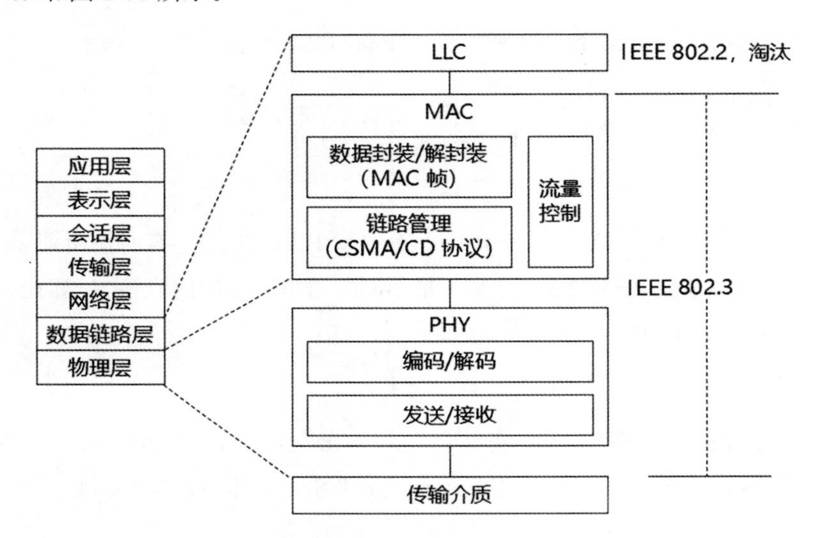

图 2-69　IEEE 802.3 表达方式（1）

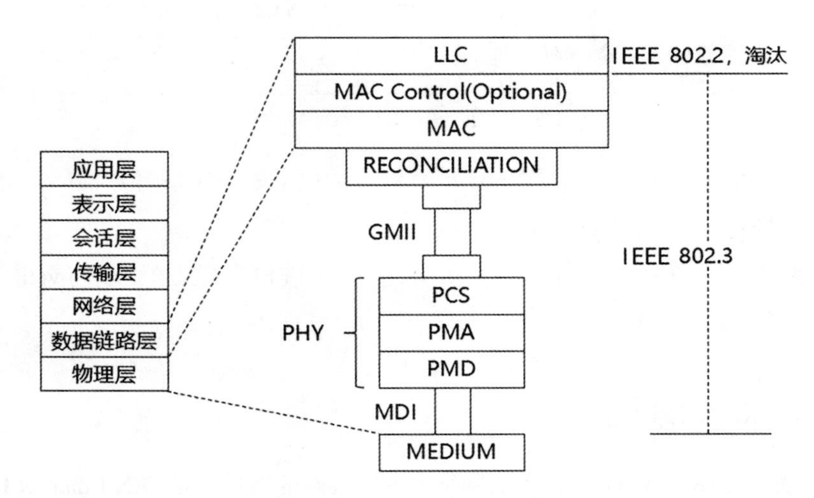

图 2-70　IEEE 802.3 表达方式（2）

图 2-69 偏向于功能的抽象；图 2-70 偏向于具体的功能模块，尤其偏向于物理层的细节。这里以图 2-70 为基础，重点讲述 MAC 子层的 MAC 地址、CSMA/CD 等内容；对图 2-70 所描述的物理层细节不再过多介绍。

图 2-70 所示物理层几个名词解释如表 2-12 所示。

表 2-12　物理层几个名词解释

名词	名词解释
MEDIUM	传输介质，如同轴电缆、双绞线、光纤等
MDI	Medium Dependant Interface，介质相关接口子层。 传输介质相关的接口，如 RJ45、SC 光纤接口等
PMD	Physical Media Dependant，物理介质相关子层。 PMD 子层的主要功能是向介质发送 / 接收信号。发送时要将来自 PMA 的信号转换成适合特定传输介质的信号，并提供发送信号驱动；接收信号时，PMD 子层要进行相反的处理
PMA	Physical Medium Attachment，物理介质连接子层。 PMA 实现与上层之间的串行化（发送时）和逆串行化（接收时）服务接口。另外，PMA 还从接收信号中分离出用于对接收到的数据进行正确对位的同步时钟
PCS	Physical Coding Sublayer，物理编码子层。 PCS 子层提供数据编码、解码功能，主要有 4B/5B、8B/10B、8B/10B、64B/66B 编码等（下文会介绍编码相关内容）
PHY	Physical Layer Device，物理层设备。 PHY 包括 PMD、PMA、PCS。从物理上说，PHY 是网卡内的芯片。 物理层定义了数据传送与接收所需要的电与光信号、线路状态、时钟基准、数据编码和电路等，并向数据链路层设备提供标准接口 MII、GMII、XGMII、XAUI 等
MII	Media Independent Interface，介质无关接口。 MII 分为两种模式，一种是 MAC 与 MAC 的对接，一种是 MAC 与 PHY 的对接，一般是 MAC 与 PHY 的对接。 MII 接口主要包括四部分。 ① MAC 到 PHY 的发送数据接口。 ② PHY 到 MAC 的接收数据接口。 ③ PHY 到 MAC 的状态指示信号接口。 ④ MAC 和 PHY 之间传送控制和状态信息的接口。 MII 支持 10Mbit/s 与 100Mbit/s 的数据传输速率，数据传输的位宽为 4 位，其工作频率为 25MHz（100M 网络）或 2.5MHz（10M 网络）
GMII	Gigabit Media Independent Interface，吉比特介质无关接口。 GMII 采用 8 位接口数据，工作时钟频率为 125MHz, 因此传输速率可达 1000Mbit/s；同时兼容 MII 所规定的 10/100 Mbit/s 工作方式

2. MAC 地址

另外，以太网有一种组网也是共享型网络，如图 2-71 所示。每个 PC 都有一个 MAC 地址，4 个 PC 组成一个总线型局域网。我们知道，星形网在物理上是星形，但在逻辑上是总线型。

无论是星形网还是总线网，它们都是共享型网络。图 2-71 中，PC1 发送了一个帧 S1，可以看到，网络上其他 PC 都能收到该帧。

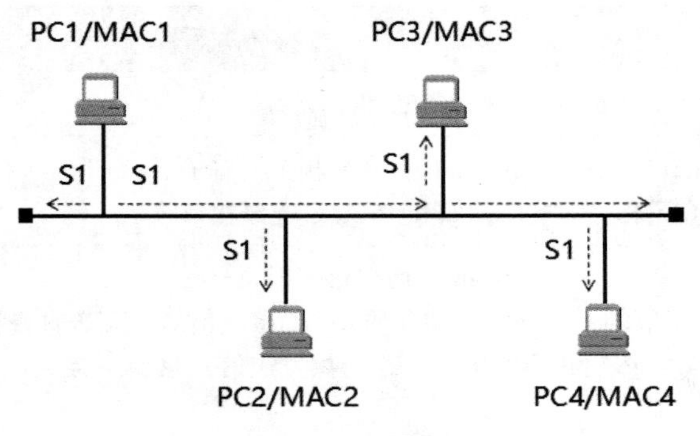

图 2-71　共享型网络

如果 PC1 只想发送 S1 给 PC4，并且 PC2、PC3 不想受到这个无关帧的影响，那么该怎么办呢?

从图 2-72 可以看到，以太网帧的第一个字段就是“目的 MAC 地址”，帧 S1 的“目的 MAC 地址”就等于 PC4 的 MAC 地址（PC1 如何知道 PC4 的 MAC 地址在后面章节中会讲述，这里暂且假设 PC1 知道），以指明接收方就是 PC4。

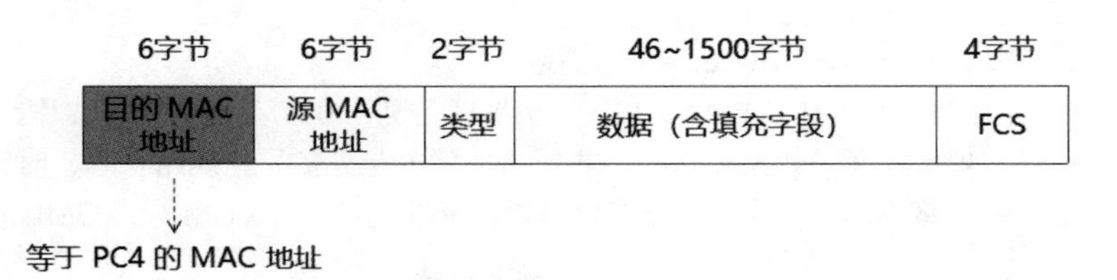

图 2-72　目的 MAC 指明接收方

当 PC2、PC3、PC4 的网卡（数据链路层）收到帧 S1 时，它们会检查 S1 的目的 MAC 地址。

①如果帧的目的 MAC 地址与自身的 MAC 地址相同，则网卡会接收这个帧，因此 PC4 就会收到 S1。

②如果帧的目的 MAC 地址与自身的 MAC 地址不同，则网卡会拒绝（丢弃）这个帧，因此 PC2、PC3 的上层协议（IP 层及以上）就可以免受 S1 的干扰。

说明：网卡也可以设置为混杂模式，即能够接收以太网上传输的所有帧，不管其目的地址是哪里。这是另外一个层面的问题，与本书的讨论不矛盾。

以上的描述，有一个问题：如果 PC2 与 PC4 的 MAC 地址相同，怎么办? 这就引发了 MAC 地址的一个约束，即 MAC 地址需要全局（全球）唯一。

MAC 地址是固定在网卡中的，因此生产网卡的厂商必须保证自己生产的网卡中的 MAC 地址全世界唯一。MAC 地址规范如图 2-73 所示。

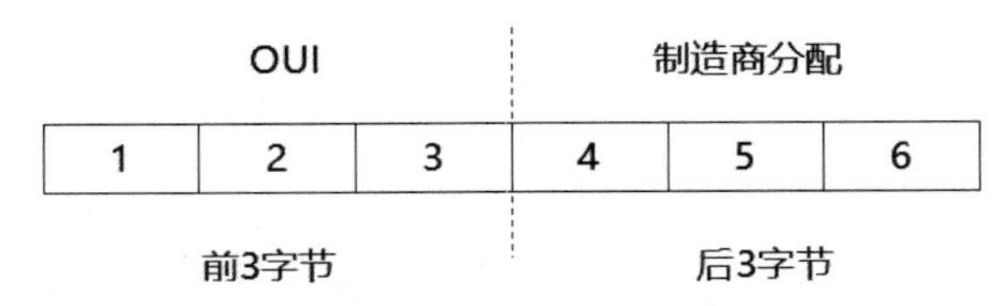

图 2-73　MAC 地址规范

MAC 地址占有 6 字节，前 3 字节由 IEEE RA（Registration Authority，注册管理机构）统一分配给各个厂商（厂商需要付费购买），称为组织唯一标识符（Organizationally Unique Identifier，OUI）；后 3 字节由厂商自己分配，称为扩展标识符。

由此可知，MAC 地址的前 3 字节（OUI），由 IEEE 保证每个厂家的 OUI 都不同；后 3 字节，由厂商自己保证其所生产的每块网卡的扩展标识符都不同。这 6 字节合起来以后，就能从机制上保证 MAC 地址的全球唯一。

说明 1： IEEE 规定 MAC 地址可以是 6 字节，也可以是 2 字节，但是由于 2 字节的 MAC 地址应用不多。

说明 2： 48 bit 的 MAC 地址也称为 MAC-48，其更通用的名称是 EUI-48，EUI 是 Extended Unique Identifier（扩展的唯一标识符）的简写。

说明 3： 一个 OUI 可能是多个小公司合起来购买的，也可能一个大公司拥有多个 OUI，所以 OUI 不能单独用来标志一个公司。

以上描述解决了以太网中一个 PC 发送帧到另一个 PC 的 MAC 地址时相关的问题，这种发送方式称为单播。但是，以太网是一个共享型网络，即一个广播型网络，如果一个 PC 要发送广播帧该怎么办呢？只需要发送方将目的 MAC 设置为全“1”即可，即 48 比特（6 字节）全是“1”的 MAC 地址是广播地址。接收方如果收到目的 MAC 是广播地址的帧，则无须比较，无条件接收。

除了单播、广播外，还有一种组播方式，如图 2-74 所示。

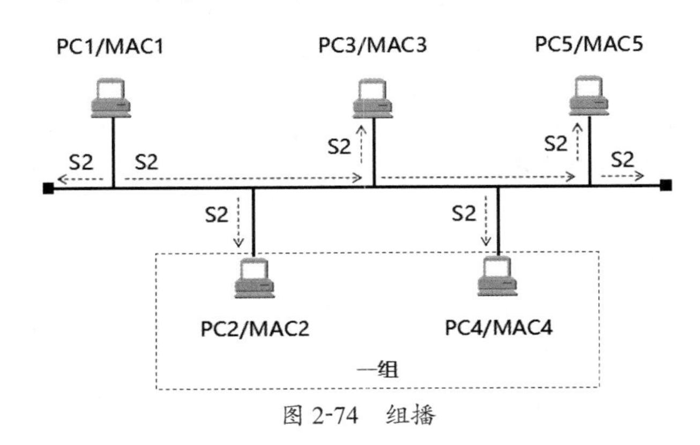

图 2-74　组播

图 2-74 中，PC1 发送的 S2 帧仍然能够被网络其他所有的 PC 收到，但是期望只有 PC2、PC4 这两个属于“一组”的 PC 才需要处理，其他 PC 都忽略该帧。为了实现该功能，需从 MAC 地址规范讲起，如图 2-75 所示。

判断一个 MAC 地址是否组播 MAC 的原则：观察 MAC 地址的第 1 个字节的第 8 位，如果该位值为“1”，则是组播地址；如果是“0”，则是单播地址。

需要强调的是，组播地址并不是固定在网卡中的地址，它只是以太帧中的目的地址。换个角度说，OUI 的第 1 个字节的第 8 位，其值必须为“0”，即广播地址、组播地址的前 3 字节都不是 OUI。

对于只有单播地址的前 3 字节才是 OUI 这种说法不全对，因为还有一种“局部单播地址”。全局唯一的单播地址，是一种 BIA 地址（固化地址），是在网卡生产时烧进网卡 ROM 芯片里的地址。对于局域网管理员来说，他还可以用局部 MAC 地址替代全局唯一的单播地址。至于如何替代及为什么要替代，本书暂不讨论这个问题，这里只讲述什么是局部 MAC 地址，如图 2-76 所示。

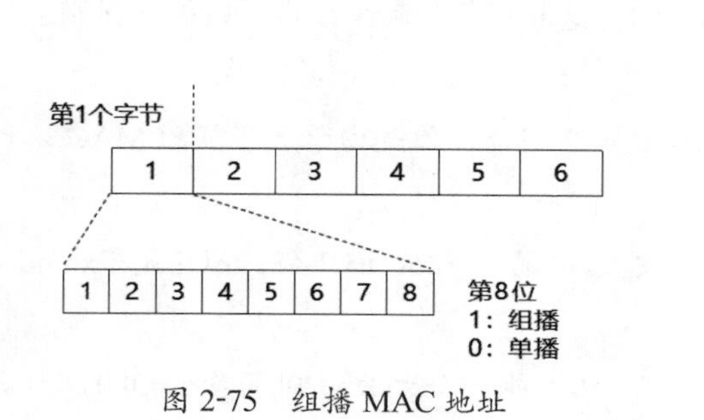

图 2-75　组播 MAC 地址

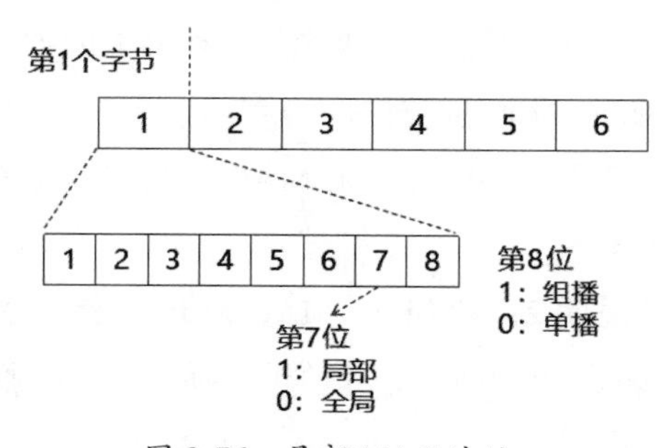

图 2-76　局部 MAC 地址

通过图 2-76 可以看到，局部 MAC 地址的判断规则是：第 1 个字节的第 7 位的值为“1”，而且第 1 个字节的第 8 位的值为“0”。实际上，以太网几乎不使用局部 MAC 地址。

关于 MAC 地址的总结如表 2-13 所示。

表 2-13　MAC 地址总结

地址类型		说明	备注
单播地址	全局地址	前 3 个字节称为 OUI，由 IEEE RA 统一分配；后 3 个字节称为扩展标识符，由厂商自己分配，双方一起保证 MAC 地址全局（全球）唯一。第 1 个字节的第 8 位必须为“0”，第 7 位也必须为“0”	—
	局部地址	第 1 个字节的第 8 位必须为“0”，第 7 位必须为“1”	前 3 字节不再由 IEEE RA 分配（无须购买），也不能称为 OUI
组播地址		第 1 个字节的第 8 位必须为“1”	—
广播地址		所有 bit（64 位）都必须为“1”	—

说明：只有目的地址才可以使用组播地址和广播地址，源地址不能使用。因为源地址是发送方的 MAC 地址，是固定在网卡 ROM 中的地址（忽略局部 MAC 地址）。

3. CSMA/CD

在以太网诞生之初，其采用的就是 CSMA/CD 协议，后来 IEEE 802.3 将 CSMA/CD 写入标准。

CSMA/CD 起源于美国夏威夷大学开发的 ALOHA 网所采用的争用型协议（也称 ALOHA），并做了改进。因为早期的以太网是共享型网络，大家共享一根总线（星形拓扑结构本质上也是总线型拓扑结构），也就意味着争用同一个信道，因此该协议称为争用型协议，如图 2-77 所示。

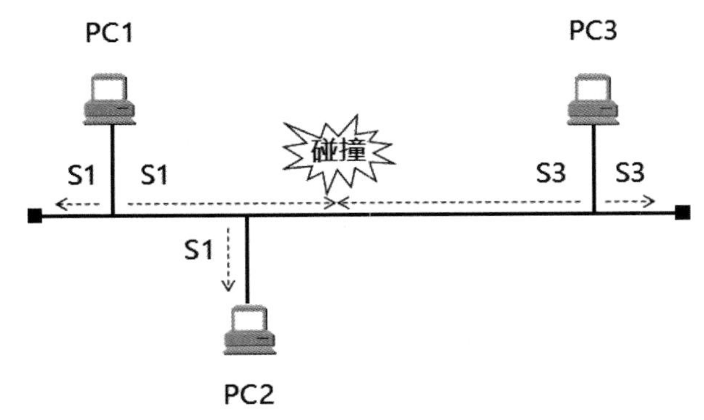

图 2-77 共享型网络，争用信道

图 2-77 中，PC1、PC2、PC3 接入同一个总线，而在实际的组网中还可以接入更多的计算机，这也就是 CSMA/CD 中 MA（Multiple Access，多点接入）的含义。

在多点接入的共享型网络中，如果没有一定的管理控制（协议规范），每一个计算机都自由地发送信息，那么势必会造成图 2-77 所示的信号碰撞，从而使所有碰撞信号都失效，进而使整个网络失去意义（无法有效地进行网络通信）。

CSMA/CD 中的 CS（Carrier Sense，载波侦听）和 CD（Collision Detection，碰撞检测）的目标就是使共享型网络能够有效地通信。

标准以太网是典型的共享型网络，其所采取的协议是 CSMA/CD，后来的快速以太网和千兆以太网，已经发展为交换式网络，但是它们仍然兼容共享型网络，即仍然需要（兼容）CSMA/CD。所以，CSMA/CD 在以太网中非常重要（10GE 网络不再兼容共享型网络，也不再需要 CSMA/CD）。

说明：ALOHA 是 1968 年美国夏威夷大学的一项研究计划，协议的设计者是诺曼·艾布拉姆森（Norman Manuel Abramson）。之所以称该计划为 ALOHA，是因为这个单词是夏威夷人表示致意的问候语，而这项研究计划的目的就是要解决夏威夷群岛之间的通信问题。20 世纪 70 年代初，夏威夷大学成功研制出一种使用无线广播技术的分组交换计算机网络。

（1）载波侦听

载波侦听是一个动词，表示对总线的侦听。如果侦听到载波，则表示总线上正在有信号（信息）发送，如图 2-78 所示。

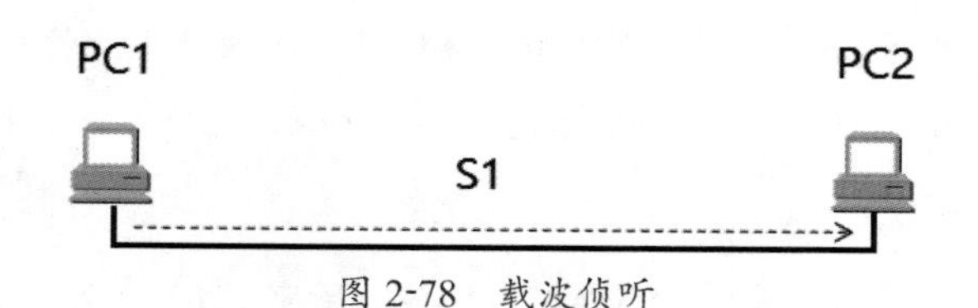

图 2-78 载波侦听

图 2-78 中，总线上“跑”的是 PC1 发送的信息 S1，PC2 可以侦听到 S1。准确地说，是 PC2 的承载 MAC 协议的网卡侦听到了 S1。为了行文和阅读方便，如无特别说明，下文 PC、计算机、站点、网卡、MAC 协议栈等词汇代表同一含义。

载波如何侦听属于物理层和物理学的范畴，超出了本书的范围，故本书不过多讨论。这里要关注的是，CS 不仅是一个动词，在 CSMA/CD 语境中其还代表一个规程。

①计算机在发送信息（信号）之前必须侦听总线上是否有信号。

②如果有，计算机该怎么办?

③如果没有，计算机又该怎么办?

针对以上 3 点，CSMA 提出了 3 种算法，分别为非坚持型 CSMA（nonpersistent CSMA）、1-坚持型 CSMA（1-persistent CSMA）、p- 坚持型 CSMA（p-persistent CSMA）。3 种 CSMA 算法的基本描述如表 2-14 所示。

表 2-14 3 种 CSMA 算法的基本描述

步骤	非坚持型 CSMA	1- 坚持型 CSMA	p- 坚持型 CSMA
①信号发送前	若站点有数据发送，先监听信道	若站点有数据发送，先监听信道	若站点有数据发送，先监听信道
②信道空闲（没有侦听到信号）	若站点发现信道空闲，则发送	若站点发现信道空闲，则发送	若站点发现信道空闲，则以概率 p 发送数据，以概率 $q=1-p$ 延迟至下一个时隙发送。若下一个时隙仍空闲，重复此过程，直至数据发出或时隙被其他站点所占用
③信道忙（侦听到信号）	若信道忙，等待一随机时间，然后重新开始发送过程（回到第 1 步）	若信道忙，则直接回到第 1 步，马上重新开始发送过程	若信道忙，则等待下一个时隙，重新开始发送（回到第 1 步）
④检测到碰撞	若产生冲突，等待一随机时间，然后重新开始发送过程（回到第 1 步）	若产生冲突，等待一随机时间，然后重新开始发送过程（回到第 1 步）	若产生冲突，等待一随机时间，然后重新开始发送（回到第 1 步）

以太网选择的是 1- 坚持型 CSMA。1- 坚持型 CSMA 可以简单总结为如下 3 点。

①先听后发：数据发送前，先侦听信道是否空闲。

②一闲就发：如果信道空闲，马上发送数据。

③一忙就听：如果信道忙，马上重新侦听。

（2）碰撞检测

载波侦听在一定程度上解决了共享型网络信道争用的问题，其基本原则就是先来后到：如果已经有计算机在信道上发送信息，那么后来的计算机就得先等待（侦听到信道空闲后才能发送数据）。

但是，信号（电磁波）的传输速度是有限的，在真空中是 C（3×10^8m/s），在铜线中是 0.7C。因此，载波侦听就会存在一个误区，如图 2-79 所示，T1 时刻，PC1 发送的信号 S1 还没有到达 PC2。此时 PC2 侦听时，就会误以为信道空闲，于是发送信号 S2；T2 时刻，PC1 发送的信号 S1 和 PC2 发送的信号 S2 发生碰撞。

一般情况下，只要能检测到碰撞，根据表 2-14 的描述重发即可：若产生冲突，等待一随机时间，即可重新开始发送过程。但是，有些情况碰撞却无法检测到，如图 2-80 所示。碰撞发生时，PC1 已经将 S1 发送完毕，此时它认为信道是空闲的，故检测不到信号碰撞。

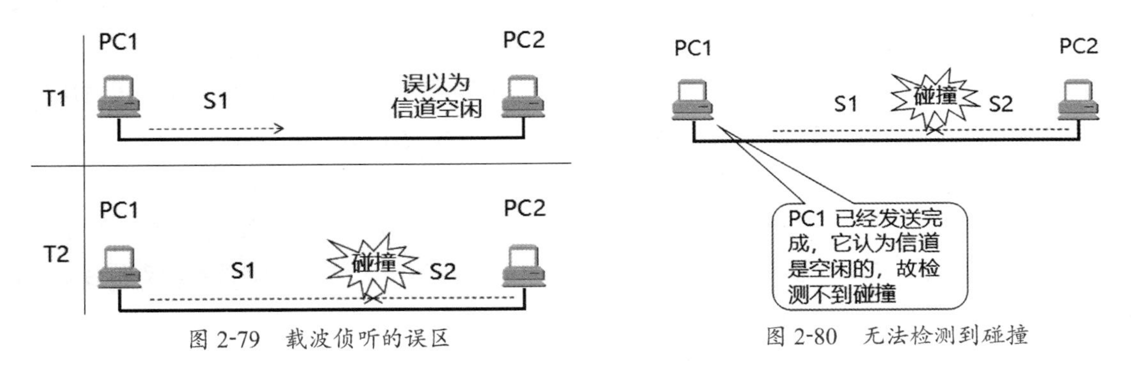

图 2-79　载波侦听的误区　　图 2-80　无法检测到碰撞

如果碰撞检测不到，将会产生严重的后果：PC1 认为数据已经发送完成（成功），但是实际上数据在到达目标主机的过程中发生了碰撞，因此目标主机无法正确接收数据，导致网络不可用。

所以，CSMA/CD 中需要有一个机制来保证碰撞要能被检测到。碰撞检测所要做的是保证信号有足够的长度（发送时间），以应对极端的情况，如图 2-81 所示。

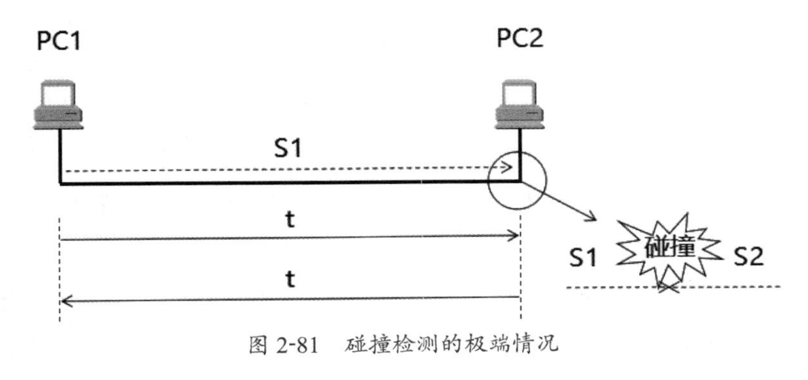

图 2-81　碰撞检测的极端情况

图 2-81 中，信号从 PC1 发出，在 PC2 处发生了碰撞。信号从 PC1 到达 PC2 的时间是 t，碰撞

信号从 PC2 回到 PC1 的时间仍为 t。在 $2t$ 时间内，PC1 需要保证其信号长度足够长，即信号的发送时间至少要是 $2t$，否则碰撞就会检测不到。

那么 t 应该是多少呢？这时就需要提及 IEEE 802.3 Baseband 规范，如图 2-82 所示。

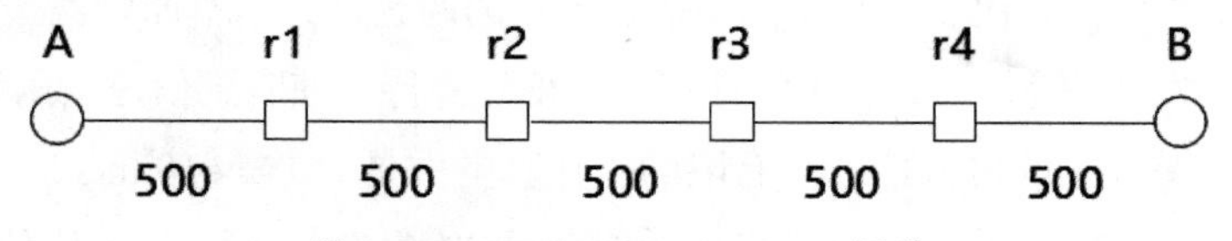

图 2-82　IEEE 802.3 Baseband 规范

所谓“极限”情况，就是选取当年以太网的最大跨度（长度）。图 2-82 表达的就是这种最大长度：在 10Base-5 网络中，每一个物理段（Physical Segment）的最大长度是 500m，最多可以通过 4 个中继器（Repeater）连接起来，即最多可以有 5 段，即以太网最长是 2500m。

电磁波在铜线中的速度是 0.7C，以太网最长是 2500m，所以电磁波在以太网中一来一回（5000m）的时间是 23.8μs。该计算结果只有参考意义，因为还要加上中继器的传输时延，以及站点（如计算机）本身的数据发送时间等。因此 IEEE 802.3 经过综合考虑后，确定该最小时间是 57.6μs。

当时的带宽是 10Mbit/s，57.6μs 可以传输 576 bit，即 72 字节。我们知道，以太网帧的前面有 8 字节的前导符，所以以太网帧的最小长度就是 64 字节（72−8 = 64）。

说明： 这里的 10Mbit/s 是以 1000 万来计算的，而不是 10×1024×1024。之所以没有这么准确，是因为中继器的传输时延、站点的发送时间也都是估算值，把 10Mbit/s 精确地等同于 10×1024×1024 并没有实际意义。该估算值是否能够保证碰撞一定能被检测到呢？多年的事实证明，该估算值是可靠的。

以上内容也说明了以太网帧最小长度是 64 字节的原因，如图 2-83 所示。

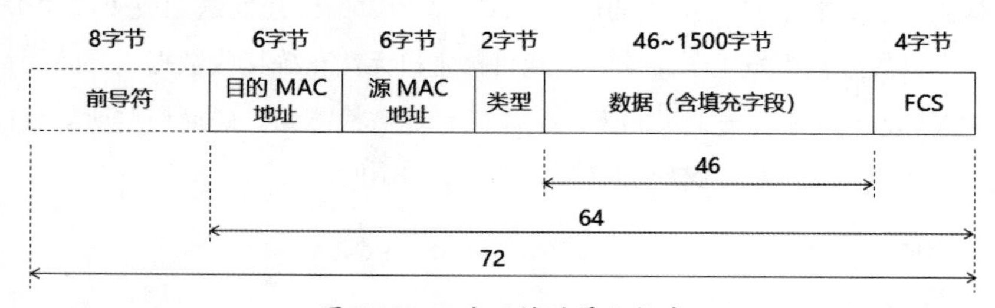

图 2-83　以太网帧的最小长度

从图 2-83 可以看到，由于以太网帧的最小长度是 64 字节，因此其数据部分的最小长度就是 46 字节。如果真实的数据少于 46 字节，那么以太网需要添加上填充字段，使得数据长度至少为 46 字节（MAC 长度至少为 64 字节）。

定义了最小帧长度以后，只能保证碰撞可以被检测到，但并没有说明检测到碰撞以后的做法。这是 CSMA 的范畴。根据表 2-14 的描述，若产生冲突，等待一随机时间，然后重新开始发送过程（回到步骤①），即检测到冲突以后需要重发（因为数据被碰撞失效），而重发的过程就是重新从侦听开始。

需要说明的是，“若产生冲突，等待一随机时间”，这个等待的随机时间的算法，以太网规定采用二进制指数回退法，如图 2-84 所示。

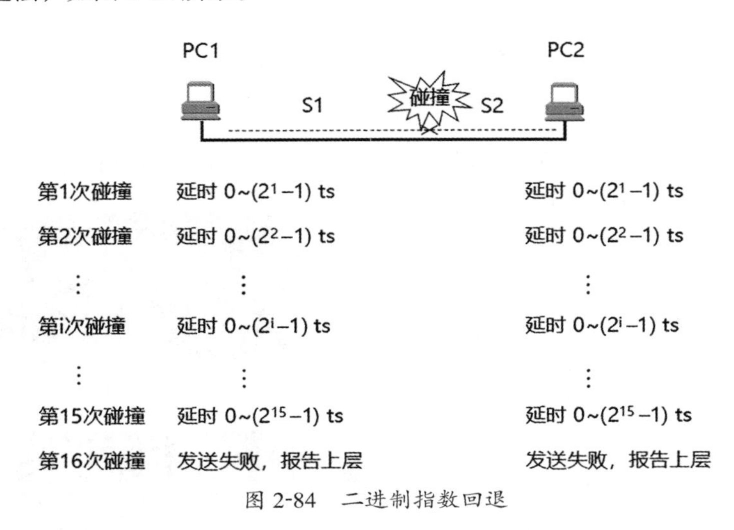

图 2-84　二进制指数回退

对于图 2-84，可以从以下几个层面来理解。

①如果检测到碰撞后，碰撞的各方（图 2-84 的 PC1 和 PC2）马上就重发，那么有很大的概率在重发时还会继续发生碰撞。所以，有必要使碰撞的各方各自延时一个随机时间，以尽可能避免这种重发还碰撞的事件发生。

②随机延时时间如何计算？ IEEE 802.3 规定了一个时间单位 ts（timeslot，时隙），其值为 51.2μs（10Mbit/s 以太网的 64 字节发送时间）。如果是第 i 次碰撞，则在 0 ～（2^i–1）中随机选择一个数字，记为 n，那么就延时 n×ts。

③如果连续碰撞 16 次，那么第 16 次碰撞后不再重发，认为发送失败，向上层报告发送错误。因为这时很可能是网络不可用，重发没有意义。

CSMA/CD 是共享型网络时代的产物，快速以太网、千兆以太网为了兼容标准以太网，也都支持 CSMA/CD 协议。

万兆以太网虽然不再支持共享型网络和半双工，但是考虑到兼容性，它仍然与标准以太网、快速以太网、千兆以太网一样，定义最小帧长度为 64 字节。

现在回顾 PPP 协议为什么只支持全双工。PPP 是一个点对点协议，因此不必非要选择半双工。但是，假如必须要 PPP 支持半双工，我们就会发现 PPP 有两点不满足。

①没有类似 CSMA/CD 的协议。

②相应地，也没有规定帧的最小长度（PPP 的帧格式）。

2.3.5 以太网的发展

以太网的发展首先是硬件的发展，硬件不仅指芯片，也包括传输介质，在硬件的基础上，以太网取得了长足的发展。

在这些发展中，较为重要的发展节点是共享式以太网发展为交换式以太网。共享式以太网（总线型、星形）只能是半双工，而交换式以太网则可以是全双工，提高了以太网的带宽。

交换式以太网（现在来看）其实也不复杂，它的物理拓扑结构还是星形，不过它的逻辑拓扑结构不再是总线型，因为承担星形拓扑中的那颗“星”的位置的设备，不再是集线器（Hub），而是网桥（Bridge）或交换机（Switch）。集线器的内部还是总线结构，而网桥 / 交换机的内部，则是矩阵式交换结构。图 2-85 所示为集线器和交换机。

图 2-85 集线器和交换机

并不是有了交换机以太网的带宽就提升了，也不是因此就出现了虚拟局域网，这还需要其他硬件、协议的共同努力，以太网才能得到长足的发展。

以太网的最初带宽是 2.94Mbit/s，之后 DIX Ethernet II 标准定义的带宽是 10Mbit/s。10Mbit/s 带宽的以太网也称为标准以太网。再往后，以太网的带宽发展到 100Mbit/s（称为快速以太网）、1000Mbit/s 称为 GE（千兆以太网）、10GE（称为万兆以太网，光以太网），如图 2-86 所示。

标记以太网的方法如图 2-87 所示（以 10BASE-T 为例）。

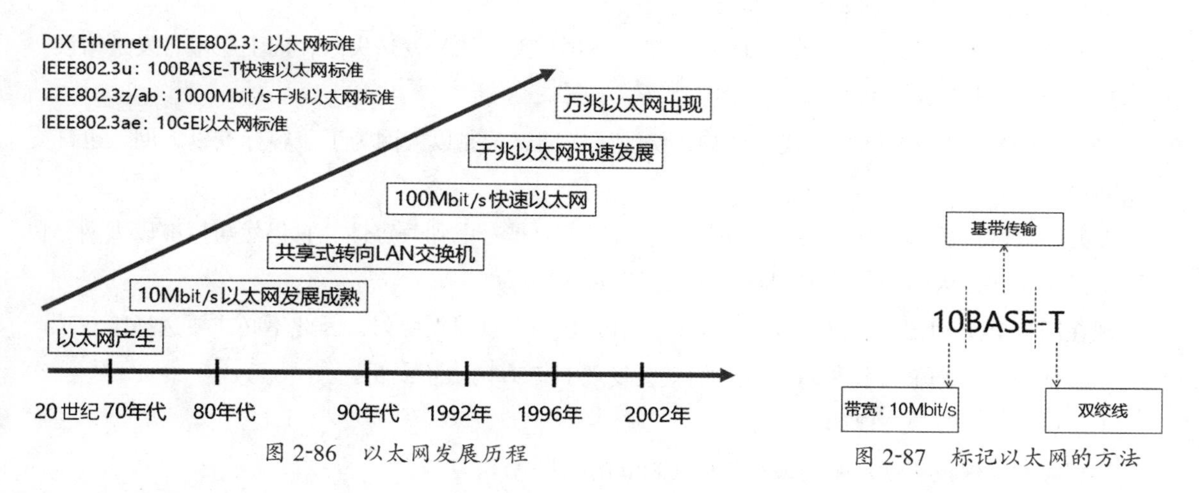

图 2-86 以太网发展历程

图 2-87 标记以太网的方法

- 10BASE-T：10 指传输带宽等于 10Mbit/s，BASE 指基带传输（信源信号没有经过任何调制处理，直接传输）。T 指传输介质是双绞线。

- 10BASE-5：5指传输距离是500m，同时传输介质是同轴电缆（因为当时同轴电缆是唯一的传输介质）。
- 10Broad-36：36指传输距离是3600m，同时传输介质是同轴电缆；Broad指宽带传输［信源信号经过调制以后再传输（已淘汰）］。

以太网的传输带宽、传输介质、传输距离如表2-15所示。

表2-15 以太网的传输带宽、传输介质、传输距离

类型	名称	传输带宽（bit/s）	传输介质	传输距离	标准	是否淘汰
标准以太网	10BASE-2	10M	细同轴电缆	200m（实际为185m）	802.3e	是
	10BASE-5	10M	粗同轴电缆	500m	802.3e	是
	10BASE-F	10M	光纤（单模或多模），10Mbit/s。其分为FP、FL、FB三种连接类型	FP使用无源集线器连接，传输距离为500m；FB使用有源连接器连接，传输距离为3000m；FL可以使用多个中继器，以进一步延长传输距离	802.3j	否
	10BASE-T	10M	电话双绞线（1对）	100m	802.3i	否
快速以太网	100BASE-FX	100M	光纤（单模或多模）	100Base-FX使用的是两根光纤，其中一根用于发送数据，另一根用于接收数据。在全双工模式下，单模光纤的最大传输距离是40km，多模光纤的最大传输距离是2km	802.3u	否
	100BASE-T	100M	包括100BASE-T2、100BASE-T4	100m	802.3u	是
	100BASE-T2	100M	2对CAT-3类双绞线	100m	802.3u	是
	100BASE-T4	100M	4对CAT-3/4/5类非屏蔽双绞线，100Mbit/s（3对用于传输，1对用于碰撞检测）	100m	802.3u	是
	100BASE-TX	100M	2对CAT-5类非屏蔽双绞线（或更好）	100m	802.3u	否
GE	1000BASE-CX	1G	采用150Ω平衡屏蔽双绞线。使用9芯D型连接器连接电缆	25m	802.3z	否

续表

类型	名称	传输带宽（bit/s）	传输介质	传输距离	标准	是否淘汰
GE	1000BASE-LX	1G	光纤（单模或多模），工作波长范围为 1270 ~ 1355nm（LX 表示长波长）	多模光纤（光纤直径为 62.5μm、50μm），传输距离为 550m；10μm 单模光纤，传输距离为 5km	802.3z	否
	1000BASE-SX	1G	只支持多模光纤，工作波长为 770 ~ 860nm（SX 表示短波长）	使用 62.5/125μm 多模光纤的最大传输距离为 275m，使用 50/125μm 多模光纤的最大传输距离为 550m	802.3z	否
	1000BASE-T	1G	4 对 CAT-5 类非屏蔽双绞线（或更好）	100m	802.3ab	否
	1000BASE-TX	1G	4 对 CAT-6 类非屏蔽双绞线（或更好）	100m	802.3ab	否
10GE	10GBASE-SR	10G	光纤	OM3：300m OM4：400m	802.3ae	否
	10GBASE-SW	10G	光纤	OM3：300m OM4：400m	802.3ae	否
	10GBASE-LX4	10G	光纤	OM3：300m OM4：400m	802.3ae	否
	10GBASE-LR	10G	单模光纤	10km	802.3ae	否
	10GBASE-LW	10G	单模光纤	10km	802.3ae	否
	10GBASE-CX4	10G	同轴电缆	15m	802.3ak	否
	10GBASE-T	10G	双绞线	100m	802.3an	否

表 2-15 中，以太网的带宽从 10Mbit/s 发展到 10Gbit/s，它们的帧格式都相同，而且最小帧长度也都是 64 字节。

标准以太网（10Mbit/s）只支持单双工；快速以太网（100Mbit/s）和 GE 既支持单双工，也支持全双工；10GE 只支持全双工。

对于 10 ~ 1000Mbit/s 的范围来说，以太网支持自协商的混合组网，即组网设备（网络设备及计算机）支持的标准可以不同，以太网可以自动协商。自协商的优先级是：1000BASE-T 全双工、1000BASE-T、100BASE-T2 全双工、100BASE-TX 全双工、100BASE-T2、100BASE-T4、100BASE-TX、10BASE-T 全双工、10BASE-T。以上的协商优先级，传输介质都是双绞线，这是因为光纤组网的以太网不支持自协商。

因为传输带宽的发展，以太网的主要应用场景也逐渐发生了变化，如表 2-16 所示。

表 2-16　以太网的应用场景

以太网	接入层	汇聚层	核心层
标准以太网（10Mbit/s）	最终用户和接入层交换机之间的连接	不使用	不使用
快速以太网（100Mbit/s）	为高性能的 PC 和工作站提供 100Mbit/s 的接入	提供接入层和汇聚层的连接，提供汇聚层到核心层的连接，提供高速服务器的连接	提供交换设备间的连接
千兆以太网（1Gbit/s）	一般不使用	提供接入层和汇聚层设备间的高速连接	提供汇聚层和高速服务器的高速连接，提供核心设备间的高速互连
万兆以太网（10Gbit/s）	一般不使用	提供核心层和汇聚层设备间的高速连接	提供核心设备间的高速互连

纵观以太网的发展，不再局限于局域网的应用，而是从局域网延伸到了广域网。

①标准以太网（10Mbit/s）淘汰了 16Mbit/s 的令牌环网。

②快速以太网（100Mbit/s）淘汰了光纤分布式数据接口（Fiber Distributed Data Interface，FDDI）。

③ GE 和 10GE 使得 ATM 网络地位受到挑战。

2.4 生成树协议

早期的以太网结构比较简单，如图 2-88 所示。从物理拓扑角度来看，3 种组网形式都可以理解为树形网；从连接技术角度来看，3 种组网形式都可以理解为总线网。

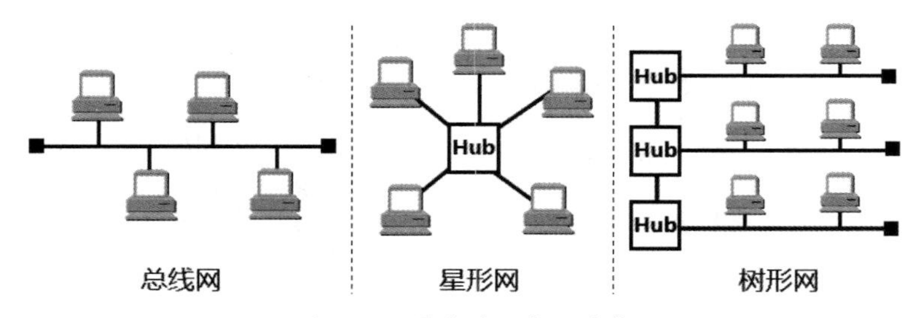

图 2-88　早期的以太网结构

随着技术的发展，以太网出现了交换式组网，承担交换职责的部件是网桥（Bridge）或交换机（Switch）。关于两者的区别，一种最简单也最形象的解释就是：网桥只有两个端口，而交换机是端口数比较多的网桥。本书不特意区分两者，除非特别说明，否则网桥和交换机为同一含义。

交换式网络要优于总线式网络，但是环路广播风暴也是交换式网络不得不面对的问题。为了解决环路广播风暴问题，以太网引入了生成树协议（Spanning Tree Protocol，STP）。

关于 STP，首先从网桥的基本原理和环路广播风暴开始介绍。

2.4.1 网桥的基本原理和环路广播风暴

单网桥的基本组网模式如图 2-89 所示。

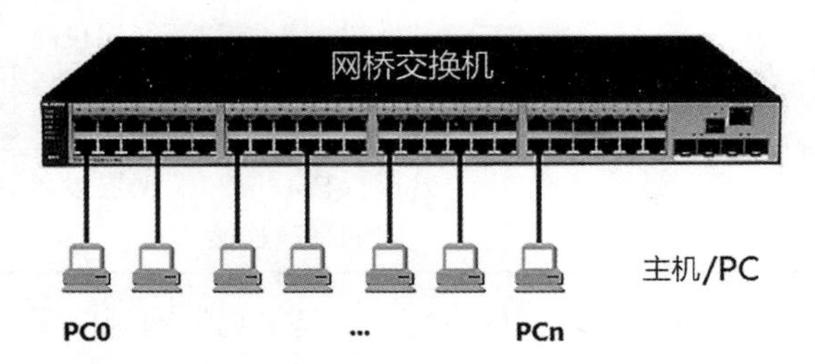

图 2-89 单网桥的基本组网模式

一般来说，网桥的使用非常简单，将 Host/PC 机接入网桥网口即可。之所以如此简单，是因为其背后有网桥的基本原理在支撑：基于 MAC 地址的学习和转发。

1. 基于 MAC 地址的学习和转发

网桥内部有一张 MAC 地址表，该表记录着网桥的端口（Port）和 MAC 地址的关联关系。基于 MAC 地址的学习和转发如图 2-90 所示。

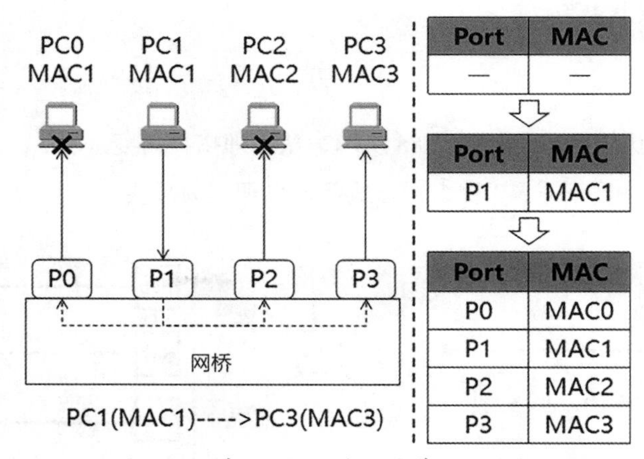

图 2-90 基于 MAC 地址的学习和转发

在图 2-90 中，1 个网桥有 4 个端口（P0 ~ P3），各连接 1 个 PC 机（PC0 ~ PC3），这 4 个 PC

机的 MAC 地址分别是 MAC0 ~ MAC3。

网桥的 MAC 地址表有两个字段 Port、MAC，地址表中记录了两者的映射关系。初始时，MAC 地址表的记录为空，即没有任何数据。

PC1 要与 PC3 通信，于是 PC1 发出一个“源 MAC 是 MAC1，目的 MAC 是 MAC3”的帧（记为 F1）。帧到达网桥后，网桥需要确认该帧应从哪个端口发送出去。

此时，网桥需要查找 MAC 地址表，查看 MAC3 对应着哪个端口。但是，此时 MAC 地址表中没有数据，于是网桥就将 F1 广播出去，即将 F1 发往 P0、P1、P2。

实际上，网桥在查 MAC 地址表之前会在 MAC 地址表中记录 P1 ↔ MAC1 的映射关系，因为从 P1 进入的 F1，它的源 MAC 是 MAC1。该过程称为 MAC 地址学习。

广播出去的 F1 会分别到达 PC0、PC2、PC3。由于目的 MAC 是 MAC3，因此 PC0、PC2 会拒绝 F1，只有 PC3 才会接受 F1。

当 PC3 回应 PC1（与 PC1 通信）时，它所发送的帧（记为 F2），其源 MAC 是 MAC3，目的 MAC 是 MAC1。当 F2 到达网桥时，网桥会做 3 件事情。

① MAC 地址学习，学习到 P3 ↔ MAC3 的映射关系。

②查 MAC 地址表，查询到 MAC1（目的 MAC）对应的端口是 P1。

③转发，将 F2 从 P1 转发出去（最终到达 PC1）。

可以想象，在后续的通信过程中，只要 PC0 ~ PC3 互相通信，网桥最终会学习到所有的 Port 和 MAC 的映射关系。而且在帧转发过程中也不再需要广播，因为通过查 MAC 地址表总能找到目的 MAC 所对应的 Port。

“查表、学习、转发，如果查找不到就广播”，这是网桥的最简原理，也是最基本的原理，可以将其表述为“基于 MAC 地址的学习和转发”。

这里补充一个概念：MAC 地址老化。MAC 地址的老化时间就是 MAC 地址在网桥中“闲置”的最长时间。MAC 地址被写入到 MAC 地址表以后，以后如果有数据帧的目的地址是该 MAC 地址，网桥通过查 MAC 地址表就可以知道从哪个端口转发出去。但是如果一直没有该 MAC 地址相关的数据帧发送（源 MAC 或目的 MAC 是该 MAC 的数据帧），该 MAC 地址就被认为闲置。

一个网桥的资源是有限的，它不能无限制地存储其所学习到的所有 MAC 地址，因此网桥中提出了“MAC 地址老化”的概念：如果 MAC 地址的“闲置”时间超过了老化时间，那么该 MAC 地址就会从地址表中删除。一般来说，网桥的默认 MAC 老化时间是 300s。

2. 环路广播风暴

单个网桥所能连接的主机（Host）和传输距离都是有限的，所以可以将网桥级联，如图 2-91 所示。

级联实际上是一种“非常脆弱”的组网方式，因为它经不起一点点异常。假设 B0 和 B1 之间或 B1 和 B2 之间的链路断开，那么图 2-91 中通过 3 个级联的网桥所连接起来的 PC 将成为孤岛，如图 2-92 所示。

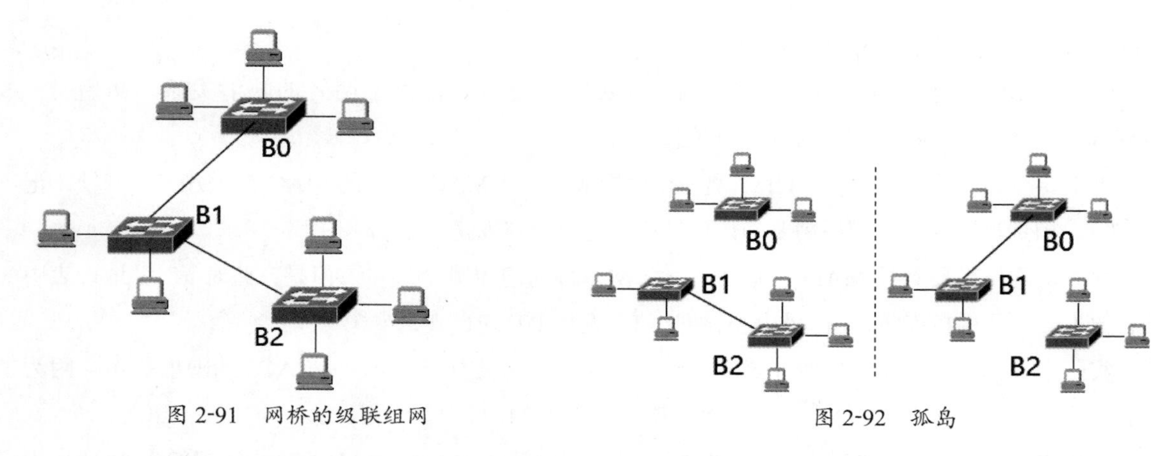

图 2-91　网桥的级联组网　　　　图 2-92　孤岛

为了解决孤岛问题，可采用冗余保护，如图 2-93 所示。B0、B1、B2 之间的任何一条链路断开，都不会形成孤岛，如图 2-94 所示。

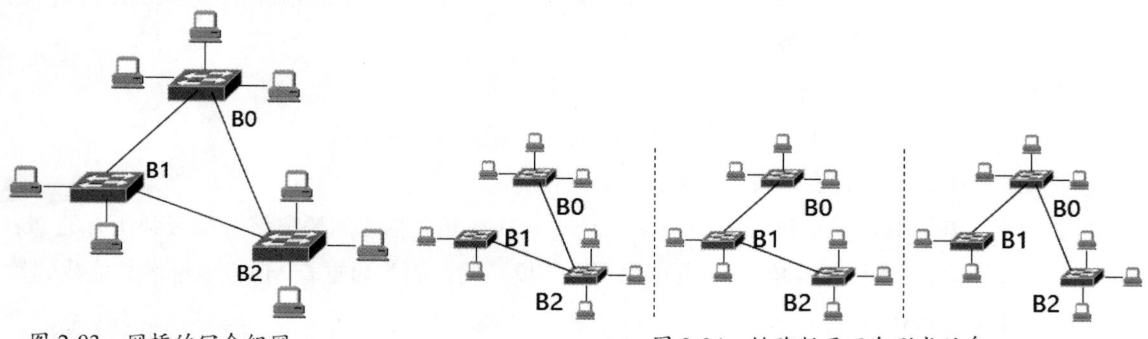

图 2-93　网桥的冗余组网　　　　图 2-94　链路断开不会形成孤岛

通过图 2-94 可以看到，由于有冗余保护，链路断开不会形成孤岛。但是，冗余保护有一个致命缺点，即会产生环路广播风暴，如图 2-95 所示。

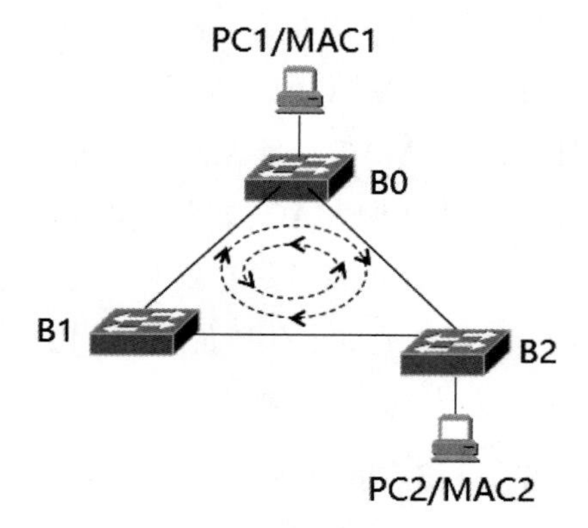

图 2-95　环路广播风暴

图 2-95 中，PC1 与 PC2 通信，发送了 1 个帧（记为 F1），其源 MAC 是 MAC1，目的 MAC 是 MAC2。假设此时 B0、B1、B2 这 3 个网桥都还没有学习到 MAC2 映射到哪个端口，那么，当 B0 收到 F1 时，它会将 F1 广播出去，B1、B2 收到 F1 也会广播出去。如此周而复始，就会形成死循环（而且是双重死循环）。由于环路而引发的广播帧在网络中的死循环就称为环路广播风暴。

环路广播风暴最终会使整个网络陷于瘫痪。为了解决孤岛和环路广播风景，人们采用了 STP。

2.4.2 STP 的基本原理

STP 的基本原理如图 2-96 所示，是一个冗余的组网，但是 STP 从逻辑上将 B1、B2 之间的链路断开，从而形成了事实上的图 2-96（b）所示的树形组网，而且该组网不会形成环路广播风暴。

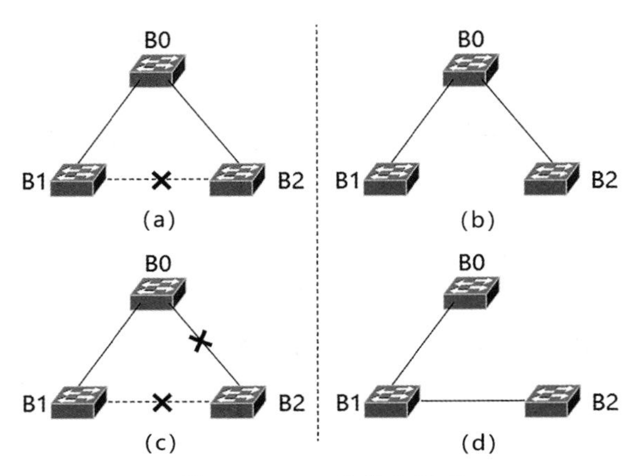

图 2-96 STP 的基本原理

当出现异常情况，如 B0、B2 之间的链路断开时，如图（c）所示，STP 会将那个逻辑上断开的链路恢复，从而形成图（d）所示的组网，这仍然是一个连通的而且没有环路广播风暴的树形组网。

可以看到，STP 通过逻辑剪枝和故障恢复，比较完美地解决了冗余与环路之间的矛盾。

①逻辑剪枝：阻断了冗余链路，将一个冗余环路组网剪枝为一个树形组网（无环路组网）。

②故障恢复：当活动路径［图 2-96（b）中的 B0-B1、B0-B2 链路］发生故障时，激活冗余备份链路［图 2-96（d）中的 B1-B2 链路］，恢复网络连通性。

STP 由 DEC 公司的拉迪亚·珀尔曼（Radia Perlman）于 1983 年提出，并且被 IEEE 定为网桥（交换机）技术的标准协议（IEEE 802.1d）。

事实上，正是由于珀尔曼发明了 STP，局域网和广域网才有了大规模的连接，珀尔曼也因此被尊称为“互联网之母”。

STP 非常关键的一点是逻辑剪枝，那么 STP 是如何做到的呢?

1. 逻辑剪枝

STP 的逻辑剪枝分为 3 个步骤：选举根网桥（Root Bridge）、选举根端口（Root Port）、选举指定端口（Designated Port），下面分别进行介绍。

（1）选举根网桥

如图 2-97 所示，如果由人来选举根网桥，则结果比较明显：可以“任命”B0 ~ B2 中任意一个网桥为根网桥（图 2-97 中 B0 是根网桥）。但是如果由网桥自己互相选举，它们该怎么做呢?

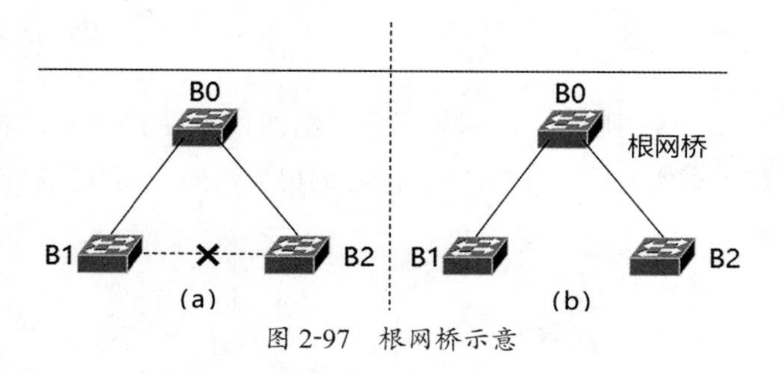

图 2-97　根网桥示意

首先，每个网桥都有一个网桥 ID（BID），该 BID 是由人工设定的。BID 占有 8 字节，其格式如图 2-98 所示。

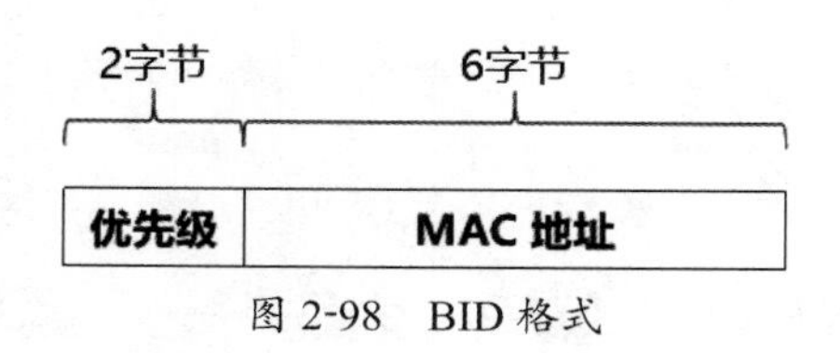

图 2-98　BID 格式

BID 的前两个字节代表网桥的优先级（Priority），其取值范围是 0 ~ 65535，默认值是 32768，具体取值由人工设定；BID 的后 6 个字节是网桥的 MAC 地址（也由人工配置）。

根网桥的选举原则：谁的 BID 小，谁就是根网桥。由于优先级占位前 2 个字节，因此比较 BID 事实上就是比较网桥的优先级。根网桥的选举过程如下。

①初始时，每个网桥都认为自己是根网桥，如图 2-99 所示。

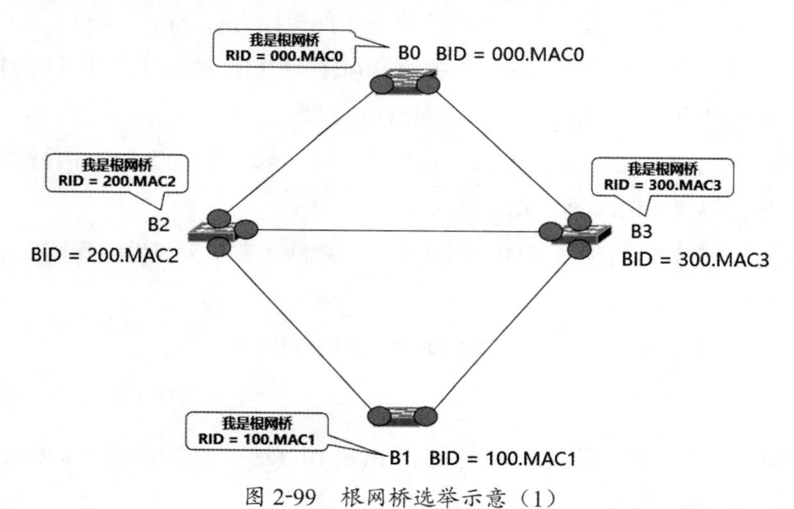

图 2-99　根网桥选举示意（1）

图 2-99 中，BID 采用“优先级 .MAC 地址”的方式来表达，如 B0 的 BID 为 000.MAC0，表示该 BID 的优先级是 0，MAC 地址是 MAC0。另外，该图中的 RID 是 Root ID 的缩写，表示根网桥 ID。

②初始的时候，每个网桥都组播发送“拓扑配置 BPDU”协议帧（记为 CFG BPDU，Configuration Bridge Protocol Data Unit），宣称自己是根网桥，如图 2-100 所示。

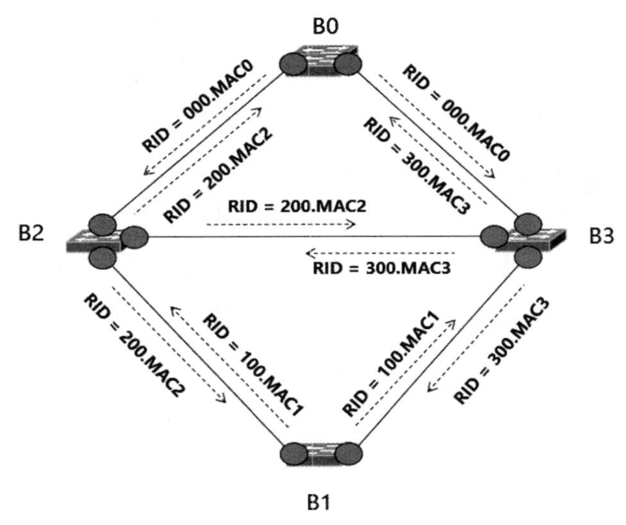

图 2-100　根网桥选举示意（2）

③网桥收到其他网桥发送过来的 CFG BPDU，提取 CFG BPDU 中的根网桥的 BID，然后与自己的 BID 相比，选取较小的 BID 作为根网桥，如图 2-101 所示。

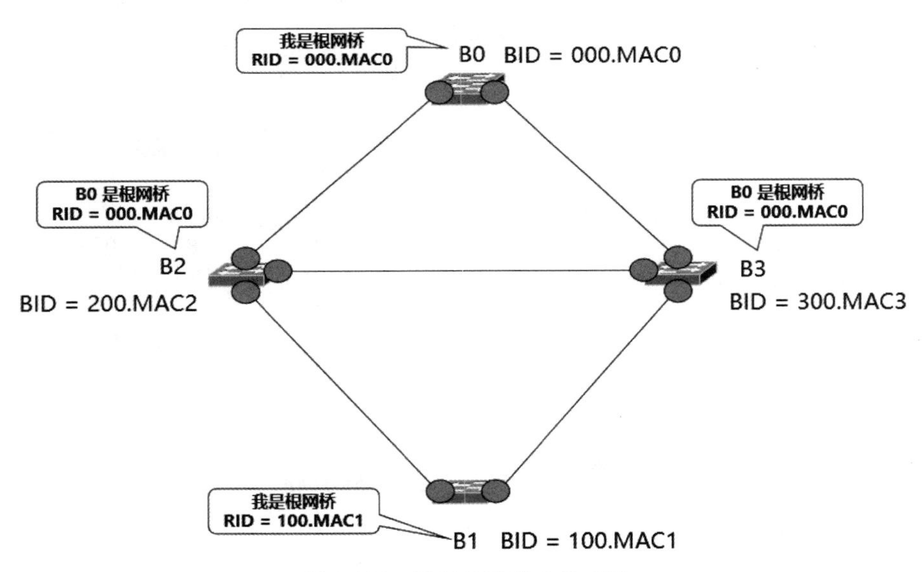

图 2-101　根网桥选举示意（3）

④若网桥认为自己是根网桥，则继续周期性地发送 CFG BPDU，宣称自己是根网桥；若已知自己不是根网桥，就不再发送 CFG BPDU，但是会转发（组播）自己所收到的 CFG BPDU，如图 2-102 所示。

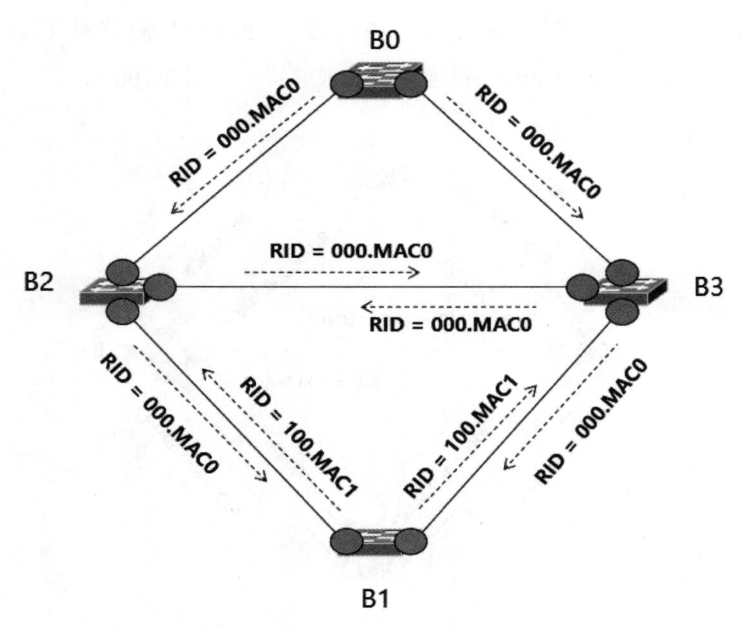

图 2-102 根网桥选举示意（4）

⑤经过周期性地迭代，网络最终会收敛，选举出一个根网桥，如图 2-103 所示。

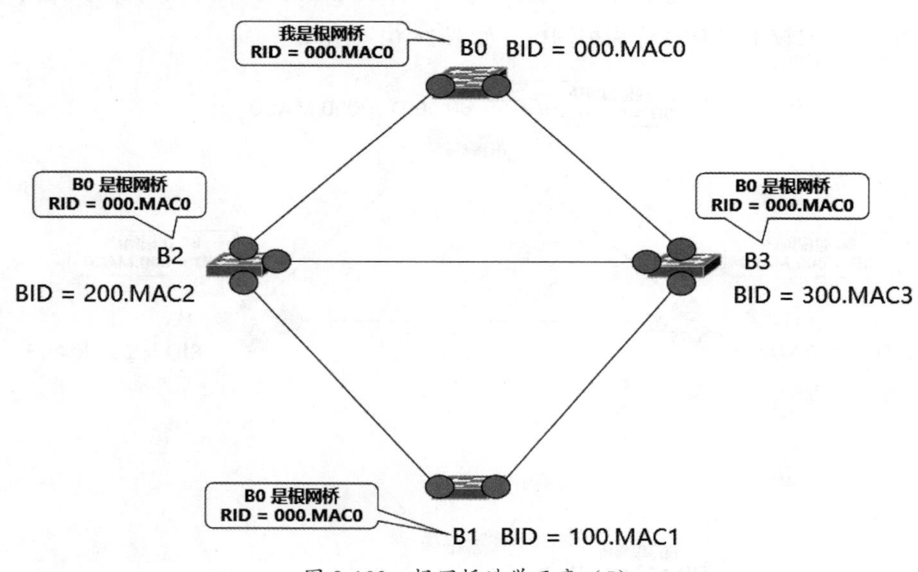

图 2-103 根网桥选举示意（5）

⑥即使网络已经选举出根网桥，但是根网桥仍然会周期性地发送 CFG BPDU（默认周期是 2s），其他网桥也仍然会转发（组播）该根网桥所发送的 CFG BPDU。这是为了解决后续网络拓扑变化的场景，如图 2-104 所示。

根网桥选举出来以后，一个树形组网的根就出来了。为了剪枝，STP 还需要选举根端口。

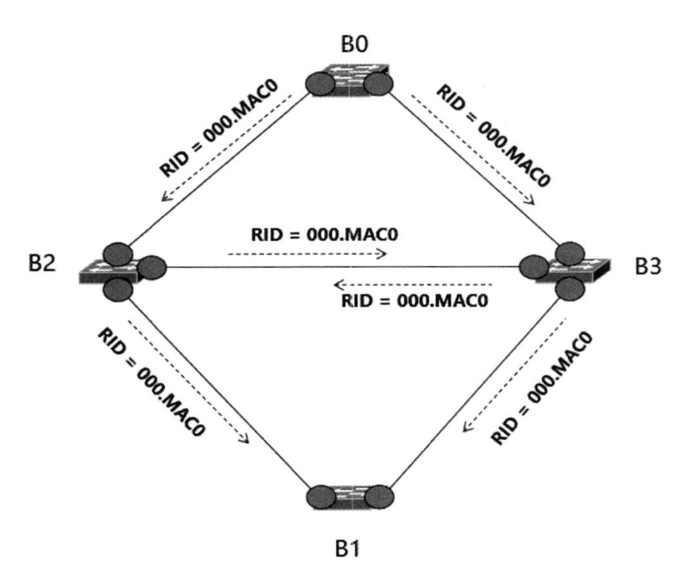

图 2-104　根网桥选举示意（6）

说明：“转发（组播）CFG BPDU”这种说法并不太准确，实际上在转发（组播）之前，网桥会修改到达根网桥路径的代价（Root Path Cost，RPC）。如果端口处于 Blocking 状态，则其不会“转发（组播）CFG BPDU”。

（2）选举根端口

根端口不是根网桥的端口，而是其他网桥达到根网桥的端口（也就意味着根网桥本身是没有根端口的）。

通过图 2-104 可以看到，B1 ~ B3 能够到达根网桥（B0）的端口都有两个。但是为了逻辑剪枝，STP 规定每个非根网桥只有一个根端口。

根端口选举原则如下。

①比较路径开销。比较本交换机到达根网桥的路径开销（Cost），选择开销最小的路径。STP 以网桥的链路速率（端口速率）来定义路径开销，如表 2-17 所示。

表 2-17　链路速率与路径开销的关系

链路速率 /（bit/s）	路径开销（IEEE 802.1d）
0	65535
10M	100
100M	19
1000M	4
10G	2

图 2-105 所示为根据路径开销选举的根端口，通过最短（最小代价）路径确定的 B1、B2、B3

的 3 个网桥的根端口，使得 3 个网桥到达根网桥的路径代价分别为 12、8、4。

②比较发送 CFG BPDU 的网桥的 BID。如果路径开销相同，则发送 CFG BPDU 的网桥的 BID 最小者所对应的端口当选，即比较对端网桥的 BID，谁的对端 BID 小谁就当选。

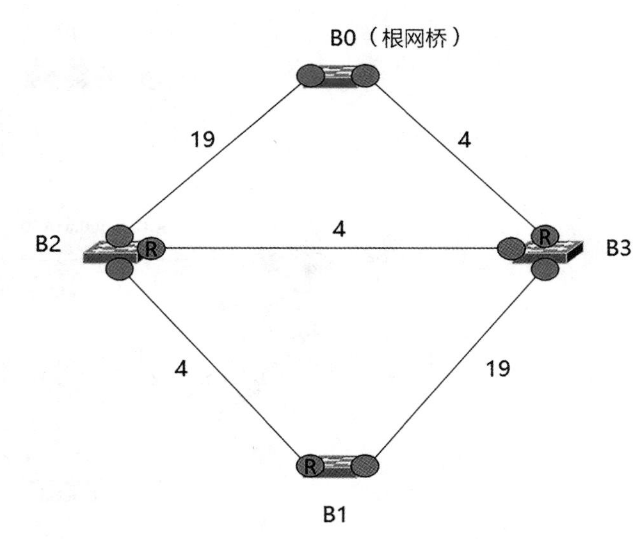

图 2-105　根端口选举示意（1）

③比较发送 CFG BPDU 的网桥的 PID（Port ID，端口 ID）。如果发送 CFG BPDU 的网桥的 BID 也相同（如 B1、B2 之间有两条链路），那么发送 CFG BPDU 的端口的 PID 最小者所对应的端口当选，即比较对端端口的 PID，谁的对端 PID 小谁就当选。

PID 有 2 字节，第 1 个字节代表端口的优先级，第 2 个字节代表端口的序号。

④比较自身端口 PID。如果发送 CFG BPDU 的网桥的 PID 也相同（对端只有一个网桥一个端口，通过 Hub 接入本端的两个端口），那么就比较本网桥的多个端口的 PID，谁的 PID 小谁就当选。

需要强调的是，根端口的选举过程是与根网桥的选举同时进行的，也是承载于 CFG BPDU 帧。例如，图 2-102 所示根网桥叠加上到达根网桥路径的代价后，如图 2-106 所示。图 2-106 中不仅表示了根网桥，还表示了到达根网桥的代价。网桥接到这些帧以后，就可以计算其中的“最小代价路径”。

图 2-104 所示根网桥叠加上到达根网桥路径的代价后，如图 2-107 所示。图 2-107 表达的是网络收敛后，各个网桥选举出了网络中的根网桥，也选举出了自身的根端口。

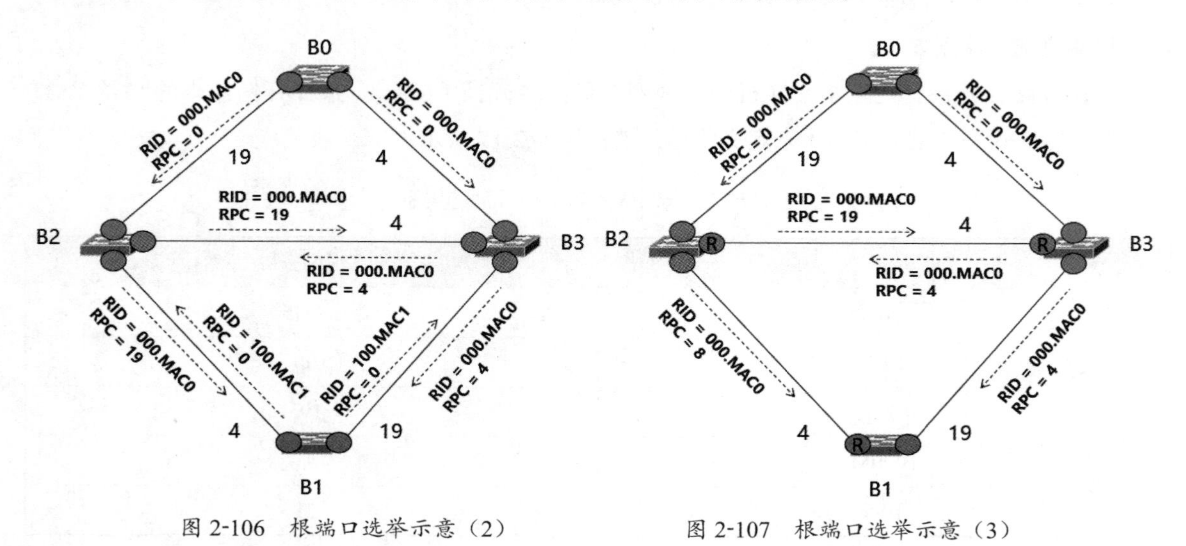

图 2-106　根端口选举示意（2）　　图 2-107　根端口选举示意（3）

（3）选举指定端口

选举根端口以后仍无法剪枝，还需要选举指定端口。指定端口的选举规则如下。

①根端口不能是指定端口，非根端口都是指定端口的候选者。

②一个网段上必须有且只能有一个指定端口。如果出现多个候选指定端口，那么：

- 谁到达根网桥的路径代价最小，谁就当选。
- 对于端口所在的网桥的 BID，谁小谁当选。
- 对于端口的 PID，谁小谁当选。

根据①，可以有两个推论。

推论 1：如果网桥的端口对端所连接的不是网桥，而是主机（如 PC），那么该端口就没有竞争者（无人参与竞争）。

推论 2：根网桥的端口也没有竞争者。

但是这两个推论并不是绝对正确，在 Hub 组网的情况下，这两个推论中的端口就会面对“同行”的竞争，如图 2-108 所示。

对于图 2-108（a）的组网场景，规则②和③是不可能发生的，因为就是两个对手（B1 的端口和 B2 的端口）直接竞争，没有“同行”参与竞争。

对于图 2-108（b）的组网场景，假设 B2 的端口和 B3 的端口到达根网桥代价相同（都比 B1 的端口的 RPC 小），那么这两个“同行”就需要遵循规则②：谁的 BID 小谁当选。

图 2-108（c）的组网场景，假设 B2 的两个端口到达根网桥代价相同（都比 B1 的端口的 RPC 小），那么这两个“同行”就需要遵循规则③：谁的 PID 小谁当选。

根据以上原则，图 2-107 中的各个端口的角色就可以定义（选举）出来，如图 2-109 所示。

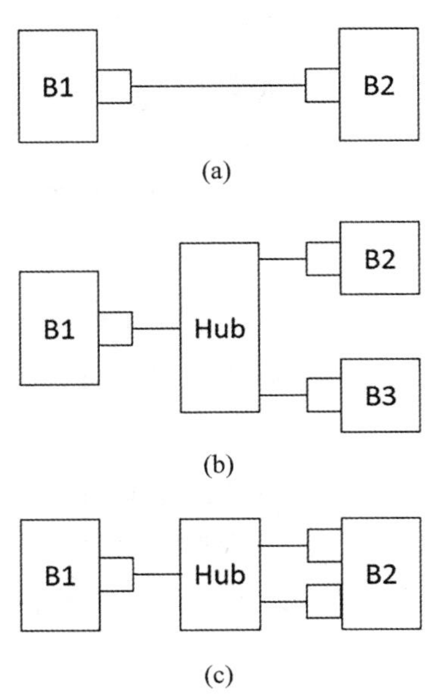

图 2-108　STP 的网段与 Hub 组网

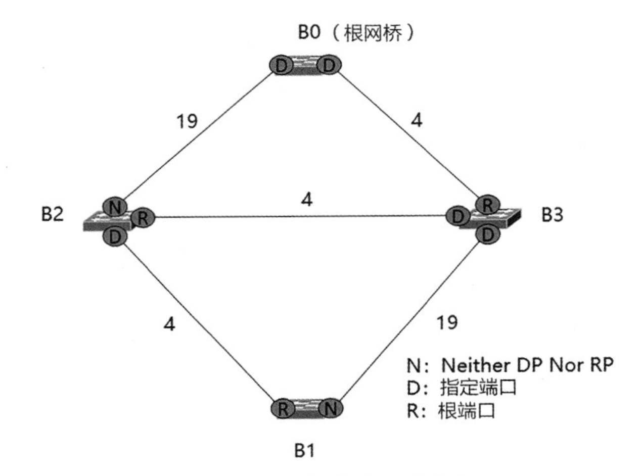

图 2-109　各个端口的角色

图 2-109 只标出了网桥之间对接的端口，没有标出网桥连接 Host 的端口（这些端口都是指定端口，在“同行”竞争中落选者除外）。

图 2-109 中的 N 端口指非根非指定端口，即在端口的竞选中，既没有当选根端口，也没有当选指定端口的端口。

（4）剪枝

以上 3 个选举的最终目的就是剪枝，即将网络中冗余的链路剪除，使网络中没有环路。当然，这并不是物理上的剪除，而是一种逻辑剪枝。

STP 逻辑剪枝的方法就是阻塞（Block）非根非指定端口，使之不能转发数据，从而从逻辑上“剪除”对应链路。图 2-109 被 STP 逻辑剪枝后，形成了一个无环的树形网络，如图 2-110 所示。

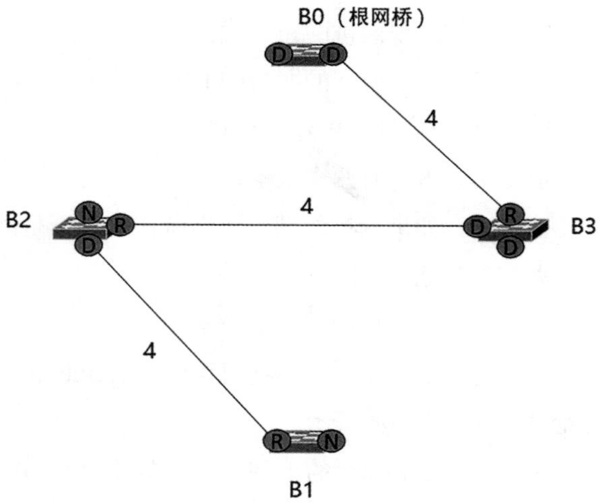

图 2-110　逻辑剪枝

（5）补充说明

STP 通过 CFG BPDU 进行了根网桥、根端口、指定端口的选举，从而完成了逻辑剪枝，避免了网络环路。这里还需要补充说明两个概念：CFG BPDU 的接收和 CFG BPDU 的老化。

网桥的端口接收 CFG BPDU 有两种情形，一种是收到对端端口发送的 CFG BPDU，另一种是收到本网桥其他端口转发的 CFG BPDU。例如，图 2-109 中的 B1 的 N 端口会收到对端的 B3 的 D 端口发送的 CFG BPDU，也会收到 B1 的 R 端口转发的 CFG BPDU（由 B2 的 D 端口发送）。

网桥的端口接收到 CFG BPDU 以后，其保存时间有两种情形：一种是长时间没有再次收到相应的 CFG BPDU 的更新，那么它会将该 CFG BPDU 老化（从自己的存储中删除该 CFG BPDU）。CFG BPDU 的老化时间是 Max Age（默认是 20s）。另一种情形是在老化时间之内收到更新，那么它会用新的 CFG BPDU 替换老的 CFG BPDU，并且将老化定时器重新清零。

2. 端口状态

设想这样一种场景，网桥的端口被选举为根端口或指定端口以后，其是否可以马上转发数据帧（需要注意的是，前文说的 CFG BPDU 属于协议帧，不是数据帧）？

答案是否定的，这是因为网桥的端口还没有充分学习到网络中相关的 MAC 地址，此时端口的转发其实就是广播。虽然这种广播是暂时的（因为随着时间的推移，端口会学习到足够的 MAC 地址），但是 STP 认为这样的广播也不是很好，于是它提出了转发延迟（Forward Delay）的概念，让端口先学习（MAC 地址）一段时间，但不参与数据帧的转发。

那么网桥的端口学习要多长时间呢？ STP 会通过 Forward Delay Timer（转发延迟定时器，默认是 15s）来设置了它们的学习时间，而仅仅有 Forward Delay Timer 是不够的，为了解决暂时风暴问题（如还要解决临时环路问题），STP 提出了端口状态机方案。

STP 将端口分为 5 种状态，如表 2-18 所示。

表 2-18　STP 的端口状态

端口状态	接收 BPDU	发送 BPDU	接收数据帧	转发数据帧	备注
Disable	否	否	否	否	—
Blocking	是	否	否	否	—
Listening	是	是	否	否	不学习 MAC
Learning	是	是	是	否	学习 MAC
Forwarding	是	是	是	是	学习 MAC

网桥初始启动时，所有端口（默认）都是 Disable 状态，既不能收发 BPDU 帧，也不能收发数据帧。端口的 Disable 状态只有经过人工使能（Enable）以后，才有可能演化到转发（Forwarding）状态，但是这中间需要经过一系列的状态变化。

STP 的端口状态机的基本流程如图 2-111 所示。

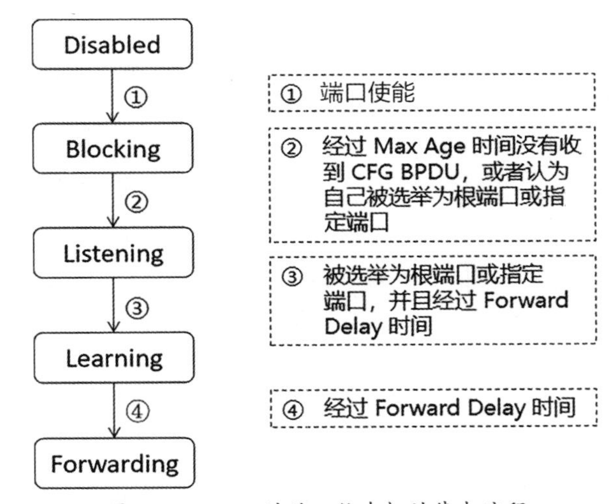

图 2-111　STP 的端口状态机的基本流程

图 2-111 中，端口的初始状态是 Disabled（去使能），被人工 Enable 以后，进入 Blocking 状态。Blocking 状态的端口只是接收 CFG BPDU 帧，不发送自己的也不转发别人的 CFG BPDU 帧。当然，它更不会接收和转发数据帧。

对于 Blocking 状态的端口，如果在 Max Age 时间（默认为 20s）内没有收到 CFG BPDU，那么它会进入倾听（Listening）状态。或者，Blocking 状态的端口收到了 CFG BPDU 帧，并且通过所接收的 CFG BPDU 帧判断自己可能当选根端口或指定端口，那么它就会进入 Listening 状态。换句话说，如果在 Max Age 时间内收到了 CFG BPDU，并且判断自己不可能当选根端口或指定端口，那么 Blocking 状态的端口就持续维持在 Blocking 状态。

Listening 状态的端口可以接收 CFG BPDU，也可以发送自己的或转发别人的 CFG BPDU，即 Listening 状态的端口可正式参选。但是，Listening 状态的端口不会接收和转发数据帧，即不接收数据帧就意味着不会学习 MAC 地址。

正式参选的端口也有可能会落选，这里先讲述基本流程：Listening 状态的端口最终被选举为根端口或指定端口。被选举之后，Listening 状态的端口并不马上进入 Learning（学习）状态，而是要等到 Forward Delay 时间（默认是 15s）之后。

Learning 状态的端口开始学习 MAC 地址，即开始接收数据帧。但是此时的端口还不能转发数据帧，还需要等待 Forward Delay 时间（默认是 15s）之后才能进入 Forwarding 状态。

Forwarding 状态的端口比较好理解，可以接收和转发数据帧，也可以接收、发送、转发 CFG BPDU 帧。

处于 Listening、Learning、Forwarding 状态的端口，既可能被重新选举为非根非指定端口（如果网络拓扑发生了变化），也有可能被用户去使能。一个完整的 STP 端口状态机如图 2-112 所示。

STP 定义了端口的 5 种状态，此外还有一种状态虽然不在 STP 的定义范围内，但仍有必要简单介绍，如图 2-113 所示。

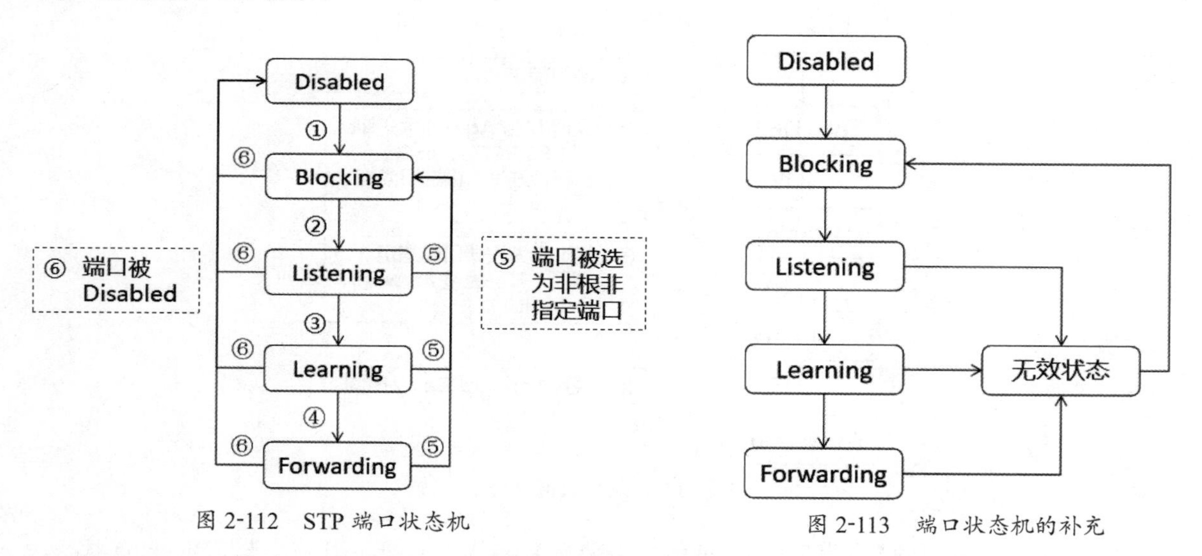

图 2-112 STP 端口状态机

图 2-113 端口状态机的补充

图 2-113 中补充了一种 STP 没有包含（定义）的状态：无效状态。当没有外接链路或被人工去激活时，端口就处于无效状态。无效状态是一种临时过渡状态，会很快转换成 Blocking 状态。

3. 故障恢复

一个经过剪枝的网络，如果工作链路中断，马上就会出现故障形成孤岛，此时 STP 需要启用备份链路（当初被剪枝的链路）来修复故障。

但是，仅仅使链路恢复还不够，网桥的数据转发最终依靠的是 MAC 地址表，无论是 STP 剪枝还是故障恢复，都只是构建网络拓扑的过程，MAC 地址表是在该网络拓扑上学习的结果。MAC 地址有学习，也有老化。虽然链路出现故障并且通过 STP 修复故障，网络已经形成了一个新的拓扑，但是网桥中的 MAC 地址表还没有老化，反映的仍是原来的拓扑（已经有故障的拓扑），因此此时网桥的转发就是错误的。网桥的 MAC 地址老化时间是 300s（默认），必须有一种方法让网桥尽快老化原来的 MAC 地址表，重新学习形成新的 MAC 地址表，才能使网络“快速”修复故障。

所以，STP 的故障恢复分为两部分：尽快 MAC 老化和拓扑重新建立。

（1）尽快 MAC 老化

链路故障恢复与 MAC 老化时间之间的关系如图 2-114 所示。

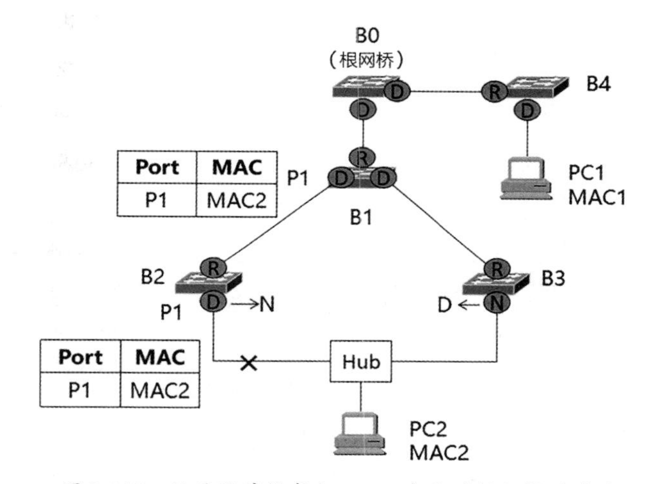

图 2-114 链路故障恢复与 MAC 老化时间之间的关系

图 2-114 中，由于某种故障（如 B2 与 Hub 之间的网线断开），使得 B2 与 PC2 之间的链路中断。STP 通过故障恢复技术将原本被剪枝的 B2 与 PC2 之间的链路恢复，从而使得 PC1 与 PC2 还是连通的。

表面上看该过程没有问题，但是 STP 的故障恢复时间是 50s，而网桥的 MAC 老化时间一般是 300s。这就意味着虽然链路已经切换，但是在这 300s 之内，B1 的 MAC 地址表、B2 的 MAC 地址表还是指向原来的链路，从而导致 PC1 仍然无法连通 PC2（如果 PC2 不主动联系 PC1）。显然此时并不期望 MAC 的老化时间如此“漫长”，而是期望它尽快老化。既然有如此期望，为什么不一开始就将 MAC 的老化时间设置小一些呢?

在链路出现故障时期望 MAC 尽快老化。链路正常时，MAC 老化时间还是期望长一点，否则会引发许多不必要的 MAC 地址学习（引发许多不必要的广播）。这个看似矛盾的诉求该怎么解决呢？为此，STP 提出了拓扑变化通知（Topology Change Notification,TCN）的概念。

拓扑变化通知仍然是利用 BPDU，但 TCN BPDU 和逻辑剪枝中所介绍的 CFG BPDU 有细微不同。BPDU 将在“2.4.3　BPDU 帧格式”中讲述，这里可将其当作一个协议帧。

需要说明的是，不仅在链路故障时网桥会发送 TCN BPDU，当端口状态变为 Forwarding 时，网桥也会发送 TCN BPDU。

那么，STP 是如何利用 TCN BPDU 来加快老化 MAC 地址表的呢？如图 2-115 所示。

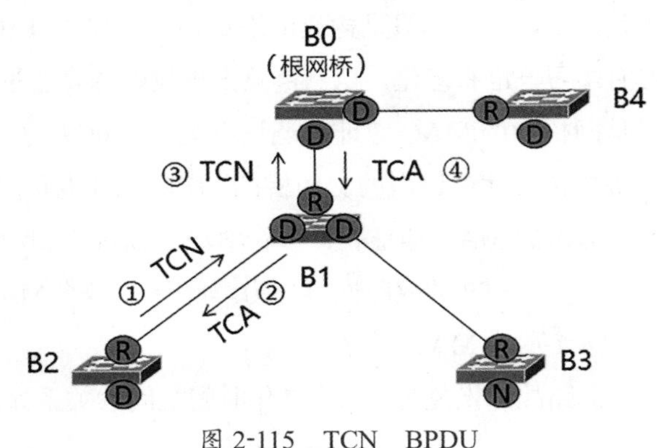

图 2-115　TCN　BPDU

在图 2-115 中，B2 感知到了链路的变化，于是向根网桥的反向发送了一个 TCN BPDU。B2 向根网桥发送的 TCN BPDU 到达 B1 以后，B1 向 B2 返回一个 TCA（Topology Change Acknowledgment，拓扑变化确认）BPDU。

B1 向 B2 返回一个 TCA BPDU 以后，会继续将 TCN BPDU 转发给根网桥。图 2-115 中的根网桥（B0）收到 TCN BPDU 以后，也会向 B1 返回一个 TCA BPDU。

TCN BPDU 到达根网桥以后，根网桥需要将该拓扑变化的消息发布到整个网络，如图 2-116 所示。

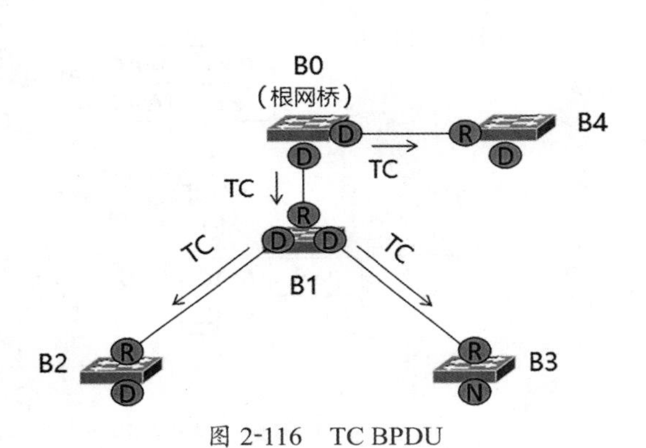

图 2-116　TC BPDU

根网桥收到 TCN 以后，会组播发送 TC（Topology Change）BPDU。正如图 2-116 所示，TC BPDU 会发送到网络中的每一个网桥。

网桥收到 TC BPDU 以后，会将 TC BPDU 中的 Forward Delay Time 字段的值（默认是 15s）设置为自己的 MAC 老化时间。也就是说，网桥的 MAC 老化时间从原来的 300s 变为 15s，即加速了 MAC 的老化。

根网桥会周期性地（默认周期是 2s）发送 TC BPDU，持续时间为 Forward Delay Time + Max Age，默认为 20s。

待到根网桥停止发送 TC BPDU，各个网桥也不会再收到 TC BPDU 以后，它们会继续将自己的 MAC 老化时间设为原来的“长”时间（300s），因为此时网络拓扑又重新稳定了。

当网络中有链路发生了故障时，TCN、TCA、TC 等 BPDU 使得网络中相关的网桥会将自己的 MAC 老化时间变短（从 300s 变成 15s），但还需要一个关键动作，即拓扑重新建立。

（2）拓扑重新建立

假设仅仅是 MAC 快速老化，而没有拓扑重新建立，那么故障网络无法恢复，如图 2-117 所示。

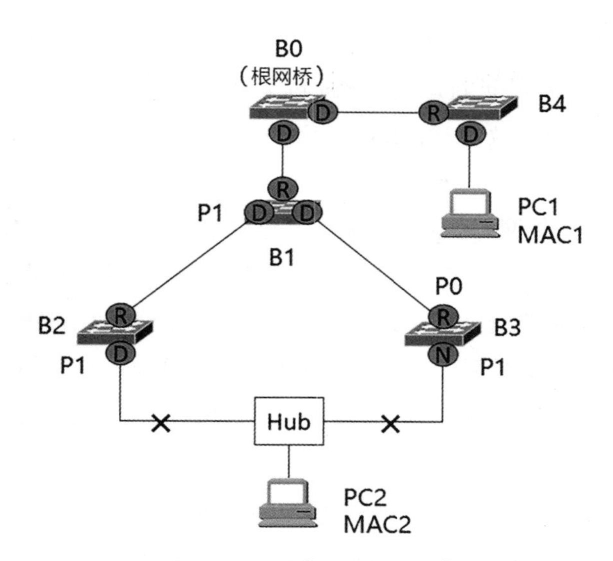

图 2-117　故障网络无法恢复

图 2-117 中，B3 到达 PC2 的链路发生了故障，而 B2 与 PC2 之间原本就由于 STP 的逻辑剪枝而链路不通。此时，PC1 要想与 PC2 通信，尽管 B4、B0、B1、B2、B3 关于 MAC2（PC2 的 MAC）的地址表项都老化了，但仍然是无法连通的。

拓扑的重新建立依赖于 STP 的端口状态机。

Blocking 状态的端口，如果在 Max Age 时间（默认为 20s）内没有收到 CFG BPDU，那么它会进入 Listening 状态。或者，它收到了 CFG BPDU 帧，并且通过所接收的 CFG BPDU 帧判断自己可能当选根端口或指定端口，那么 Blocking 状态的端口就会进入 Listening 状态。

图 2-117 中，B3 的 P1 端口（记为 B3.P1）会正常地收到 B3 的 P0 端口（记为 B3.P0）转发的 CFG BPDU。但是 B3.P1 在心中“默默计算”，发现自己“PK 不过”B3.P0，于是它仍然“保持沉默”，维持在 Blocking 状态。也就是按照根端口选取规则，B3.P1 发现自己仍然竞争不过 B3.P0。

由于 B2 的 P1 端口（记为 B2.P1）与 Hub 之间的链路发生了故障，因此 B3.P1 将不再会收到 B2.P1 发送的 CFG BPDU。于是经过了 Max Age 时，B3.P1 将 B2.P1 发送的 CFG BPDU 老化以后，发现自己可能成为指定端口，因此进入 Listening 状态。由于没有竞争者，B3.P1 顺利当选为指定端口。再等待两个 Forward Delay［15 + 15 = 30（s）］时间之后（假设 B3.P1 的选举时间为 0），B3.P1 正式转为 Forwarding 状态，于是原本被 STP 剪枝的 B3.P1 与 PC2 之间的备份链路正式恢复，网络的拓扑重新建立，PC1 与 PC2 也得以重新正常通信。

这里需要补充说明两点。

① B3.P1 进入 Forwarding 状态以后，B3 也会发送 TCN BPDU，最终引发根网桥发送 TC BPDU，进而导致各个网桥加快它们的 MAC 老化。

②基于图 2-117，B2.P1 会首先进入无效状态，然后进入 Blocking 状态，之后一直处于

Blocking 状态（因为 B2.P1 没有外接链路）。

为了更好地理解 STP 的拓扑重新建立，下面再举一个例子，如图 2-118 所示，B3.P0 与 B1 的 D 端口之间的链接断开，按照前文描述，B3.P0 不会再转发 B1 发送的 CFG BPDU，也不会发送自己原生的 CFG BPDU。

此时，B3 会认为自己是根网桥，并在网络中通过 B3.P1 发布 CFG BPDU，宣布竞选。然而，B2.P1 收到 B3.P1 发送过来的 CFG BPDU 以后，无论它处于什么状态，都会忽略，因为它发现 B3 并不足以当选根网桥（如果能当选，第一次选举时就已经当选了，也不必等到现在）。

然而 B2.P1 不想保持沉默，此时的它又开始 STP 故障恢复进行工作。B2.P1 收到 B2.P0 转发过来的及 B3.P1 发送过来的 CFG BPDU，发现自己 PK 不过两者，于是它只能保持沉默，直到自己经过 Max Age 后，从 Blocking 状态转变为 Listening 状态。

转变为 Listening 状态的 B2.P1 端口就可以转发 B2.P0 发送的 CFG BPDU，这样的话，B3.P1 端口就会通过 BPDU 的比较，决定自己是根端口，相应地，B2.P1 就会决定自己是指定端口（B2.P0 还是根端口）。

再等待两个 Forward Delay[15 + 15 = 30（s）] 时间（包含选举时间）之后，B2.P1 正式转为 Forwarding 状态，于是原本被 STP 剪枝的 B3.P1 与 B2.P1 之间的备份链路正式恢复，网络的拓扑重新建立，如图 2-119 所示。

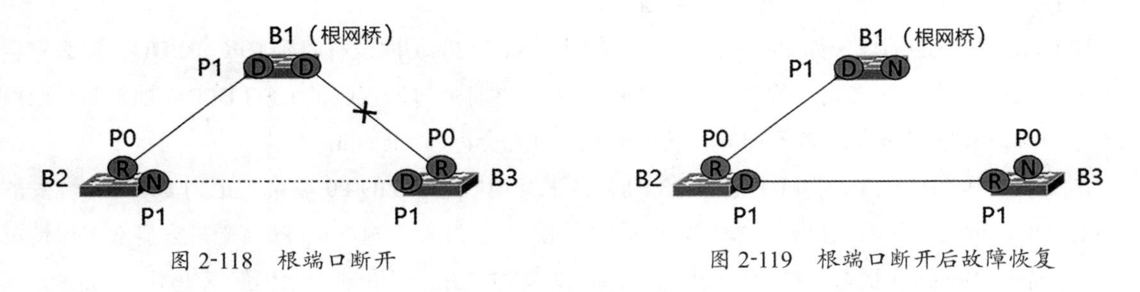

图 2-118　根端口断开　　图 2-119　根端口断开后故障恢复

4. 故障恢复的麻烦

图 2-118、图 2-119 讲述了原来的根端口断连后并被 STP 故障恢复的过程，在这个过程（以及其他故障恢复的故事）中，都涉及了端口状态从 Listening 转为 Learning、从 Learning 转为 Forwarding 是，都需要延迟 Forward Delay 时间 [15 + 15 = 30（s）]。表面上看，这无形中使网络断连增加了 30s，似乎不是很好。

是不是选举为根端口或指定端口后，就可以直接跳转为 Forwarding 状态呢？因为这样就可以节约 30s 时间（假设选举时间为 0）。

考虑这样一种情形：原来的根端口的链路仍然可能（而且很有必要）会恢复物理连通。物理连通以后，按照前文所述，网络拓扑会再度转变为原来的结构，如图 2-120 所示。

图 2-120 描述的是选举结果稳定的状态，但是在中间过程中很可能会出现图 2-121 所示的情形。

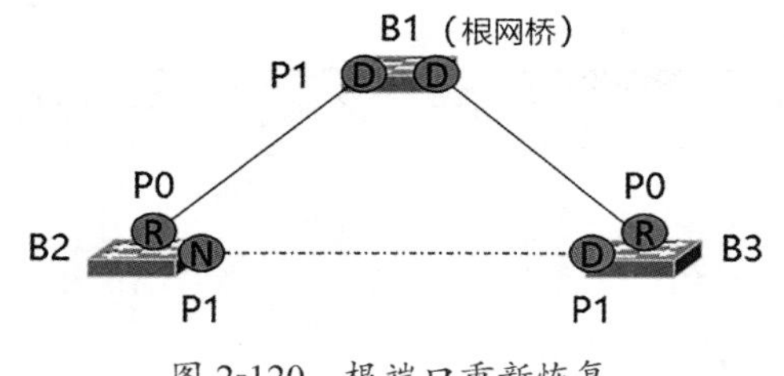

图 2-120　根端口重新恢复

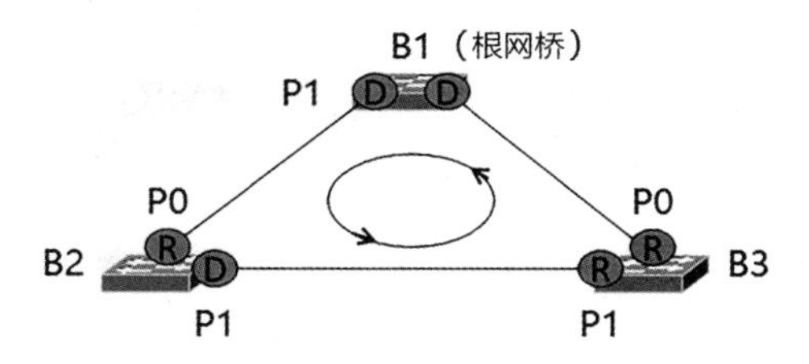

图 2-121　根端口重新恢复的中间状态

如图 2-121 所示，在选举过程中，B3 的 P0、P1 很可能都认为自己是根端口。由于 B3.P1 原本就是根端口，且处于 Forwarding 状态；而 B3.P0 一旦认为自己是根端口，就会转为 Forwarding 状态，此时就会出现网络环路。

2.4.3　BPDU 帧格式

BPDU 承载于 Ethernet SAP 以太网数据帧，如图 2-122 所示。

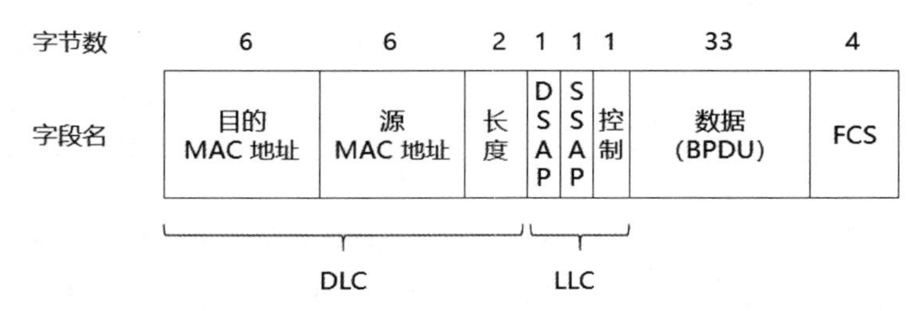

图 2-122　承载 BPDU 的 Ethernet SAP 格式

IEEE 为 STP 保留的 DSAP 和 SSAP 字段的值都是 0x42，控制字段的值是 0x03。STP 发送 BPDU 的方式是组播，组播地址是 01-80-C2-00-00-00（目的 MAC 地址）。

BPDU 一共有 33 字节，如表 2-19 所示。

表 2-19　BPDU 各字段简介

字段名	字节数	简述
Protocol ID	2	协议 ID，其值总是为 0
Protocol Version ID	1	STP 有 3 个官方版本： 0：STP（802.1d） 2：RSTP（802.1w） 3：MSTP（802.1s）
BPDU Type	1	BPDU 类型，一共有两个值： 0x00：CFG BPDU 0x80：TCN BPDU
Flags	1	表示 TCA BPDU、TC BPDU

续表

字段名	字节数	简述
Root ID	8	根网桥 ID
Root Path Cost	4	端口到达根网桥的路径的开销
Bridge ID	8	发送本 BPDU 的网桥的 ID
Port ID	2	发送本 BPDU 的端口的 ID
Message Age	2	BPDU 从根网桥发出以后所经历的时间。原本的计量单位是 s，后来改为每经过 1 个网桥其值加 1
Max Age	2	BPDU 的老化时间，默认取值 20s
Hello Time	2	根网桥周期性发送 CFG BPDU 的周期，默认取值 2s
Forward Delay	2	转发延时，默认取值 15s

下面针对表 2-19 中的相关字段，分别进行介绍。

（1）Protocol Version ID

STP 一共有 3 个官方版本和一个 Cisco 私有版本。

①当 PVID（Protocol Version ID）等于 0 时，代表 STP（802.1d）。

②当 PVID 等于 2 时，代表 RSTP（Rapid Spanning Tree Protocol，快速生成树协议）。RSTP（802.1w）从 STP 演化而来，其帧格式与 STP 相同，目的是减少网络的收敛时间（减少网络故障恢复时间）。

③ PSVT（Per-VLAN Spanning Tree，每个 VLAN 生成树）是 Cisco 的私有协议，其帧格式与 STP/RSTP 并不兼容，所以表 2-19 中并未列出。

④当 PVID 等于 3 时，代表 MSTP（Multiple Spanning Tree Protocol，多生成树协议，802.1s）。在 PVST 中，网桥为每个 VLAN 都构建一棵 STP 树，随着网络规模的增加，VLAN 的数量也在不断增多，会给交换机带来很大的负担。MSTP 把多个 VLAN 映射到一个 STP 实例上，从而减少了 STP 树的数量。MSTP 的帧格式与 STP/RSTP、PVST 兼容。

（2）BPDU Type

对于 STP 而言，BPDU 一共有两种类型：CFG BPDU（BPDU Type = 0x00）和 TCN BPDU（BPDU Type = 0x80）。

前文介绍的 TCA BPDU 和 TC BPDU 都属于 CFG BPDU（部署于 TCN BPDU），CFG BPDU、TC BPDU、TCA BPDU 根据 Flags 字段来区分。

①当 Flags 等于 0 时，表示 CFG BPDU。

②当 Flags 等于 0x01（最低位为 1，其余全是 0）时，表示 TC BPDU。

③当 Flags 等于 0x80（最高位为 1，其余全是 0）时，表示 TCA BPDU。

（3）STP 优先级向量

Root ID、Root Path Cost、Bridge ID、Port ID 这 4 个字段组成了 STP 的优先级向量。当选举根网桥时，会用到其中的 Root ID 字段；当选举根端口、指定端口时，会用到全部 4 个字段。

（4）STP 的几个关键时间

前文说过，每个网桥收到 CFG BPDU 时都会设置其老化时间（Max Age）。当超过 Max Age 时，网桥会删除对应的 CFG BPDU。

当网络稳定时，根网桥无法保持沉默，否则网络中每一个端口都会“驿动”。所以根网桥必须周期性地发送 CFG BPDU。这个周期就是 Hello Time。根网桥通过这个 Hello Time 这个字段通知它的发送周期。

除了用周期性发送 CFG BPDU 来安抚网络中每颗驿动的心外，STP 还用 Forward Delay 字段来限制网络中每个端口的冲动。即使已经当选了根端口或指定端口，它们也必须等待两个 Forward Delay 的时间，才能转为 Forwarding 状态。

另外，前文所说的 STP 让网桥的 MAC 尽快老化场景，网桥采用的 MAC 老化时间就是 Forward Delay 字段的值。

2.4.4 STP 的收敛时间

如果网络拓扑出现了变更，如一条链路断开，或者新增一条链路、新增一个网桥，STP 会重新选举根网桥、根端口、指定端口等。从变更开始，再到重新稳定，这个过程称为网络收敛，这段时间称为网络收敛时间。

下面以网络故障恢复场景为例，计算网络收敛时间，如图 2-123 所示为根端口断开后通过恢复备份链路而使故障恢复的场景。其故障恢复过程在前面已经讲述，这里重新梳理该过程所花费的时间，如图 2-124 所示。

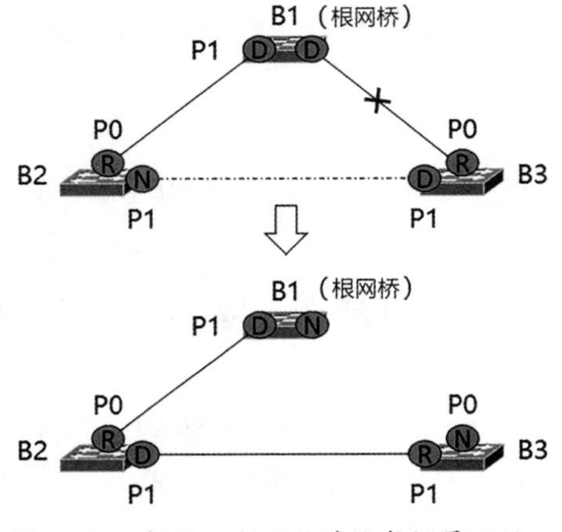

图 2-123 根端口断开故障恢复场景（1）

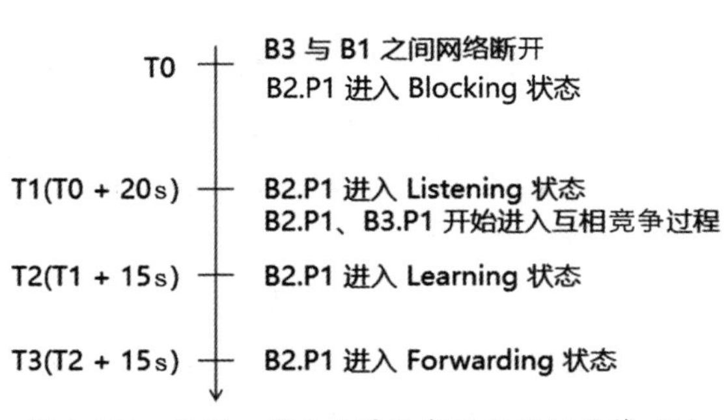

图 2-124 根端口断开故障恢复收敛时间计算（1）

①在 T0 时刻，B3 与 B1 之间网络断开，同时 B3.P0 进入 Blocking 状态。

② T1 时刻（T0 + 20s），即 T0 经过 1 个 Max Age 之后，B2.P1 进入 Listening 状态，B2.P1、B3.P1 开始正式进入互相竞争状态。竞争结果就是 B2.P1 当选为指定端口，B3.P1 当选为根端口。

③ T2 时刻（T1 + 15s），即 T1 经过 1 个 Forwarding Delay 之后，B2.P1 进入 Learning 状态。

④ T3 时刻（T2 + 15s），即 T2 经过 1 个 Forwarding Delay 之后，B2.P1 进入 Forwarding 状态。此时为 B2 和 B3 之间的链路正式连通时刻。

通过以上描述可知，从 T0 时刻到 T3 时刻，中间经历了 50s，即 STP 的收敛时间是 50s。

说明：B3.P1 端口有其自己独立的状态机，它并不需要与 B2.P1 的状态机同步。但是 B2 与 B3 之间的链路连通，最终取决于 B2.P1 端口进入 Forwarding 状态。

如果 B3 与 B1 之间的网络断开是在 B2.P1 进入 Blocking 状态之后，那么收敛时间会小于 50s，如图 2-125 所示。

从图 2-125 可以看到，Tx 时刻（B3 与 B1 之间网络断开）位于 T0 与 T1 之间，因此 STP 的收敛时间 T 满足 30s ≤ T ≤ 50s（30 ～ 50s）。

还有一种场景，其虽然也是根端口断开故障恢复，但是它的 STP 收敛时间只需要 30s，如图 2-126 所示。

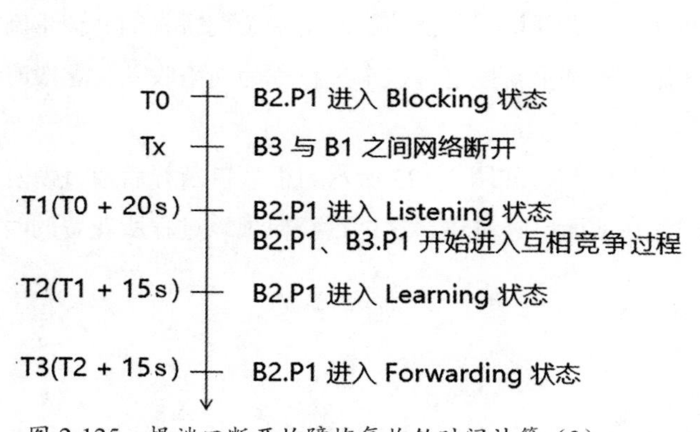

图 2-125　根端口断开故障恢复收敛时间计算（2）

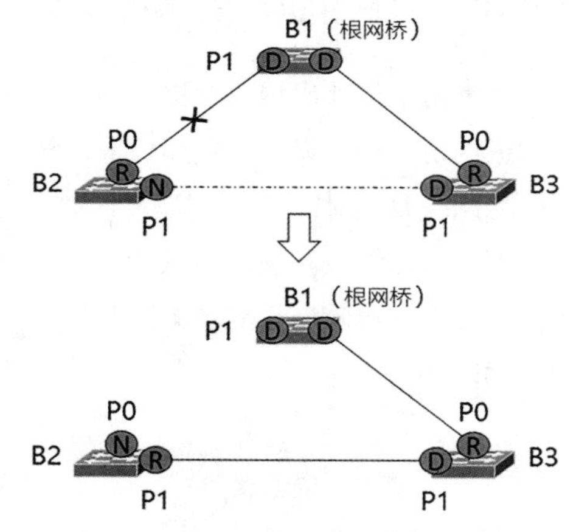

图 2-126　根端口断开故障恢复场景（2）

图 2-126 与图 2-123 最大的区别是：当出现故障时，后者的 B3.P1 需要等 B2.P1 从 Blocking 状态转为 Listening 状态（可以发送 CFG BPDU）；而前者的 B2.P1 则不需要，因为其 B3.P1 本来就处于 Forwarding 状态（可以发送 CFG BPDU）。也就是说，图 2-126 的故障恢复不需要等待 Max Age 时间，如图 2-127 所示。

从图 2-127 可以看到，从 T0 时刻（B3 与 B1 之间网络断开）到 T2 时刻（B2.P1 进入 Forwarding 状态），没有经历 Max Age，只经历了 2 个 Forwarding Delay，合计时间是 30s。

STP 网络收敛的例子不胜枚举，其关键差别在于是否需要等待 Max Age。

①如果是完全等待 Max Age，则收敛时间是 50s。

②如果是部分等待 Max Age，则收敛时间是 30 ~ 50s。

③如果是无须等待 Max Age，则收敛时间是 30s。

什么样的场景需要等待 Max Age 呢？我们把 STP 的网络收敛抽象为“一个网络链路从逻辑上不连通转变为逻辑上连通”，如图 2-128 所示。

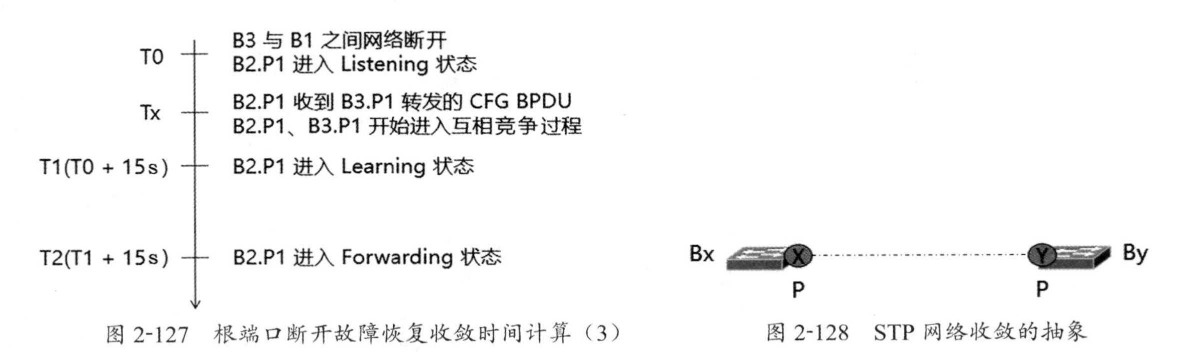

图 2-127　根端口断开故障恢复收敛时间计算（3）

图 2-128　STP 网络收敛的抽象

图 2-128 中，Bx.P 端口与 By.P 端口之间的链路原本是逻辑上不连通的链路，但是网络出现故障时，它需要转为逻辑上连通的链路。

之所以需要这样，肯定是某一方网桥出了一定“状况”（或者是该网桥上原本处于逻辑连通的链路断连了，或者是该网桥是新加入网络等）。我们把该网桥称为“状况”网桥，把“挺身而出”的链路位于“状况”网桥的端口称为“解决问题”端口（要把这个状况解决掉），把对端端口称为“帮忙解决问题”端口。

问题的焦点就在于“帮忙解决问题”端口的角色，在于这个角色是否“给力”。

①如果“帮忙解决问题”端口是非根非指定端口，它就需要等待 Max Age，那么 STP 的收敛时间为 30~50s。

②如果“帮忙解决问题”端口是根端口或指定端口，它就无须等待 Max Age，那么 STP 的收敛时间为 30s。

2.4.5　快速生成树协议

STP 的收敛时间是 30 ~ 50s，时间较长。为了改进收敛时间，IEEE 提出了快速生成树协议（RSTP）。RSTP 承载于 IEEE 802.1w，它与 STP 都使用 BPDU 协议帧，但是其中有几个字段取值不同。

除了与 STP 协议帧的字段取值不同外，为了加快收敛时间，RSTP 还提出了一系列的概念和收敛机制。

1. RSTP 的基本概念

RSTP 继承于 STP，并且与 STP 保持兼容，所以它的最基本的角色（根网桥、根端口、指定端口）及这些角色的选举方法与 STP 保持一致。另外，在 STP 的基础上，RSTP 还提出了自己独特的概念。

（1）BPDU 字段的值

RSTP 和 STP 的 BPDU 帧格式相同，但是两者在某些字段的取值上有所不同。

首先是 PVID 取值不同：当 PVID 等于 0 时，代表 STP（IEEE 802.1d）；当 PVID 等于 2 时，代表 RSTP（IEEE 802.1w）。

其次，两者在 Flags 字段的取值也不同，如图 2-129 所示。

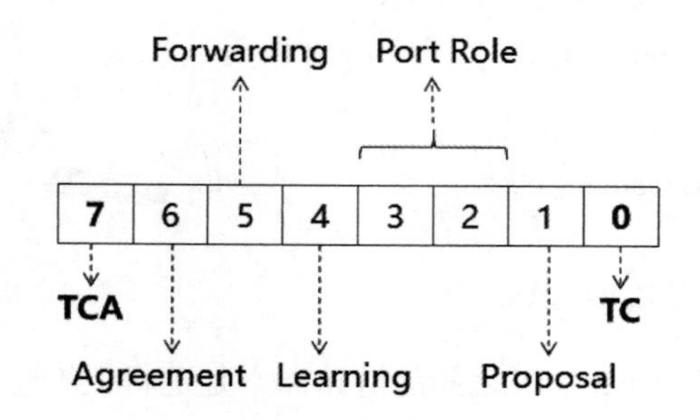

图 2-129　BPDU 中的 Flags 字段

Flags 字段一共 8 位，STP 只使用了第 0、7 两位，其余字段保留。

①当 Flags 等于 0 时（所有位都为 0），表示 CFG BPDU。

②当 Flags 等于 0x01 时（第 0 位等于 1，其余全是 0），表示 TC BPDU。

③当 Flags 等于 0x80 时（第 7 位等于 1，其余全是 0），表示 TCA BPDU。

RSTP 在第 0、7 两位的定义与 STP 保持一致，并对另外 6 位进行了扩展。

①当第 1 位等于 1 时，表示 Proposal（提议）BPDU。

②当第 4 位等于 1 时，表示 Learning（学习）BPDU。

③当第 5 位等于 1 时，表示 Forwarding（转发）BPDU。

④当第 6 位等于 1 时，表示 Agreement（同意）BPDU。

⑤第 2、3 个 bit 联合起来表示端口角色，如表 2-20 所示。

表 2-20　Flags 字段中的端口角色

第 2 位	第 3 位	端口角色
0	0	Unknown
0	1	Alternate/Backup Port
1	0	Designed Port
1	1	Root Port

RSTP扩展的这6位所涉及得新概念（如Proposal、Alternate Port等）将在随后的内容中逐步讲述。

（2）BPDU 的发送

当网络稳定（收敛）以后，RSTP 发送 CFG BPDU 的机制与 STP 不同，如图 2-130 所示。

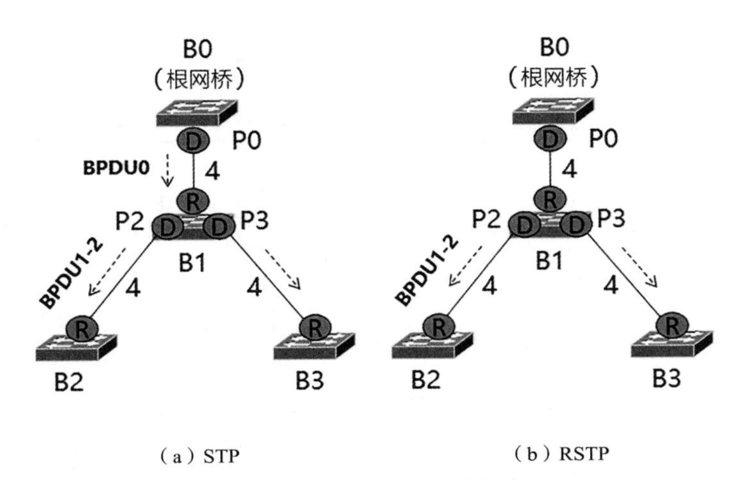

（a）STP　　（b）RSTP

图 2-130　CFG BPDU 的发送

图 2-130（a）表示 STP 的 CFG BPDU 的发送：网络收敛后，整个网络仍会周期性地发送 CFG BPDU。但是该 BPDU 的源头是根网桥，其他网桥只是向“下游”网桥进行“转发”。

RSTP 则对此进行了修改，如图 2-130（b）所示：网络收敛后，每一个网桥都可以向“下游”网桥发送“自己”的 CFG BPDU。

STP 发送 CFG BPDU 的周期由根网桥决定，因为其他网桥都是被动转发；而 RSTP 发送 CFG BPDU 的周期由每个网桥自己决定，因为每个网桥都可以独立发送。

两者发送CFG BPDU的机制有所不同，不过两者发送的CFG BPDU的本质内容是相同的。例如，图 2-130 中的 B1 发送的 BPDU1-2，无论是 STP 还是 RSTP，两者的关键字段的值都相同：

Root ID = BO.BID

Root Path Cost = 4

Bridge ID = B1.BID

Port ID = B1.P2.PID

除了CFG BPDU的发送机制不同外，RSTP与STP两者的TCN BPDU发送机制也不相同。另外，RSTP 还增加了 Proposal/Agreement 机制（也与 CFG BPDU 相关）。

（3）端口状态

STP 定义了 5 个端口状态：Disable、Blocking、Listening、Learning、Forwarding。RSTP 将其中的 Disable、Blocking、Listening 这 3 种状态合并为 Discarding，如表 2-21 所示。

表 2-21　RSTP 的端口状态

端口状态	接收 BPDU	发送 BPDU	接收数据帧	转发数据帧	备注
Discarding	是	是	否	否	不学习 MAC
Learning	是	是	是	否	学习 MAC
Forwarding	是	是	是	是	学习 MAC

（4）端口角色

STP 定义了 3 种端口角色：根端口、指定端口、非根非指定端口。为了易于描述，这里将非根非指定端口称为阻塞端口（Block Port）。

RSTP 将 STP 的阻塞端口又细分为 3 种类型：替代端口（Alternate Port）、备份端口（Backup Port）、阻塞端口（Block Port）。

需要重点强调的是，对于 RSTP 的替代端口、备份端口、阻塞端口，首先是在端口选举中未成功选举根端口、指定端口（也就是 STP 中的阻塞端口），然后才有可能再成为这 3 种角色之一。

①替代端口。替代端口首先是 STP 的阻塞端口，然后是能从其他网桥接收到次优 CFG BPDU 的端口，替代端口是根端口的备份端口。

如图 2-131 所示，首先 B1、B2、B3 中的 R、D 端口不可能成为替代端口，替代端口只可能从阻塞端口中选举出来。因此，只有 B2.P1 有可能成为替代端口。这符合替代端口定义的第 1 点“替代端口首先是 STP 的阻塞端口”。

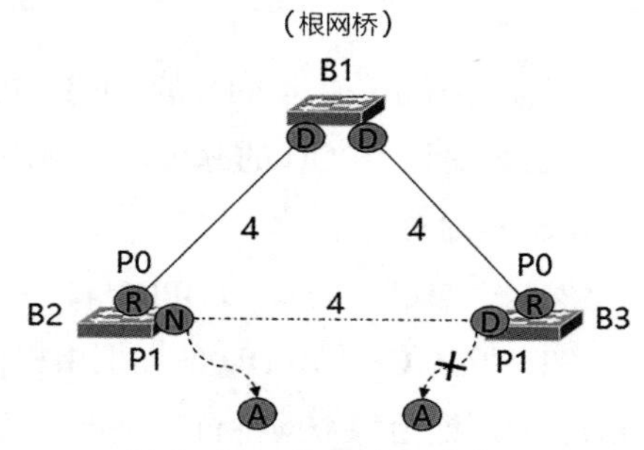

图 2-131　替代端口的定义

“能从其他网桥接收到次优 CFG BPDU 的端口”指替代端口去竞选根端口，排名为第一。在图 2-131 中，B2 一共就两个端口，B2.P1 没有取得第一，当然是排名第二，再加上是 STP 的阻塞端口，所以它顺利当选为替代端口。

“根端口的备份端口”强调了替代端口的作用和目标。所以，它在根端口竞选中必是排名第二，否则用它来备份根端口会是个错误备份。

图 2-131 所举的例子比较简单，下面介绍几个反例，以加深对替代端口的理解。

第 1 个反例如图 2-132 所示。我们仍然考察 B2。B2 中唯一可能成为替代端口的是 B2.P2，它属于 STP 中的阻塞端口。但是，B2.P2 到达 B1（根网桥）的最短路径代价是 23，并不是次优（次优是 B2.P1，其 RPC = 8），所以 B2.P2 并不能当选替代端口，只能是 RSTP 定义中的阻塞端口。图 2-132 中，B2.P2 的图标是 Z，这是因为 RSTP 的阻塞端口与备份端口都是以 B 开头，所以用 B 表示备份端口，而用阻塞端口汉语拼音的首字母 Z 表示阻塞端口。

需要说明一点，很多资料忽视了 RSTP 中关于阻塞端口的说明，认为 RSTP 中只有根端口、指定端口、替代端口、备份端口 4 类角色，这是不严谨的。

替代端口还有一种反例，即没有替代端口，如图 2-133 所示。我们仍然考察 B2。由于 B2 的 3 个端口中 1 个是根端口，2 个是指定端口，因此 B2 没有替代端口。

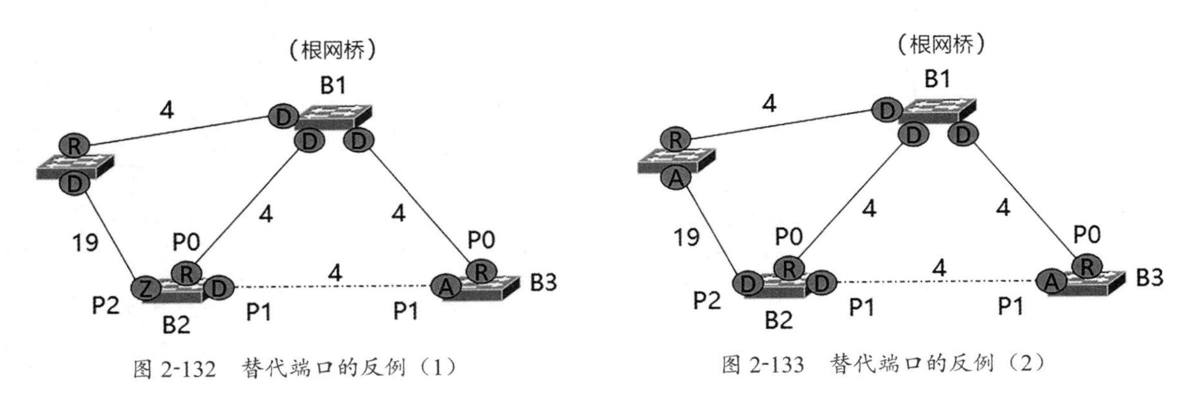

图 2-132　替代端口的反例（1）　　图 2-133　替代端口的反例（2）

②备份端口。备份端口首先是 STP 的阻塞端口，然后是在同一网段中与自身网桥的接口中排名次优的端口，备份端口是指定端口的备份。

图 2-134 中，根据“首先是 STP 的阻塞端口”这一原则，只有 B2.P1、B3.P2 才能成为备份端口的候选者。

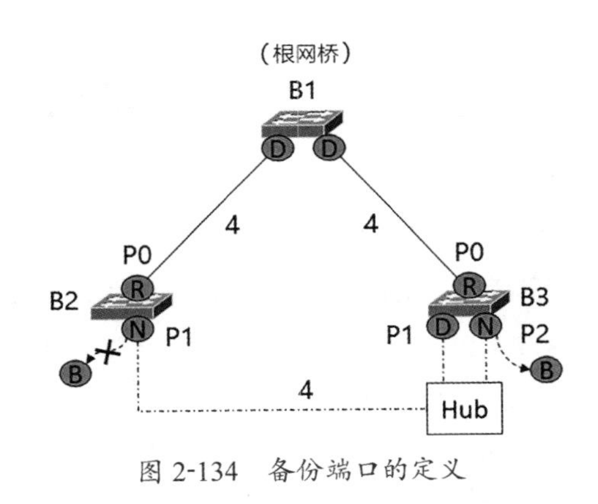

图 2-134　备份端口的定义

“在同一网段中，与自身网桥的接口中排名”指网桥上有多个端口位于同一个网段中。而位于同一个网段，从物理组网上来说也就是由一个（或多个级联）Hub 连接在一起的多个端口。从这一点来说，图 2-134 中，也就只有 B3.P1、B3.P2 合格。但是，B3.P1 被定义“首先是 STP 的阻塞端口”排除了。

“次优”指竞选“指定端口”排名第二。

备份端口是指定端口的备份。所以它在竞选指定端口中一定排名第二。

我们看一个反例，如图 2-135 所示。在指定端口的竞选中，B3.P3 与 B3.P1、B3.P2 竞争，排名第 3，所以它不能成为备份端口，只能是阻塞端口。

再看备份端口的第 2 个反例如图 2-136 所示。B3.P1、B3.P2 在指定端口的竞选中落选，两者都是阻塞端口。

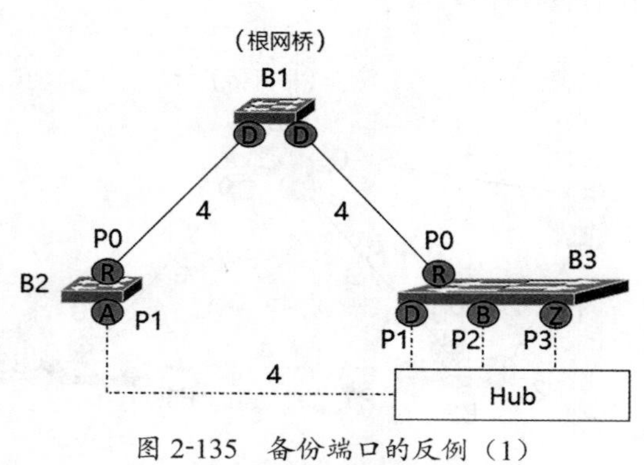

图 2-135　备份端口的反例（1）

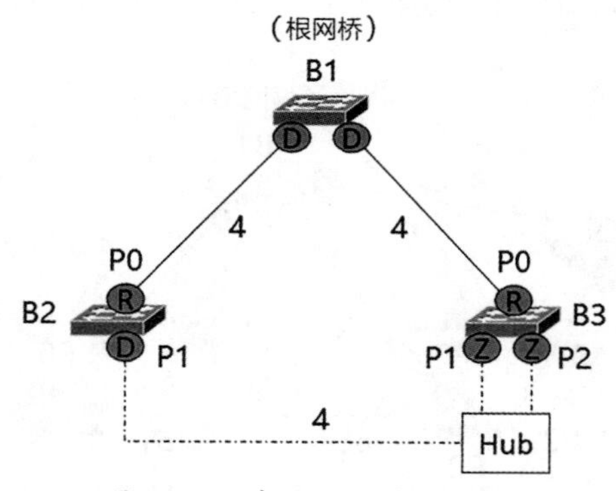

图 2-136　备份端口的反例（2）

再看备份端口的第 3 个反例如图 2-137 所示。B3.P2 竞争对象是根端口（B3.P0），在竞选中失败，所以其不能是备份端口，而只能是阻塞端口。

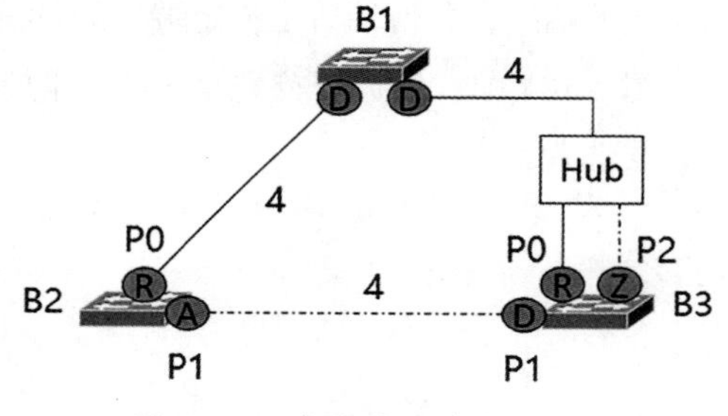

图 2-137　备份端口的反例（3）

③阻塞端口。RSTP 阻塞端口在根端口、指定端口的竞选中失败，然后在替代端口、备份端口的竞选中也失败。

然而 RSTP 的阻塞端口也在时刻准备着，等着根端口 / 替代端口、指定端口 / 备份端口都出问题时它（们）就会顶上。

也许阻塞端口永远没有机会上场，但这并不妨碍阻塞端口的存在的价值。正是因为它们的存在，整个网络的可用性才得以提升。

④ RSTP 的剪枝。相对于 STP，RSTP 继承了根端口、指定端口这两种角色，同时将 STP 的阻塞端口又细分为替代端口、备份端口、阻塞端口 3 种角色。

RSTP 的剪枝与 STP 一样，那就是“阻塞了阻塞端口”，也就是说 RSTP 阻塞了替代端口、备份端口、阻塞端口这 3 类端口。

（5）边缘端口

RSTP 也提出了“边缘端口”（Edge Port）的概念，但是边缘端口与根端口、阻塞端口等不是一个维度。后者是基于端口的作用而定义的，STP、RSTP 的剪枝就是基于后者；而边缘端口则是基于物理部署，如图 2-138 所示。

边缘端口位于网络的边缘，即端口连接的不是网桥，而是主机（如 PC）。需要强调的是，边缘端口就是指定端口（不包括备份端口）。

与边缘端口相对应的是非边缘端口，即只要不是边缘端口，那么它就是非边缘端口。

关于边缘端口，还需要做一个澄清，如图 2-139 所示。

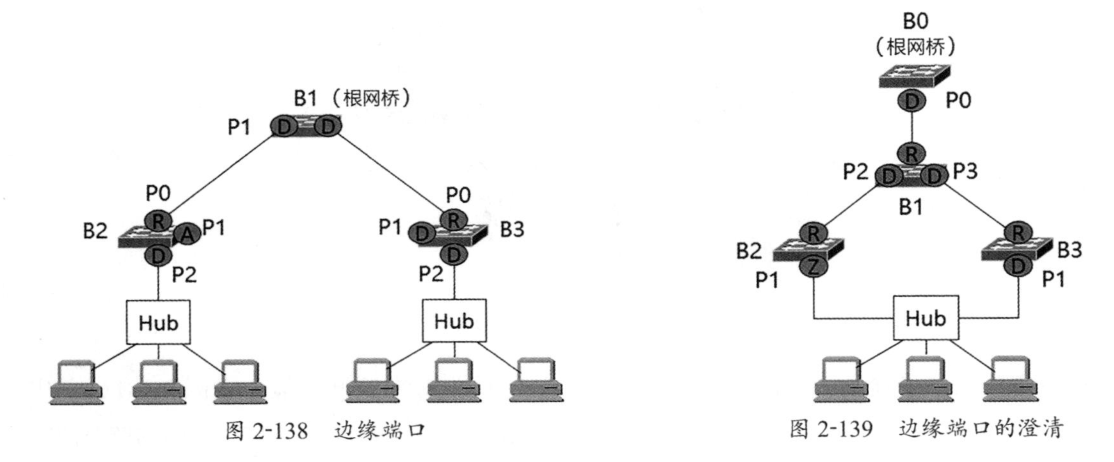

图 2-138　边缘端口

图 2-139　边缘端口的澄清

图2-139中的B3.P1或B2.P1不是边缘端口，因为它们不仅连接了主机，而且互相之间还有连接。

（6）链路类型

RSTP 将链路类型分为两种：点对点型和共享型，如图 2-140 所示。

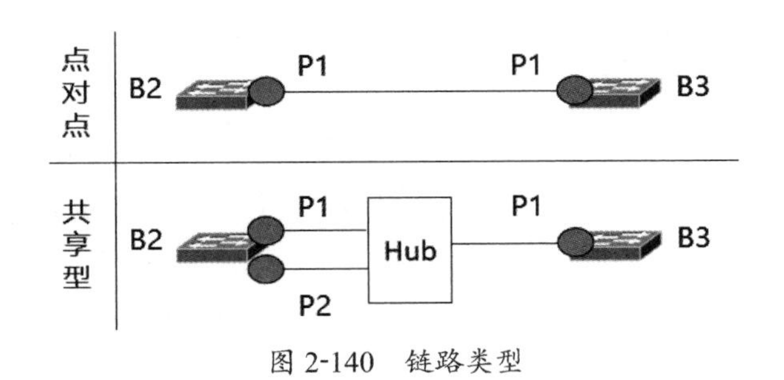

图 2-140　链路类型

点对点型链路就是一个链路（网段）两端各一个端口。对于 RSTP 而言，其还要加一个限制条件：两端的端口分属不同的网桥。

共享型链路就是通过 Hub 将不同网桥的多个端口连接成一个网段。

对于以太网而言，共享型链路的端口一定是半双工的；点对点链路则可能是全双工的，也可能是半双工的。

但是，对于 RSTP 而言，由于是自动识别，因此半双工链路会被其识别为共享型链路，只有全双工链路才会被其识别为点对点链路。

2. 加快收敛速度机制

RSTP 提出了很多与 STP 不同的概念，其目的就是加快网络收敛速度。

（1）心跳检测

网络中链路断开，有的场景可以直接判断出来，有的场景则须通过 CFG BPDU 的老化来间接推断。STP 时代，CFG BPDU 的老化时间是 Max Age，一般是 20s。

网络收敛后，STP 网络周期性地发送 CFG BPDU，这其实相当于心跳信息，每隔 Hello Time（默认是 2s）就发送一次。但是，STP 无法有效利用该心跳信息，如图 2-141 所示。

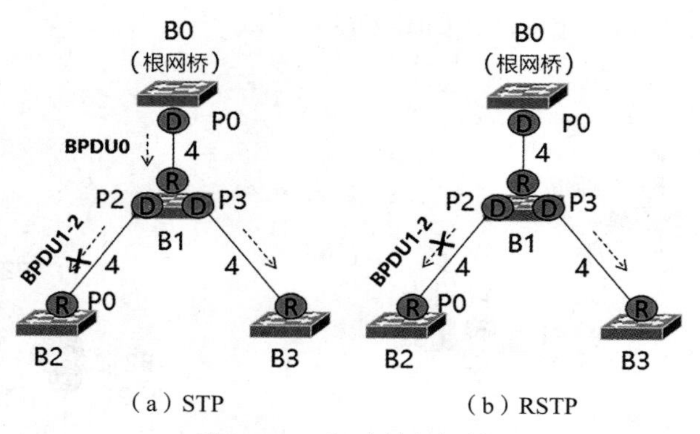

（a）STP　　（b）RSTP

图 2-141　超时判断机制

一般来说，如果连续 3 次没有收到心跳信息，则认为对方断开。但是在图 2-141（a）中，B2.P0 如果没有收到 B1.P2 发送的 CFG BPDU，则其无法判断是 B2.P0 与 B1.P2 之间的链路故障，还是 B1.P2 与 B0.P0 之间的链路故障，因为 STP 网络中的心跳信息的源头是根网桥。

但是对于 RSTP［如图 2-141（b）所示］来说，如果 B2.P0 没有收到 B1.P2 发送的 CFG BPDU，它就可以直接判断出是 B2.P0 与 B1.P2 之间的链路出现故障，因为 RSTP 网络中的心跳信息的源头是每个网桥。

所以，在间接判断网络链路断开的场景下，RSTP 不必依赖 CFG BPDU 的老化机制，而是通过心跳检测机制就可以完成。这样，判断时间就从 Max Age（20s）减少为 N × Hello Time［3 × 2 = 6（s）］。

但是，如果有的网络将 N × Hello Time 的时间设置为超过 Max Age 时间，RSTP 仍会以 Max Age 优先。

如果把 CFG BPDU 的老化也认为是广义的“心跳”，那么会有如下结论。

① STP 的心跳检测机制就以 CFG BPDU 的老化为准，心跳检测时间是 Max Age。

② RSTP 的心跳检测机制结合 CFG BPDU 的老化与 N 次 Hello 判断，谁首先到达，就以谁为准。

③一般来说，RSTP 的故障判断时间是 6s，STP 的故障判断时间是 20s。

（2）边缘端口

边缘端口是比较特殊的端口，如图 2-142 所示。边缘端口实际上就是“无公害”端口：它不会引起网络的环路，甚至从某种意义上也可以说它与其他端口没有关系。

所以，边缘端口完全没有必要参与端口角色的选举，也无须等待 Forward Delay，只要它的端口状态是 Up，RSTP 就会立刻将其设置为指定端口，并且直接进入 Forwarding 状态。

除了以上的“特殊”处理外，边缘端口还具有如下特征和优势。

①因为边缘端口的 Up/Down 状态不会触发拓扑改变，所以它不发送（也不需要发送）TCN BPDU，这样可减少网络不必要的 TCN 相关的处理。

②边缘端口收到 TC BPDU，不会将 MAC 地址的老化时间设置为 15s。

③ P/A 协商（在后文介绍）不会阻塞边缘端口。

边缘端口在网络收敛层面具有较大的优势（收敛速度快），但也存在缺点，如图 2-142 所示。

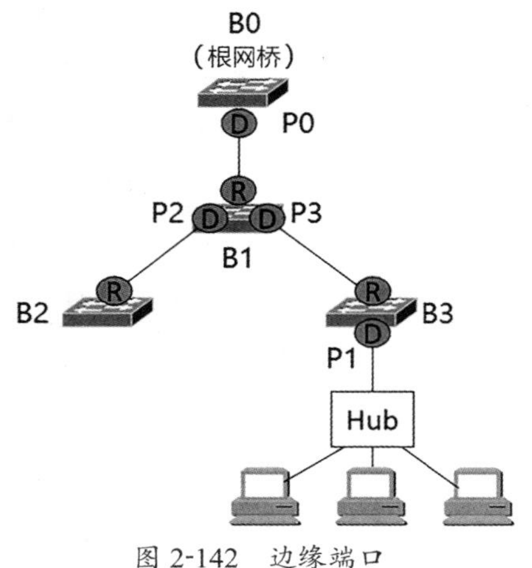

图 2-142　边缘端口

对于边缘端口，其端口状态只要 Up，RSTP 就会让其马上进入 Forwarding 状态。但是在端口状态为 Up 那一瞬间，对于图 2-139 中 B3.P1、B2.P1，RSTP 并不知道它们到底是不是边缘端口，RSTP 也不知道图 2-142 的 B3.P1 是不是边缘端口。

实际上，对于任何一个端口，在其状态为 Up 的那一刻，RSTP 都不知道它们到底是不是边缘端口。所以，为了使得边缘端口能够快速收敛，必须人工标识哪些端口是边缘端口。

当边缘端口收到 CFG BPDU 报文时，会马上变为一个非边缘端口，类似于从图 2-142 中的 B3.P1 变为图 2-142 中的 B3.P1。边缘端口变为非边缘端口后，需要马上进行 RSTP 收敛计算（参与端口角色的竞选）。

（3）替代端口

替代端口的选举就像皇帝选太子，要在皇帝在位时选举以保证朝堂稳定，并且老皇帝退位后要将权利全部让位于新皇帝。替代端口也一样。

根端口就像是这个皇帝，替代端口就相当于太子。在竞选时，RSTP 比 STP 多选一个替代端口出来，就是为了根端口不能用时，替代端口能够立刻派上用场，成为新的根端口，并且直接进入 Forwarding 状态吗?

另外，RSTP 还会让新根端口“继承”老根端口所学习到的 MAC 地址，这也是为了使新根端口减少 MAC 地址的学习过程。

替代端口转为根端口如图 2-143 所示。

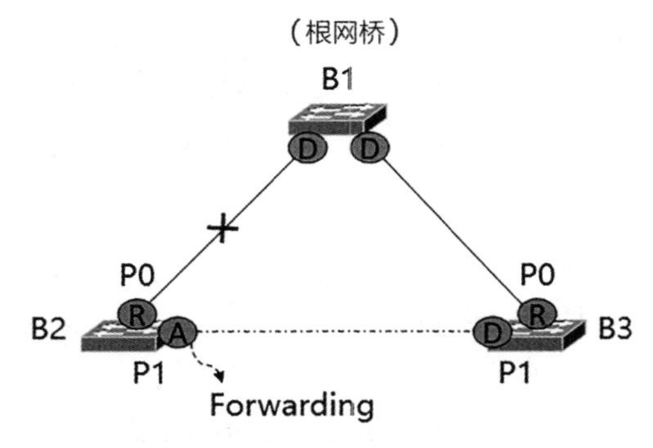

图 2-143　替代端口转为根端口

我们基于图 2-143 对替代端口做两个补充强调。

①根端口废弃，不一定就是说端口本身出现了故障，只要是根端口与上游网桥之间的链路出现了故障，都可以认为是根端口废弃了。

② RSTP 判断根端口废弃的方法有两种：直接判断和间接推断。

（4）Proposal/Agreement 机制

从 STP 的 Listening 到 Learning 再到 Forwarding，或者说从 RSTP 的 Discarding 到 Learning 再到 Forwarding，中间需要经过两个 Forward Delay（合计 30s）。该时间显然较长。

Proposal/Agreement 机制（建议 / 批准机制，简称 P/A 机制）就是对这种状态迁移机制的一种改进，以期能减少端口状态变迁时间（减少网络收敛时间）。

下面看一个简单的例子，图 2-144 中 B0 当选为根网桥，同时 B0.P1 当选为指定端口，B1.P0 当选为根端口。但是，对于两个端口来说，它们必须等待两个 Forward Delay 才能变成 Forwarding 状态，即网络才能通信。

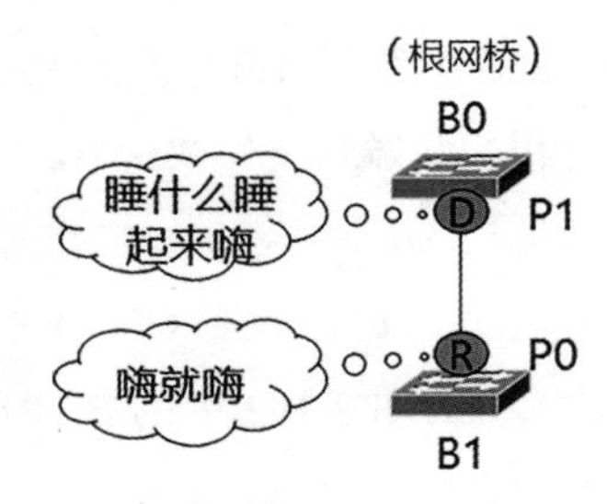

图 2-144　P/A 机制

将图 2-144 翻译成 RSTP 的语言就是："B0.P1 向 B1.P0 发送一个 Proposal BPDU，B1.P0 返回一个 Agreement BPDU，表示同意，于是双方进入 Forwarding 状态。"

这就是 RSTP 的 P/A 机制的基本示意。可以看到，P/A 机制的变迁时间仅仅是毫秒级，而原来的端口状态的变迁则需要 30s。

以上只是一个简单的示意性描述，下面来看更具体更详细的例子，如图 2-145 所示。

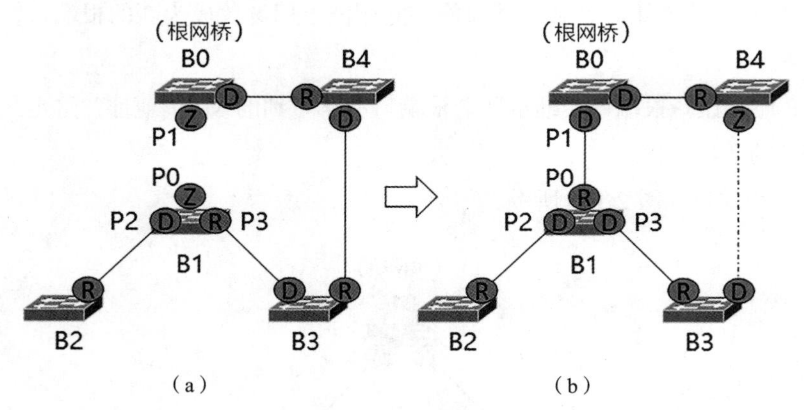

图 2-145　P/A 机制详细示例

图 2-145（a）中，B0.P1 与 B1.P0 之间增加了一条链路之后，经过一系列的重新选举，网络拓扑变为图 2-145（b）。此时，RSTP 的 P/A 机制开始发挥作用。

首先，发起 Proposal BPDU 的是处于 Discarding/Learning 状态的非边缘指定接口，满足该条件的是 B0.P1 和 B1.P3 两个端口。以 B0.P1 为例，讲述 P/A 机制。

①B0.P1(指定端口)发送Proposal BPDU。Proposal BPDU的特征是Flags字段的Proposal位(第1位)赋值为1，端口角色为指定端口(第2、3位的值为1、0)，其他无关位则置为0。

② B1.P0(根端口)收到B0.P1发送的Proposal BPDU后，将自己标记为Proposed。需要注意的是，这只是内部变量，与BPDU中的Flags无关。

③ B1.P0通知/设置B1网桥中其他端口的标记为Sync。非边缘指定端口发现自己的标记为Sync后，将自己的状态设置为Discarding状态(不再能接收/转发数据帧)，并且将自己的标记设置为Synced。

前文说过，边缘端口与网络中其他端口(网桥端口)并没有拓扑上的关系，所以边缘端口不需要将自己设置为Discarding状态。

另外，替代端口、备份端口、阻塞端口也需要将自己的状态设置为Discarding状态，将自己的标记设置为Synced。

④当B1.P0(根端口)发现B1网桥中所有的非边缘指定端口、替代端口、备份端口、阻塞端口的标记都是Synced以后，就给B0.P1(上游的指定端口)返回一个Agreement BPDU。该BPDU的Agreement位(第6位)赋值为1，端口角色为根端口(第2、3位的值分别为1、1)，其他无关位置为0。同时，B1.P0将自己的状态设置为Forwarding。

⑤ B0.P1(指定端口)收到B1.P0(下游的根端口)发送的Agreement BPDU以后，就将自己的状态设置为Forwarding。

通过上述5个步骤，B0.P1、B1.P0即可快速进入Forwarding状态。

P/A机制从某种意义上来说也是一种“递归”机制，因为下一步要轮到B1.P3端口重复上述5个步骤。这样一直“递归”下去，整个网络就会比较快地达到收敛状态(拓扑稳定，相关端口都进入Forwarding状态)。

最后需要强调以下两点。

① P/A机制只适用于点对点链路，不适用于共享型链路，即共享型链路不会启用P/A机制。

②点对点链路启用P/A机制的过程中，如果接收Proposal BPDU或Agreement BPDU超时，P/A机制就会失效，切换到原来的状态转移机制。

(5)拓扑变化与MAC老化

在RSTP中，拓扑变化以后仍然需要MAC老化，这一点与STP没有任何不同。但是，相对于STP来说，RSTP的具体实现有所优化。

①只处理端口变为Forwarding的场景，不再处理端口从Forwarding变为Discarding的场景。如果仅仅存在端口从Forwarding变为Discarding，无论MAC是否老化，相关链路都不会通，而且也不会引起网络临时回路，就没必要处理这种情形。

②不处理边缘端口变为Forwarding的场景。前文提到，边缘端口是一种“无公害”端口，所以边缘端口变为Forwarding对网络中其他端口没有任何影响，所以RSTP也就不必处理这种情形。

③非边缘端口变为 Forwarding 时，RSTP 需要处理这种拓扑变化，还需要将相关的 MAC 老化，只是处理方式与 STP 不同。首先是拓扑变化通知方式，STP 中需要 TCN/TCA 协议帧，一路发送到根网桥，然后由根网桥发送 TC BPDU，通知网络中所有的网桥。而 RSTP 不再需要 TCN/TCA，也不需要由根网桥通知，而是由端口状态变化者所在的网桥直接发送 TC BPDU，然后该 TC BPDU 蔓延到整个网络，如图 2-146 所示。

图 2-146 表达的是 B1 的 R 端口从非 Forwarding 状态变为 Forwarding 状态，于是 B1 会从所有的根端口、非边缘指定端口向外发送 TC BPDU，而且会持续发送 TC While 时间（TC While = 2 × Hello Time，即 4s）。收到 TC BPDU 的网桥也会重复 B1 的动作，持续（TC While 时间）向外发送 TC BPDU。

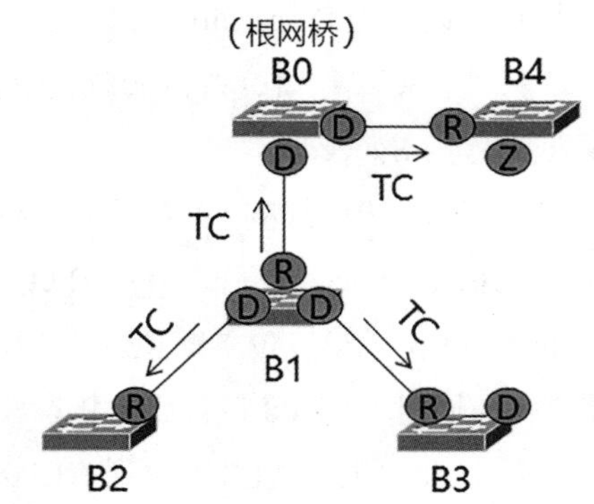

图 2-146　RSTP 的拓扑变化通知

除了变化通知的方式不同外，RSTP 的 MAC 老化方式也不同。在 STP 中，各个网桥接到 TC 以后，将自己的 MAC 老化时间设为 Forward Delay（15s），然后由 MAC 自己老化；而 RSTP 则是直接删除相关 MAC 表项。

TC 源发起者（图 2-146 的 B1）会清空其所有的非边缘端口的 MAC 表。接收 TC 网桥，除了那个接收 TC BPDU 的端口外，其余所有的非边缘端口也会清空自己的 MAC 表。

STP 最大的问题是网络收敛速度慢（30 ~ 50s），这在当今互联网世界几乎没有任何竞争力。因此，RSTP（IEEE 802.1w）替代 STP 是必然结果。

RSTP 的使命就是减少网络收敛时间。从根本上说，STP 没有区分端口角色和端口状态，所有端口都遵循 STP 的端口状态机，按部就班地从一个状态迁移到另一个状态。RSTP 就是让不同角色的端口走不同的“状态机”。

①边缘端口，只要状态是“Up”，就可以直接进入 Forwarding 状态。

②替代端口，只要“转正”，也可以直接进入 Forwarding 状态。

再加上新引入的 P/A 机制，以及心跳检测、拓扑变化通知与 MAC 老化等机制的优化，RSTP 使得某些场景下的网络收敛达到秒级甚至毫秒级。

2.5 VLAN

早期的以太网是共享型网络，即大家共享一根总线，争用同一个信道，这意味着全网范围内会产生冲突，如图 2-77 所示。后来发展到交换式网络，冲突域被限制在网桥的一个端口，但是广播域仍然是全网范围，如图 2-147 所示。

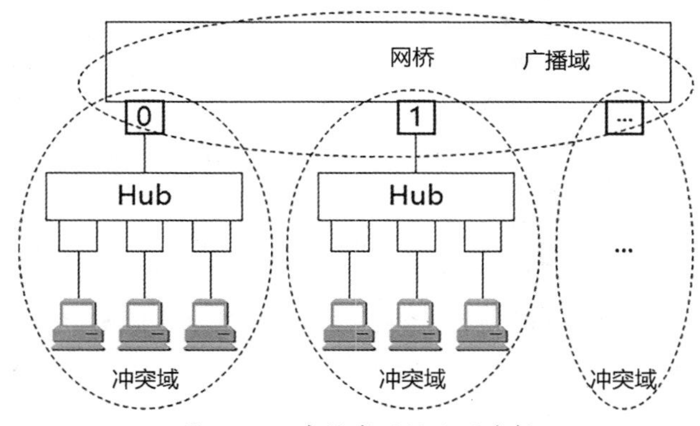

图 2-147　交换式网络全网广播

图 2-147 仅用一个网桥表示一个 LAN（局域网），而实际的 LAN 大多由多个网桥级联而成。

交换式网络的基本组成单元就是网桥（本书不严格区分网桥与交换机，认为两者相同），网桥的每一个端口就是一个冲突域，不同的端口之间的冲突域是隔离的。但是，交换式网络的广播域是整个网络（LAN）。

如果放任广播域的范围是全网而不做隔离，那么会给网络带来许多不必要的额外负担。另外，全网广播对网络的安全也造成威胁。

虚拟局域网（Virtual Local Area Network，VLAN）的提出就是为了解决全网广播的问题。VLAN 是一组逻辑上的设备和用户，这些设备和用户并不受物理位置的限制，可以根据功能、部门及应用等因素将它们组织起来，相互之间的通信就好像它们在同一个网段中一样，由此得名虚拟局域网。

从广播域的角度来说，一个 VLAN 就是一个广播域，不同的 VLAN 之间广播域互相隔离，如图 2-148 所示。

例如，可以将 VLAN 类比喻为微信群。一个微信群就是一个广播域（群内成员可以看到群内所有信息），不同的微信群之间广播是隔离的（一个群看不到另外一个群的信息）。

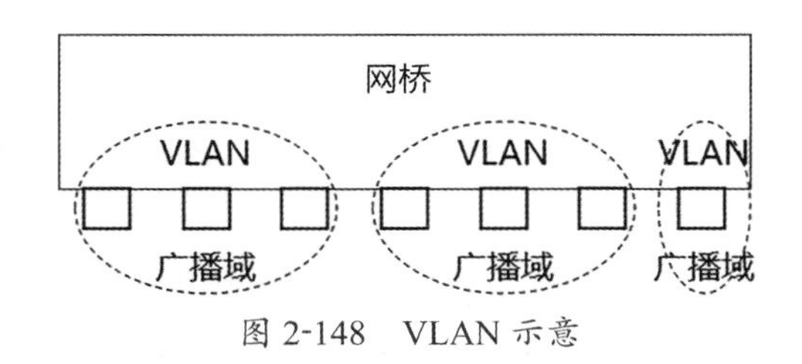

图 2-148　VLAN 示意

图 2-148 将一部分端口划分为一个 VLAN，将另一部分端口划分为另一个 VLAN。这只是 VLAN 划分的结果，而不是划分的依据。

从实际应用来说，可以按照部门、人员角色等来划分 VLAN，这是 VLAN 划分的原始依据和动力。

从技术角度来说，VLAN 的划分可以分为静态划分和动态划分。

（1）静态划分

静态划分比较简单，就是人工指定网桥的哪些端口属于哪个 VLAN。静态划分的缺点是和物理位置强耦合，不具备移动性。例如，PC 从办公室的一楼搬到二楼，就需要触发 VLAN 的重新划分。

（2）动态划分

动态划分就是不依赖具体的网桥的端口，而是基于 OSI 七层模型的某一层（或多层）的信息动态而定。动态划分可以分为如下几类。

①基于主机的MAC地址：一些MAC属于一个VLAN，另一些MAC属于另外一个VLAN，等等。

②基于网络层协议，如运行 IP 的属于一个 VLAN，运行 IPX 的属于另外一个 VLAN。

③基于 IP 子网：一些 IP 子网属于一个 VLAN，另一些 IP 子网属于另外一个 VLAN，等等。

④基于策略：如基于用户 ID 等。

动态划分的实现较复杂，但是具有非常好的可扩展性和移动性。例如，基于 MAC 划分，无论该主机迁移到该网络的哪个位置，它都会属于同一个 VLAN。

VLAN 是如何做到限制广播域的呢？这要先从 VLAN 的帧格式说起。

2.5.1 VLAN 的帧格式

对于 VLAN 的帧格式，是在以太网帧中插入 VLAN 标签域，如图 2-149 所示。

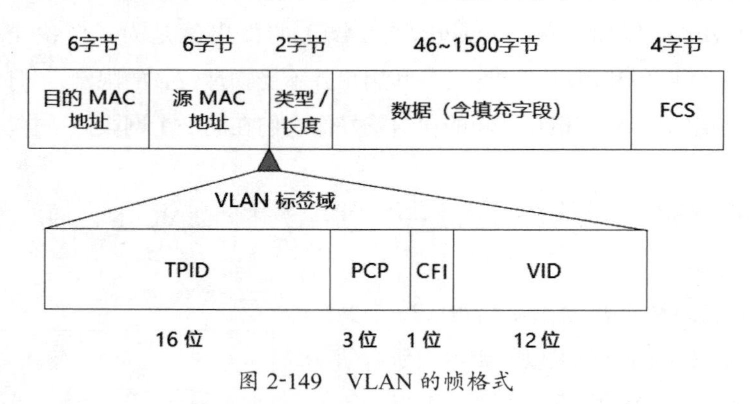

图 2-149　VLAN 的帧格式

以太网帧格式有许多种，事实上的标准格式是 Ethernet II。IEEE 802 委员会在 1997 年修订的 IEEE 802.3 以太网帧格式与 Ethernet II 兼容（具体请参见第 2.3.3 节的以太网的帧格式）。图 2-149 采用的就是 IEEE 802.3 以太网帧格式。

VLAN 的帧格式是在以太网帧中的“源 MAC 地址”字段与“类型 / 长度”字段之间插入了 32 位的信息，这段信息被类比为货物打包后上面贴的标签，所以称为 VLAN 标签域。VLAN 标签域由 4 部分组成。

①标签协议识别符（Tag Protocol Identifier，TPID）：16 位，其值固定为 0x8100，表示 VLAN 帧。需要说明的是，对于 Ethernet II，VLAN 标签域后面的“类型”字段也等于 0x8100。

②优先权代码点（Priority Code Point，PCP）：3 位，其值为 0 ~ 7，用于表达该帧所承载的数据流的优先级。

③标准格式指示（Canonical Format Indicator，CFI）：1 位，用于表达 MAC 的格式是否为标准格式。CFI = 1 表示标准格式，以太网中 CFI 基本上就是等于 1；CFI = 0 表示非标准格式（如令牌环网中的 MAC 格式）。

④虚拟局域网识别符（VLAN Identifier，VID）：12 位，这是 VLAN 标签域中最核心的部分，用于表达一个 VLAN 帧属于哪个 VLAN。VID 的取值范围是 0 ~ 4095，但是 0（0x000）是一个保留值（表示不属于任何一个 VLAN），4095（0xFFF）也是一个保留值，所以真正有效的值是 1 ~ 4094。也就是说，VID 最多可以表示 4094 个 VLAN（VID = 1 时，一般默认用作管理 VLAN）。

可以将 VLAN 标签域与 IEEE 802.3 以太网帧合二为一，VLAN 的完整的帧格式如图 2-150 所示。

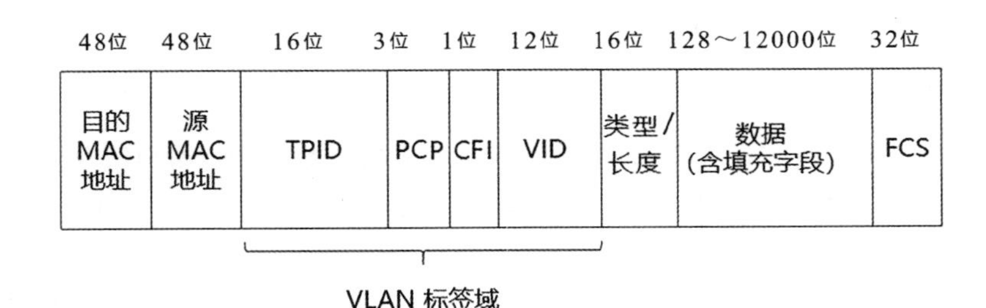

图 2-150　VLAN 的完整的帧格式

2.5.2　网桥的 VLAN 接口模式

不是每一个主机都支持 VLAN，或者说不是每一个从主机发出的以太网帧都带有 VLAN 标签，那么，网桥与这些主机该如何组网呢？这就会涉及网桥的 VLAN 接口模式。

VLAN 接口模式主要分为 Access 模式、Trunk 模式、Hybrid 模式。为了方便讲述，首先对几个名词进行解释。

① Tag 帧：帧中有 VLAN 标签域（VLAN 帧），简称 Tag。

② Untag 帧：帧中没有 VLAN 标签域（以太网帧），简称 Untag。

③ VID：VLAN 帧中的 ID（VLAN Identifier）。

④ PVID：Port Based VID，PVID 与帧无关，是网桥端口的一种属性，是端口的默认 VID（Default VID）。

⑤ Default VID：端口默认 VID，也可以称为 PVID。网桥端口的 Default VID 默认取值为 1，也可以修改为其他默认值。

下面逐个介绍网桥的主要接口模式。

1. Access 模式

Access 模式如图 2-151 所示。体现了 Access 模式的两个原则。

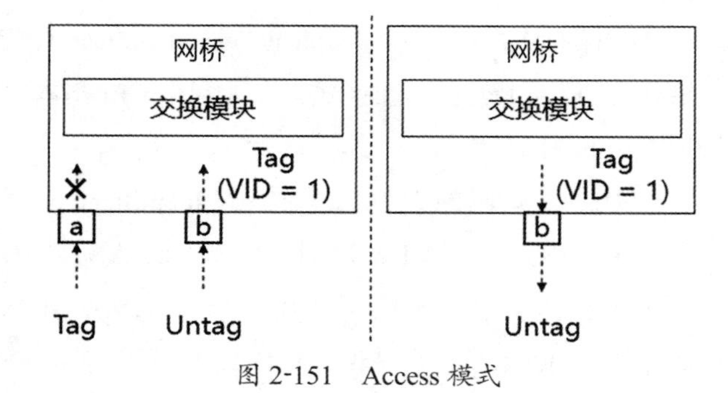

图 2-151　Access 模式

（1）帧入接口原则

① Tag 报文：直接丢弃，即使该报文的 VID 等于该端口的 Default VID。

② Untag 报文：打上 Default VID Tag，送入交换模块（进行 VLAN 交换）。

（2）帧出接口原则

对于从交换模块转发到端口的带有 Tag 标签的报文（肯定会带有 Tag 标签，而且该 VID 等于 Default VID），先去除 Tag，再从接口转发出去。

2. Trunk 模式

Trunk 模式如图 2-152 所示。对于 Trunk 模式，首先要配置允许进入接口的 VID 列表（范围）。例如，配置 10、11、20、30 ~ 50，表示允许这些 VID 进入端口，其他 VID，则不允许进入。图 2-152 体现了 Trunk 模式的两个原则。

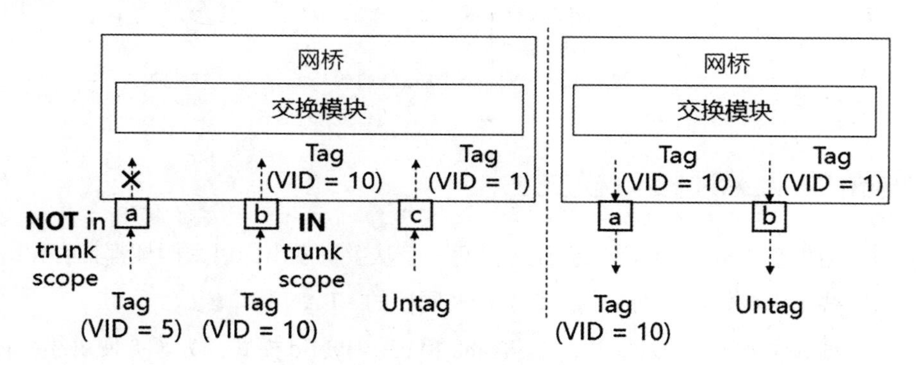

图 2-152　Trunk 模式

（1）帧入接口原则

① Tag 帧（VID 不在 Trunk 允许范围内）：直接丢弃，即使该报文的 VID 等于该端口的 Default VID。

② Tag 帧（VLANID 在 Trunk 允许范围内）：送入交换模块，并且 VLANID 保持不变。

③ Untag 帧：打上 Default VID Tag，送入交换模块。

（2）帧出接口原则

①从交换模块转发到端口的带有 Tag 标签的帧，如果 VID 等于 Default VID，则先去除 Tag，

再从接口转发出去。

②从交换模块转发到端口的带有 Tag 标签的帧，如果 VLANID 不等于 Default VID，则不去除 Tag，VLANID 保持不变，再从接口转发出去。

3. Hybrid 模式

Hybrid 模式在 Trunk 模式的基础上添加一部分内容。对于 Trunk 模式，当报文出接口时，如果 VLANID 等于 Default VID，那么 VLAN Tag 会去除。而 Hybrid 模式，如果报文的 VLANID 位于配置 VLANED 范围内，在出接口时需要去除 VLAN Tag。例如，配置 VLAND 在 40 ~ 50 范围内的报文，当其出接口时，VLAN Tag 要去除，如图 2-153 所示。

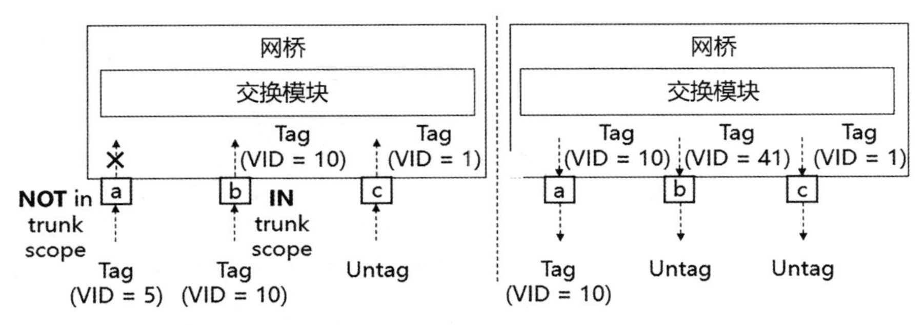

图 2-153　Hybrid 模式

图 2-153 体现了 Hybrid 模式的两个原则。

（1）帧入接口原则（与 Trunk 模式相同）

① Tag 帧（VID 不在 Trunk 允许范围内）：直接丢弃，即使该报文的 VID 等于该端口的 Default VID。

② Tag 帧（VID 在 Trunk 允许范围内）：送入交换模块，并且 VID 保持不变。

③ Untag 帧：打上 Default VID Tag，送入交换模块。

（2）帧出接口原则

①从交换模块转发到端口的带有 Tag 标签的帧，如果 VID 等于 Default VID，则先去除 Tag，再从接口转发出去。

②从交换模块转发到端口的带有 Tag 标签的帧，如果 VID 在去除标签 VID 范围内，则先去除 Tag，再从接口转发出去。

③从交换模块转发到端口的带有 Tag 标签的帧，如果 VID 不在去除标签 VID 范围内，也不等于 Default VID，则不去除 Tag，VID 保持不变，再从接口转发出去。

网桥的 VLAN 接口模式主要有 Access 模式、Trunk 模式、Hybrid 模式 3 种，无论是哪种接口模式，都可以抽象为图 2-154 所示的处理流程。

一个帧进入网桥的端口，首先网桥判断帧是否合法，如果不合法就丢弃，如果合法就看是否要打上 Tag（将 Untag 帧打上 Default VID）。总之，网桥的交换模块面对的是 Tag 帧。

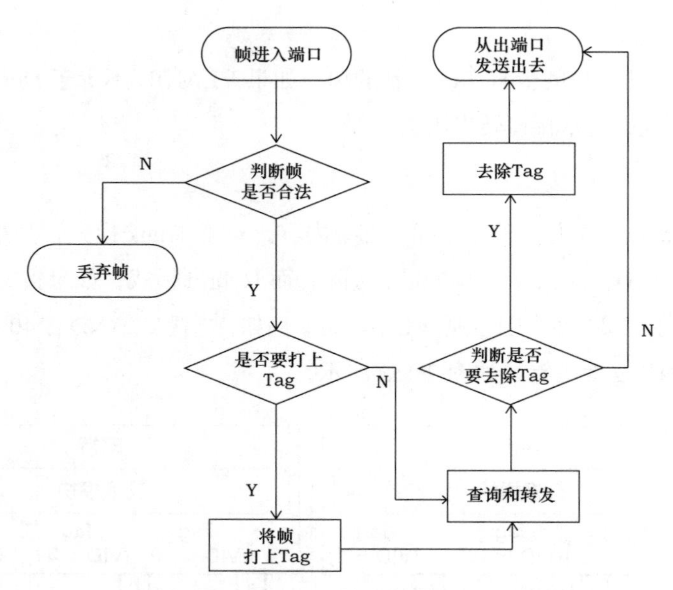

图 2-154　VLAN 接口模式处理流程

经过网桥的交换模块的查询和转发以后，帧又来到了网桥的端口，准备转发出去。在转发出去之前，网桥要判断是否将 Tag 帧中的 Tag 去除。如果需要去除，则去除 Tag 以后再转发出去；否则，直接转发出去。

以上就是 VLAN 接口的抽象处理流程，具体细节由各自的接口模式确定。

2.5.3　VLAN 帧转发

在 2.4.1 节中提到过："查表、学习、转发，如果查找不到就广播。"这是网桥的最简原理，也是最基本的原理。

支持 VLAN 的网桥的基本原理也是如此，只是需要叠加上 VLAN 这一属性。

网桥中存储 MAC/Port 映射关系的表称为二层转发数据库（Layer 2 Forward Database，L2FDB），一般称为二层转发表。针对 VLAN，网桥关于 L2FDB 有两种存储方式：共享式 VLAN 学习（Shared VLAN Learning，SVL）、独立式 VLAN 学习（Independent VLAN Learning，IVL）。

SVL 坚信一个 MAC 只会属于一个 VLAN（如基于 MAC 地址的 VLAN 划分），所以整个网桥内只有一个 L2FDB。

IVL 认为一个 MAC 可以属于多个 VLAN[例如，财务总监的计算机（的 MAC 地址）既属于财务部门的 VLAN，也属于公司高管部门的 VLAN]，所以整个网桥内会有多个 L2FDB，一个 VLAN 一个 L2FDB。

其实，把 VID 字段加入 L2FDB，全局也只需要一张 L2FDB 即可，如表 2-22 所示。

表 2-22　加上 VID 字段的 L2FDB

MAC	VID	PORT
MAC1	10	1
MAC1	20	2
MAC2	10	3
MAC2	20	4
MAC3	10	5

表 2-22 非常直接易懂，只是在具体的实现中，考虑到兼容、性价比和历史的惯性，网桥提出了 SVL、IVL 两种实现方式。

前面提到过无论接口是哪种模式，进入网桥交换模块的都是带有 Tag 的 VLAN 帧。下面就从该 VLAN 帧开始，介绍 VLAN 帧的查表、学习和转发 / 广播过程。

①查表。网桥首先根据 VID 确定 L2FDB。如果是 SVL，那么 L2FDB 就是网桥内全局唯一的那张 L2FDB；如果是 IVL，那么 L2FDB 就是 VID 对应的那张 L2FDB。确定好 L2FDB 以后，就从这张 L2FDB 中通过目的 MAC 查找出端口。

②学习。如果在 L2FDB 中没有查到目的 MAC 所对应的表项，那么就将源 MAC 和对应的入端口记录在该 L2FDB 中。这就是 MAC/VLAN 的学习。

③转发。如果在 L2FDB 中查到了目的 MAC 所对应的表项，那么就从对应的端口将该 VLAN 帧转发出去。如果在 L2FDB 中没有查到目的 MAC 所对应的表项，那么就从该帧的 VID 所对应的所有相关端口中广播出去。

“该帧的 VID 所对应的所有相关端口”是基于网桥的 VLAN 接口模式所推导出来的端口。例如，网桥所有的端口都配置为 Trunk 模式，只有端口 2 和端口 3 所配置的 VID 范围是 1 ~ 100，其他端口所配置的 VID 范围都大于 100，那么 1 个 VID = 50 的 VLAN 帧，其所对应的端口就是端口 2 和端口 3。

以上介绍的是单播帧的“查表、学习、转发”过程。如果是广播帧，网桥省却了学习步骤，直接就相当于上述的“在 L2FDB 中没有查到目的 MAC 所对应的表项”，即从该帧的 VID 所对应的所有相关端口中广播出去。

如果是组播帧，该网桥运行了 igmp-snooping（Internet Group Management Snooping，互联网组管理协议窥探）协议，则网桥将该帧转发到 igmp-snooping 的总的成员端口，否则就从该帧的 VID 所对应的所有相关端口中广播出去。

总之，VLAN 帧的查表、学习、转发与普通以太网帧相比，只有两个关键的不同之处。

①根据 VID，确定 L2FDB。

②根据 VID，确定广播端口。

2.5.4 QinQ

VLAN 帧只有 12 位表达 VID，再去掉两个保留值（0 和 4095），一共只有 4094 个值。然而在实际使用场景中，4094 个 VID 根本不够用。为此，IEEE 802.1ad 提出了 QinQ 技术。

QinQ 就是在 VLAN 域中再封装一层 VLAN 域，如图 2-155 所示。

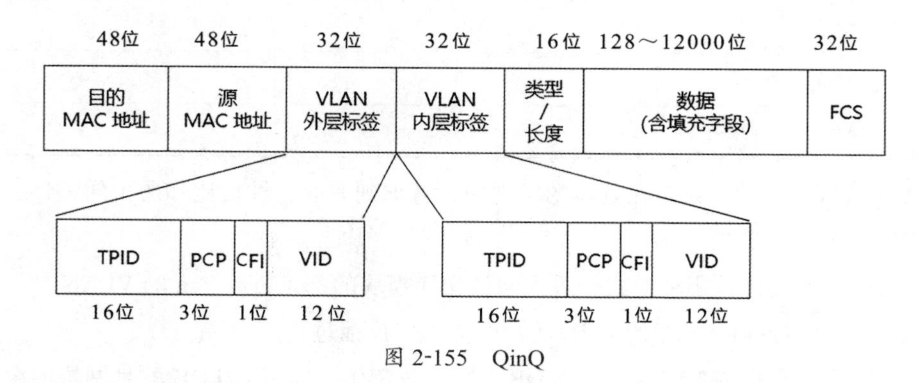

图 2-155　QinQ

通过图 2-155 可以看到，QinQ 实际上就是两层 VLAN。由于 VLANID 的标准是 IEEE 802.1q，因此此技术被形象地称为 QinQ。

QinQ 的内层 VLAN 中的 TPID 字段仍然是 0x8100；而对于外层 VLAN 中的 TPID 字段，不同厂商有不同的实现，如有的厂商为 0x9100。

QinQ 的典型使用场景可以抽象为“私网穿越公网”，如图 2-156 所示。

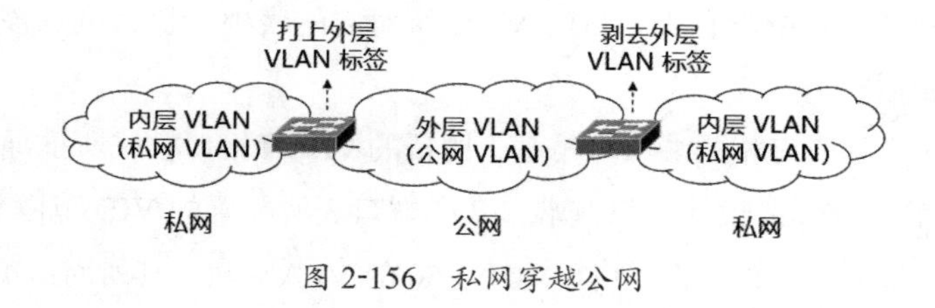

图 2-156　私网穿越公网

从转发的视角来看，QinQ 实际上只涉及一层 VLAN 的转发。在私网中只有内层 VLAN；在公网中虽有两层 VLAN，但是公网只看外层 VLAN。

2.6 数据链路层小结

对于数据链路层，我们关心的通常是协议中的报文结构、实现机制等更加“实用”的信息。但是，信息成帧、透明传输、差错检测，才是数据链路层的基本使命。

从传输内容来说，数据链路层分为比特传输和字符传输。这个分类好像让人有点困惑，因为归根结底，数据链路层所传输的都是“比特”。不过按照人们的理解，如果这些比特是按照一定的编码规范（如 ASCII）进行编解码，那么就称为“字符传输”，否则就称为“比特传输”。

从传输控制来说，数据链路层分为面向字符的传输和面向比特的传输，该分类所依据的不是传输内容，而是控制字段。

从时钟是否同步来说，数据链路层分为同步传输和异步传输。

信息成帧、透明传输、差错检测与数据链路层这 3 种分类方式（或者说传输方式）密切相关。

完成基本使命以后，数据链路层还需要做更进一步的工作，从而产生了各种协议。随着时代的发展，现在应用较广泛的协议有 PPP、Ethernet（含 VLAN）。

PPP 的基本流程包括链接的建立、参数的协商、数据的传输。PPP 是一个点到点协议，而 Ethernet 是一个广播协议，其作用是抑制广播风暴。珀尔曼发明了 STP 之后，局域网和广域网才有了大规模的（Ethernet）连接。后来的 RSTP 是对 STP 的改进，它的基本思想和本质仍然是 STP。除了使用 STP/RSTP 抑制广播风暴外，Ethernet 还使用 VLAN（IEEE802.1q）限制广播的范围，VLAN 也成为网络中最基本的、使用最广泛的协议之一。

第3章

网络层

1983年1月1日，在因特网的前身（ARPANET）中，TCP/IP取代旧的网络控制协议（Network Control Protocol，NCP），从而成为今天互联网的基石。我读到这段文字时，忽然间才意识到，当前这么成熟的互联网，原来是这么年轻。

3.1 Internet发展简史

网络层位于OSI七层模型中的第3层，也位于TCP/IP五层模型中的第3层，如图3-1所示。

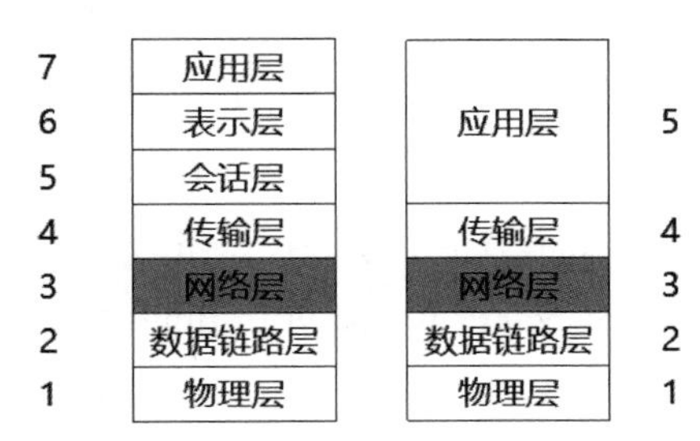

图3-1　网络层

在第1章中介绍过，从网络层开始，TCP/IP模型才有自己的协议；而对于数据链路层/物理层来说，TCP/IP只是借用其他协议，如Ethernet、PPP。

对应到网络层，TCP/IP的协议就是IP（此时需要把IP理解为一个协议族，而不是一个单一的协议）。IP的诞生是源于Internet，而且IP与TCP一起构建了Internet的基石。

1995年10月24日，联邦网络委员会（Federal Networking Council，FNC）通过了一项决议，对因特网做出了界定：Internet是全球性信息系统，包括如下几个方面。

①在逻辑上由一个以IP及其延伸的协议为基础的全球唯一的地址空间连接起来。

②能够支持使用TCP/IP及其延伸协议，或其他IP兼容协议的通信。

③借助通信和相关基础设施公开或不公开地提供利用或获取高层次服务的机会。

3.1.1 ARPANET的诞生

1957年人类第一颗人造地球卫星被送入太空，意味着在争霸全球的竞赛中，苏联人造卫星终于先行一步。在5天之后的记者招待会上，美国总统艾森豪威尔公开表达了对国家安全和科技水平的严重不安："这个国家必须在国家生活中，给科学技术和教育以优先权。"

1958年1月7日，美国总统艾森豪威尔正式向国会提出，要建立美国国防部高级计划署（Advanced Research Projects Agency，ARPA）进行尖端科技的研发工作。新生的ARPA即刻获得了国会批准的520万美元的筹备金及2亿美元的项目总预算，是当年中国国家外汇储备的3倍。

1962年10月16日清晨，美国总统约翰·肯尼迪（John Kennedy）对担任司法部长的罗伯特·肯尼迪说遇到了大麻烦，因为他看到了一幅由U-2高空侦察机在古巴拍摄的照片。

在13天随时可能遭受导弹袭击的混乱对峙之后，苏联终于同意将导弹从古巴撤出。人们成功避免了核战的爆发，但古巴导弹危机的僵局也暴露了美国指挥和管理能力的局限性。现代战争有着极强的复杂性，如果不能实时共享信息，又怎能有效控制自己的核武器呢？美国国防部（United States Department of Defense，DoD）认为利用电路交换网来支持核战时的命令和控制信息传输会有很大的风险，因为线路或交换机的故障可能导致整个网络的瘫痪，导致信息传输的中断，因此希望能够建立一种高冗余、可迂回的新网络来满足要求。

1968 年 10 月，ARPA 和位于美国马萨诸塞州剑桥的高科技公司 BBN 公司签订了合同，开始研制适合计算机通信的网络。1969 年 6 月，第一阶段工作完成，组成了 4 个节点的试验性网络，称为 ARPANET，这是 Internet 的前身。

通过以上的历史片段可以看出，ARPANET 的诞生，国际政治是其中一个很大的因素。

最初的 ARPANET 由西海岸的 4 个节点构成：加州大学洛杉矶分校（University of California，Los Angeles，UCLA）、斯坦福研究院（Standford Research Institute，SRI）、加州大学圣塔芭芭拉分校（University of California，Santa Barbara，UCSB）和犹他大学（The University of UATH，U of U），其拓扑结构如图 3-2 所示。

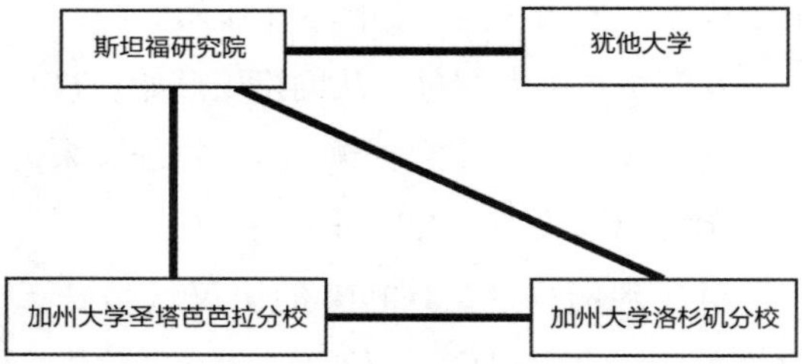

图 3-2　ARPANET 的拓扑结构

相比之下，这个最早的 ARPANET 显得非常原始，传输速度也非常慢（50 Kbit/s）。但是，ARPANET 的 4 个节点及其链接已经具备网络的基本形态和功能。所以，ARPANET 的诞生通常被认为是网络传播的“创世记”。

说明： ARPA（成立于 1958 年）于 1972 年 3 月改名为 DARPA（Defense Advanced Research Projects Agency），但在 1993 年 2 月改回原名 ARPA，至 1996 年 3 月再次改名为 DARPA。因此，有的资料也称 ARPANET 为 DARPANET，这两个单词表达的是同一个意思。

3.1.2 TCP/IP 的诞生

在 ARPA 资助开发 ARPANET 的同时，许多厂商和用户也预见到了计算机联网的重要性，纷纷开展研究，如 IBM 公司、DEC 公司等。

ARPANET 最初的目的是创建一个网络以更有效更有保障地连接计算机，但是很快它的问题就变成如何连接不同的网络。

当时 ARPANET 使用的是 NCP 协议，该协议允许网络内计算机相互交流，但网络之外的其他网络和计算机却不能被分配地址，从而不能互相通信，也限制了 ARPANET 未来发展的机会。

为此，ARPA 又设立了新的研究项目，支持学术界和工业界进行有关的研究，研究的主要内容是用一种新的方法将不同的计算机局域网互连，形成“互联网”。研究人员称之为 Internetwork，简称 Internet，该名词一直沿用到现在。

1972 年，罗伯特·卡恩（Robert Kahn）来到 ARPA，并提出了开放式网络框架。1973 年春，文顿·格雷·瑟夫（Vinton Gray Cerf）和鲍勃·康（Bob Kahn）开始思考如何将 ARPA 网和另外已有的网络相连接，尤其是连接卫星网络（SATNET）和基于夏威夷的分组无线业务的 ALOHA 网络（ALOHANET）。

1974 年，罗伯特·卡恩和文顿·格雷·瑟夫提出 TCP/IP 协议，定义了在计算机网络之间传送报文的方法，他们也因此于 2004 年获得图灵奖。

值得一提的是，两人在 1973 年就已经基本构建出了 TCP/IP，但是他们决定不申请专利，并于 1974 年发表相关论文，使 TCP/IP 成为开放的公共知识。

1978 年，TCP/IP 成为 OSI 国际标准。

1980 年，ARPA 投资将 TCP/IP 加进 UNIX BSD 4.1 版本的内核中。在 BSD 4.2 版本以后，TCP/IP 协议即成为 UNIX 操作系统的标准通信模块。

1983 年 1 月 1 日，ARPANET 将其网络核心协议由 NCP 改为 TCP/IP 协议。

自此，UNIX、TCP/IP、Internet 彼此互相成就，开创了一个开放的新时代。

3.1.3 Internet 的诞生

从技术层面来说，Internet 的诞生有两个层面的因素：一个是网络协议，一个是网络建设。

1. 网络协议因素

我们知道，Internet 的协议是 TCP/IP，而 TCP/IP 的理论基础是包交换（包交换概念会在后面章节讲述）。

美国麻省理工学院的雷纳德·克兰罗克（Leonard Kleinrock）于 1961 年发表了第一篇关于包交换理论的论文，并于 1964 年出版了关于该理论的第一本书。这个利用信息包而不是线路进行通信的理论的提出，是向网络技术方向迈出的重要一步。无独有偶，几乎与美国麻省理工学院进行包交换理论研究（1961—1967 年）同时，英国国家物理实验室于 1964—1967 年也进行了同类研究，而且彼此是在不知道对方研究的情况下进行的。

ARPANET 最初的协议 NCP 也是基于包交换理论，但其随后被 TCP/IP 取代。TCP/IP 在包交换的理论基础上提出了开放的网络架构的理念，并最终成为 Internet 的基石。

2. 网络建设因素

Internet 的诞生，从网络建设的角度看，有两大关键里程碑，一个是 ARPANET，另一个是 NSFNET。

（1）ARPANET

Internet 的网络建设的源头是 ARPANET。虽然 1969 年开始运行的 ARPANET 最初只能连接 4 个节点，只有 4 台主机联网运行，非常初级，但其却被认为是网络传播的“创世纪”。

杰·西·亚·利克里德（J.C.R.Licklider）最早提出关于通过网络进行信息交流设想，并于1962年8月在《联机人机通信》一文中提出了“巨型网络”的概念，设想每个人可以通过一个全球范围内相互连接的设施，在任何地点迅速获得数据和信息。这个网络概念就其精神实质来说，很像今天的 Internet。

利克里德的继任者伊凡·沙日尔兰德（Ivan Sutherland）、罗伯特·泰勒（Robert W. Taylor）也深信这一网络概念的重要性，并为这一网络概念的进一步发展和完善做出了重要贡献。其中，罗伯特·泰勒在任职期间萌发了新型计算机网络的想法，并筹集资金启动试验，并邀请拉里·罗伯茨（Lawrence Roberts，1967年，第4任）出任信息处理处处长。

1967年，罗伯茨来到 ARPA，着手筹建分布式网络，不到一年时间就提出了 ARPANET 的构想。随着计划的不断改进和完善，罗伯茨在描图纸上陆续绘制了数以百计的网络连接设计图，使之结构日益成熟。

1968年，罗伯茨提交研究报告《资源共享的计算机网络》，其中着力阐述的就是让 ARPA 的计算机实现互相连接，从而使大家分享彼此的研究成果。根据这份报告组建的国防部高级研究计划网就是著名的 ARPANET，罗伯茨也因此被称为“ARPANET 之父”。

1969年，ARPAnet 第一期工程投入使用，当时该工程只由西海岸的4个节点构成（UCLA、SRI、UCSB 和 U of U）。

1970年，已具雏形的 ARPANET 开始向非军用部门开放，许多大学和商务部门开始接入，同时 ARPANET 在东海岸地区建立了首个网络节点。

1971年，ARPANET 扩充到15个节点。

1973年，ARPANET 与英国和挪威连接，使欧洲用户也能通过英国和挪威的节点接入网络。

1975年夏天，ARPANET 结束试验阶段，将网络控制权交给美国国防部通信处（Defense Department Communication Agence）。

1976年，ARPANET 发展到60多个节点，连接了100多台主机。

1982年，美国国防部通信处和 ARPA 做出决定，将 TCP/IP 作为 ARPANET 通信协议，并在1983年1月1日完成全部替换，NCP 成为一个历史名词。

1983年，ARPANET 分裂为两部分：作为民用的 ARPANET 和纯军事用途的 MILNET（Military Network）。

1989年11月9日，柏林墙倒塌。1989年12月3日，美苏两国领袖在马耳他的高峰会上宣布结束冷战。ARPANET 在完成其历史使命后，于 1989年被关闭，1990年正式退役。

从网络建设的角度来说，ARPANET 是 Internet 的第一个里程碑。

（2）NSFNET

接棒 ARPANET 的 NSFNET，从历史地位上可以说是 Internet 发展的第二个里程碑。NSFNET 是美国国家科学基金会（National Science Foundation，NSF）赞助（出资）建造的一个网络，故而命名

NSFNET。

在 NSFNET 之前，NSF 曾创建了计算机科学网（Computer Science Network，CSNET）。当时，ARPANET 已经有了一定的规模，但是有很多学校由于未能与 ARPA 签约而不能使用 ARPANET。于是 NSF 在 1981 年着手建立能提供各大学计算机系使用的 CSNET。

随着 CSNET 的成功，NSF 又出资创建了 NSFNET。20 世纪 80 年代中期，为了满足各大学及政府机构促进研究工作的迫切要求，NSF 在全美国建立了 5 个超级计算机中心。为了使各个学校、企业、社会团体等能够访问这些计算机中心，NSF 于 1986 年创建了 NSFNET。

NSFNET 采用了 TCP/IP 协议，同时也是一个 3 层网络架构，如图 3-3 所示。

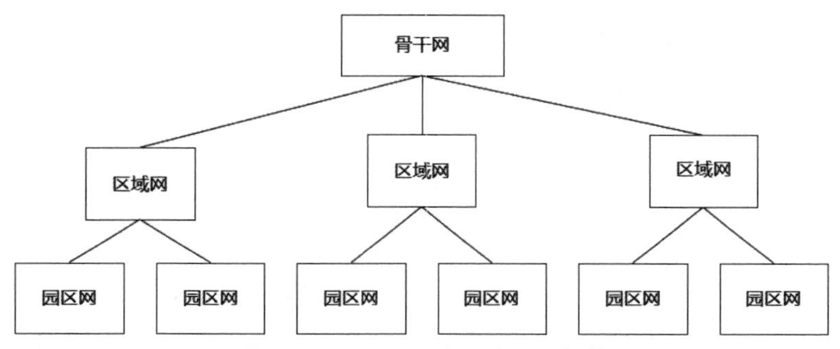

图 3-3　NSFNET 的 3 层网络架构

1986 年 NSFNET 的骨干网连接了 5 个超级计算机中心及 NSF 资助的美国大气研究中心。

1988 年 7 月，NSFNET 骨干网扩展到 13 个节点，带宽提升到 1.5Mbit/s。

1990 年，NSFNET 取代 ARPANET，成为 Internet 的一个主要主干网。

1991 年 11 月，NSFNET 骨干网扩展到 16 个节点，升级到 45Mbit/s。

1995 年，Internet 迎来爆炸式的增长，无论是 NSF 还是 ANS 都不足以支撑下去。于是 NSFNET（含 ANSNET）又回到了原来的科研网的定位。

ARPANET 催生了 Internet，NSFNET 宣传了 Internet，在 Internet 发展史中起着里程碑式作用的两个网络，在完成了它们的历史使命后而归于沉寂。

3. Internet 的生日

在谈 Internet 生日之前，首先介绍 Internet 大事记，如图 3-4 所示。

1969 年 10 月 29 日晚，经过数百人一年多时间的紧张研究，阿帕网远程联网试验即将正式实施。在克兰罗克教授的带领下进行了世界上第一次互联网络的通信试验，虽然只传送了两个字母“LO”，但它真真切切标志着人类历史上最激动人心的那一刻。

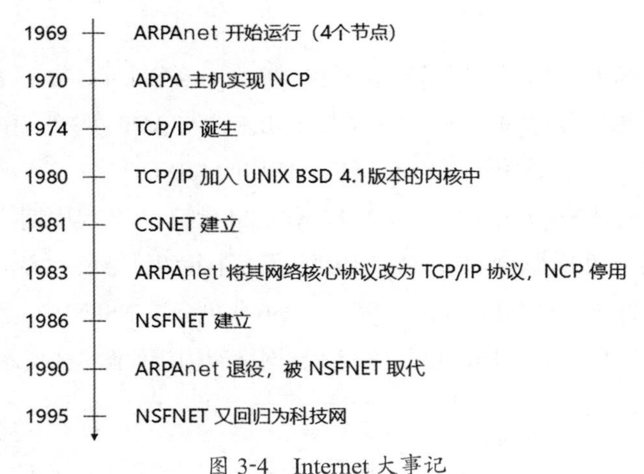

图 3-4 Internet 大事记

ARPANET 加州大学洛杉矶分校第一节点与斯坦福研究院第二节点的连通，实现了分组交换网络的远程通信，标志着互联网的正式诞生，当时准确的时间是 1969 年 10 月 29 日 22 点 30 分。因此，人们一般认为 Internet 的生日是 1969 年 10 月 29 日。

1969 年 8 月 30 日，由 BBN 公司制造的第一台接口信息处理机 IMP1 在预定日期前 2 天运抵加州大学洛杉矶分校。克兰罗克带着 40 多名工程技术人员和研究生进行安装和调试。10 月初，第二台 IMP2 运到 ARPANET 试验的第二节点。

然而，美国一些报刊和机构仍然坚持认为 1969 年 9 月 2 日才是确切的 Internet 生日（9 月派）。甚至连最有发言权的加州大学洛杉矶分校——ARPANET 的第一个节点，也重申“9 月 2 日诞生”的主张，该校召集的 Internet 30 周年纪念盛典就选择在这一天召开。

“9 月派”声称，早在 UCLA 与 SRI 两台主机对话前，克兰罗克已在 9 月 2 日成功登录 ARPANET。然而，克兰罗克本人也不能确认哪种说法最合理。

“9 月派”认为克兰罗克教授实现了计算机与 IMP 的连接，即标志着 ARPANET 的诞生；而“10 月派”则强调只有两台主机之间实现了通信，才算是互联网的真正“生日”。

3.1.4 WWW 的诞生

1995 年，年轻的贝索斯（Bezos）在万维网上做了一个书店；同一年，马云做了一个“中国黄页”网站；1998 年 9 月 4 日，拉里·佩奇（Larry Page）和谢尔盖·布林（Sergey Brin）共同创建了 Google；1998 年 11 月，马化腾创立了腾讯；2000 年 1 月 1 日，李彦宏在中关村创建了百度公司……

所有这一切，其背后都源于 1989 年 3 月 12 日，蒂姆·伯纳斯·李（Tim John Berners-Lee）给他当时的上司麦克·森道尔（Mike Sendall）写了一份报告《关于信息化管理的建议》（*Information Management: A Proposal*）。也正是源于此份报告，万维网（World Wide Web，WWW）诞生了。

当时，伯纳斯·李在欧洲核子研究中心（CERN）工作，而那时 CERN 是 Internet 在欧洲最大的网络节点，WWW 的网络基础已经具备。

WWW 中一个重要的概念是“超文本”（HyperText）。超文本传输协议（HyperText Transfer Protocol，HTTP）的前身是“世外桃源”（Xanadu）项目，超文本的概念是泰德·纳尔森（Ted Nelson）在 20 世纪 60 年代提出的。HyperText（及 Xanadu）奠定了 WWW 的理论基础。

1984 年，伯纳斯·李在 CERN 以研究员的身份接受了一个工作：为使欧洲各国的核物理学家能通过计算机网络及时沟通传递信息，需要开发一个软件，使分布在各国各地物理实验室、研究所的最新信息、数据、图像资料可供大家共享。这份工作最终促使伯纳斯·李于 1989 年 3 月 12 日提交了著名的报告（*Information Management: A Proposal*），而这一天也被称为 WWW 的诞生日。

伯纳斯·李提交那份报告以后，并没有引起什么波澜。他不得不在 1990 年 5 月将那份报告做了一些修改之后，再度提交，在重新提交报告之前，伯纳斯·李将项目改名为 World Wide Web。

1990 年 10 月，伯纳斯·李开始着手构建 Web，12 月份，他在 CERN 的 NextStep 操作系统上开发出了世界上第一个网络服务器（Web Server）CERN HTTP 和第一个客户端浏览编辑程序 World Wide Web。

1991 年 8 月 6 日，伯纳斯·李发布了网站：http://info.cern.ch。Internet 有史以来，第一个 WWW 网站上线了！可是当初网站开放十几天都无人问津，直到 8 月 23 日才迎来了第一个新用户。

1991 年圣诞节，伯纳斯·李再接再厉，开发出了世界上第一个图形化浏览器 WorldWideWeb（后来为了避免混淆，伯纳斯·李将其改名为 Nexus）。

伯纳斯·李获得 2016 年度图灵奖，然而这份荣誉显得太姗姗来迟，虽然它的颁奖词极尽赞美，不过也只是中肯描述罢了：发明了万维网（WWW）、第一个浏览器和使万维网得以扩展的基本协议和算法！

让我们再回顾一下伯纳斯·李的伟大贡献。

①提出了 WWW（World Wide Web）的思想，并创造了 WWW 这个单词。

②发明了 WWW 的三大基本技术：HTML（HyperText Markup Language）、HTTP（HyperText Transfer Protocol）、统一资源标识符（Uniform Resource Identifier，URI）。

③发明了世界上第一个图像化 Web 浏览器。

WWW 的诞生使世界上的每一个人都变得更近了。

3.1.5 Internet 之父

每个人都曾撒过谎，但从某种意义上来说，互联网时代的我们都要感谢罗伯特·泰勒的那个谎言。

1966 年 2 月，罗伯特·泰勒找到了 ARPA 的领导查理·赫兹菲德（Charlie Herzfield），在一个 15 分钟的演讲里讲述了计算机联网的必要性。赫兹菲德是个痛快人，在听取报告之后，他只问了一个问题：“这项工作难不难？”

天知道这项工作有多难，谁敢保证这个项目能成功？但是，为了得到需要的资金，罗伯特·泰勒打算撒一个谎：“不难，我们已经想好怎么做了。”

赫兹菲德说：“太好了，那就干吧，我给你一百万元的经费。”

就这样，现代互联网有了自己的第一笔资金。

罗伯特·泰勒具有 Internet 的思想，但并没有接受过正式的学术培训或在计算机科学方面的研究经验，曾被比作“没有手指的音乐会钢琴家”，历史学家莱斯利·伯林（Leslie Berlin）重申了这一观点“泰勒能听到远处微弱的旋律，但他自己弹不出来”，即他知道是上下移动以接近声音，他可以识别出音符是错的，但他需要别人来制作音乐。

泰勒认为能将项目做成的第一人选就是拉里·罗伯茨，然而罗伯茨认为这无法让他专心科研，但在现实的“威胁”和国家利益的感召下，罗伯茨终于加入 ARPR。两年后，ARPANET 诞生。拉里·罗伯茨因此也被称为“ARPANET 之父”。

在罗伯特·泰勒的拼图里，除了拉里·罗伯茨外还有很多人。雷纳德·克兰罗克进行了互联网络的第一次通信试验，虽然只发送了两个字母，但却标志着 Internet 诞生了。1974 年，罗伯特·卡恩和文顿·格雷·瑟夫提出 TCP/IP 协议，从此奠定了 Internet 的协议基础。

故事讲到这，Internet 的第一季也就结束了。罗伯特·泰勒与其说是“没有手指的音乐会钢琴家”，不如说更是一名卓越的作曲家和指挥，指挥了整个乐队演奏了 Internet 的乐章。在这个乐队里，有四个天王级的演奏家：拉里·罗伯茨、雷纳德·克兰罗克、罗伯特·卡恩、文顿·瑟夫。

如果说 Internet 第一季是由一个超级英雄团队打造的，那么第二季则可以说是由一个超级英雄独立完成的。第二季的主题就是 World Wide Web，超级英雄是蒂姆·伯纳斯·李。

图灵奖给伯纳斯·李的颁奖词是：发明了万维网（WWW）、第一个浏览器和使万维网得以扩展的基本协议和算法。颁奖词非常中肯地说出了伯纳斯·李在技术层面的贡献，不过这远非伯纳斯·李之于 WWW 的全部，更让人敬佩的是伯纳斯·李放弃了对 WWW 专利的申请。

当伯纳斯·李在伦敦奥运会开幕式场地中央敲出“This is for everyone”时，也敲出了伯纳斯·李多年来的心声：WWW 是送给世界上每一个人的礼物。

不仅仅是 WWW，整个 Internet 都是送给世界上每一个人的礼物：开放、平等、共享、连接！

Internet 已经深刻地改变了我们的生活，还将深远地改变着我们的未来，让我们铭记那些为 Internet 做出卓越贡献的英雄们，让我们铭记这些 Internet 之父！

3.1.6 中国互联网梦想的起步

互联网的诞生有 1969 年 9 月 2 日和 1969 年 10 月 29 日两种观点，“9 月派”是以克兰罗克在 9 月 2 日成功地登录 ARPANET 为标志，“10 月派”是以克兰罗克在 10 月 29 日在 ARPANET 上成功发送 LOGIN 前两个字母为标志。事件是很明确的，两派的分歧只是应该以哪个事件作为互联网诞生的标志而已。

1. 中国的第一封电子邮件

1969年互联网已经诞生，但是差不多20年后，中国才发出了第一封电子邮件。如果说互联网诞生的标志可能有争议，而中国发送的第一封电子邮件则应该很明确，不应该有争议。但是，中国第一封电子邮件的发出时间仍然有1986年8月25日和1987年9月20日之争。

（1）中国人在中国发出的第一封电子邮件

ALEPH是CERN高能电子对撞机LEP上进行高能物理实验的一个国际合作组，中国科学院高能物理研究所（以下简称高能所）是该国际合作组的成员单位，吴为民先生是ALEPH高能所的组长。ALEPH主要研究高能电子对撞机相关的内容，但由于是跨国项目，网络通信就显得非常重要和非常必要，于是ALEPH成立了由帕拉齐博士和吴为民领导的网络通信小组。

当时北京—日内瓦之间的网络连接如图3-5所示。维也纳与日内瓦之间的网络是意大利的TELEPAC网络，而维也纳与北京之间的网络是卫星通信，该线路在1986年6月1日才刚刚可以提供给用户使用。

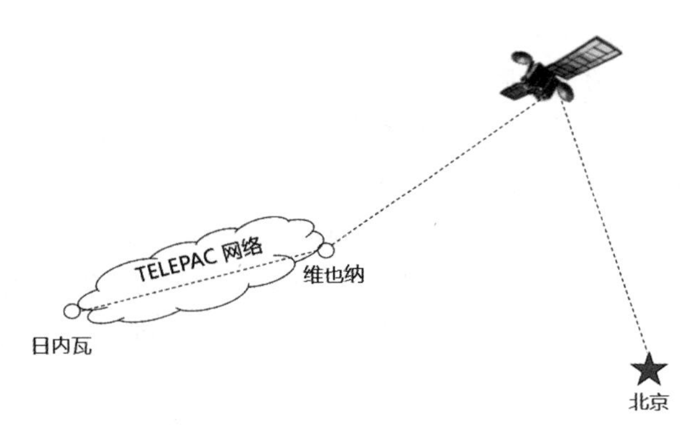

图3-5　北京—日内瓦网络连接

很难想象当时的工作有多困难，但是他们的工作效率仍然很高。当时帕拉齐博士、钱祖玄、王泰杰在瑞士日内瓦，吴为民与王淑琴在北京，分别与瑞士邮政和电讯公司（PTT）、维也纳广播电台、北京710所（北京信息控制研究所）等联系与协商，从1986年6月17日到1986年8月11日，就开始进行联机试验。

1986年8月25日，瑞士日内瓦时间4点11分24秒，北京时间11点11分24秒，吴为民在北京710所一台IBM–PC上通过卫星连接，通过王淑琴的账户远程登录到日内瓦CERN一台VXCRNA机器，向瑞士的杰克·斯坦伯格（Jack Steinberger）教授发出了一封电子邮件，也是中国人在中国发出的第一封邮件。

但是，人在中国，邮件服务器却不在中国，吴为民先生只是在中国远程登录到CERN的一台机器上发送的邮件，这封邮件还不能说是从中国发出的第一封电子邮件。

（2）从中国发出的第一封电子邮件

从中国发送电子邮件，指的是邮件服务器位于中国，电子邮件从中国的服务器发送出去。

1984 年 8 月 2 日，维尔纳·措恩（Werner Zorn）教授在卡尔斯鲁厄大学的计算机上，成功地接收到一封来自美国的电子邮件，这样德国成为世界上第 4 个与 Internet 相连通的国家。

1985 年，中国机械电子部科学研究院研究员王运丰突然冒出一个大胆的想法：建立国际互联网信道。说是突然，也不是凭空而出，当时的大环境是中国第一代互联网人已经在思考并为中国互联网的建设而奔走。

王运丰先生的“建立国际互联网信道”，最主要的其实就是在中国建立电子邮件节点（邮件服务器）。现在看来，发送 / 接收电子邮件是一件非常简单的事情，但在当时，困难让人无法想象。

1983 年，王运丰教授在德国参加一个学术交流会，会上遇到了措恩。如果从基于“从中国发送的第一封电子邮件”这一角度来看，王运丰和措恩的这次相遇无异于“火星撞地球”。一个充满渴望，一个充满热情，两人一拍即合，随即开始筹建中德之间的计算机网络连接，并商定中方合作单位为机电部下属的中国兵器工业计算机应用研究所。

一分钱难倒英雄汉，两人的合作项目从一开始就面临着经费无着落的境地。1985 年 11 月，措恩教授提笔给当时联邦德国巴登 - 弗腾堡州州长写了一封私人信件，言辞恳切地介绍了中德计算机网络连接的深远意义。也许是被措恩诚恳的措辞所打动，也许是对网联中国这一事件本身充满了兴趣与好奇，州长为措恩提供了一项特批专款，使得这个项目终于得以大踏步地进行。

更让人欣慰的是，1986 年 12 月，“中德计算机网络领域内的合作协议书”签订。协议的第一步计划就是在中国兵器工业计算机应用技术研究所和德国卡尔斯鲁厄大学之间首先建立计算机的点对点连接。当然，在正式合作协议签订之前，中国兵器工业计算机应用技术研究所已经投入了很多人力进行开发研究工作。

措恩教授出钱出力出技术。1987 年夏天，措恩教授在北京出席第三次 CASCO 会议。措恩把大半个研究小组都搬到北京来，与留守在卡尔斯鲁厄大学的格德·威克小组开始编写计算机上的网络协议。1987 年 9 月 4 日到 14 日共 11 天，措恩教授的队伍完成了 ICA 方面的主机西门子 7760/BS2000 在操作系统级上的修改，解决了中 - 德邮件交换的一切软件问题。

激动人心的时刻终于要来临了。中国第一个国际互联网电子邮件节点在中国兵器工业计算机应用技术研究所内建成，发送邮件的条件基本具备。

1987 年 9 月 14 日晚，中国兵器工业计算机应用技术研究所的一栋小楼里，中、德两国十几位科学家围在一台西门子 7760 大型计算机旁，试发中国第一封电子邮件。

然而好事多磨，当晚的这封邮件并没有发送成功。6 天后，也就是 1987 年 9 月 20 日，项目组再一次试发邮件。20 点 55 分，发送键再次按下，过了一会儿，计算机屏幕出现“发送完成”字样，这封邮件终于通过意大利公用分组网 ITAPAC 设在北京的 PAD 机，经由意大利 ITAPAC 和德国 DATEX-P 分组网，穿越了半个地球到达德国。

中国互联网在国际上的第一个声音就此发出！至此，中国终于可以与世界通过电子邮件进行沟通和交流。

2．中国叩响互联网的大门

中国发出第一封电子邮件，从某种意义上来说，相当于中国人在互联网的大门外唱了一首歌，这首歌宛转悠扬，却终究是隔了一堵墙。中国何时才能叩开互联网的大门？在真正叩开之前，有一件事情，可以标志为中国叩响了互联网的大门。

1993年3月2日，中国科学院高能物理研究所（Institute of High Energy Physics Chinese Academy of Sciences，IHEP）租用AT&T公司的国际卫星信道接入美国斯坦福线性加速器中心（简称为SLAC）的64K专线正式开通。

然而美国政府第二天就知道了消息，立刻通知有关单位关掉通往中国的线路。理由很简单，冷战虽然结束，但还没有一个社会主义国家进入Internet，美国政府担忧中国会从Internet上大量获取美国的资讯和科技情报。为此，双方在开通Internet通信服务后，也就是从3月2日到3月9日的这一周时间其实是不通的，即虽然连通了美国，但对方没有应答。

好在参与合作计划的40多位美国科学家向美国政府坚持开通，的3月9日，美国政府同意有控制地对中国开放Internet。但对网络安全问题做了详细的规定：中国专线只能进入美国能源科学网，并且不得在网上散布病毒和用于军事及商业目的，中方必须签字后才能使用。

推动这一工作的就是当时高能所计算中心副主任许榕生，对中美专线签了技术方面的协议：一是不能用于商业活动，仅用于科学交流；二是强调不能在这个网上从事军事活动，包括核武器、生物化学武器这方面的用途，要维护这个网络线路的安全，不要散布病毒和黑客行为。

从这个意义上说，1993年的3月2日和3月9日都有着历史意义，都值得纪念。尽管只能接入美国能源科学网，但是这件事情非同寻常。《新加坡时报》曾做过这样的评价，1993年中国高能所建立国内第一条64K专线接通国际互联网的意义，不亚于20世纪初詹天佑建成中国的第一条铁路。

中国科学院高能物理研究所与美国斯坦福线性加速器中心这条专线称为IHEP-SLAC专线，专线带宽是64K。现在来看，64K微不足道，但在当时却是无比困难。

从技术上来说，IHEP-SLAC专线是中国的第一条国际互联网专线（虽然只能部分接入互联网），建设这一专线的团队当年获得了中国科技进步集体特等奖。许榕生不仅叩响了互联网的大门，而且还开通了中国第一个WWW网站 http://www.ihep.ac.cn。

3. 中国四大骨干网的建设

1995年10月24日，联邦网络委员会通过了一项决议，对互联网做出了定义，其中一条是：在逻辑上由一个以IP及其延伸的协议为基础将全球唯一的地址空间连接起来。

用更通俗的话来说：将全球唯一的IP地址连接起来。当然，IP地址的背后是主机（Host）。所以，互联网就是将全世界的计算机连接起来。

将全世界的计算机连接起来，那就需要网络。从世界范围看，互联网的架构可以类比为如图3-6所示的假说。

之所以将图 3-6 称为“类比”和“假说”，有两个原因：是从国家骨干网类比过来的；目前还没有资料明确定义“全球骨干网”，虽然它客观存在。一个国家要想接入互联网，从网络本身来说，需要具备两个条件：具有国家骨干网；具有国际出口，连接到互联网。

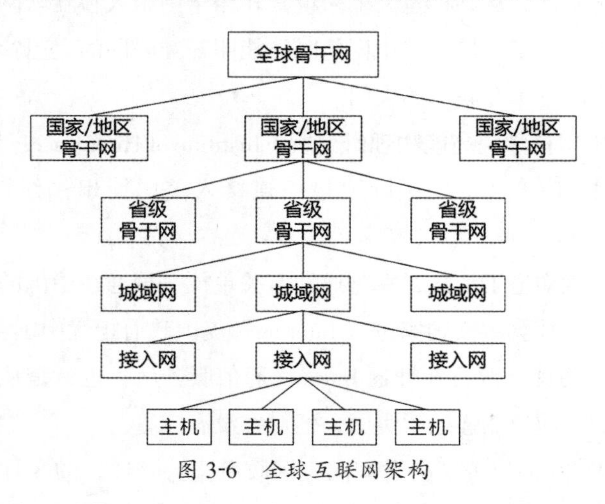

图 3-6　全球互联网架构

从这个意义上说，中国发出第一封电子邮件时，只能说明中国在互联网上发出了自己声音，但是还远远谈不上中国已经接入互联网。因为当时中国既没有骨干网，也不允许接入互联网。

经过多年的发展，当前中国拥有 11 个骨干网，如下所示。

- 中国公用计算机互联网（CHINANET）。
- 中国科技网（CSTNET）。
- 中国教育和科研计算机网（CERNET）。
- 中国金桥信息网（CHINAGBN）。
- 中国联通互联网（UNINET）。
- 中国网通公用互联网（CNCNET）。
- 中国移动互联网（CMNET）。
- 中国国际经济贸易互联网（CIETNET）。
- 中国长城互联网（CGWNET）。
- 中国卫星集团互联网（CSNET）。
- 中国电信下一代承载网（CN2）。

这 11 个骨干网中，从建设时间和历史地位而言，有 4 个骨干网被称为中国四大骨干网，它们是中国科技网、中国金桥信息网、中国教育和科研计算机网、中国公用计算机互联网。

（1）科技先行（CSTNET）

1989 年 8 月，中国科学院承担了国家计委立项的“中关村教育与科研示范网络”（NCFC）建设，这是中国科技网（China Science and Technology Network，CSTNET）的前身。

在建设 NCFC 的同时，中国科学院于 1992 年启动百所联网工程，也即中国科学院网（Chinese Academy of Sciences Network，CASNET）。该工程分为两部分，一部分为分院区域网络工程，另一部分是用远程信道将各分院区域网络及零星分布在其他城市的研究所的网络互联到 NCFC 网络中心的广域网工程。

1995 年 12 月，中国科学院百所联网工程基本完成；1996 年 2 月，中国科学院决定正式将以 NCFC 为基础发展起来的中国科学院网命名为中国科技网（CSTNET）。

如今，CSTNET 已成为中国互联网行业快速发展的一支重要力量，为广大用户提供互联网接入与运维管理、小区宽带、科研数据中心（IDC）、网络安全管理等基础性服务，以及视频会议系统、邮件系统、桌面会议系统、会议服务平台、团队文档库、组织通讯录、科研主页、科信、中国科技网通行证等应用服务，此外，还提供网络前沿技术研究与创新试验环境服务，为国家科学技术的创新发展提供基础性的信息化支撑与保障。

（2）金桥试水（CHINAGBN）

中国金桥信息网（China Golden Bridge Network，CHINAGBN）也称为国家公用经济信息通信网。

20 世纪 90 年代初，美国的“信息高速公路”的构想得到了世界各国决策者的高度认同，中国也不例外，发起并建设一条“信息中速国道”为目标的“三金工程”，包括以银行信用卡、电子货币为重点的“金卡工程”，为海关、外贸、外汇管理、银行、税收等企业和部门业务系统提供联网服务的“金关工程”，为国民经济信息化提供基础设施的“金桥工程”（当时称为国家公用经济通信网）。

作为“三金工程”的启动工程，1993 年 3 月 12 日，“金桥工程”由时任副总理的朱镕基主持国务院会议提出并部署建设，此后召开的国家经济信息化联席会议决定：“金桥工程”是国民经济信息化建设基础设施，也是“金卡工程”和“金关工程”的信息传输和处理平台，属于国家信息化的骨干网。而吉通作为金桥工程唯一业主单位，负责工程的建设和运营。

1995 年 8 月，金桥工程初步建成，在 24 省市开通联网（卫星网），并与国际网络实现互联。

1996 年 6 月 3 日，中国电子工业部将金桥网命名为中国金桥信息网，授权吉通通信有限公司为中国金桥信息网的互联单位，负责互联网内接入单位和用户的联网管理，并为其提供服务。

1996 年 9 月 6 日，中国金桥信息网（CHINAGBN）连入美国的 256K 专线正式开通。中国金桥信息网宣布开始提供 Internet 服务，主要提供专线集团用户的接入和个人用户的单点上网服务。

由于中国电信行业重组和整合，吉通公司最终归于中国联通。

（3）教育萌动（CERNET）

中国教育和科研计算机网（China Education and Research Network，CERNET）是由国家投资建设、教育部负责管理、清华大学等高校承担建设和运维的全国性学术计算机互联网络，主要面向教育和科研单位，是全国最大的公益性互联网络。

NCFC 一开始是包括清华大学校园网（TUNET）的，但是后来的 CSTNET 并没有包含 TUNET。

这是因为 TUNET 有更大的目标，不愿“委身”于 CSTNET 之下：CERNET 的前身就是 TUNET。

1992 年 12 月底，清华大学校园网建成并投入使用，是中国第一个采用 TCP/IP 体系结构的校园网，主干网首次成功采用 FDDI 技术，在网络规模、技术水平及网络应用等方面处于国内领先水平。

1994 年 7 月初，由清华大学等 6 所高校建设的“中国教育和科研计算机网”试验网开通，并通过 NCFC 的国际出口与 Internet 互联。

1994 年 8 月，由国家计委投资国家教委主持的 CERNET 正式立项。1995 年 12 月，CERNET 建设完成。

（4）千家万户（CHINANET）

在前面介绍的三大骨干网中，CSTNET、CERNET 是公益性互联网络，前者为科技界服务，后者为教育界服务；CHINAGBN 虽然是经营性互联网络，但是其当初的定位很大程度上是“金卡工程”和“金关工程”的信息传输和处理平台。

真正使互联网“飞入寻常百姓家”的是中国公用计算机互联网（CHINANET）。在 2010 年前，寻常百姓的宽带上网基本上接入的都是 CHINANET。

CHINANET 骨干网的拓扑结构分为核心层和大区层。核心层由北京、上海、天津、广州、沈阳、南京、武汉和西安 8 个城市的核心节点组成，提供与国际 Internet 互联。

由于当年窄带拨号接入的入网领示号为 163，因此 CHINANET 也被称为 163 网络。

4. 中国域名的回家

域名解析服务最早于 1983 年由保罗·莫卡派乔斯（Paul Mockapetris）发明。世界上最早的域名是 nordu.net，Whois 系统显示其注册日期是 1985-01-01，如图 3-7 所示。

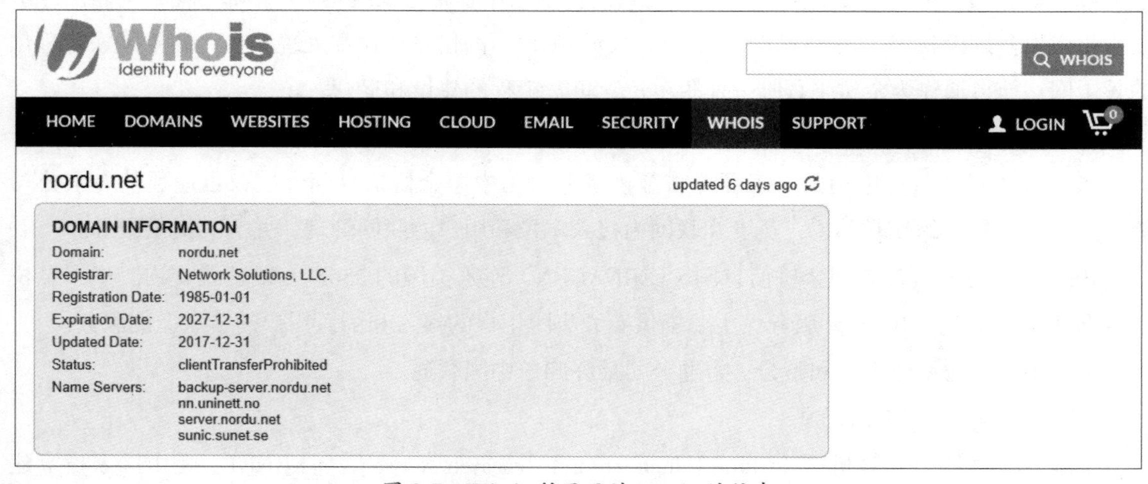

图 3-7　Whois 所显示的 Nordu 的信息

nordu.net 中的 .net 属于顶级域名。顶级域名分为通用顶级域名（Generic Top-level Domain，gTLD）、新顶级通用域名（New Generic Top-level Domain，new gTLD）、国家顶级域名（Country Code

Top-level Domain，ccTLD）。gTLD 包括 .com、.org、.net 等大家耳熟能详的域名；new gTLD 则比较个性化，只要得到批准，就可以“任意”取名，如 .weibo、.weixin、.360 等。ccTLD 则代表国家和地区，如 .cn 代表中国（大陆）、.us 代表美国、.fr 代表法国等。

.cn 域名是由国际互联网信息中心（Internet Network Information Center，InterNIC）分配给中国的国家顶级域名，但需要符合条件的中国机构进行正式申请。

.cn 域名是由德国友人措恩教授协助钱天白注册的。1990 年 10 月 19 日，措恩向国际互联网信息中心发出了申请.cn的预约，询问这个域名是否有空缺，并在10月24日将这个预约通知了钱天白。11 月 26 日，措恩正式在国际互联网信息中心申请了 .cn 顶级域名，承接这一域名的，就是中德计算机网络领域合作启动的国际互联网项目 CANET（Chinese Academic Network，中国学术网）。措恩在“管理联系”一栏中填上了钱天白的名字，而在“技术联系”一栏中填上了卡尔斯鲁厄大学计算机系。12 月 2 日，等待批准中的措恩把申请信和相关附件转发给了钱天白。

1990 年 12 月 3 日，措恩教授收到了同事阿诺·尼泊转发的通知，.cn 域名申请得到了批准。

从注册之时起，.cn 域名根服务器就一直由卡尔斯鲁厄大学运行着，直到中国直接接入了国际互联网后，卡尔斯鲁厄大学和中科院联合向 InterNIC 说明了情况，将域名根服务器挪回了中国。

当时出于政治上的考虑，发达国家根本不希望中国有互联网。胡启恒、钱华林等人经过多次游说，甚至还发动一些美国科学界的著名人士写信到白宫，才终于把 .cn 的根服务器拿回中国。

1994 年 5 月 21 日，中国科学院计算机网络信息中心完成了 .cn 根服务器的设置。由中科院网络中心负责 .cn 顶级域名的注册和维护工作。

3.2 IP 地址

IP 是互联网的一个基础协议，分为 IPv4 和 IPv6，由于本书主题和篇幅的原因，如无特别说明，IP 指的就是 IPv4，IP 地址（Internet Protocol Address）指的就是 IPv4 地址。

IP 地址实际上是一个 32 位的无符号整数，其取值范围是 $0 \sim 2^{32}-1$（4294967295）。平时为了方便理解和记忆，IP 地址采用点分十进制法来表达。例如：117.136.102.50。

点分十进制法是将 IP 地址按照二进制表示，每 8 位一组，再转换成十进制，然后中间用“.”隔开，如图 3-8 所示。

IP 地址（十进制）	1971873330			
IP 地址（二进制）	01110101100010000110011000110010			
IP 地址（分解）	31 ... 24	16	8	0
	0 1 1 1 0 1 0 1	1 0 0 0 1 0 0 0	0 1 1 0 0 1 1 0	0 0 1 1 0 0 1 0
	117	136	102	50
IP 地址（点分十进制法）	117.136.102.50			

图 3-8　IP 地址二分十进制法表示

IP 地址相当于互联网上的门牌号码，每一个主机都必须有一个 IP 地址，否则无法进行正常通信。抛开私有 IP 地址不谈（私有 IP 在后文会描述），IP 地址还要求全球唯一，否则会产生 IP 地址冲突，也无法正常通信，如图 3-9 所示。从这个意义上来说，IP 地址需要一个全球统一的机构来分配。

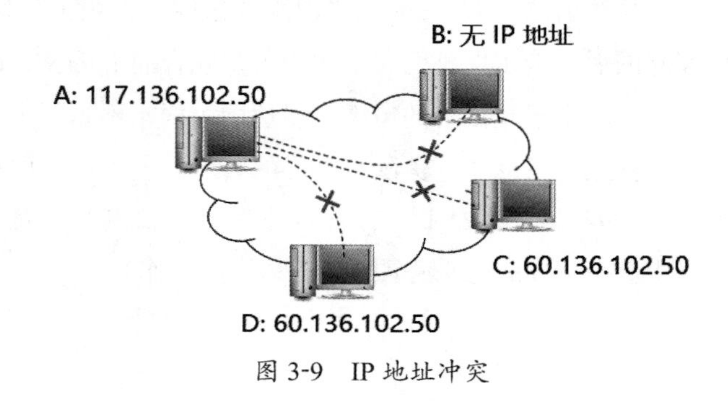

图 3-9　IP 地址冲突

另外，IP 地址一共只有 4294967295 个（简单理解为约 43 亿），对于全球来说，这是一个非常稀缺的资源，每个国家能够分配到多少 IP 地址，分配哪些 IP 地址，也是一个非常重要的问题。抛开政治因素不谈，IP 地址也需要一个全球统一的机构来分配。

说明：美国时间 2001 年 2 月 3 日，ICANN 官方网站发布了一条题为《一条载入历史新闻：最后一批 IPv4 地址今天分配完毕》（*One for the History Books: Last IPv4 Addresses Allocated Today*）的新闻：今天是互联网历史性里程碑的一天。互联网快速扩张了数年之后，未被分配的可用 IPv4 地址池中，即原有的互联网协议寻址系统，完全分配殆尽了。

3.2.1 IP 的分配和分类

IP 地址是由互联网数字分配机构（The Internet Assigned Numbers Authority，IANA）进行分配，IANA 成立于 1970 年，由美国商务部进行监管。

2016 年 10 月 1 日（美国东部时间），美国商务部下属机构国家电信和信息局把互联网域名管理权完全交给位于加利福尼亚州的互联网名称与数字地址分配机构（The Internet Corporation for Assigned Names and Numbers，ICANN），两者之间的授权管理合同在 10 月 1 日自然失效，不再续签。这标志着作为世人日常生活一部分的互联网迈出走向全球共治的重要一步。

IANA 的职责不仅仅是分配 IP 地址，还包括域名管理、AS 号分配、协议号分配等。本小节只讨论 IP 地址分配相关的部分。

IANA 开始由美国政府监管，后移交给 ICANN。IANA 下分为 5 个 RIR（Regional Internet Registry，区域互联网注册机构）。RIR 下面分别有国家级互联网注册管理机构（National Internet Registry,NIR）、本地互联网注册管理机构（Local Internet Registry,LIR）、互联网服务提供商（Internet Service Provider，ISP），负责为进一步细分的 EU（End User）进行 IP 地址分配。

负责中国的 IP 地址分配的机构是 CNNIC。CNNIC 是 APNIC 认定的中国大陆地区唯一的国家互联网注册机构 NIR。

IANA 分配 IP 地址的机构是分层的。这也就决定了 IANA 不是把 43 亿个 IP 地址零散地、一个一个地独立地分配给个人，而是采取类似 B2B 的模式，把 IP 地址成块成块地"批发"给 NIR，然后 NIR 再层层地"批发"下去，直至"零售"给个人。

为了达到"成块批发"的目的，IANA 把 IP 地址分为 A、B、C、D、E 等 5 大类，如图 3-10 所示。

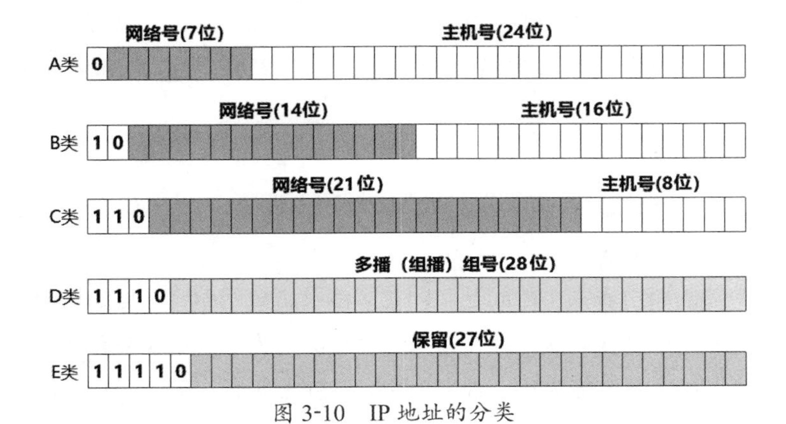

图 3-10 IP 地址的分类

图 3-10 中的 5 类 IP 地址可以简单总结为表 3-1 所示。

表 3-1 5 类 IP 地址小结

类别	网络号范围	主机号范围（网络）	备注
A	0 ~ 127	0.0.0 ~ 255.255.255	—
B	128.0 ~ 191.255	0.0 ~ 255.255	—
C	192.0.0 ~ 223.255.255	0 ~ 255	—
D	224.0.0.0 ~ 239.255.255.255 （不区分网络号与主机号）		组播地址
E	240.0.0.0 ~ 255.255.255.255 （不区分网络号与主机号）		保留地址

其中，E 类地址主要是保留为 Internet 的试验和开发使用。D 类地址是组播地址，也称为多播地址（Multicast Address）。无论是 E 类还是 D 类地址，都没有像 A、B、C 这 3 类地址那样将地址分为两部分：网络地址和主机地址。

这与 IP 地址的分配相关。抛开保留地址（E 类）不谈，对于组播地址，IANA 其实也有分配原则，不过它的分配都是针对一个一个的地址进行分配，并不是成块分配。对于 A、B、C 这 3 类地址，它们本质上就是主机的 IP 地址（含广播地址，下文会介绍，这里可以暂时忽略"广播地址"这一概念）。对于主机的 IP 地址，前文说过 IANA 实际上是"成块"批发的。既然是"成块"批发，那么"一块"包含多少个 IP 地址呢？于是 IANA 就将其进行了分类，对于每个类别，其中的"一块"所包含的 IP 地址数量不同。

A、B、C 三类 IP 地址的本质是一样的，仅仅是对于每个类别，其中的"一块"所包含的 IP 地址数量不同。这里的"一块"，就是 IANA 所定义的网络号。例如，对于 A 类地址，假设其网络号是 100，那么这"一块"所包含的 IP 地址数就是 0.0.0 ~ 255.255.255，一共 2^{24}（16777216）个。

对于 A 类地址，其每块都包含 2^{24}（16777216）个 IP 地址；对于 B 类地址，其每块都包含 2^{16}（65536）个 IP 地址；对于 C 类地址，其每块都包含 2^{8}（256）个 IP 地址。那么，为什么要做如此区分呢？

这个问题其实又包含两个问题。

①为什么要将一个 IP 地址分为两部分，即网络号和主机号？

②为什么要将网络号分为 3 类？

问题①涉及路由器的路由表大小的问题。问题②涉及历史问题，这里的历史问题指的是当时的设计者是如何考虑的，这个现在无从考究，这里猜测可能是为了兼顾效率和利用率。

效率是指"一块"的容量不能太小，否则分配和管理太麻烦；而"一块"的容量太大，则有很大的浪费。假设"一块"的地址数量都是 16777216（约 1600 万）个，而一个企业只需要 100 个 IP 地址，如果把这"一块"地址都分配给该企业，那么这"一块"地址几乎等于全浪费掉。

我们看到，即使把 IP 地址分为 A、B、C 这 3 类，其使用效率在某种场景下仍然不是很高。例如，一个企业需要 300 个 IP，无论是给其分配两个 C 类地址还是给其分配一个 B 类地址，其使用效率都不高。前者只有 60%，后者甚至只有 0.46%。于是这就衍生出了子网（Subnet）的概念。

3.2.2 子网

首先必须说明，子网概念的提出及在实际场景中的应用绝不仅仅是为了 IP 地址分配的利用率，它还有其他用处，如广播抑制、更加灵活的组网等。这些用途会在后面章节中不同程度地涉及。所以，本小节不专门强调"IP 地址分配的利用率"这一目的，而是着重介绍子网概念。

我们知道，一个（主机的）IP 地址分为两部分，即网络号和主机号，其中网络号可以将不同的主机划分到不同的网络，如图 3-11 所示。

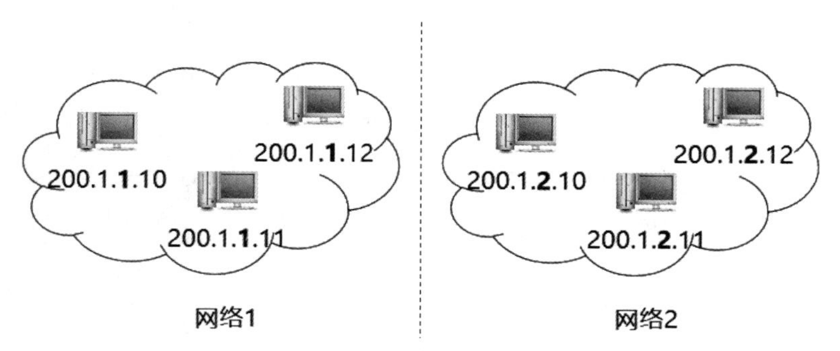

图 3-11 两个不同的网络

图 3-11 描述的是两个 C 类网络，网络 1 的网络号是 200.1.1.0，网络 2 的网络号是 200.1.2.0。如果需要把一个 A/B/C 类网络再进行细分呢？例如，把图 3-11 中的网络 1 再划分为多个子网络，该如何划分呢？这就要从子网掩码（Subnet Mask）说起。

子网掩码有时也称为网络掩码，这是因为网络在没有划分为子网之前也有掩码这一概念（下文不再区分子网掩码和网络掩码在细节上的不同）。

子网掩码直观上的意义是为了“计算”出或“标识”出一个 IP 地址的网络号，如图 3-12 所示。

从图 3-12 可以看到，子网掩码的取值规则如下。

①一共是 32 位。

②主机号所对应的位取值为 0。

③网络号（含前缀）所对应的位取值为 1。

所以，A 类网络的掩码是 255.0.0.0，B 类网络的掩码是 255.255.0.0，C 类网络的掩码是 255.255.255.0。

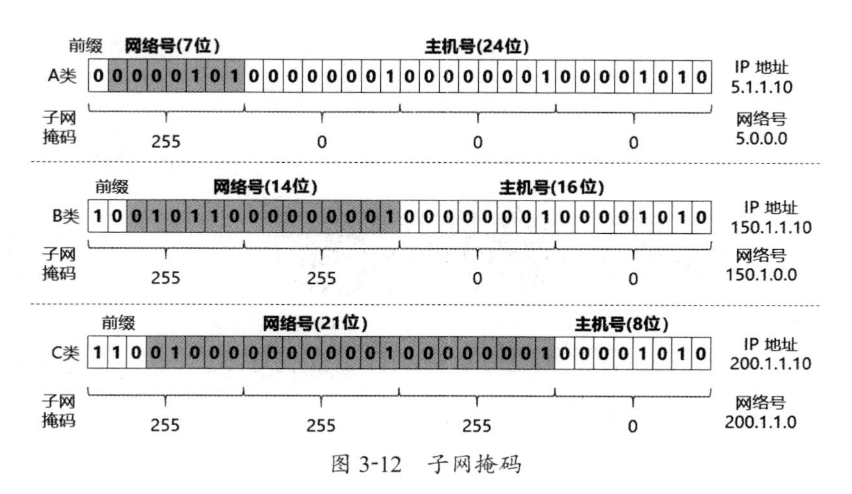

图 3-12 子网掩码

对于一个 IP 地址，为了能更好地标识它的网络号和主机号，会采取“IP 地址 空格 子网掩码”这样的表示方法，例如，200.1.1.10，表示如下：

200.1.1.10　55.255.255.0

也可以这样表示：IP 地址 / 子网掩码长度（位数）。例如，200.1.1.10，表示如下：

200.1.1.10/24

当然，如果只考虑 A、B、C 这 3 类网络，这样会显得有点多余，因为无论是否标识子网掩码（或者子网掩码长度），这些都是已经明确定义了的。只有在将一个网络再划分为多个子网时，这样的表示方法才有实际意义。

将一个网络再划分为多个子网，最简单最直接的理解，就是“网络号”从“主机号”那里“借”几位，组成新的网络号，如图 3-13 所示。

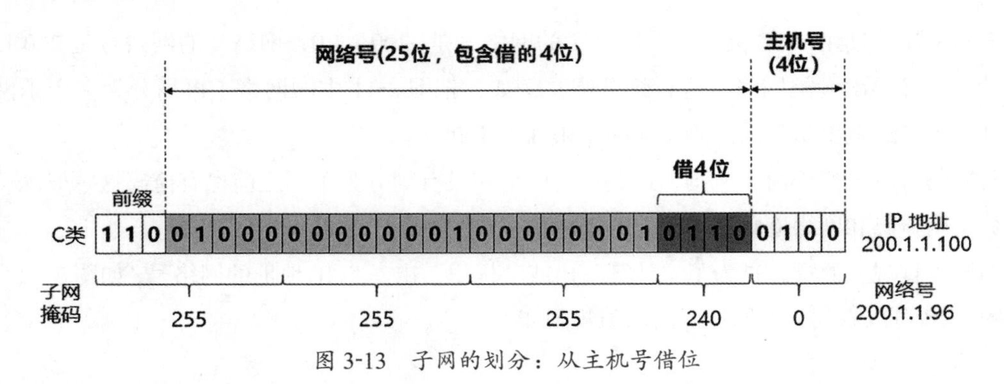

图 3-13　子网的划分：从主机号借位

图 3-13 中，IP 地址 200.1.1.100 本来是一个 C 类地址，但是由于子网的划分，网络号从主机号借了 4 位，这样网络号就变成了 28 位，所以子网掩码就变成 255.255.255.240，相应地网络号也就变成 200.1.1.96。

那么子网掩码和网络号是如何计算的呢？如图 3-14 所示。子网掩码的计算方法如前文所述，只是加上了从主机号所借的 4 位，这样子网掩码就变成 255.255.255.240。而网络号的计算方法，就是 IP 地址与子网掩码进行“与”运算，这样就得到了 200.1.1.96。

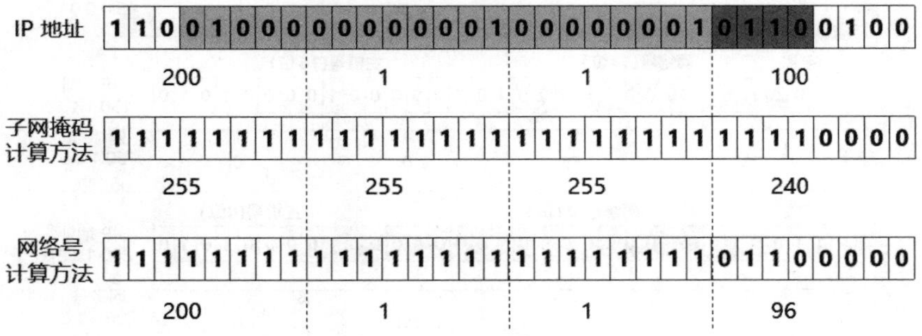

IP 地址　1 1 0 0 1 0 0 0 | 0 0 0 0 0 0 0 1 | 0 0 0 0 0 0 0 1 | 0 1 1 0 0 1 0 0

200　1　1　100

子网掩码计算方法　1 1 1 1 1 1 1 1 | 1 1 1 1 1 1 1 1 | 1 1 1 1 1 1 1 1 | 1 1 1 1 0 0 0 0

255　255　255　240

网络号计算方法　1 1 1 1 1 1 1 1 | 1 1 1 1 1 1 1 1 | 1 1 1 1 1 1 1 1 | 0 1 1 0 0 0 0 0

200　1　1　96

图 3-14　子网掩码和网络号计算方法

下面再来看一个例子：传统 C 类 IP 地址 200.1.1.10、200.1.1.100、200.1.1.200 在子网掩码为 255.255.255.240 的划分下，属于几个子网？按照上述方法，3 个 IP 地址的网络号计算结果如表 3-2 所示。

表 3-2　网络号计算结果

IP 地址	网络号
200.1.1.10	200.1.1.0
200.1.1.100	200.1.1.96
200.1.1.200	200.1.1.192

通过表 3-2 可以看到，这 3 个原本属于一个网络（200.1.1.0）的 IP，现在属于 3 个网络，或者说属于 3 个子网。

通过以上的描述可知，子网就是将 A、B、C 这 3 类网络通过从主机号再借用一个或多个位，从而组成新的网络号，这些新的网络号即原来网络的子网络，简称子网。由于 A、B、C 这 3 类网络的网络掩码是固定长度（长度分别是 8、16、32）的，而子网的掩码却是变长的，因此这种子网掩码也被称为可变长子网掩码（Variable Length Subnet Mask，VLSM）。

3.2.3 私网 IP

A、B、C 三类 IP 地址又可以分为公网 IP 和私网 IP。公网 IP 相当于 Internet 上的门牌号码，必须全球唯一；而私网 IP 并不需要连接 Internet，只是自己内部的私有网络地址。所以，私网上运行的主机（及路由器）并不需要公网 IP，更不需要全球唯一，如图 3-15 所示。

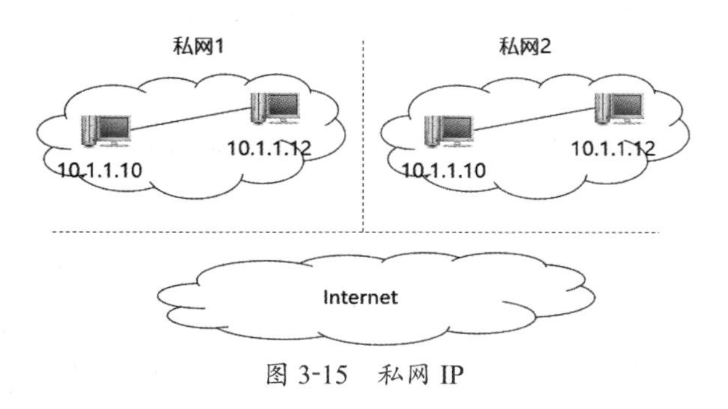

图 3-15　私网 IP

图 3-15 中，私网 1 与私网 2 相当于两个网络孤岛，它们不与其他网络连接，更不会与 Internet 连接。两个私网分别都有 10.1.1.10、10.1.1.12 两个 IP 地址——因为分属两个私网，所以它们即使重复也没有关系。IANA 规定了如下 IP 地址为私网 IP。

① A 类地址：10.0.0.0 ~ 10.255.255.255。

② B 类地址：172.16.0.0 ~ 172.31.255.255。

③ C 类地址：192.168.0.0 ~ 192.168.255.255。

利用私网 IP 可以做到网络安全隔离，私网 IP 也经常应用在解决 IPv4 地址枯竭的方案中。这里不详细讨论这些具体的问题，而是看私网 IP 的一个通用场景：私网 IP 需要与 Internet 进行通信，如图 3-16 所示。一个私网 IP（10.1.1.10）需要与 Internet 上的一个公网 IP（200.1.1.10）进行通信，这时就会要用到 NAT（Network Address Translation，网络地址转换）。

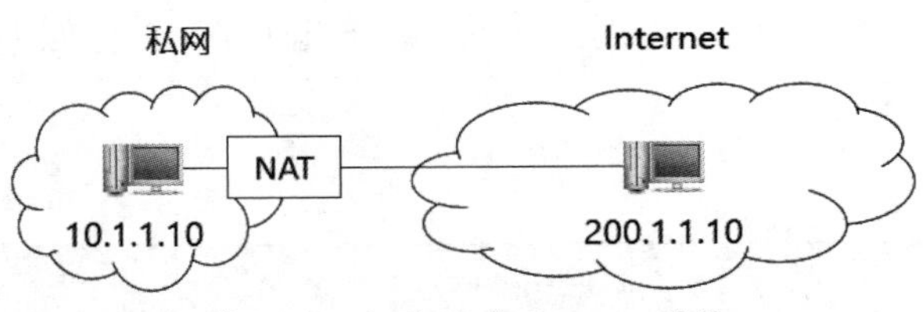

图 3-16　私网 IP 与 Internet 通信

NAT 就是从一个 IP 地址转换为另一个 IP 地址。当然，NAT 基本做的还是公网地址与私网地址的互相转换（如果一定要在公网地址之间互相转换，或者私网地址之间互相转换，技术是支持的，只是这样的场景非常少）。

从实现技术角度来说，NAT 分为静态 NAT、动态 NAT 和端口多路复用 3 种方案；从 NAT 的源头来说，NAT 又分为 SNAT（Source Network Address Translation，源地址转换）和 DNAT（Destination Network Address Translation，目的地址转换）两种情形。下面分别讲述。

1. 静态 NAT

静态 NAT（Static NAT）有两个特征，如图 3-17 所示。

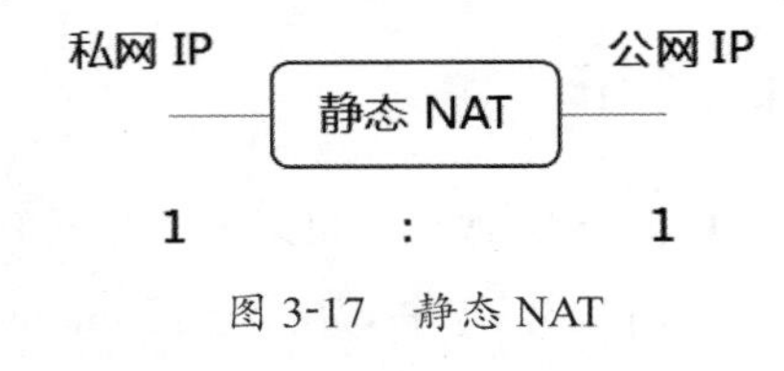

图 3-17　静态 NAT

①私网 IP 地址与公网 IP 地址的转换规则是静态指定的。例如，10.10.10.1 与 50.0.0.1 互相转换，这个是静态指定好的。

②私网 IP 地址与公网 IP 地址是 1 ∶ 1，即一个私网 IP 地址对应一个公网 IP 地址。

2. 动态 NAT

一般情况下，当公网 IP 比私网 IP 地址少时，会用到动态 NAT（Dynamic NAT）方案。如果公网 IP 地址比私网 IP 地址多（或者相等），则用静态 NAT 即可。

动态 NAT 是指私网 IP 与公网 IP 地址之间不是固定的转换关系，而是在 IP 报文处理过程中由 NAT 模块进行动态匹配。虽然公网 IP 比私网 IP 地址少，但是同时在线的私网 IP 的数量不能大于公网 IP 数量，否则某些私网 IP 将得不到正确的转换，从而网络通信失败。

动态 NAT 有 3 个特征，如图 3-18 所示。

图 3-18　动态 NAT

①私网与公网 IP 地址之间不是固定匹配转换，是变化的。

②两者之间的转换规则不是静态指定的，是动态匹配的。

③私网 IP 地址与公网 IP 地址之间是 m ： n，一般 $m < n$。

3. 端口多路复用

如果私网 IP 地址有多个，而公网 IP 地址只有一个，此时就需要用到端口多路复用。多个私网 IP 映射到同一个公网 IP，但是不同的私网 IP 利用端口号进行区分，这里的端口号指 TCP/UDP 端口号，所以端口多路复用又称为 PAT（Port Address Translation）。

端口多路复用的特征如图 3-19 所示。

①私网 IP ：公网 IP = m ： 1。

②以公网 IP + 端口号来区分私网 IP。

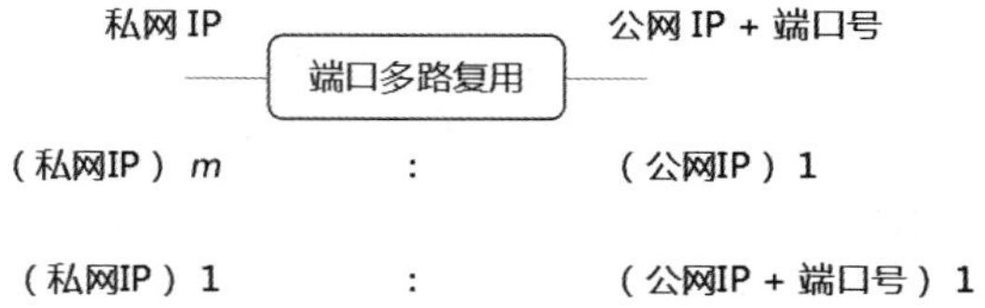

私网 IP　　端口多路复用　　公网 IP + 端口号

（私网IP）m　　:　　（公网IP）1

（私网IP）1　　:　　（公网IP + 端口号）1

图 3-19　端口多路复用

4. SNAT/DNAT

SNAT 是 Source Network Address Translation 的缩写，源地址转换的意思；DNAT 是 Destination Network Address Translation 的缩写，目的地址转换的意思。要区分 DNAT 和 SNAT 这两个功能，可以根据连接发起者是谁来判断。

内部地址要访问公网上的服务时（如 Web 访问），内部地址会主动发起连接，由路由器或防火墙上的网关对内部地址进行地址转换，将内部地址的私有 IP 转换为公网的公有 IP。网关的这个地址转换称为 SNAT，主要用于内部共享 IP 访问外部。

当内部需要提供对外服务时（如对外发布 Web 网站），外部地址发起主动连接，由路由器或防火墙上的网关接收这个连接，然后将连接转换到内部。此过程是由带有公网 IP 的网关替代内部服务来接收外部的连接，然后在内部进行地址转换，此转换称为 DNAT，主要用于内部服务对外发布。

3.2.4 环回 IP

说到环回 IP（地址），首先得说环回接口。而说到环回接口，首先得从物理接口说起。路由器、主机等都有多个（或一个）物理接口。日常生活中，PC 的网口（网卡接口）就是物理接口，如图 3-20 所示。

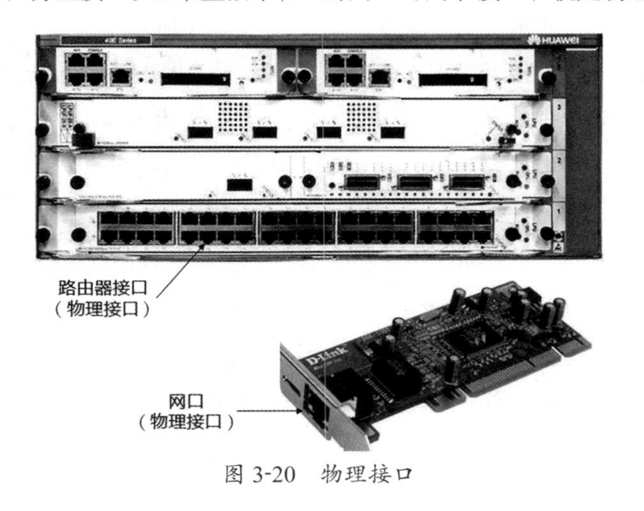

图 3-20　物理接口

在物理接口的基础上，可以虚拟出多个子接口，这些子接口也称为虚拟接口或逻辑接口。子接口的一个典型应用就是 VLAN 子接口。假设一个 VLAN 对应一个物理接口，当 VLAN 数量过多时，显然物理接口会不够用；而如果一个物理接口可以虚拟出多个子接口，每个子接口对应一个 VLAN，就能很好地解决此问题了。

物理接口和子接口之间的关系是“一损俱损”的关系，即如果物理接口的状态是去激活的，那么它所有的子接口状态也是去激活的。当然，如果物理接口是激活的，那么它的子接口可以独立地是激活或去激活，子接口之间彼此不受影响，也不会影响到物理接口。

环回接口也是一种逻辑接口（虚拟接口），但是它并不是从物理接口虚拟出来的。而是从 CPU 虚拟出来的，即系统（路由器或主机）不依赖于任何物理接口，而是自己虚拟出一个（或多个）接口。

这样做的好处是，只要系统是激活的，环回接口就是激活的。环回接口这种高稳定性，使其有很多应用场景，如可以作为 OSPF 的 Router ID 等。

给环回接口配置的 IP 地址就称为环回 IP。一般来说，为了节约 IP 资源，一个环回接口只配置一个 IP 地址，或者说环回接口的 IP 地址的网络掩码是 255.255.255.255。

IANA 规定，将 127.0.0.0 ~ 127.255.255.255 作为环回地址，不过要排除两个地址：127.0.0.0 表示网络地址，需要排除；127.255.255.255 表示广播地址，需要排除。

关于环回地址，有几点需要澄清。

① 习惯上把 127.0.0.1 作为环回地址，实际上 127.*.*.*（排除两个地址 :127.0.0.0 和 127.255.255.255）都是环回地址。

② 127.*.*.* 是环回地址，但是环回地址不一定都是 127.*.*.*（这一点非常重要），也可以设置其他的 IP 地址为环回地址。

由于环回接口的特征（不依赖于任何物理接口，而是系统自己虚拟出的接口），其 IP 报文的发送和接收与其他接口也有所不同。

目的地址是环回地址的 IP 报文发送流程示意，如图 3-21 所示。

①对于粗线部分，当一个 IP 报文要发送时，如果目的 IP 是环回地址（接收者是自己），那么该报文不会经过网卡，而是直接放入 IP 报文输入队列（最终由 IP 报文输入函数处理）。针对本小节（环回 IP）而言，至此内容其实已经表达完毕，下面几点已超出本小节的内容，读者可选择性阅读。

②如果目的 IP 不是环回地址，那么报文会到达以太网驱动程序，从物理上来说，即到达网卡。从软件架构上来说，以太网驱动程序和环回驱动程序是并列的，对于上层（TCP/IP 协议栈）而言，它们是透明的，只是由驱动选择模块选择合适的驱动。

③以太网驱动程序的处理：首先判断目的 IP 是不是广播 / 组播地址，如果是，那么它首先会将报文复制一份放入 IP 报文输入队列，然后发送出去。因为根据广播 / 组播协议，发往广播 / 组播

的报文也必须发给自己一份。图 3-21 中的 Y1、Y2 表达的意思相同，只是为了看起来好理解，才画成了两个分支（其实是一个分支）。

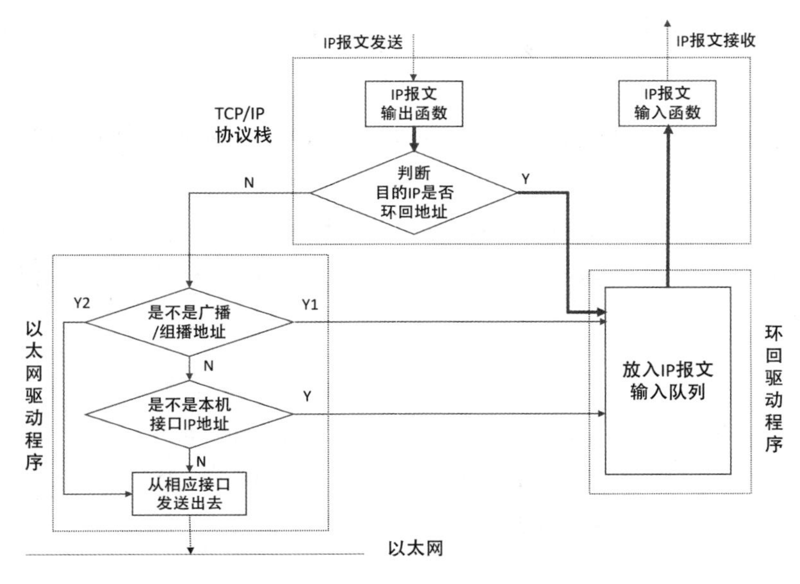

图 3-21　IP 报文的发送

④以太网驱动程序的处理：判断目的 IP 是不是本机接口的 IP 地址。如果是，那么也不必发出去，而是将报文放入 IP 报文输入队列。

⑤以太网驱动程序的处理：如果报文的目的 IP 并不是本机接口的 IP 地址，那么它会将该报文通过相应的接口发送出去。

⑥常规的简单排障定位手段：如果 ping 环回地址（如 127.0.0.1）是通的，那只能说明系统的 TCP/IP 协议栈是好的，并不能说明网卡是好的（因为报文根本没有经过网卡）；如果 ping 本机某一个接口的 IP 是通的，那既能说明系统的 TCP/IP 协议栈是好的，也能说明相应的网卡是好的。

对于目的地址是环回地址的 IP 报文，接收的示意如图 3-22 所示。

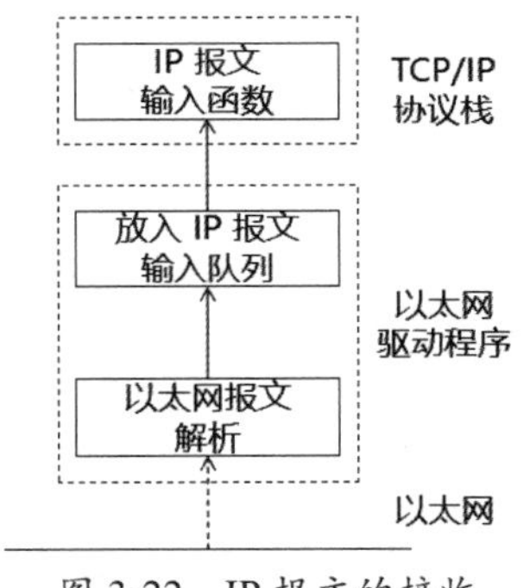

图 3-22　IP 报文的接收

①环回接口的状态与物理接口无关，即使所有物理接口都是 Down 的，只要系统不 Down，那么环回接口的状态就是 Up 的。

②但是，环回接口与外界某个 IP（记为 IP_A）通信，总要通过物理接口。假设一个系统有 100 个物理接口，只要有一个物理接口是 Up 的，并且该接口与 IP_A 的路由是通的，那么环回接口就能与 IP_A 通信。从这一点来说，环回接口确实有很强的稳定性。

3.2.5 单播、广播、组播

IP 网络数据传输方式有 3 种：单播（Unicast）、广播（Broadcast）、组播（Multicast，也称为多播）。对应到 IP 地址，单播和广播都属于 A、B、C 类 IP 地址，组播属于 D 类 IP 地址。

1. 单播

单播比较简单，就是点对点通信，是 IP 网络非常常见的一种通信方式。例如，上网浏览新闻就是单播通信。

既然是点对点通信，通信双方的 IP 地址就是明确的，即一个“点”有一个明确的 IP 地址。而 A、B、C 类 IP 地址的本意就是要“明确”，一个 IP 地址代表一个主机，而且必须全网唯一（无论是 Internet 还是内部私网）。

2. 广播

我们知道，A、B、C 三类 IP 地址由两部分组成：网络号和主机号。

如果主机号全为 0，则该 IP 代表网络地址，如 200.1.1.0（255.255.255.0），代表的是一个 C 类 IP 的网络地址。所以，主机号全为 0 的 IP 是不能分配给主机的。

主机号全为 1 的 IP 也不能分配给一个主机，因为它代表的是“广播”。换句话说，如果一个报文的目的 IP 的主机号全为 1，那么该网络内的所有主机都是报文的接收者。

然而，如果目的 IP 是 255.255.255.255，是不是发送给网络上所有的主机？其实并非如此，因为发送给网络上所有主机的话，网络可能会瘫痪。

为了防止网络瘫痪，对于目的地址是 255.255.255.255 的报文，实际上只能在本地网络广播，路由器并不会将其转发到其他网络中，如图 3-23 所示。

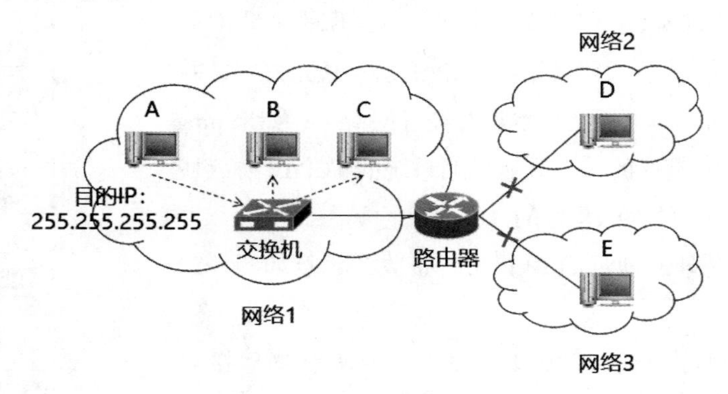

图 3-23　255.255.255.255

路由器不会转发目的地址是 255.255.255.255 的广播报文，但是会转发其他“正常”的广播报文，即“某一个网络号 ＋ 主机号全 1”的广播报文，如图 3-24 所示。对于“正常”的广播报文，路由器会正确转发到对应的网络。

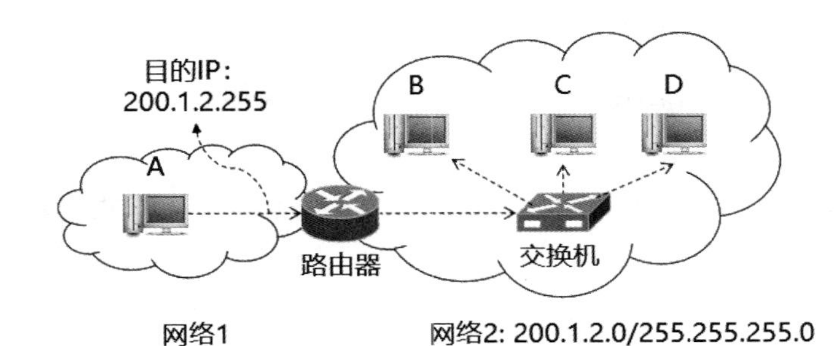

图 3-24 “正常”的广播报文

针对子网也一样有广播报文，只是这里的网络号是子网的网络号（主机号仍为全 1）。如图 3-25 所示，子网是 200.1.1.96/255.255.255.240，那么其对应的广播地址就是 200.1.1.111。

综上所述，我们将广播地址总结为表 3-3 所示。

网络号 | 主机号

1 1 1 1 1 1 1 1 1 1 1 1 1 1 1 1 1 1 1 1 1 1 1 1 0 1 1 0 1 1 1 1

网络号 200.1.1.96: 200 | 1 | 1 | 96

广播地址 200.1.1.111: 200 | 1 | 1 | 111

图 3-25 子网的广播 IP

表 3-3 广播地址的总结

<table>
<tr><th>网络号</th><th>子网号</th><th>主机号</th><th>说明</th></tr>
<tr><td>全 1</td><td>无
（不涉及）</td><td>全 1</td><td>受限的广播地址，不会被路由器转发，只能在本地网络中广播</td></tr>
<tr><td rowspan="3">某一具体
网络 ID</td><td>无
（不涉及）</td><td>全 1</td><td>广播到该网络内所有主机，路由器可以转发（如果需要）</td></tr>
<tr><td>某一具体的
子网 ID</td><td>全 1</td><td>广播到该子网内所有主机，路由器可以转发（如果需要）</td></tr>
<tr><td>全 1</td><td>全 1</td><td>广播到该网络内所有子网的所有主机，路由器可以转发（如果需要）</td></tr>
</table>

表 3-3 的第 2 行和第 4 行是广播到该网络内的所有主机，第 2 行面对的是传统的 A、B、C 三类网络的场景，第 4 行面对的是进一步划分子网的场景（变长掩码）。

3. 组播

单播是点对点传输，广播是点到一个网络（子网）内所有点的传输，不过还有一种场景，既不满足单播，也不满足广播，如视频会议。

大家在同一个网络，该网络中还有其他人不需要参加视频会议，那么怎么样才能让需要的人接收视频会议，不需要的就不接收呢？

为了解决多数人视频会议的这些问题，IP 提出了组播解决方案。组播也是一个非常复杂的体系，这里只简单介绍组播 IP。

IANA 把 D 类地址空间分配给 IP 组播，其范围是 224.0.0.0 ~ 239.255.255.255。对于这些 IP 范围，IANA 又将其做了进一步细分，如表 3-4 所示。

表 3-4　组播地址的分类

分类	范围	备注
Local Network Control Block	224.0.0.0–224.0.0.255	224.0.0.0（保留）
Internetwork Control Block	224.0.1.0–224.0.1.255	—
AD–HOC Block I	224.0.2.0–224.0.255.255	—
RESERVED	224.1.0.0–224.1.255.255	—
SDP/SAP Block	224.2.0.0–224.2.255.255	—
AD–HOC Block II	224.3.0.0–224.4.255.255	—
RESERVED	224.5.0.0–224.251.255.255	—
DIS Transient Groups	224.252.0.0–224.255.255.255	—
RESERVED	225.0.0.0–231.255.255.255	—
Source–Specific Multicast Block	232.0.0.0–232.255.255.255	—
GLOP Block	233.0.0.0–233.251.255.255	—
AD–HOC Block III	233.252.0.0–233.255.255.255	—
Unicast–Prefix–based IPv4 Multicast Addresses	234.0.0.0–234.255.255.255	—
Scoped Multicast Ranges	235.0.0.0–239.255.255.255	① 235.0.0.0–238.255.255.255, Reserved ② 239.0.0.0–239.255.255.255, Organization–Local Scope

4. 三种传输方式的区别

关于单播、广播和组播这 3 种传输方式，从带宽消耗的角度来看，它们之间的区别本质在于数据的“复制点”。

（1）单播

单播的传输方式如图 3-26 所示。假设 A 要发送同样的数据到 B、C、D，从图中可以看到，A 实际上是循环 3 次，每次都是单播，分别单播发送到 B、C、D。从数据复制的角度来看，单播如果要发送到多个目的地，其在发送源就开始复制，有多少个目的地主机就需要复制多少份数据。

（2）广播

广播的传输方式如图 3-27 所示。假设 A 要发送同样的报文到 B、C、D，从图中可以看到，A 实际上发送一个广播报文即可。从数据复制的角度来看，广播如果要发送到多个目的地，其在目的地网络才开始复制，有多少个目的地主机就需要复制多少份数据。需要强调以下两点。

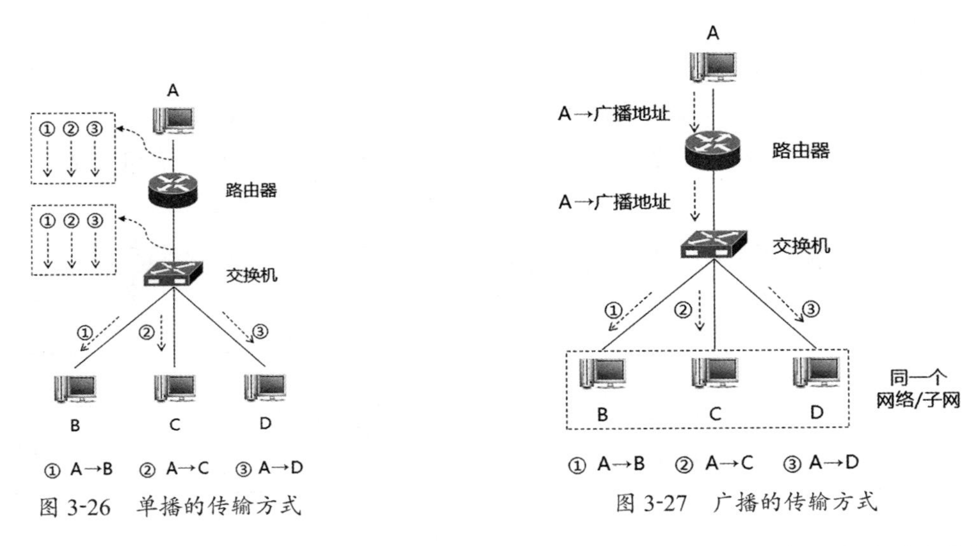

图 3-26　单播的传输方式　　图 3-27　广播的传输方式

①广播的目的地只能是一个网络（子网），因为 IP 报文的目的 IP 只有一个（无论是单播还是广播）。

②该目的地网络内的所有主机都会接收到 A 发送过来的报文。

（3）组播

组播的传输方式如图 3-28 所示。

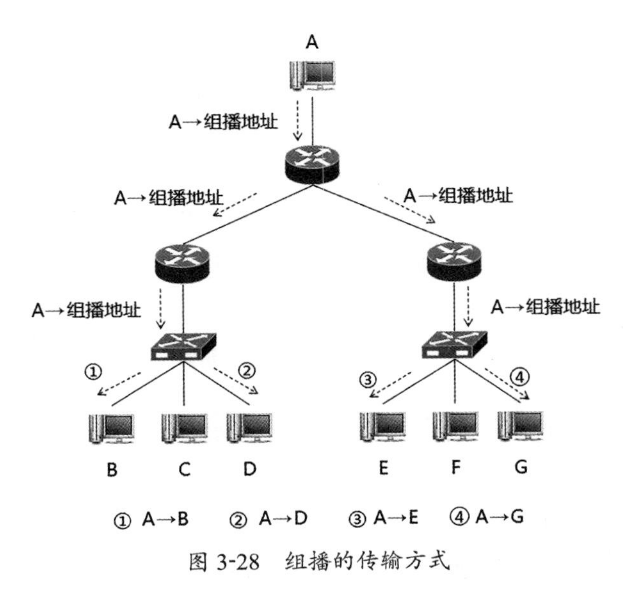

图 3-28　组播的传输方式

假设 A 要发送同样的报文到属于同一组播组的 B、D、E、G，通过图 3-28 可以看到，A 实际上发送一个组播报文即可。从数据复制的角度来看，组播如果要发送到多个目的地，其在中间的转发网络（路由器）及目的地网络都需要复制，有多少个目的网络就需要复制多少份数据，同时有多少个目的地主机还需要再复制多少份数据。需要强调以下两点。

①组播的目的地可以是多个网络（子网），因为 IP 报文的目的 IP 是组播 IP，加入该组播的主机可以分属多个网络（子网）。

②目的地网络内的主机只有加入了组播组，才会接收到 A 发送过来的报文。

综上所述，我们将 3 种传输方式进行总结（假设需要发送同样的数据给多个主机），如表 3-5 所示。

表 3-5　3 种传输方式总结（发送同样的数据给多个主机）

类型	复制点	复制数量	目的地
单播	源头	目的主机数量	可以多个网络（子网）
广播	目的网络	目的网络内所有主机的数量	只能是 1 个网络（子网）
组播	中间网络 目的网络	目的网络的数量 + 目的网络内属于同一组播组的主机的数量	可以多个网络（子网）

3.3 IP 报文格式

任何一层报文都可以抽象为两部分：报文头 Header 和报文数据 Data，如图 3-29 所示。

报文头	报文数据

图 3-29　报文的抽象

对于网络协议来说，报文头是最重要的，因为它表达了协议的特征，协议的具体行为都需要依据报文头来确定；而报文数据对于协议来说仅仅是一个“透明”传输。所以，平常说的“报文格式”其实指的就是“报文头格式”。

说明：对于有些协议来说，数据对于其来说并不完全透明，可以参考“2.1.2　透明传输”。

3.3.1 IP 报文格式综述

IP 报文格式如图 3-30 所示。

“我是谁？我从哪里来？我要到哪里去？”,IP像个哲学家一样，也在思考着人生的“终极三问”。

对于“我从哪里来？我要到哪里去？”，IP 报文的回答分别是源 IP 地址（Source Address）、目的 IP 地址（Destination Address），如图 3-31 所示。

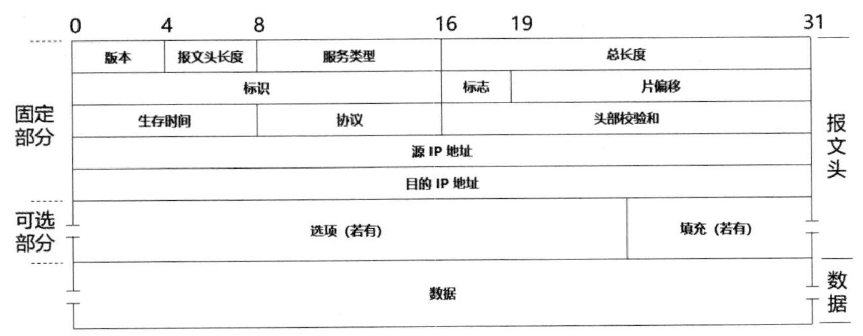

图 3-30 IP 报文格式

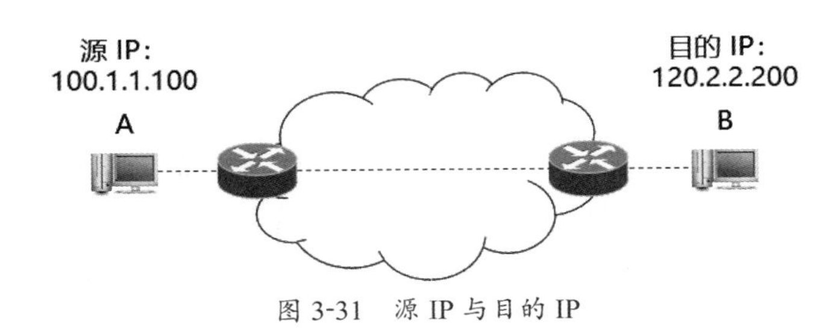

图 3-31 源 IP 与目的 IP

对于“我从哪里来？我要到哪里去？”这个问题，IP 报文比较好回答。但是对于“我是谁？”这个问题，IP 报文则难以回答。IP 报文也只能尽量表达自己的各种特征，即 IP 报文头的其他字段，如表 3-6 所示。

表 3-6 IP 报文头的各个字段

字段名（中文）	字段名（英文）	长度 /bit	备注
版本	Version	4	固定报文头，总长度 20 字节（160bit）
报文头长度	IHL（Internet Header Length）	4	
服务类型	ToS（Type of Service）	8	
总长度	Total Length	16	
标识	Identification	16	
标志	Flags	3	
片偏移	Fragment Offset	13	
生存时间	TTL（Time to Live）	8	
协议	Protocol	8	
头部校验和	Header Checksum	16	
源 IP 地址	Source Address	32	
目的 IP 地址	Destination Address	32	

续表

字段名（中文）	字段名（英文）	长度 /bit	备注
选项	Options	变长	可选报文头，总长度最大是 40 字节（320bit）
填充	Padding	变长	

3.3.2 几个相对简单的字段

下面讲述 IP 报文头中相对简单的几个字段。

1. 版本

版本字段占用 4bit，其值为 4（0100），表示 IPv4 版本。虽然 IP 有 IPv4 和 IPv6 之分，但是这里的值只能是 4。因为如果是 6（0110），那就代表 IPv6，但是 IPv6 与 IPv4 的报文结构并不相同。也就是说，如果其值等于 6，那就是错的。

2. 报文头长度

报文头长度字段占用 4bit，表示整个 IP 报文头的长度（包括固定报文头和可选报文头）。它的单位是 4 字节，即如果 IHL = 8，那么 IP 报文头的长度就是 32 字节（8×4）。因为 IHL 只占用 4bit，它的最大值是 15，所以 IP 报文头的最大长度是 60 字节。而固定报文头占用了 20 字节，所以可选报文头的最大长度是 40 字节。

3. 总长度

总长度字段表示报文的总长度（包括报文头和数据），长度单位是字节（8bit）。因为总长度占有 16bit，总长度字段可以表示最多 65535 字节，但是考虑到最大传输单元（Maximum Transfer Unit，MTU），这就显得不现实。所以即使总长度的表达能力很强，但是 IP 报文仍然需要分片，只要它的报文长度超过 MTU（以太网的 MTU 是 1500 字节）。当 IP 报文分片以后，其实就是多个报文。此时，每一个 IP 报文里的总长度字段表达的都是本报文的总长度，与其他报文无关。

4. 生存时间

从字面上看，生存时间字段表达的是一个 IP 报文在网络上的生存时间（单位是 s），但实际上它表达的是在网络上传输的“跳数”，如图 3-32 所示。

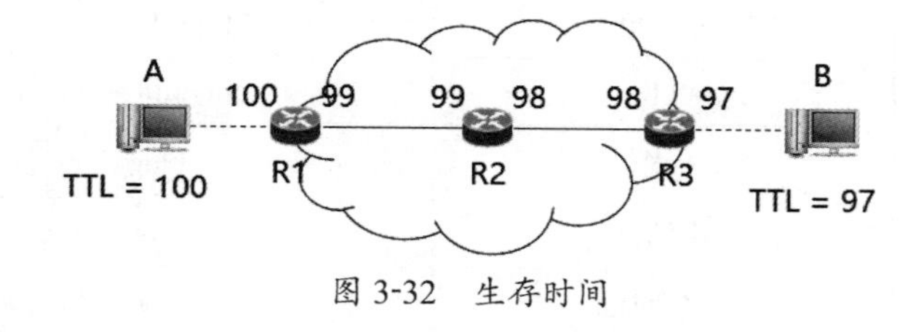

图 3-32　生存时间

IP 报文每经过一个路由器转发，就称为“一跳”，而每经一跳，路由器都会将 IP 报文的 TTL 字段减 1。图 3-32 中，从 A 发出的 IP 报文，其 TTL = 100。该报文经过路由器 R1、R2、R3 的转发最终到达 B，达到 B 时，其 TTL 已经变为 97。

当 TTL = 0 时，即使 IP 报文还没有到达目的地，它也会被丢弃。图 3-32 中，对于目的地是 B 的 IP 报文，在到达 R2 时，TTL = 1，R2 再减去 1，此时 TTL 就会等于 0。R2 发现该报文的 TTL = 0，就会将其丢弃。

TTL 占有 8bit，其最大值是 255，即一个 IP 报文最多会被转发 255 次（如果还没到达目的地，就会被丢弃）。

TTL 的作用就是限制 IP 数据包在计算机网络中的存在时间 —— 网络传输的跳数，这是为了解决循环路由等问题所引发的网络风暴。

5. 协议

协议字段占用 8bit，表示 IP 报文（数据部分）所承载的“高”层协议，如承载 TCP，其协议号就是 6。IP 报文中比较常见的协议号如表 3-7 所示协议号。

表 3-7　IP 报文中常见的协议号

协议号	所承载的协议
1	ICMP
6	TCP
14	Telenet
17	UDP

3.3.3 服务类型

服务类型（Type of Service，ToS）字段标识了该 IP 报文所期望的服务质量（Quality of Service，QoS）。QoS 是一个非常复杂、非常庞大的话题，这里只略做介绍。

当信息在物理层传输时，物理介质并不会在意它是 IP 报文或其他报文，也不会在意 IP 报文中的 ToS 字段。对于物理介质来说，一切都是比特流，因此人类只能提高物理介质的传输速率和传输带宽。

但是，当信息（IP 报文）经过路由器转发时，IP 报文的 ToS 字段却可以影响该路由器的转发行为，从而影响该报文的 QoS，如图 3-33 所示。

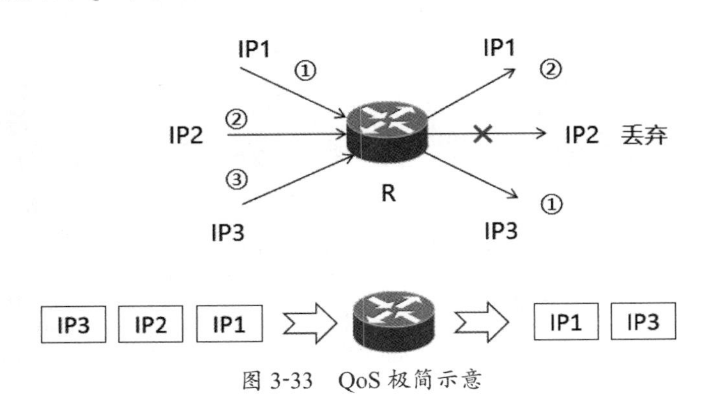

图 3-33　QoS 极简示意

图 3-33 中，IP1、IP2、IP3 三个 IP 报文（在极短的时间内）按照先后顺序分别进入路由器 R 中，但是 R 却优先转发了 IP3，然后转发了 IP1，并且将 IP2 丢弃。路由器的这种行为决定了 IP 报文的 QoS。而路由器之所以这么做，有很多因素，其中一点就是 ToS。

ToS 的字段占用 8bit，这 8bits 有两种使用方法，分别是优先级与 DTRC、差分服务代码点。

1. 优先级与 DTRC

RFC 791 将 ToS 的 8bit 分为两部分：前 3bit 称为优先级（Precedence），后 5bit 按照 RFC 1122 的说法，称为 Type-of-Service 或者 ToS。ToS 各 bit 的含义如图 3-34 所示。

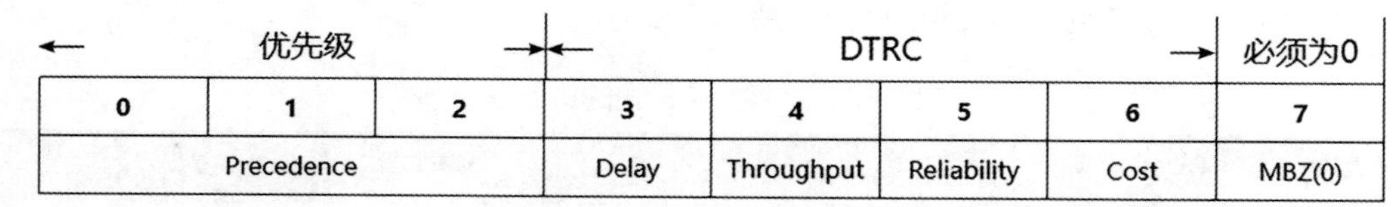

图 3-34　ToS 各比特的含义（1）

图 3-34 的第 7 位 bit 为 MBZ（Must Be Zero），即必须为 0。RFC 791 定义了第 3 ~ 5 位 bits，RFC 1349 又扩展定义了第 6 位 bit。这 4 位 bits 分别代表 Delay、Throughput、Reliability、Cost，即 DTRC。RFC 1349 只定义了 5 个枚举值，如表 3-8 所示。

表 3-8　DTRC 的枚举值

Delay /bit	Throughput /bit	Reliability /bit	Cost /bit	含义
1	0	0	0	minimize delay（最小时延）
0	1	0	0	maximize throughput（最大吞吐量）
0	0	1	0	maximize reliability（最大可靠性）
0	0	0	1	minimize monetary cost（最小代价）
0	0	0	0	normal service（通用服务）

表 3-8 中的第 0 ~ 2 位 bit 表示优先级，其具体含义如表 3-9 所示。

表 3-9　优先级的具体含义

优先级十进制	优先级二进制	含义	对应业务
7	111	Network Control（网络控制）	一般保留给网络控制数据使用，如路由协议
6	110	Internetwork Control（网间控制）	
5	101	Critic（关键）	语音数据使用
4	100	Flash Override（疾速）	由视频会议和视频流使用

续表

优先级十进制	优先级二进制	含义	对应业务
3	011	Flash（闪速）	语音控制数据使用（呼叫信令）
2	010	Immediate（快速）	高优先级数据业务使用
1	001	Priority（优先）	中等优先级数据业务使用
0	000	Routine（普通）	普通数据传送（0为默认标记值）

2. 差分服务代码点

在QoS的具体实施方案中，它实际上并没有采用DTRC。如此一来，ToS的8bit实际上只有3bit有效，一共表达了8个优先级。RFC 2474重新定义了IP报文头中的ToS字段，使用了高6位bit，后2位保留，如图3-35所示。

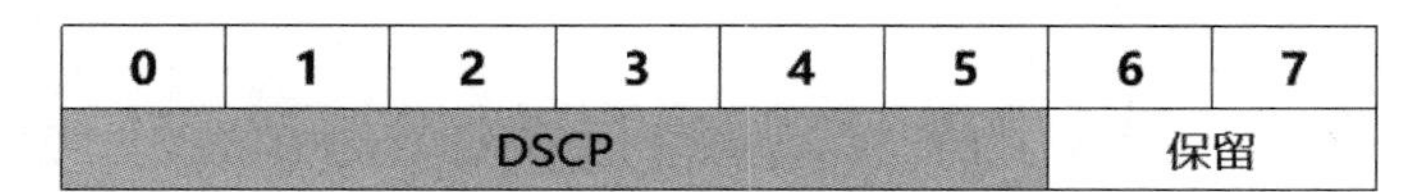

图3-35　ToS各比特的含义（2）

RFC 2474把高6位bit称为差分服务代码点（Differentiated Services Code Point，DSCP）。简单理解，DSCP也表示优先级，由于使用了6bit，因此可以表达64个优先级。

64个优先级是对原来的8个优先级的一种细化，所以它们之间有一定的对应关系，如表3-10所示。

表3-10　优先级与DSCP的对应关系

优先级	DSCP
0	0 ~ 7
1	8 ~ 15
2	16 ~ 23
3	24 ~ 31
4	32 ~ 39
5	40 ~ 47
6	48 ~ 55
7	56 ~ 63

由于 DSCP 优先级有 64 个，数字太多，不好记忆，因此 DSCP 还有另外一种表达方法，方便阅读和理解。DSCP 的数值 0 ~ 63 分为 4 类，如表 3-11 所示。

表 3-11　DSCP 的含义

类别	基本含义	取值规则（二进制）	数值列表（十进制）
Default（BE）	DSCP 的默认值	000 000	0
Class Selector（CS）	类别选择器	aaa 000	8、16、24、32、40、48、56
Assured Forwarding（AF）	保证转发	aaa bb0	10、12、14、18、20、22、26、28、30、34、36、38
Expedited Forwarding（EF）	加速转发	101 110	46

① BE 是 DSCP 的默认值，其值为 0。BE 的作用是尽力而为，在 QoS 的具体实施中，相当于无所作为。

② CS 的取值规则为 aaa 000，前 3 位 bit 的取值与 IP 优先级的含义一致，后 3 位 bit 为 0。可以看到，CS 等价于 IP 优先级。同时也可以把 BE 当作 CS 的一个特例。

③ AF 的取值规则是 aaa bb0，前 3 位 bit 的取值与 IP 优先级的含义一致，但是 3bit 最大取值为 7，目前只用到了 1 ~ 4；后 3 位 bit 为 bb0（最后一位为 0），表示包丢弃规则。可以看到，AF 是 CS（同时也是 IP 优先级）的更进一步的细化。

可以把 8、16、24、32 这几个 CS 值当作 AF 的特例，但一般不把这几个值归为 AF，而是归为 CS。

④ EF 的值是 101 110，其含义为加速转发，也可以看作 IP 优先级为 5，是一个比较高的优先级。

可以看到，DSCP 虽然取值范围是 0 ~ 63，但是实际上只使用了 21 个值。有一个快速理解 DSCP 的方法，如下。

①如果 DSCP 为 0，则为 BE；如果为 46，则为 EF。

②将 DSCP 的值除以 8，其商为服务优先级（对应 IP 优先级）。如果其余数为 0，则为 CS，记作 CSn（n 为商）；如为 24，记作 CS3。

③将 DSCP 的值除以 8，其商为服务优先级（对应 IP 优先级）。如果其余数不为 0，则为 AF；余数为 2、4、6，分别表示丢包优先级为 Low、Middle、High，用数字 1、2、3 表示。其整体记作 AFmn（m 为服务优先级，n 为丢包优先级）。例如，DSCP = 34，记作 AF41。

DSCP 的数值与 IP 优先级，以及其所适用的业务类型如表 3-12 所示。

表 3-12　DSCP 的数值与 IP 优先级以及其所适用的业务类型

DSCP 类别	IP 优先级	DSCP（二进制）	DSCP（十进制）	丢包率	业务类型	说明
BE	0	000 000	0	—	Internet	相对来说，最不重要的业务是 Internet 业务，可以放在 BE 模型来传输
AF11	1	001 010	10	L	Leased Line	AF1 可以承载不是很重要的专线业务，因为专线业务与 IPTV 和 VOICE 相比，IPTV 和 VOICE 是运营商最关键的业务，需要最优先来保证。当然对于面向银行等需要钻石级保证的业务来说，可以安排为 AF4 甚至为 EF
AF12	1	001 100	12	M	Leased Line	
AF13	1	001 110	14	H	Leased Line	
AF21	2	010 010	18	L	IPTV VOD	AF2 可以用来承载 VOD 的流量，相对于直播 VOD 要求实时性不是很强，允许有延迟或缓冲
AF22	2	010 100	20	M	IPTV VOD	
AF23	2	010 110	22	H	IPTV VOD	
AF31	3	011 010	26	L	IPTV Broadcast	AF3 可以用来承载 IPTV 的直播流量，且直播的实时性很强，需要连续性和大吞吐量的保证
AF32	3	011 100	28	M	IPTV Broadcast	
AF33	3	011 110	30	H	IPTV Broadcast	
AF41	4	100 010	34	L	NGN/3G/4G Singaling	AF4 用来承载语音的信令流量。这里的信令是电话的呼叫控制，人们一般可以忍受在接通时等待几秒，但是绝对不能允许在通话时中断，所以语音要优先于信令
AF42	4	100 100	36	M	NGN/3G/4G Singaling	
AF43	4	100 110	38	H	NGN/3G/4G Singaling	
EF	5	101 110	46	—	NGN/3G/4G Voice	EF 用于承载语音的流量，因为语音要求低延迟、低抖动、低丢包率，是仅次于协议报文的最重要的报文
CS6	6	110 000	48	—	Protocol	CS6 和 CS7 默认用于协议报文，如 OSPF 报文、BGP 报文等应该优先保障。因为如果这些报文无法接收，会引起协议中断，而且大多数是厂商硬件队列里最高优先级的报文
CS7	7	111 000	56	—	Protocol	

3.3.4 分片

IP 报文分片源于数据链路层对 MTU 的限制，如果 IP 报文的长度大于 MTU，那么必须进行分片，如图 3-36 所示。

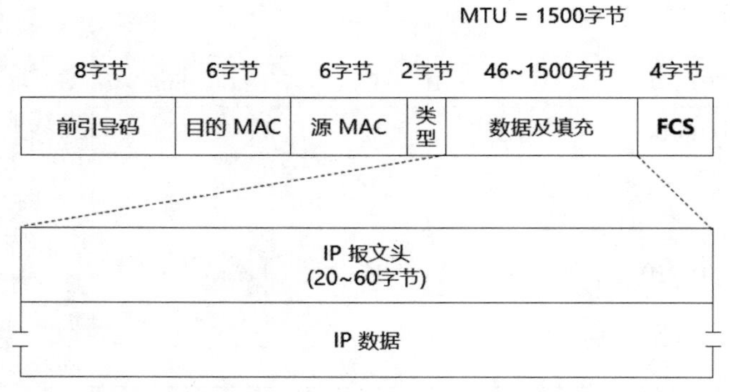

图 3-36　IP 分片的原因

图 3-36 假设数据链路层是以太网，那么其 MTU = 1500 字节。同时为了简化计算，假设 IP 报文头的长度是 20 字节。如果 IP 数据的长度是 2000 字节，那么整个 IP 报文的长度是 2020 字节。因为 2020 字节大于 1500 字节，所以 IP 报文必须要分片。

为了更好地描述，把分片的报文称为 IP 原始报文，分片后的报文称为 IP 分片报文 _i，如图 3-37 所示。

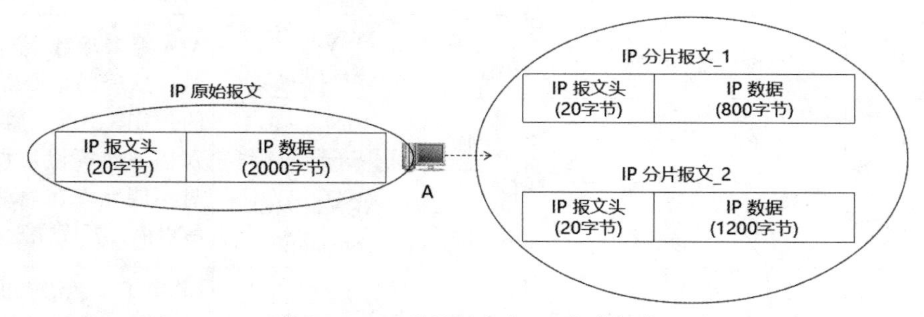

图 3-37　IP 原始报文与 IP 分片报文

图 3-37 中，主机 A 期望发送一个 IP 报文，即图 3-37 中的 IP 原始报文。但是该报文并没有被发送出去，因为它的报文长度（2020 字节）大于 MTU（1500 字节）。

图 3-37 的右半部分，IP 原始报文被分成了两个分片报文，分别称为 IP 分片报文 _1、IP 分片报文 _2。

图 3-37 以一个主机表示了报文分片的所在地，实际上报文分片既可能是报文的源头（报文的源 IP 所在地）分片，也可能是在转发的过程中由路由器进行分片，而且已经分片的报文还有可能被路由器再进一步分片，因为网络上每一段数据链路层的 MTU 大小是不同的，在上一段不需要分片，在下一段则可能需要分片。

当不同分片报文到达目的地（报文的目的 IP 所在地）后，目的（主机）需要也必须将多个分片报文再重新组装为原始报文。需要注意的是，只是目的（主机）负责重组，中间转发的路由器并不负责重组。

IP 报文中，标识分片的有 3 个字段，分别是标识、标志、片偏移。这 3 个字段由报文的分片方（如主机、路由器等）进行赋值，报文的目的（主机）则根据这 3 个字段进行报文的重组。

标识字段占有 16bit，属于同一个原始报文的分片，它们的标识字段的值相同，如图 3-38 所示。

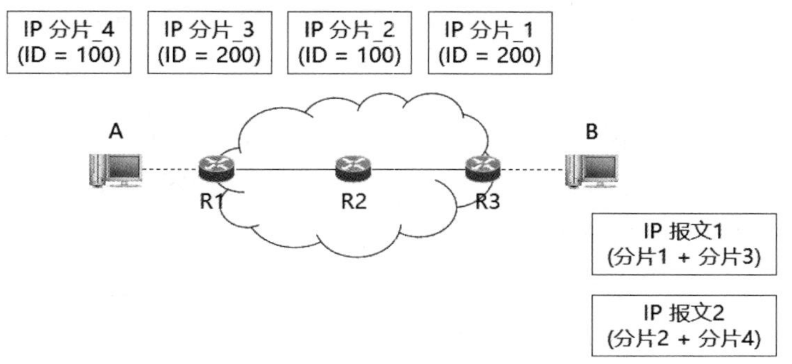

图 3-38　IP 分片的标识字段

图 3-38 中，2 个 IP 报文被 A 分成了 4 个分片。当传输到 B 时，B 会根据分片报文的标识字段将 4 个分片重新组装为 2 个报文。

报文的重组不仅依赖标志字段，还依赖其他两个字段。标志字段占有 3bits，其定义如图 3-39 所示。

0	1	2
0	DF	MF

图 3-39　IP 分片的标志字段

标志字段各 bit 的具体定义如表 3-13 所示。

表 3-13　标志字段各 bit 的具体定义

bit 位	名称	含义
0	保留位，必须为 0	—
1	DF（Don't Fragment）	0 = May Fragment，可以分片 1 = Don't Fragment，不能分片
2	MF（More Fragment）	0 = Last Fragment，最后一个分片 1 = More Fragments，还有更多（其他）分片

一个报文被分成 n 个分片，即使这 n 个分片严格按照先后顺序发送出去，也不能保证它们是按照相同的顺序到达目的。若要能正确重组，此时就需要片偏移字段（占用 13bit）。片偏移字段如图 3-40 所示。

IP 报文头	IP 数据	原始报文
IP 报文头	IP 数据	分片1，IP 数据长度 = L1，FO = 0
IP 报文头	IP 数据	分片2，IP 数据长度 = L2，FO = L1/8
IP 报文头	IP 数据	分片3，IP 数据长度 = L3，FO = (L1 + L2)/8
⋮		⋮
IP 报文头	IP 数据	分片n，IP 数据长度 = L2，FO = (L1 + L2 + … + L*n*−1)/8

图 3-40 IP 分片的片偏移字段

通过图 3-40 可以看到，片偏移字段表示分片报文的数据部分的第 1 个字节距离原始报文的第 1 个字节的偏移量。由于片偏移字段的单位是 8 字节（64bit），因此图 3-40 中的 FO（Fragment Offset）的值等于前面所有分片报文数据长度之和除以 8。

利用标识、标志和片偏移这 3 个字段（还要加上源 IP 地址），报文的接收方就可以将分片的报文重组。但是，为什么数据链路层不对网络层透明，而要网络层感知它的 MTU？

从软件设计的角度来看，一个好的架构应该是“下层向上层提供服务，并且封装自己的细节”，但是从 IP 报文结构来看，并不是如此。这是为什么？

这就要从 TCP/IP 模型说起，如图 3-41 所示。TCP/IP 模型中的网络层以下的协议并不属于 TCP/IP 协议栈，即对于数据链路层，TCP/IP 是借用其他的协议栈，如 Ethernet、Token Ring、FDDI、PPP、X.25、Frame Relay、ATM 等。

	应用层	5
	传输层	4
TCP/IP 协议栈	网络层	3
其他协议栈	数据链路层	2
	物理层	1

图 3-41 TCP/IP 模型

如果是同一协议栈，那么可以按照“理想”来设计，下层对上层提供服务，封装细节。但是数据链路层中，TCP/IP 是借用其他协议，那么它所能做的只能是适配“别人”，而不能要求“别人”。其他数据链路层协议并没有封装 MTU 这个细节，而是暴露给上层，由上层协议自己来适配（报文分片）。

3.3.5 可选项

IP 报文头中除了 20 字节的固定部分外，还可以包括可选项部分（最多 40 字节）。IP 报文头可选项部分（以下简称可选项）包含多种字段，这些字段的数据结构可以分为两大类，如图 3-42 所示。

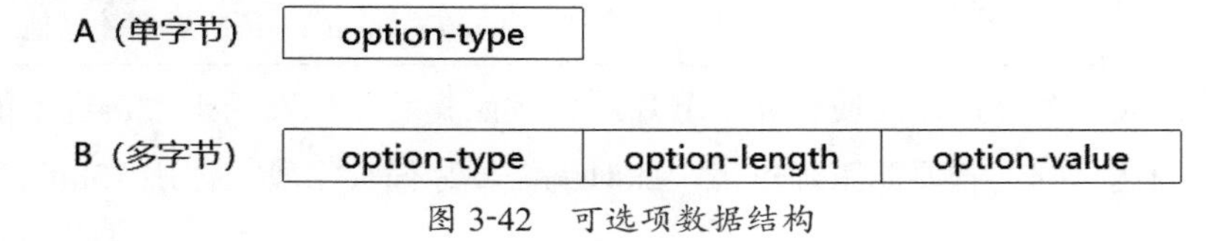

图 3-42 可选项数据结构

第 1 类数据结构就是一个单字节（8bit），只包含 option-type；第 2 类数据结构是多字节，包括 option-type（8bit）、option-length（8bit）、option-value（变长）3 部分，其中 option-length 的单位是字节，包括 option-type、option-length、option-value 三者加在一起的长度。

option-type 字段又细分为 3 部分，如图 3-43 所示。

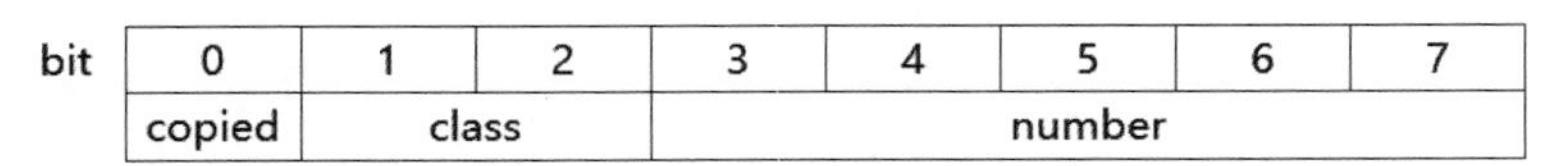

图 3-43　option-type 数据结构

option-type 的第 1 个 bit 是 copied，表示该可选项是否复制到所有的分片中（分片的报文头的可选项部分），如果 IP 报文需要分片。如果其值为 0，则表示不复制；如果为 1，则表示复制。

option-type 的第 2 ~ 3 个 bit 是 class 字段（占用 2bit），表示可选项的类别，如表 3-14 所示。

表 3-14　class 字段描述

class（十进制）	class（二进制）	含义
0	00	控制（control）类别
1	01	保留为将来使用
2	10	调试和测量（debugging and measurement）
3	11	保留为将来使用

option-type 的第 4 ~ 8 个 bit 是 number 字段（占用 5bit），是对 class 的进一步细分。IP 选项的具体定义如表 3-15 所示。

表 3-15　IP 选项的具体定义

class	number	length	简述
0	0	不涉及	End of Option list。只有一个字节（属于图 3-42 中的单字节），无 length、value 字段
0	1	不涉及	No Operation。只有一个字节（属于图 3-42 中的单字节），无 length、value 字段
0	2	11	安全（Security）。用于携带安全、分隔、用户组（TCC）编码或者（美国）国防部安全要求相关的限制代码
0	3	变长	松散源路由（Loose Source Routing）。列出了一个或多个中间目的地址，要求数据包在到达最终目的地址前必须经过这几个中间地址
0	9	变长	严格源路由（Strict Source Routing）。列出了 IP 数据包要经过路径上的每一个路由器，相邻路由器之间不得有中间路由器，并且所经过路由器的顺序不可更改
0	7	变长	路由记录（Record Route）。用来记录 IP 报文所经过的路由器

续表

class	number	length	简述
0	8	4	Stream ID。用于携带流标识符
2	4	变长	Internet Timestamp（时间戳）

表 3-15 中列出的各个 IP 选项的更详细信息超出了本节范围，读者可以参考 RFC 791。这里只介绍 End of Option List 和 No Operation，如表 3-16 所示。

表 3-16　End of Option list 和 No Operation

选项	值（8bit）	说明
End of Option List	00000000	IP 报文头的长度必须是 4 字节（32bit）的整数倍，如果不满足，则须在报文头的最后填充本字段
No Operation	00000001	IP 报文头中的每一个选项的长度必须是 4 字节（32bit）的整数倍，如果不满足，则在该选项后面填充本字段。需要注意的是，最后一个选项是填充 End of Option list

3.3.6 头部校验和

头部校验和字段占用 16bit，其作用是检验 IP 头部（包括固定部分和可选部分）的完整性和正确性。需要强调的是，目前 IP 头部校验和的算法并不是 100% 严谨的。

IP 头部校验和的算法可以简单概括为两个词：求和、反码。更具体地说，对于 IP 报文发送方，其计算校验和的算法如下。

①将校验和字段置为 0。

②对于头部所有字段（包括固定部分和可选部分），将每 16bit 当作一个数字，每个数字进行二进制求和。

③如果和的高 16bit 不为 0，则将和的高 16bit 和低 16bit 反复相加，直到和的高 16bit 为 0，从而获得一个 16bit 的值。

④将该 16bit 的值转为反码，存入校验和字段。

对于 IP 报文的接收方，只需要执行上述算法的步骤②和③，然后再取反如果计算结果为 0，则认为 IP 报文的头部是完整的和正确的。但是，需要强调的是：此时的校验和字段并没有被设置为 0，而是保留原值。

在上述算法中，第③步可能不太好理解，下面举例说明。假设 IP 头部有 20 字节（只有固定部分），按照每 16bit 为一组，其数值（十六进制）如表 3-17 所示。

表 3-17　IP 头部数值

0 ~ 15bit	16 ~ 31bit
4500	0031
89F5	0000
6E06	0000 （头部校验和置为 0）
DEB7	455D
C0A8	00DC

将表 3-17 中的各个数值相加：

4500 + 0031 + 89F5 + 0000 + 6E06 + 0000 + DEB7 + 455D + C0A8 + 00DC = 0003 22C4

可以看到，相加之和（十六进制）为 0003 22C4（记为 X）。因为头部校验和一共只有 16bit，所以 0003 22C4 是不能填入该字段的。将 X 的高 16bit 和低 16bit 继续相加：0003 + 22C4 = 22C7（记为 Y）。因为 Y 已经是 16bit，所以不必再继续。否则，就如上述算法第③步所说，反复相加。

说明：上述算法中的步骤④涉及反码的概念，这里简单介绍。

计算机中的符号数有 3 种表示方法，即原码、反码和补码。它们的编码方法（二进制）如下。

①原码：用第一位表示符号（0 表示正，1 表示负），其余位表示值。

②反码：正数的反码等于其原码；负数的反码的算法是“符号位不变，其余位取反”。

③补码：正数的补码等于其原码；负数的补码的算法是“反码的最后一位加 1”。

3.4 ARP

在 IP 报文中有目的 IP 地址；对于以太网来说，它们的帧结构中有目的 MAC 地址，如图 3-44 所示。

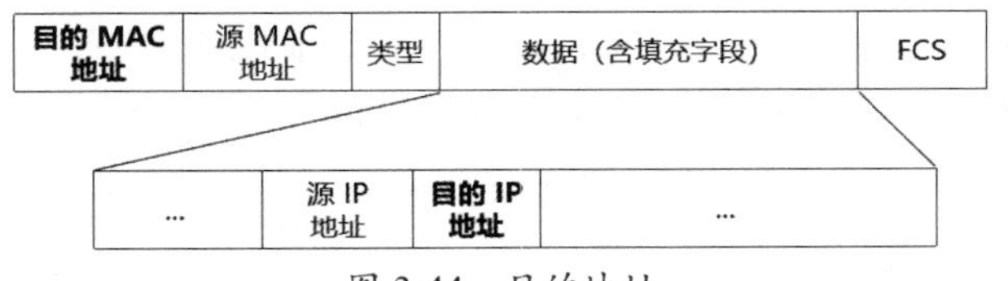

图 3-44　目的地址

说明：除了以太网外，还有一些数据链路层协议，如令牌环、FDDI 等，它们的帧结构中也有目的 MAC 地址。但是，由于以太网的应用非常广泛，而且其他协议较少用，因此本节仅以以太网为例来讲述 ARP。

目的 MAC 地址、目的 IP 地址都是目的地址，但是它们的“目的”却是不同的，如图 3-45 示。

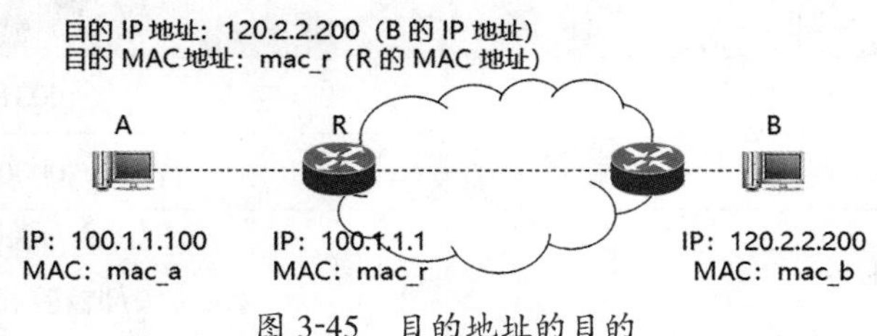

图 3-45　目的地址的目的

从图 3-45 可以看到，目的 IP 地址的“目的”是（IP）报文的最终目的地，而目的 MAC 地址的“目的”是“紧邻”的路由器的 MAC 地址。可以这样理解：目的 IP 地址是唐僧取经的最终目的地“西天灵山圣境”；目的 MAC 地址是唐僧取经路上的“通关文牒”，每过一关，必须要有那一关的“过关文书”。

当然，如果中间没有那么多关卡，源和目的是直通的（处于一个子网），那么目的 MAC 地址即最终目的地的 MAC 地址，如图 3-46 所示。

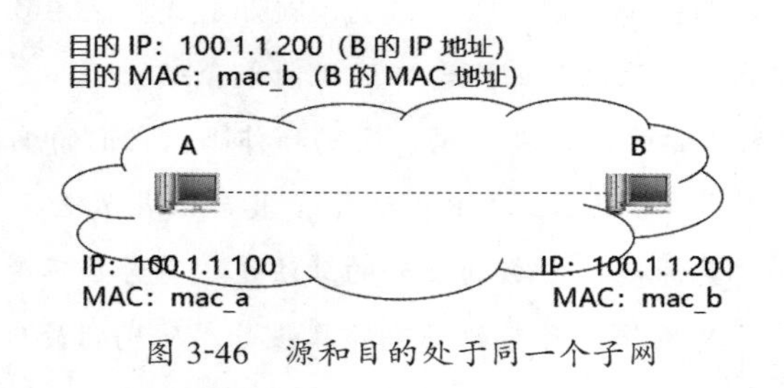

图 3-46　源和目的处于同一个子网

目的 IP 地址与目的 MAC 地址两者还有一个更大的不同：对于人或软件来说，目的 IP 是一定会知道的，也一定要知道的，否则报文无从发起，也无从谈起；但是人或软件并不知晓报文所经历的每一关卡的 MAC 地址，甚至也不知道最终目的地的 MAC 地址。

为了解决这个问题，就需要用到 ARP（Address Resolution Protocol，地址解析协议）。

3.4.1 ARP 概述

ARP 是根据 IP 地址获取物理（MAC）地址的一个 TCP/IP 协议。

在介绍 ARP 之前，需要先引入一个概念——“下一步”，如图 3-47 所示。

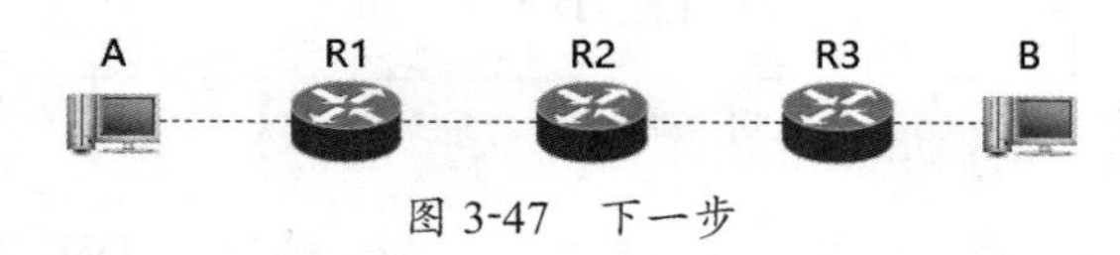

图 3-47　下一步

图 3-47 中，A 发送一个 IP 报文到达 B，需要经过路由器 R1、R2、R3，此时可以描述为：R1 是 A 的下一步，R2 是 R1 的下一步，R3 是 R2 的下一步，B 是 R3 的下一步。

说明：在 IP 的专业术语中有一个“下一跳”，其与“下一步”的唯一区别就是前者指的是路由器，后者除了路由器外，还包括主机等其他网络部件。例如，R1 是 A 的下一跳，R2 是 R1 的下一跳，R3 是 R2 的下一跳，但是不能描述 B 是 R3 的下一跳。

一个主机或路由器（记为X1）要把报文发送到下一步（记为X2）时，需要知道对方的MAC地址。

X1 首先会查询自己的缓存，查看是否有 X2 的 MAC 地址。该缓存称为 ARP 缓存，其中记录的是主机或路由器的IP地址与其MAC地址的对应关系。

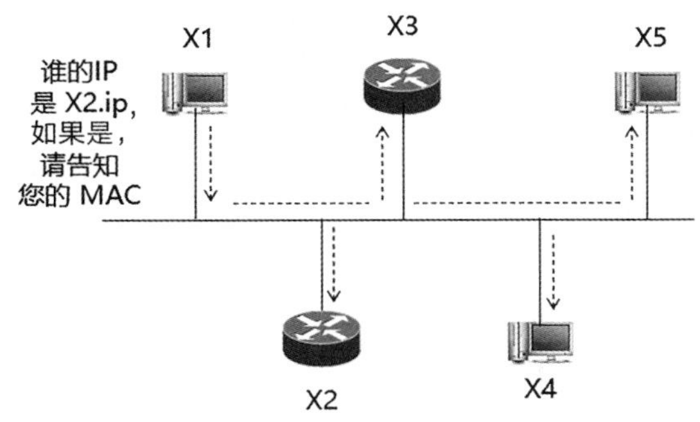

图 3-48　ARP 请求报文

如果 ARP 缓存里没有 X2 的 IP 地址与 MAC 的对应关系，那么 X1 就会发送 ARP 报文来进行询问，类似“谁的 IP 是 X2.ip，如果是，请告知您的 MAC”，如图 3-48 所示。

图 3-48 表达的是一个 ARP 请求报文，它是一个广播报文（是以太网层面的广播，不是 IP 层面的广播），其广播范围是一个子网。该子网中，其他主机或路由器收到该报文后并不会应答，只有 X2 收到以后，发现询问的正是自己，会返回一个 ARP 应答报文（以太网层面的单播报文），报告自己的 MAC 地址。

X1 收到 X2 的应答报文以后，会将 X2 的 IP 和 MAC 地址记录在自己的 ARP 缓存中，同时组装自己的以太网帧（承载着 IP 报文）并发送出去。

另外，ARP 缓存有一个老化时间。当缓存中的一个表项（<IP、MAC> 对应关系）长时间没有“更新”时，该表项会被从 ARP 缓存中删除。

1. ARP 报文结构

ARP 报文结构如图 3-49 所示。

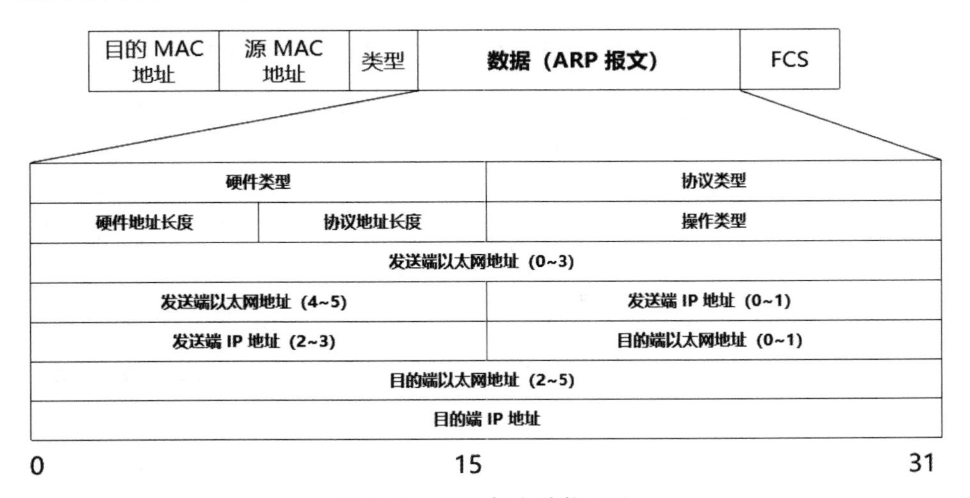

图 3-49　ARP 报文结构（1）

通过图 3-49 可以看到，ARP 报文承载在以太报文里。因此，对于以太网帧，如果其承载的是 ARP 报文，其类型值为 0x0806；如果其承载的是反向地址解析协议（Reverse Address Resolution Protocol，RARP），其类型值为 0x8035；如果承载的是 IP 报文，其类型值是 0x8000。

同时，由于 ARP 和 RARP 请求报文是广播报文，因此对应的以太网帧的目的 MAC 地址就是 0xFFFFFF。

图 3-49 关于 ARP 报文结构可能不太直观，下面换一种形式表达，如图 3-50 所示。

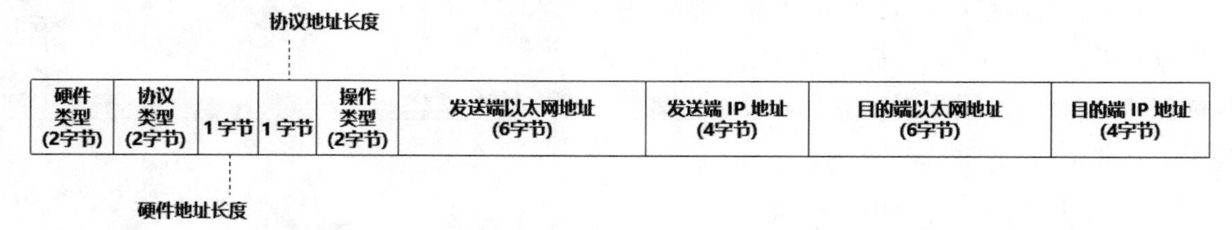

图 3-50　ARP 报文结构（2）

无论是图 3-49 还是图 3-50，两者表达的是同一个意思，都为 ARP 报文结构。ARP 报文一共有 9 个字段，28 字节，每个字段的含义如表 3-18 所示。

表 3-18　ARP 报文各个字段的含义

字段	字节数	含义
硬件类型	2	定义数据链路层网络类型。对于以太网来说，其值等于 0x0001
协议类型	2	定义网络层协议类型。对于 IPv4 来说，其值等于 0x8000
硬件地址长度	1	定义数据链路层硬件物理地址的长度，单位是字节。对于以太网来说，其硬件地址就是 MAC 地址，所以硬件地址长度取值为 6
协议地址长度	1	定义网络层协议地址长度，单位是字节。对于 IPv4 来说，其协议地址就是 IP 地址，所以协议地址长度取值为 4
操作类型	2	操作类型一共有 4 个枚举值：ARP 请求、ARP 应答、RARP 请求、RARP 应答
发送端以太网地址	6	发送端 MAC 地址
发送端 IP 地址	4	发送端 IP 地址
目的端以太网地址	6	目的端 MAC 地址
目的端 IP 地址	4	目的端 IP 地址

2. ARP 表项

ARP 缓存中存储的 ARP 表结构如表 3-19 所示。ARP 表中的每一个表项（每一行记录）都有生命周期：创建、更新、老化。其中创建又分为静态创建和动态创建，创建方式不同，更新和老化行为也会不同。动态创建 ARP 表项的称为动态 ARP，静态创建 ARP 表项的称为静态 ARP。

表 3-19　ARP 表结构

IP 地址	MAC 地址
IP1	MAC1
IP2	MAC2
…	…

3.4.2 动态 ARP 与静态 ARR

1. 动态 ARP

（1）动态 ARP 的创建和更新

动态 ARP 指的是设备（主机或路由器）通过对 ARP 报文的分析（学习），对自己的 ARP 表项进行创建或更新。

当设备收到一个 ARP 请求报文时，需查看 ARP 缓存表是否有源主机 IP 与源主机 MAC 地址的对应条目。

①如果没有，则在表中增加一条对应的表项，并将表项的更新时间记录为“当时”。

②如果有，且与收到的不一致，则更新该表项内容。需要强调的是，无论是否更新内容，都会将表项的更新时间记录为“当时”。

当设备收到一个 ARP 应答报文时，需查看 ARP 缓存表是否有源主机 IP 与源主机 MAC 地址的对应条目。

①如果没有，则在表中增加一条对应的表项，并将表项的更新时间记录为“当时”。

②如果有，且与收到的不一致，则更新该表项内容。需要强调的是，无论是否更新内容，都会将表项的更新时间记录为“当时”（正常情形下，该情况其实不会发生）。

（2）动态 ARP 的老化

动态 ARP 表项有创建、更新，也有老化，老化状态机示意图如图 3-51 所示。

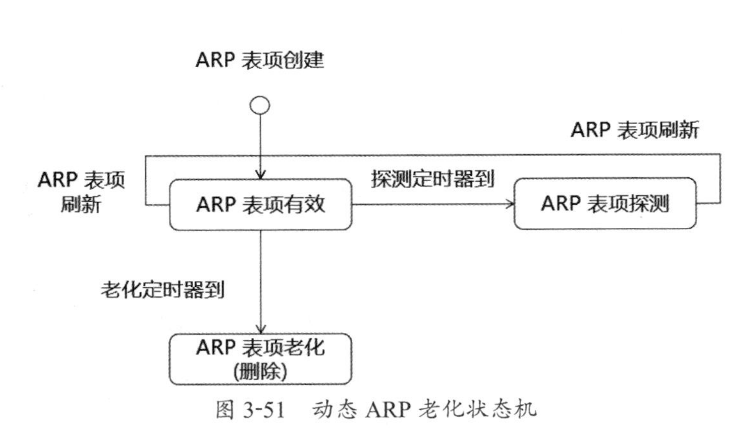

图 3-51　动态 ARP 老化状态机

不同的系统，如 Linux、华为、Cisco 等，其具体的实现细节不同，但其实现原理基本相同。

在介绍动态 ARP 老化之前，首先对图 3-51 中的几个名词进行解释，如表 3-20 所示。

表 3-20　动态 ARP 的老化名词解释

名词	解释
ARP 表项创建	参见“动态 ARP 的创建和更新”
ARP 表项刷新	指的是 ARP 表项的当前时间的刷新（也包括表项内容的刷新）。刷新的条件如下 ①表项创建时，当前时间是创建时间 ②表项已经存在，其他设备发送过来的 ARP 报文促使表项更新，当前时间是更新时间（参见“动态 ARP 的创建和更新”） ③表项已经存在，本设备发送 IP 报文，引用了该表项，当前时间是引用时间
老化定时器	ARP 表项每次刷新都会设置一个老化定时器。如果老化定时器到期，而且这段时间内 ARP 表项没有刷新，那么就会删除该表项，即 ARP 老化。不同系统默认老化定时器不同，如华为默认是 20min
ARP 表项老化	将该表项从 ARP 缓存表删除
探测定时器	很多系统中，当 ARP 表项每次刷新时，同时会设置一个或多个探测定时器。探测定时器一般设置为老化定时器的 1/2、3/4 等，不同系统有不同的实现方法
ARP 表项探测	针对该表项继续发送 ARP 请求报文

之所以要 ARP 老化，一是部分地防止 ARP 攻击（如果是被 ARP 攻击后，通过 ARP 老化可以重新恢复），二是防止 ARP 缓存溢出，因为 ARP 缓存的大小是有限的（但是这一点是与 ARP 表项探测相矛盾的）。

对于图 3-51，首先简化模型，如果去掉探测定时器、ARP 表项探测，那么剩下的内容就非常好理解：每一个 ARP 表项从诞生的那一刻就设置了老化定时器。在老化定时器到时前，如果有刷新，那么重新设置定时器；如果没有刷新，那么老化定时器时间一到，就将该表项删除。

ARP 表项探测本质上是为了防止 ARP 老化，是在 ARP 缓存大小和传输时延之间做一个均衡（在转发 IP 报文之前做一个 ARP，会使转发时间变长）。

2. 静态 ARP

静态 ARP，是由网络管理员手工建立的 IP 地址和 MAC 地址之间固定的映射关系（静态 ARP 表项）。静态 ARP 表项不会被老化，不会被动态 ARP 表项覆盖。

从基本原理来说，ARP 与 VLAN、出接口等是解耦的，但是在实际应用中，它们又是相关的。所以，基于此，静态 ARP 表项又分为长静态 ARP 表项和短静态 ARP 表项。

（1）长静态 ARP 表项

长静态 ARP 表项指手工建立 IP 地址和 MAC 地址之间固定的映射关系，并同时指定该 ARP 表项所在 VLAN 和出接口。长静态 ARP 表项可以直接用于报文转发。一般建议直接配置长静态 ARP 表项。

（2）短静态 ARP 表项

短静态 ARP 表项指手工建立 IP 地址和 MAC 地址之间固定的映射关系，未同时指定 VLAN 和出接口。如果出接口是处于二层模式的以太网接口，则短静态 ARP 表项不能直接用于报文转发。当需要发送报文时，设备会先发送 ARP 请求报文，如果收到的 ARP 应答报文中的源 IP 地址和源 MAC 地址与所配置的 IP 地址和 MAC 地址相同，则将收到 ARP 应答报文的 VLAN 和接口加入该静态 ARP 表项中，后续设备可直接用该静态 ARP 表项转发报文。

需要说明的是，长静态和短静态的作用都是"永远"：ARP 表项不会被老化，不会被动态 ARP 表项覆盖。

根据上面的描述，长静态和短静态的区别仅仅是后者在配置时没有指定 VLAN 和出接口，而是靠 ARP 报文动态学习 —— 也仅仅是学习一次，后面就"永远"生效（即不再学习）。

动态 ARP 的优点是简单（不需要配置），缺点是易受 ARP 攻击；静态 ARP 恰恰可以比较有效地解决该问题（并非仅靠静态 ARP 就能完全解决 ARP 攻击）。

静态 ARP 的主要适用场景有如下几种。

①对于网络中的重要设备，如服务器等，可以在交换机上配置静态 ARP 表项。这样可以避免交换机上重要设备 IP 地址对应的 ARP 表项被 ARP 攻击报文错误更新，从而保证用户与重要设备之间正常通信。

②当网络中用户设备的 MAC 地址为组播 MAC 地址时，可以在交换机上配置静态 ARP 表项。默认情况下，设备收到源 MAC 地址为组播 MAC 地址的 ARP 报文时不会进行 ARP 学习。

③当希望禁止某个 IP 地址访问设备时，可以在交换机上配置静态 ARP 表项，将该 IP 地址与一个不存在的 MAC 地址进行绑定。

3.4.3 ARP 的分类

ARP 从使用场景角度可以分为普通 ARP、免费 ARP（Gratuitous ARP，GARP）和代理 ARP（Proxy ARP）。

1. 普通 ARP

普通的 ARP 如图 3-52 所示。

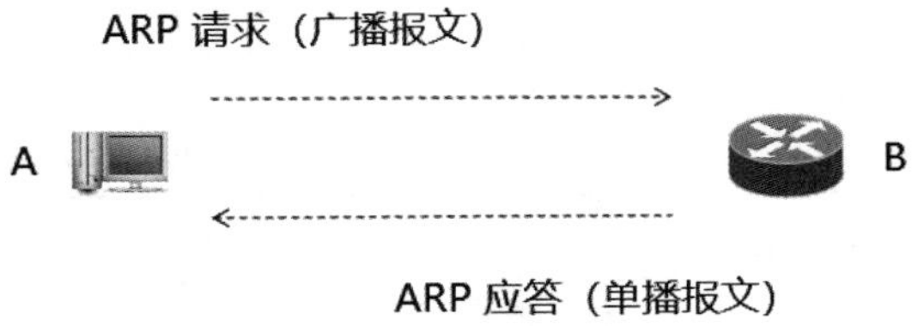

图 3-52　普通 ARP

为了更清晰地表达，图 3-52 没有画出子网中的其他主机、路由器，只画出了 ARP 交互的双方：A 发出 ARP 请求报文（广播），B 回以 ARP 应答报文（单播，目的地是 A）。双方交互的报文内容如表 3-21 所示。

表 3-21 普通 ARP 交互报文

字段	ARP 请求（A）	ARP 应答（B）
硬件类型	0x0001（以太网）	0x0001（以太网）
协议类型	0x8000（IPv4）	0x8000（IPv4）
硬件地址长度	6（6 字节）	6（6 字节）
协议地址长度	4（4 字节）	4（4 字节）
操作类型	1（ARP 请求）	2（ARP 应答）
发送端以太网地址	A 的 MAC 地址	B 的 MAC 地址
发送端 IP 地址	A 的 IP 地址	B 的 IP 地址
目的端以太网地址	00-00-00-00-00（未知）	A 的 MAC 地址
目的端 IP 地址	B 的 IP 地址	A 的 IP 地址

通过图 3-52 及表 3-21 可以看到，A 通过 ARP 就可以得知 B 的 MAC 地址。

2. 免费 ARP

免费 ARP，有时也称为无故 ARP。免费 ARP 并不是一种新的协议，它就是 ARP，而且是 ARP 请求报文，只不过请求报文中的目的端以太网地址、目的端 IP 地址都是自己的 MAC 地址和 IP 地址，如表 3-22 所示（忽略通用字段）。

表 3-22 免费 ARP 的报文

字段	ARP 请求（A）
操作类型	1（ARP 请求）
发送端以太网地址	A 的 MAC 地址
发送端 IP 地址	A 的 IP 地址
目的端以太网地址	A 的 MAC 地址
目的端 IP 地址	A 的 IP 地址

免费 ARP 的目的之一是检测 IP 是否重复。另外，免费 ARP 的应用场景还有主备倒换，图 3-53 是主备倒换的一个极简示意图，A 是主机，B 是备机，A 对外公开的 IP 是 IP1，一个“浮动”的 IP（由于主题和篇幅的原因，本小节不介绍浮动 IP）。当 A 因某些原因不能提供服务时，主备倒换，B 变成主机，此时，B 对外公开的 IP 也是 IP1。

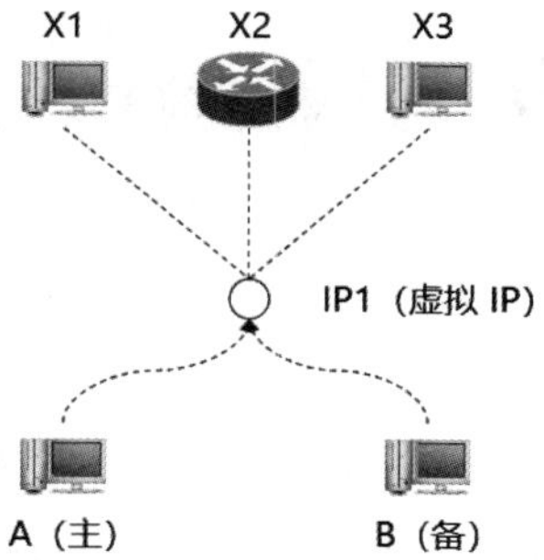

图 3-53　主备倒换

表面上看，网络中其他设备（X1 ~ X3）通过 IP1 仍然能够访问服务，无论背后的服务者是 A 还是 B。但是考虑到 ARP 缓存，网络就可能不通。例如，X1 缓存记录的是 <IP1，A.mac>，那么它访问 IP1 时的 MAC 地址仍然是 A.mac，因为当前 IP1 的“背后”是 B，即 IP1“背后”的 MAC 地址是 B.mac，所以 X1 无法访问 IP1 有两个方法可以解决这个问题。

一个方法是类似浮动 IP，A 和 B 对外公开的 MAC 地址是同一个虚拟 MAC（由于主题和篇幅的原因，本小节不介绍虚拟 MAC），此时即使主备倒换，网络中其他设备仍然可以正常访问 IP1。

另一个方法就是免费 ARP。A 和 B 的 MAC 地址不必再“共享”同一个虚拟 MAC，而是各有各的 MAC。当主备倒换时，B 从备机变成主机，此时它马上发送一个免费 ARP 报文。因为这是一个广播报文，网络上其他设备都能收到。当收到免费 ARP 报文时，其他设备虽然不会应答，但是会根据该报文来修改自己的 ARP 缓存，将表项 <IP1，A.mac> 修改为 <IP1，B.mac>。这样，与虚拟 MAC 一样，即使主备倒换，网络中其他设备仍然可以正常访问 IP1。

3. 代理 ARP

代理 ARP 如图 3-54 所示。A 通过 ARP 想要询问的是 B 的 MAC 地址，但是路由器 R 可以配置为代理 ARP。当 R 收到 A 的 ARP 请求报文，并且发现报文中的目的 IP 是 B 的 IP 时，也可以将 IP 报文（需要注意的是，是 IP 报文，不是 ARP 报文）转发给 B，那么 R 就会代替 B 应答 A 的 ARP 请求。ARP 代理的报文如表 3-23 所示（忽略通用字段）。

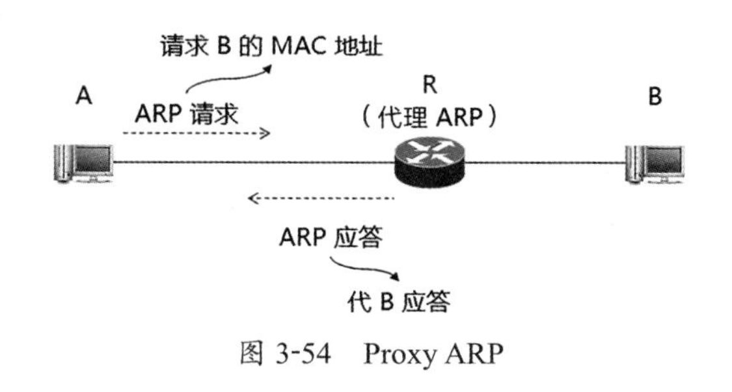

图 3-54　Proxy ARP

表 3-23　ARP 代理的报文

字段	ARP 请求（A）	ARP 应答（R）
操作类型	1（ARP 请求）	2（ARP 应答）
发送端以太网地址	A 的 MAC 地址	R 的 MAC 地址

续表

字段	ARP 请求（A）	ARP 应答（R）
发送端 IP 地址	A 的 IP 地址	B 的 IP 地址
目的端以太网地址	00-00-00-00-00（未知）	A 的 MAC 地址
目的端 IP 地址	B 的 IP 地址	A 的 IP 地址

从表 3-23 可以看到，A 以为请求到的 MAC 地址是 B 的，但是实际上却是 R 的。但这对结果没有影响，因为 A 发送的目的为 B.ip 的 IP 报文会先到达 R，而且 A 报文的目的 MAC 是 R.mac，这正是 R 所期望的。R 接收到这个报文后，会转发给 B。

以上描述的实际上是 3 种代理 ARP 的一种。另外，除了这 3 种经典应用场景外，还有其他两种比较典型的应用场景，下面分别讲述。

（1）代理 ARP 的经典应用场景

代理 ARP 的经典应用场景是：通信的双方在同一个网段（IP 子网），但是不在同一物理网络，由中间的路由器代为回复 ARP 的应答报文，此种情形称为 Proxy ARP。注意，中间的路由器需要配置（打开）Proxy ARP 功能。

Proxy ARP 分为 3 类，即路由式 Proxy ARP、VLAN 内 Proxy ARP、VLAN 间 Proxy ARP。

①路由式 Proxy ARP：需要互通的主机（主机上没有配置默认网关）处于相同的网段，但不在同一物理网络（不在同一广播域）的场景，如图 3-55 所示。

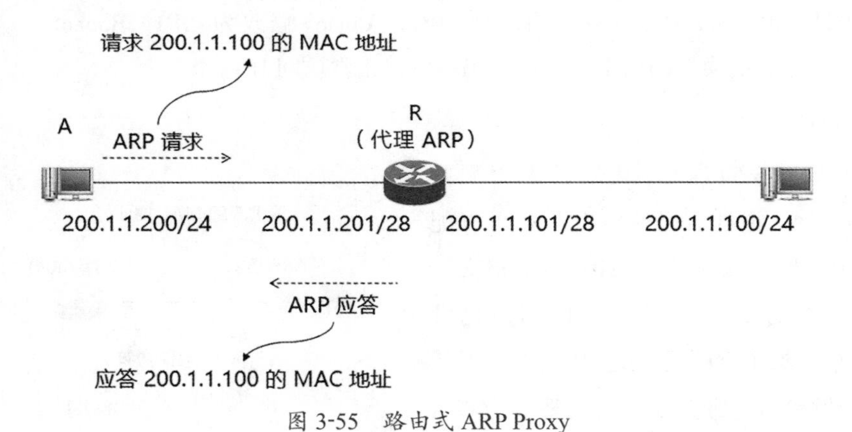

图 3-55　路由式 ARP Proxy

图 3-55 中，A（200.1.1.200）的子网掩码被配置成了 24 位（255.255.255.0），这样它就认为其与 B（200.1.1.100）属于同一个子网（对于 B 来说也是如此）。

但是实际上，网络 200.1.1.0/24 被路由器 R 分成了两个子网：200.1.1.96/28、200.1.1.192/28（具体信息可以参见“3.2.2　子网”）。此时，只有 R 配置为代理 ARP，A 和 B 才能相通。

② VLAN 内 Proxy ARP。VLAN 内 Proxy ARP 的组网，如图 3-56 所示。A 和 B 属于同一网段、同一 VLAN，但是两者所连接的交换机端口 IF_1 和 IF_2 被做了端口隔离，这时只有通过 R 做 Proxy ARP，两者才能互通。

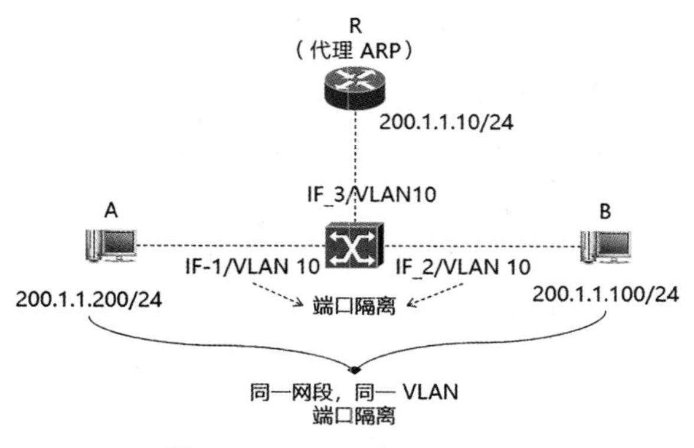

图 3-56　VLAN 内 Proxy ARP

③ VLAN 间 Proxy ARP：需要互通的主机处于相同网段，属于同 VLAN 的场景。VLAN 间 Proxy ARP 如图 3-57 所示。A 和 B 属于同一网段、不同 VLAN，这时只有通过 R 做 Proxy ARP，两者才能互通。

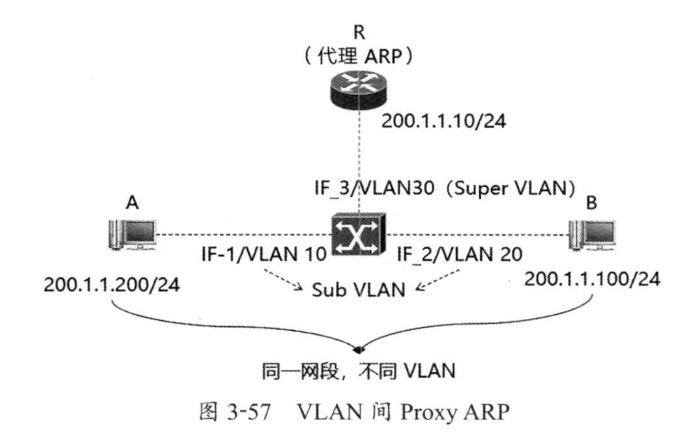

图 3-57　VLAN 间 Proxy ARP

（2）代理 ARP 的其他典型应用场景

除了上述 3 种经典应用外，代理 ARP 还有两种比较典型的应用场景：NAT 和 AnyIP。

① NAT。NAT 下的代理 ARP 如图 3-58 所示。R 将 B 的私网 IP 192.168.1.2 转换为 200.10.10.10，外部（如 A）无法看到 192.168.1.2，只知道 200.10.10.10。所以，A 发送 ARP 请求时，它请求的是 200.10.10.10。

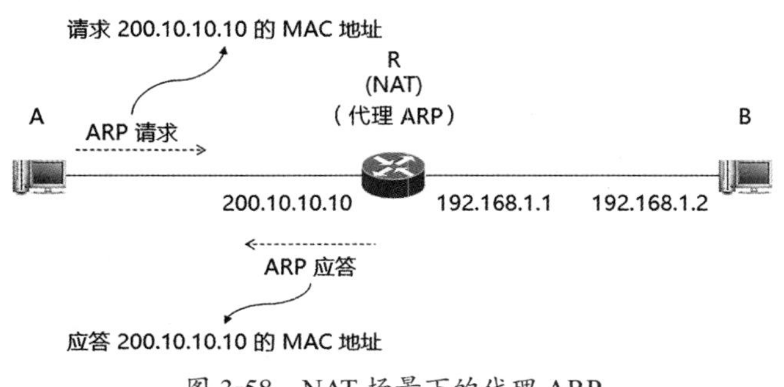

图 3-58　NAT 场景下的代理 ARP

从 A 的视角来说，这就是一个普通 ARP。从 R 的视角来说是代理 ARP。

② AnyIP。AnyIP 是指机器任意使用 IP 地址或网关信息，只要接入网络中都可以实现访问的需求。该技术被广泛地应用在 SOHO(Small Office, Home Office) 级网关产品中，特别是在宾馆、会议室、广场等公共场所，为网络使用者提供了很大的便利。

例如，在酒店环境中，客人在自己的 PC 上已经设置好了 IP 地址，不想再修改 IP 地址和网关。为了满足用户不修改自己配置的 IP 和网关也能上网的要求，设备就"冒充"网关，代理应答非接口直连网段的所有 ARP 请求，并为用户 IP 动态生成相应直连的路由，如图 3-59 所示。

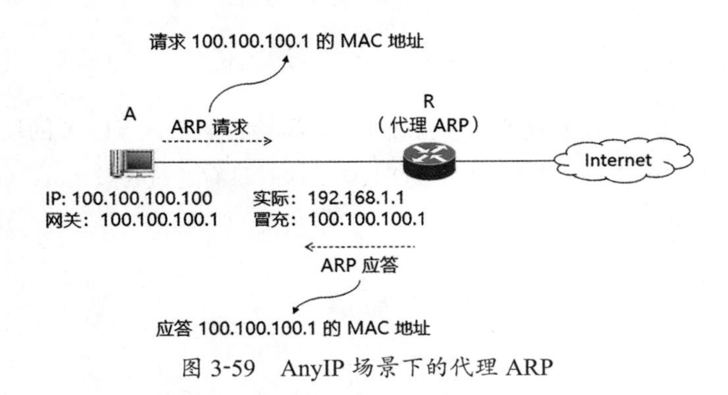

图 3-59　AnyIP 场景下的代理 ARP

图 3-59 中，A 的 IP 地址是 100.100.100.100，网关是 100.100.100.1。客户到了酒店以后，并没有修改它的配置。但是酒店路由器 R 的 IP 是 192.168.1.1，正常情况下，A 直接接入路由器 R 后不能通过 R 再连上 Internet。AnyIP 的解决方案就是 R"冒充"A 的网关 100.100.100.1，这样 A 以为其连接的是 100.100.100.1，而 R 就充当了 A 的网关。这其中就包括 A 如果 ARP 请求 100.100.100.1 的 MAC，R 必须应答。

4. ARP 攻击

通过前面的介绍可以看到，ARP 没有任何加密、认证等安全措施，也没有任何流控等措施，所以网络上的 ARP 攻击比较严重。ARP 攻击分为 ARP 欺骗和 ARP 泛洪攻击。

（1）ARP 欺骗

ARP 欺骗就是仿冒别人（记为 A），使与 A 通信的一方（记为 B）学习到错误的 MAC 地址，进而使 A 和 B 无法通信，如图 3-60 所示。

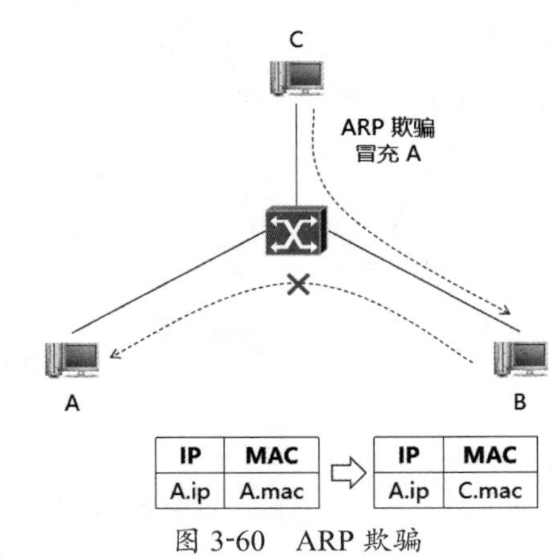

图 3-60　ARP 欺骗

图 3-60 中，B 存储的本来是一条正确的表项 <A.ip, A.mac>，但是由于受到 C 的 ARP 欺骗，致使其表项变为 <A.ip, C.mac>。显然，基于此错误表项，B 无法与 A 通信。

图 3-60 中有一个细节：A、B、C 三者接在一

个交换机上，三者位于一个局域网内（接在一个交换机上并不意味着在一个局域网内，这只是画图的一种示意），这是 ARP 攻击的必要条件。因为 ARP 欺骗者（图 3-60 的 C）首先要通过其他设备 ARP 的广播报文（ARP 请求报文）学习到网内相关的 IP 地址（和 MAC 地址），然后才能伪装为它 —— 而只有在一个局域网内，才有可能收到 ARP 的广播报文。

欺骗者学习到相应的 IP 地址以后，就可以伪装别人发送 ARP 请求报文，致使网络内相应设备“中招”，如表 3-24 所示。（忽略通用字段）。

表 3-24　ARP 欺骗报文

字段	C 发送的 ARP 请求报文（ARP 欺骗）
操作类型	1（ARP 请求）
发送端以太网地址	C 的 MAC 地址（自己的 MAC 地址）
发送端 IP 地址	A 的 IP 地址（伪装为 A 的 IP 地址）
目的端以太网地址	B 的 MAC 地址
目的端 IP 地址	B 的 IP 地址

表 3-24 中的，C 伪装为 A，广播发送 ARP 请求报文，最终致使 B“中招”。

根据网络中角色的不同，ARP 欺骗可以分为 3 类：仿冒网关欺骗终端、仿冒终端欺骗网关和仿冒终端欺骗终端。

（2）ARP 泛洪攻击

ARP 泛洪攻击就是仿冒很多个 IP，连续不断地发送 ARP 报文（请求或应答均可，但是请求报文更受青睐），致使接收方的 ARP 缓存被占满，进而无法学习正常的 ARP 报文，最终致使其无法正常通信，如图 3-61 所示。

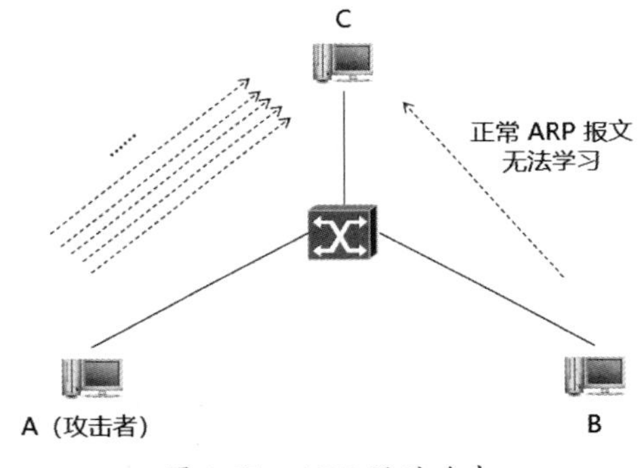

图 3-61　ARP 泛洪攻击

3.4.4 RARP

反向地址转换协议（Reverse Address Resolution Protocol，RARP）与 ARP 相反：ARP 已知 IP，然后询问 MAC，RARP 是已知 MAC，然后询问 IP。

首先，ARP 是知道对端的 IP，询问的也是对端的 IP；而 RARP 是知道自己的 MAC，询问的也是自己的 MAC。这就说明，RARP 的应用场景应该类似于无盘工作站 —— 机器启动时不知道自己的 IP 的场景。

其次，表面上看 RARP 与 ARP 一样，请求报文也是广播报文，应答报文也是单播报文，而且两者的报文结构完全一样。但是实际上，在一个（局域）网内，只有 RARP 服务器才会应答 RARP 的请求报文，如图 3-62 所示。

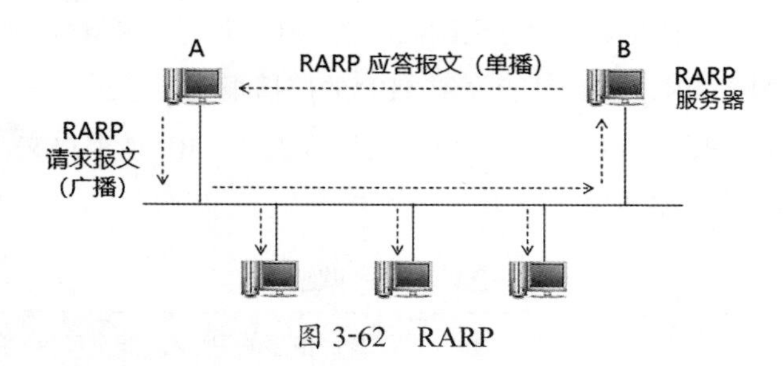

图 3-62　RARP

RARP 报文内容如表 3-25 所示。

表 3-25　RARP 报文内容

字段	ARP 请求（A）	ARP 应答（B/RARP 服务器）
硬件类型	0x0001（以太网）	0x0001（以太网）
协议类型	0x8000（IPv4）	0x8000（IPv4）
硬件地址长度	6（6 字节）	6（6 字节）
协议地址长度	4（4 字节）	4（4 字节）
操作类型	3（RARP 请求）	4（RARP 应答）
发送端以太网地址	A 的 MAC 地址	B 的 MAC 地址
发送端 IP 地址	0.0.0.0（因为不知道自己的 IP）	B 的 IP 地址
目的端以太网地址	A 的 MAC 地址	A 的 MAC 地址
目的端 IP 地址	0.0.0.0	A 的 IP 地址（给 A 分配一个 IP 地址）

从表 3-25 可以看到，RARP 报文有如下 4 点特殊之处。

① RARP 请求报文，发送端 IP 地址为 0.0.0.0，因为不知道自己的 IP 是什么，便默认为 0.0.0.0。

② RARP 请求报文，目的端以太网地址为 A.mac。其实，RARP 请求报文根本不需要这个字段，但是为了跟 ARP 报文结构相同，便保留了这个字段。因为这个字段没啥用，便填写为自己的 MAC 地址。

③ RARP 请求报文，目的端以太网地址为 0.0.0.0，原因跟目的端以太网地址一样。

④ RARP 应答报文，目的端 IP 地址为 A.ip。这个 IP 就是分配给 A 的 IP 地址，是很关键的一个字段。

由于 RARP 请求报文是广播报文，因此网络中所有设备（主机、路由器）都会收到，但是其他设备会忽略该报文，只有 RARP 服务器才有可能响应。

① RARP 服务器收到请求后，检查其 RARP 列表，查找该 MAC 地址对应的 IP 地址。

②如果存在，RARP 服务器就给请求主机发送一个 RARP 响应数据包，并将此 IP 地址提供给对方主机使用。

③如果不存在，RARP 服务器对此请求不做任何响应。

④请求主机如果收到从 RARP 服务器发出的响应信息，就利用得到的 IP 地址进行通信；如果一直没有收到响应信息，表示初始化失败。

从以上描述可以看到，其他设备不应答是因为无能为力，即使是 RARP 服务器，如果自己没有对应的 <mac, ip> 表项，也不会应答。

那么，RARP 服务器为什么会有相应的 <mac, ip> 表项呢？答案是人工配置。如果在一个大网且网络是动态（可以再添加主机）时，这个工作是很烦琐的。另外，一个主机只有 IP 地址还不够，它还得知道网关、DNS 等信息，才能正常（与外部）通信。

可以看到，RARP 这两个问题都没有解决，所以目前来说，RARP 已经逐步被淘汰，取而代之的首先是引导程序协议（Bootstrap Protocol，BOOTP），然后是动态主机配置协议（Dynamic Host Configuration Protocol，DHCP）。BOOTP 虽然可以让计算机获取到更多的信息（如网关地址），但是仍然没有解决最大的问题：服务器仍然需要提前手工绑定 MAC 和 IP 地址，而对于现在的移动网络或公共网络而言，这根本无法实现。所以，现在普遍应用的是 DHCP。

DARP、BOOTP、DHCP 三者之间的比较如表 3-26 所示。

表 3-26　RARP、BOOTP、DHCP 的比较

特性	RARP	BOOTP	DHCP
RFC	RFC 903	RFC 951	RFC 2131
发布日期	1984.06	1985.09	1997.03
依赖于服务器分配地址	是	是	是
协议	承载于以太网，但是属于 IP 层	UDP	UDP
消息可以转发到远端（局域网外）服务器	否	是	是
客户端可以发现自己的掩码、网关、DNS 和下载服务器	否	是	是
由 IP 地址池分配，且服务器不需要知道客户端的 MAC 地址	否	否	是
允许 IP 地址临时租用	否	否	是
包含注册客户端主机 FQDN（用 DNS）的扩展功能	否	否	是

3.4.5 组播的 MAC 地址

前面讲述的 ARP（包括 RARP）中的 IP 地址都是单播地址：如果知道对方的 IP 地址，却不知

道其 MAC 地址，就可以通过 ARP 获取。但是如果是 IP 广播地址、组播地址，又该如何做呢？

首先要明确无法通过 ARP 获取，因为 IP 地址是单播地址，而非广播或组播地址。

对于广播 IP 会有对应的广播 MAC：FF-FF-FF-FF-FF-FF，即 MAC 地址全为 1。那么组播地址呢？组播实际是通过一个算法，将组播 IP 换算成组播 MAC。

组播 MAC 有一个特征，即第一个字节的第 8 个 bit 位必须为 1；组播 IP 是 D 类 IP，开头几个 bit 一定要是 1110，如图 3-63 所示。

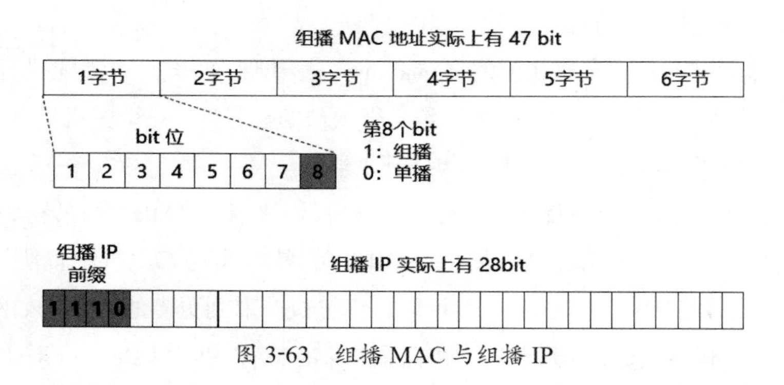

图 3-63　组播 MAC 与组播 IP

从图 3-63 可以看到，组播 MAC 实际"有效"比特是 47 位，组播 IP 实际"有效"比特是 28 位。表面上看，把组播 IP 映射到组播 MAC 非常简单，不需要任何算法，如图 3-64 所示。

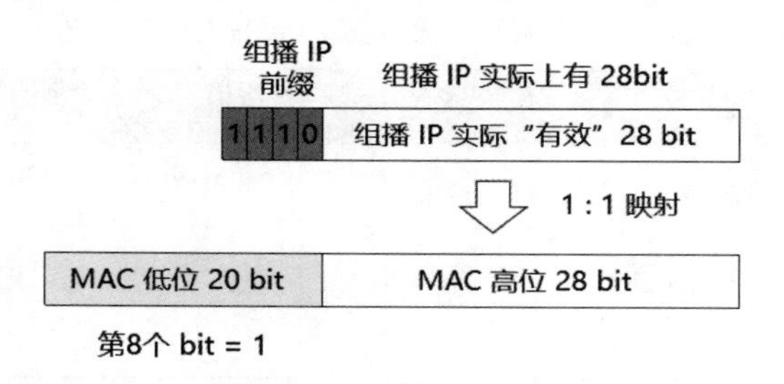

图 3-64　组播 IP 映射到组播 MAC 算法设想

图 3-64 中，只需将组播 IP 实际"有效"的 28 位 bit 按照 1 ：1 映射到组播 MAC 的高 28 位 bit 即可，而组播 MAC 的低位 20bit 可随意取值（只要保证第 8 个 bit 的值为 1 即可），如全为 1。

例如，一个组播 IP 为 224.200.200.200，用十六进制表达即为 E0-C8-C8-C8。取其"有效"的 28 位，则为 0-C8-C8-C8。假设组播 MAC 的低 20 位 bit 全为 1，那么按照 1 ：1 映射，高 28 位 bit 则应该是（十六进制）0-C8-C8-C8。组合起来，组播 MAC 则是 FF-FF-F0-C8-C8-C8。

MAC 地址的 48bit 由两部分组成：前 3 个字节（24bit）由 IEEE 注册管理机构（Registration Authority，RA）统一分配给各个厂商（厂商需要购买），称为组织唯一标识符（Organizationally Unique Identifier，OUI），后 3 个字节（24bit）由厂家自己

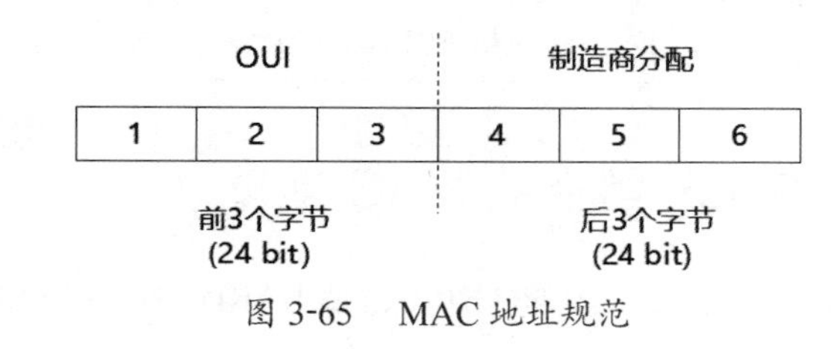

图 3-65　MAC 地址规范

分配，称为扩展标识符，如图 3-65 所示。

组播 MAC 虽然不会分配给制造商（制造商申请的是单播 MAC），但是组播 IP 也需要申请一段 MAC 地址作为组播 MAC，然后才能有组播 IP 到组播 MAC 的映射。例如，IEEE 定义的标准组播 MAC 地址不能被组播 IP 映射。

如图 3-65 所示，即使申请到一块 MAC 地址（一个 OUI），其也只有 24 位实际“有效”，因为前 24 位是 OUI，不能更改。而组播 IP 的实际“有效”位是 28bit，要能满足一个组播 IP 地址映射到一个组播 MAC 地址，则必须申请 16 块 MAC 地址。

20 世纪 90 年代初，当时在施乐公司 Palo Alto 研究中心工作的 Steve Deering 所做的 IP 组播研究工作取得了一些成果，他希望 IEEE 分配 16 个连续的 OUI 作为 IP 组播对应的 MAC 地址使用。但一个 OUI 的价格是 1000 美金，Steve 的经理不愿意花 16000 美金购买 16 个 OUI，最后用 1000 美金购买了一个 OUI，这个 OUI 就是 01–00–5E。而且经理只把这个 OUI 中的一半地址提供给 Steve Deering 用于 IP 组播研究。这样，组播 MAC 的地址空间就只有 23 位，如图 3-66 所示。

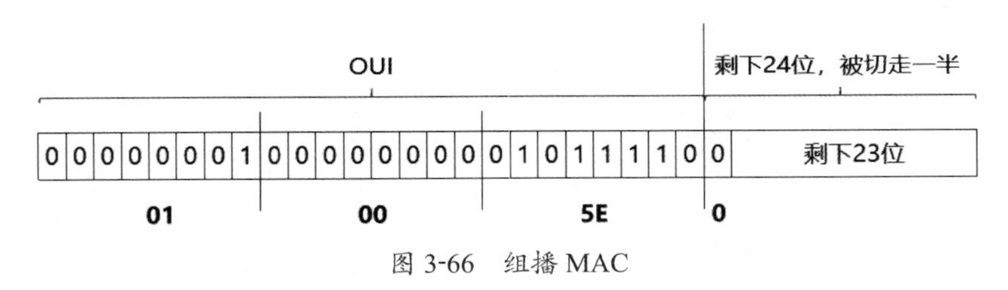

图 3-66　组播 MAC

从图 3-66 可以看到，组播 MAC 实际上是以 01–00–5E–0（25bit）开头，真正“有效”的只有 23bit。

组播 MAC 实际“有效”位只有 23bit，而组播 IP 实际“有效”位却有 28bit，这意味着组播 IP 的数量是组播 MAC 的 32 倍，即 32 个组播 IP 才能映射到一个组播 MAC。组播 IP 映射到组播 MAC 如图 3-67 所示。

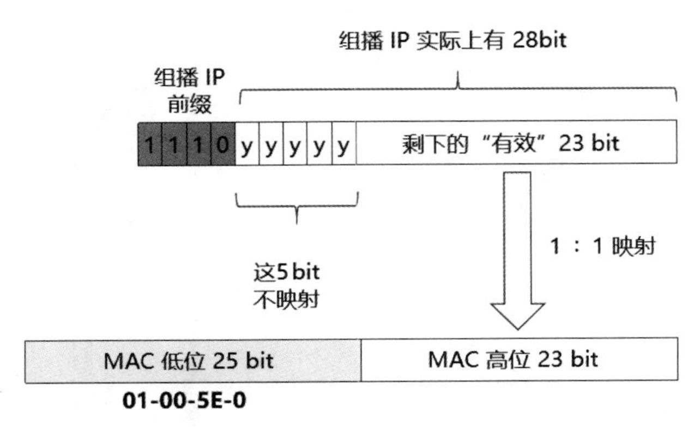

图 3-67　组播 IP 映射到组播 MAC

从图 3-67 可以看到，组播 IP 后 5bit 不向组播 MAC 映射，而仅仅将剩下的“有效”的 23bit，按照 1 ∶ 1 的原则映射到组播 MAC 上。

仍以组播 IP 224.200.200.200 为例，用十六进制表达，即为 E0-C8-C8-C8。取其“有效”的 23 位，则为 48-C8-C8。而组播 MAC 的低 25 位 bit 为 01-00-5E-0，高 23 位 bit 按照 1 ∶ 1 映射原则，则应该是（十六进制）48-C8-C8。组合起来，组播 MAC 则是 01-00-5E-48-C8-C8。

3.5 IP 路由

从某种意义上来说，古代的驿路，现代的高铁、地铁等与 IP 网络的报文传输都是一样的：需要路由，如图 3-68 所示。

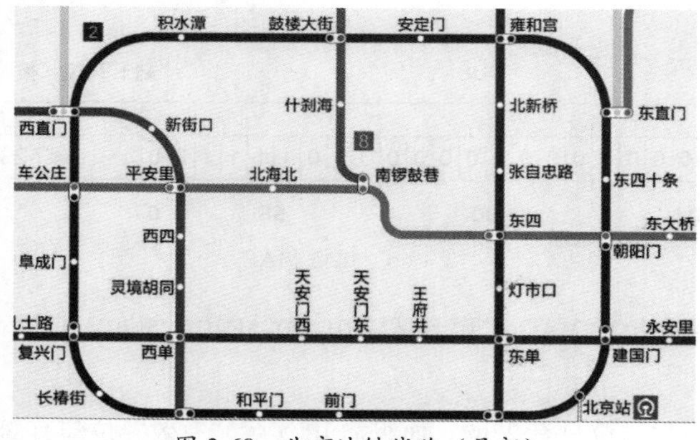

图 3-68　北京地铁线路（局部）

在图 3-68 中，如果只画出中转站（忽略其他地铁站），并且画上对应的路由器图标，那么其与 IP 网络会非常相似，如图 3-69 所示。

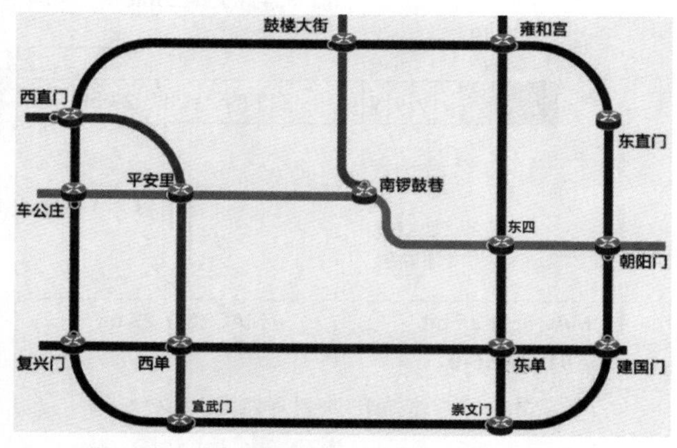

图 3-69　北京地铁线路（局部）只画出中转站

更一般地，可以把 IP 网络继续抽象，如图 3-70 所示。

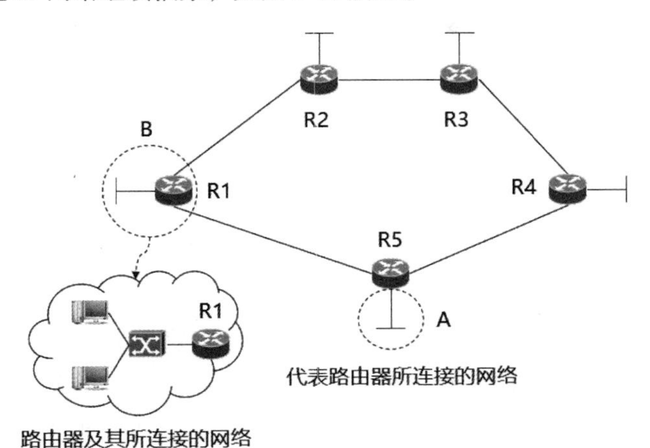

图 3-70　IP 网络

图 3-70 中，R1 ~ R5 代表路由器。每个路由器都连接着一个“竖线 + 横线”（如图 3-70 中圆圈 A 所圈出来的部分），代表路由器是连接的网络。这个网络中连接着主机，如把图 3-70 中的圆圈 B 展开，就可以看到路由器 R1 通过交换机连接着两个主机。

与现实中的交通网络（如高铁、地铁）一样，IP 网络会将报文从一个地方“搬运”到另一个地方。但是，IP 网络不仅仅是距离的搬运，还体现在“网络 / 子网”层面的隔离与转发，如图 3-71 所示。

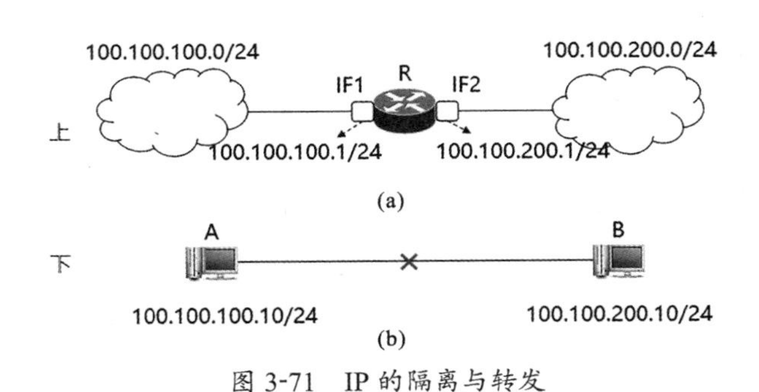

图 3-71　IP 的隔离与转发

不同的 IP 子网是不连通的。必须要强调的是，这是由 IP 协议决定的，不是因为中间插了一个路由器。例如，图 3-71（b）中的两个主机（A 和 B）分属不同的子网，即使是直连的，它们也是不通的（三层不通）。

路由器的存在不是为了隔离，而是为了转发。最简单的模型如图 3-71（a）所示，路由器的两个接口（IF1 和 IF2）分属不同的子网，也连接着不同的子网，那么这两个子网内的主机（及其他设备）就可以由于路由器的转发而能在三层互通。

说明：对于“三层通”和“二层通”说法，三层（IP 层）不同的子网，天然是隔离的，中间如果有路由器使之相通，那么我们说它们是三层通的，否则就是三层不通。“二层通”不考虑三层，仅仅在数据链路层考察其是否相通。但是在 TCP/IP 环境下，不考虑三层是不可能的。此时所谓二层通的定义是基于如下的场景：组网中没有路由器；主机必须属于相同的子网（如果三层不通，谈二层是否相通没有意义）。在这样的场景下，再考察二层是否相通，那就要看主机之间是否有隔离（例如，分属不同的 VLAN 或者交换机端口之间不相通），如果没有隔离，那就是二层通，否则就是二层不通。

分属不同的子网并通过路由器转发，这种更一般的模型如图 3-72 所示。

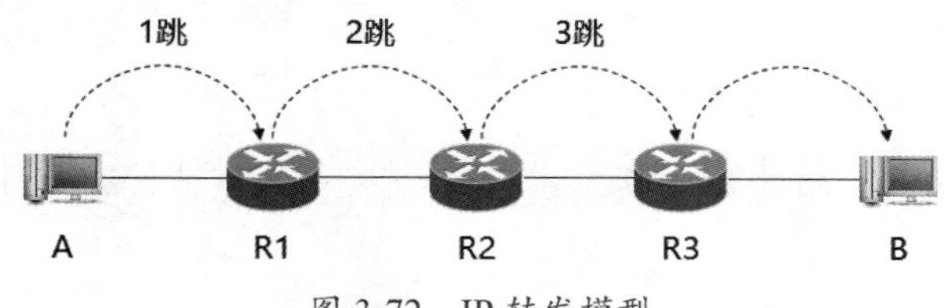

图 3-72 IP 转发模型

图 3-72 中，IP 报文每经过一个路由器的转发，就称为 1 跳。相应地，“下游”路由器称为“上游”路由器或主机的下一跳。例如，R1 是 A 的下一跳，R2 是 R1 的下一跳。如果最后是到达主机，则既不算跳数，也不能称之为下一跳。例如，不能称 B 是 R3 的下一跳；同理从 A 到 B，中间经过了 3 跳（经过了 3 个路由器的转发）。

需要说明的是，“上游”和“下游”是相对的，如果一个报文是从 B 到 A，其所经过的路径是 B → R3 → R2 → R1 → A，那么 R1 就是 R2 的下一跳。

图 3-72 所示的示意图比较简单，容易让人产生误解，以为从 A 到 B 是经过 3 跳转发这么简单。如果画出整个网络就能看出 IP 转发的复杂性，如图 3-73 所示。

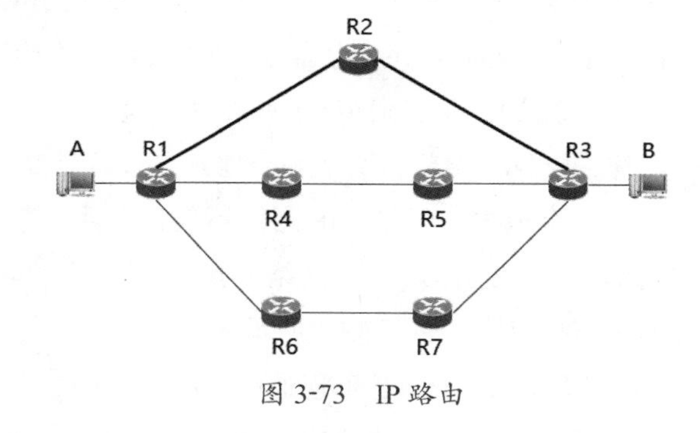

图 3-73 IP 路由

图 3-73 中，组成网络的各个路由器需要达成两个目标：将 IP 报文从 A 传输到 B；传输的路径要“最优”。这两个目标也正是 IP 路由的目标。

IP 路由可以这样定义：在 IP 网络中，选择一条“最优”路径，将 IP 报文从“源”传输到“目的”。而路由器就是承担这一责任的设备。

那么路由器是如何实现 IP 路由的功能的呢？下面首先从路由器转发模型入手，逐步讲解该问题。

3.5.1 路由器转发模型

本小节讲述的路由器转发模型仅仅是一个极简的示意，其目的只是帮助读者对 IP 路由有一个更好的理解。

以华为 NE40E 为例以对路由器有一个直观认识，如图 3-74 所示。

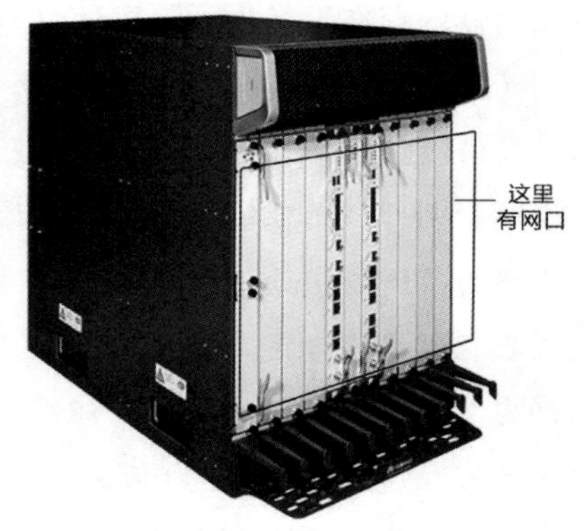

图 3-74 华为 NE40E

不考虑路由器的内部实现，从表面上看，路由器最大的特点就是网口（光口、电口）多。

从转发角度来看，网口多正是路由器的“精髓”，如图3-75所示。

可以把路由器抽象为以下两个模块。

①接口：IP报文的入和出。

②转发模块：一个“万能的开关”，如图3-76所示。

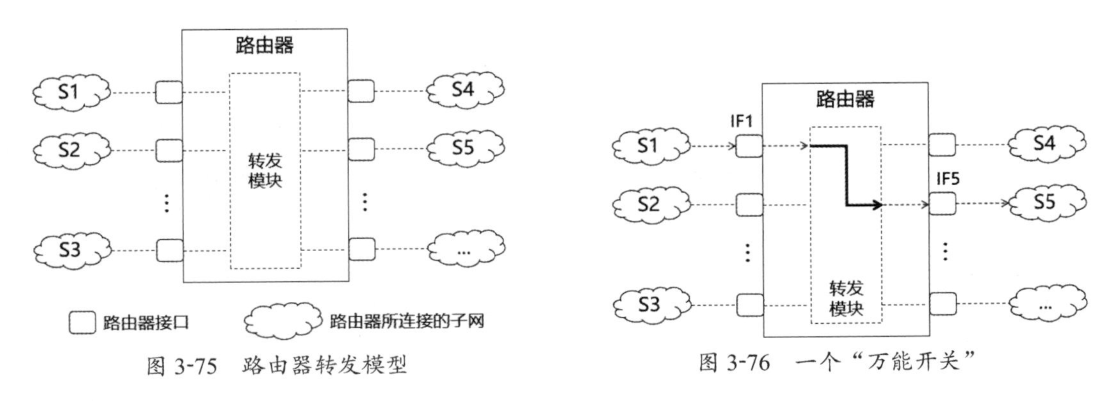

图3-75　路由器转发模型　　　　图3-76　一个“万能开关”

图3-76中，如果有报文从IF1（接口1，Interface1）入路由器，而且需要从IF5出路由器，那么转发模块就会拨动“万能开关”，使报文在路由器中完成正确的“一入一出”。

路由器不仅将报文从正确的接口输出，还会修改报文的某些字段，如图3-77所示。

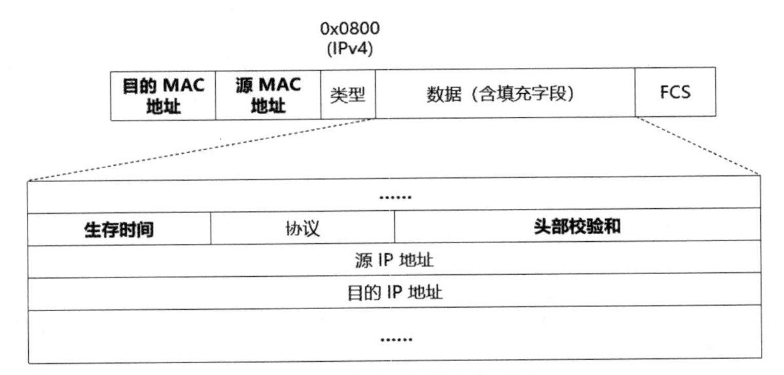

图3-77　路由器修改的字段

路由器会修改IP报文头中的“生存时间”字段，因为生存时间是一个报文可以经历的路由器的跳数，所以每经过一次路由器转发，生存时间就会被路由器“减1”。

生存时间“减1”之后，对应的“头部校验和”字段也需要修改。另外，路由器还会修改以太报文头中的“目的MAC地址”和“源MAC地址”两个字段。

路由器关于以太网头部两个MAC地址（源MAC、目的MAC）的变化如图3-78所示。

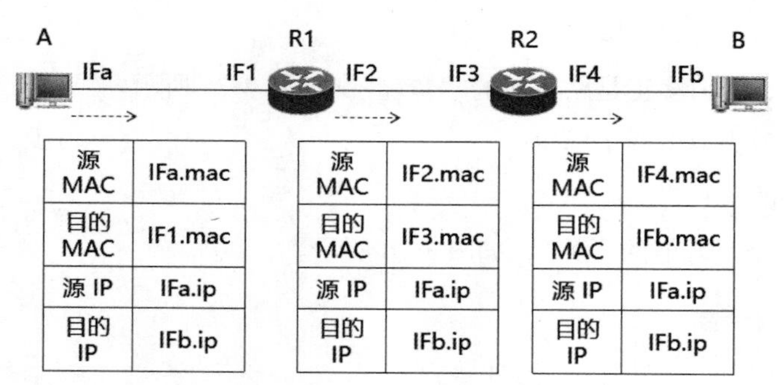

图 3-78　MAC 地址的变化

从图 3-78 可以看出，报文的源 IP 与目的 IP 自始至终不会改变，但是源 MAC 与目的 MAC 则经过每一跳都会改变。

可以看到，路由器对于报文的转发，除了修改报文头（以太头 + IP 头）外，最重要的也是最核心的，就是能为进入路由器的报文选择一个正确的接口发送出去。

3.5.2 路由表

路由器的转发离不开路由表，我们平常所说的路由表，从细节和厂商具体实现的角度考虑，其实分为路由表（Routing Table）和转发表（Forwarding Table）。但从基本原理的角度过于细究两者的不同没有必要，所以本小节如无特别说明，对两者不做区分。

说明：路由表也称为路由信息库（Routing Information Base，RIB），转发表也称为转发信息库（Forwarding Information Base，FIB）。

1. 路由表基本概念

路由表包含的信息（字段）如表 3-27 所示。

表 3-27　路由表包含的信息（字段）

字段名（中文）	字段名（英文）	基本含义
目的地址	Destination	与子网掩码一起，表达目的主机的 IP 地址或目的子网地址
子网掩码	Mask	与子网掩码一起，表达目的主机的 IP 地址或目的子网地址
协议	Protocol	发现（构建）路由表的协议
优先级	Preference	用于不同路由协议间路由优先级的比较
路由代价	Cost	用于相同路由协议间路由优先级的比较
下一跳	Next Hop	表示此路由的下一跳 IP 地址。指明数据转发的下一个设备
出接口	Interface	表示此路由的出接口 IP。指明数据将从本地路由器哪个接口转发出去

对于表 3-27 中的字段，可以通过一个例子来直观地理解，如图 3-79 所示。

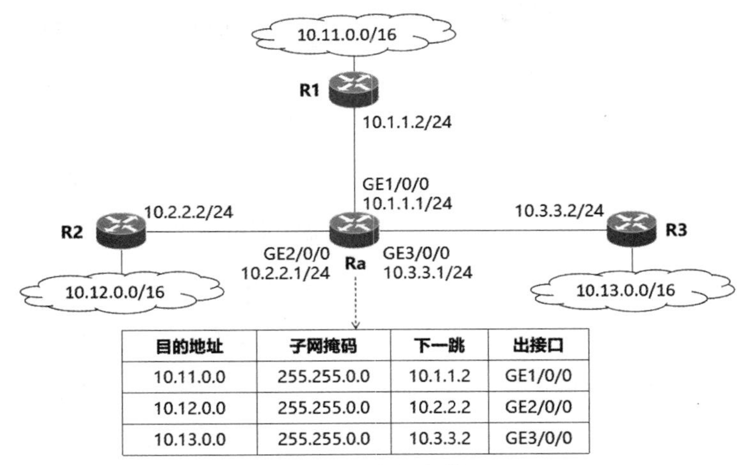

目的地址	子网掩码	下一跳	出接口
10.11.0.0	255.255.0.0	10.1.1.2	GE1/0/0
10.12.0.0	255.255.0.0	10.2.2.2	GE2/0/0
10.13.0.0	255.255.0.0	10.3.3.2	GE3/0/0

图 3-79 路由表举例

图 3-79 中的路由表只选取了目的地址、子网掩码、下一跳、出接口 4 个字段。Ra 通过 R1 可以到达网络 10.11.0.0/16，其到达路径为：从自己的接口 GE1/0/0（IP = 10.1.1.1）到达 R1 的接口 10.1.1.2，然后由 R1 转发到 10.11.0.0/16。这就是路由表中第 1 条记录的含义，其他两条同理。

这几个字段比较好理解，那么剩下的几个字段呢？在解释其他字段之前，还得先问一个问题：图 3-79 中，路由器 Ra 的路由表是怎么来的？为什么会有那几条记录？还有没有其他记录？

路由表中的内容（记录）有 3 个来源。

①静态路由。静态路由由人工配置。静态路由是固定的，即使网络状况已经改变，它也不会改变。

②动态路由。动态路由表是指动态路由协议（如 RIP、OSPF、ISIS 等）自动建立的路由表。动态路由可以随着网络状况的改变而自动改变。

③直连路由。直连路由既不需要静态配置（对应静态路由），也不需要动态学习（对应动态路由），路由器会自动生成到达其接口所对应的网段的路由。

因为有直连路由，所以图 3-79 中的路由表还需要添加几条记录，如表 3-28 所示。

表 3-28 直连路由（部分字段）

目的地址	子网掩码	下一跳	出接口
10.1.1.0	255.255.255.0	10.1.1.1	GE1/0/0
10.2.2.0	255.255.255.0	10.2.2.1	GE2/0/0
10.3.3.0	255.255.255.0	10.3.3.1	GE3/0/0

静态路由与动态路由的比较如表 3-29 所示。

表 3-29　静态路由与动态路由的比较

比较条目	静态路由	动态路由
配置复杂性	随着网络规模的增大越来越复杂	通常与网络规模无关
拓扑结构变化	需要管理员参与	自动根据拓扑结构变化进行调整
可扩展性	适合简单的网络拓扑结构	简单与复杂的网络拓扑结构都适合
安全性	更安全	没有静态路由安全
资源使用情况	不需要额外的资源	动态路由学习，需要额外的 CPU、内存、链路带宽等
可预测性	总是通过同一条路径到达目的网络	根据当前拓扑结构确定路径

了解了路由表项（路由表里的记录）的来源后，就比较好理解路由表中的“协议”字段，它表示“来源”：如果是静态路由，其一般用 Static 来标识；如果是直连路由，其一般用 Direct 来标识；如果是动态路由，则用具体的动态路由协议来标识，如 RIP 等。

假设到达同一目的网络有两条路由，其中一条通过 RIP 学习，另一条通过静态配置，那么应该选择哪一条呢？路由表中的“优先级”字段就是为了解决这个问题：不同的来源有不同的优先级，不同的优先级则意味着谁更可“相信”。如果出现“相同”的路由，则选择优先级较低的那一个。

说明：“相同”的路由指的是目的地址、子网掩码这两个字段取值都相同。

路由优先级的取值范围是 0 ~ 255，其取值原则如下。

①直连路由具有最高优先级。

②人工设置的路由条目优先级高于动态学习到的路由条目。

③度量值算法复杂的路由协议优先级高于度量值算法简单的路由协议。

需要注意的是，不同厂商之间的实现可能不一样，而且各种路由协议的优先级都可由用户手动进行修改（直连路由的优先级一般不能修改）。

如果出现多条路由，且它们的目的地址、子网掩码、优先级取值都相同，那么就需要根据“路由代价”字段来选择：选择路由代价更小的那条路由。

2. 路由表项的匹配

表 3-30 是一个路由器 R 的路由表。对于一个 IP 报文，其目的地址是 172.16.1.1，那么该报文进入 R 以后，该路由器是如何通过路由表决定此报文应该从哪个接口转发出去的呢？

表 3-30　路由表举例（部分字段）

目的地址	子网掩码	下一跳	出接口
172.16.1.0	255.255.255.0	192.168.13.1	GE1/0/0
172.16.2.0	255.255.255.0	192.168.13.2	GE2/0/0
172.16.0.0	255.255.0.0	192.168.23.1	GE3/0/0

路由器首先根据最长掩码匹配原则，从路由表中查找最合适的表项。最长匹配指的是路由表中的每个表项都指定了一个网络，所以一个目的地址可能与多个表项匹配。而最应该选择的一个表项就是子网掩码最长的那一个 —— 最长掩码匹配。

最长掩码匹配有两层含义：首先是“匹配”，然后是“掩码最长”，如图 3-80 所示。

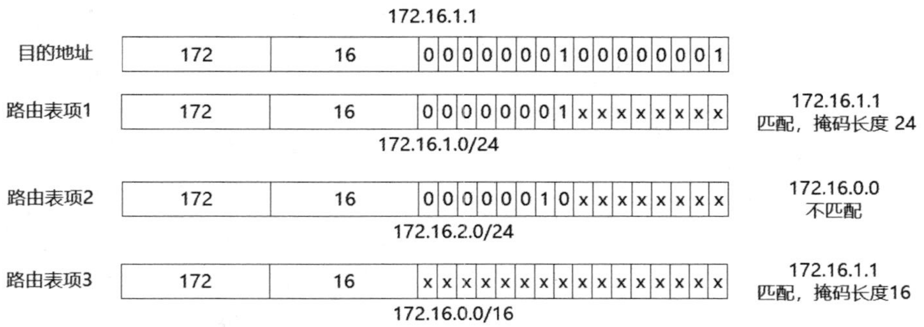

172.16.1.1
目的地址 | 172 | 16 | 0 0 0 0 0 0 0 1 0 0 0 0 0 0 0 1
路由表项1 | 172 | 16 | 0 0 0 0 0 0 0 1 x x x x x x x x | 172.16.1.1 匹配，掩码长度 24
172.16.1.0/24
路由表项2 | 172 | 16 | 0 0 0 0 0 0 1 0 x x x x x x x x | 172.16.0.0 不匹配
172.16.2.0/24
路由表项3 | 172 | 16 | x x x x x x x x x x x x x x x x | 172.16.1.1 匹配，掩码长度16
172.16.0.0/16

图 3-80　最长掩码匹配

我们知道，路由表项中的目的地址、子网掩码联合起来表达的是一个子网的网络号，如果把其中对应的主机号全部取值为 0，那么表 3-30 中的 3 条路由表项就是图 3-80 中的相对应的 3 条路由表项（为了更加清晰地表达，图 3-80 中将路由表项中的主机号用 x 来表达 0）。

有了这样的表达之后，将 IP 报文的目的地址直接和子网的网络地址进行按位“与”运算：如果运算结果等于子网的网络地址，则认为该路由表项是匹配的；否则，认为不匹配。可以看到，图 3-80 中，路由表项 2 不匹配。

匹配是指按照此路由表项转发，能到达目的地址。但是，如果有多个匹配项，那么该选择哪一个呢？答案是选择掩码最长的那个表项。对于图 3-80 来说，就是选择路由表项 1。

如果根据最长掩码长度规则仍然匹配了多条表项，那么下一步就是根据路由的优先级来选择表项，谁更小就选择谁。

如果优先级也相同，那么再下一步就是根据路由的代价来选择表项，谁更小就选择谁。下面举例说明，如表 3-31 所示。

表 3-31　路由表项的选择

目的地址	子网掩码	优先级	代价	下一跳	出接口
172.16.1.0	255.255.255.0	100	5	192.168.13.1	GE1/0/0
172.16.1.0	255.255.255.0	15	8	192.168.14.1	GE4/0/0
172.16.1.0	255.255.255.0	15	6	192.168.15.1	GE5/0/0
172.16.2.0	255.255.255.0	10	3	192.168.13.2	GE2/0/0
172.16.0.0	255.255.0.0	10	2	192.168.23.1	GE3/0/0

显然，根据上述原则，应该选择第 3 条路由表项作为目的地 172.16.1.1 的转发表项。

3. 路由表和转发表的区别

从物理上来说，一般来说，路由器中确实有两张表，如图 3-81 所示。

通过图 3-81 可以看到，路由表的目的是记录各种来源的路由表项，而转发表的目的是为转发服务。至于两张表为什么不合成一张表，这与具体实现相关，而且对于 Linux 内核来说，它确实只有一张表，没有路由表、转发表之分。

另外，从内容来说，一般路由表只有 3 个字段，即目的地址、子网掩码、下一跳，而转发表还要包括协议、优先级、代价。具体到不同的厂商，它们可能还会增加自己的字段。

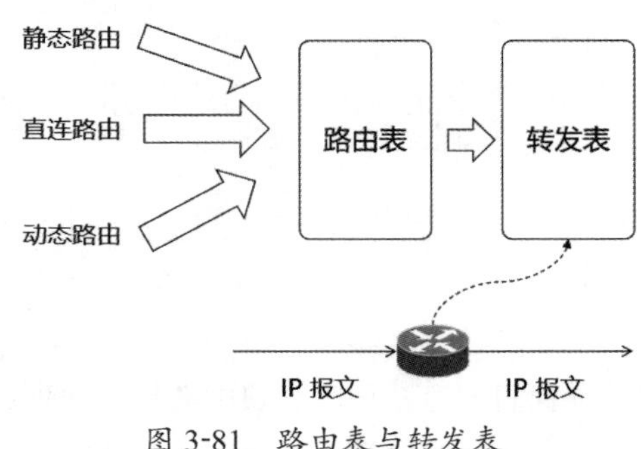

图 3-81　路由表与转发表

3.5.3 等价路由

前文中提到，选择路由表项的原则是：首先是最长掩码匹配，然后是基于优先级，最后是基于路由代价（谁代价小，选择谁）。

但是，如果有多条路由，且其代价相同（即最长掩码匹配相同，优先级也相同），应该如何选择呢？这就是等价路由的问题。

有两种方案：一种是只选择其中一条（如选择第 1 条），另一种就是 ECMP（Equal-Cost Multi-Path Routing，等价多路径）。

ECMP 最大的特点是，实现了等值情况下多路径负载均衡的目的，如图 3-82 所示。

在图 3-82 中，如果采用 ECMP 方案，则 S1 到达 S2 的 IP 报文可以有 R1 → R2 → R3 和 R1 → R4 → R3 两条路径，并进一步根据负载分担的算法，实现负载均衡，即两条路径上 S1 → S2 的流量（基本）相同。

ECMP 的负载分担算法可以抽象为两部分：负载如何分类和负载如何分担，如图 3-83 所示。

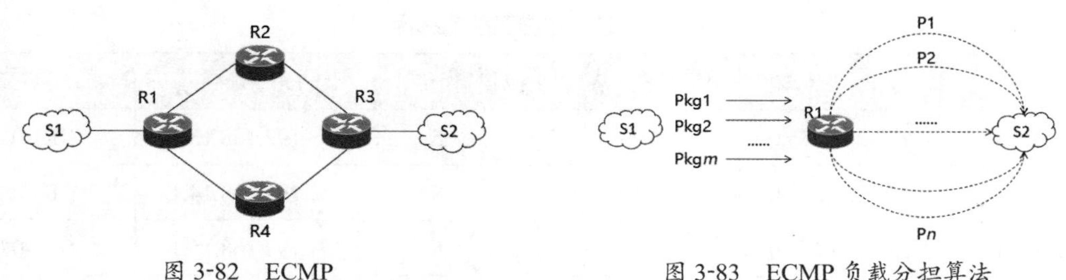

图 3-82　ECMP　　　　图 3-83　ECMP 负载分担算法

图 3-83 中，假设“同一”时刻，从 S1 发送到 S2 的报文有 m 个（Pkg1 ~ Pkg$m$），而从 S1 到达 S2 的等价路径有 n 个（P1 ~ Pn）。这些报文有两种分类方法。

①按照报文本身进行分类，一个报文就是一类。

②按照IP流进行分类，属于相同的“流”，就是一类。

说明：① IP流就是将IP报文按照一定的规则进行分类，该分类规则一般是“五元组”，即源IP地址、目的IP地址、协议号、源端口、目的端口。如果不同的报文中这5个字段是相同的，那么就认为它们属于同一个“流”。

②“五元组”中的源端口、目的端口并不是IP层的概念，而是更上层传输层的概念，所以实际上IP流更准确的说法应该是TCP/IP流。

③流分类原则，不仅五元组，四元组、七元组等都是可以的，甚至一元组也是可以的（如仅仅依据“源IP”进行分类）。

将 m 个报文分类以后，假设分为了 k 类（记为C1 ~ Ck），下一步就是将这 k 个类分配到 n 个路径上，对于算法分配，并无限制，如hash（哈希）、round-robin（轮询调度）等，可以自己选择。

如何定义路由的代价（Cost）呢？路由代价与什么相关？链路带宽、时延、丢包、抖动、路由跳数、带宽利用率……所有这些因素，都影响路由代价，而且这些因素有着几大问题难以解决。

①有的因素难以测量。

②有的因素实时变化。

③多个因素综合起来如何计算为1个值（Cost）。

我们举一个极端的例子，该例子在现实中也许不会发生，但是非常能说明问题，如图3-84所示。

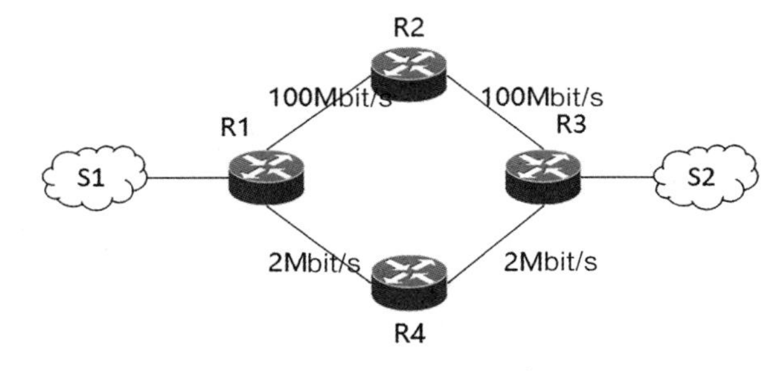

图3-84　ECMP问题举例

图3-84中，原本S1到达S2的路径是R1→R2→R3，带宽是100Mbit/s。但如果加上路径R1→R4→R3，两者联合起来构建ECMP解决方案，我们会发现：S1到达S2的带宽变成了4Mbit/s。这种情况是很麻烦的，但确实是ECMP方案所带来的可能的后果。所以影响路径代价的因素不止一个，而且不好计算，同样影响路径权值的因素也绝对不是一个（不是链路带宽这么简单），而且同样不好计算。所以说无论是ECMP，还是WCMP，他们的问题是一样，都是在根本上，没有解决Cost/Weight的计算问题，那么后续的算法及方案也就无从谈起。

客观地说，ECMP/WCMP也不是完全一无是处，只是我们应该清晰地认识到，它们的适用场景是比较有限的。当我们决定采用ECMP/WCMP方案时，一定要深入分析、慎之又慎。

3.5.4 路由备份

IP路由具有备份的功能。

图3-85中，S1到达S2的路由原本是R1→R2→R3，此时如果R2出现了问题，则路径

R1→R2→R3 就会不通。

但是，如果是动态路由（如 OSPF），动态路由协议会重新学习构建一个新路径 R1→R4→R3，即 S1 到达 S2 的路由会从“中断”变成“连通”。从这个意义上来说，IP 路由天生是可以备份的。

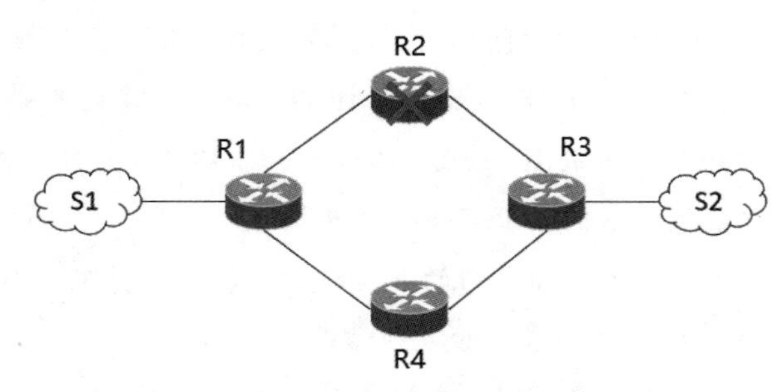

图 3-85　路由备份举例

①物理拓扑上有备份路径，但是路由是静态路由，不是动态路由。例如，图 3-90 中的路由是纯静态路由，S1 到达 S2 的路由原本是 R1→R2→R3，此时如果 R2 出现了问题，则路径就会不通。

②物理拓扑上没有备份路径，如图 3-86 所示，如果 R2 出现了问题，则 S1 到 S2 的路径彻底中断。

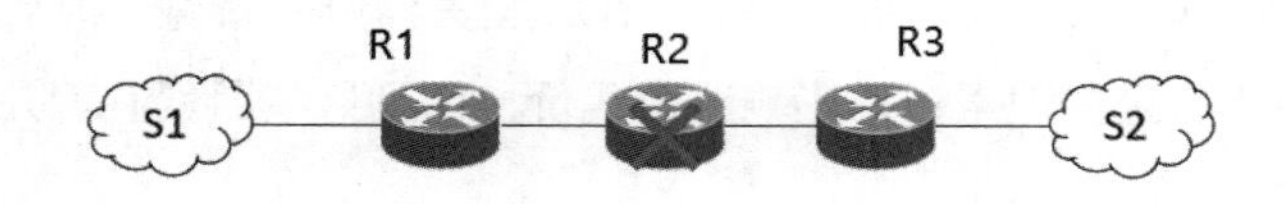

图 3-86　路由故障举例

所以，基于以上分析，路由备份的前提是有备份路由。但是，是否只要满足这个前提，然后加上动态路由，就可以解决问题呢？

是否可以解决问题取决于路由备份的核心指标，即路由切换时间，即一个路由从原路径切换到备份路径需要多少时间？路由切换时间，从另一个角度来看，就是业务中断时间，显然，这个时间越少越好。

路由切换时间分为两部分。

①原路径中断发现时间。

②新路径学习 / 构建时间（新路径构建好后可以马上切换路径）。

路由备份方案分为 3 种，如图 3-87 所示。

图 3-87（a），表达的方案是“基于路径的备份”，路径 R1→R4→R3 是 R1→R2→R3 的备份。

图 3-87（b），表达的方案是“基于路由器的备份”，这里只需知道路由器 R1–s 是 R1–m 的备份（s 意指 slave，m 意指 master）即可。当 R1–m 不能工作时，R1–s 会替代 R1–m 继续工作。

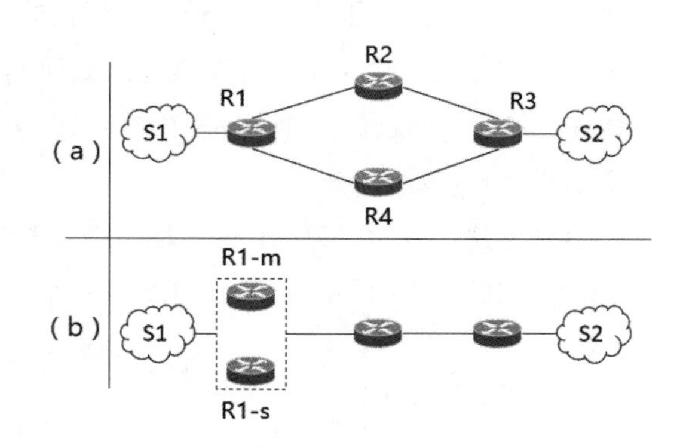

图 3-87　路由备份方案

1. 基于路径的备份

广义地讲，动态路由协议（OSPF、ISIS、RIP）

都可以认为是基于路径的路由备份方案，但是考虑到它们的新路径学习 / 构建时间较长，不能很好地满足路由备份的要求，所以狭义的概念中并没有将它们归入路由备份的方案。

ECMP/WCMP 的优点是新路径学习 / 构建时间为 0，因为它本来就是多条路径，既可以承担路由负载分担的职责，也可以承担路由备份的功能。正如前文所说，由于客观原因，ECMP/WCMP 的问题很多，适用范围有限，因此其不是一个行之有效的路由备份方案。

动态路由协议和 ECMP/WCMP 两者正好互补。前者的优点是避开了路由负载分担的一系列难以解决的问题，缺点是新路径学习 / 构建时间长；而后者的优点是新路径学习 / 构建时间为 0，缺点是难以解决路由负载分担的一系列的问题。

浮动静态路由方案综合了两者的优点，同时避开了两者的缺点，如图 3-88 所示。

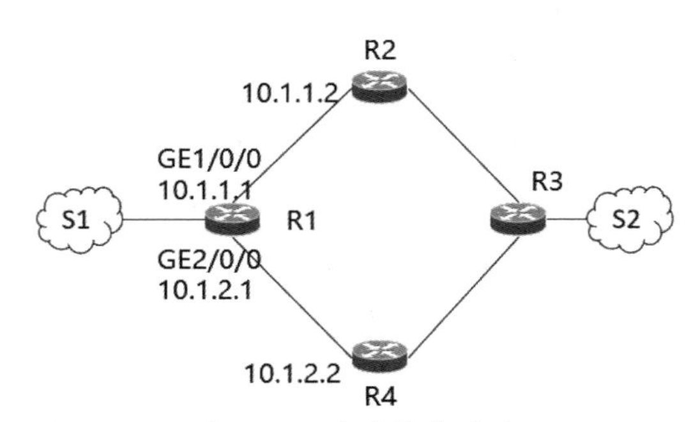

图 3-88　浮动静态路由

图 3-88 中，路由器 R1 的路由表（部分表项、部分字段）如表 3-32 所示。

表 3-32　R1 的路由表（部分表项、部分字段）

目的地址 子网掩码	下一跳	出接口	协议	优先级	备注
S2	10.1.1.2	GE1/0/0	OSPF	10	R1 → R2 → R3
S2	10.1.2.2	GE2/0/0	Static	60	R1 → R4 → R3

表 3-32 中，第 1 条路由是通过 OSPF 协议动态学习而得，第 2 条路由是人工静态配置而得。第 1 条路由的优先级低于第 2 条路由，目的是让第 2 条路由（静态路由）成为第 1 条路由的备份（第 1 条路由也可以是静态路由）。

严格地说，当第 1 条路由有效时（路径 R1 → R2 → R3 正常），第 2 条路由不会出现在路由表中（通过路由表查询命令查看不到此条路由）。

我们只需关注其基本原理，当第 1 条路由失效时（如路由器 R2 死机），第 2 条路由马上就会出现在路由表中，并且顶替第 1 条路由，承担 S1 到 S2 的传输职责。

可以看到，浮动静态路由因为是提前创建好的，所以其新路径学习 / 构建时间为 0；再加上当它为备份时并不会做路由负载分担，从而避开了相应的问题。

2. 基于路由器的备份

基于路由器的备份主要有 3 种方案：热备份路由器协议（Hot Standby Router Protocol，HSRP）、网关负载均衡协议（Gateway Load Balancing Protocol，GLBP）和虚拟路由冗余协议（Virtual Router Redundancy Protocol，VRRP）。前两种是 Cisco 的私有方案，不具有代表性，因此本小节只介绍第 3 种方案：VRRP。

VRRP 是由 IETF 提出的解决局域网中网关出现单点失效现象的路由协议，其对应的是 RFC 2338（1998 年），如图 3-89 所示。

在图 3-89 中，局域网中的设备的网关（Gateway，GW）是 10.10.10.1，但该网关 IP 是一个虚拟 IP（Virtual IP）。

路由器 Rm 与 Rs 联合组成一个 VRRP 解决方案。关于 VRRP 协议的细节本小节不再介绍，只是强调几点。

①两个路由器会选举出一个主路由器、一个备份路由器。

②路由器还会进行检测，如果主路由器出现故障，备路由器升为主路由器。

③主路由器会“假装”自己的 IP 地址是虚拟 IP。

图 3-89　VRRP

④除了虚拟 IP 外，还有一个虚拟 MAC，这也是主路由器需要“假装”的。

对于局域网的设备来说，它们并不存在路径切换的问题，因为 VRRP 方案对外暴露的网关 IP 和 MAC 地址并没有改变，即使其内部已经做了主、备倒换。对于 VRRP 内部的路由器而言，也不存在新路由学习 / 构建时间，因为其他路由器没有问题。

唯一的问题是如何快速检测主路由器的状态，检测到主路由器出现故障。但总的来说，这种检测所需要的时间也比网络中的路由器检测时间要短。

虽然 IETF 当初提出 VRRP 是为了解决局域网中网关出现单点失效的问题，但是理论上 VRRP 可以应用于网络中的任何位置。只是这种方案的成本较高，一个节点需要两台路由器，所以一般来说，VRRP 的应用场景较少。

路由备份的总结如表 3-33 所示。

表 3-33　路由备份小结

分类	方案	原路径中断发现时间	新路径学习 / 构建时间	成本与问题	适用场景
基于路径的备份	动态路由协议	较长	较长	严格地说，不能称为路由备份方案，因为业务中断时间太长，而且有时由于客观条件限制，并没有备份的路由	—
	ECMP	较短	0	由于其在负载分担层面的问题较多，实际上大部分场景不能应用此方案	极少场景
	浮动静态路由	较长	0	中断发现时间较长，但是也没有更好的办法	网络任何位置
基于路由器的备份	VRRP	更短	0	成本较高	网络边缘

3.5.5 策略路由与路由策略

策略路由（Policy-based Routing）其实就是基于策略的路由。

传统的路由是基于目的地的路由，这也是路由的根本目标：将 IP 报文送到目的地。

策略路由是指在决定一个 IP 包的下一跳转发地址或是下一跳默认 IP 地址时，不是简单地根据目的 IP 地址决定，而是综合考虑多种因素来决定。策略路由是对传统路由的改进，而不是推翻，这有两个原因。

①策略路由的本质是要把 IP 报文送到目的地。

②为了能送到目的地，策略路由还需要路由表。

策略路由举例如图 3-90 所示。如果期望 S1 到达 S3 的路径是 R1 → R2 → R3，S2 到达 S3 的路径是 R1 → R4 → R3，那么采用传统的路由方案无法实现，如表 3-34 所示。

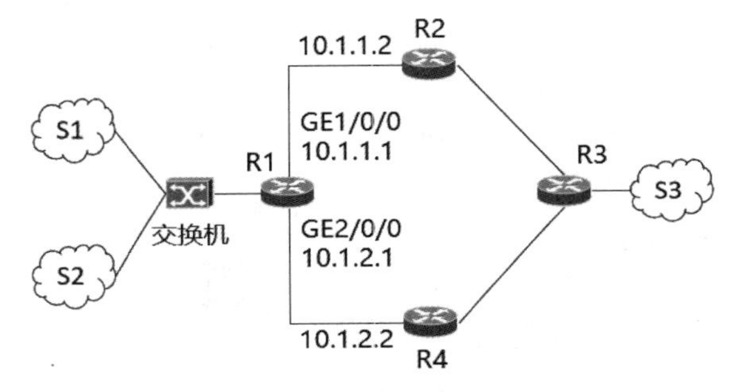

图 3-90 策略路由举例（1）

表 3-34 传统的转发表（部分表项、字段）

目的地址 / 子网掩码	下一跳	出接口	备注
S3	10.1.1.2	GE1/0/0	R1 → R2 → R3

通过表 3-34 可以看到，传统的转发表是基于目的地的转发表。基于此表的转发，如果目的地是 S3，那么只会选择一条路径，无法达到我们的期望。

如果有这样一张转发表，那么是否可以达到期望呢？如表 3-35 所示。

表 3-35 策略路由转发表（示意）

源地址	目的地址 / 子网掩码	下一跳	出接口	备注
S1	S3	10.1.1.2	GE1/0/0	R1 → R2 → R3
S2	S3	10.1.2.2	GE2/0/0	R1 → R4 → R3

通过表 3-35 可以看到，路由器如果基于此表转发，将很容易达到目标。

说明：本小节笔者特意用了“转发表”一词，而没有与“路由表”混用，这是因为在下文“路由策略”的介绍中会涉及路由表的概念。如果基于转发表和路由表来理解策略路由、路由策略，就比较好区分两者的含义。

表 3-35 中还包括“目的地址 / 子网掩码”这样明确的表达目的地的字段，实际上这样的字段也可以不出现在策略转发表中，如图 3-91 所示。

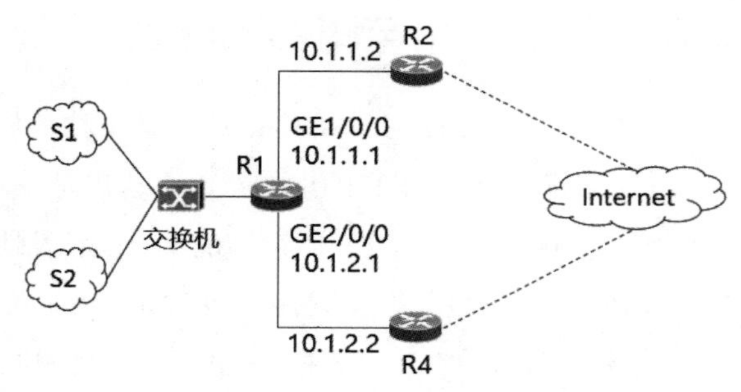

图 3-91　策略路由举例（2）

图 3-91 中表达的场景，比较典型的是数据中心多出口，如图 3-92 所示。

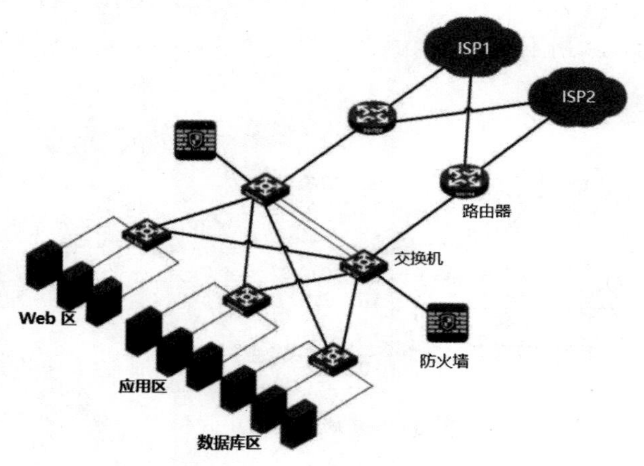

图 3-92　数据中心多出口

图 3-92 中的 ISP1、ISP2 代表两个运营商的网络（假设是中国移动和中国电信），即数据中心既可以通过中国移动的网络，也可以通过中国电信的网络连接到 Internet。这意味着对于策略路由来说，不用考虑目的地在哪，无论从哪个出口出去都会到达。

对于图 3-92，如果不考虑目的地，那么其对应的策略路由转发表如表 3-36 所示。

表 3-36　策略路由转发表（示意）

源地址	下一跳	出接口	备注
S1	10.1.1.2	GE1/0/0	R1 → R2 → R3
S2	10.1.2.2	GE2/0/0	R1 → R4 → R3

从某种意义上说，表 3-35 和表 3-36 都可以理解为基于“源地址”的路由转发策略，但是策略路由可以依据的因素远不止这一点。实际上，策略路由所考虑的因素也不仅仅是 IP 这一层，而是横跨多层，例如以下几层。

① 802.1p 优先级。

② VLAN ID。

③源/目的 MAC 地址。

④源/目的 IP 地址（包括 IP 的 MASK 部分）。

⑤ TCP/UDP 源/目的端口号。

⑥ IP 优先级。

⑦ DSCP 的优先级。

⑧ IP 的协议类型字段。

甚至可以说，只要你能做到就可以随便设置策略，例如，听到鸡叫走出口 1，听到狗叫走出口 2，等等。策略路由没有固定的标准和协议，也没有什么所谓的报文结构（也不需要）：从转发层面来说，考验的是各个厂商的技术能力；从控制层面来说，也没有什么控制协议；只是在配置面有人机配置接口，如命令行。不同厂商的命令行其表现形式也不同。

当一个路由器里既有策略路由，又有普通路由时，它们之间是什么关系呢？

一个 IP 报文进入路由器后，路由器先基于策略路由转发；如果没有对应的策略路由转发表项，那么再依据普通路由进行转发；如果普通路由也没有对应的转发表项，那么再依据策略路由的默认路由进行转发。

前面讲述了策略路由，那么，路由策略是如何作用于路由表的呢？

在一个自治系统中经常会运行多个 IGP（如 RIP、OSPF），在一个路由器中也可能运行多个路由协议。自治系统间路由器不同的路由协议之间在进行路由信息的交换和共享时，由于政治、经济的原因，需要对发布、接收、引入的某些信息进行过滤或对信息中的属性进行修改，这时就要使用到路由策略。

路由协议在与对端路由器进行路由信息交换时，可能需要注意如下几点。

①发布路由信息时只发送部分信息。

②接收路由信息时只接收部分信息。

③进行路由引入时引入满足特定条件的路由信息。

④设置路由协议引入的路由属性。

上述 4 点描述的都是路由信息的过滤，而路由策略就是提供给路由协议实现这些信息过滤的手段，所以路由策略也常被称为路由过滤。

路由策略由一系列的规则组成，这些规则可以归为 5 类，也称为 5 种过滤器。这 5 种过滤器可以应用于路由的发布、接收和引入过程，如表 3-37 所示。

表 3-37　路由策略的 5 种过滤器

过滤器	简述	作用阶段
路由策略（route-policy）	设定匹配条件，属性匹配后进行设置，由 if-match 和 apply 字句组成	路由引入

续表

过滤器	简述	作用阶段
访问列表（acl）	用于匹配路由信息的目的网段地址或下一跳地址，过滤不符合条件的路由信息	路由发布 路由接收
前缀列表（ip-prefix）	匹配对象为路由信息的目的地址或直接作用于路由器对象（gateway）	路由发布 路由接收
自治系统路径信息访问列表（as-path-acl）	仅用于 BGP 协议，匹配 BGP 路由信息的自治系统路径域	路由发布 路由接收
团体属性列表（community-list）	仅用于 BGP 协议，匹配 BGP 路由信息的自治系统团体域	路由发布 路由接收

策略路由与路由策略的区别如表 3-38 所示。

表 3-38　策略路由与路由策略的区别

类别	策略路由	路由策略
作用对象	数据流（IP 报文）	路由表项
结果影响	影响 IP 报文的转发：首先基于策略转发，如果没有对应策略，再基于普通路由转发	影响路由表项的发布、接收、引入
服务对象	基于控制面，为路由表和路由协议服务	基于转发面，为转发策略服务

3.6 ICMP

Internet 控制消息协议（Internet Control Message Protocol，ICMP）并不是很复杂，如图 3-93 所示，但其有两点容易让人困惑。

①与路由器的控制面的关系不大，控制面是跟路由发现密切相关的，而 ICMP 与路由发现毫无关系。

②在 TCP/IP 协议栈中属于第 3 层（网络层/IP 层），但是从报文的“位置”来看，它与传输层（UDP/TCP）却很相像。

这可能与其取名用词和网络分层有关。

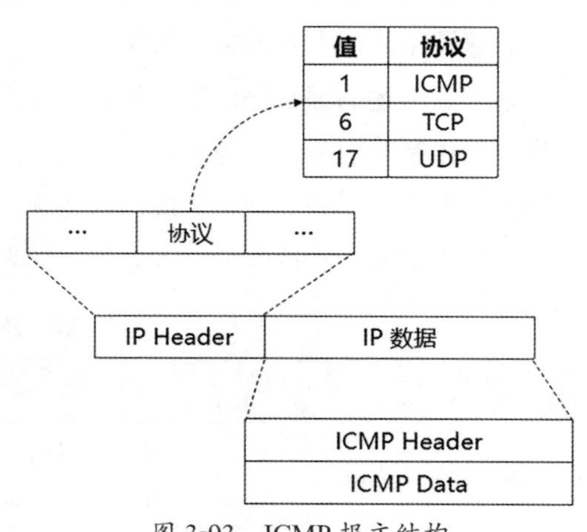

图 3-93　ICMP 报文结构

从图 3-93 可以看到，ICMP 报文承载于 IP 报文，其所对应的 IP Header 中的“协议”字段的值为 1。从这个角度来说，ICMP 与 TCP、UDP 是一样的，而 TCP、UDP 属于第 4 层协议，ICMP 却与 IP 一样属于第 3 层。

TCP/UDP 所传输的是用户的数据，而 ICMP 所传输的是 IP 层的“控制”消息，是为 IP 层服务的。也正是因为此，业界把 ICMP 层定位为第 3 层“网络层”的协议。

ICMP 报文格式如图 3-94 所示。与任何报文一样，ICMP 报文也分为 Header 和 Data 两部分。有很多 ICMP 报文没有数据部分只有报文头。ICMP 的报文头占有 8 字节，其中前 4 字节是固定的，而后 4 字节需要依据前 4 字节的内容而定。

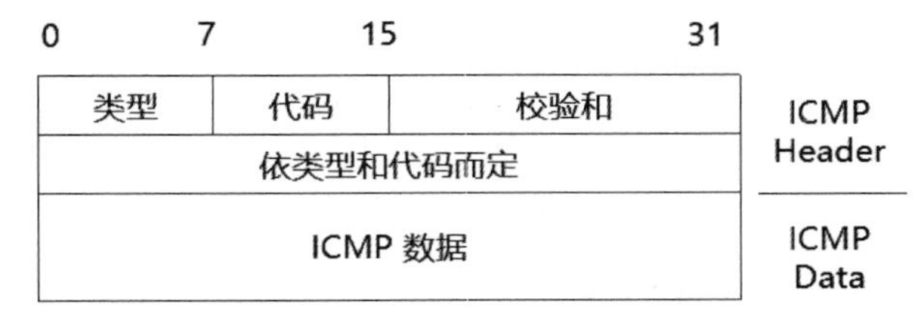

图 3-94 ICMP 报文格式

ICMP 报文头中的“校验和”字段占有 2 字节，其计算方法与 IP Header 中的校验和计算方法相同，这里不再重复。

ICMP 报文头中的“类型”和“代码”字段分别占用 1 字节，两者联合起来表达了 ICMP 报文的具体含义，如表 3-39 所示。

表 3-39 ICMP 报文含义

类型	代码	含义	分类
0	0	Echo Reply［回显应答（Ping 应答）］	信息查询
3	0	Network Unreachable（网络不可达）	错误报告
	1	Host Unreachable（主机不可达）	错误报告
	2	Protocol Unreachable（协议不可达）	错误报告
	3	Port Unreachable（端口不可达）	错误报告
	4	Fragmentation needed but no frag. bit set（需要进行分片但没有设置）	错误报告
	5	Source routing failed（源端选路失败）	错误报告
	6	Destination network unknown（目的网络未知）	错误报告
	7	Destination host unknown（目的主机未知）	错误报告
	8	Source host isolated (obsolete)［源主机被隔离（作废不用）］	错误报告
	9	Destination network administratively prohibited（目的网络被强制禁止）	错误报告

续表

类型	代码	含义	分类
3	10	Destination host administratively prohibited（目的主机被强制禁止）	错误报告
	11	Network unreachable for ToS（由于服务类型 ToS，网络不可达）	错误报告
	12	Host unreachable for ToS（由于服务类型 ToS，主机不可达）	错误报告
	13	Communication administratively prohibited by filtering（由于过滤，通信被强制禁止）	错误报告
	14	Host precedence violation（主机越权）	错误报告
	15	Precedence cut off in effect（优先中止生效）	错误报告
4	0	Source quench[源端抑制（基本流控制）]	错误报告
5	0	Redirect for network（对网络重定向）	错误报告
	1	Redirect for host（对主机重定向）	错误报告
	2	Redirect for ToS and network（基于服务类型对网络重定向）	错误报告
	3	Redirect for ToS and host（基于服务类型对主机重定向）	错误报告
8	0	Echo request[回显请求（Ping 请求）]	信息查询
9	0	Router advertisement（路由器通告）	信息查询
10	0	Router solicitation（路由器请求）	信息查询
11	0	TTL exceeded in transit（传输期间生存时间为 0）	错误报告
11	1	Fragment reassembly time exceeded（在数据报组装期间超时）	错误报告
12	0	IP header bad (catch all error)[坏的 IP 首部（包括各种差错）]	错误报告
	1	Required options missing（缺少必需的选项）	错误报告
13	0	Timestamp request (obsolete)[时间戳请求（作废不用）]	信息查询
14	0	Timestamp reply (obsolete)[时间戳应答（作废不用）]	信息查询
15	0	Information request (obsolete)[信息请求（作废不用）]	信息查询
16	0	Information reply (obsolete)[信息应答（作废不用）]	信息查询
17	0	Address mask request（地址掩码请求）	信息查询
18	0	Address mask reply（地址掩码应答）	信息查询

通过表 3-39 可以看到，ICMP 报文可以分为两大类：信息查询、错误报告。错误报告，其实报告的就是网络 / 主机不通了，而之所以还有那么多分类，是为了表达网络 / 主机不通的原因。

3.6.1 ICPM 错误报告

ICMP 错误报告又可以细分为 5 类，如表 3-40 所示。

表 3-40　ICMP 错误报告分类

类型	说明
3	目的（网络 / 主机）不可达
4	源端抑制
11	超时
12	参数问题
5	路由重定向

ICMP 错误报告场景如图 3-95 所示。主机 A 发送一个报文给主机 B（记为 IP.a），该报文可能在路由器 R 时就被发现错误（如主机不可达），不能再被转发到 B，此时路由器 R 会返回给主机 A 一个 ICMP 报文，报告错误（记为 ICMP.r）。也可能是该报文到达了 B，但是仍然发生了错误（如协议不可达），此时由主机 B 回给主机 A 一个 ICMP 报文，报告错误（记为 ICMP.b）。

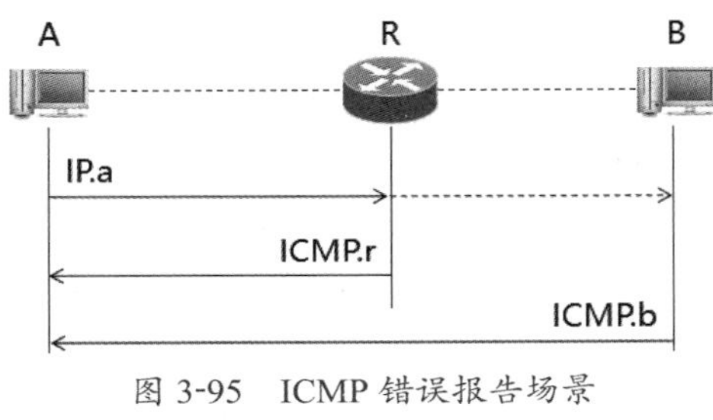

图 3-95　ICMP 错误报告场景

无论是 ICMP.r 还是 ICMP.b，无论是谁发送的（主机或路由器），无论是什么类型（一共有 5 大类型），它们的报文格式基本相同，如图 3-96 所示。

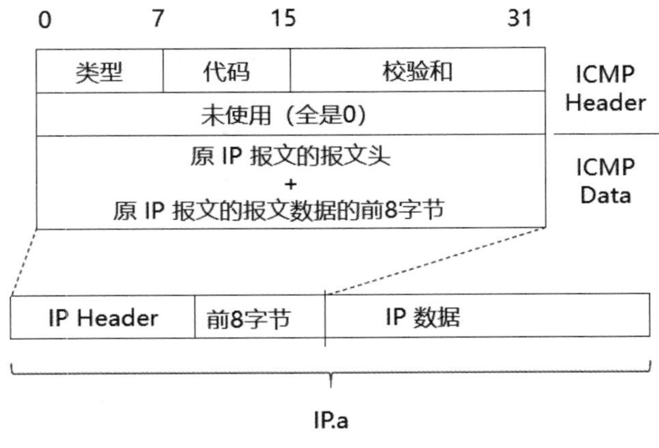

图 3-96　ICMP 错误报告的基本报文格式

图 3-96 中，ICMP Header 中的字段比较好理解，而 ICMP Data 中的内容稍显复杂：原 IP 报文的报文头 + 原 IP 报文的报文数据的前 8 字节。可以结合图 3-95 一起来理解，主机 A 发送给主机 B 的报文 IP.a，如果中间出了问题，路由器 R 或主机 B 回以 ICMP 报文，该报文会将 IP.a 的报文头及 IP.a 的报文数据的前 8 字节带回来。这么做是综合考虑了以下两点。

①对于 A 来说，它将 IP.a 发送出去以后，自己可能（而且是非常大的概率）并不知道 IP.a 是

什么了，因为它没有保存。但是如果对方返回一个 ICMP 错误报告，且没说明发生错误的 IP 报文是什么，那么 A 会以为是错误。

②对于错误报告方（ICMP 错误报告发送者）来说，它也可以试图将发生错误的报文全都发回去，但这样会浪费带宽，而且也没有必要，所以最终只发送了“原 IP 报文的报文头 + 原 IP 报文的报文数据的前 8 字节”。

虽然在 ICMP 报文中路由器或主机附带了原报文的部分内容，但是对于原报文本身来说，路由器或主机是做丢弃处理的，然后再返回 ICMP 错误报告，但不是每个错误的场景，对方都会回以 ICMP 错误报告，有如下 4 种场景不会发送 ICMP 错误报告。

① ICMP 报文发生了错误，此时不会再用 ICMP 来报告 ICMP 消息的错误，这是为了避免无限循环（最终是为了避免网络风暴）。

②对于被分片的数据报，ICMP 只发送关于第 1 个分片中的错误。其他分片即使错了，也不会发送 ICMP 错误报告。

③目的地址是广播或组播 IP 的报文永远不会发送 ICMP 消息，这也是为了避免网络风暴。

④源主机 IP 不是单播 IP 的报文（源地址为 0、环回地址、广播地址、组播地址）永远不会发送 ICMP 消息。

以上介绍的是 ICMP 错误报告的基本内容，下面针对每一类错误报告展开介绍。

1. 目的不可达

目的（网络 / 主机）不可达的报文格式与图 3-96 完全一样，这里不再重复。目的不可达的类型为 3，代码的值从 0 到 15，如表 3-41 所示。

表 3-41　目的不可达

类型	代码	原因	说明
3	0	Network unreachable（网络不可达）	可能是硬件故障
	1	Host unreachable（主机不可达）	可能是硬件故障
	2	Protocol unreachable（协议不可达）	例如，主机收到了一个数据报，它要交给 TCP 协议，但是 TCP 协议并没有运行
	3	Port unreachable（端口不可达）	数据要交付的那个应用程序（进程）此时未运行
	4	Fragmentation needed but no frag. bit set（需要进行分片但没有设置）	需要进行分片，但该数据报的 DF（不分片）字段已经被设置（数据报的发送站已经指明该数据报不能分片，但是不进行分片又不可能进行路由选择）
	5	Source routing failed（源端选路失败）	源端路由选择不能完成。换言之，在该源端路由选择选项中定义的一个或多个路由器无法通过

续表

类型	代码	原因	说明
3	6	Destination network unknown（目的网络未知）	路由器没有关于目的网络的信息
	7	Destination host unknown（目的主机未知）	路由器不知道网络主机的存在
	8	Source host isolated (obsolete)[源主机被隔离（作废不用）]	—
	9	Destination network administratively prohibited（目的网络被强制禁止）	与目的网络的通信从管理上是禁止的
	10	Destination host administratively prohibited（目的主机被强制禁止）	与目的主机的通信从管理上是禁止的
	11	Network unreachable for ToS（由于服务类型 ToS，网络不可达）	对指明的服务类型网络不可达
	12	Host unreachable for ToS（由于服务类型 ToS，主机不可达）	对指明的服务类型主机不可达
	13	Communication administratively prohibited by filtering（由于过滤，通信被强制禁止）	主机不可达。管理层面设置了一个过滤器，强行拒绝
	14	Host precedence violation（主机越权）	主机不可达，主机的优先级被破坏
	15	Precedence cut off in effect（优先中止生效）	主机不可达，因为它的优先级被删除

需要强调一点，表 3-41 中的 16 种报文中，Code 等于 2 和 3 的只能由主机发送（因为报文已经到达主机，但是主机由于自身的原因而无能为力），其余的只能由路由器发送（因为报文根本到不了主机）。

2. 源端抑制

不管是路由器还是主机，都会有一个处理能力上限，如果对方发送的 IP 报文太多太快，则其无法及时处理。此时它会做两个动作：将来不及处理的报文丢弃；给对方发送源端抑制的 ICMP 报文，告诉对方太多无法接收。

源端抑制的 ICMP 报文，其 Type = 4，Code = 0，它的报文格式与图 3-96 完全一样，这里不再重复。

一般来说，对于接收方（路由器或主机）来说，它不会等到真的处理不过来才会发送源端抑制报文，而是在快要接近上限时就会发送（此时它可以不抛弃原报文）。

对于源端来说，收到对端的源端抑制报文后，它会持续降低发送速率，直到不再从对端接收到源端抑制报文。然后，源端可以再逐渐提高发送速率，直到再次接收到对端的源端抑制报文。

3. 超时

报告“超时”的 ICMP 报文，其 Type = 11，有两个 Code（0 和 1），其报文格式与图 3-96 完全一样，这里不再重复。

Code = 0，表示 TTL 超过传输界限。我们知道，路由器在转发 IP 报文时会将该报文的 TTL 减 1。如果，减 1 以后发现 TTL = 0，那么路由器会将该报文丢弃，然后给源端发送一个 ICMP 报文：Type = 11，Code = 0。

Code = 1，表示在数据报组装期间超时。我们知道，分片的 IP 报文最终会在目的主机进行重组。如果目的主机等了很长时间（超时）也没有等到所有的分片，那么它会将已经接收的报文丢弃，然后给源端发送一个 ICMP 报文：Type = 11，Code = 1。

这里有一个特例，如果由于第 1 个分片没有收到而超时，那么会不会发送 ICMP 报文呢？答案是不会，因为根据“对于被分片的数据报，ICMP 只发送关于第 1 个分片中的错误，其他分片即使错了，也不会发送 ICMP 错误报告”，第 1 个分片根本就没有收到，因此谈不上针对第 1 个分片发送 ICMP 报文。

根据以上描述可以看到：Type = 11，Code = 0，只会由路由器发送；Type = 11，Code = 1，只会由主机发送。

4. 参数问题

报告“参数问题”的 ICMP 报文，Type = 12，有两个 Code（0 和 1），其报文格式如图 3-97 所示。

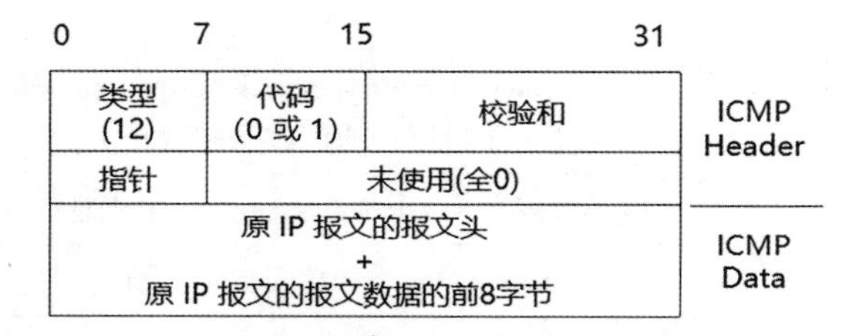

图 3-97　ICMP 参数错误报告的报文格式

与 ICMP 错误报告的基本格式相比，参数错误报告多了一个“指针”（Pointer）字段（占用 8bit）。“指针”字段与报文的中的“代码”字段相关。

当 Code = 0 时，表示原报文的 IP Header 中某个参数出现了错误（包括固定 IP Header 和 IP Header Option），此时 Pointer 字段就代表是第几个字节出现了错误（序号从 0 开始）。例如，原报文中的 ToS 字段出现了错误，那么 Pointer 就等于 1。

当 Code = 1 时，表示原报文的 IP Header 中缺少某个参数。此时，Pointer 字段没有意义，全设置为 0。

需要强调的是，无论是 Code 等于 0 还是 1，作为接收端，路由器和主机都可能会发送该 ICMP 报文，而且对于原 IP 报文，它们也都会将其丢弃。

5. 路由重定向

路由重定向如图 3-98 所示。主机 A 的路由表项只有一条：默认路由，默认网关是 10.10.10.1。如果 A 要发送一个目的地位于子网

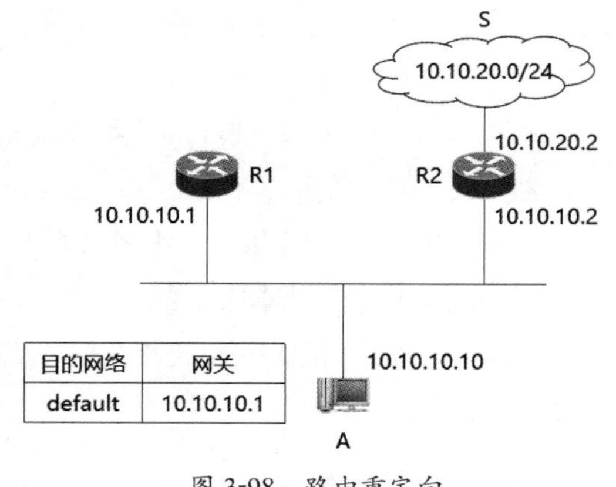

图 3-98　路由重定向

S（10.10.20.0/24）的报文，它会按照路由表首先发到 R1。

R1 收到报文后，查看自己的路由表，发现下一跳是 10.10.10.2。R1 会认为这显然“不科学”，如图 3-99 所示。

图 3-99（a），是当前 A 到达 S 的路径：A → R1 → R2 → S，显然不是一个最短路径；图 3-99（b）才是最短路径，即 A → R2 → S。

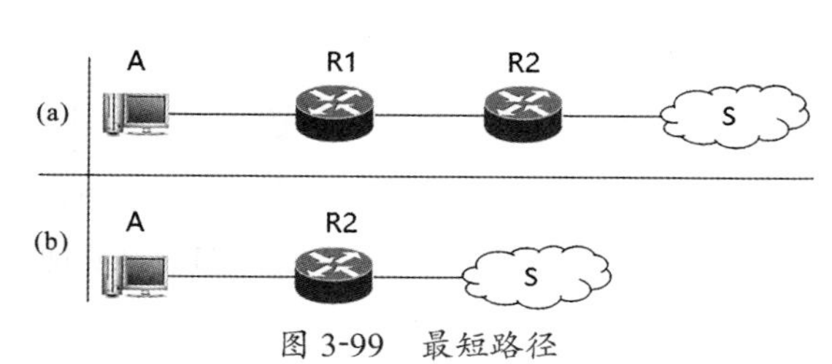

图 3-99　最短路径

那么 R1 是如何判断出当前路径不是最短路径的呢？抽象地说，有两种判断方法。

①一个报文的出接口等于其入接口，即从哪进还从哪出，相当于多此一举。

②一个报文的源 IP 与自己的下一跳属于同一个网段。例如，图 3-98，A 发送的报文的源 IP 是 10.10.10.10，发送到 R1 以后，R1 发现自己的路由表中该报文的下一跳应该是 10.10.1.2，此时 R1 会认为 10.10.10.10 与 10.10.1.2 本来就属于一个网段。

以上两种判断方法，其表达的其实是同一个含义：报文的源 IP 与自己的下一跳属于同一个网段。

我们知道，对于路由器来说，它们可以运行动态路由协议，从而得到最佳路由。但是对于主机来说，出于效率（网络流量、主机的 CPU 消耗）的考虑，主机的路由表一般由人工静态配置。假设网络中一开始只有 R1 而没有 R2，那么主机 A 所配置的路由表并没有错误。当网络中添加了 R2 以后，一种方法是人工重新配置 A 的路由表，另一种方法就是利用“路由重定向”自动完成，显然后者更好一点（主机收到此报文后，会修改自己的路由表）。

说到路由重定向，又得回到 R1。

①首先，R1 会继续转发该报文给 R2。

②其次，R1 会给主机 A 发送一个 ICMP 错误报告：路由重定向。

路由重定向的 ICMP 报文，其 Type = 5，报文格式如图 3-100 所示。

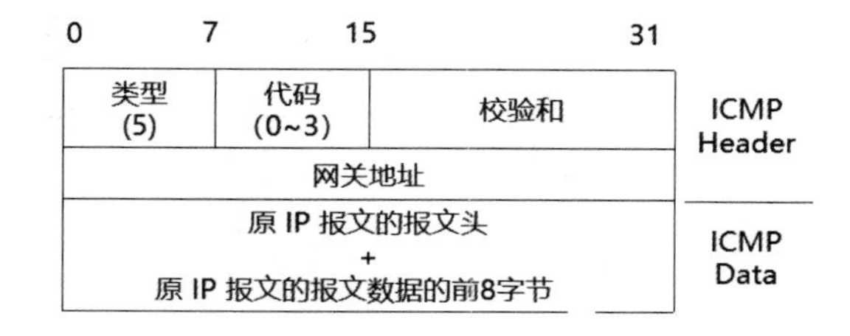

图 3-100　路由重定向的 ICMP 报文格式

图 3-100 中的“网关地址”字段就是期望主机将自己的网关重新设置为该地址。

路由重定向 ICMP 报文有 4 个 Code，分别如下。

① Code = 0，Redirect for network，对网络重定向。

② Code = 1，Redirect for host，对主机重定向。

③ Code = 2，Redirect for ToS and network，基于服务类型对网络重定向。

④ Code = 3，Redirect for ToS and host，基于服务类型对主机重定向。

其中包括两层含义。

①关于“最佳路径”的重定向：如果只考虑“最短路径”，那么就对应着 Code = 0,1；如果还要综合考虑网络质量，那么就对应着 Code = 2,3。

②关于“目的地”的重定向：如果目的地是一个网络（子网）地址，那么就对应着 Code = 0,2；如果目的地只是一个主机地址，那么就对应着 Code = 1,3。

最后需要强调的是，如果原始报文中的 IP Header 中有源路由选项（无论是松散源路由还是严格源路由），选项中的值包含了 R1，那么 R1 是不会发送 ICMP 路由重定向报文的。

3.6.2 ICMP 信息查询

ICMP 信息查询的报文总是成对出现，抛开已经废弃的 2 对，剩下的还有 3 对。

① Echo Request/Response（回显请求 / 应答）。

②地址掩码请求 / 应答。

③路由器请求 / 通告。

下面分别讲述这对 ICMP 信息查询报文。

1. 地址掩码请求 / 应答

我们知道，一个主机的 IP 地址分为两部分：网络（子网）标识和主机标识，这两者通过地址掩码可以简单地运算出来。

某些主机（如无盘工作站）在启动时只知道自己的 IP 地址，并不知道自己的掩码地址，这时它就需要向本地网络的相关路由器查询自己的掩码。如果主机知道该路由器的 IP 地址，那么就发送单播报文，否则就发送广播报文。

ICMP 地址掩码请求 / 应答报文格式如图 3-101 所示。

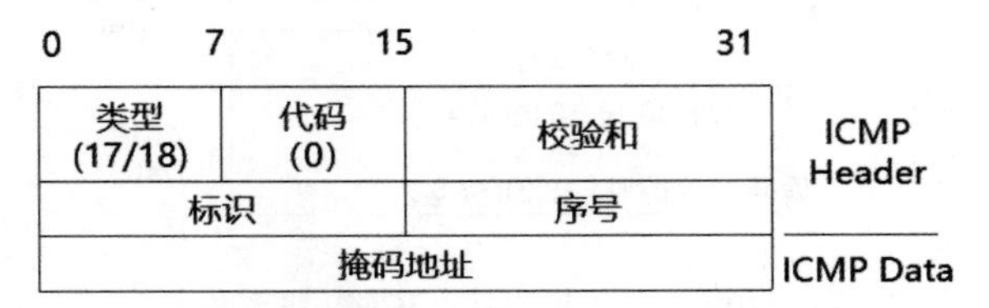

图 3-101 ICMP 地址掩码请求、应答报文格式

地址掩码请求与应答的报文格式是一样的：当是请求报文时，Type = 17，Code = 0，掩码地址也为 0；当是应答报文时，Type = 18，Code = 0，掩码地址填写正确值。

报文中还有“标识和序号”两个字段，有标识请求和应答才一一对应：请求报文会将这两个字段赋值，应答报文会回填这两个值。当然，请求方须保证这两个值的唯一性（不是全网唯一，只需在发送方内部保证唯一即可）。

2. 路由器请求 / 通告

如果主机不知道自己的掩码，那么也很可能不知道自己的网关，路由器请求 / 应答报文就是为主机提供此服务的。

路由器请求（Router Solicitation）的报文的 Type = 10，Code = 0，其报文格式如图 3-102 所示。

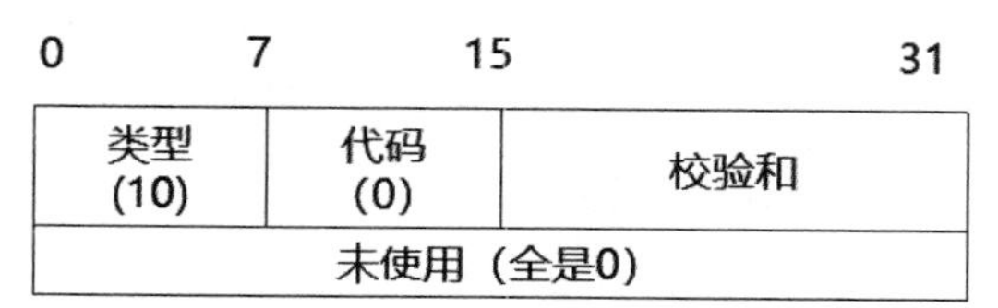

图 3-102　路由器请求报文格式

路由器请求报文会以组播或广播的形式发送出去，相关路由器收到以后，会回以路由器通告报文（Router Advertisement）。

为什么是通告而不是应答呢？因为即使没有主机请求，路由器也会定时发送通告报文。其发送周期会在一定范围内随机变化（如周期介于 450 ~ 600s），这是为了避免多个路由器同时发送通告报文，引起网络拥塞。

路由器通告报文的 Type = 9，Code = 0，其报文格式如图 3-103 所示。

0　　　7	15	31	
类型(9)	代码（0）	校验和	ICMP Header
地址数目	地址条目大小	生存时间	
路由器地址1			ICMP Data
地址1的优先级			
路由器地址2			
地址2的优先级			
……			
……			

图 3-103　路由器通告报文格式

图 3-103 中的几个字段含义如下。

①地址数目：该报文中所包含的 IP 地址数目。因为一个路由器可能有多个 IP 地址。

②地址条目大小：一个路由器地址所占用的 32bit 的倍数。这里固定为 2，因为一个 IP 地址分为两部分：地址本身，占用 32bit；地址优先级，占用 32bit。

③生存时间：单位为 s。生存时间一般是 1800s（30min），这意味着如果超过这个时间还没有更新，主机会将这一条记录删除。其还有一个巧妙的用法，如果路由器期望将某个 IP 地址删除，它可以将生存时间设为 0，那么主机收到此报文后就会将该条目删除。

④路由器地址：一个路由器可能有多个 IP 地址，这是其中之一。

⑤路由器地址优先级：正是因为有多个地址，才存在“优先级”一说。优先级最高的 IP 地址会被当作默认网关。

3. Echo Request/Response

ping 命令就是基于 Echo Request/ Response 实现的。ping 是一个命令行工具，它是由麦克·穆斯（Mike Muuss）于 1983 年 12 月受雇于美国弹道研究实验室［Ballistic Research Laboratory，现已改名为美国陆军研究实验室（US Army Research Laboratory）］期间所编写的一个网络诊断工具。由于其与声呐回声定位系统的方法相似，因此麦克·穆斯将该工具以声呐所发出的声音 ping 命名。也有人将 ping 按照反向缩略词的方法，将其解释为 packet internet groper（因特网包探索器）。

Echo Request/Response 的报文格式如图 3-104 所示。

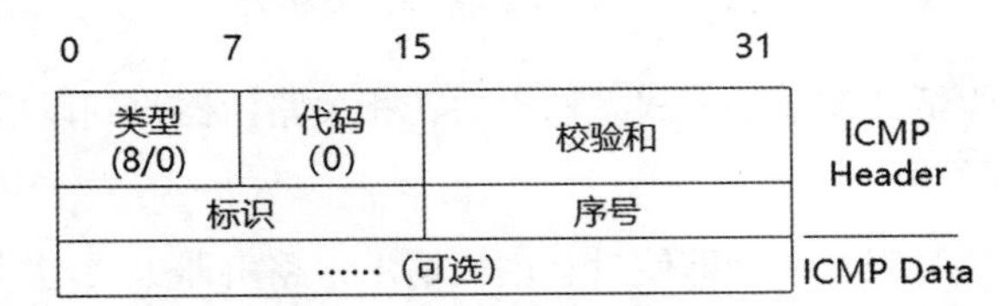

图 3-104 Echo Request/Response 报文格式

Echo Request 报文的 type = 8，Echo Response 的 Type = 0，它们两者的 Code 都等于 0。

“标识”“序号”两个字段与图 3-101 报文中的两个字段含义相同，是为了使请求和应答报文能够一一对上。

在 Echo Request 报文中，ICMP data 部分是可选的。如果有值，Echo Response 则原封不动地返回。

RFC 1122 规定，路由器 / 主机收到 Echo Request 报文时，必须回以 Echo Response。ping 也正是利用了这一规定。例如，通断检测，A ping B，A 发送 Echo Request 给 B，如果收到 B 的 Echo Response，则 A 认为 B 是通的，否则 A 就认为 B 是不通的。

利用该特性也可以检测网络中的 MTU。A 发送一个 Echo Request 报文给 B，并且设置报文（需要注意的是，是在 IP Header 中设置）MTU（如设置为 1500），同时设置报文不可以分片。如果 A 能收到 B 的 Echo Response，那说明此 MTU 在 A 到 B 的网络中是允许的，否则 A 会收到网络中某一个路由器的 ICMP 错误报告报文：Type = 3，Code = 4。

3.6.3 traceroute

本小节介绍利用 ICMP 实现的另一个网络诊断工具 traceroute（windows 的命令行是 tracert）。traceroute 可以定位一台计算机和目标计算机之间的所有路由器。笔者在自己的电脑上 tracert baidu.com 的例子如下。

```
C:\WINDOWS\system32>tracert baidu.com
```

```
通过最多 30 个跃点跟踪
到 baidu.com [220.181.57.216] 的路由：
  1     2 ms     1 ms     1 ms  192.168.43.1
  2      *        *        *    请求超时
  3    23 ms    26 ms    29 ms  10.245.102.202
  4      *        *        *    请求超时
  5    77 ms   115 ms    27 ms  183.235.64.105
  6   506 ms    43 ms    26 ms  183.235.229.193
  7    58 ms    32 ms    36 ms  221.183.13.169
  8    32 ms    39 ms    31 ms  221.176.21.114
  9   106 ms    95 ms    82 ms  221.183.9.141
  10     *        *       96 ms  221.183.25.66
  11     *        *       95 ms  221.183.30.50
  12   521 ms    80 ms    82 ms  202.97.88.237
  13     *        *        *     请求超时
  14     *        *        *     请求超时
  15     *        *        *     请求超时
  16    96 ms    76 ms    77 ms  220.181.17.90
  17     *        *        *     请求超时
  18     *        *        *     请求超时
  19     *        *        *     请求超时
  20    93 ms    84 ms    95 ms  220.181.57.216 跟踪完成
```

traceroute 的基本原理就是利用 ICMP type = 11 及 code = 0 的报文“TTL exceeded in transit，传输期间生存时间为 0”。

例如，traceroute 想探究本机与 baidu.com 之间需要经过多少个路由器，就首先发送一个目的地是 baidu.com 的 UDP 报文，并且设置 TTL = 1。对于第 1 个路由器来说，其将 TTL 减 1，发现 TTL 为 0，此时它会丢弃该报文，并且回以一个 ICMP 报文：type = 11，code = 0，表示 TTL exceeded in transit。

traceroute 就这样知道了第 1 个路由器。然后将 TTL 设置为 2，继续发送目的地是 baidu.com 的 UDP 报文……然后，它就知道了第 2 个路由器。

在上述过程中，traceroute 的每次试探实际上是设置了一个超时时间（等待 ICMP TTL = 0 的消息）。如果超过该时间，它将打印出一系列的“*”号，表明在该路径上，这个设备不能在给定的时间内发出 ICMP TTL 到期消息的响应，并且将 TLL + 1 发送 UDP 试探报文。

tracert 输出的数据格式如图 3-105 所示。

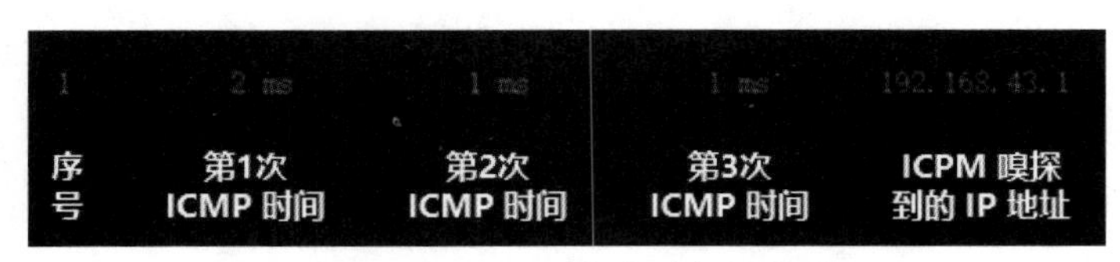

图 3-105 tracert 输出的数据格式

通过图 3-105 可以看到，tracert 在一个 TTL 的节点是，实际上是发送了 3 个 ICMP 报文。

再回到 traceroute。traceroute 持续这样的循环，一直到它收到了 baidu.com 的响应。但是如何能让百度响应呢？如何又知道这是百度的响应呢？

答案在 UDP 的端口号上。traceroute 所选择送达的端口号是一个一般应用程序都不会用的号码（30000 以上），所以当此 UDP 报文到达目的地（baidu.com）后，该主机会送回一个 Port Unreachable 的消息（type = 3，code = 3），而当 traceroute 收到该消息时，便知道目的地已经到达了。

笔者以为，借用 ping 的思路发送一个 echo request 报文，当收到 echo response 报文时，也能够判断目的地已经到达。

3.7 网络层小结

从 TCP/IP 的视角来说，就目前而言，网络层指的就是 IP 层。IP 是一个协议族，包括 IP、ARP、RARP、ICMP 等一系列具体的协议。

IP 只是一个具体的协议（族），而 Internet 却是与当今物理世界平行而又交织的另一个世界，而连接的锚点就是 IP 地址。IP（v4）地址一共只有 4294967295 个，对于全球来说，这是一个非常稀缺的资源，为此 IANA 作为一个居中协调的机构，对 IP 地址进行分类和统一分配。

IANA 把 IP 地址分为 A、B、C、D、E 五大类。其中，D 类是组播地址；E 类是保留地址；A、B、C 三类分为单播和广播地址，也分为公网和私网地址。

IP 是基于目的地址的转发，为了正确转发，它还需要查找路由转发表。路由表的查找又分为普通查找和基于策略的查找，其中后者称为策略路由。其实，策略路由是查找路由转发表的策略，而路由策略是构建路由转发表的策略。

目的 IP 是一个 IP 报文的最终目的，但是目的 MAC 却是一个 IP 报文到达下一跳的“敲门砖”。为了获取下一跳的 MAC 地址，IP 推出了 ARP。

IP 报文在转发的过程中可能会出现各种问题，为此，IP 又推出了 ICMP。虽然其名字中包含“控制”（Control），但是 ICMP 更多的是承担信息查询和错误报告的职责。

第4章

传输层

传输层位于 OSI 七层模型的第 4 层，也位于 TCP/IP 五层模型的第 4 层，如图 4-1 所示。

传输层包括两大基本协议：传输控制协议（Transmission Control Protocol，TCP）和用户数据报协议（User Datagram Protocol，UDP）。无论是 TCP 还是 UDP，它所“传输”的都是应用层数据。

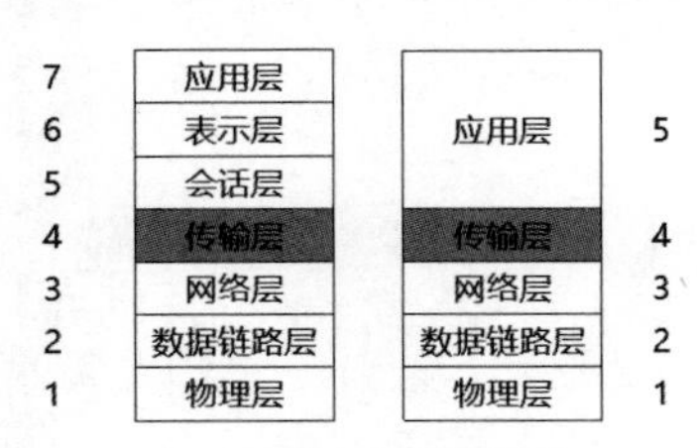

图 4-1 传输层

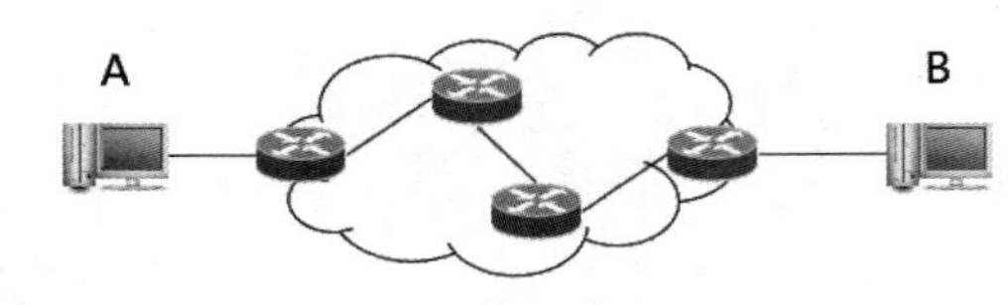

图 4-2 数据传输组网

如图 4-2 所示，A 发送了一份数据到 B，中间经过路由器。这些路由器运行着网络层协议，将数据从 A 运输到 B。那么传输层协议到底有什么作用呢？我们先看看传输层与网络层之间的关系，可以用货车装卸货物来比喻，如图 4-3 所示。

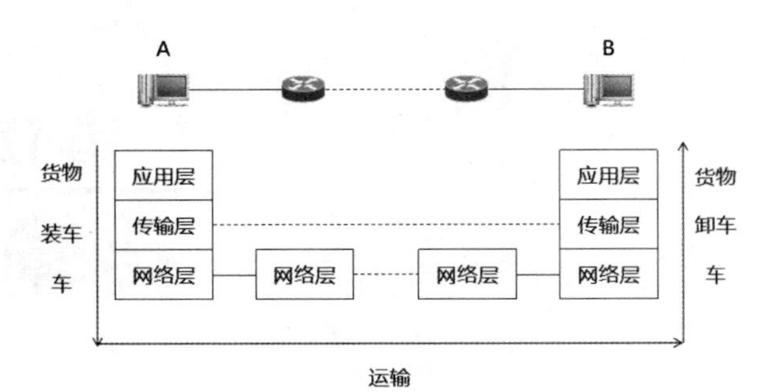

图 4-3 传输层与网络层之间的关系

在图 4-3 中，如果把应用层（数据）比作货物，那么发送端的传输层其实只相当于将货物装车，目的端的传输层相当于将货物卸车，而真正起到运输作用的是网络层。

如果从协议的角度来分析，传输层与网络层的关系如下。

①在发送端，传输层将数据传递给网络层。

②在网络上，网络层将数据从发送端传输到目的端。

③在目的端，网络层将数据传递给传输层。

其实，传输层并不负责传输，负责传输的实际上是网络层。

①传输层是一个“传输控制”的协议（把 UDP 的“不控制”也当作一种广义的“控制”），而网络层才是一个“传输”的协议。

②传输层协议是运行在通信的两端，即运行在主机上的协议；而网络层是一个运行在路由器上的协议（当然，两端的主机上也会运行网络层协议）。

4.1 TCP 报文结构

1974 年，罗伯特 · 卡恩（Robert Kahn）和文顿 · 格雷 · 瑟夫（Vinton Gray Cerf）提出 TCP/IP

协议，定义了在计算机网络之间传送报文的方法。他们也因此于2004年获得图灵奖，并被尊称为“Internet之父”。

TCP是一种面向连接的、可靠的、基于字节流的端到端的传输层通信协议（RFC 793）。该定义的每一个关键词的背后都蕴含着TCP的思考和实现机制。下面首先从TCP的报文结构开始介绍。TCP报文承载于IP报文，如图4-4所示。

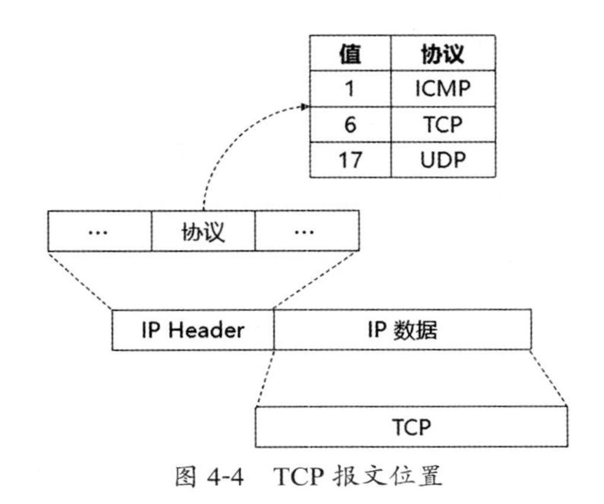

图 4-4　TCP报文位置

从图4-4可以看到，TCP报文位于IP报文头之后，从IP的视角来看，TCP报文属于IP的数据（对应着IP Header中的“协议”字段等于6）。

TCP报文结构如图4-5所示。

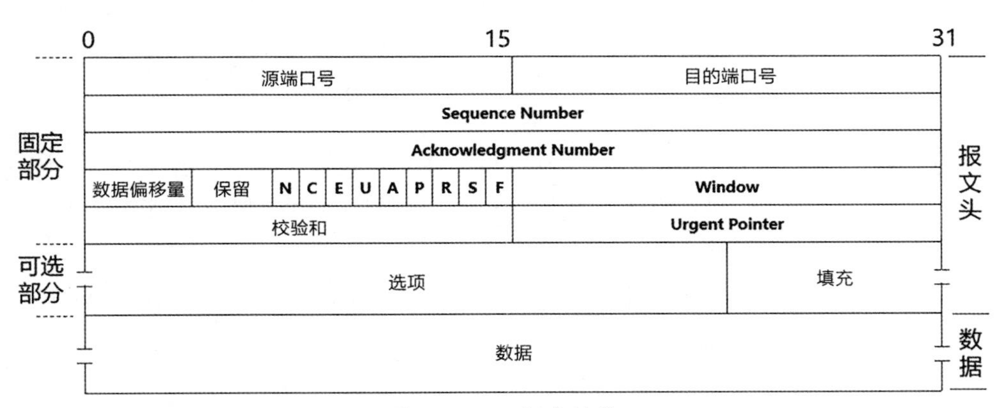

图 4-5　TCP报文结构

图4-5中的某些字段需要放到一定的上下文中才能解释清楚，本节只介绍一些相对“独立”的字段。

4.1.1　源端口号/目的端口号

源端口号（Source Port）、目的端口号（Destination Port）的数据类型都是无符号整数，各占据16bit，所以其取值范围都是 0 ~ 65535（64K）。（由于两者的意义完全相同，除了一个指代“源”、一个指代“目的”这一区别外，因此下文为了行文方便，有时会以“端口号”进行统称。）

端口号是一种数字资源，这一点与门牌号码、身份证号码、IP 地址是一样的。它们是数字世界里的一个数字，但是总与现实世界里的物理对象挂钩，如身份证号就与一个人挂钩。需要强调的是，一个端口号会与一个进程挂钩，但是端口号并不等于该进程的进程 ID。TCP 中为什么要引入“端口号”这个概念呢？其与 TCP 的连接有关，也与传输层、应用层之间的关系相关，如图 4-6 所示。P1、P2 代表不同的进程（Process），I1 代表应用层与传输层之间的接口（Interface）。

前面的章节中并没有涉及网络层与数据链路层、数据链路层与物理层之间的接口，本章也不会涉及传输层与网络层之间的接口。因为本书的目的是介绍相关的协议，而不是介绍具体的编程和实现。但介绍传输层与应用层之间的关系时，需要明确指出是应用层哪个进程将数据交给传输层（发送出去），传输层接收到的数据又得交给应用层哪个进程。这就引出了“端口号”的概念，如图 4-7 所示。

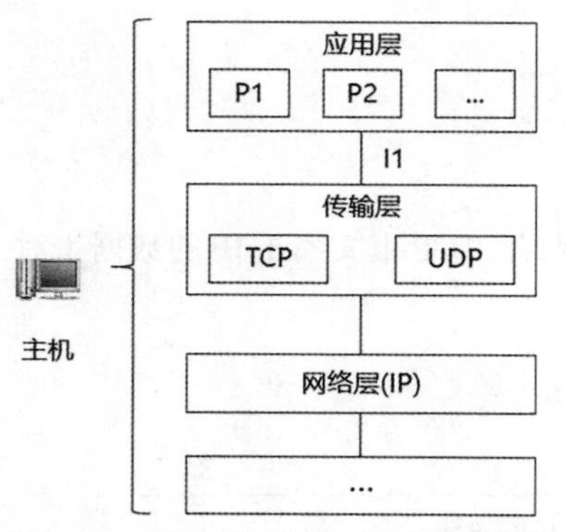

图 4-6　传输层与应用层之间的关系

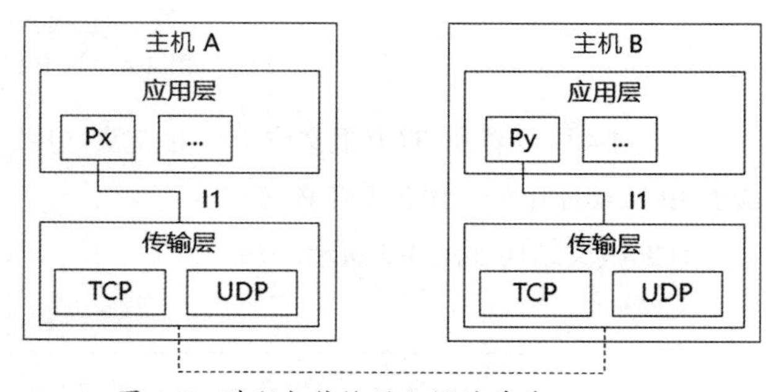

图 4-7　进程与传输层之间的关系

图 4-7 中，主机 A 的进程 Px 与主机 B 的进程 Py 进行 TCP/UDP 通信。对于 Px/Py 来说，它们是调用传输层的接口（I1）；对于传输层来说，它们是与 Px/Py 进行了绑定。这样才能使 Px 与 Py 正确地通信。

以上的解释可能稍显复杂，下面换一个角度理解：网络层的使命是将数据从一个 IP 送到另一个 IP（只考虑单播），所以 IP 报文头中有“源 IP”和“目的 IP”两个字段；而传输层的使命是将数据从一个主机的进程送到另一个主机的进程，所以 TCP/UDP 报文头还需要另外两个字段“源端口号”和“目的端口号”，而这两个端口号的背后绑定的就是两个进程。

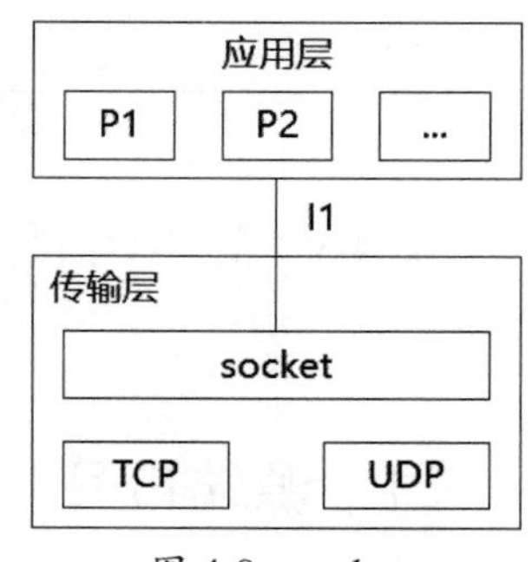

图 4-8　socket

TCP/UDP 是如何知道端口号与其背后的进程之间的绑定关系的呢？无论是从编程的角度还是从协议的角度，都涉及了 socket（套接字）这个概念，socket 是一种编程接口，如图 4-8 所示。

图 4-8 表达的是一种编程层面的概念：socket 是对 TCP/UDP 的一种抽象和封装，它对外提供了编程接口（I1）。

简单阅读以下编程的内容：

```
int main()
{
    // 创建套接字
    int serv_sock = socket(AF_INET, SOCK_STREAM, IPPROTO_TCP);
    // 将套接字和 IP、端口绑定
    struct sockaddr_in serv_addr;
    memset(&serv_addr, 0, sizeof(serv_addr));  // 每个字节都用 0 填充
    serv_addr.sin_family = AF_INET;  // 使用 IPv4 地址
    serv_addr.sin_addr.s_addr = inet_addr("127.0.0.1");  // 具体的 IP 地址
    serv_addr.sin_port = htons(1234);  // 端口
    bind(serv_sock, (struct sockaddr*)&serv_addr, sizeof(serv_addr));
    ...
}
```

我们只需要看两行加粗的代码。

第 1 行加粗的代码创建了一个 socket，第 2 行加粗代码将 IP 地址、端口号绑定到这个 socket。

另外还有很关键的一点，这是一个 main 函数，即该函数只要运行，就会启动一个进程。所以，bind 函数更本质的含义是将进程与端口号绑定。

对上述内容进行总结。

① TCP 的目的是将数据从一个主机的某个进程传递到另一个主机的某个进程。

②标识主机的是 IP 地址，而 IP 地址体现在 IP 报文头的字段中（源 IP/ 目的 IP）。

③标识进程的是 TCP 报文头中的字段“源端口号”和“目的端口号”，端口号与进程之间的绑定关系通过 socket 编程接口来设置。

RFC 793 中，有时称 TCP 是一个 host-to-host（主机到主机）的协议，有时称之为 process-to-process（进程到进程）的协议，有时也称之为 end-to-end（端到端）的协议。严格来说，host-to-host 并不准确，准确的是 process-to-process，或者是 end-to-end。这里的“end”指的是 host 上的 process。

4.1.2 数据偏移量

数据偏移量（Data Offset）占用 4bit，指的是 TCP 数据从哪开始，单位是 4 字节（32bit）。该字段表达的是 TCP 头部的长度（单位是 4 字节）有如下 3 层含义。

①因为 Data Offset 只有 4bit，所以其最大值是 15，即 TCP 头部最多是 60 字节。

② TCP 头部包括固定部分和可选部分，固定部分占有 20 字节，所以可选部分最多是 40 字节。

③因为 Data Offset 的单位是 4 字节，这也意味着可选部分的长度也必须是 4 字节的整数倍；如果不是，需要用“填充”（Padding）字段补齐（用 0 补齐）。

4.1.3 保留

“保留”（Reserved）字段留给将来使用，当前其值必须为 0。需要注意的是，在 RFC 793 中，Reserved 字段是 6bit，后来 RFC 3168 增加了 2 个标志位（Flags），RFC 3540 增加了 1 个标志位，所以现在 Reserved 字段只有 3bit。

4.1.4 标志位

RFC 793 定义了 6 个标志位，RFC 3168 增加了 2 个标志位，RFC 3540 增加了 1 个标志位，所以一共有 9 个标志位，每个标志位占用 1bit。这些标志位会在后面的章节中继续介绍，本小节只简要描述，如表 4-1 所示。

表 4-1　TCP 标志位

代号	简称	简述	RFC
N	Nonce	Nonce 标记与 ECN 配合，是为了增强显示拥塞通知（Explicit Congestion Notification，ECN）的健壮性	3540
C	CWR	Congestion Window Reduced（拥塞窗口减少），与拥塞控制有关	3168
E	ECE	ECN-Echo，与拥塞控制有关	3168
U	URG	Urgent Pointer field significant（紧急指针字段标记）	793
A	ACK	Acknowledgement field significant（确认字段标记）	793
P	PSH	Push Function，数据要尽快 Push 到应用程序	793
R	RST	Reset the connection，重置 / 清零 TCP 连接	793
S	SYN	Synchronize sequence numbers（同步序列号）	793
F	FIN	Finis 的缩写，No more data from sender（没有数据需要传输）	793

4.1.5 校验和

TCP 的校验和（Checksum）与 IP 的校验和的算法一样，只是所计算的内容不同。TCP 校验和计算的内容包括 TCP 伪头部、TCP 头部、TCP 数据，如图 4-9 所示。

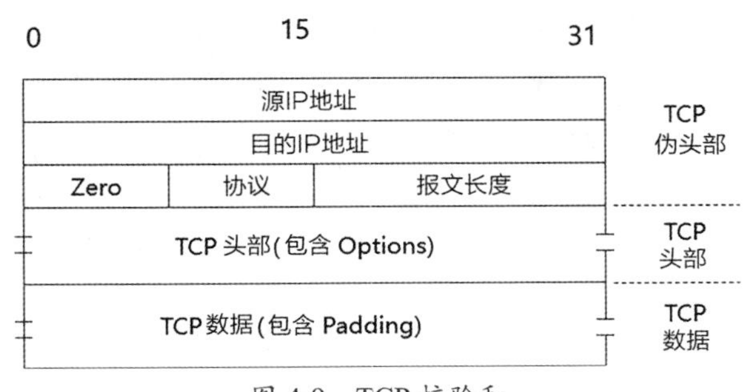

图 4-9 TCP 校验和

TCP 伪头部（TCP Pseudo Header）并不是一个真正存在的 Header（不会在网络上传输），只是 TCP 为了计算校验和时引入的一个数据结构，它所包含的内容如表 4-2 所示。

表 4-2 TCP 伪头部的内容

字段名	长度 /bits	简述
Source Address	32	源 IP 地址
Destination Address	32	目的 IP 地址
Zero	8	全 0
Protocol	8	“协议”字段。TCP 为 6，UDP 为 17
TCP Length	16	TCP 报文长度，单位是字节，包括 TCP Header 和 TCP Data 的长度。但是 TCP Data 不包含 Padding 字节

TCP 伪头部中的字段是从 IP Header 中获取的（包括 TCP Length 也是从中获取），从某种意义上来说，这使 TCP 和 IP 之间产生了过度耦合及不合“常理”的依赖，并不是一个好方法。

TCP 校验和中的 TCP 头部和 TCP 数据含义非常明确，这里不再赘述。只是有一点需要强调：由于 TCP 校验和的算法要求总长度（TCP 伪头部长度 + TCP 头部长度 + TCP 数据长度）必须是偶数字节，因此如果实际的总长度为奇数字节，必须在 TCP 数据最后补上 1 字节的 Padding（其值为 0）。但是这 1 字节的 Padding 既不会在网络上传输，也不会影响 TCP 伪头部中的 TCP 报文长度字段（TCP 报文长度不包括这 1 字节的 Padding）。

TCP 校验和的算法与 IP 校验和的算法相同。对于 TCP 发送方而言，需要执行如下几步。

①将校验和字段置为 0。

②对于 TCP 校验和涉及的所有字段（TCP 伪头部、TCP 头部、TCP 数据），将每 16bit 当作一个数字，每个数字进行二进制求和。

③如果和的高 16bit 不为 0，则将和的高 16bit 和低 16bit 反复相加，直到和的高 16bit 为 0，从而获得一个 16bit 的值。

④将该 16bit 的值转为反码，存入校验和字段。

而对于 TCP 的接收方，则只需要执行上述步骤中②和③两步，然后再取反，如果计算结果为 0，则认为 TCP 伪头部、TCP 头部、TCP 数据都是完整的和正确的。不过有一点需要强调的是：此时的校验和字段并没有被设置为 0，而是保留原值。

4.1.6 选项

TCP 头部中的选项（Options）从数据结构的角度来说，分为两大类型，如图 4-10 所示。

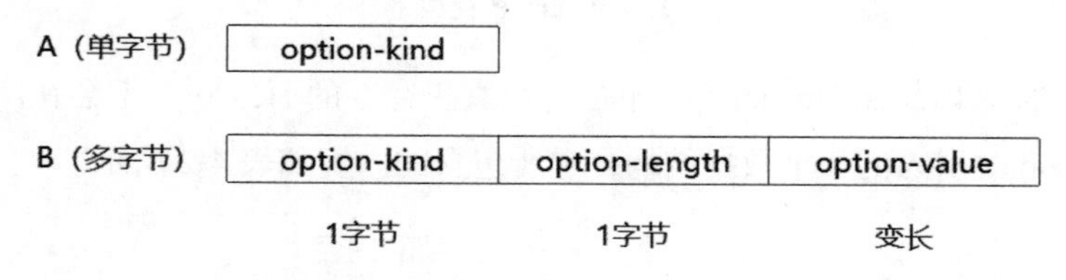

图 4-10 TCP Options 数据结构

第 1 类数据结构是单字节（8bit），只包含 option-kind（选项类型）；第 2 类数据结构是多字节，包括 option-kind（选项类型，8bit）、option-length（选项长度，8bit）、option-value（选项值，长度可变）3 部分，其中 option-length 的单位是字节，包括 option-kind、option-length、option-value 三者加在一起的长度。

常用的 TCP 选项如表 4-3 所示。

表 4-3 常用的 TCP 选项

类型	长度	名称	RRC	简述
0	1	EOL	793	选项结束
1	1	NOP	793	无操作
2	4	MSS	793	Maximum Segment Size（最大分区长度）
3	3	WSopt	1323	TCP Window Scale Option（窗口扩大系数）
4	2	SACK-Permitted	2018	TCP Sack-Permitted Option，表明支持 SACK
5	可变	SACK	2018	A Selective Acknowledgment，选择确认
8	10	TSopt	1323	TCP Timestamps Option（时间戳）
19	18	TCP-MD5	2385	MD5 认证，已废弃，被 TCP-AO 取代
28	4	UTO	5482	TCP User Timeout Option（超过一定闲置时间后拆除连接）
29	可变	TCP-AO	5925	TCP Authentication Option（TCP 认证选项）

续表

类型	长度	名称	RRC	简述
253	可变	Experimental	4727	保留，用于科研实验
254	可变	Experimental	4727	保留，用于科研实验

表 4-3 中的 EOL、NOP 两个字段与 IP 选项中对应的两个字段完全相同，这里不再重复。其他字段中，有些与 TCP 的连接、数据传输等密切相关，需要放到后面的章节中介绍，本小节只介绍 MSS、TCP-MD5 和 TCP-AO。

1. MSS

MSS 的数据结构如图 4-11 所示。

kind = 2	length = 4	
option-kind (00000010)	option-length (00000100)	MSS (max segment size)
1字节	1字节	2字节

图 4-11　MSS 的数据结构

MSS 指的是在 TCP 传输的过程中,TCP 数据（不包含 TCP 头部）的最大长度（单位是字节）。MSS 是创建 TCP 连接时，TCP 双方协商的一个参数。关于 TCP 连接的创建会在 4.2 节讲述，这里只关注 MSS 本身。

从某种意义上来说，MSS 是一个“请求”而不是一个“约束”：TCP 的一方通知另一方，其所能接收的 TCP Segment 的最大长度是 MSS。

如果双方没有协商这一参数，那么理论上说，TCP 的双方可以发送 / 接收任意长度的 TCP Segment，但这在具体的实践中是不可能实现的（TCP 默认的 MSS 是 536 字节）。

536字节比较保守，由以太网的MTU = 1500可以推导出TCP分区的最大长度为1460字节［1500字节 – 20 字节（IP Header 长度，不包含 IP Options）– 20 字节（TCP Header 长度，不包含 TCP Options）］。所以，IPv4 网络中的 MSS 典型取值是 1460 字节（IPv6 是 1440 字节）。

最后补充一点，由于 MSS 占用 2 字节（16bit，参见图 4-11），因此 MSS 的最大值是 65535（64K）。考虑到 IPv4 的 MSS 的典型值是 1460，这是足够的。

2. TCP-MD5 和 TCP-AO

TCP-MD5 和 TCP-AO 的主要目的都是用于防止 TCP 欺骗攻击（TCP Spoofing Attacks）。从 RFC 的角度,TCP-MD5（RFC 2385，1998 年 8 月）已经被 TCP-AO 取代（RFC 5925，2010 年 6 月），然而 TCP-AO 当前的普及率还很低。

MD5（Message-Digest Algorithm，消息摘要算法）是一种被广泛使用的密码散列函数，可以产生出一个 128bit（16 字节）的散列值（Hash Value），用于确保信息传输完整一致。MD5 由美国密码学家罗纳德·李维斯特（Ronald Linn Rivest）设计，于 1992 年公开，用以取代 MD4 算法。

TCP-MD5 的数据结构如图 4-12 所示。

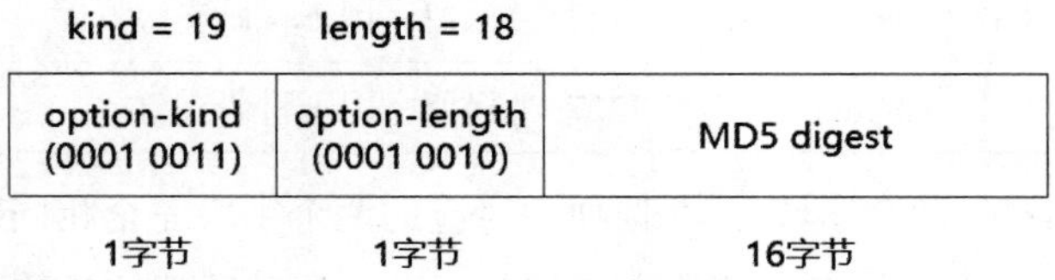

kind = 19　length = 18

option-kind (0001 0011)	option-length (0001 0010)	MD5 digest
1字节	1字节	16字节

图 4-12　TCP-MD5 的数据结构

由于 MD5 digest 固定为 16 字节，因此 TCP-MD5 的 option-length 字段的值为 18 字节。TCP-MD5 所计算的内容包括如下几部分。

① TCP 伪头部，与 TCP 校验和算法中的 TCP 伪头部相同。

② TCP 头部，但是不包括 TCP 选项，而且假设 TCP 校验和为 0。

③ TCP 数据。

④一个 TCP 通信双方都知道的密钥。

TCP-AO 的数据结构如图 4-13 所示。

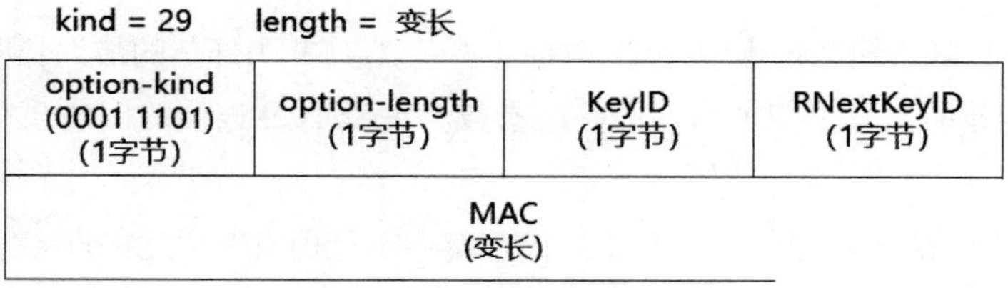

kind = 29　length = 变长

option-kind (0001 1101) (1字节)	option-length (1字节)	KeyID (1字节)	RNextKeyID (1字节)
MAC (变长)			

图 4-13　TCP-AO 的数据结构

相对于 TCP-MD5，TCP-AO 的主要改进之处在于如下两点。

①支持多种消息认证码（Message Authentication Code，MAC）算法。

②支持带内的密钥变更操作。

TCP-AO 的详细内容超出了本节主题，具体信息读者可以参考 RFC 5925。

最后需要强调的是，TCP-MD5 和 TCP-AO 都没有密钥分发机制，这一点使得密钥的分发存在一定的安全风险，也限制了两者的使用。

4.2 TCP 连接

一直以来，很多资料都说 TCP 是一个面向连接的协议。确实，TCP 连接是 TCP 的基础，但是同时“TCP 连接”这个名词实际上也给人造成了很大的误解。

TCP 所面向的连接到底是什么？是网络中的一条链路吗？

实际上，TCP 所面向的连接既不是网络中一条真实的物理链路，也不是一条虚拟的链路，而且 TCP 连接其实根本就不是链路。那么，TCP 连接到底是什么呢？下面首先从 TCP 连接的基本创建过程开始介绍。

4.2.1 TCP 连接的基本创建过程

TCP 连接的基本创建过程，如图 4-14 所示，表达的是 TCP 连接创建的“三次握手”过程，暂时忽略图中的 TCP Client、TCP Server、CLOSED、LISTEN 等单词（下文会讲述），首先介绍 Host A 与 Host B 为了创建连接而进行的 3 次通信（三次握手）。

图 4-14 中，A 给 B 发了两次报文，B 给 A 发了一次报文，这 3 个报文都有一个共同的特点：没有发送数据（报文只包含 TCP 报文头）。这是因为它们的目的不是发送数据，而是创建连接。

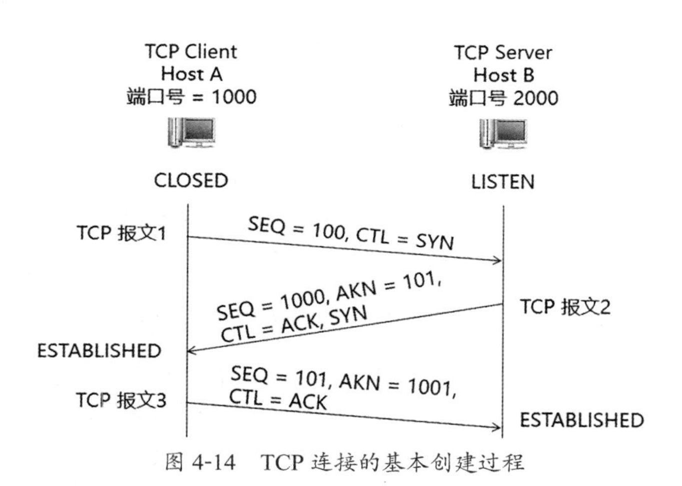

图 4-14 TCP 连接的基本创建过程

即使报文中没有数据只有报文头，报文头中的每个字段也应该赋上合适的值。但是，从表达创建连接基本过程的角度看，图 4-14 忽略了其中很多字段，只是专门展现了源端口号、目的端口号、SEQ（Sequence Number 序列号）、AKN（Acknowledgment Number 确认序列号）、SYN（Synchronize Sequence Numbers，同步序列号）、ACK（Acknowledgment field significant）6 个字段，如表 4-4 所示。

表 4-4 TCP 连接创建报文（部分字段）

报文	源	目的	SEQ	AKN	SYN	ACK
报文 1	IP = A.ip Port = 1000	IP = B.ip Port = 2000	100	0	1	0
报文 2	IP = B.ip Port = 2000	IP = A.ip Port = 1000	1000	101	1	1
报文 3	IP = A.ip Port = 1000	IP = B.ip Port = 2000	101	1001	0	1

下面分别介绍这 3 个报文。

1. 报文 1

报文 1 是从 A（端口号为 1000）发往 B（端口号为 2000），它的标记 SYN = 1（如无特别说明，其他标记都为 0，下同）。

标记 SYN 表示向对方请求建立连接。

当 SYN = 1 时，SEQ 表示该序列号是初始序列号（The Initial Sequence Number，ISN）。ISN 有以下两点需要注意。

① ISN 到底该取何值？该如何取值？该内容放到后面再讲述，这里暂且不讨论，只需认为报文 1 的 ISN = 100 即可。

②后续报文都与该 ISN 相关。

2. 报文 2

报文 2 是从 B（端口号为 2000）发往 A（端口号为 1000）。报文 2 有两层含义。

第 1 层含义是 B 对 A 请求建立连接的一个响应，它的标志位 ACK = 1，同时 AKN = 101。AKN 表示报文收到了，SEQ 也知道了，期望下一个报文的 SEQ 等于自己发给对方的 AKN（即对方发送的 SEQ + 1），所以我们看到报文 2 的 AKN = 101。

需要注意的是，不仅在连接创建请求时需要响应 ACK，每一个报文（如传输数据的报文，下文会介绍）都需要响应，只是当前的例子是响应“连接创建请求”。

第 2 层含义是 B 也对 A 表达了一个“创建连接”的请求，所以可以在报文 2 中看到：SYN = 1，SEQ = 300。这里的 300 就是 B 的 ISN。

当 A 收到 B 发过来的报文 2 时，就会认为创建了连接（ESTABLISHED）。

3. 报文 3

A 向 B 发送报文，B 进行了应答，同时，B 向 A 发送报文，A 也进行了应答。

于是 A 又给 B 回以一个应答报文，即报文 3：从 A（端口号为 1000）发往 B（端口号为 2000）。报文 3 的 ACK = 1，AKN = 301，表示 A 同意了 B 创建连接的请求。

同时可以看到，报文 3 的 SEQ = 101，这是 A 对 B 当初应答报文的一个承诺：B 期望它的 SEQ = 101，那么 A 的 SEQ 就是 101。

需要强调的是，此时报文 3 的 SYN = 0，因为 SYN 是“创建连接请求”的标记，而报文 3 并不是为请求创建连接，所以 SYN = 0。

当 B 收到 A 的应答报文（报文 3）后，便可知道 A 对 B 的报文进行应答，即 B 自己认为创建了连接。

A 认为自己创建了连接，B 也认为自己创建了连接，至此 A（端口号 1000）与 B（端口号 2000）之间的连接创建完成。TCP 称这个创建过程为“三次握手”。

TCP 几个字段的解释，如表 4-5 所示。

表 4-5　TCP 几个字段的解释

字段	含义
SEQ	32bit。TCP 的可靠传输的实现机制之一，就是借助序列号（下文会讲述）。当 SYN = 1 时，SEQ 代表 ISN
AKN	32bit。必须在 ACK = 1 时，此字段才有意义。AKN 表示期望对方下一个报文的 SEQ = AKN。一般来说，AKN 等于当前所收到报文的 SEQ + 1
SYN	1 bit。SYN 表示向对方请求建立连接
ACK	1 bit。ACK 为确认报文的标记。只有 ACK = 1，AKN 才有意义

由于本小节的主题是创建连接的基本过程，因此忽略了其他字段。笔者认为，阅读实际的报文对连接的创建能有一个更好的理解，对其他字段也会有一个直观的认识。图 4-15 ~ 图 4-19 就是“3 次握手”报文的抓包图。

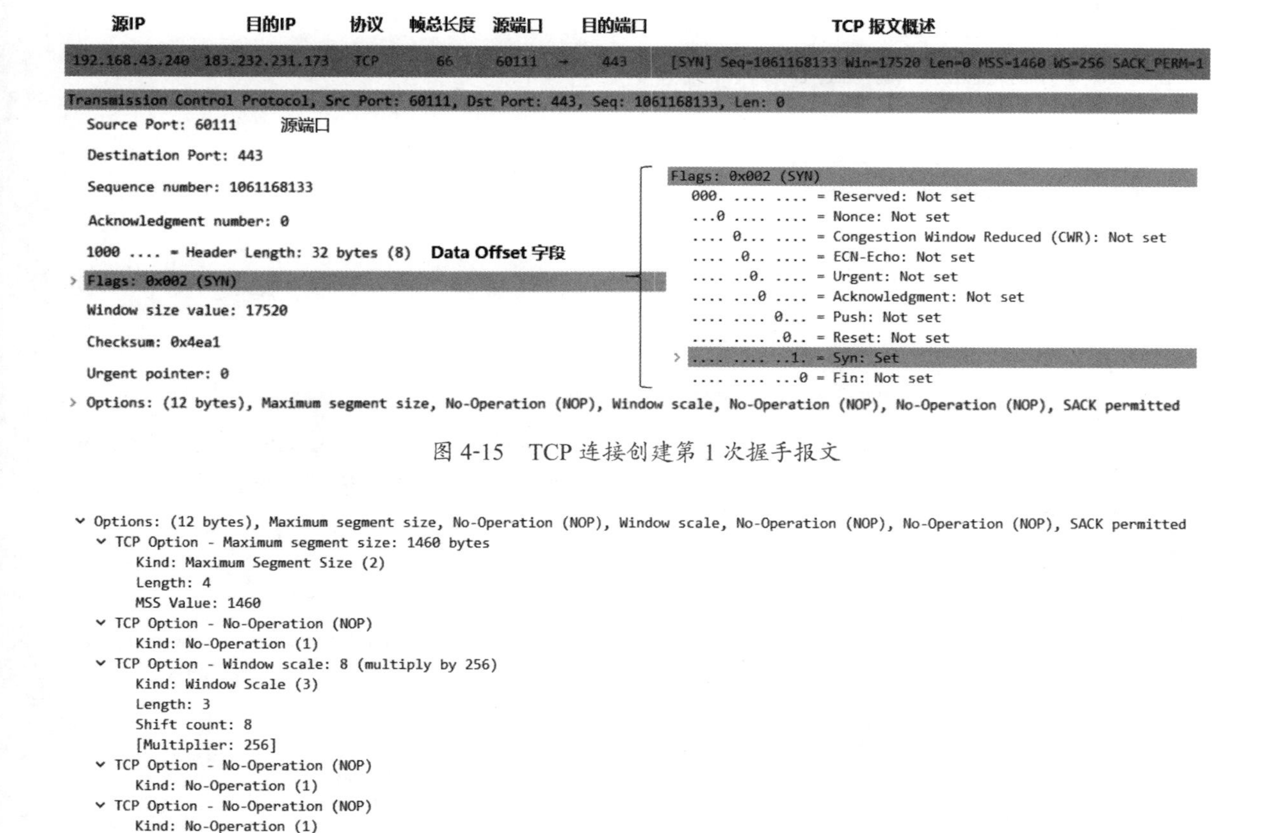

图 4-15　TCP 连接创建第 1 次握手报文

图 4-16　TCP 连接创建第 1 次握手报文之 Options

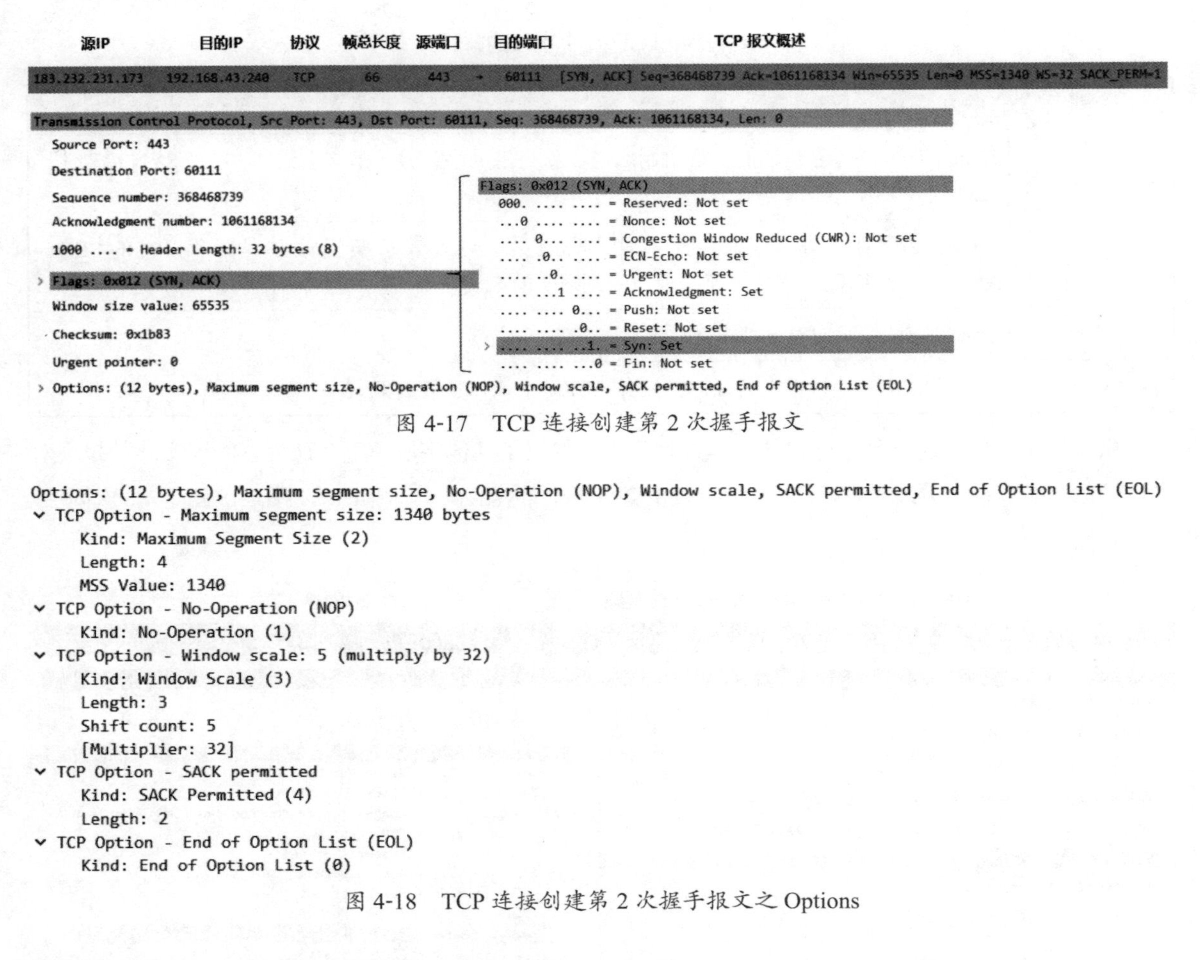

图 4-17　TCP 连接创建第 2 次握手报文

```
Options: (12 bytes), Maximum segment size, No-Operation (NOP), Window scale, SACK permitted, End of Option List (EOL)
  TCP Option - Maximum segment size: 1340 bytes
    Kind: Maximum Segment Size (2)
    Length: 4
    MSS Value: 1340
  TCP Option - No-Operation (NOP)
    Kind: No-Operation (1)
  TCP Option - Window scale: 5 (multiply by 32)
    Kind: Window Scale (3)
    Length: 3
    Shift count: 5
    [Multiplier: 32]
  TCP Option - SACK permitted
    Kind: SACK Permitted (4)
    Length: 2
  TCP Option - End of Option List (EOL)
    Kind: End of Option List (0)
```

图 4-18　TCP 连接创建第 2 次握手报文之 Options

```
源IP              目的IP            协议  帧总长度  源端口      目的端口  TCP 报文概述
192.168.43.240   183.232.231.173   TCP   54       60111   →  443      [ACK] Seq=1061168134 Ack=368468740 Win=17408 Len=0

Transmission Control Protocol, Src Port: 60111, Dst Port: 443, Seq: 1061168134, Ack: 368468740, Len: 0
  Source Port: 60111
  Destination Port: 443
  Sequence number: 1061168134
  Acknowledgment number: 368468740
  0101 .... = Header Length: 20 bytes (5)
> Flags: 0x010 (ACK)
  Window size value: 68
  [Calculated window size: 17408]
  [Window size scaling factor: 256]
  Checksum: 0x5a96
  Urgent pointer: 0

Flags: 0x010 (ACK)
  000. .... .... = Reserved: Not set
  ...0 .... .... = Nonce: Not set
  .... 0... .... = Congestion Window Reduced (CWR): Not set
  .... .0.. .... = ECN-Echo: Not set
  .... ..0. .... = Urgent: Not set
  .... ...1 .... = Acknowledgment: Set
  .... .... 0... = Push: Not set
  .... .... .0.. = Reset: Not set
  .... .... ..0. = Syn: Not set
  .... .... ...0 = Fin: Not set
```

图 4-19　TCP 连接创建第 3 次握手报文

需要强调的是，图 4-19 之后并没有“TCP 连接创建第 3 次握手报文之 Options”，这是因为第 1 次握手时已经将 Options 发送到对方。

4.2.2 一个简单的TCP数据传输

TCP数据传输非常复杂，本小节只对其进行简单描述，详细的TCP数据传输将在“4.3 滑动窗口”中讲述。

在讲述TCP数据传输之前，先讲述几个概念。

① TCP传输数据以字节为单位，如一次（一个报文）传输7字节、53字节、200字节、1200字节等。所以，TCP也被称为“基于字节流”的协议。

② TCP为每一个字节都做了编号，体现该编号的就是TCP报文头中的SEQ字段。

③ TCP创建连接请求报文（SYN = 1）也会消耗1个编号。

④ TCP确认包报文（ACK = 1）不消耗编号。

⑤ TCP确认报文头中的确认序列号（AKN），即期望对方下一个报文头中序列号（SEQ）所取的值。

下面以图4-14为例，从TCP创建连接的“3次握手”开始介绍。报文1（第1次握手）的SYN = 1，SEQ = 100，此时的SEQ就是ISN，后面内容都将围绕着该初始序列号展开。

因为TCP创建连接请求报文（SYN = 1）会消耗1个编号，所以报文2（第2次握手）的AKN = 101[101 = 100（ISN）+ 1（SYN报文消耗1个编号）]，即期望A下次发送报文的序列号为101。

同时，报文2自己也是创建连接请求报文，所以它也设置了自己的初始序列号为300（SEQ = 300，SYN = 1）。

也正是因为报文2自己也是创建连接请求报文，所以它也消耗1个序列号。因此，报文3（第3次握手）的AKN = 301[301 = 300（初始序列号）+ 1（SYN报文消耗1个编号）]。

1. TCP数据传输过程（简化）

A（端口号为1000）和B（端口号为2000）建立了TCP连接以后，A向B发送数据，如图4-20所示。

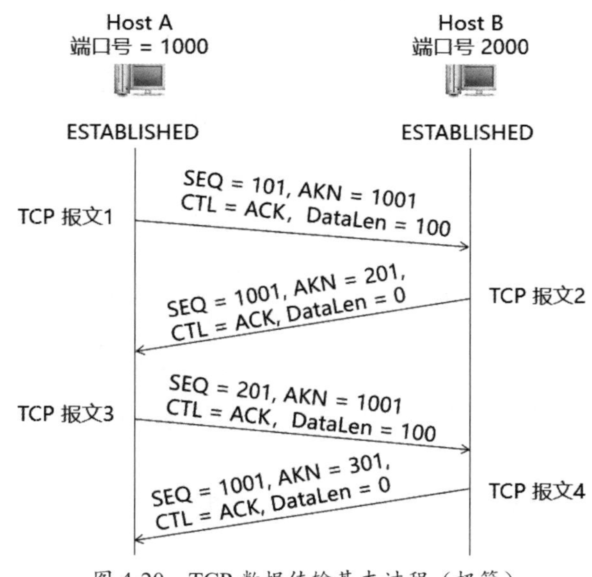

图4-20 TCP数据传输基本过程（极简）

图4-20有一个最大的特点：A向B发送数据，B收到数据后给A回以一个确认报文。所以，可以在图4-20中看到4个报文：报文1是A向B发送数据，报文2是B向A发送确认报文（确认数据已经收到），报文3是A向B发送数据，报文4是B向A发送确认报文（确认数据已经收到）。

这 4 个报文的标记都是 ACK（ACK = 1，其他标记为 0）。

与图 4-14 一样，图 4-20 为了表达数据传输的过程，也有意忽略了很多字段，只保留了源端口号、目的端口号、SEQ、AKN、ACK 等 5 个字段。另外，图 4-20 中的 DataLen 表达的是 TCP 数据长度，其并不是 TCP Header 中的字段，而是计算所得（IP 报文头中的“总长度” – IP 报文头长度 – TCP 报文头长度）。

SEQ、AKN、DataLen 这 3 个数值非常关键，我们先看图 4-20 中的 4 个报文中这 3 个字段的值，然后分析它们的作用，如表 4-6 所示。

表 4-6　TCP 数据传输报文（部分字段）

报文	源	目的	SEQ	AKN	ACK	DataLen
报文 1	IP = A.ip Port = 1000	IP = B.ip Port = 2000	101	1001	1	100
报文 2	IP = B.ip Port = 2000	IP = A.ip Port = 1000	1001	201	1	0
报文 3	IP = A.ip Port = 1000	IP = B.ip Port = 2000	201	1001	1	100
报文 4	IP = B.ip Port = 2000	IP = A.ip Port = 1000	1001	301	1	0

根据前面的描述，ACK 报文不消耗编号，所以 A 第 3 次握手之后，紧接着向 B 发送数据的报文（表 4-6 中的报文 1，也是图 4-20 中的报文 1），其序列号仍为 101（SEQ = 101）。同时，其确认序列号为 1001（AKN = 1001），因为此时 B 还没有向 A 发送新的报文。

对于“TCP 为每一个字节都做了编号，体现该编号的就是 TCP 报文头中的 SEQ 字段”，这句话有以下几个方面的含义。

① TCP 报文头中的 SEQ 字段代表该报文中数据的第 1 个字节的编号。所以，报文 1 中的 SEQ = 101，就意味着该报文中数据的第 1 个字节的编号是 101。

②报文 1 中的数据长度是 100（DataLen = 100），这也就意味着报文 1 中有 100 字节的数据。那么，这 100 字节的数据的编号在哪里呢？在“心里”即 TCP 相应的程序里，因为 TCP 报文中没有字段来存储其他字节的编号了，于是在“心中”给其余 99 个字节所记录的编号是：102,103,⋯,200。

在心里记录编号有什么意义呢？我们再看表 4-6 中的报文 2，这是 B 发给 A 的确认报文。报文 2 的 AKN = 201，即 B 告诉 A 下次发报文时，A 的 SEQ = 201，也就是 A 下次报文中的第一个数据字节的编号是 201。

如此看来，虽然第 1 个报文中的 99 个字节的数据的编号没有体现在报文里，但是并没有被遗忘。

把 A 发给 B 的传输数据的报文记为 i，把 B 确认 A 的报文记为 i+1，把 A 发给 B 的下一个传

输数据的报文记为 $i+2$，就会得到如下公式：

$$AKN[i+1] = SEQ[i] + DataLen[i]$$

$$SEQ[i+2] = AKN[i+1]$$

基于上述公式，我们便可很好地理解每个报文的 SEQ、AKN 的取值。

回看报文 2 的 SEQ。因为报文 1 的 AKN = 1001，即 A 期望 B 的报文（报文 2）中的 SEQ = 1001，那么 B 设置自己的 SEQ = 1001。

基于前面的描述可知，报文 3 的 SEQ = 201，AKN = 1001（因为报文 2 只是一个 ACK 报文，并没有传输数据）。同理，我们也会得到报文 4 的 SEQ = 1001，AKN = 301。

最后，基于以上分析，修正前面给出的公式，用代码（伪码）的形式表达如下：

```
if (1 == SYN)
{
    syn = 1
}
else
{
    syn = 0
}
AKN[i+1] = SEQ[i] + DataLen[i] + syn
SEQ[i+2] = AKN[i+1]
```

2. TCP 数据传输过程分析（简化）

TCP 是一种面向连接的、可靠的、基于字节流的端到端的传输层通信协议。这句话不是我说的，很多资料都是这么说，而且最主要的，官方资料 RFC 793 也是这么说的。

面向连接正是本章要说明的，后面将进行详解。

端到端，是说 TCP 通信的两端分别是某一个主机的某一个进程。

基于字节流，是因为 TCP 将每个字节都做了编号，也就是说 TCP 传输的数据单元是字节。

对于可靠，TCP 如何做到可靠传输呢？数据传输从 TCP 连接创建后便开始了，这说明通信的双方都知道有报文请求和应答。

能够创建连接可以说明两点：通信的两端是“存在的”，通信的网络是连通的。这是可靠传输最基础的条件，但是还远远不够。

前面提到 TCP 给它所传输的每个字节都做了编号。假设 A 此时的 SEQ = 101，它要给 B 发送 100 个字节，那么 A 知道这样一个事实：如果 B 回以一个确认报文，并且报文的 AKN = 201，那么 A 知道 B 完全收到了它所发送的 100 个字节；如果 B 没有回以确认报文，那么 A 认为 B 没有收到它所发送的 100 个字节。

如果 B 没有收到 A 发送的字节怎么办？ A 就重新发送！如果 B 一直都没收到怎么办（B 一直都没有回以确认报文），A 当然也可以就这样一直发送下去，不过这样的通信没有意义。真正有意义的是 TCP 告诉 A：B 可能出问题了，不用再发送了！

以上内容说明了 TCP 可靠传输的最根本的含义。

①传输的结果是明确的，要么是成功，要么是失败。TCP 不保证传输绝对成功，例如，传输过程中网络断开，只能传输失败，但是 TCP 能够保证传输结果是明确的。

② TCP 确定传输成功的机制如下：给所发送的每个字节都做了编号；通过“发送 / 确认”报文来明确告知传输成功。

③如果有暂时的故障致使对方没有收到数据，TCP 通过重传机制来纠错。

TCP 为了保证可靠传输，还采用了其他很多机制，但是以上所说的 3 点是最根本的。而要保证这 3 点，TCP 就要基于 TCP 连接。

4.2.3 TCP 连接是什么

IP 网络是典型的数据包交换，所以 IP 网络也称为无连接网络。TCP 承载于 IP 层，即在无连接的网络上创建一个连接！

自从出现了交换以后，无论是电路交换还是报文交换、分组交换，网络世界的连接都超出了物理的存在，如图 4-21 所示。

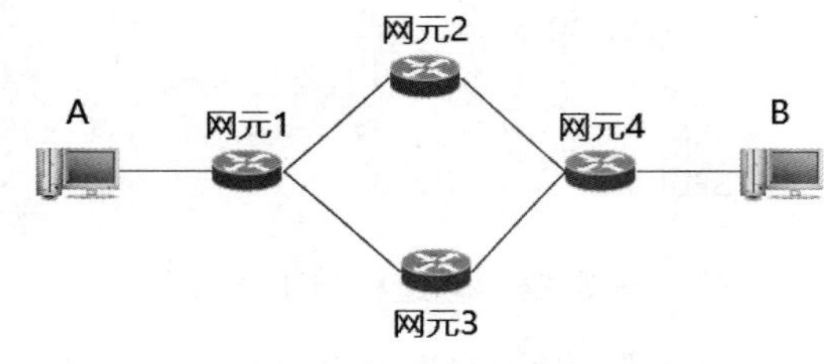

图 4-21 网络连接的抽象图

图 4-21 中，网元指的是交换机或路由器。从 A 到 B，连接看起来是存在的，如 A →网元 1 →网元 2 →网元 4 → B。但是，如果打开网元内部，会发现这些“连接”其实是靠一个个“开关”来控制通和断的。

所谓的“开关”是一个比喻，它实际上指的是网元内部的交换模块。如果一个网元内“开关”断开，则 A 与 B 之间的连接不通。

RFC 793 并没有明确定义 TCP 连接是什么，反而是各个具体的实现以代码的形式表达了 TCP 连接是什么（如 Linux、BSD、Windows）。由于不同的实现，其代码不尽相同，因此这里不以任何真实的代码为原型，而是以相对抽象的形式来表达。这对读者阅读相关代码可能没有帮助，但是对于概念的理解有一定的好处。

说到 TCP 连接，首先就要提到 socket，socket 的定义如图 4-22 所示。定义了 socket 的两个基本元素：IP 地址、端口号。那么可以想象，TCP 连接首先是一对 socket，如图 4-23 所示。

图 4-22 socket 的定义

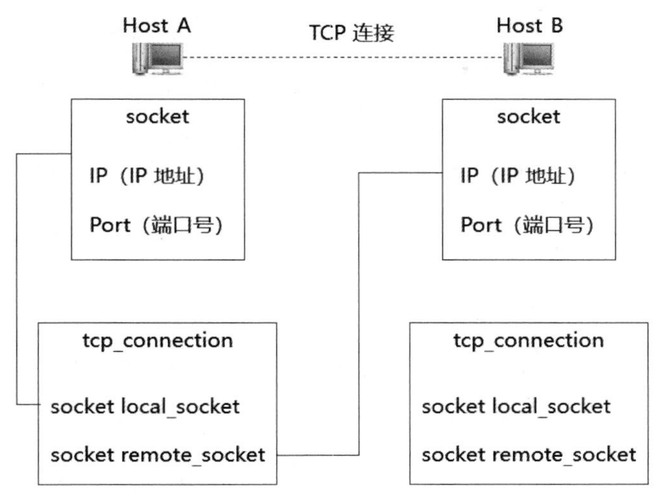

图 4-23　TCP 连接定义（1）

需要强调的是，图 4-23 中的 socket、tcp_connection 都是主机中的数据结构［主机的进程（或者是内核）中的数据结构的实例（对象）］。所以，可以在图 4-23 中看到，两个 Host 都分别有 tcp_connection 的对象实例。另外，为了画图清晰，图 4-23 只标识了左边的 tcp_connection 的两个 socket，一个指代自己的 socket，另一个指代对端的 socket。

至此，我们可以发现 TCP 连接的部分内容。

①每个 host 都会为一个 TCP 连接创建一个数据实例对象（tcp_connection）。

②该数据实例对象的值是两个 socket 实例，一个指代自己的 socket，一个指代对端的 socket。

所以，有的资料把 TCP 连接定义为一对 socket（<socket1, socket2>）。

一对 socket 唯一确定一个 TCP 连接，但是一个 TCP 连接远远不止一对 socket，它还有更重要的内容，如图 4-24 所示。

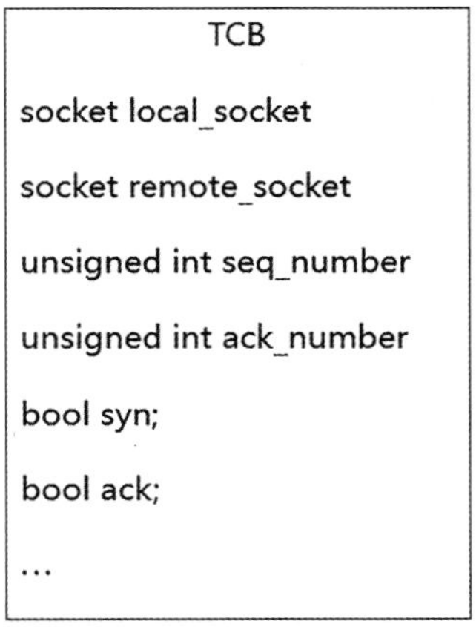

图 4-24 中的 TCB（TCP Control Block，TCP 控制快）包含一对 socket，以及其他内容，如 seq_number（序列号）、ack_number（确认序列号）。这些内容可以简单理解为 TCP 报文头的字段。

至此，我们可以发现 TCP 连接的全部内容。

① TCP 连接就是主机内的数据结构的一个实例对象。

②该数据结构就是 TCB。

③ TCB 包含一对 socket，还包含 TCP 报文头中所对应的字段（含 TCP Options）。

```
TCB
socket local_socket
socket remote_socket
unsigned int seq_number
unsigned int ack_number
bool syn;
bool ack;
…
```

图 4-24　TCP 连接定义（2）

说明：对于 TCB 所包含的字段，这里的描述不是十分准确，4.2.7 节还会继续描述。

在 TCP 数据传输过程（简化）中提到 TCP 在“心中”给其余 99 个字节所记录的编号是：102,103,…,200。这里所谓的“心中”，其实就是 TCB 数据实例。当然，TCP 也不会真的给每一个字节都做编号，它只需根据公式计算这次数据传输以后，它下次传输时的序列号应该是什么（然后存储在 TCB 数据实例中），然后与对端发送过来的报文中的确认序列号相比较，如果两者相等，那说明该次传输的数据已经完全被对端完全接收了。

RFC 793 提到，TCP 是一个面向连接的协议，从具体实现的角度来讲，它的本质其实是基于 TCB 数据实例的协议。

4.2.4 全双工的 TCP 连接

对于 TCP 连接，一个需要特别指出的特征是：它是全双工的，即 TCP 连接创建以后，双向可以同时发送数据，如图 4-25 所示。

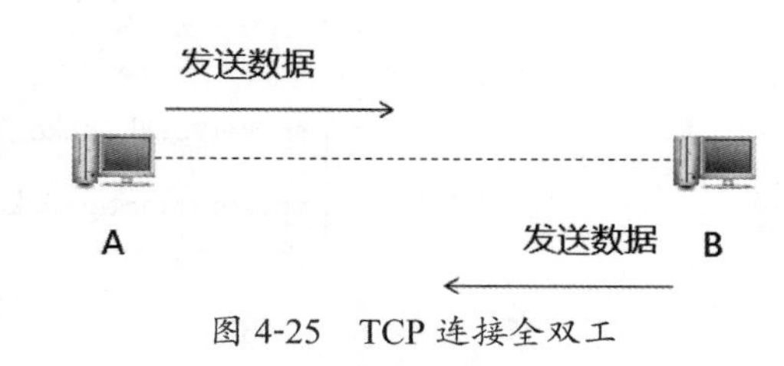

图 4-25 TCP 连接全双工

有的资料将 TCP 的双方区分为 TCP Client 和 TCP Server。需要强调的是，C-S（Client-Server）模式并不意味着不能全双工，只是 C-S 模式总给人一种“一问一答”的感觉，也就说一方主动、一方被动。而全双工总给人一种双方是“对等体”的感觉。

“全双工”与“C-S 模式”两个概念表达的是不同的维度，两者并不矛盾。对于 TCP Client/TCP Server 的理解，以图 4-14 为例来进行说明。

图 4-14 中，将 Host A 标记为 TCP Client，将 Host B 标记为 TCP Server。

① TCP Client/Server 用于指定 TCP 连接创建过程中谁是主动方，以及谁是被动方。

② TCP 连接的全双工指的是 TCP 数据传输过程中，双方可以同时传输数据。

图 4-14 中，同时还将 Host A 的初始状态标记为 CLOSED，Host B 的初始状态标记为 LISTEN。

Host A 的初始状态连接是不存在的，这时候将 Host A 的状态标记为“NULL（空）”或“CLOSED（关闭）”都可以，其背后的含义都是 TCP 连接不存在。

而 Host B 标记为“LISTEN（监听）”是什么含义呢？TCP 连接的两端，其实是两个 Host 内部的某个进程，记为 P1、P2（P 是 Process 的缩写），这意味着，TCP 连接创建的前提是 P1、P2 已经存在（已经启动起来）。

作为 TCP Client（假设是 P1）比较好理解，P1 是首先启动起来，然后再去主动创建连接，也就是发送 SYN 报文。P1 的 SYN 报文发送到 Host B 以后，作为 TCP Server 的 Host B 的 TCP 模块（或者 TCP 内核）得确定相对应的进程（假设是 P2）存在，它才能与 TCP Client 完成三次握手的过程，从而建立起 TCP 连接。所以，P2 必须得先启动，在那里监听 TCP Client 的请求。这就是 Host B 的初始状态是“LISTEN”的含义。

但是，TCP 连接的创建并不绝对要求 C-S 模式，即一方主动请求，一方做好准备，监听到请求以后就与对方 3 次握手建立连接。TCP 连接的创建也可以是双方同时发起，这时不存在 TCP Client/Server 的概念，如图 4-26 所示。

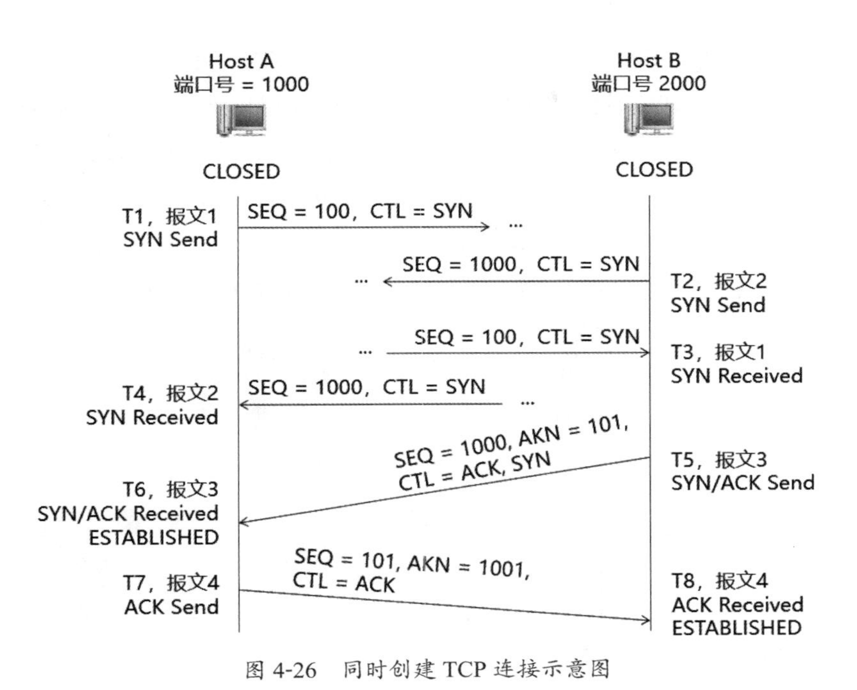

图 4-26 同时创建 TCP 连接示意图

需要说明的是，“同时”创建 TCP 连接，这里的“同时”并不是指时间上的绝对同时，而是指：双方都发送连接请求报文（SYN 报文）；在自己还没有收到对方发送的 SYN 报文时，自己已经发送给对方 SYN 报文。对应到图 4-26，就是 T1 时刻和 T2 时刻。T1 时刻，A 发送一个 SYN 报文（报文 1）给 B；T2 时刻，B 还没有收到 A 发送过来的报文 1，但是它也发送了 1 个 SYN 报文（报文 2）给 A。

T3、T4 时刻则比较简单，A 和 B 都分别收到了对方发送过来的 SYN 报文。B 收到 A 发送过来的 SYN 报文以后，图 4-26 的 T5 时刻与图 4-14 一样，B 发送相应的 <SYN、ACK> 报文。

图 4-26 中，在 T4 时刻 A 收到了 B 发送过来的 SYN 报文；在 T6 时刻，A 收到了 B 发送过来的 <SYN、ACK> 报文；在 T7 时刻，A 发送了 ACK 报文；在 T8 时刻，B 也收到了 A 发送过来的 ACK 报文。

在 T6 时刻，A 收到了 B 发送过来的 ACK 报文（连接创建请求的确认报文），所以 A 的状态是 ESTABLISHED（表明 A 认为它的 TCP 连接已经创建）。同理，在 T8 时刻，B 也收到了 A 发送过来的 ACK 报文，所以 B 的状态也是 ESTABLISHED。

上述过程虽然比“4.2.1 TCP 连接的基本创建过程”复杂，但其本质上仍然是“三次握手”。

所以，TCP 的“3 次握手”说的是 TCP 连接创建的基本原理和基本流程，并不是说 TCP 连接的创建绝对就是双方只发送了 3 次报文。

4.2.5 TCP 连接的关闭

TCP 连接的创建和关闭不仅是为了逻辑上的闭环，也是为了资源上的可持续性。我们知道，对于 Host 而言，TCP 连接就是其内部的一个 TCB 数据实例，更抽象地说就是 Host 内部的一块内存。如果只有创建（申请内存）没有关闭（释放内存），那么 Host 迟早要内存耗尽，进而崩溃。

创建 TCP 连接是为了要传输数据；数据传输完成，就可以关闭 TCP 连接，如图 4-27 所示。

图 4-27 以图 4-14 为基础，图 4-14 创建连接以后，中间经过数据传输，A 发现数据传输完毕，就给 B 发送一个关闭连接的请求，即图 4-27 中的报文 1。所以，在图 4-27 中可以看到，A 和 B 的 SEQ 都相对于图 4-14 有所增加，这是因为中间这段时间双方都互相发送了数据。

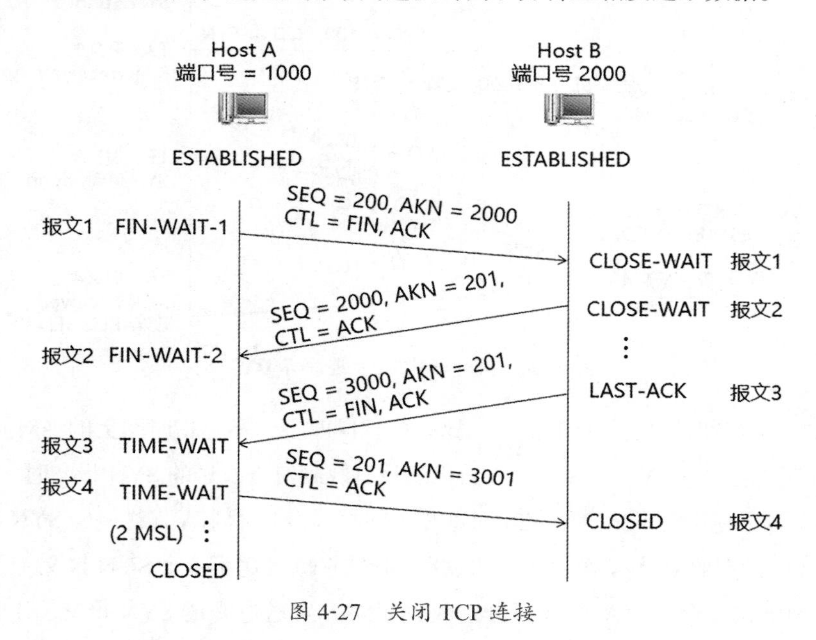

图 4-27 关闭 TCP 连接

另外，从图 4-14 和图 4-27 可以看到，除了图 4-14 中的第 1 个请求连接创建的报文（A 发送给 B）外，其他所有报文都打了 ACK 标记（ACK = 1），这既是 TCP 的规定，也是 TCP 保证可靠传输的机制。这一点在以前的小节已经讲述，后面小节还会继续简述。

为了讲述方便和易于理解，本小节不再涉及端口号、SEQ、AKN 等几个字段，而专注于关闭连接最主要的几个字段。

关闭 TCP 连接的报文的解释，如表 4-7 所示。

表 4-7 关闭 TCP 连接的报文的解释

报文	发送方	接收方	A 状态	B 状态
报文 1	A	B	FIN-WAIT-1	CLOSE-WAIT
报文 2	B	A	FIN-WAIT-2	CLOSE-WAIT
报文 3	B	A	TIME-WAIT	LAST-ACK

续表

报文	发送方	接收方	A 状态	B 状态
报文 4	A	B	TIME-WAIT	CLOSED
2MSL（不是报文）	—	—	CLOSED	CLOSED

表 4-7 中的 A 和 B 状态指的是 A、B 发送或接收报文以后的状态。例如，第 1 行 A 状态为 FIN-WAIT-1 指的是 A 发送了报文 1 以后的状态，而 B 状态 CLOSE-WAIT 指的是 B 接收了报文 1 以后的状态。

如前所述，当 A 没有数据要发送给 B 时，它向 B 发送一个关闭连接的请求报文（报文 1），即 FIN 标记为 1（FIN = 1）。

发送报文 1 以后，A 进入 FIN-WAIT-1 状态，其中包括 3 层含义。

① A 不再发送数据。

② A 可以接收数据。

③ A 的 TCP 连接没有关闭，它还要等待某件事情发生（接收某个报文）。

当 B 接收到 A 发送过来的报文 1 时，发现是 A 发送过来的“请求关闭连接”的报文，此时 B 状态变为 CLOSE-WAIT。其中也包括 3 层含义。

① B 知道 A 不会发送数据，但是 A 还可以接收数据。

② B 自己还可以发送数据（因为 A 还可以接收数据）。

③ B 在等待连接关闭，虽然 B 不知道何时能够关闭该连接，所以 B 此时的状态为 CLOSE-WAIT。

此时，B 会立刻给 A 回以一个 ACK 报文（报文 2），表示自己接受 A 关闭连接的请求。B 发送报文 2 以后，其状态仍然是 CLOSE-WAIT；A 接收报文 2 以后，状态变为 FIN-WAIT-2。

这种 A 已经没有数据要发送（也不能发送）但是能接收数据，而 B 还能发送数据的情况称为 half-open 连接（半开连接），此时 A 状态为 FIN-WAIT-1 或 FIN-WAIT-2，B 状态为 CLOSE-WAIT。

等待一段时间以后，B 没有数据要发送给 A，此时 B 会发送一个“请求关闭连接”的报文给 A（报文 3）。发送报文 3 以后，B 状态变为 LAST-ACK。

A 接收报文 3 以后，其状态变为 TIME-WAIT。除了要等待外，A 在收到报文 3 以后会马上给 B 回以一个 ACK 报文（报文 4），通知 B 同意“关闭连接”的请求。

B 接到 A 发送过来的报文 4 以后，状态变为 CLOSED，即关闭连接。关闭连接，实际上就是将该连接所对应的 TCB 内存块删除。

B 关闭连接后，A 在等待 2 个 MSL（Max Segment Lifetime）时间后会将自己的状态设置为

CLOSED，即关闭连接。

MSL 表示一个 TCP 报文在网络中所能存在的最大时间。因为 TCP 报文承载于 IP 报文，而 IP 报文头中有一个字段 TTL（TTL 最大值是 255，一个 IP 报文在网络中最多经过 255 次路由器转发，就会被路由器丢弃），所以对于一个 TCP 报文而言存在一个 MSL。MSL 是一个经验数值，RFC 793 中定义它等于 2min，Linux 的实现中定义它为 30s。

以上就是 TCP 关于“关闭连接”的设计，也即 TCP 的“四次挥手”。

与创建连接一样，关闭连接也存在双方“同时”关闭连接的场景。这只是“四次挥手”的一个变体，这里不再详述，只给出一个交互顺序图，如图 4-28 所示。

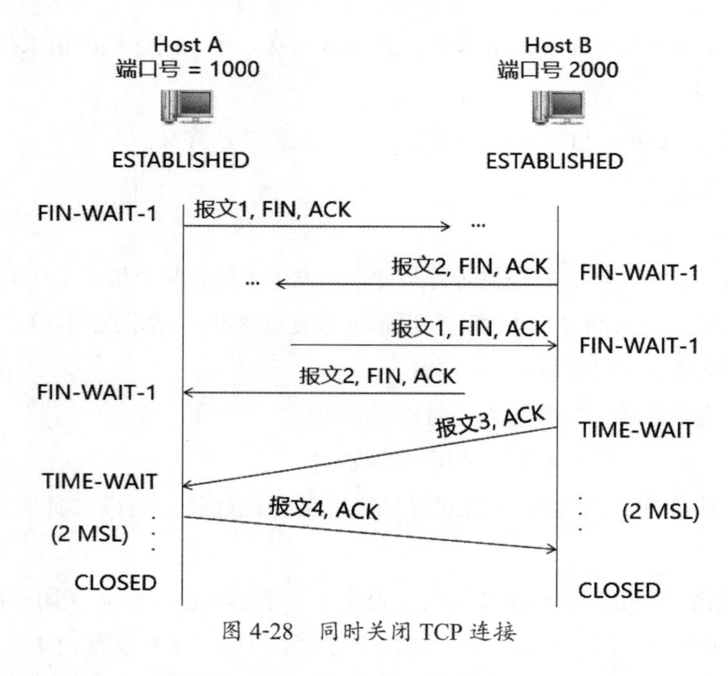

图 4-28　同时关闭 TCP 连接

图 4-28 只是一种变体，伴随着 A、B 所发送 / 接收报文的时间的不同，还会有其他顺序图。

4.2.6　TCP 连接的状态机

在前面几个小节中介绍了 TCP 连接的创建和关闭，本小节从 TCP 连接状态机的视角对前述内容进行总结，如图 4-29 所示。

图 4-29 方框里的内容表示 TCP 连接的状态，如 CLOSED、ESTABLISHED 等。每个带箭头的线条上（或者旁边）都加上了序号，这是为了讲述方便。带箭头的线条连接着两个方框，表示状态的变迁，如第 1 个线条表示状态从 CLOSED 变为 SYN SEND。每个线条同时也对应着一对 <事件、响应>。

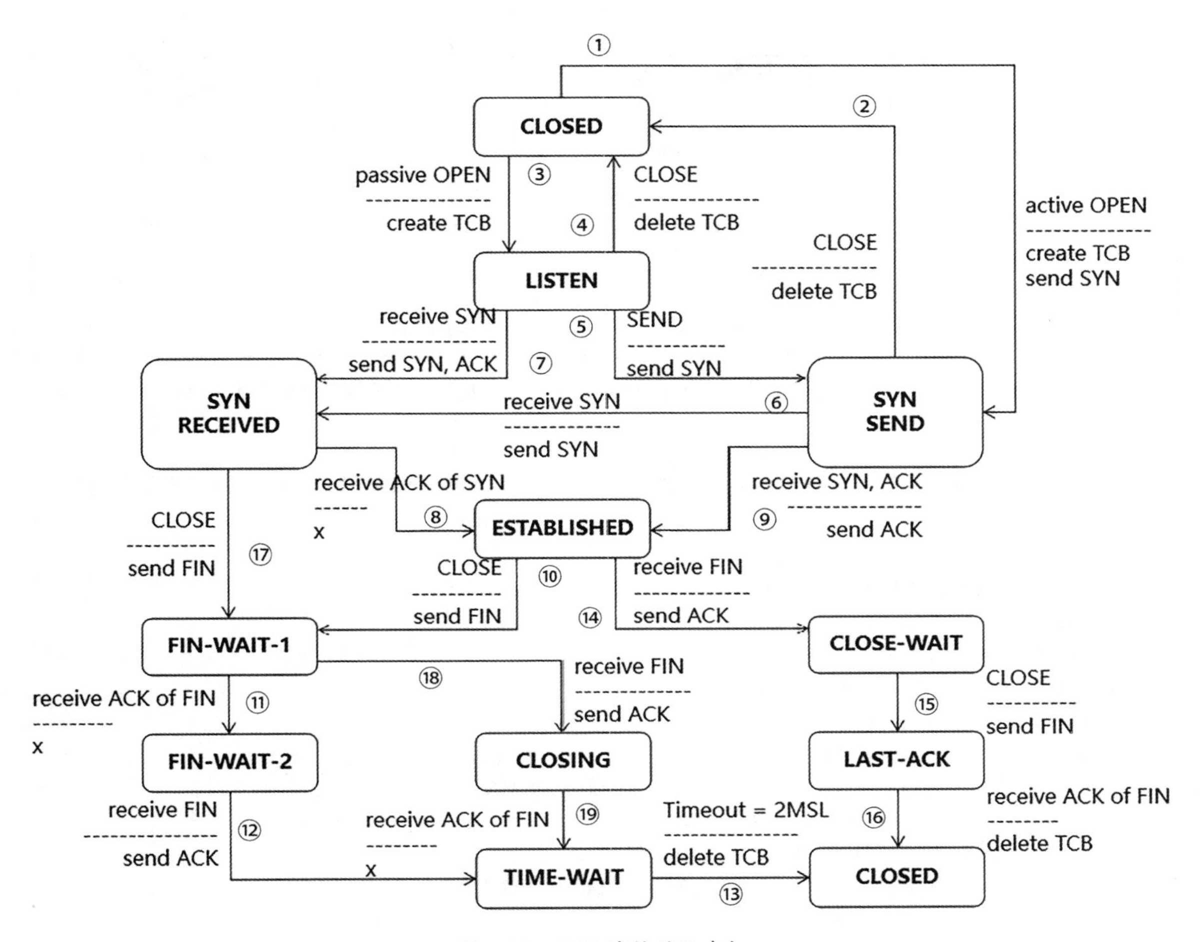

图 4-29　TCP 连接的状态机

<事件、响应>用虚线分隔，虚线上方表示事件，虚线下方表示响应。

事件可能是 TCP 用户的动作，如第 1 个线条所对应的事件就是 active OPEN，即用户主动打开了一个 TCP 连接。事件也可能是收到一个报文，如第 7 个线条所对应的事件就是收到了一个 SYN 报文。

响应可能是 TCP 内核的动作，如第 2 个线条所对应的事件就是 delete TCB，即 TCP 内核删除相应的 TCB 内存块。响应也可能是发送 1 个报文，如第 7 个线条所对应的响应就是发送了一个 SYN、ACK 报文。

图 4-29 中，有的响应为 x，x 所对应的具体含义下文会解释。针对图 4-29 更全面的解释，下文会分步骤、用多个表来解释，如表 4-8 ~ 表 4-11 所示。

表 4-8　TCP 连接状态机的解释（1）

线条	原状态	事件	响应	新状态
1	CLOSED	active OPEN	create TCB send SYN	SYN SEND
2	SYN SEND	CLOSE	delete TCB	CLOSED
3	CLOSED	passive OPEN	create TCB	LISTEN
4	LISTEN	CLOSE	delete TCB	CLOSED

TCP 连接的状态机从 CLOSED 开始。CLOSED 表示 TCP 连接不存在。因为不存在 TCP 连接，所以必须首先创建连接。

创建连接有两种方式，一种是 active OPEN，另一种是 passive OPEN。这两种创建方式用代码（伪码）来表示会更容易表达和理解：

```
# 创建一个 server 端 socket
socket_server = socket();
# 绑定 IP 地址和端口号
socket_server.bind(ip1, port1);
# 创建一个 client 端 socket
socket_client = socket();
# 绑定 IP 地址和端口号。一般来说，client socket 的端口号，
# 不需要用户制定，TCP 内核会自动分配端口号
socket_client.bind(ip2, port2);
# 对于 server 端 socket 来说，只监听 client 端的连接请求即可
socket_server.listen();
# 对于 client 端 socket 来说，它是主动向 server 端发起连接请求
socket_client.connect(socket_server)
```

结合伪码可知，active OPEN 其实就是创建一个 TCP Client 的连接，passive OPEN 就是创建一个 TCP Server 端的连接。

对于 TCP Client 来说，它还需要主动发送连接创建请求报文，所以在第 1 个线条的响应中有 send SYN，即发送 SYN 报文。而对于 TCP Sever 来说，它只需要监听即可。

无论是 TCP Client 还是 TCP Server，此时它们均没有经过三次握手，两者之间的“连接”还没有创建成功，所以此时如果要关闭连接，则比较简单，只需要直接 CLOSE 即可（删除对应的 TCB 内存块）。

继续对 TCP 连接状态机进行分析，如表 4-9 所示。

表 4-9　TCP 连接状态机的解释（2）

线条	原状态	事件	响应	新状态
7	LISTEN	receive SYN	send SYN, ACK	SYN RECEIVED
8	SYN RECEIVED	receive ACK of SYN	x	ESTABLISHED
9	SYN SEND	receive SYN, ACK	send ACK	ESTABLISHED
5	LISTEN	SEND	send SYN	SYN SEND
6	SYN SEND	receive SYN	send SYN	SYN RECEIVED

表 4-9 中的线条 7 ~ 9 表达的就是 TCP 三次握手。其中第 8 个线条中的响应为 x，表面上看，只需把状态迁移到 ESTABLISHED 即可。实际上，Host 内部还需要要创建 socket pair <s1, s2>，用以标识一对 TCP 连接。同时对于线条 9，虽然 RFC 793 只标识了它的响应为 send ACK，但其也会创建 socket pair <s1, s2>。

对于线条 5，由于有处于 LISTEN 状态的 TCP，它的标准动作是除了监听什么也不做外，静待其他 TCP 的连接创建请求的到来，但是，它竟然不按常理出牌，主动发送了一个连接创建请求报文，即 send SYN。

对于线条 6，表面上看也是不按常理出牌。因为处于“SEND SYN”状态的 TCP，其标准事件是“receive SYN, ACK”，而不是 receive SYN。

实际上结合线条 5、6，再结合线条 7 ~ 9 就会发现，它们所表达的其实是“同时创建 TCP 连接”的场景。

表 4-8 和表 4-9 表达了 TCP 连接从无到有的创建过程，忽略中间的数据传输过程，那么剩下的就是数据传输结束以后的连接关闭过程，如表 4-10 所示。

表 4-10　TCP 连接状态机的解释（3）

线条	原状态	事件	响应	新状态
10	ESTABLISHED	CLOSE	send FIN	FIN-WAIT-1
11	FIN-WAIT-1	receive ACK of FIN	x	FIN-WAIT-2
12	FIN-WAIT-2	receive FIN	send ACK	TIME-WAIT
13	TIME-WAIT	Timeout = 2MSL	delete TCB	CLOSED
14	ESTABLISHED	receive FIN	send ACK	CLOSE-WAIT
15	CLOSE-WAIT	CLOSE	send FIN	LAST-ACK
16	LAST-ACK	receive ACK of FIN	delete TCB	CLOSED

表 4-10 表达的是 TCP 关闭连接的经典的“四次挥手”过程。表面上看线条 11 只需要等待对端发送“连接关闭请求”报文即可，实际上线条 11、线条 12，包括其他多个线条，都需要创建一个定时器。关于定时器、定时器超时等处理将在后文讲述。

除了经典的“四次挥手”外，TCP 还可以同时关闭连接，如表 4-11 所示。

表 4-11　TCP 连接状态机的解释（4）

线条	原状态	事件	响应	新状态
18	FIN-WAIT-1	receive FIN	send ACK	CLOSING
19	CLOSING	receive ACK of FIN	x	TIME-WAIT

线条 18 表面上看好像不按常理出牌，实际上线条 18、19 和 13 表达的就是“同时关闭 TCP 连接”的场景。

线条 19 中的响应“x”，表示除了启动 2MSL 定时器外不需要做什么。

无论是“四次挥手”还是同时关闭（说明：本质上还是“四次挥手”），表 4-10 和表 4-11 表达的都是 TCP 连接创建好以后（双方的状态都是 ESTABLISHED）再关闭的场景。线条 17 表达的是连接创建之前就直接关闭。由于状态 SYN RECEIVED 表示已经接到对端发送过来的连接请求报文，因此不像线条 2 和线条 4，线条 17 采取了相对“优雅”的动作：发送 FIN 报文（连接关闭请求报文）。

至此，图 4-29 所表达的 TCP 连接的状态机介绍完毕。

4.2.7　TCP 连接的收发空间

前面提到过，TCP 连接实际上是基于 TCB 数据实例的协议，图 4-30 为 TCB 主要字段。对于用户接收数据指针，存放所接收数据的缓存的大小是有限的。TCB 的实现离不开计算机，而计算机的内存资源是有限的，一个计算机可能有多个连接，这样每个连接的内存就会更加有限。

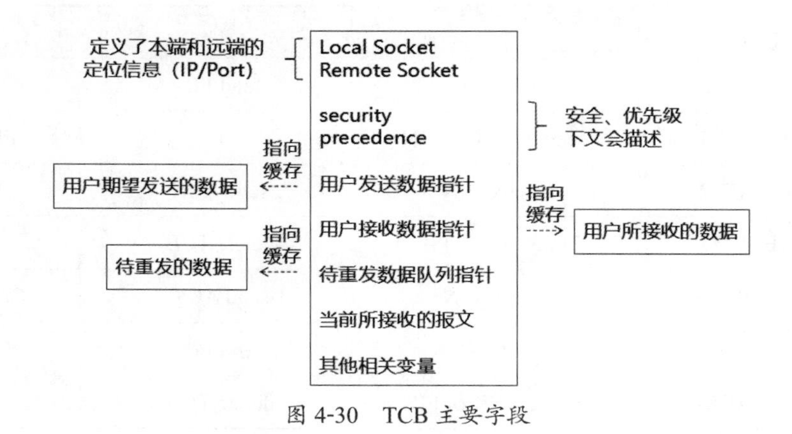

图 4-30　TCB 主要字段

考虑这样一个场景，如图 4-31 所示。TCP 数据发送的速度是 110 MB/s，这些数据都将进入用户接收数据的缓存。用户处理数据，即从缓存中取走数据（释放内存）的速度是 10MB/s，而缓存最大容量是 1GB，那么只需要 10s，缓存就满了。

此后，如果继续按此速度发送数据，那么接收方只能丢弃数据（或者由于内存溢出而异常退出）。为了解决此问题，TCP 在其报文头中设计了一个字段“Window”，如图 4-32 所示。

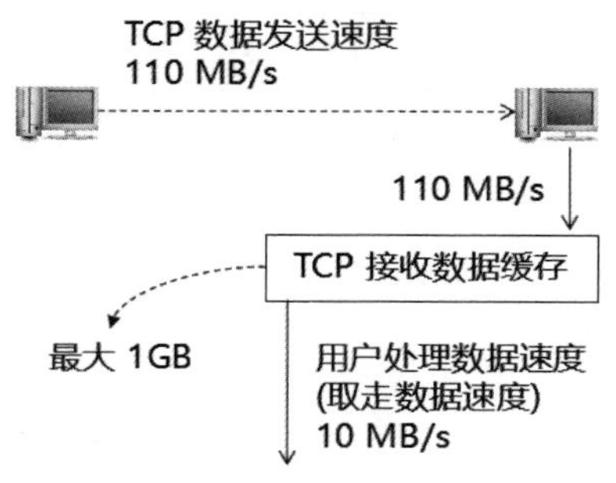

图 4-31　TCP 数据发送与接收

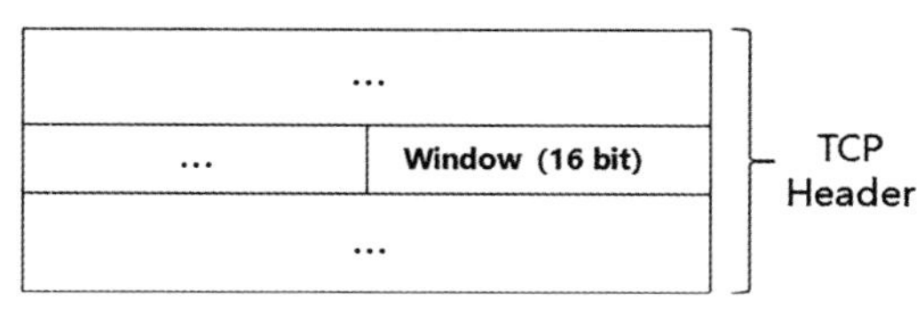

图 4-32　TCP 报文头中的 Window 字段

TCP 报文头中的 Window 字段占有 16bit，取值范围是 0 ~ 65535，其目的就是通知对方自己还能接收多少字节的数据，以使对方不要发送超出该数量的数据，如图 4-33 所示。

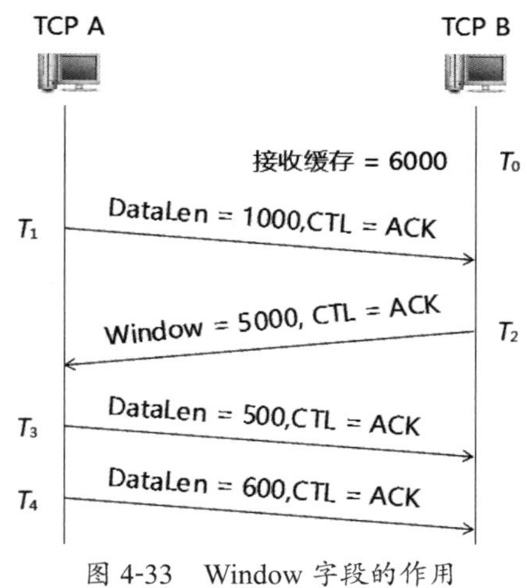

图 4-33　Window 字段的作用

图 4-33 中，在 T_0 时刻，B 的接收缓存是 6000 字节；T_1 时刻，A 给 B 发送了 1000 字节；T_2 时刻，B 告知 A，它的 Window = 5000（还能再接收 5000 字节）。T_3 时刻，A 向 B 发送了 500 字节的数据，在此之后，A 并没有等待 B 的 ACK 报文，而是在 T_4 时刻又向 B 发送了 600 字节的数据。

在 TCP 连接创建（三次握手）、TCP 连接关闭（4 次挥手）时均为“一问一答”，即 TCP 的一方发送了一次 SYN/FIN 报文之后，总在等待对方的 ACK 报文。但是这种“一问一答”的方式在 TCP 数据发送阶段则没有太大意义，而且效率也不高。所以，在图 4-33 中，T_3、T_4 时刻，A 连续发送数据给 B，而不必等待 B 的应答。

但是在数据传输过程分析（简化）部分中已经介绍过，TCP 保证可靠性的本质（机制）是：甲方发送了多少数据给乙方，乙方会通过 ACK 报文告知甲方它接收了多少数据，如果双方不一致，甲方会重传乙方没有接收到的那部分数据。

固然，图 4-33 中 A 可以连续发送数据给 B，但是对于这些发送的数据，A 一定要在将来的某个时间内收到 B 的 ACK，否则（超时）A 还需要重传这些数据。

同时根据前面章节的描述可以知道，TCP 其实是利用报文中的 SEQ 这两个字段来实现它的可靠性机制的（图 4-33 为了突出 Window 字段，没有描述这两个字段）。SEQ、AKN、Window 这 3

个字段通过有效地计算，就构成了 TCP 数据的收发空间。

1. TCP 数据发送空间

TCP 数据发送空间如图 4-34 所示。

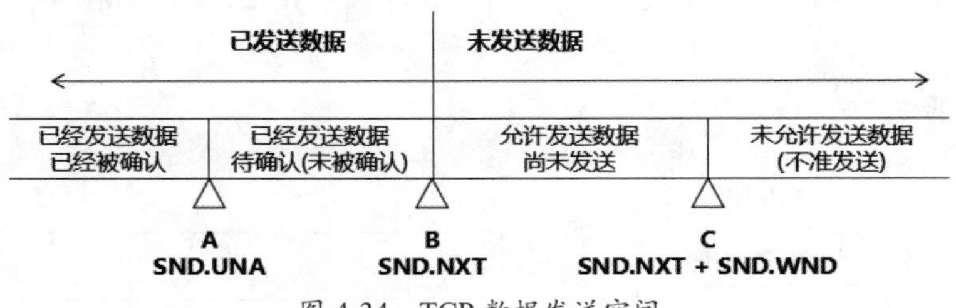

图 4-34　TCP 数据发送空间

图 4-34 中，数据分为两大部分：已发送数据和未发送数据。

（1）已发送数据

已发送数据又分为两部分：已发送已确认和已发送待确认。

①已发送已确认：这部分数据已经发送，并且已经得到对方的确认（确认收到），因此这部分数据其实只有概念上的意义，实际上完全可以从内存中删除。

②已发送待确认：这部分数据已经发送，但是尚未得到对方确认（不知道对方是否已经收到）。这部分数据必须先缓存起来，如果超过了一定时间仍然没有收到对方确认，那么这部分数据需要重新发送。

图 4-34 中的 SND.UNA（SEND.Unacknowledged）是一个数字，其含义如图 4-35 所示。

已发送待确认的报文有多个，SND.UNA 指的是图 4-35 中的第 1 个报文中的 SEQ 字段的值。

（2）未发送数据

未发送数据也分为两部分：允许发送数据和未允许发送数据。

①允许发送数据：允许发送数据与对方的接收窗口有关。前文中说过，收到的对方报文中的 Window 字段代表对方最多还能接收多少字节，而这个数字即本方当前所能发送的最多字节数，如图 4-36 所示。

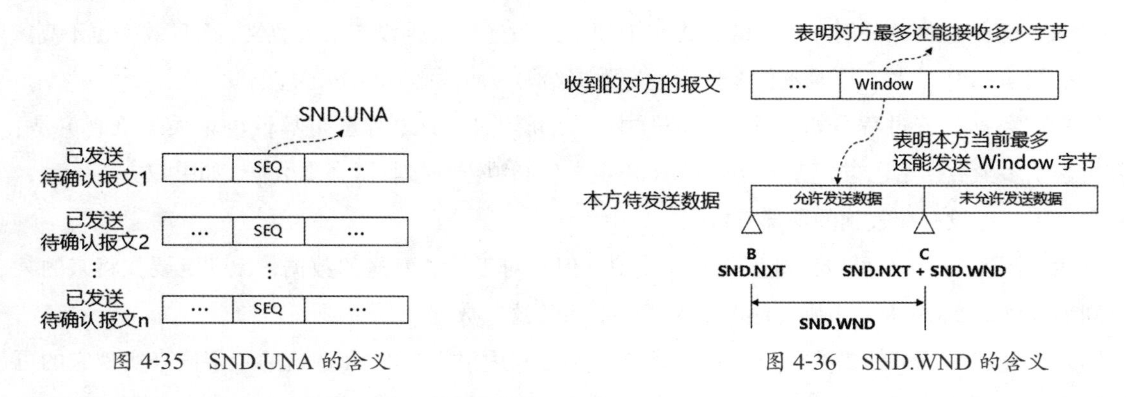

图 4-35　SND.UNA 的含义　　　图 4-36　SND.WND 的含义

SND.WND 是一个动态变化的数字，例如以下内容。

- T0 时刻，收到对方一个报文，该报文的 Window 字段等于 2000，那么 TCP 就将自己的 SDN.WND 设置为 2000。
- T1 时刻，发送给对方 1000 字节，那么 TCP 就将自己的 SDN.WND 修改为 1000。
- T2 时刻，收到对方一个报文，该报文的 Window 字段等于 3000，那么 TCP 就将自己的 SDN.WND 设置为 2000。

……

图 4-36 和图 4-34 中都出现了 SND.NXT，它是 SEND.NEXT 的缩写，其含义如图 4-37 所示。

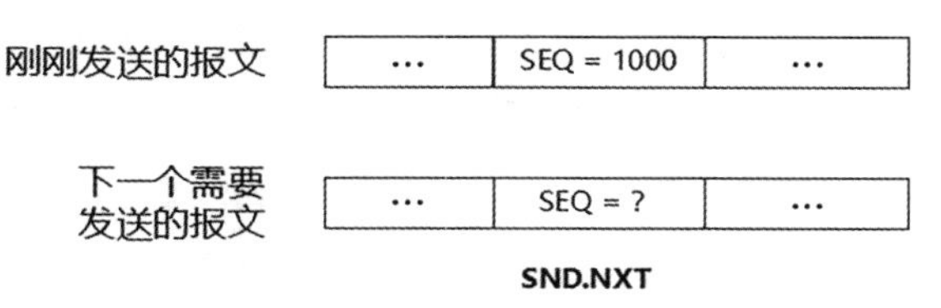

图 4-37　SND.NXT 的含义

图 4-37 中，假设刚刚发送的报文的 SEQ = 1000，那么下一个需要发送的报文的 SEQ 应该是多少呢？ SND.NXT 就是用来标识“下一个需要发送的报文的 SEQ 的值”。当然，SND.NXT 也是一个动态变化的值，它与刚刚发送的报文有关。TCP 数据传输过程（简化）部分曾经描述过类似的公式，这里再对其进行修正（伪码）。

```
# 刚刚发送的报文的 SEQ，记为 SND.SEQ
# 刚刚发送的报文的数据长度，记为 SND.DataLen
# 刚刚发送的报文的 SYN 标记，记为 SND.SYN
# 刚刚发送的报文的 FIN 标记，记为 SND.FIN
# 下一个需要发送的报文的 SEQ，记为 SND.NXT
# 计算公式如下
SND.NXT = SND.SEQ + SND.DataLen
# SYN、FIN 也消耗 1 个序列号
if ((true == SND.SYN) or (true == SND.FIN))
{
    SND.NXT = SND.NXT + 1
}
```

收到一个报文以后，如果要回一个报文，那么所回报文的 SND.AKN 的计算公式与 SND.NXT 计算公式是同理的，伪码如下所示：

```
# 刚刚接收的报文的 SEQ，记为 RCV.SEQ
# 刚刚接收的报文的数据长度，记为 RCV.DataLen
# 刚刚接收的报文的 SYN 标记，记为 RCV.SYN
# 刚刚接收的报文的 FIN 标记，记为 RCV.FIN
# 需要发送的应答报文的 AKN，记为 SND.AKN
# 计算公式如下：
SND.AKN = RCV.SEQ + RCV.DataLen
```

```
# SYN、FIN 也消耗 1 个序列号
if ((true == RCV.SYN) or (true == RCV.FIN))
{
    SND.AKN = SND.AKN + 1
}
```

通过刚刚发送的报文，就能计算出下一个将要发送的报文的 SEQ（SND.NXT），再加上当前的发送窗口 SND.WND，就能确定：用户的待发送数据中，从 SND.NXT 字节开始，到 (SND.NXT + SND.WND) 字节结束，一共 SND.WND 字节是允许被发送的。

②未允许发送数据：未允许发送数据比较简单，用户的待发送数据中，从 (SND.NXT + SND.WND +1) 字节开始，以后所有字节都不允许被发送。

当然，未允许发送数据也是动态变化的。当对方的应答报文中的 Window 字段增大时（对方又处理了一些字节，释放了一些内存，有新的空间来接收新的数据），未允许发送数据的序号会越来越向后移。

这里需要对"TCP 数据发送空间"做一个明确的澄清。

①用户所需要发送的数据，每一个字节都有一个编号，第 1 个字节的编号为 ISS（Initial Send Sequence Number，初始发送序列号），后面字节的编号按顺序加 1。

② TCP 数据发送空间由 3 个数字组成，分别为 SND.UNA、SND.NXT、SND.WND。

③这 3 个数字标识了用户所需发送数据的状态。

- SND.UNA 之前的数据代表"已发送已确认"。
- SND.UNA ~ SND.NXT 的数据代表"已发送待确认"。
- SND.NXT ~ SND.NXT + WND 的数据代表"允许发送（尚未发送）"。
- SND.NXT + WND 之后的数据代表"未允许发送（尚未发送）"。

与发送空间相关联的概念是发送窗口。发送窗口专指"SND.NXT ~ SND.NXT + WND 的数据"，因为这些数据代表"允许发送（尚未发送）"。更准确地说，发送窗口就是指"SND.NXT ~ SND.NXT + WND 的数字"，只有序列号加上数据长度落入该区间的报文（包括无数据、纯控制的报文）才允许被发送。

2. TCP 数据接收空间

TCP 数据接收空间如图 4-38 所示。

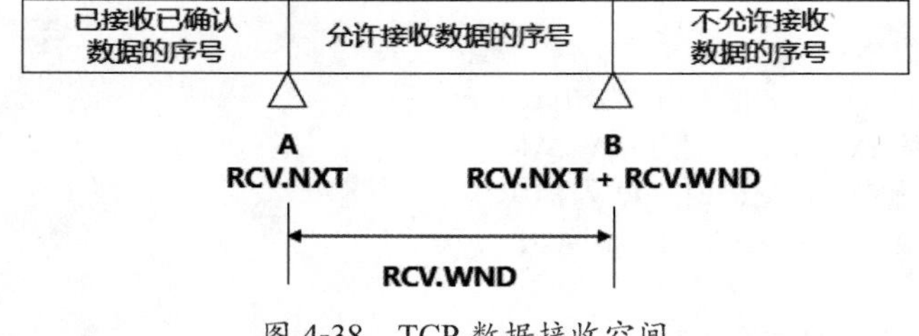

图 4-38　TCP 数据接收空间

图 4-38 中，RCV.NXT（Receive.Next）表示下一个将要接收报文的 SEQ 应该是多少，其计算公式与 SND.AKN 相同，这里不再赘述。

RCV.WND（Receive.Window）表示当前 TCP 连接还能接收多少字节的数据。

参照 TCP 数据发送空间的定义方式，TCP 数据接收空间的含义如下：TCP 数据接收空间由两个数字组成，即 RCV.NXT 和 RCV.WND；这两个数字代表的是对 TCP 所接收报文的 SEQ 的一种判断法则。

①所接收报文的 SEQ 不应该小于 RCV.NXT，因为小于 RCV.NXT 的报文都已经接收并且确认（回给对方 ACK 报文）。如果收到的 SEQ 小于 RCV.NXT 的报文，则说明收到重复的报文（收到重复报文后的处理方法将后文描述）。

②下一个所接收报文的 SEQ 应该等于 RCV.NXT。

③一共还能接收 RCV.WND 字节的数据。如果所接收报文的数据长度大于 RCV.WND，则不应该接收。

与接收空间相关的概念是接收窗口。接收窗口指的是 TCP 所接收的报文，其 SEQ 必须不小于 RCV.NXT，而且所接收报文的 SEQ 加上数据长度必须处于 RCV.NXT ～ RCV.NXT + RCV.WND。

对于收到不在接收窗口之内的报文，TCP 该如何处理？这将在“4.3　滑动窗口”中讲述。

3. TCB 定义的补充

图 4-30 的 TCB 其他相关变量指的就是 TCP 收发空间相关的变量，如表 4-12 所示。

表 4-12　TCB 中的“其他相关变量”

变量名	RFC 793 英文解释	说明
SND.UNA	send unacknowledged	已发送未确认的第 1 个报文的 SEQ
SND.NXT	send next	下一个发送报文的 SEQ
SND.WND	send window	可以发送数据的 size（单位是字节）
SND.UP	send urgent pointer	“4.3.4　Urgent”中讲述
SND.WL1	segment sequence number used for last window update	最后一个 window update 的序列号
SND.WL2	segment acknowledgment number used for last window update	最后一个 window update 的确认序列号
ISS	initial send sequence number	ISS 赋值方法（下文会讲述）
RCV.AKN	receive next	下一个所接收报文的 SEQ
RCV.WND	receive window	可以接收数据的 size（单位是字节）
RCV.UP	receive urgent pointer	后面章节会讲述

续表

变量名	RFC 793 英文解释	说明
IRS	initial receive sequence number	与 ISS 相对应
SEG.SEQ	segment sequence number	当前所接收报文的 SEQ
SEG.AKN	segment acknowledgment number	当前所接收报文的 AKN
SEG.LEN	segment length	当前所接收报文的长度（是报文的长度，不是报文中的数据的长度）
SEG.WND	segment window	当前所接收报文的 window
SEG.UP	segment urgent pointer	当前所接收报文的 urgent pointer（下文会描述）
SEG.PRC	segment precedence value	当前所接收报文的优先级（下文会描述）

4.2.8 TCP 连接的优先级和安全性

绝大多数的协议的特征、规格会体现在其报文头上，但 TCP 协议是一个例外。

TCP 的优先级和安全性是在 IP 的报文头中进行描述的，客观地说，TCP 与 IP 的分层和解耦做的并不彻底，但这已成事实，只能接受。

TCP 的优先级就是 IP 报文的优先级，即 IP 报文头中的 ToS 字段的前 3bit，如图 4-39 所示。

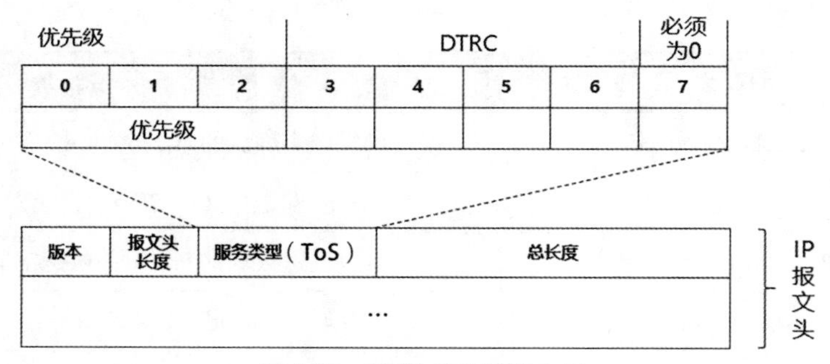

图 4-39　IP 报文头的优先级

TCP 的安全对应的是 IP 报文头中的可选字段 Security，如图 4-40 所示。

由于主题和篇幅的原因，IP 报文头中的安全字段这里不再详述。读者如果感兴趣，可以参考 RFC 791。

TCP 不仅借用了 IP 报文的优先级和安全两个概念，而且对这两个概念做了进一步处理。

10000010 (type = 130) (8 bit)	00001011 (Length = 11) (8 bit)
Security (16 bit)	
Compartments (16 bit)	
Handling Restrictions (16 bit)	
Transmission Control Code (24 bit)	

图 4-40　IP 报文头中的安全字段

用户在创建TCP连接时，即在调用OPEN接口时，会传入“优先级”和“安全”两个参数。也就是说，TCP的连接有“优先级”和“安全”这两个属性。

当一个TCP报文到来时，TCP会将自身的这两个属性与TCP报文（实际上是IP报文头）中的两个相应字段进行比较，如果“合法”，才会做进一步的处理，否则会转向错误处理分支。

“合法”的一般原则如下。

①如果所接收的报文中的precedence/security/compartment与TCP连接中对应的值完全相等，则合法。

②如果所接收的报文中的precedence/security/compartment小于TCP连接中对应的值，则合法。

③如果所接收的报文中的precedence/security/compartment大于TCP连接中对应的值：如果用户允许，则合法，并且将TCP连接对应的值修改为所接收报文中的值；如果用户不允许，则非法（用户允许与不允许，是指用户调用OPEN接口时传入“允许”的参数或“不允许”的参数）。

上述只是一般原则，具体到不同的连接状态、接收到不同的报文，其“合法”原则会有所不同。而接收到非法的precedence/security/compartment的报文，TCP的处理原则就是发送RST（Reset）报文。

4.2.9 TCP的RST报文

TCP的RST报文比较简单，就是TCP报文头中的Flag字段中的R（Reset）标志位取值为1，如图4-41所示。

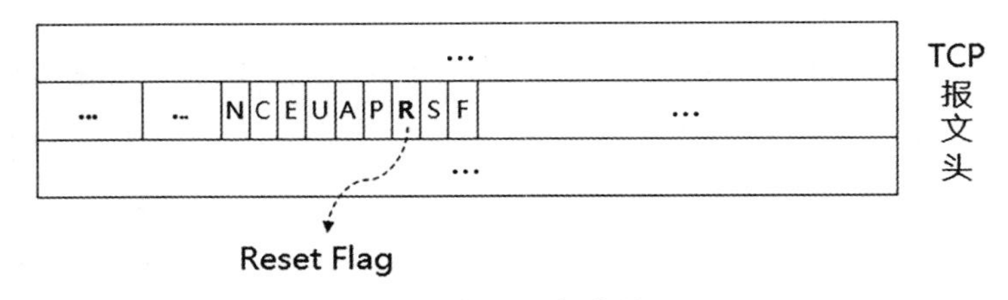

图4-41 R标志位

Reset有“重置、清零”的含义，笔者以为，在该场景下翻译成“清零”会更准确。

对于RST报文的理解，可以比喻成“对方不想跟你说话，并向你扔了一个炸弹”，可以想象，收到RST报文的一方，除了关闭连接外，还能做什么？所以Reset翻译为“清零”比较好。

当然，从细节上来讲，TCP收到RST报文以后，不是所有的情形都会关闭连接。另外，还有一个问题：TCP什么时候会发送RST报文呢？这些内容将在4.2.12节进行讲述。

4.2.10 用户调用TCP接口

用户调用TCP接口，具体来说就是用户（人）所编写的程序调用TCP协议栈的编程接口。

TCP的编程接口有OPEN、SEND、RECEIVE、CLOSE、ABORT、STATUS，这些接口的基本

含义如表 4-13 所示。

表 4-13 TCP 接口基本含义

接口	基本含义

OPEN	主动（active）或被动（passive）打开（OPEN）一个 TCP 连接。
	主动打开一个 TCP 连接，socket 编程的伪码如下：
	socket = createsocket(…);
	socket.connect(remote_socket);
	被动打开一个 TCP 连接，socket 编程的伪码如下：
	socket = createsocket(…);
	socket.listen(remote_socket);//remote_socket 可以为 null

SEND	发送 TCP 数据
RECEIVE	接收 TCP 数据
CLOSE	关闭连接
ABORT	终止正在发送或接收的数据，并且关闭连接
STATUS	获取当前 TCP 的状态和 TCB 的指针（指针是编程术语。如果读者不了解编程，可将 TCB 指针简单理解为 TCB 具体内容）

从表 4-13 也可以看到，TCP 的接口对用户封装了很多细节（如打开连接、关闭连接），也就封装了它们背后的三次握手、四次挥手等。

表 4-13 也是 TCP 各个接口正常的处理流程。但是当 TCP 连接处于不同的状态时，用户调用不同的接口，TCP 会有不同的反应：有时是合法调用（正常处理），有时是非法调用（TCP 会返回错误）。下面详细讲述每个接口在不同状态下的调用情况。

1. 调用 OPEN 接口

TCP 连接在不同状态下，用户也调用 OPEN 接口时，TCP 内核的处理过程及响应结果如表 4-14 所示。

表 4-14 OPEN 接口调用情况

当前状态	OPEN 接口调用情况
CLOSED	这是调用 OPEN 接口时的“标准”状态：在状态是 CLOSED(没有连接）时，OPEN(打开 / 创建）一个连接。此时，还必须满足相关条件，连接才能打开成功： ① OPEN 接口的参数要传对，如主动打开，就需要传入对端的 socket。另外，安全参数、优先级等也要符合要求。 ② TCP 内核资源要足够，如队列资源等。 ③用户要有权限访问本地 socket。 如果这些条件不满足，则返回错误（具体错误信息请参见 RFC 793）

续表

当前状态	OPEN 接口调用情况
LISTEN	在 LISTEN 状态时，原本是为了等待远端的 TCP 创建连接的请求，属于一种被动状态，此时调用 OPEN 后，TCP 连接将从被动等待变为主动打开。此时打开是否成功等，与 CLOSED 状态时调用 OPEN 接口的情形一致
SYN-SENT	在 SYN-SENT 状态调用 OPEN 属于非法调用，TCP 会返回“error: connection already exists”（TCP 连接已经存在）
SYN-RECEIVED	同 SYN-SENT 状态
ESTABLISHED	同 SYN-SENT 状态
FIN-WAIT-1	同 SYN-SENT 状态
FIN-WAIT-2	同 SYN-SENT 状态
CLOSE-WAIT	同 SYN-SENT 状态
CLOSING	同 SYN-SENT 状态
LAST-ACK	同 SYN-SENT 状态
TIME-WAIT	同 SYN-SENT 状态

2. 调用 SEND 接口

TCP 连接在不同状态下，用户在调用 SEND 接口时，TCP 内核的处理过程及响应结果如表 4-15 所示。

表 4-15　SEND 接口调用情况

当前状态	SEND 接口调用情况
CLOSED	非法调用，返回错误提示信息。 如果用户没有权限访问本地 socket，则返回“error: connection illegal for this process”；否则，返回“error: connection does not exist”
LISTEN	如果参数中没有制定远端 socket，则返回错误提示信息“error: foreign socket unspecified”。 如果指定了远端 socket，则： ① TCP 自己调用 OPEN。打开成功与否，请参见表 4-14。 ②如果成功，经过三次握手，TCP 连接的状态变为 ESTABLISHED 以后，则发送数据
SYN-SENT	等待三次握手，连接状态变为 ESTABLISHED 以后，如果队列资源足够，则发送数据；否则，返回错误提示信息“error:insufficient resources”
SYN-RECEIVED	同 SYN-SENT 状态

续表

当前状态	SEND 接口调用情况
ESTABLISHED	这是最标准的发送数据（SEND）状态：连接创建好以后，即可发送数据。但是，发送数据的前提是要有队列资源，如果队列资源足够，则正常发送数据；否则，返回错误提示信息“error:insufficient resources”
FIN-WAIT-1	处于此种状态的 TCP 连接不能发送数据，所以直接返回错误信息“error: connection closing”
FIN-WAIT-2	同 FIN-WAIT-1 状态
CLOSE-WAIT	虽然是半连接，但是处于 CLOSE-WAIT 状态的 TCP 连接不影响其发送数据，所以这也是非常标准的发送数据（SEND）状态。 其具体情形同 ESTABLISHED 状态
CLOSING	同 FIN-WAIT-1 状态
LAST-ACK	同 FIN-WAIT-1 状态
TIME-WAIT	同 FIN-WAIT-1 状态

3. 调用 RECEIVE 接口

TCP 连接在不同状态下，用户调用 RECEIVE 接口，TCP 内核的处理过程及响应结果如表 4-16 所示。

表 4-16　RECEIVE 接口调用情况

当前状态	RECEIVE 接口调用情况
CLOSED	非法调用，返回错误提示信息。 如果用户没有权限访问本地 socket，则返回“error:connection illegal for this process”；否则，返回“error:connection does not exist”
LISTEN	等待三次握手，连接状态变为 ESTABLISHED 以后，如果队列资源足够，则接收数据；否则，返回错误提示信息“error:insufficient resources”
SYN-SENT	同 LISTEN 状态
SYN-RECEIVED	同 LISTEN 状态
ESTABLISHED	这是接收数据（RECEIVE）最标准的状态。 如果队列资源足够，则接收数据；否则，返回错误提示信息“error:insufficient resources”。 接收到数据以后，还需要进行：重组、PUSH 标记、Urgent 标记等，该内容会在第 4.3 节中讲述

续表

当前状态	RECEIVE 接口调用情况
FIN-WAIT-1	虽然是半连接，但是处于 FIN-WAIT-1 状态的 TCP 连接不影响其接收数据，所以这也是非常标准的发送数据（SEND）状态。其具体情形同 ESTABLISHED 状态
FIN-WAIT-2	同 FIN-WAIT-1 状态
CLOSE-WAIT	处于此状态，则表示对端已经不能发送数据。所以，本端队列中如果还有“残留”数据，那么 TCP 会将队列中的数据返回用户；否则，返回用户错误提示信息“error:connection closing”
CLOSING	直接返回用户错误提示信息“error:connection closing”
LAST-ACK	同 CLOSING 状态
TIME-WAIT	同 CLOSING 状态

4. 调用 CLOSE 接口

TCP 连接在不同状态下，用户要调用 CLOSE 接口时，TCP 内核的处理过程及响应结果如表 4-17 所示。

表 4-17　CLOSE 接口调用情况

当前状态	CLOSE 接口调用情况
CLOSED	非法调用，返回错误提示信息。 如果用户没有权限访问本地 socket，则返回“error:connection illegal for this process”；否则，返回“error:connection does not exist”
LISTEN	首先澄清 TCP 连接的状态与用户调用 TCP 接口的“不同步”情况。用户可以调用 TCP 接口 RECEIVE，但是此时 TCP 连接仍然可能处于 LISTEN 状态，因为 TCP 还在等待“三次握手”的最后完成。 如果调用 CLOSE 接口之前用户没有调用 RECIEVE 接口，那么 TCP 就直接关闭连接（删除 TCB），进入 CLOSED 状态；否则，TCP 除了直接关闭连接外，还需给正在执行的 RECEIVE 接口返回错误提示信息“error:closing”
SYN-SENT	首先澄清 TCP 连接的状态与用户调用 TCP 接口的“不同步”情况。用户可以调用 TCP 接口 SEND、RECEIVE，但是此时 TCP 连接仍然可能处于 SYN-SENT 状态，因为 TCP 还在等待“三次握手”的最后完成。 如果调用 CLOSE 接口之前，用户没有调用 SEND、RECIEVE 接口，那么 TCP 就直接关闭连接（删除 TCB），进入 CLOSED 状态；否则，TCP 除了关闭连接外，还需给正在执行的 SEND、RECEIVE 接口返回错误提示信息“error:closing”
SYN-RECEIVED	如果调用 CLOSE 接口之前，用户没有调用 SEND 接口并且也没有数据需要发送，那么 TCP 就发送 FIN 报文，进入 FIN-WAIT-1 状态；否则，CLOSE 调用则排队等候处理，因为 TCP 还需要先进入 ESTABLISHED 状态（中间可能还需要两次握手）

续表

当前状态	CLOSE 接口调用情况
ESTABLISHED	如果前面有数据需要发送，应先排队。排到 CLOSE 被处理时，发送 FIN 报文，进入 FIN-WAIT-1 状态
FIN-WAIT-1	严格地说，这是非法调用。TCP 应该返回错误提示信息“error: connection closing”。 但是，如果第 2 个 FIN 还没有发出，TCP 也可以返回“ok”。 无论是否返回说明，TCP 都是按部就班地执行“四次挥手”流程，不会受 CLOSE 接口调用的影响
FIN-WAIT-2	同 FIN-WAIT-1 状态
CLOSE-WAIT	首先是排队，待所有数据发送完毕以后，发送 FIN 报文，进入 CLOSING 状态
CLOSING	TCP 返回错误提示信息“error:connection closing”
LAST-ACK	同 CLOSING 状态
TIME-WAIT	同 CLOSING 状态

5. 调用 ABORT 接口

TCP连接在不同状态下，用户在调用ABORT接口时，TCP内核的处理过程及响应结果如表4-18所示。

表 4-18　ABORT 接口调用情况

当前状态	ABORT 接口调用情况
CLOSED	非法调用，返回错误提示信息。如果用户没有权限访问本地 socket，则返回“error: connection illegal for this process”；否则，返回“error: connection does not exist”
LISTEN	同 LISTEN 状态调用 CLOSE 接口的情形
SYN-SENT	同 SYN-SENT 状态调用 CLOSE 接口的情形
SYN-RECEIVED	①给对端发送 RST 报文。 ②所有排队待处理的 SEND、RECEIVE 接口都返回提示信息“connection reset”。 ③所有排队待发送或重发的数据（除了上述的 RST 报文外）都清空（不再发送）。 ④删除 TCB，进入 CLOSED 状态
ESTABLISHED	同 SYN-RECEIVED 状态
FIN-WAIT-1	同 SYN-RECEIVED 状态
FIN-WAIT-2	同 SYN-RECEIVED 状态
CLOSE-WAIT	同 SYN-RECEIVED 状态
CLOSING	返回 OK，删除 TCB，进入 CLOSED 状态
LAST-ACK	同 CLOSING 状态
TIME-WAIT	同 CLOSING 状态

6. 调用 STATUS 接口

TCP连接在不同状态下，用户在调用STATUS接口时，TCP内核的处理过程及响应结果如表4-19所示。

表 4-19 STATUS 接口调用情况

当前状态	STATUS 接口调用情况
CLOSED	非法调用，返回错误提示信息。如果用户没有权限访问本地 socket，则返回“error: connection illegal for this process”；否则，返回“error: connection does not exist”
LISTEN	返回“state = LISTEN”和 TCB 指针
SYN-SENT	返回“state = SYN-SENT”和 TCB 指针
SYN-RECEIVED	返回“state = SYN-RECEIVED”和 TCB 指针
ESTABLISHED	返回“state = ESTABLISHED”和 TCB 指针
FIN-WAIT-1	返回“state = FIN-WAIT-1”和 TCB 指针
FIN-WAIT-2	返回“state = FIN-WAIT-2”和 TCB 指针
CLOSE-WAIT	返回“state = CLOSE-WAIT”和 TCB 指针
CLOSING	返回“state = CLOSING”和 TCB 指针
LAST-ACK	返回“state = LAST-ACK”和 TCB 指针
TIME-WAIT	返回“state = TIME-WAIT”和 TCB 指针

4.2.11 等待对方报文

一方等待另一方的TCP报文，如果在规定时间内收到对方的报文，那么就按照“正常”的流程继续进行；如果没有收到，则意味着超时。“正常”流程前文已经介绍过，下一小节还会继续介绍，本小节将介绍“超时”情况。

超时也分为3种情形：TCP连接创建时、TCP连接关闭时、TCP数据传输时。本小节只讲述前两种情形。

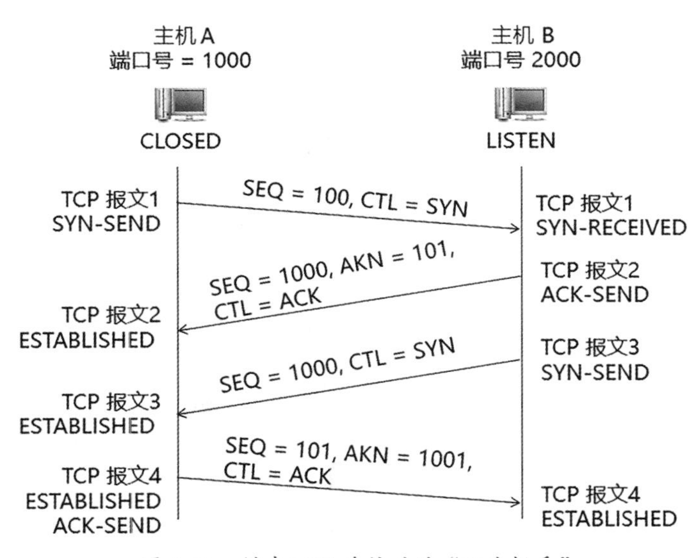

图 4-42 创建 TCP 连接时的“四次握手”

从报文分类的角度，TCP创建连接的“三次握手”也可以分解为

"四次握手"，如图 4-42 所示。

图 4-42 将原来"三次握手"（图 4-14）中的第 2 次握手一分为二，从而分解为"四次握手"。图 4-42 比较复杂，我们可以将其抽象为如图 4-43 所示。

图 4-43 中有两处等待时间，即 TCP 的一方发送 SYN 请求时，等待另一方的 ACK。

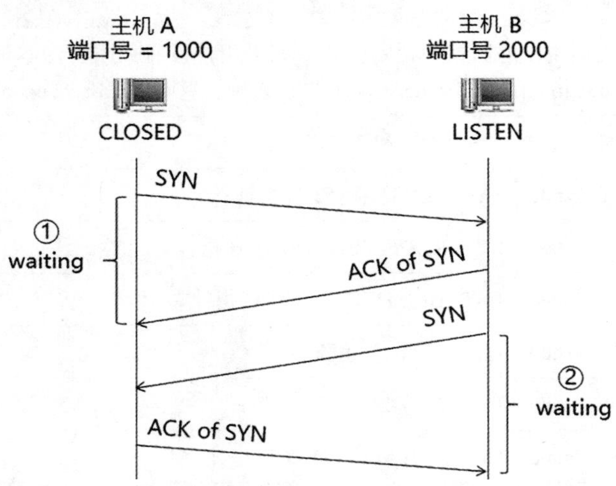

图 4-43　创建 TCP 连接时的"4 次握手"的抽象表达

TCP 不会无休止地等下去，其有一个超时时间。更加抽象地说，只要是请求报文，TCP 就会等一个应答确认（ACK）报文。有等待就有超时，这不仅体现在 TCP 连接的创建中，也体现在连接的关闭中，如图 4-44 所示。

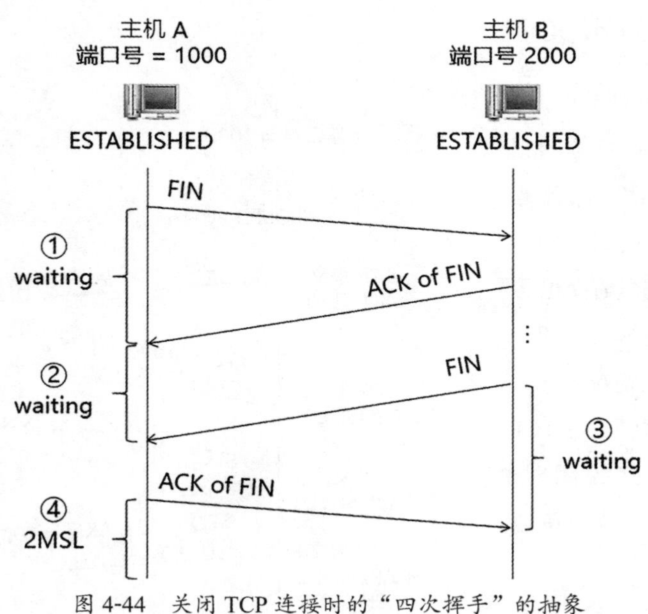

图 4-44　关闭 TCP 连接时的"四次挥手"的抽象

图 4-44（关闭连接）中的①和③两个等待点与图 4-43（创建连接）中的①和②两个等待点本质上是一样的，都是一个请求报文在等待一个应答确认（ACK）报文。只不过关闭连接的请求报文是 FIN，而创建连接的请求报文是 SYN。

图 4-44 比图 4-43 多了两个等待点：等待点②是 A 在等待 B 发送 FIN 报文（关闭连接请求）；等待点④是 A 在等待 2MSL 时间，然后关闭自己。因为等待点④是 TCP 的固有设计，不能作为异常处理，所以本小节不讨论该内容。

TCP 的连接是相互的，A 向 B 请求关闭连接之后，还必须要等待 B 也向它请求关闭连接。只有双方都关闭以后，TCP 连接才认为关闭。这是等待点②的真正含义。

同理，TCP 连接的创建也有类似的一个等待点。因为在创建 TCP 连接时，TCP 会将 B 的确认与请求报文合二为一，所以图 4-43 中并没有对应的等待点。

综上所述，TCP 连接的创建和关闭所涉及的等待点如图 4-45 所示。描述的等待点有两类。

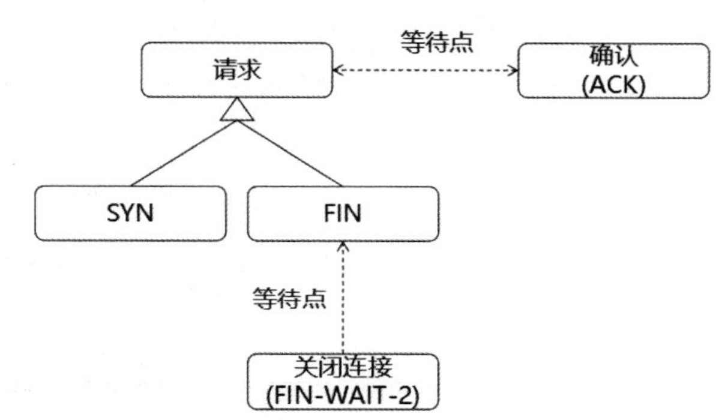

图 4-45　TCP 连接的创建和关闭所涉及的等待点

①“请求 - 确认”等待点。一方发送完 SYN/FIN 请求后，等待另一方应答确认。

②“关闭连接”等待点。一方处于 FIN-WAIT-2 状体，等待另一方发送 FIN 请求。

关于这两类等待点，TCP 的处理方式如下。

①超时时间可以由用户（TCP 的实现者、TCP 的使用者）自行设置。

②超时以后，其结果都是关闭连接（删除相应的 TCB）。

4.2.12　收到对方报文

前面讲述了 TCP 连接中一方等待另一方报文超时的情形。那么，如果没有超时，在期望时间内收到了对方的报文，又该如何处理呢?

TCP 收到对端的报文后，首先要做的就是合法性检查，然后根据检查情况决定下一步动作。至于什么样的报文是合法的，合法的报文又该如何处理，则与当时的 TCP 的状态有关。下面对每一个状态进行讲述。

1. CLOSED 状态

CLOSED 状态实际上并不是 TCP 连接的一个真实的状态，或者说处于 CLOSED 状态的 TCP 连接并不存在。为表达方便，仍称“处于 CLOSED 状态的 TCP 连接”。

TCB 内存块已经被删除，但是 TCP 协议栈还在。所以，处于 CLOSED 状态的 TCP 连接仍然可以接收报文，也仍然可以做相应的处理，这与关闭 TCP 协议栈的情形是不同的。

CLOSED 状态的 TCP 连接，无论收到什么报文都会将其丢弃。如果所接收的报文不是 RST 报文，TCP 还会回给对方一个 RST 报文（如果所接收的是 RST 报文，则只丢弃不回应）。

TCP 所回应的 RST 报文与其所接收的报文中的 ACK 标志位有关。

①如果所接收报文的 ACK 标志位为 0，则 RST 报文的格式如下：

```
<SEQ = 0> <AKN = SEG.SEQ + SEG.LEN> <CTL = RST, ACK>
```

②如果所接收报文的 ACK 标志位为 1，则 RST 报文的格式如下：

```
<SEQ = SEG.ACK> <CTL = RST>
```

上述报文格式的解释如图 4-46 所示。

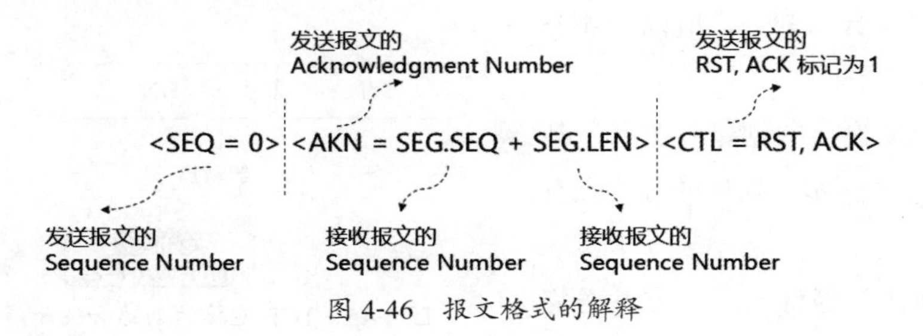

图 4-46　报文格式的解释

2. 通用处理思路

除了 CLOSED 状态外，其他状态的 TCP 连接处理其所接收的报文时都遵循一个通用的处理思路，如图 4-47 所示。

图 4-47 是 TCP 通用处理思路的一个抽象表达。TCP 收到一个报文后，首先进行参数的合法性校验，然后查看该报文是否是 RST 报文。如果报文的参数合法，并且也不是 RST 报文，那么接下来就看该报文的行为是否合法。

报文的行为是指综合该报文的标志字段及数据长度，“拟人”出的该报文的行为。例如，“SYN 标志 =1，数据长度 =0”，这个报文的行为就是请求创建连接。

不同状态的 TCP，其所期望接收报文的行为是不同的。例如，处于 ESTABLISHED 状态的 TCP，对方可以发送数据给它，也可以发送关闭连接的请求给它，这些都没有超出该 TCP 的期望；但是，如果对方发送一个创建连接的请求报文，那么此行为显然超出了该 TCP 的期望。

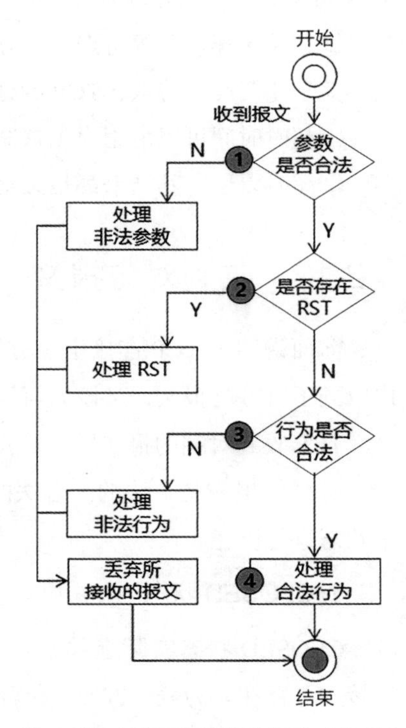

图 4-47　TCP 通用处理思路（抽象）

TCP 对于所接收报文的“非法参数”“RST 报文”“非法

行为”“合法行为”等情形都有对应的处理。一般来说，针对前3种情形，TCP做了相应处理以后，最后都是将其所接收到的报文丢弃。而对于合法行为的报文，TCP处理完以后，如果该报文没有包含数据，则也将其丢弃；如果包含数据，TCP会将该数据暂时存放在自己的缓存中以便交给用户。

TCP更具体的通用处理思路如图4-48所示。

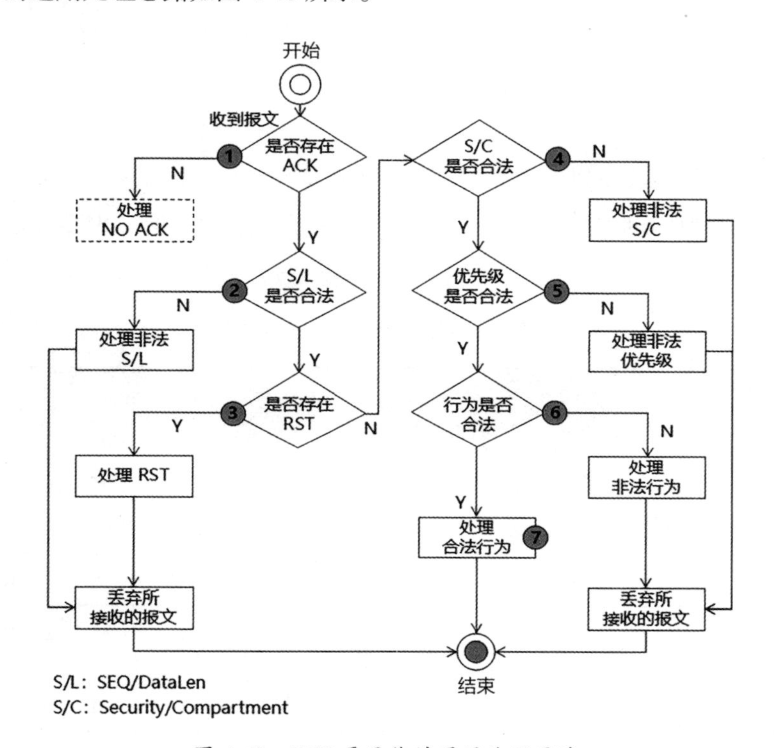

图4-48　TCP更具体的通用处理思路

图4-48中的②（S/L是否合法）、④（S/C是否合法）、⑤（优先级是否合法）属于图4-47中的①（参数是否合法），因此图4-48表达的仍然是TCP对于所接收报文的“非法参数”“RST报文”“非法行为”“合法行为”等情形的处理流程。

下面从图4-48中的第1个判断点开始，进一步分析TCP接收到报文时的通用处理思路。

（1）ACK判断点

图4-48与图4-47相比，最大的不同是图4-48中多了“是否存在ACK”的判断点，并且“处理NO ACK”为一个虚框。

“是否存在ACK”指的是所接收报文中的ACK标志是否为1。并不是每个报文的ACK都应该为1，如第1次请求创建连接的SYN报文，其ACK就等于0。所以，不能简单地将“是否存在ACK”理解为存在ACK就是合法，不存在ACK就是非法。

对于不需要ACK标志为1的报文，则不需要判断S/L的合法性，所以相对应的处理流程就可以跳过②（S/L是否合法）判断点，而直接进入③（是否存在RST）判断点。

对于参数错误和行为错误的报文，TCP 的处理对策一般是需要给对方回应一个报文。该报文的格式及相关参数的值与其所接收的报文中的 ACK 标志是否为 1 有关（图 4-48 未给出）。

鉴于以上原因，图 4-48 将“处理 NO ACK”绘制成一个虚框，它并不是代表一个真正的处理过程，而是想强调：在后面的处理流程中，可能都会包含“有 ACK”和“NO ACK”两个分支。

也就是说，第 1 个判断点“是否存在 ACK”及其具体的处理措施，其实是融于后面其他各个判断点及处理的。

（2）S/L 判断点

S/L 指的是所接收报文的序列号和数据长度。TCP 对 S/L 的判断有两个基本原则：本次所接收数据的 SEQ 与以前曾经所接收数据的 SEQ 不能重复；本次所接收数据的 SEQ 不能超出接收空间。其具体判断方法如表 4-20 所示。

表 4-20　S/L 与接收空间的关系

情形	接收报文数据长度	接收空间	判断法则
1	> 0	0	不能接收报文
2	0	0	RCV.NXT = SEG.SEQ
3	0	> 0	RCV.NXT ≤ SEG.SEQ < RCV.NXT + RCV.WND
4	> 0	> 0	RCV.NXT ≤ SEG.SEQ < RCV.NXT + RCV.WND 或者 RCV.NXT ≤ SEG.SEQ + SEG.LEN – 1 < RCV.NXT + RCV.WND

①第 1 种情形接收的报文的数据长度大于 0，并且接收空间等于 0（SEG.DataLen > 0 and Rcv.WND == 0）。这种情形下，报文是不能接收的。

②第 2 种情形的接收空间等于 0，并且其所接收报文的数据长度也为 0（SEG.DataLen == 0 and Rcv.WND == 0），表示不能接收数据，但是能接收“控制”报文，如 ACK 报文、SYN 报文、FIN 报文、RST 报文等。也就说，所接收报文的 SEQ 必须要等于接收方所期望的序列号（RCV.NXT=SEG.SEQ）。

③第 3 种情形，从接收空间的角度来说，有点“大材小用”：接收空间大于 0，但是所接收的报文的数据长度仍然等于 0。这里仍然需要验证序列号：RCV.NXT ≤ SEG.SEQ < RCV.NXT + RCV.WND。从数学公式来看，第 2 种情形是第 3 种情形的特例（第 2 种情形的 RCV.WND = 0），但实际上第 3 种情形隐含了一个事实：只要所发送的报文的 SEQ 在对方的接收空间内（同时报文的数据长度为 0），那么就可以连续发送报文。

④第 4 种情形表达的是接收 TCP 数据的情形（前 3 种情形都无法接收 TCP 数据）。该情形有两个校验公式。

第 1 个公式 $RCV.NXT \leqslant SEG.SEQ < RCV.NXT + RCV.WND$ 代表的含义如图 4-49 所示。

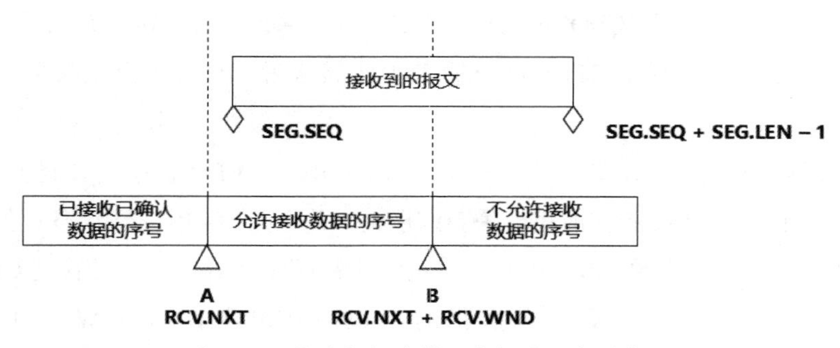

图 4-49　接收数据的第 1 个校验公式的含义

该公式只是限制了所接收报文的 SEQ 必须位于接收空间之内，但是并没有限制所接收报文的数据长度。也就是说，所接收报文的数据长度有可能大于接收空间的大小。对于这种情形，TCP 认为是可以接受的。

第 2 个公式 $RCV.NXT \leqslant SEG.SEQ + SEG.LEN - 1 < RCV.NXT + RCV.WND$ 代表的含义如图 4-50 所示。

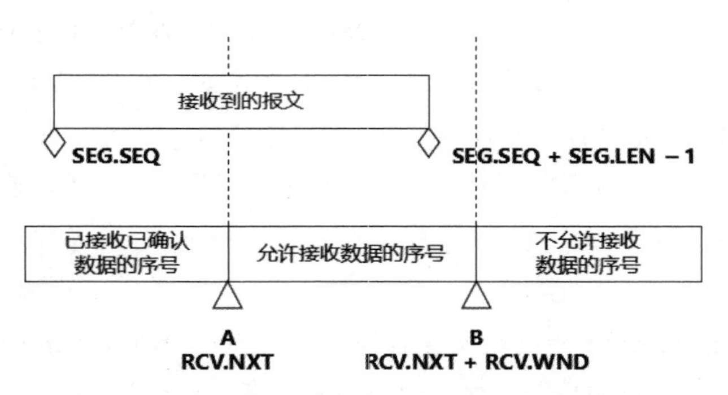

图 4-50　接收数据的第 2 个检验公式的含义

与第 1 个公式相反，第 2 公式恰恰只判断所接收报文的数据的结尾是否落在接收空间。至于数据的开头（SEG.SEQ），即使落在接收空间之外，也没有关系。

对于以上所描述的 4 种情形，如果所接收的报文不能满足对应的判断法则，那么 TCP 会做两件事情。

①丢弃所接收的报文。

②如果所接收的报文是 RST 报文，则不需要再做什么；否则，会给对方回一个报文，报文格式为

```
<SEQ = SND.NXT> <ACK = RCV.NXT> <CTL = ACK>
```

该报文的含义就是告诉对方：发送的报文的 SEQ 等于 SND.NXT。

（3）收到 RST 报文

TCP 收到 RST 报文的处理流程，与其当时所处的状态有关。

① CLOSED 状态。对于处于 CLOSED 状态的 TCP 连接来说，会直接丢弃该报文。

② LISTEN 状态。对于处于 LISTEN 状态的 TCP 连接来说，也会丢弃该报文，并且仍然处于 LISTEN 状态。

③ SYN-RECEIVED 状态。如果一个连接处于 SYN-RECEIVED 状态，并且其前一个状态是 LISTEN 状态，那么它收到 RST 报文时也会丢弃该报文，并且回到 LISTEN 状态；如果其前一个状态不是 LISTEN 状态，那么它收到 RST 报文时，就会中断该连接，并且状态转移到 CLOSED 状态。

④可接收数据状态。可接收数据状态指的是 ESTABLISHED、FIN-WAIT-1、FIN-WAIT-2、CLOSE-WAIT。处于这些状态的 TCP 连接可以接收数据。此时，如果收到 RST 报文，TCP 会中断该连接。

- 所有的接收、发送队列都会被清空。
- 用户调用的 SEND、RECEIVE 接口也会被中断。
- TCP 会给用户发送一个 connection reset 信号。
- 删除对应 TCB，TCP 连接状态变成 CLOSED。

⑤濒临关闭状态。濒临关闭状态指的是 CLOSING、LAST-ACK 和 TIME-WAIT。处于这些状态的 TCP 连接不可以接收数据，只是在等待最后的关闭。例如，处于 TIME-WAIT 状态的连接，就是在等待 2 个 MSL 时间，只要时间一到，就关闭连接。

处于濒临关闭状态的连接如果收到 RST 报文，则相当于提前收到关闭连接的指令：直接删除对应的 TCB，状态变成 CLOSED。

（4）S/C 判断点

S/C（Security/Compartment）指的是所接收报文中的 Security/Compartment 字段的值。TCP 一般要求其所接收报文中的 S/C 与自己（TCB 内存中的字段）的值完全相同，如果不同，就给对方回以一个 RST 报文。

TCP 所回应的 RST 报文与其所接收的报文中的 ACK 标志位有关。

①如果所接收报文的 ACK 标志位为 0，则 RST 报文的格式为

```
<SEQ = 0> <AKN = SEG.SEQ + SEG.LEN> <CTL = RST, ACK>
```

②如果所接收报文的 ACK 标志位为 1，则 RST 报文的格式为

```
<SEQ = SEG.ACK> <CTL = RST>
```

（5）优先级判断点

TCP 对于 S/C 判断点的处理比较直接，但对于优先级，则相对复杂。

①如果所接收报文中的 ACK 标志为 1，那么报文中的优先级必须与自身的值相同，否则就回以一个 RST 报文：

```
<SEQ = SEG.ACK> <CTL = RST>
```

②如果所接收报文中的 ACK 标志为 0，那么会有以下几种情况。

- 如果报文中的优先级与自身相同，则合法。
- 如果报文中的优先级小于自己，则合法。
- 如果报文中的优先级大于自己：如果用户允许，则也合法，并且将对应的 TCB 中优先级的值修改为所接收报文中的值；如果用户不允许，则非法，会回以一个 RST 报文：

```
<SEQ = 0> <AKN = SEG.SEQ + SEG.LEN> <CTL = RST, ACK>
```

（6）行为是否违法判断点

TCP 报文的行为指的是报文的格式，如报文中标志的取值（ ACK = 1/0、SYN = 1/0)、报文是否包含数据等。报文是否违法与 TCP 当时的状态有关。例如，假设 TCP 处于 LISTEN 状态，TCP 连接创建的基本过程如图 4-51 所示。

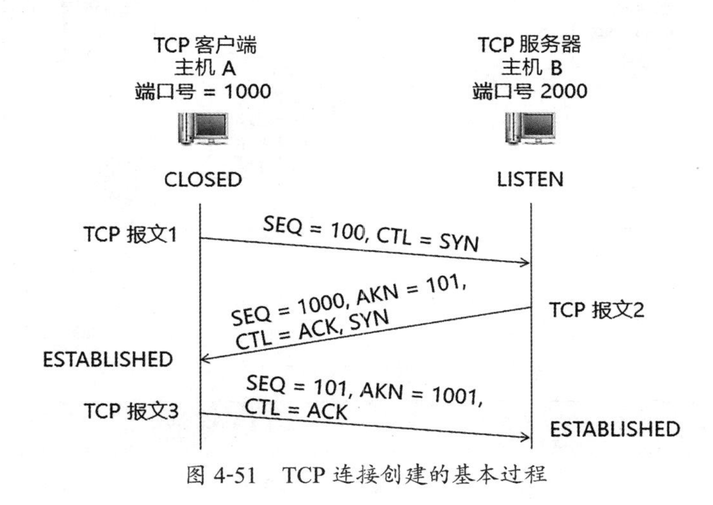

图 4-51　TCP 连接创建的基本过程

从图 4-51 可以看到，处于 LISTEN 状态的 TCP 所期望接收的报文的格式是：SYN = 1，ACK = 0；DataLen = 0。此时，其所接收的报文的 ACK = 1，那么 TCP 就会认为它所接收的报文的行为“非法”。

对于“非法”行为的报文，TCP 丢弃该报文，或者除了丢弃报文外还会给对方回一个 RST 报文。具体采取何种措施，仍然与 TCP 当时所处的状态有关。

（7）处理合法行为的报文

处理“合法”行为的报文时，TCP 一般会做如下几件事情。

①根据接收报文中的相关字段值，修正自己 TCB 中的值。

②如果所接收的报文中包含数据，则将该数据存储到缓存中。

③给对方回以 ACK 报文。

（8）通用处理思路小结

根据前面的描述，将 TCP 接收到报文以后其通用处理思路总结为图 4-52 和表 4-21 所示。

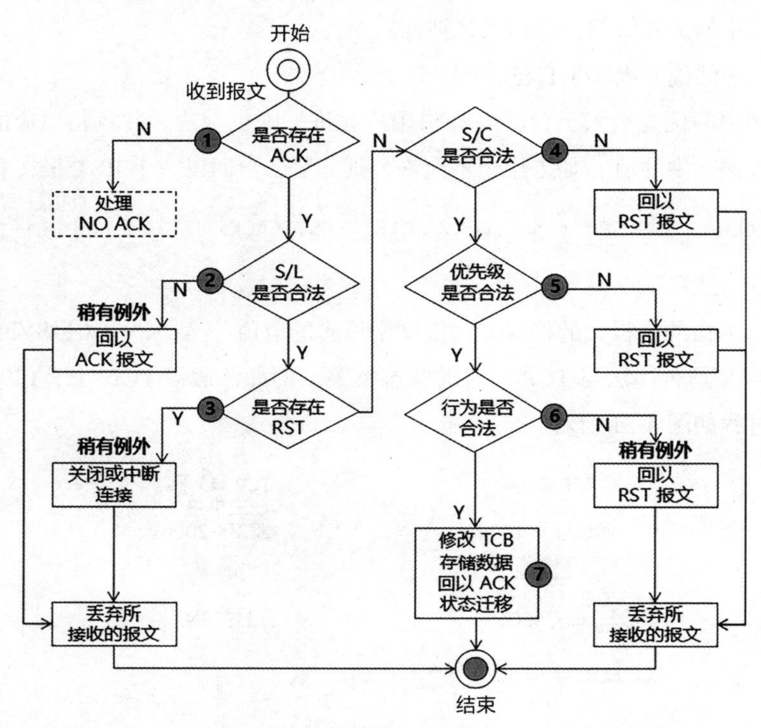

图 4-52 TCP 通用处理思路小结

表 4-21 TCP 通用处理思路小结

判断点 / 处理点	判断及处理流程
S/L 判断点	针对所接收报文的 SEQ、DataLen 进行判断，如果判断报文不合格，则丢弃报文，并给对方回以一个 ACK 报文，告知对方所发送报文的 SEQ 应该等于何值（如果所接收报文是 ACK 报文，则回报文）
收到 RST 报文	收到 RST 报文后，一般会关闭或中断连接，但是对于 LISTEN、SYN-RECEIVED 的连接则有所例外
S/C 判断点	针对所接收报文中的 Security/Compartment 字段的值进行判断，如果判断报文不合格，则丢弃报文，并给对方回以一个 RST 报文
优先级判断点	针对所接收报文中的优先级字段的值进行判断，如果判断报文不合格，则丢弃报文，并给对方回以一个 RST 报文
行为是否违法	针对所接收报文中的标志字段、数据长度进行判断，如果判断报文不合格，则丢弃报文，并给对方回以一个 RST 报文（有的状态的 TCP 连接不回报文）

续表

判断点 / 处理点	判断及处理流程
合法行为报文	如果通过以上所有关卡，则说明报文既不是 RST 报文，而且各方面也都合法。针对此种报文，TCP 会修正自己的 TCB，存储数据（如果报文中有数据），给对方回以一个 ACK 报文，并修改（迁移）自己的状态

图 4-52 中第一个判断点（是否存在 ACK）的判断及处理过程其实是融于其他判断点和处理流程中的。

介绍了通用处理思路以后，下面针对具体的状态介绍 TCP 对其所接收的报文的处理。

3. LISTEN 状态

处于 LISTEN 状态的 TCP，其等待的是对方发送“连接创建”请求报文（SYN 报文），其他报文对它来说都是非法报文，如图 4-53 所示。

处于 LISTEN 状态的 TCP，其收到报文时的处理流程如图 4-54 所示。

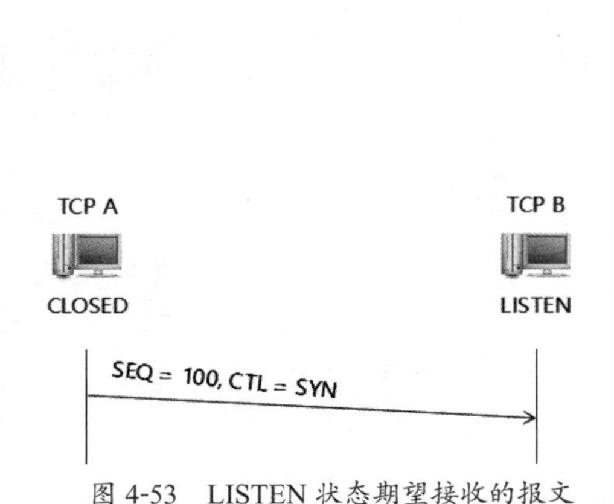

图 4-53　LISTEN 状态期望接收的报文

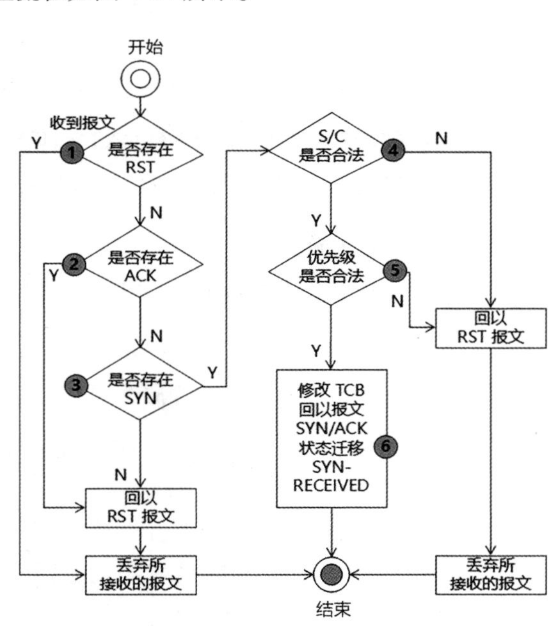

图 4-54　LISTEN 状态处理流程

图 4-54 与图 4-52（通用处理思路）相比，处理顺序上有所不同，但是其基本思路相通。

首先，TCP 判断其所收到的报文是否是 RST 报文。如果是 RST 报文，那么就直接将其丢弃，然后继续 LISTEN。

如果不是 RST 报文，TCP 继续检查该报文中是否包含 ACK。如果包含 ACK，那么该报文就是非法报文，则丢弃该报文，并给对方回以一个 RST 报文，报文格式如下：

```
<SEQ = SEG.AKN> <CTL = RST>
```

如果没有包含 ACK，TCP 继续检查该报文是否包含 SYN。如果没有包含 SYN，那么该报文就是非法报文，则丢弃该报文，并给对方回以一个 RST 报文，报文格式如下：

```
<SEQ = 0> <CTL = RST>
```

其实以上两个判断（对应到图4-54中②和③）就是图4-52中的第⑥个判断点“行为是否合法”。

如果报文的行为也合法，TCP 会接着判断 Security/Compartment（图 4-54 中的④）、优先级（图 4-54 中的⑤），如果它们不合法，那么 TCP 就会丢弃该报文，并给对方回以一个 RST 报文，报文格式如下：

```
<SEQ = 0> <CTL = RST>
```

当流程到图 4-54 中的第⑥步时，则说明所接收的报文是合法的，此时 TCP 会做如下几件事。

①修改自己的 TCB：RCV.NXT = (SEG.SEQ + 1)、IRS = SEG.SEQ。

②计算出 ISS（4.2.13 小节会讲述如何计算 ISS）。

③给对方发送报文，报文格式为

```
<SEQ = ISS> <ACK = RCV.NXT> <CTL = SYN, ACK>
```

④继续修改自己的 TCB：SND.NXT = (ISS + 1)、SND.UNA = ISS。

⑤将自己的状态迁移到 SYN-RECEIVED。

4. SYN-SENT 状态

处于 SYN-SENT 状态的 TCP，其期待接收的报文如图 4-55 所示。

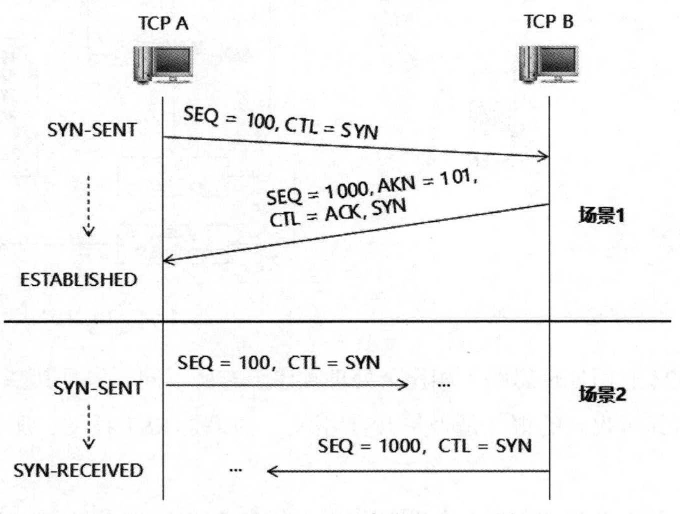

图 4-55　SYN-SENT 状态期望接收的报文

图 4-55 描述了两个场景。

场景 1 就是典型的“三次握手”中的前两次握手：A 给 B 发送了 SYN 请求以后（此时 A 处于

SYN-SENT 状态），它期望能收到 B 的 <ACK, SYN> 报文。

场景 2 描述的是 A 和 B 双方同时发起 SYN 请求。也就是说，对处于 SYN-SENT 状态的 TCP 来说，它不仅可以收到 <ACK, SYN> 报文（对应场景 1），也可以收到 <SYN> 报文（对应场景 2）。

无论是场景 1 还是场景 2，TCP 收到报文的处理流程在上半部分都是一样的，如图 4-56 所示。

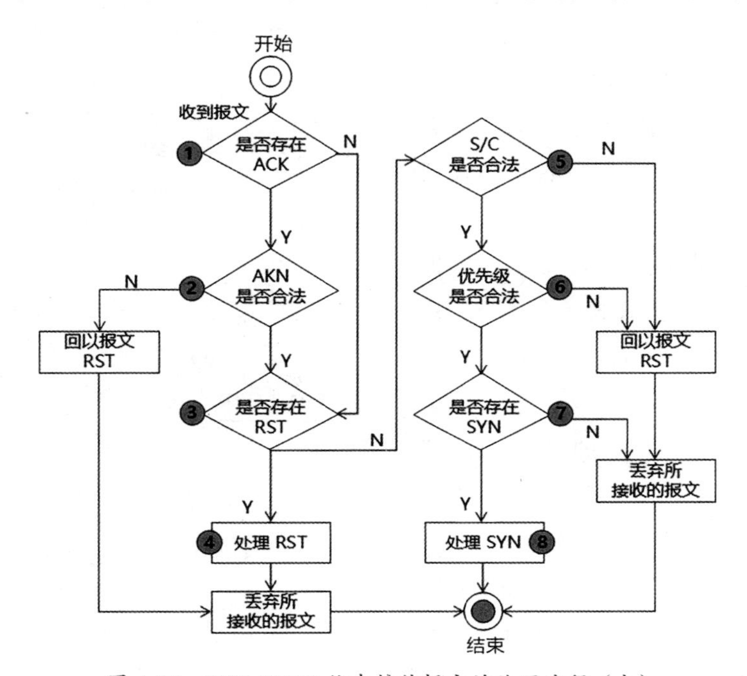

图 4-56　SYN-SENT 状态接收报文的处理流程（上）

由于处于 SYN-SENT 状态的 TCP 既可以收到 <ACK, SYN> 报文，也可以收到 <SYN> 报文，因此图 4-56 在一开始就会判断报文中的 ACK 是否等于 1。

如果 ACK 等于 1，那么 TCP 就需要判断报文中的 AKN 是否合法，判断公式为

```
SND.UNA <= SEG.AKN <= SND.NXT
```

如果 SEG.AKN 满足此公式，则所接收的报文就是合法的，否则就是非法的，那么就会丢弃所接收的报文，并且给对方回以一个 RST 报文（如果所接收的报文是 RST 报文，则不会给对方回报文），报文格式为

```
<SEQ = SEG.ACK> <CTL = RST>
```

如果所接收的报文的 AKN 合法，或者所接收的报文中的 ACK = 0，那么 TCP 就会检测其所接收的报文是否是 RST 报文。如果是 RST 报文，那么 TCP 的处理流程如下。

①如果所接收报文的 ACK = 1，那么会给用户发送信号 error:connection reset，丢弃报文删除 TCB，并将状态转移到 CLOSED。

②如果所接收报文的 ACK = 0，那么会丢弃报文。

经过以上流程，即来到了图 4-56 中的⑤和⑥，判断 Security/Compartment 和优先级是否合法。如果不合法，则给对方回以一个 RST 报文，并且丢弃所接收的报文。

如果两者都合法，则判断所接收报文中的 SYN 是否等于 1。如果 SYN 不等于 1，那么根据前面的描述，这也是一个非法报文，处理流程是丢弃该报文。

如果 SYN = 1，就会到图 4-56 中的⑧（处理 SYN），也会分为两个场景，如图 4-57 所示。

图 4-57 是将图 4-56 中的步骤⑧做了展开。需要注意的是，图 4-57 与图 4-56 两者的起点不同：前者是“报文合法”，后者是“收到报文”。

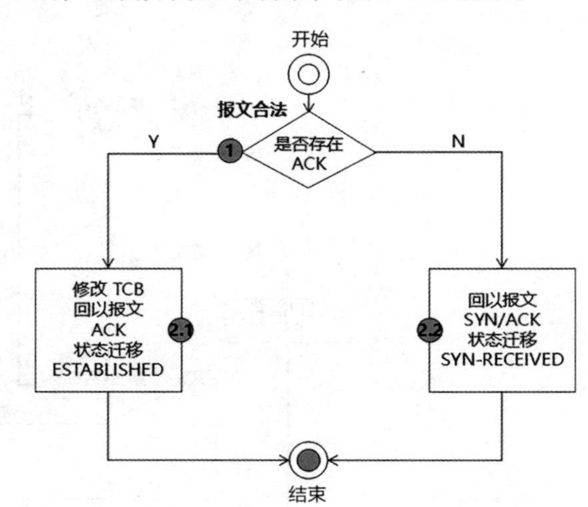

图 4-57　SYN-SENT 状态接收报文的处理流程（下）

收到报文并判断是合法以后，需要判断报文中的 ACK 是否等于 1。ACK 等于 1 与否，决定了 TCP 处于图 4-55 所描述的哪种场景。

（1）ACK = 1

如果 ACK = 1，就是经典的“三次握手”中的第 2 次握手。第 2 次握手成功以后，TCP 会做如下几件事情。

①修改 TCB：RCV.NXT = SEG.SEQ + 1、IRS = SEG.SEQ、SND.UNA = SEG.AKN。

②给对方回以一个 ACK 报文，报文格式为

```
<SEQ = SND.NXT> <AKN = RCV.NXT> <CTL = ACK>
```

③将状态转移到 ESTABLISHED。

（2）ACK = 0

如果 ACK = 0，就是双方同时发送 SYN 请求的场景：给对方发送 SYN 的请求后，也收到了对方 SYN 请求。TCP 会做如下几件事情。

①给对方回以一个 SYN/ACK 报文，报文格式为

```
<SEQ = ISS> <AKN = RCV.NXT> <CTL = SYN, ACK>
```

②将状态转移到 SYN-RECEIVED。

5. SYN-RECEIVED 及其以后状态

SYN-RECEIVED 及其以后状态是指 TCP 处于如下状态：SYN-RECEIVED、ESTABLISHED、FIN-WAIT-1、FIN-WAIT-2、CLOSE-WAIT、CLOSING、LAST-ACK、TIME-WAIT。

处于这些状态的 TCP 收到报文时，其处理流程与图 4-52 所示相同，但还需要对非法报文与合法报文的处理进行展开描述。

（1）非法报文的处理

对于处于 SYN-RECEIVED 及其以后状态的 TCP，什么样的报文对它来说是非法的，对于非法的报文它又该如何处理，这仍然与其状态有关，如表 4-22 所示。

表 4-22　非法报文的处理

状态	非法报文	非法报文处理
SYN-RECEIVED 及其以后	SYN = 1	①给对端发送 RST 报文。 ②所有排队待处理的 SEND、RECEIVE 接口都返回提示信息 connection reset。 ③所有排队待发送或重发的数据都清空（不再发送）。 ④给用户发送 connection reset 信号。 ⑤丢弃所接收的报文。 ⑥删除 TCB，进入 CLOSED 状态
SYN-RECEIVED 及其以后	ACK = 0	丢弃所接收的报文
CLOSE-WAIT CLOSING LAST-ACK TIME-WAIT	DataLen > 0	丢弃所接收的数据

表 4-22 中的第 2 行：从 TCP 的基本思想来说，对于 SYN-RECEIVED 及其以后的状态，其所接收的报文必须有 ACK 标志（ACK = 1），否则所接收的报文就是报文。

表 4-22 中的第 3 行：处于这些状态的 TCP，对方不应该再发送数据。如果所接收的报文中包含数据（DataLen > 0），那么该数据就是非法数据。

无论是非法报文还是非法数据，TCP 关于表 4-22 的后两行的处理都是将所接收的报文（数据）丢弃处理，然后保持不变，等待下一个报文的到来。

但对于表 4-22 中的第 1 行的处理，TCP 会关闭自己，并给对方发送 RST 报文（目的是让对方也关闭）。之所以会如此处理，是因为 SYN 请求背后可能隐藏着一个“可怕”的事实，如图 4-58 所示。

图 4-58 中，B 在 T_1 时刻收到 A 的 SYN 请求报文以后，正常情况下，一直到双方的状态都变为 CLOSED，B 都不会收到 A 发送过来的 SYN 请求报文。但这个过程中 B 却收到了 A 的 SYN 报文，A 为什么会发送 SYN 报文？

抛开实现代码的 bug 不谈，很有可能是 A 异常重启了。重启以后，A 忘记了自己曾经跟 B 所建立的 TCP 连接，并试图建立新的连接。但 B 需要告知 A 当前它们正处于连接之中，必须将断掉曾经的连接之后才能重新开始。

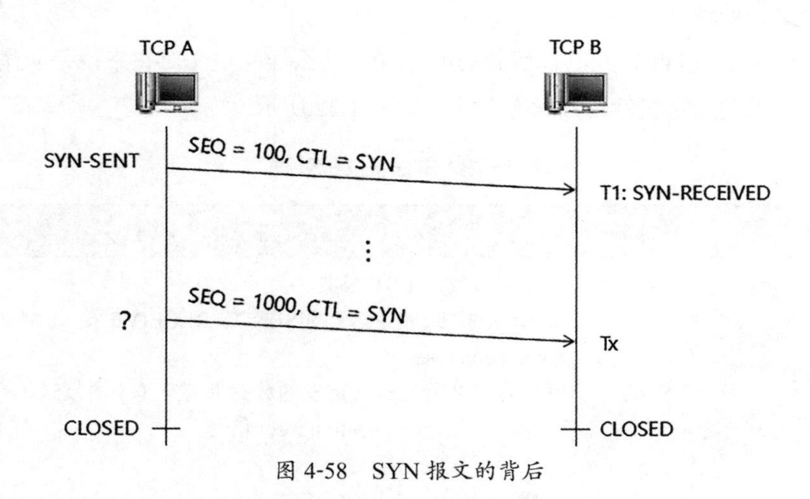

图 4-58 SYN 报文的背后

表 4-22 所描述的非法报文的处理可以用图 4-59 重新表述。

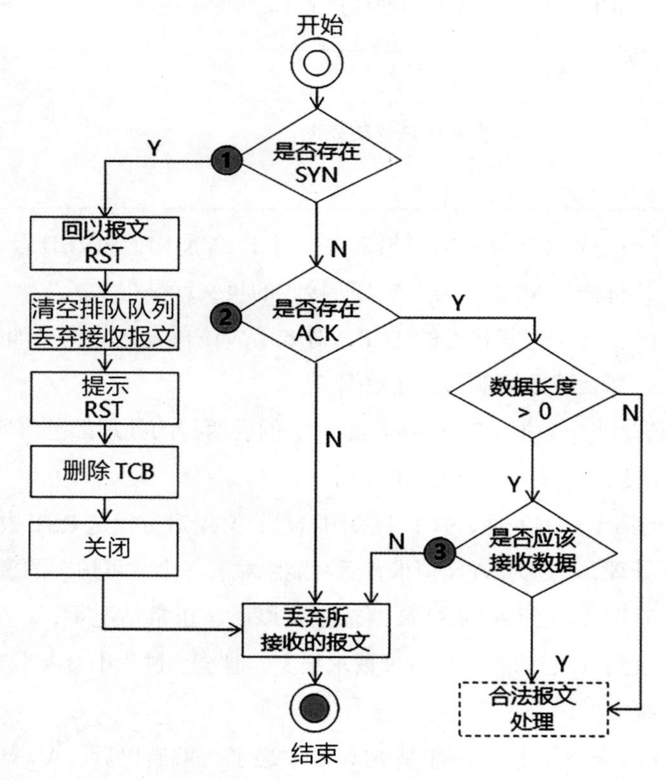

图 4-59 非法报文的处理

图 4-59 中的“合法报文处理”是一个虚框，这是因为其处理流程与报文的具体内容相关，也与 TCP 当时所处状态相关。

（2）合法的单纯的 ACK 报文

前文说过，处于 SYN-RECEIVED 及其以后状态的 TCP，它所收到的报文必须包含 ACK(ACK＝1)。但是，ACK 报文可能是单纯的 ACK 报文，也有可能叠加其他标志位（如 FIN），也有可能叠加传输数据（DataLen > 0）。为了简化描述，我们将这种耦合分解，本小节只讲述“单纯的 ACK 报文”这一情形，即报文中的标志位只有 ACK＝1，其他都等于 0，并且数据长度也为 0。

单纯的 ACK 报文与上下文相关，如图 4-60 ～图 4-63 所示。

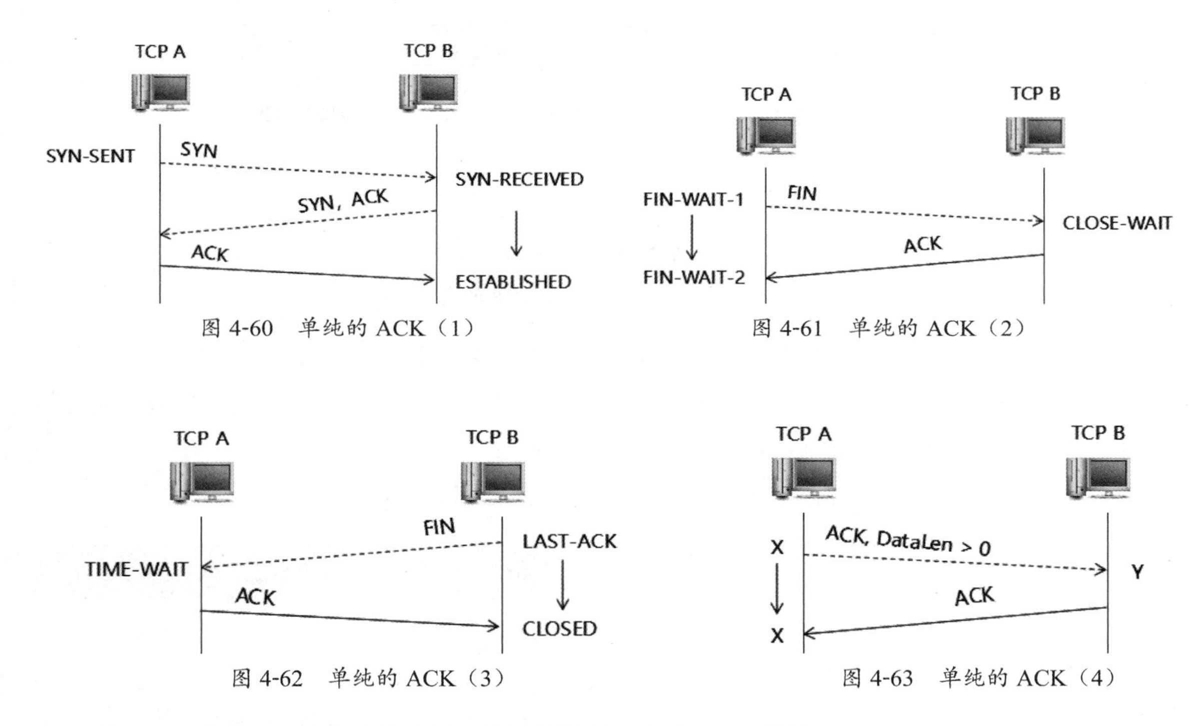

图 4-60　单纯的 ACK（1）

图 4-61　单纯的 ACK（2）

图 4-62　单纯的 ACK（3）

图 4-63　单纯的 ACK（4）

图 4-60 ～图 4-63 描述的其实是 4 种典型场景，如表 4-23 所示。

表 4-23　单纯 ACK 的场景及处理流程

图序号	场景	处理流程
4-60	“三次握手”之第 3 次握手	状态迁移：SYN-RECEIVED → ESTABLISHED
4-61	“四次挥手”之第 2 次挥手	状态迁移：FIN-WAIT-1 → FIN-WAIT-2
4-62	“四次挥手”之第 4 次挥手	状态迁移：LAST-ACK → CLOSED
4-63	数据接收确认	下文描述

表 4-23 中的前 3 行，以及图 4-60 ～图 4-62 在前文已经讲述过，这里就不再赘述。

表 4-23 中的第 4 行（图 4-63）表达的是“A 给 B 发送数据以后，B 给 A 发送 ACK 报文，确认它收到了数据”这一场景。这一场景中，TCP 可以发送数据的状态不止一个（ESTABLISHED、

CLOSE-WAIT)，可以接收数据的状态也不止一个(ESTABLISHED、FIN-WAIT-1、FIN-WAIT-2)，所以图 4-63 中将 A 和 B 的状态分别用 X、Y 表示。同时，图 4-63 还表明，这种场景下，TCP 的状态并不会迁移。

接收数据确认(表 4-23 中的第 4 行)与 TCP 的发送空间有关，如图 4-64 所示。

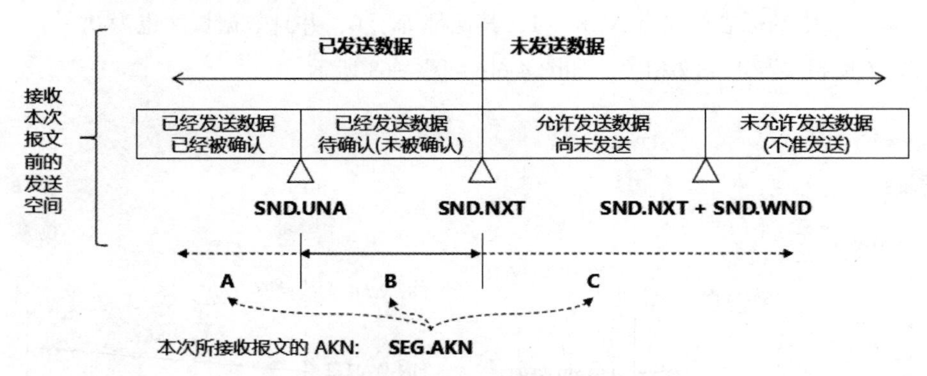

图 4-64　ACK 报文的 AKN 与 TCP 的发送空间

图 4-64 中的发送空间是接收本次报文前的发送空间。接收到本次报文以后，TCP 首先关注本次所接收的 ACK 报文是否确认了一些“已发送待确认”的数据。但是，具体是否能够确认还与其所接收报文的 AKN(SEG.AKN)的值有关，如表 4-24 所示。

表 4-24　ACK 报文的 AKN 与 TCP 的发送空间

SEG.AKN	说明	处理流程
SEG.AKN < SND.UNA	SEG.AKN 在图 4-64 的中 A 范围，说明对方是重复确认	忽略该 ACK 报文
SND.UNA < SEG.AKN ≤ SND.NXT	SEG.AKN 在图 4-64 中的 B 范围，说明该数据确认正是其所期望的	①将 SND.UNA 修改为 SEG.AKN，即 SND.UNA = SEG.AKN ②将已经确认的数据从“已发送待确认”的缓存中清除 ③给调用 SEND 接口的用户返回 OK
SEG.AKN > SND.NXT	SEG.AKN 在图 4-64 中的 C 区间，说明对方的确认序号出现了混乱	给对方回以一个 ACK 报文，告知自己当前的 SEQ，报文格式为 <SEQ = SND.NXT> <CTL = ACK>

表 4-24 中的第 3 行除了解释了当 SEG.AKN > SDN.NXT 时 TCP 该怎么做外，同时也引出了单纯发送 ACK 报文的第 5 种场景。

再回到第 4 种场景(数据接收确认)，处理完 SEG.AKN 与自己接收空间的 SND.UNA 之间的关系以后，TCP 还会修改自己的 SND.WND。仍然是如图 4-64 所示，只要 SND.UNA < SEG.AKN ≤ SND.NXT，就有可能需要修改自己的 SND.WND，即 SND.WND = SEG.WND。

但是这里强调的是“有可能需要”，而不是“绝对需要”，这是因为担心出现“先发后至”的场景，如图 4-65 所示。

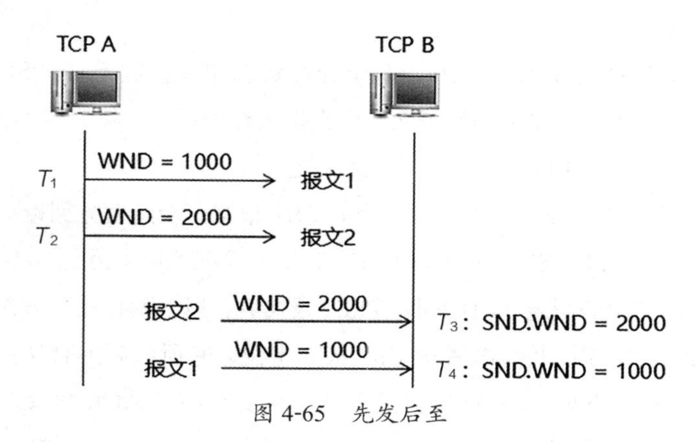

图 4-65　先发后至

图 4-65 中，如果报文 1 比报文 2 早到，那么 B 的 SND.WND 就会被设置为正确的值（2000）。但是，却发生了“先发后至”的情形，即报文 1 比报文 2 晚到，结果导致 B 的 SND.WND 被设置成错误的值（1000）。为了解决这个情况，TCP 引入了两个变量：SND.WL1、SND.WL2（SND.WL 是 SEND.Window LAST 的缩写）。这里暂且将 SND.WL1、SND.WL2 当作两个变量，初始值都为 0。

TCP 关于 SND.WND 是否修改的判断规则包括以下两个条件。

① SND.WL1 < SEG.SEQ。

② (SND.WL1 == SEG.SEQ) and (SND.WL2 <= SEG.ACK)。

以上两个条件只要有一个条件成立，那么赋值如下：

```
SND.WND = SEG.WND
SND.WL1 = SEG.SEQ
SND.WL2 = SEG.ACK
```

通过该赋值可知：TCP 的发送窗口（SND.WND）被修改（赋值为本次接收报文中的 Window 字段的值），SND.WL1、SND.WL2 两个变量的值也被修改。

如果把这个修改称为“发送窗口修改点”（简称修改点），条件①其实可以等价为这样：

上次修改点时所接收报文的 SEQ < 本次所接收报文的 SEQ

这句话的含义就是：本次所接收报文是“新”报文，没有发生“先发后至”的情形。

同理，条件②也可以这样理解：即使上次修改点时所接收报文的 SEQ 等于本次所接收报文的 SEQ，但是上次修改点时所接收报文的 AKN 小于本次所接收报文的 SEQ，所以本次所接收报文是“新”报文，没有发生“先发后至”的情形。

下面总结表 4-23 中的第 4 种场景（数据接收确认）。

①如果所接收报文的 AKN 在已发送待确认的序列号之间，那么修改发送空间的 SEND.UNA 变量：SND.UNA = SEG.AKN。

②同时，如果该报文确实是最“新”的，那么也修改 SND.WND、SND.WL1、SND.WL2 这 3 个变量：SND.WND = SEG.WND、SND.WL1 = SEG.SEQ、SND.WL2 = SEG.ACK。

（3）合法的 FIN 报文

收到 FIN 报文后的处理情况也与 TCP 当时所处的状态相关。对于 CLOSED、LISTEN、SYN-SENT 状态的 TCP 来说，如果它收到 FIN 报文，会直接丢弃该报文，然后就不再做其他任何处理。

对于 CLOSED 状态而言，RFC 793 中的有两种描述。

①处于 CLOSED 状态的 TCP，如果收到一个非 RST 报文，会给对方回以一个 RST 报文。

②处于 CLOSED、LISTEN、SYN-SENT 状态的 TCP，不处理 FIN 报文，直接丢弃，然后返回。

笔者以为，处于 CLOSED 状态的 TCP 收到 FIN 报文后，以上两种处理方法都可以接受。

对于处于 SYN-RECEIVED 及其以后状态的 TCP 来说，它所收到的合法的 FIN 报文一定会包含 ACK（ACK = 1），所以此时 TCP 首先会做出“合法的单纯的 ACK 报文”所讲述的那些处理流程，然后处理 FIN 本身。其具体处理流程与 TCP 当时所处状态有关，如表 4-25 所示。

表 4-25　处理 FIN 报文

状态	处理流程
SYN-RECEIVED ESTABLISHED	直接状态迁移到 CLOSE-WAIT
FIN-WAIT-1	如果它曾经的 FIN 被对方标记了，那么状态会迁移到 TIME-WAIT，同时开启 time-wait 定时器；否则状态迁移到 CLOSING
FIN-WAIT-2	状态迁移到 TIME-WAIT，同时开启 time-wait 定时器
CLOSE-WAIT	仍然保持 CLOSE-WAIT 状态
CLOSING	仍然保持 CLOSING 状态
LAST-ACK	仍然保持 LAST-ACK 状态
TIME-WAIT	仍然保持 TIME-WAIT 状态，并重新开始 2 MSL time-wait 计时

（4）合法的数据

前文说过，处于 CLOSE-WAIT、CLOSING、LAST-ACK、TIME-WAIT 状态的 TCP 不能收到数据（不是本方不能接收数据，而是对方不应该发送数据），所以此时 TCP 收到的报文中如果包含数据，它会将其忽略。处于 ESTABLISHED、FIN-WAIT-1、FIN-WAIT-2 状态的 TCP 则可以接收数据，只要承载这些数据的报文经过了前面层层的检验。

承载合法数据的报文可能会包含 ACK（ACK = 1），所以此时 TCP 首先会做出“合法的单纯的 ACK 报文”所讲述的那些处理流程，然后处理数据本身。

TCP 对所接收的数据的处理如下。

①将数据传递（deliver）给用户缓存。

②修改 TCB 如下。

- RCV.NXT = SEG.SEQ + SEG.DataLen。
- RCV.WND = RCV.WND（数据已经传递到用户缓存）或者 RCV.WND = RCV.WND – SEG.DataLen（数据尚未传递到用户缓存）。

③给对方回以 ACK 报文，报文格式为

```
<SEQ = SND.NXT> <AKN = RCV.NXT, WND = RCV.WND> <CTL = ACK>
```

4.2.13 TCP 连接的初始序列号

初始序列号（The Initial Sequence Number，ISN），就是创建 TCP 连接发送 SYN 报文时其中的 SEQ（Sequence Number）的值，另外初始发送序号（Initial Send Sequence Number，ISS）也属于初始序列号，ISS 与 ISN 的取值算法相同。因为是初始创建连接时的请求报文，所以该报文中的 SEQ 有一个特别的称号：初始序列号。

关于 ISN 的取值，RFC 793 和 RFC 6528 都有专门论述，甚至 RFC 6528 整篇文档都是为了讲述 ISN，这足以见得 ISN 的重要性。对于 ISN 取值算法的讲述，RFC 793 的目的是防止网络残留报文所引发的混淆，RFC 6528 的目的是防止序列号的攻击。

1. 防止网络残留报文的混淆

我们知道，标识一个 TCP 连接的是一个四元组：< 本地 IP，本地端口，远端 IP，远端端口 >（<local ip, lcoal port, remote ip, remote port>），但是这样的 TCP 连接是可以创建了关闭、关闭了再创建的，如图 4-66 所示。

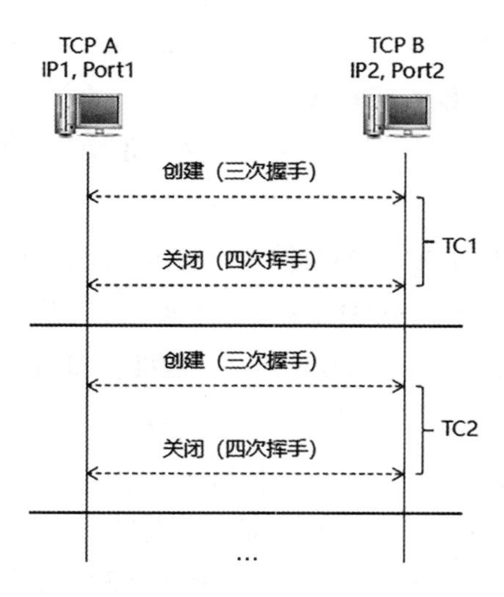

图 4-66　TCP 连接的多次创建与关闭

在图 4-66 中，从人类的视角可以知道是两个 TCP 连接（TCP Connection，TC）：TC1 和 TC2。但是从 TCP 的视角来看，TC1 与 TC2 没有任何区别，因为标识它们的四元组是一样的，都是 <IP1, Port1, IP2, Port2>。这样，就产生了一个问题，如图 4-67 所示。

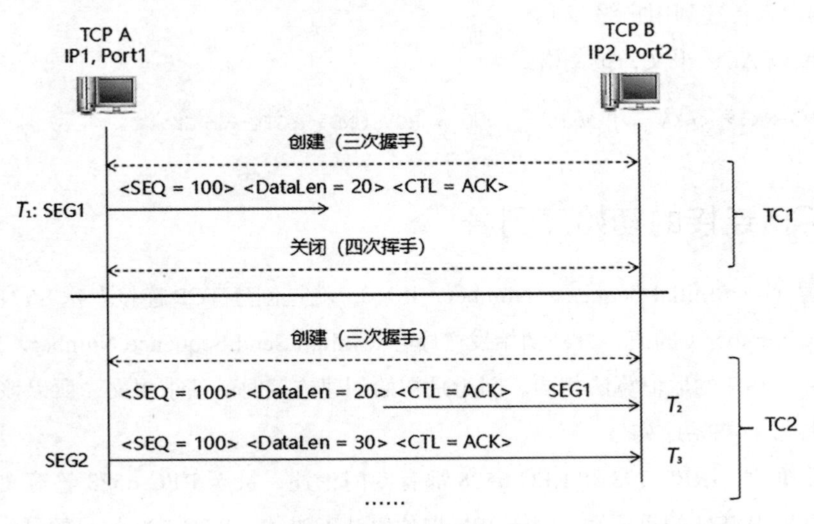

图 4-67　网络残留报文

在图 4-67 中，从人类的视角来看，这是两个连接 TC1 和 TC2。在 T_1 时刻，TC1 中的 A 给 B 发送了一个报文 SEG1。但是这个报文直到 TC1 关闭也没有到达 B，而是一直停留在网络中。

待到 TC2 创建以后，T_2 时刻，TC1 的 SEG1 才到达 B。为了更清晰地说明问题，继续在 T_2 时刻之后的 T_3 时刻加大“冲突”：T_3 时刻，TC2 中的 A 给 B 发送的报文 SEG2 到达。而且单独看报文本身，两者没有任何区别：四元组一样，SEG 也一样。

有读者可能会说，两者的数据长度不一样（SEG1.DataLen = 20，SEG2.DataLen = 30），以及它们所承载的数据也不一样，但是这没有任何意义。

①对于人类来说，可以看出 TC1、TC2 是两个连接，SEG1、SEG2 分属 TC1、TC2，它们是两个报文。

②对于 TCP 来说，它无法得知 TC1、TC2 是两个连接，因为两者的四元组是一样的。

③对于 TCP 来说，它也无法知道 SEG1、SEG2 有何不同，因为两者的 SEQ 也是一样的。TCP 只能知道 SEG2 是后来的，并且与 SEG1 重复，因此只能接受 SEG1，丢弃 SEG2。

我们把 SEG1 这样的报文（从人类的视角而言，发自上一个 TCP 连接实例的报文到达了新的 TCP 连接实例）称为网络残留报文。

很多资料认为 ISN 的取值算法（RFC 793 所描述的算法）能够帮助 TCP 解决这个问题，RFC 793 给出的算法，简单地说，就是 ISN 每 4ms 加 1。RFC 793 没有给出 ISN 自身的初值应该等于多少，这里假设 TCP 启动时 ISN 初值等于 0。按照 RFC 793 给出的算法，TCP 创建一个连接时，它的 SYN 报文的 SEQ（ISN）的取值如图 4-68 所示。

图 4-68 中，T_0 为 A 的 TCP 进程启动的那一刻，此时 ISN = 0。以后每隔 4ms，ISN 便加 1。待到 A 要与 B 创建 TCP 连接发送 SYN 请求时，ISN 等于几，那么该 SYN 报文的 SEQ（该连接的 ISN）就等于几。

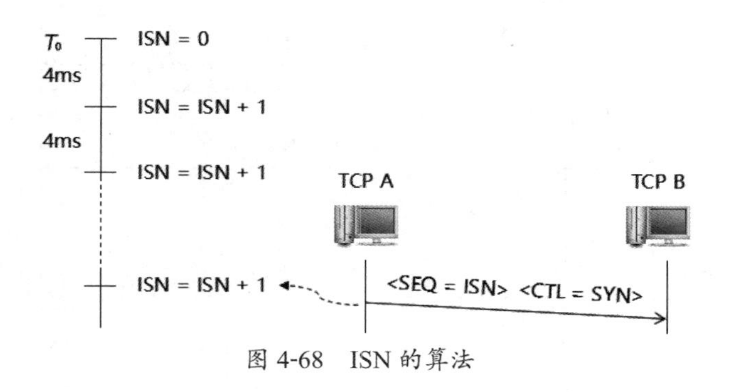

图 4-68　ISN 的算法

由于 ISN（SEQ）是一个 32bit 的无符号整数，从 0 开始，每 4ms 加 1，因此大约 4.55h 后 ISN 就会翻转到 0。

上述算法能解决“网络残留报文”所带来的混淆吗？如图 4-69 所示。

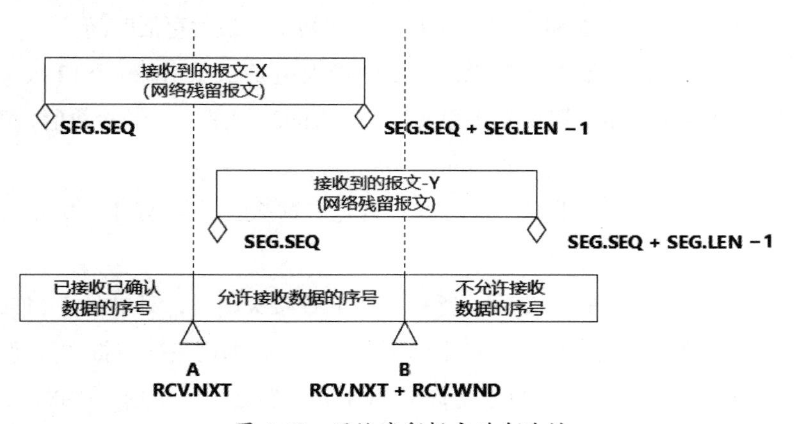

图 4-69　网络残留报文的合法性

前文介绍过，TCP 无法知道其所接收的报文是否为网络残留报文，它只能根据报文本身的参数来判断报文的合法性。关于合法性的判断，第 4.2.12 小节已经介绍过，这里不再赘述。这里只重复介绍两个公式，只要满足如下两个公式之一，报文就是合法的。

① RCV.NXT ≤ SEG.SEQ + SEG.LEN – 1 < RCV.NXT + RCV.WND。

② RCV.NXT ≤ SEG.SEQ < RCV.NXT + RCV.WND。

通过这两个公式可以看到，报文是否合法只与当前报文的 SEG.SEQ、SEG.LEN 及当前接收方的 RCV.NXT、RCV.WND 参数有关，而这 4 个参数与 TCP 连接的 ISN 根本没有必然的因果关系。

无论 ISN 取何值，网络残留报文都有可能合法（或者不合法）。也就是说，如何消除网络残留报文的影响与 ISN 的取值无关。

那么，怎样才能消除网络残留报文的影响呢？那就是时间，如图 4-70 所示。

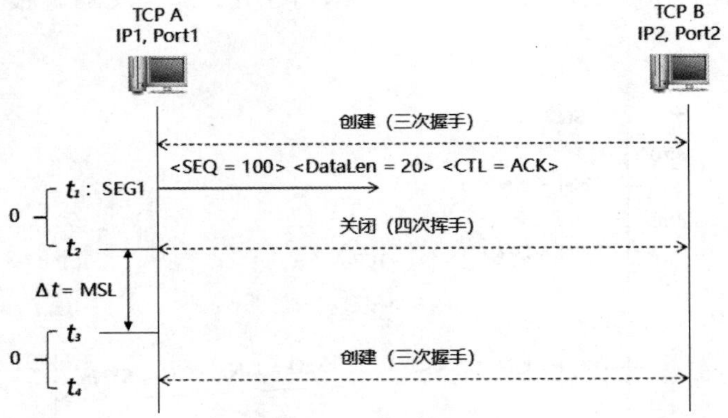

TCP A
IP1, Port1
TCP B
IP2, Port2
创建（三次握手）
<SEQ = 100> <DataLen = 20> <CTL = ACK>
t_1：SEG1
0
关闭（四次挥手）
t_2
Δt = MSL
t_3
0
创建（三次握手）
t_4

图 4-70　网络残留报文的清除

图 4-70 中，极端情况下，t_1 和 t_2 的时间间隔是 0，即在 t_1 时刻，A 发送报文 SEG1 以后，该 TCP 连接即关闭；极端情况下，t_3 和 t_4 之间的时间间隔也是 0，即一到 t_3 时刻，马上就创建一个新的 TCP 连接。

t_3 与 t_2 之间的时间间隔 Δt = MSL，即一个报文在网络中的最大存活时间。

我们知道，每个 IP 报文都有 TTL 字段，TTL 的最大值是 255，即一个 IP 报文最多在网络中被传输 255 跳，然后就要被网络（路由器）丢弃。255 跳的时间是一个经验数值，RFC 793 建议是 2min，读者也可以设置自己的经验值，如 1min、5min。

255 跳的具体取值并不重要，重要的有两点：肯定有这么一个值 MSL；MSL 不会太长（最多是分钟级）。

由此，我们知道 t_3 的时刻点的含义是：当一个 TCP 连接关闭时，只要等待 MSL 时间以后再重新建立新的 TCP 连接，那么网络残留报文肯定就不再存在了，即网络残留报文的问题就解决了。

当然，如果 TCP 能够知道上一次 TCP 关闭时的 SEQ，那么这一次创建连接时，只需要将本次的 ISN 设置为上次的 SEQ 加 1 即可。但是我们不能做这样的假设，因为 TCP 的关闭可能是正常关闭（此时可以记录关闭时的 SEQ），也可能是异常关闭（如程序异常退出，此时根本来不及记录关闭时的 SEQ）。对于具体的实现来说，可以做如下选择。

①如果上次关闭是正常关闭，那本次创建 TCP 连接时就可以不必等待，直接设置本次的 ISN 为上一次的 SEQ 加 1。

②如果上次关闭是异常关闭：等待 MSL 再创建新的连接，这样可以避免网络残留报文的风险；或者是不等待，直接创建新的连接，但是要承担网络残留报文的风险。

无论做何种选择，都需要注意，网络残留报文的风险与 RFC 793 所推荐的 ISN 取值算法无关，该算法既不能降低风险，也不会提高风险。

但是，ISN 的这种算法却引入了另外一个问题：序列号攻击。

2. 防止序列号攻击

对于 RFC 6528（替代 RFC 1948）来说，序列号攻击有着特定的含义，首先它指的是旁路攻击（Off-path Attack），而不是中间人攻击（Man-in-the-middle Attack），如图 4-71 所示。本小节不对这两种攻击进行介绍。需要强调的是，RFC 6528 介绍的算法无法解决中间人攻击的问题。另外，即使是旁路攻击，RFC 6528 也强调了其提供的方法不是解决攻击的根本之道。但是考虑到网络中的一些协议和实现在短期内不太可能都去“加固”其安全，所以该方法在一定的场景下仍有比较大的作用。

“一定的场景”就是 RFC 6528 所说的序列号攻击的第 2 个含义，如图 4-72 所示。

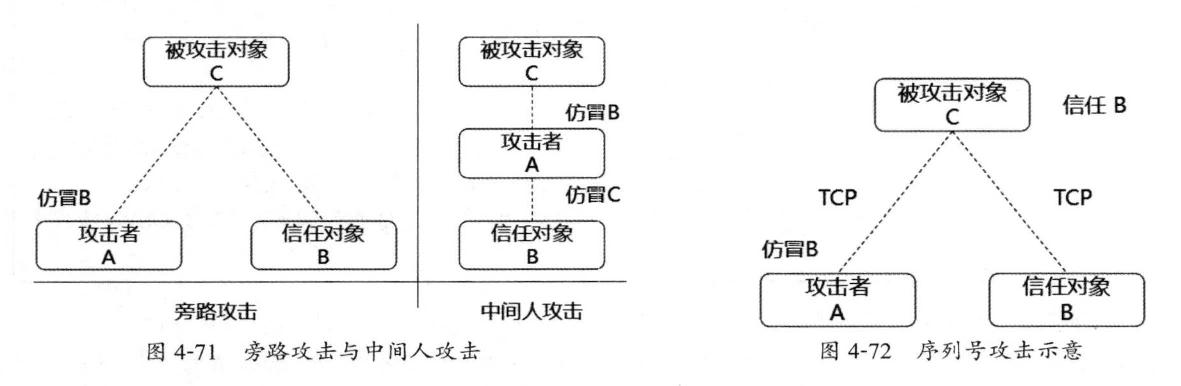

图 4-71　旁路攻击与中间人攻击

图 4-72　序列号攻击示意

图 4-72 中的被攻击对象 C 和它的信任对象 B 之间的通信协议是 TCP，C 与 B 之间的安全措施有用户名、密码及 C 的配置文件中所配置的信任列表（IP 地址列表）。也就是说，即使 A 通过某种手段知道了用户名、密码，但是由于它的 IP 地址不在 C 的信任范围内，因此 C 也不会接纳它。这就是“基于地址的认证”。对于 A 来说，它要攻击 C 的第一步就是仿冒 B 的 IP 地址。

但是，由于 C 和 B 之间的通信协议是 TCP，因此 A 和 B 之间的通信协议也必须是 TCP。既然是 TCP，则 A 可以仿冒 B 的 IP 地址，那么 A 又该如何知道 B 和 C 之间 TCP 通信报文的 SEQ 呢？如图 4-73 所示。

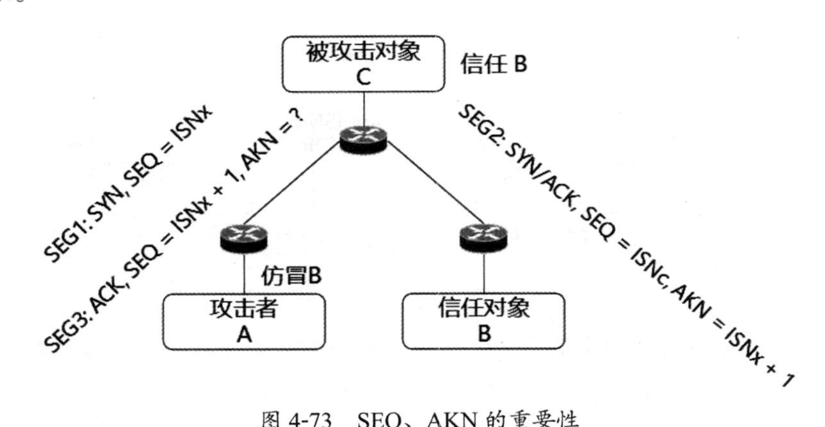

图 4-73　SEQ、AKN 的重要性

如果 A 仿冒 B，与 C 进行 TCP 通信，那么通信的前提就是 A（仿冒 B）先和 C 建立 TCP 连接。图 4-73 所描述的就是经典的“三次握手”，我们将之以表格的形式再详细描述，如表 4-26 所示。

表 4-26 仿冒场景的“三次握手”

报文	发送者	接收者	报文源 IP	报文目的 IP	报文格式	说明
SEG1	A	C	B.IP	C.IP	SYN, SEQ = ISNx	第 1 次握手：A 冒充 B，给 C 发送 SYN 报文，A 的 SEQ = ISNx
SEG2	C	B	C.IP	B.IP	SYN/ACK, EQ = ISNc, AKN = ISNx + 1	第 2 次握手：C 给 B 回以 ACK，同时包含 SYN。C 的 SEQ = ISNc
SEG3	A	C	B.IP	B.IP	ACK, SEQ = ISNx + 1, AKN = ?	第 3 次握手：A 并没有收到 C 发送的 ACK/SYN 报文，但还要冒充 B 给 C 回以 ACK 报文。但是 A 面临的问题是如何知道 C 的 ACK/SYN 报文的 SEQ，以及 AKN 等于多少

A 固然可以伪装成 B，试图与 C 建立 TCP 连接，但是当建立连接进入“第 3 次握手”时，A 如何知道“第 2 次握手”中 C 的 ACK/SYN 报文的 SEQ 呢？如果不知道，那么 A 就无法正确设置“第 3 次握手”报文中的 AKN 字段，导致握手失败。也就是说，此时创建连接失败，A 试图伪装成 B 对 C 进行的攻击以失败告终。

然而，RFC 793 所介绍的 ISN 计算方法不仅没有解决“网络残留报文混淆”的问题，反而还给旁路攻击提供了可能，如图 4-74 所示。

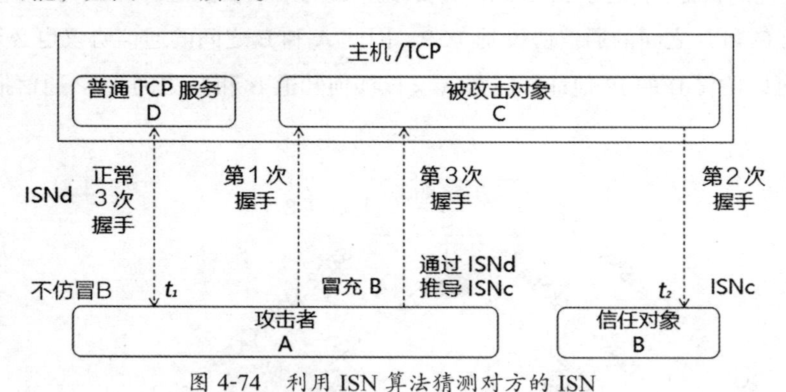

图 4-74 利用 ISN 算法猜测对方的 ISN

对图 4-74 的分析如下。

① A 不仿冒 B，与 C 所在主机上的另一个 TCP 服务 D 建立 TCP 连接。因为 D 不需要地址认证，所以 A 能与 D 进行正常的 3 次握手。在 3 次握手过程中，A 知道 D 的 ISN，即 ISNd。

② A 仿冒 B，与 C 建立 TCP 连接。如前文所述，在第 3 次握手时，B 需要猜测 C 的 ISN，即

ISNc。

③只要 A 知道 D 与之第 2 次握手的时间 t_1（肯定知道），同时也知道 C 与 B 的第 2 次握手的时间 t_2（需要猜测，但是比较容易猜测），那么就可以通过 ISNd 推导出 ISNc：

$$\text{ISNc} = \text{ISNd} + (t_2 - t_1)/4$$

虽然在同一个主机上除了被攻击对象 C 外，还需要一个普通的 TCP 服务 D，而且还需要猜测 t_2 时间点，但从世界范围内来看，这种利用猜测 TCP 序列号来进行旁路攻击的情形还是很多。

为此，RFC 6528（RFC 1948）提出了一种算法来解决这种旁路攻击。

回看图 4-74，攻击者 A 之所以能猜测出 C 的 ISN，最根本的原因是一个主机内所有的 TCP 连接共享一个 ISN 计算空间：

$$\text{ISN} = \text{ISN0} + (t - t_0)/4$$

正是由于这个原因攻击者 A 才能够通过 D 的 ISNd 猜测出 C 的 ISNc。

RFC 6528 提出的算法正是针对此漏洞进行弥补，它的算法为

$$\text{ISN} = \text{ISN793} + F(\text{local ip, local port, remote ip, remote port})$$

式中，ISN793 就是 RFC 793 中介绍的算法［ISN = ISN0 + $(t - t_0)/4$］，F(local ip, lcoal port, remote ip, remote port) 是一个加密哈希函数，如 MD5。可以看到，F 函数实际上是一个针对每个 TCP 连接都不相同的随机加密数。

这样一来，ISN 就变成为

$$\text{ISN} = \text{ISN0} + (t - t_0)/4 + F(\text{四元组})$$

假设采用这种算法，返回到图 4-74 中的 ISNd 和 ISNc：

$$\text{ISNd} = \text{ISN0} + (t_1 - t_0)/4 + F(\text{d.ip, d.port, a.ip, a.port})$$

$$\text{ISNc} = \text{ISN0} + (t_2 - t_0)/4 + F(\text{c.ip, c.port, b.ip, b.port})$$

显然，按照上述公式，攻击者 A 就无法通过 ISNd 推导出 ISNc 了。

4.3 滑动窗口

传输控制协议（Transmission Control Protocol，TCP）是一种面向连接的、可靠的、基于字节流的传输“控制”协议。前面章节介绍了 TCP 连接的相关概念，同时说明了 TCP 是一种面向字节流的协议，以及 TCP 是可靠的协议。

但是 TCP 中的控制（Control）体现在哪里呢？在数据传输过程中，TCP 又是如何控制的呢？

要研究 TCP 中的控制，首先要看 TCP 的上下文，如图 4-75 所示。将 TCP 的发送者（用户 S）比喻成一个进水的水龙头，将 TCP 的接收者（用户 R）比喻成一个出水的水龙头。在发送侧，TCP 有一个蓄水池（TCP 发送方缓存）；同样在接收侧，TCP 也有一个蓄水池（TCP 接收方缓存）。连接两个蓄水池的网络相当于水管。

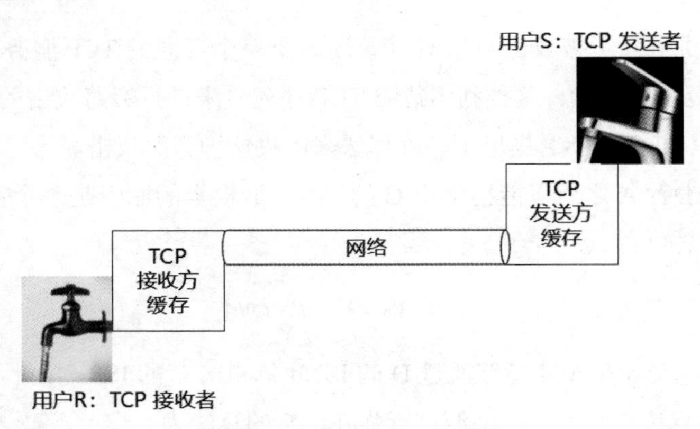

图 4-75　TCP 的上下文示意

TCP 的控制就是面向发送者（进水速度）、接收者（出水速度）、发送方缓存（发送侧蓄水池）、接收方缓存（接收侧蓄水池）、网络［带宽、QoS（时延、丢包、抖动）］的一个控制协议，它既要保证传输的可靠，也要面对各方面的复杂情况。

从某种意义上说,TCP 就相当于网络传输的大脑。广义地说,TCP 的控制规程可以用 4 个字概括：滑动窗口 (Sliding Window)。

4.3.1　滑动窗口基本概念

TCP 引入“滑动窗口”概念的最直接的原因是接收方的缓存是有限的，如图 4-76 所示。

图 4-76 中，发送方允许发送最大字节数为 Ws，其值只能等于接收方缓存大小 Wr，即 Ws = Wr。如果 Ws > Wr，则发送方所发送的字节数可能比 Wr 大，致使接收方进行丢包处理，这样就失去了发送的意义。

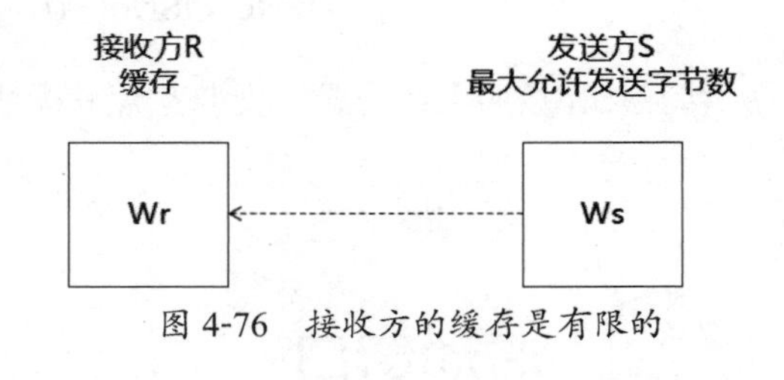

图 4-76　接收方的缓存是有限的

在 4.2.7 节中介绍过，TCP 发送方的最大允许发送字节数，即发送方的发送窗口（SND.WND）是由其接收报文中的 Window 字段（SEG.WND）所决定的，即 SND.WND = SEG.WND。

SND.WND 是 TCP 发送空间中的一个概念，如图 4-77 所示。SND.UNA、SND.NXT、SND.WND 在前面已经介绍过，这里不再赘述。需要强调的是，我们把 SND.WND 称为滑动窗口。

说明：有的资料将“已发送未确认”与“未发送已允许（SND.WND）”两个窗口合起来称为滑动窗口。这种定义上的区别不影响滑动窗口的本质。

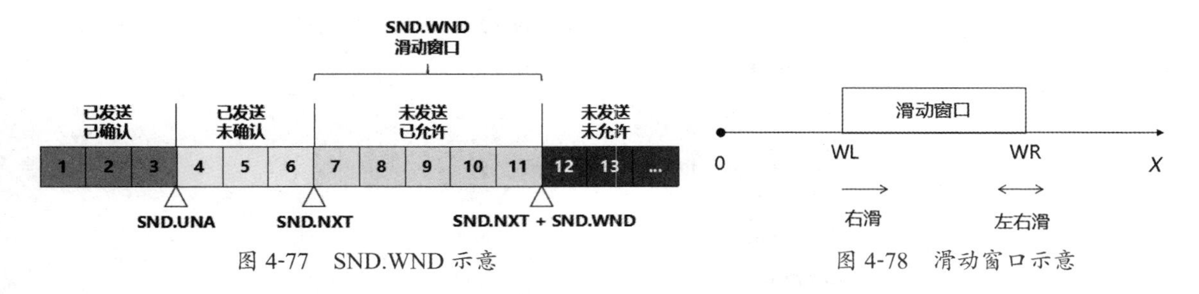

图 4-77　SND.WND 示意　　　　图 4-78　滑动窗口示意

滑动窗口是可以滑动的，即滑动窗口是动态变化的，如图 4-78 所示。把滑动窗口想象成一个矩形，可以在 X 坐标轴上滑动。该矩形在 X 坐标轴上的左坐标为 WL（Window Left），右坐标为 WR（Window Right）。结合图 4-77 可知：

$$\text{WL} = \text{SND.NXT}$$

$$\text{WR} - \text{WL} = \text{SND.WND}$$

图 4-78 也指出了 WL 只能向右滑，WR 可以左右滑。实际上，WL 何时向右滑及滑多少，取决于 TCP 所发送的报文；WR 何时滑动（或左或右）及滑多少，取决于 TCP 所接收的报文，如图 4-79 所示。

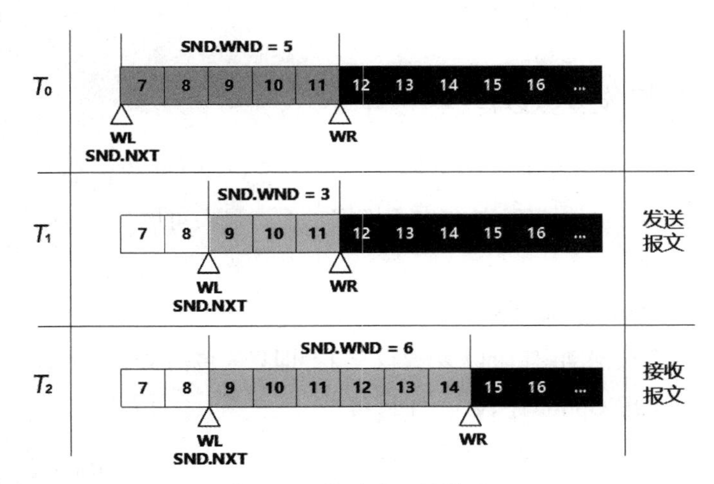

图 4-79　滑动窗口的滑动

图 4-79 中，T_0 时刻：WL = 7，WR = 12，WR − WL = SND.WND = 5。

T_1 时刻：TCP 发送方发送了一个报文，该报文的数据长度是 2 字节，于是 WL 向右滑动，即 WL = 9。但是此时 WR 是不滑动的，因为 TCP 发送方还没有收到 TCP 接收方的指示。也正因为此，T_1 时刻滑动窗口的大小 SND.WND = 3，实际上是变小了。

T_2 时刻：TCP 发送方接收了一个报文（对方的 ACK 报文），在该报文中指示了接收窗口的大小等于 6（SEG.WND = 6），因此 SND.WND = 6，同时也意味着 WR 向右滑动：WR = WL + SND.WND = 9 + 6 = 15。

图 4-79 中，T_2 时刻的 WR 大于 T_1 时刻的 WR，即 WR2 > WR1，但是在某些场景下也会出现 WR2 < WR1 的情形，如图 4-80 所示。

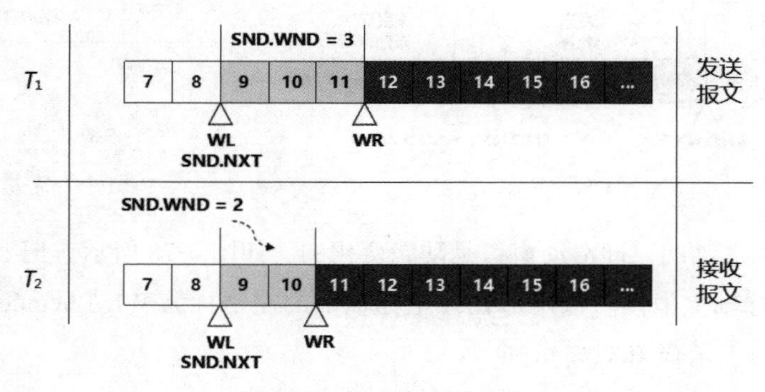

图 4-80　滑动窗口的收缩

图 4-80 中，在 T_2 时刻，TCP 发送方接收了一个报文（对方的 ACK 报文），在该报文中指示了接收窗口的大小等于 2（SEG.WND = 2），因此 SND.WND = 2，同时也意味着 WR 向右滑动：WR = WL + SND.WND = 9 + 2 = 11。

WR1 = 12，WR2 = 11，即 WR2 < WR1。这种情形下，TCP 称为窗口收缩（Shrinking the Window）。RFC 793 对待窗口收缩的态度是：强烈不建议，但是也不拒绝。

4.3.2　窗口大小与发送效率

在 4.3.1 小节中，为了讲述方便，所举的例子中滑动窗口的大小仅仅是个位数（2,3,5,6）。实际上 RFC 793 中所定义的 Window 字段有 16bit，即滑动窗口最大可以为 65535（不考虑 RFC 1323 的 TCP Window Scale Option）。

那么，滑动窗口的大小与传输效率有什么关系呢？

一个极端的例子是假设滑动窗口的大小仅仅是 1，即只能传输 1 字节的数据。而 TCP 的报文头的长度是 20 字节（不考虑 Option 字段），如果再加上 IP 报文头 20 字节（不考虑 Option 字段），则为 41 字节（20 TCP Header + 20 IP Header + 1 Data）的报文只运载了 1 字节的数据。

与较大的滑动窗口相比，这样的情形如图 4-81 所示。

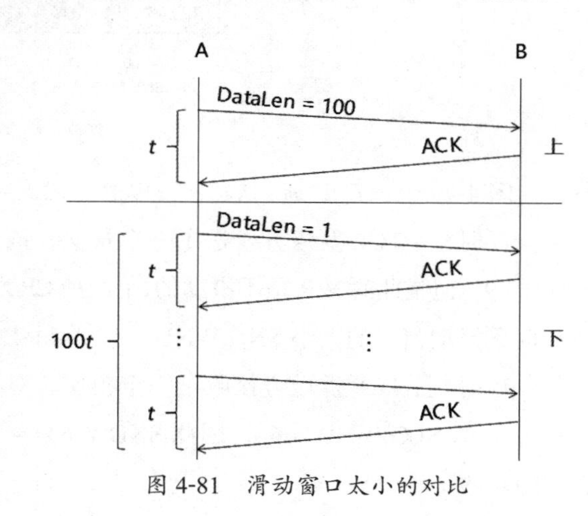

图 4-81　滑动窗口太小的对比

图 4-81 上半部分表达的是一个比较大的滑动窗口（如 1000），此时它发送一个 100 字节长度的数据只需一对报文（一来一回）即可，所花费的时间记为 t。

图 4-81 下半部分表达的是滑动窗口大小只为 1 的情形，此时它发送一个 100 字节长度的数据则需要 100 对报文（一来一回）。忽略网络拥塞等因素，可以简单地理解为其所花费的时间是 100t。

如此看来，太小的滑动窗口（即使比 1 大一点）引发的问题如下。

①带来很多不必要的传输延时。

②网络带宽利用率极低，而且还很有可能造成网络拥塞。

也正是鉴于此，TCP 中有很关键的一项内容，即对滑动窗口大小（size）的研究。

1. 糊涂窗口综合征

在 TCP 中这种来来回回发送的小包有一个专有称谓：糊涂窗口综合征（Silly Window Syndrome，SWS）。小包指的是 TCP 报文中的有效载荷（数据部分）很小，甚至数据长度只有 1 字节。前文说过，这种情形（糊涂窗口综合征），引发的问题还是比较大的。

引发糊涂窗口综合征有 3 种情形：或者是发送端，或者是接收端，或者是两者兼而有之。

对于发送端来说，它产生数据的速度可能很慢（如 Telnet 程序），此时就会引发糊涂窗口综合征。

对于接收端来说，它处理数据的速度很慢，此时也会引发糊涂窗口综合征，如图 4-82 所示。

图 4-82 中，T_0 时刻，接收端缓存是满的，2000 字节都被数据占满。T_1 时刻，接收方处理 1 字节的数据，给发送方发送 Window = 1 的 ACK 报文。于是 T_2 时刻，发送方发送过来 1 字节的数据……如此循环反复，如果接收方处理数据的速度一直比较慢，那么糊涂窗口综合征就会发生。

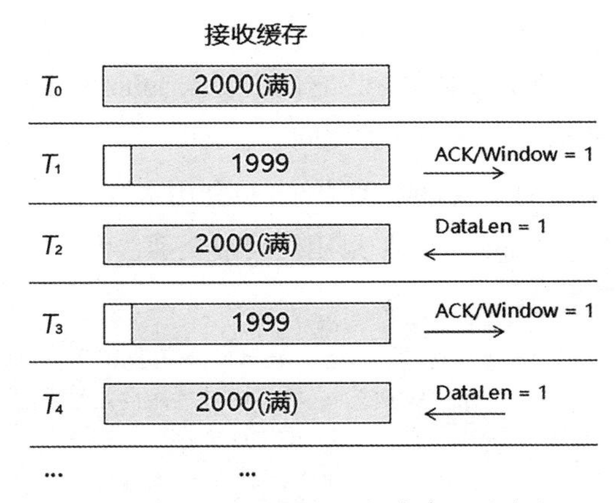

图 4-82 接收端引发的糊涂窗口综合征

图 4-82 中，接收方一次处理 1 字节仅仅是一个举例，事实上可以不是 1 字节，只要是比较小的字节数就会引发糊涂窗口综合征。

如果不做一些特殊处理，在 TCP 的世界里，糊涂窗口综合征几乎是必然要发生的。那么，怎么做特殊处理呢?

2. 接收方处理方案

如果是接收方引发的糊涂窗口综合征，那么就应从接收方入手。接收方处理方案基本可以归类为两种，即 Clark 方案和延迟确认（Delay ACK）。

（1）Clark 方案

Clark 方案可以理解为立即确认 0 窗口。当接收缓存比较小时，如果收到对方发送过来的报文，接收方会立即确认，但是 ACK 报文中的 Window 字段会等于 0。等到自己的缓存比较大［如大小达到 MSS，或者达到最大缓存空间的一半] 时，再主动标记接收方，告知自己的 Window。

（2）延迟确认

第 2 种方案是延迟确认。当接收缓存比较小时，如果收到对方发送过来的报文，接收方会稍微等待一段时间再确认。其基本思路是：在等待的这段时间内自己会处理更多的报文，从而腾挪出更多的接收缓存，此时再发送 ACK 报文，就可以通告一个比较大的窗口。

但是，延迟确认的延迟时间不能过长，否则会让发送方以为发送超时，进而引发重新发送。一般来说，该延迟时间是 200ms 或 500ms（经验值），超过这个时间，接收方必须要给对方回应一个 ACK 报文。

无论是第 1 种方案还是第 2 种方案，其本质都是让发送方“休息一下”。

虽然它们能解决一些问题，但并不是对每个场景都适用，尤其是实时性要求很强的情形。

3. 发送方处理方案

如果是发送方引发的糊涂窗口综合征，那么就应从发送方入手。发送方处理方案也可以归类为两种，即 Nagle 算法和 CORK 算法。

（1）Nagle 算法

Nagle 算法是以它的发明人 John Nagle 的名字命名的。1984 年，为了解决其所供职的福特航空通信公司的网络拥塞问题，John Nagle 提出了 Nagle 算法。该算法主要用于避免过多小报文在网络中传输，从而降低网络容量利用率。

Nagle 算法如果用伪码来表示，内容如下所示。

```
# 如果有数据要发送
if there is new data to send
  # 如果发送窗口大于 MSS，并且发送数据长度也大于 MSS，就可以发送
  # 其含义是大包可以发送
  if the window size >= MSS and available data is >= MSS
    send complete MSS segment now
  # 如果是小包，则需要考虑
  else
    # 如果当前有未确认的报文，那么小包不能发送，先缓存
    if there is unconfirmed data still in the pipe
      enqueue data in the buffer until an acknowledge is received
    # 如果当前没有未确认的报文，那么小包也可以发送
    else
      send data immediately
    end if
  end if
end if
```

Nagle 算法可以简单理解为如下两点。

①如果是大包（包大小≥ MSS），则马上发送。

②如果是小包，则一发一等待：每发送一个小包，必须等到对方的 ACK 报文以后才能发送下一个小包。

Nagle 算法的本质仍然是期望能“休息”或等待一段时间，以使自己能将多个小包“攒”成一个大包发送。该等待时间就是接收方确认的时间。可以看到，如果对方确认速度比较快，Nagle 算法仍然无法避免小包发送。

需要说明的是，对于 FIN 报文，Nagle 算法是不等待的，而是立即发送，因为它并不想延迟 FIN 报文的发送。也就是说，Nagle 算法对于其他报文是有可能造成延时的。

另外，对于那些时延敏感的程序，如果遇到“发送方 Nagle 算法 + 接收方延迟确认”，将会非常麻烦：发送方在等接收方的确认，接收方又在等自己慢慢将小包“攒”成大包。

所以，TCP 提供了一个选项 TCP_NODELAY 来禁用 Nagle 算法。

（2）CORK 算法

CORK 算法可以简单理解为如下两点。

①如果是大包（包大小≥ MSS），则马上发送。

②如果是小包，那就等，一直等到多个小包“攒”成一个大包再发送。

当然，也不能无限期等下去，TCP 设置了一个超时时间（经验值是 200ms），如果超时时间到，即使没有“攒”成一个大包，也必须发送出去。

从某种意义上说，CORK 算法“攒”大包的概率比 Nagle 算法要大。如果对方 ACK 报文到达得比较快（小于 200ms），Nagle 算法有可能还没“攒”成一个大包就得立刻发出去；但是 CORK 算法则可以多等待一会儿（一直等到 200ms），可以多“攒”一些数据再发送出去。当然，对于 CORK 算法来说，如果超时时间到，即使没有“攒”出大包，也必须发送出去。

所以，从避免小包发送的角度来说，CORK 算法可能会比 Nagle 算法更好。但是，事物总有两面性，CORK 算法可能会带来更多的延时。

也正是鉴于此，TCP 也提供了一个选项 TCP_CORK 来禁用 CORK 算法。

总的来说，小包没有大包发送的效率高，而且还有可能会引发网络的拥塞。但是小包的发送从某种意义上是不可避免的，或者是接收方处理速度慢，或者是发送方总是零星地产生数据，但是这些都不受 TCP 控制。

为了应对这种大量小包发送所引发的糊涂窗口综合征，TCP 从接收方到发送方都提出了各种算法。这些算法的本质就是将一堆小包变大包。其缺陷也是很明显的，那就是时延，所以它们的应用场景也是有限的。用户在调用 TCP API 时，必要的时候，需要通过 TCP 选项来禁止这些所谓优化的算法。

4.3.3 PUSH

4.3.2 小节中讲述了 TCP 为提升网络传输效率及避免一些不必要的网络拥塞，而利用时延的代价将多个小包“攒”成一个大包进行发送。本小节讲述的数据推送（PUSH）其目标则恰恰相反，它是为了减少“时延”。PUSH 本身是 TCP 报文头中的一个 Flag，如图 4-5 所示。

图 4-5 中的 P 标记位代表的就是 PUSH（有时简写为 PSH），占用 1bit。当 PUSH = 1 时，从一定意义上来说就可以减少“时延”。

为什么是“从一定意义上来说”，为什么“时延”两字又加了引号呢？这首先要从 TCP 接收端与其上层之间的数据提交模型说起，如图 4-83 所示。

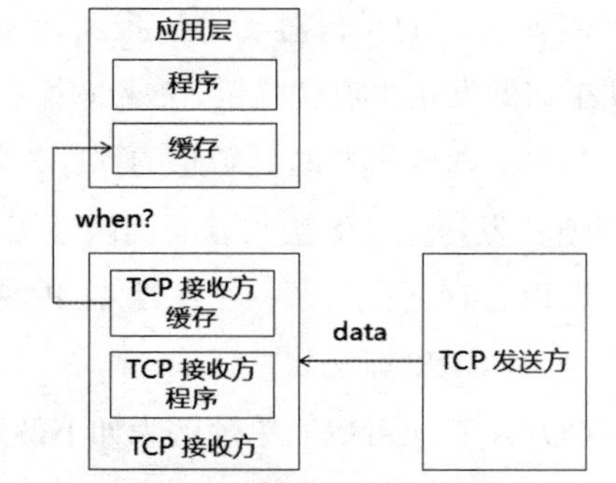

图 4-83　TCP 接收端与上层之间的内存模型

图 4-83 中，TCP 接收方收到数据以后，首先将数据存储在自己的接收缓存中，然后提交给上层（应用层）相关缓存。那么，TCP 接收方何时将这些数据提交给应用层呢？这分为两种提交模型，如图 4-84 和图 4-85 所示。

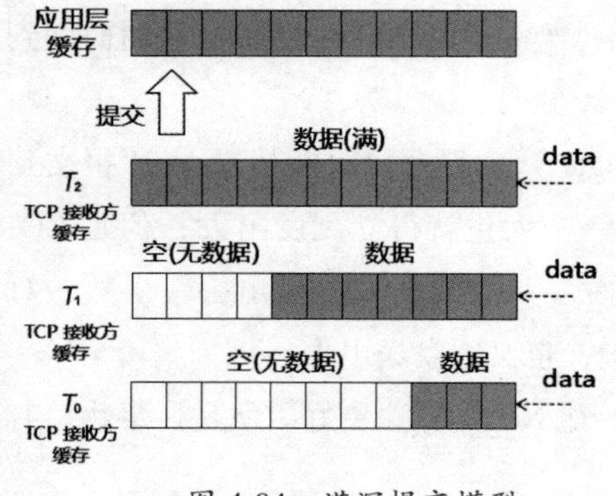

图 4-84　满泻提交模型

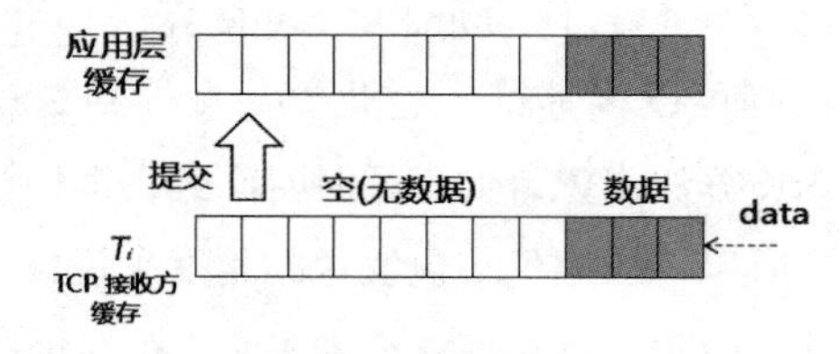

图 4-85　直流提交模型

图 4-84 中，T_0、T_1 时刻，TCP 接收方虽然接收了一些数据，但是其缓存并没有满，所以它暂时还不把所接收到的数据提交给应用层。待到 T_2 时刻，TCP 接收方又接收了一些数据，此时其缓存已满，所以将缓存中的所有数据一次性提交给应用层。

所以，我们把 TCP 的这种提交模型称为满泻提交模型，即接收缓存满了以后，才提交给应用层。

图 4-85 则相对简单，TCP 接收方在任意时刻（T_i）只要接收到数据，就直接从接收缓存提交给应用层。我们把这种提交模型称为直流提交模型，即直接提交过去。

之所以会有这两种模型，是因为 TCP 认为直流提交模型的效率并不高，所以期望自己先缓存一下，待缓存满了以后再一次性提交，这样提交效率较高。

客观地说，满泻提交模型的效率高但并没有多大意义，毕竟有的 TCP 实现［如 BSD（Berkeley Software Distribution）］就是采用直流提交模型，而且多年来也没发现效率高低问题。而且，满泻提交模型对于效率提升虽然没有显著作用，但是它的缺点（时延）却是非常显著的。如果图 4-84 中从 T2 时刻到 T3 时刻经历了很长时间（如几秒，甚至几小时），那么 TCP 几乎就是不可用了。

为此，TCP 提出了 PUSH 方案来解决这个问题。回到前面所提的问题：为什么“时延”要加引号？这是因为该时延并不是一般意义上的网络时延，而是 TCP 接收方与应用层之间的时延；为什么说是“从一定意义上来说”？这是因为该时延原本可以避免，如采用直流提交模型。

用 PUSH 方案解决满泻提交模式的情况，如图 4-86 所示。

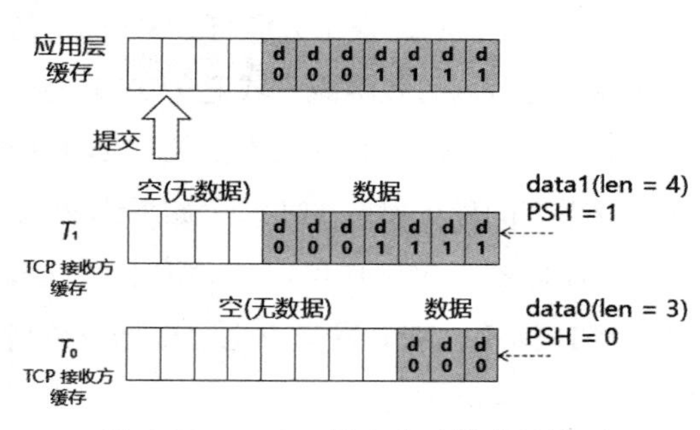

图 4-86　PUSH 解决满泻模式的情形

图 4-86 表达的是满泻提交模式与 PUSH 相遇的情形。T_0 时刻的报文其 PSH = 0(图 4-84 和 4-85 中的 PSH 都是 0)，所以此时数据（data0，3 字节）并不会被 TCP 提交给应用层。T_1 时刻的报文其 PSH = 1，此时 TCP 会将已接收未提交的数据全部提交给应用层缓存：data1（4 字节）+ data0（3 字节）。

也就是说，对于接收方而言，TCP 只要看到 PSH = 1，无论其接收缓存是否已满，它都会将缓存中所接收的所有数据（包括本次接收和历史接收）全部一次性提交给应用层。

由此看来，对于 TCP 接收方来说，PSH 标签（等于 1）的含义就是：立刻全部提交（PUSH）接收缓存中的数据。也正是源于此，PSH 标签可以有效地减少或避免 TCP 接收方缓存提交的时延。

PSH 标签的作用如此明显，那么它是怎么来的呢？其是由发送方加上的，即发送方决定了 PSH = 0 或 PSH = 1。

这里的发送方指的是两个角色：TCP 发送方和用户（调用 TCP 接口发送数据，从程序的角度来看是应用层）。

首先介绍用户这个角色。用户设置 PSH = 0 或 PSH = 1 是一个主动行为，即用户根据不同的场景、不同的应用特点，决定 PSH 的值是多少。

PSH = 1，不仅可以使 TCP 接收方立刻提交数据，也可以使 TCP 发送方立刻发送数据。在 4.3.2 节中讲过，为了提高发送效率，TCP 发送方可能会延迟发送（把多个小包攒成一个大包）。但是这样做的缺点也很明显：在发送方造成了时延。PSH 标签正是为了解决此问题，如图 4-87 所示。

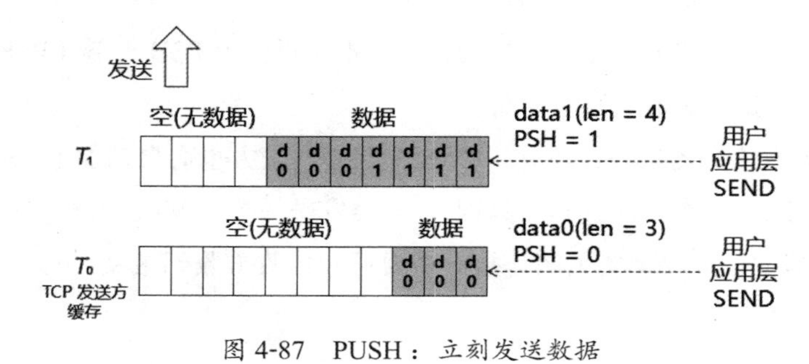

图 4-87　PUSH：立刻发送数据

图 4-87 中，T_0 时刻，用户（应用层）调用 TCP 的 SEND 接口发送了 data0（3 字节）。此时 PSH = 0，TCP 发送方并不会立刻发送 data0（假设 TCP 采用了 Nagle 算法）。T_1 时刻，用户又调用 SEND 接口发送了 data1（4 字节）。此时 data1 + data0 = 7 字节，仍然属于小包，但是由于用户设置了 PSH 标签（PSH = 1），因此 TCP 会立刻将其发送缓存中的数据发送出去（发送与否还要受发送窗口、MSS 等约束）。

所以，对于 TCP 发送方而言，PSH 标签的目的就是立刻全部发送缓存中的数据。也正是源于此，PSH 标签也可以有效地减少或避免 TCP 发送方缓存发送的时延。

由此可知，造成时延的不仅仅是 TCP 接收方的不太必要数据延迟提交（满泻提交模式），也有 TCP 发送方的延迟发送。所以，如果说 PUSH 仅仅是为了解决满泻提交模式是不准确的。

PSH 标签不仅用户可以主动加上，TCP 发送方（TCP 协议栈）也会自动加上，即使用户没有加上 PSH 标签，TCP 发送方也会根据具体情形自动加上 PSH 标签。一个典型的场景就是发送缓存为空，如图 4-88 所示。

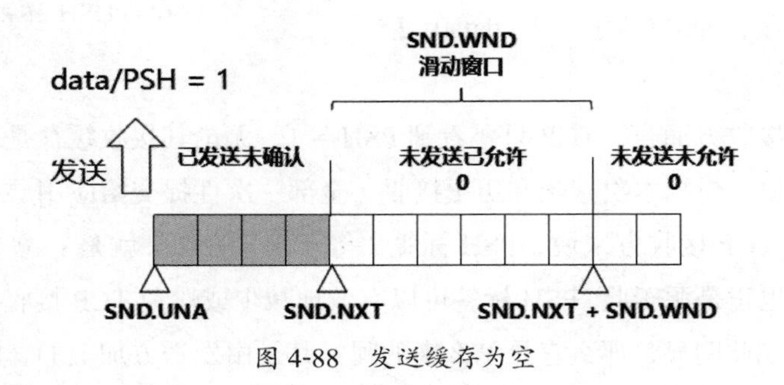

图 4-88　发送缓存为空

图 4-88 中，TCP 发送方将一批数据发送出去以后会发现自己的发送缓冲区空了，即没有数据可以发送。于是 TCP 在发送这批数据时会自动加上 PSH 标签（PSH = 1）。

自动加上 PSH 标签并不是为了发送，因为无论加不加标签 TCP 都会发送。加上标签是为了 TCP 接收方。前文说过，TCP 接收方可能会采用满泻提交模式，当这批数据发送过去，接收方收到这批数据以后，接收方的缓存很有可能是未满的，那么 TCP 接收方就会等待下一批数据的到来。

但是，TCP 接收方要等到什么时候呢？对于发送方来说，TCP 发现发送缓存已经空了，它自己也不知道下一批数据何时到来，便会赶紧通知对方收到这批数据以后，马上提交个应用层，不必再等待了。

即如果发送缓存为空，TCP 发送方会自动在发送报文里打上 PSH 标签（PSH = 1）告知接收方发送缓存为空，收到数据赶紧提交给应用层。

除了发送缓存为空这个场景外，还有一个场景 TCP 发送方也会自动加上 PSH 标签，即用户调用 CLOSE 接口，以关闭一个 TCP 连接。这时 TCP 会发送一个 FIN 报文，并且为该报文打上 PSH 标签（PSH = 1）。即发送方决定要关闭连接，需要通知接收方收到报文后马上提交给应用层，因为自己再也不会发送数据了。

4.3.4 Urgent

对于紧急数据（Urgent Data），TCP 有时也将其简称为 Urgent。作为 TCP 的一个特性，根据其字面意思，Urgent 似乎是给人一种一目了然的感觉，实际上它却比较容易引起困扰。先来看看 Urgent 在 TCP 里面的定义是什么。

1. 紧急数据的基本定义

Urgent 在 TCP 中的定义如图 4-5 所示。图中 3 个字段的含义如下。

① Urgent 标签，简称 URG，即图 4-5 中的 U，占位 1bit。

② Urgent Pointer 占位 16bit，它是一个无符号整数，指示数据字段中哪些数据是紧急数据。

③ Data，TCP 报文中所包含的数据部分。当 URG = 1 时，这部分数据中有一个（或多个）字节的数据代表紧急数据，而这个（些）紧急数据由 Urgent Pointer 指定，如图 4-89 所示。

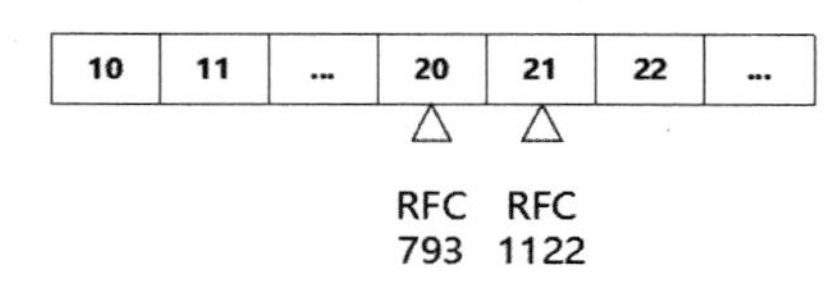

图 4-89 紧急数据的分歧

当 URG = 1 时，后面的两个字段才有意义，即只有当 URG = 1 时，这 3 个字段才能联合表达 TCP 的 Urgent 的含义，否则 TCP 认为不紧急（It's not Urgent）。

图 4-89 是一个 TCP 报文的数据片段，假设该报文的 SEQ = 10，URG = 1，Urgent Pointer = 11，对于此，RFC 793 和 RFC 1122 有不同的理解。

① RFC 793 认为，紧急数据序列号 = SEQ + Urgent Pointer – 1 = 20，即图 4-89 中第 20 字节是紧急数据。

② RFC 1122 认为，紧急数据序列号 = SEQ + Urgent Pointer = 21，即图 4-89 中第 21 个字节是紧急数据。

实际上 RFC 793 是错误的，RFC 1122 是正确的，并对 RFC 793 做了修订。但是，错误已经发生了，RFC 793 发布于 1981 年 9 月，RFC 1122 发布于 1989 年 10 月，这造成 TCP 协议栈在具体的实现中，有的不得不两种都支持，让用户通过配置文件来确认到底采用哪一种方案。本书采用 RFC 1122 的方案。

对于 RFC 793 所犯的这种错误，紧急数据的长度是多少呢？它从哪里开始，哪里结束呢？关于这两个问题，RFC 793 和 RFC 1122 的描述都有点模糊不清。

RFC 793 认为 Urgent Pointer 指示了紧急数据的结尾，也暗示了紧急数据不只是一个字节。RFC 1122 明确说明紧急数据不只是一个字节，而是任意长度。

至此我们看到了，无论是 RFC 793 还是 RFC 1122，都认同如下两点。

①紧急数据不止一个字节。

②紧急数据的最后一个字节由 Urgent Pointer 指定。

但是，TCP 的数据结构（报文头）中只有一个字段 Urgent Pointer 指定了紧急数据的结尾，而没有其他字段能指定紧急数据的起始位置或长度（通过长度能间接推导出起始位置）。

对于该问题，一般有两种解决方案。

第 1 种方案是认为该报文中，从第 1 字节开始到 Urgent Pointer 结束，这段数据都是紧急数据，如图 4-90 所示。该方案认为，图 4-90 中的第 10 ~ 21 这 12 字节的数据都是紧急数据。

第 2 种方案则认为紧急数据只有一字节，如图 4-91 所示。

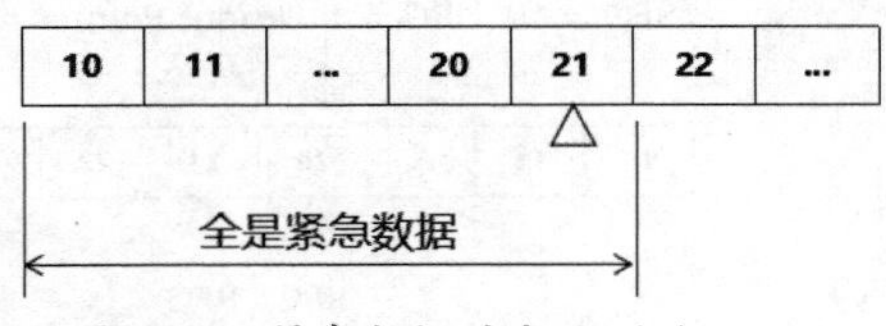

图 4-90　紧急数据的定义（1）

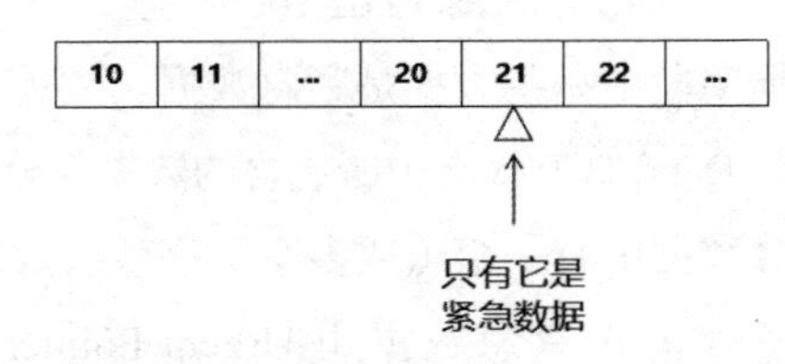

图 4-91　紧急数据的定义（2）

业界普遍采用第 2 种方案，如著名的 Linux 就是采用第 2 种方案。本书遵从 Linux，故也采用第 2 种方案。

下面对 Urgent 的定义进行简单的总结。

① URG = 1，紧急数据才有意义，否则报文中没有紧急数据。

②紧急数据只有 1 字节。当 URG = 1 时，紧急数据位于报文中的数据的序号 = SEQ + Urgent Pointer。

2. 紧急数据在接收方的行为

紧急数据在接收方的行为，指的是 TCP 接收方收到包含紧急数据的报文后，它该如何将这个报文中的数据提交给应用层，如图 4-92 所示。

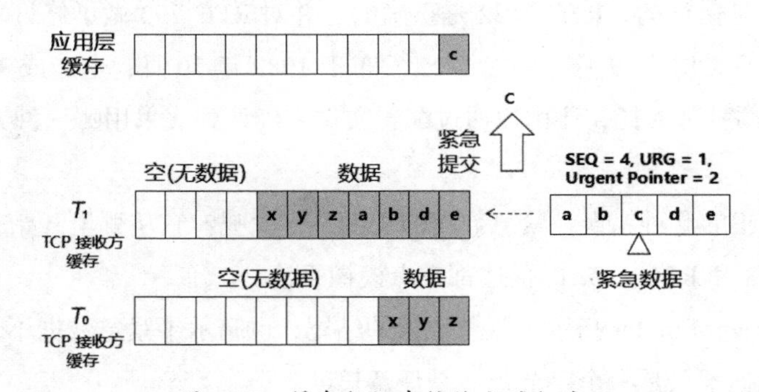

图 4-92　紧急数据在接收方的行为

图 4-92 中，假设 TCP 采用满泻提交模式（即使采用直流提交模式，TCP 对于紧急数据的提交

方式也是一样的，只不过采用满污提交模式对比更加强烈，更容易理解）。

T_0 时刻，接收方缓存中有数据 xyz。

T_1 时刻，接收方收到了 abcde，其中 c 是紧急数据。此时接收方处理紧急数据的方案如下。

①“抢”在其他所有数据之前（“抢”在本次接收的普通数据 abde 之前，也“抢”在已经存入接收缓存的普通数据 xyz 之前）提交给应用层。

②在第一时间提交，无停顿。

③紧急数据（c）不会经过接收方缓存，而是直接提交给应用层。

④在紧急提交紧急数据以后，对于本次接收的其他非紧急数据（abde），接收方按照正常流程处理：或者是满污提交，或者是直流提交。

我们把以上①～③步所描述的提交方式称为紧急提交模式。

3. 紧急数据在发送方的行为

总的来说，紧急数据在接收方的提交模式（紧急提交模式）比较清晰和简单。但是，紧急数据在发送方的行为则相对复杂。

在 TCP 的官方表达中，其把紧急数据称为带外数据（Out of Band，OOB）。但是，实际上 TCP 的数据发送根本就没有带外数据发送。

带外数据在发送时采用与普通数据不一样的（逻辑）通道。而 TCP 发送紧急数据与普通数据采用的是同一个通道。当然，这里需要澄清：此时所说的通道指的就是 TCP 连接，而不是 IP 层的路由。由此可知，TCP 称紧急数据为带外数据只是一个比喻而已，为了进行形象地表达。

紧急数据在 TCP 的接收方采用的是紧急提交模式。通俗地说这种模式用大白话说，就是插队。那么，紧急数据在 TCP 的发送方是否会插队发送呢？如图 4-93 所示。

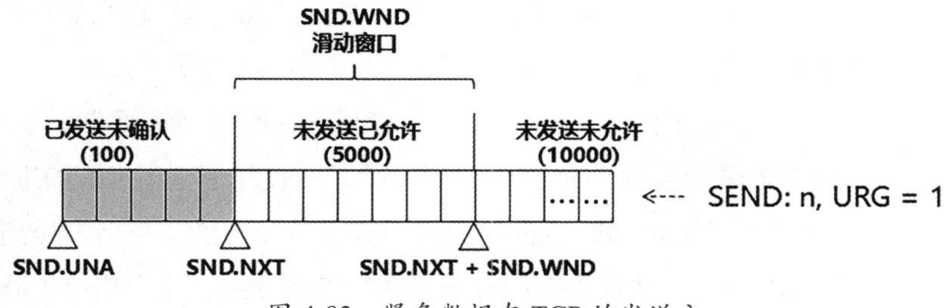

图 4-93 紧急数据在 TCP 的发送方

图 4-93 中，滑动窗口中 5000 字节允许发送，另外还有 10000 字节等待发送许可，即一共有 15000 字节有待发送。此时，用户调用 TCP 的 SEND 接口，期望发送一个紧急数据 n，那么 TCP 发送的行为如下。

①绝对不会插队发送，紧急数据 n，仍在排在第 15001 位，等待 TCP 发送。

② TCP 发送方严格按照滑动窗口的滑动原则（如果用户调用了 PUSH 发送，则叠加 PUSH 行为）按部就班地发送数据。

也就是说，在 TCP 发送方看来，紧急数据一点都不“紧急”，该怎么发送就怎么发送。那么，紧急数据到底是什么含义呢?

先看一个古老的笑话。有两个人去非洲寻宝。不巧俩人遇到了狮子。这时，其中一个人放下手里的东西，把背后的包打开，迅速地换上了跑鞋。另一个人不解，问：“你难道跑得过狮子吗？”只听那个人说：“是啊！当然跑不过它，但只要比你跑得快就行啦。”

TCP 所谓的紧急数据，其应用场景跟这个笑话的寓意一样：追求的不是绝对速度（紧急），而是相对速度（紧急）。

再看下面一个例子。假设一名程序员，想通过伪码命令 del *.pptx 删除 PPT 文件，但误敲成 del *.*，而 del *.* 是要删去服务器上所有的文件，下一步怎么办?

也许 TCP 能够补救上述情况，要马上再发送一个紧急数据“n”，假设“n”代表不执行任何命令，此时发送的命令对 TCP 来说报文可能是这样的，如图 4-94 所示。

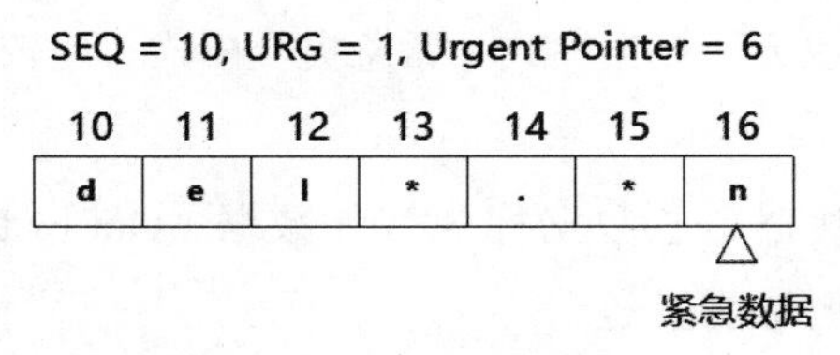

图 4-94　紧急数据的应用

图 4-94 只表达了 TCP 的数据部分，这个报文的 SEQ = 10，URG = 1，Urgent Pointer = 6，也就是序号为 16 的字节“n”是紧急数据。

对于这样一段数据，如前文所说 TCP 发送方并不着急，它按照滑动窗口的规则进行发送。重点是这段数据到了接收方后，TCP 接收方会在其他数据之前将紧急数据“n”紧急提交给应用层。对应的应用层接到“n”后就不再执行后面接收到的命令。那么,“del *.*”这个命令就不会被执行，即服务器上的文件完好无损。但如果敲“n”的命令稍微慢一点可能就没这么幸运了。

抽象地讲，紧急数据的应用场景如下：如果发送方由于一些原因需要取消已经写入服务器的请求，那么它需要向服务器紧急发送一个标识取消的请求。使用紧急数据的实际程序有 telnet、rlogin、ftp 等命令。前两个程序（telnet 和 rlogin）会将中止字符作为紧急数据发送到远程端，这会允许远程端清洗所有未处理的输入，并且丢弃所有未发送的终端输出，这会快速中断一个向客户端屏幕发送大量数据的运行进程。ftp 命令也会使用紧急数据来中断一个文件的传输。

对于 PSH 标签，可以由用户调用 SEND 接口时主动加上，也可以由 TCP 自动加上。而 URG 标签只能由用户主动加上，即紧急数据只能由用户标识，TCP 不会自动标识某个数据是紧急数据。

假设用户调用 TCP 接口发送一串字符（伪码）：

SEND("abcdefgh"，URG = 1)

根据前文描述可知，TCP 的具体实现（如 Linux）仅仅认为紧急数据只有 1 字节，所以用户如果调用了上述接口，TCP 会认为只有最后一个字符 h 是紧急数据。

考虑一个极端的情况，假设滑动窗口的大小等于 3，那么 TCP 会将 abcdefgh 分割成 3 个报文发送。那么，这 3 个报文的 URG 标签（即 Urgent Pointer）该如何赋值呢？如图 4-95 所示。由于发送窗口太小，abcdefgh 这 8 个字符被分割为 3 个包，而且只有第 3 个包中的 h 才是紧急数据。

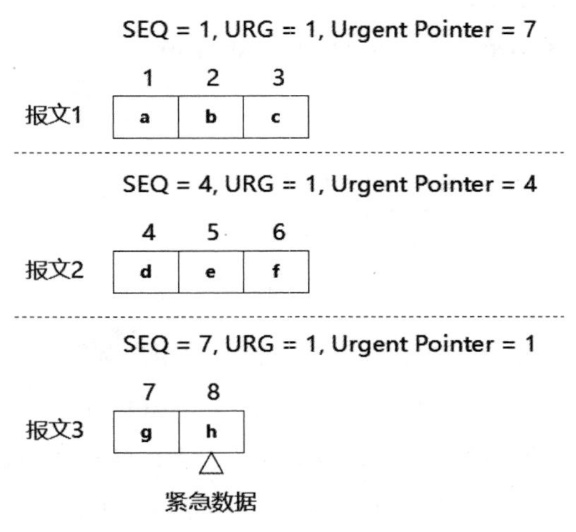

图 4-95　紧急数据的报文分割

但是，可以看到，从报文 1 开始，URG 标签就被加上了（URG = 1），而且 Urgent Pointer 指向了“未来”。因为对于报文 1 来说，SEQ + Urgent Pointer = 1 + 7 = 8，然而第 8 个字节并不在报文 1 里，而是在报文 3 里，所以 Urgent Pointer 指向了“未来”。报文 2 也同理，也被加上了 URG 标签，但是 Urgent Pointer 依然指向“未来”。只有报文 3 才是真正完成了紧急数据的发送。

假设 TCP 报文的接收方收到一个号称是紧急的报文，里面却没有紧急数据，TCP 为什么要这么做呢？

前文说过，关于紧急数据，RFC 有如下两个观点。

①紧急数据不止一个字节。

②紧急数据的最后一个字节由 Urgent Pointer 指定。

但是 RFC 用 Urgent Pointer 定义了紧急数据的结尾，却没有定义紧急数据的开头（或者长度），导致 TCP 的具体实现者无所适从，最后要么是仅仅认为紧急数据只有 1 字节（如 Linux），要么是把该报文的第 1 个字节到 Urgent Pointer 所指定的字节之间全部的字节都认为是紧急数据。

当用户调用接口 SEND("abcdefgh", URG = 1) 时，TCP 该怎么做呢？

①发送时，相关的报文都加上 URG 标签。

②接收时，如果认为全是就全都是紧急数据，如果认为只有 1 个字节是紧急数据，那就只有 1 个字节，如图 4-96 所示。

注：TCP 的发送和接收可能不是同一个实现者。例如， TCP 的发送者是 Windows，接收者是 Linux。

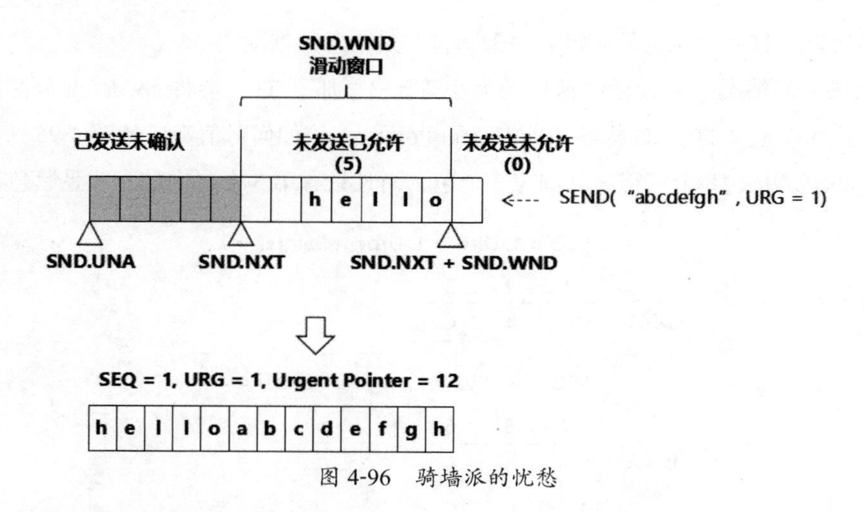

图 4-96 骑墙派的忧愁

图 4-96 中，发送缓存中已经有了 hello5 个字符，此时用户调用了 TCP 接口：

SEND（"abcdefgh"，URG = 1）

然后 TCP 发送方将这 13 个字符拼成一个报文发送出去，该报文的 SEQ = 1，URG = 1，Urgent Pointer = 12。此时，如果认为从第 1 个字节（SEQ = 1）到第 13 个字节（Urgent Pointer = 12），即 helloabcdefgh 都是紧急数据，显然是不对的。TCP 不但多发了紧急报文，而且还将紧急数据给发错了，如图 4-97 所示。

图 4-97 中，T_1 时刻，用户调用 TCP 接口，发送紧急数据 hello（只有 o 是紧急数据），但是实际上 TCP 并没有发送该数据，而是将之存入了发送缓存。

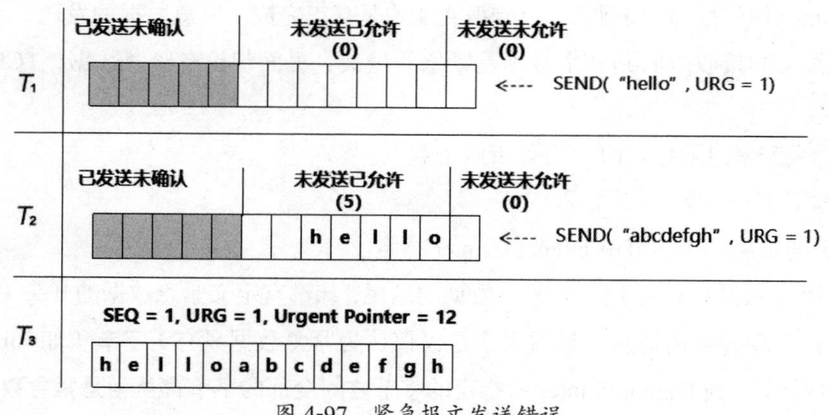

图 4-97 紧急报文发送错误

T_2 时刻，用户又调用 TCP 接口发送紧急数据 abcdefgh（只有 h 是紧急数据）。TCP 实际上是接纳了两个紧急数据发送的任务，但是它在 T_3 时刻却用 1 个报文给发出去了，正如图 4-96 所示，这个报文的 SEQ = 1、URG = 1、Urgent Pointer = 12，也就是说仅仅“h”是紧急数据，而“o”变成了普通数据（非紧急数据）。

这就是TCP在紧急数据发送层面的一个问题：如果上一个紧急数据还没发送，有可能会被下一个紧急数据给“冲刷/替代”掉，而且用户并不知道其紧急数据何时能被正确发送，何时会被“冲刷/替代”。

所以，作为TCP的一个特性，Urgent字面意思虽然是紧急的、急迫的，但实际上它却比较容易引起困扰。

4. Urgent与PUSH的比较

Urgent与PUSH，有一定相似的地方，但是它们之间的差别实际上是很大的，如表4-27所示。

表4-27　Urgent与PUSH的比较

发送/接收	比较项	PUSH	Urgent
全部	目标	减少时延：发送缓存中的数据立刻发送，接收缓存中的数据立刻提交给应用层	提升相对速度：紧急数据比普通数据更早地提交给应用层
发送方	是否插队发送	否	否
发送方	是否满足滑动窗口规则	是	是
发送方	发送行为	打破原来的原则（如Nagle算法），发送缓存中的数据立刻发送	发送缓存中的数据按照原来的原则（如Nagle算法）发送
发送方	用户是否可以指定	是	是
发送方	TCP是否可以自动指定	是	否
接收方	数据提交模式	接收缓存中的所有数据立刻提交给应用层	只有紧急数据立刻且抢先提交给应用层，而且不经过接收缓存。其他数据（普通数据）按照原有的提交模式（如满泻提交模式）提交
全部	概念清晰	是	否

4.3.5　Zero Window

Zero Window（0窗口）指的是TCP发送方的滑动窗口大小为0，其本质上是因为TCP接收方的接收缓存已满，没有空间再接收数据。

当处于Zero Window时，TCP发送方是不能向对方发送数据的，即使发送也会被对方退回来，如图4-98所示。

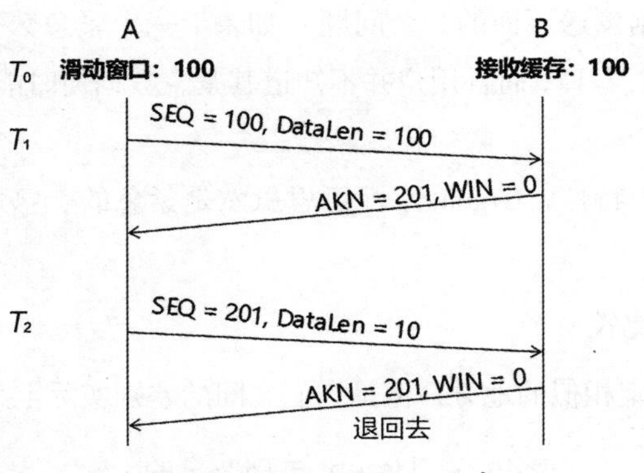

图 4-98　Zero Window 示意

在图 4-98，T_0 时刻，B 的接收缓存为 100 字节，A 的滑动窗口为 100。T_1 时刻，A 向 B 发送了一个包含 100 字节数据的报文，B 给 A 回以 ACK 报文。在该 ACK 报文中，B 通知 A 其接收缓存为 0（Window = 0）。

收到 B 的 ACK 报文以后，A 将自己的滑动窗口修改为 0：SND.NXT = 201、SND.WND = 0。正常来说，滑动窗口若为 0，A 不应该再发送数据给 B。假设 A 不遵守该规则，给 B 发送了数据，正如图 4-98 中的 T_2 时刻所示。A 给 B 发送了一个包含 10 字节数据的报文，假设 B 的接收缓存还是满的，没有空间接收数据，那么 B 就会给 A 回以一个 ACK 报文，该报文表达了如下两个含义。

① AKN = 201，与其所接收报文的 SEQ 相同，表示其根本就没有接收数据。

② Window = 0，表明自己的接收缓存为 0，不能接收数据。

但是，接收缓存为 0 只能表明 TCP 不能接收数据，并不代表它不能接收报文（只要这个报文的数据长度为 0），如 ACK 报文、FIN 报文、URG = 1 但是数据长度为 0 的报文。

TCP 接收方能接收这样的报文，也就意味着在 Zero Window 的情形下，TCP 发送方能发送这样的报文。此外，TCP 发送方还能发送另外一种包含数据的报文，这些数据是“已发送未确认”的数据，如图 4-99 所示。

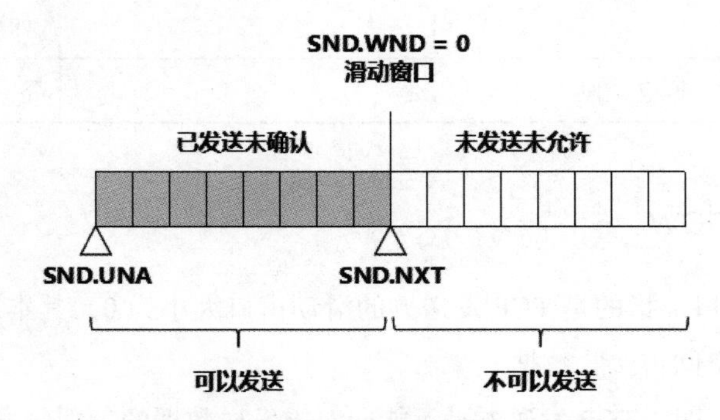

图 4-99　Zero Window 场景下可以发送的数据

图 4-99 中，既表达了一个事实（Zero Window 时“已发送未确认”的数据可以发送），但同时也带来了一个困惑：这样的数据为什么可以发送？而其他数据为什么不可以发送？

对于“已发送未确认”的数据会被退回来吗？如果当时接收方的接收缓存依然为0是会被退回来的。

既然会被退回来，那为什么还要发送呢？有什么意义呢？另外为什么它可以发送，其他数据却不能发送？

先看另外一个问题：即便“已发送未确认”的数据可以发送，那么如果这些数据为空呢？那么TCP发送方发送什么？

即在Zero Window场景下，TCP发送方的滑动窗口何时会变为大于0？当然是接收方的接收缓存腾挪出了接收空间（数据提交了给应用层），TCP发送方的滑动窗口才能大于0，如图4-100所示。

在图4-100中，当接收方（B）向应用层提交了100字节的数据以后，它就会向对方（A）发送一个ACK报文，告知对方自己的接收缓存已变为100。A收到该ACK报文以后，就会将自己的滑动窗口（SND.WND）调整为100。

该机制可以总结为：TCP的接收方从0变成大于0时会给对方发送一个ACK报文，通知对方自己的接收缓存的大小。

该机制看起来没有任何问题，但是，ACK报文并不会收到对方针对该ACK报文的ACK，如图4-101所示。

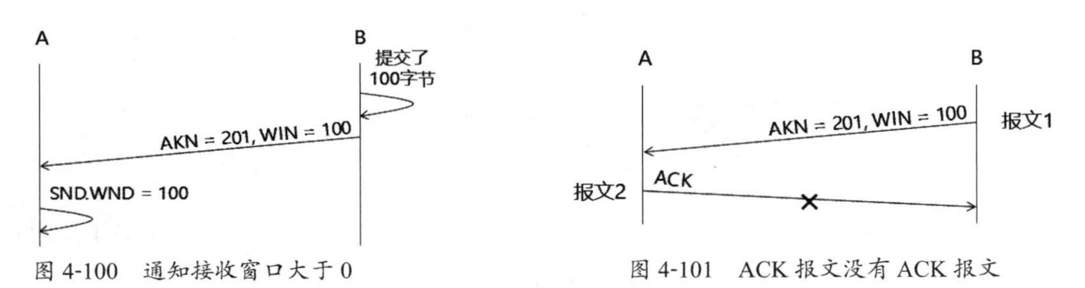

图4-100　通知接收窗口大于0　　　图4-101　ACK报文没有ACK报文

图4-101中的报文2是不存在的，因为TCP协议就是如此规定的。假设一个ACK报文还需要另外一个ACK报文对它进行ACK，那么ACK报文就会没完没了，所以ACK报文没有ACK。

然而，只要是报文就有可能丢失，无论它是否为ACK报文。假设图4-101的ACK报文（报文1）丢失，那么B无法知道该报文已丢失，也就不会再重传该报文。

① B向A发送了接收缓存由0变成大于0的通知（ACK报文），但是通知报文丢失，而B并不知道，也不会再重发。

② A没有收到B发送的通知报文，依旧以为滑动窗口为0，所以也一直不再发送数据。

这样就造成了死锁。Zero Probe报文（0窗口探测报文）就是为了解决上述问题而提出的。广义的Zero Probe报文有两种。

第1种报文是广义Zero Probe报文。如果TCP发送方还有“已发送未确认”数据，那么此时它就会发送该数据。现在我们知道，TCP发送此数据的目的是当作Zero Probe来使用的。这样的报文也称为广义Zero Probe报文。

TCP 发送广义 Zero Probe 报文，如果对方恰好腾出了接收缓存，那么就回以一个 ACK 报文，告知自己的接收缓存大小。如此一来，打破死锁，TCP 双方又可以收发报文了。

如果对方没有收到报文（广义 Zero Probe 报文丢失），或者对方的接收缓存为 0，将该报文退回来或回退报文丢失，这都没有关系，对于 TCP 发送方来说，它认为都是一样的：滑动窗口还是 0，仍然需要发送广义 Zero Probe 报文。对于这种情况的处理，TCP 是周期发送该报文，RFC 793 建议的周期是 2min。

第 2 种报文是狭义的 Zero Probe 报文。如果 TCP 发送方没有“已发送未确认”数据，但是同时还有数据需要发送，那么就会发送 Zero Probe 报文。Zero Probe 报文是 ACK 报文，其数据长度为 0，SEQ=SND.NXT – 1。正是由于 SEQ 的取值，使得 Zero Probe 报文虽然也是 ACK 报文，但是它与普通的 ACK 报文不同，如图 4-102 所示。

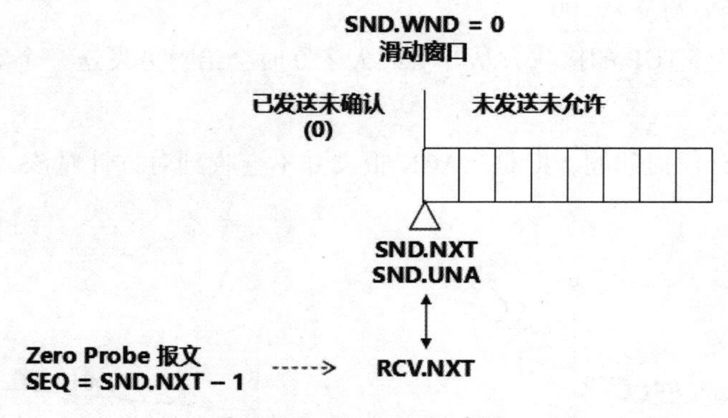

图 4-102　Zero Probe 报文

在图 4-102 中，因为发送方没有“已发送未确认”报文，所以 SND.UNA = SND.NXT ；同时对于接收方而言，其 RCV.NXT 也应该等于 SND.NXT。

一个正常的报文，其 SEQ 应该等于 SND.NXT，但是 Zero Probe 报文的 SEQ 却等于 SND.NXT – 1 = RCV.NXT – 1，这一点 TCP 接收方是能感知到的。

所以，TCP 接收方收到该报文以后会把其当作 Zero Probe 报文，然后回以一个 ACK 报文，以告知对方此时自己的接收窗口大小。

如果 Zero Probe 报文丢失了，或者 TCP 接收方回应的 ACK 报文同样告知接收缓存为 0，或者 TCP 接收方回应的 ACK 报文丢失了，这 3 钟情况对于 TCP 发送方来说都是一样的：它需要继续发送 Zero Probe 报文。

为此，TCP 启动了一个 Zero Probe Timer（0 窗口探测定时器），也称坚持定时器。只要定时器时间到，TCP 发送方就会发送 Zero Probe 报文，直到收到对方的 ACK 报文告知自己其接收缓存大于 0。

TCP 的坚持定时器使用 1s,2s,4s,8s,16s,…,64s 这样的普通指数退避序列来作为每一次的溢出时间。也就是说，定时器的第 1 个周期是 1s，第 2 个周期是 2s，第 n 个周期是 2^{n-1}s，直到最大值 64s，以后的周期都是 64s。

以上讲述了两种 Zero Probe 报文，对应了两种场景。对于第 3 种场景：既没有“已发送待确认”的数据，也没有“需要发送”的数据，TCP 的策略是不进行 0 窗口探测（不发送 Zero Probe 报文），也不会启动坚持定时器。

4.3.6 Keep Alive

Keep Alive（保活）报文格式与 Keep Alive Probe 报文相同，是为了探测连接是否“活着”。这到底是什么意思呢？首先看两个名词：TCP Client、TCP Server。Client/Server 指的是 TCP 连接创建过程中主动发起的一方（TCP Client）和被动接受的一方（TCP Server）。

在实际应用中，我们也会根据应用层的特点来标识 TCP Client、TCP Server，如图 4-103 所示。

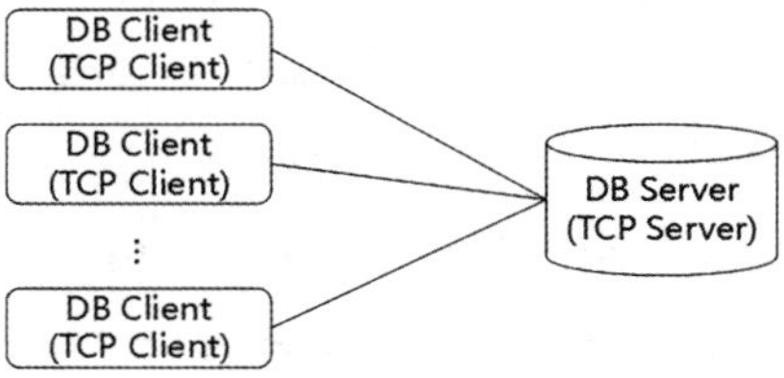

DB Client (TCP Client)
DB Client (TCP Client)
⋮
DB Client (TCP Client)
DB Server (TCP Server)

图 4-103　TCP Client 与 TCP Server

图 4-103 中，DB Server 对应的就是 TCP Server，DB Client 对应的就是 TCP Client。这种区分方式与根据谁是主动发起 TCP 连接请求的区分方式本质上是一样的，只是前者更直观一点。

图 4-103 同时也表明了一个 TCP Server 会连接多个 TCP Client，即在 TCP Server 端会创建多个 TCP 连接。TCP 连接本质上是一块内存，因此多个 TCP 连接对于 TCP Server 来说其实是一种负担。

每个 TCP Server 想要释放 TCP 连接，但又不敢释放，因为可能会造成业务中断。

考虑这样一种场景，TCP Server 发现某一个（或多个）TCP 连接上已经很久没有数据传输了（没有报文传送），它可能会想这个连接是否已经断了，TCP Client 是否已经 Crash（崩溃）了？如果连接事实上已经断了，那么是否可以释放连接？

于是 TCP Sever 发起了 Keep Alive Probe（保活探测）报文——说是保活，实际上就是看看对方是否还在连接，但不能保证会持续连接。

保活探测报文与 Zero Probe 报文的格式相同，都是一个 ACK 报文，而且最关键的是，它的 SEQ = SND.NXT – 1。对于一个长时间没有数据传输的连接来说，其 RCV.NXT = SND.NXT。所以，对于 TCP Client 来说，它收到这样一个 ACK 报文，同样知道这是一个探测报文。不管这个报文叫 Zero Probe 还是 Keep Alive Probe，对于 TCP 来说都是一样的：收到这个报文，回以一个 ACK。

当 TCP Server 收到 TCP Client 的 ACK 以后，它发现对方还“活着”，因此不能释放连接。那就继续再等待一段时间，如果这段时间内连接上仍然是空的，没有数据传输，TCP Server 就会继续发送 Keep Alive Probe 报文。RFC 1122 推荐的等待时间不小于 2h。

TCP Server 如果没有收到 TCP Client 的 ACK 报文，会有几种情形。

①网络中断，TCP Client 根本就收不到 TCP Server 的报文，当然也不会回以一个 ACK 报文。

② TCP Client 已经 Crash（崩溃）或正在重启的过程中，此时也不会回以一个 ACK 报文。

③ TCP Client 的 ACK 报文在网络中丢失。

无论哪种情形，TCP Server 也不能贸然释放连接，它必须多发几次探测报文，以确保 TCP Client 确实没有“活着”。

如果 TCP Client Crash 以后又重启，那么它收到 TCP Server 发送的探测报文以后会回以一个 RST 报文，这样，双方就会重新建立新的连接。

需要说明的是，以上关于 TCP Server 主动发起保活探测是基于实际的应用场景来表达的。理论上来说，无论是 TCP Client 还是 TCP Server，都可以发起保活探测。当然，由 TCP Client 发起的保活探测基本没有意义。

总的来说，RFC 1122 似乎并不太赞同 Keep Alive 机制，所以它有如下建议。

① Keep Alive 机制应该设置一个开关选项，允许用户关闭该机制，并且该选项默认必须是关闭的。

②空闲时间也必须交由用户设置，并且默认值不小于 2h。当在这段时间内连接上没有数据传输，TCP 才能发送 Keep Alive Probe 报文。

RFC 1122 不太建议采用 Keep Alive 机制的理由如下。

①可能误伤 TCP 连接。如果网络只是中断一点时间，又恰好被保活探测到，就会“错误”地释放连接。

②保活探测报文占用带宽。

③保活探测报文需要付费（因为带宽不是免费的）。

无论 RFC 1122 多么不赞同 Keep Alive，但是依旧是很多 TCP 的具体实现支持 Keep Alive 机制，如 Linux。在 Linux 的 /etc/sysctl.conf 文件中有如下配置（值可以修改）。

```
# 空闲时常（7200s，2h）：如果这段时间内连接上没有数据传输
# 那就发送保活探测报文
net.ipv4.tcp_keepalive_time=7200
# 探测周期（75s）：如果第 1 次发送保活探测报文没有收到对方的 ACK 报文（也没有收到 RST 报文）
#那就继续周期探测，探测周期为 75s
# 与之对应的定时器也称为保活定时器
net.ipv4.tcp_keepalive_intvl=75
# 探测次数（9）次：如果探测了 9 次，对方都没有回应，那么就释放连接
net.ipv4.tcp_keepalive_probes=9
```

最后要补充一点，前文说过，Keep Alive Probe 报文与 Zero Probe 报文格式相同，那也就意味着该 ACK 报文的数据长度为 0。

4.3.7 Window Scale Option

Window Scale 是 TCP 的一个选项（Option），在讲述该选项之前，首先看一个问题。

A 和 B 之间相距 1500km，两者之间运行 TCP，那么从 A 传输到 B 的最大数据带宽是多少（1s

最多能传输多少字节的数据）？

要回答这个问题，我们需要明确如下两点。

① TCP 发送方的滑动窗口最大是 2^{16}B（64KB），因为标识滑动窗口大小的 Window 字段占位 16bit。我们把这个最大值（64KB）记为 MWS（Max Window Size）。

② TCP 发送方在连续发送 MWS 字节后，至少要停顿一次，等待对方的 ACK 报文，才能发送下一批数据。

图 4-104 表达了以上两点。为了计算最大数据带宽，假设：TCP 一个报文可以发送 64KB，网络传输时延只有光速所引发的时延，TCP 接收方处理时间为 0，即图 4-104 中的 $\Delta tr = 0$。

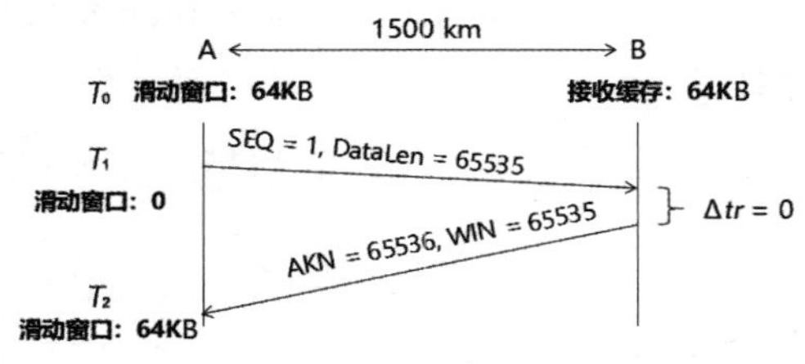

图 4-104 滑动窗口最大数据带宽示意

T_0 时刻，A 的滑动窗口为 64KB。T_1 时刻，A 发送了 64KB 数据给 B，此时它的滑动窗口变为 0，不能再发送数据。T_2 时刻，A 收到了 B 的 ACK 报文，滑动窗口又变为 64KB（又可以继续发送报文）。

因此，$T_2 - T_1$ 就是光速在 A 和 B 之间一个来回所经历的时间，即 0.01s。由此，可以计算出 A 传输到 B 的最大数据带宽为

$$64\text{KB} \div 0.01\text{s} = 6.25\text{MB/s}$$

以上计算是假设 TCP 一个报文能包含 64KB 的数据，如果考虑到 MSS，则 TCP 最大数据带宽计算示意如图 4-105 所示。

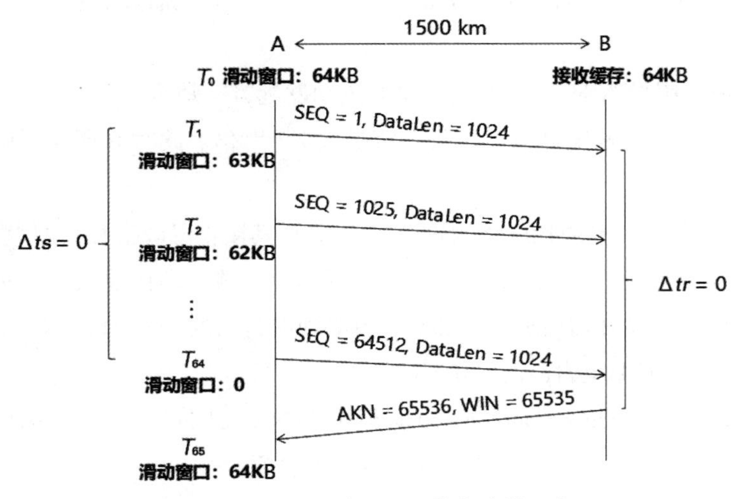

图 4-105 TCP 最大数据带宽计算示意

图 4-105 中，为了计算最大带宽，假设从 T_1 到 T_{64}，TCP 连续发送 64 个报文（每个报文 1KB），并且假设从 T_1 到 T_{64} 之间的时间间隔 $\Delta ts = 0$，$\Delta tr = 0$。但是在 T_{64} 与 T_{65} 之间，TCP 发送方必须要等待对方的 ACK 报文才能发送下一批数据。

由于数据长度是 1KB，即使加上 40B 的报文头（IP 报文头 + TCP 报文头），其影响也微乎其微。

在两端相距 1500km 的情况下，TCP 理论最大带宽是 6.25M/s。在两端相距 150km 的情形下，TCP 理论最大带宽是 0.625。无论是 6.25MB/s 还是 62.5MB/s，在当今时代，这样的最大理论带宽都是 TCP 的缺点，因为它无法有效利用物理层、数据链路层的技术发展成果。

因此，增大 TCP 发送方的滑动窗口（接收方的接收缓存）就非常有必要。但是从协议的角度，TCP 该如何增大它的 Window 字段呢？是将 Window 字段从 16bit 扩大到更多 bit（如 32bit）吗？这不是不可以，但是兼容性会有问题。

为此，TCP（RFC 7323）给出的解决方案是 TCP 窗口扩大选项（TCP Window Scale Option）。

1. 概述

TCP 窗口扩大选项如图 4-106 所示。

Kind = 3 （1字节）	Length = 3 （1字节）	shift.cnt （1字节）

图 4-106　TCP 窗口扩大选项

在 TCP 窗口扩大选项中，Kind = 3，一共占用 3 字节，其中数据部分占用 1 字节，其含义是 shift.cnt。假设 shift.cnt = 10，原来的 Window = W（如 64KB），则新的 Window = $2^{\text{shift.cn}} \times W = 2^{10} \times 64\text{KB}$。也就是说，shift.cn 将原来的 Window 放大了 $2^{\text{shift.cn}}$ 倍。因为 shift.cn 最大可以等于 255，所以原来的 Window 最大可以放大 2^{255} 倍。这是一个非常大的数字。

另外，Window Scale Option 既然是 TCP 的一个选项，那么它就需要协商。其实与其说是协商，不如说是通知。

对于 A、B 来说，假设 A 是 TCP 连接创建的主动发起方，那么 A 可以在它的 SYN 报文中带上 Window Scale Option，即通知 B 其接收窗口将扩大 $2^{\text{shift.cnt}}$ 倍。此时 B 所需要做的就是将自己的滑动窗口放大 $2^{\text{shift.cnt}}$ 倍即可。

TCP 是全双工，同时两个方向也是解耦的。A 通知 B 其接收窗口放大了 $2^{\text{shift.cnt}}$ 倍后，但并不代表 B 也需要将自己的接收窗口放大，B 完全可以保持原状，或者即使放大，B 也不需要和 A 一样放大同样的倍数。但是如果 B 需要放大，那么它就必须在自己的 <SYN/ACK> 报文中带上自己的 Window Scale Option，并且赋上自己的 shift.cnt 值。

通过以上描述可知，Window Scale Option 必须在 SYN 或 SYN/ACK 报文中协商（通知），其他报文中如果携带 Window Scale Option，TCP 将会忽略该选项。

需要注意的是，虽然 TCP 通过 SYN、SYN/ACK 报文协商，但是 Window Scale Option 在这两

个报文中并不会生效，即这两个报文的 Window Size 并不会放大。这比较好理解：该报文仅仅是协商 / 通知，下一个报文才会生效。

2. shift.cnt 的大小与 SEQ 的绕接

前文说过，经过 Window Scale 放大以后，TCP Window 为原来的 2^{255} 倍，这么大的数字能用得完吗？不要说计算机没有那么大的内存，仅仅是 TCP 协议本身就限制了 shift.cn 的取值范围。TCP 的 Sequence Number 字段占位 32B，即最大值是 2^{32}B（4GB），考虑到一种极端的情况，如图 4-107 所示。A 对 B 持续发送数据，且一次只发送 1B。从 T_1 时刻开始，一直到 T_3 时刻，一共发送了 2^{32}B，同时 B 在 T_5 时刻回应一个 ACK 报文。但是在 T_3 时刻，问题已经出现了：由于 SEQ 只有 32bit，它的最大值是 $2^{32}-1$，即在 T_3 时刻 SEQ 必须要绕接，其值只能等于 0。这时，再看 T_4 时刻，B 一共收到了 2 个 SEQ = 0 的报文，它必须要抛弃其中一个报文，这显然不符合 A 的本意。

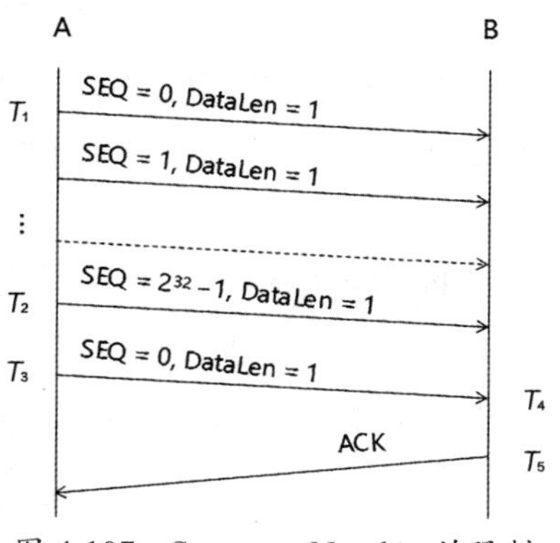

图 4-107 Sequence Number 的限制

这个例子虽然极端，但是从逻辑自洽的角度考虑，TCP 必须限制 Window 的大小，其最大值必须要小于 2^{32}。因为 Window 原来就占有 16bit，这也就推导出 shift.cnt 的最大值只能是 16（$2^{16} \times 2^{shift.cnt} = 2^{16} \times 2^{16} = 2^{32}$）。

而实际上，shift.cnt 的最大值仅仅是 14。这要从 TCPSEQ 的绕接说起。我们知道，SEQ 只有 32bit，它的最大值是 $2^{32}-1$，然后又得绕接到 0，从 0 开始逐步增加，如此循环往复。

但是，在以前的叙述中，为了易于表达和易于理解都特意回避了绕接这个话题，对于两个序列号 SEQ1、SEQ2，如果 SEQ1 < SEQ2，就认为是 SEQ1 先发送，SEQ2 后发送。可是如果叠加上绕接的概念，那么谁先谁后呢？如图 4-108 所示。

图 4-108 SEQ 绕接所带来的困惑

图 4-108 中，SEQ1 = 100，SEQ2 = 110，如果不考虑绕接，SEQ1（所对应的报文）显然比 SEQ2（所对应的报文）先发送。但是，如果考虑绕接呢？怎么能确认为什么不是 SEQ2 先发送，然后过了一段时间 SEQ 绕接之后再发送 SEQ1？

实际上，在绕接的情况下，没有好方法来确定谁先谁后，除非加上一定的约束。下面先来看看 Linux 相应的代码，该算法不仅仅是 Linux 的算法，也是 TCP 标准的算法。

```
# __u32: unsigned int 32
```

```
# __s32：signed int 32
static inline int before(__u32 seq1, __u32 seq2)
{
return (__s32)(seq1-seq2) < 0;
}
```

这段代码非常简单，两个序列号 seq1、seq2 都是无符号整数 (__u32)，函数 before 用于判断谁在前谁在后。before 函数的判断算法有如下 3 点。

① __u32 a = seq1−seq2。

②将 a 转换为有符号整数：__s32 b = (__s32) a。

③如果 b < 0，那么 seq1 就在 seq2 之前；否则，seq1 就在 seq2 之后。

为了易于理解，下面简化描述。假设 SEQ 只有 4bit，即 SEQ 大于 15 就需要绕接，如图 4-109 所示。

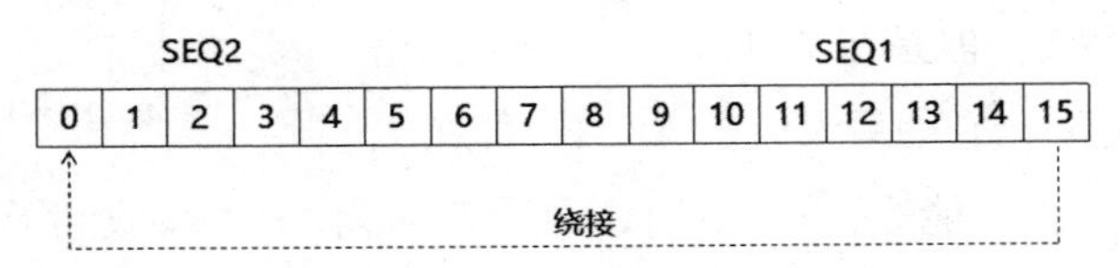

图 4-109　before 函数的具体示例

图 4-109 中，SEQ1 = 12，SEQ2 = 2，那么 SEQ1 与 SEQ2 谁先谁后呢？按照上述代码，首先计算 SEQ1 − SEQ2，如图 4-110 所示。可以看到，如果只考虑无符号整数，a = 1100 − 0010 = 1010（10）。但是如果将 a 从无符号整数转变为有符号整数，则为 b = (__s32) a = −2。

因为 b < 0，所以认为 SEQ1 在 SEQ2 前面，即 SEQ2 是绕接后的结果：虽然单独看 SEQ2 的数字（2）比 SEQ1（12）小，但是它却在 SEQ1 后发送。

下面继续看一个算式：SEQ1 − 8，如图 4-111 所示。

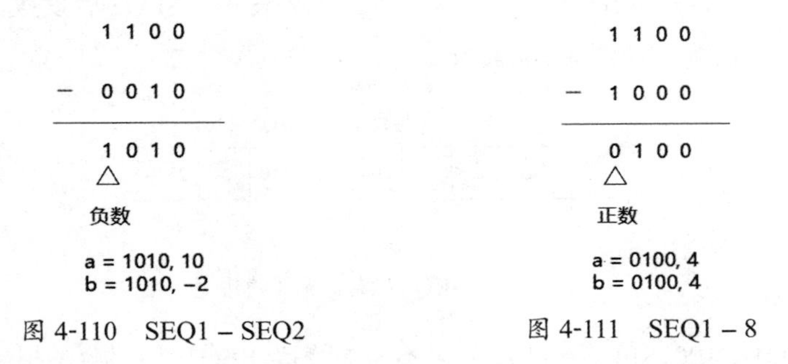

图 4-110　SEQ1 − SEQ2　　　图 4-111　SEQ1 − 8

图 4-111 中，SEQ1（12）− 8 = 4，无论是无符号整数（a）还是有符号整数（b），它们的值都是 4，都大于 0。回到 Linux 算法，因为 b > 0，所以 SEQ1 在 SEQ2 之后，即先发送 SEQ2，后发送 SEQ1。

那么，为什么要让 SEQ1 减去 8 呢？前面假设 SEQ 只有 4bit，而 $8 = 2^3$，即 8 是 SEQ 空间（$2^4 = 16$，0 ~ 15）的一半。我们知道，在 SEQ 的空间是 0 ~ 15 的场景下，最容易发生绕接的 SEQ 的值是 15，所以就以 15 分别减去 7、8、9，如图 4-112 所示，也可自己计算 15 减去其他值。

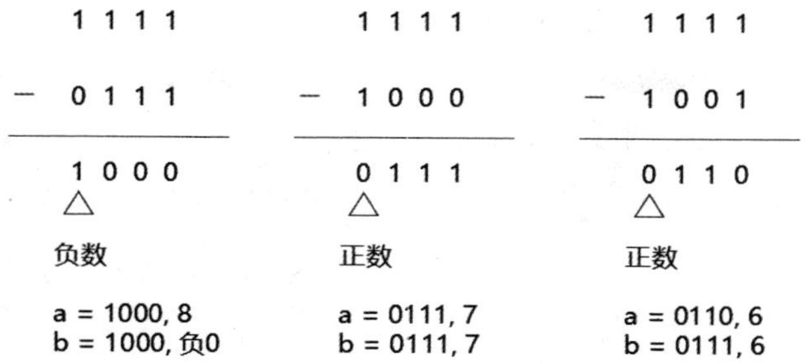

1111	1111	1111
− 0111	− 1000	− 1001
1000	0111	0110
负数	正数	正数
a = 1000, 8 b = 1000, 负0	a = 0111, 7 b = 0111, 7	a = 0110, 6 b = 0111, 6

图 4-112　用 15 减去 7、8、9 的情况

图 4-113 中有 3 个序列号:s1、s2、t，要判断 t1、t2 相对 s 来说是否绕接，就是看它们之间的差值（x = t – s）。

① x1 = t – s1。

② x2 = t – s2。

③ x1、x2 都是无符号整数。

只要 x（x1、x2）小于 SEQ 空间的一半（2^{n-1}），那么就没有绕接，否则就是绕接。也就是说如果两者相差不大（小于最大值的一半）就没有绕接；否则就是绕接。

RFC 7323 对此的表述如下。

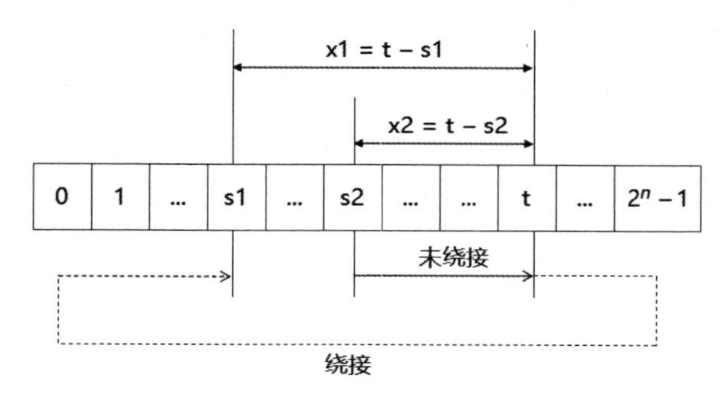

图 4-113　TCP 判断序列号是否绕接

RFC 7323 中对此描述：都当作 32 位无符号整数进行计算；如果 t – s 大于 0 并且小于最大值的一半（最大值是 2^{32}），那么就认为 s 在 t 的前面（没有绕接）。

TCP 关于 SEQ 是否绕接的算法需要发送方的配合。如果发送方不配合，TCP 的这个算法就是错的，如图 4-114 所示。

图 4-114 中，A 给 B 一次性发送了很多报文，在 T_1 时刻，其 SEQ_T_1 = 0；在 T_2 时刻，其 SEQ_T_2 = 2^{32} – 1。显然，SEG_T_2 – SEG_T_1 > 2^{31}，但是不能说 SEQ_T_1 是绕接的，而是在 SEQ_T_2 之后发送的。

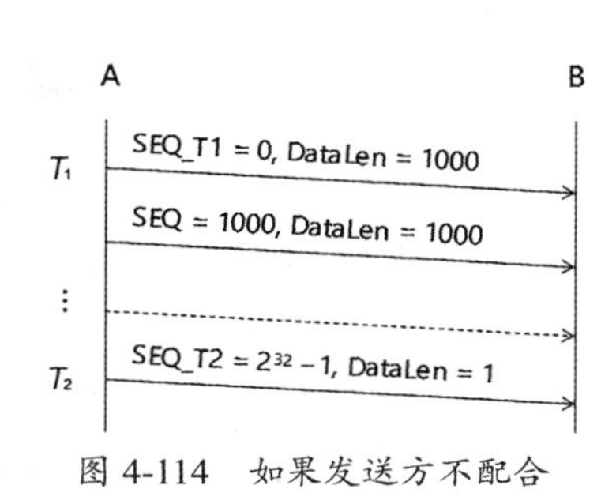

图 4-114　如果发送方不配合

那么，TCP 的发送方该如何配合 TCP 的绕接判断算法呢？为了能正确判断 SEQ 是否绕接，TCP 只能牺牲发送效率，硬性规定接收窗口（也就是发送方的滑动窗口）的大小，其最大值只能是 SEQ 空间的一半，即 2^{31}。如此一来，图 4-114 所描述的情形就不会发生。

第 4.2.12 节提到 TCP 接收到报文以后，关于报文 SEQ 的判断如下所示：

$$RCV.NXT \leqslant SEG.SEQ < RCV.NXT + RCV.WND$$

或者

$$RCV.NXT \leqslant SEG.SEQ + SEG.LEN - 1 < RCV.NXT + RCV.WND$$

这两个公式只要有一个满足，那么所接收报文的 SEQ 就是合法的。虽然 TCP 规定了 Window 的 size，但是对于一个报文来说，它所包含的数据长度最大可能是 Window 的 size 的 2 倍。而 RFC 7323 的描述为发送方和接收的最多相差一个窗口大小。所以，TCP 又将 Window 的 size 减少一半。如此一来，TCP Window 的 size 的最大值只能是 2^{30}。

因为 TCP Window 原来的最大值是 2^{16}（占有 16bits），因此可推导出 Window Scale Option 中的 shift.cnt 的最大值只能是 14。

既然 TCP Window 的 size 的最大值只能是 2^{30}，那么 TCP 理论上最大的传输带宽是多少呢？可以按照前面所描述的方法进行计算（假设两地相距 1500km）：

$$\text{TCP 理论最大传输带宽} = 2^{30}\text{B} / 0.01\text{s} = 100\text{GB/s}$$

可以看到，即使在 5G 时代，TCP 也不会过时。

4.3.8 超时估计

在 TCP 的发送空间里，有一部分数据称为“已发送未确认”，如图 4-115 所示。

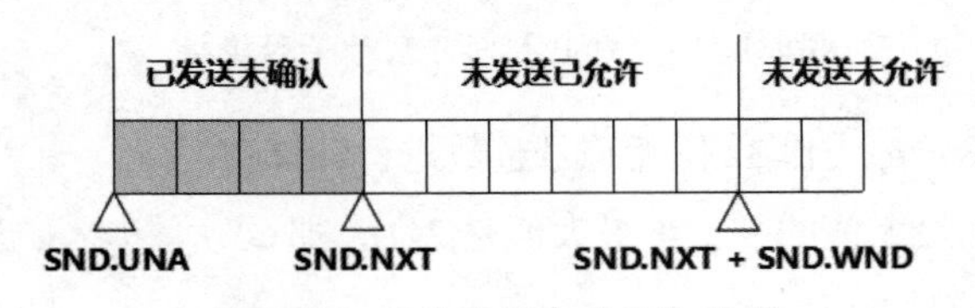

图 4-115 “已发送未确认”数据

“已发送未确认”数据是必然存在的，只是存在的时间长短不同。一个报文中的数据在发送出去的瞬间，其状态肯定是“已发送未确认”。在一切都正常的情况下，TCP 发送方会在较短的时间内收到对方的 ACK 报文：确认这些数据已经被收到。于是这些“已发送未确认”数据的状态就会变成“已发送已确认”。

但是，如果由于某些原因（如网络丢包、时延、TCP 接收方处理缓慢），TCP 发送方可能在一段时间内都收不到对方的 ACK 报文。此时，TCP 发送方该怎么办？

TCP 的对策是"超时重传"：在一定的时间内，如果没有收到对方相应的 ACK 报文，那么 TCP 发送方会将这部分数据重新发送给对方。

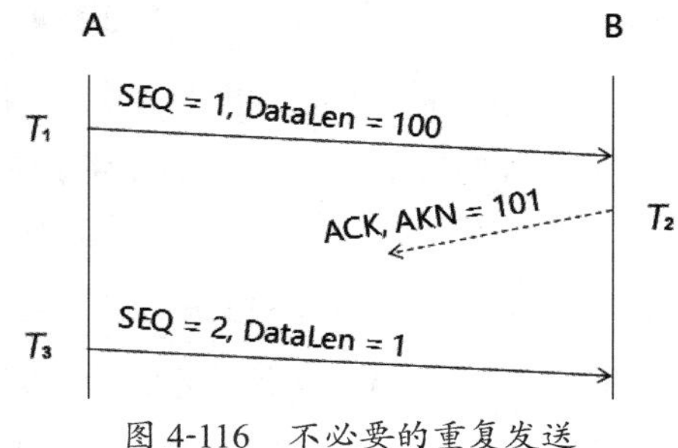

图 4-116 不必要的重复发送

超时重传机制没有问题，问题是在于"超时"的时间确定，即 TCP 发送方等多长时间会认为是超时了？如果超时时间过长，则发送效率有问题（时间都花在不必要的等待上）；如果超时时间过短，则会产生不必要的重复发送，如图 4-116 所示。

在图 4-116 中，T_1 时刻，A 给 B 发送了一批数据；T_2 时刻，B 给 A 回以一个 ACK 报文；T_3 时刻，A 还没有收到 B 的 ACK 报文，它以为超时，于是又将该报文再发给 B。这就产生了不必要的重复发送。

重复发送本身不太可能避免，除非 A 将超时时间设置得足够长（如 1 年），否则总会有像图 4-116 所描述的事情发生。但是如果超时时间设置得过短，不必要的重复就会发送太多。因此未能及时收到对方的 ACK 报文，很大的原因是网络拥塞，而短时间内产生的大量的不必要的重复发送会加剧网络拥塞，从而造成恶性循环。

超时的时间不能设定的太长，也不能设计的太短，需要随时更新超时时间的长短。

为了能做到随时更新，RFC 793、RFC 6298、RFC 1323 都分别提出了各自的 TCP 超时估计算法。在介绍这些算法之前，首先介绍 TCP 超时估算的本质。

1. TCP 超时估算的本质

为了介绍 TCP 超时估算的本质，首先介绍两个名词，RTT 和 RTO。RTT（Round Trip Time）表示一对报文的往返时间，如图 4-117 所示。

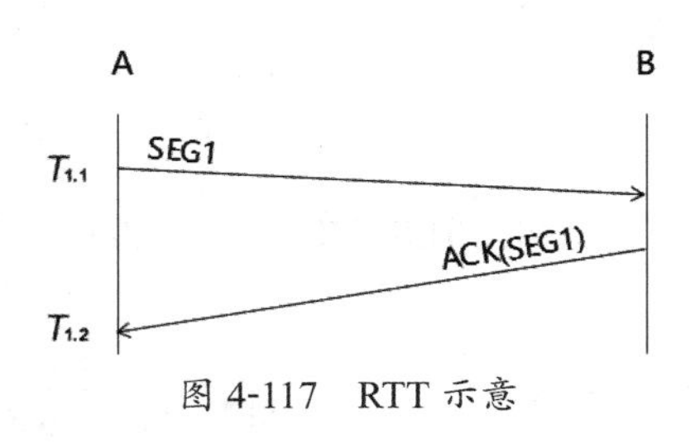

图 4-117 RTT 示意

在图 4-117 中，$T_{1.1}$ 时刻，A 给 B 发送了一个报文（SEG1）；$T_{1.2}$ 时刻，A 收到了 B 对应的 ACK 报文。这样一来一往的报文称为一对报文，而 $T_{1.1}$ ~ $T_{1.2}$ 时间差也称为 RTT。

RTO（Retransmission Timeout，超时重传），即 TCP 在发送一个报文以后所需要等待的时间。如果在这个时间段内一直没有收到对方的相应的 ACK 报文，那么就需要对该报文进行重传。

事实上，由于网络是变化的，TCP 一直不知道 RTO 应该等于多少，但是 TCP 还必须对 RTO 进行估算。因为 TCP 发送一个报文以后，必须要设置一个重传超时的时间。而估算 RTO 的算法就基于 RTT，对下一次 RTT 的估算如图 4-118 所示。

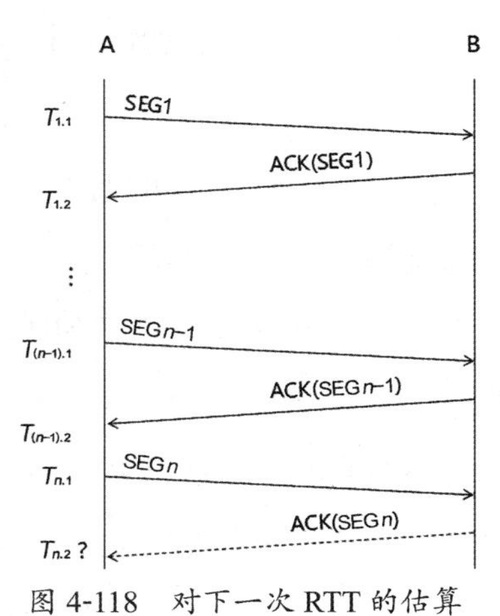

图 4-118 对下一次 RTT 的估算

图 4-118 中，TCP 已经发送了 $n-1$ 个报文，也收到了

对应的 $n-1$ 个 ACK 报文，所以 TCP 就知道了 RTT_1（等于 $T_{1.2}-T_{1.1}$）、RTT_2（等于 $T_{2.1}-T_{2.1}$）…、RTT_{n-1}（等于 $T_{(n-1).2}-T_{(n-1).1}$）。现在的问题是：在 Tn.1 时刻，TCP 发送了报文（运载数据 Data_n），那么 $T_{n.2}$ 应该等于多少？也就是说，在什么时间，A 会收到 B 的对应的 ACK 报文？

如果 A 知道 $T_{n.2}$ 的值是多少，那么 RTO_n 就等于 $RTT_n=T_{n.2}-T_{n.1}$。如此一来，对于 TCP 就简单了：A 在 $T_{n.1}$ 时刻发送了报文 SEGn，只要等待 RTOn 时间还没有收到 B 的对应的 ACK 报文，A 就认为超时，就可以重传报文 SEGn。

但是，对于 TCP 来说，它还是不知道发送一个报文之后，它的超时时间（RTO）应该是多少。关于 RTO 的估算，只能靠人类算法的估算。最简单的估算算法就是认为 RTO 等于一个固定值，如等于 1min。

但上述算法过于简单，无法适应网络的变化如图 4-118 所示，TCP 知道了过去一段时间的网络变化（因为它知道了 $RTT_1,RTT_2,\cdots,RTT_{n-1}$），那么 TCP 就需要基于这些过去的变化对未来（当前这一次发送的报文）的超时时间进行预测。

所以，TCP 超时估算的本质就是认为未来网络的变化与网络过去的变化有一定的相关性。事实上，如果相隔时间不长（图 4-118 中的 $T_{n.1}$ 与 $T_{(n-1).1}$ 的时间间隔），这种相关性存在的概率是比较大的。

2. RFC 793 的超时估算算法

RFC 793 的超时估算算法分为两部分：对于 RTT 的估算；基于估算的 RTT，计算 RTO。

RFC 把对于 RTT 的估算称为平滑往返时间（Smoothed Round Trip Time，SRTT），其估算公式如下：

$$SRTT_{i+1}=\alpha\times SRTT_i+(1-\alpha)\times RTT_i,\ i=1,2,3,\cdots$$

式中，初始值 SRTT1 是一个经验值，如等于 60s；α 是一个常数，也是一个经验值，介于 0.8 ~ 0.9。

将上述公式展开：

$$SRTT_2=\alpha\times SRTT_1+(1-\alpha)\times RTT_1$$

$$\begin{aligned}SRTT_3&=\alpha\times SRTT_2+(1-\alpha)\times RTT_2\\&=\alpha\times(\alpha\times SRTT_1+(1-\alpha)\times RTT_1)+(1-\alpha)\times RTT_2\\&=\alpha^2\times SRTT_1+\alpha\times(1-\alpha)\times RTT_1+(1-\alpha)\times RTT_2\end{aligned}$$

$$\begin{aligned}SRTT_4&=\alpha\times SRTT_3+(1-\alpha)\times RTT_3\\&=\alpha\times(\alpha^2\times SRTT_1+\alpha\times(1-\alpha)\times RTT_1+(1-\alpha)\times RTT_2)+(1-\alpha)\times RTT_3\\&=\alpha^3\times SRTT_1+\alpha^2\times(1-\alpha)\times RTT_1+\alpha\times(1-\alpha)\times RTT_2+(1-\alpha)\times RTT_3\end{aligned}$$

$$\begin{aligned}SRTT_n&=\alpha^{n-1}\times SRTT_1+\alpha^{n-2}\times(1-\alpha)RTT_1+\alpha^{n-3}\times(1-\alpha)\times RTT_2\\&\quad+\alpha^{n-1-i}\times(1-\alpha)\times RTT_i+\alpha^0\times(1-\alpha)\times RTT_{n-1}\\&=\alpha^{n-1}\times SRTT_1+(1-\alpha)\times\sum\alpha^{n-1-i}\times RTTi,\ i\in[1,n-1]\end{aligned}$$

根据以上所推导的 $SRTT_n$ 的公式，可以看出：该公式其实就是将所有 RTT 加权平均，因此，α 也被称为平滑因子（Smoothing Factor）。因为 α 介于0.8 ~ 0.9，所以时间越久的RTT，其权重越低。

RFC 估算出 SRTT 以后，还要经过一次转换才得出 RTO：

$$RTO = \min\{UBOUND, \max[LBOUND,(\beta \times SRTT)]\}$$

式中，UBOUND、LBOUND、β 都是经验数值，分别等于 60s、1s、1.3 ~ 2.0。该公式其实是一个经验公式，是对 RTT 的一个修正，其含义如下。

①为了避免错误的重传，需要将 RTO 的值设置得大一点，即将估算出的 SRTT 增大到 β × SRTT 后再作为 RTO。

②如果增大到 β × SRTT 后还是小于 LBOUND，那就将 RTO 设为 LBOUND（如 1s）。

③当然，RTO 也不能一味地设为“大”值，这样会影响发送效率，所以将其最大值设为 UBOUND（如 60s）。

3. RFC 6298 的超时估算算法

在 RFC 793 中，RTO 的计算公式为

$$RTO = \min\{UBOUND, \max[LBOUND,(\beta \times SRTT)]\}$$

如果 β ×SRTT 的最小值大于 1s，最大值小于 60s，那么 RTO 的计算公式可以简化为（假设 β = 1.3）

$$RTO = \beta \times SRTT = 1.3 \times SRTT = SRTT + 0.3 \times SRTT$$

这个公式的本质是什么？为什么 RTO 不是直接等于 SRTT？为什么还要加上 0.3×SRTT？

RFC 793 称 β 为方差因子。为什么要引入方差因子呢？下面举一个简单的例子，如图 4-119 所示。

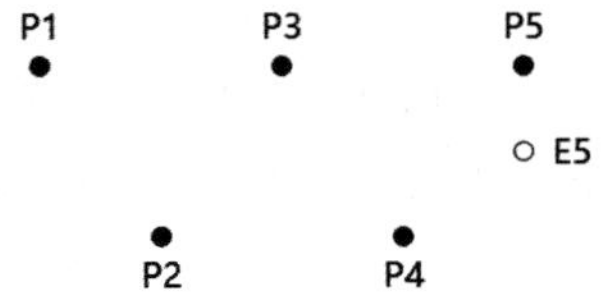

P1 P3 P5
E5
P2 P4

图 4-119 平均值与偏差

图 4-119 中，P1 = P3 = 10，P2 = P4 = 0。我们简化处理，不计算加权平均，只计算算术平均：M = (P1 + P2 + P3 + P4) / 4 = 5。假设以该平均值来预测 P5 的值，这其实就是简化的 SRTT 的估算公式（SRTT 是加权平均，这里是算术平均），这样就得到 P5 的预测值 E5 = M = 5。

而实际上，我们假设 P5 = 10，但是预测值却是 5，误差很大。为什么会出现这样的误差？是因为没有考虑到方差。P1 ~ P4 这 4 个值的平均值是 5，但是这 4 个值与平均值之间的偏差都是很大的。在如此大的偏差情况下，用平均值（无论是加权平均还是算术平均）来预测下一个数据，其大概率会有很大的预测偏差。

也正是鉴于此，RFC 793 才会将 RTO 进行偏差修正（假设 β = 1.3）：

$$RTO = \beta \times SRTT = 1.3 \times SRTT = SRTT + 0.3 \times SRTT$$

但是，该偏差修正系数虽然称为方差因子，其实其与方差没有任何关系，仅仅是一个经验公式，而且不能动态反应网络的变化。

RFC 6298 的算法是对 RFC 793 的算法的一个改进：它真正将方差这一因素考虑了进去，而不是仅仅用一个经验系数进行修正。RFC 6298 算法如下。

①当 RTT 没有被测量出来时，令 RTO = 1s。以前的 RFC（RFC 2988）定义 RTO = 3s，而且有的 TCP 的具体实现仍然可能会采用 3s。

②当第 1 个 RTT 被测量出来以后，令：

$$SRTT_1 = RTT_1$$

$$RTTVAR_1 = RTT_1 / 2$$

$$RTO_2 = SRTT_1 + K \times RTTVAR_1 \tag{4-1}$$

式中，K 为一个经验数据，等于 4；RTTVAR 为 Round-trip Time Variation（往返时间变化）的缩写，它的本意是要借用方差（Variance）这一概念（下文会介绍 RTTVAR 与方差之间的关系）。也正是由于 RTTVAR 借用了方差这一概念，RTO 的预测（RTO2）也就暗含了方差的思想。

③当后续的 RTT 继续被测量出来时，计算公式如下：

$$RTTVAR_{i+1} = (1 - \beta) \times RTTVAR_i + \beta \times |SRTT_i - RTT_i| \tag{4-2}$$

$$SRTT_{i+1} = (1 - \alpha) \times SRTT_i + \alpha \times RTT_i \tag{4-3}$$

$$RTO_{i+1} = SRTT_{i+1} + K \times RTTVAR_{i+1} \tag{4-4}$$

式中，α、β、K 都是经验数据，它们分别等于 1/8、1/4、4。这 3 个虽然是经验数据，但是非常“准确”，而且在计算时还可以通过移位来实现乘法，从而提高计算效率。

上述 3 个公式中，式（4-3）就是 RFC 793 所介绍的 SRTT 的估算公式，它是一个迭代公式，同时本质上也是一个加权平均公式。

式（4-2）也是一个迭代公式，同时本质上也是一个加权平均公式。从含义上来讲，式（4-2）是为了估算 SRTT 的估算偏差。$|SRTT_i - RTT_i|$ 其实是绝对标准差（方差的平方根）的一种近似，即公式采用了方差（标准差）的思想，但是实际计算时采用了近似算法。因为这种近似算法比真正的标准差的计算效率要高（标准差又要计算平方，又要计算平方根），所以对于 TCP 转发效率来说非常重要。

知道了式（4-2）和式（4-3），再来看式（4-4）就比较好理解了。也就是说，RTO 的估算考虑了 RTT 的平滑估算（SRTT），也考虑了 RTT 方差的平滑估算（RTTVAR）。

如此看来，RFC 6298 比 RFC 793 简单地采用 β × SRTT 来对 SRTT 进行修正要更加准确，也更能体现网络的动态变化。

对 RFC 793 和 RFC 6298 的公式进行总结后，分别如下：

$$RTO = \beta \times SRTT$$

$$RTO = SRTT + K \times RTTVAR$$

① RFC 793 对 RTT 进行了平滑处理，得到 SRTT，SRTT 反映了网络的动态变化。但是 RFC 793 仅仅是对 SRTT 的偏差进行了简单的修正（β × SRTT），这个简单修正没有反映出网络的动态变化。

② RFC 6298 除了对 RTT 进行了平滑处理（SRTT）外，反映了网络的动态变化（这一点与 RFC 793 相同），而且还对 SRTT 的偏差（均方差的近似公式）进行了平滑处理，并且以这个平滑的偏差（RTTVAR）对 SRTT 进行修正，这个修正也反映了网络的动态变化。

所以，RFC 6298 比 RFC 793 更加准确，更能反映网络的动态变化。

关于 RFC 6298，这里还要补充如下两点。

①与 RFC 793 一样，RFC 6298 也规定了 RTO 的最小值（如 1s）和最大值（如 60s）。

② RFC 6298 还考虑了测量 RTT 的时钟精度。手表的一般时钟精度是 1s，RFC 6298 没有特别规定测量 RTT 的时钟精度，其精度可以是毫秒级别，也可以是秒级。但是，该精度不能太粗糙，如精度是小时级，那么测量本身会失去意义，从而对 RTO 的估算也就没有意义。

假设测量 RTT 的测量精度是 G（s），那么式（4-1）和式（4-4）可以分别修正为

$$RTO2 = SRTT_1 + \max(G, K \times RTTVAR_1)$$

$$RTO_{i+1} = SRTT_{i+1} + \max(G, K \times RTTVAR_{i+1})$$

这两个修正也比较好理解，就是要抵消时钟的精度误差。

4. Karn 算法

Karn 算法也被称为 Karn-Partridge 算法，它并不是一个完整的估算 TCP 超时的算法，而是对前文所描述算法的补充。无论是 RFC 793 还是 RFC 6298，在测量 RTT 时都没有考虑“超时—重传—ACK”的情形，如图 4-120 所示。

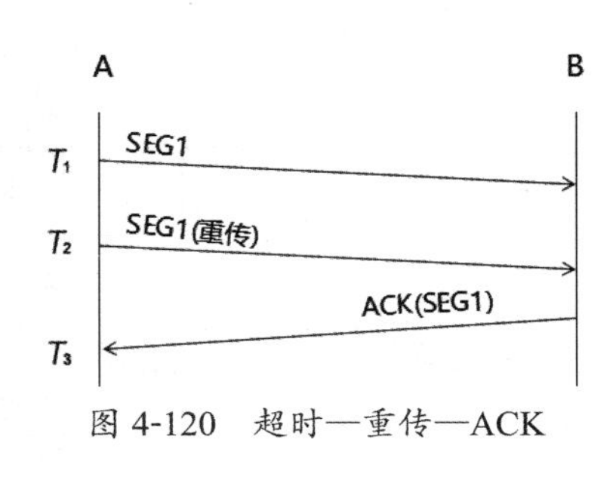

图 4-120　超时—重传—ACK

图 4-120 中，T_1 时刻，A 给 B 发送一个报文 SEG1；T_2 时刻，A 还没有收到 B 的 ACK 报文，认为超时，于是又重新发送 SEG1；T_3 时刻，A 收到了 B 针对 SEG1 的 ACK 报文。

那么，对于 T_3 时刻的 ACK 报文，是针对 T_1 时刻的 SEG1 的回应，还是针对 T_2 时刻的 SEG1 的回应？

笔者以为，既然分不清楚，那就不去区分，直接认为 T_3 时刻的 ACK 报文是针对 T_1 时刻的 SEG1 所做的回应，即如图 4-120 所描述的情形，其 RTT = $T_3 - T_1$。

业界公认的算法是 Karn 算法。Karn 算法直接将 RTO 的估值采用指数回退的方法翻倍。指数回

退是指发现一次超时，就将 RTO 乘以 2；再发现一次超时，再将 RTO 乘以 2。更准确地说，Karn 算法是将 SRTT 进行指数回退，因为参与迭代的是 SRTT 而不是 RTO。

最后补充一点，即使采用 Karn 算法，RTO 本身仍然要设置两个边界：LBOUND（如 1s）和 UBOUND（如 60s）。

5. RTTM

关于 TCP 往返时间的测量，如图 4-121 所示。

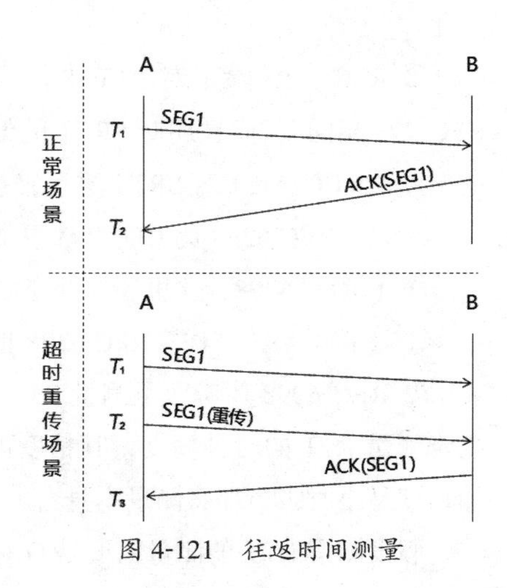

图 4-121　往返时间测量

图 4-121 中，对于正常场景，只需要记录下 T_1 和 T_2 两个时刻，关于报文 SEG1 的往返时间 RTT 就能测量出来：RTT = $T_2 - T_1$。

图 4-121 中，对于超时重传场景，如前文所述，无法测量报文 SEG1 的往返时间。针对这种场景，Karn 算法的思路是：直接将 SRTT 进行指数回退。

应该说，Karn 算法是一种解决思路，但是过于简单。因为对于超时重传场景，不是绝对地无法测量，只是 TCP 机制上的缺陷致使 ACK(SEG1) 与两个 SEG_1 报文无法对应。

为此，TCP 提出了对应的解决方案：时间戳选项（Timestamps Option）。基于时间戳选项的往返时间测量机制，TCP 称为 RTTM 机制（Round-Trip Time Measurement mechanism，往返时间测量机制）。

（1）时间戳选项的基本概念

与其他 TCP 选项一样，时间戳选项的数据结构（报文结构）也符合 Kind-Length-Value 格式，如图 4-122 所示。

1字节	1字节	4字节	4字节
Kind (8)	Length (10)	TS Value (TSval)	TS Echo Reply (TSecr)

图 4-122　时间戳选项的数据结构

时间戳选项一共有 10 个字节，包括：Kind 字段，占用 1 个字节，其值为 8；Length 字段，占用 1 个字节，其值为 10；TSval（Timestamp Value）字段，占用 4 个字节；TSecr（Timestamp Echo Reply）字段，占用 4 个字节。

TSval 和 TSecr 两个字段的含义首先通过一个例子来讲述，如图 4-123 所示。

暂时忽略图 4-123 中的 TSecr = *** 和 TSval = ### 这两个字段，首先 A 给 B 发送报文 SEG1，其中 TSval = 100；然后 B 给 A 回以一个 ACK 报文［ACK(SEG1)］，该报文中的 TSecr = 100，即 B 所收到的报文 SEG1 中的 TSval。正如 TSecr 名字所暗示的那样，TSecr 就是在 ACK 报文中，将它所对应的报文中的 TSval 给“弹”回去。

由于 TCP 是一个对称的协议，即 B 会将 A 的 TSval 通过 TSecr 给“弹”回去，A 也可以通过 TSecr 将 B 的 TSval 给“弹”回去。因此，图 4-123 中有 TSecr = *** 和 TSval = ###，虽然没有写具体的值，但它们的含义并不特殊，这里笔者只是为了讲述方便，而将它们有意“隐藏”。下面给出一个完整的例子，通过这个例子我们可以更加直观地感受到 TSecr 将 TSval 给“弹”回去，如图 4-124 所示。

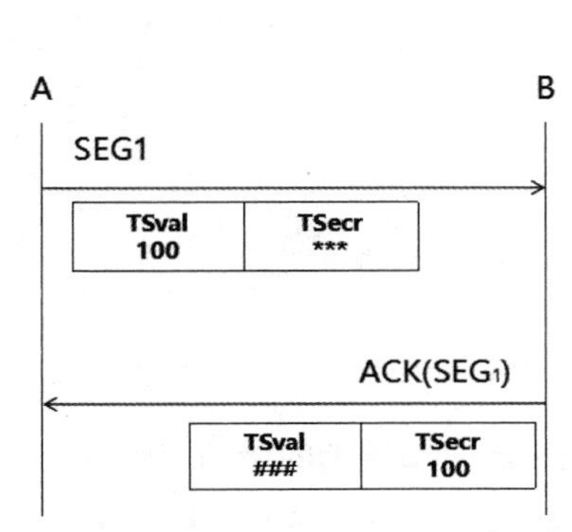

图 4-123　TSval 和 TSecr 示意（1）

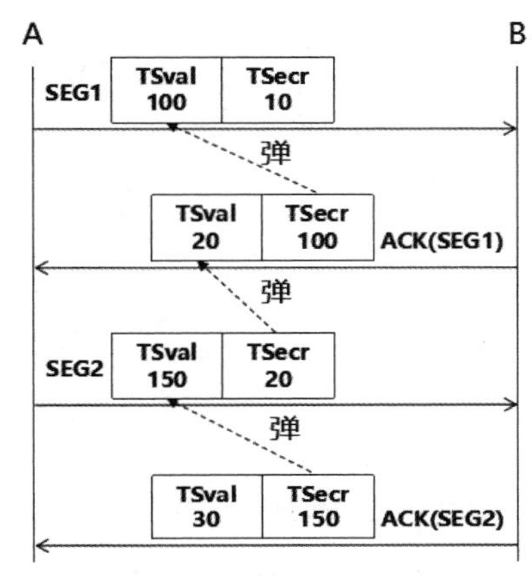

图 4-124　TSval 与 TSecr 示意（2）

与其说 TSecr 将 TSval 给“弹”回去，不如说是 ecr（Echo Reply）将 val（Value）给“弹”回去，与 TS（Timestamp）无关。因为到目前为止，笔者仅仅将 TSecr、TSval 当作两个普通整数，而与时间戳无关。

事实上，笔者以为时间戳选项其更本质的含义是 ID，一个辅助 TCP 序列号进行唯一标识报文的整数字段。再仔细看 TCP 如何确认一个报文的往返，如图 4-125 所示。

图 4-125 中，TCP 之所以能够确认 ACK 报文是对 SEG1 的确认，是因为对 ACK 报文中 AKN 的分析：因为 SEG1 的 SEQ = 1000、DataLen = 100，而 ACK 报文的 AKN = 1101 = SEG1.SEQ + SEG1.DataLen + 1，所以该 ACK 报文就是对 SEG1 的确认，从而可以计算出 RTT(SEG1) = $T_2 - T_1$。

再来看超时重传场景下报文的往返的确认，如图 4-126 所示。

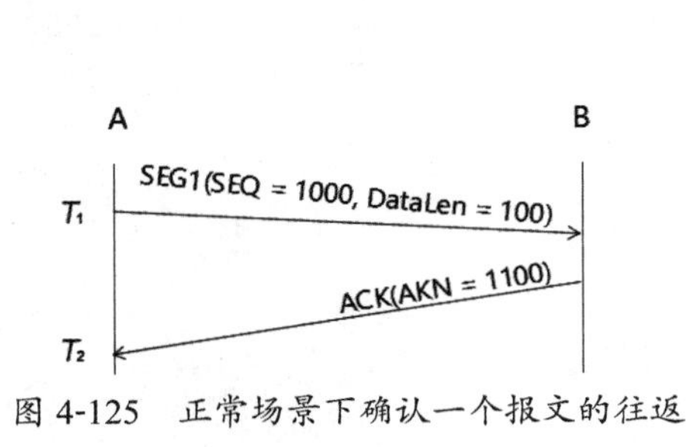

图 4-125　正常场景下确认一个报文的往返

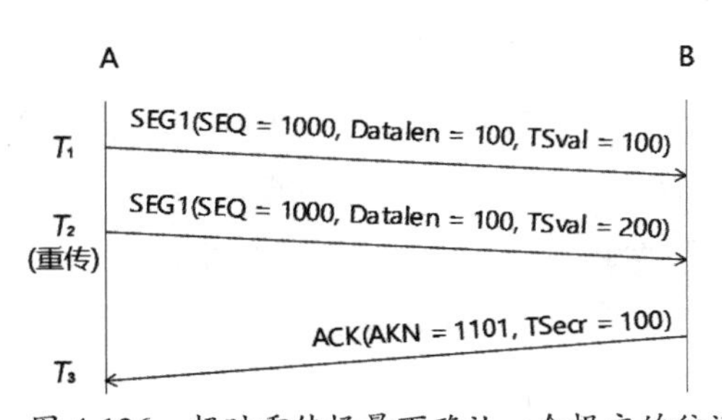

图 4-126　超时重传场景下确认一个报文的往返

图 4-126 中，T_1 时刻 A 向 B 发送了 SEG1 报文，T_2 时刻又重传了一次，T_3 时刻 A 收到了 B

的 ACK 报文。显然，如果仅仅根据 AKN，TCP 无法确认该 ACK 报文是对 T_1.SEG1 的确认还是对 T_2.SEG1 的确认。

但是，如果再叠加上 TSval 和 TSecr，问题就会迎刃而解：因为 ACK.TSecr = T_1.SEG1.TSval = 100，所以该 ACK 报文是对 T_1.SEG1 的确认。

所以，到目前为止，TSval/TSecr 的作用仅仅是为了和 TCP Sequence Number 一起唯一标识一个报文，即 TSval(TSecr) + SEQ，唯一标识一个报文。这是 TSval/TSecr 的本质作用。

TSval/TSecr 与时间戳的关系如图 4-127 所示。

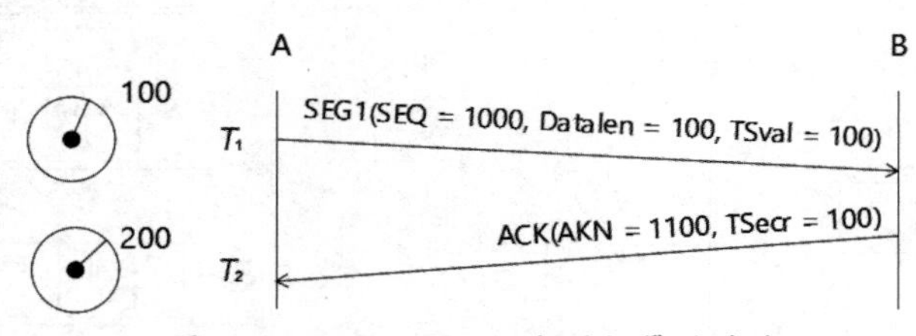

图 4-127　TSval/TSecr 与时间戳的关系

图 4-127 中，为了简化描述，只举了一个正常的场景（没有超时重传）的例子。图 4-127 还绘制了一个时钟示意，这是 TCP 的虚拟时钟，该时钟与真实时钟的“准度”基本一致，如一个真实的时钟走了 1s，这个虚拟时钟也会走 1s，这样才能用虚拟时钟计算 RTT。

图 4-127 中，T_1 时刻指的就是虚拟时钟的数值 100，所以此时 SEG1 报文的 TSval 也等于 100。100 的单位取决于虚拟时钟的精度，如虚拟时钟的精度是 ms，那么 100 就代表 100ms。

图 4-127 中，T_2 时刻是当时虚拟时钟的数值，具体来说是 200。而对于 RTT，TCP 不是用公式 RTT = T_2 – T_1 进行计算，而是采用公式 RTT = T_2 – ACK.TSecr 进行计算，因为 ACK.TSecr = SEG1.TSval = T_1。

把 TSval/TSecr 与虚拟时钟挂钩，这样 TSval/TSecr 的作用除了与 SEQ 联合标识一个报文外，还能标识当时虚拟时钟的时间。

这样做的好处是：TCP 没有必要再保存 T_1 时刻的时间，因为 ACK 报文中的 TSecr 已经记录了该时间。

笔者以为，这样做的好处是有限的，但是将 TSval/TSecr 与虚拟时钟挂钩，也就是以时间戳的面貌出现，会有很多缺点，最起码会增加人们理解的复杂度。

虚拟时钟还有如下几个问题。

① TCP 的双方共用一个虚拟时钟吗？

答：是两个，TCP 的双方每方一个时钟。

②这两个时钟需要同步吗？

答：不需要，这两个时钟是解耦的。

③这两个时钟的精度需要一样吗？

答：不需要，这两个时钟是解耦的。

综上，TCP 双方各有一个时钟，这两个时钟是解耦的，它们既不需要同步，也不需要有相同的精度。

图 4-127 中，假设 A 的虚拟时钟精度是 ms，所以可以计算出报文 SEG1 的往返时间 RTT(SEG1) = 100ms。下面再举一个例子，以直观地理解 TCP 双方的虚拟时钟是解耦的这一特征，如图 4-128 所示。

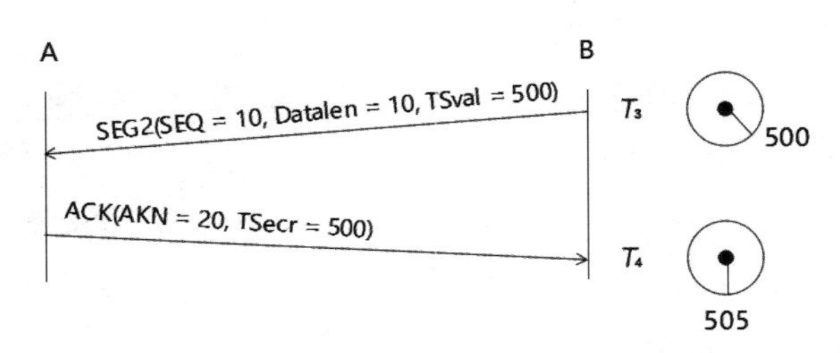

图 4-128　B 的虚拟时钟

由于 TCP 是全双工的，因此 A 可以给 B 发送数据，B 同时也可以给 A 发送数据。图 4-128 中的 T_3 时刻与图 4-127 中的 T_1 时刻，在真实时钟里是同一时刻，如都是 2019 年 2 月 5 日 21 点零 8 分 800ms。但是由于两者都是虚拟时钟，而且是解耦的，因此在图 4-127 中 T_1 的虚拟时钟是 100，图 4-128 中的 T_3 的虚拟时钟是 500。

另外，图 4-128 中的虚拟时钟的精度与图 4-127 中的时钟精度也不一样，它的精度是 10ms，所以图 4-127 中计算出的 RTT(SEG2) = T_2 – ACK.TSecr = 505 – 500 = 5 = 50（ms）。

（2）时间戳选项的协商

时间戳选项既然是 TCP 的一个选项，那就需要协商。时间戳选项的协商发生在 TCP 连接的创建过程。

A、B 之间创建连接，假设 A 是连接创建的主动发起方，即 A 首先发起 SYN 报文。此时，如果 A 期望能有时间戳选项，那么 A 就可以在 SYN 报文中附带上时间戳选项；如果 B 也支持时间戳选项，那么 B 就可以在 <SYN、ACK> 报文中也附带上时间戳选项。如此一来，A、B 之间的时间戳选项协商成功。

RFC 7323 没有明确说明如果 A 没有发起时间戳选项的协商，那么 B 是否可以发起协商？笔者以为，由 B 发起协商也可以。也就是说，A 发送的 SYN 报文并没有包含时间戳选项，但是 B 发送的 <SYN、ACK> 报文中附带上时间戳选项，然后 A 在随后的 ACK 报文中再附带上时间戳选项，如此一来，A、B 之间的时间戳选项也会协商成功。

发起时间戳选项协商的第一个报文，其 TSecr 应该填写为 0。

如果协商成功，那么在接下来的报文中，除了 RST 报文外，TCP 双方都必须带上时间戳选项。RST 报文不强制要求，但是也可以带上时间戳选项。

如果协商成功，如果后续的非 RST（non-<RST>）报文中没有带有时间戳选项，TCP 接收方应该丢弃该报文（但是不能中断该连接）。

如果未能在“三次握手”中成功协商时间戳选项，那么在接下来的报文中如果携带了时间戳选项，TCP 接收方必须忽略该选项字段。

因此，对于时间戳的选项，需要协商。

（3）RTTM 的规则

前文说过，RTTM 特指利用时间戳选项进行的 RTT 测量。为了能更加有效、精确地测量 RTT，TCP 不仅仅是简单采用时间戳选项（与 SEQ 一起）进行报文标识，它还必须遵循一定的规则。

首先看一个例子，如图 4-129 所示。

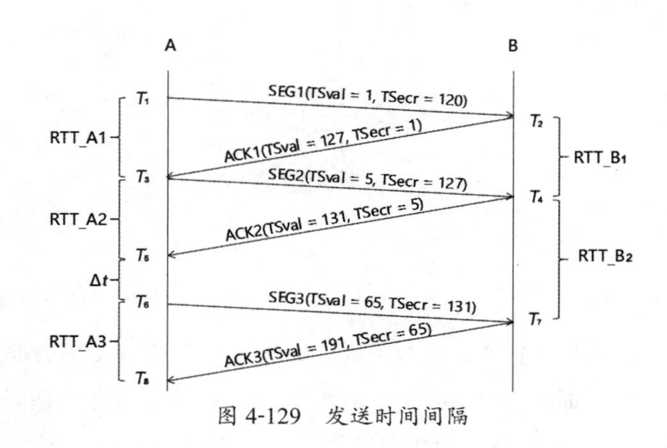

图 4-129　发送时间间隔

假设接收方收到报文和发送回应的 ACK 报文之间的时间间隔为 0，如 T_2 时刻既是 B 收到报文 SEG1 的时刻，也是发送报文 ACK1 的时刻。

图 4-129 中还有两点特别重要：虽然报文 SEG1、SEG2、SEG3 没有标识 ACK，但是它们的 ACK 同样等于 1，即 SEG1 ~ SEG3 同样也是 ACK 报文；虽然报文 ACK1 标识了 ACK，但是它同样也发送了数据，只是为了画图清晰，才仅仅标识了 ACK 而已。图 4-129 中 T_3 时刻，A 收到 ACK1 以后马上就发送 SEG2，这就意味着 ACK1 包含了数据，SEG2 也是对 ACK1 所包含数据的确认（ACK）。

图 4-129 中，T_5 和 T_6 之间有一个时间间隔 Δt，这是因为：ACK2 报文中没有包含数据，否则 A 必须在 T_5 时刻回以一个对应的 ACK 报文；在 T_5 时刻，A 没有数据需要发送，等待了 Δt，即在 T_6 时刻，A 才有数据需要发送，也就是发送报文 SEG3。

图 4-129 中，A 一共发送了 3 个报文 SEG1 ~ SEG3，同样也收到了对应的 ACK 报文 ACK1 ~ ACK3。按照前文的描述，可以计算出相应的 RTT：

$$\text{RTT\_A1} = T_3 - \text{ACK1.TSecr}（T_1）$$

$$\text{RTT\_A2} = T_5 - \text{ACK2.TSecr}（T_3）$$

$$\text{RTT\_A1} = T_8 - \text{ACK3.TSecr}（T_6）$$

图 4-129 中，B 一共发送了 3 个报文，其中对于 ACK1、ACK2 报文来说，其对应的报文是 SEG2、SEG3，所以也可以计算出相应的 RTT：

$$\text{RTT\_B1} = T_4 - \text{SEG2.TSecr}（T_2）$$

$$RTT\_B2 = T_7 - SEG3.TSecr（T_4）$$

以上的计算，RTT_A1、RTT_A2、RTT_A3、RTT_B1 都没有问题，但是 RTT_B2 的计算却有问题，因为 $T_4 \sim T_7$ 实际上经历了 $T_4 \sim T_5$、$T_5 \sim T_6$、$T_6 \sim T_7$ 三个时间段，而 $T_5 \sim T_6$ 时间段与网络传输无关，属于“等待”时间 —— 这段时间内 A 没有数据需要发送。

如果把等待发送时间也算作 RTT 的一部分，这显然是错误的。

那么这个等待时间为什么会发生？即 $T_5 \sim T_6$ 为什么会有时间间隔？这不仅是因为这段时间内 A 没有数据需要发送，更重要的是因为报文 ACK2 中没有包含数据。如果 ACK2 中包含数据，A 必须马上应答（暂不考虑延迟应答），也就不会存在 $T_5 \sim T_6$ 的时间间隔。

正是如此，TCP 提出了第 1 个 RTTM 规则：要计算一个报文的往返时间，则该报文必须包含数据，否则就忽略该报文的 RTT（该报文的 RTT 不参与 RTO 的迭代计算）。

在讲述 RTTM 的第 1 个规则时，特别说明了“暂不考虑延迟应答”，而 RTTM 的第 2 个规则恰恰就是关于延迟应答的，如图 4-130 所示。

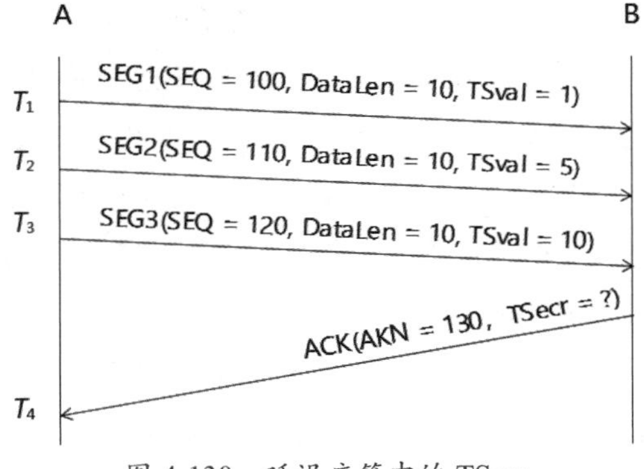

图 4-130　延迟应答中的 TSecr

图 4-130 中，B 收到 A 发送的报文 SEG1 后，并没有马上应答，而是在收到 SEG2、SEG3 后又等待了一小段时间才发送应答报文 ACK。该应答报文的 AKN = 130，即 1 个 ACK 报文应答了 SEG1、SEG2、SEG3 三个报文。但是这个应答报文的 TSecr 应该等于多少呢？

在延迟应答场景中，1 个 ACK 报文应答了多个报文，该 ACK 报文的 TSecr 等于这些被应答的报文中的第 1 个报文的 TSval。

也就是说，图 4-130 中 A 一共发送了 3 个报文，但是它只会也只能计算第 1 个报文（SEG1）的往返时间：$RTT\_SEG1 = T_4 - ACK.TSecr（T_1）$。

还有一个问题，延迟应答会使得有效的 RTT 变少（图 4-130 中，A 发送了 3 个报文，却只计算出 1 个 RTT），会不会影响 RTO 的估算精度呢？RFC 7323 认为基本没有影响。

4.3.9　拥塞控制

在以前章节所介绍的特性中，如延迟确认、扩大滑动窗口等，其目的都是提高 TCP 的发送效率。这些特性都有一个前提：网络是不拥塞的。因为如果网络拥塞，则提升发送效率没有任何意义。

本小节介绍 TCP 拥塞控制（TCP Congestion Control），即从如何避免网络拥塞的视角或网络已经拥塞的情形下 TCP 对应的算法和处理机制。

TCP 拥塞控制（对应 RFC 5681）包括 4 个算法（机制）：慢速启动（Slow Start）、拥塞避免

（Congestion Avoidance）、快速重传（Fast Retransmit）和快速恢复（Fast Recovery）。下面分别介绍这 4 个算法。

1. 慢速启动和拥塞避免

慢速启动和拥塞避免是成对出现的两个算法。在正式介绍它们之前，首先介绍一个名词：cwnd（Congestion Window，拥塞窗口）。

我们知道，TCP 发送方可以连续发送多个报文，而不必等待对方的 ACK。理想情况下，TCP 甚至可以连续发送完最大窗口（2^{30}）所包含的字节。但是在拥塞控制场景下，TCP 则不能连续发送多个报文，因为这很可能会造成网络拥塞。

我们把 TCP 报文所包含的数据比喻成子弹，1 字节对应一颗子弹，把一个弹夹所包含的子弹数比喻成 cwnd，那么将该弹夹的子弹打光以后，必须换一个弹夹才能继续发射。我们把这个换弹夹的动作比喻成收到对方的 ACK 报文，如图 4-131 所示。

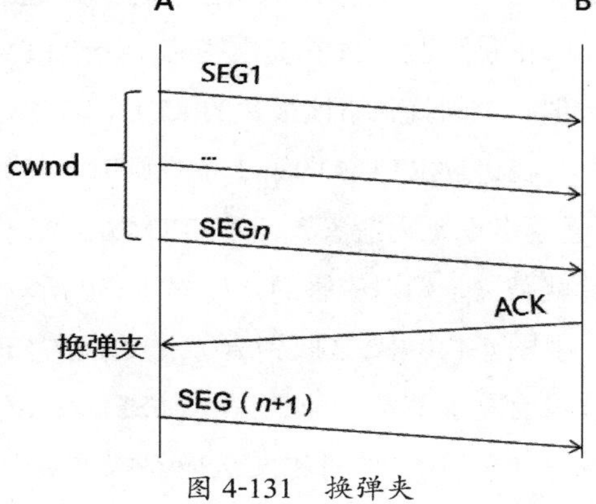

图 4-131　换弹夹

图 4-131 中，A 向 B 连续发送了 cwnd 字节以后，必须要换一次弹夹（收到对方对应的 ACK 报文）才能继续发送。

从理论上来说，即使没有拥塞控制，TCP 也不能永远发送下去，中间也必须要换弹夹，因为弹夹的容量是有限的（发送窗口最大是 2^{30}，一次最多能连续发送 2^{31} 字节）。如果把这个最大窗口看成超大弹夹，cwnd 存在的意义就是为了避免 TCP 把超大弹夹里的子弹发射完，这就是拥塞控制场景之一。

当刚刚创建完连接或长时间空闲时，TCP 对于网络的情形一无所知，此时如果要发送数据，就有必要考虑网络是否拥塞：如果网络是拥塞的，TCP 将超大弹夹发射完只会导致“丢包重传”的恶性循环；但是如果网络是不拥塞的，TCP 却一直采用较小的弹夹，又会影响发送效率。

慢速启动和拥塞避免就是边发送数据边“探测”网络拥塞状况边动态调整 cwnd（弹夹）的过程，如图 4-132 所示。

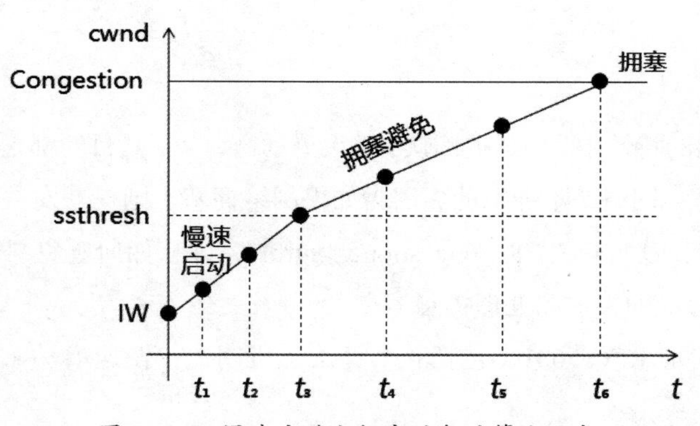

图 4-132　慢速启动和拥塞避免的算法示意

图 4-132 中，横坐标轴是时间 t，纵坐标轴是拥塞窗口 cwnd，体现的是 cwnd 随着时间变化的情形。ssthresh（Slow Start Threshold）指的是慢速启动门限值。当 cwnd < ssthresh 时，cwnd 随时间变化的函数称为慢速启动；当 cwnd > ssthresh 时，随时间 cwnd 随时间变化的函数称为拥塞避免；当 cwnd = ssthresh 时，cwnd 随时间的变化则可以选择两个函数（算法）的任意一个。

图 4-132 中，cwnd 随着时间变化的曲线被简化示意成了两段直线，而且慢速启动的直线其斜率（cwnd 的变化率）更大一些，而拥塞避免的直线其斜率更小一些。由此可以看到，慢速启动指的并不是 cwnd 的变化率，而是 cwnd 的初始值。

（1）初始拥塞窗口

初始拥塞窗口（Initial Window，IW）指的是图 4-132 中的 IW 点，从直观来看，其值比较小。

IW 取值比较小是对网络的一种试探（探测）。因为如果网络是拥塞的，连续发送太多数据会让自己产生丢包、重传，而且会增大网络的拥塞程度。RFC 5681 关于 IM 的定义如下。

①如果 SMSS > 2190B，则 IW = 2 × SMSS，且 IW 最多等于 2 倍 SMSS（Sender Maximum Segment Size），同时 IW 也不能超过 2 个报文。极端情况下，如果一个报文只包含 1B 的数据，那么 IW 只能等于 2B。另外，SMSS 与 MSS（Maximum Segment Size）没有本质区别，只不过前面加了一个限定词 Sender，强调是发送方所能发送的最大 Segment 的 Size。

②如果 1095 B< SMSS ≤ 2190B，则 IW = 3 × SMSS，且最大是 SMSS 的 3 倍。

③如果 SMSS ≤ 1095B，则 IW = 4SMSS，且 IW 最多等于 2 倍的 SMSS。

虽然 RFC5681 非常权威，但 Linux 3.0 将 IW 设置为 10 × SMSS。可以粗略地把 IW 理解为 4KB（或者 10KB）。前文说过，如果 TCP 的 Window 不放大（没有 Window Scale Option），则 Window 最大可以为 64KB；如果考虑放大系数，则 Window 最大可以为 1GB。而 IW 仅仅相当于 4KB（或者 10KB），可以看到它确实比较小。

cwnd 并不是一成不变的，仅仅是它的初始值（IW）比较小，在随后的数据发送过程中，如果网络比较通畅，cwnd 会比较快速地增大。

（2）慢速启动算法

慢速启动算法中的“慢速”二字更多地指 cwnd 的初始值（IW）比较小，并不是指 cwnd 的增速比较慢。

首先设置一个门限值 ssthresh，当 cwnd 小于（等于）ssthresh 时，cwnd 逐渐增大的算法就是慢速启动算法。

慢速启动算法也比较简单，即每当发送方收到一个相应的 ACK 报文时，cwnd 增加 SMSS 字节，即 cwnd = cwnd + SMSS，如图 4-133 所示。

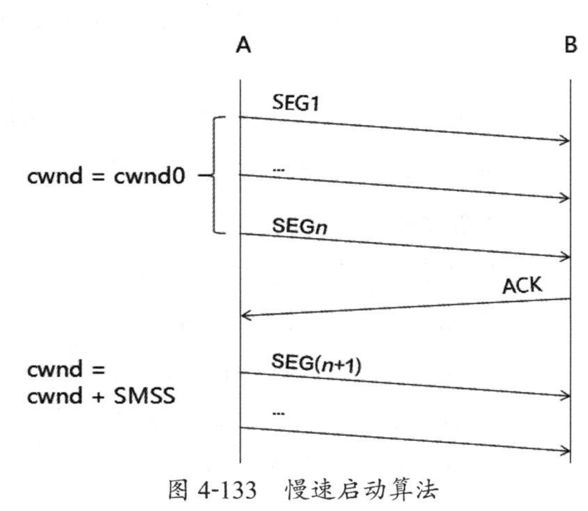

图 4-133　慢速启动算法

慢速启动算法虽然简单，但是其背后有如下几层含义。

①在当前 cwnd 的情形下，网络还不算阻塞，因为它收到了 ACK 报文。

②既然没有阻塞，那就可以适当加大 cwnd。

③但是 cwnd 也不要增加太多，一次只增加 SMSS 即可。

一个 RTT 时间增加一个 SMSS，实际上并不慢。假设 SMSS = 1KB、IW = 1KB，从发送 cwnd 个字节的数据到收到 ACK 报文为 0.01s，那么经过 10000s 以后，cwnd 将达到 1GB。

当然，TCP 不会一直让 cwnd 增长，当 cwnd 达到 ssthresh 时，cwnd 的增长速度就会变慢（采用拥塞避免算法）。ssthresh 应该等于多少？拥塞避免算法又是什么？这两个问题放到后面介绍，这里首先介绍 RFC 5681 对慢速启动算法的修正：

$$cwnd = cwnd + \min(N, SMSS)$$

式中，N 为图 4-134 中 ACK 报文中所确认的数据字节数。考虑这样一种情形，如图 4-134 所示。

图 4-134 中，假设 SMSS = 1000，A 给 B 发送一个报文 SEG1，包含 1000B 的数据，但是 B 对于这 1000B 的数据是分批确认，如图 4-134 中的 ACK 报文只确认了 500 字节，于是 TCP 就只将 cwnd 增大 500。

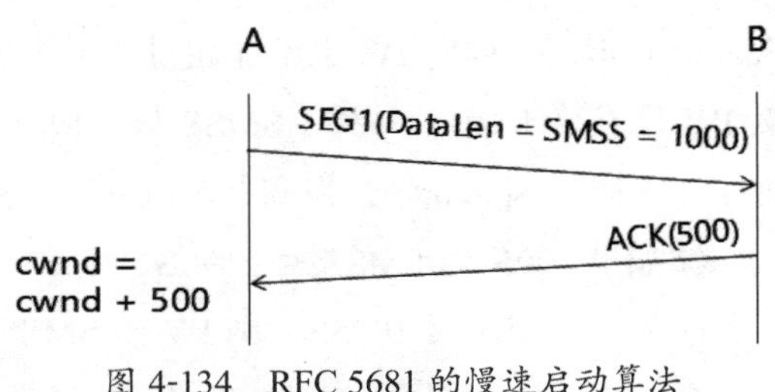

图 4-134 RFC 5681 的慢速启动算法

RFC 5681 之所以这么做［cwnd = cwnd + min(N, SMSS)］，一是为了适应这种分批确认的情形；二是出于相对保守的目的，不让 cwnd 增加得太快。

但是，有的资料中描述的慢速启动算法不仅不保守，而且非常“激进”，它规定每经过一个 RTT 时间：cwnd = 2 × cwnd。表面上看这仅仅是乘以 2，但实际上是“每次都加倍”，即 cwnd 其实是一个指数级增长。假设不考虑 ssthresh，那么 cwnd 从 1KB 增加到 1GB 也只需要 20 次 RTT。如果 1 次 RTT 是 0.01s，也就需要 0.2s。

对于该算法，笔者之所以将“激进”二字加了引号，不是因为该算法中的 cwnd 增长速度不快，而是因为 cwnd 无论增长多快，待它增长到 ssthresh 后，增速都会慢下来。

（3）拥塞避免算法：cwnd 的增加

拥塞避免算法可以分为如下两个部分。

①从 cwnd 大于（等于）ssthresh 开始，到网络未拥塞的这段时间内，为 cwnd 的增长算法。

②当拥塞开始后，为 cwnd 和 ssthresh 的调整算法。

对于 TCP 来说，它“感觉”到第 1 个丢包就是拥塞。也就是说，发送一个（批）报文以后，时间已经超过了 RTO，但是 TCP 发送方还没有收到对方相应的 ACK 报文。

在第1阶段［cwnd大于（等于）ssthresh，而且网络还未拥塞］，RFC 5681关于cwnd的增长算法并没有严格规定使用哪个公式，而是有如下几个建议。

①在一个RTT内，cwnd = cwnd + SMSS。或者在一个RTT内，cwnd = cwnd + min(N, SMSS)。这里的N指的是在RTT时间内，TCP发送方收到的对方ACK报文所确认的数据字节数。

②有一点必须严格规定：在一个RTT内，cwnd的增加不能超过一个SMSS。

RFC 5681还有一个建议：在一个RTT内，cwnd = cwnd + min(SMSS × SMSS / cwnd, 1)。因为SMSS × SMSS / cwnd有可能小于1，所以用min(SMSS × SMSS / cwnd, 1)进行修正，表示最少增加1B。

至此，关于cwnd的增加已经介绍了慢速启动和拥塞避免两个算法，如表4-28所示。

表4-28　慢速启动与拥塞避免的对比

方案	慢速启动	拥塞避免
方案1	cwnd = cwnd × 2	cwnd = cwnd + SMSS
方案2	cwnd = cwnd + SMSS	cwnd = cwnd + SMSS × SMSS / cwnd

为了看起来更加直观，表4-28中将相关公式做了一定的简化（省略了min、max）。另外，表4-28所描述的“方案1”和“方案2”并不是真的存在，只是为了对比“冲击感”而虚拟出的两个方案。换句话说，非常有可能慢速启动和拥塞避免两个算法都会采用cwnd = cwnd + SMSS。

（4）拥塞避免算法：ssthresh和cwnd的调整

当TCP遇到拥塞时，cwnd不能再继续增加，否则可能会越来越阻塞。此时不仅不能继续增加cwnd，而且ssthresh也需要调整，如图4-135所示。

图4-135中，t_1时刻，TCP发送端感知到了阻塞，这时它需要做3件事情。

①第1件事是调整ssthresh。ssthresh0是初始化的ssthresh，ssthresh1是调整后的ssthresh，其调整算法为

$$ssthresh = max(FlightSize/2, 2 \times SMSS)$$

式中，FlightSize为TCP已经发送的但是还未得到ACK的数据的size（字节数）。ssthresh这个调整算法的含义：调整为已发送未确认数据长度的一半（最小值不能小于2 × SMSS）。

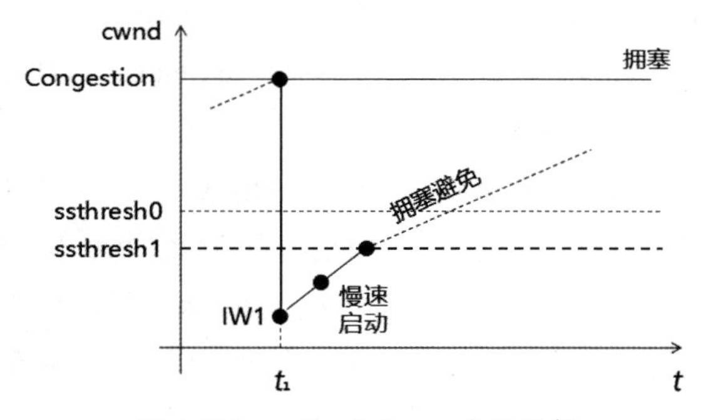

图4-135　ssthresh和cwnd的调整

前文介绍过，ssthresh的初始值（图4-135中的ssthresh0）可以取一个较大的值，但是并没有明确具体数值。现在我们看到，ssthresh0取多少并不是最重要的，因为在实际的数据传输中它可以动态调整，最终总能调整到一个比较合适的值。当然，根据经验，设置一个相对比较合理的

ssthresh 初始值也是有一定必要的。

②除了调整 ssthresh 外，TCP 还需要做第 2 件事，那就是将 cwnd 重新初始化（图 4-135 中的 IW1）。IW1 仍然是一个经验数据，RFC 5681 并没有明确规定，只强调了 IW1 不能大于 SMSS。

③将 cwnd 调低以后，如果网络又不堵塞了呢？所以 cwnd 不能在调低之后再也不管了。TCP 做的第 3 件事情就是根据网络状况增大 cwnd，即继续重复慢速启动算法、拥塞避免算法，直到下一次的网络拥塞再次来到。

可以看到，网络拥塞后，TCP 所做的事情其实是：调整 ssthresh 和 cwnd 的初始值；继续重复慢速启动算法、拥塞避免算法。

那么问题来了，TCP 这种循环往复的做法是不是很烦琐？如图 4-136 所示。

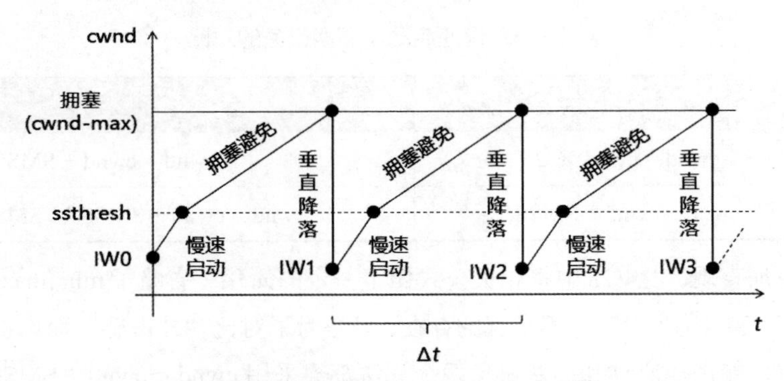

图 4-136　慢速启动和拥塞避免的循环

图 4-136 做了一些简化：将每次拥塞发生时的 cwnd 简化为相同；将每次拥塞发生时的 ssthresh 简化为相同；将每次循环减缓为相同的周期（实际上每次循环的时间间隔不可能相同）。之所以做这些简化，是为了能更加直观地体现慢速启动和拥塞避免的循环。

图 4-136 将 cwnd 增加大 cwnd-max，达到拥塞，然后垂直降落，然后再“艰难”地爬坡……TCP 是否在做无用功？

首先，网络拥塞不一定是由某一个 TCP 连接造成的。图 4-136 反映的是一个 TCP 连接的慢速启动和拥塞避免算法，但是图中的网络拥塞不一定是由这个连接造成的。如果不是由该连接造成的，那么图 4-136 中的“爬上去、滑下来”的过程是一个非常智能的行为：TCP 非常及时、正确地根据网络拥塞情况调整了自己的参数。其次，图中看似循环周期很短，但实际却是很长的。

2. 快速重传和快速恢复

前面讲述的网络拥塞，指的是 TCP 发送方发送一批数据（一个或多个报文），一直等到超时（RTO），也没有收到对方的 ACK 报文。但是对网络拥塞的处理有一个前提假设，即网络长时间拥塞，如图 4-137 所示。假设 B 对 A 所发送的每一个报文都应该回以一个 ACK 报文，但由于网络拥塞，每一个 ACK 报文 A 都没有收到。这就是网络长时间拥塞。TCP 发送方“感知”到一个报文的超时后，就会认为网络长时间拥塞，所以它形成了一个“垂直降落”。

但是有一种场景，那就是网络偶尔拥塞，对应到图 4-137 中，仅仅其中一个 ACK 报文没有收到，那么 TCP 是不是有更好的处理方案呢？答案是肯定的，那就是快速重传和快速恢复。

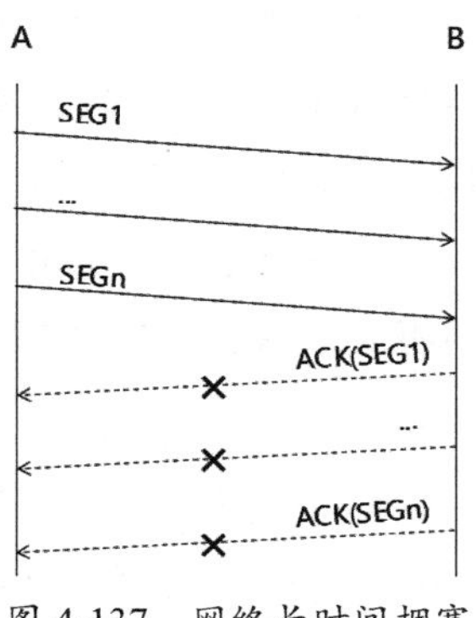

图 4-137　网络长时间拥塞

（1）关于报文乱序和丢包的 ACK

在介绍快速重传和快速恢复之前，首先介绍一个补充知识：如果 TCP 接收方收到的报文是乱序的或丢包了，它该如何回应 ACK？

先看乱序，如图 4-138 所示。A 按照顺序向 B 发送 3 个报文：SEG1、SEG2、SEG3，但是 B 收到的报文顺序却变成了 SEG1、SEG3、SEG2。那么，B 应该如何应答 A 呢?

对于 B 收到的第 1 个报文 SEG1，B 可以正常地回以 ACK(SEG1, AKN = 200)。对于 B 收到的第 2 个报文 SEG3，B 能够通过 SEG3 的 SEQ(300) 判断出这不是它所期望的报文（它所期望的报文的 SEQ = 200），而是它所期望的报文的后续报文，此时它仍然回以 ACK(SEG1, AKN = 200)，告诉 A 它所期望的报文的 SEQ = 200。但是，B 并不会将 SEG3 丢弃，而是保存起来，因为这对于 TCP 来说是一个比较正常的情形。

对于 B 收到的第 2 个报文 SEG2，才是 B 期望的那个报文。而且非常凑巧，本次所收到的报文 SEG2，和上次所收到的报文 SEG3，正好可以连在一起（SEG2.SEQ + SEG2.DataLen = SEG3.SEQ），于是 B 就将 SEG2 和 SEG3 一起给确认了，回以 ACK(SEG3, AKN = 400)，即告诉 A，从 SEQ = 200 到 SEQ = 399 这么多数据都收到了（对应报文 SEG2、SEG3），下一个所期望收到的报文的 SEQ = 400。

说明：（ACK(SEG*i*)、ACK(SEG*i*, AKN = N）是一种简化的表达方法，其含义是：该 ACK 报文是针对 SEG*i* 及其之前所有未确认报文的 ACK 报文，其中 AKN 字段的值等于 N，即 SEG*i*.SEQ + SEG*i*.DataLen。

乱序对于 TCP 双方来说不是特别要紧，但是如果丢包呢？如图 4-139 所示。

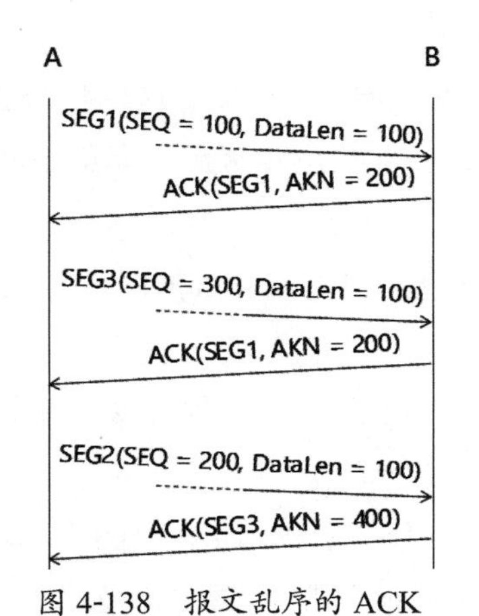

图 4-138　报文乱序的 ACK

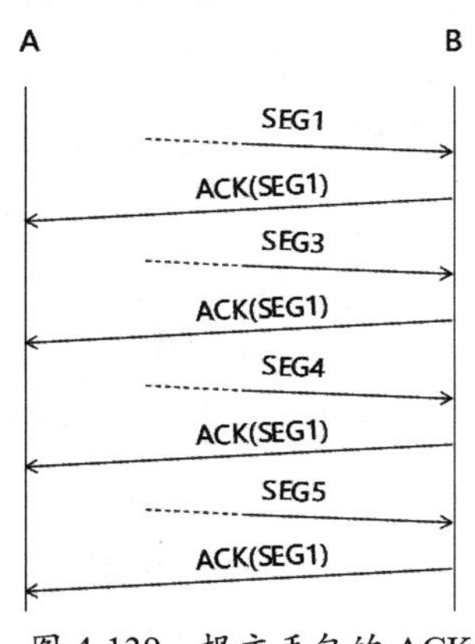

图 4-139　报文丢包的 ACK

图 4-139 中，A 发送的报文 SEG2 由于某种原因没有到达 B，可以看到，B 一直回以 ACK(SEG1)。这比较好理解，假设 B 收到报文 SEG3 时回以 ACK(SEG3)，那么 A 就会认为 B 也收到了 SEG2，并且是将 SEG2、SEG3 打包 ACK（基于 Delay ACK 机制）。

更一般地，TCP 并不知道报文是乱序还是丢包，只要它所接收的报文的 SEQ 大于所期望的报文的 SEQ(SEG.SEQ > ACK.AKN)，就会一直回以 ACK，其中 ACK.AKN 等于它所期望的 SEQ。

由于后面的内容中涉及"重复 ACK"这个概念，因此这里对"重复 ACK"做一个定义。从图 4-139 可以看到，B 回应的第 1 个 ACK 报文是一个正常的回应，而后续的 3 个 ACK 报文都是重复 ACK。RFC 5681 关于"重复 ACK"的定义如下。

①收到 ACK 报文的一方（图 4-139 中的 A），需要有已发送未确认的数据。

②收到的 ACK 报文中没有包含数据。

③收到的 ACK 报文中的 SYN 和 FIN 标记都是关闭的（其值为 0）。

④收到的 ACK 报文中的 AKN 等于自己发送空间的 UNA。

⑤收到的 ACK 报文，其所通告的 Window 大小与上次 ACK 报文的 Window 的大小相同。

这个定义同时也暗示了，TCP 面对乱序或丢包时，其所回应的 ACK 报文是不会变化 Window 字段的。

以图 4-139 为例，将该定义解释如下。

① A 发送报文 SEG1，B 回以 ACK(SEG1)，其中 ACK.AKN = 200, ACK.Window = 1000。

② A 发送报文 SEG2，假设 SEG2.SEQ = 200，此时 A 的已发送未确认报文的 SEQ 等于 200，即 A.UNA = 200。

③由于 SEG2 丢失，B 并没有收到，因此 B 不会回以报文 ACK(SEQ2)。

④ A 发送报文 SEG3，根据前文描述，B 收到 SEG3 以后会回以 ACK(SEQ1)，即 ACK.AKN = 200 = A.UNA，ACK.Window = 1000。我们把该 ACK 报文记为 ACK1。

⑤ A 发送报文 SEG4，同理，B 回复的报文，从内容上来说，仍然是 ACK1，这是第 1 次重复 ACK。

⑥ A 发送报文 SEG5，同理，B 回复的报文，从内容上来说，仍然是 ACK1，这是第 2 次重复 ACK。

⑦ A 发送报文 SEG6，同理，B 回复的报文，从内容上来说，仍然是 ACK1，这是第 3 次重复 ACK。

……

RFC 5681 为什么要对"重复 ACK"做如此严格的定义呢？这与快速重传机制有关。

（2）快速重传和快速恢复算法

严格来说，单纯的快速重传与拥塞控制没有多大关系，它仅仅是为了提升发送效率。为了方便理解，我们将图 4-139 重新命名为"3 次重复 ACK"。

对于 A 来说，它每收到一次重复 ACK 都会有疑问：为什么会收到重复 ACK？是 SEG2 丢包还是 SEG2 乱序（到达 B 的时间比较晚）？还是网络将 ACK 报文错误地重复发送了？

如果A收到了3次重复的ACK，它该怎么做?

一种做法是继续发送它的报文SEG6、SEG7……一直到超时时间（RTO）到，A发送自己还没有收到SEG2的ACK报文，这时才会发现原来SEG2超时了，需要重传。这就是传统的超时重传策略。

还有一种做法是，SEG2丢包了，便直接认为SEG2超时了，就重传SEG2。这种收到3次重复ACK就认为是丢包，并且重传该报文的策略，称为快速重传。

从这个意义上讲，快速重传确实与拥塞控制没有多大关系。然而，会有以下问题。

①既然认为是丢包了（就算实际上没有丢包，SEG2还在网络中，那时延也已经很大了）那说明网络发生了拥塞。既然网络发送了拥塞，那么是否将ssthresh垂直降落，然后进入慢速启动/拥塞避免状态呢?

②但是，网络拥塞的状况似乎也没有多严重。毕竟随后发送的报文（SEG3 ~ SEG5)，对方应该是都收到了，并且也回应了ACK（虽然是3次重复的ACK(SEG1)）。那么是不是可以认为网络已经不拥塞了（就算曾经拥塞过一小段时间，现在也已经变好了）？是否不必“垂直降落/慢速启动”了？是不是就保持当前状态?

对于这两个想法，RFC 5681进行了一定的折中，提出了“快速重传-快速恢复”算法。超时重传也好，快速重传也好，它们的本质是一样的。

①都是对“丢包”的一种探测。TCP不知道这个报文是被网络丢弃了还是仍然在网络中传输（只是传输得有点慢)，只能根据自己的“感觉”来“赌”一把，或者通过“超时”，或者通过“3次重复ACK”。两种“赌”法的概率都比较高，相对而言，通过“3次重复ACK”的效率更高。

②都是对“丢包”的一种“修复”。既然认为丢包了，那就得修复它。对于这一点两者是一样的，都是重传该报文。

超时重传后，“垂直降落-慢速启动=拥塞避免”算法接管了后续的发送策略，而快速重传后，接管发送策略的快速恢复算法。

“快速重传-快速恢复”的算法如下。

①当TCP发送方收到第1个和第2个重复ACK时，它仍然按照原来的策略发送新报文，如图4-140中继续发送SEG4、SEG5。此时，发送方不能调整cwnd。

②当TCP收到第3个重复ACK时，它需要调整ssthresh：ssthresh ≤ max (FlightSize / 2, 2×SMSS)。

③“丢包”被重传（SEG.SEQ = TCP.UNA），即快速重传。

④将cwnd设置为cwnd = ssthresh + 3 × SMSS。

⑤后续如果还收到重复ACK（第5次、第6次、……），每收到一次，cwnd = cwnd + SMSS。而且此时可以继续发送新数据（发送空间里的“已允许未发送”数据）。

⑥当收到对方新的ACK时（对方收到了重传报文，并给予正确的回应)，需要重新将cwnd设

置为 cwnd = ssthresh。

⑦在随后的过程中，TCP 进入拥塞避免状态，即采用拥塞避免算法：cwnd = ssthresh。

以上所述算法可以总结为图 4-140。

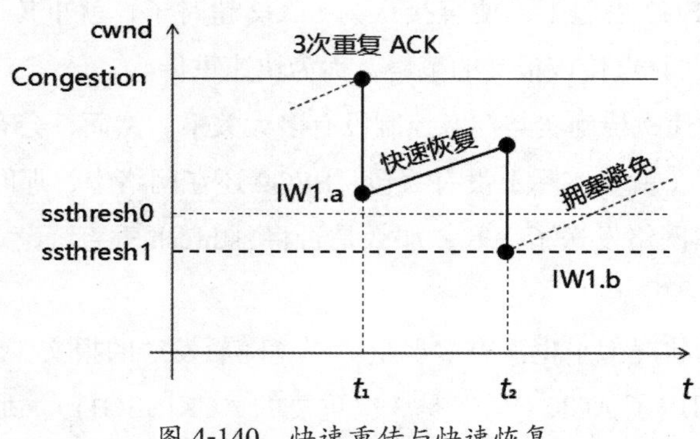

图 4-140　快速重传与快速恢复

通过图 4-140 可以看到，在 t_1 时刻，TCP 感知到了网络拥塞，只不过感知方法不是报文超时，而是收到了 3 次重复 ACK。感知网络超时以后，TCP 除了快速重传外，还将 ssthresh 进行了调整，同时也将 cwnd 进行了调整（图 4-140 中的 IW1.a）。在 t_2 时刻，TCP 收到了对应的 ACK 报文，此时它继续调整 cwnd（图 4-140 中的 IW1.b），并进入拥塞避免状态。

通过图 4-140 也可以看到，感知到拥塞以后，TCP 并没有进入慢速启动状态，而是进入快速恢复状态（图 4-140 中的 t_1 ~ t_2 时间段）。待快速恢复完成以后，TCP 再度进入拥塞避免阶段。

上述算法中关于 cwnd 的调整，有时为 cwnd = ssthresh + 3 * SMSS（图 4-140 中的 IW1.a），有时为 cwnd = ssthresh（图 4-140 中的 IW1.b）。这体现了 TCP 面对网络拥塞时的很多正能量思想。

①收到 3 次重复 ACK 以后，不仅快速重传，调整 ssthresh，而且会将 cwnd 调整为 cwnd = ssthresh + 3 × SMSS。这里的“3 × SMSS”，是 TCP 认为自己所发送的报文“SEG3 ~ SEG5”并没有在网络上淤积，因为它收到了 3 次重复的 ACK。所以，TCP 就增加了自己的配额——增加“3 × SMSS”。

②当快速重传并且收到对应的 ACK 以后，TCP 又将 cwnd 调整回来使 cwnd = ssthresh，这时 TCP 认为应该进入正常的轨道：进入拥塞避免状态，此时 cwnd 应该等于 ssthresh，然后再利用拥塞避免算法慢慢增加 cwnd。

所以 cwnd 的值会不断变化，正如其名字所暗示的那样，TCP 不是一个传输协议，而是一个控制协议。

（3）两类拥塞控制算法的比较

纵观“快速重传 - 快速恢复”算法和“慢速启动 - 拥塞避免”算法，两者的不同点如下。

①对于丢包的检测方法不同（丢包也就意味着拥塞）。前者使用 3 次重复 ACK 当作判断标准，而后者使用超时当作判断标准。

②拥塞（丢包）发生后，前者并没有将 cwnd 值迅速减小，而是将 cwnd 设置为 cwnd = ssthresh + 3 × SMSS；后者则将 cwnd 垂直降落：cwnd ≤ SMSS。

③拥塞（丢包）发生后，前者进入拥塞避免状态，而后者进入快速启动状态。

对于“快速重传 - 快速恢复”算法和“慢速启动 - 拥塞避免”算法，两者的相同点如下。

①拥塞（丢包）发生后，两者都将 sstrhresh 进行了调整。

②公式相同：ssthresh = max (FlightSize / 2, 2×SMSS)。

对以上的比较进行总结，如表 4-29 所示。

表 4-29 “快速重传 - 快速恢复”算法和“慢速启动 - 拥塞避免”算法的比较

比较项	比较结果	快速重传 - 快速恢复	慢速启动 - 拥塞避免
拥塞检测	不同	3 次重复 ACK	超时
拥塞后，ssthresh 的调整	相同	ssthresh = max (FlightSize / 2, 2×SMSS)	
拥塞后，cwnd 的调整	不同	cwnd = ssthresh + 3 × SMSS	cwnd = SMSS
拥塞后的状态	不同	快速恢复	慢速启动

“快速重传 - 快速恢复”算法和“慢速启动 - 拥塞避免”算法的状态机可以总结为如图 4-141 所示。

通过以上比较可以看到，“快速重传 - 快速恢复”算法和“慢速启动 - 拥塞避免”算法之所以有如此不同，是因为两者对于拥塞程度的判断不同。“慢速启动 - 拥塞避免”算法比较“悲观”，因为它感知到了超时；“快速重传 - 快速恢复”算法相对来说比较“乐观”，因为它在感知到丢包的同时也发现后续的报文没有问题。

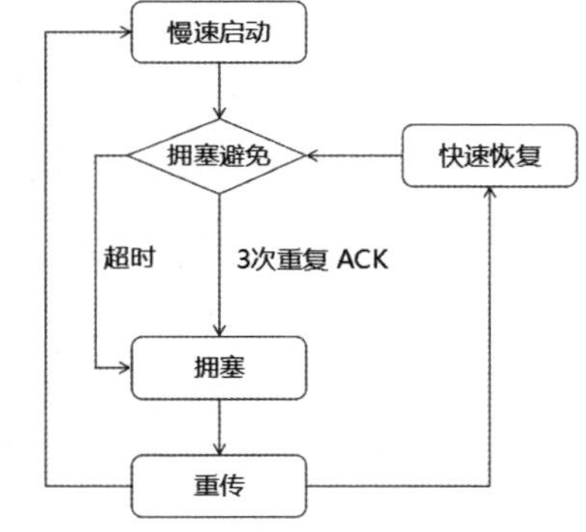

图 4-141 拥塞控制的状态机

3. 快速重传和快速恢复算法的修正

图 4-142 表达的是多次报文丢失的场景，A 向 B 发送了报文 SEG1 ~ SEG7，但是其中的 SEG2、SEG4、SEG6 都丢失了。那么对于 B 来说，它该怎么应答呢？如图 4-143 所示。

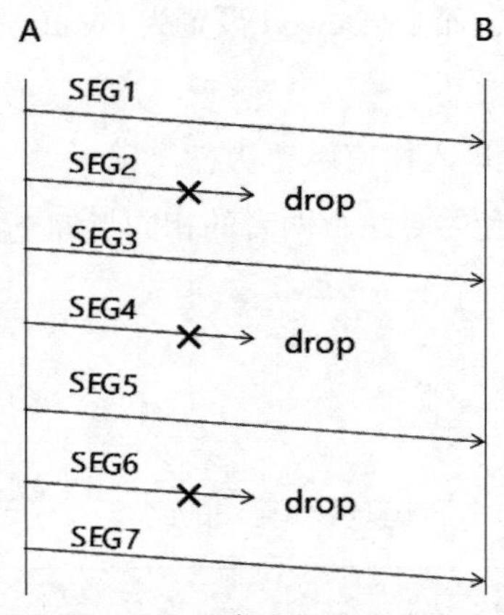

图 4-142　多次报文丢失

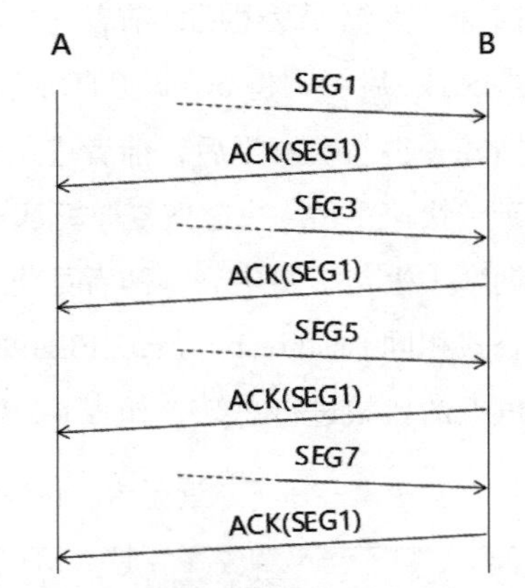

图 4-143　多次报文丢失的重复 ACK

通过图 4-143 可以看到，B 重复应答了 3 次 ACK(SEG1)。对于 B 来说这很正常，只要没有收到 SEG2，针对后面所有收到的报文（SEG3、SEG5、SEG7），它都会应答 ACK(SEG1)。对于 A 来说，它暂时还感觉不到仅仅是 SEG2 报文丢失了还是有其他报文也丢失了。A 所能感觉到的就是收到了 3 次重复 ACK，然后发起快速重传，如图 4-144 所示。

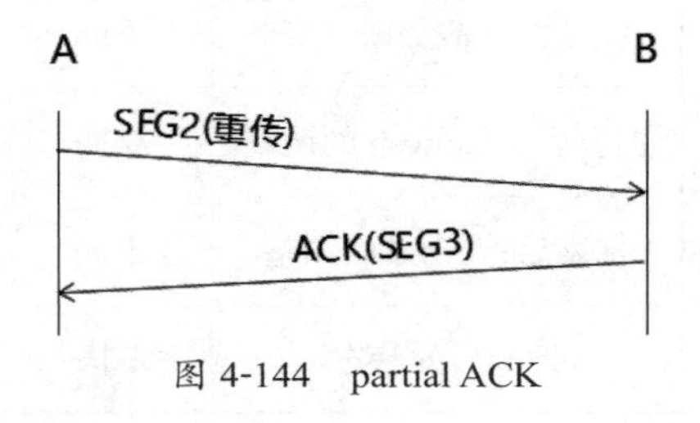

图 4-144　partial ACK

通过图 4-144 可以看到，A 重传了 SEG2 以后，收到了 B 的回应报文 ACK(SEG3)。但是这样的 ACK 报文对于 A 来说不是其所期望的，因此 A 已经发送到了 SEG7，它所期望的也是 ACK(SEG7)。我们暂时先不介绍 A 收到 ACK(SEG3) 后应该怎么办（后文介绍），先给出如下定义。

① full ACK（全确认）: TCP 发送方收到对方一个 ACK 报文，如果该 ACK 报文将发送方的“已发送未确认”数据全都确认，那么该 ACK 报文称为 full ACK。

② partial ACK（部分确认）: TCP 发送方收到对方一个 ACK 报文，如果该 ACK 报文仅仅是将发送方的“已发送未确认”数据确认了一部分，那么该 ACK 报文称为 partial ACK。

对于 partial ACK，没有给出明确的说法该如何处理。实际上针对该问题有多种解决方案，比较典型的有基于 SACK 的方案，但是不是每个 TCP 终端都实现或开启了 SACK 选项；另一种比较典型的方案是 RFC 6582 介绍的内容，它并不依赖 SACK。本小节只介绍后者，SACK 相关的内容放到第 4.3.10 节中讲述。

对于 partial ACK 而言，最直观的思路就是：既然重传一次不行，那就继续重传，如图 4-145 所示。

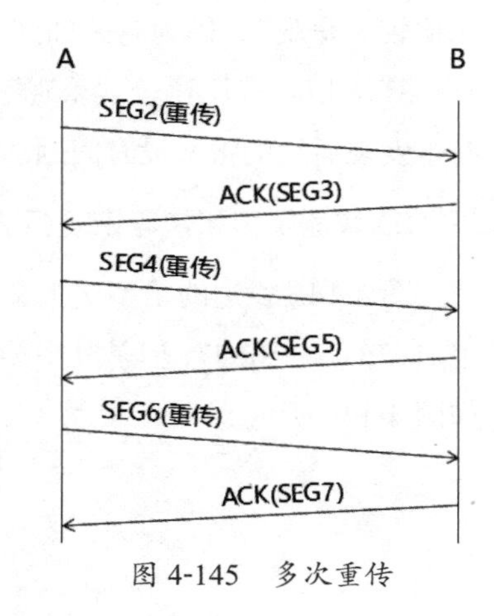

图 4-145　多次重传

图 4-145 中，A 重传了 SEG2，收到了 ACK(SEG3)；再重传

SEG4，收到了 ACK(SEG5)；再重传 SEG6，收到了 ACK(SEG7)。至此，对于 A 来说，它的“已发送未确认”的报文全都确认完毕，不需要（也没有报文需要）重传，即快速重传任务结束。

事实上，RFC 6582 也是这样处理的。RFC 6582 中的做法是对 RFC 5681 的一个轻微的但是又显著的改动。

以图 4-143 所述的 SEG2 丢包为例，RFC 5681 对于 partial ACK 的实现方法如下。

① A 收到 3 次重复的 ACK(SEG1) 报文后，重传 SEG2。

②之后 A 不会再处理重复 ACK，即使会继续收到 3 次重复的 ACK(SEG3)。

③直到 SEG4 的超时时间到，A 认为拥塞了，就会进入“垂直降落 - 慢速启动 - 拥塞避免”处理过程。

可以看到，RFC 5681 的实现传送效率不高，而且它只需做一个小小的改进即可提高效率。但是 RFC 5681 并没有做，一直等到 RFC 6582 才做了如此改进。

当然，RFC 6582 关于 partial ACK 的改进不仅仅是图 4-144 中描述的那样：再次遇到 3 次重复 ACK，就再次快速重传，它还需要调整 cwnd（RFC 5681 中没有调整 ssthresh）。因为多次快速重传固然重要，但是重传只是一刹那的行为，重传之后还需要进入“较长”时间而且非常重要的快速恢复阶段，而 cwnd（和 ssthresh）正是快速恢复的“精髓”。

为了介绍 RFC 5681 对“快速重传 - 快速恢复”算法的调整，首先介绍一个名词 recovery，recovery 指的是在快速恢复阶段，必须要确认的序列号。

RFC 6582 对“快速重传 - 快速恢复”算法的调整如下。

①初始化 recovery。当 TCP 的 TCB 初始化时，将 recovery 初始化为初始的序列号，即 recovery = ISN。需要注意的是，当初始化以后，recovery 的值不再改变，直到收到了 3 次重复 ACK。这一点非常重要，否则第②点无法理解。

②当收到 3 次重复 ACK 以后，TCP 首先检查重复 ACK 的确认序列号（AKN）是否覆盖了 recovery，即检查如下不等式是否成立：AKN – 1 > recovery。如果此不等式成立，那么将 recovery 赋值为当前已经发送待确认的最大序列号，同时进入“快速重传 - 快速恢复”状态；否则，不修改 recovery 的值，也不进入“快速重传 - 快速恢复”状态。

实际上，该不等式只有在 TCP 连接创建的过程中或传输第 1 包数据时出现了丢包才有可能不成立。所以，这个检查就是为了更加准确地限制“快速重传 - 快速恢复”的使用场景：当在 TCP 连接创建的过程中或传输第 1 包数据时收到 3 次重复 ACK，那么 TCP 不做任何处理，静待超时；只有在第 2 包及以后的数据传输过程中收到 3 次重复 ACK，TCP 才会启动“快速重传 - 快速恢复”算法。

③当快速重传一个报文（记为 SEG*i*），并且收到了该报文的 ACK 报文［记为 ACK(SEG*i*)］时，视情况而定。

- 如果该确认报文 ACK(SEG*i*) 是 full ACK，那么快速恢复阶段结束，此时对于 cwnd 的调整，

RFC 6582 有如下两个选择：cwnd = min［ssthresh, max(FlightSize, SMSS) + SMSS］或 cwnd = ssthresh。

后者与 RFC 5681 相同，前者与后者相比较保守。

- 如果该确认报文 ACK(SEG*i*) 是 partial ACK，即 ACK(SEG*i*).AKN < recovery，那说明快速恢复阶段还不能结束，需要继续重传发送空间中已发送未确认的报文，同时还需要调整 cwnd。对于 cwnd 的调整，下面用一段伪码表示。

```
# M是ACK(SEGi) 报文所确认的字节数
cwnd = cwnd - M
if (M >= SMSS)
{
    cwnd = cwnd + SMSS
}
```

简单的理解，该调整与 RFC 5681 相比，cwnd 多减去了一个 M［ACK(SEGi) 报文确认的字节数］，仍然是趋于保守的思路。

以上关于 RFC 6582 算法的讲述，可以总结为图 4-146。

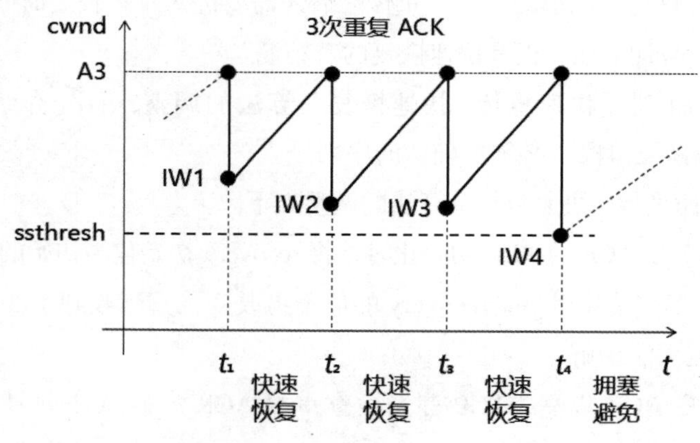

图 4-146　RFC 6582 的算法示意

需要强调的是，图 4-146 仅仅是一个示意。如 A3 表示 TCP 收到了 3 次重复 ACK，但是并不意味着每次收到 3 次重复 ACK，其 cwnd 都等于 A3。

可以分为如下两点理解图 4-146（或者 RFC 6582）。

①基本面：图 4-146 中，t_1、t_2、t_3 时刻 TCP 都收到了 3 次重复 ACK，所以 TCP 会快速重传并且进入快速恢复状态；而在 t_4 时刻，TCP 收到了 full ACK，所以进入拥塞避免状态。

②本质：图 4-146 中，t_1、t_2、t_3 时刻 TCP 都收到了 3 次重复 ACK，这意味着网络中的拥塞还没有完全恢复，所以 TCP 有必要调低 cwnd（进入快速恢复状态）；而当 t_4 时刻，TCP 收到了 full ACK，这说明网络中的拥塞已经完全恢复，所以进入拥塞避免状态。

4.3.10 SACK

从算法上来说，快速重传已经尽量兼顾了效率和避免错误，但是从效果上来说，它还不是最优的。SACK 选项（Selective Acknowledgement Options）是另一种较好的选择。因为 SACK 比快速重传能够获取更多的辅助信息来帮助其决策，而这些更多的信息正是 SACK 自己带来的。

1. SACK 基本概念

首先介绍一个具体的例子，假设A给B发送7个报文，并且其中第2、4、6个报文丢包，如表4-30所示。

表 4-30 A、B 间的 7 个报文

A 发送给 B 的报文	B 应答 A 的报文
SEG1, SEQ: 100 ~ 199	ACK1：AKN = 200
SEG2, SEQ: 200 ~ 299，丢包	ACK2：不会发送，因为没有收到 SEG2
SEG3, SEQ: 300 ~ 399	ACK3：AKN = 200
SEG4, SEQ: 400 ~ 499，丢包	ACK4：不会发送，因为没有收到 SEG4
SEG5, SEQ: 500 ~ 599	ACK5：AKN = 200
SEG6, SEQ: 600 ~ 699，丢包	ACK6：不会发送，因为没有收到 SEG6
SEG7, SEQ: 700 ~ 799	ACK7：AKN = 200

当 A 收到 B 的应答报文 ACK7 时，A 根据“3 次重复 ACK”判断 SEG2 丢包，但并不知道 SEG4、SEG6 也丢包了。

根据前文的描述可知，A 收到 ACK7 时会快速重传报文 SEG2，然后收到 B 的回应报文（记为 ACK2，其中 AKN = 400），此时才能知道 SEG4 丢包；所以，A 会继续重传 SEG4，然后收到回应报文（记为 ACK4, 其中 AKN = 600），此时又知道 SEG6 丢包，依此类准。

通过以上例子可以看到，对于多个丢包的情况，TCP 只能明确地判断出第 1 个丢包的报文，而对于其他的丢包，TCP 只能通过试探才能一一知晓，而每一次试探都需要一个 RTT 时间，即每一个 RTT 时间，TCP 只能发送一个报文，这严重影响了 TCP 的发送效率。

为了解决这个问题，可以采取一种更加激进的做法，即在收到 ACK7 的时刻（收到 3 次重复 ACK 时），即使只能判断出 SEG2 丢包其他报文情况未明、知道其他报文肯定也有未丢包的（否则不会收到 3 次重复 ACK），但是仍是从 SEG2 开始到 SEG7 将这 6 个报文全部重发。

如此激进的做法固然能提高丢包报文的重传效率，但是也额外多发送了未丢包的报文：于己，最终结果可能是不快反慢；于对方，增大对方很多不必要的负担；于网络，增加很多不必要的传输压力。可以看到，此激进做法没有任何优点。

但是，客观地说，上文所介绍的两种方法都是一种无奈的选择，因为它确实不知道哪些报文已丢失。这时，则需要用到 SACK。

（1）SACK 的定义

SACK 实际上涉及两个 TCP 选项（Option）：Sack-Permitted Option 和 Sack Option。

Sack-Permitted Option 的目的是 TCP 双方协商能否使用 Sack Option，其数据格式如图 4-147 所示。Sack-Permitted Option 占有 2 字节。第 1 个字节表示 Option Type，其值等于 4（代表自己是 Sack-Permitted Option）；第 2 个字节表示该数据结构的长度，其值等于 2（2 字节）。也就是说，Sack-Permitted Option 本身并不包含具体的值。

1字节	1字节
Type (4)	Length (2)

图 4-147　Sack-Permitted Option 数据格式

Sack-Permitted Option 和其他协商选项一样，也是在创建 TCP 连接时协商，其协商的过程也比较简单。

①假设 A 向 B 发送连接创建报文 SYN，如果 A 在 SYN 报文中包含该选项，那么 B 就认为 A 具有 Sack Option 能力。那么在接下来的数据传送过程中，如果 B 有 Sack Option 的能力，它就可以在 ACK 报文中携带 Sack Option；如果 B 没有该能力，那么 B 也无须做什么特别的反应，只需在随后的数据 ACK 报文中不携带 Sack Option 即可。

② TCP 的连接是双向的。如果 B 具备 Sack Option 能力，并且也期望 A 的数据 ACK 报文中能够携带 Sack Option，那么在接下来的 SYN/ACK 报文中，B 也包含 Sack-Permitted Option 即可。A 收到 B 的 Sack-Permitted Option，其处理方法与上文所说的 B 的方法一致。

协商成功的 TCP 连接，在后续的数据传输过程中就可以使用 Sack Option。Sack Option 数据格式如图 4-148 所示。

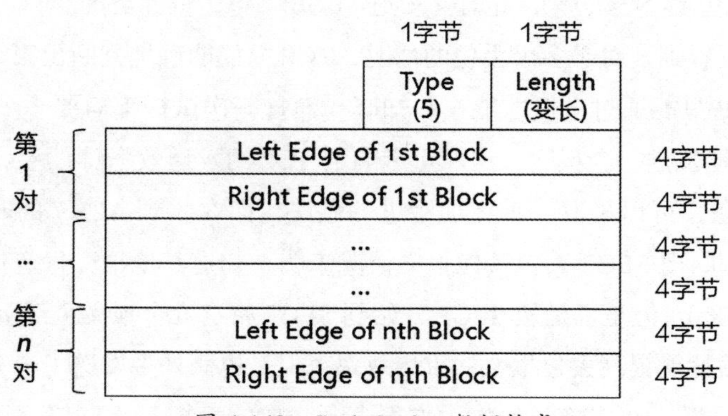

图 4-148　Sack Option 数据格式

Sack Option 是一个 Type = 5，Length 是变长的字段，它包含 n 对（pair）Left Edge/Right Edge。其中 Left Edge（简记为 LE）和 Right Edge（简写为 RE）都占有 32bit（4 字节）。由于 TCP Option 最多可以占有 40 字节，因此 Sack Option 最多可以包含 4 对 LE/RE。

LE 和 RE 总是成对出现的，TCP 将一对 LE/RE 称为 SACK Block。下面看一个例子，为了简化描述和易于理解，假设 A 向 B 发送了 3 个报文，其中第 2 个报文丢包，3 个报文的序列号仍然是表 4-30 中描述的序列号。这时，如果 TCP 双方支持 Sack Option，那么双方发送的报文如表 4-31 所示。

表 4-31　Sack Option 示例 1

A 发送给 B 的报文		B 应答 A 的报文			
编号	SEG	编号	AKN	LE	RE
SEG1	100 ~ 199	ACK1	200	不存在	不存在
SEG2	200 ~ 299 丢包	ACK2，不会发送，因为没有收到 SEG2			
SEG3	300 ~ 399	ACK3	200	LE1 = 300	RE1 = 400

通过表 4-31 可以看到，第 1 个报文的一发一答（SEG1/ACK1）与普通的没有 Sack Option 的报文是一样的，ACK1 中并不包含 LE/RE。第 2 个报文 SEG2 由于丢包，因此 B 不会应答 A。第 3 个报文的一发一答（SEG3/ACK3）则比较特列，这时可以看如下内容。

① ACK3 的 AKN 仍然与普通的没有 Sack Option 的报文是一样的，代表它所期望的报文的序列号是 200（暗示当前所收到的报文 SEG3 的序列号有问题）。

② ACK3 多了 Sack Option 选项，其中 LE1 = 300，RE1 = 400，表示固然所收到的报文的序列号有问题，但是该报文仍然收到且被接纳（接收方将报文缓存），这个报文的序列号是 300（LE1）~ 400（RE1）。需要注意的是，RE1 的值是 ACK3.RE1 = SEG3.SEQ + SEG3.DataLen，即 SEG3 的最后一个数据的序列号再加上 1（这与 AKN 的赋值思路是一样的）。

通过这个例子，我们可以给出 LE 和 RE 的定义。

① LE：接收方收到的非期望的并且接纳（缓存）的数据的左边缘序列号。

② RE：接收方收到的非期望的并且接纳（缓存）的数据的右边缘序列号再加上 1。

Sack Option 中关于 LE 和 RE 的数据结构的定义有多个 SACK Block。下面再看一个例子，如表 4-32 所示。

表 4-32　Sack Option 示例 2

A 发送给 B 的报文		B 应答 A 的报文			
编号	SEG	编号	AKN	LE	RE
SEG1	100 ~ 199	ACK1	200	不存在	不存在
SEG2	200 ~ 299 丢包	ACK2，不会发送，因为没有收到 SEG2			
SEG3	300 ~ 399	ACK3	200	LE1 = 300	RE1 = 400
SEG4	400 ~ 499 丢包	ACK4，不会发送，因为没有收到 SEG4			
SEG5	500 ~ 599	ACK5	200	LE1 = 500 LE2 = 300	RE1 = 600 RE2 = 400
SEG6	600 ~ 699 丢包	ACK6，不会发送，因为没有收到 SEG6			
SEG7	700 ~ 799	ACK7	200	LE1 = 700 LE2 = 500 LE3 = 300	RE1 = 800 RE2 = 600 RE3 = 400

通过表 4-32 可以看到多个 SACK Block（LE/RE Pair）的必要性，因为 TCP 确实收到了多个非期望中的不连续的数据块。

那么，如果 TCP 收到了多个非期望中的连续的数据块会如何呢？如表 4-33 所示。

表 4-33　Sack Option 示例 3

A 发送给 B 的报文		B 应答 A 的报文			
编号	SEG	编号	AKN	LE	RE
SEG1	100 ~ 199	ACK1	200	不存在	不存在
SEG2	200 ~ 299 丢包	ACK2，不会发送，因为没有收到 SEG2			
SEG3	300 ~ 399	ACK3	200	LE1 = 300	RE1 = 400
SEG4	400 ~ 499	ACK4	200	LE1 = 300	RE1 = 500
SEG5	500 ~ 599	ACK5	200	LE1 = 300	RE1 = 600
SEG6	600 ~ 699	ACK6	200	LE1 = 300	RE1 = 700
SEG7	700 ~ 799	ACK7	200	LE1 = 300	RE1 = 800

通过表 4-33 可以看到，如果收到了多个非期望中的连续的数据块，TCP 会将这些连续的数据

块的序列号进行合并，从而组成一个 SACK Block。

通过以上示例可以看到，由于有 Sack Option，因此 TCP 对于报文丢包的情形十分清楚。尤其是示例 2，当收到 ACK7 时，TCP 可以精确地判断出 SEG2、SEG4、SEG6 这 3 个报文都丢包，这为它下一步的行为提供了更多的决策信息。

（2）TCP 接收方在 SACK 中的行为

在 SACK 的定义中，也隐含了一些 TCP 接收方在 SACK 的行为，这里将系统地进行介绍。

对于 TCP 接收方而言，它能否发送 Sack Option，首先取决于创建连接时是否成功协商了 Sack-Permitted Option。如果没有成功协商，TCP 接收方则不能（MUST NOT）发送 Sack Option。如果协商成功，TCP 接收方也可以不发送 Sack Option。但是如果不发送 Sack Option，那就永远不发送，不能时而发送时而不发送；反过来也一样，如果协商成功，如果选择发送，只要是需要 Sack Option 的地方（如 TCP 接收方遇到乱序或丢包时），那就要一直发送。

说明：因为 TCP 是全双工的，所以不能绝对地定义 TCP 双方中哪一方是发送方，哪一方是接收方。但是从分析问题的角度，仍然可以假设其中一方（记为 A）为发送方（发送数据），另一方（记为 B）为接收方（接收数据）。

如果协商成功，并且在必要时都选择发送 Sack Option，TCP 发送方仍然要遵循一定的原则。再来看一个例子，如表 4-34 所示。

表 4-34　Sack-Option 示例 4

A 发送给 B 的报文		B 应答 A 的报文			
编号	SEG	编号	AKN	LE	RE
SEG1	100 ~ 199	ACK1	200	不存在	不存在
SEG2	200 ~ 299 丢包	ACK2，不会发送，因为没有收到 SEG2			
SEG3	300 ~ 399	ACK3	200	LE1 = 300	RE1 = 400
SEG4	400 ~ 499 丢包	ACK4，不会发送，因为没有收到 SEG4			
SEG5	500 ~ 599	ACK5	200	LE1 = 500 **LE2 = 300**	RE1 = 600 **RE2 = 400**
SEG6	600 ~ 699 丢包	ACK6，不会发送，因为没有收到 SEG6			
SEG7	700 ~ 799	ACK7	200	LE1 = 700 **LE2 = 500** **LE3 = 300**	RE1 = 800 **RE2 = 600** **RE3 = 400**

表 4-34 与表 4-32（Sack-Option 示例 2）基本相同，只是在 ACK5、ACK7 的报文中对 LE2/RE2、LE3/RE3 的字体进行了加粗、加删除线，其目的是强调在 ACK5、ACK7 中根本没有 LE2/RE2、LE3/RE3，这使得 ACK5、ACK7 分别减少了 8B、16B。对于表 4-34 中的 A 来说，收到了 ACK3、ACK5、ACK7 以后，同样可以推断出 SEG2、SEG4、SEG6 这 3 个报文丢失了。

这不仅使所传输的报文的 size 减少，还没有丢失有效信息！但如果 ACK5 丢包了，那么 A 将无法推断出 SEG4 报文丢包了。为了规避 ACK 报文丢包的风险，TCP 选择了“冗余”传送 Sack-Option 的方法。所谓冗余，就是重复。表 4-32 中 ACK5 报文重复了［LE = 300, RE = 400］这一个 SACK Block，ACK7 报文重复了［LE = 300, RE = 400］、［LE = 500, RE = 600］这两个 SACK Block。

所以，TCP 发送 Sack-Option 的第 1 个原则是：尽可能多地发送 SACK Block，其背后的思想就是用冗余来规避 ACK 报文丢包的风险。

但是，Sack-Option 最多只能包含 4 个 SACK Block，如果遇到多于 4 个丢包的情形该如何处理呢？如表 4-35 所示。

表 4-35　Sack-Option 示例 5

A 发送给 B 的报文		B 应答 A 的报文			
编号	SEG	编号	AKN	LE	RE
SEG1	100 ~ 199	ACK1	200	不存在	不存在
SEG2	200 ~ 299 丢包	ACK2，不会发送，因为没有收到 SEG2			
SEG3	300 ~ 399	ACK3	200	LE1 = 300	RE1 = 400
SEG4 丢包、SEG5 正常、SEG6 丢包、SEG7 正常、SEG8 丢包、SEG9 正常					
SEG10	1000 ~ 1099 丢包	ACK10，不会发送，因为没有收到 SEG10			
SEG11	1100 ~ 1199	ACK11	200	LE1 = 1100 LE2 = 900 LE3 = 700 LE4 = 500 **LE5 = 300**	RE1 = 1200 RE2 = 1000 RE3 = 800 RE4 = 600 **RE5 = 400**

表 4-35 假设每个报文包含 100 字节的数据，同时 SEG2、SEG4、SEG6、SEG8、SEG10 丢包。从表 4-35 可以看到，TCP 试图在 Sack-Option 里包含当时所有的 SACK Block，但是由于个数的限制（最多 4 个），无法包含［LE = 300, RE = 400］这个 SACK Block。

但是，即便无法包含也没什么问题，因此 TCP 可以通过 ACK3、ACK5、ACK7、ACK9 这 4 个 ACK 报文来推断出［LE = 300, RE = 400］这个 SACK Block。而且即使这 4 个报文丢了 3 个也没有问题，这进一步说明了冗余的 SACK Block 的必要性。

但是，如果调换 SACK Block 的顺序会如何呢？如表 4-36 所示。

表 4-36　Sack-Option 示例 6

A 发送给 B 的报文		B 应答 A 的报文			
编号	SEG	编号	AKN	LE	RE
SEG1	100 ~ 199	ACK1	200	不存在	不存在
SEG2	200 ~ 299 丢包	ACK2，不会发送，因为没有收到 SEG2			
SEG3	300 ~ 399	ACK3	200	LE1 = 300	RE1 = 400
SEG4 丢包、SEG5 正常、SEG6 丢包、SEG7 正常、SEG8 丢包、SEG9 正常					
SEG10	1000 ~ 1099 丢包	ACK10，不会发送，因为没有收到 SEG10			
SEG11	1100 ~ 1199	ACK11	200	LE1 = 300 LE2 = 500 LE3 = 700 LE4 = 900 **LE5 = 1100**	RE1 = 400 RE2 = 600 RE3 = 800 RE4 = 1000 **RE5 = 1200**

表 4-36 与表 4-35 除了调换了 Sack-Option 中 SACK Block 的顺序外，其他基本相同。但是，表 4-36 中的 [LE = 1100, RE = 1200] 由于 SACK Block 个数的限制（最多 4 个），无法存在于 Sack-Option 中，即无法传递给 A，这就造成了有效信息的丢失。

更一般地，如果 Sack-Option 中 SACK Block 的顺序都是如表 4-36 中描述的那样，按照 SACK Block 中的序列号排序那么从第 5 个 SACK Block 开始，事实上都不会被传递到对方，这也就使得 Sack-Option 失去了意义。

所以，TCP 发送 Sack-Option 的第 2 个原则是：Sack-Option 中要存放最近发生的 SACK Block，其背后的思想就是资源有限（最多只有 4 个 SACK Block），有效信息（SACK Block）不丢。

既然是存放最近发生的 SACK Block，那么这几个 SACK Block 是否要排序呢？这就引出了 TCP 发送 Sack-Option 的第 3 个原则：Sack-Option 中的第 1 个 SACK Block 一定要是最新的，而其他几个 SACK Block 则不需要排序（任意顺序都可以）。该原则与 TCP 编程的效率有关，这里不过多介绍。

TCP 接收方既然向对方发送了 Sack-Option，那么就意味着接收方已经收到了其中 SACK Block 所指代的数据，并且已经缓存，但其中有两点需要注意。

① TCP 并不会将 SACK Block 所指代的数据提交给上层应用。

② TCP 可能会将 SACK Block 所指代的数据删除（如遇到缓存紧张的情况）。RFC 2018 把这

种删除行为称为 renege（违约、食言、反悔）。

其中第②点又引出了 TCP 发送 Sack-Option 的第 4 个原则：Sack-Option 中的第 1 个 SACK Block 一定要是最新的，即使它（所对应的数据）即将被删除；Sack-Option 中的其他几个 SACK Block 一定不能包含即将被删除数据的序列号。

（3）TCP 发送方在 SACK 中的行为

我们知道，TCP 的发送空间中有一个队列存放着“已发送未确认”的数据，当超时时间到或收到“3 次重复 ACK”时，TCP 会重传这些“已发送未确认”的数据。有了 Sack-Option 后，TCP 显然可以优化其重传行为。

当 TCP 收到包含 Sack-Option 的 ACK 报文时，它会依据其中的 SACK Block 将“已发送未确认”队列中相应的报文加上 SACKed 标签（SACKed = true）。这样当重传时，TCP 就不会重传这些报文。

因为 TCP 接收方有可能会拒绝（renege），所以有一点特别重要：对于那些加上 SACKed 标签的报文，可以不重传，但是一定不能删除，一定要等到这些报文被 ACK 报文明确确认了以后才能删除。

另外，RFC 2018 还强调了一点，当“已发送未确认”队列中的任意一个报文超时时间到时，该队列中的所有 SACKed 标签置为 false，即这些报文还需要重传。这是因为 TCP 认为如果超时时间到，那很可能意味着 TCP 接收方会发生拒绝行为。这种从算法的角度来讲没有太大问题。但是，如果没有快速重传（收到 3 次重复 ACK），这种拒绝行为会完全毁了 SACK，如图 4-149 所示。

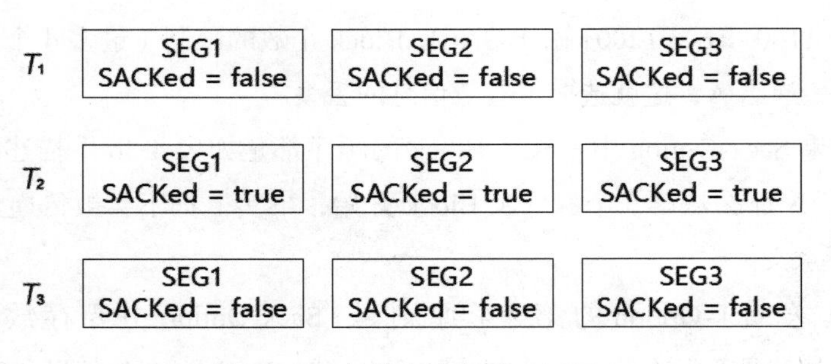

图 4-149　拒绝行为毁了 SACK

图 4-149 表达的是“已发送未确认”队列里各个报文的 SACKed 状态。T_1 时刻，SEG1 ~ SEG3 的 SACKed 都等于 false；T_2 时刻，由于收到了对方的 ACK 报文中的 Sack-Option，因此将 SEG1 ~ SEG3 的 SACKed 都置为 true；T_3 时刻，由于 SEG1 的超时时间到，因此将 SEG1 ~ SEG3 的 SACKed 又都置为 false。

这时可以看到，T_3 时刻，TCP 无法根据 SACKed = true 的标签来决定哪个报文不会被重传，因为所有的报文的 SACKed 标签都等于 false。通过以上的分析可以知道，要想使 SACK 有意义，只能靠快速重传，如图 4-150 所示。

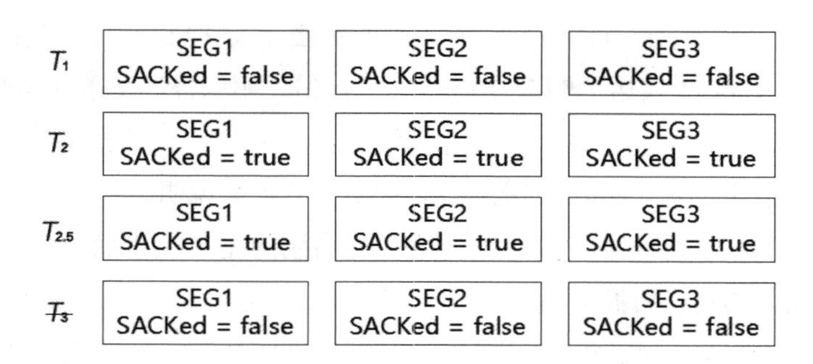

图 4-150　快速重传拯救 SACK

通过图 4-150 可以看到，在 T_3 时刻到来之前的 $T_{2.5}$ 时刻快速重传发生。因为 SEG1 ~ SEG3 的 SACKed 都等于 true，所以这些报文不会被重传。而且，$T_{2.5}$ 时刻 TCP 会重新设置超时定时器，否则 T_3 时刻来临时仍会清除 SACKed 标记，且重传报文（所以图 4-150 中，T_3 加上了删除线）。

2. SACK 的扩展：D-SACK

对于前面讲述的 SACK，为了易于理解，我们简化了模型：仅仅涉及了发送方报文的丢失这一场景。但是，更普遍地说，还会存在发送方报文延迟、接收方 ACK 报文丢包等场景。这两种场景都可能会触发 TCP 发送方进行“不必要”的重传，如图 4-151 所示（以 ACK 报文丢失为例）。

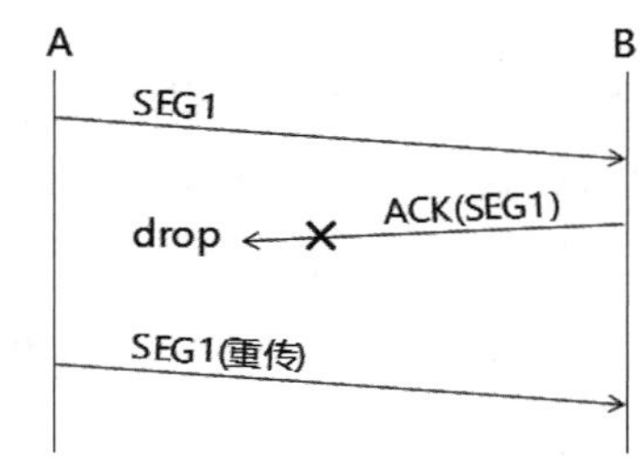

图 4-151　ACK 报文丢失

图 4-151 讲述的是 ACK 报文丢失触发了报文 SEG1 的不必要的重传，因为对于 B 来说，它收到了两个 SEG1。我们把这种不必要的重传称为冗余重传。

冗余重传并不能避免，因此这里并不是讲述如何避免冗余重传，而是讲述 B 可以通过什么样的手段告知 A，它发生了冗余重传。对于 A 来说，如果它不知道发生了冗余重传，就会认为在发送 SEG1 时发生了超时（丢包）；而如果知道了冗余重传信息，A 就可以在拥塞控制处理中采取更灵活的策略。

那么 B 如何告知 A 发生了冗余重传呢？ RFC 2883 扩展了 SACK（RFC 2018）的功能，提出了 D-SACK（Duplicate-SACK）的概念。D-SACK 借用了 Sack-Option 的第 1 个 SACK Block，用以指示接收方收到了重复的报文（Duplicate Segment）。

继续讲述图 4-151，假设 SEG1 所包含的数据的序列号是 100 ~ 199，那么从 B（TCP 接收方）的视角来看，它的行为如图 4-152 所示。

时刻点	收到的数据		回应的 ACK 报文						备注
	编号	SEQ	编号	AKN	SACK Block1	SACK Block2	SACK Block3	SACK Block4	
T_1	SEG1	100~199	ACK1	200					ACK1 丢包
T_2	SEG1	100~199	ACK2	200	100~200				

图 4-152　D-SACK 示例 1

对于图 4-152，在 T_2 时刻，TCP 接收方收到了重复的数据 SEG1，它在 ACK2 报文中借用 Sack-Option 的 SACK Block1 表达了［LE = 100,RE = 200］，用以告诉发送方序列号从 100 到 199 的数据重复发送。

D-SACK 是如何借用 Sack-Option 的呢？这需要分为几点来说明。

首先是协商，D-SACK 并不需要额外的协商，它借用的是 SACK 的协商，即 SACK 协商成功以后，D-SACK 也就认为自己协商成功了。

然后是 D-SACK Block，D-SACK 并没有自己特殊的 SACK Block，它是把 SACK 的第 1 个（也只是第 1 个）SACK Block 当作 D-SACK Block，其余的 SACK Block 仍然承担原来的作用。

既然协商、D-SACK Block 都与 SACK 没有区别，那么 TCP 发送方是如何区分第 1 个 Block 是 D-SACK 还是 SACK 呢？这主要是判断该 Block 的 LE 和 RE，其有两个判断原则。

①如果［LE, RE］范围与自己的已确认的空间相重叠，那么［LE, RE］所指代的数据就是重复发送。例如，图 4-152 的 ACK2，其 AKN = 200，就意味着序列号小于 200 的数据都被确认了，但是 ACK2 的第 1 个 SACK Block 的值是［100,200］，这就与已确认的空间相重叠，那么 TCP 发送方就可以认为这部分数据被自己重复发送了。

②如果［LE, RE］范围与其他 SACK Block 的空间相重叠，那么［LE, RE］所指代的数据也是重复发送。下面举一个例子，如图 4-153 所示。

时刻点	收到的数据	回应的 ACK 报文				备注
		编号	AKN	SACK Block1	SACK Block2	
T_1	100~199	ACK1	200			
T_2	100~199 200~299	----	----	----	----	SEG2 丢包
T_3	100~199 200~299 300~399	----	----	----	----	SEG3 未能及时到达
T_4	100~199 200~299 300~399	ACK4	200	300~400		SEG3 终于到达
T_5	100~199 200~299 300~399 300~399	ACK5	200	300~400	300~400	重传的 SEG3 也到达

说明：SEG1: 100~199, SEG2: 200~299, SEG3: 300~399

图 4-153　D-SACK 示例 2

图 4-153 以接收方（记为 B）的视角来讲述内容。

T_1 时刻，B 收到了发送方（记为 A）发送过来的 SEG1，这是正常场景，所以 B 也正常回应 ACK1。

T_2 时刻，原本是 A 发送 SEG2，B 收到 SEG2，但是 SEG2 丢包，所以对于 B 来说，其没有收到任何报文，B 不动作。

T_3 时刻，原本是 A 发送 SEG3，B 收到 SEG3，但是 SEG3 延迟到达，所以对于 B 来说，没有收到任何报文，B 不动作。

T_4 时刻，被网络延迟的 SEG3 终于到达，此时可以看到，由于 B 没有收到 SEG2，因此 B 的应答报文 ACK4 携带了 Sack-Option，其中只有一个 SACK Block，其值为［300, 400］，表示 SACK。

T_5 时刻，A 重传的 SEG3 到达（假设 A 重传的 SEG2 仍然丢包），此时可以看到，B 发现自己收到了重复的 SEG3，所以 B 的应答报文 ACK5 携带了 Sack-Option，其中包含两个 SACK Block，第 1 个 Block 值为［300, 400］，表示 D-SACK；第 2 个 Block 值为［300, 400］，表示 SACK。

对于 A 来说，收到了 ACK5 后会发现第 1 个 SACK Block 与其他 SACK Block 的空间相重叠，就可以判定第 1 个 SACK Block 代表 D-SACK Block。

TCP 判断第 1 个 Block 是否为 D-SACK 的原则就是上述两个原则：上述两点只要有一点满足，则第 1 个 SACK Block 代表 D-SACK Block；如果这两点都不满足，则第 1 个 Block 就不是 D-SACK Block，而是普通的 SACK Block。

D-SACK 是 RFC 2883 针对 RFC 2018 进行的扩展，有的 TCP 程序可能并没有实现该特性。对于发送方，如果没有实现，那么其不发送 D-SACK Block 即可；对于接收方，如果第 1 个 Block 是 D-SACK，那么其将第 1 个 Block 丢弃即可。

对于支持 D-SACK 特性的 TCP，它会通过 D-SACK 对网络有更多的了解，从而进一步优化自己的网络拥塞算法。

4.4 UDP

与 TCP 一样，UDP（User Datagram Protocol，用户数据报传输）也位于传输层，但 UDP 要比 TCP 简单。UDP 由 RFC 768 定义，其数据结构如图 4-154 所示。

0 15 31

Source Port	Destination Port
Length	Checksum
Data …	

图 4-154　UDP 数据结构

UDP Header 一共包括 4 个字段，其中 Source Port、Destination Port、Checksum 与 TCP 相对应字段含义相同，这里不再赘述，建议读者参考“4.1 TCP 报文结构”。需要补充的一点是：UDP 的 Source Port 是一个可选字段，当不需要该字段时，可以将其赋值为 0。

UDP Header 中的 Length 字段指的是 UDP 的数据长度，单位是字节，包括 UDP Header 和 UDP Data 长度的总和。由于 Length 字段占用 16bit，因此其最大值是 65535。

UDP 与 TCP 相比，本质上来说最大的区别是 UDP 不是面向连接的协议。

连接是 TCP 的灵魂。TCP 所提供的可靠的、滑动窗口、拥塞控制等一系列特性，都是建立在连接的基础上。而没有连接，UDP 也就无从谈起。

然而“不可靠”换来的好处是传输效率高，所以 UDP 与 TCP 相比传输效率要高。

4.5 传输层小结

传输层，不是“传输”，而是“传输控制”，这一点在 TCP 的名字（传输控制协议）中体现得最为明显。UDP（User Datagram Protocol，用户数据报协议），名字里虽然没有“控制”二字，而且也没有做“控制”相关的事情。但是,“没有消息就是好消息”，没有“控制”就是最大的“控制”。

TCP 是一种面向连接的、可靠的、基于字节流的传输“控制”协议，这里的“控制”，指的就是 TCP 的“滑动窗口”。提升传输的效率、拥塞的控制、紧急数据的发送等各种行为，都是滑动窗口的职责和机制。并且创建了三次握手连接和四次挥手关闭连接。

连接保证可靠、滑动窗口保证效率，这两大特点使 TCP 应用非常广泛。但同样 UDP 的不作为提高了传输效率，同样也应用非常广泛。

第5章 HTTP

按照 OSI 七层模型，传输层之上还有会话层、表示层和应用层三层；按照 TCP/IP 五层模型，传输层之上还有应用层。但是无论怎样划分，应用层都包含很多协议。由于篇幅和主题的原因，本书只挑选其中一个典型代表 HTTP（Hypertext Transfer Protocol，超文本传输协议）来讲述，如图 5-1 所示。

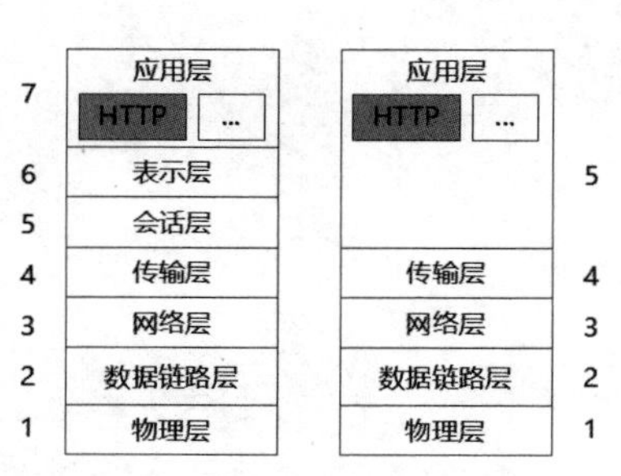

图 5-1 HTTP

HTTP 有多种版本，如 HTTP/0.9、HTTP/1.0、HTTP/1.1、HTTP/2，本章选择迄今为止使用最广泛、最流行的 HTTP/1.1 版本进行讲述。如无特别说明，本章中的 HTTP 指的都是 HTTP/1.1。

说明：①现在上网一般是使用超文本传输安全协议（Hyper Text Transfer Protocol over Secure Socket Layer 或 Hypertext Transfer Protocol Secure，HTTPS），但是 HTTPS 并没有抛弃 HTTP，而是仍然依赖 HTTP。所以，掌握 HTTP，对读者来说有非常大的必要性和价值。

② HTTP（及 HTTPS）的应用范围不止“上网”这一个场景，只是“上网”是一个比较典型的应用。

5.1 HTTP 综述

与其他应用层协议一样，HTTP 是网络协议数据的源头之一。HTTP 与下层协议之间的关系如图 5-2 所示。

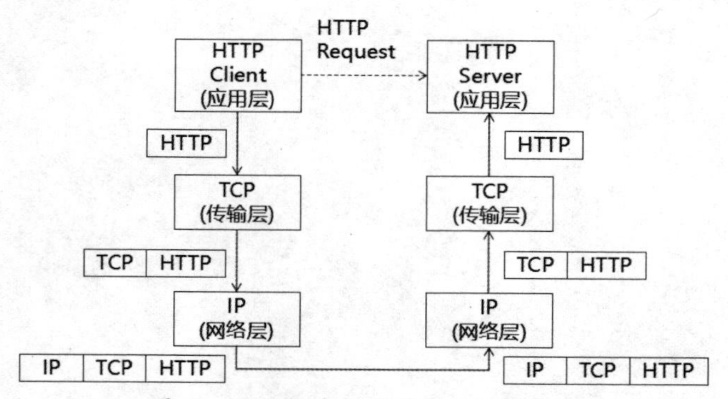

图 5-2 HTTP 与下层协议之间的关系

很多资料中都有类似图 5-2 的描述。HTTP Client 为了从 HTTP Server 获取某些信息，向 HTTP Server 发送了一个 HTTP 请求。从网络协议的角度来说，该请求先是从 Client 端的 HTTP 协议栈到达自己的 TCP、IP，然后到达 Server 端的 IP、TCP，最后抵达 HTTP Server。HTTP 与下层协议在

Client 端，是报文头的层层封装；在 Server 端，是报文头的层层解封。

这里只关注这一条数据流的源头。可以看到，它的源头正是 HTTP Client。对于 TCP、IP 来说，它们并不关心数据的来源，即不产生数据，它们只是数据的搬运工。产生的数据是 HTTP Client。

同理，如果 HTTP Sever 回应一个 HTTP Response，那么产生数据的就是 HTTP Server。

也正是从这个角度来说，HTTP 及其他应用层协议是网络协议的数据源头。

5.1.1 HTTP 基本网络架构

HTTP 是众多应用层中的一个协议，它的下层协议是传输层中的 TCP。与 TCP 不同的是，HTTP 是一个典型的 C-S（Client-Server）架构协议，如图 5-3 所示。

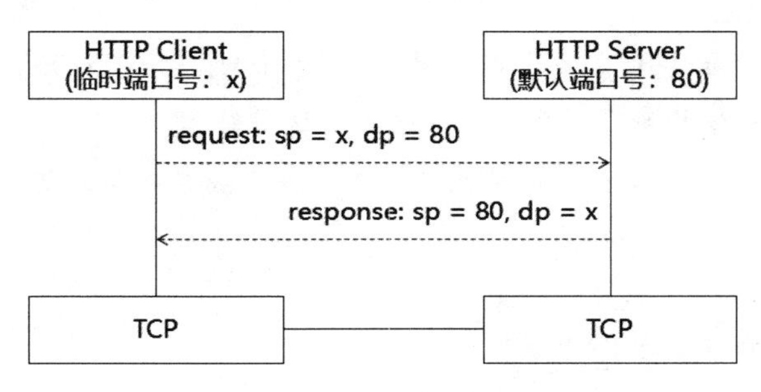

图 5-3　HTTP Client-Server

从报文的角度来看，C-S 架构的典型特征是 Request-Response（请求 - 响应）模式，即 HTTP Client 发送一个 Request 报文，HTTP Server 便回应一个 Response 报文。

需要说明的是，C-S 架构相对的，一个机器上的一个进程完全可以同时担任 HTTP Client 和 HTTP Server。

要担任 Client 或 Server，需要实现一定的程序该内容，在后面介绍 HTTP 具体协议内容时将会详细讲述，这里只从“端口号”这一特征来描述两者的不同。

端口号就是 TCP 报文头中的 Source Port（源端口）和 Destination Port（目的端口）。对于 HTTP Server 来说，其端口号是相对固定的；而对于 HTTP Client 来说，其端口号则不需要固定，可以变化（称为临时端口号）。

要访问一个 HTTP Server，除了知道其 IP 地址（或域名）外，还得知道其端口号，所以 HTTP Server 的端口号需要相对长期的固定。而且，HTTP Server 一般采用 ICANN 所分配的周知口 80，这对于一个 Web Server 来说尤其重要。

但是，对于 HTTP Client 来说，其端口号则不需要固定。当访问 HTTP Server 时，HTTP Client 可以临时绑定一个端口号；访问结束以后，则可以释放该端口号。当下次再访问时，HTTP 再临时绑定另一个端口号即可。当然，HTTP Client 也可以长期绑定一个端口号（不释放）。

HTTP 也有连接的概念，它的本质或者说前提就是 TCP 连接。HTTP Client 在发送 Request 报文之前，需要先与 HTTP Server 建立一个 TCP 连接。对 HTTP/0.9 来说，当回应一个 Response 报文以后，HTTP Server 就会断开该连接；HTTP/1.0 也是如此，只不过其使用了一个规避手段，使该连接变成长连接；HTTP/1.1 正式支持长连接特性，连接何时释放由 HTTP Client/Server 决定。

对于基于 TCP 的 C-S 架构，其中，Client 只需要临时绑定一个端口号，而 Server 则需要一个相对固定的端口号（一般是周知口 80），这样 HTTP Client/Sever 之间即可传递数据。那么 HTTP 传递的是什么数据呢?

对于物理层、数据链路层（以太）、网络层（IP）、传输层（TCP）来说，它们并不关注自己所传输的数据格式。但是 HTTP 则不然。从网络协议来说，因为 HTTP 这一层协议是最高层协议，所以其必须关注数据的传输格式。

说明： 更严格地说，基于浏览器上网的场景是一种浏览器 - 服务器架构（Browser-Server，B-S）。B-S 架构是对 C-S 架构的一种变化或改进。在这种结构下，用户界面完全通过 WWW 浏览器实现。但是，正如前文所说，HTTP 的应用不止上网一个场景，所以仍将 HTTP 当作一种 C-S 架构协议。

5.1.2 HTTP 的报文格式简述

TCP 的报文格式如图 5-4 所示，其各个字段的定义是用字符串来表达。其他协议定义各个字段时都是画一个图，指明各个字段的长度（占位多少比特）。

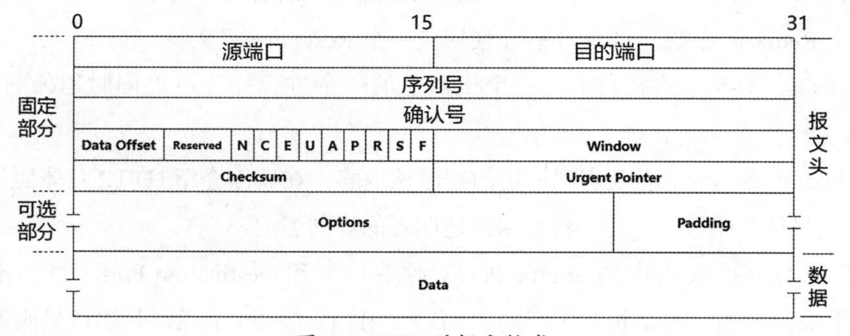

图 5-4 TCP 的报文格式

HTTP 采用扩展的巴科斯 - 诺尔范式（Augmented Backus-Naur Form，ABNF）来表达它的语法。由于主题和篇幅的原因，本章不介绍 ABNF（如果感兴趣，读者可以参考 RFC 4234）。

下面来看 RFC 7230 的一个关于 HTTP 报文的例子（笔者进行了删减）。

```
Client request:
     GET /hello.txt HTTP/1.1
     User-Agent: curl/7.16.3 libcurl/7.16.3 OpenSSL/0.9.7l zlib/1.2.3
     Host: www.example.com
```

```
    Accept-Language: en, mi
Server response:
    HTTP/1.1 200 OK
    Date: Mon, 27 Jul 2009 12:28:53 GMT
    Content-Type: text/plain
    Hello World!
```

这是HTTP Client与HTTP Server一来一回（Request/Response）的报文，为了易于讲述和理解，笔者进行了删减。从表面上看，这其实就是一些字符串，虽然文字本身能够看懂，但是这些文字很难直观地表达报文格式。

其实，HTTP的报文格式与TCP、IP等协议的报文格式其本质是一样的，都分为两部分：报文头，即协议头部单元（Protocol Header Unit，PHU）；报文数据，即协议数据单元（Protocol Data Unit，PDU），只不过HTTP中关于协议字段定界的方法不同。

TCP、IP等协议采取的定界方法是“字段起止位置”，即从哪个bit开始到哪个bit结束，这些bit代表一个字段。例如，TCP Header从第0个bit开始，到第15个bit结束，这16bit代表Source Port字段。而HTTP是用一些分隔字符等语法来定界字段，如图5-5所示。

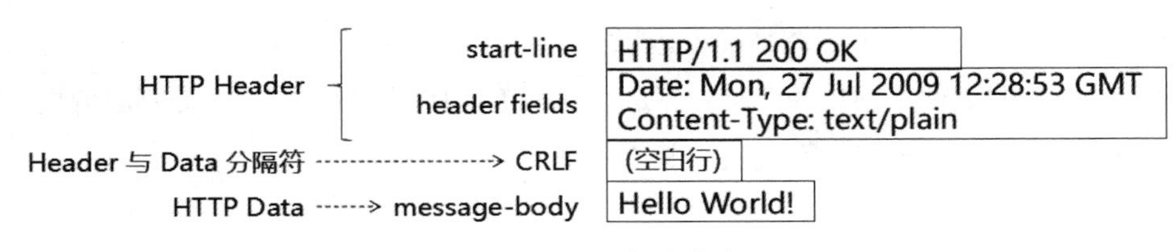

图5-5　HTTP报文格式

图5-5对前面例子中HTTP Server的Response报文进行了分析，可以看到，整个报文分为三大部分。

① HTTP Header，包括图5-5中的start-line、header fields等内容。

② HTTP Header与HTTP Data之间的分隔符。该分隔符就是回车（Carriage Return，CR）和换行（Line Feed，LF）两个字符（对应的ASCII码分别为CR = 0x0D，LF = 0x0A）。

③ HTTP Data，即图5-5中的message-body部分。

HTTP Request与HTTP Response报文的格式是一样的，如果用ABNF来表达，表述如下。

```
HTTP-message   = start-line
                 *( header-field CRLF )
                 CRLF
                 [ message-body ]
```

下面简要讲述该报文格式，但在讲述之前，首先介绍几个小知识点。

（1）回车和换行

抛开HTTP不谈，回车和换行在计算机领域中，也是使用率非常高的两个词汇。如果用

Windows 自带的“记事本”编辑文档，当敲击键盘上的回车键时，光标会移到下一行开头的位置。这个行为的设计源于早期的机械式英文打字机。在机械英文打字机上有一个部件名为字车，每打一个字符，字车就前进一格。当打满一行字符后，打字者须推动字车到起始位置。这时打字机会有两个动作响应：一是字车被归位；二是滚筒上卷一行，以便开始输入下一行。这个推动字车的动作就称为回车。

后来，在电动英文打字机上人们增加了一个直接起回车作用的键，这个新增的键就称为回车键。在随后的计算机键盘上，回车键上曾经使用过 CR（Carriage Return）、RETURN 的字样，后来才统一确定为 Enter。按回车键的行为（移到下一行的开头位置）其本质包含两个动作。

①回车：回到改行的开头位置。

②换行：换到下一行。

所以，在 ASCII 码中分别有两个值与之对应：CR = 0x0D，LF = 0x0A。

在 HTTP 中，我们一定要精确地表达所说的字符：回车字符就是 CR，换行字符就是 LF，回车换行就是回车加换行两个字符 CRLF。

（2）CRLF

对于回车和换行，为什么要强调精确表达呢？这就涉及了第 2 个小知识点：CRLF 是 HTTP 非常重要的分隔符。虽然只是两个简单的字符，但是 CRLF 却对 HTTP 各个字段的分割起着重要作用。可以简单认为 HTTP 的一行字符串，就代表一个“字段”。

（3）空格与换行

用 ABNF 表达的 HTTP 报文结构，其空格和换行都不是真正的空格和换行（如图 5-6 所示）。空格和换行一定要有专门的字符来表达，空格用 SP（Single Space）表达，对应的 ASCII 码是 0x20，换行用 CRLF（是 CR、LF 两个字符）表达。

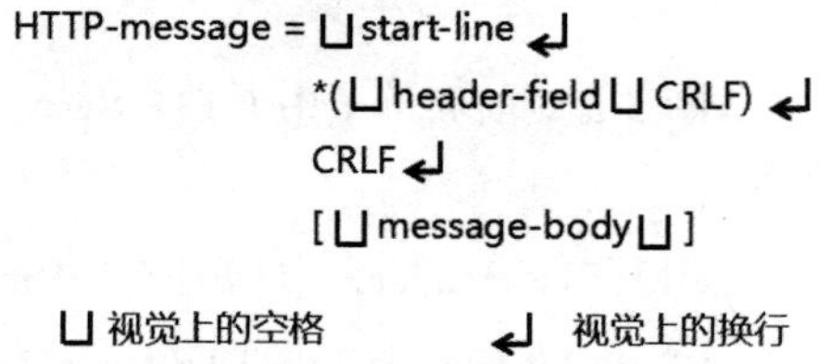

```
HTTP-message = ␣start-line ↵
               *(␣header-field␣CRLF) ↵
               CRLF↵
               [␣message-body␣]

␣ 视觉上的空格          ↵ 视觉上的换行
```

图 5-6 视觉上的空格和换行

图 5-6 已将 HTTP-message 的语法表达中的视觉上的空格、换行用符号特别标示出来。但是这些标示出的空格和换行并不意味着 HTTP-message 中要包含这些空格和换行，这只是为了方便人们的阅读而产生的字符。HTTP-message 中如果要包含空格和换行，则一定要用明确的字符表达。

1. start-line

start-line 是 HTTP 报文的第 1 行，按照 TCP、IP 等协议的说法，那就是第 1 个字段。与 TCP 等协议不同的是，HTTP 协议并不是以字段长度来定位字段的结尾，而是以分隔符 CRLF 来定位 start-line 的结尾，即 HTTP 协议本身并不限制 start-line 的长度。

HTTP Request 与 HTTP Response 关于 start-line 的具体定义不同，实际上这也是两者定义的唯一一个不同的字段。也就是说，要想从语法上区分一个报文到底是 HTTP Request 还是 HTTP

Response，只能通过 start-line 字段。

用 ABNF 进行表达，start-line 的定义为

```
start-line = request-line / status-line
```

符号“/”是或者的意思，此定义的含义是：start-line 为 request-line 或者 status-line。

（1）request-line

request-line 是 HTTP Request 的 start-line，其更具体的定义为

```
request-line = method SP request-target SP HTTP-version CRLF
```

这里可以看到，关于空格（SP）、回车换行（CRLF），ABNF 都明确地标识了出来，而定义中视觉上的空格则仅仅是为了阅读方便，否则，如果将视觉上的空格去掉，则难以阅读：

```
request-line=methodSPrequest-targetSPHTTP-versionCRLF
```

下面继续解释 request-line 定义中的每一个“单词”。

① method。既然是请求（Request）报文，那就是请求对方（HTTP Server）做一些事情，这与现实生活中请求别人帮忙类似。

只是 HTTP 的请求是直奔主题，即期望对 HTTP Server 上的信息做一些动作（method），这些动作包括 GET、HEAD、POST、PUT、DELETE、CONNECT、OPTIONS、TRACE。

这 8 个 method 会在“5.4　HTTP Methods”中详细讲述，这里只简单介绍 GET 和 DELETE，以使读者有一个直观认识：GET 就是查询（检索）HTTP Server 上的相关信息，DELETE 就是删除 HTTP Server 上的相关信息。

② request-target。无论是 GET 还是 DELETE，或者是其他 method，都需要指明具体的信息定义。例如，GET 需要告诉 HTTP Server 需要查询什么信息。

HTTP 的 request-target 就是需要查询的信息，其可能不止一个单词，往往要复杂许多。

```
request-target = origin-form
               / absolute-form
               / authority-form
               / asterisk-form
```

这样的表达不仅“复杂许多”，而且很乱，这里只需简单理解 request-target 就是统一资源定位符（Uniform Resource Locator，URL），或者理解为上网时所输入的网址即可，例如 https://www.baidu.com/。

至此，可以看到 HTTP Request 报文的 request-line 要表达的核心内容就是请对方（HTTP Server）“do something”，即 method SP request-target。

③ HTTP-version。HTTP-version 比较简单且直接，就是表达当前 HTTP Client 所使用的 HTTP 的版本号。HTTP 的版本有 HTTP/0.9、HTTP/1.0、HTTP/1.1、HTTP/2。在 request-line 里带上版本

号是出于兼容性的考虑。现在主流使用的 HTTP-version 是 HTTP/1.1。

④ SP 和 CRLF。在 request-line 的定义里出现了 SP 和 CRLF，如下所示。

```
request-line = method SP request-target SP HTTP-version CRLF
```

其中，method 和 request-target 之间需要一个空格分隔，所以 request-line 会在两者之间明确地加上一个字符 SP 来标示。同理，request-target SP HTTP-version 也是如此。

request-line 需要一个结尾符，同时 HTTP 也需要在不同字段之间有一个分隔符，而该分隔符就是 CRLF，所以 request-line 的最后明确地写有 CRLF。

另外，也可以总结出：CRLF 是大字段之间的分隔符，SP 是大字段内部小字段的分隔符。例如，request-line 是大字段，method、request-target、HTTP-version 等是大字段内部的小字段。

（2）status-line

status-line 是 HTTP Response 报文的 start-line，其定义如下：

```
status-line = HTTP-version SP status-code SP reason-phrase CRLF
```

其中，HTTP-version 的定义与 request-line 中的 HTTP-version 的定义相同，表达的是 HTTP Server 所使用的版本。

① status-code。status-code 标识 HTTP Server（也可能是 HTTP 中介）对 HTTP Client 的请求（Request）的响应结果，由 3 位数字组成。最著名的 status-code 是“404”，表示所请求的页面不存在或已被删除。

status-code 的 ABNF 语法格式为

```
status-code    = 3DIGIT
```

其中，DIGIT 代表十进制数字 0 ~ 9，3 代表有 3 个 DIGIT。

status-code 的 3 位数字中的第 1 位代表 status-code 的类别，其余两位数字代表更详细的含义。例如，以 4 开头的 status-code 4xx 代表客户端错误（Client Error），其中，404 代表 Not Found；414 代表 request-target 太长，服务器无法解释。

HTTP/1.1 一共定义了 5 类 status-code，分别如下。

- 1xx：信息，服务器收到请求，需要请求者继续执行操作。
- 2xx：成功，操作被成功接收并处理。
- 3xx：重定向，需要进一步的操作以完成请求。
- 4xx：客户端错误，请求包含语法错误或无法完成请求。
- 5xx：服务器错误，服务器在处理请求的过程中发生了错误。

② reason-phrase。status-code 是 HTTP Server 对 HTTP Client 的请求（Request）的响应结果的数字表达，而 reason-phrase 则是一种文字表达（可以理解为字符串）。简单的说，status-code 是为

了机器的理解（HTTP Client 程序需要解析并理解 status-code），reason-phrase 是为了人的理解。

早期的文字交互的 HTTP Client 程序会将 reason-phrase 显示给用户看，现在的各种浏览器等已经不需要这些内容。HTTP/1.1 保留此字段，更多是处于兼容性的考虑。对于 HTTP Client 来说，它可以忽略该字段。

2. Header Fields

类比 TCP、IP 等协议的报文结构，HTTP 的报文头包括 start-line 和 Header Fields。所以，关于 Header Fields，第一个要澄清的概念就是它是 HTTP 报文头的一部分，但不是报文头的全部。

说明：再次强调一遍，Header Fields 的语法定义并不区分 HTTP Request 和 HTTP Response，两者的 Header Fields 的格式相同。

Header Fields 并不是一个字段，而是多个字段，用 ABNF 的语法表示，就是：

```
Header Fields = *( header-field CRLF )
```

其中，星号（*）代表 0 到多个，即 Header Fields 可以包含 0 个或多个 header-field，每个 header-field 后面要加上 CRLF 分隔符。

header-field 是 HTTP 头部真正的字段，它的定义如下：

```
header-field = field-name ":" OWS field-value OWS
```

其中，OWS 表示 optional whitespace 的意思，即这些（可以是多个）空白字符（空格、Tab）是可选的。下面看一个 header-field 的具体例子：

```
Content-Type: text/html
```

其中，Content-Type 就是 field 的名字（字段名），text/html 就是该字段的值（字段值），字段名和字段值之间用冒号（:）分隔，冒号的后面和字段值的后面可以加上多个空白字符（可选的）。

关于 header-field 更详细的定义将放到“5.3 Header Fields”中讲述，这里只简单介绍 Content-Type，以对 header-field 有一个直观的理解。

我们知道，HTTP 的报文包括 Header 和 Data 两部分（Data 是可选的），而 Content-Type 就是 Data 的数据类型。数据类型的表达方式为 type/subtype（还包括可选的参数，这里先忽略）。例如，text/html 表示数据主类型是 text（文本），子类型是 html。

数据类型可告知 HTTP Client 或 Server 应如何解析 HTTP 报文中的数据。这与计算机中的文件类型（文件的扩展名）的目的一样。例如，对于 .docx 文件，计算机会用 word 或 office 等文字处理软件打开；对于 .png 文件，会用 mspaint（画笔）等图像处理软件打开。

HTTP 的 Content-Type 有很多种，如 text/html、text/xml、image/gif、image/png、video/avi 等。

对于 Content-Type，我们可以将其总结为如下两点。

① Header Fields（包含多个 header-field）是对 start-line 的补充。因为 start-line 所包含的内容是

有限的，绝大部分场景下的 HTTP 需要 Header Fields 来补充信息，才能完成有效的通信。

②呼应前文的问题“HTTP 所传输的数据是不是正如其名称所暗示的那样，就是传输超文本（Hypertext）呢？”，现在来看，答案已经非常明显：理论上说，HTTP 可以传输任何用户想要传输的内容，绝不仅仅局限于超文本。

3. Header 与 Data 之间的分隔符

从视觉效果上来说，HTTP 的报文头（Header）和数据（Data）之间的分隔符是一个空行；从字符的角度来说，这一行里只有 CR、LF 两个字符，再也没有其他字符。

HTTP 报文格式如图 5-7 所示。

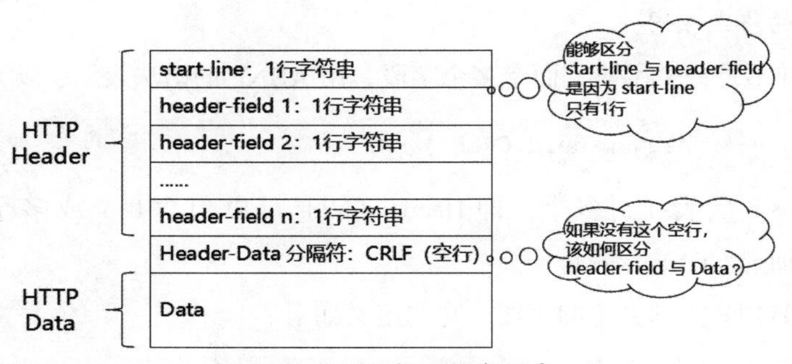

图 5-7　HTTP 报文格式示意

从图 5-7 可以看到，HTTP 的报文格式其实就是一行行字符串。

HTTP 之所以能够区分 start-line 和 header-field，是因为 HTTP 的语法规定 start-line 就在第 1 行，而且只有 1 行，所以 HTTP 可以简单认为从第 2 行开始就是 header-field。但是 HTTP 同时规定，header-field 可以是 0 行，也可以是多行（但没有限制到底是多少行），那么 HTTP 该如何区分 header-field 和 Data（HTTP 的数据）呢？

HTTP 选择的方案是使用空白行（CRLF）。在该空白行之前就是 HTTP Header，在该空白行之后就是 HTTP Data。如此一来，HTTP 就可以轻易地区分 header-field 和 Data。

我们知道，HTTP 的数据是可选的，即 HTTP 的报文里可能不包含数据部分。那么，如果没有数据，HTTP 是否还需要空白行呢？答案是需要。即使没有数据部分，HTTP 也需要一个空白行，因为该空白行同时还是标识 HTTP Header 结束的标志。即使没有数据，HTTP 也要知道 HTTP Header 已经结束。

所以，HTTP 规范规定，无论是否有数据，HTTP 报文头部都以一个空白行（CRLF）结尾。

4. message-body

message-body 就是 HTTP 报文结构中的数据部分，它是可选的，因为不是每个 HTTP Request/Response 都需要数据部分。message-body 的语法为

```
message-body = *OCTET
```

其中，OCTET 指任意 8bit 数据；星号（*）表示 0 到多个，这也指明了 message-body 是可选的（如果个数是 0，就意味着没有 message-body）。

如果仅仅是传输，那么 HTTP 完全可以把 message-body 当作黑盒，与 TCP、IP 协议一样，不必在意和关心 message-body 的数据格式。但是前文说过，HTTP 必须关心它的“粮食和蔬菜”，而指明 message-body 数据格式的就是 HTTP 报文头中的 Content-Type 字段。

实际上，即使只考虑传输，HTTP 也没有完全把 message-body 当作黑盒。想象这样的场景，要复制一个文件，如果这个文件比较大，我们一般会先将该文件进行压缩。HTTP 也会如此，所以 HTTP 报文头中有一个字段 Transfer-Encoding，用来标识 message-body 的传输编码方式。例如，Transfer-Encoding: gzip 表示 message-body 采用了 gzip 压缩。

通过以上描述可以看到，从学习 HTTP 的角度而言，要理解 message-body，更多的是要理解 header-field。这里暂时只介绍这些内容，读者对 message-body 有一个直观的了解即可。

5. HTTP 报文格式总结

HTTP Request 和 HTTP Response 的报文格式相同，其语法格式为

```
HTTP-message   = start-line
                 *( header-field CRLF )
                 CRLF
                 [ message-body ]
```

虽然这种用 ABNF 语法描述的报文格式与传统的 TCP、IP 等协议的报文格式的表达方式不同，但是其本质都是一样的，包括报文头（Header）和报文数据（PDU）。

而且，归根结底，报文头都是由各个字段组成的，只不过传统的 TCP、IP 等协议使用字段长度（字段所占有的比特位）来分隔字段，而 HTTP 使用 CRLF（回车换行）来分隔字段。

HTTP 的报文头由 1 个（行）start-line、0 到多个（行）header-field 组成，这些字段之间的分隔符就是 CRLF。

HTTP Request 与 HTTP Response 的报文，从语法的角度来说，仅仅是 start-line 的细节不同。

HTTP Request 的 start-line 取名为 request-line，其语法格式为

```
request-line = method SP request-target SP HTTP-version CRLF
```

request-line 主要表达 HTTP Client 对 HTTP Server 的诉求：想要对什么资源（request-target）做什么样的动作（method）。

HTTP Response 的 start-line 取名为 status-line，其语法格式为

```
status-line = HTTP-version SP status-code SP reason-phrase CRLF
```

status-line 主要表达 HTTP Server 对 HTTP Client 诉求的响应的结果（status-code）。

无论是 Request 还是 Response，如果还要表达更多的细节内容，则需要借助 header-field。

header-field 的语法格式为

```
header-field = field-name ":" OWS field-value OWS。
```

HTTP Header 以一个空行（只有 CRLF，而没有其他字符）结尾。该空行既是 HTTP Header 结束的标志，也是 HTTP Header 与 HTTP 数据（message-body）的分隔符。message-body 是可选的，因为不是每个 HTTP 报文都需要 message-body。message-body 由 0 到多个 OCTET 组成。与 TCP、IP 等协议不同，HTTP 没有将 message-body 当作黑盒，而是通过报文头中的 Content-Type、Transfer-Encoding 等 header-field 来表达 message-body 的数据格式、传输编码等信息。

以上只是对 HTTP 的报文格式的简单概括，后面的章节中会继续详细描述具体的内容。

5.1.3 HTTP 的发展

WWW 的基本技术基石之一就是 HTTP，HTTP 先后经历了 HTTP/0.9、HTTP/1.0、HTTP/1.1、HTTP/2 四个版本，如表 5-1 所示。

表 5-1 HTTP 版本历史

HTTP 版本	对应 RFC	RFC 发布时间	备注
HTTP/0.9	—	—	发布于 1991 年，没有对应的 RFC
HTTP/1.0	RFC 1945	1996.05	—
HTTP/1.1	RFC 2068	1997.01	现在已经被 RFC 7230、7231、7232、7233、7234、7235 所取代
HTTP/2	RFC 7540	2015.05	—

1. HTTP/0.9

HTTP/0.9 的特性如下。

①基于 TCP 连接，一个 HTTP Request-Response 需要一个 TCP 连接，即每次 HTTP Client 在 Request 之前需要先建立 TCP 连接，而 HTTP Server 回应一个 Response 以后该 TCP 连接关闭。

②只支持一个 method：GET。

③只支持 text/html 数据类型（这也是其称为 HTTP 的原因）。

④不支持 Header Fields。

2 HTTP/1.0

HTTP/1.0 明确定义了 method 有 3 个：GET、POST、HEAD。HTTP/1.0 最重要的革命性突破如下。

①以标准的形式正式定义了 HTTP 的报文格式。

②扩展了 HTTP 的数据格式，原来的 HTTP/0.9 只支持 text/html，而 HTTP/1.0 则支持很多数据格式，如文本、图像、音频、应用程序等（text/plain、text/html、text/css、image/jpeg、image/png、 image/svg+xml、audio/mp4、video/mp4、application/javascript、application/pdf、application/zip、application/atom+xml）。

③扩展了 HTTP 的传输类型，如 gzip、compress、deflate 等。

HTTP/1.0 虽然取得了三大突破，但令人遗憾的是，相对于 HTTP/0.9，它在连接层面并没有任何改变。HTTP/1.0 仍然是一个 HTTP Request-Response，需要一个 TCP 连接：每次 HTTP Client 在 Request 之前需要先建立 TCP 连接，而 HTTP Server 回应一个 Response 以后该 TCP 连接关闭。

考虑到 TCP 连接的三次握手、四次挥手，可知 HTTP 的这种连接非常低效。为了解决这个问题，有些浏览器在请求时用了一个非标准的 Connection 字段，即 Connection: keep-alive。该字段要求服务器不要关闭 TCP 连接，以便其他请求复用；服务器同样回应该字段。这样一来，一个可以复用的 TCP 连接即可建立，直到客户端或服务器主动关闭连接。但是，这不是标准字段，不同实现的行为可能不一致，因此这不是根本的解决办法。

3. HTTP/1.1

自 1997 年 1 月发布以来，HTTP/1.1 一直是并且到现在仍然是使用最广泛、最流行的 HTTP 版本。从发布时间来看，HTTP/1.1 只比 HTTP/1.0 的发布时间晚了 8 个月，但如果从起草时间来看，HTTP/1.1 甚至在 HTTP/1.0 发布之前就开始起草了。

从功能角度看，HTTP/1.1 相对于 HTTP/1.0 提出了更多的 method，如 PUT、TRACE、OPTIONS、DELETE。也正是从这个意义上说，HTTP/1.0 的功能并不完善。

从数据传输类型看，HTTP/1.1 还提出了分块传输编码（Chunked Transfer Encoding）。

从连接的角度看，HTTP/1.1 引入了持久连接（Persistent Connection），即 TCP 连接默认不关闭，可以被多个请求复用，不用声明 Connection: keep-alive。客户端和服务器如果发现对方一段时间没有活动，就可以主动关闭连接。但是，其规范的做法是：客户端在最后一个请求时发送 Connection: close，明确要求服务器关闭 TCP 连接。

另外，HTTP/1.1 还引入了管道机制（Pipelining），即在同一个 TCP 连接中，客户端可以同时发送多个请求，这样就进一步改进了 HTTP 协议的效率。但是，管道机制并没有流行起来。

HTTP/1.1 还有其他很多特性，这些将在后面章节逐步讲述，这里不再一一介绍。

4. HTTP/2

发布于 2015 年 5 月的 HTTP/2（RFC 7540）只有主版本号 2，而没有子版本号（如“.0”“.1”等）。HTTP/2 原来命名为 HTTP/2.0，但是后来 IETF 认为 HTTP/2.0 已经很成熟了，没有必要再发布子版本，以后若有有重大改动就直接发布 HTTP/3，于是将 HTTP/2.0 改名为 HTTP/2。

HTTP/2 起源于 Google 的 SPDY 协议。SPDY 最初旨在解决 HTTP/1.1 的线头阻塞（Head Of Line Blocking）问题，于 2009 年被 Google 提出。Google 于 2012 年又实现了流控制，2013-2014 年期间实现了流优先级、server push 等特性。基于 SPDY 的 HTTP/2 发布以后，Google 宣布放弃对

SPDY 协议的支持，转而支持 HTTP/2。

HTTP/2（SPDY）诞生的最主要的目的就是解决 HTTP/1.1 的传输效率问题。

HTTP/1.1 的问题如下。虽然 HTTP/1.1 支持长连接，但是一个连接在任一时刻只能处理一个 Request-Response 交互。这样一来，如果一个 Request-Response 交互时间过长，那么后面的 Request-Response 报文只能等待。这就是线头阻塞问题。虽然 HTTP/1.1 试图用管道机制来解决这个问题，但是管道机制本身还存在很多问题，并不能有效解决线头阻塞问题。

另外，对于同一个域名，浏览器最多只能同时创建 6 ~ 8 个 TCP 连接（不同浏览器不一样）。在某些场景下，这也会严重影响传输效率。虽然其有一些解决方法（如分片域名），但是与管道机制一样，这些方法总是在解决一个问题的同时引入更多的问题。其他还有诸如 HTTP 报文头过大等问题，总之在 HTTP/2（SPDY）看来，HTTP/1.1 的传输效率太低，需要改进。

HTTP/2 所做的改进主要有以下几点。

①二进制分帧层（Binary Framing Layer）。

②多路复用（MultiPlexing）。

③服务端推送（Server Push）。

④ Header 压缩（HPACK）。

⑤应用层的重置连接。

⑥请求优先级设置。

⑦流量控制。

由于主题和篇幅的关系，本书不一一介绍这些改进特性。这里只简单介绍 HTTP/2 的二进制分帧层。HTTP 的报文格式就是一些字符串，不像 TCP 等协议那样“专业”。但是 HTTP/2 将报文格式改成了“专业”格式，如图 5-8 所示。

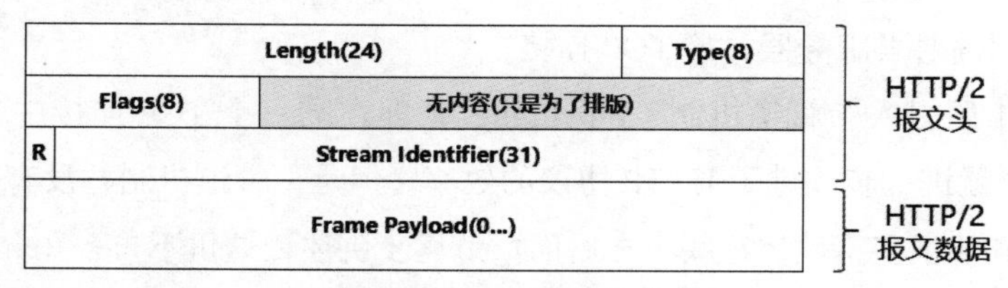

图 5-8　HTTP/2 报文格式

由于篇幅关系，这里不再介绍 HTTP/2 报文中的具体字段。但有一点需要强调，虽然报文格式做了改变，但是 HTTP/1.1 中各个字段的语义在 HTTP/2 中仍然兼容。因为 HTTP/2 的目的是优化 HTTP/1.1 的传输效率，改变报文格式是达成此目的的一个手段，并不是为了改变各个字段的语义。

HTTP 开始只是能传输超文本的协议，但随着改进能够传输包括文本、图像、音频、视频、应用程序等各种格式的数据。另外，HTTP 刚开始只有一个动作：GET，其目的就是到服务器上检索相关信息，而后来 HTTP 不仅能检索，还能修改、删除服务器上相关信息。

纵观 HTTP 的发展史，可以梳理为 3 条主线：传输的目的、传输的内容、传输的效率。

对于传输的目的，HTTP/0.9 的目的是 GET。后来发展到 HTTP/1.1，传输的目的基本定稿，一共有 8 个：GET、HEAD、POST、PUT、DELETE、CONNECT、OPTIONS、TRACE。

对于传输的内容，HTTP/0.9 也只有 1 个，那就是 text/html。自 HTTP/1.0 开始，HTTP 所能传输的内容就是包罗万象，应有尽有。

对于传输效率，与之相关的可以分为压缩和连接两种。对于压缩而言，可以是 HTTP/2 才开始支持的报文头压缩，也可以是从 HTTP/1.0 就支持的 Transfer-Encoding，如 gzip 压缩。相比较而言，HTTP 的连接，可能是 HTTP 发展史中较复杂的地方。HTTP/0.9 只支持短链接，到 HTTP/1.1 正式支持长连接，HTTP/2 支持多路复用，HTTP/3 将底层的 TCP 替换为 QUIC，体现了 HTTP 在连接方面的复杂性。

下面对 HTTP 各个版本进行简单总结，如表 5-2 所示。

表 5-2　HTTP 各版本小结

比较项		HTTP/0.9	HTTP/1.0	HTTP/1.1	HTTP/2	HTTP/3
报文格式		The One-Line Protocol	HTTP-message	HTTP-message	二进制	未发布，不涉及
传输的目的		GET	GET、POST、HEAD	GET、HEAD、POST、PUT、DELETE、CONNECT、OPTIONS、TRACE	GET、HEAD、POST、PUT、DELETE、CONNECT、OPTIONS、TRACE	未发布，不涉及
传输的内容		text/html	包罗万象	包罗万象	包罗万象	未发布，不涉及
传输的效率	压缩	不支持	数据压缩	数据压缩	数据压缩、头部压缩	未发布，不涉及
	连接	短连接	短连接（可以非标准地扩展为长连接）	长连接	长连接、多路复用、Server Push	未发布，不涉及
	底层协议	TCP	TCP	TCP	TCP	QUIC

5.1.4 HTTP 与 HTTPS、S-HTTP 之间的关系

HTTP Client 与 HTTP Server 之间一般运行的是 HTTPS，而不是 HTTP。

安全套接层（Secure Sockets Layer，SSL）是由 Netscape（网景）公司开发的一个协议，当前最新版本是 SSL 3.0。虽然 SSL 是一个广泛应用的协议，也是事实上的标准，但是从 IETF 的角度

来说，真正的标准是传输层安全协议（Transport Layer Security，TLS）。

TLS 当前最新的版本是 TLS 1.3（RFC 8446，发布于 2018 年 8 月）。与 TLS 1.3 对应的历史版本如下。

① TLS 1.3，RFC 8446，发布于 2018 年 8 月。

② TLS 1.2，RFC 5246，发布于 2008 年 8 月。

③ TLS 1.1，RFC 4346，发布于 2006 年 4 月。

④ TLS 1.0，RFC 2246，发布于 1999 年 1 月。

TLS 1.0（TLS 的第 1 个版本），完全是基于 SSL 3.0 所进行的标准化文档写作（设计）的。

但是两者并不能互操作（虽然有规避手段）。所以可以这样理解两者之间的关系：TLS（1.0）脱胎于 SSL（3.0），但是自己又独立进行了发展。TLS 是一个标准协议；SSL 虽然是私有协议，但也是事实上的标准。很多应用都同时支持这两个协议。

我们用 http://tool.chinaz.com 对百度进行 HTTPS 检测，会发现百度同时支持 SSL 3.0、TLS1.0、TLS 1.1、TLS 1.2，如图 5-9 所示。

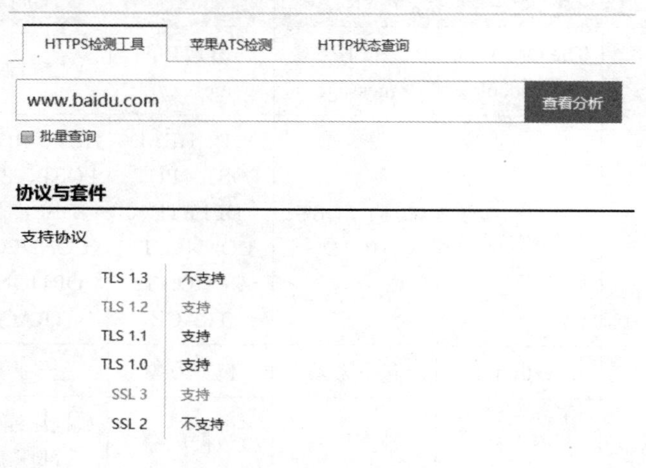

图 5-9　百度支持的 SSL/TLS

SSL/TLS 属于网络安全层面的协议。按照 OSI 七层模型，SSL/TLS 位于第 5 层会话层，HTTP 位于第 7 层应用层。HTTP 和 HTTPS 之间的关系如图 5-10 所示。如果 HTTP 下层承载协议是 TCP，那么就称之为 HTTP；如果 HTTP 下层承载协议是 SSL/TLS，那么就称之为 HTTPS。但是 HTTP 的默认端口号是 80，而 HTTPS 的默认端口号是 443。

HTTPS 首先由 Netscape 公司于 1994 年提出，当时 HTTPS 是基于 SSL。随着 TLS 标准化的进行，2000 年 5 月发布的 RFC 2818 正式提出了 HTTPS 的另一种实现。

HTTPS 更准确的解释应该是 Hypertext Transfer Protocol Secure。翻译为超文本传输安全协议。与该翻译相似的还有一个协议，即 S-HTTP（Secure Hypertext Transfer Protocol，安全超文本传输协议）。

S-HTTP是由EIT（Enterprise Integration Technologies，于1995年被Verifone公司收购）开发的一个协议，其对应的标准文档是RFC 2660（发布于1999年8月）。HTTP与S-HTTP之间的关系如图5-11所示。

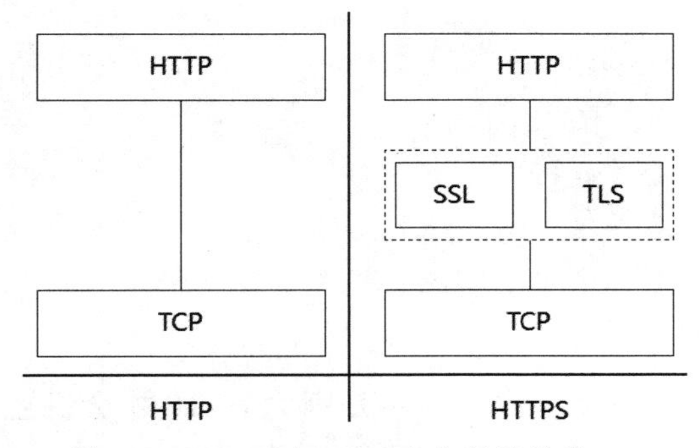

图5-10　HTTP与HTTPS之间的关系

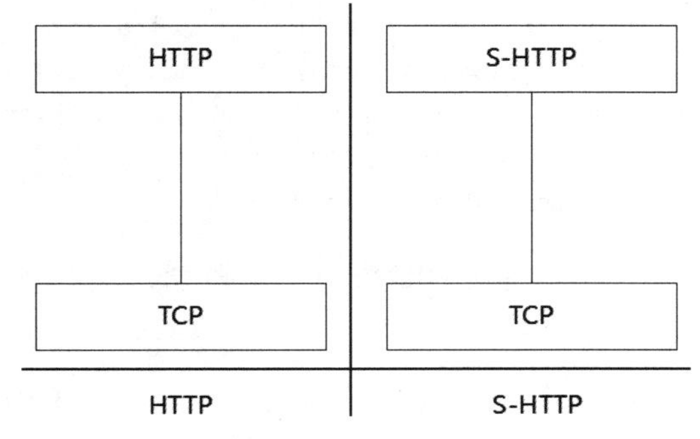

图5-11　HTTP与S-HTTP之间的关系

通过图5-11可以看到，S-HTTP与HTTP位于同一层，而且其下层协议都是TCP，两者的端口号也都是80。S-HTTP是对HTTP的一种兼容和改进。HTTP本身是明文传输，S-HTTP仅仅提供了数据的加密机制，如服务页面的数据及用户提交的数据（如post），其余的协议部分与HTTP一样。

从某种角度来说，S- HTTP比SSL更灵活，功能更强大，但是实现较困难，而且使用也更困难，所以HTTPS要比S-HTTP更普遍。我们在日常生活中几乎看不到S-HTTP。

要理解HTTP，首先要理解应用层的含义。从物理层、到数据链路层、网络层、传输层，所有这些层次的网络协议，都是为应用层服务的。没有应用层，这些层的协议就没有意义。而应用层，则是为人类服务的。

人类生产信息、同时也需要交换信息。应用层以下的协议的本质就是连接，而应用层协议的本质就是交换。

无论哪一种应用层协议，都需要回答这4个问题：交换的目的，交换的内容，交换的效率，交换的安全。HTTP不过是其中一种具体的实现罢了。HTTP从HTTP/0.9发展到HTTP/1.0、HTTP/1.1、HTTP/2，乃至HTTP/3，也是为了更好地回答这4个问题。

HTTPS的本质仍然是HTTP，它不过是HTTP over SSL或HTTP over TLS。所以，本章在以后的描述中，如无特别说明，HTTP这一名词也包括HTTPS。

5.2 URI（统一资源标识符）

URI是HTTP中非常重要的概念。前面介绍的request-line = method SP request-target SP HTTP-version CRLF 中，request-target 就是 URI；或者更具体的，我们平时上网所输入的网址，如 https://www.baidu.com 就是 URI。

关于 URI，先看下面一个例子。

```
ftp://ftp.is.co.za/rfc/rfc1808.txt
http://www.ietf.org/rfc/rfc2396.txt
ldap://[2001:db8::7]/c=GB?objectClass?one
tel:+1-816-555-1212
urn:isbn:0-486-27557-4
```

如果读者对 URI 没有基本概念，在看到这些例子后可能会有困惑：这些为什么都是 URI？URI 到底是什么？

在正式回答这些问题之前，首先对 URI 的概念做一个澄清：虽然是因为 HTTP 才会讲述 URI，而且 URI 也是 HTTP 中一个非常重要的概念，但是 URI 所涉及的范围远远超过 HTTP，HTTP 只不过是 URI 的一个典型应用而已。

① URI 是一个字符串。但类似"abcdefg"这样的字符串是不是 URI 呢？显然不能把所有的字符串都认为是 URI，URI 在字符串的基础上还是有不少语法约束的，只有满足这些语法的才能称为 URI。

② URI 标识了抽象资源或物理资源。什么叫抽象资源和物理资源？为了回答这个问题，我们先看看生活中具体的例子。如西服、风衣、毛衣、衬衫、羽绒服等都有一个统一的称呼"衣服"，香蕉、苹果、凤梨、橘子、芒果等都有一个统一的称呼"水果"，水饺、馄饨、包子、馒头、油条、等都有一个统一的称呼"食品"。

对于衣服、水果、食品这些统一的称呼，都是一种归类，这个世界上物品可以分为很多类。

所谓物理资源，指的是实物，它的抽象资源指的是"信息"（如一个数学公式）。其实，信息的载体是光、电、电磁波、脑电波……归根结底是能量。

URI 是对一个具体的资源的一种标识！

资源标识（Resource Identifier），是对一个具体的资源的一种标识，以使具体的资源之间能够互相区分。统一资源标识（Uniform Resource Identifier），是对资源标识的一种统一规范。表面上看，URI 是一个字符串，不过它还包含了一些具体的语法和约束。

5.2.1 URI 的基本语法

对于 URI 的基本语法，其表达式如图 5-12 所示。

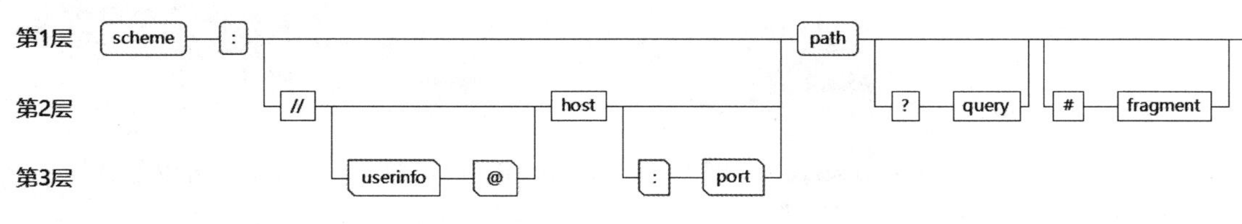

图 5-12　URI 语法表达

图 5-12 中，第 1 层是必选的，第 2、3 层是可选的。而第 3 层相对于第 2 层来说也是可选的，即如果选择了第 2 层，仍然可以不选择第 3 层。这样描述比较抽象，下面来看具体的例子。

①只有第 1 层，那么 URI 的形式为

```
scheme:path
```

②有第 1 层和第 2 层（没有第 3 层），那么 URI 的形式为

```
scheme://host/path
scheme://host/path?query
scheme://host/path#fragment
scheme://host/path?query#fragment
```

③有第 1 层、第 2 层和第 3 层，那么 URI 的形式为

```
scheme://userinfo@host/path
scheme://userinfo@host:port/path
......
scheme://userinfo@host:port/path?query#fragment
```

以上是对图 5-12 的解释。如果用 ANBF 来表达，则 URI 的语法为

```
URI = scheme ":" hier-part [ "?" query ] [ "#" fragment ]
hier-part = "//" authority path-abempty
            / path-absolute
            / path-rootless
            / path-empty
```

下面将针对 URI 语法里的各个元素分别进行讲述。在讲述之前，需要先介绍一个 URI 中常用到的定义：pchar。

1. pchar

URI 的语法定义中经常用到 pchar，如：

```
segment = *pchar
```

上述语法表示 segment 包含 0 到多个 pchar。按照 ANBF 的语法，pchar 的定义如下：

```
pchar = unreserved / pct-encoded / sub-delims / ":" / "@"
unreserved  = ALPHA / DIGIT / "-" / "." / "_" / " ~ "
```

```
pct-encoded = "%" HEXDIG HEXDIG
sub-delims  = "!" / "$" / "&" / "'" / "(" / ")"
                / "*" / "+" / "," / ";" / "="
```

也就是说，pchar 可以是 unreserved，可以是 pct-encoded，可以是 sub-delims，可以是冒号（:），也可以是符号“@”。

（1）unreserved

unreserved，指的是非保留字符，其定义如下：

```
unreserved  = ALPHA / DIGIT / "-" / "." / "_" / " ~ "
```

其中，ALPHA 表示英文的 26 个小写字母 a ～ z 和大写字母 A ～ Z，DIGIT 表示 10 个数字 0 ～ 9，4 个字符分别表示减号（－）、点（.）、下划线（_）、波浪线（～）。

（2）pct-encoded

pct 是 percent 的缩写，pct-encoded 表示百分号编码。URI 使用 ASCII 字符，如果 URI 中出现了非 ASCII 字符，就需要对其编码，以使得 ASCII 字符仍然能够表达。URI 使用的编码是百分号编码，如“中文”两个汉字的百分号编码就是“%E4%B8%AD%E6%96%87”。

pct-encoded 代表用百分号编码形式所表达的字符串，如 %E4、%B8、%AD 等。pct-encoded 的定义如下：

```
pct-encoded = "%" HEXDIG HEXDIG
```

其中，HEXDIG 指的是十六进制的数字：0、1、2、3、4、5、6、7、8、9、A（a）、B（b）、C（c）、D（d）、E（e）、F（f）。所以，可以知道，pct-encoded 就是以 % 开头，后面为两个十六进制的数字。

（3）sub-delims

sub-delims 的定义如下：

```
sub-delims  = "!" / "$" / "&" / "'" / "(" / ")"
                / "*" / "+" / "," / ";" / "="
```

正如其名称所暗示的，sub-delims 是 URI 的子分隔符。

无论是 unreserved 还是 sub-delims，其都是一些字符。pct-encoded 其实也是字符，只不过其用百分号编码表示。例如，字符 U 用百分号编码就是“%55”，字符“中”用百分号编码就是“%E4%B8%AD”。

pchar 可以是如下内容。

①英文字母：a ～ z、A ～ Z。

②数字：0 ～ 9。

③字符：“-”“.”“_”“～”。

④用百分号编码所表示的字符。

⑤字符："!" "$" "&" "(" ")" "*" "+" "," ";" "="。

⑥字符：":" "@"。

介绍了 pchar 以后，下面正式介绍 URI 的各个元素：

```
URI = scheme ":" hier-part [ "?" query ] [ "#" fragment ]
```

2. scheme

首先通过 URI 的具体例子，看看 scheme 是什么。

```
URI1 = ftp://ftp.is.co.za/rfc/rfc1808.txt
URI2 = http://www.ietf.org/rfc/rfc2396.txt
URI3 = tel:+1-816-555-1212
```

上述 URI 的例子中的单词 ftp、http、tel 就是 scheme。scheme 代表的就是协议，tel 代表的也是协议，tel 代表的是 IMS 背后的协议——IP 多媒体子系统（IP Multimedia Subsystem，IMS）。

更准确地说，scheme 的名字是对协议的映射，并不完全等于协议名本身。很多情况下，scheme 的名字与协议名完全相同，scheme 对于 URI 来说，其最根本的作用是使得 URI 具备可扩展性。

URI 是对这个世界标识的统一规范。外延很大，必然内涵很少。这就意味着 URI 不太可能精细化地定义每一种资源的语法细节，它只能在比较高的层面定义规范。而细节就交给具体的 scheme。

具体的 scheme（如 http、tel）会在 URI 规范的基础上更进一步地定义 URI 的语法和语义。语法体现在规范上，不同的 scheme（所对应的协议）可能会给出自己的规范，以定义自己专属的更严格的语法。语义体现在解析上，不同的 scheme 对应不同的解析算法。例如，下面两个 URI（伪码）。

① URI1 = 手机：苹果。

② URI2 = 水果：苹果。

同样是“苹果”，不同的 scheme 就有不同的解析。“手机”这个 scheme 对“苹果”的解析就是“一个手机品牌”，“水果”这个 scheme 对“苹果”的解析就是“一个水果品种”。

正是 URI 引入了 scheme 机制，才使得我们能够看到形象的 scheme 名称，如表 5-3 所示。

表 5-3　部分 scheme 举例

应用	scheme
微博	weibo
QQ	mqq
微信	weixin
美团外卖	meituanwaimai
有道词典	yddict

RFC 3986 关于 scheme 的语法定义如下：

```
scheme = ALPHA *( ALPHA / DIGIT / "+" / "-" / "." )
```

其中，ALPHA 表示 26 个英文字母，DIGIT 表示 10 个数字 0 ~ 9。上述定义表明：scheme 是以英文字母开头的字符串，后面可接 0 到多个英文字母、数字，或者"+""–"".”。

scheme 对大小写不敏感，如 http、HTTP、hTTp 是等同的。但是 scheme 习惯采用小写字母。

最后对 scheme 进行总结：scheme 是 URI 的一种扩展机制，URI 只是定义了通用的语法规范，而具体的 scheme 会更进一步精细化定义和解析 URI 的语法和语义。我们也可以把一个具体的 scheme 简单理解为一个协议。

3. authority

authority（鉴权）是 URI 的可选字段，但是从 HTTP 的角度来说，它是必选字段。

authority 有一个最明显的表象特征，即它与 scheme 冒号之后（scheme:）的分隔符是两个斜杠（"//"）。我们平时上网所输入的网址，如 https://www.baidu.com，其中 www.baidu.com 就是 authority 字段。

URI 中的 authority 如图 5-13 所示。

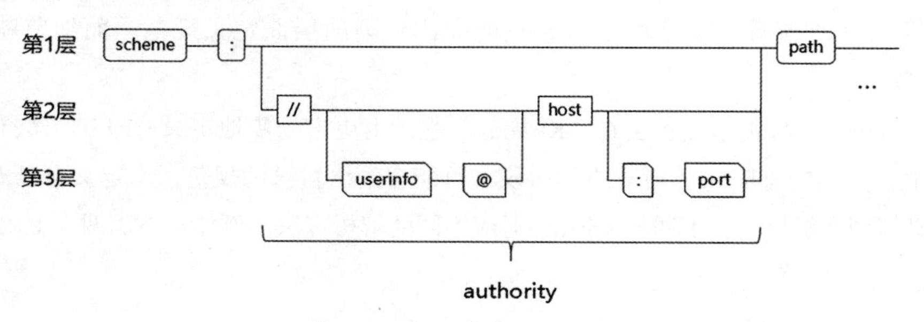

图 5-13　URI 中的 authority

通过图 5-13 可以看到，authority 实际上包含 userinfo 字段（用户名、密码），但 userinfo 只是 authority 的一个可选字段。很多场景中用户都不输入 userinfo，使得 authority 只剩下 host 字段，以至于 authority 看起来并不像是 authority。

authority 的定义如下：

```
authority = [ userinfo "@" ] host [ ":" port ]
```

其中 userinfo 的定义如下：

```
userinfo = *( unreserved / pct-encoded / sub-delims / ":" )
```

上述定义中的 unreserved、pct-encoded、sub-delims 会在后文讲述，这里暂时从语义的角度来理解 userinfo。userinfo 的语义格式为

```
user:password
```

userinfo 和 host 之间的分隔符是“@”。假设上网时需要输入用户名、密码（假想的用户名为 lzb，假想的密码为 123456），那么 https://www.baidu.com 就会变为：

```
https://lzb:123456@www.baidu.com
```

但是由于 URI 本身的局限，userinfo 只有两个字段（用户名、密码），这使得 userinfo 很难避免明文发送。显然，这样做太不安全。鉴于此，应用程序基本都是采用其他方法来鉴权，而不是在 URI 中包含 userinfo 信息。

host 的定义为

```
host = IP-literal / IPv4address / reg-name
```

其中，IP-literal 的定义为

```
IP-literal = "[" ( IPv6address / IPvFuture  ) "]"
```

上述定义中，host 指的是 IP 地址（IPv4、IPv6，乃至将来更高版本的 IP 地址）或者是域名（如 www.baidu.com）。

host 与其后的 port（端口号）之间用冒号（:）分隔。port 是一个可选值，如果不输入，port 就等于 scheme 所对应的协议的默认端口号。例如，HTTP 的默认端口号是 80，HTTPS 的默认端口号是 443。在浏览器里输入 https://www.baidu.com 和 https://www.baidu.com:443，其效果是一样的。

4. path

authority 后面会跟着一个 path（路径）。当然，如果没有 authority，scheme 后面也需要跟着一个 path：

```
URI         = scheme ":" hier-part [ "?" query ] [ "#" fragment ]
hier-part    = "//" authority path-abempty
              / path-absolute
              / path-rootless
              / path-empty
```

通过以上定义可以看到，authority 后为 path-abempty，而 scheme 后为 path-absolute、path-rootless、path-empty。这些以 path 开头的词汇都是 URI 的 path，下面分别介绍。

（1）path-empty

path-empty 就是一个空 path，如下所示：

```
path-empty = 0<pchar>
```

0<pchar> 表示包含 0 个 pchar。path-empty 可以直接跟在 scheme 后面，如“http:”就相当于：

```
URI = scheme ":" path-empty
```

虽然语法正确，但是这样的 URI 没有意义。例如，在 IE 浏览器里输入“http:”，如图 5-14 所示。需要注意的是，图 5-14 中 IE 地址栏中的 3 个斜杠（///）为 IE 自动添加的，后文的 path-abempty 会解释原因。

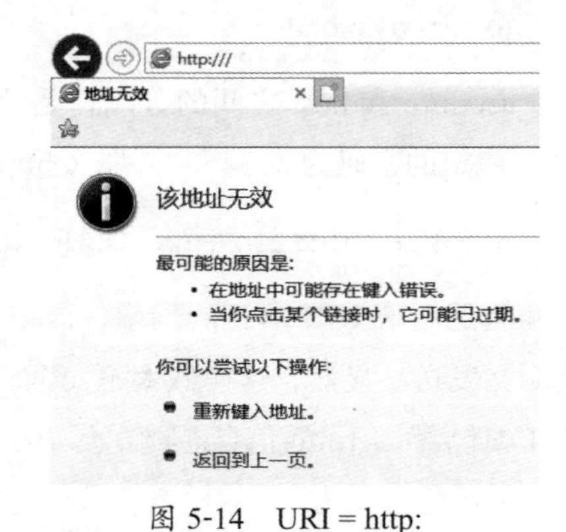

图 5-14　URI = http:

（2）path-absolute

path-absolute（绝对路径）的定义如下：

```
path-absolute = "/" [ segment-nz *( "/" segment ) ]
segment-nz = 1*pchar
segment = *pchar
```

上述定义表明了如下信息。

① path-absolute 以斜杠（/）开头，凡是 path-absolute 都是以斜杠（/）开头，凡是斜杠（/）开头的 path 都是 path-absolute。

② path-absolute 的斜杠（/）之后可以是空，因为 [segment-nz *("/" segment)] 表明其是可选的。

③如果斜杠（/）之后不为空，则必须接 segment-nz（segment-nz = 1*pchar），即至少接一个 pchar。

④ path-absolute 是一个分层的（hierarchical）结构，它后面还可以继续跟着以“/”开头的 segment（segment = *pchar 表明 segment 包含 0 到多个 pchar）。

下面举几个简单的例子。

①“/”，即一个 path-absolute：以斜杠（/）开头，后面为空。

②“/x/y/z”，即一个 path-absolute：以斜杠（/）开头，后面接“x”，“x”之后接“/y”，“y”之后接“/z”，表明该 path 是分层结构。

事实上，不仅 path-absolute 是分层结构，所有的 path 也都是分层结构。

虽然 scheme 后面可以直接跟 path-absolute，但是如果 scheme 代表网络协议，如 HTTP、FTP，那么 scheme + path-absolute 的组合没有意义，因为没有 authority（主要是没有 host），网络协议不知道到哪里去寻找这个 path。

现实中，又简单又有意义的 scheme + path-absolute 的组合就是 scheme = file。file 代表本地文件协议，即访问本地（本机）上的文件，而不是访问网络上的文件。我们可以在浏览器的地址栏中输入 file:/D:/t1.html 进行测试，笔者在地址栏中输入的 file:/D:/t1.html，被 IE 浏览器改为 D:\t1.html，如图 5-15 所示。这是浏览器的内

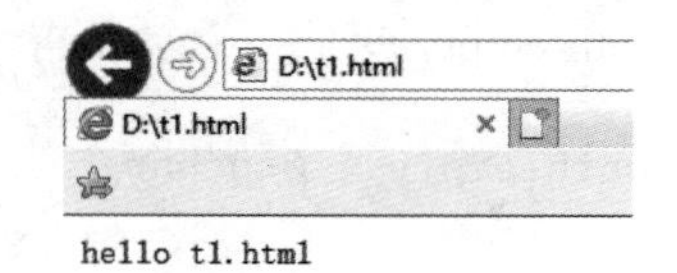

图 5-15　file:/D:/t1.html

部行为。从外部接口来说，浏览器所接收到的 URI 就是 file:/D:/t1.html。

因为笔者在文件 D:/t1.html 中的内容是 hello t1.html，所以 IE 里显示的内容也是 hello t1.html。

（3）path-abempty

abempty 并不是一个英文单词，而是 absolute 和 empty 的混合体。path-abempty 表示这个 path 或者是 path-absolute，或者是 path-empty。path-abempty 的定义如下：

```
path-abempty = *( "/" segment )
segment = *pchar
```

可以看到，path-abempty 由 n 个 “ "/" segment” 组成，n 等于 0 或者大于 0。当 n = 0 时，path-abempty 就是 path-empty；当 n > 0 时，因为 “"/" segment” 是以 “/” 开头，所以 path-abempty 就是 path-absolute。

因为是接在 authority 后面，所以 path-abempty 的例子非常多。例如，在浏览器的地址栏里输入 https://www.baidu.com 或 https://www.baidu.com/index.html 都可以。这两个 URI 的解析如图 5-16 所示。可以看出，path-abempty 相当于 path-empty 或 path-absolute。

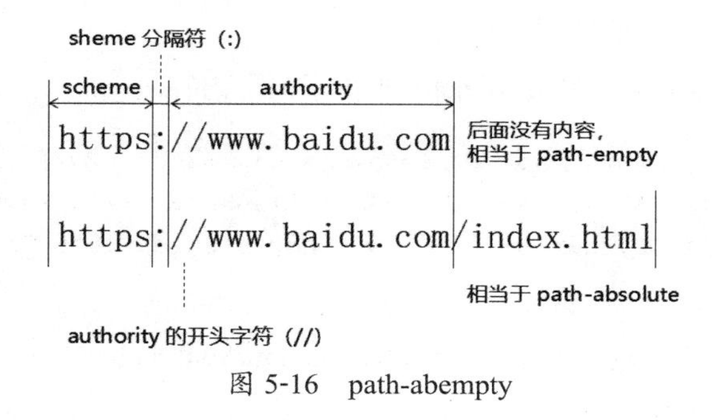

图 5-16　path-abempty

前面提到在 IE 里输入 “http:”，IE 会自动将其补充为 “http:///”。对于自动补充的 3 个斜杠，前两个应该是 IE 为试图补上 authority，因为它不知道具体的内容，只能用两个斜杠代替；第 3 个应该是 IE 试图补上 path-absolute，同理，它也不知道具体的内容，只能用斜杠来代替。

（4）path-rootless

path-rootless 的定义如下所示：

```
path-rootless = segment-nz *( "/" segment )
segment-nz = 1*pchar
segment = *pchar
```

将其与 path-absolute 的定义进行对比：

```
path-absolute = "/" [ segment-nz *( "/" segment ) ]
```

可以看出，path-absolute 以 “/” 开头，而 path-rootless 则不以 “/” 开头，这是两者最本质的区别。

其实，从表现形式来看，URI 的 path 与 Linux（Unix）文件系统的 path 两者的表现形式几乎是一样的。我们把 URI 的 path 理解成 Linux 的 path 是没有问题的。

Linux 有一个根路径“/”，所以 URI 把以“/”开头的 path 称为 path-absolute。同理，如果不是以“/”开头的 path，URI 则称之为 path-rootless，即无根之路径。

（5）path 的结尾

通过前面对 UI 定义可以看到，path 后面可能会跟着 query（以“?”分隔）或 fragment（以“#”分隔），也可能没有内容，到此（path）为止。所以，path 的结尾有如下 3 种情形。

①遇到“?”就结束（不包括“?”）。

②遇到“#”就结束（不包括“#”）。

③没有遇到“?”“#”，那就直到字符串结束，都是属于 path。

5. query

query 在语法上比较简单，而在用法上稍显麻烦。

（1）query 的基本语法

如果在百度的搜索框里输入 hello，或者在 IE 浏览器的地址栏里直接输入 https://www.baidu.com/s?wd=hello。可以发现两者的搜索结果相同。

从 URI 的角度来看，在搜索框里输入 hello 等价于以下内容：

```
URI1 = https://www.baidu.com/s?ie=utf-8&f=8&rsv_bp=1&rsv_
idx=1&tn=baidu&wd=hello&rsv_pq=d80b7fe30007f1e5&rsv_t=1159KJwhG6y5houUobo2Ucffz%2B
VOR8d3wIJqI5iJUHvz7tuSbytuat10BTI&rqlang=cn&rsv_enter=1&rsv_sug3=7&rsv_sug1=6&rsv_
sug7=100
```

而在 IE 浏览器的地址栏中输入 https://www.baidu.com/s?wd=hello 则等价于以下内容：

```
URI2 = https://www.baidu.com/s?wd=hello
```

对于 URI1，百度自己添加了很多内容，但最核心的部分与 URI2 是一样的：https://www.baidu.com/s?wd=hello。

该 URI 的“?”之前的部分是前面介绍的内容：scheme + authority + path-absolute。“?”之后的内容称为 query：

```
URI = scheme ":" hier-part [ "?" query ] [ "#" fragment ]
```

query 就是 URI 中紧接着 hier-part 的，以问号“?”开头的字符串。按照前文关于 path 的描述方式，query 结束的标志是遇到“#”或者是字符串结束。

query 本身的定义为

```
query = *( pchar / "/" / "?" )
```

这个定义很普通，就是 0 到多个 pchar、“/”和“?”。因为 query 是一个可选字段，所以 query

可以是0个字符。当query是0个字符时，它前面的标识符“?”也就没有意义了。

query除了pchar外，还可以包含“?”和“/”。下面看一个具体的例子，如图5-17所示。

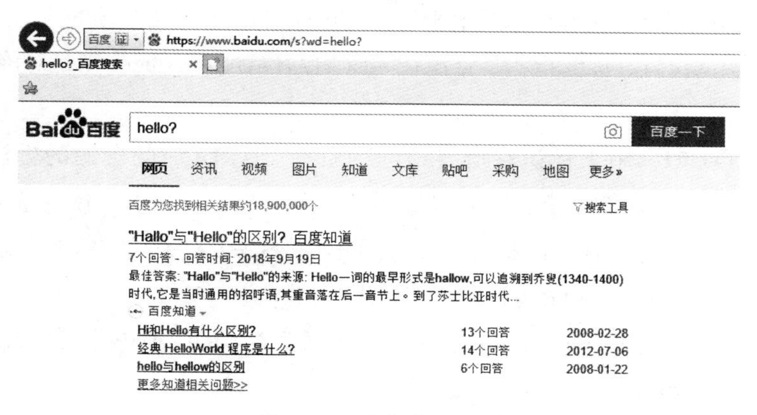

图5-17　百度“hello?”

图5-17所对应的URI等价于：

```
URI = https://www.baidu.com/s?wd=hello?
```

可以看到，query虽然以“?”作为开头标志，但是query字段本身仍然可以包含“?”。例如，图5-17中的query就等于“wd=hello?”，包含一个“?”。

指明query本身可以包含“?”并没有特别的含义。但是，指明query本身可以包含“/”时，如图5-18所示。

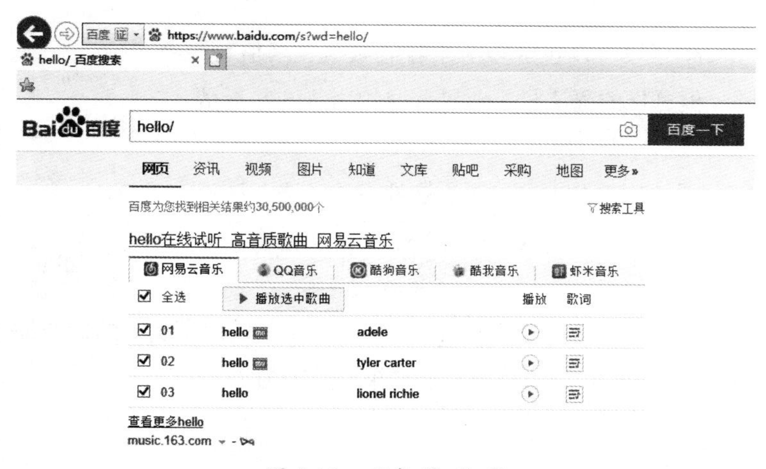

图5-18　百度“hello/”

图5-18所对应的URI等价于：

```
URI = https://www.baidu.com/s?wd=hello/
```

“/”在path里，不仅仅是一个普通的分隔符，其还实现了分层的特性。这同时也就意味着，

query 是不支持分层的。

（2）query 的基本用法

URI 是通用资源标识符，从某种意义上来说，scheme 指明了访问资源的协议，authority（主要是 host）指明了资源的位置，path 指明了资源在 host 内的位置，而 query 则是对该位置的资源进一步的过滤。

HTTP 也用到了 URI，用来标识它所要访问的资源。HTTP 访问资源的方法有 GET、PUT、POST、DELETE 等。这里面有一个比较容易混淆的地方：GET 在很多时候理解为查询，而 query 则直接翻译为查询，那么对于 HTTP 来说，query 是不是与 GET 有关呢？即是不是只有 HTTP GET 才能使用 URI 的 query，其他 HTTP 方法则不能使用？

答案是否定的。HTTP GET 与 URI 的 query 只是单词含义上的一种巧合，两者没有必然的关系。HTTP 其他的 method 也可以使用 URI 的 query。

query 是对资源的过滤。单纯从语法的定义来看，很难看出 query 关于过滤的表达方法，因为它只是一个字符串（可以包含 pchar、“?”和“/”等字符）。业内通常采用“名值对（key=value）”的表达方法表达过滤条件。例如，URI = https://www.baidu.com/s?wd=hello，这里就用 wd=hello 来表达过滤条件。

下面来看一个更一般的例子（伪码）：

```
URI = ....../student?name=Jack&age=18
```

该 URI 所表达的语义是 name 为 Jack 且 age 为 18 的学生。这里的 query 字段“name=Jack&age=18”的解析如图 5-19 所示。

图 5-19 表明，query 字段可以包含多个“名值对”，“名值对”之间采用“&”分隔。但这样的语法只是业界普遍的用法，并不是标准。

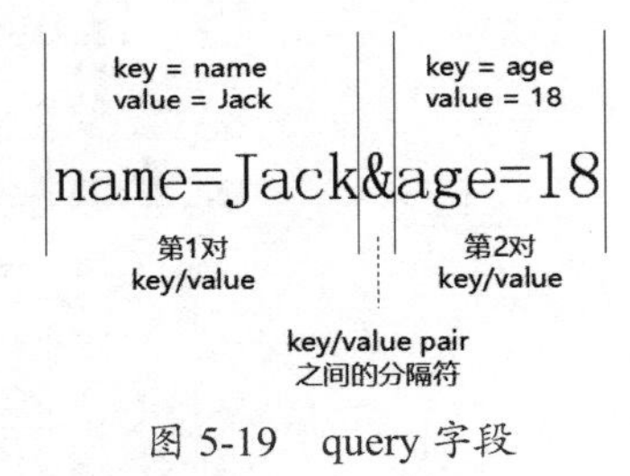

图 5-19　query 字段

虽然不是标准，但是 REST API 也采用了这种表达方法，这就意味着用“名值对”来表达 query 的语义已经是事实上的标准。这就产生了以下两个问题。

①无法表达如下语义：name = Jack 并且 age > 18 的学生。因为事实上的标准都是采用“名值对”来表达过滤条件，无法直接表达“>”等语义。如果将其写为

```
URI = ....../student?name=Jack&age>18
```

则这样的 URI 是错误的，因为不符合事实标准。因此，其只能用迂回的方法来表达，如：

```
URI = ....../student?name=Jack&agemin=18&operator=gt
```

其中，gt 是 greater than 的缩写。服务端程序接收 agemin=18&operator=gt 以后，会将其理解为 age > 18 的语义。

②层次化的路径是该出现在 path 中还是该出现在 query 中？下面看一个例子，如表 5-4 所示。

表 5-4 学校 - 班级 - 学生

schoolid	classid	name
1	1	Jack
2	1	Mike
2	2	Mike
3	1	Jack
3	2	Mike

假设要表达 schoolid=3、classid=1 并且 name=Jack，那么至少有两种表达方法：

```
URI1 = ....../student?schoolid=3&classid=1&name=Jack
URI2 = ....../schoolid/3/classid/1/students?name=Jack
```

schoolid/3、classid/1 的语义分别是 schoolid=3、classid=1，但 schoolid/3、classid/1 这样的表达更能体现 path 的层次化理念，如图 5-20 所示。

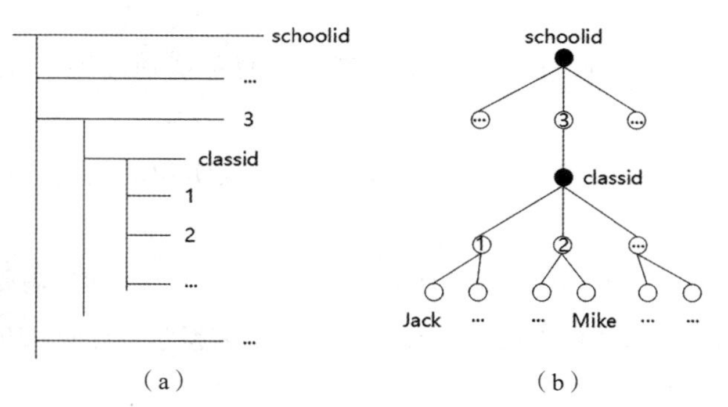

图 5-20 层次化理念

图 5-20（a）和图 5-20（b）表达的是同一个概念，可以看出，层次化其实就是树形结构，而一个 URI 的 path 就是其中的一个分支。例如：schoolid/3/classid/1/student?name=Jack。

从这个角度再来看上述两个 URI。URI1（....../student?schoolid=3&classid=1&name=Jack）更符合人们日常生活中的表达习惯，而 URI2（....../schoolid/3/classid/1/students?name=Jack）则更能体现 path 层次化的理念。从功能的角度来说，两个 URI 所表达的意思是等价的。

6. fragment

fragment 是 URI 的最后一个元素，以“#”为开头标记，其结尾标记就表示字符串的结束：

```
URI = scheme ":" hier-part [ "?" query ] [ "#" fragment ]
```

fragment 的语法定义为：

```
fragment = *( pchar / "/" / "?" )
```

只从语法定义的本身来说，fragment 的格式与 query 相同，但两者的含义却是大相径庭。下面看一个具体的例子，在 IE 地址栏中输入如下 URI：https://tools.ietf.org/html/rfc3986#page-50，所得结果如图 5-21 所示。

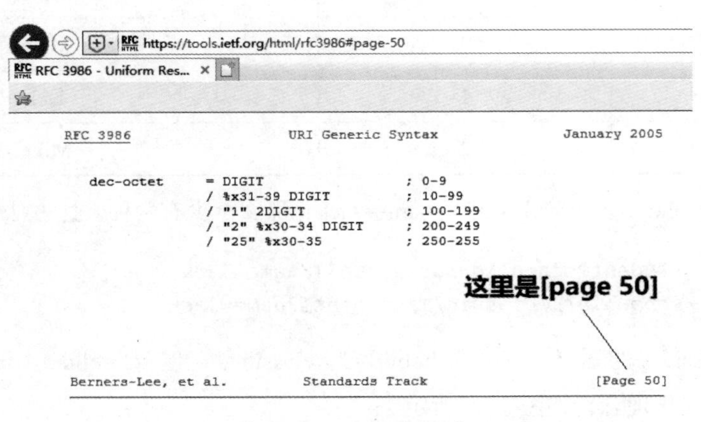

图 5-21　fragment 示意

由于该页面很长，因此笔者对图 5-21 做了删减，而且特别标注了 page 50，这是为了凸显 fragment 的作用。

关于 fragment，RFC 3986 中介绍的比较晦涩。这里从实用的角度出发，只介绍 fragment 在 HTTP 中的主要作用。

一个 Web 页面中有很多内容，因此需要有滚动条。在打开这个页面后需要直接跳转到某个位置，如 RFC 3986 的第 50 页，那么就可以通过 URI 的 fragment 来指示（#page-50）。

fragment 对于 HTTP 来说有如下几个特点。

① fragment 不会被发送到服务器。

② fragment 的改变不会触发浏览器刷新页面，但是会生成浏览历史。

③ fragment 会被浏览器根据文件媒体类型（MIME type）进行对应的处理。

④ Google 的搜索引擎会忽略“#”及其后面的字符串。

5.2.2 百分号编码

URI 的百分号编码的背后是另外两个编码系统：ASCII、UTF-8。本小节首先简单介绍这两个编码系统，然后介绍百分号编码。

1. ASCII 和 UTF-8

从计算机诞生的那一刻起，就意味着编码不可避免。例如，字母 a 在计算机内该如何表示呢？因为计算机只能识别 0 和 1 两个比特，所以需要一种方式将人类的语言用计算机的比特表示。这种表示方法称为编码。

ASCII 就是为了解决这个问题，它是适用于所有拉丁字母（英文字母也属于拉丁字母体系）的编码系统，可以将拉丁字母（及其他符号）编码成计算机认识的比特，如表 5-5 所示。

表 5-5　ASCII 码表（部分）

二进制	十进制	十六进制	英文字母
0110 0001	97	0x61	a
0110 0010	98	0x62	b
0110 0011	99	0x63	c
0110 0100	100	0x64	d
0110 0101	101	0x65	e
0110 0110	102	0x66	f
0110 0111	103	0x67	g

ASCII 由 ANSI 制定，最初是美国国家标准，后被 ISO 定为国际标准。

ASCII 适用于拉丁字母，这同时也意味着它不适用于其他语系的字符的编码，如中文。

对于中文的编码，有 GB18030 编码、Unicode 编码等，但对于 URI 的百分号编码而言，其背后的编码是 UTF-8（8-bit Unicode Transformation Format，8-bit 统一码转换格式）编码。UTF-8 是一种针对 Unicode 的可变长度字符编码，也称为万国码，现在已经标准化为 RFC 3629。UTF-8 用 1 ~ 6 字节编码 Unicode 字符，可以在网页上统一显示中文简体、繁体及其他语言（如英文、日文、韩文）。

2. 百分号编码的语法

在百度搜索引擎中搜索“你好”，其结果如图 5-22 所示。

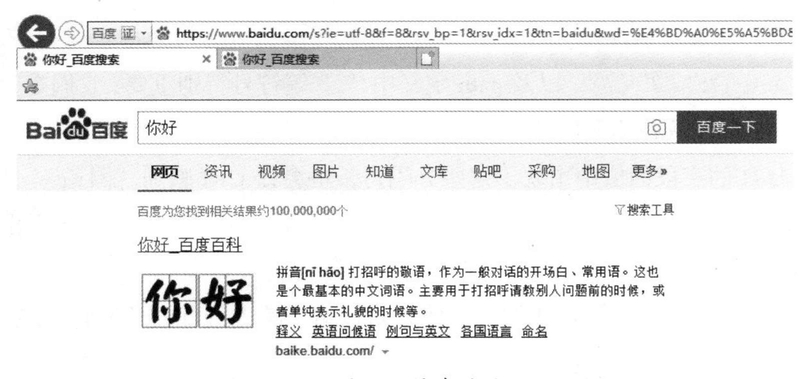

图 5-22　“你好”搜索结果（URI1）

图 5-22 所对应的 URI1 较长，但其最核心的内容（记为 URI2）为：https://www.baidu.com/s?wd=%E4%BD%A0%E5%A5%BD。

将 URI2 直接复制到 IE 的地址栏中，可以看到其结果与 URI1 一样。

将前文查询 hello 的 URI（记为 URI3）与 URI2 放在一起进行对比：

```
URI3 = https://www.baidu.com/s?wd=hello
URI2 = https://www.baidu.com/s?wd=%E4%BD%A0%E5%A5%BD
```

如果 URI2 是如下形式（记为 URI4），会更好理解：

```
URI4 = https://www.baidu.com/s?wd= 你好
```

但是，URI4 形式无法实现。正如我们所看到的那样，URI 是由英文字母、数字和一些可打印的字符所组成的字符串，它无法表达汉字（其他非拉丁字母）。

URI 针对这些不可描述的字符的处理如下。

①将这些字符用 UTF-8 进行编码，并用十六进制表示，如，“你”编码为（3 个字符）“E4 BD A0”，“好”编码为“E5 A5 BD”。

②在这些 UTF-8 的字符前面加上百分号（%），以标记这些字符是 UTF-8 编码字符。这样，“你好”就变成了“%E4%BD%A0%E5%A5%BD”，于是就会看到如下 URI：

```
URI2 = https://www.baidu.com/s?wd=%E4%BD%A0%E5%A5%BD
```

因为前面有“%”标记，所以 URI 将该编码命名为百分号编码。ANBF 对百分号编码的语法定义为

```
pct-encoded = "%" HEXDIG HEXDIG
```

其中，HEXDIG 代表十六进制数字［0 ~ 9、A ~ F（或 a ~ f）］，即“%”后为两个十六进制的数字。该十六进制数字实际是 UTF-8 的编码。

除了对这些不可描述的字符进行编码外，URI 还需要对其保留字符（Reserved Characters）进行百分号编码。那么，什么是保留字符呢?

（1）保留字符与非保留字符

在 URI 的定义中，“:”“?”“#”，以及 path 定义中“/”等符号特别重要，它们是 URI 的分隔符，没有这些分隔符，URI 将无法识别哪些是 scheme，哪些是 path。

同样，如果 URI 的字段的值中出现了这些分隔符，也会让 URI 感到“困惑”。例如，假设一个 scheme 等于“a:b”，那么 URI = a:b:c 就会引起混淆。对于该 URI，显然会把 a 当作 scheme，而不是“a:b”。

为了避免这种不必要的混乱，URI 规定：需要对保留字符进行百分号编码。URI 对于保留字符（Reserved Characters）的定义如下：

```
reserved    = gen-delims / sub-delims
gen-delims  = ":" / "/" / "?" / "#" / "[" / "]" / "@"
sub-delims  = "!" / "$" / "&" / "'" / "(" / ")"
            / "*" / "+" / "," / ";" / "="
```

通过前面章节的介绍可知这些保留字符其实就是 URI 分隔符。既然有保留字符，那么就会有非保留字符（Unreserved Characters）。URI 对于非保留字符的定义为

```
unreserved  = ALPHA / DIGIT / "-" / "." / "_" / " ~ "
```

那么，对于非保留字符是否可以进行百分号编码呢？对于保留字符，是否绝对地需要百分号编码呢？

（2）百分号编码的原则

ASCII 码一共有 128 个字符，其中 0 ~ 31 及 127 共 33 个是控制字符或通信专用字符，32 ~ 126 共 95 个是可显示字符（32 是空格）。URI 的保留字符和非保留字符一共只有 84 个字符，另外还有空格和 ">" "<" """ "%" "*" "\" "^" "{" "|" "}" 等 11 个字符。这 11 个字符中，我们将 "%" 标记为 percent，将其他 10 个字符标记为 the-others。这样就可以定义 uri-character：

```
uri-character = reserved / unreserved / percent
```

uri-character 的含义是：只有这些字符可以出现在 URI 的表达式中，其余字符均不可以，即使是属于 ASCII 范围内的 10 个字符（The-others）。

这就推导出了 URI 百分号编码的第 1 个原则 "必须编码原则"：只要是不属于 uri-character 内的字符，都必须要进行百分号编码。

URI 百分号编码的第 2 个原则是 "必须不编码原则"：对于保留字符（Reserved），如果在发挥它的本意即分隔符的作用时，必须不能进行百分号编码。即如果用百分号编码，这些字符将失去其分隔符的作用。

URI 百分号编码的第 3 个原则是 "自由编码原则"：对于非保留字符（Unreserved），编码也可以以它的本来面貌出现。例如，字母 a 可以以 a 的面貌出现，也可以以百分号编码 "%61" 的形式出现。之所以可以这么灵活，是因为非保留字符并不承担分隔符的作用，无论是编码还是不编码，都不会引起 URI 的歧义。

URI 百分号编码的第 4 个原则是 "局部定义原则"。我们知道，URI 分为 5 大元素：scheme、authority、path、query、fragment。其中每一个元素都有自己特有的定义，例如，query。

① query = *(pchar / "/" / "?")。

② query 自己的分隔符，如 "=" "&" 等。

这意味着，在 query 语法之内的并且不是 query 分隔符的，可以采用 "自由编码原则" 灵活编码，而其余的则必须采取 "必须编码原则" 进行百分号编码。

5.2.3 URL 和 URN

统一资源名称（Uniform Resource Name，URN）与 URI、URL 之间的关系如图 5-23 所示。

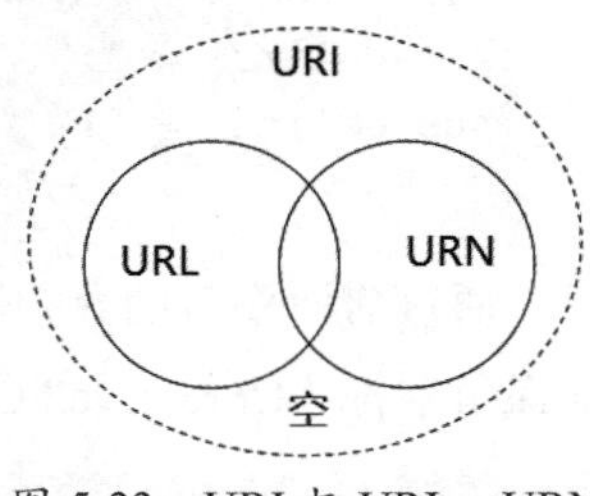

图 5-23　URI 与 URL、URN 之间的关系

图 5-23 中，用一个虚框表示 URI，并且特意加了一个标注“空”，这是为了防止读者产生误解，以为 URI 除了 URL 和 URN 外还包含其他元素。其实，URI 除了 URL 和 URN 外再无其他内容。如果用集合的方法表示三者之间的关系，可能更精确。

$$\text{URL} = \text{URL} \cup \text{URN}$$

$$\text{URL} \cap \text{URN} \neq \varnothing$$

也就是说，URI 是 URL 和 URN 的并集，URL 和 URN 的交集不为空。

URL 表达的是一个资源的定位方法（或者说是访问方法），可类比为人们日常生活中的地址（如门牌号码）。我们看到的最多的 URL 可能就是上网时输入的网址，如 https://tools.ietf.org/html/rfc3986。该 URL 就透露着网络上的定位信息。

① https 表明了资源的访问协议。

② tools.ietf.org 表明了资源所在服务器的位置（不是地理位置，是 HTTPS 能到达的地方）。

③html/rfc3986 表明了资源位于服务器内部的位置（广义上的位置，不要狭义地对应到文件夹）。

与 URL 相对应的是，URN 更多的是为了表达一个资源的名称。如果仅仅包含名称信息，则无法通过一个 URN 访问到该资源。

URN 有一个典型特征，即很多 URN 的 scheme 都是 urn，如 urn:example:animal:ferret:nose。

当然，这不是绝对的，任何 URI 只要包含了名称（name）属性，都可以称为 URN。

下面看一个 URL 和 URN 的例子，如图 5-24 所示。

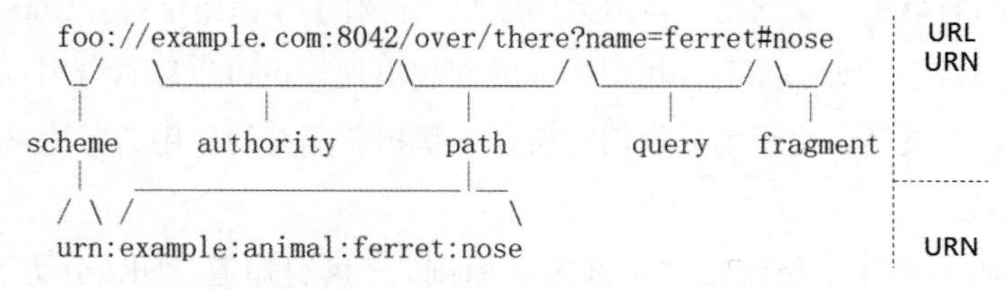

图 5-24　URL 和 URN 举例

图 5-24 为 RFC 3968 文档中的官方例子，笔者对其进行了标注。可以看到，foo://example.com:8042/over/there?name=ferret#nose 既是 URL，也是 URN，而 urn:example:animal:ferret:nose 只能是 URN。

也正是因为很多 URL 都可以称为 URN，所以 RFC 3986 也建议最好使用 URI 这个术语，而不必使用更严格的 URL 或 URN。

5.3 Header Fields

第 5.2 节介绍的 URI 其范围远远超过 HTTP，本节则回归 HTTP 本身，介绍 HTTP 的 Header Fields——HTTP 报文头中所包含的字段。与其他层协议一样，HTTP 的 Header Fields 也是 HTTP 的“精华”所在。

HTTP 的 Header Fields 大致可以分为几大类：Request 相关字段、Response 相关字段、基本字段（两者都会涉及）。

5.3.1 基本字段

与 HTTP 内容相关的 3 个方面包括：Content-Type（内容类型）、Content-Encoding（内容编码）、Transfer-Encoding（传输编码）。HTTP 刚诞生时只能传输超文本（Hypertext），经过发展，后来成为可以传输包括文本、图像、音频、视频、应用程序等各种格式的数据。Content-Type 就是对数据格式或者说是媒体类型（Media Type）的一种表达。

URI 在必要时需要编码。URI 还仅仅是一个字符串，考虑到 HTTP 所传输的内容是各种各样类型的数据（多种媒体类型），因此更需要编码。Content-Encoding 就是对内容编码的一种表达。

Transfer-Encoding 是对传输编码的一种表达。在传输层面对所传输的内容做一些处理（编码）。

至此我们可以看到，Content-Type、Content-Encoding、Transfer-Encoding 是 HTTP 的基本盘：传输的内容（Content-Type）、内容的表达（Content-Encoding）和传输的处理（Transfer-Encoding）。

1. Content-Type

HTTP 的 Content-Type 借用了多用途互联网邮件扩展类型（Multipurpose Internet Mail Extensions，MIMIE）的概念。实际上，无论是 HTTP 还是邮件协议，从传输的内容来说，两者没有本质区别。

从语法定义的角度来说，Content-Type 的格式如下：

```
Content-Type ":" OWS media-type OWS
```

其中，OWS 是 optional whitespace 的意思，即这些（可以是多个）空白字符（空格、tab）是可选的。

media-type 的定义如下：

```
media-type = type "/" subtype *( OWS ";" OWS parameter )
type = token
subtype = token
parameter = token "=" ( token / quoted-string )
```

上述定义比较抽象，不太好理解，下面看一个具体的例子：

```
Content-Type: text/html;charset=utf-8
```

该例子中，text 就是 type，html 就是 subtype，charset=utf-8 就是 parameter。type 与 subtype 之间用 “/” 分隔，type/subtype 与 parameter 之间用 “;” 分隔。

type、subtype、parameter name（如上例中的 charset），都是大小写不敏感的，parameter value（如上例中的 utf-8）可以是大小写敏感，也可以不敏感，具体取决于 parameter name 的语义。

常见的 media-type 有很多，如：

① HTML 文档标记：text/html。

② JPEG 图片标记：image/jpeg。

③ GIF 图片标记：image/gif。

④ js 文档标记：application/javascript。

⑤ xml 文件标记：application/xml。

虽然 HTTP 本身是应用层协议，但是要理解 Content-Type 的用途，必须在更上层的应用程序（无论是客户端程序还是服务端程序）中寻找答案。这里因为 HTTP 本质是一个“传输”协议，其并不关心所传输的内容，真正关心内容的是应用程序。

2. Content-Encoding

Content-Encoding 的语法格式如下：

```
Content-Encoding = 1#content-coding
content-coding   = token
```

其中，token 是“官方”定义好的名词。对于 content-coding 而言，它的官方就是 IANA。换句话说，Content Coding 也需要在 IANA 登记注册。

Content Coding 与压缩相关。如果说 Content-Type 本质上是为上层的应用程序服务的，那么 Content-Encoding（Content Coding）的作用则基本上认为是为自己服务的（减少传输比特），当然，它也可以为其他人服务（如应用程序，减少存储空间）。

比较常见的 Content-Encoding 的例子如下：

```
Content-Encoding: gzip
```

这表明 HTTP 所传输的内容是以 gzip 压缩的。

3. Transfer-Encoding

Transfer-Encoding 完全为 HTTP 自己服务：在传输的过程中，对所传输的内容进行编码。

（1）Transfer-Encoding 的基本概念

Transfer-Encoding 的语法格式如下：

```
Transfer-Encoding = 1#transfer-coding
transfer-coding   = token
```

与 Content Coding 一样，Transfer Coding 也需要在 IANA 注册登记。

Transfer Coding 的取值很多与 Content Coding 的取值相同，如 gzip、compress 等。这是比较容易让人困惑的地方。其实，如果不关注取值，而是关注语义，两者的区分是比较明显的。

Transfer Coding 意为传输编码，表示数据在服务端进行编码，传输到客户端以后则须进行解码。这些动作由 HTTP 完成，对上层的应用程序是透明的。例如，一个 text/html 类型的数据，在 HTTP 服务端被 gzip 压缩传输到 HTTP 客户端，HTTP 客户端需要对其进行解压缩。而应用程序对这一切都不感知，它看到的就是一个没有压缩的、正常的、普通的 HTML 文本。

Content-Encoding 意为内容编码，表达的是内容本身的格式。例如，Content-Encoding 的类型也可以是 gzip，但是该 gzip 对应用程序是不透明的，HTTP 客户端并不负责将该 gzip 所要的数据解压缩，而是直接交给应用程序，因为应用程序所需要的数据格式（Content-Encoding）就是 gzip。

以上的说明如图 5-25 所示，比较清晰地表达了 Content-Encoding 和 Transfer-Encoding 的区别，这里不再赘述。下面继续讲述 Transfer-Encoding。

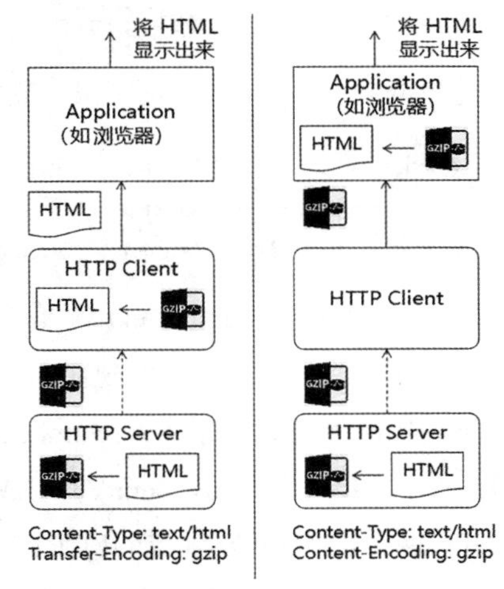

图 5-25　Content-Type、Content-Encoding 和 Transfer-Encoding

RFC 7230 中关于 transfer-coding 的定义为

```
transfer-coding = "chunked"
                / "compress"
                / "deflate"
                / "gzip"
                / transfer-extension
  transfer-extension = token *( OWS ";" OWS transfer-parameter )
  transfer-parameter = token BWS "=" BWS ( token / quoted-string )
```

其中，transfer-extension 是"name = value"这样格式的"名值对"（pair），其目的是扩展。

compress、deflate、gzip 这 3 种 transfer-coding 都是为了压缩，只是压缩算法和压缩格式不同。

chunked（分块传输）是将 HTTP 的数据分隔成多个"块"进行传输，从而维持 HTTP 的长连接。

Transfer-Encoding 可以包含多个编码［用逗号（","）进行分隔］，并且按照严格的顺序进行编码。例如"Transfer-Encoding: gzip,chunked"，这就表明先是进行 gzip 编码，然后进行 chunked 编码。

（2）Chunked Transfer Coding

当传输编码等于 gzip，即 Transfer-Encoding: gzip 时，HTTP 所传输的数据会被 gzip 压缩。同理，

当传输编码等于 chunked 时，HTTP 的数据也会有一定的处理。RFC 7230 把经过 chunk 处理的数据称为 chunked-body，其定义如下：

```
chunked-body = *chunk
               last-chunk
               trailer-part
               CRLF
chunk = chunk-size [ chunk-ext ] CRLF
              chunk-data CRLF
chunk-size = 1*HEXDIG
last-chunk = 1*("0") [ chunk-ext ] CRLF
chunk-data = 1*OCTET ; a sequence of chunk-size octets
```

这里的 chunk-ext 是可选字段，其定义如下：

```
chunk-ext = *( ";" chunk-ext-name [ "=" chunk-ext-val ] )
chunk-ext-name = token
chunk-ext-val  = token / quoted-string
```

从格式上来说，chunk-ext 就是多个“名值对”；从含义上来说，chunk-ext 与具体的 HTTP Server 实现有关，并无一定的规律。

下面用图例的方式来表达 chunked-body，如图 5-26 所示。chunked-body 由 *n* 个数据块（*n* 可以为 0）和 1 个结尾块（last-chunk）组成。数据块分为两个子块：chunk-size（块大小）、chunk-data（块数据）。两个子块和结尾块都以 CRLF 结尾。

chunk-size 的数据格式是十六进制的数字（chunk-size = 1*HEXDIG），表述块数据的大小（不包括块数据后面的 CRLF 两个字符），其数据单位是字节（octet）。

chunk-data 就是一串字节，其 size 等于 chunk-size。如果忽略 chunk-size 子块，忽略 CRLF 分隔符和结尾块，多个 chunk-data 拼装起来其实就是 HTTP 的数据（message-body），如图 5-27 所示。

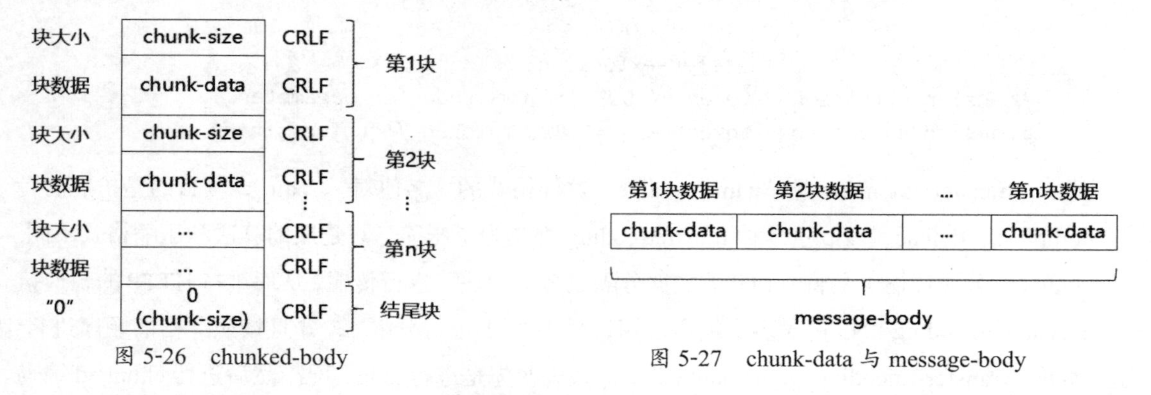

图 5-26　chunked-body

图 5-27　chunk-data 与 message-body

结尾块实际上也是一个 chunk-size 子块，只不过其值为 0，并且后面没有跟随 chunk-data 子块。

由图 5-27，可以看到，各个子块之间用 CRLF 进行分隔，最后用一个结尾块（结尾块后面也有 CRLF 分隔符）作为整个 chunked-body 结束的标记。

（3）trailer-part

trailer-part 位于 chunked-body 中的 chunk-data 的后面：

```
chunked-body    = *chunk
                  last-chunk
                  trailer-part
                  CRLF
```

trailer-part 翻译为“拖挂”比较形象，如图 5-28 所示。

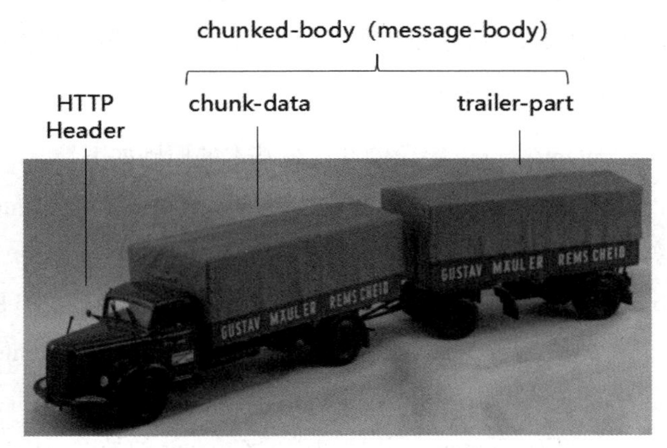

图 5-28　trailer-part

按照传统的理解，多个 chunk-data 拼装起来，其实就已经是 HTTP 的数据（message-body），那么 trailer-part 为什么还要附加在 chunk-data 后面呢？ RFC 7230 中关于 trailer-part 的定义为

```
trailer-part   = *( header-field CRLF )
```

由此可知，trailer-part 是一些 header-field，RFC 7230 规定 header-field 不能直接放在 HTTP Header，而要放在 trailer-part，即在构建 HTTP Header 时将无法确定的 header-field 放在 trailer-part 中。

5.3.2 Content-Length

IP 协议中有一个总长度（Total Length）字段，用来标识 IP 报文的长度。TCP 协议中借用了 IP 的总长度、报文头长度等字段，再加上自己的报文头长度［对应的是数据偏移量（Data Offset）字段］，就可以推算出 TCP 报文的长度。UDP 协议中，根据长度（Length）字段也可以推算出 UDP 报文的长度。

总之，这些协议利用了报文长度这一数据来定界其报文的结束（知道报文何时结束）。HTTP 的 Header Fields 中也有一个同样的字段 Content-Length，通过该字段，HTTP 就可以定界其报文的结束。Content-Length 的定义为

```
Content-Length = 1*DIGIT
```

也就是说，Content-Length 由 1 ~ n 个十进制的数字（0 ~ 9）组成（这也就意味着 Content-Length 的值可以为 0）。例如：

```
Content-Length: 666
Content-Length: 0
```

我们知道，TCP 有长连接、短连接一说。对于短连接，HTTP 的 Response 报文不需要 Content-Length 字段，因为连接结束就意味着报文结束。另外，即使是长连接，对于没有 message-body 的报文来说，HTTP 也不需要 Content-Length，因为 HTTP Header 本身有专门的结束标志。如果没有 message-body，那么 HTTP 看到 HTTP Header 结束的标志，就会知道报文结束。

1. Content-Length 的规则

HTTP Header 中有无 Content-Length 字段的几个最基本的原则如下。

①在不知道 Content（message-body）的长度的情形下，绝对不能有 Content-Length 字段，因为即使有了该字段，也不知道填写什么值。

②在确定不包含 Content 的情形下，绝对不能有 Content-Length 字段，但是该原则有一个例外。

③在短连接的情形下，即使知道了 Content 的长度，也可以不包含 Content-Length 字段，因为没有必要（连接断开就表示报文结束）。当然，也可以包含 Content-Length 字段。

④在长连接的情形下，如果有 Content，并且知道了 Content 的长度，则应该（SHOULD）包含 Content-Length 字段。

将以上 4 个原则 1 和原则 4 结合起来，会发现一个有趣的推论：如果不知道 Content 的长度，那么意味着只能是短连接，否则 HTTP 不知道如何定界报文的结束；如果知道了 Content 的长度，但是并没有包含 Content-Length 字段，那也只能是短连接；如果想维持长连接，那么必须知道 Content 的长度，而且必须包含 Content-Length 字段；chunked 传输模式例外。

如果有 Transfer-Encoding，那么 HTTP Header 中一定不能包含 Content-Length。这也就意味着，如果有传输编码，则 HTTP 无法知道其所传输的 Content 的长度。

2. Response 报文中的 Content-Length

HTTP Server 的 Response 报文的 HTTP Header 中何时该有 Content-Length，何时不该有 Content-Length 呢?

（1）绝对不包含

当 Response 报文的状态码（Status，会在后面章节讲述）为 1xx（information）或 204（No Content）时，HTTP Header 中一定不能包含 Content-Length。

当 CONNECT Request 的 Response 的状态码为 2xx（Successful）时；HTTP Header 中一定不能包含 Content-Length。

（2）可以包含也可不包含

当 HTTP Server 回应 HEAD Request 时，其 Response 报文的 HTTP Header 中可以包含 Content-Length，也可以不包含 Content-Length。

对于 HEAD 的响应，HTTP 的 Response 报文其实是没有 Content（message-body）的，按照前面的原则，此 Response 报文的 HTTP Header 中一定不能包含 Content-Length。但是，这里打破了这一原则，HTTP Header 可以包含（也可以不包含）Content-Length。

这是因为 HEAD 的 Response 本来就是为了告诉 HTTP Client 它的 Response 的报文信息，而 Content-Length 是报文信息的一部分，所以包含 Content-Length 也是应该的。然而，不包含 Content-Length 也是合理的。

所以，在这种情形下，其 Response 报文的 HTTP Header 中可以包含 Content-Length，也可以不包含 Content-Length。当 HTTP Server 回应 GET Request 时，如果状态码是 304（Not Modified），其 Response 报文的 HTTP Header 中可以包含 Content-Length，也可以不包含 Content-Length。

（3）长短连接与无知

除了以上情形外的其他情形，如果 HTTP Server 知道 Content 长度，则其 Response 报文的 HTTP Header 中应该包含 Content-Length。之所以是应该而不是必须，是因为也可以不包含 Content-Length，此时就对应着 HTTP 短连接。但是从传输效率来说，HTTP 推荐长连接，那么此时则需要包含 Content-Length。

当然，如果不知道 Content 长度，那么按照前面的原则①，其 Response 报文的 HTTP Header 中必须不能包含 Content-Length。例如，对于 Get Request 的响应报文，如果不知道 Content 的长度，那么 HTTP Header 中一定不能包含 Content-Length。

3. Request 报文中的 Content-Length

对于 HTTP Client 的 Request 报文，判断其 HTTP Header 中是否应该包含 Content-Length 相对来说简单一点。

很多 method 的 Request 报文（如 GET、HEAD）都只有 HTTP Header，而没有 Content（message-body）。

按照前面的原则①，此类报文的 HTTP Header 中一定不能包含 Content-Length。但是，RFC 7230 并没有这么绝对，它仅仅是不建议包含。但是，有的 method 的 Request 报文，如 POST，从语法角度来说，需要包含 Content（虽然有时 Content 的长度可以为 0）。对于这样的报文，如果没有传输编码，理论上来说是应该包含 Content-Length 字段的。但是，RFC 7230 仍然只是推荐包含，并没有强制包含，因此意味着可以不包含 Content-Length。

对于一个 Request 报文，显然不能在发送以后就将连接断开，这样会导致 HTTP Server 无法应答。既然不能断开连接，也没有 Content-Length，那么这类报文一定还有信息可以帮助定界其报文结束。答案就出在这类 Request 报文的 message-body 的本身（如 POST Request），由于本节主题的原因，关于 message-body 的分析会放到后面章节讲述。

5.3.3 Request 相关字段

从语法上来说，HTTP 的 Header Fields 不区分 Request 报文和 Response 报文，两者是一样的；但是从语义上来说，有些字段只在Request报文中才有意义，有些字段只在Response报文中才有意义。

只存在于 Request 报文中的 Headers Fields 大致可以分为协商、条件、控制、鉴权等几类。还有一类，属于哲学的“终极三问”。

1. 哲学的“终极三问”

对于“我是谁”“我从哪里来”“我到哪里去”这样的终极三问，也会体现在 HTTP Request 报文的 Header Fields 中。

（1）“我是谁”

在 HTTP Request 报文头中有一个 User-Agent（用户代理）字段，其表达了用户代理的一些基本信息。例如：

```
User-Agent: Mozilla/5.0 (Windows NT 10.0; WOW64) AppleWebKit/537.36 (KHTML, like Gecko) Chrome/73.0.3683.103 Safari/537.36
```

User Agent 这个词表达了人与机器之间的关系，如图 5-29 所示。这表达了人们日常上网的一个基本架构：人通过浏览器连接到服务器。显然，人在阅读网页时不必关心也不会运行 HTTP Client 协议，运行协议的是浏览器。

浏览器就是 User Agent，它是用户和 HTTP Server 之间的一个代理。对于 User-Agent 所表达的“我是谁”，从 HTTP 协议这个视角来说，这里的“我”指的不是“人”，而是运行 HTTP Client 协议的应用程序（APP）。

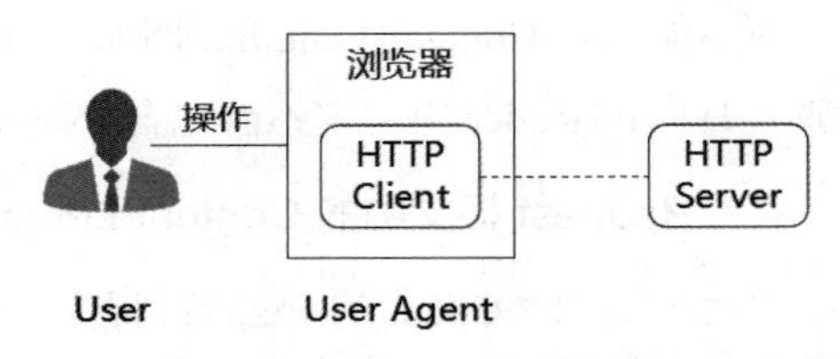

图 5-29 User Agent：人与机器之间的关系

User-Agent 字段表达的是 User Agent 的信息。一般来说，User Agent 指的是浏览器。通过上面的例子也能看出，User-Agent 表达的就是 Chrome 浏览器的相关信息。

User-Agent 的语法格式为

```
User-Agent = product *( RWS ( product / comment ) )
```

其中，RWS 即 required whitespace，即各个字段（product、comment）之间必须用空格分隔。至于具体的字段（product、comment）本身，读者通过具体的例子就可以基本了解，这里不再详述。

不同浏览器会有很多不同点，HTTP Server 正是利用该字段来进行浏览器的适配工作。所以，RFC 7231 中定义，除非有特别配置，一个 User Agent 在发送 HTTP Request 时应该要带上 User-Agent 字段。

除了人利用浏览器上网外，还有很多网络爬虫也在访问 HTTP Server。这些程序或大或小，但是和浏览器一样，都属于 User Agent。

类似网络爬虫这样的程序虽然也是 User Agent，但是它和人之间是间接关系，如图 5-30 所示。

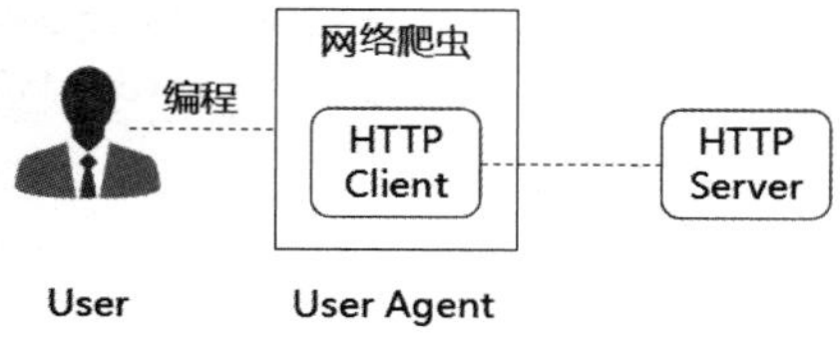

网络爬虫
编程
HTTP Client
HTTP Server
User
User Agent

图 5-30　网络爬虫

（2）“我从哪里来”

在百度搜索引擎中输入“你好”，结果如图 5-31 所示。

图 5-31　“你好”搜索结果

单击“你好 _ 百度百科”超链接，会进入一个页面（记为 A）。将该页面的 URL（https://baike.baidu.com/item/%E4%BD%A0%E5%A5%BD/32416?fr=aladdin）复制到一个新建的浏览器页面中（记为 B）。可以看到，A 和 B 的显示结果相同（读者可以自行测试）。

但是，如果查看 A 和 B 的 HTTP Request 报文，会发现 A 比 B 多了一个报文头字段：

```
Referer: https://www.baidu.com/link?url=RxBsiqGOEB0e_CPqVtmYPYZwlRMSXU7_7-ZbW5Hudj
vJdDuAIhIyMt8aYqzMmPXcBCpVP5mnqhKMPlW4Vw9FWMN3LtnIToDrpgi6P5-Hw5_&wd=&eqid=c4de0fc
300048dc2000000035cb58957
```

这里的 Referer 字段表达的就是“我从哪里来”。

对于页面 A，因为它是从百度搜索页面链接而来的，所以其有一个 Referer 字段；而对于页面 B，因为它是“原生”的（如用户在浏览器的地址栏里直接输入 URL），所以不应该有 Referer 字段，或者即使有，Referer 也应该等于“about:blank”。

（3）“我到哪里去”

在 HTTP Request 的报文头中有一个 Host 字段。例如，图 5-22 所对应的 HTTP Request，其 Host 字段的值为

```
Host: www.baidu.com
```

表面上看，这是比较奇怪的，因为 URL 中已经包含了 www.baidu.com，图 5-22 所对应的 URL 为

```
https://www.baidu.com/s?ie=utf-8&f=8&rsv_bp=1&rsv_idx=2&tn=baiduhome_pg&wd= 你 好
```

```
&rsv_spt=1&oq=%25E4%25BD%25A0%25E5%25A5%25BD&rsv_pq=a62efbb60001e89a&rsv_t=52dc0xb
0HekE3ssjV2QvgcGSxAaempJz4mlR2WtCZylY4%2FI%2Bs%2Bbqj98LBQa1lkCQeQTM&rqlang=cn&rsv_
enter=0）
```

实际上，Host 字段与 Web 的虚拟主机的技术相关。需要注意的是，这里的虚拟主机和虚拟机（“云”相关的技术）无关，其是 Web 的虚拟主机。

虚拟主机是为了充分利用 Host 的资源（Host 既可以是物理主机，也可以是虚拟机）。一个主机（Host）可以部署多个 Web 站点，这些 Web 站点不仅部署在一个 Host 上，还共享同一个 IP 地址、同一个端口号。

假设两个 Web 站点（www.x.com、www.y.com）都部署在 IP = 18.18.18.18/32 的 Host 上，且端口号都等于 80，那么当人们访问这两个站点时，其过程如图 5-32 所示。虽然从人的视角来看，是访问两个不同的站点（www.x.com、www.y.com），但是浏览器经过 DNS 进行域名解析以后，所获得的 IP 地址都是 18.18.18.18。如此一来，HTTP Server 如果不做一些特殊配置，那么就不会有正确的响应（针对客户不同的 URL 有不同的响应）。

实际上，HTTP Server 的配置也比较简单。我们以 Tomcat 为例，其只需要在 conf 目录下的 server.xml 做如下配置即可：

```
Host name="www.x.com" appBase="x_path"
Host name="www.y.com" appBase="y_path"
```

其中，x_path、y_path 是分别为了两个站点所建立的目录。也就是说，HTTP Server 通过配置文件，可以为不同的站点分配不同的服务器目录，从而可以为不同的 URL 回以不同的响应。这种技术也称为虚拟主机。

可以看到，Host 字段是为访问虚拟主机而存在的一个字段，它与 HTTP Server 上所配置的虚拟主机名称（Host Name）相对应。虚拟主机访问如图 5-33 所示。

图 5-32　Web 站点访问示意

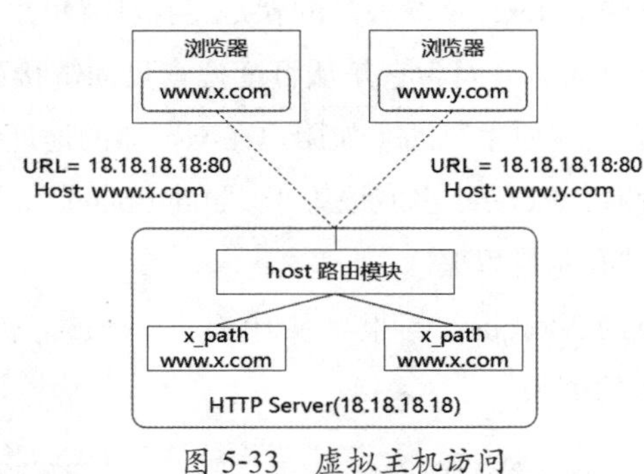

图 5-33　虚拟主机访问

图 5-33 中为了突出重点，省略了用户和 DNS，但是仍可以看到如下几点。

①用户输入的 www.x.com 和 www.y.com 被 DNS 归一成 18.18.18.18∶80。

②用户输入的域名信息并没有消失，仍保存于 Host 字段。

③ HTTP Server 通过自己的虚拟主机技术，可以针对 HTTP Request 中的 Host 字段给以正确的响应。

2. 内容协商（Content Negotiation）

HTTP 传输的是数据，有时也称其为内容（Content）。Content 有多种类型，以 image 为例，有 image/png、image/gif、image/jpeg 等。假设一个 HTTP Client 只能处理（接受）image/png、image/gif，不能处理 image/jpeg，而且能处理的两个 image 子类型中更偏向接受 image/png，那么该 HTTP Client 该如何将自己的这些“偏好”告知 HTTP Server 呢？

HTTP Client 可以在自己的 Request 报文头中包含如下字段：

```
Accept: image/png; q=1.0, image/gif; q=0.3
```

上述字段的含义如下：

①可以接受（Accept）image/png、image/gif。

②更能接受 image/png，因为其 q 值为 1.0，而 image/gif 的 q 值为 0.3。

由此可知，HTTP Client 就是利用 Accept 等字段以表达其所能接受的 Content 的各种属性。另外，HTTP Client 还利用 q（Quality Values）字段表达它对其所能接受的不同属性的“偏好”。我们把这些字段称为 HTTP Client 与 HTTP Server 之间的协商。

（1）Quality Values

前文说过，对于多个 Content 的属性值，HTTP Client 可能有不同的“偏好”，即权重（weight）。权重也被称为质量值（Quality Values，简写为 qvalue）。

权重的语法格式为

```
weight = OWS ";" OWS "q=" qvalue
qvalue = ( "0" [ "." 0*3DIGIT ] )
       / ( "1" [ "." 0*3("0") ] )
```

简单地说，qvalue 就是介于 0 ~ 1 的一个数字，该数字的小数部分最多有 3 位，如 0.567。qvalue 的值越大，表示权重越大（质量更好），HTTP Client 越倾向于选择该值。例如：

```
Accept: image/png; q=1.0, image/gif; q=0.3
```

这句话表示：HTTP Client 更倾向于选择 image/png；也可以选择 image/gif，但是其权重相对较低，只为 0.3。

值得一提的是，不同属性值之间使用逗号（,）分隔，而属性值和权重之间使用分号（;）分隔。

（2）可协商的属性

除了 Accept 字段外，HTTP Client 的报文头中还有 Accept-Charset、Accept-Encoding、Accept-Language 字段，以表达其所能接受的 Content 的各种属性，如表 5-6 所示。

表 5-6　可协商的属性

字段名	解释
Accept	可接受的 Content-Type
Accept-Charset	可接受的字符集
Accept-Encoding	可接受的 Content-Encoding
Accept-Language	可接受的语言

这些字段的语法比较简单，下面看几个具体的例子。

```
Accept: audio/*; q=0.2, audio/basic
Accept: text/*, text/plain, text/plain;format=flowed, */*
Accept: text/*;q=0.3, text/html;q=0.7, text/html;level=1,
        text/html;level=2;q=0.4, */*;q=0.5
Accept-Charset: iso-8859-5, unicode-1-1;q=0.8
Accept-Encoding: *
Accept-Encoding: compress;q=0.5, gzip;q=1.0
Accept-Encoding: gzip;q=1.0, identity; q=0.5, *;q=0
Accept-Language: da, en-gb;q=0.8, en;q=0.7
```

3. 条件语句（Conditionals）

HTTP 条件语句如图 5-34 所示。

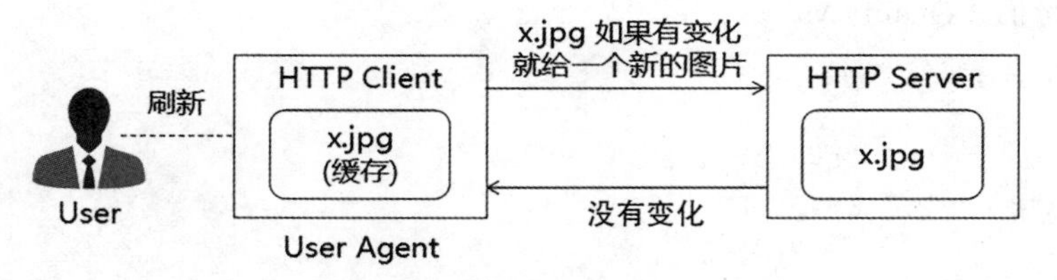

图 5-34　HTTP 条件语句示意

图 5-34 中，用户（User）不断刷新 HTTP Client（记为 A），试图从服务器上获取图片（x.jpg）的最新版本。而 HTTP Client（A）因为持有 x.jpg 的缓存，所以如果 x.jpg 没有变化，就没有必要不断地从 HTTP Server（记为 B）重复获取 x.jpg 的数据。于是我们就看到了图 5-34 中 A 和 B 的一段对话（伪码）。

A：x.jpg 如果有变化，就给一个新的图片。

B：没有变化。

A 从 B 处获悉 x.jpg 没有变化，因此只需要将其缓存呈现给用户即可，这样极大地提高了 HTTP 的效率。

说明：图 5-34 中，为了描述方便，将 HTTP Client 与 User Agent 简化为一体。

A 和 B 之间的对话模拟的是现实生活中人类的口吻。对于 HTTP，从语义上来说，它表达的也是这样的含义，此类含义称为条件语句。但是从语法上来说，目前 HTTP 还做不到人类语言的表达，而是一种“机器化”语言。HTTP 表达条件语句的语法通过 HTTP Client Request Header 中的几个字段来表示，这些字段包括 If-Match、If-None-Match、If-Modified-Since、If-Unmodified-Since、If-Range。

以 If-Match 为例，HTTP Client Request 报文可能如下：

```
GET http://www.x.com/x.jpg HTTP/1.1
If-Match: "xyzzy"
```

上述报文的含义：HTTP Client 与 www.x.com 进行沟通，如果与 xyzzy 相匹配（If-Match），那么将 x.jpg 传输过来。

其中，字段名 If-Match 比较好理解，但是字段值 xyzzy 代表什么含义呢？它又是从何而来呢？这与 HTTP 的 Validators（校验器、验证器）有关。

① xyzzy 是 HTTP Server 的 Response 报文头中 ETag 字段的值。

② ETag（Entity Tag）标记一个资源，当 ETag 发生变化时，表示该资源的状态发生了变化。

③ HTTP Request 通过 If-Match entity-tag 等条件语句对该资源进行选择性的操作。

下面分别讲述条件语句的几个字段。

（1）If-Match

If-Match 表示如果匹配就会相应的操作，其语法格式为

```
If-Match = "*" / 1#entity-tag
```

其中，entity-tag 可简单理解为一个双引号包起来的字符串，“#”表示可以有多个以逗号（“,”）分隔的 entity-tag，“*”表示任意字符串。If-Match 的例子如下：

```
If-Match: "xyzzy"
If-Match: "xyzzy", "r2d2xxxx", "c3piozzzz"
If-Match: *
```

“如果匹配就会执行相应操作”，这里的操作指的是 HTTP Request 中的 method，如 GET、PUT 等。如果不匹配，那当然就是不执行操作。

对于 GET、HEAD 操作（一般搭配 Range 头部字段使用，可以用来保证新请求的范围与之前请求的范围是对同一份资源的请求），如果 If-Match 条件不具备，则 HTTP Server 会返回状态码 416（范围请求无法满足）响应。

对于“*”而言，If-Match 的条件判断算法是：如果资源存在，则条件为真（true）；如果资源不存在，则条件为假（false）。

（2）If-None-Match

从语义上来说，If-None-Match 可以理解为“!(If-Match)”，即 If-Match 的条件判断结果取反。

If-None-Match 的语法格式与 If-Match 相同：

```
If-None-Match = "*" / 1#entity-tag
```

如果 If-None-Match 的判断结果为 false，则 HTTP Server 一定不能响应 HTTP Client 的请求。如果If-None-Match的判断结果为false，对于GET和HEAD请求，HTTP Server应该返回状态码304（Not Modified）；对于其他请求，HTTP Server 应该返回状态码 412 。

（3）If-Modified-Since

If-Modified-Since 表示只有在该时间之后被修改的资源，HTTP Server 才会返回给 HTTP Client。If-Modified-Since 的语法格式为

```
If-Modified-Since = HTTP-date
HTTP-date     = IMF-fixdate / obs-date
IMF-fixdate  = day-name "," SP date1 SP time-of-day SP GMT
```

其中，obs-date 是废弃的日期类型（obs），这里不过多介绍。对于 IMF-fixdate 也不必深究，只需看一个例子即可：

```
If-Modified-Since: Sat, 29 Oct 1994 19:43:31 GMT
```

If-Modified-Since 只适用于 GET 和 HEAD 两个 HTTP method。如果条件为真（在该时间之后资源有修改），那么 HTTP Server 会返回该资源，并且状态码是 200（OK）；否则，返回状态码 304。

当 If-Modified-Since 遇到 If-None-Match 字段时，HTTP Server 必须忽略前者，因为 If-None-Match 比 If-Modified-Since 的优先级更高。

（4）If-Unmodified-Since

If-Unmodified-Since 表示只有当资源在指定的时间之后没有进行修改的情况下，HTTP Server 才会返回请求的资源，或是接受 POST 等其他方法的请求。如果所请求的资源在指定的时间之后发生了修改，那么会返回 412 状态码。If-Unmodified-Since 的语法格式如下：

```
If-Unmodified-Since = HTTP-date
```

当 If-Unmodified-Since 遇到 If-Match 字段时，HTTP Server 必须忽略前者，因为 If-Match 比 If-Unmodified-Since 的优先级更高。

除了以上 4 个字段外，HTTP 还有一个字段 If-Range 用以表达条件语句。由于 If-Range 与 HTTP 的 Range Request 相关，因此该内容在后面章节进行描述。

4. 控制字段（Controls）

控制字段涉及的字段名有 Cache-Control、Expect、Host、Max-Forwards、Pragma、Range 和 TE。其中，Host 字段在前面已经讲述过，这里不再赘述；Cache-Control、Pragma 与 HTTP 的 Cache 机制相关，Range 与 Range Request 相关，Max-Forwards 与 Option、Trace 等 HTTP 的 method 相关，

这些字段都放到后面章节中描述。因此，本小节只介绍 Expect、TE 两个字段。

（1）Expect

Expect，表明 HTTP Client 对 HTTP Server 的一种期望。HTTP Client 的期望只有一个值：

```
Expect  = "100-continue"
```

考虑这样一个场景：HTTP Client 给 HTTP Server 发送了一个巨大的请求报文，但是被 HTTP Server 拒绝。例如：

```
PUT /somewhere/fun HTTP/1.1
Content-Type: video/h264
Content-Length: 1234567890987
......（Message Body）
```

在这个例子中，HTTP Client 给 HTTP Server 发送的请求报文中，Message Body 包含将近 1150GB 内容，但 HTTP Server 拒绝了。

为了避免这种情况发生，HTTP 提出了 Expect 字段。还是上述场景，但是 HTTP Client 改变了它的 Request 报文：

```
PUT /somewhere/fun HTTP/1.1
Content-Type: video/h264
Content-Length: 1234567890987
Expect: 100-continue
```

该 Request 报文里只有报文头，没有 Message Body，同时报文头中多了一个字段“Expect: 100-continue”。该报文表示期望上传一个 video/h264 的数据，大小是 1234567890987B，期望得到同意。

HTTP Client 表达期望得到同意的字段就是“Expect: 100-continue”，其中 100-continue 借用了 HTTP 的状态码 100，以显得更形象。因为状态码 100 的含义就是 HTTP Server 告诉 HTTP Client：你的请求已收到，同意你的请求。

HTTP Server 回以状态码 100，表示同意 HTTP Client 可以继续，而 HTTP Client 也借用 100-continue 表示期望 HTTP Server 能够同意它的请求，以让它继续发送剩余的 Message Body。

当 HTTP Client 发送了 Expect 请求报文，并且收到 HTTP Server 的状态码为 100 的响应后，它应该再度发送 HTTP Request 报文，该报文中不必再包含 Expect 字段，但是应该带上完整的 Message Body。

对于 HTTP Client 来说，如果它的请求报文中没有 Message Body（如 GET 请求），那么一定不能在报文头中包含 Expect 字段，因为这样会使 HTTP Server 无法判断是否应该一直等 HTTP Client 的下一个报文。

当 HTTP Server 收到一个 Request 报文，其中包含 Expect 字段，同时 HTTP Server 能够判断出

这个 Request 报文根本就不会包含 Message Body，它也不会回以“100”状态码，它会忽略 Expect 字段，该如何应答就如何应答。

前面讲过，HTTP Client 发送 Expect 报文以后（记为 A），等了一段时间即使没有等到 HTTP Server 的“100”应答，仍然可以发送完整的请求报文（记为 B）。由于网络传输的原因，如果 HTTP Server 先收到 B，后收到 A，那么它收到 A 以后，也可以不发送“100”应答。

当然，正常情况下，HTTP Server 收到 Expect 请求报文以后，如果决定接纳后续真正的请求，它应该马上回应“100”报文，以免让 HTTP Client 等太长时间。

当然，HTTP Client 发送的 Expect 报文也可能会被 HTTP Server 拒绝。拒绝的原因有很多，与具体的实现有关，也与当时的场景有关。如果拒绝，HTTP Server 根据具体情况，可能会回以状态码 403（Forbidden）、405（Method Not Allowed）、413（Payload Too Large）等。

另外，还有一个状态码 417（ Expectation Failed），如果简单地从字面上理解，这个状态码似乎是指“期望失败，HTTP Server 不支持 HTTP Client 的期望”，那也就意味着 HTTP Client 被拒绝了。其实不然，417 状态码仅仅指 HTTP Server 不支持 Expect 这个特性（字段）而已。所以，HTTP Client 收到“417”响应时，它应该重新发送完整的请求报文（包含 Message Body）。

（2）TE

前面讲述的 Tranfer-Encoding，指的是在 HTTP 的传输过程中，HTTP 的数据所采用的传输编码。但是对于 HTTP Client 而言，并不是所有的传输编码其都能解析。或者即使可以解析多个传输编码，HTTP Client 也有所偏好。因此，在 HTTP Client 发送的 Request 的报文中就有一个字段 TE。

① TE 是 HTTP Client Request 报文的一种“指示”，即用以指示（告知）HTTP Server/HTTP Client 所能接受的传输编码。

② Tranfer-Encoding 是 HTTP Server Response 报文中的一种“表达”，即用以表达 Response 报文中数据的传输编码。

TE 的语法格式为

```
TE = #t-codings
     t-codings = "trailers" / ( transfer-coding [ t-ranking ] )
     t-ranking = OWS ";" OWS "q=" rank
     rank = ( "0" [ "." 0*3DIGIT ] )
                / ( "1" [ "." 0*3("0") ] )
```

需要说明的是，HTTP Client 肯定能处理 chunked 传输编码，所以 chunked 不需要体现在 TE 字段中。所以，有时在 HTTP Client Request 的报文中没有看到 TE 字段，或者 TE 字段的值为空：

```
TE:（这里没有值）
```

这两者都表示 HTTP Client 接受而且只接受 chunked 传输编码（当然，如果没有传输编码，可能也会接受，而且永远接受）。

TE 的值如果等于 trailers，则表示 HTTP Client 接受 Trailer。TE 的语法格式比较复杂，下面举几个例子加深理解：

```
TE: deflate
TE:
TE: trailers, deflate;q=0.5
```

5.3.4 Response 相关字段

在 HTTP Server 的 Response 报文中，除了 status-line 和 message-body 外，在报文头部还有很多字段。

HTTP Response Headers 的字段可以分为控制、校验、认证等几类，还有一类属于 HTTP Server 的自我介绍。

1. HTTP Server 的自我介绍

HTTP Server 包括 Server、Allow、Accept-Ranges 三个字段，其中 Accept-Ranges 在“5.3.5 Range Retrieve”中讲述，本小节介绍另外两个字段。

HTTP Client 用 User-Agent 字段表达“我是谁”,HTTP Server 则用 Server 字段来表达“我是谁”，其语法格式为

```
Server = product *( RWS ( product / comment ) )
```

例如，https://tools.ietf.org/html/rfc7231 的 Server 字段的值为

```
Server: Apache/2.2.22 (Debian)
```

结合这个例子可以看到，Server 字段用于表达 HTTP Server 所使用的 Web Server 的软件信息［Apache/2.2.22 (Debian)］。

对于 Server 字段，一方面，它期望 HTTP Client 能利用这些信息对 HTTP Server 进行了解，以做一些对应的处理；另一方面，它又担心会被攻击。两害相权取其轻，从实践上来说，Server 字段简单地表达 Web Server 的一些基本信息即可，如 www.baidu.com 的 Response 报文的 Server 字段就非常简单——Server: BWS/1.1。

HTTP Server 用 Allow 字段表达自己所能支持的方法（method），它的语法格式为

```
Allow = #method
```

其中，method 就是 HTTP 的 8 个操作（GET、HEAD、POST、PUT、DELETE、CONNECT、OPTIONS、TRACE）。

当 HTTP Server 的 Response 报文的状态码等于 405（Method Not Allowed）时，Response 报文头中必须要包含 Allow 字段，以表明自己所支持的 methods。例如，一个 HTTP Request 的 method

是 POST，而 HTTP Server 回应 405，同时必须包含 Allow 字段：

```
Allow: GET, HEAD, PUT
```

表示告诉 HTTP Client，它只支持 GET、HEAD、PUT 三个 method，所以对 POST 请求只能回应状态码405。对于其他回应（状态码不是405），HTTP Server可以包含（也可以不包含）Allow字段。

如果一个资源临时不可用，那么对于 HTTP Client 的任何请求，HTTP Server 都会回应状态码 405，同时 Allow 字段的值为空：

```
Allow:（这里没有任何值）
```

2. 控制字段（Controls）

HTTP Client 的控制字段用以指示 HTTP Server 的行为，而 HTTP Server 的控制字段（结合状态码）用以指示 HTTP Client、HTTP Cache 的下一步动作。

HTTP Server 的控制字段包括 Age、Cache-Control、Expires、Warning、Vary、Date、Retry-After、Location 等，其中前 5 个字段与 HTTP Cache 密切相关，因此在“5.8　HTTP Cache”中介绍，这里只介绍后 3 个字段。

（1）Date

Date 字段表达的是 HTTP Server 的 Response 报文的生成时间，其数据格式为

```
Date = HTTP-date
```

其中的 HTTP-date，当前最常用的是格林尼治时间（Greenwich Mean Time，GMT），也称为世界时（Universal Time，UT）。例如，北京时间 2019 年 5 月 2 日 19:14，打开 https://tools.ietf.org/html/rfc7231，其 Response 报文中的 Date 字段的值为：

```
Date: Thu, 02 May 2019 11:14:00 GMT
```

虽然其是报文生成时间，但是报文生成本身也需要时间，如 5s，那么 Date 的值是应该等于报文生成前、还是报文生成后、还是在报文生成中的时间呢？这一点没有具体规定，由具体实现者自己决定，只要做到尽量接近（approximation）即可。但这同时也暗示了：如果实现者无法获知 approximate 的 GMT 时间，那么 HTTP Server 则不能（MUST NOT）在 Response 报文中包含 Date 字段。

抛开 HTTP Server 无法获知 GMT 时间不谈，除了状态码是 1xx（Informational）或 5xx（Server Error）外，其余情况下，HTTP Server 的 Response 报文必须（MUST）要包含 Date 字段。

与 Date 字段比较，容易让人困惑的是 Last-Modified 字段。Last-Modified 字段的语法格式为：

```
Last-Modified = HTTP-date
```

两者的关系如图 5-35 所示。在 T2 时刻，HTTP Client 向 HTTP Server 获取资源 r1；T3 时刻，

HTTP Server 将 r1 响应给 HTTP Client，此时该 Response 报文的 Date 字段的值就是 T3，因为此时 HTTP Server 生成了这个报文，例如：

```
Date: Thu, 02 May 2019 11:14:00 GMT
```

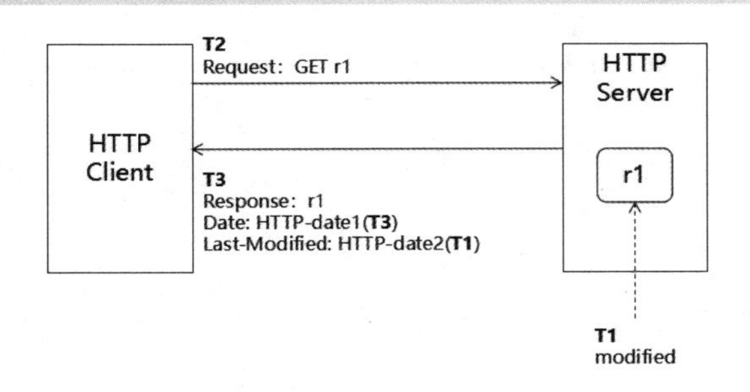

图 5-35　Date 和 Last-Modified 的关系

但是，在 T1 时刻，资源 r1 是最后一次修改，之后再也没有改变过。最后一次修改可能是上个月，也可能是上一年，也可能是多年以前。例如“Last-Modified: Sun, 06 Nov 1994 08:49:37 GMT”。

下面再以一个具体的例子来看看两者的区别。访问 https://tools.ietf.org/html/rfc7231，可以看到 Response 报文如下：

```
HTTP/1.1 200 OK
Date: Fri, 03 May 2019 03:07:51 GMT
Last-Modified: Sun, 28 Apr 2019 07:10:38 GMT
...
```

通过以上例子可以看到，Date 表示的是 Response 消息当时的生成时间，而 Last-Modified 表示的是 Response 消息所包含的资源本身最后修改的时间。

另外，与 If-Modified-Since/If-Unmodified-Since 相对应的时间是 Last-Modified 所表达的时间。

（2）Retry-After

Retry-After 比较简单，其含义就是 HTTP Server 通知 HTTP Client 下一次 Request 需要等多少时间，其语法格式为

```
Retry-After = HTTP-date / delay-seconds
delay-seconds  = 1*DIGIT
```

即等到 HTTP-date 以后，或者等多少秒。例如：

```
Retry-After: Thu, 02 May 2019 11:14:00 GMT
Retry-After: 120
```

前者表示要等到 2019 年 5 月 2 日 11:14 以后，后者表示当 HTTP Client 收到 Response 报文以后要等待 120s。

在实际应用中，Retry-After 一般和两个状态码密切相关。当 Response 报文的状态码是 503

（Service Unavailable）时，Retry-After 指明须等到 Retry-After 以后，HTTP Server 才有效；当 Response 报文的状态码是 3xx（Redirection）时，Retry-After 指明须等到 Retry-After 以后，HTTP Client（User Agent）才能重定向（Redirect）它的请求。

（3）Location

现在访问网站的协议一般都是 HTTPS，百度也不例外。当在浏览器的地址栏里输入：

```
http://www.baidu.com
```

实际上访问的仍然为

```
https://www.baidu.com
```

这其中的转换就涉及了重定向（Redirect）和 Location 字段。

当输入 http://www.baidu.com 时，百度回应的报文实际为

```
HTTP/1.1 307 Internal Redirect
Location: https://www.baidu.com/
Non-Authoritative-Reason: HSTS
```

状态码 307 表示重定向，而 Location 字段表示“需要重定向的 URL”。Location 的语法格式为

```
Location = URI-reference
URI-reference = URI / relative-ref
```

也就是说，Location 的值既可以是一个绝对 URI，也可以是一个相对 URI。前文所述的例子中，Location: https://www.baidu.com/ 就是一个绝对 URI，其含义就是 HTTP Server 指示 HTTP Client（User Agent）应该访问 https://www.baidu.com/。

下面再举一个相对 URI 的例子，例如。访问（GET）http://www.example.org/ ~ tim，HTTP Server 的 Response 报文的状态码是 303（See Other），同时其中的 Location 字段的值为

```
Location: /People.html#tim
```

即建议 HTTP Client（User Agent）应该访问：

```
http://www.example.org/People.html#tim
```

（4）Content-Location

严格来说，Content-Location 字段并不是专属 Response 报文（HTTP Request 报文也可以携带该字段）；从分类上来说，它也不属于 Response 报文的控制字段。只是在实际应用中，其比较多地出现在 Response 报文中，而且 Content-Location 字段与 Location 放在一起有一定的迷惑性，所以将 Content-Location 字段放在这里讲述。

下面先看一个具体的例子，访问（GET）https://tools.ietf.org/html/rfc7231，其 Response 报文中就有 Content-Location 字段：

```
HTTP/1.1 200 OK
Content-Location: rfc7231.html
...
```

这个例子告诉我们，虽然访问的是 https://tools.ietf.org/html/rfc7231，而且也确实是 HTTP Server 通过该 URL 给了我们 Response，但是 HTTP Server 同时也通过 Content-Location 字段告诉我们这个 Response 的内容部分（Content），即 Message Body 部分（或者说是真正的数据部分），真正来源是 rfc7231.html。

Content-Location 的语法格式为

```
Content-Location = absolute-URI / partial-URI
```

这个例子中，RFC 7231 的 HTTP Server（tools.ietf.org）告诉我们，其 Response 报文中的 Content 来源于：

```
https://tools.ietf.org/html/rfc7231/rfc7231.html
```

需要注意的是，Location 与 Content-Location 的关系如图 5-36 所示。

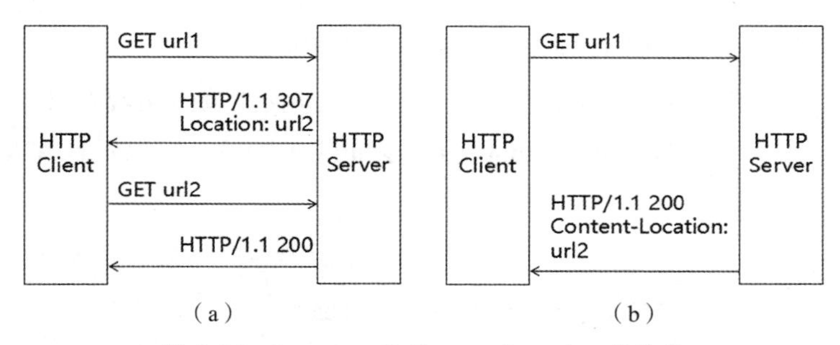

图 5-36 Location 与 Content-Location 的关系

图 5-36（a）中表达的是 Location，从交互过程中可以看到，HTTP Client 需要两次 GET 才能真正获取它所期望的信息；而图 5-36（b）中表达的 Content-Location，HTTP Client 只需要一次 GET 就能真正获取它所期望的信息。

从某种意义上来说，可以这样类比：Location 所对应的重定向是 HTTP Client 主动的重定向，而 Content-Location 也可以看作“重定向”，只不过是 HTTP Server 在默默地“帮助”HTTP Client 重定向，而且 HTTP Client 却没有感知。

从场景的角度来说，其可对应到一个资源有不同的表示方法（Content-Type/ 数据类型不同），如 JSON、XML、CSV 等，这就意味着如下几点。

①虽然数据格式不同，但是访问该资源的 URL 是相同的（记为 url1）。

②如果 Request 报文中的 Accept（Content-Type）不同，那么 Response 报文会回应对应类型的内容（Content）。

③实际上，在 Server 端，HTTP 存储不同类型内容的位置（URL）不同，所以 HTTP Server 会在 Content-Location 字段中表达具体类型内容（Content）的具体的 URL。

3. 验证器字段（Validator）

前面介绍了比较字段，其中 if-Modified-Since、if-Unmodified-Since 比较的是 Last-Modified、If-Match，If-None-Match 比较的是 ETag。

我们知道，资源的状态是会变化的（如有人修改该资源），而条件语句就是先判断资源状态是否变化，然后决定下一步的动作。承载资源状态是否变化的判断方法就是 Last-Modified、ETag 这两个字段，所以它们被称为 HTTP Server 的验证器，是对 HTTP Server 所响应的资源状态是否变化的一种“验证标记”。

Last-Modified 表达的就是资源最近修改的时间，所以 if-Modified-Since、if-Unmodified-Since 也比较好理解。Last-Modified 的格式为

```
Last-Modified = HTTP-date
```

即 Last-Modified 的精度是 s，但是有的资源的变化频度比秒还小，如达到毫秒级，那么 Last-Modified 则无法胜任资源状态变化的验证标记。此时，则需要用到 ETag（Entity Tag）。

ETag 是资源的标记。ETag 不同，则表示资源的状态不同。

首先，我们把 ETag 理解为一个字符串，这个字符串如何生成由实现者自己决定，HTTP 并没有强制规定。例如，访问（GET）https://tools.ietf.org/html/rfc7231，可以看到其 Response 报文中包含 ETag 字段：

```
HTTP/1.1 200 OK
ETag: "3c9db5-4c0cc-58791dd6ede2f;587f35b2ebfe5"
...
```

理论上来说，只要资源状态发生变化，ETag 就应该变化。但是，在实际应用中，要生成这样的 ETag 是一件比较困难的事情，有时甚至无法生成。为此，HTTP 引入了“强验证”和“弱验证”的概念。

强验证对应一种理想状态：只要资源状态发生变化，验证器就发生变化。显然，Last-Modified 在很多时候无法承担强验证器的角色。

弱验证对应一种“妥协”的状态：它达不到强验证那种力度，但是也是一种验证。

与“强验证 / 弱验证”相对应的就是 ETag 的定义：

```
ETag       = entity-tag
entity-tag = [ weak ] opaque-tag
weak       = %x57.2F ; "W/", case-sensitive
opaque-tag = DQUOTE *etagc DQUOTE
etagc      = %x21 / %x23-7E / obs-text
```

简单地说，ETag 有如下两点。

① ETag 就是双引号括起来的字符串。

②如果双引号括起来的字符串前面有前缀“W/”（Weak，弱），则此 ETag 表示弱验证器；否则表示强验证器。

下面看具体的例子：

```
ETag: "xyzzy"
ETag: W/"xyzzy"
```

第 1 个就是强验证器，第 2 个就是弱验证器。

两个验证器的比较算法如下。

①如果是强验证，则两者必须都是强验证器，而且两者的字符串相同，这样两者的比较结果才会相同，否则两者的比较结果不相同。

②如果是弱验证，则不必在意两者是强验证器还是弱验证器，只需比较两者的字符串即可。如果字符串相同，则比较结果就相同；否则比较结果不相同。

针对以上算法，下面举一个例子，如表 5-7 所示。

表 5-7　验证器比较算法举例

ETag1	ETag2	强验证	弱验证
"x"	"x"	相同	相同
"x"	W/"x"	不相同	相同
W/"x"	W/"x"	不相同	相同
W/"x"	W/"y"	不相同	不相同

对于强验证来说，如果一个是强验证器，另一个是弱验证器，即使两者的字符串相同，其比较结果也不同。

5.3.5 Range Retrieve

断点续传和并行传输是 HTTP 两个提升传输效率的比较好的特性。假设 A（HTTP Client）欲从 B（HTTP Server）获取资源 R，R 有 100MB。如果在传输了 80MB 后，由于连接断开或其他原因中断传输。待重新启动 HTTP 传输时，显然 A 从 80MB 开始继续获取剩余的 20MB 要比从头开始获取完整的 100MB 要高效得多。另外，考虑 A 读取完整的 100MB 数据的情形，如果有 10 个线程（或者进程）并行读取，每个线程读取 10MB，假设网络带宽足够，A 和 B 的并行处理能力也足够，那么显然并行读取比单个线程（进程）读取也要高效得多。

断点续传和并行传输都用到了 HTTP 的 Range Retrieve（范围查询）的特性，更具体地说，就是GET操作，不必读取一个资源的全部，而是只读取一个资源的一个部分、一个范围（Range）。

1. Range的划分

既然是Range Retrieve，首先应明确Range的定义及划分Range的单元（Unit）。最直接、最简单的Range Unit是字节数。正如前文所说，假设一个资源有10000B，那么按照字节数将该资源分为若干Range则非常直观，例如：

```
Range0: 0-999
Range1: 1000-1999
......
Range9: 9000-9999
```

RFC 7233中关于Range Unit的定义如下：

```
range-unit = bytes-unit / other-range-unit
bytes-unit = "bytes"
```

可以看到，以字节为单位进行Range的划分具有非常重要的地位。事实上，在IANA上注册的Range Unit，除了bytes外就是none，而none的含义是不支持Range特性。

以字节为单位的Range划分方法如下：

```
byte-ranges-specifier = bytes-unit "=" byte-range-set
byte-range-set  = 1#( byte-range-spec / suffix-byte-range-spec )
byte-range-spec = first-byte-pos "-" [ last-byte-pos ]
first-byte-pos  = 1*DIGIT
last-byte-pos   = 1*DIGIT
suffix-byte-range-spec = "-" suffix-length
suffix-length = 1*DIGIT
```

举例如下：

```
bytes=0-999
```

其中，0表示first-byte-pos，999表示last-byte-pos，first-byte-pos与last-byte-pos之间的连接符是“-”。需要指出的是，first-byte-pos是以0开头的，例如：

```
bytes=0-0
```

表示传输开头第1个字节。

因为last-byte-pos是可选的，所以有时也会看到如下形式：

```
bytes=100-
```

其表示从序号为100的字节（以下简称第100个字节）开始一直到最后一个字节。

Range的表示方法还可以是suffix-byte-range-spec，例如：

```
bytes=-500
```

其表示最后 500 个字节。

假设一个资源有 10000 个字节，那么如下 3 种表示方法是等价的，都表示最后 500 个字节：

```
bytes=-500
bytes=9500-
bytes=9500-9999
```

2. Range Retrieve 的基本操作

Range Retrieve 的基本操作包括一个 Request 和一个 Response。相对来说，Request 的表达比较简单，而 Response 的表达则涉及了 3 个部分。

（1）Request 的表达

在 Request 报文中，HTTP 通过 Range 字段来表达其想要读取的资源范围。Range 的语法格式为

```
Range = byte-ranges-specifier / other-ranges-specifier
other-ranges-specifier = other-range-unit "=" other-range-set
other-range-set = 1*VCHAR
```

其中，byte-ranges-specifier 在前面已经讲述过。用 byte-ranges-specifier 表达 Range 的例子如下：

```
Range: bytes=0-999
```

也就是说，如果在 Request 报文中包含 Range 字段，就表明 HTTP Client 期望的是范围查询（Range Retrieve）。

（2）Response 的表达

Response 的表达涉及了 3 个部分：Message Body、Header Fields 和 Status Code（状态码）。

① Message Body。对于 Response 报文来说，体现 Range Retrieve 特征的最直接的地方就是 Message Body 部分（数据部分，也称为 Content）。既然是 Range Retrieve 的应答，那么 Request 期望查询哪个范围，Response 报文的 Message Body 就应该是哪个范围的数据。

② Header Fields。对于 Response 报文来说，体现 Range Retrieve 特征的还包括 Header Fields（头部字段）：Accept-Ranges、Content-Range。

第 1 个字段是 Accept-Ranges：

```
Accept-Ranges = acceptable-ranges
acceptable-ranges = 1#range-unit / "none"
```

Accept-Ranges 表达的含义是：HTTP Server 告知 HTTP Client 它所支持的 Range 划分单元。显然，最常用的划分单元是 bytes：

```
Accept-Ranges: bytes
```

第 2 个字段是 Content-Range：

```
Content-Range = byte-content-range
                / other-content-range
byte-content-range  = bytes-unit SP
                ( byte-range-resp / unsatisfied-range )
byte-range-resp     = byte-range "/" ( complete-length / "*" )
byte-range         = first-byte-pos "-" last-byte-pos
unsatisfied-range   = "*/" complete-length
complete-length     = 1*DIGIT
other-content-range = other-range-unit SP other-range-resp
other-range-resp    = *CHAR
```

上述定义看起来比较复杂，下面举 2 个例子来加深理解：

```
Content-Range: bytes 0-999/10000
Content-Range: bytes 0-999/*
```

第 1 个例子表达的含义是：传输内容是从第 0 个字节到第 999 个字节，而资源的总长度是 10000 字节。第 2 个例子表达的含义是：传输内容是从第 0 个字节到第 999 个字节，而资源的总长度未知。

③ Status Code。因为是对 Range Retrieve 的应答，所以 Response 报文的 Status Code（状态码）也有所不同。Status Code 不再是 200（OK），而应该是 206（Partial Content，部分内容）。

3. If-Range

Range Retrieve 可以支持断点续传功能，但是断点续传有一个潜在的约束：前面读取的部分资源和后续断点续传的资源必须是同一份资源，即在断点续传时，该资源必须没有被改变。所以，断点续传的流程如下。

①进行条件范围查询，即在 Range Retrieve 的基础上叠加上条件语句字段（If-Unmodified-Since、If-Match）。

②如果条件成立，那么 Range Retrieve 成功。

③如果条件不成立（HTTP Server 返回状态码 412），那么 HTTP Client 还需要进行一个完整的查询（GET，Request 报文中没有 Range 字段）。

可以看到，如果条件不成立，HTTP Client 需要两次交互才能完成整个查询。为此，HTTP 提出了 If-Range 字段，使上述可能的两次交互变成一次交互。If-Range 的语法格式为

```
If-Range = entity-tag / HTTP-date
```

If-Range 的含义是：如果条件成立（entity-tag / HTTP-date 的判断为真），则 HTTP Server 就按照 Range Retrieve 响应；否则按照普通的 GET 响应。

根据前面讲过的验证器字段（Validator），可以得出如下原则。

①验证算法必须是强验证，否则无法判断两个时间段所获取的资源是否是同一个资源。

② entity-tag 必须是强验证器，否则无法进行强验证算法。

③不到万不得已（如无法生成强 entity-tag），不要采用 HTTP-date 作为强验证器，因为 HTTP-date 的精度仅仅是"秒"，有时无法匹配资源变化的精度。如果一定要采用 HTTP-date，那一定要保证 HTTP-date 是一个强验证器。

除了以上原则外，如果报文头中没有包含 Range 字段，HTTP Client 的 Request 报文中也一定不能包含 If-Range 字段。当然，从健壮性考虑，如果 HTTP Server 收到的 Request 报文中包含了 If-Range 字段，却没有包含 Range 字段，它也只会简单地忽略 If-Range 字段。

4. 多范围查询

Range Retrieve 可以支持多范围查询。例如，Request 报文中的 Range 字段可以为

```
Range: bytes=500-999,7000-7999
```

对于多范围查询，HTTP Server 相应地也回以多范围内容。多范围内容并不是回应多个 Response 报文，而是在一个 Response 报文中包含多个部分。

①在 Response 报文头中，其 Content-Type 为 multipart/byteranges，并且 Content-Type 需要一个参数 boundary，用以指明每个部分之间的分隔符，例如：

```
Content-Type: multipart/byteranges; boundary=THIS_STRING_SEPARATES
```

其中，THIS_STRING_SEPARATES 就是各个部分之间的分隔符。

②报文头不应该包含 Content-Range 字段，而是应该将 Content-Range 放在每个内容部分的字段中。

这样理解有点抽象，下面使用 RFC 中的具体例子来加深理解（中文是笔者添加的注释，不是报文内容）：

```
# Response 报文头
HTTP/1.1 206 Partial Content
Date: Wed, 15 Nov 1995 06:25:24 GMT
Last-Modified: Wed, 15 Nov 1995 04:58:08 GMT
Content-Length: 1741
# Content-Type 是 multipart/byteranges
# 各个部分之间的分隔符是 THIS_STRING_SEPARATES
Content-Type: multipart/byteranges; boundary=THIS_STRING_SEPARATES
# 报文头以 CRLF 结尾，下面为 Message Body
# Message Body 分为多个部分
# 每一部分的分隔符是"--THIS_STRING_SEPARATES"
--THIS_STRING_SEPARATES
Content-Type: application/pdf
Content-Range: bytes 500-999/8000
# 第一部分的报文头结束，以 CRLF 结尾
# 下面是第一部分的 Message Body
```

```
# 第一部分的数据
...the first range...
# 第二部分开始
--THIS_STRING_SEPARATES
Content-Type: application/pdf
Content-Range: bytes 7000-7999/8000
# 第二部分的报文头结束，以 CRLF 结尾
# 下面是第二部分的 Message Body
...the second range
# 所有部分都结束，结束标记是“--THIS_STRING_SEPARATES--”
--THIS_STRING_SEPARATES--
```

5. 异常场景

Range Retrieve 是 HTTP 的一个可选特性，即不是每个 HTTP Server 都会支持此特性。

如果一个不支持 Range Retrieve 的 HTTP Server 收到 Range Request（包含 Range 字段），HTTP Server 会忽略其中的 Range 字段，把该请求当作一个普通的 GET 请求，回以一个完整的资源，同时报文的状态码是 200。这样通过状态码就可以与 Range Response 区分开来（Range Response 的状态码是 206）。

事实上，不仅是针对 Range 字段，对于所有的 Request 报文中的字段，只要不“认识”，HTTP Server 都会忽略之。忽略这些不认识的字段以后，针对剩下的“认识”的字段，HTTP Server 按规定进行处理。这是 HTTP Server 健壮性的一种体现。

如果 Range Retrieve 中的 Range 超出了 HTTP Server 背后资源的实际范围，如资源的字节数一共只有 10000，而 HTTP Client 却要查询 20000 ~ 30000B，那么 HTTP Server 会返回状态码 416，同时 Response 报文中的 Content-Range 字段指明自己实际的字节数：

```
Content-Range: bytes */10000
```

HTTP Server 还有另一种做法，即忽略 Range 字段，对 HTTP Client 回以一个完整的查询结果，并且其状态码是 200。

5.4 HTTP Methods

HTTP 最初是只能传输超文本的协议，而现在能够传输包括文本、图像、音频、视频、应用程序等各种格式的数据。另外，作为一种应用层协议，HTTP 的功能不仅仅是“传输”（Transfer），还有一种功能体现在 HTTP Methods（HTTP 方法）上。

HTTP/0.9 只定义了 1 个 Method：GET。HTTP/1.0 定义了 3 个 Methods：GET、HEAD、POST。HTTP/1.1 则定义了 8 个 Methods：GET、HEAD、POST、PUT、DELETE、CONNECT、OPTIONS 和 TRACE，这 8 个 Methods 的基本含义如表 5-8 所示。

表 5-8　HTTP Methods 的基本含义

Method	基本含义	说明
GET	Transfer a current representation of the target resource （转移目标资源的当前表示）	查询一个资源
HEAD	Same as GET, but only transfer the status line （与 GET 相同，但是只转移状态 status line)	获取资源的 Header Fields
POST	Perform resource-specific processing on the request payload （对 HTTP Request 报文中的负载也就是 Message Body 执行与资源相关的特定处理）	非常关键，POST 就是对这个世界的妥协
PUT	Replace all current representations of the target resource with the request payload （用请求有效负载替换目标资源的所有当前表示形式）	增加 / 修改一个资源
DELETE	Remove all current representations of the target resource （删除目标资源的所有当前表示形式）	删除一个资源
CONNECT	Establish a tunnel to the server identified by the target resource （建立到由目标资源标识的服务器的隧道）	创建 Tunnel
OPTIONS	Describe the communication options for the target resource （描述目标资源的通信选项）	泛诊断 Method
TRACE	Perform a message loop-back test along the path to the target resource （沿着到目标资源的路径执行消息循环测试）	消息环回测试

HTTP Methods 对大小写敏感，如 GET 是正确的写法，而 get 则是错误的写法。对于 HTTP Server 来说，GET、HEAD 这两个 Methods 是必须要实现的，其余 Methods 都是可选的，但很少有 HTTP Server 是仅仅实现这两个必选的 Methods。

HTTP 的 8 个 Methods 具备一些通用属性，如安全（Safe）、幂等（Idempotent）、可缓存（Cacheable）等，如表 5-9 所示。

表 5-9　HTTP Methods 的基本属性

方法	安全	幂等	可缓存	请求中是否有主体	成功返回中是否有主体	HTML 表单是否支持
GET	是	是	是	否	是	是
HEAD	是	是	是	否	否	否

续表

方法	安全	幂等	可缓存	请求中是否有主体	成功返回中是否有主体	HTML 表单是否支持
POST	否	否	信息最新，则可以	是	是	是
PUT	否	是	否	是	否	否
DELETE	否	是	否	可以有	可以有	否
CONNECT	否	否	否	否	是	否
OPTIONS	是	是	否	否	否	否
TRACE	是	是	否	否	否	否

表 5-9 中的“请求中是否有主体”指的是 Request 报文中是否有 Message Body，“成功返回中是否有主体”指的是 Response 报文中是否有 Message Body。

其余几个概念相对复杂，下面分别介绍（可缓存放到后面章节中讲述）。

（1）安全

这里的安全指的是 Safe，而不是 Security。Safe 的对象指的是 HTTP Server 上的资源是否安全。

HTTP 中的 Safe 针对的是 HTTP Server 的资源，其是否只进行了只读（Read Only）操作。按照该原则，HTTP Methods 中的安全操作有 GET、HEAD、OPTIONS、TRACE。

（2）幂等

幂等是一个数学与计算机学中的概念，常见于抽象代数中。在编程中，一个幂等操作的特点是其任意多次执行所产生的影响均与一次执行的影响相同。幂等函数（或幂等方法）是指可以使用相同参数重复执行，并能获得相同结果的函数。这些函数不会影响系统状态，也不会因重复执行而对系统造成改变。

上述内容比较抽象，下面以 DELETE 这个 HTTP Method 为例进行讲述。假设 HTTP Server 上有一个资源 res1，那么 HTTP DELETE 为 DELETE res1（伪码）。该操作的结果是：HTTP Server 上不再有资源 res1。

继续执行 DELETE res1，其结果仍然是：HTTP Server 上不再有资源 res1。

无论执行多少次 DELETE res1，其结果都是相同的：HTTP Server 上不再有资源 res1。

更一般地，可以给 HTTP Methods 的幂等属性做一个定义：假设只执行这一个操作，如果无论执行多少次其执行结果都是一样的，那么该操作（HTTP Method）就是幂等的。

按照该定义，HTTP Methods 中的幂等操作有 GET、HEAD、PUT、DELETE、OPTIONS、TRACE。

（3）HTML 表单是否支持

HTML 表单（HTML Form）超出了本节的范围，这里以 w3school 上的一个例子来进行简单说明：

```
<form action="action_page.php" method="POST">
First name:<br>
<input type="text" name="firstname" value="Mickey">
<br>
Last name:<br>
<input type="text" name="lastname" value="Mouse">
<br><br>
<input type="submit" value="Submit">
</form>
```

这就是一个HTML表单，其在浏览器的显示结果如图5-37所示。

上述代码中，加粗部分“method="POST"”的POST表示HTML表单所能支持的Method。按照HTML的定义，HTML表单中所能支持的HTTP Methods有GET和POST。

以上只是对HTTP Methods的简单概述，下文针对每个Method做进一步的讲述。

First name:

Mickey

Last name:

Mouse

Submit

图 5-37　HTML Form 举例

5.4.1 GET、HEAD、DELETE

GET、HEAD、DELETE几个Methods相对比较简单，所以将其放在一个小节里讲述。

GET表示HTTP Client查询、检索（Retrieve）HTTP Server上的资源。因为它仅仅是查询（Read Only），所以它是安全的，也是幂等的。

HTTP规范本身（无论哪个RFC）并没有定义GET Request的Message Body，如果GET Request包含Message Body，则其产生的后果取决于HTTP Server的具体实现。有的HTTP Server会拒绝这样的请求。

HEAD与GET基本相同，除了Response报文中不能包含Message Body，这也与HEAD的本意相符。HEAD的作用是获取HTTP Server上某个资源的元数据（metadata），即为了获取资源的Header Fields。

有些场景下，HTTP Client需要根据这些Header Fields的值决定下一步的动作，此时HEAD不需要获取完整的资源数据，从而能够提高效率。HEAD也是只读的，所以它也是安全的和幂等的。

DELETE表示删除HTTP Server上的某一个资源。该操作不是只读的，所以它不是安全的，但是幂等的。

与GET一样，如果DELETE Request报文中包含Message Body，则其后果取决于HTTP Server的具体实现。

GET、HEAD、DELETE比较简单，其含义也与人们日常生活中所感知到的语义相符，所以我们理解起来不会有任何障碍。

5.4.2 PUT

相对于 GET、HEAD、DELETE 来说，PUT 的含义相对复杂。

PUT 的本质就是一个单词：Replace（替换）。在 PUT 的 Request 报文中包含一个资源（记为 R1.1），资源的表示方法是 Request 报文的 Header Fields 和 Message Body。PUT 就是用资源 R1.1 替换 HTTP Server 上的"同一个"资源（记为 R1.0）。这里的"同一个"指的就是 Request 报文中的 URI（URI1）所指代的资源，如图 5-38 所示。

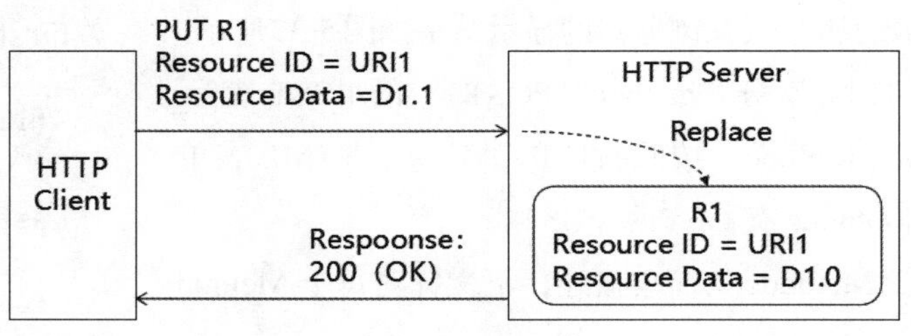

图 5-38 PUT 示意

图 5-38 中，HTTP Client 的 Request 报文中的资源 R1.1 和 HTTP Server 中的资源 R1.2 是同一个资源 ID（Resource ID = URI1），而 PUT 操作就是用 R1.1 替换 R1.0。

如果 HTTP Server 上的 R1.0 原本不存在，那么 PUT 的结果实际上就是在 HTTP Server 上创建一个资源，此时 HTTP Server 应该回应状态码 201（Created）以表明 PUT 成功，并且 PUT 的结果是创建（Create）。

如果 HTTP Server 上的 R1.0 是存在的，那么 PUT 的结果实际上是修改 HTTP Server 上的该资源（从 R1.0 变成 R1.1），此时 HTTP Server 应该回应状态码 200 或 204，以表明 PUT 成功，并且 PUT 的结果是修改（Update）。

显然，PUT 不是只读的操作，所以 PUT 是不安全的。但是，通过以上分析可以看到，无论 PUT 执行多少次（假设每次都执行成功），其结果都是：HTTP Server 存在了一个资源 R1.1，所以 PUT 是幂等的操作。

考虑到 HTTP Server 对资源的限制和约束，并不是每次 PUT 操作都会无条件成功。假设 HTTP Server 规定资源的类型必须是 Content-Type = text/html，如果 PUT 一个 Content-Type = image/jpeg 的资源，那么 HTTP Server 应该回应状态码 409（Conflict）或 415（Unsupported Media Type）。

如果没有这些限制和约束，HTTP Server 应该将其原本的资源替换为 PUT 过来的新资源。

对于其他与限制和约束无关的 HTTP PUT Request 中的 Header Fields，如果 HTTP Server 不"认识"这些字段，那么 HTTP Server 应该忽略这些字段并且执行成功，而不是回应一些表示错误的状态码。

5.4.3 POST

HTTP 对资源的经典操作就是 CRUD（增查改删，汉语中更习惯的称呼是增删改查）：Create、Retrieve、Update、Delete，其分别对应的 HTTP Methods 为 PUT、GET、PUT、DELETE。

这是 HTTP 对这个世界的“抽象”。但是，这个世界是否抽象为这 4 个操作就够了？例如，HTTP Server 上有一个资源 A，A 是一个数字，现在要对其进行“加 5”的操作：A = A + 5，这个时候该怎么表达？

显然，“增加、删除、查询”这 3 个操作是不行的，只能是“修改”，其对应的 HTTP Method 是 PUT。但是我们知道，PUT 的本质是替换，要想实现 A = A + 5 的功能，必须要放到 HTTP Client 来执行，如图 5-39 所示。假设 HTTP Server 上有一个资源 A = 10，同时 HTTP Client 也知道 A = 10。接下来，HTTP Client 先执行了 A = A + 5 = 15 的操作，然后 HTTP Client 再执行 PUT A 的 HTTP Method，这样 HTTP Server 上的资源 A 就变成了 15。

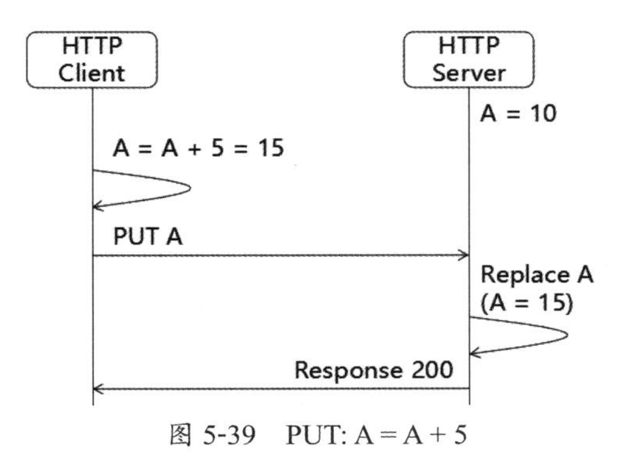

图 5-39　PUT: A = A + 5

如此，HTTP Client 即通过 PUT 完成了 A = A + 5 的操作。但是，这一操作显然是不合适的。

①将计算功能放到了 HTTP Client。很多场景下，计算应该是 HTTP Server 的事情。这里举的例子比较简单，仅仅是一个加法计算。考虑到实际应用中各种各样复杂的计算，将这些计算放到 HTTP Client 是不合适的。再考虑到有些算法为了保密（核心竞争力），因此更加不能将计算放到 HTTP Client。

②即使不考虑这些，将计算放到 HTTP Client，但是很多资源是存储在服务端的，即便 HTTP Client 想计算也无能为力。例如，搜索北京到上海的最短路径，由于地图可是存储在服务端，因此 HTTP Client 根本没有能力做如此计算。所以，即使是为了实现简单的 A = A + 5 这样的操作，使用 HTTP PUT 也是不合适的。

那么，HTTP 的抽象 CRUD 该如何描述这个世界呢？这时即可用到 POST。

POST 其含义是表示对 HTTP Request 报文中的负载（payload）即 Message Body，执行与资源相关的特定处理。

什么是“资源相关的特定处理”？资源指的是 URI 所指代的资源；特定处理指的是具体操作，由 HTTP Server 决定，或者由 HTTP Client 与 HTTP Server 共同商定。

下面再看 A = A + 5 这个例子，其 HTTP Request 报文可以如下（伪码）：

```
POST URI1
# Message Body
Action：Plus B
```

```
B: 5
```

这个例子中的“Action：Plus B”和“B: 5”充分体现了“想干啥就干啥”。HTTP Server 看到了这两个字段以后，就知道要执行 A = A + B = A + 5 这样的操作。

只要前后端约定好，HTTP Client 也可以发送其他类似的字符串，例如以下伪码：

```
POST URI
# Message Body
Action：Shortest Path
A: 上海
B: 北京
```

这段伪码的含义是查询上海到北京的最短路径。

通过以上的说明，可以看出，POST 就是 HTTP 界的“戏精”，既然是“戏精”，那 POST 就不是安全的，因为其操作绝对不仅仅是只读的。而且 POST 也不是幂等的，例如，“A = A + 5”，假设 A = 10，那么：

执行 1 次 POST，A = 15；

执行 2 次 POST，A = 20；

……

同时，我们也能看到，POST 操作的 Request 报文和 Response 报文，都可以包含 Message Body。

POST Response 报文所包含的 Message Body 比较好理解，它与 GET、PUT 等操作的 Response 是一个性质。

POST Request 报文所包含的 Message Body，前文我们一直用伪码的形式表达，下面稍微解释一下。

1. Request 报文的 Message Body

由于本节主题的原因，对 POST Request 报文的 Message Body 只做简单介绍，下面举几个例子以便有个直观的认识。POST Request 的 Message Body 主要有 4 种数据封装形式。

（1）0application/x-www-form-urlencoded

application/x-www-form-urlencoded 格式的报文举例如下：

```
POST http://www.mytest.com HTTP/1.1
Content-Type: application/x-www-form-urlencoded;charset=utf-8

# Message Body（这是笔者添加的注释，实际的报文中没有此行信息，下同）
title=mytest
```

通过这个例子可以看到，报文数据的封装格式体现在 Content-Type 的 Header Field 上。application/x-www-form-urlencoded 是一个非常常见的数据格式，前文介绍的 HTML Form，其 POST Request 报文的默认数据封装格式就是 application/x-www-form-urlencoded。

（2）multipart/form-data

multipart/form-data 格式的报文举例如下：

```
POST http://www.mytest.com HTTP/1.1
Content-Type:multipart/form-data;
# 各个部分之间的分隔符是 THIS_STRING_SEPARATES
boundary=THIS_STRING_SEPARATES
# 报文头以 CRLF 结尾，下面就是 Message Body 了
# Message Body 分为多个部分
# 每一部分的分隔符是“--THIS_STRING_SEPARATES”
--THIS_STRING_SEPARATES
Content-Type: application/pdf
Content-Range: bytes 500-999/8000
# 第一部分的报文头结束，以 CRLF 结尾
# 下面就是第一部分的 Message Body
# 第一部分的数据
...the first range...

# 第二部分开始
--THIS_STRING_SEPARATES
Content-Type: application/pdf
Content-Range: bytes 7000-7999/8000
# 第二部分的报文头结束，以 CRLF 结尾

# 下面就是第二部分的 Message Body
...the second range

# 所有部分都结束，结束标记是“--THIS_STRING_SEPARATES--”
--THIS_STRING_SEPARATES--
```

（3）application/json

application/json 格式的报文举例如下：

```
http://www.mytest.com HTTP/1.1
Content-Type: application/json;charset=utf-8

{"title":"mytest","sub":[1,2,3]}
```

application/json 非常直接，它的 Message Body 就是 json 格式。

（4）text/xml

text/xml 格式的报文举例如下：

```
POST http://www.mytest.com HTTP/1.1
Content-Type: text/xml

```

```
<?xml version="1.0"?>
<methodCall>
    <methodName>mytest.getTitle</methodName>
    <params>
        <param>
            <value><int>100</int></value>
        </param>
    </params>
</methodCall>
```

这个例子也较能体现 POST 的“戏精”特征，它非常直接地定义了方法名（methodName），即 mytest.getTitle，以及参数（params），即 type = int，value = 100。

以上列举了 POST 封装数据的 4 个常见例子，下面我们再看看 POST 与 GET、PUT 的区别。

2. POST 与 GET

GET 有其局限性，前文说过，GET Request 报文中不应该包含 Message Body，所以 GET 操作的参数都放在 URI 中，这就不会很安全，对于某些敏感信息就增加了其泄密的可能性。POST 可以将相关参数放在 Message Body 中，相对来说，要比 GET 要安全。例如：

```
# GET 操作
GET /test/demo_form.asp?name1=value1&name2=value2
# POST 操作（替代 GET）
POST /test/demo_form.asp HTTP/1.1
Host: w3schools.com
name1=value1&name2=value2
```

需要说明的是，这个例子中的 POST 之所以能替代 GET，是因为 HTTP Client 与 HTTP Server 之间的约定。

不仅仅是参数位置的问题，还有其他一些因素，造成某些场景下，使用 GET 进行数据查询不是很合适，此时使用 POST 就是一个不错的替代选择，而且也是唯一的替代选择。

如果 POST 替代 GET，两者的区别如表 5-10 所示。

表 5-10　POST（替代 GET 时）与 GET 之间的区别

比较项	GET	POST
后退按钮	数据不会被重新提交	数据会被重新提交
书签	可收藏为书签	不可收藏为书签
缓存	能被缓存	不能缓存
幂等	是	不是
历史	参数保留在浏览器历史中	参数不会保存在浏览器历史中

比较项	GET	POST
对数据长度的限制	无限制。但是在实际实现中有限制，数据长度相对于 POST 来说较小。 当发送数据时，GET 方法向 URI 添加数据；URI 的长度是受限制的	无限制。但是在实际实现中有限制，数据长度相对于 GET 来说较大
对数据类型的限制	只允许 ASCII 字符	没有限制
安全性	与 POST 相比，GET 的安全性较差，因为所发送的数据是 URI 的一部分	POST 比 GET 更安全，因为参数不会被保存在浏览器历史或 Web 服务器日志中
可见性	数据在 URI 中对所有人都是可见的	数据不会显示在 URI 中

表 5-10 中，需对“对数据长度的限制”进行解释。对于 GET 而言，因为 GET 报文中没有 Message Body，承载数据的是 URI，而 POST 报文中有 Message Body，所以数据可以承载于 Message Body 中。

无论是 URI 还是 Message Body，HTTP 规范都没有限制其长度，即它们是可以无限长的。但是，在实际实现中无法做到无限，肯定会有长度限制。总的来说，HTTP Message Body 的长度比 HTTP URI 的长度要大得多。

在实际实现中，各个浏览器对 URI 的长度限制也各不同，HTTP 的 Message Body 的长度限制更多取决于 WEB Server。例如，Tomcat 的默认限制是 2MB。

表 5-10 中的“安全性”指的是 Security，而不是 Safe。POST 比 GET 更安全（Security）也仅仅是相对的，仅仅是因为 Request 报文中的数据不体现在 URI 中（所有人都能看到），而是体现在报文的 Message Body 中（不会直接被他人看到）。如果 Request 报文中的数据包含敏感信息，则 POST 比 GET 更安全。但是要认识到，在当前如此复杂的网络环境上，POST 这种简单隐藏的方式也没有太大作用。

3. POST 与 PUT

广义地说，如果 POST 不是扮演只读（GET）的操作，而是扮演可写（Write）的操作，前文已经说过，POST 可以扮演各种 Write 的操作，这些都不是 PUT 的 Replace 操作所能比拟的。

如果是狭义的比较，仅仅局限在与 PUT 相比较，POST 与 PUT 有什么区别呢？

POST 既然可以化身 GET，也就可以化身 PUT，而且可以在应用上几乎没有区别。例如，用 POST 也可以创建资源，也可以修改资源。但是，这不是关键（而且还容易引起人们对 POST 与 PUT 两个概念的混淆）。如果没有任何区别，那还要 POST 化身干什么，直接用 PUT 不就行了吗？

如图 5-40 中，HTTP Server 存储着 Blog（博客）的信息，原本有两条 Blog 信息：

```
[
   { “title” : “a” , “author” : John},
```

```
    { "title" : "b" , "author" : Smith},
]
```

此时，如果执行了一个 POST 操作（伪码）：

```
POST /blogs
{ "title" : "c" , "author" : Mike}
```

那么，HTTP Server 上会多一个 Blog 信息，如图 5-40 所示。这就是狭义比较场景下 POST 与 PUT 最典型的区别。因为如果不是 POST 而是 PUT 操作，那么 HTTP Server 上就会变成图 5-41 所示情形。

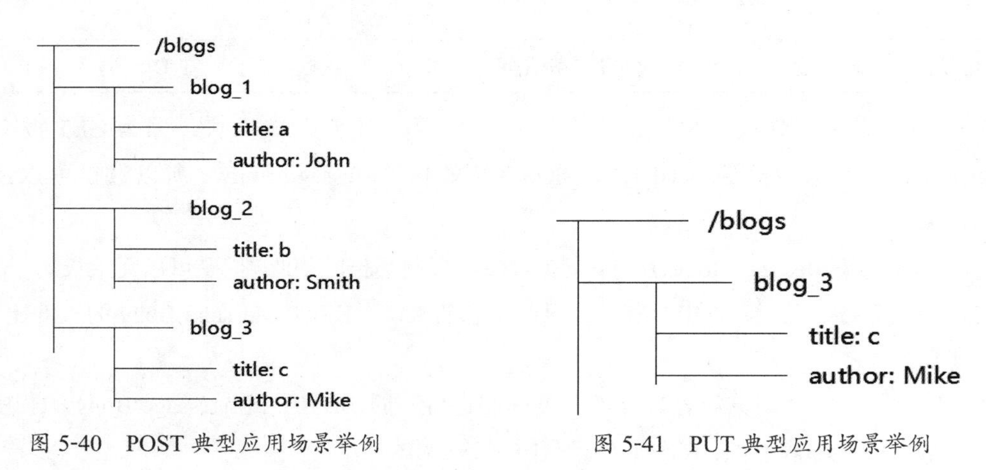

图 5-40　POST 典型应用场景举例　　　图 5-41　PUT 典型应用场景举例

之所以会有这样明显的区别，最根本的原因还是 PUT 的语义是替换，所以 HTTP Server 上的数据被替换成 PUT 的数据。而 POST 的语义是 HTTP Server 自定义的，不受 HTTP 规范约束，也没有 HTTP 规范约束。对于图 5-41 的操作结果，其实就是实际应用中大家采纳的一种典型的 POST 定义方式而已。也就是说，POST 的数据（Entity/Message Body）是 URI 所指代资源的子资源。

5.4.4 CONNECT

CONNECT 有连接的意思，关于 HTTP 的连接将在后面的章节讲述，这里只简单介绍 HTTP 连接中涉及的代理（Proxy）和隧道（Tunnel）。

1. HTTP 的代理和隧道

HTTP 的代理和隧道涉及转发代理、反向代理、隧道、HTTP 隧道（HTTP Tunnel）等几个概念。

（1）HTTP 转发代理

浏览器里有一个代理服务器配置界面，它配置的就是 HTTP 转发代理（HTTP Forward Proxy）的相关信息，如图 5-42 所示。

之所以需要转发代理，图 5-42 中的文字“为 LAN 使用代理服务器”已经给出了解释，如图 5-43 所示。

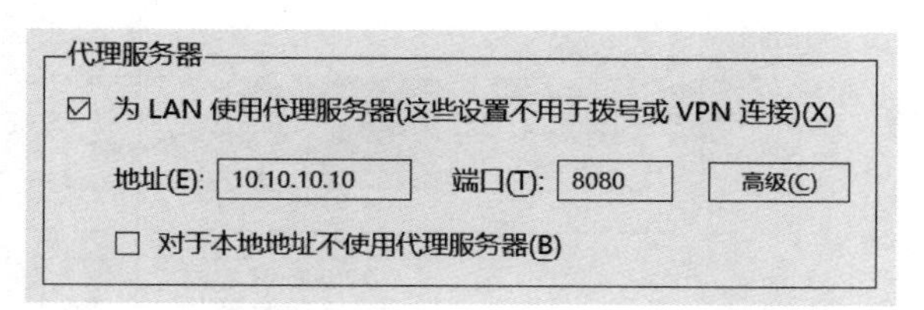

图 5-42 代理服务器配置界面

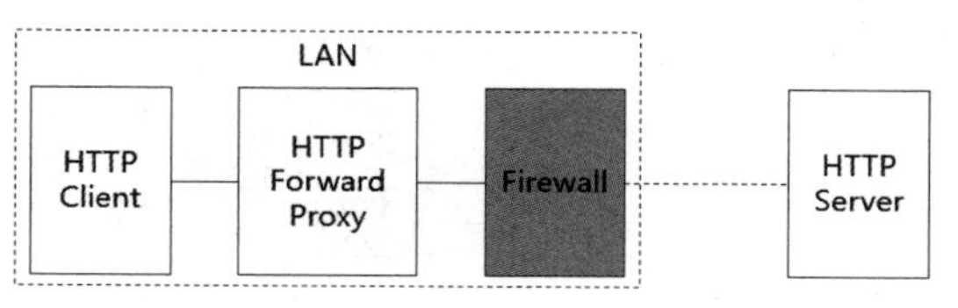

图 5-43 HTTP 转发代理的典型应用场景

图 5-43 中，由于安全原因，HTTP Client 无法直接访问 Internet（被 Firewall 屏蔽），它只能通过 HTTP 转发代理的转发才能访问 HTTP Server（上网）。既然是出于安全考虑，那么不是针对每个 HTTP Server 的访问都会被 HTTP 转发代理所转发的。这是另外的话题，超出了本小节的范围，这里不再赘述。这里只是抽象地讲述 HTTP 转发代理的基本原理。

HTTP 转发代理架构示意如图 5-44 所示，当面对 HTTP Client（记为 A）时，HTTP 转发代理就“化身”为 HTTP Server，它接收 A 的请求，然后“化身”为 HTTP Client，将请求转发给 HTTP Server（记为 B）。同时，HTTP 转发代理还会以 HTTP Client 的身份接收 B 的响应，然后“化身”HTTP Server，将该响应转发给 A。

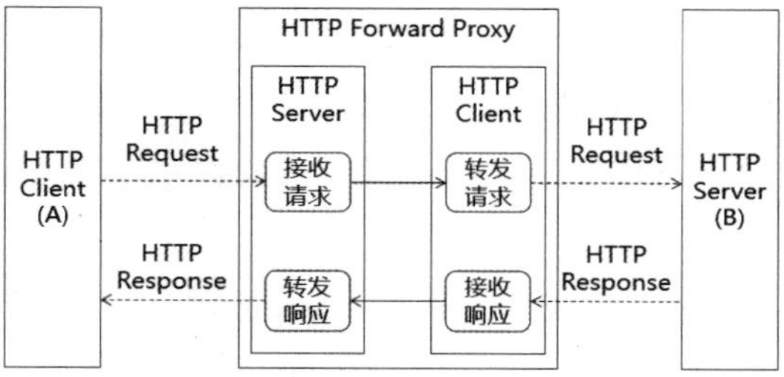

图 5-44 HTTP 转发代理架构示意图

HTTP 转发代理接收到 A 的请求以后也有可能直接回应 A。例如，转发代理恰好有合适的 Cache，那么转发代理就没有必要再从 B 绕一圈响应 A 了。

另外，转发代理收到 HTTP Client 的请求以后也会做一些处理（如修改报文头的某些字段）；转发代理收到 HTTP Server 的响应以后，有可能也先做一些处理再转发给 HTTP Client。这些在图 5-44 中并没有体现出来（为了易于理解而做了简化）。

Cache 是转发代理的增值功能（甚至有时会专门为了 Cache 而设置转发代理），是针对 HTTP Request 和 Response 所做的一些必要的处理，这些都是 HTTP 转发代理的非常重要的功能。从转发的视角来看，HTTP 转发代理所做的事情就是“角色扮演”，一边“扮演”HTTP Server，一边“扮演”HTTP Client。

（2）HTTP 反向代理

HTTP 反向代理（HTTP Reverse Proxy）有时也称为 HTTP 网关（HTTP Gateway）。如果仅仅看架构示意，HTTP 反向代理与转发代理没有任何区别，如图 5-45 所示。但是，两者之间必然会有所区别。

①两者所处的位置不同，如图 5-46 所示。转发代理与 HTTP Client 更近（如同在一个 LAN 中），而反向代理则与 HTTP Server 更近［如同在一个 DC（Data Center，数据中心）中］。

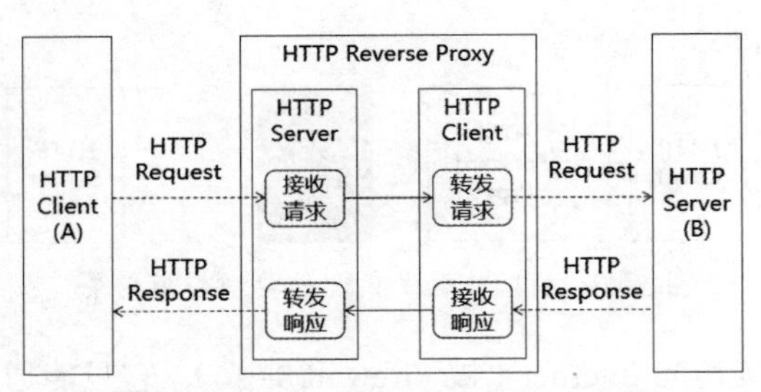

图 5-45　HTTP 反向代理架构示意图

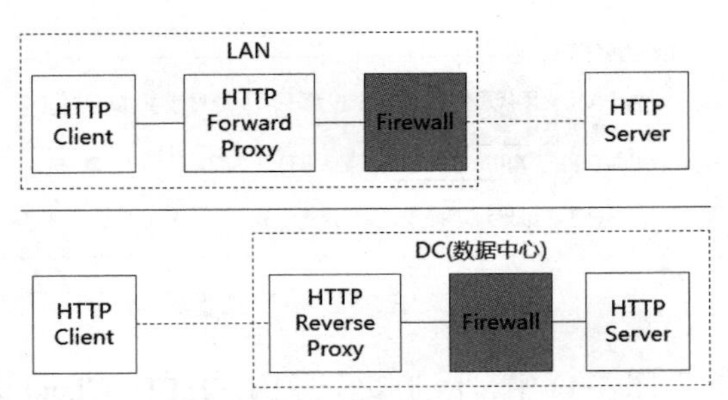

图 5-46　转发代理与反向代理的位置

②两者的安全目标不同。两者的出现确实都有着安全的目的，但是转发代理是为了 HTTP Client 所在地的安全考虑，而反向代理是为了 HTTP Server 所在地的安全考虑。

③两者对于 HTTP 的 User Agent（如浏览器）的感知不同。对于转发代理，HTTP User Agent 是明确感知到的，而且 HTTP User Agent 也知道它的路由是经过了转发代理。但是对于反向代理，HTTP User Agent 是不必感知也无法感知的。HTTP User Agent（或者说 HTTP Client）认为反向代理就是 HTTP Server，至于反向代理背后是如何与真正的 HTTP Server 交互的，这对 User Agent 来说是透明的。

④反向代理还有一个典型应用是转发代理所不具备的（也无法胜任的），如图 5-47 所示。

图 5-47 描述了反向代理的一个非常典型的应用 —— 负载均衡（Load Balance，LB）。反向代理收到 HTTP Clients 的请求以后，可以根据其背后的 HTTP Servers 的负载情况转发到一个负载相对较低的服务器上去，从而实现负载均衡的作用。

转发代理和反向代理还有很多其他不同的地方，这里不再一一列举。当然，两者也有很多相同的地方，如都是为了安全的目的而存在、都可以有增值服务（如 Cache）等。

（3）隧道

“隧道”一词是一个很泛化的概念，其类型多种多样，这里的隧道如图 5-48 所示。

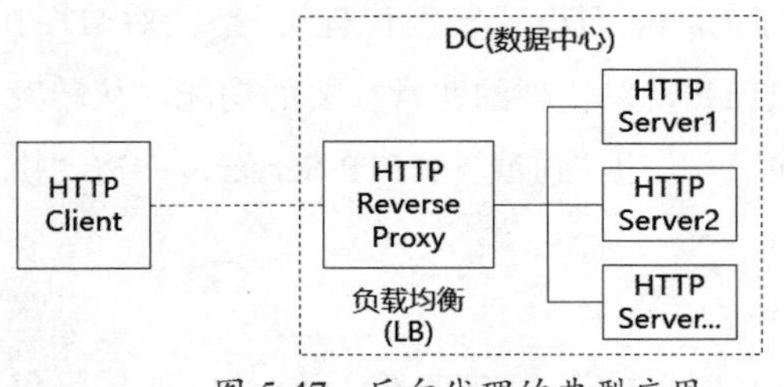

图 5-47　反向代理的典型应用

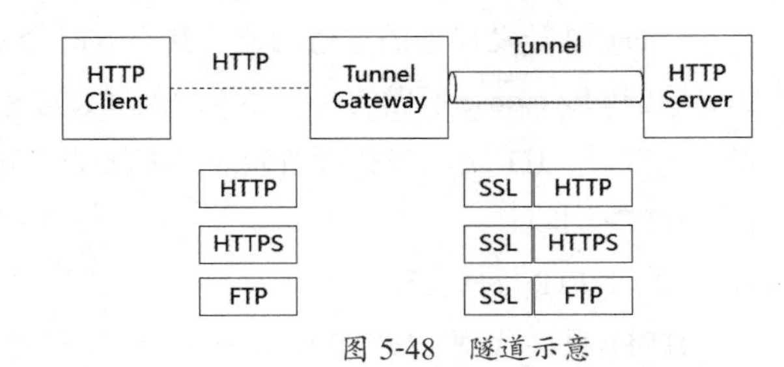

图 5-48　隧道示意

图 5-48 中，HTTP Client 与 Tunnel Gateway（隧道网关，即隧道的起始点和终结点）之间传输的是 HTTP 报文，然后 Tunnel Gateway 会将 HTTP 报文装进隧道里，转发到 HTTP Server 中（HTTP Server 也扮演着隧道端点的角色）；反之亦然，HTTP Server 的 HTTP 报文被装进隧道里，转发到 Tunnel Gateway，Tunnel Gateway 再将隧道剥去，将 HTTP 报文转发给 HTTP Client。

上述过程并不强调隧道的类型，图 5-48 以 SSL 隧道举例。而且实际上，这种场景的隧道不仅可以装载 HTTP 报文，可以装载任意报文，图 5-48 中举了 HTTPS 和 FTP 两个例子，它们同样可以被装载进隧道里。

隧道的这种组网和使用场景有很大一个原因，是为了穿越。HTTP Client 由于各种原因无法访问 HTTP Server，此时经过 Tunnel Gateway，将 HTTP Client 的报文装载进隧道，就可以访问 HTTP Server。

2. CONNECT 方法

前文对 HTTP 的代理和隧道进行了系统性的介绍，实际上与 HTTP CONNECT 方法相关的概念仅仅是隧道，HTTP 代理（无论是转发代理还是反向代理）都与 CONNECT 无关。

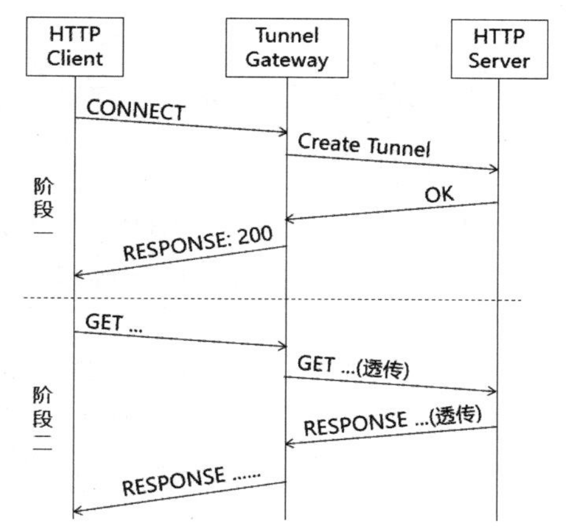

图 5-49　CONNECT 与隧道的关系

CONNECT 与隧道的关系如图 5-49 所示。

图 5-49 描述了两个阶段。第一阶段，HTTP Client 向 Proxy 发送 CONNECT 请求。例如：

```
CONNECT server.example.com:80 HTTP/1.1
```

需要注意的是，CONNECT 请求是发往 Proxy 的，不是发往 HTTP Server 的。Proxy 接到 CONNECT 请求后，会解析出 HTTP Server 的地址，然后与 HTTP Server 建立隧道。如果隧道建立成功，Proxy 会给 HTTP Client 响应一个状态码 2xx（Successful），如响应 200（此时，200 的含义不是 OK，而是更具体的 Connection Established）。

HTTP Client 收到 Proxy 的 2xx 响应以后，就可以进入第二阶段，如 GET。GET 请求到达 Proxy 以后，Proxy 会通过隧道透传［RFC 7231 称为 blind forwarding（盲转）］到 HTTP Server 中。同理，对于 HTTP Server 的 Response 报文，Proxy 也会转发到 HTTP Client。

不是每次 CONNECT 的结果都是一样的，如这次 CONNECT 可能会失败，下次 CONNECT 的结果可能就是成功，所以 CONNECT 不是幂等的。另外，CONNECT 的结果是建立了一条隧道，它不是只读的，所以 CONNECT 也不是一个安全的方法。

HTTP 规范本身并没有定义 CONNECT Request 的 Message Body，如果 CONNECT Request 包含 Message Body，那么其产生的后果取决于 HTTP Server 的具体实现。有的 HTTP Server 会拒绝这样的请求。

通过前文描述可以知道，CONNECT 是发往 Proxy 的，而不是发往 HTTP Server 的，所以很多 HTTP Server 都没有实现该方法。当然，HTTP Server 如果实现了该方法也没有问题。

对于 Proxy 而言，它可能会对 HTTP Client 鉴权，此时 HTTP 在发送 CONNECT 请求时需要加上用户名和密码，例如：

```
CONNECT server.example.com:80 HTTP/1.1
Proxy-Authorization: Basic YWJjOjEyMw==
```

其中，“YWJjOjEyMw==”是“abc:123”的 BASE64 编码，而“abc:123”表示用户名是 abc，密码是 123。

如果鉴权失败，Proxy 会返回状态码 407（Unauthorized），表示没有权限访问代理服务器。

3. HTTP Tunnel

其实 HTTP Tunnel 与 CONNECT 方法并没有必然联系，只是在讲述 CONNECT 方法时，有的资料会把 HTTP Tunnel 的概念与 CONNECT 混淆，笔者认为有必要进行澄清，如图 5-50 所示。

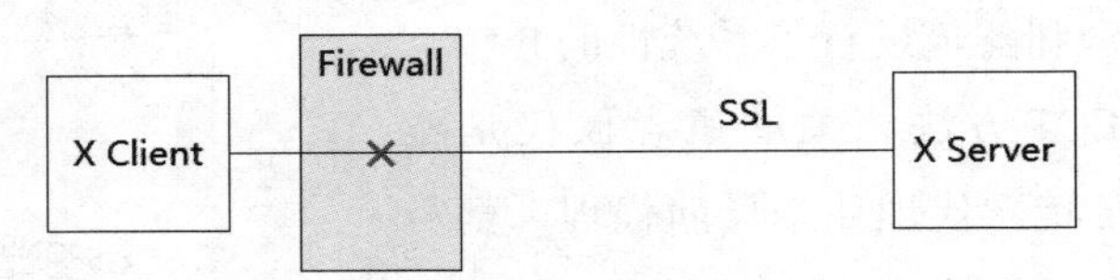

图 5-50　HTTP Tunnel 应用场景举例

图 5-50 是 HTTP Tunnel 的一个典型应用场景。X Client 与 X Server 之间运行 SSL 协议，但是 SSL 无法穿越 Firewall（防火墙）。此时，如果把 SSL 报文装载于 HTTP 报文中，就能穿越 Firewall，如图 5-51 所示。

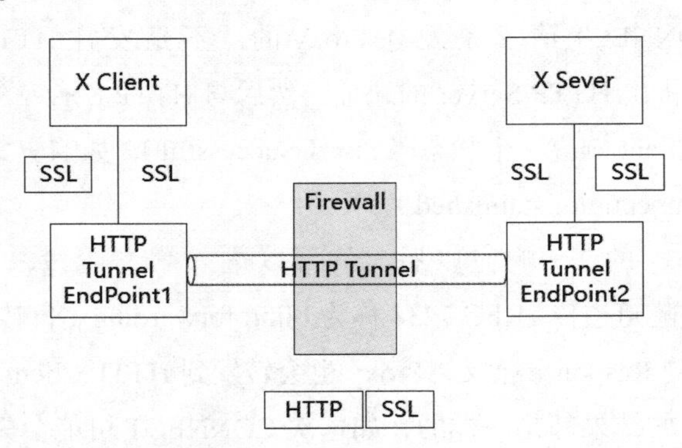

图 5-51　HTTP Tunnel 示意

图 5-51 中，HTTP Tunnel 其实就是 HTTP 连接，但是它承载的不是普通的 HTTP 报文，而是一个 SSL 报文。

在 X Client 端，SSL 报文到达 HTTP Tunnel EndPoint1 后，被装载进 HTTP 报文（位于 HTTP Message Body），然后该 HTTP 报文穿越 Firewall，到达 HTTP Tunnel EndPoint2。HTTP Tunnel EndPoint2 收到 HTTP 报文以后，剥出其中的 SSL 报文，再转发到 X Server。

同理，X Server 发送的 SSL 报文也会经过类似的处理到达 X Client。

HTTP Tunnel EndPoint1、HTTP Tunnel EndPoint2 既互相扮演 HTTP Client/HTTP Server 的角色，同时也扮演着 HTTP Tunnel 端点的角色。

5.4.5 TRACE

HTTP 的 TRACE 方法可使人联想到 IP 的 traceroute，实际上两者确实有很多相似的地方。

traceroute 通过 ICMP 试探，可以知道从源（执行 traceroute 的机器）到目的（如百度）之间所经历的路由器。例如以下内容（Windows 下 traceroute 的对应的命令是 tracert）：

```
#C:\WINDOWS\system32>tracert baidu.com
#通过最多 30 个跃点跟踪
#到 baidu.com [220.181.57.216] 的路由：
1     2 ms     1 ms     1 ms  192.168.43.1
2     *        *        *     请求超时
3    23 ms    26 ms    29 ms  10.245.102.202
4     *        *        *     请求超时
5    77 ms   115 ms    27 ms  183.235.64.105
6   506 ms    43 ms    26 ms  183.235.229.193
7    58 ms    32 ms    36 ms  221.183.13.169
8    32 ms    39 ms    31 ms  221.176.21.114
9   106 ms    95 ms    82 ms  221.183.9.141
10    *        *       96 ms  221.183.25.66
11    *        *       95 ms  221.183.30.50
12  521 ms    80 ms    82 ms  202.97.88.237
13    *        *        *     请求超时
14    *        *        *     请求超时
15    *        *        *     请求超时
16   96 ms    76 ms    77 ms  220.181.17.90
17    *        *        *     请求超时
18    *        *        *     请求超时
19    *        *        *     请求超时
20   93 ms    84 ms    95 ms  220.181.57.216
#跟踪完成
```

TRACE 和 traceroute 的组网图类似，如图 5-52 所示。

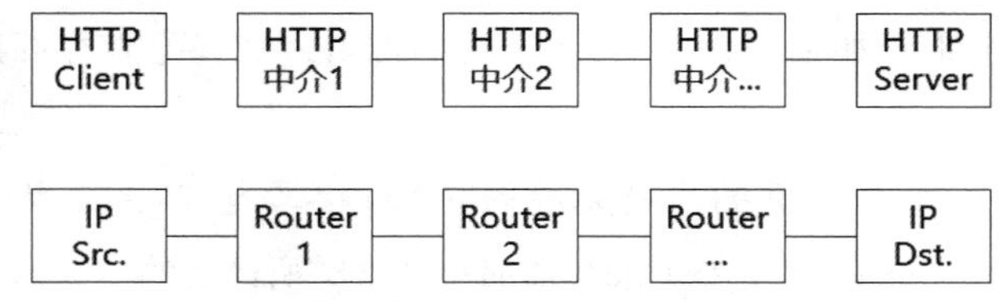

图 5-52 TRACE 和 traceroute 的组网图

图 5-52 中的 HTTP 中介指的是 HTTP Proxy、HTTP Gateway（反向代理）。通过图 5-52 可以看到，两者的两个端点之间都经过了中间系统的转发，所以两者都有着同样的“好奇”：这些中间系统到底是谁？

对于 IP 而言，traceroute 满足了其“好奇”；对于 HTTP 而言，从字面意义上看，满足其“好奇心”的应该是 TRACE 方法，如 TRACE www.baidu.com HTTP/1.1。

然而，TRACE 无法胜任该工作。首先，TRACE 的原始含义与 traceroute 不一样（下文会讲述）。其次，承担着“记录”HTTP Proxy 痕迹重任的根本不是 TRACE 方法，而是 HTTP Header 中的 Via 字段：

```
Via = 1#( received-protocol RWS received-by [ RWS comment ] )
received-protocol = [ protocol-name "/" ] protocol-version
received-by       = ( uri-host [ ":" port ] ) / pseudonym
pseudonym         = token
```

下面看一个例子：

```
Via: 1.0 fred, 1.1 p.example.net
```

这个例子表明 HTTP 报文经过了两个 Proxy：第 1 个 Proxy 的协议是 HTTP/1.0，URI Host 是 fred；第 2 个 Proxy 的协议是 HTTP/1.1，URI Host 是 p.example.net。

然而，Via 并不是与 TRACE 绑定的，或者说是 TRACE 所特有的字段。Via 与 HTTP Method 方法无关，而只与 HTTP 报文的方向有关。

如果是 HTTP Request 报文，那么该报文所经过的每一个 HTTP Proxy 都应该在 Via 字段上添加上自己的信息。第 1 个 Proxy 在转发报文之前，会在 HTTP Header 中首先添加 Via 字段，然后将自己的信息赋在 Via 字段中；第 2 个 Proxy 则在第 1 个 Proxy 的值后面添加自己的信息，依此类推。

如果是 HTTP Response 报文，也是同理。但是，HTTP 有如下规定。

① Proxy 必须要将自己的信息附加在 Via 字段中。

② Gateway（反向代理）则不一定：对于 Request 报文，HTTP 规定 Gateway 必须要将自己的信息附加在 Via 字段中；而对于 Response 报文，HTTP 规定 Gateway 可以附加自己的信息，这也就意味着可以不附加。

这也就意味着，如果站在 HTTP Server 视角，你能够看到 HTTP 报文所经过的所有 Proxy 和 Gateway 等 HTTP 中介系统；如果站在 HTTP Client 的视角，则有可能看不到 Gateway，但仍然能够看到 Proxy。

能否看到 Gateway 不是最关键的，最关键的是 Via 字段与 TRACE 无关，我们可以用任意 HTTP Method 方法（除了 CONNECT 外）来获知 HTTP 报文所经历的中介系统（使用 TRACE 方法也可以）。

上述内容只是想澄清 TRACE 可能的误解：它并不是唯一的也不是必要的获取 HTTP 报文所经过的中介系统信息的方法，获知中介系统的方法是通过 Via 字段。

那么 TRACE 的本意是什么呢？从行为的角度来看，TRACE 就是将 HTTP Request 的报文“回弹”给 HTTP Client，如图 5-53 所示。

“回弹”只是一个形象的说法，它并不意味着 HTTP Server 将 HTTP Request 报文原封不动地发回去，它指的是将 HTTP Request 报文中的 Header Fields 承载在自己的报文头中，发回 HTTP Client。那么，TRACE“回弹”的意义何在呢？如图 5-54 所示。

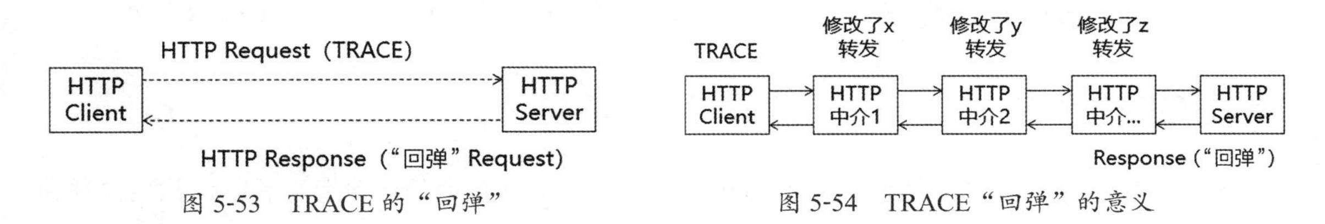

图 5-53　TRACE 的“回弹”　　　图 5-54　TRACE“回弹”的意义

在 HTTP 中介转发 HTTP Client 的 Request 的报文的过程中，它们可能会修改 Request 报文头中的某些字段，如图 5-54 中的中介分别修改了 x、y、z 等字段。而 HTTP Server 将 Request 报文头中的字段“回弹”给 HTTP Client，那么 HTTP Client 就能知道它所发送的 Request 报文经历了这些中介以后被修改的情况，或者说知道对方到底收到的是什么报文。这是 TRACE 的意义和独特价值。

在 TRACE 报文中可以有一个字段 Max-Forwards，其语法格式为

```
Max-Forwards = 1*DIGIT
```

Max-Forwards 是一个数字，它表示 HTTP Request 报文所能经历的最大中介数。但是，Max-Forwards 只能在 TRACE 和 OPTIONS 两个方法中使用。每经过一个 HTTP 中介，中介会将 Max-Forwards 减 1。在 TRACE 报文中，如果中介发现报文中的 Max-Forwards = 0，那么它不会丢弃报文，而是“回弹”，如图 5-55 所示。

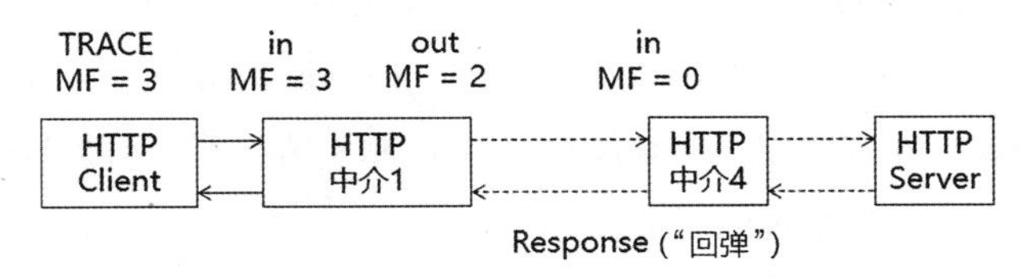

图 5-55　TRACE 的 Max-Forwards

图 5-55 中，MF 是 Max-Forwards 的缩写。HTTP Client 发送的 TRACE 报文中，MF = 3。当该报文到达中介 1 时，MF = 3，但是该被中介 1 转发出去时其 MF 减 1，变为 2。依此类推，当报文到达中介 4 时，其 MF = 0，于是中介 4 就会“回弹”（Response）。

也就是说，“回弹”TRACE 报文的可能是 HTTP Server，也可能是收到 Max-Forwards = 0 的 HTTP 中介。

HTTP 使用 Max-Forwards 字段是为了限制 HTTP Request（TRACE 和 OPTIONS）的调用链长度（中间所经过的 HTTP 中介数量），这在 HTTP 中介出现了无限循环转发时有很大意义。如果 HTTP 中介出现了无限循环转发，而 TRACE 报文又没有设置 Max-Forwards，那么 HTTP Client 将永远收不到 TRACE 的“回弹”，HTTP Client 就不会知道是网络中出现了无限循环转发还是网络出

现了中断。通过设置不同的 Max-Forwards，TRACE 就可以“试探”出无限循环转发的情形（通过 Via 字段可以观察到无限循环转发）。

前文一直讲述 TRACE 的“回弹”是将 TRACE 的报文头“回弹”给 HTTP Client，那么 TRACE 的 Message Body 该如何处理呢？答案是：TRACE 报文中绝对不能包含 Message Body。

5.4.6 OPTIONS

OPTIONS 方法是请求（查询）目标资源的通信选项，这里的通信选项指的不是 IP 层的选项和数据链路层，也不是数据传输层，而是 HTTP 层。那么，什么是 HTTP 的通信选项呢？下面看一个例子：

```
# HTTP Request
OPTIONS https://tools.ietf.org HTTP/1.1
...
# HTTP Response
HTTP/1.1 200 OK
Allow : GET,HEAD,POST,OPTIONS
...
```

这个例子中的“Allow：GET,HEAD,POST,OPTIONS”就是 HTTP 通信选项，它表明对应的资源（https://tools.ietf.org）所允许的操作（HTTP Method）为 GET、HEAD、POST、OPTIONS。

实际上，除了 HTTP Method 外，所有 HTTP 报文的头部字段（Header Fields）都可以认为是 HTTP 通信选项，只不过由于 HTTP Method 及 Allow 字段更加简单、好理解，因此比较出名。

OPTIONS 的主要使用场景是 CORS（Cross-Origin Resource Sharing，跨域资源共享）。由于本节主题的原因，这里不再介绍 CORS，而是简单介绍 CORS 场景下 OPTIONS 的一些头部字段，以使读者对“通信选项”有一个更直观的了解。

例如，HTTP Request 报文中可以包含如下字段：

```
Access-Control-Request-Method-HTTP
Access-Control-Request-Headers
...
```

HTTP Response 报文中可以包含如下字段：

```
Access-Control-Allow-Origin（必须）
Access-Control-Allow-Method（必须）
Access-Control-Allow-Headers（视 Request 报文而定）
Access-Control-Allow-Credentials（可选）
Access-Control-Max-Age( 可选 )
...
```

这些字段能帮助读者理解“通信选项”的含义。

OPTIONS 的本意是查询 HTTP Server 上相应资源（URI）的通信选项，但是 OPTIONS 的 Request 报文中也可以包含 Max-Forwards 字段。这就意味着，回应 OPTIONS 请求的不一定是 HTTP Server，也可能是该请求链上的 HTTP 中介。

5.5 HTTP 状态码

HTTP 状态码指的是 HTTP Response 报文中的状态码，它位于 Response 报文的 status-line：

```
status-line = HTTP-version SP status-code SP reason-phrase CRLF
```

例如：

```
HTTP/1.1 200 OK
```

关于状态码的基本概述，在 5.1.2 节中已经进行了详细介绍，这里就不再赘述。状态码是可扩展的，只要得到批准，就可以到 IANA 上注册状态码。最新最全的已经注册的状态码可以到 IANA 官网上查询。

HTTP Client 可以不理解所有的状态码，但是它必须理解所有的状态码类别（1 ~ 5）。对于不理解的状态码，HTTP Client 必须将其当作 x00。例如，HTTP Client 不理解 404，但是必须将其当作 400 来理解。

下面分别讲述每一类状态码。

5.5.1 信息类 1xx（Informational）

1xx 类的状态码表达的是中间状态的信息。这里的中间状态指的是 HTTP 业务层面的中间状态。单纯从 HTTP 的“一问一答”的视角来讲，HTTP Client 发送一个 Request 报文，然后收到一个 HTTP Server 的 Response 报文，该 Request-Response 交互就结束了，没有中间状态。但是从 HTTP 业务层面来说，它可能需要多次 Request-Response 交互才能完成 HTTP 的业务。

这么表述比较抽象，而且还引入了一个新名词“HTTP 业务”，下面通过一个具体的例子来讲解，在 5.3.3 节中描述了如下 Request 报文：

```
PUT /somewhere/fun HTTP/1.1
Content-Type: video/h264
Content-Length: 1234567890987
Expect: 100-continue
```

这个例子中的“Expect: 100-continue”字段表示期望上传一个 video/h264 的数据，其大小是 1234567890987B，期望得到 HTTP Server 的同意。

对于这样的期望，如果 HTTP Server 同意，那么它的 Response 报文中的状态码就应该是 100（Continue）。HTTP Client 收到了 100 状态码，就会在下一次 Request 报文中将该视频的真正数据（1234567890987B）发送给 HTTP Server，然后 HTTP Server 再做出响应。

上面的两次 Request-Response 往返称为一个 HTTP 业务。同时，第 1 次 Response 的状态码称为中间状态。

1xx 类状态码包含两个具体的状态码：100、101。

100 状态码与 Request 报文中的“Expect: 100-continue”字段严格对应。如果 Request 报文中没有包含“Expect: 100-continue”字段，那么 HTTP Client 收到 100 状态码的 Response 报文时，应该直接丢弃（不需再做其他额外处理）。

101 (Switching Protocols) 状态码指的是 HTTP Server 理解 HTTP Client 的请求，但是期望 HTTP Client 能够升级其 HTTP 版本，然后双方再进行 HTTP 通信。

5.5.2 成功类 2xx（Successful）

如果收到 2xx 状态码则表明 HTTP Client 的 Request 被 HTTP Server 成功接收、理解和接受。但 HTTP Client 并不知道 HTTP Server 对 Response 报文的处理结果，这就好比向对方发出消息请求帮忙，但对方只告知收到，并没说帮不帮，这涉及同步操作和异步操作两个概念，如图 5-56 所示。

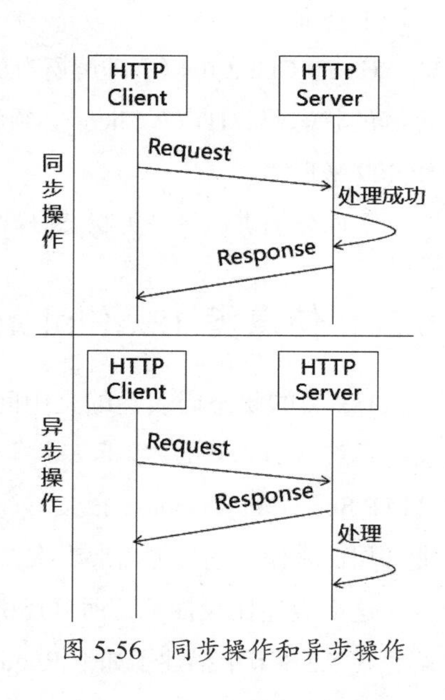

图 5-56　同步操作和异步操作

图 5-56 中，同步操作是指 HTTP Server 收到 HTTP Client 的 Request 后会先进行相关处理，处理成功后再发送 Response 报文。HTTP Client 收到 Response 报文，会明确知道 HTTP Server 已经处理成功。异步操作则不然，HTTP Server 收到 HTTP Client 的 Request 后，首先回应 Response 报文，然后做相应处理。需要说明的是，HTTP Server 并不确定 Response 以后何时开始处理，可能会立刻处理，也可能是很长时间以后。而且，HTTP Server 也不能保证处理成功。所以，对于异步操作，HTTP Client 虽然收到 Response 报文但却不知道 HTTP Server 的处理结果，甚至不知道 HTTP Server 是否已经开始处理。

HTTP Client 是如何知道它的请求在 HTTP Server 端是被同步处理还是异步处理呢？答案在于状态码。在成功类 2xx 的状态码中，目前只有 202（Accept）状态码表示异步操作，其余的都是同步操作。

下面介绍成功类 2xx 中各个状态码的具体含义。

1. 状态码：200、201、204、206

对于从事 Web 编程的人来说，其最常见的状态码不是 404（Not Found），而是 200（OK）。

除了表示异步处理的状态码 202 外，200 可以替代其他所有 2xx 状态码。这也就意味着（到目前为止），2xx 系列的状态码除了状态码 202 外，其余都表示同步操作，并且操作成功。但是除了“同步”和“成功”这两个关键词外，还有其他额外的细节信息需要表达，这就是其他状态码存在的意义和独特价值。

状态码 200 表达的就是“同步”和“成功”，除了 CONNECT 请求所对应的响应外，其他请求的 Response 报文都包含 Message Body，即使 Message Body 的长度等于 0。

对于 PUT 和 POST 来说，它们的操作结果可能是修改（Update），也可能是创建（Create），该如何区分这两种操作结果呢？此时，就需要用到 201（Created）。

201 表达的含义是“同步、创建成功”。既然是创建成功，那么新创建资源的 URI 应该是什么呢？

或者是 Request 报文中的 URI；或者是另外的 URI，此时需要通过 Response 报文中的 Location 字段来表达，Location 字段的值就是新创建资源的 URI。

200 总是要求 Response 报文中包含 Message Body（除了回应 CONNECT 请求外），但是有很多场景是不需要 Message Body 的，如图 5-57 所示。

图 5-57　微信公众号素材编辑器

图 5-57 是一个微信公众号素材编辑器（可以简单理解为 Web 文档编辑器），当输入一段文字然后单击“保存”按钮时，服务端显然没有必要将用户编辑的内容再回送给用户，所以此时其 Response 报文的状态码就可以是 204（No Content），明确表示报文中不包含内容（Content），即不包含 Message Body（说明：这里只是以微信做一个示意性的举例，不代表微信就是如此实现的）。从节约带宽和提升效率的角度来讲，204 有着必要性和独特价值。

有的场景不需要发送 Message Body，有的场景则需要发送所请求资源的部分信息。例如，Range Retrieve（范围查询）的 Response 报文就需要发送请求资源的部分信息，与之对应的状态码就是 206（Partial Content）。另外，Range Retrieve 的 Request 报文的报文头中应该包含 Range 等字段，Response 报文中应该包含 Content-Range 等字段。

2. 状态码：205

当 HTTP Client 收到状态码为 204 的 Response 报文时，它可以保持当前页面不变。在一个 Web 文档编辑器中，单击“保存”按钮之后，完全可以继续编辑，该编辑器不会做任何改变（如跳转到其他页面），也不应该做任何改变。而如果是状态码 205，编辑器则会重置。

从这个角度来讲状态码 205（Reset Content）不太好理解，如图 5-58 所示。

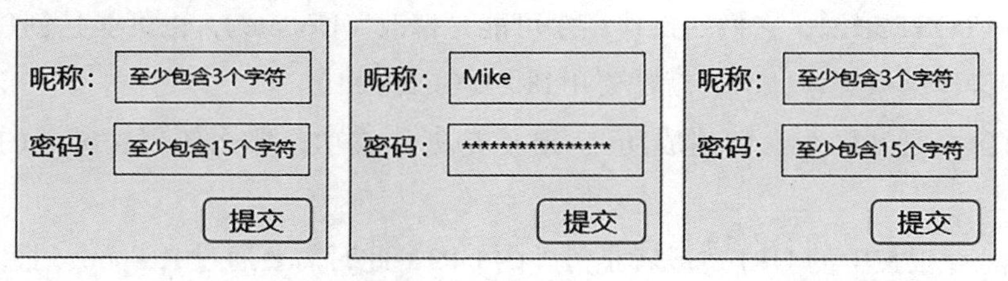

图 5-58　对话框中的 3 个状态

图 5-58 表达了一个对话框中的 3 个状态。

①初始化状态，如第 1 次弹出该对话框。

②用户编辑状态。

③用户编辑提交以后的状态。

单纯从应用程序的易用性角度来看，图 5-58 中的 C 状态的对话框应该将用户所编辑的内容清除，将该对话框的内容重置（Reset）为初始化状态。

但是，是否重置取决于应用程序自身，与 HTTP 无关。所以，从状态码 205 的表面含义“Reset Content（重置内容）”来理解，HTTP 的操作是否有点多余？

其实不是，状态码 205 是让 User Agent 再到 HTTP Server 查询一次，使用所查询到的值去重置 User Agent 相关的文档视图。

原来重置的数据不在 HTTP Client，而在 HTTP Server，所以 HTTP Server 需要通过状态码 205 通知 HTTP Client 查询所需要的重置的值。

3. 状态码：203、214

状态码 203（Non-Authoritative Information）表示非权威信息，如图 5-59 所示。

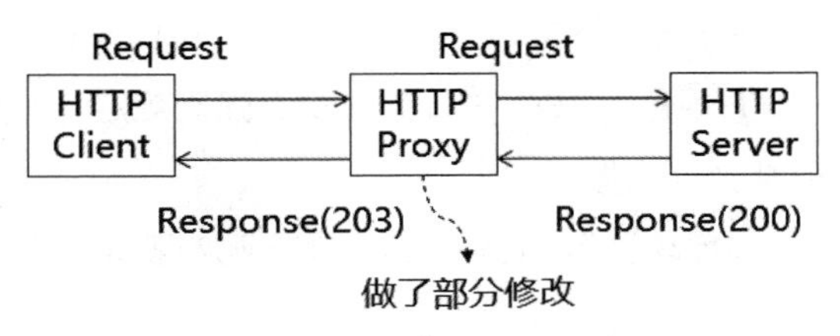

图 5-59 状态码 203 示意

图 5-59 中 HTTP Proxy 将 HTTP Server 的响应报文做了修改，它需通过状态码 203 通知 HTTP Client Response 报文被修改。

有的资料认为，状态码 203 所对应的修改仅仅是 Response 的报文头，这是不准确的。首先，RFC 7231 没有明确说明只修改报文头，另外，设想一下，如果修改了报文头的 media-type 字段，那么 Response 报文的 Message Body 不修改几乎是不可能的。

状态码 203 与状态码 214（Transformation Applied）非常相似，两者都是对 HTTP Server 的 Response 报文被修改以后的通知和告警。两者的不同点如下。

① 203 所对应的原始 HTTP Server 的状态码是 200，即 HTTP Proxy 看到状态码 200 以后才会修改，才会发送状态码 203。

②状态码 214 与状态码 203 相比要广泛得多，无论原始 HTTP Server 的状态码是何值，HTTP Proxy 都可以修改原始 Response 报文，同时发送状态码 214。

4. 状态码：202

状态码 202 表示异步操作，它只是表明 HTTP Server 接受了 HTTP Client 的请求，但是何时处理该请求，以及该请求能否被处理成功，HTTP Server 都是不予保证的。

需要说明的是，Accepted（接受）在不同的语境下其含义是不一样的。在 HTTP 里，202 就是一个异步操作，对操作结果没有任何承诺。

5.5.3 重定向类 3xx（Redirection）

对于重定向（Redirection），通俗地来讲，就是 HTTP Server 告诉 HTTP Client 原来发送的 URI 不好使了，需要发送一个新的 URI。

从 Location 本身的含义来说，重定向类 3xx（Redirection）和状态码 201 是一样的，都表示 Location 与原来的 Request 报文中的 URI 所代表的资源是不同的。例如，Request 报文中的 URI = URI1，Response 报文中的 Location = URI2，URI1 与 URI2 是不同的。

但是，3xx 和 201 的不同之处在于如下两点。

① HTTP Client 收到 201 的 Response 报文后，本次 Request-Response 交互就会结束。下次如果 HTTP Client 想操作该新创建资源，那么它再通过新的 HTTP 交互去操作 URI2。

② HTTP Client 收到 3xx Response 报文后会马上自动更换 URI（更换为 URI2），然后再次与 HTTP Server 交互。当然，HTTP 规范（RFC 7231）并没有强制规定“马上、自动”，但实现 HTTP Client 功能的 User Agent 一般都会这么做。

为什么收到 3xx 要“马上、自动”转到新的 URI 操作呢？就是因为本小节开头所说的重定向的意思。

什么叫“原来的 URI 不好使了”？一个很简单的例子就是状态码 301（Moved Permanently）。Moved Permanently，顾名思义就是原来那个 URI（URI1）所表示的资源被永久移走了，移到了别的地方（新地方的资源的 URI 变成了 URI2），所以 HTTP Client 必须要使用新的 URI。

但是，3xx 所表达的含义不止状态码 301 这一种。从大类来说，3xx 可以分为两大类：资源变化和访问变化，如表 5-11 所示。

表 5-11　3xx 分类

大类	子类	状态码
资源变化	资源永久迁移	301 308
	资源临时迁移	302 307
	资源有多种类型	300
	访问其他资源	303
访问变化	通过代理访问	305
未使用	未使用	306

出于安全考虑，表 5-11 中的状态码 305（Use Proxy）已经被弃用，状态码 306（Unused）也不再使用。下面分别介绍其余的状态码。

1. 状态码：301、302、307、308

状态码 301（Moved Permanently）表明 HTTP Client 所访问的资源（URI1）已经被永久迁移到另外的地方（URI2）。

对于状态码 301，RFC 7231 的用词比较“委婉”：HTTP Server 应该（SHOULD）在 Response 报文头中包含 Location 字段用以表示新的 URI；HTTP Client 可以根据新的 URI 自动跳转（重定向）。对于其他状态码，RFC 7231 也是如此“委婉”。

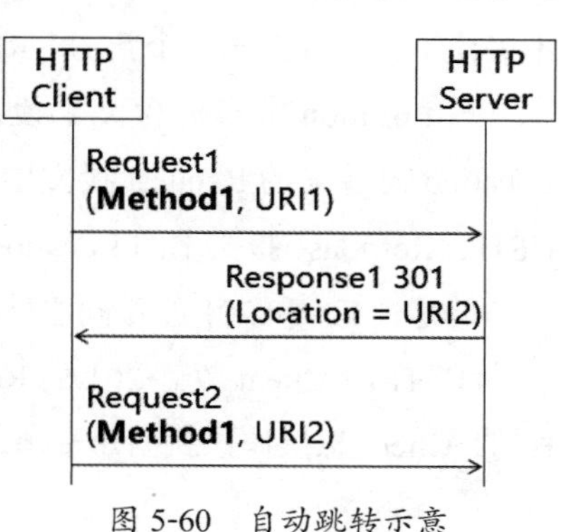

图 5-60　自动跳转示意

自动跳转如图 5-60 所示，所强调的自动跳转是指，从 Request1 自动变成 Request2，不是其中的 URI1 变成 URI2

（这是必需的），而是其中的 Method1 保持不变。例如，Request1 是 PUT，Request2 还是 PUT。

RFC 7231 对于状态码 301 的期望也是如此，但由于历史惯性原因，很多 User Agent 的实现并不总是如此，还会出现将 POST 改为 GET 的情况：Request1 的 Method 是 POST，Request2 的 Method 变为 GET。

不仅是 301，对于 302（Found），RFC 7231 原本也期望 302 的自动跳转不要改变 Method，但是也“屈服”于历史惯性。

在 RFC 1945 中，302 的含义是 Moved Temporarily，即临时迁移，与 301 对应。

所谓临时迁移，就是过段时间（可能很长时间，也可能很短时间），所谓“新”的 URI 还会变回原来的 URI。

对于 301、302 两个状态码，原本已经够用了，但是由于历史惯性问题，于是 RFC 7231 推出 307（Temporary Redirect），它的含义与 302（Moved Temporarily）是一样的，只是严格规定，跳转时（无论是自动跳转还是人工跳转）不能修改 Method，同时为了避免混淆，RFC 7231 还将 302 的含义“Moved Temporarily”修改为“Found”。

RFC 7238 推出了 308（Permanent Redirect），308 与 301 的含义相同，只是其严格规定跳转时（无论是自动跳转还是人工跳转）不能修改 Method。

301/308、302/307 的关系如表 5-12 所示。

表 5-12　301/308、302/307 的关系

行为	永久迁移	临时迁移
允许将 POST 变成 GET	301	302
不允许将 POST 变成 GET	308	307

购物网站是 301/308、302/307 的典型应用场景，有些商品或者是临时或者是永久地改变了 URI，但是通过 301/308、302/307 状态码与 User Agent（如浏览器），购物网站可以让用户感知不到这些变化（301 与 302 可能会在触发 User Agent 重定向时将 POST 改为 GET，此时用户则会感知到变化）。

2. 状态码：300

对于 HTTP Client 所请求的资源，如果 HTTP Server 有多种类型（意味着有多个 URI），此时 HTTP Server 可能会返回状态码 300（Multiple Choices）。

与众不同的是，300 的 Response 报文并不是在报文头的 Location 字段中标识多个可选项（URI），而是在 Message Body 中体现。至于 User Agent 解析出多个可选的 URIs 后，是自动跳转到某一个 URI 还是让用户手动选择跳转到哪一个 URI，则取决于 User Agent 自身，HTTP 并没有严格规定。

状态码 300 不会完全弃用 Location 字段。如果 HTTP Server 想强烈推荐某一类型的资源（某一

个 URI），它会在 Location 字段中标识该 URI。HTTP Client 可以自动跳转到该 URI。需要说明的是，这里的自动跳转并不会改变 Request 的 Method。

3. 状态码：303

状态码 303（See Other）的字面意思是“看其他的”。

HTTP 中的 303 是一个提升易用性的状态码。对于 POST、PUT 请求来说，如果操作时间比较长，HTTP Server 可以返回 303 状态码，并且在 Location 字段中指明一个新的 URI，这个新的 URI 所表达的是操作进度。此时，User Agent 自动跳转到该 URI 后就可以为用户显示操作进度。

不仅仅是 POST、PUT，状态码 303 适用于所有操作。对于 GET 而言，如果 HTTP Client 所请求的资源不能通过 HTTP 传输，HTTP Server 可能会返回 303，并且在 Location 字段中指明一个新的 URI，该 URI 会在背后做前面 URI 对应的内容，即会对原来的资源进行一些信息描述。

5.5.4 客户端错误类 4xx（Client Error）

RFC 7231 给 4xx（Client Error）的定性是：客户端似乎犯了错误。之所以用了“似乎”这个词，是因为有些错误很难说是客户端的原因还是服务端的原因。例如，那个著名的“404（Not Found）”状态码，表明 HTTP Client 所访问的资源在 HTTP Server 不存在，但是这个“不存在”是因为客户端输错了 URI，还是服务端将该资源“丢失”了，RFC 7231 作为一个旁观者确实无法给出明确的错误定界，所以它的标题虽然是“客户端错误”，但是也必须得做一个补充说明：似乎是客户端犯了错误。

不过，这并不表明所有的 4xx 状态码，其错误定界都是模糊的，都不能 100% 肯定是客户端错误。例如，401（Unauthorized）大白话就是“用户名 / 密码”错了，并非 HTTP Server 的错。

对于 4xx（Client Error），不必纠结到底是谁对谁错。400（Bad Request）是对 4xx 系列状态码的一个通用表达，它就是笼统地指出由于 HTTP Client 的错误请求从而造成 HTTP Server 无法或者不愿意处理。而 4xx（Client Error）系列的其他状态码，则是对 400 的具体补充。

1. 状态码：401、407、402

如果验证不通过，HTTP Server 会响应一个状态码 401（Unauthorized，未认证），以指明 HTTP Client 缺乏有效的验证凭据。同时，HTTP Server 还必须在 Response 报文头中包含 WWW-Authenticate 字段。WWW-Authenticate 的语法格式是：

```
WWW-Authenticate = 1#challenge
challenge = auth-scheme [ 1*SP ( token68 / #auth-param ) ]
auth-scheme = token
auth-param = token BWS "=" BWS ( token / quoted-string )
token68 = 1*( ALPHA / DIGIT /
                      "-" / "." / "_" / "~" / "+" / "/" ) *"="
```

对于定义了解即可，下面可以看一个具体的例子：

```
WWW-Authenticate: Newauth realm="apps", type=1,
                    title="Login to \"apps\"", Basic realm="simple"
```

这里例子可以简单认为：User Agent（如浏览器）收到这样的 Response 后会弹出一个对话框，让用户输入用户名和密码。

用户输入用户名 / 密码以后，User Agent 会继续发送 HTTP Request 报文，只是它的报文头须包含这次用户新输入的用户名 / 密码。

除了 HTTP Server 会鉴权，HTTP Proxy 也会鉴权。HTTP Client 如果在 HTTP Proxy 那里鉴权失败，HTTP Proxy 会响应一个 407（Proxy Authentication Required，需要代理认证）状态码。同时，HTTP Server 还必须在 Response 报文头中包含 Proxy-Authenticate 字段。Proxy-Authenticate 的定义与 WWW-Authenticate 是一样的。

即使鉴权通过，HTTP Client 仍然可能被 HTTP Server 拒绝。402（Payment Required，需要支付）状态码，顾名思义就是要求付钱。RFC 7231 表明这个状态码是预留为将来使用的。

2. 状态码：414、413、426、415、411

状态码 414（URI Too Long）指的是 URI 太长。在讲解 POST 与 GET 时提到过无论是 URI 还是 Message Body，HTTP 规范都没有限制其长度，或者说它们是可以无限长的。但在实际实现中没法做到无限，需要长度限制。

实际应用中，造成 URI 太长的主要原因有如下几点。

①当客户端误将 POST 请求当作 GET 请求时，会带有一个较长的查询字符串（query）。

②当客户端堕入重定向循环黑洞时，例如，指向自身后缀的重定向 URI 前缀（a redirected URI prefix that points to a suffix of itself）。

③当客户端对服务器进行攻击，试图寻找潜在的漏洞时。

状态码 413（Payload Too Large）指的是 Payload（HTTP Message Body）太大（字节太多）。如果 Payload 太大，HTTP Server 会返回 413 状态码，同时也可能会关闭 HTTP 连接，以防止 HTTP Client 再次发送 Payload Too Large 的报文。

HTTP Server 也可能是临时不能处理“大”报文，此时它在回应 413 状态码的同时，也可以在 Response 报文头中带上 Retry-After 字段。Retry-After 的语法格式是：

```
Retry-After = HTTP-date / delay-seconds
```

例如，Retry-After: 120，表示 120 秒后，HTTP Client 可以再尝试重新发送一下它那个“大”报文。

状态码 426（Upgrade Required，需要升级）指的是 HTTP Client 需要升级 HTTP 协议。例如，HTTP Server 回应：

```
HTTP/1.1 426 Upgrade Required
```

```
Upgrade: HTTP/3.0
```

那就是期望 HTTP Client 使用 HTTP/3.0 版本。

状态码 415（Unsupported Media Type，不支持的媒体类型）指的是 HTTP Server 不支持 HTTP Client 所要求的数据格式。这很可能是因为 HTTP Client 的 Request 报文头的 Content-Type 或 Content-Encoding 字段所指定的格式，HTTP Server 对其无法满足。

状态码 411（Length Required，需要长度）指的是 HTTP Server 需要报文长度。在第 5.3.2 节中我们介绍了报文长度的相关内容，这里就不再重复。在某些需要包含 Content-Length 字段的情况下，如果 HTTP Client 的 Request 报文中没有包含该字段，HTTP Server 会回以 411。

3. 状态码：403、405、409、404、410、406、415

状态码 403（Forbidden，拒绝）指 HTTP Server 拒绝了 HTTP Client 的请求。同时，HTTP Server 可能在 Response 的 Message Body 中包含其拒绝的原因（也可能不包含原因）。

状态码 405（Method Not Allowed）指的是操作请求不允许。比如有的资源只能 GET，不能 PUT，而 HTTP Client 的 Request 报文偏偏要 PUT。对于不允许的操作，HTTP Server 会回以 405 报文，同时在 Response 报文头中包含 Allow 字段，用以指明其所允许的操作。需要说明的是，HTTP Server 不能拒绝 GET 和 HEAD 两个 Method。

状态码 409（Conflict，冲突）指的是资源冲突：HTTP Client 的 Request 报文中的数据，与 HTTP Server 上已经存在的资源存在冲突，因而 HTTP Server 不能接受该请求。实际应用中，这种情况一般发生在“版本控制”的场景。例如，HTTP Server 上某个资源的版本已经是 3.0，而 HTTP Client 通过 PUT 发送过来的资源版本是 2.0，此时，HTTP Server 应该回以 409。

状态码 404（Not Found，未发现）指的是 HTTP Client 所请求的资源不存在。至于是临时不存在还是永久不存在，404 并没有说明。甚至，那个资源是存在的，HTTP Server 也可以回以 404。例如，前面的 403，如果 HTTP Server 并不想让 HTTP Client 知道该资源存在，它就可以回以 404。

与 404 对应的是状态码 410（Gone，不存在）。410 指的是资源永久不存在了。这一般应用在“限时优惠”等场景中。截止时间到，那些限时抢购的商品所对应的 URI 也就没有必要存在了，HTTP Server 就会给 HTTP Client 回以 410。

状态码 406（Not Acceptable）与 415（Unsupported Media Type）比较像。在第 5.3.3 节中我们介绍过相关字段：Accept、Accept-Charset、Accept-Encoding、Accept-Language。这些字段表达了 HTTP Client 与 HTTP Server 之间的内容协商。如果 HTTP Server 无法满足这些内容，那么它会回以 406 报文。

相较于 415 的直接拒绝，406 则显得要温柔很多。HTTP Server 在回以 406 的同时，还应在 Response 报文的 Message Body 中包含一系列与 HTTP Client 请求相近的资源列表以供用户或 User Agent 选择。例如，HTTP Client 请求 application/json+hic 格式的数据，但是服务器只支持 application/json，那么 HTTP Server 就可以回应 406，并且在 Message Body 中表达出它有 application/json 的数据，以供 HTTP Client 选择。

5.5.5 服务端错误类 5xx（Server Error）

状态码 5xx（Server Error）表述的是 HTTP Server 无法执行 HTTP Client 的请求。

状态码 500（Internal Server Error）是对 5xx 系列状态码的一个通用描述，表示 HTTP Server 遇到了意想不到的问题，从而无法提供服务。

状态码 501（Not Implemented）表明 HTTP Server 不支持 HTTP Client 所请求的方法。其与状态码 405 的不同点在于：501 是不支持，如不支持 PUT 方法（HTTP Server 中没有实现该方法）；而 405 是不允许，HTTP Server 实现了该方法，但是针对某些资源，HTTP Server 不允许 HTTP Client 如此操作。

状态码 505（HTTP Version Not Supported）表明 HTTP Server 不支持 HTTP Client 请求时的 HTTP 协议版本。例如，HTTP Server 只支持 HTTP/1.0，而 HTTP Client 的版本是 HTTP/1.1，此时 HTTP Server 就会返回状态码 505。鉴于 505 只能表达“HTTP 版本不支持”的含义，所以 HTTP Server 在 505 的 Response 报文中还应该（SHOULD）说明其不支持的原因，以及所期望支持的版本。

除了不支持 HTTP 方法、HTTP 版本，HTTP Server 还可能遇到负载超出自己处理能力的情况。

状态码 503（Service Unavailable）表达的就是服务器过载。但是，这种过载是暂时的，所以 HTTP Server 一般会在 Response 报文中添加 Retry-After 字段，以表明自己何时能够恢复。

状态码 502（Bad Gateway）和 504（Gateway Timeout）表明 HTTP Gateway 通报 HTTP Server 出现问题。

状态码 502（Bad Gateway）表明 HTTP Gateway 收到了 HTTP Server 的 Response，但是它不能转发给 HTTP Client，因为其发现 HTTP Server 的 Response 报文有问题。

状态码 504（Gateway Timeout）表明 HTTP Gateway 将 HTTP Client 转发给 HTTP Server 以后，迟迟收不到 HTTP Server 的 Response，因而也无法转发，只能告知 HTTP Client 超时。

5.6 HTTP 连接

HTTP 是建立在 TCP 之上的应用层协议，HTTPS 是建立在 SSL/TLS 之上的应用层协议。单纯从应用层来说，HTTP 和 HTTPS 是一样的；单纯从传输层来说，HTTP 和 HTTPS 也是一样的，两者都是建立在 TCP 之上的，如图 5-10 所示。

TCP 连接的本质是 TCP 两端所存储的 TCP 控制块实例，那么 HTTP 连接是否像 TCP 连接那样，也是一个类似的 HTTP 控制块呢？

简单地说，HTTP 是一种一问一答（Request-Response）的协议，同时这一问一答需要基于 TCP 连接进行传输。但是，TCP 连接不会凭空存在，它需要 HTTP 来进行和创建和关闭，如图 5-61 所示。

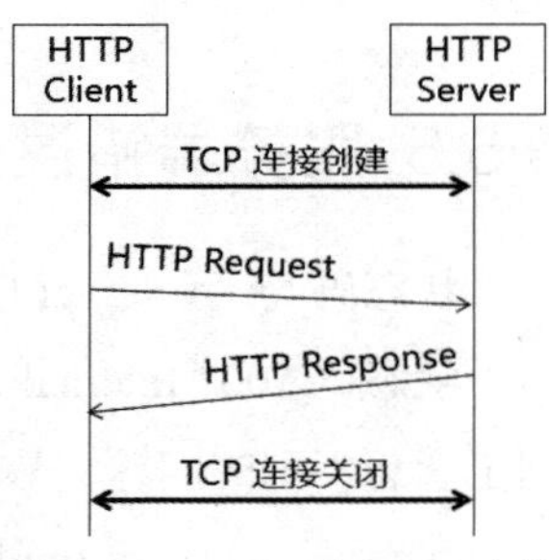

图 5-61　HTTP 与 TCP 连接

通过图 5-61 可以看到，HTTP 在发送 Request 报文之前需要先建立 TCP 连接，在结束 Response 报文之后需要关闭 TCP 连接。也就是说，HTTP 本身没有连接，它只是对 TCP 连接的管理。下文为了讲述方便，将直接使用"HTTP 连接"这个名词。

在图 5-61 中，一个 TCP 连接只能承载一次 HTTP 的 Request-Response 报文的 HTTP 连接称为 HTTP 短连接。HTTP/0.9 和 HTTP/1.0 使用的都是 HTTP 短连接。

HTTP 短连接的代价非常高，因为 TCP 连接的创建和关闭涉及"三次握手"和"四次挥手"。打开一个网页，即使是 www.baidu.com 这样简单的网页，HTTP Client 与 HTTP Server 之间的 Request-Response 交互也是非常多的，如图 5-62 所示。

那么有没有可能使一个 TCP 连接承载多个 HTTP 的 Request-Response 报文呢？答案是肯定的。这种承载方式称为 HTTP 长连接，如图 5-63 所示。

Name	Method	Status
www.baidu.com	GET	200 OK
bd_logo1.png?where=super /img	GET	200 OK
bd_logo1.png?qua=high&where=super /img	GET	200 OK
logo_top_86d58ae1.png ss0.bdstatic.com/5aV1bjqh_Q23odCf/static/supe...	GET	200
baidu_resultlogo@2.png /img	GET	200 OK
loading_72b1da62.gif ss0.bdstatic.com/5aV1bjqh_Q23odCf/static/man...	GET	200
u=874480442,1542991130&fm=173&app=49&f... ss2.baidu.com/6ONYsjip0QIZ8tyhnq/it	GET	200
u=1235868593,3207466515&fm=173&app=49... ss2.baidu.com/6ONYsjip0QIZ8tyhnq/it	GET	200
u=509974795,60178147&fm=173&app=49&f=J... ss1.baidu.com/6ONXsjip0QIZ8tyhnq/it	GET	200
u=3236712426,1895711143&fm=173&app=49... ss0.baidu.com/6ONWsjip0QIZ8tyhnq/it	GET	200
copy_rignt_24.png ss0.bdstatic.com/5aV1bjqh_Q23odCf/static/supe...	GET	200
default_8a5b42b2.png ss0.bdstatic.com/5aV1bjqh_Q23odCf/static/new...	GET	200
jquery-1.10.2_1c4228b8.js ss0.bdstatic.com/5aV1bjqh_Q23odCf/static/supe...	GET	200
sbase_a65ca873.js ss0.bdstatic.com/5aV1bjqh_Q23odCf/static/supe...	GET	200
config_1a9098e0.js	GET	200

图 5-62　百度首页的 HTTP 交互（部分）

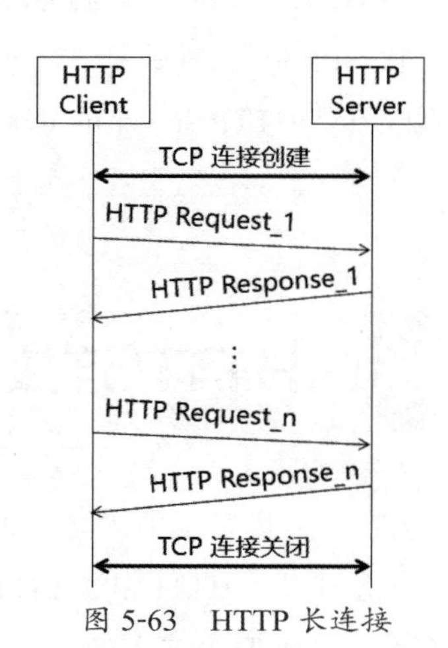

图 5-63　HTTP 长连接

HTTP/1.0曾试图做过长连接，HTTP Client在发送Request报文时，其报文头中携带字段“Connection: Keep-Alive”，以使得HTTP Client与HTTP Server之间保持HTTP长连接。但是由于历史惯性等原因，HTTP/1.0这种保持HTTP长连接的方法并不是很好。待到HTTP/1.1时，其默认的就是长连接。

HTTP/1.0一开始并没有支持长连接，“Connection: Keep-Alive”是后来补救的措施，但这种补救措施并不能强制大家统一的升级，因而引发了各种问题。而HTTP/1.1从一开始就强调“默认是长连接”，所以网络上的设备只要支持HTTP/1.1，那么它们的行为就是一致的，这才算是解决了HTTP长连接的问题。

既然HTTP/1.1默认是长连接，那么就意味着HTTP/1.1也支持短连接。对于HTTP Client来说，如果它的Request报文中包含“Connection: close”，那么就意味着这一次与HTTP Server的一问一答之后，TCP连接就会关闭。

对于HTTP Server来说，如果它的Response报文中包含：“Connection：close”，那么就意味着这一次HTTP Client收到Response报文之后，TCP连接就会关闭。

其实，对于HTTP/1.1来说，它可以在任意的HTTP Request或HTTP Response报文中决定关闭HTTP连接。这同时也意味着，HTTP/1.1可以“永远”不关闭HTTP连接，但对HTTP Client与HTTP Server都会形成负担。

HTTP规范曾经试图设置一个HTTP Client所能支持的长连接的最大数量，但是这并没有不现实，因为不知道到底设置多少才合适。当然，对于具体的实现来说，其总会有一个限制，但这取决于具体实现的情况（如各个浏览器自己决定的长连接上限），与HTTP规范无关。

另外，无论是HTTP Client还是HTTP Server（尤其是HTTP Server），它们均可以自己决定HTTP长连接的“空闲”时间：如果这段“空闲”时间内HTTP连接上没有HTTP报文，那么它们就自己关闭HTTP连接（本质上是关闭TCP连接）。

5.6.1 长连接与流水线

对于HTTP长连接而言，一个TCP连接固然能承载多个Request-Response报文（以下简称R-R），但是这多个R-R之间是串行的。HTTP Client发送了Request1，它必须在收到对应的Response1以后才能发送Request2，依此类推，如图5-64所示。其中，Rq是Request的缩写，Rp是Response的缩写。另外，分别用粗黑线和虚线来表示Request报文和Response报文，这只是为了从视觉上更明显地标识出两者的区别，没有其他含义。

串行R-R存在一些效率问题，有如下两点。

① HTTP Server在处理Request_n时（如果时间较长），如果网络是空闲的，HTTP Client完全可以不用等待，而先将Request_n+1发送过去，这样可以“节约”出Request报文网络传输时间。

②如果有足够的处理能力，那么HTTP Server完全可以并行处理多个Request。假设只有一个

HTTP Client 与 HTTP Server 对接，并且 R-R 是串行的，那么就无法有效利用 HTTP Server 的处理能力。

于是，HTTP/1.1 提出了流水线机制，即 HTTP Client 可以不必等到上一个 Response 报文到了以后再发送 Request 报文。也就是说，Request 报文可以连续发出，这样就可以"节约"出 Request 报文发送时间。

同时，HTTP Server 也可以做到并行处理来源于同一个 HTTP 连接的多个 HTTP Client 的请求。

这样的流水线机制看似有效地解决了串行 R-R 所带来的两个效率问题，但是，流水线机制有一个限制：HTTP Server 必须串行发送 Response 报文，这会引发头端阻塞（Head-of-Line Blocking，HOLB），如图 5-65 所示。

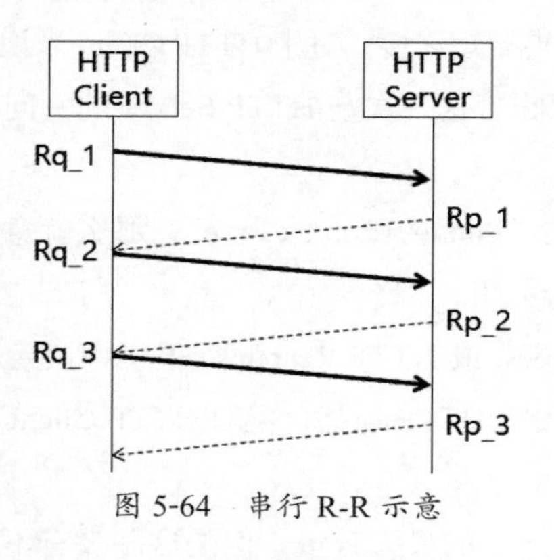

图 5-64　串行 R-R 示意

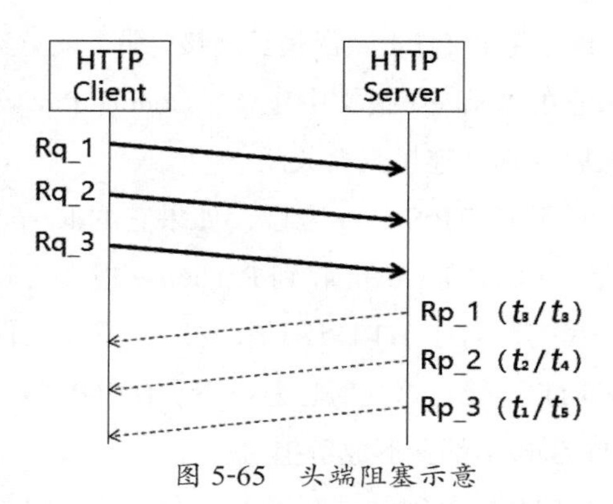

图 5-65　头端阻塞示意

图 5-65 表达的是一个相对"极端"的情况，Rq_1、Rq_2、Rq_3 按照先后顺序到达以后，HTTP Server"并行处理"这 3 个请求，并且这 3 个请求处理完毕的时间分别是 t_3、t_2、t_1（序号越小，越早处理完毕，即 Rq_3 最早处理完毕，Rq_1 最晚处理完毕）。由于 HTTP Server 必须按照顺序发送 Response 报文，因此 Rp_1、Rp_2、Rp_3 3 个报文发送的时间分别是 t_3、t_4、t_5。

这种由于严格按照顺序发送 Response 报文的限制，即使先处理完毕的 Response 报文也必须按照顺序排队的情况，称为头端阻塞。

表面上看，头端阻塞仅仅是 Response 报文串行发送，但其多个 Request 请求可以并行处理，仍然是提高效率的一种方法。但是，考虑 Rp-2、Rp_3 乃至更多的 Response 报文由于头端阻塞而停留在 HTTP Server 处（也可能是在内存里），其对 HTTP Server 的资源消耗也不可忽视。

除了资源消耗外，还有一些其他原因，导致流水线机制并没有真正在 HTTP/1.1 中流行开来。

即使流行开来，流水线机制仍然没有解决头端阻塞问题，需要交给 HTTP/2 来解决。需要说明的是，HTTP/2 仅仅是解决了 HTTP 层面的头端阻塞问题，但无法解决 TCP 层面的头端阻塞问题。

5.6.2 服务端推送

无论是短连接、长连接，还是长连接中的流水线机制，HTTP/1 和 HTTP/1.1 的本质都是一个 C/S 协议，都是一个一问一答的协议。这意味着 HTTP Server 无法将自己的信息主动推送给 HTTP

Client。

前面提到过，如果 HTTP Server 回应状态码 202，那么仅仅表明 HTTP Server 接受了 HTTP Client 的请求，但是何时处理该请求，以及该请求能否被处理成功，HTTP Server 都是不予保证的。

那么 HTTP Client 后续该如何知道 HTTP Server 的处理结果呢？或者，HTTP Server 处理完毕以后该如何通知 HTTP Client 呢？

到目前为止，HTTP/1 和 HTTP/1.1 都没有好的方法：HTTP Server 无法推送，HTTP Client 所能做的就是轮询。轮询就是 HTTP Client 不停地向 HTTP Server 查询处理结果。

这里简要介绍“长轮询”和“短轮询”的概念。对于 HTTP Client 来说，无论是长轮询还是短轮询，两者都是一样的。长轮询和短轮询与 HTTP Client 的轮询周期没有关系，只与 HTTP Server 的处理策略有关：短轮询时，HTTP Server 每次接到 HTTP Client 的轮询都会响应，不管处理结果是否有变化；长轮询时，HTTP Server 接到 HTTP Client 的轮询时，只会在处理结果有变化时才会响应。

轮询并不是一个好的方法，HTTP/2、WebSocket 等技术比较好地解决了服务端推送的问题，该内容超出本节的范围，不再过多介绍。

5.7 HTTP 的 Cookie 与 Session

HTTP 的 Cookie 和 Session 这两个概念的提出与 HTTP 的状态有关。所以，本节先从 HTTP 的无状态 / 有状态入手，然后介绍 Cookie 和 Session。

5.7.1 HTTP 的无状态 / 有状态

HTTP 的无状态 / 有状态是一个较大的话题，本节由于主题的原因，只做极简描述。

在 5.2.1 小节介绍过：在 HTTP 的世界里一切都是资源，URI 就是资源的标识。这句话意味着一次 HTTP 操作，它所有相关的信息都与这次操作的资源相关。

①这次操作的资源：HTTP Request 中的 URI。严格来说，URI 并不是资源本身，它只是标识了资源。

②所有相关的信息：HTTP Request 报文头中的各种字段（Header Fields）。

说明：严格来说，资源的标识指的是 URI 的“?”之前的部分，即 scheme + authority + path-absolute，不包括“?”之后的 query 部分。

一次 HTTP 操作，它所有相关的信息都与这次操作的资源相关，这也推导出了 HTTP 是一个无状态（Stateless）协议。RFC 7230 关于 HTTP 无状态的解释如下：HTTP 被定义为无状态协议，这意味着每个请求消息都可以单独理解。

有的资料把无状态解释为这一次的操作结果与以前的操作无关。这个解释比较正确，但是漏洞也很大。例如，本次操作是 GET URI（读取一次资源），而上次操作是 DELETE URI（删除资源）或者是 PUT URI（修改资源），显然，本次操作是与上次操作相关的。

而一次 HTTP 操作，其相关信息与操作资源相关强调的不是本次操作的结果，而是对本次操作中的资源的理解。理解不同，也会造成操作结果的不同。

什么是对资源的理解？前文所说的 HTTP Request 中 URI，以及 Header Fields 都是 HTTP Server 对该资源的理解。

如果 HTTP Server 对该资源的理解只需要这些信息，那么就意味着“每个请求消息都可以单独理解”，即 HTTP 是无状态的。

但是，有时 HTTP Server 还需要其他的信息才能“理解”该资源。例如，最常见的是认证（Authority）和鉴权，我们可以简单理解为“用户名 / 密码”。有的 HTTP Server 要求首先要用户登录，然后才能做其他操作。

在 HTTP 的世界里，一切都是资源。登录（认证）本身也是对某种资源的一种操作，我们把该资源取名为 authority，简单定义为：对应的 URI 记为 URI_au，包含两个属性 username、password。

那么可以看到，当 HTTP Request 试图操作资源 X（URI 记为 URI_X）时，HTTP Server 所需要的信息不仅是资源 X 本身，它还需要资源 authority 的相关信息（用户名 / 密码）。

对于这样的操作，我们可以这样理解：一次 HTTP 操作，它所需要的信息不仅与这次操作的资源相关，还与其他资源有关。

一个 HTTP 操作只能操作一个资源，与其他资源有关，那就意味着这次操作与前面的操作有关，即一个 HTTP 操作与前面操作的其他资源有关，这样的 HTTP 行为称为有状态（Stateful）。

HTTP 本身的目标是一个无状态协议，但在现实生活中（如“用户名 / 密码”），对于状态的需要比比皆是。对于此，HTTP 的做法是：可以把 HTTP 变成一个有状态的协议。

那么，HTTP 是如何支持有状态的呢？这就涉及了 Cookie 和 Session。

5.7.2 Cookie

仍以用户名 / 密码来举例。读取一个资源需要用户名 / 密码，一个很直接也很简单的做法如下（伪码）：

```
GET www.test.com/x?username=a&password=b
......
```

表面上看，www.test.com/x?username=a&password=b 是一个普通的 URI，但是该 URI 表达了两个资源，

也就是说，这样的URI，其背后所对应的其实是一个有状态的URI。

但这里想要强调的不是有状态 / 无状态，而是 www.test.com/x?username=a&password=b 这个 URI 中的用户名（a）和密码（b）从哪里来。

抽象地说，不仅是用户名 / 密码，包括所有与“有状态”相关的信息都可以存储在 HTTP Client 端或 HTTP Server 端。信息存储在 HTTP Client 端的技术称为 Cookie。

从本质上说，Cookie 就是 HTTP Server 存储在浏览器（HTTP Client）上的少量信息。这个少量信息到底有多“少”呢？ RFC 6265 没有定义最大值，而是定义了最小值。

①一个 Cookie 至少要能包含 4096 字节。

②一个域（domain）至少要能包含 50 个 Cookies。

③所有的 Cookies 加起来至少要有 3000 个。

由此可知一个浏览器至少要为 Cookie 分配 12MB 的存储空间。虽然 RFC 6265 定义了 Cookie 的最小值，但是基本上各个浏览器也按照这些最小值来实现。

一般来说，浏览器将 Cookie 存储在硬盘上（也有的策略是存储在内存里，这样浏览器关闭，Cookie 就会消失）。例如，Chrome 就将 Cookie 存储在“C:\Users\ 你当前用户名 \AppData\Local\Google\Chrome\User Data\Default\Cookies”路径中。要想查看 Chrome 浏览器保存的所有 Cookies，在 Chrome 浏览器地址栏里输入 chrome://settings/siteData 即可。

那么，HTTP Server 是如何将 Cookie 发送给浏览器（HTTP Client）的呢？

1. Set-Cookie Field

HTTP Server 在 Response 报文头中通过 Set-Cookie 字段，将相关 Cookie 信息发送给 HTTP Client。Set-Cookie 的语法格式为

```
set-cookie-header = "Set-Cookie:" SP set-cookie-string
set-cookie-string = cookie-pair *( ";" SP cookie-av )
cookie-pair       = cookie-name "=" cookie-value
......
cookie-av         = expires-av / max-age-av / domain-av /
                    path-av / secure-av / httponly-av /
                    extension-av
......
```

Set-Cookie 的语法格式较长，这里并没有完全给出。

下面看一个例子，以更直观地理解 Set-Cookie：

```
Set-Cookie: lu=Rg3vHJZnehYLjVg7qi3bZjzg; Expires=Tue, 15 Jan 2013 21:47:38 GMT;
Path=/; Domain=.169it.com
```

总的来说，Set-Cookie 可以这样理解：它由一批“名值对（name=value）”组成，各个“名值对”之间用分号（;）分隔；各个“名值对”可以分为两大类，即 Cookie 本身和 Cookie 属性。

① Cookie 本身。Cookie 本身也可分为两部分：Cookie 的名字和 Cookie 的值。例如，对于前面例子中的 lu=Rg3vHJZnehYLjVg7qi3bZjzg，其中 lu 就是 Cookie 的名字，lu=Rg3vHJZnehYLjVg7qi3bZjzg 就是 Cookie 的值。

② Cookie 的属性。Cookie 的属性就是 Cookie 定义中的 cookie-av，其中 av 是 attribute-value（属性和值）的意思。

Cookie 的属性包括 Expires（到期时间）、Domain、Path 等，前面例子中的“Expires=Tue, 15 Jan 2013 21:47:38 GMT; Path=/; Domain=.169it.com”就是该 Cookie 的各种属性和属性的值。

HTTP Server 可以在一个 Response 报文中发送多个 Cookie，此时它需要包含多个 Set-Cookie 字段，例如：

```
Set-Cookie: a=5
Set-Cookie: b=6
```

之所以不用一个字段包含多个 Cookie，是因为多个 Cookie 之间的逗号分隔符（,）可以是 Cookie 值的一部分，这样会引发歧义，例如：

```
Set-Cookie: a=5,b=6
```

这样的表达会引发歧义，即不清楚到底是两个 Cookie（分别是 a=5、b=5），还是只有一个 Cookie（Cookie 的名字是“a”，值是“5,b=6”）。

Cookie 本身（Cookie 的名字和 Cookie 的值）就是普通的“名值对”。Cookie 属性虽然也是“名值对”，但其含义需要进行简单介绍。

（1）Expires

Expires 表示 Cookie 的有效期限，它的语法格式为

```
expires-av        = "Expires=" sane-cookie-date
sane-cookie-date  = wkday "," SP date1 SP time SP "GMT"
```

对于前文所举的例子：

```
Expires=Tue, 15 Jan 2013 21:47:38 GMT
```

其含义就是该 Cookie 的有效期为格林尼治时间：2013 年 1 月 15 号（星期二）21:47:38。超过该有效期，Cookie 就会失效，浏览器应该将该 Cookie 删除。

实际上，浏览器并不严格遵守该有效期，它可以在任意时间删除 Cookie。

（2）Max-Age

Max-Age 也表示 Cookie 的有效期限，它的语法格式为

```
max-age-av        = "Max-Age=" non-zero-digit *DIGIT
non-zero-digit    = %x31-39
; digits 1 through 9
```

Max-Age的期限不是一个时间点，而是一个最大“存活”的秒数。例如：

```
Max-Age=1000
```

表示浏览器收到该Cookie后，1000s之内有效，超时该Cookie就会过期。

与Expires一样，浏览器也并不严格遵守Max-Age所约定的时间。

如果HTTP Response报文中同时包含Expires和Max-Age字段，那么浏览器会以Max-Age为准，即Max-Age的优先级高于Expires。

如果HTTP Response报文中既没有Max-Age也没有Expires，那么当浏览器关闭时，该Cookie也会被删除。

（3）Domain

浏览器收到Cookie后，除了将其保存外，它下次发送HTTP Request时还会带上Cookie（通过HTTP Request报文中的Cookie字段）。那么，浏览器会将Cookie发往哪里呢？会任意发送吗？例如，浏览器收到a.com发送过来的一个Cookie（记为c1），它下次访问a.com时会将c1发送过去吗？访问b.com时会将c1发送过去吗？

对于浏览器收到并且保存的Cookie，发往哪里取决于该Cookie的属性Domain。Domain的含义就是浏览器可以发送Cookie的Host。

从这个意义上来说，上述例子中，浏览器是将c1发往a.com还是b.com取决于c1的Domain属性。

但是，浏览器收到a.com的Cookie，而该Cookie的Domain=b.com，这样的Cookie是不合法的。

例如，foo.example.com发送给浏览器的Cookie的Domain，可以是foo.example.com，也可以是example.com，这些都是合法的。

我们可以把HTTP Server自己的Domain简单理解为一个字符串（记为DS），把其发送的Cookie中的Domain也简单理解为一个字符串（记为DC），只要DS包含DC，那么DC就是合法的。

再举一个反例，foo.example.com发送给浏览器的Cookie的Domain是bar.example.com。显然，foo.example.com中并没有包含bar.example.com，所以该Cookie的Domain是不合法的。对于Domain不合法的Cookie，浏览器拒绝接收。

需要补充说明的是，浏览器只区分Domain（Host），不区分端口号。也就是说，foo.example.com:8080发送过来的Cookie（其Domain是foo.example.com），浏览器可以发送到foo.example.com:8081。

（4）Path

Path的目的与Domain相同，但是Path更进一步，它限制的是Domain后面的路径。

如果一个Cookie的Domain等于a.com，Path等于“/x/y”，那么该Cookie可以被浏览器发往a.com/x/y；或者a.com/x/y的子目录，如a.com/x/y/z。

（5）Secure

Domain和Path限制的都是Cookie的目的地，而Secure限制的是Cookie的发送通道。其语法

格式为

```
secure-av = "Secure"
```

Secure 不需要后面再带上值，如 Secure=True 或 Secure=False 等。如果 Cookie 的属性中有 Secure，则 Secure=True ；如果没有 Secure，则 Secure=False。

Secure 并不是对 Cookie 本身提出说明安全性的限制和约束，而是指出浏览器在发送该 Cookie 时必须经过安全通道。安全通道由浏览器自己决定。实际上，安全通道基本上就是 HTTPS（HTTP over SSL/TLS）。

（6）HttpOnly

HttpOnly 的语法格式为

```
httponly-av = "HttpOnly"
```

与 Secure 一样，HttpOnly 也不需要有值。如果 Cookie 的属性中有 HttpOnly，则 HttpOnly=True ；如果没有 HttpOnly，则 HttpOnly=False。

HttpOnly 限制了 Cookie 的使用范围只能是 HTTP Request（也包括 HTTPS Request）。

Cookie 的 6 个基本属性，按照其用途可以分为 5 类，如表 5-13 所示。

表 5-13　Cookie 的 6 个基本属性

分类	属性	说明
存储时间	Expires Max-Age	Cookie 在 HTTP Client 端保存的期限（有效期）
接收条件	Domain	只有 Cookie 的 Domain 合法，HTTP Client（浏览器）才会接收
发送目的	Domain Path	只有 HTTP Request 报文的目的地与 Cookie 的 Domain、Path 相符，HTTP Client 才会在 Request 报文中带上对应的 Cookie
发送通道	Secure	如果 Cookie 的属性中有 Secure，那么带上该 Cookie 的 HTTP Request 报文必须从安全通道（HTTP over SSL/TLS，HTTPS）发送
访问权限	HttpOnly	如果 Cookie 中包含 HttpOnly，那么只有 HTTP（HTTPS）才能访问该 Cookie

另外，需要说明的是，Cookie 的属性还可以扩展，这通过 cookie-av 的定义可以看出来：

```
cookie-av = expires-av / max-age-av / domain-av /
            path-av / secure-av / httponly-av /
            extension-av
extension-av = <any CHAR except CTLs or ";">
```

2. Cookie Field

浏览器（HTTP Client）在 Request 报文中，通过 Cookie 字段向 HTTP Server 发送它所接收到的

Cookie。Cookie 字段的语法格式为

```
cookie-header = "Cookie:" OWS cookie-string OWS
cookie-string = cookie-pair *( ";" SP cookie-pair )
cookie-pair = cookie-name "=" cookie-value
```

与 Set-Cookie 相比，Cookie 有两点不同。

①只有 Cookie 本身的“名值对”，没有 Cookie 的属性。这也就意味着 HTTP Server 只能收到 Cookie 本身的 name 和 value，而无法收到 Cookie 的属性。

②一个 Cookie 字段可以包含多个 Cookie 本身的“名值对”，而一个 Set-Cookie 字段只能包含一个 Cookie 本身的“名值对”（如果要包含多个，则需要多个 Set-Cookie 字段）。

之所以有第 2 点的区别，是因为 Cookie 字段分隔多个 Cookie 的分隔符是分号（;），而 Set-Cookie 对应的分隔符是逗号（,），逗号有可能出现在 Cookie 的值中，会引发混淆。

3. 浏览器端 Cookie 的接收、保存和共享

一个 Cookie 被 HTTP Server 通过 Set-Cookie 字段发送到浏览器（HTTP Client）以后，要想被浏览器保存下来，需要经过以下几个步骤。

首先，浏览器不能禁止 Cookie。例如，在 Chrome 浏览器的地址栏中输入 chrome://settings/content/cookies，就会弹出图 5-66 所示页面，以让用户（人）允许 / 禁止 Cookie。

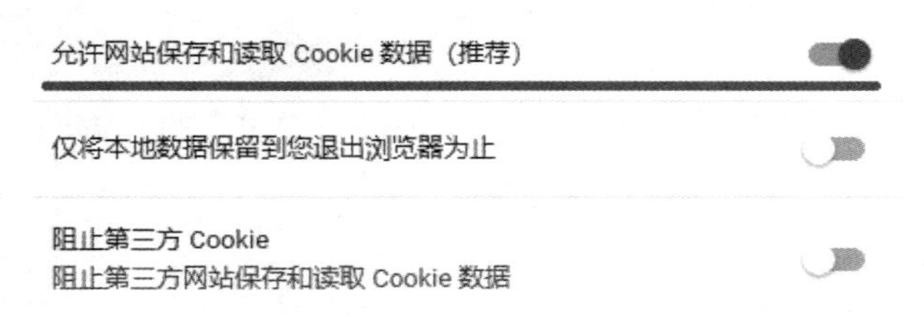

图 5-66　Chrome 浏览器允许 / 禁止 Cookie

如果浏览器禁止 Cookie，那么浏览器不会接收 / 保存 Cookie。即使浏览器允许 Cookie，按照 Set-Cookie Field 的描述，浏览器也会检查 Cookie 的 Domain 属性与 HTTP Server 的 Domain 之间的关系。按照字符串算法，只有后者包含了前者，Cookie 才是合法的，浏览器才会接收和保存 Cookie。

浏览器保存 Cookie 的方法有两种：保存在内存中和保存在硬盘上。如果 Cookie 的 Expires 或 Max-Age 属性要求持久化，那么浏览器会将其保存在硬盘上。

如果 Cookie 保存在内存里，那么两个浏览器进程是无法共享 Cookie 的。但是有一个例外，有的浏览器在父进程打开子进程时，父进程会将自己内存中的 Cookie 复制到子进程中。

如果是保存在硬盘中，那么相同类型的浏览器（如都是 Chrome）或相同内核的浏览器其不同的进程可以共享 Cookie。

4. 第三方 Cookie

在图 5-66 中，除了有允许 / 禁止 Cookie 外，还有一个选项为“阻止第三方 Cookie”。

本质上来说，第三方 Cookie（Third-party Cookie）就是前文所介绍的 Cookie，而且与前文介绍的 Cookie 没有任何区别。但是为什么会出现第三方 Cookie 这一说法呢？如图 5-67 所示。

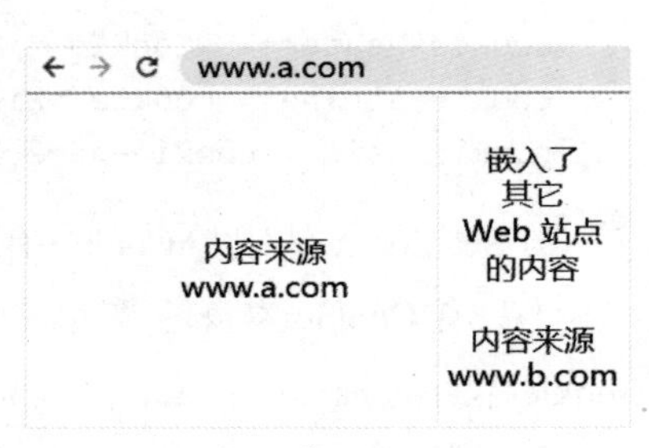

图 5-67　第三方 Cookie

很多网页都可能有类似图 5-67 所示的样式，即在自己的网页（对应的 URI 是浏览器地址栏中所输入的 URI）中嵌入了其他 Web 站点的内容（对应的 URI 与地址栏中的 URI 不同）。

图 5-67 中，浏览器加载 www.a.com 内容时，会收到 www.a.com 发送过来的 Cookie（记为 Cookie_x）：

```
# Request 报文
GET www.a.com  HTTP/1.1
...
# Response 报文
HTTP/1.1 200 OK
Set-Cookie:x=5;Domain=a.com
...
```

浏览器加载 www.b.com 内容时，会收到 www.b.com 发送过来的 Cookie（记为 Cookie_y）：

```
# Request 报文
GET www.b.com  HTTP/1.1
...
# Response 报文
HTTP/1.1 200 OK
Set-Cookie:y=5;Domain=b.com
...
```

单独看 Cookie_y 与 Cookie_x，两者没有任何区别，这就是两个普通的 Cookie。但是放到上下文中，由于 Cookie_y 的 Domain（b.com）与浏览器地址栏中的 Domain（a.com）不同，因此 Cookie_y 被称为第三方 Cookie。

相应地，如果一个 Cookie 的 Domain 与浏览器地址栏中的 Domain 相同，那么该 Cookie 就称为第一方 Cookie，不过一般习惯称之为 Cookie。

很多用户担心第三方 Cookie 会泄露个人隐私，因此主流浏览器都会提供操作界面让用户关闭第三方 Cookie（如图 5-66 所示的“阻止第三方 Cookie”）。

5.7.3 Session

与 Cookie 一样，Session 也是用来在 HTTP Client 端和 HTTP Server 端之间保持状态的一种解决方案，只不过 Cookie 将“状态”存储在 HTTP Client 端，而 Session 将“状态”存储在 HTTP Server端。这是因为有些“状态”涉及数据的敏感性或数据的大小等，不适合存放在HTTP Client端。

从 HTTP Server 入手，先看下面一句代码，并用图 5-68 来解释这句代码。

```
HttpSession session = HttpServletRequest.getSession(true)
```

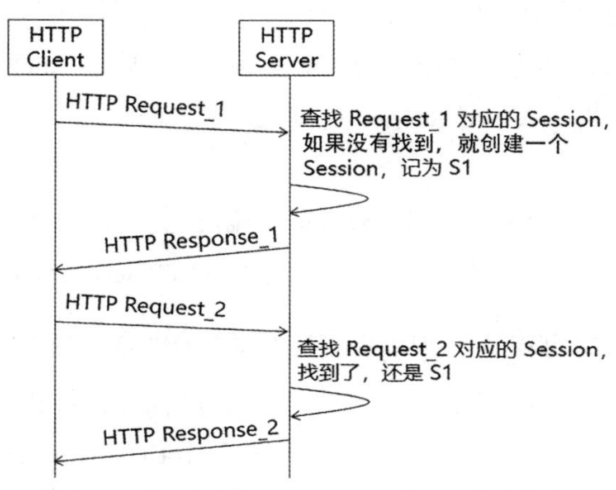

图 5-68　Session 在 HTTP Server 端的创建和查找

图 5-68 中，HTTP Server 收到 HTTP Client 的 R1（Request_1）报文后，查找该报文所对应的 Session，没有找到，于是它为 R1 创建了一个 Session（S1）。创建 S1 以后，HTTP Server 就可以在 S1 中存储相关信息。

HTTP Server 会为它所创建的每个 Session 分配一个 Session ID（S1 的 ID 记为 S1_id），并且会在对应的 Response 报文中通过 Set_Cookie 字段将之发送给 HTTP Client，以使 HTTP Client 记住该 Session ID。待到下次请求时，HTTP Client 会在 Request 报文中通过 Cookie 字段，将该 Session ID 发送给 HTTP Server。如此一来，HTTP Server 就能通过 Session ID 找到对应的 Session，从而获取到两者之间的“状态”信息。

图 5-68 中，HTTP Server 之所以找到了 S1，就是因为 HTTP Request_2 报文中包含了 S1_ID（通过 Cookie 字段携带）。但是，HTTP Client 与 HTTP Server 之间会传递很多 Cookie。例如：

```
Cookie:a=5,b=6,jsessionid=100
```

那么，HTTP Server 如何知道哪个 Cookie 表示的是 Session ID 呢？ HTTP Server 会自己定义 Session ID 的 Cookie name 接口，如定义 Cookie 的 name 为 jsessionid，这样它就能知道 Session ID 的值为 100。

上述 HTTP Server 收到 HTTP Client 的 R1（Request_1）报文后，查找该报文所对应的 Session，没有找到的原因是笔者假设 R1 中的 Cookie 没有携带 Session ID。既然没有 Session ID，那会 HTTP Server 肯定找不到 Session，于是它就创建了一个 Session（S1）。

通过以上描述，可以看出如下两点。

① Session 在 HTTP Server 端，其本质就是 HTTP Server 端的一个数据块（从某种意义上来说，与 TCP 连接是一个意思），该数据块里存储着 HTTP Client 与 HTTP Server 之间需要保持的“状态”数据。

② Session 背后所反应的“HTTP Client 与 HTTP Server 之间需要保持的‘状态’数据”是靠 Cookie 来承载的。Cookie 承载的不是数据本身（Session），而是 Session 的 ID。

前文从 HTTP Server 的视角入手对 Session 的概念做了一个定义。但是如何从 HTTP Client 的视角来理解呢？

打开一个浏览器访问 HTTP Server 时，Session 开始；关闭该浏览器时，Session 关闭。一个 Session 的开始不取决前端何时打开浏览器，而是取决于 HTTP Server 何时调用如下代码：

```
HttpSession session = HttpServletRequest.getSession(true)
```

至于何时调用，没有固定的规则，其每个 HTTP 的应用都互不相同，不可一概而论。同理，Session 何时关闭也不取决于浏览器何时关闭，而是取决于 HTTP Server 何时销毁那块数据。它有可能“永远”保留那块数据，也可能设置一个超时时间，时间到就删除。

那么为什么会感觉“浏览器一关闭，Session 就关闭了”呢？这涉及人的感觉问题，也涉及浏览器（User Agent HTTP Client）的感知问题。下面先讲述浏览器的感知问题。

如前文所述，浏览器对 Session 的感知其实是 Session ID，而不是 Session 本身。即使 Session 在 HTTP Server 端“永久”保留，从 HTTP Client 的视角，如果它拥有该 Session 的 ID，它就拥有该 Session；反之，如果 HTTP Client 丢失了该 Session 的 ID，则意味着该 Session 对于 HTTP Client 而言永久消失。

浏览器感知 Session ID 的方法，就是感知存储 Session ID 的 Cookie。

①有的 Cookie（存储 Session ID）只保存在内存中，浏览器关闭了，Cookie 就不存在了，所以浏览器感知不到对应的 Session。

②有的 Cookie（存储 Session ID）保存在内存里，而且不与其他进程共享，所以一个 Session 只能在一个浏览器里感知，在其他浏览器进程里感知不到。

③有的 Cookie（存储 Session ID）保存在硬盘里，那么所有相同内核的浏览器进程一直都能感知到该 Session（只要 HTTP Server 端没有删除该 Session）。

我们将以上的内容做一个小结，如表 5-14 所示。

表 5-14　Session 的开始和关闭

Session 状态	HTTP Server	HTTP Client（浏览器）
Session 开始	HTTP Server 对 Session 的开始（创建）起决定作用。 HTTP Server 创建 Session 的时机是调用 HttpServletRequest.getSession(true) 函数	—
Session 关闭	HTTP Server 对 Session 的关闭起决定作用。 HTTP Server 销毁 Session 的数据块时，Session 会关闭（结束）	HTTP Client 对 Session 是否关闭的理解，只是通过对存储 Session ID 的 Cookie 的感知

通过表 5-14 可以看到，Session 是否关闭实际上有两个概念：是否被销毁，对应的就是 HTTP Server 端那块对应的内存是否还在；是否能被 HTTP Client 感知，这取决于浏览器的 Cookie。

1. 一个例子：单点登录

单点登录（Single Sign On，SSO）如图 5-69 所示。用户需要访问两个 Web 站点（HTTP Server A、HTTP Server B），其只需要在访问第 1 个站点（假设是 A）时输入登录信息（用户名 / 密码），而在访问第 2 个站点时就可自动登录（使用的还是第 1 次登录时所输入的用户名 / 密码），这种情况称为单点登录。

利用 Session 和第三方 Cookie 机制实现单点登录的基本架构如图 5-70 所示。

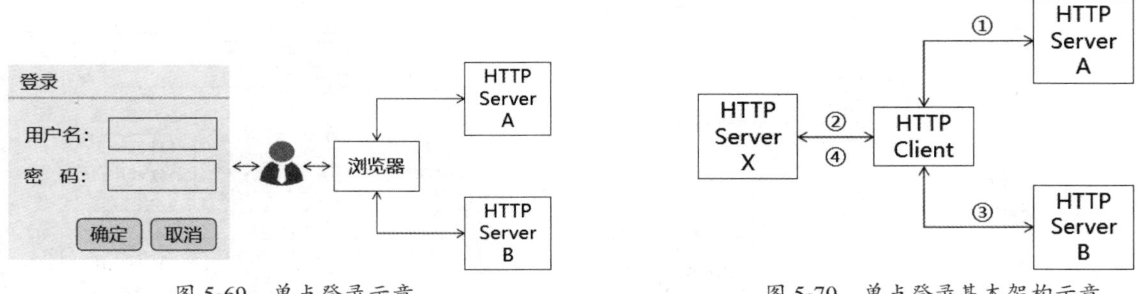

图 5-69　单点登录示意　　　　图 5-70　单点登录基本架构示意

图 5-70 中，浏览器（HTTP Client）访问 HTTP Server A（浏览器的地址栏中输入的 URI 是 A 的域名），A 需要浏览器输入登录信息（用户名 / 密码）。当浏览器输入登录信息后，A 将登录验证的工作引入 HTTP Server X。X 对登录信息验证（通过）以后，创建一个 Session（记为 S1），并将 Session ID 通过第三方 Cookie 设置到浏览器的 Cookie 中。

后来，浏览器又访问 HTTP Server B（浏览器的地址栏中输入的 URI 是 A 的域名），B 也需要验证，此时浏览器只需要将它存储了 Session ID 的 Cookie 发送给 HTTP Server X 即可。X 通过 Session ID 找到 S1，完成登录信息的验证。

从表面上看，浏览器（背后是用户）只需要输入一次用户名 / 密码就可实现登录两个（或多个）不同的 Web 站点，从而实现了单点登录的特性。

实现单点登录的方案有很多种，Session + 第三方 Cookie 机制只是其中一种。

2. HTTP Server 端的无状态设计

前文讲述了 HTTP 的无状态与有状态，但是有一点需要澄清，即协议的无状态与服务端的无状态是两个不同的概念，如图 5-71 所示。

仍以登录服务器为例来讲述。假设登录服务器的负载很大，需要多个服务器来承担，如图 5-71 中的 HTTP Server X1 ~ HTTP Server X*n*，而且在这 *n* 个 HTTP Server 前面加一个负载均衡器（Load Balance，LB，通过 HTTP 反向代理实现）。

根据前文描述，当 HTTP Server 调用 HttpServletRequest.getSession(true) 函数时，会生成一个 Session（数据块）。如果不做无状态设计，时间一长，不同的 HTTP Server 实例（X1,⋯,X*n*）会存储有不同的 Session（{Sx-1},⋯,{Sx-*n*}）。这时，如果一个 HTTP Request 到达 LB，LB 将不得不根据 Request 报文中的 Session ID 选择相应的 HTTP Server 实例。

假设 Request 报文中的 Session ID 等于 SID_1，而 SID_1 位于 X1 中，如果 LB 将该请求转发到 X2，那么显然，这将得不到正确的处理。为了修正这个错误，HTTP Server 必须做无状态设计，如图 5-72 所示。

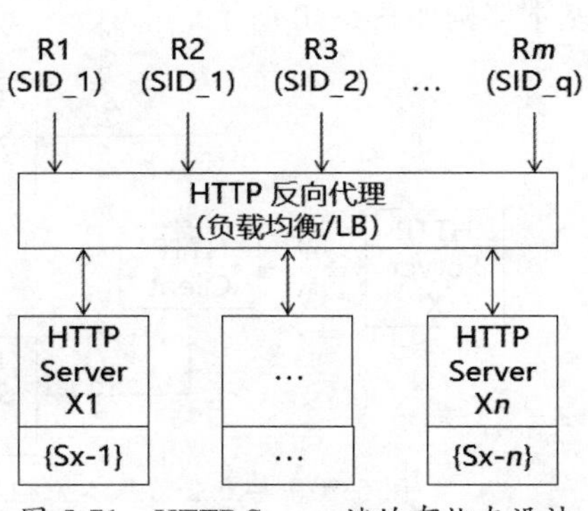

图 5-71　HTTP Server 端的有状态设计

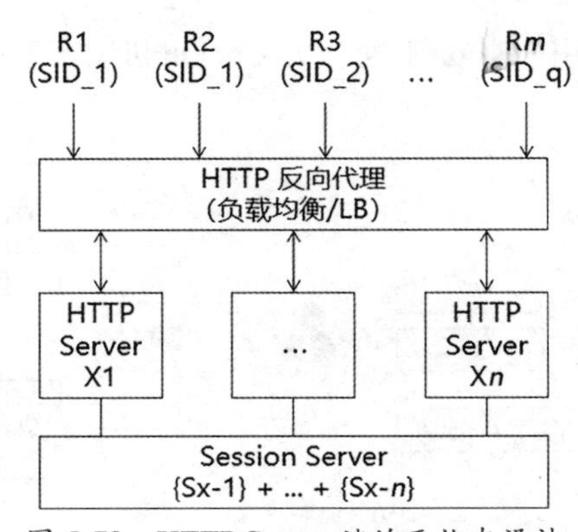

图 5-72　HTTP Server 端的无状态设计

图 5-72 中，服务端专门设计 / 部署了一个 Session Server，其存储着所有 HTTP Server 实例（X1,⋯,X*n*）涉及的 Session（{Sx-1} + ⋯ + {Sx-*n*}）。这样一来，Session 的全集就会在各个 HTTP Server 实例之间共享。当一个 HTTP Request 到达 LB 时，LB 就可以不必考虑 Request 中的 Session ID，即使任意选择一个 HTTP Server 实例也不会出错。这样的设计称为 HTTP Server 服务端的无状态设计。

对以上的描述进行抽象和总结，如表 5-15 所示。

表 5-15　HTTP 的有状态和无状态

HTTP	无状态	有状态
HTTP 协议	不同的 R-R 报文之间是独立的，每个 R-R 交互，都与其他 R-R 无关	不同的 R-R 报文之间是相关的，一个 R-R 交互可能会依赖其他（以前）的 R-R 交互。所依赖的数据称为"状态"
HTTP 服务端	针对协议的"状态"数据，不同的 HTTP Server 实例之间是"共享"的，任何一个实例都可以获取全局的"状态"数据。更进一步，不仅仅是协议相关的"状态"数据，还有一些数据与协议无关，仅仅是 HTTP Server 自己的实现所引出的"状态"数据，这些数据也需要全局共享	针对协议的"状态"数据，不同的 HTTP Server 实例之间不是"共享"的。与协议无关的"状态"数据，不同的 HTTP Server 实例之间不是"共享"的。

需要说明的是，不同 HTTP Server 实例之间关于"状态"数据的"共享"，不一定绝对需要通过共享空间来实现。例如，一个全局变量或一个全局 Server（虽然它们是非常经典和常用的方法），也可以通过其他方式来实现。

3. 浏览器禁止 Cookie

我们知道，Session 是存储在 HTTP Server 端的，但是，Session 的 ID 仍然需要通过 Cookie 存储在 HTTP Client 端。但是，有的浏览器有可能禁止 Cookie，这时 HTTP Server 该如何处理呢？URI 重写就是一种比较典型的解决方案。

如果 HTTP Client 不支持 Cookie，HTTP Server 会将 Session ID 附加到 URI 的后面。例如：

```
http://...../xxx;jsessionid=100
```

或者

```
http://...../xxx?jsessionid=100
```

上述两种方法都可以，前者是将 Session ID 作为 URI 的一部分，后者是将 Session ID 作为查询字符串，两者并没有本质区别，只是会稍微影响 HTTP Server 对 URI 的解析。

5.8 HTTP Cache

RFC 7234 中提过，HTTP 是一个典型的适合分布式系统的协议，有以下两个原因。

① HTTP 是一个无状态的协议，因此可使 HTTP Server 具备无状态多实例的可能性，如图 5-73

所示。需要说明的是，HTTP 只是使之具备可能性，真正要做到无状态多实例，HTTP Server 还需要专门的设计。图 5-73 中的 X1 ~ X*n* 等多个 HTTP Server 实例基本上位于一个数据中心内，甚至只是一个服务器里面的多个虚拟机。

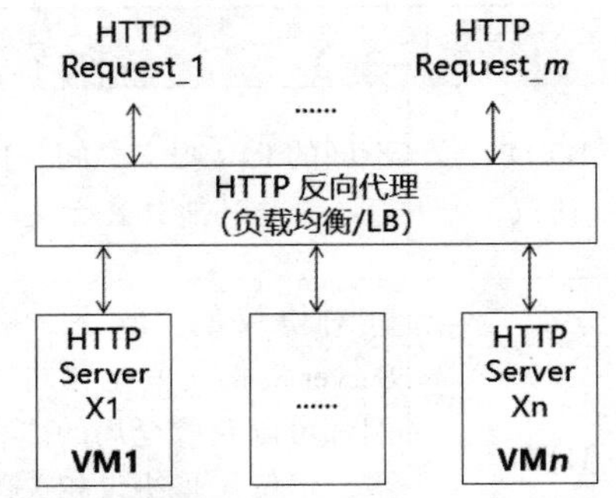

图 5-73　HTTP Server 的无状态多实例

② HTTP 的目标是整个 Internet，而不只是小小的数据中心，而承载 HTTP 目标的是 HTTP 的 Cache，也就是 HTTP 适合为分布式系统的第二个原因，如图 5-74 所示。

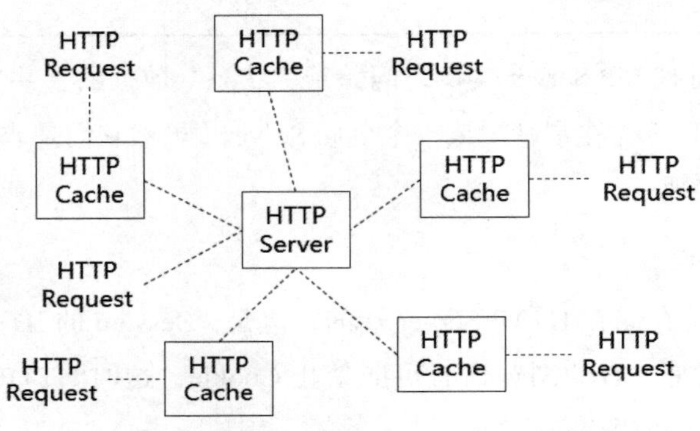

图 5-74　HTTP Server 的分布式系统

图 5-74 中，HTTP Cache（缓存）就像 HTTP Server 的化身一样，分布在各地。对于 HTTP Clients 来说，它（们）可能并不知道（也无须知道）自己访问的是 HTTP Server 的真身还是化身（Cache）。但是对于整个系统而言，无疑，HTTP 发挥了重要作用，围绕着 HTTP Server，在整个 Internet 的范围内构建了一个分布式系统。

在快递行业中，会在各地建立分布式的仓储。从某种意义上讲，HTTP Cache 与仓储一样，减少了“资源”的网络传输时间、分担了原来的单一存储的负载，极大地提升了整个系统的效率。

需要强调的是，HTTP Cache 之所以能提升系统的效率，依赖其的仍然是 HTTP 在协议层面的无状态，如图 5-75 所示。

假设 HTTP 的协议本身是有状态的，在图 5-75 中，HTTP Request_1 ~ HTTP Request_3 之间并不是互相独立的，而是有依赖的，HTTP Cache1、HTTP Server、HTTP Cache2 之间可能就需要共享“状态”数据。考虑到这些部件广泛分布式于 Internet 及实时性，“状态”数据的共享几乎是不可能实现的。

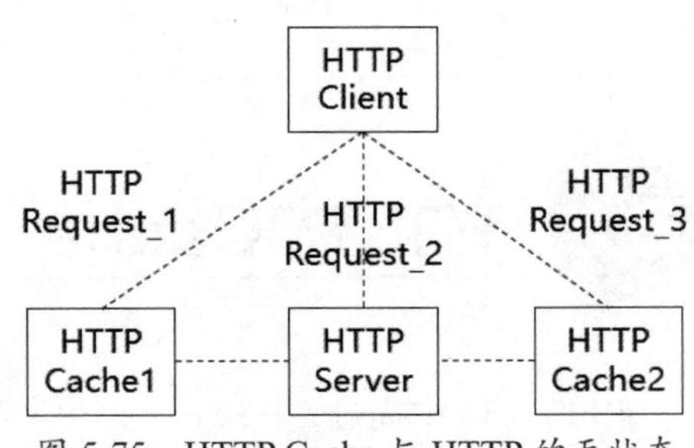

图 5-75　HTTP Cache 与 HTTP 的无状态

可以这么理解：HTTP Cache 与 HTTP 的无状态是互相成就。

那么，HTTP Cache 到底是什么呢？这要从 HTTP 的物理拓扑说起。

5.8.1 HTTP 的物理拓扑

从具体实现的部件来说，HTTP 可以抽象为 3 类部件，如图 5-76 所示。

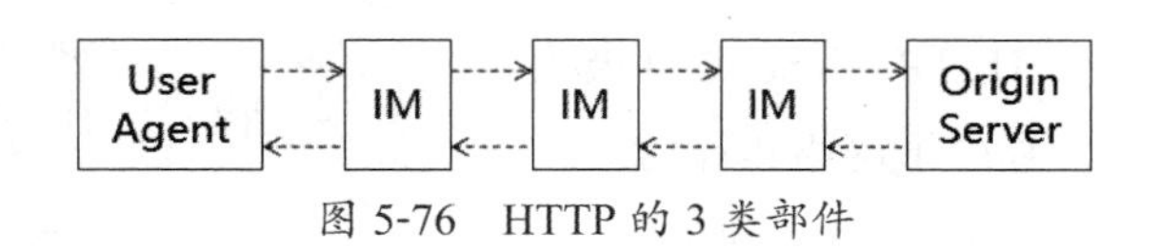

图 5-76　HTTP 的 3 类部件

图 5-76 中的 User Agent 指的是运行 HTTP Client 程序的实体，其可以是浏览器、网络爬虫等。需要强调的是，User Agent 并不意味着它的前面真的有人（User）。

Origin Server 指的是可以为给定目标资源发起权威响应的程序，通俗地理解，假设中间没有 IM[Intermediary（HTTP 的）中介（系统）]，那么对 User Agent 的 HTTP Request 做出响应（Response）的就是 Origin Server。

IM 从功能的角度又可以分为 Proxy、Gateway、Tunnel 这 3 个功能。

从 User Agent 流向 Origin Server 的消息流，HTTP 称为 inbound（入站）；从 Origin Server 流向 User Agent 的消息流，HTTP 称为 outbound（出站）。inbound、outbound 代表的是绝对方向；upstream（上游）和 downstream（下游）则表达的是相对方向，即任何一个消息流都是从 upstream 流向 downstream。

说明：5.1 ～ 5.7 节并没有专门提到 Origin Server，而仅仅以 HTTP Server 统称。对此，如果简单理解，可以认为前述的 HTTP Server 就是 Origin Server，大部分场景下它也适用于 IM。

5.8.2 HTTP Cache 概述

简单地说，HTTP 的 Cache 就是对以前 Response 报文的缓存，前面介绍的 User Agent、Proxy、Gateway 都可以带有 Cache。Tunnel 因为是消息的透传，所以是否带 Cache 没有意义；而 Origin Server 已经是 HTTP Request 的最后一道防线，故也不需要带 Cache。

HTTP Cache 分为私有 Cache（Private Cache）和共享 Cache（Shared Cache）。私有 Cache 只为某一个 User Agent 服务，而共享 Cache 可以为所有 User Agent 服务。一般来说，私有 Cache 部署于 User Agent 本身，共享 Cache 部署于 IM。

图 5-77 表达了 HTTP Cache 的基本作用。第 1 次 HTTP Request 由 User Agent1 发往 HTTP Cache（假设承载于 HTTP Proxy）时，HTTP Cache 并无任何数据，所以它只起到一个普通的 Proxy 的作用。但是，HTTP Cache 在转发 Origin Server 的 Response 报文时，会先将该报文存于 Cache 中。

图 5-77 中，由于第 2 次 HTTP Request 与第 1 次的 Method、URI 等信息完全相同，因此 HTTP Cache 没有必要将该请求再转发给 Origin Server，而是直接以自己 Cache 中的数据回应 User Agent2（图 5-77 中的 User Agent1 与 User Agent2 可以是同一个，也可以是不同的 Agent）。

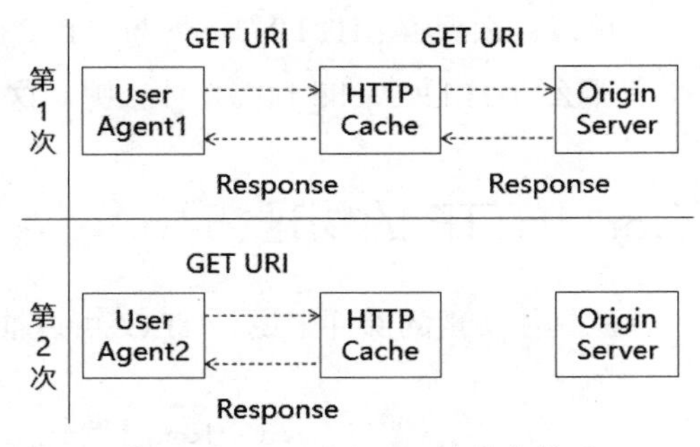

图 5-77　HTTP Cache 的基本作用

通过图 5-77 可以看到，HTTP Cache 可以极大地减少网络中传输的流量，减少了网络传输的时间（减少时延），同时也分担了 Origin Server 的负载。

图 5-77 以 GET 方法举例，实际上 HTTP Cache 可以适用于任何 Method。但是，从当前实际的实现来看，一般只实现了 GET 的 Cache。

图 5-77 仅仅是一个简单的示意图，远远无法体现 HTTP Cache 的复杂度。一个 Cache 需要包括存储、应答和删除 3 个基本功能。以应答为例，HTTP Cache 至少要比较两个参数：HTTP Request 中的 Method 和 URI。HTTP Cache 需要根据这两个参数从 Cache 中找到对应的数据，响应给 HTTP Client。

5.8.3 HTTP Cache 相关的报文头字段

HTTP Cache 中存储了很多来自 Origin Server 的响应数据。当一个 HTTP Request 到达时，其中存储的数据是否可以满足该请求要取决于两者之间是否匹配。

即使匹配，如果 HTTP Cache 中所存储的数据失效了，那么 HTTP Cache 也不应该将失效数据响应给 HTTP Client（特殊情况例外）。即使数据没有失效，HTTP Client 也可能要求 HTTP Cache 到 Origin Server 处进行验证，以保证数据无误，这些与 HTTP Cache 的操作命令有关。

网络的环境是复杂的，有时 HTTP Cache 并不能给予最好的应答，但是一个稍微差一点的答案可能比直接给出失败的响应更好一点。

1. 匹配相关的字段

当收到一个 HTTP Request 过来，HTTP Server 需要从 Cache 找到相应的数据进行响应。所以，HTTP Cache 第一个要比较的就是 HTTP Request 的 Method 和 URI 是否与其 Cache 中的数据相匹配。Method 和 URI 也称为 Cache 的主键，如图 5-78 所示。

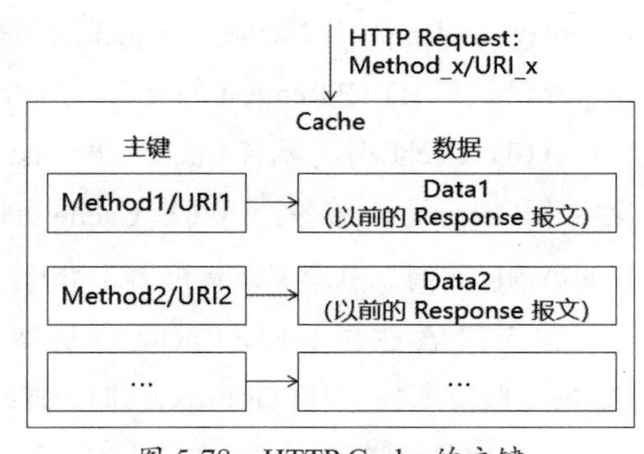

图 5-78　HTTP Cache 的主键

当 HTTP Cache 收到 Origin Server 的 Response 时，如果合适，它会将该 Response 报文及对应的 Request

报文中的 Method 和 URI 存储下来。其中，Method、URI 称为主键，通过该主键就能查找到对应的数据（Response 报文）。这里需要强调如下两点。

①如前所述，HTTP Cache 可以适用于任何 Method，但是从当前实际的实现来说，一般只实现了 GET 的 Cache，所以很多 Cache 的主键只包含 URI。

②一个主键可能对应多条数据。

图 5-78 中，当一个 HTTP Request 到达时，HTTP Cache 会从主键中查找该 Request 中的 Method/URI。这里需要注意，找到了并不意味着 HTTP Cache 就一定可以将对应的数据响应给 HTTP Client，因为除了主键外，HTTP Cache 很可能还有一系列的辅键（Secondary Keys）。这些辅键的定义依赖于 HTTP 报文头字段 Vary。Vary 是 HTTP Response 报文才会包含的报文头字段。RFC 7231 对其定义是：除了 HTTP Request 中的 Method、URI、Host 字段外，还会影响 HTTP Server 选择 Response 报文数据的头部字段。

上述内容比较抽象，下面看一个具体的例子：

```
Vary: Accept-Encoding
```

其中，Accept-Encoding 是 HTTP Request 报文头中的一个字段，表示 HTTP Client 可以接受的编码格式。例如：

```
Accept-Encoding: gzip
```

表示 HTTP Client 可以接受 gzip 压缩格式。

HTTP Server 收到这样的 Request 报文后，会回以相应的压缩格式的数据，并以 Content-Encoding 字段表明其回应的数据的压缩格式。例如：

```
Content-Encoding: gzip
```

表明 Response 报文中的数据是 gzip 压缩格式。

HTTP Client 能够接受的是 gzip 压缩格式，HTTP Response 回应的也是 gzip，并且通过"Content-Encoding: gzip"告知了 HTTP Client。那么，HTTP Server 为什么还要在 Response 报文头中添加 Vary 字段（Vary: Accept-Encoding）呢?

① HTTP Server 告知 HTTP Client 之所以会发送 gzip 格式的数据，是因为受制于 Accept-Encoding，HTTP Server 除了 gzip 格式数据外，还有其他格式的数据（如 deflate、compress），但 HTTP Client 只要 gzip，所以只能发送 gzip。

② HTTP Server 为了告知 HTTP Cache，要把 Vary 中列出的字段当作辅键。还以"Vary: Accept-Encoding"为例，辅键就是"Accept-Encoding"。当一个 HTTP Request 到达时，HTTP Cache 不仅要比较主键，还需要比较辅键 Accept-Encoding。如果 Cache 中对应的数据格式是 gzip（通过 Response 报文中头中的"Content-Encoding: gzip"字段获知），而 HTTP Request 报文头中的 Accept-

Encoding 为 compress（Accept-Encoding: gzip），显然即使主键对上了，但是由于辅键没有对上，那也不能用 Cache 中对应的数据来响应 HTTP Client。

Vary 字段的语法格式为：

```
Vary = "*" / 1#field-name
```

Vary 字段的值可以由多个 HTTP 的 Header Fields 组成，中间以逗号分隔，不区分大小写。例如：

```
Vary: accept-encoding, accept-language, user-agent
```

Vary 字段的值也可以为“*”：

```
Vary: *
```

其含义是：HTTP Request 报文头中的任何一个字段都会影响 Origin Server 的应答。对于 HTTP Cache 来说，如果 Response 报文头中包含“Vary: *”，那么该 Response 不必缓存，因为后续的任何一个 Request 报文都无法匹配。

2. 数据一致

HTTP Cache 最重要的作用就是需要数据与 Origin Server 的数据是一致的，否则响应无效。RFC 7234 采用名词“Freshness”来表达数据是否一致，即数据是“新鲜”的和有效的。RFC 7234 的本意是“只要没有超过保质期，就是新鲜的”。这就意味 Origin Server 上的数据不是时时刻刻变化的，它有一个相对的稳定期；反之，如果是时时在变化，那么这种场景不适用于 HTTP Cache。

笔者在浏览器中查询 https://tools.ietf.org/html/rfc7234，其回应的报文为

```
HTTP/1.1 200 OK
......
Last-Modified: Sun, 02 Jun 2019 07:16:52 GMT
Expires: Wed, 19 Jun 2019 13:24:49 GMT
......
```

可以看到，上次的修改时间（Last-Modified）是“02 Jun 2019 07:16:52 GMT”，而过期时间（Expires）是“19 Jun 2019 13:24:49 GMT”。也就是说，tools.ietf.org 认为在这段时间内，RFC 7234 是稳定的，是“新鲜的”。如此一来，一直到 Expires 之前 ,HTTP Cache 都可以认为它所存储的数据与 Origin Server 是一致的，它都可以是 Origin Server 的“化身”。

Expires 字段是 HTTP Response 报文头中的一个字段，它的报文格式为：

```
Expires = HTTP-date
```

需要说明的是,Expires 的值是 Origin Server 对其 Response 的数据的有效期的一个预估。但是，这期间很可能会发生数据修改的情形，此时 HTTP Cache 如果还认为它所存储的数据是“新鲜”的，这显然是不合适的。下文会讲述如何避免这种问题，这里暂且简单认为“只要没过期（Expires），

就是‘新鲜’的”。

但是，不是每个 Response 报文都有 Expires 字段，此时就无法知道该报文的准确的过期时间。遇到这种情况时，对于过期时间的“估计”可以通过启发式计算（Calculating Heuristic Freshness）来估算报文过期时间。

除了 Expires 字段，HTTP Cache 还有一个字段 Cache-Control，也有指示“新鲜”相关的指令，而且它们的优先级比 Expires 还要高。

3. HTTP Cache 的指令

HTTP Cache 的指令（directive）从形式上来说，承载于 HTTP 报文中的 Cache-Control 字段。Cache-Control 的语法格式为

```
Cache-Control   = 1#cache-directive
cache-directive = token [ "=" ( token / quoted-string ) ]
```

我们暂且只需关注 Cache-Control 到底承载了哪些 Cache 指令（cache-directive），就会自然而然地理解 Cache-Control。

在 HTTP Request 和 Response 报文中都可以包含指令，而且指令名也可能相同（承载于 Cache-Control），但是其含义却可能不同。

（1）与 HTTP Cache“新鲜”相关的指令

与 HTTP Cache“新鲜”相关的指令都位于 Response 报文中，一共有两个，分别是 max-age 和 s-maxage。

① max-age。max-age 的单位是秒，它是 Origin Server 用来指示其 Response 报文的有效“年龄”。超过了该“年龄”，HTTP Cache 就认为其所存储的该 Response 报文是过期的。

对于一个 Response 报文的“年龄”的计算，是从该报文的“诞生”时间算起，即 Origin Server 生成该报文时所赋予该报文的 Date 字段。

例如，一个 HTTP Cache 收到了 Origin Server 的 Response 报文（并存储下来）：

```
HTTP/1.1 200 OK
......
Date: Sun, 12 Jun 2019 07:16:52 GMT
Cache-Control: max-age=172800
......
```

其中，max-age=172800 表示 172800s（48h），假设“现在”是“13 Jun 2019 07:16:52 GMT”，那么 HTTP Cache 就认为其所存储的这个报文的“当前年龄”cur-age 为“13 Jun 2019 07:16:52 GMT”减去“12 Jun 2019 07:16:52 GMT”，即 86400s（24h）。因为 cur-age < max-age，所以 HTTP Cache 认为该报文“现在”还是“新鲜”的。

需要强调的是，HTTP Cache 在存储 Response 报文的过程中可能会向 Origin Server 验证该报文，

此时 HTTP Cache 所计算的该报文的“诞生”时间不是该报文中的 Date 字段所表示的时间，而是验证该报文时的时间。

max-age 的优先级比 Expires 高，如果两者同时出现在 Response 报文中，HTTP Cache 应该忽略 Expires 字段。

② s-maxage。s-maxage 的含义为 share-max-age，其本质与 max-age 相同，但只适用于 Shared Cache（对 Private Cache 无效）。

对于一个 Shared Cache 而言，s-maxage 的优先级最高。如果 max-age、Expires、s-maxage 同时出现在 Response 报文中，HTTP Cache 会忽略前两者，只选择 s-maxage。

（2）Request 报文中的 Cache 指令

介绍了 Response 报文中两个与“新鲜”相关的指令后，下面系统介绍 Request 报文中的 Cache 指令。

① max-age。从形式上来说，Response 报文中的 max-age 与 Request 报文中的 max-age 是一样的。例如：

```
Cache-Control: max-age=1000
```

两者也都与“新鲜”相关。但是：Response 中的 max-age 所指示的“新鲜”是 Origin Server 和 HTTP Cache 所理解的“新鲜”，只要所存储的 Response 报文的 age 没有超过 Origin Server 所指示的 max-age，就会被 HTTP Cache 认为是“新鲜”的。Request 中的 max-age 所指示的“新鲜”是 User Agent（HTTP Client）所期望的“新鲜”。例如，User Agent 想获取 RFC 7234 的最新内容，但是它并不知道 Origin Server（tools.ietf.org）关于“新鲜”的定义，也不知道 HTTP Cache 中所缓存的 RFC 7234 的内容到底是不是“新鲜”的，于是 User Agent 自己设置了一个“新鲜”阈值：即 age 不超过 max-age 的数据。如果超过了，HTTP Cache 就不能从自己的缓存中获取数据回应给 User Agent。

② max-stale。max-stale 的单位是秒，例如：

```
Cache-Control: max-stale=1000
```

对于 max-stale 指令，HTTP Cache 中的数据可以过期一点但不要超时太久。

③ min-fresh。min-fresh 的单位是 s。例如：

```
Cache-Control: min-fresh=600
```

对于 min-fresh，User Agent 会告诉 HTTP Cache 不要过期的数据，至少在过期前 min-fresh 秒的才行。假设一个 Cache 的保质期是“13 Jun 2019 07:10:00 GMT”，那么该 Cache 的获取（存储）时间至少要在 600s 之前，即在“13 Jun 2019 07:00:00 GMT”之前（假设 min-fresh=600）。

④ no-cache。no-cache 并不是不让 HTTP Cache 作为缓存，而是让 HTTP Cache 在将自己 Cache

的相关内容响应给 User Agent 之前，一定要先到 Origin Server 那里验证一下。

⑤ no-store。no-store 的含义是不能存储，也就是 User Agent 告诉 HTTP Cache 所发 Request 及对应的（Origin Server 发送过来的）Response 报文，HTTP Cache 都不能存储。

⑥ no-transform。no-transform 就是 User Agent 告诉 IM（甚至这个 IM 并没有实现 Cache 功能）：不能将 Origin Server 的 Response 报文中的数据做转换（例如，不能将一个 BMP 格式的图像转成 JPEG 格式），一定要是原来的数据。

⑦ only-if-cached。前面所说的 HTTP Request 报文中的指令：max-age、max-stale、min-fresh、no-cache、no-store、no-transform，这些指令可以用一句话来总结，即 User Agent 不相信 HTTP Cache。

而 only-if-cached 则完全相反，只要是 HTTP Cache 的缓存，User Agent 都接收。

此时，如果 HTTP Cache 有对应的缓存，则响应给 User Agent；否则 HTTP Cache 就应答状态码 504。

（3）Response 报文中的 Cache 指令

前文介绍了 Response 报文中的两个指令：max-age 和 s-maxage。另外，Response 报文中的 no-store、no-transform 与 Request 报文中的同名指令含义相同，故这些指令不再重复介绍。下面介绍其余的 5 个指令。

① must-revalidate。must-revalidate 的含义是 Origin Server 通知 HTTP Cache：当 Cache 中的数据过期（stale）时，HTTP Cache 必须要到 Origin Server 进行验证，如果发现数据事实上没有过期，才能将 Cache 中的数据响应给 User Agent。如果 HTTP Cache 无法与 Origin Server 获取联系，HTTP Cache 必须响应 504 状态码。

如果没有该指令，HTTP Cache 在无法联系 Origin Server 时（网络不通），可能会将其 Cache 中的过期数据响应给 User Agent。

② proxy-revalidate。proxy-revalidate 的含义与 must-revalidate 一样，只有一点不同：must-revalidate 适用于所有的 Cache；而 proxy-revalidate 仅对 Shared Cache 有效，对 Private Cache 无效。

③ public。public 的含义是 Origin Server 告诉 HTTP Cache：该 Response 谁都可以缓存，即使该 Response 原本应该只能由 Private Cache 缓存，或者是该 Response 原本就不应该被缓存。

④ private。private 指令的语法格式为

```
#field-name
```

也就是说，private 可以不带有参数，此时其表达方式为

```
Cache-Control: private
```

不带参数的 private 指令的含义是 Origin Server 告诉 HTTP Cache：该 Response 报文只能由 Private Cache 缓存，Shared Cache 不能缓存。

但是，private 指令也可以带有参数。例如：

```
Cache-Control: private="Content-Type";"Content-Encoding"
```

其含义是 Origin Server 告诉 HTTP Cache：该 Response 报文可以有 Shared Cache 缓存，但是 Shared Cache 不能缓存报文中的 Content-Type 和 Content-Encoding 字段。当然，该报文完全可以由 Private Cache 缓存。

⑤ no-cache。no-cache 指令的语法格式为

```
#field-name
```

也就是说，no-cache 可以不带有参数，此时其表达方式为

```
Cache-Control: no-cache
```

不带参数的 no-cache 指令的含义是 Origin Server 告诉 HTTP Cache：HTTP Cache 将自己 Cache 的相关内容响应给 User Agent 之前，一定要先到 Origin Server 处进行验证。但是，no-cache 指令也可以带有参数。例如：

```
Cache-Control: no-cache="Accept";"Accept-Encoding"
```

其含义是 Origin Server 告诉 HTTP Cache：如果 HTTP Request 报文中包含 Accept 或 Accept-Encoding 字段，HTTP Cache 在将自己 Cache 的相关内容响应给 User Agent 之前，一定要先到 Origin Server 处进行验证。

（4）HTTP Cache 指令的语法格式

经过前面的介绍以后，再回过头来看 HTTP Cache 指令的语法格式，会更容易理解。

```
Cache-Control = "Cache-Control" ":" 1#cache-directive

cache-directive = cache-request-directive
| cache-response-directive

cache-request-directive =
"no-cache"
| "no-store"
| "max-age" "=" delta-seconds
| "max-stale" [ "=" delta-seconds ]
| "min-fresh" "=" delta-seconds
| "no-transform"
| "only-if-cached"
| cache-extension

cache-response-directive =
"public"
```

```
  | "private" [ "=" <;"> 1#field-name <"> ]
  | "no-cache" [ "=" <;"> 1#field-name <"> ]
  | "no-store"
  | "no-transform"
  | "must-revalidate"
  | "proxy-revalidate"
  | "max-age" "=" delta-seconds
  | "s-maxage" "=" delta-seconds
  | cache-extension

cache-extension = token [ "=" ( token | quoted-string ) ]
```

其中，delta-seconds 的语法格式为

```
delta-seconds  = 1*DIGIT
```

例如：

```
delta-seconds=1000
```

delta-seconds 的单位是秒，用来给 max-age 等指令赋值。

4. HTTP Cache 的告警信息

前面提到 Response 报文头中没有 Expires 字段，可以通过启发式算法来估算该报文保质期的情形。按照这种算法，HTTP Cache 可以认为其缓存中的数据还是“新鲜”的，因而就可以将该数据响应给 User Agent，并且其状态码还是 200。

为了弥补状态码的不足，HTTP 提出了 Warning 字段，其语法格式为：

```
Warning       = 1#warning-value
warning-value = warn-code SP warn-agent SP warn-text
                                        [ SP warn-date ]
warn-code  = 3DIGIT
......
```

下面先看一个例子：

```
HTTP/1.1 200 OK
Date: Sat, 25 Aug 2012 23:34:45 GMT
Warning: 112 www.example.com "network down" "Sat, 25 Aug 2012 23:34:45 GMT"
```

其含义如下。

①告警码 = 112。

②产生此告警的主机是 www.example.com。

③告警信息是 network down。

④告警时间是“Sat, 25 Aug 2012 23:34:45 GMT”。

需要说明的是，告警时间一定要与 Response 报文中的 Date 字段的值相同。另外，Warning 字段不仅可以说明 HTTP Cache 的告警信息，还可以有其他用途。Warning 字段中，告警码（Waring Code）的语法格式与状态码相同，都由 3 位数字组成：

```
warn-code  = 3DIGIT
```

其中，第 1 位数字表示告警种类。RFC 7234 一共定义了两类告警码：1xx、2xx，下面分别描述。

（1）1xx 告警码

1xx 告警码与 HTTP Cache 的“新鲜”和“验证”相关（验证放到下文描述）。如果使用了不那么“新鲜”或没有“验证”的缓存去应答 User Agent，则 HTTP Cache 应该在 Response 报文中包含 Waring 字段。相应地，如果在 Origin Server 处进行了验证，那么在紧接着的 Response 报文中应该删除 Warning 字段。

RFC 7234 一共定义了 5 个 1xx 告警码。

① 110（Response is Stale）。110 告警码表示对应的 Cache 是过期的。

② 111（Revalidation Failed）。111 告警码表示对应的 Cache 是过期的，而且曾经试图到 Origin Server 处进行验证，但是验证失败（如网络不通）。

③ 112（Disconnected Operation）。112 告警码表示 HTTP Cache 有意要与网络断开一段时间。这意味着在接下来的一段时间内，HTTP Cache 所应答的数据可能是不“新鲜”的。

④ 113（Heuristic Expiration）。如果 HTTP Cache 所应答的是通过启发式算法所估算的过期时间大于 24h，并且在应答时该报文也已经过期，那么 HTTP Cache 的 Response 报文中就应该带上此告警码。

⑤ 199（Miscellaneous Warning）。119 告警码表示有各种原因。

（2）2xx 告警码

2xx 表示的告警信息与“验证”无关，即即使到 Origin Server 处进行了验证，也无法消除这些告警信息。这也意味着，即使验证了，那紧接着的 Response 报文中也不应该删除 Warning 字段。当然，如果告警信息是由于某种原因消除了，那紧接着的 Response 报文中必须要删除相应的 Warning 字段。

RFC 7234 一共定义了两个 2xx 告警码。

① 214（Transformation Applied）。如果 IM（无论 IM 是否实现了 HTTP Cache）对 Origin Server 的 Response 报文中的数据做了转换，如修改了 Content-coding、Media-type，甚至修改了报文的数据，IM 都应该在其 Response 报文中带上 214 告警码。当然，如果状态码已经包含了此信息，则不必再带上。

② 299（Miscellaneous Persistent Warning）。299 告警码与 199 告警码类似，有各种原因的告警。

5. 其他相关字段

与 HTTP Cache 相关的字段还有两个，分别是 Age 和 Pragma。

（1）Age 字段

Age 字段是 HTTP Cache 在其响应 User Agent 的 Response 报文中的一个字段，其语法格式为：

```
Age = delta-seconds
delta-seconds  = 1*DIGIT
```

Age 字段的含义如图 5-79 所示，HTTP 将 Origin Server 的 Response 报文缓存起来，该报文的产生时间或验证时间是 T1。T2 时刻，User Agent 的 Request 报文到达了 HTTP Cache，HTTP Cache 将对应的缓存响应给 User Agent，此时 HTTP Cache 会带上 Age 字段，并且 Age = T2 – T1。

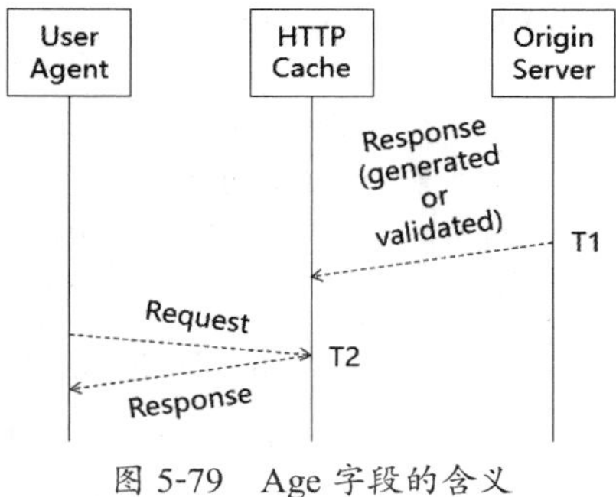

图 5-79　Age 字段的含义

以上描述意味着：带有 Age 字段的 Response 报文肯定来自 HTTP Cache。因为只有 HTTP Cache 的 Response 报文才会带有 Age 字段，Origin Server 则不会带有 Age 字段。

当然，这也并不意味着没有 Age 字段的 Response 报文肯定来自 Origin Server，因为 HTTP/1.0 的 Origin Server 并不会带有 Age 字段（HTTP/1.0 不支持 Age）。

（2）Pragma

Pragma 的存在是为了与 HTTP/1.0 兼容，其语法格式为

```
Pragma           = 1#pragma-directive
pragma-directive = "no-cache" / extension-pragma
extension-pragma = token [ "=" ( token / quoted-string ) ]
```

将扩展内容进行忽略，Pragma 其实只有一个值：

```
Pragma: no-cache
```

该值等价于 Request 报文中的“Cache-Control: no-cache”。

需要注意的是，仅仅是 Request 报文中两个指令等价。对于 Response 报文中的两个相同的指令（Pragma: no-cache 和 Cache-Control: no-cache），HTTP 规范（RFC 7234）并无专门定义。

5.8.4 HTTP Cache 的验证

前面章节中提到 HTTP Cache 需要到 Origin Server 处进行验证，那么什么场景才需要验证呢?

1. HTTP Cache 需要验证的场景

HTTP Cache 需要验证的场景有两种：一种是无论是否过期都要验证，另一种是不确定数据是否真的过期。

（1）无论是否过期都要验证

前文介绍的 Request 报文中的指令中有一个指令可能令人印象比较深刻：

```
Cache-Control: no-cache
```

该指令表示不管 HTTP Cache 中所缓存的数据是否过期，都需要进行验证一下。并不是说 User Agent 的操作多余，毕竟 HTTP Cache 在判断其缓存的数据是否过期时，是根据其以前得到的信息。例如，HTTP Cache 收到 Origin Server 的报文并做了缓存：

```
HTTP/1.1 200 OK
......
Last-Modified: Sun, 02 Jun 2019 07:16:52 GMT
Date: Mon, 03 Jun 2019 07:16:52 GMT
Expires: Wed, 19 Jun 2019 13:24:49 GMT
......
```

只要 HTTP Cache 收到 User Agent 的 Request 报文的时间没有超过"Wed, 19 Jun 2019 13:24:49 GMT"，HTTP Cache 就会认为其所缓存的数据没有过期。

但是，谁也不能保证从 Date（Mon, 03 Jun 2019 07:16:52 GMT）到 Expires（Wed, 19 Jun 2019 13:24:49 GMT）这段时间之内，Origin Server 不会修改这段报文。所以，HTTP Client 发送"Cache-Control: no-cache"指令有一定的道理。

属于该场景指令的还有 Response 报文中的几个指令：must-revalidate、proxy-revalidate、no-cache。当收到这些指令时，待到下次收到相应的 HTTP Request，HTTP Cache 也需要去 Origin Server 处进行验证。

（2）不确定数据是否真的过期

当收到一个 HTTP Request 时，HTTP Cache 发现它所缓存的对应数据已经过期了。HTTP Cache 判断其缓存数据是否过期，都是通过前期 Origin Server 告知的信息（如通过 Expires 字段）。但是，Origin Server 判断 Expires 之前不过期，不代表现在也真的不过期，同样判断 Expires 之后过期，也不代表真的就过期了。

如果没过期，那 HTTP Cache 所缓存的数据还可以继续使用，而且还是"新鲜"的。

基于这样的侥幸心理，HTTP Cache 会先到 Origin Server 处进行验证，然后决定下一步的行动。

2. HTTP Cache 的验证方法

上述两种要验证的场景其本质都是对 Origin Server 的"过期与否"的判断的不信任，需要到 Origin Server 处进行验证。

过期的本质就是 HTTP Cache 中所缓存的数据与 Origin Server 中对应的数据不一致。由此，可以比较自然地推想出 HTTP Cache 的验证方法就是条件查询，如图 5-80 所示。

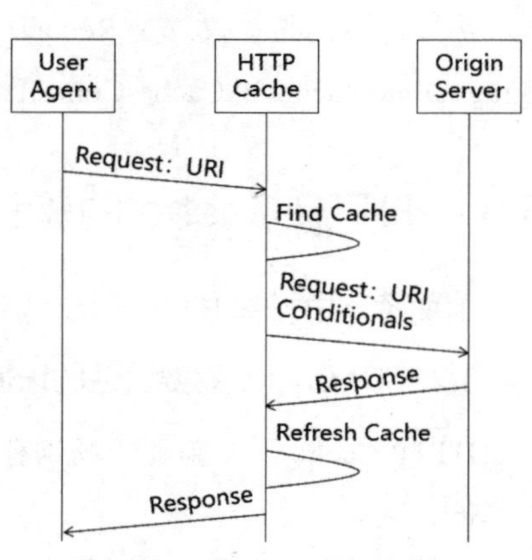

图 5-80　HTTP Cache 的验证

图 5-80 中，HTTP Cache 收到了 User Agent 发送过来的 Request，它会根据 Request 报文中的主键和辅键去自己缓存中查找对应的数据。根据前文描述，无论哪种验证场景，HTTP Cache 都需要到 Origin Server 处进行验证。验证就是发送条件查询语句。

如果缓存中的数据具有 Last-Modified 属性，那么 HTTP Cache 就可以将 User Agent 发送过来的 Request 请求转发给 Origin Server，同时带上 If-Modified-Since 条件，其中 If-Modified-Since 的值等于 Last-Modified 的值。

如果 Origin Server 对应的数据没有变化，它会回以状态码 304。此时，HTTP Cache 就将自己缓存中的数据响应给 User Agent，同时还要考虑如下两点。

① Age 的计算公式中的 T1 为此时的验证时间（Validate），而不是当初缓存数据的生成时间（Generate）。

②如果曾经的 Response 报文中有 1xx 告警码，则需要删除（2xx 告警码不能删除，还需要保留）。

如果 Origin Server 对应的数据有变化，它会回以状态码 200。此时，HTTP Cache 只需将自己缓存中的数据用这次 Origin Server 的 Response 报文中的数据替换即可，并且将该数据响应给 User Agent。

如果 Origin Server 返回 5xx 状态码，或者 Origin Server 的返回超时，HTTP Cache 可以透传此 Response 给 User Agent，也可以将自己缓存中的数据响应给 User Agent。

如果缓存中的数据具有 ETag 属性，HTTP Cache 则应该通过 If-None-Match 进行验证。其验证的流程与 If-Modified-Since 相同，这里不再赘述。

5.8.5 HTTP Cache 的存储、删除与应答

HTTP Cache 包括 3 个最基本的动作：存储、删除和应答。

1. HTTP Cache 的存储

HTTP Cache 收到上游的 Response 报文时，要对其进行判断以决定是否存储，必须满足如下条件，HTTP Cache 才会选择存储。

① HTTP Cache 理解 HTTP Request 报文中的 Method。

② HTTP Cache 理解 HTTP Response 中的状态码。

③ HTTP Response 中没有包含 no-store 指令。

④如果是 Shared Cache，HTTP Response 中没有包含 private 指令。

⑤如果是 Shared Cache，如果 HTTP Request 没有出现 Authorization 字段。不过，Response 包含 public 指令例外。

除了需要满足以上条件，HTTP Response 报文还需要满足如下条件之一，HTTP Cache 才能存储。

①或者包含 Expires 字段。

②或者包含 max-age 指令。

③或者对于 Shared Cache 来说，包含 s-maxage 指令。

④或者通过启发式算法能够计算出超期时间。

⑤或者包含 public 指令。

⑥或者有 Cache Control Extension 指令允许存储。

HTTP Cache 有可能会收到一个不完全（Incomplete）的 Response 报文。不完全的报文就是 Response 报文的状态码是 200，但是由于某种原因（如 HTTP 连接过早关闭）使得 Response 中的数据没有全部接收。抽象地来说，206 状态码的 Response 报文也可以认为是 Incomplete Response。

如果不支持范围查询，那么 HTTP Cache 一定不能存储 Incomplete Response（含 Partial Content）。反之，如果支持范围查询，HTTP Cache 则可以存储。另外，HTTP Cache 还可以将多个 Incomplete Response 拼装成一个 Complete Response。

2. HTTP Cache 的删除

HTTP Cache 虽然能够存储数据，但当收到的 HTTP Request 中的 Method 是非安全的操作时，HTTP Cache 只能将其缓存中对应的数据删除。对应的数据包括如下两种。

① Request 报文中的 URI 所对应的数据。

② 当 HTTP Cache 将该 Request 报文转发给 Origin Server，并且收到 Origin Server 成功的 Response 报文时，该 Response 报文中的 Location、Content-Location 字段中的 URI 所对应的数据。但是，如果该 URI 的 host 部分与 Request URI 的 host 部分不同，则一定不能（MUST NOT）删除对应的数据，这是为了防止 DoS（Denial of Service，拒绝服务）攻击。

3. HTTP Cache 的应答

HTTP Cache 要想用其所存储的数据应答 HTTP Request，必须满足如下条件。

① HTTP Request 中的 URI 能够与 HTTP Cache 中的数据匹配。

② HTTP Request 中的 Method 允许使用 HTTP Cache（很多具体的实现只允许 GET 操作使用 Cache）。

③如果 HTTP Request 报文包含 no-cache 指令，则 HTTP Cache 必须到 Origin Server 上成功验证。

④如果 HTTP Cache 所缓存的 Response 报文中包含 no-cache 指令，则 HTTP Cache 必须到 Origin Server 上成功验证。

除了要满足以上条件，HTTP Cache 还特别注意其缓存的数据的“新鲜”性，除非 HTTP Request 允许（参见 max-stale 指令），否则 HTTP Cache 不应该将不“新鲜”（stale）的数据响应给 HTTP Client。如果应答不“新鲜”数据，HTTP Cache 应该在 Response 报文中包含 110 告警码。

5.9 HTTP 小结

HTTP 的字面意思是超文本传输协议，但它除了能够传输文本，还能传输文本、图像、音频、视频、应用程序等各种各样的数据。它更应该称作“超资源传输协议”。在 HTTP 的眼里，一切都是资源，这反应在它的 URI 中：既有资源的标识，也有资源的请求。

资源请求的动作（Methods），除了 GET 外，还有 HEAD、PUT、POST、DELETE、CONNECT、OPTIONS、TRACE。这其中除了 POST 外，其余 Methods 都是幂等的。

资源请求的 Header 中，包括“我是谁”、“我从哪里来”和“我到哪里去”这样的终极之问，还包括了内容协商、条件语句、控制等字段。

资源请求的应答，当然包括资源的本身（Response Body），还包括 Date、Location 等控制字段。除了这些外，状态码也是应答的非常重要的组成部分。状态码包括 1xx 到 5xx 等五类 Status Code。

HTTP 本身的目标是一个无状态协议（Stateless），而且它也做到了。但是在现实生活中，对于状态的需要比比皆是。对于此，HTTP 的做法是：利用 Session 和 Cookie，把 HTTP 变成一个有状态的协议（Stateful）。需要注意的是，这里的有状态 / 无状态，与状态码中的“状态”不是同一个概念。

另外，HTTP 使用 HTTP Cache 机制，在整个 Internet 的范围内构建了一个庞大的分布式系统。

第6章 OSPF

路由转发需要路由表，路由表的3个来源包括静态路由、动态路由和直连路由。人工配置的静态路由的特点是简单，但其难以胜任较大规模的网络，此时需要动态路由出场。动态路由是通过路由协议自动学习而构建的路由。

路由协议指的是网络上的“邻居”路由器之间互相交换“路由相关的信息”，从而使得每个路由器都能动态构建相关的路由表。路由协议分为两类，即内部网关协议（Interior Gateway Protocol，IGP）和外部网关协议（Exterior Gateway Protocol，EGP）。

IGP并不是一个协议，而是一类协议的统称，包括路由信息协议（Routing Information Protocol，RIP）、中间系统到中间系统（Intermediate System to Intermediate System，IS IS）、开放式最短路径优先（Open Shortest Path First，OSPF）等。

EGP也并不是一个协议，而是一类协议的统称，包括EGP（现在已经被淘汰，不再使用）和边界网关协议（Border Gateway Protocol，BGP）。

说明：EGP有时表示的是一类协议的统称，有时表示的又是一个具体的协议。作为一个具体的协议时，EGP已经被淘汰；作为一个协议的统称时，EGP与IGP相对应，不可或缺。目前EGP这类协议中，真正使用的是BGP。

本书将分别介绍OSPF、RIP、IS-IS、BGP等路由协议，本章介绍OSPF，OSPF的内核算法是Dijkstra算法，因此下面就从Dijkstra算法开始介绍OSPF。

6.1 Dijkstra算法

Dijkstra算法是很经典的求解“单源最短路径”问题的算法。“单源最短路径”问题指的是：已知一个由n个节点（V0 ~ Va）构成的有向连通图G =（V，E），以及图中边的权函数C (E)，其中V代表节点集合，E表示所有边的集合，并假设所有权非负，求由G中指定节点到其他各个节点的最短路径，如图6-1所示。

图6-1是“单源最短路径”问题的简化示意图，它不够全面，但可以说明问题。

对于图6-1中的节点，两点之间可能有直连线路（如A和B之间），也可能没有（如A和C之间）。

线路是有方向的，如A到B是通的，而B到A是不通的。

线路是有长度的，如（A，B）的长度是18，（A，D）的长度是10。另外，所有线路的长度都需要是正数。

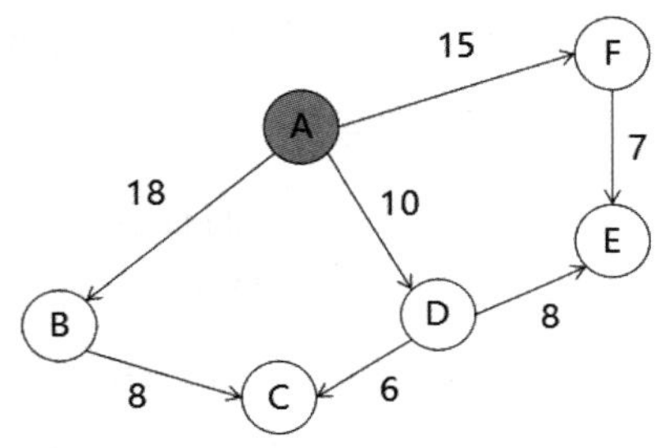

图6-1 “单源最短路径”问题模型

Dijkstra 算法的目标是计算图中的某一个点到其余所有点之间的最短路径。例如，计算图 6-1 中的 A 点到 B 点的最短路径、到 C 点的最短路径等。它不会去计算、也不需要计算其他各点之间的最短路径，如不需要计算 B 和 C 之间的最短路径是什么。

这里的最短路径指的是长度最短的路径，并且要说明该路径经过了哪些节点。例如，A → C 之间的最短路径长度是 16，经过了 A、D、C 三个节点。

以上就是“单源最短路径”问题的解释，那么 Dijkstra 算法是如何求解这个问题的呢？

1. 路径标识

Dijkstra 算法的第一步是路径标识，如图 6-2 所示。任意两点之间的直连线路，路径标识保持不变，路径长度也是原来的长度。如果两点之间没有直连线路，那么就以虚线标识，并将其长度记为 ∞（无穷大）。标识完路径以后，即可进行最短路径的计算。

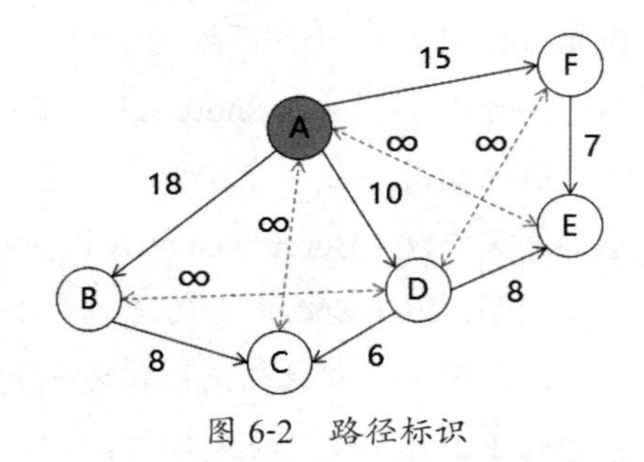

图 6-2　路径标识

2. 路径表的初始构建

Dijkstra 算法只是为了计算其中一个点到其余各点的最短路径，这是因为 Dijkstra 算法要构建路径表。正是因为 Dijkstra 算法的目标简单明确，所以该路径表也非常简单明确，如表 6-1 所示。

表 6-1　Dijkstra 算法路径表

路径名称	A 到 B (D0)	A 到 C (D1)	A 到 D (D2)	A 到 E (D3)	A 到 F (D4)
路径长度	18	∞	10	∞	15
路径节点	（A，B）	NULL	（A，D）	NULL	（A，F）

表 6-1 是基于 A 点到其他各点之间的“路径”而构建的 Dijkstra 算法路径表。其初始构建方法如下。

①两点之间如果有直连线路，则其路径长度就是直连线路的长度，如“A → B”路径。

②如果没有，则路径长度记为 ∞，路径节点记为 NULL，如“A → C”路径。

3. 最短路径判断

这一步非常重要，而且也非常关键。根据表 6-1，可知现在有 5 个路径长度，分别记作 D0、D1、D2、D3、D4。在这 5 个路径长度中，最短的那个长度就是相应路径的最短路径。

例如，表 6-1 的 5 个长度中，可以很明显地看到最短长度是 D2（10），所以 A 到 D 的最短路径就是 10，其所经过的节点就是（A，D）。

4. 迭代路径表

计算出一条最短路径之后，下一步就是迭代路径表。

迭代路径表就是以上一个最短路径（A→D）为基础，重新计算一遍路径，如图 6-3 所示。

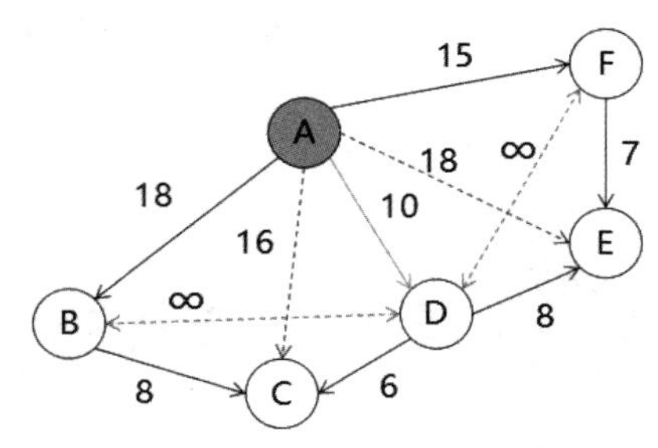

图 6-3　基于 A→D 重新计算路径

图 6-3 中，基于 A→D，可以计算出 A→C 的路径是 A→D→C，长度是 16，比原来的路径 A→C（长度是 ∞）长度要短，所以 A 到 C 的路径就从 A→C 替换为 A→D→C。

同理，A 到 E 的路径替换为 A→D→E，长度为 18。

不仅 A→C、A→E 的路径要重新计算，A→B、A→F 的路径也要重新计算，但由于计算的结果大于原来的路径长度，因此不作替换。

例如，A→B 的路径，如果基于 A→D，则是 A→D→B，由于 D→B 的长度是 ∞，所以 A→D→B 的长度也是 ∞，比原来的 A→B 路径（长度是 18）要长，所以不作替换。

如此一来，基于 A→D 重新计算路径后得的路径表如表 6-2 所示。

表 6-2　重新计算后的路径表

路径名称	A 到 B (D0)	A 到 C (D1)	A 到 D (D2)	A 到 E (D3)	A 到 F (D4)
路径长度	18	16	10	18	15
路径节点	（A，B）	（A，D，C）	（A，D）	（A，D，E）	（A，F）

5. 再获取最短路径

在第 2 步中已经得到一个最短路径，即 A 到 D 的最短路径（A→D）。现在可以基于重新计算后的路径表再获取一个最短路径。

前面已经标识出最短路径（A→D），针对其余路径计算出一个最小值，即 A 到 F 的路径（A→F），其长度为 15。

6. 循环迭代，直至结束

按照迭代路径表所描述的方法，继续循环迭代，直至结束。迭代结束的标志是所有的最短路径都计算出来，如表 6-2 所示。

表 6-2 表达了 A 到其余各点的最短路径。其也可以用图来表示，更加直观，如图 6-4 所示。

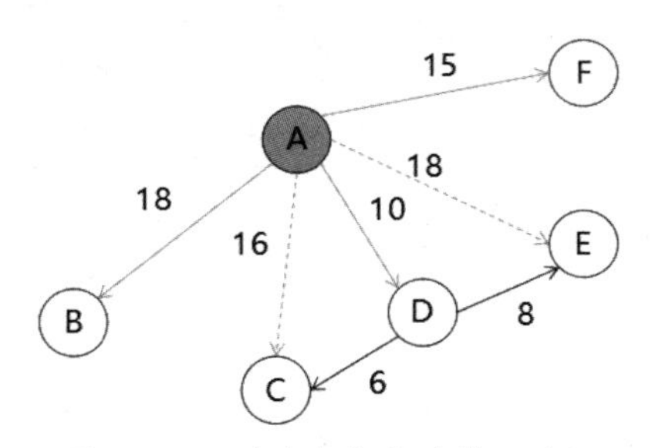

图 6-4　A 到其余各点的最短路径

Dijkstra 算法本身可以总结为：基于已知的最短路径，循环迭代其余的最短路径，直至所有的最短路径都计算出来。

Dijkstra 算法是 OSPF 非常重要的组成部分，但是从协议体量的角度看，Dijkstra 算法又是 OSPF 非常小的一部分。OSPF 做了太多的“外围”工作，而且也必须做这些工作，才能使得 Dijkstra 算法发挥作用，计算出最短路径，从而推导出路由表项。

6.2 OSPF 概述

OSPF 是 IETF 组织开发的一个基于链路状态的内部网关协议。由于其第 1 个版本仅仅是实验室版本，并没有商用，也没有成为标准，因此目前针对 IPv4 所使用的版本是 OSPF Version 2（OSPF v2，对应 RFC 2328）。另外还有一个针对 IPv6 的版本 OSPF v3（对应 RFC 5340）。由于主题的原因，本书只介绍 OSPF v2。

OSPF 也要计算最短路径，如图 6-5 所示。

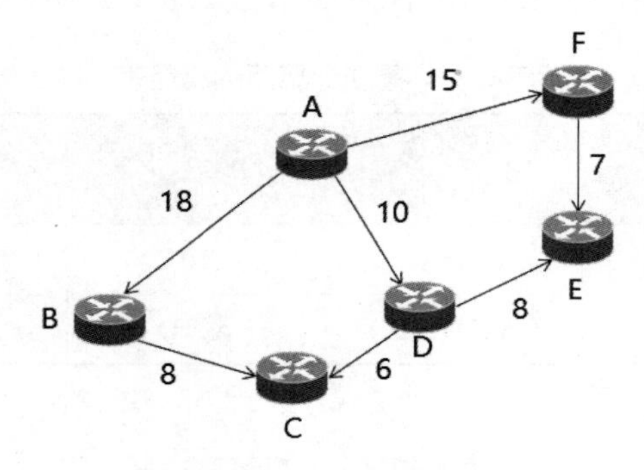

图 6-5　路由器组网图

图 6-5 中的某一个路由器到达其余各路由器的最短路径，就是该路由器达到其他路由器的路由。以路由器 A 为例，其基于 Dijkstra 算法所构建的路由表如表 6-3 所示。

表 6-3　路由器 A 基于 Dijkstra 算法构建的路由表（示意）

目的地	下一跳	备注
B	B	路由：A → B，路由开销：18
C	D	路由：A → D → C，路由开销：16
D	D	路由：A → D，路由开销：10
E	D	路由：A → D → E，路由开销：18
F	F	路由：A → F，路由开销：15

表 6-3 仅仅是路由器 A 的路由表的一个示意，并不是真正的路由表。但这并不重要，重要的是图 6-5 的各个路由器都可以基于 Dijkstra 算法进行计算，从而达成了 OSPF 的目标：网络中每一个路由器都构建了自己的路由表。

然而图 6-5 中的路由器是如何知道整个网络拓扑的？

路由器虽然看不到其他路由器，但它能够像蝙蝠利用“超声波”和“回波”一样发现其他路由器。路由器的“超声波”和“回波”就是 OSPF 中的邻居发现协议。

OSPF 所发现的邻居是直连的邻居。这里的“直连”是指两个邻居（路由器）之间的数据链路层是相通的。所以，两个 OSPF 把两个邻居路由器之间的路径称为链路（这也是典型的数据链路层的概念）。

除了要发现有其他邻居，Dijkstra 算法还需要知道邻居之间路径的长度。OSPF 将“路径的长度”定义为链路的代价（Cost）。链路的代价并不是以链路的物理长度来衡量，而是以链路的带宽来标识。

有了邻居，有了邻居之间的链路，有了链路的代价还不够，因为 Dijkstra 算法所需要的是整张网络拓扑，而不仅仅是邻居关系。这就涉及链路状态泛洪（链路状态主要指的是链路的代价），每个路由器将自己的链路状态泛洪到整个网络，这样网络中的所有路由器都能学习和构建出整张网络拓扑。

“邻居发现”，体现了 OSPF“自动化”的特征，每个路由器都可以自动发现它的邻居。链路状态泛洪，体现了 OSPF“动态”的特征。如果网络中链路的状态发生变化，链路状态泛洪会自动将这变化泛洪到整个网络。

到此为止，似乎 Dijkstra 算法所要求的元素已经完备了（每个路由器都能自动地、动态地知道整网的拓扑结构及每个链路的代价），OSPF 协议也完成了它的“外围”任务，剩下的就可以交给 Dijkstra 算法了，然后利用计算结果构建出路由表。

以上所说的过程，对于一个小型网络来说是可行的，但是对于一个大型网络来说有两个问题。

①链路状态泛洪消耗网络带宽。路由器将自己的链路状态泛洪到整个网络，如果网络中的路由器数量较多，并且是全互连（两两之间都有链路），那么只要链路状态变化，链路状态泛洪的报文将会淹没整个网络。也就是说，网络将无力传输真正的数据，全都忙于转发链路状态报文。

② Dijkstra 算法消耗路由器 CPU。Dijkstra 算法的算法复杂度是 $O(n^2)$，如果网络中路由器太多，Dijkstra 算法也会耗费大量的 CPU，进而造成路由器的瘫痪，最终使得整个网络瘫痪。

总之，对于一个大型网络来说，链路状态泛洪和 Dijkstra 算法（路由计算）都是 OSPF 大问题。为了解决这些问题，OSPF 提出了指定路由器（Designated Router，DR）和自治系统（Autonomous System，AS）两个概念。

在邻居发现和链路状态泛洪之外，有了 DR、AS，再加上 Dijkstra 算法，OSPF 才能做到真正的商用。无论是小型网络，还是大型网络，OSPF 都能方便地动态地构建路由。

6.3 邻居发现

邻居发现的第一步并不是发现其他路由，而是给自己起个“名字”。这和生活中的场景是一样的。

OSPF 用 router id 来标识一个路由器“名字”。router id 是一个 32 位无符号整数，该无符号整数一般用类似于 IPv4 地址的点分十进制法来表示。router id 的赋值规则如下。

①人工配置。例如，人工通过命令行“ospf router id 1971873330”对路由器进行配置，那么此配置的值（1971873330）就是该路由器的 router id。

②如果没有人工配置，则 OSPF 会选择一个地址最大的 loopback 接口的 IP 地址作为 router id。

③如果没有 loopback 接口，则 OSPF 会选择一个 active 的地址最大的物理接口的 IP 地址作为 router id。

④如果以上条件都不满足，则 OSPF 无法为该路由器配置 router id。

说明：0.0.0.0、255.255.255.255 这两个 IP 地址不能作为 router id。

路由器设置好名字后，不能被动地等待消息，而应主动去发现其他邻居路由器，在邻居发现过程中主动发出的消息就是 OSPF 的 Hello 报文，如图 6-6 所示。

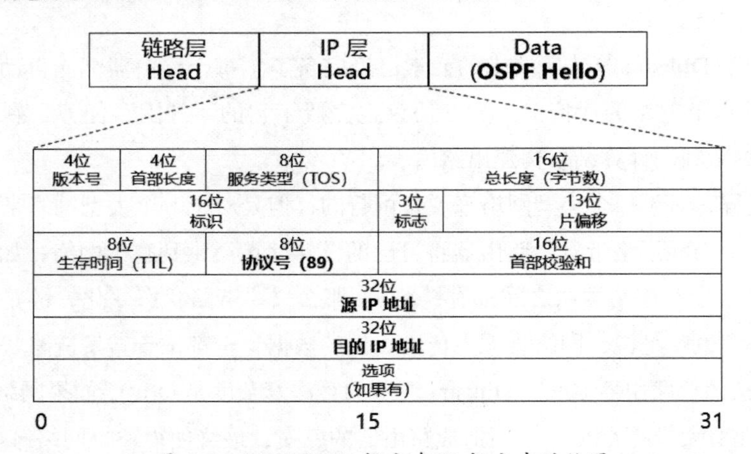

图 6-6　OSPF Hello 报文在 IP 报文中的位置

图 6-6 描述的并不是 OSPF Hello 报文的结构，而是 Hello 报文在 IP 报文中的位置。

Hello 报文也是 IP 报文的一种，而且所有 OSPF 的协议报文都是 IP 报文的一种，它们的协议号都是 89。

一般来说，Hello 报文的目的 IP 是一个组播 IP（224.0.0.5），有些情况下是单播 IP，此时需要人工指定对端的 IP 地址。

Hello 报文真正的内容（Hello 本身）位于 IP 报文的数据部分，其数据格式如图 6-7 所示。

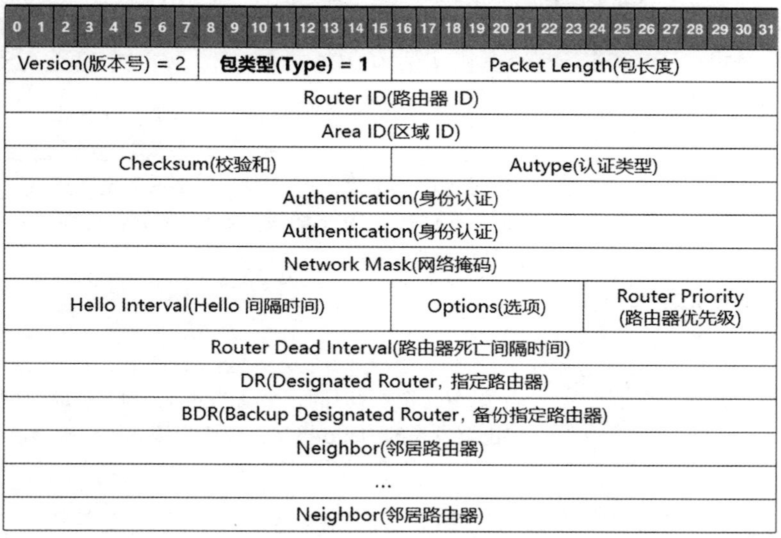

0–7	8–15	16–23	24–31
Version(版本号) = 2	**包类型(Type) = 1**	Packet Length(包长度)	
Router ID(路由器 ID)			
Area ID(区域 ID)			
Checksum(校验和)		Autype(认证类型)	
Authentication(身份认证)			
Authentication(身份认证)			
Network Mask(网络掩码)			
Hello Interval(Hello 间隔时间)		Options(选项)	Router Priority (路由器优先级)
Router Dead Interval(路由器死亡间隔时间)			
DR(Designated Router，指定路由器)			
BDR(Backup Designated Router，备份指定路由器)			
Neighbor(邻居路由器)			
...			
Neighbor(邻居路由器)			

图 6-7　Hello 报文的数据格式

图 6-7 中的字段暂时不必关注，这里只关注与邻居发现相关的字段，如表 6-4 所示。

表 6-4　Hello 报文与邻居相关的字段

字段名	长度（字节）	含义
Version（版本号）	1	版本号，对于 IPv4 来说，其值为 2，即 OSPFv2
Type（包类型）	1	对于 Hello 报文来说，其值为 1，表示此报文为 Hello 报文
Packet Length（包长度）	2	整个 Hello 数据的长度，计量单位是字节，表示图 6-7 中从 Version 字段开始到最后一个 Neighbor 为止，所有字段加起来的字节数。因为 Neighbor 的个数是可变的，所以通过 Packet Length 可以计算出 Neighbor 字段的个数
Router ID（路由器 ID）	4	标识发送 OSPF Hello 报文的路由器的 router id
Area ID（区域 ID）	4	—
Checksum（校验和）	2	校验和
Autype（认证类型）	2	暂时忽略此字段（Autype = 0, 表示没有认证；Autype = 1, 表示简单的口令认证；Autype = 2, 表示 MD5 认证）
Authentication（身份认证）	8	—
Network Mask（网络掩码）	4	发送 Hello 报文接口所在的子网掩码，如 255.255.255.0

续表

字段名	长度（字节）	含义
Hello Interval（Hello 间隔时间）	2	表明发送 Hello 报文的时间间隔，默认为 10s
Options（选项）	1	（暂时忽略此字段）可选项，包括 E（允许泛洪 AS-external-LAS）、MC（允许转发 IP 组播报文）、N/P（允许处理 Type 7 LSA）、DC（允许处理按需链路）
Router Priority（路由器优先级）	1	—
Router Dead Interval（路由器死亡间隔）	4	表明路由器失效时间，默认为 40s。如果在此时间内没有收到邻居路由器发来的 Hello 报文，则认为该邻居路由器已失效
DR（指定路由器）	4	—
BDR（备份指定路由器）	4	—
Neighbor（邻居路由器）	4*n*	表明邻居路由器的 router id，可以是 0 ~ *n* 个

路由器是如何通过 OSPF Hello 报文发现邻居的呢？如图 6-8 所示，R1（router id = 192.168.111.1）、R2（router id = 192.168.111.2）两个路由器都没有主动发现对方，即发送 Hello 报文。此时它们的状态称为 Down 状态。这里的 Down 状态，是 OSPF 状态的一种，并不是我们日常说的 Down（如路由器掉电了）。

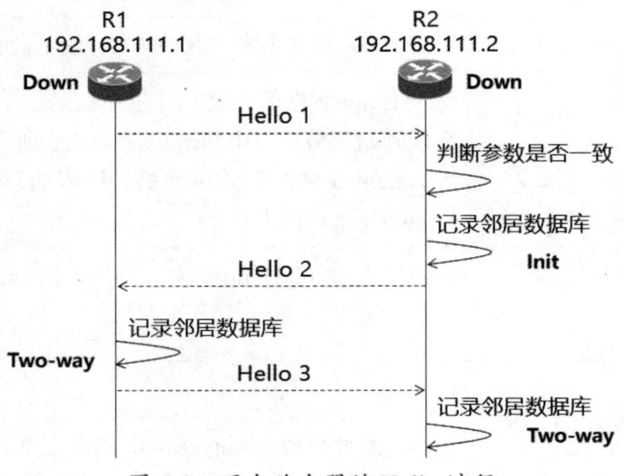

图 6-8　两个路由器的 Hello 过程

首先，R1 先发送了第 1 个 Hello 报文，Hello1 报文的主要参数如表 6-5 所示。

表 6-5　Hello 1 报文的主要参数

参数	值	备注
Version	2	OSPF v2
Type	1	Hello 报文
Router ID	192.168.111.1	R1 的 Router ID
Network Mask	255.255.255.0	子网掩码
Hello Interval	10	10s
Router Dead Interval	40	40s
Neighbor	NULL	没有该字段（因为还没有邻居）

R2 收到 R1 的 Hello 报文以后，首先会判断报文中的相关参数（Version、Type、Network Mask、Hello Interval、Router Dead Interval）的值是否与自己期望的一致。如果 R2 发现 R1 发送过来的 Hello 报文与自己的参数值都一致，就将 R1 记录到自己的邻居数据库中，并标记 R1 的状态为 Init，如表 6-6 所示。

表 6-6　R2 的邻居数据库（示意）

邻居	状态
R1	Init

然后，R2 也发送一个 Hello 报文（图 6-8 中的 Hello 2）。在该 Hello 报文里，相关参数与 Hello 1 报文基本相同，除了以下两点外，如表 6-7 所示。

表 6-7　Hello 2 报文的相关参数

参数	值	备注
Router ID	192.168.111.2	R2 的 Router ID
Neighbor	192.168.111.1	R1 的 Router ID

R1 收到 R2 的 Hello 2 报文以后，发现自己在 R2 的 Hello 报文中，那就意味着 R2 发现了自己。于是，R1 在自己的邻居数据库里记录下邻居 R2，并将其状态置为 Two-way，如表 6-8 所示。

表 6-8　R1 的邻居数据库（示意）

邻居	状态
R2	Two-way

Two-way 可以理解为“双边关系”，也就是说 R1 发现了邻居 R2，并且与 R2 建交了。经过一

个 Hello Interval 后，R1 又群发了一个 Hello 报文（图 6-8 中的 Hello 3）。Hello 3 与 Hello 1 相比，其 Neighbor 值有所变化，变成了 R2 的 Router ID（192.168.111.2）。

R2 收到 Hello 3 以后，发现 R1 也发现了自己这邻居，于是，它也在自己的邻居数据库里修改了 R1 这个邻居的状态为 Two-way。

至此，R1、R2 都互相将对方标记为自己的 Two-way 邻居，即 R1 与 R2 的邻居关系完全建立成功。

6.4 DR 机制

OSPF 发现了邻居以后，接下来应该将链路状态泛洪，这是一个很自然的过程。但对于一个大型的全互联网络（Full Mesh）来说，链路状态泛洪的报文会淹没整个网络，如图 6-9 所示。

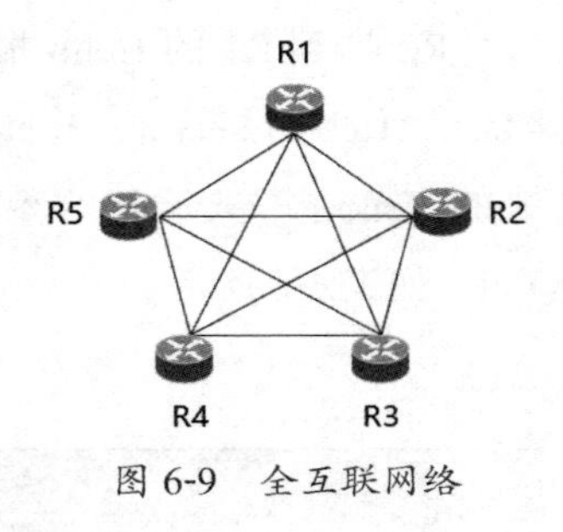

图 6-9　全互联网络

图 6-9 中仅仅画出了 5 个路由器，我们可以更泛化地思考这个问题，假设有 n 个路由器，如果有一个路由器的链路状态变化（如 R1），那么它需要通知到其他 $n-1$ 个路由器。其他路由器（如 R2）收到这个变化后，还须继续通知他的邻居。这样一来，一个链路状态变化总共需要有 $n(n-1)/2$ 个通知。

可以想象，当 n 足够大时，链路状态泛洪报文会使网络无法承受。为此，OSPF 提出了 DR 机制。

6.4.1 DR 机制概述

一个全互联的网络就会构建全互联的邻接关系。全互联的邻接关系会使得链路状态泛洪报文太多，如果网络太大，报文就会被淹没。

DR 机制的基本原理就是在一个全互联的网络中构建一个“非全互联”的邻接关系，如图 6-10 所示。

图 6-10 是图 6-9 的网络基于 DR 机制所构建的邻接关系。R1 被设置为 DR（严格来说，DR 指的并不是路由器，而是路由器的接口，但这里可以暂且这样理解），其他路由器都与 DR（R1）建立邻接关系，而其他路由器（R2 ~ R5）之间不再建立邻接关系。

假设 R5 的链路状态发生了改变，它发送一个通知给 DR（R1），DR（R1）再将此变化的状态发送给其他路由器（R2 ~ R4）。这样一来，一个链路状态变化，仅需要 $n-1$ 个通知；而在没有 DR 的情况下，则需要 $n(n-1)/2$ 个通知。由此可见，DR 方案的优化效果是比较明显的。

但是，DR 方案有一个缺点，即单点故障。图 6-10 中，如果 R1 发生了故障，整个网络将变成“一片散沙”。为了解决这个问题，OSPF 又引入了备份指定路由器（Backup Designated Router，BDR）。当 DR 出现故障以后，BDR 能够替代 DR 的工作。DR/BDR 的网络架构如图 6-11 所示。

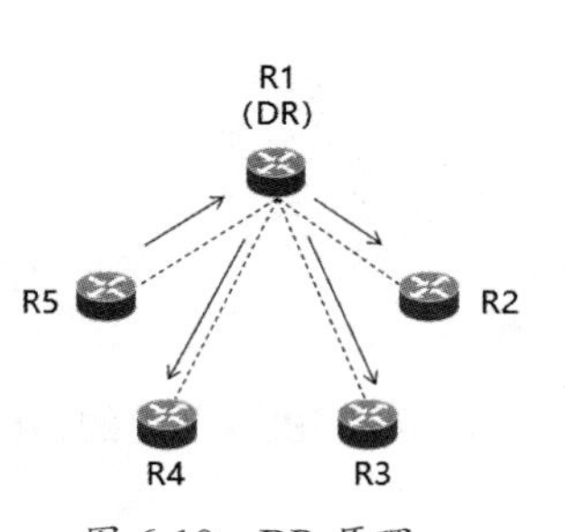

图 6-10　DR 原理

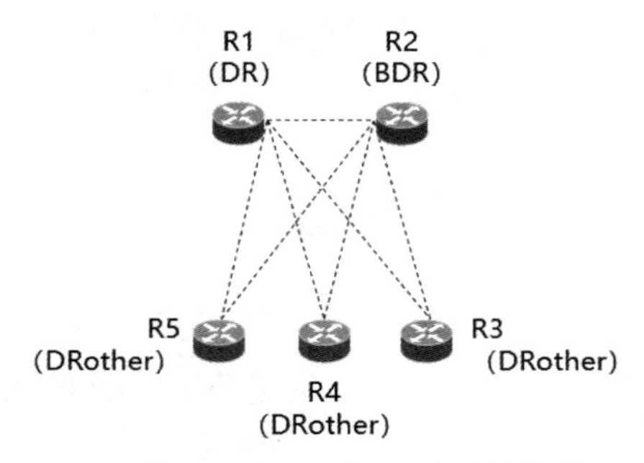

图 6-11　DR/BDR 的网络架构

图 6-11 中，R2 作为 BDR，是 R1（DR）的备份；另外 3 个路由器则称为 DRother，即它们既不是 DR，也不是 BDR。

如此一来，DR 机制（包含 DR 和 BDR）似乎很完美地解决了链路状态泛洪淹没的问题，但前提是“全互联网络”，即“非全互联网络”并不适合采用 DR 机制，如图 6-12 所示。

图 6-12 是一个非全互联网络示意图，在没有 DR 机制的情形下，R5 的状态变化能够通知到 R3、R4 两个路由器。但是，假设有 DR 机制，并且 R1 是 DR，那么其网络将变为如图 6-13 所示的架构。

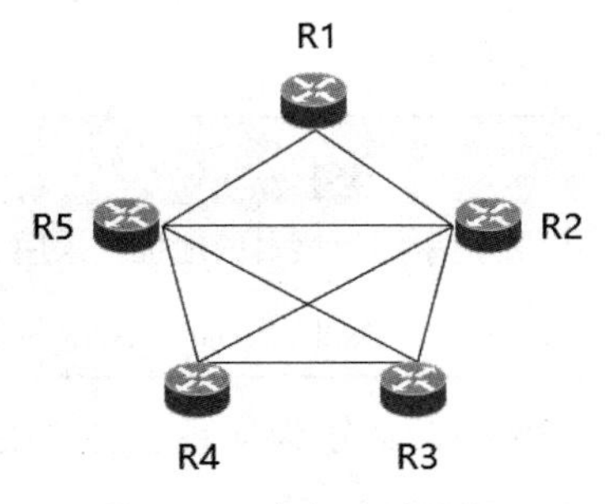

图 6-12　非全互联网络

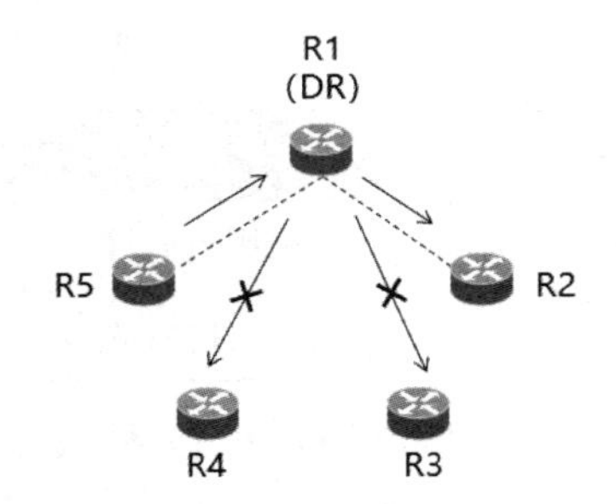

图 6-13　非全互联网络的 DR

通过图 6-13 可以看到，R5 的链路状态变化将无法通知到 R3、R4。造成这一问题的本质原因在于：一个并不是与其他路由器都存在链接的路由器被设置成了 DR。这也正是 DR 机制在非全互联网络中不能应用的原因。

读者可能会有疑问，图 6-12 中为什么要将 R1 设置为 DR，为什么不将 R2 设置为 DR？如果将 R2 设置为 DR，那么图 6-13 的问题将不会存在。

DR 需要全互联网络有两方面的原因。

① DR（包括 BDR）是 OSPF 自动选举的，不是人工设置的。OSPF 有它的 DR/BDR 选举规则。如果需要考虑非全互联网络中的各种特殊情形，DR/BDR 的选举算法可能将无比复杂。

②更重要的，即使修改了DR/BDR选举规则，那结果或者是“无法选举出DR”，或者是“无法选举出BDR”。无论是哪种情况，都会否定DR机制。

所以，要想实施DR机制，网络必须是全互联的。那么OSPF一共需要面对几种网络类型呢？这些网络与全互联是什么关系呢？

6.4.2 OSPF 的网络类型

在介绍OSPF的网络类型之前，首先要明确以下几点。

①这里的网络指的是数据链路层。OSPF报文是IP报文，IP层自身及IP层之上的传输层等不关注是否全互联，它们只关注IP是否可达。

②这里的网络类型指的是OSPF划分的网络类型，其划分目的有两个。

- 前面介绍邻居发现时提到Hello报文的目的IP一般是一个组播IP 224.0.0.5，有些情况下是单播IP，此时需要人工指定对端的IP地址。OSPF划分网络类型的目的之一，就是决定是否可以采用组播IP作为目的IP。
- OSPF为了避免链路状态泛洪报文淹没网络，推出了DR机制。但是，不是每个网络类型都适合采用DR机制。OSPF划分网络类型的目的之二，就是决定是否可以采用DR机制。

什么样的网络适合采用组播IP作为OSPF报文的目的IP？简单地说，就是广播网络。什么样的网络适合采用DR机制？简单地说，就是全互联网络，如表6-9所示。

表6-9　网络特征与OSPF的目的

网络类型	广播	非广播
全互联	采用组播目的地址，采用DR机制	不能采用组播目的地址，采用DR机制
非全互联	采用组播目的地址，不能采用DR机制	不采用组播目的地址，不能采用DR机制

笔者以为，如果OSPF按照表6-9的维度将网络类型直接分为4种：BF（Broadcast，Fullmesh）、nB-F（non-Broadcast，Fullmesh）、B-nF（Broadcast,non-Fullmesh）和nB-nF（non-Broadcast，non-Fullmesh），那将会非常简单直观。但是，OSPF的网络类型非常复杂。RFC 2328定义了4种OSPF网络类型，再加上Cisco的“助攻”，OSPF的网络类型有8种之多（再加上虚链路和Loopback类型，一共有10种）。但是，无论有多少种网络类型，其本质都属于表6-9中的一种。

下面分别讲述OSPF的网络类型。

1. P2P

P2P（Point-to-Point，点对点）网络对应的具体网络类型有E1、SONET等。P2P网络的应用非常广泛，如图6-14所示。

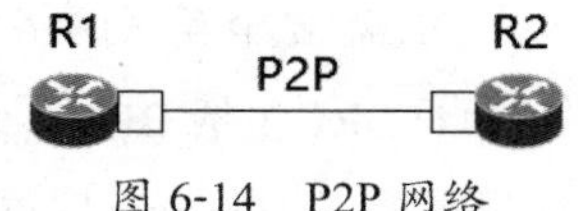

图6-14　P2P网络

P2P网络由两个接口（不是两个路由器）组成，接口间运行PPP

（Point-to-Point Protocol，点对点协议）链路协议。

既然 P2P 网络只由两个接口组成，为什么还运行这么复杂的 OSPF 协议？如果单看这一小段链路，确实没必要运用这么复杂的 OSPF 协议。但是如果放在一个“大”网络里来看，就能看出 P2P 网络运行 OSPF 的必要性，如图 6-15 所示。

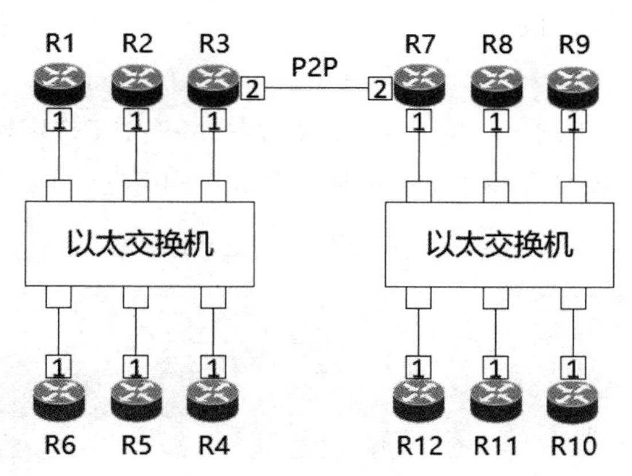

图 6-15 “大”网络

所谓“大”网络，其实就是几个网络的二层互联。图 6-15 中，左边和右边各是一个以太广播网，中间是一个 P2P 网络（R1 ~ R6 的接口 1 组成了一个以太广播网，R7 ~ R12 的接口 1 组成了另一个以太广播网，而 R3 的接口 2 与 R7 的接口 2 则组成了一个 P2P 网络）。在这种场景下，在 P2P 网络中运行 OSPF 协议将非常有必要，否则这个“大”网络就会被隔离成 3 个“小”网络。

P2P 网络非常简单，但是也正因为如此简单，所以它可以满足两大特征：广播、全互联。所以，从广播的角度而言，P2P 网络可以采用组播 IP 作为目的地址。然而，P2P 网络虽然也满足全互联，但其没有必要采用 DR 机制。

综上，P2P 网络有如下两个特点。

①采用组播 IP 作为目的地址。

②不采用 DR 机制。

2. Broadcast 网络

Broadcast（广播）网络对应的网络类型具体有以太网、令牌环网、FDDI 等。Broadcast 网络不需要满足广播、全互联两大特征。

①采用组播 IP 作为目的地址。

②采用 DR 机制。

3. NBMA 网络

NBMA（Non-Broadcast Multi-Access，非广播多路访问）网络对应的具体网络类型有 X.25、帧中继、ATM 等。

NBMA 网络的定义如下。

①非广播网。

②全互联，这是 OSPF 的定义。

所以，NBMA 网络的特征如下。

①不能采用组播 IP 作为目的地址。

②采用 DR 机制。

不能采用组播 IP 作为目的地址，意味着 NBMA 网络必须手工指定邻居的 IP 地址，即 NBMA 不能自动发现邻居。但是，RFC 2328 和 Cisco 都对 NBMA 网络进行了扩展，如表 6-10 所示。

表 6-10　NBMA 的 5 种扩展类型

类型	是否邻居自动发现	DR 机制	Hello 间隔（s）	Dead 时间（s）	传输方式	是否全互联	定义组织
Non_broadcast	否	是	30	120	单播	是	RFC
Broadcast	是	是	10	40	组播	是	Cisco
P2P	是	否	10	40	组播	否	Cisco
P2MP	是	否	30	120	组播	否	RFC
P2MP (non_broadcast)	否	否	30	120s	单播	否	Cisco

表 6-10 中的第 1 行（Non_broadcast）实际上就是 NBMA 网络的标准定义，而其余几行都是 RFC 和 Cisco 对 NBMA 网络的扩展。

说明：表 6-10 中，笔者没有将 P2P 归类为全互联。笔者将全互联定义为至少 3 个节点的两两连接，而 P2P 仅有 2 个节点，所以不能算作全互联。这是为了概念上的简单统一，否则如果将 P2P 定义为全互联，而 P2P 又不能采用 DR 机制，将会带来概念上的混乱。

4. P2MP

点到多点网络（Point-to-Multipoint，P2MP），在目前的网络中，没有任何一种链路层协议会被默认为是点到点的，点到多点必须由其他网络类型强制更改。更常用的做法是将非全连接的 NBMA 网络更改为 P2MP 网络。

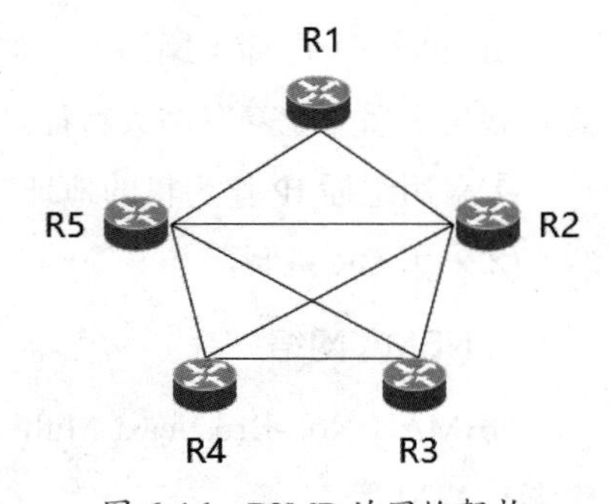

图 6-16　P2MP 的网络架构

P2MP 的网络架构如图 6-16 所示。R1 与 R3、R4 之间并没有直连链路，所以 R1 ~ R5 这 5 个路由器并不是全互联关系。但是，由于路由器的封装，对用户接口而言看起来还是一个广播网，因此用户不必指定邻居，OSPF 可以自动发现

（采用组播 IP 作为目的地址进行邻居发现）。

所以，P2MP 网络的特征如下。

①采用组播 IP 作为目的地址。

②不采用 DR 机制。

5. OSPF 网络类型小结

OSPF 网络类型小结如表 6-11 所示。

表 6-11　OSPF 网络类型小结

网络类型	二层封装	子类型	Hello 间隔（s）	Dead 时间（s）	是否邻居自动发现	DR 机制	传输方式	全互联	定义组织
P2P	HDLC、PPP、FR-SUB-P2P、GRE	无	10	40	是	否	组播	否	RFC
Broadcast	ETH、TokenRing、FDDI	无	10	40	是	是	组播	是	RFC
NBMA	FR-Primar/SUB-MP、ATM、X.25	NB	30	120	否	是	单播	是	RFC
		B	10	40	是	是	组播	是	Cisco
		P2P	10	40	是	否	组播	否	Cisco
		P2MP	30	120	是	否	组播	否	RFC
		P2MP（NB）	30	120	否	否	单播	否	Cisco
虚链路	无默认协议	无	10	40	是	否	单播	否	RFC

表 6-11 中，NB 是 Non-Broadcast 的缩写，B 是 Broadcast 的缩写，虚链路会放到“6.6 链路状态通告”中讲述，这里暂且忽略。

RFC 认为 OSPF 的网络类型是 4 种：P2P、Broadcast、NBMA、P2MP，但是实际上由于 NBMA 被扩展为 5 种子类型，再加上 NBMA 所扩展的子类型中也包括 P2MP，这就使得 OSPF 的网络类型非常复杂和混乱。

但是无论多么复杂和混乱，笔者以为掌握了表 6-11，就是掌握了 OSPF 网络类型的本质。

虽然有的网络类型并不适合采用 DR 机制，但是 DR 机制仍然是 OSPF 非常重要的组成部分。下面介绍 DR/BDR 的选举。

6.4.3 DR/BDR 的选举

对于指定路由器（Designated Router，DR）和生成树协议中的指定端口（Designated Port），两者名字都是“指定”，而实际却需要“选举”。下面讲解 DR/BDR 的选举原则。

1. DR/BDR 的选举原则

DR/BDR 的选举是通过 OSPF 的 Hello 报文完成的。Hello 报文中，与 DR/BDR 选举有关的字段有 Router ID、Router Priority、DR 和 BDR 四个字段，如图 6-17 所示。

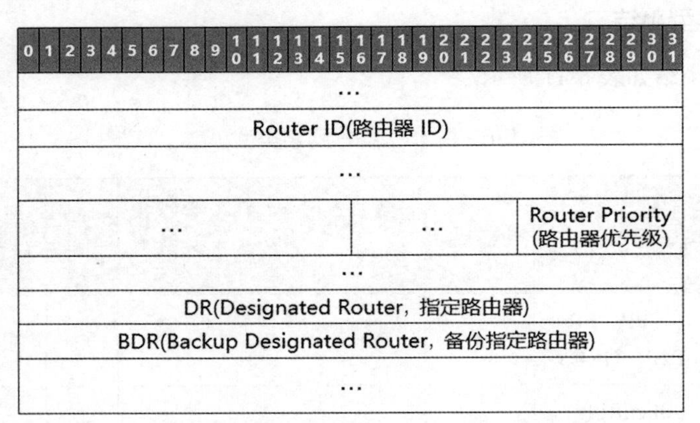

图 6-17　Hello 报文中与 DR/BDR 选举有关的字段

DR/BDR 的选举原则如下。

①当 Router Priority = 0 时，不参与竞选 DR 和 BDR。

②当宣称竞选 DR 时，就不能参与 BDR 的竞选。

③在 DR 的候选人中，Router Priority 最大者当选；如果 Router Priority 都相等，则 Router ID 最大者当选。

④在 BDR 的候选人中，Router Priority 最大者当选；如果 Router Priority 都相等，则 Router ID 最大者当选。

OSPF 网络所连接的对象（或者说组成 OSPF 网络的对象），实际上指的是路由器接口，而不是路由器，如图 6-18 所示。

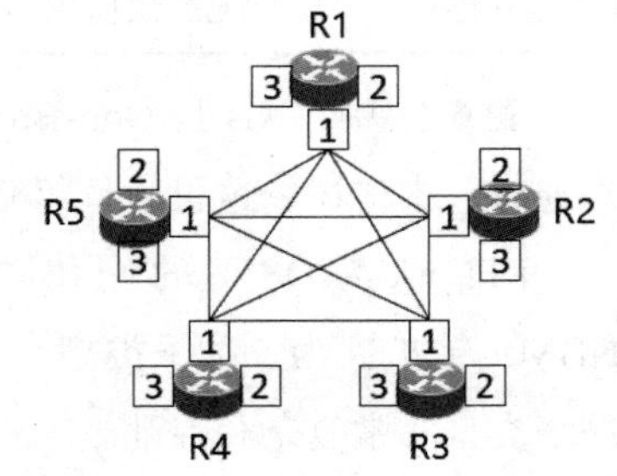

图 6-18　OSPF 网络示意图

图 6-18 中，每个路由器的“1”接口，共同组成了一个 Broadcast 网络，而这个网络与路由器的接口“2”和“3”没有关系。

具体到 DR/BDR 的候选人，指的也是路由器的接口，而不是路由器。所以说，我们平时所讲的 DR/BDR，其实说的也不是路由器，而是路由器的上接口。

另外，对于一个路由器而言，它的接口有可能一个是 DR，另一个是 BDR，还有其他接口是 DRother。

DR/BDR 的选举原则中提到了候选人，有候选人就有选举人，那么什么样的接口是 DR/BDR 的候选人呢？什么样的接口是选举人呢？

（1）DR 候选人

在一个 OSPF 网络里，如果某个接口在其 Hello 报文中满足如下条件，那么该接口就是 DR 候选人。

① Router Priority > 0。

② DR = 该接口的 IP（再次强调，DR 指的是接口，而不是路由器）。

③ BDR = 0.0.0.0（表明不想成为 BDR 的候选人）。

（2）BDR 候选人

如果某个接口在其 Hello 报文中满足如下条件，那么该接口就是 BDR 候选人。

① Router Priority > 0。

② DR = 0.0.0.0（表明不想成为 DR 的候选人）。

③ BDR = 该接口的 IP（再次强调，BDR 指的是接口，而不是路由器）。

（3）没有 DR/BDR 双重候选人

如果某个接口在其 Hello 报文中，同时将 DR、BDR 两个字段都赋值。

① Router Priority > 0。

② DR = 该接口的 IP 。

③ BDR = 该接口的 IP。

根据候选人规则，该接口只能作为 DR 候选人，而不能同时作为 DR 和 BDR 的候选人。

（4）选举人

所有网络（Broadcast、NBMA）中的路由器接口都是选举人。作为选举人，它们既可以同时担任候选人，也可以不参选，仅仅是作为选举人“投票”。

2. DR/BDR 的稳定性

在一个已经选举出 DR/BDR 的网络中如果又加入了一个路由器（接口），那么该网络的 DR/BDR 不会因为这个新加入的接口而有所变化，如图 6-19 所示。

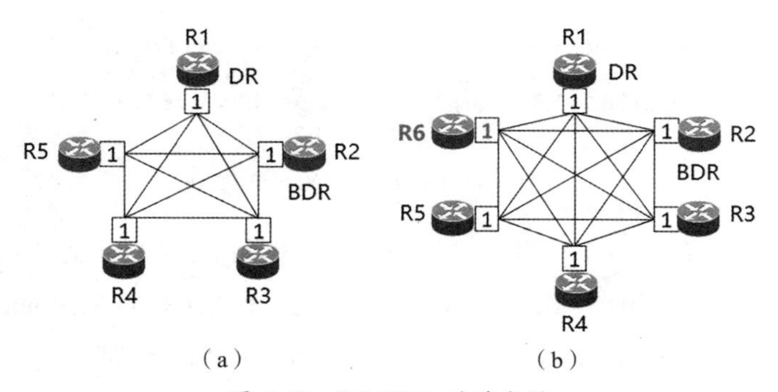

图 6-19　DR/BDR 的稳定性

图 6-19（a）中的 R1 ~ R5 的接口 1 已经组成了一个 OSPF 网络，并且已经选举出 DR/BDR。

图 6-19（b）中的 OSPF 网络新加入了 R6 的接口 1，即使该接口的 Router Priority 比 DR（R1 的接口 1）高，它也不会发起新一轮竞选，而只能接受已经选举出的 DR。

对于 BDR 也一样，新加入的接口也只能接受已经选举出的 BDR。

这是因为 DR/BDR 存在的意义在于结果而不在于过程：DR/BDR 是为了防止链路状态变化泛洪的报文淹没网络，DR/BDR 的选举是为了在网络中还没有 DR/BDR 的情形下选举出 DR/BDR。如果已经选举出 DR/BDR，那么 DR 机制的目的已经达到，此时如果再频繁地更迭 DR/BDR 就没有意义了。

所以，对于一个已经选举出 DR/BDR 的 OSPF 网络（并且 DR/BDR 一切正常），无论再新加入什么接口，它都会保持稳定，不再重新选举。

3. DR/BDR 的选举过程

但是，在 OSPF 的世界中，各个路由器接口之间是分散和独立的，它们无法像人一样通过语言或其他方式可以便捷地交流，仅仅是 OSPF Hello 报文而已，这样就给 DR/BDR 的选举带来以下各种问题。

①各个路由器（接口）是如何独立选举的？

②各个路由器（接口）是如何通报给其他邻居的？

③各个路由器（接口）是如何达成一致的（选举出唯一的 DR/BDR）？

④在没有达成一致之前，各个路由器（接口）做什么？

⑤一个新加入的路由器（接口）是如何知道自己是新加入的？是如何做到接受现状（接受已经选举出的 DR/BDR），而不是发动新一轮的竞选？

下面我们就带着这些疑问去了解 DR/BDR 的选举过程。

为了易于讲述和理解，下面举一个简化的例子，如图 6-20 所示。

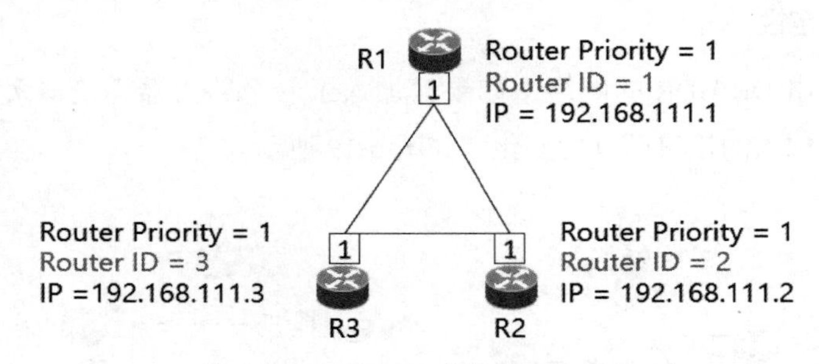

图 6-20　DR/BDR 选举的网络架构

图 6-20 中，R1 ~ R3 的接口 1 构建了一个 Broadcast 网络：3 个接口的 Router ID 分别是 1、2、3（为了简单易记），IP 分别是 192.168.111.1、192.168.111.2、192.168.111.3，Router Priority 都是 1（为了简化模型，选举时只需要比较 Router ID 即可，因为 Router Priority 都相同）。3 个接口都可以竞选 DR、BDR，下面详细讲述该选举过程。

（1）T0 时刻

图 6-20 中的 3 个路由器接口既是竞选人，也是选举人，所以在它们宣布竞选之前，各自在内

部先初始化一个选举表，如图 6-21 所示。

注：以下图中的 Y 表示是,N 表示否。

由于各个路由器接口的 Router Priority 都等于 1，因此图 6-21 中的选举表没有标识出该字段。

表中的邻居 RID（Router ID）在初始化时记录的是自己，因为自己也是竞选人。由于每个路由器接口都会竞选 DR 和 BDR，因此表中的“竞选 DR”列都标识为 Y，表示要竞选 DR；而表中的“竞选 BDR”列都标识为 N，表示暂时不竞选 BDR，因为不能同时竞选两个角色。

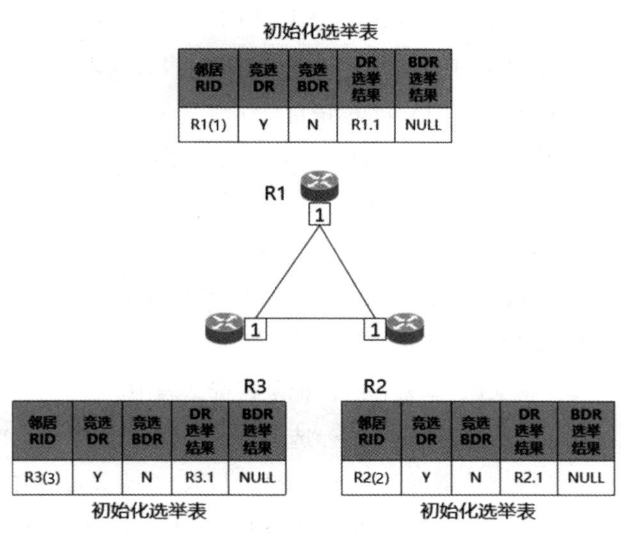

图 6-21　T0 时刻

由于现在每个路由器接口仅知道自己想要竞选，因此这一时刻它们各自的选举结果是：DR 是自己，BDR 暂时为空（NULL）。DR/BDR 其实是接口 IP，图 6-21 中标识的 R1.1、R2.1、R3.1 代表的就是各个接口的 IP（192.168.111.1、192.168.111.2、192.168.111.3）。

需要说明的是，图 6-21 中的选举表及上述这段文字只是表达一个示意，具体到路由器本身具体的编码，则取决于编码者本身的具体实现。

（2）T1 时刻

初始化各自内部的选举表以后，即可宣布参选信息。假设宣布的顺序是 R1.1、R2.1、R3.1。

T1 时刻，由 R1.1 宣布自己参选的消息，如图 6-22 所示。

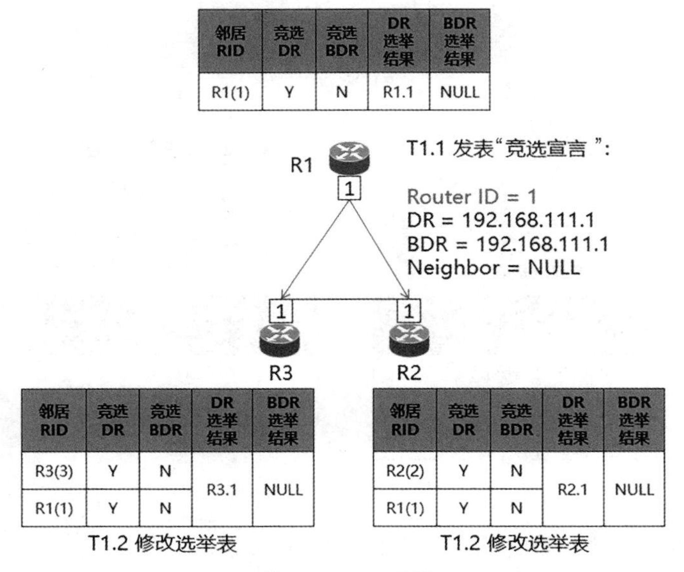

图 6-22　T1 时刻

图 6-22 中，T1 时刻分为两个时间点：T1.1 和 T1.2。

在 T1.1 时间点，R1.1 通过 Hello 报文发表自己的“竞选宣言”。

① Router ID = 1（标识自己）。

② DR = 192.168.111.1（表示自己要参选 DR）。

③ BDR = 192.168.111.1（表示自己要参选 BDR）。

④ Neighbor = NULL（当前自己还没有邻居）。

在 T1.2 时间点，R2.1、R3.1 收到 R1.1 发布的参选消息（Hello）报文后，修改自己的选举表。以 R2.1 为例，其修改如下。

①将 R1.1 作为邻居，记录在选举表中。

②根据 R1.1 发布的参选消息，标识 R1.1 参选 DR。

③根据选举规则，比较 R1.1 与 R2.1 的 Router ID，较大者（R2.1）为 DR。

对于 R3.1 而言，也同样修改自己的选举表，具体内容不再赘述，请参见图 6-22。

需要说明的是，选举规则其实是先判断 Router Priority，只有其值大于 0 时才认为是候选人。而竞选步骤是先比较 Router Priority，优先级大者当选；若相等，然后比较 Router ID，ID 大者当选。

为了易于讲述和理解，前文的描述及图 6-22，都省略了 Router Priority 的相关步骤（判断和比较），这一点请读者注意。

（3）T2 时刻

在 T2 时刻，R2.1 开始发表“竞选宣言”，如图 6-23 所示。

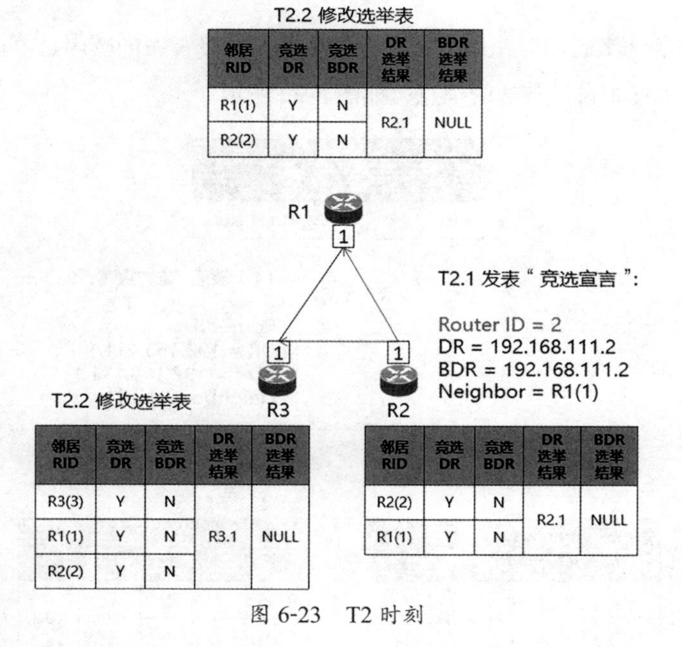

图 6-23　T2 时刻

图 6-23 中，T2 时刻分为两个时间点：T2.1 和 T2.2。

在 T2.1 时间点，R2.1 通过 Hello 报文发表自己的“竞选宣言”。

① Router ID = 2（标识自己）。

② DR = 192.168.111.2（表示自己要参选 DR）。

③ BDR = 192.168.111.2（表示自己要参选 BDR）。

④ Neighbor = R1（1）（已经有一个邻居）。

在 T2.2 时间点，R3.1、R1.1 收到 R2.1 发布的参选消息（Hello）报文后，修改自己的选举表。以 R3.1 为例，其修改如下。

①将 R2.1 作为邻居，记录在选举表中。

②根据 R2.1 发布的参选消息，标识 R2.1 参选 DR。

③根据选举规则，比较 R1.1、R2.1、R3.1 的 Router ID，较大者（R3.1）为 DR。

对于 R1.1 而言，也同样修改自己的选举表，具体内容不再赘述，请参见图 6-23。

（4）T3 时刻

T3 时刻，R3.1 开始发表“竞选宣言”，如图 6-24 所示。

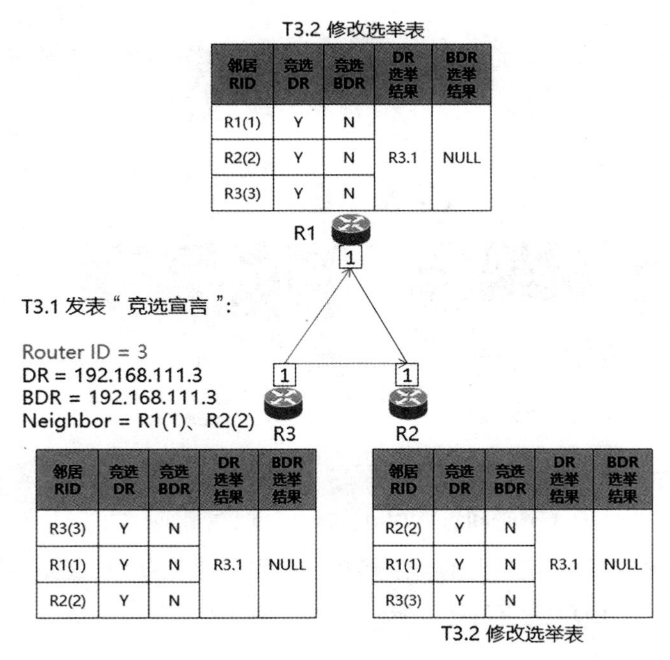

图 6-24　T3 时刻

图 6-24 中，T3 时刻分为两个时间点：T3.1 和 T3.2。

在 T3.1 时间点，R3.1 通过 Hello 报文发表自己的“竞选宣言”。

① Router ID = 3（标识自己）。

② DR = 192.168.111.3（表示自己要参选 DR）。

③ BDR = 192.168.111.3（表示自己要参选 BDR）。

④ Neighbor = R1（1）、R2（1）（已经有两个邻居）。

在 T3.2 时间点，R1.1、R2.1 收到 R3.1 发布的参选消息（Hello）报文后，修改自己的选举表。以 R1.1 为例，其修改如下。

①将 R3.1 作为邻居，记录在选举表中。

②根据 R3.1 发布的参选消息，标识 R3.1 参选 DR。

③根据选举规则，比较 R1.1、R2.1、R3.1 的 Router ID，较大者（R3.1）为 DR。

对于 R2.1 而言，也同样修改自己的选举表，具体内容不再赘述，请参见图 6-24。

（5）T4 时刻

T4 时刻，R1.1 开始发表上一轮的选举结果和新一轮“竞选宣言”，如图 6-25 所示。

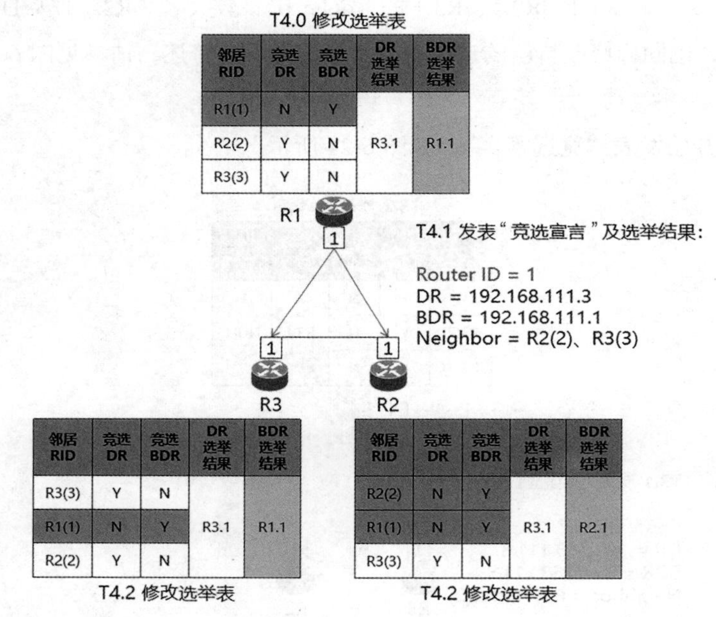

图 6-25　T4 时刻

图 6-25 中，T4 时刻分为 3 个时间点：T4.0、T4.1、T4.2。

在 T4.0 时间点，R1.1 先梳理当前的竞选形势。首先，竞选 DR 已经是不可能了，但是就目前所掌握的信息而言，竞选 BDR 还有可能。所以，R1.1 果断做了两件事情。

①决定认同 R3.1 为 DR。

②决定自己只参选 BDR。

T4.1 时间点，R1.1 通过 Hello 报文发布自己的选举结果和“竞选宣言”。

① Router ID = 1（标识自己）。

② DR = 192.168.111.3（表示认同 R3.1 为 DR）。

③ BDR = 192.168.111.1（表示自己要参选 BDR）。

④ Neighbor = R2（2）、R3（3）（已经有两个邻居）。

T4.2 时间点，R2.1、R3.1 收到 R1.1 发布的选举结果和参选消息（Hello）报文后，修改自己的选举表。以 R2.1 为例，其修改如下。

①决定认同 R3.1 为 DR。

②决定自己只参选 BDR。

③根据选举规则，比较 R1.1、R2.1 的 Router ID，较大者（R2.1）为 BDR。

对于 R3.1 而言，也同样修改自己的选举表，具体内容不再赘述，请参见图 6-25。

（6）T5 时刻

在 T5 时刻，R2.1 开始发表上一轮的选举结果和新一轮“竞选宣言”，如图 6-26 所示。

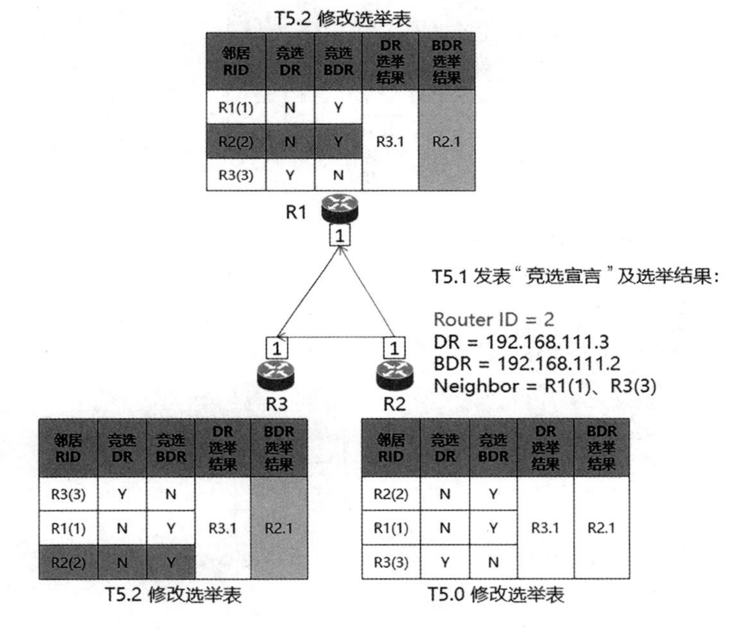

图 6-26　T5 时刻

图 6-26 中，T5 时刻分为 3 个时间点：T5.0、T5.1、T5.2。

在 T5.0 时间点，R2.1 已经无法竞选 DR，但是还可以竞选 BDR。所以，R2.1 果断做了两件事情。

①决定认同 R3.1 为 DR。

②决定自己只参选 BDR。

在 T5.1 时间点，R2.1 通过 Hello 报文发布自己的选举结果和“竞选宣言”。

① Router ID = 2（标识自己）。

② DR = 192.168.111.3（表示认同 R3.1 为 DR）。

③ BDR = 192.168.111.2（表示自己要参选 BDR）。

④ Neighbor = R1（1）、R3（3）（已经有两个邻居）。

在 T5.2 时间点，R1.1、R3.1 收到 R2.1 发布的选举结果和参选消息（Hello）报文后，修改自己的选举表。以 R3.1 为例，其修改如下。

①认为自己（R3.1）应该是 DR，其他都不符合条件。

②放弃参选 BDR。

③根据选举规则，比较 R1.1、R2.1 的 Router ID，较大者（R2.1）为 BDR。

对于 R1.1 而言，也同样修改自己的选举表，具体内容不再赘述，请参见图 6-26。

（7）T6 时刻

在 T6 时刻，R3.1 开始发表上一轮的选举结果和新一轮“竞选宣言”，如图 6-27 所示。

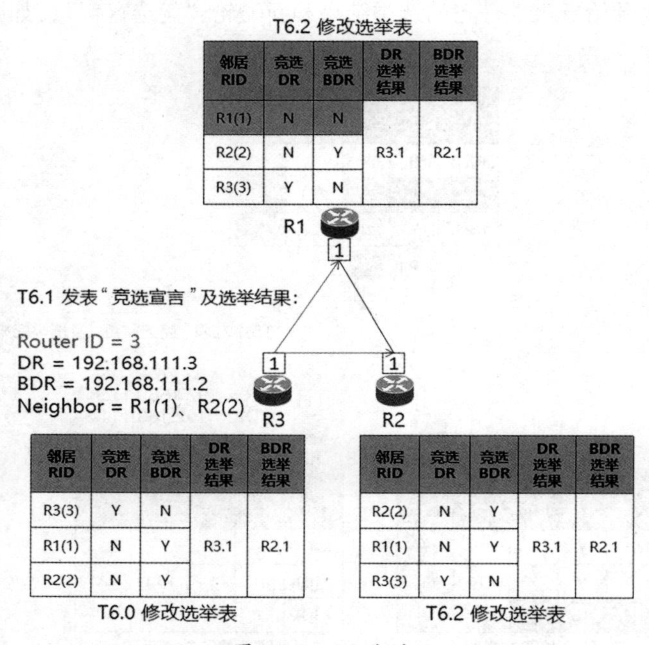

图 6-27　T6 时刻

图 6-27 中，T6 时刻分为 3 个时间点：T6.0、T6.1、T6.2。

在 T6.0 时间点，R3.1 放弃参选 BDR。所以，R3.1 果断做了 3 件事情。

①决定认同 R3.1 为 DR。

②决定认同 R2.1 为 BDR。

③放弃 BDR 的参选。

T6.1 时间点，R3.1 通过 Hello 报文发布自己的选举结果和“竞选宣言”。

① Router ID = 1（标识自己）。

② DR = 192.168.111.3（表示认同 R3.1 为 DR）。

③ BDR = 192.168.111.2（表示认同 R2.1 BDR）。

④ Neighbor = R1（1）、R2（2）（已经有两个邻居）。

在 T6.2 时间点，R1.1、R2.1 收到 R3.1 发布的选举结果和参选消息（Hello）报文后，修改自己的选举表。以 R1.1 为例，其修改如下。

①决定认同 R3.1 为 DR。

②决定认同 R2.1 为 BDR。

③放弃参选 BDR。

对于 R2.1 而言，也同样修改自己的选举表，具体内容不再赘述，请参见图 6-27。

（8）T7 时刻

在 T7 时刻，R1.1 开始发表上两轮的选举结果和新一轮“竞选宣言”，如图 6-28 所示。

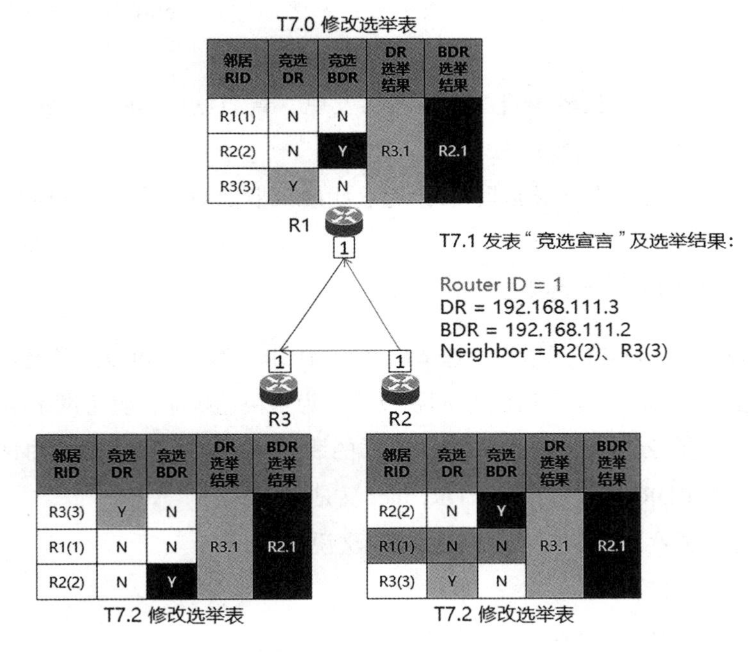

图 6-28　T7 时刻

图 6-28 中，T7 时刻分为 3 个时间点：T7.0、T7.1 和 T7.2。

在 T7.0 时间点，R1.1 放弃参选 DR 和 BDR。所以，R1.1 果断做了 3 件事情。

①决定认同 R3.1 为 DR。

②决定认同 R2.1 为 BDR。

③放弃参选 BDR。

在 T7.1 时间点，R1.1 通过 Hello 报文发布自己的选举结果和“竞选宣言”。

① Router ID = 1（标识自己）。

② DR = 192.168.111.3（表示认同 R3.1 为 DR）。

③ BDR = 192.168.111.2（表示认同 R2.1 BDR）。

④ Neighbor = R2（2）、R3（3）（已经有两个邻居）。

在 T7.2 时间点，R2.1、R3.1 收到 R1.1 发布的选举结果和参选消息（Hello）报文后，修改自己的选举表。以 R2.1 为例，其修改如下。

①决定认同 R3.1 为 DR。

②决定认同 R2.1 为 BDR。

③认为自己参选 BDR 是一个正确的决定。

对于 R3.1 而言，也同样修改自己的选举表，具体内容不再赘述，请参见图 6-28。

（9）选举完成

在T7时刻，网络中的R1.1、R2.1、R3.1认为竞选已经完成了、网络已经稳定。这体现为如下两点。

① R1.1、R2.1、R3.1 会发现，它们在网络中只是不停地比较 Hello 报文的发布者和 Hello 报文中的邻居。

② R1.1、R2.1、R3.1 通过比较自身的选举表会发现：宣布竞选 DR 者，就是 DR 当选者；宣布竞选 BDR 者，就是 BDR 当选者。

从T7时刻往后大家还会发送着Hello报文，不过这些Hello报文只是重复地宣称谁是DR/BDR而已。

6.4.4 DR 机制的可靠性保证

经过不停地比较之后，OSPF 网络终于选举出 DR、BDR，然后就可以正常通信了。

BDR 的目的是给 DR 做备份。当 DR 出问题以后，为了快速响应，整个网络不需要再次经过一轮又一轮的选举，而是直接让 BDR 升级为 DR。这样的话，不仅保证了可靠性，而且保证了快速性。

但是 BDR 如何知道 DR 出问题了呢？ DROther 又是如何知道 DR 出问题了呢？这就要从 DR 的 Hello 报文说起，如图 6-29 所示。

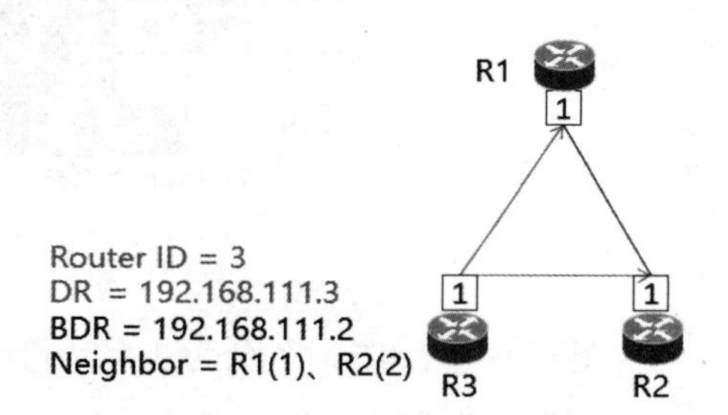

图 6-29　DR 的 Hello 报文

图 6-29 的 Hello 报文中，前两行字段表达的意思就是“DR”。

网络中其他角色如 BDR 和 DRother，就是通过 DR 的 Hello 报文来判断 DR 是否正常。

但是，如果过了一段时间，大家没有收到 DR 的 Hello，就会认为 DR 出问题了。此时，BDR 就会立刻升级自己为 DR，DROther 也会认为 BDR 已经变成了 DR。

BDR 变成了 DR 以后，网络就会马上开始选举新的 BDR（如果将来这个新的 DR 出问题，网络会有新的 BDR 顶上）。这也是保证网络可靠性的一种机制。

另外，如果 DR 没有出问题，而 BDR 提前出问题了，这种情况也有可能发生。判断 BDR 出问题的算法与判断 DR 的是一致的：一段时间内如果没有人宣称自己是 BDR，那么大家就认为 BDR 出问题了。此时，大家就会重新选举一个 BDR。

6.4.5 DR机制的稳定性保证

一个OSPF网络选举好DR/BDR以后就会保持稳定，如图6-19所示。

图6-19（a）中的R1 ~ R5的接口1已经组成了一个OSPF网络，并且已经选举出DR/BDR。图6-19（b）中的OSPF网络新加入了R6的接口1，即使该接口的Router Priority比DR（R1的接口1）还高，它也不会发起新一轮竞选，只能接受已经选举出的DR。这里存在如下两个问题。

① R6.1如何知道它加入的是一个已经选举出DR/BDR的网络，而不再参加DR/BDR的竞选？

②更进一步，R1.1 ~ R5.1是如何知道它们那时的网络还没有选举出DR/BDR？

在讲述DR/BDR选举时，在T0时刻，网络中的角色发送Hello报文时，会宣称自己要竞选DR和BDR。假设这个角色是图6-19（a）中的R1.1 ~ R1.5，这没有问题，但是如果是图6-19（b）中的R6.1就会很麻烦了：网络已经选举出DR/BDR，R6.1发送的Hello会打破当前的平衡，发动新一轮的DR/BDR选举。所以在不了解网络状况时，不能随意参加竞选。

不参加竞选，只发送一个简单的Hello，如图6-30所示。

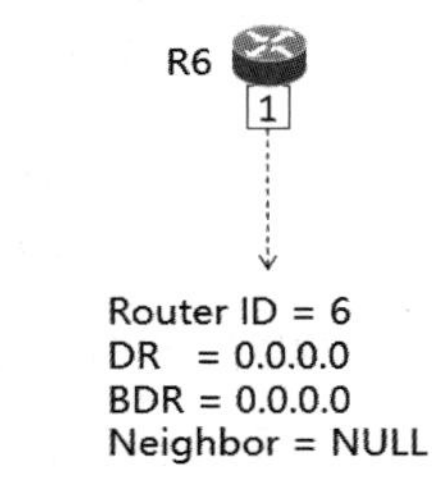

图6-30　T-1时刻的一个普通Hello

图6-30表达的是一个T-1（负1）时刻，也就是T0时刻之前的任何一个路由器接口的状态（图中以R6.1为例）。T-1时刻中的Hello报文，DR和BDR都等于0.0.0.0，也就是不竞选DR/BDR的意思。

一段时间之后，R6.1会收到网络中其他邻居发过来的Hello报文，R1.1会根据这些Hello报文做出判断：当前网络是否已经选举出DR/BDR。如果当前网络已经选举出DR/BDR，那么R6.1在以后的Hello报文中不再参加竞选。

如果当前网络还没有选举出DR/BDR，R6.1便会发送Hello报文参加竞选。

6.5 OSPF接口状态机

OSPF网络所连接的对象（或者说组成OSPF网络的对象），实际上指的是路由器接口，而不是路由器。也正是从这个角度讲，OSPF的接口状态有两种含义。一种是接口本身的状态，如Down、Up、Active、Deactive等；另一种指的是接口作为“路由器”，它的状态实际上是一种“角色”，如DR、BDR、DRothers等。

本小节所说的“OSPF接口状态”指的是后者，即OSPF接口的角色，如图6-31所示。接口状态有Down、Loopback、Point-to-point、Waiting、DR、Backup和DRother共计7种。

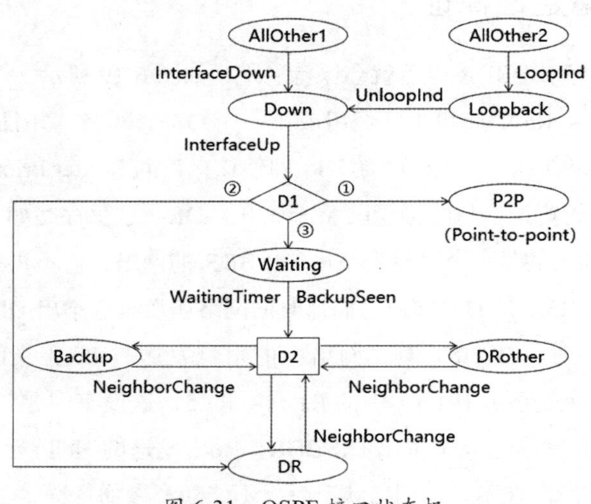

图 6-31　OSPF 接口状态机

图 6-31 中的 AllOther1 不是一种状态，而是指除了 Down 外的其他 6 种状态。无论是这 6 种状态中的哪一种，只要收到了 InterfaceDown 事件，接口就会变成 Down 状态。InterfaceDown 事件指的是底层协议指示该接口不可用。

同理，图 6-31 中的 AllOther2 也不是一种状态，而是指除了 Loopback 外的其他 6 种状态。无论是这 6 种状态中的哪一种，只要收到了 LoopInd（Loop Indication）事件，接口就会变成 Loopback 状态。LoopInd 事件就是通过网管、OSS、命令行直接配置接口的状态为 Loopback，或者通过底层协议设置该接口为 Loopback。

6.5.1 接口的状态

首先讲述接口的状态，如表 6-12 所示。

表 6-12　接口的状态

状态	含义
Loopback	Loopback 状态，指的是将接口进行环回（Loop Back）
Down	如果接口处于 Down 状态，那么此接口就不可用，既不能接收流量，也不能发送流量
Point-to-point	当接口可用以后，如果接口不是处于 Broadcast、NBMA 网络中，那么接口就处于此状态
Waiting	等待状态
DR	DR（Designated Router）仅适用于 Broadcast、NBMA 网络

续表

状态	含义
Backup	Backup（Backup Designated Router）仅适用于 Broadcast、NBMA 网络
DRother	DRother 指的是：既不是 DR，也不是 BDR。DRother 仅适用于 Broadcast、NBMA 网络

表 6-12 中的 Waiting 状态比较复杂。当接口可用以后，如果接口处于 Broadcast、NBMA 网络中，它会暂时处于 Waiting 状态。

Broadcast 和 NBMA 这两个网络需要进行 DR/BDR 选举，但是当 DR/BDR 选举完成以后，再加入的路由器接口也不能再重新发起 DR/BDR 选举，这是为了网络的稳定。

当一个路由器接口加入一个 Broadcast、NBMA 网络以后，它会先等待一段时间，时长是 Waiting Time，该时长等于 RouterDeadInterval。在这段时间内，该接口暂时不发送 Hello 报文，仅仅是监听（接收）其他接口发送的 Hello 报文。

当 Waiting Time 到了以后，该接口再发送 Hello 报文。Hello 报文是否会参与 DR/BDR 选举，与它在 Waiting 期间所收到的邻居的 Hello 报文有关。

6.5.2 接口的事件

图 6-31 中描述的接口的事件如表 6-13 所示。

表 6-13　接口的事件

事件	含义
InterfaceDown	InterfaceDown 指的是下层协议指出接口断开。不管当前是什么接口状态，新的接口状态都将是关闭
LoopInd	LoopInd（Loop Indication）表示收到指令，配置接口状态为 Loopback。指令可能是从网管或下层协议而来
UnLoopInd	LoopInd（UnLoop Indication）表示收到指令，配置接口状态为 UnLoopback。指令可能是从网管或下层协议而来
InterfaceUp	InterfaceDown 指的是下层协议指出接口开启
WaitingTimer	WaitingTimer 等待计时器到期，表示等待已经结束，下一步可能要参与 DR/BDR 竞选（当前网络还没有选举出 DR/BDR），或者放弃 DR/BDR 竞选（当前网络已经选举出 DR/BDR）
BackupSeen	判断出当前网络是否已经选举出 DR/BDR
NeighborChange	邻居状态变化

表 6-13 中的两个事件 BackupSeen、NeighborChange 比较复杂，下面再进行简单介绍。

1. BackupSeen

BackupSeen 指的是路由器接口在 Waiting 期间，通过接收其他路由器的 Hello 报文判断出当前网络是否已经选举出 DR/BDR。

如果已经选举出 DR 和 BDR，那么此接口将直接把自己当作 DRother，它也就可以直接发送 Hello 报文，报文中的 DR、BDR 字段内容是当前已经选举出的 DR、BDR。

如果还没有选举出 DR 或 BDR，或者两者都没有选举出，此接口就会发送 Hello 报文，在 Hello 报文中通过宣称自己是 DR/BDR 以参与竞选。

2. NeighborChange

NeighborChange，指的就是邻居状态的改变。邻居状态的改变可能会触发 DR/BDR 的选举，所以 NeighborChange 会作为 OSPF 接口状态机中的一个事件。

在如下情形中会发生 NeighborChange 事件。

①路由器（接口）与邻居建立双边通信（邻居的 Hello 报文中的 Neighbor 字段包含自己），邻居的状态会变成 2-Way 或更高级别。

②路由器（接口）与邻居原本建立了双边通信，但是忽然中断（邻居的 Hello 报文中的 Neighbor 字段没有包含自己），邻居的状态会变成 Init 或更低。

③通过Hello报文发现网络中有邻居新宣称自己是DR/BDR，这会造成一系列的邻居状态的改变。

④很久没有收到 DR/BDR 发送的 Hello 报文，这会引发 DR/BDR 的新一轮选举和一系列的邻居状态的改变。

⑤通过 Hello 报文发现邻居的路由器优先级改变，这可能会引发 DR/BDR 的新一轮选举和一系列的邻居状态的改变。例如，一个 DR 忽然宣称自己的 Router Priority 等于 0，这意味着其放弃 DR 竞选（Router Priority = 0，不能参与 DR 竞选），这就会引发 DR/BDR 的新一轮选举。

6.5.3 决策点

图 6-31 中描述了两个决策点 D1、D2，本小节将针对这两个决策点进行讲述。

1. D1 决策点

当收到 InterfaceUp 事件时，D1 决策点相对简单，根据规则，其可以立即做出判断。判断规则如下。

①如果网络不是 Broadcast、NBMA 网络，那么接口状态就是 Point-to-point 状态。

②如果网络是 Broadcast、NBMA 网络，并且接口的 Router Priority = 0，表示该接口不会参与 DR/BDR 竞选，那么此接口就直接是 DRother 状态。

③如果网络是 Broadcast、NBMA 网络，并且接口的 Router Priority 大于 0，表示该接口希望参与 DR/BDR 竞选。根据前文描述，此接口状态需要先进入 Waiting 状态。

2. D2 决策点

D1 决策点可以根据规则立刻决定接口的状态，但是 D2 决策点可能需要一个选举过程，即 DR/BDR 选举过程。

当 WaitingTimer 到期时，意味着当前网络尚未选举出 DR/BDR。当 BackupSeen 发现当前网络尚未选举出 DR/BDR，而 NeighborChange 事件发生时，则意味着需要重新选举 DR/BDR，这些都需要经过一个 DR/BDR 的过程。而路由器接口的状态则取决于选举结果。

当 BackupSeen 发现当前网络已经选举出 DR/BDR，那么就可以直接决策出接口的状态为 DRother。

6.6 链路状态通告

链路状态通告（Link State Advertisement，LSA）是 OSPF 各个路由器之间互相通告相关链路状态的一个数据结构，并不是一种完整的交互报文。

笔者以为，链路状态通告（Link State Advertisement），这 3 三个单词，从字面意思上来讲，好像浅显易懂，其实很难表达出一个准确的含义。

通告（Advertisement）表达一个数据结构，状态（State）一般是与状态机相关联，指的是各个状态机中的各个节点 / 状态，但应理解为代价（Cost），毕竟 OSPF 是通过将最小代价的路径作为路由。而且实际上，LSA 描述的基本就是链路的代价。一般情况下，链路（Link）指的是路由器（本文只涉及路由器）两个接口之间的连接，这个连接可以是物理连接、也可以是虚拟连接，但是一般情况下指的是物理连接，如图 6-32 所示。

图 6-32 中，路由器 R1 的接口 Ia 与 R2 的接口 Ib 之间有一条链路（Link），这条链路的物理介质可能是光纤或网线（双绞线）。

但是，OSPF 中的 Link 指的并不是这条物理链路，而是接口。为什么是接口？这要从 OSPF 的 Dijkstra 算法中的链路代价说起，如图 6-33 所示。

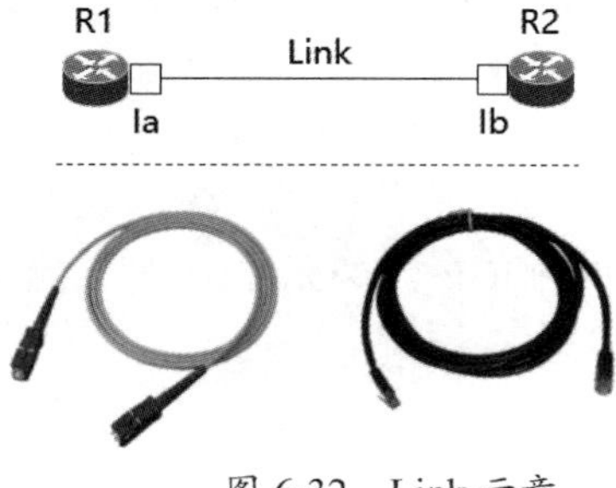

图 6-32　Link 示意

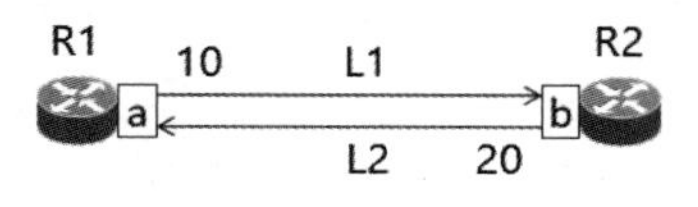

图 6-33　链路代价示意

OSPF 中的链路代价是有方向的，例如，图 6-33 中的 L1（R1 → R2 方向）的代价是 10，L2（R2 → R1 方向）的代价是 20。

首先介绍 OSPF 关于一条链路的 Cost 的定义：

$$\text{Cost} = 10^8/\text{接口带宽（接口带宽的单位是 bits/s）}$$

或者

$$\text{Cost} = 100\text{M}/\text{接口带宽（接口带宽的单位是 bits/s）}$$

需要说明的是，Cost 的最小值是 1。例如，一个接口的带宽是 1000Mbit/s，按照公式计算，Cost 应该等于 0.1，但是 OSPF 仍然认为其 Cost 等于 1。更需要说明的是，这里的接口带宽指的是出口带宽。

图 6-33 中，接口 a 的出口带宽是 10Mbit/s，接口 b 的出口带宽是 5Mbit/s，所以 L1 的 Cost 是 10（100M/ 接口 a 的带宽），L2 的 Cost 是 20（100M/ 接口 b 的带宽）。

说明：OSPF 的接口在不同的语境下有不同的含义。有时，OSPF 的接口实际上就是“路由器”，此时接口的状态指的是接口的角色。有时说“链路状态”，此时的“链路”指的就是链路上的出口，“链路状态”指的就是依据出口所计算出的 Cost。

6.6.1 OSPF 的分区

在第 6.2 节中提到了“大”网络的两个问题：链路状态泛洪消耗网络带宽；Dijkstra 算法消耗路由器 CPU。

为了解决第 1 个问题，OSPF 提出了 DR 机制，但是 DR 机制并不是万能的。

①只有 Broadcast、NBMA 这两种网络类型才能实施 DR 方案。

②无论有没有 DR 机制，都不能避免 OSPF 网络中链路状态的变化会通知到所有路由器，进而引发每一个路由器都需要针对每一个变化重新构建路由表（基于 Dijkstra 算法）。也就是说，DR 机制并没有解决“大”网络下“Dijkstra 算法消耗路由器 CPU”的问题。

③如果网络较大，路由表项也会比较多，那么有可能会造成路由器的内存不够用。

以上所说的问题，归根结底还是网络太大，节点太多，从而导致“一锅炖不下”！为了解决“一锅炖不下”的大网问题，OSPF 提出了分而治之的思想。要阐述这一思想，应首先介绍自治系统这一概念。

1. 自治系统简介

假设全世界的互联网上的路由器在一个系统里，都运行着一种 IGP（如 OSPF），那么就会有以下问题。

①路由表项太多，路由器内存不够用。

②路由变化信息太多，淹没整个网络。

③路由计算太耗费 CPU 和时间。

以上几点最终都会引发网络瘫痪。为了解决这些问题，TCP/IP 给出的解决方案是自治系统 AS，如图 6-34 所示。

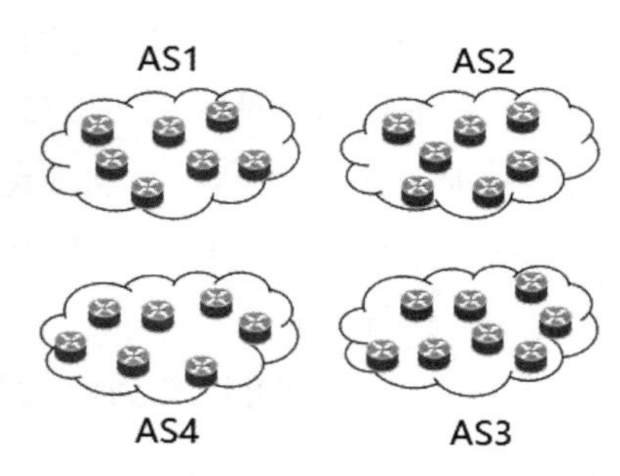

图 6-34　自治系统示意图

简单地说，AS 就是把互联网（其中的路由器）划成一个个片区，同时 IGP 协议被局限在一个片区内运行，与其他片区不能有 IGP 交互。

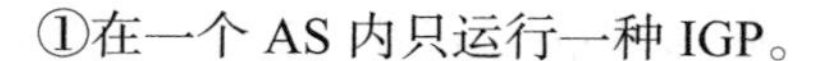
①在一个 AS 内只运行一种 IGP。

②在一个 AS 内运行的 IGP 与其他 AS 内的路由器无关。也就是说，在 IGP 层面，不同 AS 的路由器不进行通信。

③在一个 AS 内，除了有相同的 IGP（因为只有一种，所以相同）外，还可以制定自己独立的路由策略和安全策略，与其他 AS 无关。

换一个角度说，如果没有 BGP，那么一个个 AS 就是一个个网络孤岛：内部有自己独立的 IGP 和路由策略、安全策略，外部不与其他 AS 交往。

区分不同 AS 的是 AS ID。AS ID 由 IANA 统一规划和分配。在 2009 年 1 月之前，最多只能使用 2 字节的 AS ID，范围是 1 ~ 65535；在 2009 年 1 月之后，IANA 决定使用 4 字节长度的 AS ID，范围是 65536 ~ 4294967295。当前，通常还是使用 2 字节长度的 AS ID，即 1 ~ 65535。

AS 分为公有 AS 和私有 AS，公有 AS ID 的范围是 1 ~ 64511，私有 AS ID 范围是 64512 ~ 65534。公有 AS 只能用于互联网，并且全球唯一，不可重复；而私有 AS 可以在企业网络使用，不同的企业网络之间可以重复。很显然，因为私有 AS 可以被多个企业网络重复使用，所以这些私有 AS 不允许传入互联网。互联网服务提供商（Internet Service Provider，ISP）在企业用户边缘，需要过滤带有私有 AS 号码的路由条目。

2. OSPF 的分区

AS 和 OSPF 的分区，其实都是为了解决“一锅炖不下”的大网问题。AS 所要解决的是全世界的路由器，而 OSPF 的分区是为了解决一个 AS 内的运行 OSPF 的路由器！

OSPF 把一个 AS 内的路由器分为一个个分区（Area），如图 6-35 所示。

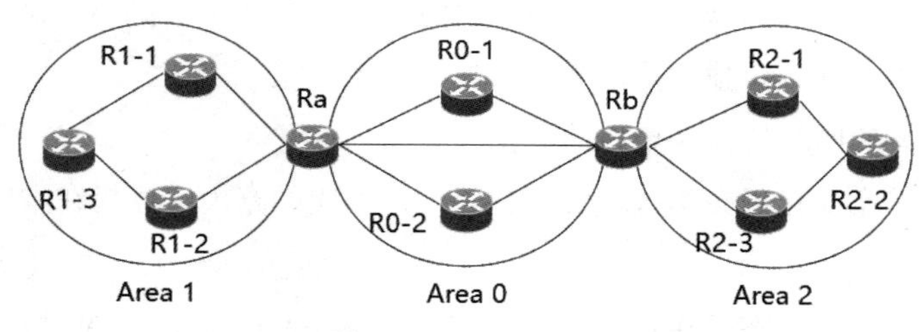

图 6-35　OSPF Area

图 6-35 中有 3 个分区，分别是 Area 0、Area 1 和 Area 2。区域编号由一个长度为 32 bit 的字段定义。区域编号有两种表示方法，一种为点分十进制（如 Area 1.1.1.1，写法规则同 IPv4 地址）；另一种为十进制数字格式（如 Area 1，注意 Area 1 不等于 Area 1.1.1.1）。根据 RFC 2328 中的描述，区域编号通常使用32 bit的点分十进制表示（图6-35为了简化描述，分别以0、1、2标识3个区域）。

（1）区域的分类

OSPF 的区域可以分为两大类：骨干区域（Backbone Area）和普通区域（或者称为非骨干区域）。

骨干区域是一个特殊的区域。一个 AS 如果要分为多个区域，必须有且仅有一个骨干区域。骨干区域的区域编号是 0（或者标识为 0.0.0.0）。

普通区域可以有多个，但是每一个普通区域必须要和骨干区域相连。相连指的是一个路由器属于两个区域，其中一个区域是骨干区域，另一个区域是普通区域。例如，图 6-35 中的 Area 1 就是通过路由器 Ra 与骨干区域相连的。而 Ra 之所以能与两个区域相连，是因为其不同的接口对接不同的区域。

图 6-35 中的 Ra 与 Rb 两个路由器都直接在物理层面与骨干区域相连接。在某些情况中，有的区域可能无法与骨干区域直接进行物理连接，此时就需要虚链路（Virtual Link），如图 6-36 所示。

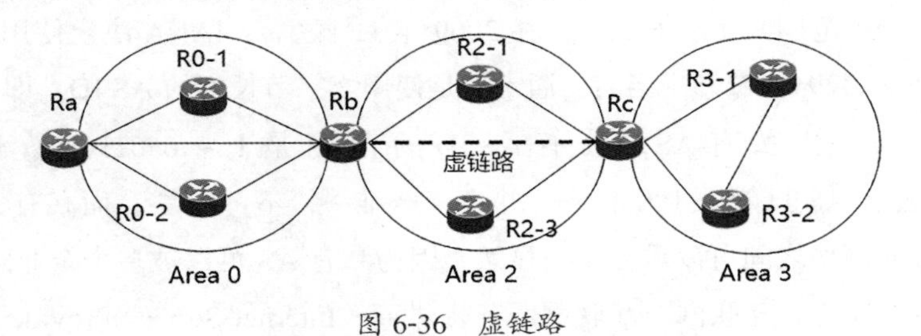

图 6-36　虚链路

图 6-36 中，Area 3 无法与 Area 0 直接物理相连，于是在 Rc 与 Rb 之间建立了一条虚链路，这样 Area 3 即可做到与 Area 0（骨干区域）相连。虚链路被路由器认为是没有编号的点到点网络（Unnumbered Point-to-Point Network）的一种特殊设置。在虚链路上，OSPF 数据包以单播方式发送。

（2）分区的思想

分区的核心思想就是为了解决路由器太多的问题。将一个 OSPF 的 AS 划分为多个区域以后，每个区域之间是互相独立的。该独立体现为如下几个方面。

①互相不知道对方的网络拓扑和拓扑的变化。

②路由接口链路状态变化只在本区域发布和泛洪，相应的路由计算只在本区域内进行，这就会使数据量减少。

- 路由器接口的链路状态只在本区域内发布和泛洪，假设不考虑 DR 机制，一个链路状态变化所需要泛洪次数是 Kn^2，与 n 的平方成正比（n 是路由器的接口数）。

假设有 n 个路由器接口，如果没有分区，那么泛洪次数将是 Kn^2。如果分为 m 个区域，每个区域有 n/m 个接口，那么泛洪次数将是 $K(n/m)^2$，泛洪次数将减少为原来的 $1/m^2$（即使考虑 DR 机制，泛洪次数也将减少为原来的 $1/m$）。

- 由于只在本区域内发布和泛洪，因此路由的计算量也将大大减少（OSPF 路由计算是基于 Dijkstra 算法，其算法复杂度是 $O(n^2)$）。

假设有 n 个路由器接口，如果分为 m 个区域，每个区域有 n/m 个接口，那么计算次数将减少为原来的 $1/m^2$。

分区带来了报文泛洪量和路由计算量的减少，使用多个分区解决了一个大网中路由转发的问题。但是，各个分区互相不知道对方的网络拓扑和拓扑变化，这会有一个副作用：各个分区变成了孤岛，路由将不可达。

为了解决该问题，OSPF 采取了如下措施。

①先谈结果。两个普通区域之间的路由必须通过骨干区域进行转发，如图 6-37 所示。

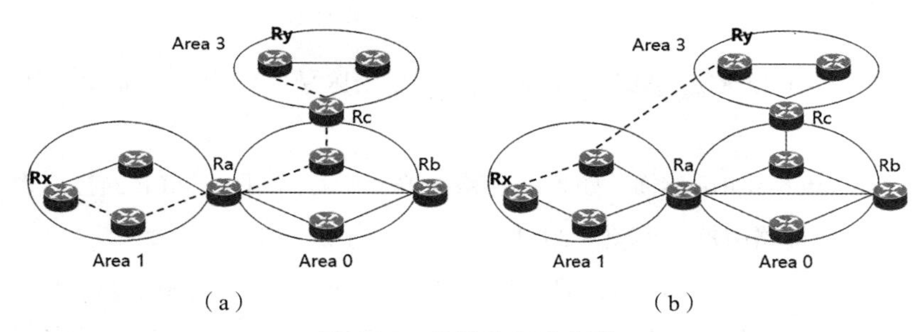

图 6-37　跨区路由示意图

图 6-37（a）中，虚线描述的是 Area 1 中的 Rx 到达 Area 3 中的 Ry 的路由，这是符合 OSPF 协议的正确的路由。而图 6-37（b）中，虚线描述的是 Rx 到 Ry 的路由，这是一个错误的路由，即使其代价可能比左边更少。

之所以这样，是因为 OSPF 的规定：两个普通区域之间的路由必须经过骨干路由转发。但是需要强调的是，这仅仅是符合 OSPF 协议规定，并不是说其就是最优的（代价最小）。而 OSPF 之所以这么规定，是为了解决路由环路的问题。

鉴于OSPF的这个规定，骨干区域与普通区域之间的关系就类似于Hub-Spoke的关系，如图6-38所示。

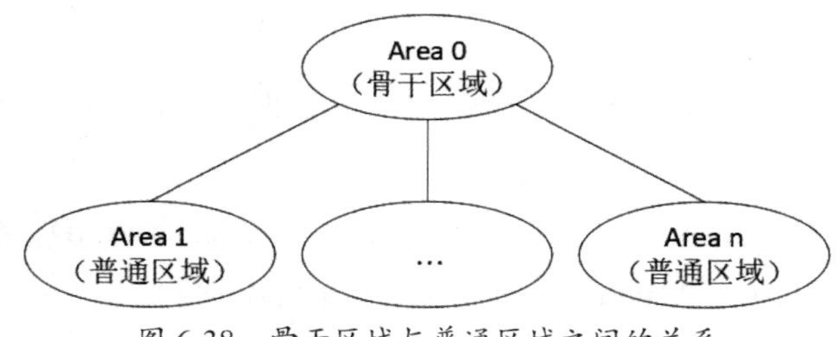

图 6-38　骨干区域与普通区域之间的关系

②再谈过程。OSPF 各个区域是相互独立的，但相互独立不代表相互隔离。连通不同区域的就是 ABR（Area Border Router 区域边界路由器），如图 6-37 中的 Ra、Rc 等。

ABR 的作用，不仅仅是物理上（虚连接是逻辑上）连接两个区域，它还包括将两个区域的信息互相通告给对方。正是由于 ABR 的信息互相通告，使得 OSPF 的各个区域既相互独立，又彼此关联。

（2）路由器的分类

在 OSPF 分区的语境下，各个路由器也有不同的角色，如图 6-39 所示。

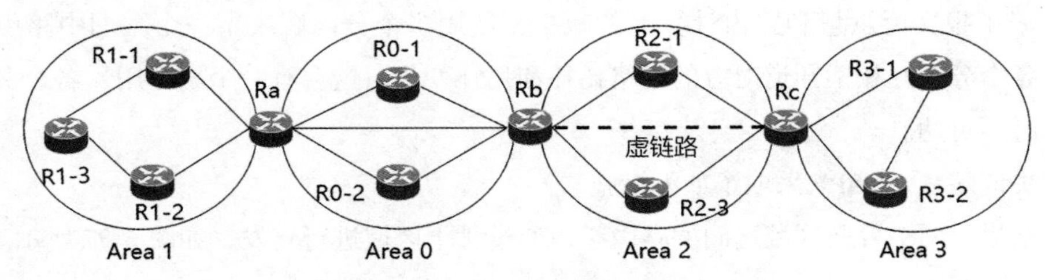

图 6-39　OSPF 中路由器的角色

①区域边界路由器（ABR）。ABR 为连接一个或多个区域的路由器，如图 6-39 中的 Ra、Rb、Rc。

②内部路由器（Internal Router）。如果一台路由器上所有启用了 OSPF 的接口都在同一区域，那么这台路由器就是内部路由器，如图 6-39 中的 R1-1、R1-2、R1-3 等。

③骨干路由器（Backbone Router）。骨干路由器是指至少有一个启用了 OSPF 的接口，是和骨干区域（Area 0）相连的路由器。所有的 ABR（如图 6-39 中的 Ra、Rb、Rc）都是骨干路由器，骨干区域内的所有路由器（如图 6-39 中的 R0-1、R0-2）也都是骨干路由器。

还有一种角色是自治系统边界路由器（Autonomous System Boundary Router，ASBR），这里暂时忽略。需要强调的是，一个路由器可以同时承担多种角色，如图 6-39 中的 Ra 既是 ABR，又是 BR。

6.6.2 LSA 数据结构

LSA 的数据结构与 OSPF 的分区密切相关。因此，LSA 也被分为多种类型。下面首先介绍 LSA Header 的数据结构。

1. LSA Header

LSA 有多种类型，每个类型的 LSA 的数据结构不同，但是它们的 Header 的数据结构都相同，如图 6-40 所示。

LS Header 包含的字段有 LS age、Options、LS type、Link State ID、Advertising Router、LS sequence number、LS checksum、length。下面分别简要介绍各个字段。

0–15	16–23	24–31	
LS age	Options	LS type	LSA Header
Link State ID			
Advertising Router			
LS sequence number			
LS checksum	length		
LSA Data			

图 6-40　LSA Header 的数据结构

（1）LS age

LS age（Link State age）（16bit）记录了一个 Link State 从诞生起所经过的时间，以 s 为单位，最大值是 MaxAge（3600s，1h）。LS age 的变化规则如图 6-41 所示。

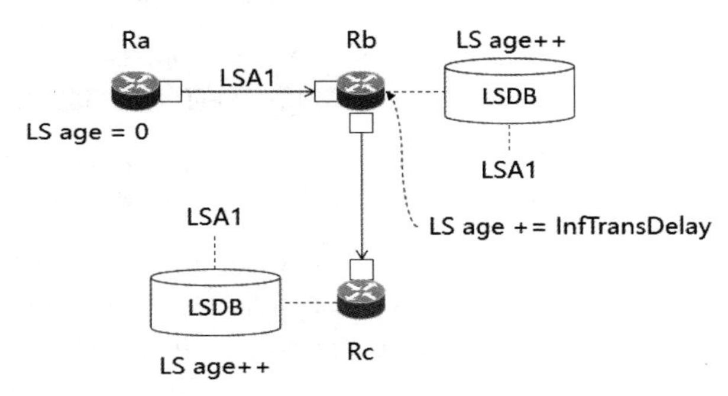

图 6-41　LS age 的变化规则

当一个 LSA 被第一次创建时，LS age 的初始值被设置为 0，如图 6-41 中的 LSA1。假设 LSA1 被 Ra 创建以后马上发送到 Rb。Ra 发送到 Rb，中间所经过的链路传输的时间内 LS age 保持不变（光的传输速度极快，考虑到现实情况中两个路由器间隔的距离，实际上并不需要增加 LS age）。

当 LSA1 被 Rb 存储在自己的 LSDB 中时，LSA1 的 LS age 每隔 1s 其值就加 1。当 LSA1 被 Rb 再转发给 Rc 时，它需要将 LSA1 的 LS age 增加一个值 InfTransDelay。InfTransDelay 是一个估计值，代表一个 LSA 被一个路由器转发时所消耗的时间，其值必须大于 0，一般设置为 1。同理，当 LSA1 被 Rc 存储在自己的 LSDB 时，LSA1 的 LS age 每隔 1s 其值就加 1。

LS age 的变化规则总结如下。

①初始创建时，其值为 0。

②被转发时，每经过一跳（hop），其值增加 InfTransDelay（一般为 1）。

③被存储时，其值每 1s 加 1。

（2）LS type

LS type（8bit）比较复杂，这里只列出 OSPF 当前所支持的 11 种 LS type，如表 6-14 所示。

表 6-14　LS type 简述

LS type	简述
1	路由器 LSA（Router-LSA）：类型为 1。每一台 OSPF 路由器生成一条路由器 LSA。该 LSA 描述了路由器的接口状态，以及每一个接口的出站代价。路由器 LSA 只能在始发它们的 OSPF 区域内进行泛洪，不能泛洪到其他区域
2	网络 LSA（Network-LSA）：类型为 2。网络 LSA 是 DR 为了描述连接到多路访问网络并且和 DR 创建了完全邻接关系的路由器而生成的，包括 DR 本身。和路由器 LSA 一样，网络 LSA 也只能在始发这条 LSA 的区域内进行泛洪
3	网络汇总 LSA（Network-Summary-LSA）：类型为 3。此类 LSA 描述了区域间的网络，由 ABR 生成。对于末梢区域，网络汇总 LSA 同样被用于描述默认路由
4	ASBR 汇总 LSA（ASBR-Summary-LSA）：类型为 4。ASBR 汇总 LSA 由 ABR 生成。ASBR 汇总 LSA 通告的是一台区域外部的 ASBR 路由器，而不像汇总 LSA 通告的是区域外的网络
5	自治系统外部 LSA（AS-External-LSA）：类型为 5。自治系统外部 LSA 由 ASBR 生成。此类 LSA 描述 AS 外部的网络，并可以泛洪到所有非末梢区域中
6	组成员 LSA（Group-Membership-LSA ）：类型为 6。组成员 LSA 是对标准 OSPF 的一个扩展，使其支持组播路由功能，扩展后的 OSPF 称之 Multicast Open Shortest Path First（MOSPF）
7	NSSA 外部 LSA（NSSA-External-LSA）：类型为 7。此类 LSA 由 NSSA 区域内的 ASBR 生成，也用来描述 AS 外部的网络。NSSA 外部 LSA 仅在始发它们的 NSSA 区域内进行泛洪，而不像自治系统外部 LSA 可以泛洪到所有非末梢区域
8	链路本地 LSA（Link-Local LSA）：类型为 8。该 LSA 专门用于 OSPFv3（用于 IPv6 网络的 OSPF）。链路本地 LSA 包含每一个接口的链路本地地址和一个 IPv6 地址列表
9	类型 9 不透明 LSA（Type 9 Opaque LSA）：泛洪范围仅在接口所在网段内，用于支持 GR 的 Grace LSA 就是 Type 9 LSA 的一种
10	类型 10 不透明 LSA（Type 10 Opaque LSA）：泛洪范围是始发该 LSA 的区域，用于支持 TE 的 LSA 就是 Type 10 LSA 的一种
11	类型 11 不透明 LSA（Type 11 Opaque LSA）：泛洪范围是整个 OSPF 域（自治系统范围），目前尚无实际案例

表 6-14 中的 9 ~ 11 三种 LS type 是 RFC 2370 中定义的新的 LSA，称为不透明 LSA。这 3 种新的 LSA 为 OSPF 的扩展性提供了通用的机制，它们可以携带用于 OSPF 的信息，也可以直接携带应用的信息。

（3）Advertising Router

Advertising Router（32bit）标识的是创建此 LSA 的路由器的 Router ID。

（4）LS sequence number

LS sequence number（32bit）是一个 32 位有符号整数，最高位用于标识符号。其最小值和最大值如表 6-15 所示。

表 6-15　LS sequence number 的最小值与最大值

LS sequence number	十六进制	二进制
最小值	0x80000000	10000000000000000000000000000000
最大值	0x7fffffff	01111111111111111111111111111111

通过表 6-15 可以看到，如果把最高位忽略，就能理解最小值其实是 0，最大值其实是 0x7fffffff。但从数字表达上来看，最小值仍然是 0x80000000。0x80000000 被 OSPF 作为保留值使用，一个路由器第一次创建（生成）LSA 时，其起始值是 0x80000001，该起始值也被称为 Initial Sequence Number。以后，该路由器每生成一个 LSA，LS sequence number 就加 1，直到达到最大值 0x7fffffff（0x7fffffff 被称为 Max Sequence Number）。

当达到最大值以后，如果再生成新的LSA，LS sequence number需从头（0x80000001）开始计数。

（5）LS checksum

LS checksum（16bit）是对整个 LSA 数据结构（包括 LSA 头部和 LSA 数据）去除 LS age 字段以后其余所有的字段（的值），通过 Fletcher checksum 算法计算所得的校验和。

LS checksum 有如下两个基本作用。

①验证 LSA 报文的正确性。

②比较多个 LSA 谁是最新的。

（6）length

length（16bit）标识 LSA 报文（包括 LSA 头部和 LSA 数据）的长度，单位是字节。因为 LSA 报文是一个变长的数据结构，所以需要该字段进行报文的定界（知道 LSA 报文何时结束）。

对于 Options、Link StateID 字段，将放在具体相关的特性中进行描述。

2. Router-LSA

介绍了 LSA Header 以后，下面正式介绍 LSA Data。LSA Data 的数据结构因 LS type 的不同而不同。本小节介绍 LS type = 1 的 LSA，即 Router-LSA。

Router-LSA 是最直观也是最直接的 LSA，如图 6-42 所示。

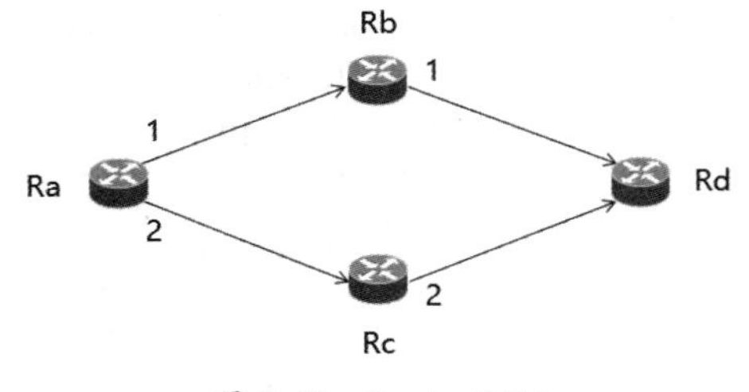

图 6-42　Router-LSA

OSPF 为了通过 Dijkstra 算法构建路由表，每个路由器都需要知道整个网络拓扑，即谁和谁连接，以及连接的代价。连接是有方向的，不同方向的代价可能不同。图 6-42 仅仅是一个简化示意（只画了一个方向）。

每个路由器是如何知道整个网络拓扑的呢？这需要每个路由器（接口）将它的链路状态（Link

State）进行通告及全网泛洪。

Router-LSA 描述的就是每个路由器接口的连接和链路状态（“状态”是 OSPF 所取的名词，其本质就是链路代价）。Router-LSA 的数据结构与 OSPF 的连接类型有关，所以需要先讲述 OSPF 连接的分类。

（1）OSPF 连接的分类

OSPF 的连接与 6.4.2 小节中介绍的 OSPF 的网络类型有非常大的相关性。OSPF 定义的连接类型有 4 种，如表 6-16 所示。

表 6-16　OSPF 定义的连接类型

连接类型（type）	连接名称	简述
1	Point-to-Point Link	一个路由器（接口）连接到另外一个路由器（接口）
2	Transit Link	一个路由器（接口）连接到一个 transit（传输）网络
3	Stub Link	一个路由器（接口）连接到一个 stub（末梢）网络
4	Virtual Link	虚连接

（2）Point-to-Point Link

① Point-to-Point Link 如图 6-43 所示，这里所描述的连接，是从路由器 Ra 的接口 a 连接到 Rb 的接口 b。如果用 OSPF 的术语来描述该连接，其描述如表 6-17 所示。

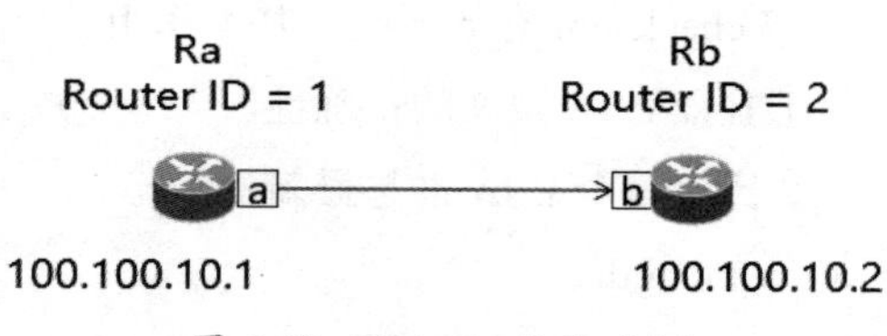

图 6-43　Point-to-Point Link

表 6-17　Point-to-Point Link 的描述

源	宿
Router ID = 1 接口 IP = 100.100.10.1	Router ID = 2 接口 IP = 100.100.10.2

②之所以在 Point-to-Point 连接之后介绍 Virtual Link，是因为 Virtual Link 是没有编号的点到点网络的一种特殊设置，如图 6-44 所示。

图 6-44 与图 6-43 相比，没有标明两个接口的 IP 地址。这正是没有编号的点到点网络的特别之处。它可以不配置具体的 IP 地址，而是“借用”路由器上已经配置的另一个接口的 IP 地址，以节约网络和地址空间。

图 6-44　Virtual Link

对于没有编号的点到点网络，虽然没有配置具体的 IP 地址，但是 OSPF 也不能只用两个路由器的 Router ID 来表述这个 Virtual Link，因为 Router ID 属于路由器级别，而连接（包括 Virtual

Link）属于接口级别。所以，为了准确描述一个 Virtual Link，OSPF 又叠加了接口的 MIB-II ifIndex value。用 OSPF 的术语来描述图 6-44 所表述的 Virtual Link，如表 6-18 所示。

表 6-18　Virtual Link 的描述

源	宿
Router ID = 1 接口 a 的 MIB-II ifIndex	Router ID = 2 接口 b 的 MIB-II ifIndex

③对于 Stub Link（type = 3），有人将其翻译成末梢连接，有人翻译成存根连接。笔者以为，末梢连接更符合中国人的习惯，更容易让人理解。

Stub Link 指的是连接到一个 Stub Network，如图 6-45 所示。

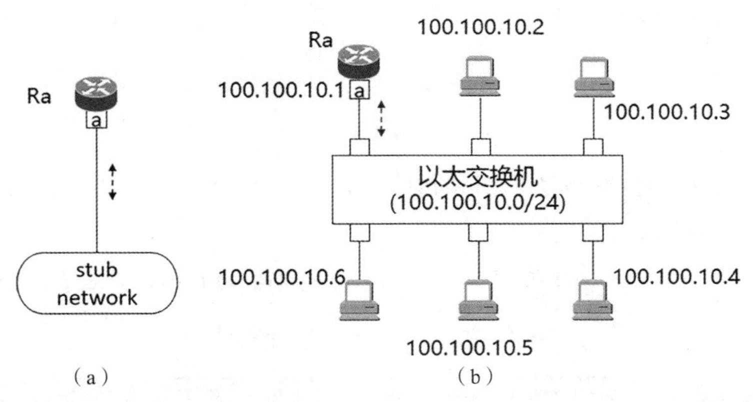

（a）　　（b）

图 6-45　Stub Link

图 6-45（a）描述的是一个路由器 Ra 的接口 a 连接到一个 Stub Network。Stub Network 的定义是：该网络的流量或者源于该网络，或者终于该网络。

其实，图 6-45（b）的表达更直接易懂：只有一个路由器的接口连接到该网络，其余都是 PC。也就是说，该网络的流量或者源于该网络，或者终于该网络。

通过图 6-45 可以看到，Stub Link 的一端是路由器的接口，另一端并不是另一个路由器的接口，而是一个 Stub Network。Stub Network 仍然是一个 Network，所以描述一个 Stub Network 的字段仍然是子网网段和子网掩码。

用 OSPF 的术语来描述图 6-45 所表述的 Stub Link，如表 6-19 所示。

表 6-19　Stub Link 的描述

源	宿
Router ID = 1 接口 IP = 100.100.10.1	子网网段：100.100.10.0 子网掩码：255.255.255.0

④ Transit Link 是指一个路由器接口连接到一个 Transit 网络。Transit 网络的定义既复杂又简单，复杂是因为 RFC 2328 中对此的描述也比较模糊；简单是因为 Transit 网络实际上指的就是 Broadcast 网络或 NBMA 网络，因为 RFC 2328 定义的 Transit Link 的宿节点就是 DR 的接口 IP 地址，而 DR 只能在 Broadcast 网络或 NBMA 网络中存在。

Transit Link 如图 6-46 所示。

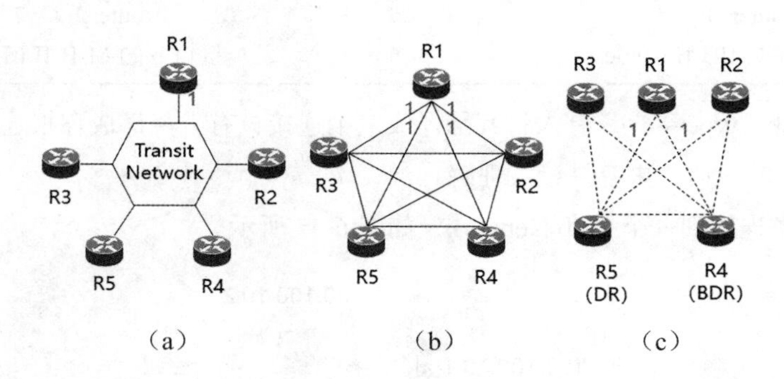

图 6-46　Transit Link

图 6-46（a）是 RFC 2328 的画法；图 6-46（b）是为了直观地表达全互联，图 6-46（c）是为了体现 DR/BDR，三者等价。

以 R1 为源，用 OSPF 的术语来描述图 6-46 所表述的 Transit Link，如表 6-20 所示。

表 6-20　Transit Link 的描述

源（R1）	宿（R5/DR）
Router ID = 1 接口 IP = 100.100.10.1	Router ID = 5 接口 IP = 100.100.10.5

读者可能会有疑惑，通过图 6-46（b）可以知道，R1 与 R2、R3、R4（BDR）、R5（DR）都有连接（一共 4 条），而表 6-20 却只用一条连接（连接到 R5/DR）的接口来表示 4 条连接。这么做的原因有如下 3 个。

- R1 与 R2、R3、R4（BDR）、R5（DR）的连接不需要一一列举，因为这 5 个路由器（接口）知道它们是互联的（通过 Hello 报文可以知道）。
- 连接的代价其实是出接口的代价。R1 到 R5（DR）的连接的代价是 1，R1 到 R2、R3、R4 的代价也都是 1（图 6-46 中的数字 1 即为代价）。
- R1 发送一个 LSA 给 R5/DR（也会发送给 R4/BDR），R5 会再泛洪给 R2、R3。这样一来，R2 ~ R4 都会知道 R1 的出接口代价是 1，即知道 R1 到 R2、R3、R4 的代价也都是 1。

⑤ OSPF 的连接一共只有 4 种（Point-to-Point Link、Transit Link、Stub Link 和 Virtual Link），我们会发现，有一个网络类型 P2MP 没有提及。那么 P2MP 网络对应哪种 Link 呢？图 6-47 是一个 P2MP 网络的示意。

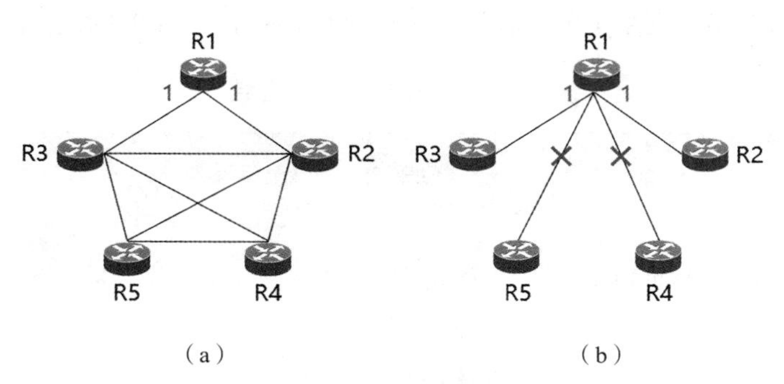

图 6-47　P2MP 网络示意

图 6-47（a）描述的是一个 P2MP 网络，图 6-47（b）以 R1 的视角描述其与 R2 ～ R5 的连接，其中 R1 → R2、R1 → R3 有连接，而 R1 → R4、R1 → R5 没有连接。

从某种意义上来说，P2MP 网络就是 P2P 网络的一种封装，所以针对 P2MP 网络的连接，就是多个 Point-to-Point 连接（type = 1）。

以 R1 为源，用 OSPF 的术语来描述图 6-47 所表述的 P2MP 网络，如表 6-21 所示。

表 6-21　P2MP 网络中 Link 的描述

序号	源	宿
1	Router ID = 1（R1） 接口 IP = 100.100.10.1	Router ID = 2（R2） 接口 IP = 100.100.10.2
2	Router ID = 1（R1） 接口 IP = 100.100.10.1	Router ID = 3（R3） 接口 IP = 100.100.10.3

图 6-46 中，R1（接口）与其他路由器（接口）之间有 4 条连接，但是用 OSPF 的术语来表述，只需要一条连接。

图 6-47 中，R1（接口）与其他路由器（接口）之间有 2 条连接，但是用 OSPF 的术语来表述，仍然需要 2 条连接。

两者有如此差异的原因如下。

- 图 6-46 中，各个路由器（接口）都知道是全互联的。
- 图 6-47 中，R1（接口）与哪个路由器（接口）有连接只有“当事人”（路由器接口）知道（通过 Hello 报文知道），而其他路由器接口并不知道。所以，假设 R1 只发布了一个连接（如 R1 → R2）是不完整的。

⑥小结。OSPF 定义了 Point-to-Point Link、Transit Link、Stub Link 和 Virtual Link 四种连接源。

都来自某一个路由器的接口 IP。Point-to-Point Link 的宿是目的路由器的接口 IP，Stub Link 的宿是一个子网网段，Transit Link 的宿则是 DR 的接口 IP，而 Virtual Link 稍有例外，它的源和宿都是路由器接口的 MIB-II ifIndex。

OSPF 定义的连接类型与网络类型有着比较一致的对应关系。OSPF 的连接总结如表 6-22 所示。

表 6-22　OSPF 的连接总结

连接类型（type）	连接名称	源	宿	对应网络类型
1	Point-to-Point Link	源路由器接口 IP	目的路由器接口 IP	P2P P2MP
2	Transit Link	源路由器接口 IP	DR 接口 IP	Broadcast NBMA
3	Stub Link	源路由器接口 IP	目的子网网段	—
4	Virtual Link	源路由器接口的 MIB-II ifIndex	目的路由器接口的 MIB-II ifIndex	Virtual Link

（3）Router-LSA 报文结构

Router-LSA 的报文结构如图 6-48 所示。

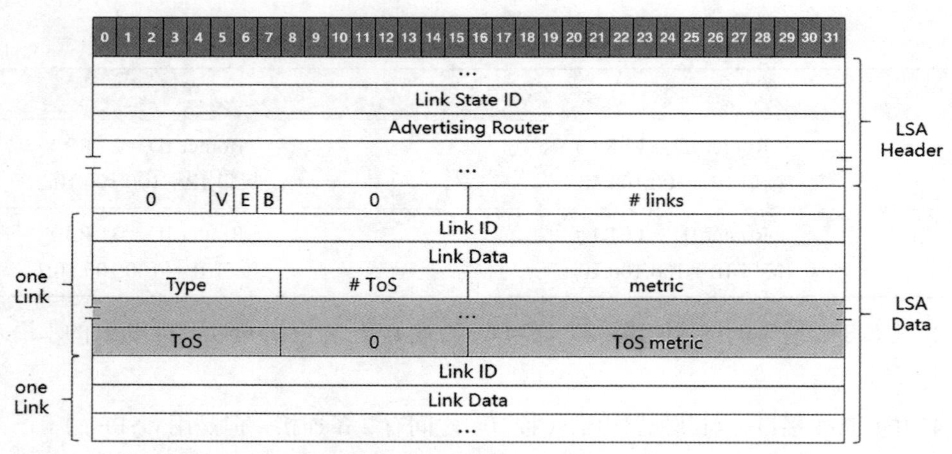

图 6-48　Router-LSA 的报文结构

图 6-48 包含了 LSA Header 的两个字段。这两个字段及 Router-LSA 中的 LSA Data 的各个字段的解释如下。

① Link State ID（32 bit）。Link State ID 的值是生成该 LSA 的路由器的 Router ID。

② Advertising Router（32 bit）。Advertising Router 的值是生成该 LSA 的路由器的 Router ID，等同于 Link State ID。

③ V（1bit）。V 是一个虚链路端点（Virtual Link Endpoint）标志位，如果其值为 1，说明该路由器（Link State ID 所代表的路由器，下同）是 Virtual Link 的一个端点。

④ E（1bit）。E 是一个外部（External）路由器标志位。当始发路由器（生成此 LSA 的路由器）是一个 ASBR 时，E 位置 1。

⑤ B（1bit）。B 是一个边界（Border）路由器标志位。当始发路由器是一个 ABR 时，B 位置 1。

⑥ # links（16bit）。# links 表明该 LSA 报文中所包含的连接数量。需要强调的是，连接数量不可任意取值，它必须等于该路由器在当前泛洪区域所有的连接数量。

⑦ Type（8bit）、Link ID（32bit）、Link Data（32bit）。这 3 个字段之所以放在一起讲述，是因为 Link ID、Link Data 与 Type 密切相关。Type 就是前文介绍的 OSPF 连接类型，一共有 4 种。三者之间的关系如表 6-23 所示。

表 6-23　Type、Link ID、Link Data

Type	连接名称	Link ID	Link Data
1	Point-to-Point Link	邻居路由器的 Router ID	始发路由器接口 IP
2	Transit Link	DR 的接口 IP	始发路由器接口 IP
3	Stub Link	IP 网络或子网地址	子网掩码
4	Virtual Link	邻居路由器的 Router ID	始发路由器接口的 MIB-II ifIndex

前文说过，连接的本质是源（从哪里来）和宿（到哪里去）。具体到不同的连接类型，其具体的源和宿的表达也有所不同。Link ID、Link Data，再加上 Link State ID，其实就是为了表达一个连接的源和宿。下面从一个连接的源、宿视角介绍这几个字段之间的关系，如表 6-24 所示。

表 6-24　Link 的源和宿

type	连接名称	源	宿
1	Point-to-Point Link	Router ID = Link State ID 接口 IP = Link Data	Router ID = Link ID 接口 IP = --（未包含）
2	Transit Link	Router ID = Link State ID 接口 IP = Link Data	Router ID = --（未包含） 接口 IP = Link ID
3	Stub Link	Router ID = Link State ID 接口 IP = --（未包含）	网络 / 子网地址 = Link ID 子网掩码 = Link Data
4	Virtual Link	Router ID = Link State ID 接口 MIB-II ifIndex = Link Data	Router ID = Link ID 接口 MIB-II ifIndex = --（未包含）

⑧链路的度量。链路的度量不是一个字段，而是多个字段，包括 # ToS（8bit）、metric（16bit）、ToS（8bit）、ToS metric（16bit）。

ToS 表示的是一个 Link 所支持的 ToS 及 ToS metric 的数量。在 RFC 2328 中，该字段的值始终为 0，即不再支持 ToS 度量这一思想。

ToS 表示 ToS 的值，ToS metric 表示与此 ToS 对应的度量值。

RFC 1583 原本可以支持多个 ToS/ToS metric，所以在图 6-48 中用省略号表示可能有多行 ToS/

ToS metric 记录。随着 RFC 2328 不再支持此特性，# ToS 字段的值也始终为 0，图 6-48 中表示的多行其实变成了 0 行（灰色底纹处实际一行都没有，之所以画出来，是为了方便阅读）。

RFC 2328 不再支持 ToS/ToS metric 思想，但是仍支持 metric 字段。metric 在 RFC 1583 中的含义是 ToS = 0 时的度量值（metric）。鉴于历史惯性，现在仍然有人习惯称 metric 为 ToS 0 metric。

metric 表示一个连接的代价，即该连接出接口的代价，其计算公式为

$$metric = Cost = 10^8/\text{接口带宽（接口带宽的单位是 bits/s）}$$

3. Network-LSA

Network-LSA 的 LS type = 2，是 Broadcast 或 NBMA 网络中的 DR 发起的一个 LSA。其报文结构如图 6-49 所示。

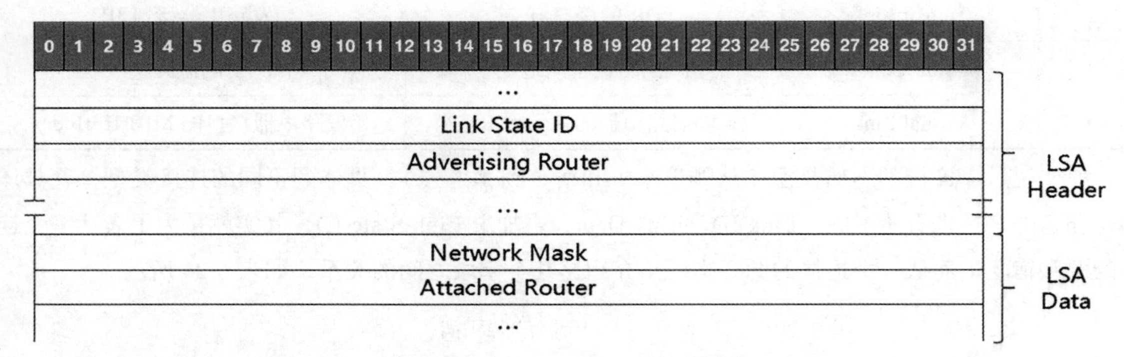

图 6-49　Network-LSA 的报文结构

下面结合图 6-50 所描述的例子讲述该报文结构。

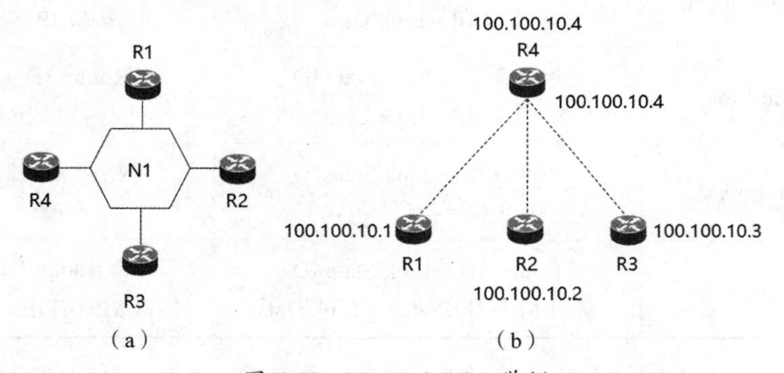

图 6-50　Network-LSA 举例

图 6-50（a）和图 6-50（b）描述的是同一个组网。网络 N1 的地址是 100.100.10.0/255.255.255.0，连接 4 个路由器 R1 ~ R4。R1 ~ R4 的 Router ID 分别 1、2、3、4，所对应的接口 IP 分别是 100.100.10.1、100.100.10.2、100.100.10.3、100.100.10.4。

R4 被选举为 DR，其所发布的 Network-LSA 的内容（关键字段）如表 6-25 所示。

表 6-25　R4 发布的 Network-LSA（关键字段）

字段名	值	说明
Link State ID	100.100.10.4	DR 的接口 IP
Advertising Router	4	DR 的 Router ID
LS type	2	Network-LSA
Network Mask	255.255.255.0	N1 的网络掩码
Attached Router	4	R4 的 Router ID
Attached Router	3	R3 的 Router ID
Attached Router	2	R2 的 Router ID
Attached Router	1	R1 的 Router ID

Network-LSA 中的 Attached Router 包括始发者自己（DR 的 Router ID）。

4. Network-Summary-LSA

前面介绍了 Router-LSA 和 Network-LSA，通过 Router-LSA 可以计算出路由，通过 Network-LSA 可以知道区域内所有的路由器（接口），从而校验路由计算的完备性。

但是，Router-LSA 只在一个 Area 内泛洪，也只能计算出一个 Area 内的路由，如图 6-51 所示。

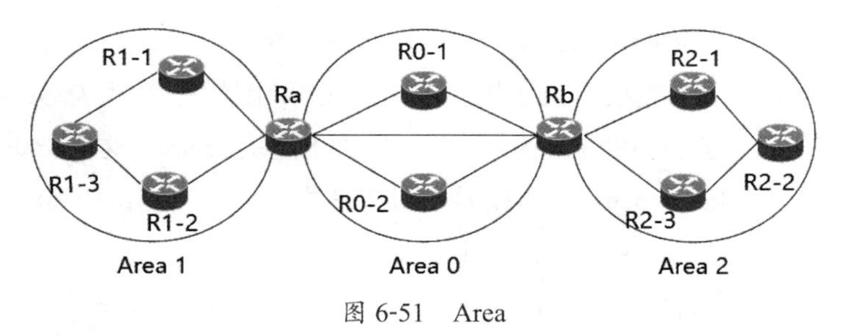

图 6-51　Area

图 6-51 中有 3 个 Area，通过 Router-LSA 可以分别计算出各自区域内的路由，但是区域间的路由是计算不出来的。例如，Area 1 的 R1-3 无法知道如何到达 Area 2 的 R2-2。为了解决这个问题，OSPF 提出了 Network-Summary-LSA 机制。简单地说，Network-Summary-LSA（LS type = 3）就是 ABR 将它所连接的不同的 Area 内的路由进行汇总，互相通报，如图 6-52 所示。

图 6-52 中，Area 0 和 Area 1 的 ABR Ra 将 Area 1 的路由汇总发给 Area 0 中的路由器，也将 Area 0 的路由汇总发给 Area 1 中的路由器。

路由汇总的格式并不完全与路由的格式相同。一般来说，路由的格式是：目的地、下一跳、出接口。而 Network-Summary-LSA 的格式如图 6-53 所示。

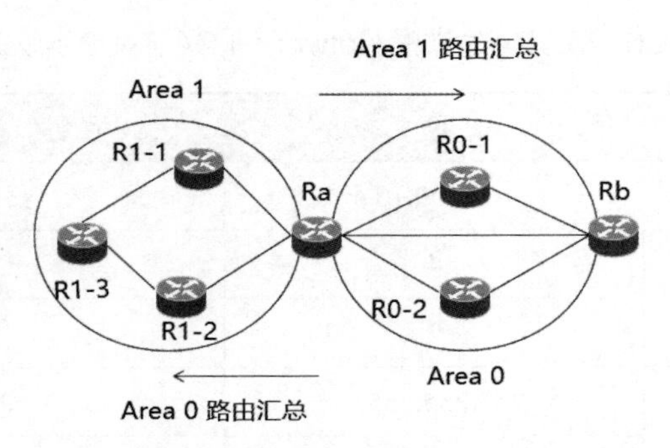

图 6-52　Network-Summary-LSA 示意

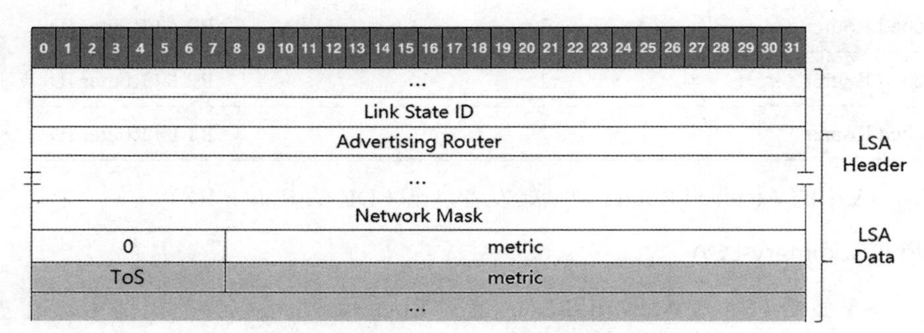

图 6-53　Network-Summary-LSA 报文结构

Network-Summary-LSA 使用两个字段来表达目的地：Link State ID 表示目的网络地址，如 192.100.10.0；Network Mask 表示网络掩码，如 255.255.255.0。

Network-Summary-LSA 没有直接表达路由表中的下一跳和出接口，因为表达的不是一张路由表，而是路由表构建所需要的信息。OSPF 构建路由表所需要的信息是 metric，这与 Router-LSA 是一样的。

同样，图 6-53 所示的 ToS、metric 及省略号（图 6-53 中灰色底纹标识的那两行）只是在形式上保持与 RFC 1583 兼容，但实际上在 RFC 2328 中已经废弃不用。

下面通过一个例子来具体描述 Network-Summary-LSA，如图 6-54 所示。

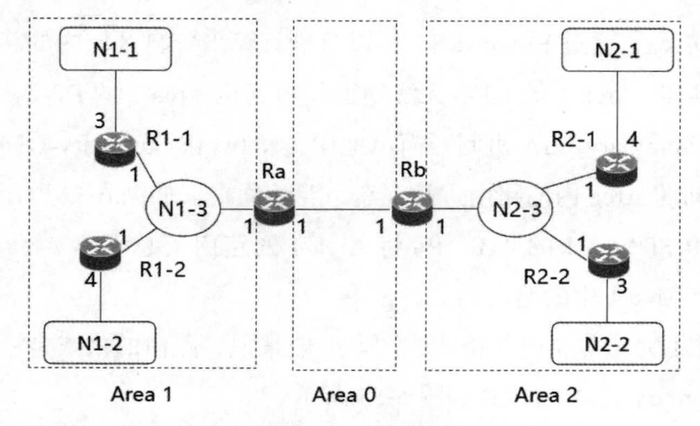

图 6-54　Network-Summary-LSA 举例

图 6-54 分为 3 个区域：Area 0、Area 1 和 Area 2。Ra 是 ABR，连接 Area 1 和 Area 0；Rb 是 ABR，连接 Area 2 和 Area 0。

图 6-54 中的 N1-1、N1-2 等表示网络，这是 RFC 的画法。其中 N1-1、N1-2、N2-1、N2-2 表示 Stub 网络；N1-3、N2-3 表示 MA（Multi-Access）网络，如 Broadcast 或 NBMA。

图 6-54 中路由器旁边的数字代表路由器出接口的 Cost。网络（N1-1、N1-2 等）的出接口 Cost 为 0（这是 RFC 2328 的规定和假设，假设交换机的出接口对网络连接没有影响，即没有代价）。

图 6-54 中各个网络、路由器的参数分别如表 6-26 和表 6-27 所示。

表 6-26　图 6-54 中网络的参数

网络	网络地址	掩码
N1-1	100.100.1.0	255.255.255.0
N1-2	100.100.2.0	255.255.255.0
N1-3	100.100.3.0	255.255.255.0
N2-1	100.200.1.0	255.255.255.0
N2-2	100.200.2.0	255.255.255.0
N2-3	100.200.3.0	255.255.255.0

表 6-27　图 6-54 中路由器的参数

路由器名称	Router ID	路由器接口	接口 IP	接口 Cost
Ra	100	Ra 对接 Rb	100.50.1.1	1
Rb	200	Rb 对接 Ra	100.50.1.2	1
Ra	100	Ra 对接 N1-3	100.100.3.3	1
R1-1	11	R1-1 对接 N1-3	100.100.3.1	1
R1-2	12	R1-2 对接 N1-3	100.100.3.2	1
R1-1	11	R1-1 对接 N1-1	100.100.1.1	3
R1-2	12	R1-2 对接 N1-2	100.100.2.2	4
Rb	200	Rb 对接 N2-3	100.200.3.3	1
R2-1	21	R2-1 对接 N2-3	100.200.3.1	1
R2-2	22	R2-2 对接 N2-3	100.200.3.2	1
R2-1	21	R2-1 对接 N2-1	100.200.1.1	4
R2-2	22	R2-2 对接 N2-2	100.200.2.2	3

基于以上参数，图 6-54 中的 Ra 将 Area 1 中的 Network-Summary-LSA 发布给 Area 0 的报文，其相关主要字段的值如表 6-28 所示。

表 6-28　Ra 发布的 Network-Summary-LSA 主要字段的值（Area 1 → Area 0）

序号	Link State ID	Advertising Router	Network Mask	metric
1	100.100.1.0	100	255.255.255.0	4
2	100.100.2.0	100	255.255.255.0	5

表 6-28 中表示了两条 LSA，这是因为需要通告两个网络的 metric。Advertising Router 都是 Ra，所以其值都是 100（Ra 的 Router ID）。两条 LSA 的 metric 分别是 4 和 5。下面以 LSA1 为例（到达 100.100.1.0/255.255.255.0），讲述其 metric 的计算方法，如图 6-55 所示。

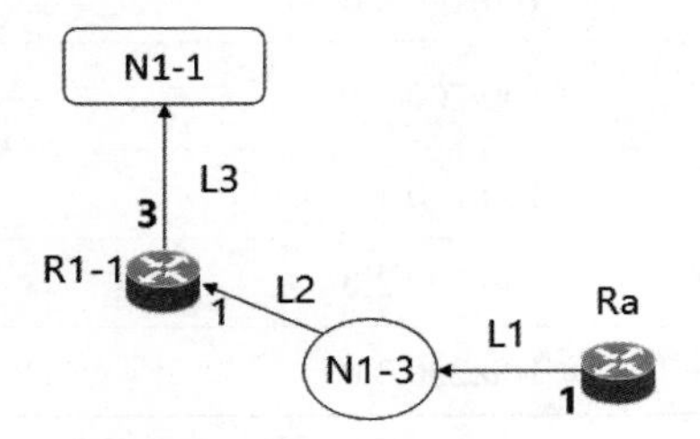

图 6-55　LSA 的 metric 计算方法示意

图 6-55 表示的是从 Ra 到达 N1-1 的路径，分为 L1、L2 和 L3 3 个连接。前文说过，一个连接的 Cost 就是出接口的 Cost，而网络的出接口的 Cost 为 0，所以 Ra 到达 N1-1 的路径的 Cost（metric）= L1.Cost + L2.Cost + L3.Cost = 1 + 0 + 3 = 4。

Ra 将 Area 1 中的 Network-Summary-LSA 发布给 Area 0，对于图 6-54 而言，其实就是发布给 Rb。Rb 还需要将此报文再转发给 Area 2。当然，它不是简单转发，而是做了一些处理，如表 6-29 所示。

表 6-29　Rb 转发 Ra 发布的 Network-Summary-LSA

序号	Link State ID	Advertising Router	Network Mask	metric
1	100.100.1.0	200	255.255.255.0	5
2	100.100.2.0	200	255.255.255.0	6

需要注意的是，表 6-29 中的 Advertising Router 变成了 Rb（Router ID = 200），对应的 metric 也都分别加上了 Rb 相应出接口的 Cost（图 6-54 中的值是 1）。

Rb 将 Area 2 的 Network-Summary-LSA 发布给 Area 0，过程同理，这里不再赘述。

5. AS-External-LSA

通过 Router-LSA，OSPF 可以计算出一个 Area 内部的路由；通过 Network-Summary-LSA，OSPF 可以计算出 Area 之间的路由，但是这两部分路由都是一个 AS 内的路由。

OSPF 如何计算通往 AS 外部的路由呢？这就需要 ASBR。ASBR 通过 BGP 协议，感知 / 计算出通往 AS 外部的路由，然后转换为 OSPF LSA 的形式，通告 / 泛洪给 AS 内部的路由器。该 LSA 就是 AS-External-LSA（LS type = 5）。

（1）ASBR

AS 可以分为多个 Area，并且从 Area 的视角将路由器分为 ABR、内部路由器、骨干路由器等角色。但是如果站在 AS 的视角，路由器则有另外的分类，如图 6-56 所示。

图 6-56 中有两个 AS：AS100、AS200。R1 属于 AS100，R2 属于 AS200。R1 与 R2 之间运行 BGP。

BGP 协议会在第 9 章中讲述。如果读者对其不了解，可以简单类比为 OSPF 的 Network-Summary-LSA，即将各个 AS 的路由信息互相通报。

R1、R2 称为 ASBR；相应地，其他路由器称为自治系统内部路由器（Autonomous System Internal Router）。

一个 AS 至少有一个 ASBR，否则该 AS 就会成为孤岛。如果从 OSPF 的视角来看 ASBR，其如图 6-57 所示。

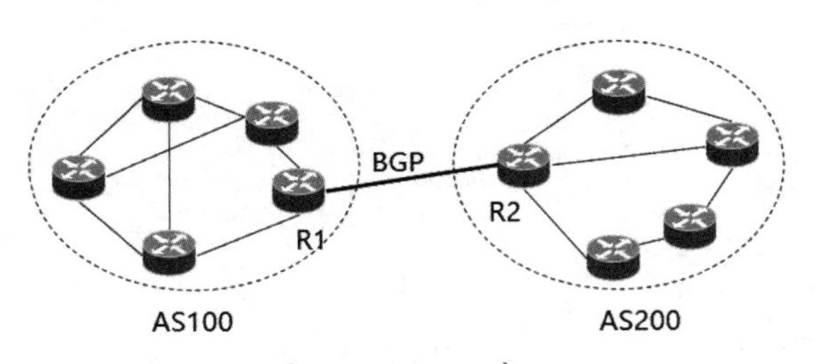

图 6-56　AS 示意

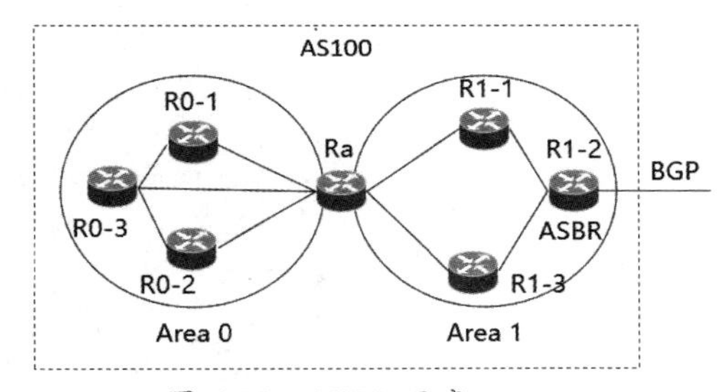

图 6-57　ASBR 示意

需要说明的是，图 6-57 中的任意一个路由器都可能是 ASBR，而图 6-57 只不过是以 R1-2 路由器指代。也就是说，ASBR 可能在 OSPF 的任何区域，既可能是 ABR，也可能是内部路由器。

（2）AS-External-LSA 报文结构

AS-External-LSA 的报文结构如图 6-58 所示。与 Network-Summary-LSA 一样，AS-External-LSA 也使用两个字段来表达目的地：Link State ID 表示目的网络地址，如 192.100.10.0；Network Mask 表示网络掩码，如 255.255.255.0。

同样，AS-External-LSA 也使用 metric 字段表示到达目的网络的度量值。与 Network-Summary-LSA 不同的是，AS-External-LS 多了一个字段 E（1bit）。

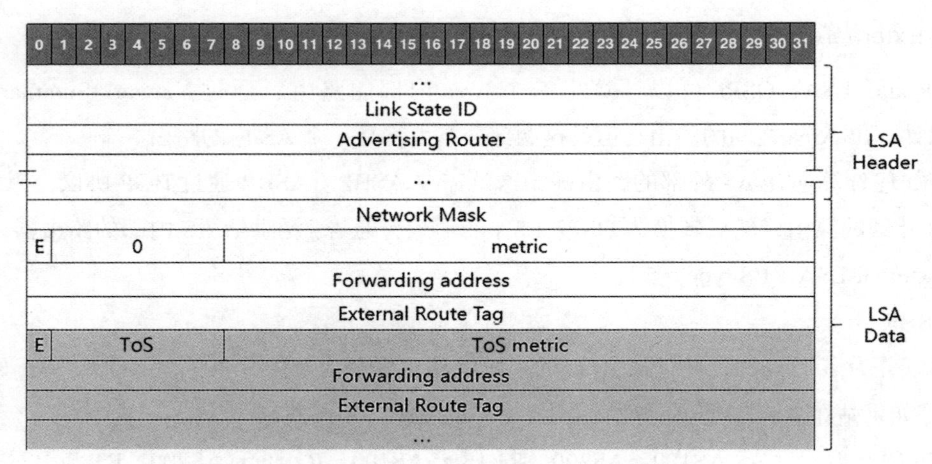

图 6-58　AS-External-LSA 的报文结构

External Route Tag（32bit）不是 OSPF 协议使用的字段，而是 ASBR 之间交流所用的字段，本书对此不过多讨论。图 6-58 中灰色底纹的 ToS、ToS metric 等，RFC 2388 已经不再使用。

下面分别介绍 E 字段和 Forwarding address 字段。

① E 字段与 Type1、Type2 External。

E 字段表达的含义是"远与近"，如图 6-59 所示。

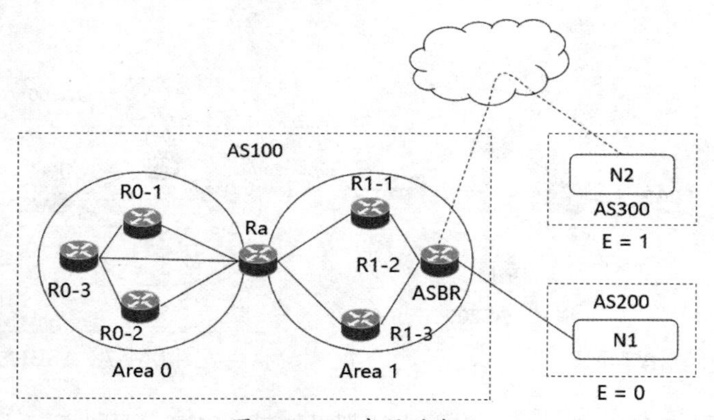

图 6-59　E 字段的含义

图 6-59 中，ASBR（R1-2）连接了两个外部网络（其他 AS 的网络）N1、N2。ASBR 与 N1 比较近，与 N1 是直连的；ASBR 与 N2 比较远（图 6-59 中用虚线和一朵云来表示距离非常远）。

E = 0 表示较近，E = 1 表示较远。其又引出了 OSPF 的两个专业术语：Type1 External（第一类外部路由）、Type2 External（第二类外部路由），分别对应着 E = 0 和 E = 1。

之所以有这两类外部路由，是因为 OSPF LSA 通告的并不是直接的路由表，而是连接的 metric，然后由路由计算模块计算出路由。

连接的 metric 就是连接出接口的 Cost。对于 AS 内部连接而言（内部连接都是直连，除了 Virtual Link 外），每个接口的 Cost 的计算公式和表达含义都是一样的。对于 E = 0 的外部连接而言，使用 ASBR 所对应的出接口的 Cost 也具有一样的含义（因为是直连）。

但是对于 E = 1 的外部连接而言，再使用相应出接口的 Cost 作为连接的度量没有意义，因为该连接不仅不是直连，而且相隔非常远。此时的度量（metric）不仅不能采用相应出接口的 Cost，而且还应该比普通的域内连接的度量值要大很多，如图 6-60 所示。

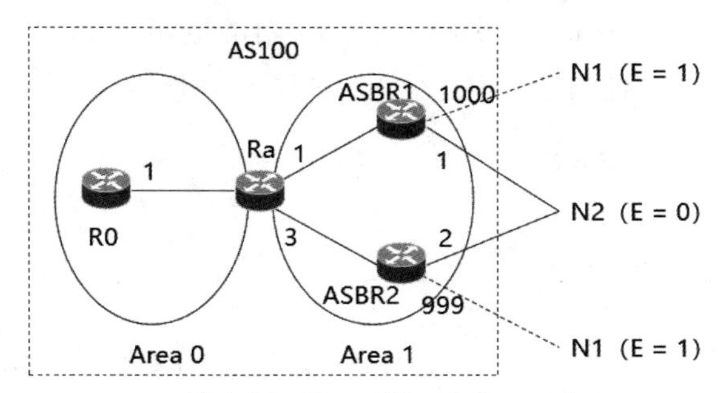

图 6-60　Type1/Type2 External

图 6-60 中，ASBR1、ASBR2 都能连接到网络 N1，也都是远程连接（E = 1），所以它们的度量值比普通的度量值要大很多（分别是 1000、999）。同时，两者也都直接连接到了网络 N2（E = 0），因为是直接相连，所以它们的度量值与普通的度量值相仿，分别是 1、2。

Type1 External、Type2 External 在路由计算上利用的度量值也不一样。

对于 Type1 External 而言，以图 6-60 中的 R0 到达 N2 为例，其计算方法如下。

- 路径 1 = R0 → Ra → ASBR1 → N2。
- 路径 2 = R0 → Ra → ASBR2 → N2。

Type1 External 路径度量的计算方法：从源到达 ASBR 的度量 + ASBR 到达目的地的度量。基于此公式可以得到两个路径的度量值。

- 路径 1 的度量值 = 1 + 1 + 1 = 3。
- 路径 2 的度量值 = 1 + 3 + 2 = 6。

所以，路径 1 是最优的，即 R0 到达 N2 的路由是路径 1。

假设 Type2 External 的算法与 Type1 External 的算法相同，那么 R0 到达 N1 的路径有如下候选。

- 路径 3 = R0 → Ra → ASBR1 → N1。
- 路径 4 = R0 → Ra → ASBR2 → N1 。

相应地，两个路径的度量值如下。

- 路径 3 的度量值 = 1 + 1 + 1000 = 1002。
- 路径 4 的度量值 = 1 + 3 + 999 = 1003。

看起来应该选择路径 3，其实不然。Type2 External 的算法实际上是只考虑 ASBR 到达目的地的度量值。重新计算度量值，路径 3 的度量值 = 1000，路径 4 的度量值 = 999。所以，应该选择路径 4。

Type2 External 算法之所以这样考虑，是因为其认为域内的这些度量值与外部度量值相比没有意义。

② Forwarding address。通往 AS 的外部网关默认是 ASBR，这在很多场景下是成立的，此时 Forwarding address 的值为 0.0.0.0。

还有一种场景，虽然 ASBR 发布了外部路由信息（目的地和 metric），但是网关并不一定就是它自己，或者说如果是它自己，此路由并不是最优，如图 6-61 所示。

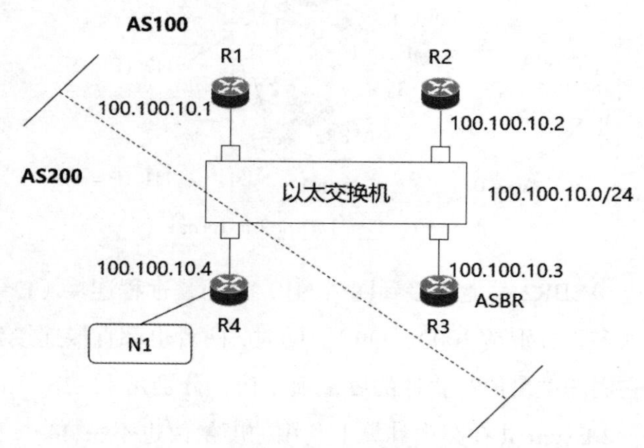

图 6-61　Forwarding Address 示意

图 6-61 的例子比较特殊，正好可用于讲述 Forwarding Address 的概念。图 6-61 中，R1 ~ R4 同在一个广播网 100.100.10.0/24 中，但分属两个 AS。R3（ASBR）与 R4 之间运行 BGP。R3 向 R1、R2 到达 N1 的外部路由，如果 Forwarding Address = 0.0.0.0，则意味着到达 N1 的网关就是 R3。以 R1 为例，它要访问 N1，则其路径是 R1 → R3 → R4 → N1，显然该路径没有 R1 → R4 → N1 更优。

Forwarding Address 就是为了在类似场景下能够选择到最优路径。此时只需要 R3 通报的 AS-External-LSA 中的 Forwarding Address 等于 R4 相应接口 IP（100.100.10.4）即可。

也就是说，在有更优的转发网关的情况下，Forwarding Address 的值就是该网关 IP；否则，其值为 0.0.0.0（表示网关就是通报 AS-External-LSA 的 ASBR）。

6. ASBR-Summary-LSA

前面小节讲述 Type1 External 时提到了 metric 的计算方法，如图 6-62 所示。

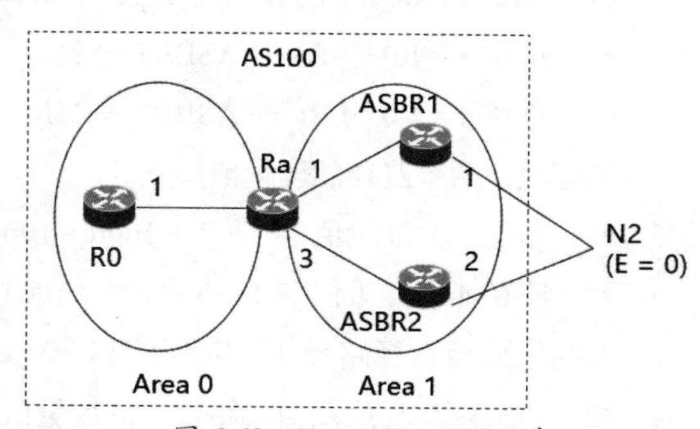

图 6-62　Type1 External 示意

图 6-62 中的路径 1（R0 → Ra → ASBR1 → N2）的 metric 计算公式如下：

metric(路径 1) = metric(R0 → Ra) + metric(Ra → ASBR1) + metric(ASBR1 → N2) = 1 + 1 + 1 = 3

现在的问题是：R0 是如何知道 Ra 到 ASBR1 的连接的 metric 的？

Router-LSA、Network-LSA、Network-Summary-LSA、AS-External-LSA 均无法将 Ra 到 ASBR1 的连接的 metric 通报给 R0，承担这一功能的是 ASBR-Summary-LSA（LS type = 4）。

ASBR-Summary-LSA 与 Network-Summary-LSA 的数据（报文）结构完全相同，而且也由 ABR 进行发布。两者的不同点仅体现在两个字段的赋值上。

① Link State ID。ASBR-Summary-LSA 的 Link State ID 的值等于其发布的连接中的 ASBR 的 Router ID。

② Network Mask。ASBR-Summary-LSA 的 Network Mask 的值等于 0.0.0.0。

6.6.3 Stub 系列区域

如果不考虑 Stub Area，ASBR 所通报的 AS 外部路由会泛洪到所有 Area 的所有路由器，如图 6-63 所示。

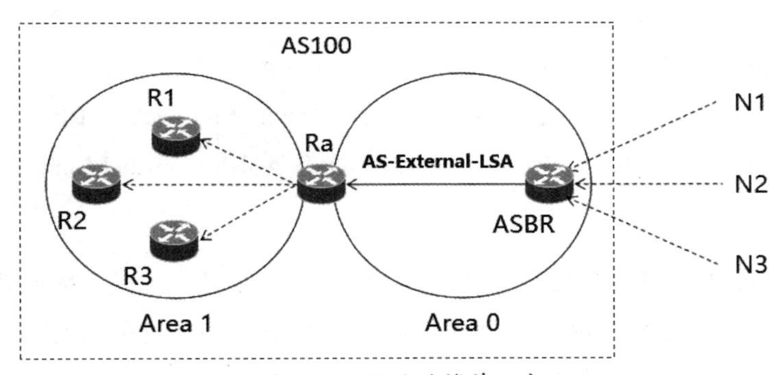

图 6-63　泛洪的简单示意

图 6-63 中表达的泛洪是：Area 0 中的 ASBR 向 Ra（ABR）通报了一个 AS-External-LSA，Ra 会再将该 LSA 通报给 Area 1 的所有路由器（R1 ～ R3）。

泛洪以后，R1 ～ R3 中将会有很多达到外部网络的路由表项（虽然图 6-63 中只画了 N1 ～ N3，但实际上会有很多）。

图 6-63 中，Area 1 只有一个 ABR（Ra），即，Area 1 只有一个外部出口，这时所有的外部路由表项都没有意义，因为都要从 ABR（Ra）出去。这样，ABR 根本没有必要再将 ASBR 发布的 LSA 泛洪到其区域内的所有路由器，而只需要发布一个默认路由即可（LS type = 3，即 Network-Summary-LSA）。这样做的好处是，可以节约该区域内所有路由器的存储资源（内存），也可以减少路由计算量（节约 CPU 资源）。

有鉴于此，有必要将类似图 6-63 中的 Area1 的区域再加一个额外的定义，使之不再接收 AS-

External-LSA 的泛洪。这样的区域，OSPF 称为末梢区域（Stub Area）。

考虑到具体场景的不同，再加上 Cisco 的扩展，Stub Area 又细分为末梢区域（Stub Area）、完全末梢区域（Totally Stubby Area）、非纯末梢区域（Not-So-Stubby Area，NSSA）和完全非纯末梢区域（Totally NSSA）4 种区域，下面分别进行讲述。

1. Stub Area

如果一个区域被定义为 Stub Area，那么当一个 AS-External-LSA 被发布到该区域的 ABR 时，ABR 不会再将此 LSA 泛洪到该区域内，而是转换为一个 Network-Summary-LSA 再泛洪。该 Network-Summary-LSA 的 Link State ID = 0.0.0.0，Network Mask 也等于 0.0.0.0，表示发布 / 泛洪一个默认路由。

一个区域被定义为 Stub Area，如果它有多个 ABR，那么这多个 ABR 都是发布 / 泛洪默认路由。该区域内的路由器接到多个 ABR 发布的默认路由后，可以根据最短路径决定从哪个 ABR 出去。

Stub Area 有两个限制：该区域内不能有 ASBR；Virtual Link 不能穿越该区域。

2. Totally Stubby Area

Totally Stubby Area 是 Cisco 定义的一种区域，它比 Stub Area 更加严格。Stub Area 的 ABR 会将 AS-External-LSA 转换为默认路由发布 / 泛洪到 Stub Area 内，而 Totally Stubby Area 还会将 Network-Summary-LSA 也转换为默认路由发布 / 泛洪到 Totally Stubby Area 内。

Totally Stubby Area 同样有两个限制：该区域内不能有 ASBR；Virtual Link 不能穿越该区域。

3. NSSA

NSSA 是 Stub Area 的一种异常情况。NSSA 与 Stub Area 的相同点是该区域外的 ASBR 发布的 AS-External-LSA 会被该区域的 ABR 转换为默认路由（LS type = 3）发布 / 泛洪到该区域内。

但是，如果该区域内有一个 ASBR 呢？这个区域就被称为 NSSA，如图 6-64 所示。

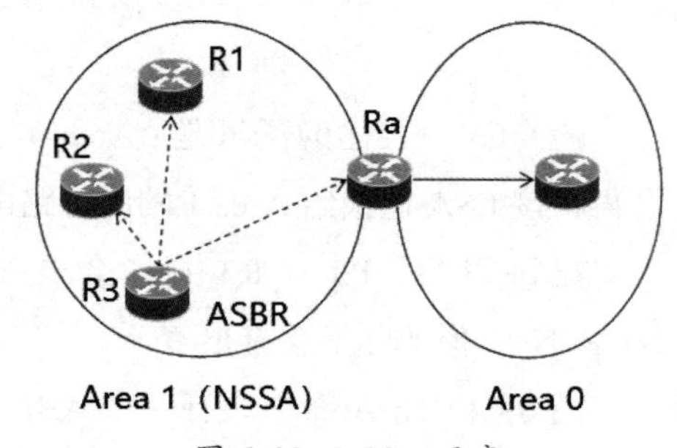

图 6-64　NSSA 示意

图 6-64 中，Area 1 是一个 NSSA，R3 是一个 ASBR，并处在一个貌似 Stub 的区域，需要发布 AS-External-LSA，但 Stub 区域又规定不能发布 AS-External-LSA。于是，OSPF 提出了一个折中的方案。

① NSSA 中的 ASBR 在 NSSA 区域内发布 / 泛洪 NSSA-External-LSA。

② NSSA 的 ABR 接到该 LSA 时，转换为 AS-External-LSA，再发布 / 泛洪其所连接的另外的区域。

NSSA-External-LSA 的数据（报文）结构与 AS-External-LSA 完全相同，只有以下两点不同。

① LS type = 7（AS-External-LSA 的 LS type = 5）。

② Forwarding address 的值不同。

4. Totally NSSA

Totally NSSA，是相对于 NSSA 而言的，它比 NSSA 更严格，会将 Network-Summary-LSA 也转换为默认路由发布 / 泛洪到 Totally NSSA 内。

Totally NSSA 是由 Cisco 定义的类型。

5. Stub 系列区域的对比

Stub 系列区域的共同特点是不引入其他区域的 ASBR 发布的 AS-External-LSA，而是被其区域的 ABR 转换为 Network-Summary-LSA 形式的默认路由，并在该区域内发布 / 泛洪。

Stub 系列区域的不同点如图 6-65 所示。

	引入 Network-Summary-LSA	不引入 Network-Summary-LSA
区域内有 ASBR	NSSA【发布 NSSA-external-LSA】	Totally NSSA【发布 NSSA-external-LSA】
区域内无 ASBR	Stub Area【不发布 NSSA-external-LSA】	Totally Stubby Area【不发布 NSSA-external-LSA】

图 6-65 Stub 系列区域的不同点

6.7 LSA 泛洪

我们知道，OSPF 采用 Dijkstra 算法计算路由，但是该路由计算的前提是全网数据一致，如图 6-66 所示。

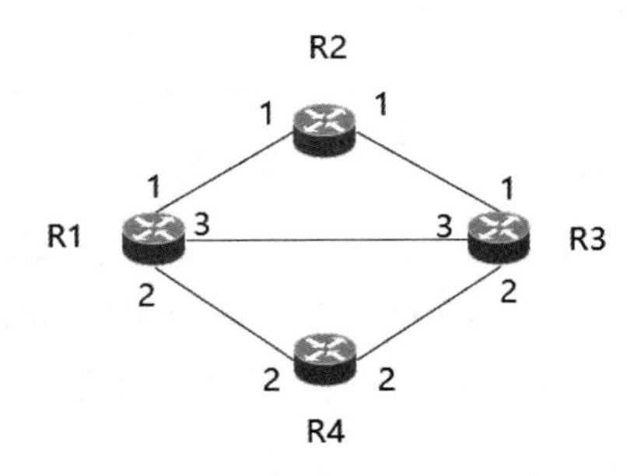

图 6-66 全网数据一致示意

图 6-66 中画出了由 4 个路由器（R1 ~ R4）组成的网络拓扑，标识了路由器之间的连接及连接的度量（metric）。图 6-66 也可以理解为一个图数据库，或者称为链路状态数据库。

OSPF 计算路由的关键不仅是采用 Dijkstra 算法，而且还取决于每一个路由器中都有相同的链路状态数据库。如果做不到这一点，那么 Dijkstra 算法计算出的结果就没有意义。

说明：这里暂且忽略 OSPF Area 的概念，实际考虑到 OSPF Area，全网路由器中的链路状态数据库并不相同。

LSA 的目的就是承载链路状态信息，但是 LSA 仅仅是一个数据结构，它并不是一个完整的报文，或者说它并不是一个完整的协议。为了使全网都有相同的链路状态数据库，OSPF 提出了 LSA 泛洪机制。

泛洪是 TCP/IP 中一个非常重要的概念，简单地说，就是“一传十，十传百”，如图 6-67 所示。

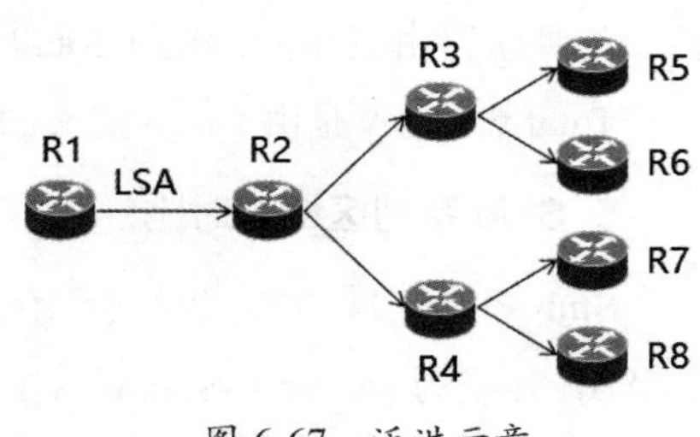

图 6-67　泛洪示意

图 6-67 中，R1 将一个 LSA 传递给了 R2，R2 需要再将该 LSA 传递给它的邻居 R3、R4。同理，R3、R4 也需要将此 LSA 再传递给它的邻居……一直到传递结束，整个网络内所有的 OSPF 路由器都具有了此 LSA。当然，其他路由器也会重复 R1 的步骤，最终使得全网内所有 OSPF 路由器都具有相同的链路状态数据库。这样一个过程，OSPF 称之为（LSA）泛洪。

当然，这是一个极简的描述，细节上与 OSPF LSA 的泛洪还有很大差距。例如，前面中提到的 Stub Area 的特点：“如果一个区域被定义为 Stub Area，那么当一个 AS-External-LSA 被发布到该区域的 ABR 时，ABR 不会再将此 LSA 泛洪到该区域内，而是转换为一个 Network-Summary-LSA 再泛洪。”

这显然不是图 6-67 所示意的“一传十，十传百”那样简单，而且即使仅是两个邻居之间的 LSA 交换，OSPF 也设计了多种报文，如表 6-30 所示。

表 6-30　OSPF 的 5 种报文

Packet Type（报文类型）	报文简述
1	Hello 报文
2	Database Description（DD）报文
3	Link State Request（LSR）报文
4	Link State Update（LSU）报文
5	Link State Acknowledgment（LSAck）报文

表 6-30 中的 Hello 报文与邻居发现和 DR/BDR 选举相关，与 LSA 泛洪无关。与 LSA 泛洪相关的是表 6-30 中的另外 4 种报文：DD、LSR、LSU 和 LSAck。

6.7.1 DD 报文

DD 中的 Database（数据库）指的是 Link State Database（链路状态数据库，LSDB）。

无论 LSA 泛洪多么复杂，其首先必须从两个邻居路由器交换 LSA 开始。最简单地理解，两个数据库通过 Hello 报文确定双边关系（2-Way）以后（如果有必要，还包括 DR/BDR 的选举），双方直接交换各自 LSDB 中的 LSA 即可，如图 6-68 所示。

再强调一遍，图 6-68 中的双方建立 2-Way 关系这一过程必须加上 DR/BDR 选取这一过程（如果需要），很多文献（包括 RFC）对这一点都没有详细介绍（因为 OSPF 的邻居状态机中没有 DR/BDR 选举这一状态，从而给人造成很大的误解）。以后的讲述中，有时为了简化，会省略该强调内容，但实际上其都包含 DR/BDR 选举过程。

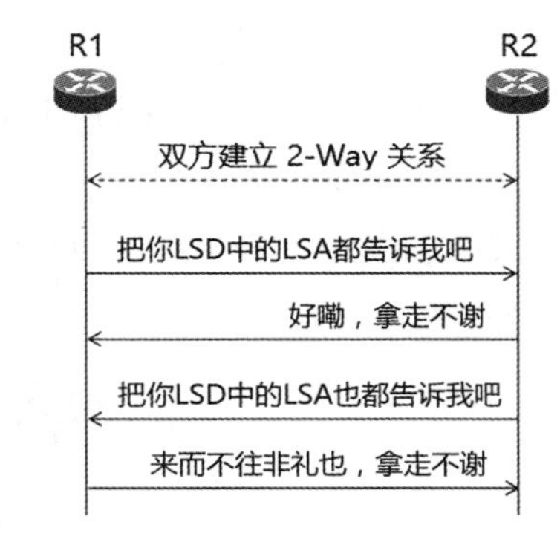

图 6-68　直接交换 LSDB 中的 LSA

双方建立 2-Way 关系以后，图 6-68 中的两个数据库（R1、R2）直接互相交换彼此的所有 LSA（LSDB 中的 LSA），非常简单直接，易于理解。

但 OSPF 相对比较复杂，它在互相交换 LSA 之前先交换了一次 LSA Header。这样做是为了先比较双方 LSDB 中的 LSA 的差异（通过 LSA Header 比较），然后交换差异部分。

极端情况下，如果两个路由器互相交换了 LSA Header 以后发现彼此的 LSA 是相同的，那么接下来双方就没有必要再交换 LSA。

由于 LSA Header 相对于 LSA 来说小很多，因此 DD 的核心目的是减少路由器之间的报文交换，节约带宽。

1. DD 报文结构

DD 报文结构如图 6-69 所示。

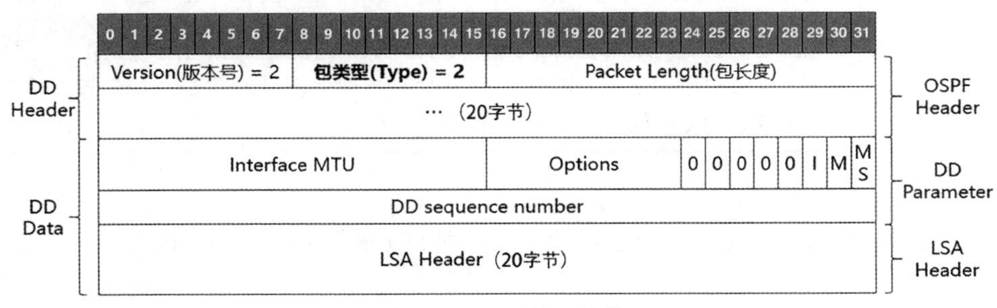

图 6-69　DD 报文结构

DD 报文结构分为两大部分：DD Header 和 DD Data。

DD Header 与其他所有 OSPF 的报文的 Header 都是一样的，只是其包类型（Type）等于 2，以示区分。

DD Data 又分为两部分：DD Parameter 和 LSA Header，其中的各个字段含义如下。

（1）Interface MTU

我们知道，在很多场景下，OSPF 中提到的路由器其实指的是路由器某一个具体的接口。Interface MTU（16bit）中的 Interface 指的就是发布 DD 报文的接口。Interface MTU 标识的就是该接口的 MTU（Maximum Transmission Unit）。此处 MTU 指的是传输 IP 报文在不分段的情况下的最大长度（单位是字节）。

需要强调的是，Virtual Link 的 Interface MTU 应该设置为 0。

（2）Options

DD 报文中的 Options（8bit）与 Hello 报文中的 Options、LSA 中的 Options 含义相同，其定义如图 6-70 所示。

0	1	2	3	4	5	6	7
*	*	DC	EA	N/P	MC	E	T

图 6-70　Options 的定义

图 6-70 中，“*”表示暂时没有定义，一般被置为 0。其余字段的含义如表 6-31 所示。

表 6-31　Options 各个字段的含义

名称	长度（bit）	含义
DC	1	如果置为 1，表示路由器支持按需电路上的 OSPF 能力
EA	1	如果置为 1，表示路由器能够接收和转发 External-Attributes-LSA
N/P	1	如果置为 1，表示路由器可以处理 NSSA-External-LSA（LS type = 7）
MC	1	如果置为 1，表示路由器支持组播（multicast）
E	1	如果置为 1，表示路由器可以接收 AS-External-LSA（LS type = 5）
T	1	这是 RFC 1583 定义的，在 RFC 2328 中已经被废弃。其原意是：如果置为 1，表示路由器支持 ToS（LSA 中的 ToS 及 ToS metric）

（3）I

I（1bit）是 Init 的缩写，如果 I = 1，表示是一系列 DD 报文中的第一个报文。

（4）M

M（1bit）是 More 的缩写，如果 M = 1，表示后面还有 DD 报文。

（5）MS

MS（1bit）是 Master/Slave 的缩写，如果 MS =1, 表示发布该报文的路由器是主路由器。

（6）DD sequence number

因为一次 DD 交互会发送一系列的 DD 报文，所以用 DD sequence number（32bit）来标识每一个报文。DD sequence number 的初始值（M = 1 时）由 master 路由器来决定，以后每再多发送一个 DD 报文，DD sequence number 会加 1。

（7）LSA Header

LSA Header（20 字节）在前面介绍过，这里不再赘述。

两个路由器建立 2-Way 关系以后，就可以通过 DD 报文彼此交换 LSA Header。但是，网络上的两个路由器的数据交换其可靠性是一大问题。解决可靠性的方法也有很多种，OSPF 的方法就是两阶段：ExStart 和 Exchange。下面分别介绍这两个阶段。

2. DD 的阶段 1：ExStart

DD 交换的第一阶段是 ExStart。ExStart（Exchange Start）的表面意思是“交换开始”，但是从其实际行为来看，它是“为交换（LSA Header）做准备”。

可靠性保证的基本思路之一就是“一方发送一方接收时，接收方对发送方进行确认：确认已收到”，如图 6-71 所示。

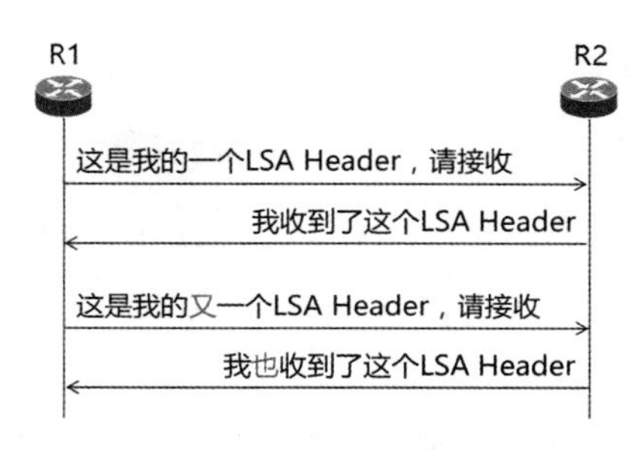

图 6-71　可靠性保证的基本思路

图 6-71 表达了可靠性保证的一个基本思路，其中有一个细节：R1 发送了一个又一个 LSA Header，R2 也确认了一个又一个，但是这些 LSA Header 是如何标识的呢？双方怎么知道是发送的和确认的，还有，两个 LSA Header 是同一个吗？

OSPF 采用的方法是：用 DD sequence number 字段来标识 LSA Header，如果两个 DD 报文中的 DD sequence number 相同，则意味着这两个 DD 报文中的 LSA Header 也相同。

DD sequence number 由谁生成？它如何保证唯一性？这些问题加上可靠性保证的其他细节，促成了 DD 的阶段 1：ExStart。

ExStart 的目的有如下两个。

①确认两个路由器谁是 master（主），谁是 slave（从），然后由 master 路由器来生成 DD sequence number。

②同时，由 master 路由器来决定 DD sequence number 的唯一性。

两个路由器确定谁是 master 的过程与 DR/BDR 的选举过程类似，不过由于其只涉及两个路由器，因此过程相对比较简单。确定谁是 master 的原则比较简单，谁的 Router ID 大，谁就是 master。

两个路由器竞选 master 的过程也比较简单，在“一问一答”中即可完成。双方发的都是 DD 报文（Package Type = 2），但是此时的 DD 报文并不包含 LSA Header（因为没有必要，而且还可以节约带宽），如图 6-72 所示。

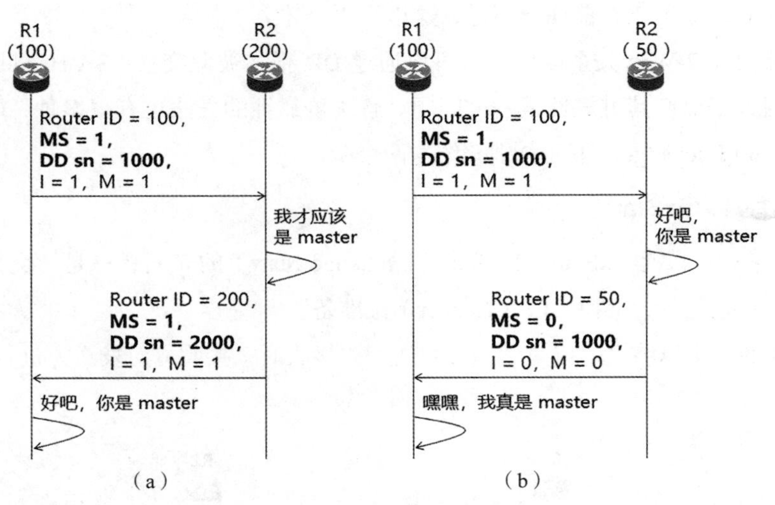

图 6-72　master 的选举过程

图 6-72 表达的是 R1 与 R2 竞选 master。图 6-72（a）中，R1 的 Router ID（100）比 R2 的小（200），所以 R2 应该是 master；而图 6-72（b）中，由于 R1 的 Router ID 比 R2 的大，所以 R1 是 master。

无论是图 6-72（a）还是图 6-72（b），都假设 R1 是竞选的发起者。R1 发送的报文中的关键参数包括 Router ID = 100、MS = 1（标识自己是 master）、DD Sequence number = 1000（图 6-72 中以 DD sn 标识）、I = 1、M = 1。

图 6-72（a）中，R2 收到报文，发现报文中没有 LSA Header，即可知道这是一个 master 竞选报文，对比自己的 Router ID（200），发现比 R1 的大，认为自己是 master，于是给 R1 回了一个报文，关键参数包括：Router ID = 200、MS = 1（标识自己是 master）、DD Sequence number = 2000（此序号由自己定义）、I = 1、M = 1。

R1 收到 R2 回复的报文以后，发现 R2 也宣称自己是 master，并且 R2 的 Router ID 比自己大，于是 R1 认为 R2 应该是 master。

如果 R2 的 Router ID 没有 R1 的大，如图 6-72（b）所示，那么 R2 的回复报文中的关键参数则变为 Router ID = 50、MS = 0（表示自己是 slave，承认对方是 master）、DD Sequence number = 1000（由对方决定）、I = 0、M = 0。

R1 收到 R2 回复的报文以后，发现 R2 宣称自己是 slave，即 R2 同意 R1 是 master。

可以看到，master 的竞选过程相对于 DR/BDR 的竞选过程确实比较简单。这里需要补充一点：上文介绍省略了 Interface MTU 参数，只有此参数吻合双方才能进行 master 竞选，否则竞选过程无法进行。

3. DD 的阶段 2：Exchange

当两个路由器确定谁是 master、谁是 slave 以后，双方就开始交换 LSA Header，即进入阶段 2：

Exchange。

（1）Exchange 的基本过程

Exchange 阶段发送的报文仍然是 DD 报文，只不过此时 I（Init）位需要置为 0，因为这已经不是初始阶段（初始阶段是 ExStart 阶段）。

Exchange 阶段的基本交互过程如图 6-73 所示。

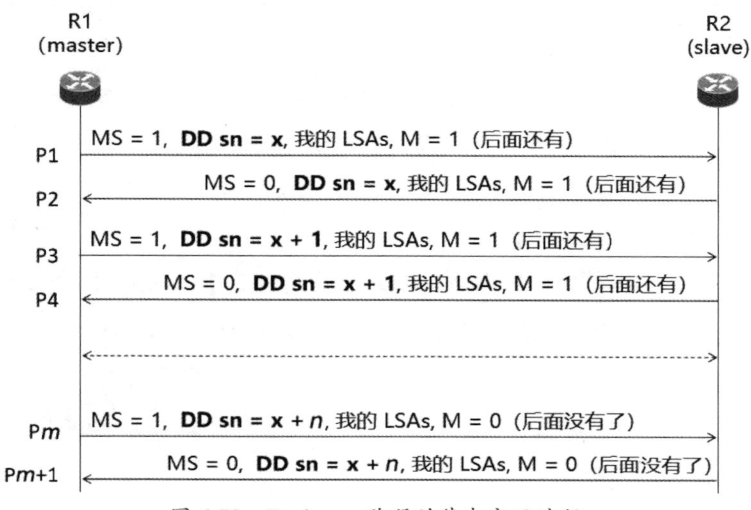

图 6-73　Exchange 阶段的基本交互过程

图 6-73 中，假设 R1 是 master，所以首先由 R1 发送第一个报文 P1。P1 的 DD sequence number（图 6-73 中以 DD sn 标识）等于 x，这是 ExStart 阶段由 master（R1）确定并由双方协商一致同意的。P1 报文携带的 LSA Headers 是 R1 的 LSDB 中所存储的一部分 LSA Headers。

P2 报文是 R2 对 R1 刚刚发送的 P1 报文的一个应答。P2 的 DD sequence number 与 P1 的相同（等于 x），这在 OSPF 中称为隐式确认。P2 的作用不仅仅是一个隐式确认，还包括传递自己的 LSA Headers。

一个应答报文同时包含"确认"及"数据交换"两层含义，应该说 OSPF 在这一点设计得是比较巧妙的。

图 6-73 中的 P3 报文由 R1 继续发送。此时 DD sequence number = x + 1，即上一组序列号加 1，这仍然是一个隐式确认。之所以将序列号加 1，是因为 R1 收到了 R2 的应答报文（收到了 R2 发送过来的 LSA Headers）。P3 报文中的 LSA Headers 是 R1 的又一批 LSA Headers（上一包 P1 没有发送完，这次接着发送）。

P4 是 R2 针对 P3 的应答报文，与 P2 原理相同，故不再赘述。

经过多轮"发送 / 应答"这样的数据交换后，Exchange 来到了最后两个报文：Pm 和 Pm+1。Pm 中的 M = 0（More = 0），表示 R1 传送到这一包时，所有的 LSA Headers 即传送完毕；Pm+1 中的 M = 0，表示 R2 也传送完自己所有的 LSA Headers。此时 Exchange 阶段结束。

（2）Exchange 的结束过程

上文讲述的 Exchange 结束过程比较巧合：R1 传送完毕的同时，R2 也传送完毕。但是，如果遇到如下两种情况该如何处理呢？

①如果 master（R1）尚未传送完毕，slave（R2）已经传送完毕。

②如果 master（R1）已经传送完毕，slave（R2）尚未传送完毕。

对于第 1 种情况，master 尚未传送完毕，slave 已经传送完毕，此时 OSPF 的处理策略如下。

① master 仍然按照原来的节奏发送报文。

② slave 仍然按照原来的节奏应答报文，只是 LSA Headers 的内容为空。

③ master 终于发送到了最后一个报文，设置 M = 0（More = 0）。

④ slave 正常应答（LSA Headers 的内容为空），设置 M = 0。

至此，双方都知道彼此传送完毕。

对于第 2 种情况，master 已经传送完毕，slave 尚未传送完毕，OSPF 的处理策略如下。

① master 仍然按照原来的节奏发送报文：M = 0，DD sequence number = x。

② slave 仍然按照原来的节奏应答报文，只是 M = 1（表示还想传送报文）。

③ master 仍然按照原来的节奏发送报文：M = 0，DD sequence number = x + 1，只是 LSA Headers 的内容为空。

④ slave 正常应答。

⑤双方按照节奏，一个发送一个应答。

⑥ slave 到了最后一个报文了，它在应答报文中设置 M = 0（表示没有后续报文）。

至此，双方都知道彼此传送完毕。

（3）Exchange 对 LSA Header 的处理

在前文重点介绍了 Exchange 的交换过程，但是没有介绍路由器收到对方的 LSA Header 的处理过程。该处理过程也比较简单。

①判断 LSA Header 的合法性。

②如果 LSA Header 合法，就与自己 LSDB 中的 LSA Header 进行比较。如果本次交换的 LSA Header 在自己的 LSBD 中不存在，或者比自己 LSDB 中存储的要新，那么就记录下这些 LSA Header，为了下阶段向对方查询详细的 LSA 信息。

③如果本次交换的 LSA Header 在自己的 LSBD 中已经存在而且也不是更“新”，那么就不做任何处理。

判断 LSA Header 的合法性关键在于判断 LSA Header 中的 LS type。

①如果不认识该 LS type，那么这个 LSA Header 肯定是不合法的。

②如果路由器在 stub 区域，但是收到了 AS-external-LSA（LS type = 5），那么此 LSA Header 也是不合法的。

③如果路由器在 Totally Stubby Area、Totally NSSA 区域，但是收到了 Network-Summary-LSA(LS type = 3)，那么此 LSA Header 也是不合法的。

判断两个 LSA（Header）谁是更“新”的算法如下。

①比较 LS sequence number，谁的大谁就更“新”。

②比较 LS checksum，谁的大谁就更“新”。

③比较 LS age，如果两个 LS age 的差值超过 MaxAgeDiff（一般设置为 15min），则谁小谁新。

④上述第 3 条有一个例外情况：如果有一个 LS age 等于 MaxAge（一般设置为 1h），那么此 LSA（Header）为更“新”。

6.7.2 LSA Loading

两个路由器通过 DD 报文互相交换 LSA Headers 以后，下一步就需要交换 LSA 完整信息。当然，其有一个前提，即其中一个路由器（记为 R1）发现另一个路由器（记为 R2）里具有它所没有的或更“新”的 LSA。

R1 向 R2 请求 LSA 完整信息的报文类型 type = 3，称为 LSR（Link State Request）；R2 向 R1 应答 LSA 完整信息的报文类型 type = 4，称为 LSU（Link State Update）。

R1 和 R2 这样互相交换信息称为 LSA Loading，如图 6-74 所示。

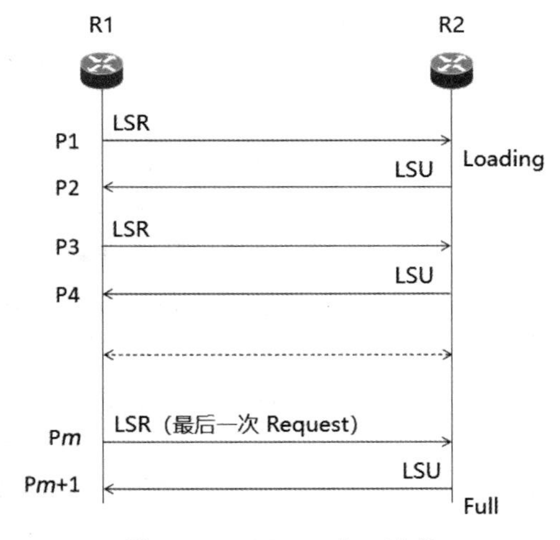

图 6-74 LSA Loading 过程

这里只需理解，R1 向 R2 请求 LSA（发送 LSR 报文），R2 回复 LSA（发送 LSU）报文，直至请求完成。

两者的交互次序是串行的，即 R1 向 R2 发送 LSR 以后，必须在收到 R2 的 LSU 以后（而且是全部回复 LSR，这样就有可能不止一包 LSU）才会发送下一包 LSR。

如果 R1 没有及时收到 R2 的 LSU，那么在 RxmtInterval（5s）后，R1 会重发 LSA。

这里需要强调一点，路由器发送 LSR 报文不必等到 DD 结束（Exchange 结束），它只要发现自己有必要从对方（邻居）那里同步 LSA，就可以向对方发送 LSR 报文。也就是说，LSA Loading 过程和 Exchange 过程是可以穿插进行的。

LSA Loading 中涉及的 LSR 报文结构如图 6-75 所示。

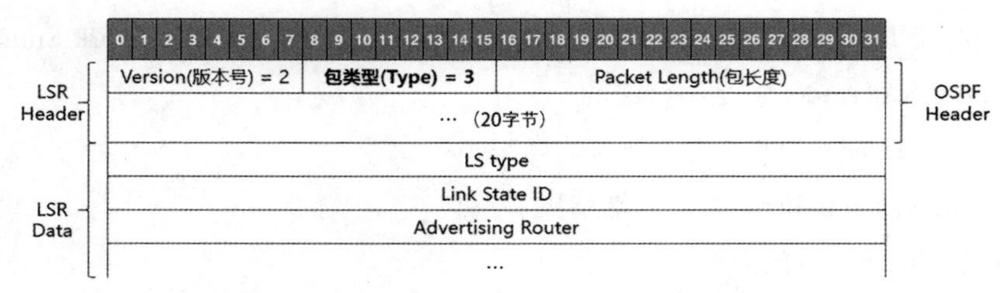

图 6-75　LSA Loading 中涉及的 LSR 报文结构

LSR 的 Package type = 3，在一个报文里可以请求多个 LSA。LSR 用 LS type（32bit）、Link State ID（32bit）、Advertising Router（32bit）这 3 个字段标识一个 LSA，这是因为这 3 个字段可以唯一标识一个 LSA。

LSA Loading 中涉及的 LSU 报文结构如图 6-76 所示。

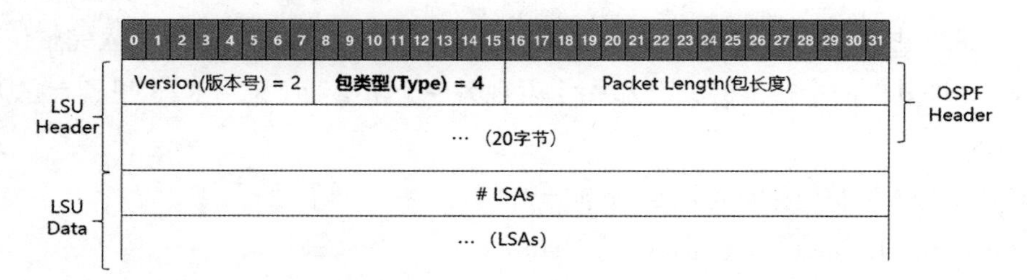

图 6-76　LSA Loading 中涉及的 LSU 报文结构

LSU 的 Package type = 4，它可以包含多个 LSAs（即 LSA 的复数）。由于 LSA 是变长的，因此其用一个字段 # LSAs（32 bit）来标识该报文中 LSAs 的数量。

除了 # LSAs 字段以外，LSU 剩下的内容就是 LSAs 了。

6.7.3 OSPF 邻居状态机

前面介绍了 OSPF 的 4 种报文，即 Hello 报文（type = 1）、DD 报文（type = 2）、LSR 报文（type = 3）、LSU 报文（type = 4）。

这 4 个报文会引发 OSPF 路由器之间的一系列行为，或者说路由器使用这 4 个报文进行了一系列的交互。例如，通过 Hello 报文发现邻居、通过 DD 报文交换 LSA 摘要（LSA Headers）、通过 LSR/LSU 交换 LSAs 等。OSPF 根据这一系列的行为定义了路由器邻居的状态，如 Init、2-Way、ExStart 等。可以看到，邻居的状态是会迁移的，这些状态的迁移路线图，我们称为 OSPF 邻居状态机。

在讲述 OSPF 邻居状态机之前，需要先澄清两个概念：邻居和邻接。

1. 邻居

OSPF 路由器通过 Hello 报文发现邻居。单纯从网络连通性来说，两个路由器接口只要处于一个网段，都有可能称为邻居，因为一个路由器发送的 Hello 报文另一方总能收到，无论是以组播的形式还是以单播的形式发送，如图 6-77 所示。

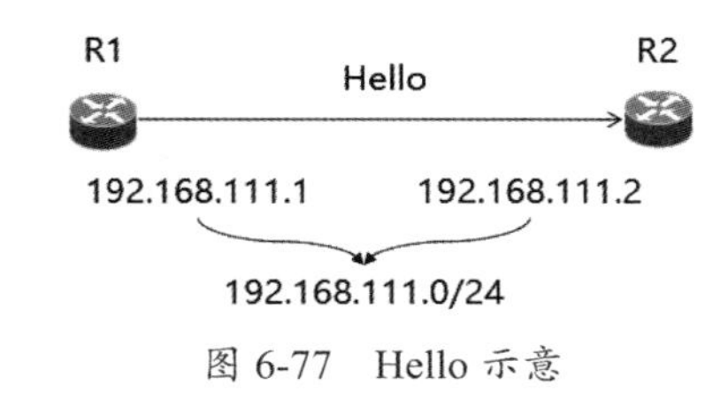

图 6-77　Hello 示意

图 6-77 中，R1 无论是以组播（组播 IP = 224.0.0.5，需要 Broadcast 网络或 P2MP 网络）形式还是以单播（目的 IP 需要人工配置为 R2 的 IP 192.168.111.2）形式发送，R2 都能收到 R1 发送的 Hello 报文。

R2 收到 R1 的 Hello 报文，并不意味着 R2 就认为 R1 是它的邻居。R1 要想成为 R2 的邻居，其必须要满足一系列的条件。

首要条件是网络相关：两者的 IP（即相关接口 IP）需要在同一个子网网段。其中有一点需要澄清，如图 6-78 所示。

0 1 2 3 4 5 6 7	8 9 10 11 12 13 14 15	16 17 18 19 20 21 22 23	24 25 26 27 28 29 30 31
Version(版本号) = 2	包类型(Type) = 1	Packet Length(包长度)	
Router ID(路由器 ID)			
Area ID(区域 ID)			
Checksum(校验和)		Autype(认证类型)	
Authentication(身份认证)			
Authentication(身份认证)			
Network Mask(网络掩码)			
Hello Interval(Hello 间隔时间)		Options(选项)	Router Priority (路由器优先级)
Router Dead Interval(路由器死亡间隔时间)			

图 6-78　Hello 报文结构（部分）

图 6-78 是一个 Hello 报文的部分结构。可以看到，Hello 报文结构中与网络地址相关的只有一个字段 Network Mask。我们知道，仅靠一个 Network Mask 是无法知道子网网段的。所以，OSPF 还须结合 IP Header 中的源 IP 地址，才能综合判断出发送方（如图 6-77 中的 R1）的（接口）IP 是否与自己（接口 IP）在同一个子网网段。

有一点例外的是，对于 P2P 网络和 Virtual Link，Network Mask 是需要忽略的。也就是说，只要能收到对方的 Hello 报文，就认为对方是邻居。

两个路由器要想成为邻居，除了两者的（接口）IP 需属于同一个子网网段外（P2P 网络、Virtual 例外），如下字段发送方与接收方也需要一致：版本号（2）、包类型（1）Packet Length（包长度）、Router ID（路由器 ID）、Checksum（校验和）、Router Priority（路由器优先级）、Area ID（区域 ID）、Autype（认证类型）、Authentication（身份认证）、Hello Interval（Hello 间隔时间）、Options（选项）和 Router Dead Interval（路由器死亡间隔时间）。

只有以上条件都满足，两个路由器（接口）才能成为邻居。

2. 邻接

OSPF 通过 Hello 报文发现邻居。在发现邻居的过程中，邻居的状态有可能是 Init、2-Way 或

ExStart，如图 6-79 所示。

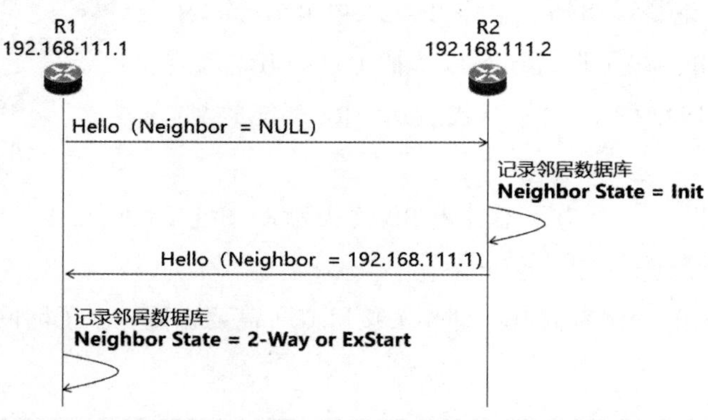

图 6-79　Hello 的交互过程（部分）

图 6-79 中，R1 的 Router ID = 192.168.111.1，R2 的 Router ID = 192.168.111.2。

R1 向 R2 发送了一个 Hello 报文，此时报文中的 Neighbor = NULL，即 R1 还没有邻居。

R2 收到 R1 的 Hello 报文以后，判断相关参数，认为 R1 可以是邻居，就将 R1 相关参数存入其邻居数据库，并设置 R1 的状态为 Init。

R2 在其发送的 Hello 报文中就有了一个邻居（R1），其报文中的 Neighbor = 192.168.111.1（R1 的 Router ID）。

R1 收到 R2 发送的 Hello 报文以后，发现该报文中的 Neighbor 包含自己，R1 就认为 R2 是自己的邻居（也需要判断相关参数），然后设置 R2 的状态为 2-Way 或 ExStart。

为什么 R2 的状态是 2-Way 或 ExStart 呢？因为 R1 需要判断它和 R2 的关系，是邻居关系还是进一步的邻接（Adjacency）关系。

一个路由器（接口）判断它的邻居能否成为邻接关系，其规则是需要同时满足如下两个条件。

①该路由器（接口）已经与邻居建立了双向连接，即邻居的 Hello 报文中的 Neighbor 包含自己的 Router ID。

②如下条件中至少满足一项：网络类型是 P2P、P2MP、Virtual Link 中的一种；如果网络类型是 Broadcast 或 NBMA，那么或者自己是 DR、BDR，或者邻居是 DR、BDR。

条件中的第 2 项说明 DROthers 之间不能建立邻接关系。因为如果 DROthers 之间建立了邻接关系，紧接着它们就要通过 DD 交换 LSA 摘要（LSA Headers），通过 LSR/LSU 交换 LSAs，还会通过 LSU/LSAck 进行 LSA 的泛洪，这是与 DR/BDR 机制相违背的。

如果两者不能建立邻接关系，那么 R2 作为 R1 的邻居，其状态就是 2-Way，同时也止步于 2-Way。2-Way 也是邻居关系中的最高状态。

如果两者可以建立邻接关系，那么 R2 作为 R1 的邻居，其状态就是 ExStart。因为紧接着 R1 就可以向 R2 发送 DD 报文，进行 ExStart 交互。

有一点需要澄清和强调，对于 Broadcast 和 NBMA 网络，路由器判断与它的邻居能否建立邻接关系取决于自己或邻居是不是 DR/BDR。但是图 6-79 中，R1 和 R2 之间简单的“一来一往”互相发送 Hello 报文，此时很可能还没有选举出 DR/BDR。这就形成了矛盾：判断邻居能否成为邻接关系取决于自己或邻居是不是 DR/BDR，但是 DR/BDR 还没有选举出来，此时应怎么办?

OSPF 的做法如下。

①根据前面所述规则设置邻居状态为 2-Way。

②当 DR/BDR 选举出来以后，再重新确定邻居状态。

3. 状态机

OSPF 的邻居状态机如图 6-80 所示。

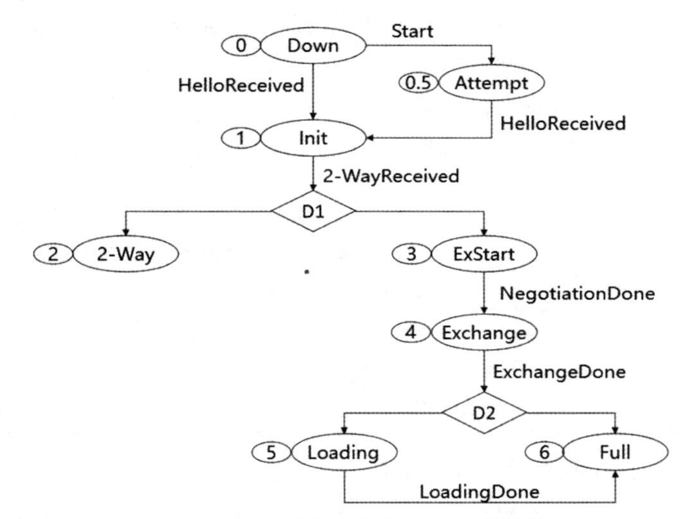

图 6-80　OSPF 的邻居状态机（主流程分支）

图 6-80 表示的是 OSPF 的邻居状态机的主流程分支（分支流程会在后文描述），图中大椭圆代表邻居状态，如 Down、Attempt 等；线条代表事件（Event），如 Start、HelloReceived 等；菱形代表决策点（Decision），如 D1、D2。Down、Init、Attempt、2-Way 代表邻居状态；ExStart、Exchange、Loading、Full 代表邻接状态，邻接状态可以理解为更亲密的邻居状态。

图 6-80 中，每个状态左边的数字（如 0、0.5、1、2 等）代表状态的等级，是笔者附加上去的，RFC 并没有明确定义哪个状态的级别等于多少，但是 RFC 经常会说更高级别的状态。因此为了易于理解，笔者就在每个状态旁附加了一个数字。

为了理解 OSPF 的邻居状态机，首先应理解图 6-80 中的事件。

（1）事件

OSPF 的邻居状态机中的事件其实就是 OSPF 报文，报文满足一定的条件，就意味着一个事件发生。图 6-80 中的事件的含义如表 6-32 所示。

表 6-32　图 6-80 中的事件的含义（正常事件）

事件	报文类型	含义
Start	Hello 报文 type = 1	Start 事件只会在 NBMA 网络中产生（其他事件会在所有网络中产生）。当一个路由器（记为 R1）的邻居长期没有消息（没有发送 Hello 报文）时，R1 会尝试唤醒它，因此会发送 Hello 报文给该邻居。该 Hello 报文就称为 Start 事件
HelloReceived	Hello 报文 type = 1	当一个路由器收到邻居发送过来的 Hello 报文，而且报文中的 Neighbor 字段并没有包含自己时，则意味着一个 HelloReceived 事件
2-WayReceived	Hello 报文 type = 1	当一个路由器收到邻居发送过来的 Hello 报文，而且报文中的 Neighbor 字段包含自己时，则意味着一个 2-WayReceived 事件
NegotiationDone	DD 报文 type = 2	当一个路由器收到邻居发送过来的 DD 报文，该路由器可以通过该报文判断谁是 master 谁是 slave 时，就意味着一个 NegotiationDone 事件
ExchangeDone	DD 报文 type = 2	当一个路由器收到邻居发送过来的 DD 报文，该路由器可以通过该报文判断 LSA 摘要（LSA Headers）已经从邻居获取完毕时，就意味着一个 NegotiationDone 事件
LoadingDone	LSU 报文 type = 4	当一个路由器收到邻居发送过来的 LSU 报文，该路由器可以通过该报文判断 LSA 信息已经从邻居获取完毕时，就意味着一个 LoadingDone 事件

表 6-32 中的 Start 事件比较特殊，Start 事件仅仅适用于 NBMA 网络以外的其他网络类型，而其他所有事件都适用于所有网络类型。另外，Start 事件（报文）的发送方也比较特殊，Start 事件的发送方是路由器自己，而其他事件的发送方是邻居，如图 6-81 所示。

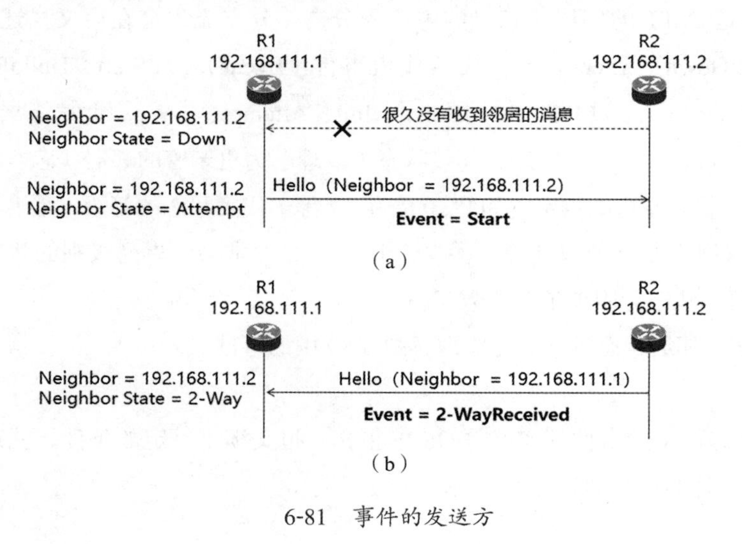

6-81　事件的发送方

图 6-81（a）表达的是 Start 事件。因为 R1“很久没有收到邻居 R2 的消息”（时间超过 Hello Interval，但是少于 Dead Interval），所以 R1 认为 R2 的状态是 Down。

对于其他网络而言，R1 会等到 Dead Interval，然后将 R2 从邻居数据库中删除（R2 将不再是 R1 的邻居）。但是对于 NBMA 网络，R1 还会尝试给 R2 发送 Hello 报文（Start 事件），此时 R1 就认为 R2 的状态是 Attempt。

可以看到，Start 事件的发送方是路由器自己，而不是邻居。但是对于其他所有事件而言，事件的发送方都是邻居。例如，图 6-81（b），R1 收到 R2 发送的 Hello 报文，并且报文中的 Neighbor 包含自己，就认为发生 2-WayReceived 事件，于是将 R2 的状态设置为 2-Way。

（2）邻居状态

对于 OSPF 邻居状态机中的状态，首先要明确一个问题，这个状态是谁的状态？这里有两点需要解释。

①状态是邻居的状态，而不是自己的状态。

②状态是自己认为的状态，而不是其他路由器的状态。

下面通过图 6-82 对此进行详细说明。R3 是 R1 的邻居，也是 R2 的邻居。可以看到，由于交互过程的不同（Hello 报文内容不同），R3 在 R1 中的状态（Init）与R3在R2中的状态（2-Way）是不同的。

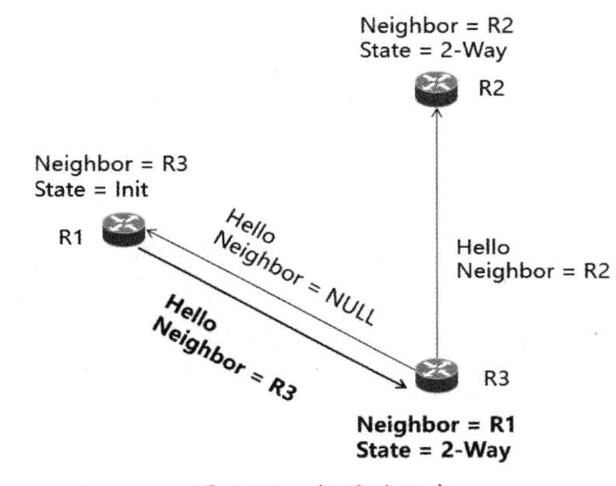

图 6-82　邻居的状态

对于 R1 而言，它存储的是其邻居和邻居状态（如 Neighbor = R3/State = Init），那么 R1 在其他路由器中的状态又是如何呢？我们再看图 6-82 中的加粗字体和加粗线条。由于 R1 给 R3 发送了一个 Hello 报文，并且报文中的 Neighbor 包含 R3，所以 R3 认为 R1 是它的邻居，并且 R1 的状态是 2-Way。

OSPF 的邻居状态除了 Init、2-Way 外，还有其他几种，如表 6-33 所示。

表 6-33　OSPF 的邻居状态

邻居状态	含义	关系
Down	当邻居长时间没有消息（没有发送 Hello 报文）时，该邻居的状态会被设置为 Down	邻居
Attempt	此状态仅在 NBMA 网络中有效。当邻居处于 Down 状态时，路由器仍然尝试给该邻居发送 Hello 报文（该邻居没有回复），该邻居的状态会被设置为 Attempt	邻居
Init	当收到邻居发送过来的 Hello 报文，但是该 Hello 报文的邻居字段并没有包含自己时，该邻居的状态会被设置为 Init	邻居

续表

邻居状态	含义	关系
2-Way	当收到邻居发送过来的 Hello 报文，并且该 Hello 报文的邻居字段包含自己时，而双方不能成为邻接关系时，该邻居的状态会被设置为 2-Way	邻居
ExStart	当收到邻居发送过来的 Hello 报文，并且该 Hello 报文的邻居字段包含自己时，如果双方能够成为邻接（Adjacency）关系，该邻居的状态会被设置为 ExStart	邻接
ExChange	双方发送 DD 报文，协商 master、slave。当收到邻居发送过来的 DD 报文已经能够表明谁是 master、谁是 slave 时，该邻居的状态会被设置为 ExChange	邻接
Loading	双方发送 DD 报文，交换 LSA 摘要（LSA Headers）。无论 LSA 摘要是否交换完成，只要发现需要从邻居进一步获取 LSA 详细信息，该邻居的状态就会被设置为 Loading	邻接
Full	双方发送 DD 报文，交换 LSA 摘要（LSA Headers）。当 LSA 摘要交换完成后，发现无须从邻居进一步获取 LSA 详细信息时，该邻居的状态会被设置为 Full。双方发送 LSR/LSU 报文，交换 LSA 详细信息。当从邻居获取 LSA 详细信息完成后，该邻居的状态会被设置为 Full	邻接

这里需要强调如下 3 点。

①互为邻居的两个路由器之前的关系有邻居和邻接两种。邻接仍然是一种邻居关系，但比邻居关系更加亲密。

②互为邻居的两个路由器，它们在对方“心中”的邻居状态可以不是同步的，即可以不是相同的。例如，图 6-82 中，R3 在 R1“心中”的状态是 Init，而 R1 在 R3“心中”的状态是 2-Way。

③无论是图 6-80 还是表 6-33，邻居的起始状态都是 Down。但是，笔者以为，这并不代表邻居状态一定要经历这样一个状态，而且也不代表邻居状态一定从这个状态开始，如图 6-83 所示。

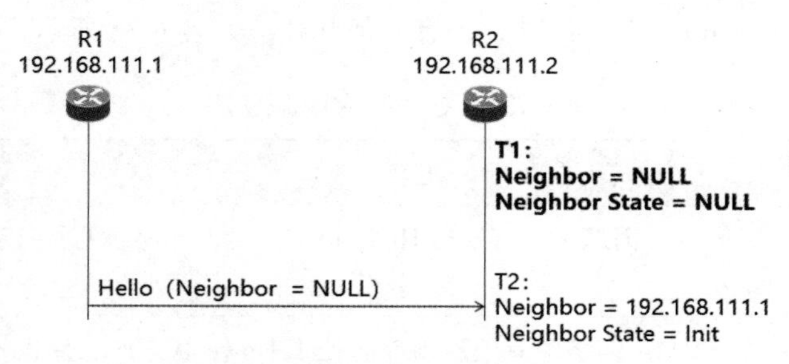

图 6-83　邻居状态从 Init 开始示意

图 6-83 中，在 T1 时刻，R2 没有邻居。在 T2 时刻，R2 收到 R1 发送的 Hello 报文以后，R1 就成为了 R2 的邻居，R1 在 R2“心中”的邻居状态是 Init。以后如果 R1、R2 一直正常交互（没有走到异常流程），那么 R1 在 R2 的“心中”永远不会进入 Down 状态。

（3）决策点

图 6-80 画了两个决策点 D1 和 D2，其实其还应该有一个决策点 D0。当路由器收到 HelloReceived 事件时，它需要决策对方是否可以称为邻居。如果可以，就将该邻居的状态设置为 Init；否则就不能认为对方是其邻居。这就是决策点 D0。

当路由器收到 2-WayReceived 事件时，它需要判断其与邻居之间能否更进一步成为邻接关系。如果不能，则邻居状态就是 2-Way；如果可以，则邻居状态就是 ExStart。这就是决策点 D1。

当路由器收到 ExchangeDone 事件时，它需要判断是否需要从邻居那里获取详细的 LSA 信息。如果需要，则邻居状态为 Loading(下一步需要发送 LSR 报文以请求 LSA 详细信息)；如果不需要，则直接将邻居状态设置为 Full（邻居所具有的 LSA 它都具有）。这就是决策点 D2。

（4）状态的迁移

图 6-80 表达的是 OSPF 正常流程的邻居状态机，下面对该图做更进一步的解释。

①邻居关系的状态迁移。假设两个路由器不能称为邻接关系，只能成为邻居关系，双方从不认识开始（互相不是邻居），最终会发展到 2-Way 关系，如图 6-84 所示。

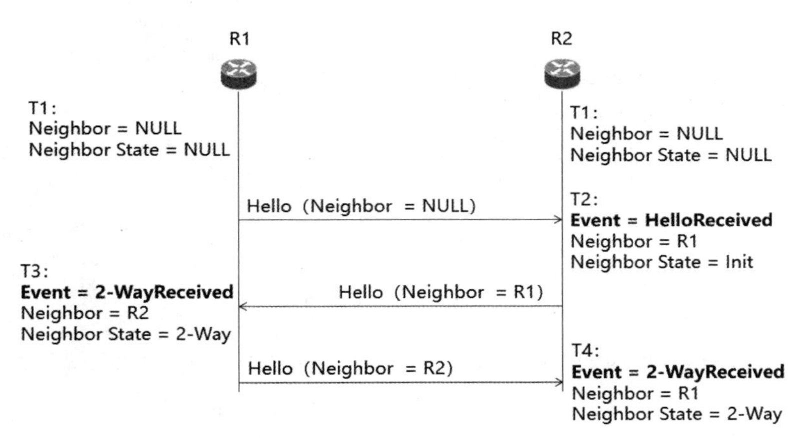

图 6-84　邻居关系的状态迁移

图 6-84 中，R1、R2 既表示路由器名称，又表示路由器 ID，这样看起来更简洁一些。图 6-84 讲述了以下 4 个时刻。

- T1 时刻，R1 与 R2 都没有邻居。
- T2 时刻，R2 收到了 R1 的 Hello 报文（触发了“Event = HelloReceived”事件），由于报文中的 Neighbor 字段中没有包含自己（Neighbor = NULL），于是 R2 将 R1 设置为自己的邻居，并且 R1 的状态为 Init。
- T3 时刻，R1 收到了 R2 的 Hello 报文（触发了“Event = 2-WayReceived”事件），由于报文中的 Neighbor 字段中包含自己（Neighbor = R1），于是 R1 认为 R2 是它的邻居，并且 R2 的状态为 2-Way。

- T4 时刻，R2 收到了 R1 的 Hello 报文（触发了“Event = 2-WayReceived”事件），由于报文中的 Neighbor 字段中包含自己（Neighbor = R2），于是 R2 认为 R1 是它的邻居，并且 R1 的状态为 2-Way。

②邻接关系的状态迁移。邻接关系是邻居关系的更进一步，当 2-WayReceived 事件发生时，如果一个路由器与其邻居满足成为邻接关系的条件，那么它的邻居状态就进入邻接关系。邻接关系状态包括 ExStart、Exchange、Loading、Full 等。

- 从 Init 到 ExStart。从 Init 到 ExStart 状态，图 6-80 描述了一个官方（RFC 2328）的状态迁移。从 Init 到 ExStart 的状态迁移理解如图 6-85 所示。在 T1 时刻，本来 R1 还没有一个 Neighbor，但是 2-WayReceived Event 发生时，R2 不仅成为 R1 的邻居，而且 R2 的状态变为 ExStart。即邻居状态从 NULL 越过 Init，直接跃迁为 ExStart。T4 时刻，R1 给 R2 发送了一个 DD 协商报文；T5 时刻，R2 收到该报文以后，该怎么办？

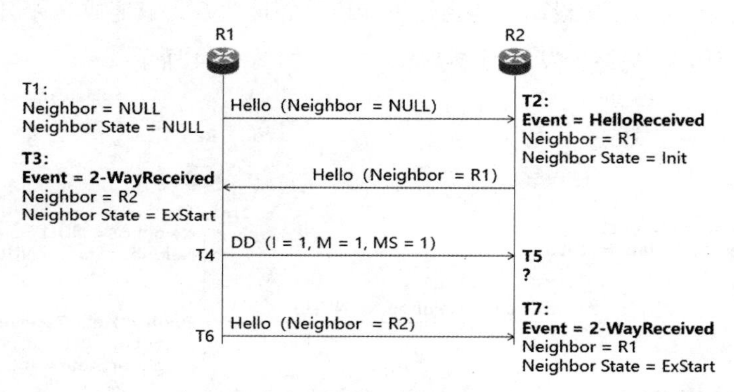

图 6-85 从 Init 到 ExStart 的状态迁移

方案 A：R2 直接给 R1 回应 DD 协商报文。但是，此时 R1 在 R2 中的邻居状态还是 Init，如果直接回应 DD 协商报文，那就意味着 R2 在没有收到 2-WayReceived 事件的情况下，直接将 R1 的状态从 Init 跃迁到 ExStart。

方案 B：R2 不处理 R1 的协商报文。

当然，无论是方案 A 还是方案 B，在 T7 时刻，R2 都会将 R1 的状态设置为 ExStart。

- 从 ExStart 到 Exchange。ExStart 的目的是协商出两个路由器谁是 master、谁是 slave，master 路由器将主导后续的 Exchange 过程。确定谁是 master 的原则比较简单，谁的 Router ID 大谁就是 master。从 ExStart 到 Exchange 状态意味着 DD 协商结束，即收到了 NegotiationDone 事件，如图 6-86 所示。T2 时刻，R2 收到了 R1 发送过来的 DD 协商报文，此时 R2 根据此报文就可以判断出谁是 master，谁是 slave。所以，R2 认为此时收到了 NegotiationDone 事件，于是 R2 将 R1 的状态设置为 Exchange。T4 时刻同理，R1 将 R2 的状态设置为 Exchange。

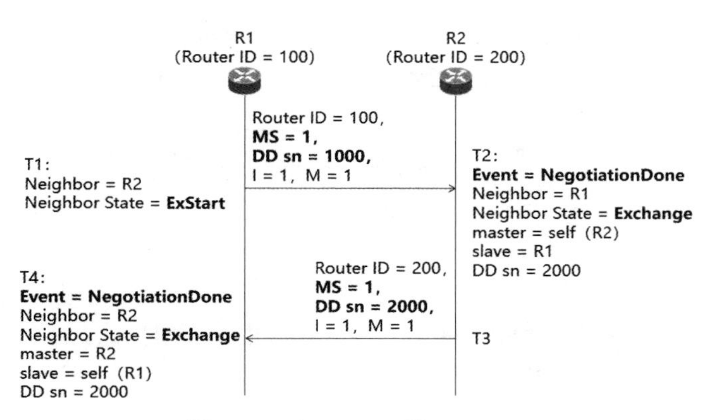

图 6-86　从 ExStart 到 Exchange

- 从 Exchange 到 Loading、Full。两个路由器 DD 交换完 LSA Headers 以后，就可以进入加载 LSA 详细信息（完整的 LSA）阶段。一个路由器如果判断需要从邻居加载，那么就将邻居的状态设置为 Loading；如果不需要，就将邻居状态设置为 Full，代表邻居所具有的 LSA 它都具有，如图 6-87 所示。

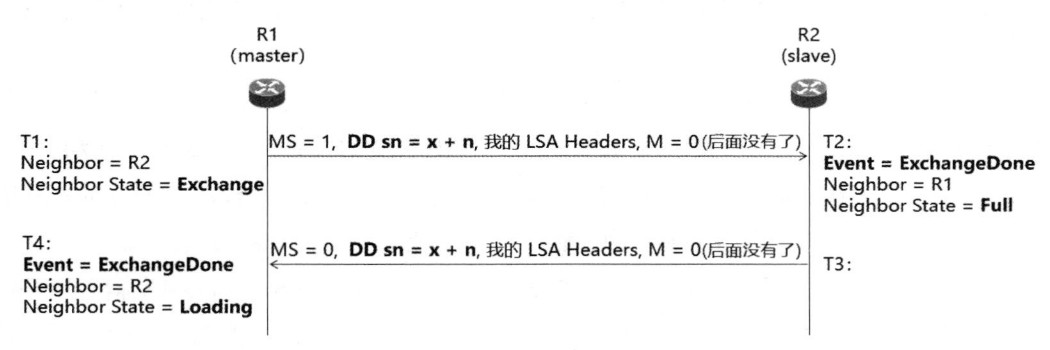

图 6-87　从 Exchange 到 Loading、Full

图 6-87 中，R1 是 master 路由器。T2 时刻，R2 收到了 ExchangeDone 事件，同时判断出它无须从 R1 获取 LSA 信息，于是将 R1 的状态设置为 Full。T4 时刻，R1 收到了 ExchangeDone 事件，同时判断出它需要从 R2 获取 LSA 信息，于是将 R2 的状态设置为 Loading。

需要指出的是，R1 不必等到 ExchangeDone 事件发生才将 R2 的状态设置为 Loading。在 Exchange 阶段，R1 如果已经判断出它需要从 R2 获取 LSAs，就可以设置 R2 的状态为 Loading，即进入 Loading 阶段，发送 LSR 报文从 R2 请求 R2 的 LSAs。当然，此时它仍然可以与 R2 继续交换 LSA Headers。也就是说，交换 LSA Headers 和交换 LSAs 可以交叉进行。

R1 从 R2 完全获取 LSAs 以后，R1 就可以将 R2 的状态设置为 Full，即 R2 所具有的 LSAs R1 都具有，如图 6-88 所示。在 T*m*+3 时刻，R1 收到了 LoadingDone 事件，于是将 R2 的状态设置为 Full。

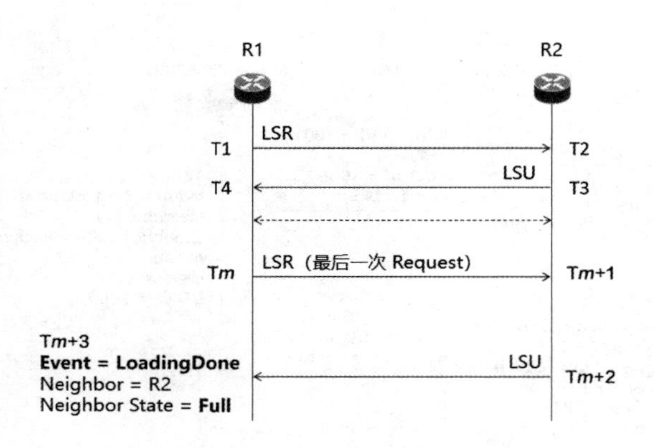

图 6-88 从 Loading 到 Full

（5）状态回退

以上介绍的是状态机的主干流程，OSPF 邻居的状态是“一路向前”的，从 Down 到 Init，最后可以一直到 Full。

但是，在路由器与邻居之间的交互过程中并不总是很顺利，有可能有一些“其他”事件发生。当“其他”事件发生时，OSPF 邻居的状态就不是前进，而是需要回退。下文即针对这些状态回退的内容进行讲述。

①回到 Down。OSPF 路由器在运行过程中会有一些“异常”事件发生，这些“异常”事件如下。

- InactivityTimer。当一个路由器与另一个路由器建立邻居关系后，它自己会启动一个定时器 InactivityTimer，该定时器的到期时间等于 Hello 报文中的 RouterDeadInterval。当该定时器到期后，若仍然没有收到邻居的 Hello 报文，则认为邻居“异常”，此事件称为 InactivityTimer。
- LLDown（Low Level Down）。因为 OSPF 运行在 IP 层，所以 Low Level 其实指的是链路层。LLDown 指的是 OSPF 路由器感知到了链路层 Down（关闭）了（例如，在 X.25 PDN 中，由于适当的原因或诊断会收到 X.25 clear，以表示邻居关闭），那么它与其邻居肯定会不通，此时则认为邻居“异常”，此事件称为 LLDown。
- KillNbr（Kill Neighbor）。InactivityTimer 事件是因为 Inactivity Timer 到期，LLDown 事件是因为链路层 Down，这两个事件都有缘由。但是，RFC 2328 中并没有说明 KillNbr 的事件源。也就是说，什么时间或什么场景下发送 KillNbr 事件，由路由器厂商自己决定。

只要以上 3 个事件任意一个发生，无论路由器邻居处于什么状态，都会被强制设置为 Down 状态。

②回到 Init。当路由器收到邻居的 Hello 报文，该 Hello 报文中 Neighbor 字段中并没有包含自己时，此称为 1-Way 事件。无论路由器邻居处于什么状态，当收到 1-Way 事件时，路由器会将该邻居的状态设置为 Init。

③回到 2-Way。当一个路由器收到 2-WayReceived 事件时，如果满足建立邻接关系的条件，它会将邻居的状态设置为 ExStart；否则，设置为 2-Way。路由器将邻居设置为 ExStart 后，就可以与邻居之间进行 ExStart、Exchange、Loading 等交互，最后将邻居状态设置为 Full。

在这些交互过程中，即使是交互结束以后（将邻居状态设置为 Full 以后），如果发生了 DR/BDR 重新选举，那么两个路由器的邻接关系可能就不能成立了，此时需要回退邻居状态到 2-Way。

我们知道，DR/BDR 的选举是通过 Hello 报文进行的。当一个路由器收到的 Hello 报文中，能够明确地知道谁是 DR、谁是 BDR 时，OSPF 就称此报文为“AdjOK？”事件。因为通过该 Hello 报文可以明确地知道谁是 DR、谁是 BDR，路由器可以据此判断出它与它的邻居是否可以建立邻接关系，所以 OSPF 称此事件为“AdjOK？”事件。

当一个路由器收到“AdjOK？”事件，并且判断出它与邻居之间不能建立邻接关系时，如果此时它的邻居状态大于 2-Way，那么它需要将其邻居状态回退到 2-Way。这同时也意味着路由器必须终止当前的交互流程，如当前正在 Loading，那么就应立刻终止。以上的过程如图 6-89 所示。

图 6-89 中的状态指的是 ExStart 及更高级别的状态。当收到“AdjOK？”事件时，如果满足邻接关系，则原状态不变；否则退到 2-Way 状态。

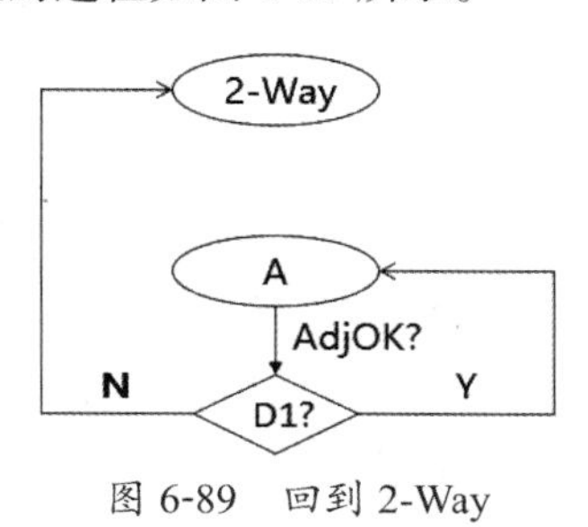

图 6-89　回到 2-Way

④回到 ExStart。当路由器与其邻居进行 DD 交互时，其邻居状态或者为 ExStart，或者为 Exchange。在 DD 期间可能会发生 SeqNumberMismatch 事件，只要此事件发生，路由器就会重新设置其邻居状态为 ExStart（也就意味着需要重新 DD 协商）。

收到邻居的 DD 报文时，如下情形只要有一个发生，就为 SeqNumberMismatch 事件。

- 报文中有一个错误的 DD sequence number。
- 报文中的 Init 标识位设置错误。
- 报文中的 Options 字段与前面最后一个 DD 报文中的 Options 字段不同。

6.7.4 LSA 泛洪机制

对于 LSA 泛洪，存在以下几个问题。

①一个路由器（接口）将它的 LSA 发给其邻居以后，如何确保邻居收到了该 LSA？这是泛洪的可靠性问题。

②不是每个 LSA 都应该发送给它的所有邻居，如 AS-External-LSA 就不应该发送到 Stub Area。这是泛洪的邻居选择问题（或者称泛洪的目标邻居问题）。

③如果一个路由器（接口）收到它自己曾经发送出的 LSA 该怎么办？这是泛洪收到自己原生的 LSA 问题。

1. 泛洪的可靠性

为了保证LSA泛洪的可靠性，OSPF提出了两个机制，一个是确认机制，另一个是超时重传机制。

（1）确认机制

对于 OSPF，收到对方泛洪过来的 LSU 报文后，总是要予以确认，这样对方才能知道自己收到了 LSA，这就是所谓的确认机制。确认有两种方式，分别是显示确认和隐式确认。

路由器（接口）收到对方泛洪过来的 LSU 报文，回以 LSAck 报文，这称为显示确认。LSAck 的报文结构如图 6-90 所示。

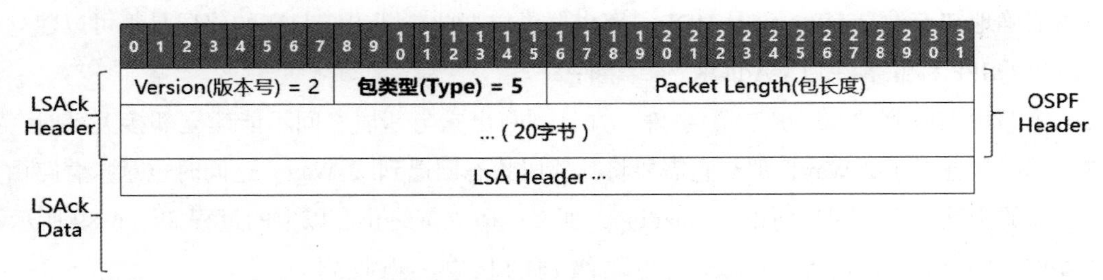

图 6-90　LSAck 的报文结构

LSAck 的包类型（Type）等于 5，它的数据中包含若干个（可以是一个，也可以是多个）LSA Header。此 LSA Header 就是告知对方收到了发过来的 LSA。

按照确认时机来说，显示确认又分为两种：立即确认（或者称直接确认）、延时确认。立即确认就是收到对方泛洪过来的 LSU 报文以后马上确认。延时确认就是对于对方泛洪过来的 LSU 报文，延时一段时间以后再确认。该延时时间可以配置（每个路由器可以独立设置为不同的时间），但是需要注意的是，其一定要小于 RxmtInterval 时间，否则会引发对方重发 LSU 报文。

假设一个路由器每次收到对方泛洪过来的 LSU 报文中只包含一个 LSA，它也可以采用延时确认：等待一段时间，待收到多个 LSU 报文以后，将多个 LSA 放到一个 LSAck 报文中统一应答。

对于非 Broadcast、NBMA 网络，延时确认必须是单播，即有多少需要确认的邻居，就必须通过单播确认多少次，目的 IP 是邻居的 IP 地址。

对于 Broadcast/NBMA 网络，OSPF 规定延时确认使用组播。如果是 DR/BDR 做延时确认，那么其组播地址就是 AllSPFRouters（224.0.0.5）；否则，其组播地址就是 AllDRouters（224.0.0.6）。

需要强调的是，立即确认总是以单播形式发送的。

除了能将多个 LSAs 装进一个 LSAck 报文，以节约网络带宽外，RFC 2328 认为延时确认还有其他好处。

①可以用一个 LSAck 报文应答多个邻居。

②当多个路由器接入同一网络时，使多个路由器的应答报文随机分布（前提是各个路由器设置的延时时间是不同的），避免网络风暴。

延时确认有一定的好处，但是对于“时延敏感”的场景则不宜采用，最好使用立即确认。当然，哪种场景使用哪种确认机制（立即确认 / 延时确认）并没有硬性原则，只是相对来说某一种机制更好一些。

表 6-34 是对显示确认机制的总结（表中所涉及的立即确认 / 延时确认是一个较优选项，不是绝对选项）。

表 6-34　路由器泛洪的显示确认机制总结

序号	场景	Backup	其他状态
1	LSA 从接收接口泛洪出去	不需要确认	不需要确认
2	LSA 更“新”，但不是从接收接口泛洪出去	如果是 DR 发送过来的，则立即确认；否则不做任何处理	延时确认
3	收到重复的 LSA，但是此 LSA 是一个隐式确认	如果是 DR 发送过来的，则延迟确认；否则不做任何处理	不需要确认
4	收到重复的 LSA，而且此 LSA 不是一个隐式确认	立即确认	立即确认
5	LSA 的 LS 时限等于 MaxAge，而且该 LSA 没有存在于数据库中的实例，并且路由器的邻居都不处于 Exchange 或 Loading 状态	立即确认	立即确认

表 6-34 中提到了 Backup 状态，这只可能在 Broadcast/NBMA 网络的 BDR 中发生。对于其他网络，则不存在 BDR（也不存在 DR），所以没有 Backup 状态，此时阅读表 6-33 时需忽略 Backup 这一列。

（2）超时重传机制

除了确认机制外，OSPF 还使用了超时重传机制来保证泛洪的可靠性。当一个 LSA 在 RxmtInterval（一般设置为 5s）时间内没有得到确认回复时，OSPF 会重传该 LSA，如图 6-91 所示。

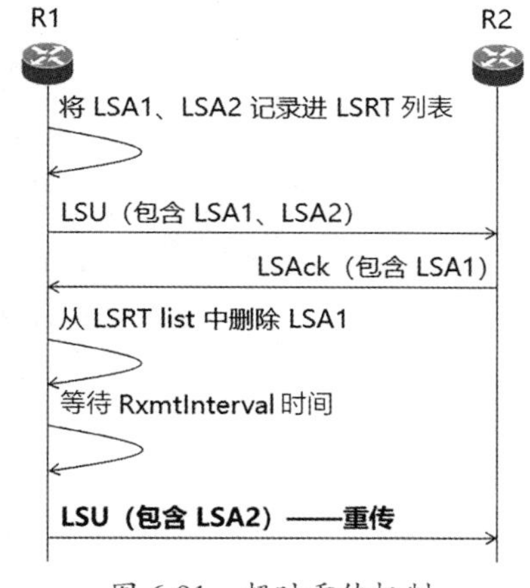

图 6-91　超时重传机制

图 6-91 中，R1 试图把 LSA1、LSA2 泛洪给 R2，R1 首先将两个 LSA 存入 LSRT（Link State Retransmission）列表中，这也是为了保证可靠性。

然后，R1 通过 LSU 报文将两个 LSA 发送给 R2，同时开始计时。假设 R2 由于某种原因，只应答（LSAck）了 LSA1。R1 收到 R2 的 LSAck 以后，将 LSA1 从 LSRT 列表中删除（因为已经确认发送成功，所以不必再重发）。

R1 等待 RxmtInterval 后，发现 LSA2 没有得到 R2 的确认，于是将 LSA2 重发（仍然通过 LSU 报文）。这种重发会一直持续下去，直到收到 R2 的确认（或者其他事件发生）。

2. OSPF 泛洪的目标邻居

OSPF 通过确认机制和超时重传机制来保证泛洪的可靠性。那么，收到一个 LSA 后，OSPF 会泛洪给哪些邻居呢？泛洪少了则不能保证泛洪的全面性（或者说不能称之为泛洪），泛洪多了则会给网络“添乱”。

图 6-92 假设 R1 的接口 A 收到了一个泛洪 LSA 或自身产生一个 LSA，那么 R1 的其他接口 B、C、D（及 A 接口本身）都有可能是 R1 的泛洪接口，这些接口称为候选接口。但是从候选接口到成为合格的泛洪接口，OSPF 有一套基本的筛选规则，只有满足这些规则的接口才能称为合格的泛洪接口。通过这些合格的接口，OSPF 将 LSA 泛洪到它的目标邻居。

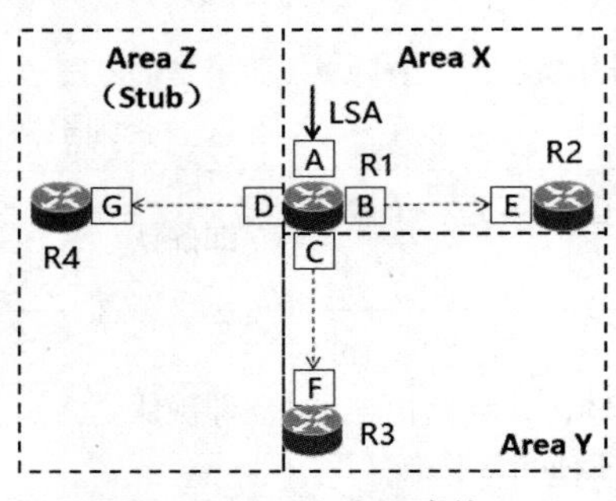

图 6-92　泛洪的候选接口

（1）泛洪接口的基本筛选规则

从候选接口到成为合格的泛洪接口，OSPF 的基本筛选规则如图 6-93 所示。

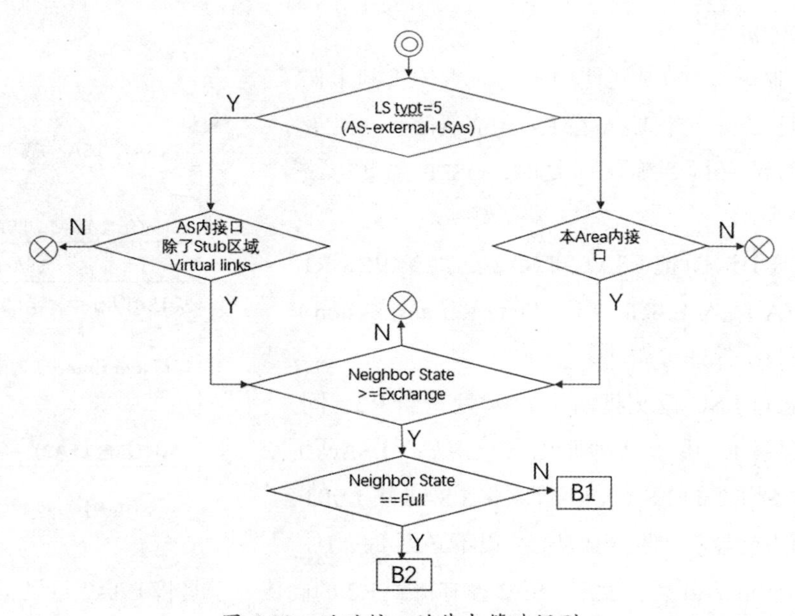

图 6-93　泛洪接口的基本筛选规则

其中，⊗表示接口不合格，B1、B2 代表两个详细分支。

OSPF 泛洪接口的基本筛选规则首先是判断 LSA 的类型。如果 LS type = 5（AS-external-LSAs），那么它的泛洪区域是整个 AS 内的所有 Area，但是要去除 Stub Area 和 Virtual Links；如果是其他类型的 LSA，那么泛洪区域只能是本 Area，如图 6-94 所示。

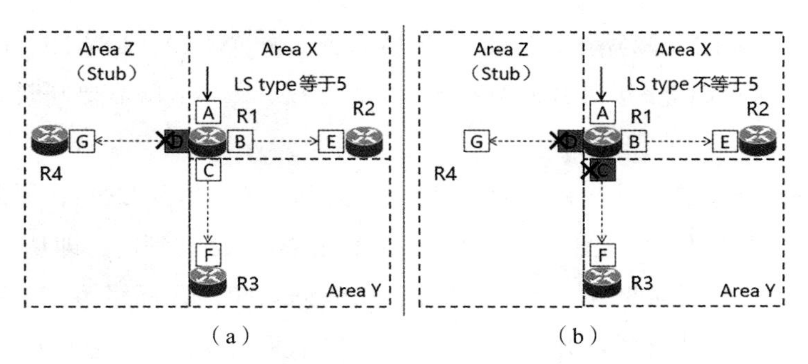

（a）　　　　　　　　（b）

图 6-94　根据 LSA type 去除不合格接口

图 6-94（a）中，LS type 等于 5，那么根据规则，接口 D 将被去除。

图 6-94（b）中，LS type 不等于 5，那么根据规则，接口 D、C 都将被去除。

根据LS type去除不合格接口以后，下一步需要根据邻居状态进一步去除不合格接口，如图6-95所示。

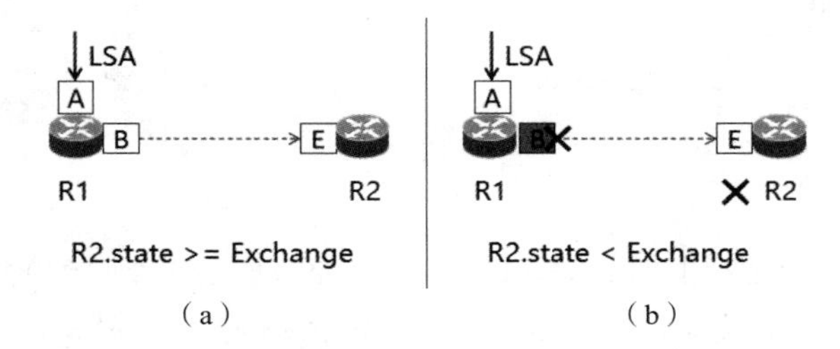

（a）　　　　　　　　（b）

图 6-95　根据邻居状态去除不合格接口

图 6-95 表示，如果邻居状态小于 Exchange，那么此接口也不合格。

对于邻居状态大于等于 Exchange 的接口，需要根据邻居状态是否为 Full 进行更进一步的判断（对应图 6-93 的 B1、B2 分支）。

①邻居状态为 Exchange、Loading 的判断规则。对于邻居状态大于等于 Exchange，而又不等于 Full，即邻居状态等于 Exchange 或 Loading 的接口，它的合法性判断规则如图 6-96 所示。

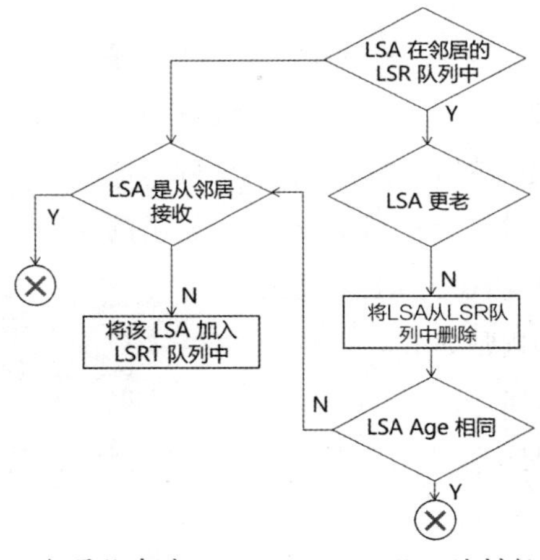

图 6-96　邻居状态为 Exchange、Loading 的判断规则（B1）

对图 6-96 的理解如图 6-97 所示，R1 的接口 A 收到了一个 LSA（LSA1），并试图通过接口 B 泛洪给 R2。但是如果此时 R1 接口 B 同时在向 R2 请求 LSA，那么就需要判断 LSA1 是否在 LSR 列表中。

如果 LSA1 不在 LSR 请求列表中，说明此时 R2（接口 E）不具有 LSA1，那么此 LSA（LSA1）就可以泛洪给 R2。但是仍需要关注一点：该 LSA 不能是从 R2 收到的，即从一个路由器收到的 LSA 不能再泛洪回去。需要强调的是，该规则对于 Broadcast/NBMA 网络的 DR 无效。

如果 LSA1 在 LSR 的请求列表中，即 R1 期望从 R2 获取 LSA1，这也就意味着 R2 自己本身就具有该 LSA，那么 R1 是否还需要向 R2 泛洪该 LSA 呢？在回答这个问题之前，先明确一个说法，即类似“LSA1 在 LSR 的请求列表中”或者“两个 LSA 相同”这样的说法具体指的是什么，如图 6-98 所示。

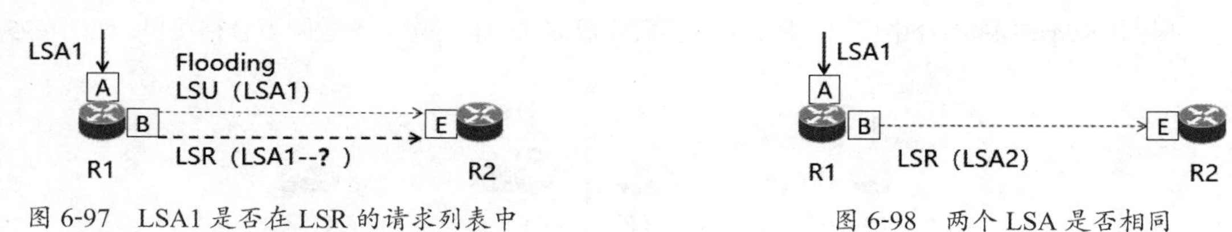

图 6-97　LSA1 是否在 LSR 的请求列表中　　　　图 6-98　两个 LSA 是否相同

图 6-98 中有两个 LSA：LSA1、LSA2。LSA1 指的是 R1 接口 A 收到的 LSA，LSA2 指的是 R1 接口 B 试图从 R2 请求的 LSR 报文中的 LSA。用计算机编程的术语来说，LSA1 和 LSA2 肯定是两个不同的实例（占用不同的内存空间）。OSPF 判断两个 LSA 实例是否相同，指的不是两者所占用的空间是否为同一个，而是指两者 LSA Header 中的如下字段的值是否相同：LS type、Link State ID、Advertising Router。也就是说，如果这 3 个字段的值相同，那么 OSPF 就认为两个 LSA 是相同的。OSPF 认为两个 LSA 是相同的，不代表认为两者是完全一样的（完全一样指的是所有字段的值一样）。

回到图 6-97，如果 LSA1 在 LSR 的请求列表中，那么 R1 是否还需要向 R2 泛洪该 LSA 呢？这就涉及两个 LSA 谁更“新”的问题，如图 6-99 所示。

图 6-99 表达的是 R1 接口 A 收到了一个 LSA（LSA1），它试图泛洪给 R2，但是 R1 从它的接口 B 的 LSR 报文中发现了 LSA2，而且 LSA1 与 LSA2 相同（如前文所说，LSA Header 中的 3 个字段的值相同）。这时，R1 是否还需将 LSA1 泛洪给 R2 呢？这取决于 LSA1 和 LSA2 的新旧比较。

两个 LSA 比较谁更“新”，其实是比较 LSA Header 中的 3 个字段：LS sequence number、LS checksum、LS age。其具体比较算法在前文已经讲过。

综上，两个 LSA 新旧比较的规则如下。

- 如果 LSA1 比 LSA2 更“旧”，那么不必再向 R2 泛洪。
- 如果 LSA1 与 LSA2 新旧一样，那么不仅不必向 R2 泛洪，也不必向 R2 再请求该 LSA（将 LSA2 从 LSR 队列中删除）。

- 如果LSA1比LSA2更“新”，那么有必要向R2泛洪。但是是否应该泛洪，还须看LSA1是否是从R2获取的，如果是，也不必泛洪。

②邻居状态为Full的判断规则。邻居状态为Full的情况比较简单，因为它无需判断LSR。其规则如图6-100所示。

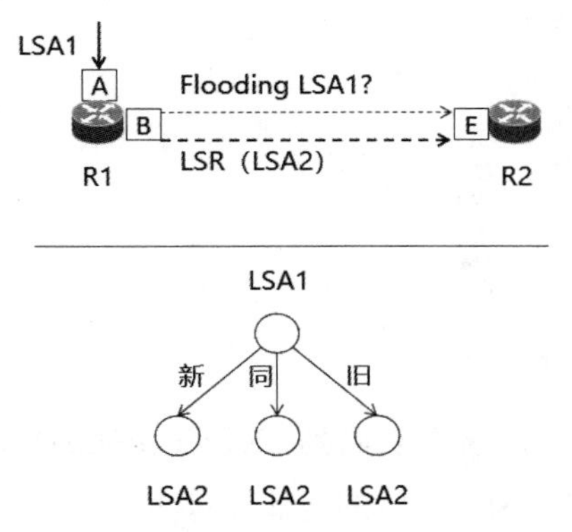

图6-99　两个LSA比较“年龄”

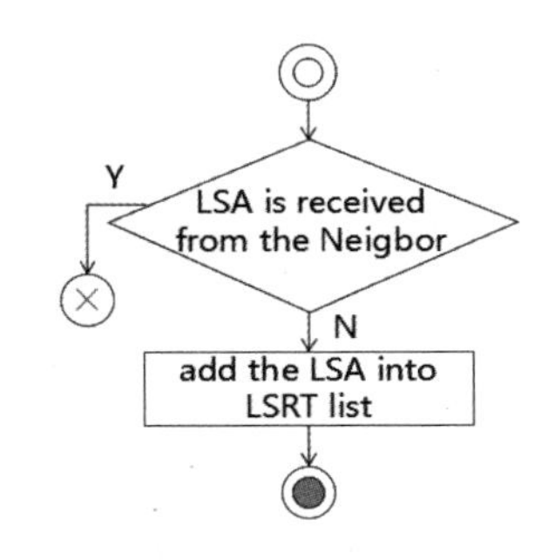

图6-100　邻居状态为Full的判断规则

通过图6-100可以看到，该规则与“LSA1不在LSR请求列表中”的规则是一样的，这里不再赘述。

（2）基于DR/BDR的进一步筛选规则

在Broadcast/NBMA网络中会选举出DR/BDR，相应地，OSPF泛洪接口的筛选规则在DR/BDR场景下也会有进一步的延伸。

第1个延伸规则：从DR/BDR收到的LSA不再泛洪出去，如图6-101所示。

根据DR/BDR的特点，如图6-101所示，如果R3收到了DR（R1）或BDR（R2）泛洪过来的LSA，再泛洪出去，其实是原路返回，这没有必要。所以，从DR/BDR收到的LSA不再泛洪出去。

第2个延伸规则：BDR收到LSA不再泛洪出去，如图6-102所示。

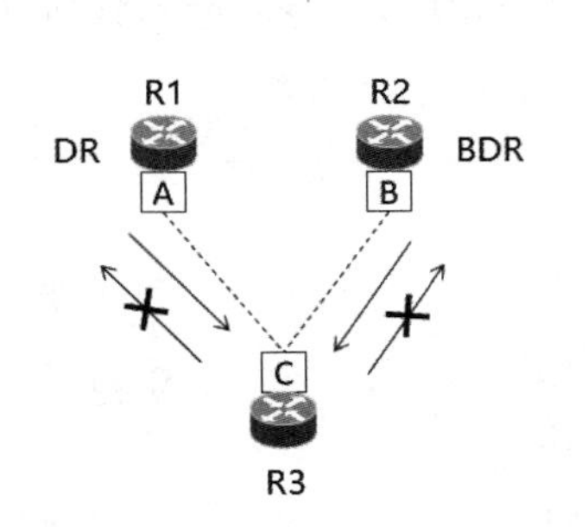

图6-101　从DR/BDR收到的LSA不再泛洪出去

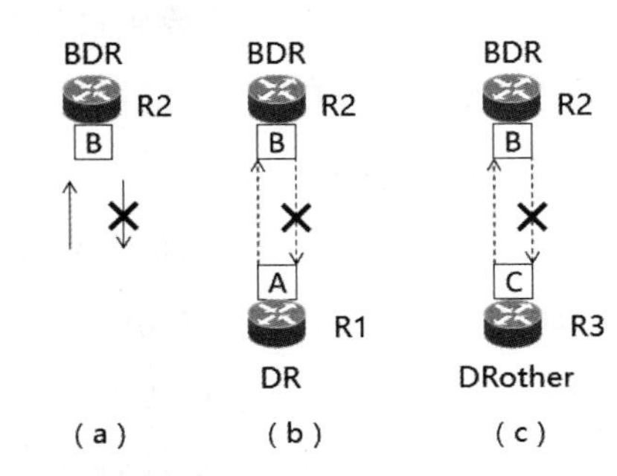

图6-102　BDR收到LSA不再泛洪出去

图6-102（a）表达的就是“BDR收到LSA不再泛洪出去”。因为BDR收到的LSA，或者是从DR发出的，如图6-102（b）所示，或者是从DRother发出的，如图6-102（c）所示，这两种情况

BDR 都没有必要再泛洪出去。因为假设需要泛洪，DR 会承担责任。

这个责任就是第 3 个延伸规则：DR 收到的 LSA 必须要泛洪出去，如图 6-103 所示。假设 DR（R1）收到了 R3 泛洪过来的 LSA，它只有泛洪出去，网络中其他路由器才能收到该 LSA。

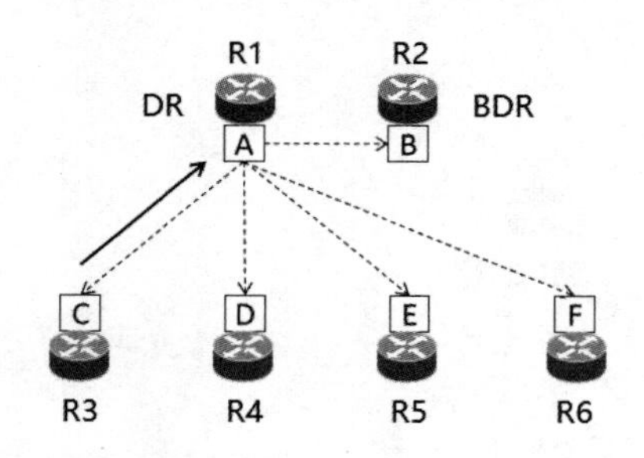

图 6-103　DR 收到的 LSA 必须要泛洪出去

在图 6-103 中，R3 泛洪给 DR（R1），DR 再泛洪出去，那么 R3 是否会收到 DR 泛洪出来的 LSA 呢？也就是说，它是否会收到自己泛洪出去的 LSA 呢？这要从 OSPF 泛洪的地址说起。

（3）泛洪的目的地址

我们知道，泛洪其实是向外发送 LSU 报文，那么这些 LSU 报文的目的地址是什么呢？

对于 Broadcast/NBMA 网络来说，如果是 DRother 发送，那么它就以组播的形式发送，组播 IP 是 AllDRouters（224.0.0.6），这样 DR 和 BDR 都能收到；如果是 DR 发送，它也以组播的形式发送，组播 IP 是 AllSPFRouters（224.0.0.5），这样，所有 DRothers 和 BDR 都能收到。

对于其他网络来说，它就是以单播的形式发送，目的地址就是合格接口对端的邻居的 IP 地址。有多少个合格接口，就应该发送多少次。

如果 DR 从一个 DRother 收到 LSA，然后泛洪 LSA，这样就会泛洪到原来发送该 LSA 的接口。例如，图 6-103 中的 R3 的接口 C，它发送 LSA 到 DR 接口 A，DR 接口 A 再发送此 LSA，又会发送到 R3 接口 C。

这只是一个例子，网络中收到自己发送出去的 LSA 的情况还有很多。那么收到自己发送出去的 LSA 时，该怎么办呢？

3. 收到自己原生的 LSA

路由器收到邻居泛洪过来的 LSA 中，有的 LSA 是自己原生的，如图 6-104 所示。一个 LSA 被 R1 从接口 A 泛洪出去，过了一段时间，又从接口 B 收到此 LSA。这里的接口 A 和接口 B 可以是同一个接口，也可以是不同的接口。所以，收到自己原生的 LSA 中的“自己”指的不是接口，而是路由器。

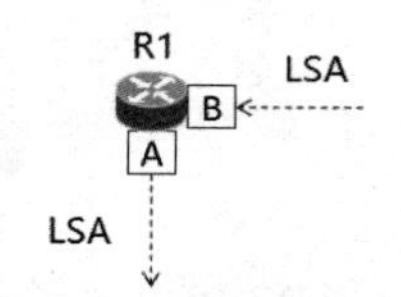

图 6-104　收到自己原生的 LSA 示意

如何判断所收到的 LSA 是不是自己原生的呢？这要从 LSA Header 的 Advertising Router、Link State ID 两个字段说起。这两个字段的赋值规则如表 6-35 所示。

表 6-35 Advertising Router、Link State ID 的赋值规则

LS type	Advertising Router	Link State ID
Router-LSA	生成此 LSA 的接口的 Router ID	生成此 LSA 的接口的 Router ID
Network-LSA	生成此 LSA 的接口（DR）的 Router ID	DR 的 IP
Network-Summary-LSA	生成此 LSA 的接口的 Router ID	目的网络地址
ASBR-Summary-LSA	生成此 LSA 的接口的 Router ID	ASBR 的 Router ID
AS-External-LSA	生成此 LSA 的接口的 Router ID	目的网络地址
NSSA-External-LSA	生成此 LSA 的接口的 Router ID	目的网络地址

通过表 6-35 可以看到，对于所有类型的 LSA，都可以通过 Advertising Router 字段来判断。只要所接收的 LSA 的 Advertising Router 等于自身所在路由器的 Router ID，那么就可以认为收到了自己原生的 LSA。

对于 Router-LSA（LS type = 1），也可以通过 Link State ID 字段来判断。只要所接收的 LSA 的 Link State ID 等于自身所在路由器的 Router ID，那么就可以认为收到了自己原生的 LSA。

对于 Network-LSA（LS type = 2），也可以通过 Link State ID 字段来判断。只要所接收的 LSA 的 Link State ID 等于自身所在路由器的某一接口的 IP，那么就可以认为收到了自己原生的 LSA。

网络上收到自己原生的 LSA 是非常正常的，所以大多数情况下，收到自己原生的 LSA 与收到其他 LSA 一样，并不需要进行特殊处理，除非收到的 LSA 比自己数据库中所对应的最新的 LSA 还“新”，如图 6-105 所示。

图 6-105 中，对于 R1 接口 A 收到的 LSA1，经过分析是 R1 自身原生的 LSA，而且与 LSDB 中的 LSA2 相同，但是 LSA1 比 LSA2 更“新”，这意味着 LSA1 的 LS sequence number 比 LSA2 的 LS sequence number 要更大。正常情况下，这肯定是出现了异常。其中一种异常就是路由器重启过，LSA1 是重启前发送出去的，而 LSA2 是重启后自己重新产生的。但是路由器在重启时，自己的起始 LS sequence number 比 LSA1 的 LS sequence number 要小，以至于造成 LSA2 的 LS sequence number 比 LSA1 的 LS sequence number 也小，从而出现了这种异常情况，如图 6-106 所示。

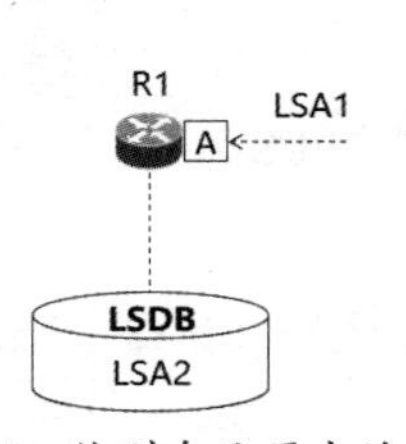

图 6-105 收到自己原生的 LSA 比自己数据库中的更“新”

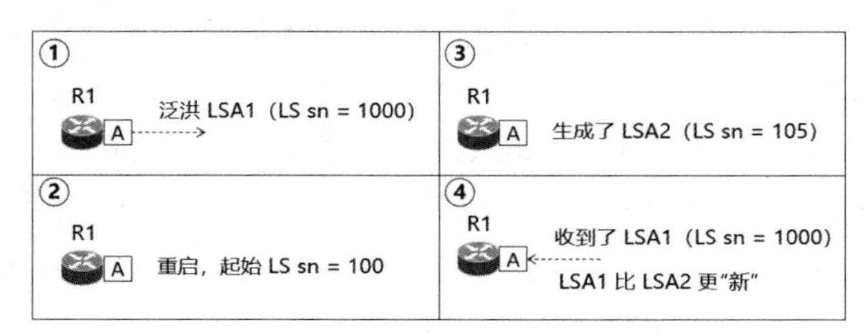

图 6-106 路由器重启造成的 LSA 异常

图 6-106 中的序号“①～④”代表时间顺序，从①到④的过程就产生了一个异常情况：所收到的 LSA 比自己数据库中的 LSA 更“新”。

为了处理这种异常，OSPF 会重新生成一个 LSA（内容一致），使 LS sequence number 的值设置为大于其所接收的那个 LSA 的 LS sequence number（意味着新生成的 LSA 更加“新”），并泛洪出去，其他路由器会接收到这个新的 LSA，并替换原来老的 LSA，从而用新的 LSA 处理掉这个异常。

但有的情况路由器可能不是处理异常，而是删除这个新的 LSA。出现这种情况可能是下面的一种。

① LSA 为 Summary-LSA 或 AS-external-LSA，而路由器不再有一条（宣告的）路径到达该目标。

② LSA 为 Network-LSA，而路由器不再是该网络的 DR。

③ LSA 为 Network-LSA，其 LS 标识是路由器自己的接口 IP 地址，而宣告路由器不等于自己的路由器标识（这种情况很少发生，这表示路由器在生成上个 LSA 后改变了路由器标识）。

路由器删除新的 LSA 方式是：将接收到的 LSA 中 LS age 字段增加到 MaxAge（1h），并重新洪泛。为什么这种方式能够删除新的 LSA 呢？这要从 LSA 的老化说起。

6.7.5 LSA 的老化

每个 LSA 都有一个字段 LS age，表示一个 LSA 自诞生起所经历的时间（单位为 s）。图 6-107 所示为 LSA 的 LS age 计算方法。

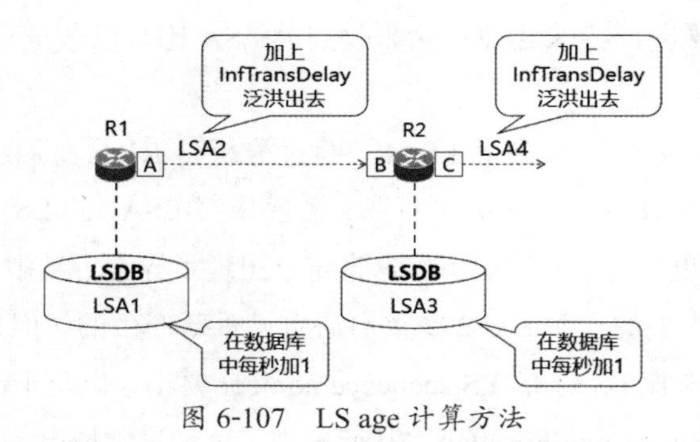

图 6-107 LS age 计算方法

图 6-107 中，R1 原生了一个 LSA，存储在 LSDB 中，记为 LSA1。LSA1 在数据库中，LS age 会每秒加 1。

R1 从接口 A 将 LSA 泛洪出去，记为 LSA2。在泛洪的那一刻，LSA2 的 LS age 会在其值的基础上增加一个 InfTransDelay（一般为 1s）。

LSA2 在传输的过程中不增加，待到达 R2 时，R2 会将其存入数据库，记为 LSA3。LSA3 在数据库中，LS age 也会每秒加 1。

依此类推，当 R2 从接口 C 将 LSA 泛洪出去时，也会将其 LS age 增加一个 InfTransDelay。

LS age 有 3 个作用，其中一个作用是比较两个 LSA 谁更“新”。LS age 的第 2 个作用是可充当定时器。LSA 在数据库中，每当 LSA age 达到 CheckAge（5min）的整数倍时，路由器就会校验 LSA 的 checksum 是否正确。如果不正确，可能就意味着程序或内存出现了错误。极端情况下，路由器无法修正这些错误，就会重启。LS age 的第 3 个作用是老化。当数据库中的 LSA 的 LS age 达到 MaxAge（1h）时，称为 LSA 的老化。LSA 老化时，路由器的基本原则是删除该 LSA。

1. LSA 老化的基本处理

LSA 到达老化时间时，路由器首先会判断是否满足如下两个条件。

①该 LSA 没有存在于此路由器的任何 LSA 重传列表中。

②该路由器的邻居没有处于 Exchange 或 Loading 状态。

如果满足这两个条件，路由器会做两件事情。

①将其从自身的数据库中删除（意味着路由表也需要重新计算，该内容会在后文讲述）。

②将其从整个 AS 域中删除，通过将该 LSA（LS age = MaxAge）泛洪出去的方法实现。

比较两个 LSA 谁更“新”，其中有一条规则就是：如果有一个 LS age 等于 MaxAge（一般被设置为 1h），那么此 LSA（Header）为更“新”。之所以将 MaxAge 认为更“新”，就是为了让收到此 LSA 的路由器删除 LSA。

为什么一个 LSA 的 LS age 达到 MaxAge 就该删除呢？这是因为路由器会在 LS age 达到 MaxAge 的一半时刷新 LSA。刷新的方法是将 LS sequence number 加 1，将 LS age 置 0，然后泛洪出去（它也会修改自身数据库的 LSA）。当然，一个路由器只会刷新其自己产生的 LSA。

可以想象，正常情况下，一个 LSA 是很难达到老化时间的。而一旦达到了老化时间，那么基本可以确认是出现了问题，所以此时删除该 LSA 合情合理。

一个 LSA 随着时间的推移，达到老化时间（LS age = MaxAge），笔者称之为自然老化。自然老化的情形很少发生，但是 OSPF 中却经常有提前老化的情形发生。

2. LSA 的提前老化

LSA 的提前老化是指 LSA 尚未到老化时间时，提前将 LSA 的 LS age 设置为 MaxAge。需要强调的是，只有自己产生的 LSA，路由器才可以将其提前老化。无论提前老化还是自然老化，其效果都是一样的：自身数据库删除；泛洪出去，以使得整个 AS 域都删除。

OSPF 为什么要提前老化 LSA 呢？

一种情形是 LSA 的 LS sequence number 达到了 MaxSequenceNumber 时，路由器会将其提前老化，然后重新生成一个 LS sequence number 等于 InitialSequenceNumber 的 LSA，并泛洪出去。其实这样会引发全网路由表重新计算两次，一次是删除 LSA，一次是新增 LSA，因此这并不是一个好方法。

但是，提前老化是一个无奈之举。假设不提前老化，那么等到该 LSA 真的需要更“新”时，路由器生成一个新的 LSA（记为 LSA_new），它的 LS sequence number = InitialSequenceNumber；

而网络中还存在着原来的 LSA（记为 LSA_old），其 LS sequence number = MaxSequenceNumber。我们知道，两个 LSA 比较谁更“新”时，首先是比较 LS sequence number，谁大谁就更“新”。这样一来，LSA_new 将变成更“老”，LSA_old 将变成更“新”，LSA_new 就无法替换 LSA_old，甚至永远无法替代。

笔者以为，如果把比较两个 LSA 谁更“新”的算法修正一下，即谁的 LS sequence number = InitialSequenceNumber 谁更“新”，否则谁大谁就更“新”，这样既能避免新老无法替换的问题，也能避免两次不必要的路由计算。

还有其他场景也会触发提前老化。例如，某条路由器宣告的外部路径不再可以到达，此时，路由器可以通过提前老化来将 AS-external-LSA 从路由域中废止。

6.7.6 LSA 的泛洪过程

前面讲述了 OSPF 泛洪的各种相关概念，本小节将对 OSPF 的泛洪过程进行系统的梳理。

对于一个路由器而言，当它收到 LSAs 或自己原生的 LSAs 时，泛洪即开始，如图 6-108 所示。路由器接口 A 收到了 LSAs，这些 LSA 或者是其原生的，或者是其他路由器通过 LSU 报文泛洪过来的。

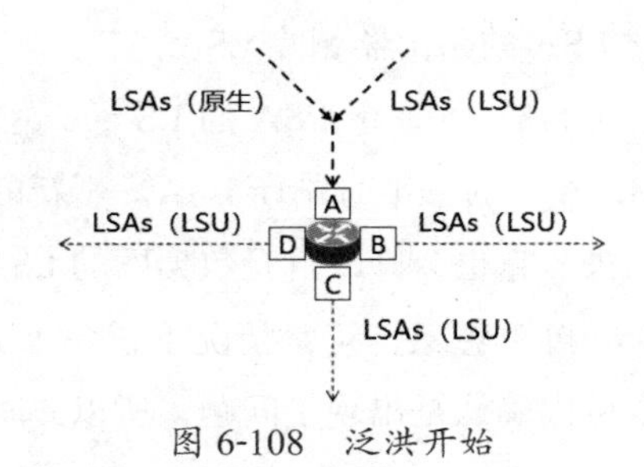

图 6-108　泛洪开始

说明：还有一种场景，一个路由器向邻接路由器发送 LSR 报文，而邻接路由器响应 LSU，那么此时该 LSU 是否会被泛洪出去呢？这里暂且忽略该场景，在 6.8.2 节中再讲述。

无论是通过什么方式收到了 LSAs，路由器接下来的基本动作都是泛洪出去。当然，要想真的泛洪出去，还需要经过一系列的流程，如 LSA 的合法性校验、泛洪接口的选择等。

在详细讲述这些流程之前，我们先做一个说明。一个路由器收到的一个 LSU 报文中可以包含多个 LSAs，该路由器需要针对每个 LSAs 进行处理，其处理流程如图 6-109 所示。

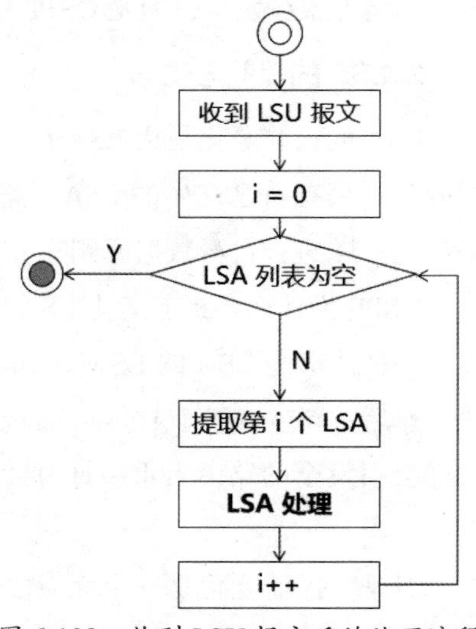

图 6-109　收到 LSU 报文后的处理流程

图 6-109 中，对 LSU 报文中的 LSAs 是做一个循环处理，从第一个一直处理到最后一个。

图 6-109 中的图标◎代表流程开始，图标◉代表流程结束。

对于自己原生的 LSAs，其流程与图 6-109 基本相同，但没有第一步“收到 LSU 报文”。

下面为了行文方便，采取如下原则：只描述针对一个 LSA 的处理流程，而不是描述针对一个 LSU 报文。

1. LSA 的合法性校验

针对每一个接收到的 LSA，OSPF 做的第一件事就是合法性校验，如图 6-110 所示。

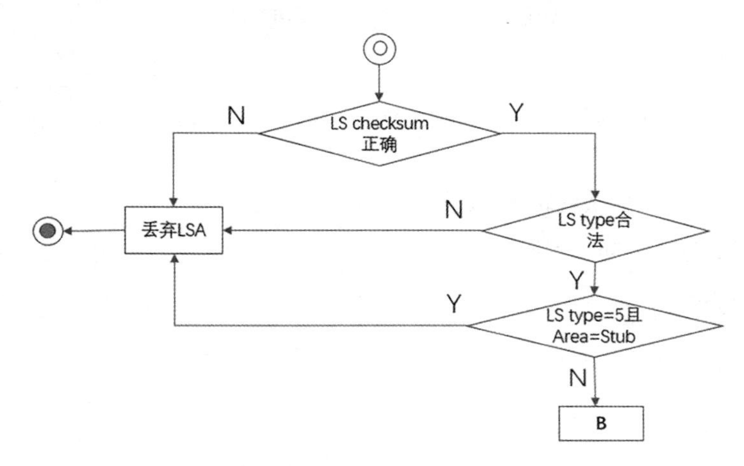

图 6-110　LSA 的合法性校验

图 6-110 描述的是一个合法性校验过程，如果校验不合法，则直接丢弃该 LSA（然后从 LSU 报文中获取取下一个 LSA 继续处理）。

可以看到，对于非法的 LSA，路由器并没有回以 LSAck。对于发送 LSU 报文的路由器（记为 R1）来说，它并不知道自己发送了一个非法的 LSA；对于接收的路由器来说，它知道非法，却仅仅是丢弃而不做任何回应，这会造成 R1 循环重发该 LSA。当然，这也不至于造成无限循环。因为路由器每隔 CheckAge（5min）时间会对自己数据库中的 LSA 进行自验，如果发现非法的 LSA，会进行修正（必要时，路由器会重启）。

LSA 的合法性校验一共校验 3 个内容。首先校验 LS checksum，然后校验 LS type，最后校验 LS type 与 Area 的匹配关系。

如果接收到的 LSA 的 LS type 不是其中的一种，那么就是非法的。如果 LS type = 5，即 AS-external-LSA，并且 Area 是 Stub Area，那么这也是非法的。

当 LSA 通过合法性校验以后，就会进入下面的流程，即图 6-110 中的方框 B。

对方框 B 展开以后，如图 6-111 所示。

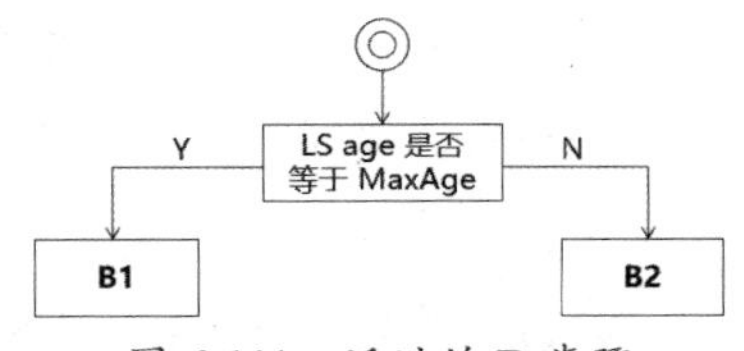

图 6-111　泛洪的 B 步骤

LSA 的合法性通过以后，路由器马上判断 LSA 的 LS age 是否等于 MaxAge，MaxAge 代表 LS 需要老化。

2. 泛洪的 B1 分支

根据图 6-111，当 LS age 等于 MaxAge 时，进入 B1 分支。B1 分支详细展开，如图 6-112 所示。

当收到一个 LS age 等于 MaxAge 的 LSA，并且满足如下条件时：自己的 LSDB 中并没有与此相同的 LSA；路由器没有邻居处于 Exchange 或 Loading 状态。那么，路由器的处理流程也就很简单直接，内容如下。

①立即以 LSAck 回应，表示收到了该 LSA。

②丢弃 LSA。

如果上述条件不满足，那么就转到 B2 分支。图 6-112 的 B2 分支与图 6-111 的 B2 分支为同一内容。

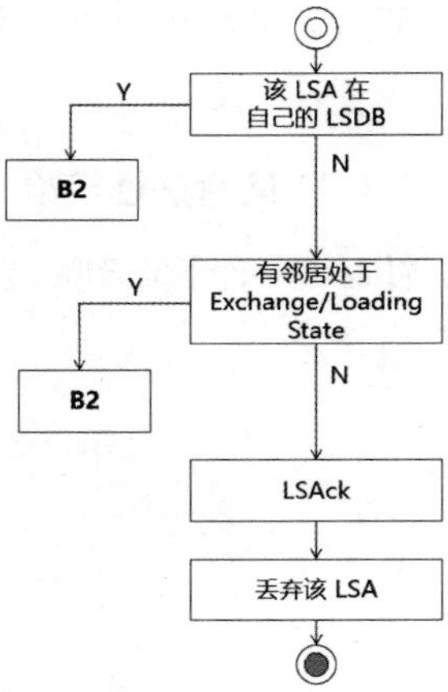

图 6-112　泛洪的 B1 分支

3. 泛洪的 B2 分支

泛洪的 B2 分支如图 6-113 所示。

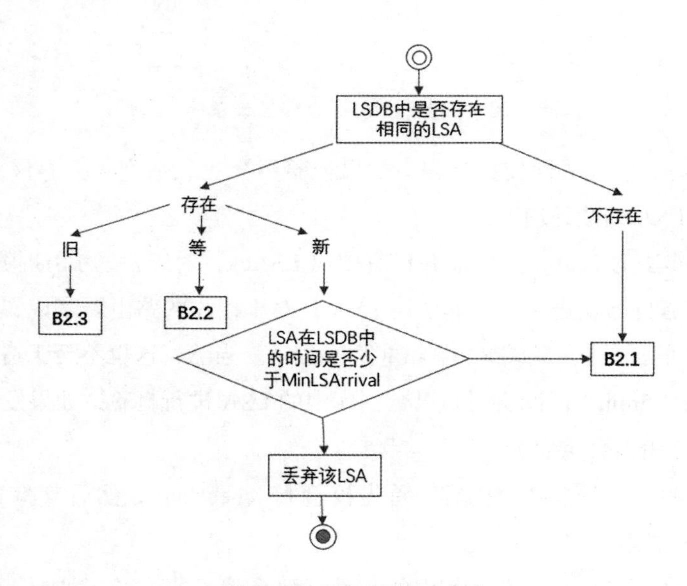

图 6-113　泛洪的 B2 分支

图 6-113 是一个非常规的画法，比较清晰简洁。

当路由器收到一个 LSA 时，存在 4 种可能的情形。

①自己的数据库中没有该 LSA。

②自己的数据库中有该 LSA，但是收到的 LSA 更“新”。

③自己的数据库中有该 LSA，收到的 LSA 与数据库中的 LSA 新旧相同。

④自己的数据库中有该 LSA，但是收到的 LSA 更“老”。

不同的情形有不同的处理流程。对于情形②，路由器首先会判断收到的 LSA 与上一次所收到的 LSA 的时间间隔。如果时间间隔不大于 MinLSArrival（1s），那么直接丢弃。

需要注意的是，这里没有 LSAck，而是直接丢弃。对于泛洪该 LSA 的路由器来说，如果没有收到 LSAck 报文，那么下一次会重发，而重发的报文会被确认（LSAck）。

对于情形②，如果时间间隔大于 MinLSArrival，那么执行 B2.1 分支。下面详细讲述图 6-112 中的 B2.1、B2.2、B2.3 3 个分支。

（1）B2.1 分支

路由器收到了一个 LSA，如果其自身数据库中没有该 LSA；或者有，但是收到的更“新”，而且时间间隔大于 MinLSArrival，那么就执行 B2.1 分支。泛洪的 B2.1 分支如图 6-114 所示。

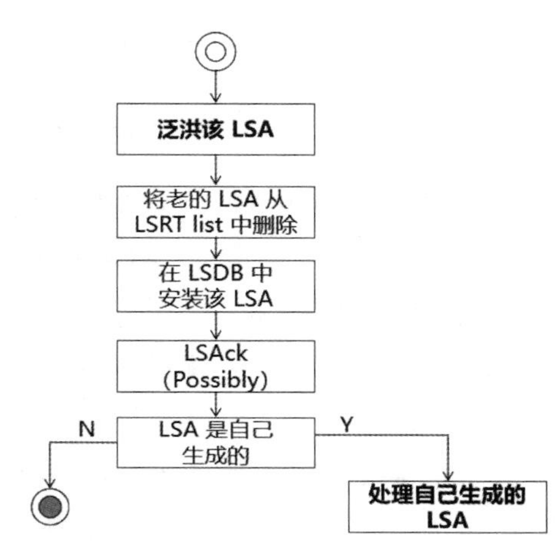

图 6-114 泛洪的 B2.1 分支

下面分别讲述图 6-114 中的步骤。

①泛洪该 LSA。路由器会先将该 LSA 泛洪出去，然后处理内部的事情，这可以充分提高网络的整体效率。

路由器泛洪该 LSA 细分为 3 个步骤。

- 寻找合适的泛洪接口。
- 针对每一个合格的接口，在其 LSRT 队列中记录该 LSA。
- 基于每一个合格的接口，发送 LSU 报文（报文中包含该 LSA）。

②将“老”LSA 从 LSRT list 中删除。在泛洪“新”的 LSA 之前，路由器可能曾经计划泛洪“老”的 LSA（如果有）。如果是这样，则“老”LSA 已经没有泛洪的必要，于是将“老”LSA 从 LSRT list 中删除。

③在 LSDB 中安装该 LSA。路由器既然接受了该 LSA，就应将该 LSA 记录下来，即存储进自己的 LSDB。如果 LSDB 中有“老”LSA，则需要将“老”LSA 删除。

④ LSAck（Possibly）。收到 LSA 以后，一般情况下需要回以 LSAck，以确认收到此 LSA。但是有的情况下不需要 LSAck。

⑤ LSA 是自己生成的。如果收到的 LSA 是自己生成的，那么可能需要做一些特殊处理，前面已经讲过，这里不再赘述。

（2）B2.2 分支

当收到的 LSA 与自己数据库中的 LSA 新旧相同时（两个 LSA 的 LS sequence number、LS checksum、LS age 三个参数的值都相同），则进入 B2.2 分支，如图 6-115 所示。

当路由器收到邻居泛洪过来的 LSA 也在其发往邻居的 LSRT 列表中时，表明其所接收的 LSA 是邻居发送过来的一个隐式确认，如图 6-116 所示。

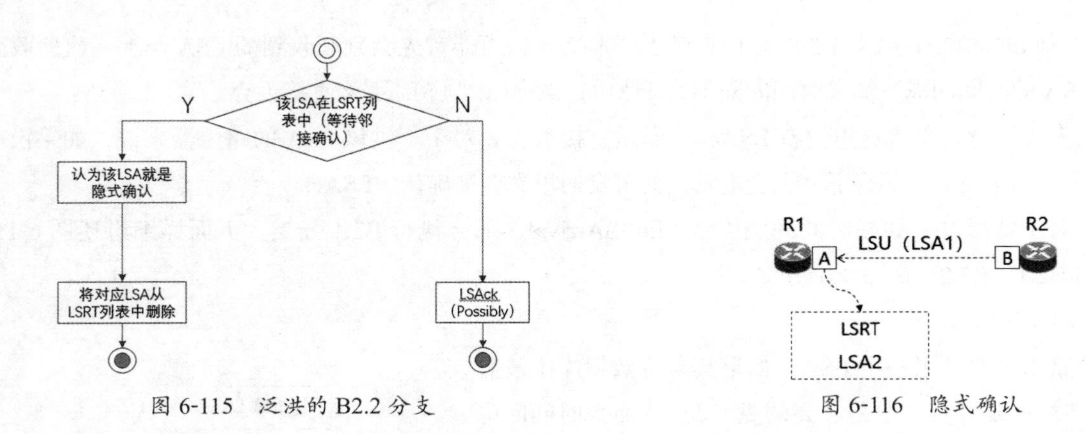

图 6-115　泛洪的 B2.2 分支　　　　图 6-116　隐式确认

图 6-116，R1 收到了 R2 泛洪过来的 LSA1，同时在 R1 发往 R2 的 LSRT 中有一个 LSA2，两个 LSA 相同，并且新旧相同，R1 就认为 LSA2 是 R2 的一个隐式确认。

对于隐式确认，路由器只需将该 LSA（图 6-116 中的 LSA2）从对应的 LSRT 队列中删除即可。如果不是隐式确认，那么路由器就可能需要回以确认消息（LSAck）。

（3）B2.3 分支

当所接收的 LSA 比自己数据库中的 LSA 更“旧”时，则进入 B2.3 分支，如图 6-117 所示。

因为接收到的 LSA 更“旧”，所以将自己的 LSA 打包进 LSV 报文，发送给邻居，同时这是一个隐式确认。

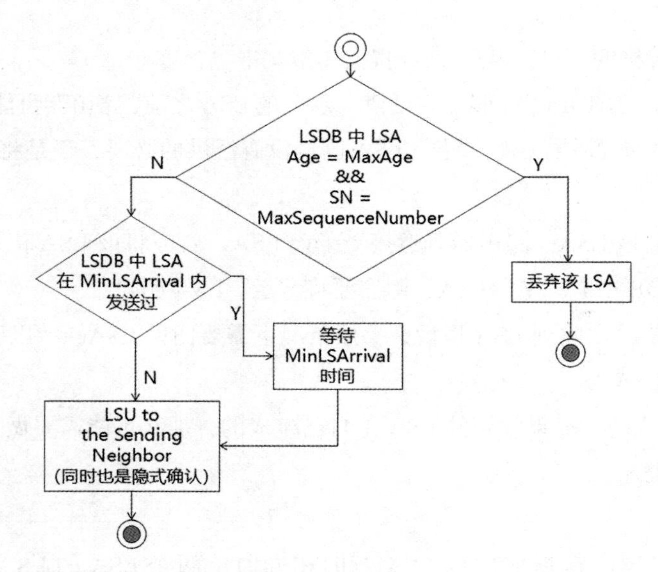

图 6-117　泛洪的 B2.3 分支

如果刚才已经发送过自己的 LSA（在 MinLSArrival 时间内），那么就稍等一会再发送。虽然之前已经发送过但仍然需要发送（其作用是隐式确认）。

但是，有一种情况可以不“回赠”：当自身的 LSA 的 LS number = MaxSequenceNumber，并且

LS age = MaxAge 时，路由器就直接丢弃所接收到的 LSA。因为这种情况下，路由器需要通过泛洪将该 LSA 从 AS 内删除，它的这个泛洪同时也承担了隐式确认的功能。

4. 泛洪遇到 LSR

泛洪遇到 LSR 是比较正常的事情，如图 6-118 所示。R1 收到 R2 泛洪过来的 LSA1，如果此时在 R1 准备向 R2 请求的 LSR 报文中有一个 LSA2，两者相同，并且 LSA2 比 LSA1 更加“新”，或者新旧相同，这意味着 R1 再向 R2 请求一个不合适的 LSA：如果新旧相同，则没有必要；如果请求一个更“老”的，那就是错误。

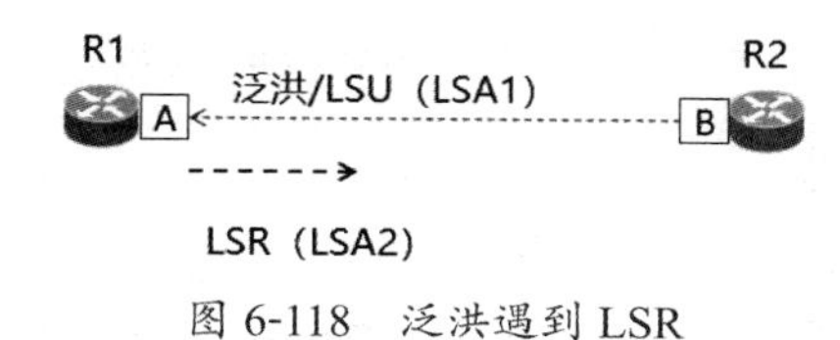

图 6-118　泛洪遇到 LSR

这说明，R1 和 R2 在 DD 的 Exchange 的阶段出现了错误。为了修正这个“历史”上的错误，R1 的行为如下。

①不再继续处理所接收的整个 LSU 报文（包括该 LSA）。

②自我产生一个 BadLSReq 错误。

③与 R2 重新开始 DD，即从 ExStart 阶段重新开始。

6.8 生成 LSA

OSPF 网络主要通过泛洪（还包括其他手段，如 LSR/LSU）以达到全网 LS 一致。前面讲过，对于一个路由器而言，泛洪的原动力是收到邻居一个泛洪报文（LSU）或自己生成了新的 LSAs。但是，对于一个 OSPF 网络而言，泛洪的原动力则是网络中至少有一个路由器其自己生成了新的 LSAs，否则该网络的 LSA 从何而起呢?

在讲述路由器如何生成 LSA 之前，首先回顾各类 LSA 与路由器角色及泛洪区域的相关信息，如表 6-36 所示。

表 6-36　各类 LSA 与路由器角色及泛洪区域的相关信息

LS type	LS name	生成者角色	泛洪区域
1	Router-LSA	All Routers	生成者所在 Area
2	Network-LSA	DR	生成者所在 Area

续表

LS type	LS name	生成者角色	泛洪区域
3	Network-Summary-LSA	ABR	ABR 将其连接的一个 Area（记为 A1）的“路由”进行汇总，通报到其连接的另一个 Area（记为 A2），然后只能在 A2 内泛洪
4	ASBR-Summary-LSA	ABR	ABR 连接的一个 Area（记为 A1）内有 ASBR（记为 R1），ABR 将其到达 R1 的度量值通报到其连接的另一个 Area（记为 A2），然后只能在 A2 内泛洪
5	AS-External-LSA	ASBR	除去 Stub Area 和 Virtual Link 的整个区域
7	NSSA-External-LSA	ASBR	只能在 NSSA 或 Totally NSSA

表 6-36 中，关于 Network-Summary-LSA 的泛洪区域描述中出现了路由汇总内容，严格来说，这并不是真正的“路由汇总”，只是大家习惯这么表达而已。

表 6-36 中关于各 LSA 泛洪区域的描述可以总结如下。

① AS-External-LSA 的泛洪区域是整个 AS，但是应除去 Stub Area 和 Virtual Links。

②其他类型的 LSA，泛洪区域在 Area。

这里的 Stub Area 包括：Stub Area、Totally Stubby Area、NSSA、Totally NSSA。

6.8.1 “新”的 LSA

路由器不能无缘无故生成一个新的 LSA，对于“新”的 LSA，我们还是从 LSA 的报文结构说起，如图 6-119 所示。

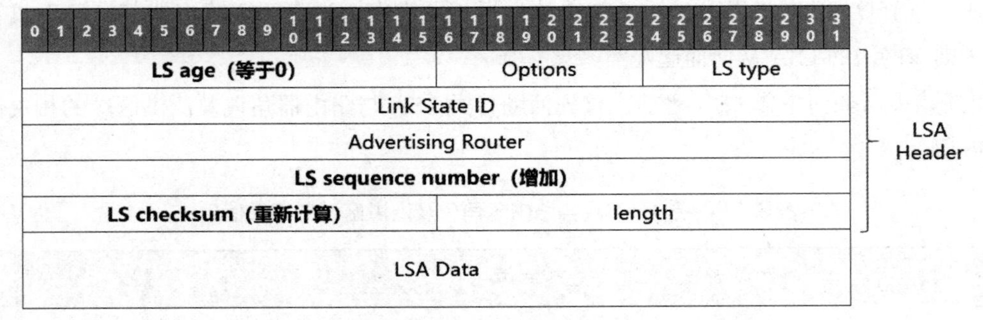

图 6-119　一个“新”的 LSA

一个“新”的 LSA 分为 3 种：一种是“全新”的，以前没有的；一种是“半新”的，以前有，但是现在内容有所改变；一种是“以旧换新”的，以前有，内容也没有改变，但是现在要换成新的。

“全新”比较好理解，如一个路由器第一次启动，其第一次生成的 LSA 就是全新的，是以前没有的。

“半新”也比较好理解，一个LSA其内容有所改变，例如，Router-LSA，如果其一个邻居Down了，那么它的内容相应地也就改变了。

“以旧换新”是这样一种场景：LSA已经在LSDB中存放了一段时间，其LS Age已经达到了LSRefreshTime，路由器会对其重新刷新并泛洪出去。

无论是“全新”、“半新”还是“以旧换新”，LSA Header中的3个字段都需要体现为一个“新”字。

① LS age字段需要设置为0。

② LS sequence number字段需要取当前路由器（接口）中的最大值。对于“半新”和“以旧换新”而言，因为原来“旧”的LSA本来就有赋值，这次赋值肯定是比原来增加了（绕接情况不算）。

③ LS checksum字段需要重新计算。针对的是“半新以依旧换新”情形。

对于“全新”LSA而言，其他字段不变。对于“半新”而言，其他字段哪里有变化就修改哪里；对于“以旧换新”而言，LSA中的其他字段的值保持不变，仅仅是上述3个字段（LS age、LS sequence number和LS checksum）需要重新赋值。

6.8.2 LSA的生成时机

对于LSA的生成时机，即在什么情形下路由器会生成一个“新”的LSA。与“新”的LSA分类相对应，其生成时机也可以分为不同的类型。

1.“以旧换新”的生成时机

当LSA的LS age达到了LSRefreshTime时，即为“以旧换新”的时机，路由器需要将其中的3个字段重新赋值，然后泛洪出去（当然，其自身也需要更新存储）。

对于那些应该提前老化的LSA，即使刷新时间到了，也不应该“以旧换新”，而是提前老化。

“以旧换新”并不是真正生成一个“全新”的LSA。只有“半新”或“全新”的LSA才真正是网络的“源”动力，才是构建网络路由表的内容所在。

2.“半新/全新”的生成时机

对于“半新”和“全新”的LSA而言，其生成时机是一样的，都是LSA内容的改变：如果以前有这个LSA，那么就是“半新”，否则就是“全新”。

根据路由器的角色，如内部路由器（Internal Router）、ABR、ASBR，以及内容改变，所引发的LSA的生成也有所不同。

（1）Internal Router生成的LSA

对于Internal Router而言，内容改变的情形有如下几种。

①接口状态改变。当接口状态改变时，很可能需要生成一个Router-LSA。

②所接入网络的 DR 改变。一个路由器如果接入的是 Broadcast 或 NBMA 网络，此时如果网络的 DR 改变，则该路由器必须要生成一个 Router-LSA。如果此路由器成为新的 DR，那么它还需要生成一个 Network-LSA。如果此路由器原来是 DR，这次不再是 DR，那么它原来为该网络生成的任何 Network-LSA 都应当从路由域（AS）中废止，废止方法就是提前老化。

③邻居路由器的状态达到 Full 状态。这种情况下，路由器必须生成一个 Router-LSA。这就回答了 6.7.6 小节的一个问题"一个路由器向邻接路由器发送 LSR 报文，而邻接路由器响应 LSU，那么此时该 LSU 是否会被泛洪出去呢？"，如图 6-120 所示。

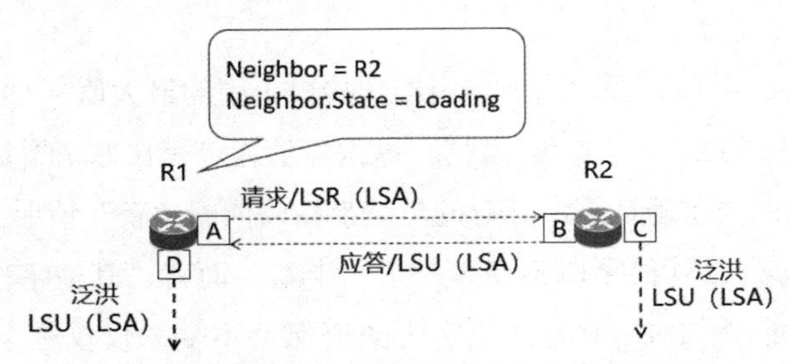

图 6-120　Loading 阶段是否泛洪其所请求到的 LSA

图 6-120 中路由器 R1 的邻居是 R2，且 R2 的状态为 Loading。但不是 R2 需要从 R1 请求 LSA，而是 R1 需要从 R2 请求 LSA。

R1 正在向 R2 请求 LSA 时，R1 所收到的 R2 发送过来的 LSA，是否应该泛洪出去呢？根据 RFC 2328 的描述，其不能马上泛洪出去，而是等 R1 全部请求完毕以后，即 R2 的状态变成 Full 以后，它才生成一个新的 Router-LSA，然后泛洪出去。

其实，无论是在 Loading 阶段还是在 Loading 结束以后的 Full 阶段，生成一个新的 Router-LSA，然后泛洪出去，其最终结果是一样的。另外，如果路由器（图 6-120 中的 R1）是该网络的 DR，还需要生成一个新的 Network-LSA。

④邻居路由器不再是 Full 状态。邻居路由器的状态变成 Full 以后，路由器需要生成新的 LSA。而邻居路由器状态从 Full 变为其他状态时，路由器也应该生成一个新的 Router-LSA。当然，如果路由器（图 6-120 中的 R1）是该网络的 DR，同样需要生成一个新的 Network-LSA。

（2）ABR 生成的 LSA

ABR 可以生成新的 Network-Summary-LSA，也可以生成新的 ASBR-Summary-LSA。两者的生成场景相同，为了行文简洁，下文仅以 Network-Summary-LSA 为例，讲述 ABR 生成 LSA 的内容。

对于 ABR 而言，内容改变的情形有 4 种，下面分别讲述。

①区域内部（intra-area）路由表的变更。区域内部路由表变更，如图 6-121 所示。Ra 是一个 ABR，到达 N4 网络的路径应该是 Ra→R3→N4。但是当 R3 到 N4 的度量值（metric）从 3 变为 5 时，那么到达 N4 网络的路径就会变为 Ra→R4→N4。这样一个变化也就意味着 Ra（ABR）关于 Area 1 的路由表中的一个表项或者说一个路径（到达 N4 的路由表）发生了变化，它会触发 Ra 生成一个

新的 Network-Summary-LSA，泛洪给 Area 0。

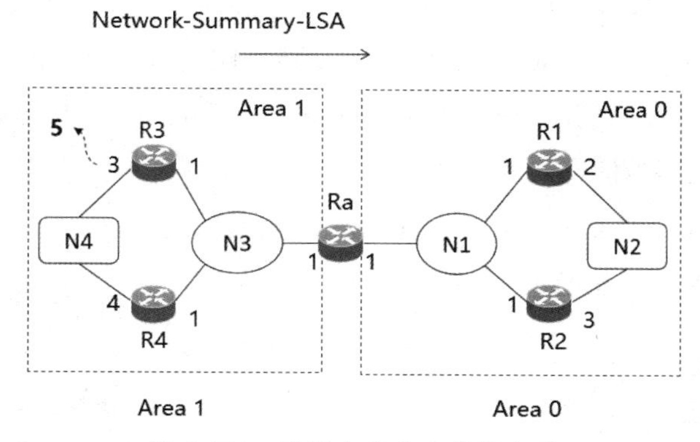

图 6-121　区域内部路由表的变更

图 6-121 所举的例子是内部区域路由表的路径的“修改”，其他还有路径的增加、删除等，也都会触发 ABR 生成一个新的 Network-Summary-LSA，泛洪给其相接的另一个区域。

②区域之间（inter-area）路由表的变更。区域之间路由表的变更如图 6-122 所示，R1 是 ABR，连接 Area1 和 Area0；R2 和 R4 也都是 ABR，连接 Area0 和 Area2。假设到达 N1（2.2.2.0/24）的路径发生了变化，就会触发 R1 生成一个新的 Network-Summary-LSA，并泛洪给 Area0 内的路由器 R2、R4 和 R5，这就是区域内部（intra-area）路由表的变更的场景。

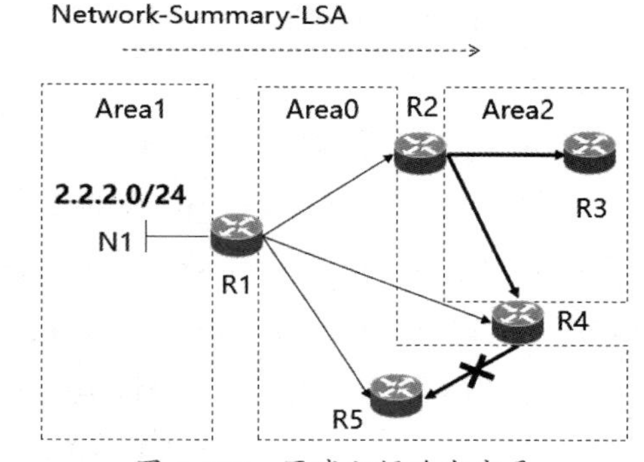

图 6-122　区域之间路由变更

R2、R4 收到 R1 泛洪过来的 LSA，它们需要继续生成一个新的 Network-Summary-LSA，并泛洪到 Area2 中。对于 R2、R4 而言，触发它们生成新的 LSA 的本源是 Area1 中到达 N1 的路径发生了变化，所以称之为区域之间路由表的变更。

以 R2 生成新的 LSA 并泛洪为例继续讲述。R2 生成一个新的 Network-Summary-LSA，然后泛洪给 Area2 内的 R3 和 R4。现在问题来了：R4 是 ABR，连接 Area0 和 Area2，它收到 R2 泛洪过来的 Network-Summary-LSA 后，会不会以此 LSA 为依据计算路由并泛洪给 Area0（骨干区域）？

答案是都不会，原因如下。

- R4 作为一个 ABR，它以 R1 泛洪过来的 Network-Summary-LSA 作为路由计算的依据更加合理，而以 R2 泛洪过来的 Network-Summary-LSA 作为依据明显多了一跳。
- 如果 R4 收到 R2 泛洪过来的 Network-Summary-LSA，再泛洪回 Area0（骨干区域），如泛洪给 R5，这很可能会引发路由环路，因为 R5 也会收到 R1 泛洪过来的同样的 LSA。

需要补充说明的是，R4（R2 也同理）虽然不会基于非骨干区域泛洪过来的 Network-Summary-LSA 进行路由计算，也不会再将此 LSA 泛洪回骨干区域，但是它会接收该 LSA，并将其安装到自己的 LSDB 中（因为它需要泛洪给区域内的其他路由器）。

③路由器连接新的区域。路由器连接新的区域如图 6-123 所示。R3 原本只属于 Area0，但是当将它连接到一个新的区域（Area2）时，它就会变成 ABR，此时它需要基于其路由表生成新的 Network-Summary-LSA，泛洪到其所连接的新的区域中。该 Network-Summary-LSA 包括前文介绍的区域内部和区域之间的路由信息。

④虚连接改变。虚连接改变如图 6-124 所示，R1 与 R2 之间建立了一个虚连接，R2 通过该虚连接成为连接 Area0 和 Area2 的 ABR。

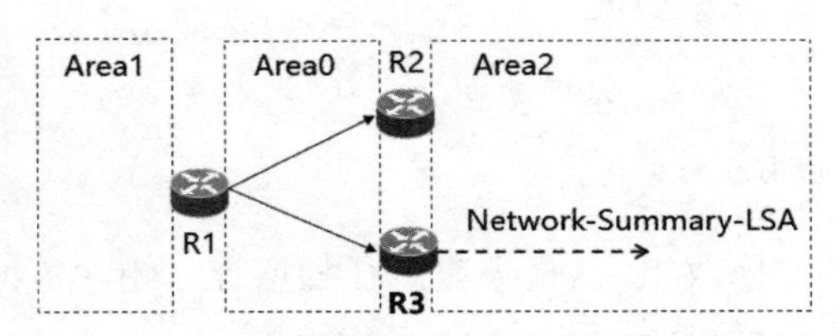

图 6-123　路由器连接新的区域

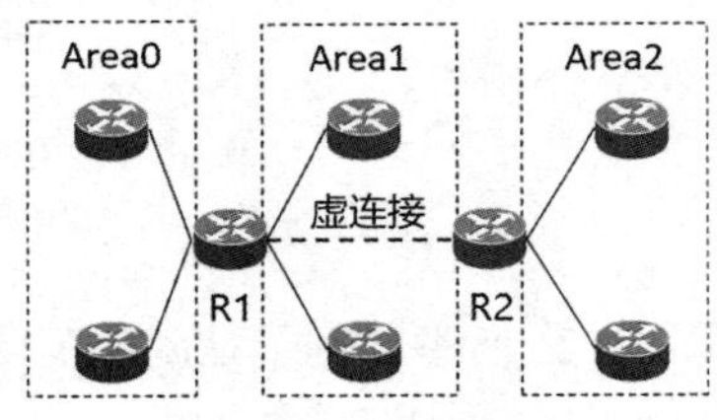

图 6-124　虚连接改变

虚连接改变意味着 R1 发生了变化，或者 R2 发生了变化，变化就是指接口状态改变或接口的 Cost 发生改变。

将虚连接分拆来看，如图 6-125 所示。图 6-125(a) 对应的是 Area0，图 6-125（b）对应的是 Area1。将虚连接进行分拆对应到不同 Area 以后，就容易理解为：虚连接的改变，对应成了区域内路由器接口状态的变化或接口 Cost 的变化（后者应该很少发生）。无论是 R1 还是 R2 的变化（这两者都是 ABR），它们都需要向 Area0、Area1 各生成一个 Router-LSA。由于是虚连接，所以 Router-LSA 的 V 字段（1bit）需要设置为 1。

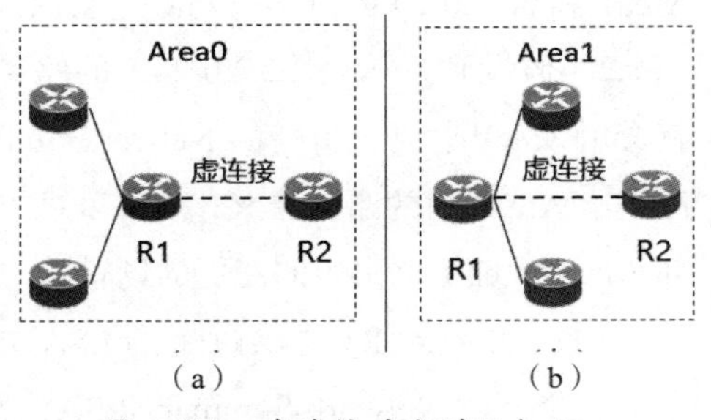

图 6-125　虚连接对应到两个 Area

综上，当虚连接变化时，对应的路由器（ABR）需要向传输区域（Transit Area，对应图 6-124 中的 Area1）和骨干区域分别生成一个 Router-LSA（其中 V 字段的值设置为 1）。

（3）ASBR 生成的 LSA

ASBR 生成的是 AS-External-LSA。对于 ASBR 而言，内容改变的情形有两种，下面分别讲述。

①外部路径改变。这种场景非常直接，如图 6-126 所示。外部路径改变指的是 AS 外部路径改变。图 6-126 中，ASBR 通过 BGP 协议学习了达到 AS 外部网络 N1、N2 的路由。当达到外部网

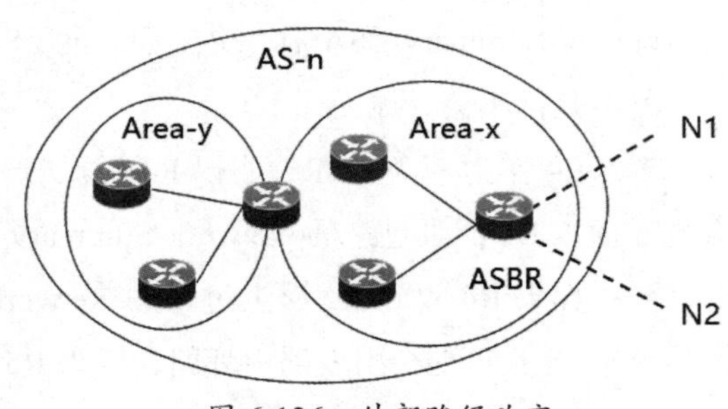

图 6-126　外部路径改变

络的路径发生变化时，ASBR 同样能学习到，此时它会生成一个 AS-External-LSA，并泛洪出去。

②路由器不再是 ASBR。这个场景更加直接，当路由器由于某种原因（如重启）不再是 ASBR 时，它需要将以前自己泛洪出去的 AS-External-LSA 收回，即提前老化（生成一个 LS age = MaxAge 的 LSA）。

6.8.3 LSA 生成时机总结

路由器生成的“新”的 LSA 分为“以旧换新”“半新”“全新”3 种类型，根据“新”的分类，以及路由器的角色，LSA 的生成时机各有不同，如表 6-37 所示。

表 6-37　LSA 生成时机总结

“新”类型	路由器角色	时机	LSA 类型
“以旧换新”	All	LS age = LSRefreshTime	All
“半新”和“全新”	Internal Router	接口状态改变	Router-LSA
		DR 改变	Router-LSA Network-LSA
		邻居状态达到 Full	Router-LSA Network-LSA
		邻居状态从 Full 变为其他	Router-LSA Network-LSA
	ABR	区域内部路径改变	Summary-LSA
		区域之间路径改变	Summary-LSA
		路由器连接新的区域	Summary-LSA
		虚连接改变	Router-LSA
	ASBR	外部路径改变	AS-External-LSA
		路由器不再是 ASBR	AS-External-LSA

6.9 OSPF 小结

如果 OSPF 是一辆车，那 Dijkstra 算法就是这辆车上的发动机，而 LSA 的泛洪就相当于是汽油，路由器（接口）则是汽油的原产地。

路由器既生产 LSA，也是 LSA 的搬运工，它们将每个路由器所生产的 LSA 搬迁到网络中的每一个角落（路由器），这个搬迁过程就是 LSA 的泛洪。

泛洪不是洪水滔天，它是沿着规划好的管道流到它该去的地方。所谓规划好的管道，就是不同类型的 LSA 对应着不同的目的地。例如，一个 AS-External-LSA 就不能“流”到 Stub Area。之所以有这样的限制，是考虑到 OSPF 无法承受大网之重，必须将一个大网分割成不同的小网，也就是分割成不同的 AS，一个 AS 再分割成不同的 Area。

围城外的人想进来，围城里的人想出去。ASBR 所学习到的 AS 外部路由要发布到 AS 内部，ABR 所学习到的 Area 路由，要发布到邻接的 Area。只有这样互通才能使每一个 AS、每一个 Area 不会成为网络的孤岛。

ASBR、ABR 连接了一个个网络孤岛，而岛屿内部的连接也同样重要。岛内的路由器也要互通有无。无论是岛内还是岛间，路由器互通有无（泛洪 LSA）的前提是双方建立邻居关系，进而再建立邻接关系。

通过邻居、邻接、分区、泛洪等机制，OSPF 使得每一个路由器（接口）都能动态、“实时”拥有整个网络的拓扑（连接关系及链路代价），然后每一个路由器再调用 Dijkstra 算法，计算并构建自己的路由表。

第7章 IS-IS

中间系统到中间系统（Intermediate System to Intermediate System，IS-IS）是由 ISO 制定的 ISO/IEC 10589:2002 规范中定义的动态路由协议。

IS-IS 与 OSPF 相比，两者在网络分层、概念及实际内容上都有很多相似之处，如图 7-1 所示。

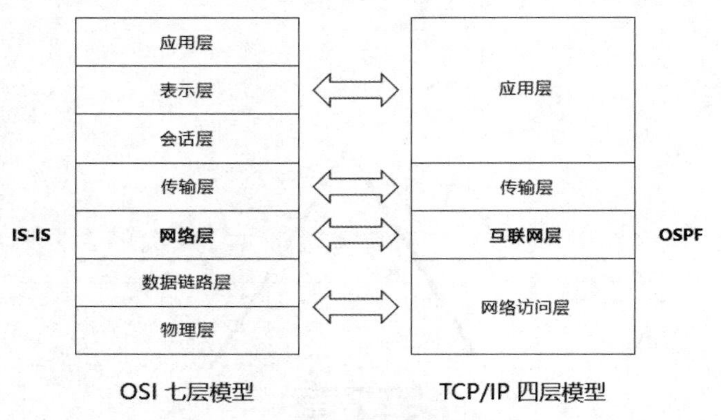

图 7-1　OSI 与 TCP/IP 分层模型

说明： 开放式系统互连（Open System Interconnection，OSI）模型是 ISO 指定的网络分层标准模型。图 7-1 表示的 OSI 与 TCP/IP 分层模型，虽然 TCP/IP 现在已经成为网络的主流协议，但在说 TCP/IP 时，还是习惯说 OSI 七层模型，而不是 TCP/IP 四层模型。同样的，本章如无特别说明，就以 OSI 七层模型为标准进行叙述。

IS-IS 与 OSPF 都处于第 3 层（基于 OSI 七层模型），而且都是一种内部网关协议（Interior Gateway Protocol，IGP）。然而 IS-IS 并不是 TCP/IP 协议族的一种，而且也不适合 IP 网络。标准的 IS-IS 协议是为 OSI 的无连接网络服务（Connectionless Network Service，CLNS）而设计的。为此，IETF 在 RFC 1195 中制定了可以适用于 IP 网络的集成化的 IS-IS 协议，称为集成 IS-IS（Integrated IS-IS）或双栈 IS-IS（Dual IS-IS）。

由于现在 TCP/IP 比较流行，因此人们一般都用 IS-IS 来代指集成 IS-IS。

ISO 曾经提议用 IS-IS 替代 OSPF，成为 TCP/IP 协议族中的 IGP 协议，原因是它们认为 TCP/IP 协议族只是一种过渡协议，早晚会被 OSI 协议族替代。但 OSI 协议族现在式微。不过 IS-IS 作为路由选择协议，仍然是得到了比较广泛的应用。

当年 ISO 力荐 IS-IS，但是由于一些历史原因，IS-IS 发展比较缓慢，于是 IETF 最终选择了 OSPF 作为 TCP/IP 推荐的 IGP 协议。虽然 OSPF 得到了 TCP/IP 的推荐，而且 OSPF 所考虑的内容也比 IS-IS 要多得多，但是两者的实际应用场景却与它们的“人设”完全不同。复杂的、大型的运营商网络所采用的基本是相对简单的 IS-IS 协议，而相对简单的企业网络采用了较复杂的 OSPF。

IS-IS（Integrated IS-IS/Dual IS-IS）可以同时支持 IP 和 ISO 的 CLNS，但是由于主题和篇幅的原因，本书将只介绍 IS-IS 与 IP 密切相关的部分。

7.1 IS-IS 的 ISO 网络层地址

即使在一个纯 IP 的环境中，一个 IS-IS 路由器仍然需要一个 ISO 地址，因为 IS-IS 只是作为 TCP/IP 的一个 IGP 使用，其本质仍然是一个 ISO 无连接网络协议（Connection Less Network Protocol，CLNP）。

需要注意的是，这里的 IS-IS 路由器与 OSPF 路由器有很大的不同。OSPF 路由器指的是路由器的接口，而 IS-IS 路由器指的是路由器本身，如图 7-2 所示。从物理上来说，只有一个路由器，它有 4 个接口：A、B、C、D。假设这 4 个接口都使用了 OSPF 协议，那么这 4 个接口都被称为 OSPF 路由器。但是即使这 4 个接口都使用了 IS-IS 协议，也只是这个物理路由器本身被称为 IS-IS 路由器。

A
D B
C

图 7-2　IS-IS 路由器

每一个 IS-IS 路由器都必须具有一个 ISO 网络层地址，该地址称为 NSAP（Network Service Access Point，网络服务接入点）。从作用来说，ISO 的 NSAP 与 TCP/IP 的 IP 地址非常类似（抛开是针对一个物理路由器还是针对一个路由器接口不谈），但是两者的形式又有很大的不同。例如，IP 地址的形式是 100.100.100.10，而 NSAP 的地址形式却可能是 47.0005.80.0000a7.0000.ffdd.0007.0000.3090.c7df.00。

NSAP（ISO 网络地址）的标准却比较复杂，其理解方式有两种，一种是简易版，一种是复杂版。下面分别讲述 NSAP 的两种理解方式。

7.1.1 NSAP 的简易版理解方式

NSAP 的简易版地址格式如图 7-3 所示。

Area ID (Area Identifier)	System ID (System Identifier)	NSEL (NASP Selector)
变长	1~8字节	1字节

图 7-3　NSAP 的地址格式（1）

图 7-3 为 NSAP 的地址格式的一种表达方式，该表达方式虽然比 IP 地址格式复杂，但仍比较简单直接。其包括 3 个字段：Area ID（区域 ID）、System ID（系统 ID）、NSEL，下面分别讲述。

1. Area ID

Area ID 是一个变长字段，其含义就是标识一个 Area（区域）。

IS-IS 的 Area 会在 7.2 节继续展开讲述，这里只需将其简单理解为 OSPF 中的 Area 即可。

2. System ID

System ID 也是一个变长字段，长度范围是 1 ~ 8 字节。但是，在同一个路由域（AS）内，System ID 的长度要保持一致（Cisco 路由器实现的规格是：System ID 的长度是 6 字节，而且必须是 6 字节）。一般来说，System ID 的赋值方式是“路由器接口的 MAC 地址”或“路由器的 Router ID”。

3. NSEL

NSEL 占用 1 字节。NSEL 的含义与 IP 地址的端口号类似。将 SEL 设置为 0 的 NSAP 地址称为 NET（Network Entity Title）地址。对于一个 CLNP/IP 混合路由器来说，SEL 应该设置为 0，否则会出现问题。也就是说，在 IP 的语境里，NSAP 其实指的就是 NET。

7.1.2 NSAP 的复杂版理解方式

图 7-3 表达的地址格式相对于 IP 地址来说稍显复杂，但还算正常。如果继续把 Area ID 字段展开，其格式将会非常复杂，如图 7-4 所示。

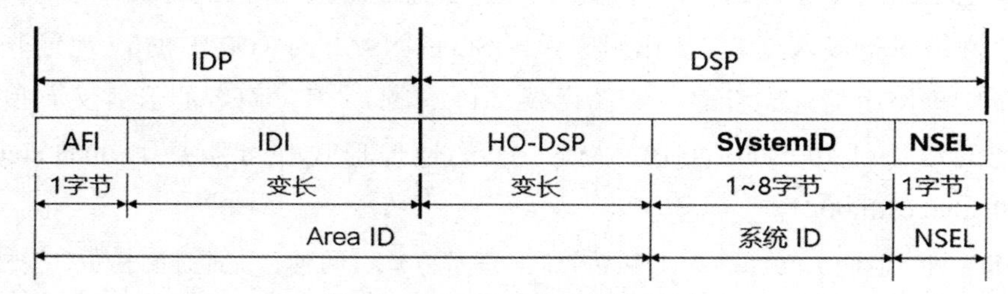

图 7-4　NSAP 的地址格式（2）

说明： 如果仅从了解 IS-IS 的角度出发，关于 NSAP 的地址格式可以到此为止，下面的内容可以选择性阅读。

表面上看，图 7-4 是将 Area ID 做了进一步的展开，但实际上是将 NSAP 的格式做了另一种解读。

NSAP 不再分为 Area ID、System ID、NSEL 三部分，而是分为 IDP（Initial Domain Part，领域初始部分）、DSP（Domain Specific Part，领域特殊部分）两部分。

对于 NSAP 所覆盖的领域（Domain），常见的内容包括 X.121、F.69、E.163、E.164、ISO DCC、ISO 6523-ICD、IANA ICP ITO-TIND、Local 等。

其中前 4 个属于技术领域范畴，第 5 和 6 两个属于国家范畴，第 7 个类似于 IP 的 Local IP 的概念。ISO 覆盖的领域非常庞杂，不仅涉及技术领域的标准，还涉及国家标准。与其说 NSAP 覆盖了这些领域，不如说 NSAP 被这些领域所把控，因为 IDP 的第一个字段 AFI（Authority and Format Identifier）就表示授权机构和格式标识符，它代表了这些领域的代码，如表 7-1 所示。

表 7-1　NSAP 的 AFI 代码

领域	AFI 代码			
	DSP 十进制	DSP 二进制	DSP ISO/IEC 646 character	DSP National character
X.121	36, 52	37, 53	—	—
F.69	40, 54	41, 55	—	—
E.163	42, 56	43, 57	—	—
E.164	44, 58	45, 59	—	—
ISO DCC	38	39	—	—
ISO 6523-ICD	46	47	—	—
IANA ICP	34	35	—	—
ITU-T IND	76	77	—	—
Local	48	49	50	51

对于表 7-1，一个领域对应着一个或多个 AFI 代码。例如，ISO 6523-ICD 的 AFI 代码是 46。但是，表 7-1 是想表达什么呢？下面再换一个视角理解 NSAP 的地址格式，如图 7-5 所示。

图 7-5（a）对图 7-4 进行了简化，图 7-5（b）说明了如下几点。

① AFI 决定了 IDI 的格式。

② AFI（背后的标准/组织）负责 IDI 值的分配。

③ AFI 决定了 DSP 的语法。

④ IDI（背后的标准 / 组织）决定了 DSP 的格式和值的分配。

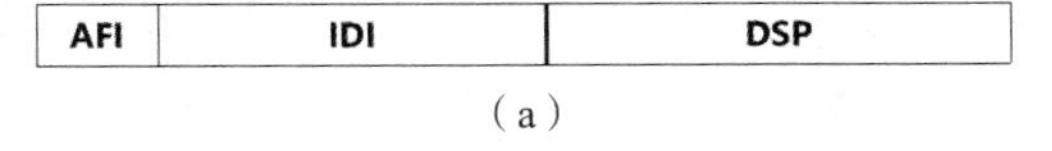

（a）

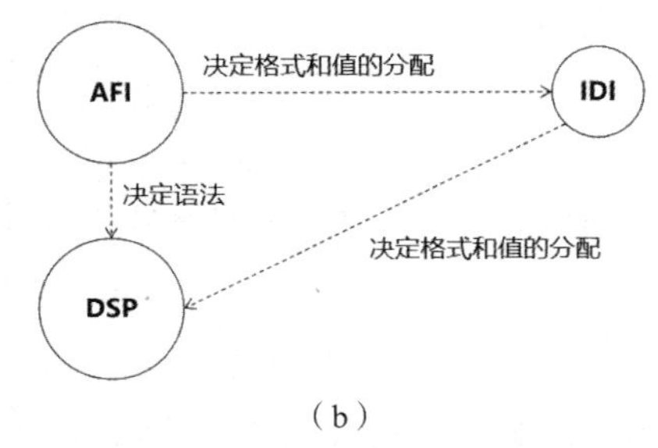

（b）

图 7-5　NSAP 的地址格式（3）

对于 AFI 决定 IDI 的格式和值的分配，可以通过一个例子来说明，便于理解。例如，当 AFI 对应的领域为 ISO 数字国家代码（Data Country Code，DCC）时，IDI 就是依据 ISO 3166-1 所定义的国家代码取值。

AFI 决定 DSP 的语法，对于语法，在 TCP/IP 协议里一般说报文结构，例如，IP Header 的报文结构如图 7-6 所示。IP Header 报文结构既是给用户阅读的，也是给机器阅读的。而 ISO 定义的 NSAP 语法却分为两个层面：一个是给用户阅读的，另一个是给机器阅读的。

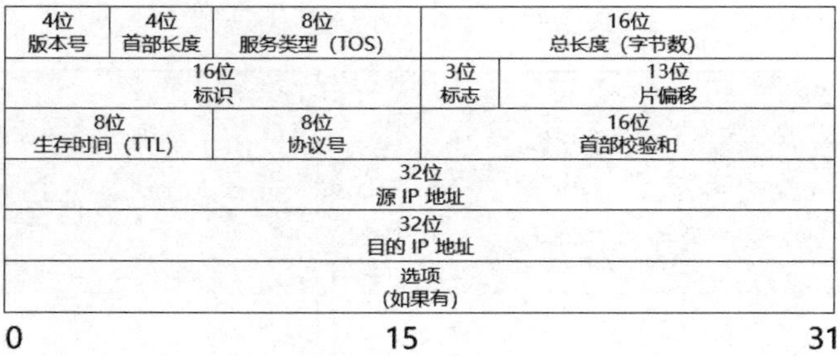

<table>
<tr><td>4位
版本号</td><td>4位
首部长度</td><td>8位
服务类型（TOS）</td><td colspan="2">16位
总长度（字节数）</td></tr>
<tr><td colspan="3">16位
标识</td><td>3位
标志</td><td>13位
片偏移</td></tr>
<tr><td colspan="2">8位
生存时间（TTL）</td><td>8位
协议号</td><td colspan="2">16位
首部校验和</td></tr>
<tr><td colspan="5">32位
源 IP 地址</td></tr>
<tr><td colspan="5">32位
目的 IP 地址</td></tr>
<tr><td colspan="5">选项
（如果有）</td></tr>
</table>

0 15 31

图 7-6　IP Header 的报文结构

ISO 定义了 4 种表达方法以供用户阅读。

① Binary：二进制数字。

② Decimal：十进制数字。

③ Character：ISO/IEC 646 graphic characters。

④ National character。

这 4 种表达方法催生了表 7-1 中描述的 AFI 的 4 种代码，现摘抄其中几个，如表 7-2 所示。

表 7-2　NSAP 的 AFI 代码（部分）

领域	AFI 代码			
	DSP 十进制	DSP 二进制	DSP ISO/IEC 646 character	DSP National character
ISO DCC	38	39	—	—
ISO 6523-ICD	46	47	—	—
Local	48	49	50	51

对于 ISO DCC 而言，如果 DSP 是十进制表达，那么其 AFI 代码就是 38；如果 DSP 是二进制表达，那么其 AFI 代码就是 39。ISO DCC 与 ISO 6523-ICD 只支持 DSP 的十进制、二进制两种表达方法，Local 则支持表 7-2 中的 4 种表达方法。

IDI（背后的标准 / 组织）决定 DSP 的格式和值的分配。这句话指的是，即使对于同一领域，不同的 IDI 的值所代表的标准 / 组织，其定义的 DSP 格式也是不同的，而且 DSP 的值也是由该标准 / 组织所决定，与其他标准 / 组织无关。

下面举一个 NSAP 的例子，如 47.0005.80.0000a7.0000.ffdd.0007.0000.3090.c7df.00。该地址的含义如图 7-7 所示。

图 7-7 中，因为 AFI = 47，IDI = 0005（指代美国政府），所以其也称为（美国）GOSIP 格式的 NSAP。

	IDP		DSP						
	AFI	IDI	HO-DSP					System ID	NSEL
	AFI	IDI	DFI	AA	Reserved	RDI	Area ID	System ID	NSEL
字节数	1	2	1	3	2	2	2	6	1
NSAP举例	**47**	**0005**	**80**	**0000a7**	**0000**	**ffdd**	**0007**	**0000.3090.c7df**	**00**
	Area ID							**System ID**	**NSEL**

图 7-7　NSAP 举例

关于 ISO 网络层地址（NSAP）的格式，我们可以这样简单理解：NSAP 的地址 = Area ID + System ID + 0。在这个地址格式里面，Area ID 占据了一个非常重要、非常显眼的位置，这是因为 Area 在 IS-IS 的架构中与 Area 在 OSPF 中一样，都是一个非常重要的概念。

7.2 IS-IS 协议综述

IS-IS 最早是 ISO 为 CLNP 而设计的动态路由协议（ISO/IEC 10589:2002 或者 RFC 1142）。IETF 在 RFC 1195 中增加了 IS-IS 对 IP 的支持，IS-IS 发展成为集成 IS-IS 或称双栈 IS-IS。由于 TCP/IP 的发展，我们现在已经习惯将集成 IS-IS 直接称为 IS-IS，而不用其全称。

IS 对应到 IP 的概念中就是 Router（路由器），如图 7-8 所示，R1 ~ R5（路由器）对应的就是 IS-IS 中的 IS；H1 ~ H6 称为 IS-IS 的终端系统（End System，ES），对应的是 IP 概念中的 host（主机）。

IS-ES 的示意图如图 7-9 所示，R1、R2 两个路由器在中间，所以就叫 IS（中间系统），H1、H2 两个主机在两端，所以就叫 ES（终端系统）。

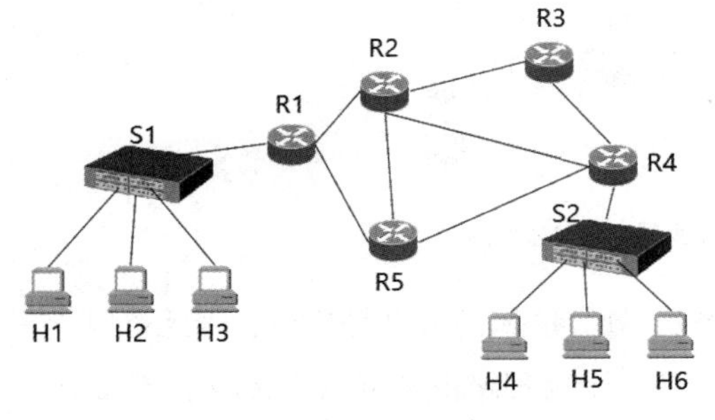

图 7-8　IS 示意

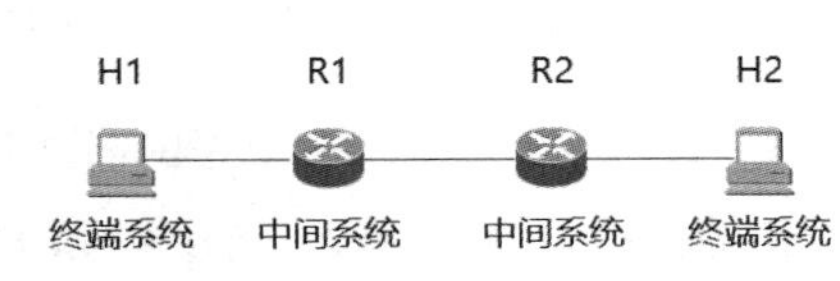

图 7-9　IS-ES 示意

IS-IS 与 OSPF 有很多相似之处，如它们都是基于链路状态的路由协议，路由计算都采用 Dijkstra 算法，而且它们都将一个 AS 内的路由器划分成了不同的 Area。但是，与 OSPF 相比，IS-IS 要简单许多（除了复杂的地址格式外）。

7.2.1 IS-IS 的区域

与 OSPF 一样，IS-IS 也将它的路由域内的路由器分为不同的区域。

说明：IGP 的路由域是指一个自治系统（Autonomous System，AS）。

OSPF 的区域分为骨干区域、普通区域、Stub 区域、Total Stub 区域、NSSA 和 Total NSSA 六种。而 IS-IS 的区域只分为两种，类似于 OSPF 的骨干区域和 Total Stub 区域。

说是“类似”，是因为 IS-IS 关于区域分类的命名与 OSPF 不一样。对应 OSPF 的骨干区域，IS-IS 称之为 Level 2 区域（简称 L2 区域），对应于 OSPF 的 Total Stub 区域，IS-IS 称之为 Level 1 区域（简称 L1 区域）。

在 OSPF 中，Area ID 最小的区域称为骨干区域（Area 0），在 IS-IS 中，侧重的是 Level，Level 高的是骨干区域。IS-IS 中的 Level 编号，就是 7.1 节所介绍的 IS-IS 网络层地址（NSAP）中的 Area ID，如图 7-10 所示。

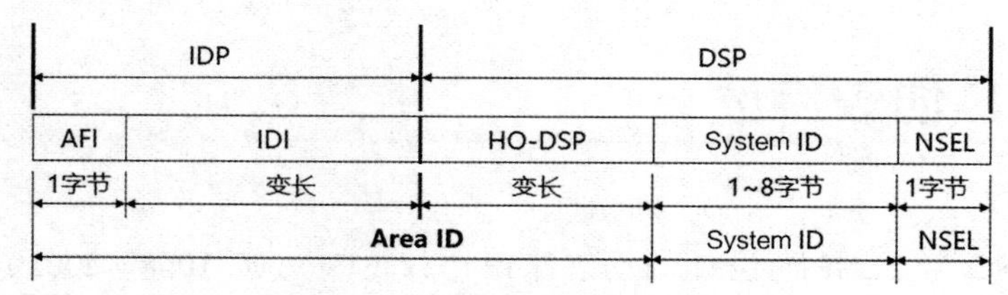

图 7-10　NSAP 中的 Area ID

这同时也就意味着，一个区域内的路由器的 NSAP 的 Area ID 必须相同，否则它们不属于同一个区域。既然有区域，那么就会有区域的边界。区域的边界除了分割两个区域外，还承担着关联两个区域的角色。对于 OSPF 来说，其区域的边界就是 ABR，如图 7-11 所示。

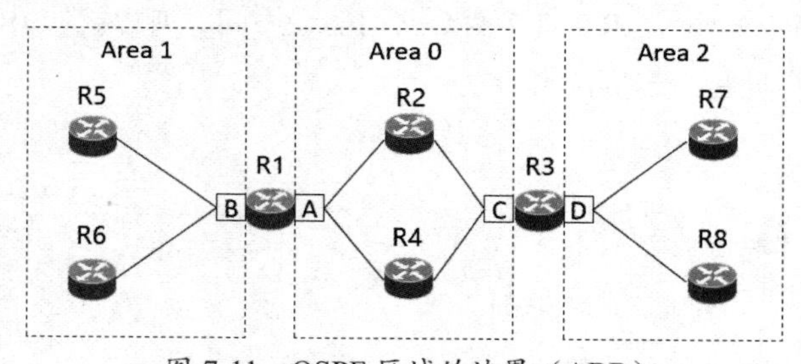

图 7-11　OSPF 区域的边界（ABR）

图 7-11 中，R1、R2 两个路由器都是 ABR，但 OSPF 划分区域的粒度是接口，因此可以看到，R1 路由器的接口 A 属于 Area 0，接口 B 属于 Area 1，即一个物理路由器可以分属两个区域。

而 IS-IS 划分区域的粒度是物理路由器，所以一个路由器只能属于一个区域，如图 7-12 所示。

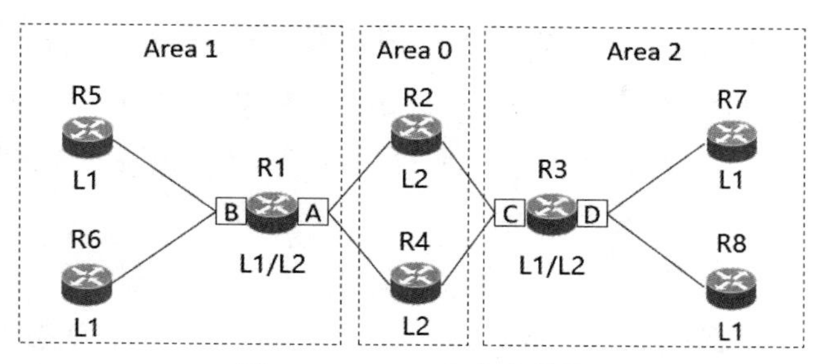

图 7-12　IS-IS 区域的边界

图 7-12 中的 Area 0 ~ Area 1 是为了简化描述而仿照 OSPF 将 3 个区域进行编号，以示区分。实际上，IS-IS 的区域是依据 NSAP 的 Area ID 进行编号的，这一点需要注意。在图 7-12 中，R1、R3 分别只属于 Area1 和 Area2，而不是同时属于两个区域。

按照 IS-IS 的说法，不同区域之间的边界将不再是路由器，而是路由器之间的连接，如图 7-12 中 R1 和 R3 之间的连接，这两个路由器承担了两个区域互通的职责。

OSPF 将路由器分为 ABR、内部路由器、骨干路由器等多种角色。而 IS-IS 对路由器的角色划分则比较简单：L1 路由器、L2 路由器、L1/L2 路由器。属于 Level 1 区域的路由器为 L1 路由器，属于 L2 区域的路由器为 L2 路由器，连接为 L1、L2 区域的路由器为 L1/L2 路由器。

7.2.2 IS-IS 的邻接与路由计算

IS-IS 的路由计算也采用 Dijkstra 算法。同样地，要利用 Dijkstra 算法计算路由，则应知道“全网”的链路状态。

“全网”之所以加引号，是因为对于 IS-IS 而言，有的是指一个区域，有的是指全网（一个 AS 范围），如图 7-13 所示。

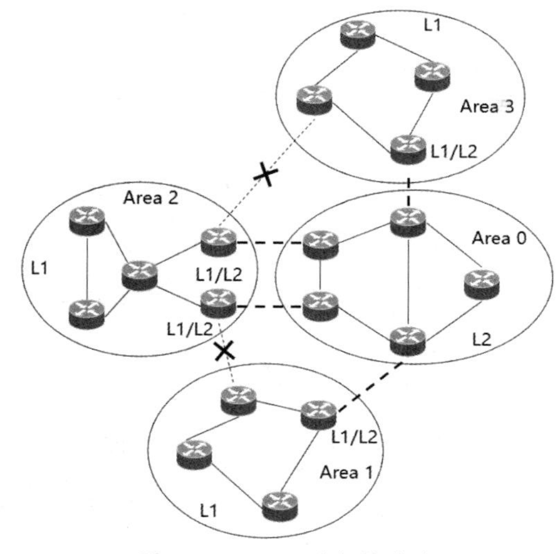

图 7-13　IS-IS 的邻接关系

图 7-13 中，为了易于表述和理解，仿照 OSPF 的区域规则将 IS-IS 的几个区域进行命名，其中 Area 0 是骨干区域，即 Level = 2；其他区域是 Total Stub 区域，即 Level = 1。

图 7-13 中，除了特别指明的是 L1/L2 类型的路由器外，其他路由器如果属于 Area 0，则都是 L2 路由器；如果属于其他区域，则都是 L1 路由器。

对于 L1 路由器（包括 L1/L2）而言，它们要想建立邻接关系，则必须属于同一个区域。图 7-13 中细虚线上面打有黑叉标记，表示不属于同一区域的 L1（包括 L1/L2）路由器，不能建立邻接关系。

对于 L2 路由器（包括 L1/L2）而言，它们要想建立邻接关系，则不必属于同一个区域。图 7-13

中粗虚线表示不属于同一区域的 L2（包括 L1/L2）路由器，可以建立邻接关系。

对于 L1 区域而言，一个区域内的路由器通过建立邻接关系、链路状态的交换与泛洪，该区域内所有的路由器都具有整个区域的链路状态。这样一来，如果目的地在本区域内，则通过 Dijkstra 算法就能计算出路由。

对于泛骨干区域而言，即 L2 路由器加上 L1/L2 路由器所组成的区域，该区域内的所有路由器也是通过邻接关系、链路状态的交换与泛洪，从而具有整个区域的链路状态。

泛骨干区域内的路由器不仅知道该区域内的所有链路状态，还能知道全网的路由状态。这是因为 L1/L2 路由器会将 Level = 1 的区域的链路状态泛洪到 Level = 2 的区域中，如图 7-14 所示。

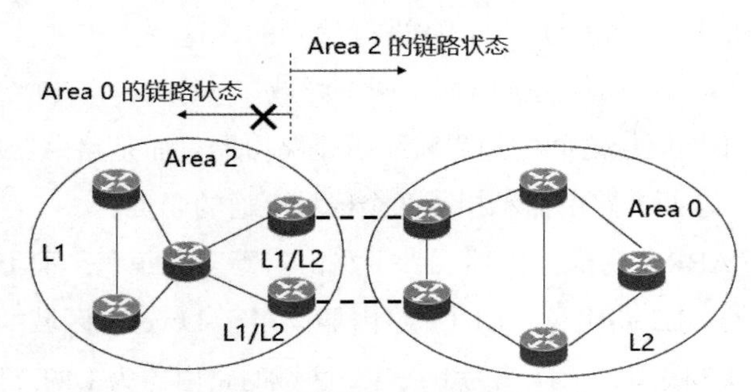

图 7-14　跨区域的链路状态通告

图 7-14 中，L1/L2 路由器会将 Area 2 的链路状态通告给 Area 0，因而 Area 0 的所有路由器及 Area 1 的 L1/L2 路由器都会知道全网的链路状态。这也意味着，这些路由器可以知道（计算）到达全网的路由。

图 7-14 中，L1/L2 路由器不会将 Area 0 的链路状态通告给 Area 2 区域，同时也不会将 AS 外部路由通告给 Area 2 区域，它们只是通告一个默认路由。也正是从这个意义上来说，IS-IS 的普通区域（L1 区域）相当于 OSPF 的 Total Stub 区域。

由于 IS-IS 的 L1 区域不具有全网的链路状态，因此无法知道（计算）到达全网的路由，其路由算法如下。

①如果目的地是本区域内，则通过 Dijkstra 算法计算出路由。

②如果目的地是本区域外，则选择本区域内一个代价最小的 L1/L2 路由器作为网关，并且经过骨干区域中转。

对于到达区域外的目的地的路由算法，除了选择一个代价最小的 L1/L2 的路由器外别无选择，因为根本就没有其他信息；除了经过骨干区域外也无路可走，因为只有骨干区域能够知道到达其他区域的路由。因为所有跨区域间的路由都经过骨干区域，正好可以避免环路。

图 7-15 是 IS-IS 跨区域的路由示例。链路上的数字表示链路的代价（与 OSPF 概念等同），H1 到达 H2 的路由是 R1 → R2 → R4 → R5 → R6 → R7 → R8 → R9。

从图 7-15 中可以看到，其实 R1 → R2 → R3 → R6 → R7 → R8 → R9 这条线路的代价更小，但是由于 R1 无法知道全网的链路状态，因此其只能选择一个代价最小的 L1/L2 路由器，即 R4。因为 R1 到达 R4 的代价是 1（R1 → R2）+ 1（R2 → R4）= 2，而 R1 到达 R3 的代价是 1（R1 → R2）+ 2（R2 → R3）= 3，所以 R1 只能选择 R1 → R2 → R4 这条线路。

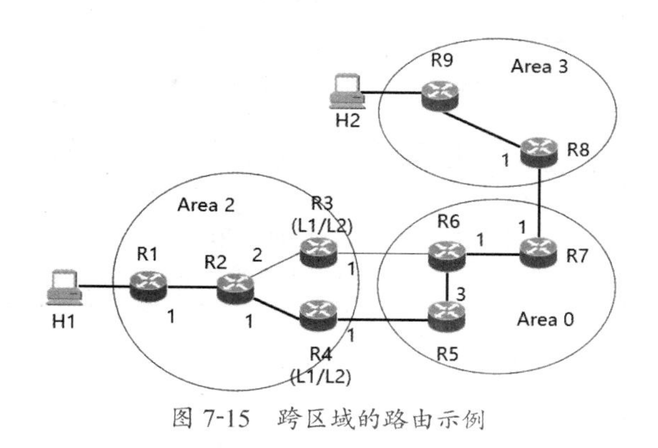

图 7-15　跨区域的路由示例

7.2.3 IS-IS 的报文格式

IS-IS 把数据报文称为报文数据单元（Packet Data Unit，PDU），IS-IS 的报文是直接运行在链路层之上的，以 Ethernet II（以太网）为例，介绍 IS-IS 报文的位置，如图 7-16 所示。

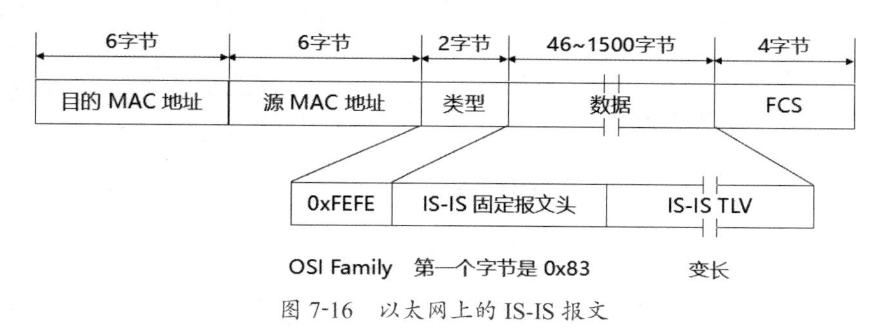

图 7-16　以太网上的 IS-IS 报文

图 7-16 中，对应到以太网“类型”字段，IS-IS 的值为 0XFEFE，表示这是一个 OSI Family 的协议报文。所有的 IS-IS 报文都分为两部分：固定长度的报文头和可变长度字段，如图 7-17 所示。

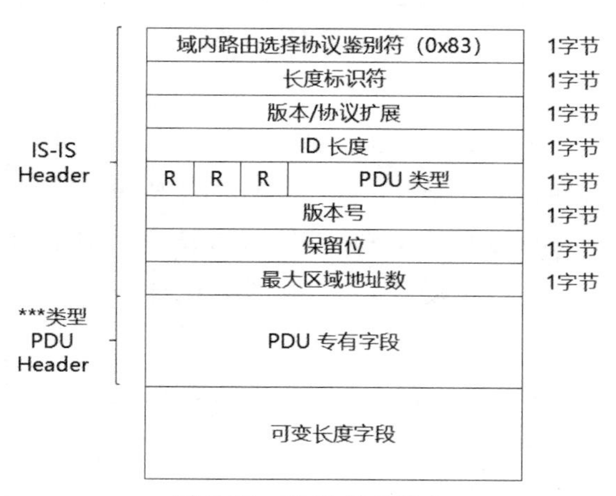

图 7-17　IS-IS 报文格式

图 7-17 中的前 8 个字节，对于所有 IS-IS 的报文都是一样的，所以称为 IS-IS Header。这 8 个

字节的含义如表 7-3 所示。

表 7-3　IS-IS Header 各字段的含义

字段名（中文）	字段名（英文）	说明
域内路由选择协议鉴别符	Intradomain Routing Protocol Discriminator	该值由 IS0 9577 分配。对于 IS-IS 报文来说，该值始终为 0x83
长度标识符	Length Indicator	表示 IS-IS 固定头部的长度（包括图 7-17 中的 IS-IS Header 和 PDU 专有字段），以字节为单位
版本 / 协议扩展	Version/Protocol ID Extension	当前该值始终为 1
ID 长度	ID Length	标识 NSAP 中的 System ID 的长度，该字段的值的含义如下。 0：标识 System ID 的长度为 6 字节。 255：标识 System ID 为空（长度为 0 字节）。 1 ~ 8 整数（记为 *n*）：标识 System ID 的长度为 *n* 字节。 其他：值非法
PDU 类型	PDU Type	与 OSPF 类似，IS-IS 也包括多种类型的 PDU，如 Hello 报文等。该字段占用 5 bit，其余 3 bit 保留，始终为 0
版本号	Version	当前该值始终为 1
保留位	Reserved	当前该值始终为 0
最大区域地址数	Maximum Area Address	表示该 IS 区域中的路由器所允许设置的最大区域地址（区域 ID）的数量，该字段的值的含义如下。 1 ~ 254 的整数（记为 *n*）：表示该区域最大的区域地址数量为 *n* 0：表示该区域最大的区域地址数量为 0

这 8 个字段的长度都是 1 字节，但是对于“PDU 类型”字段而言，它只使用了 5 比特，另外 3 比特保留（当前设置为 0）。

在这 8 个字节之后还有一些字段是固定长度 / 固定含义的“PDU 专有字段”，这些字段因 IS-IS PDU 的类型不同而不同，所以称为“*** 类型 PDU Header”。IS-IS 报文类型与 OSPF 报文类型有很多相似的地方，如 OSPF 有 Hello 报文，IS-IS 也有 Hello 报文。以 IS-IS Hello PDU Header 为例，以使读者对 PDU 专有字段有一个直观的认识，具体内容见 7.3 节和 7.4 节，如图 7-18 所示。

IS-IS Header 和“*** 类型 PDU Header”这两部分都是固定长度的字段，即每个字段所占用的长度是固定的，同时也是预先定义好的，不可改变。

IS-IS 协议有一个显著的特点，即可扩展性，这充分体现在 IS-IS PDU 报文中的“可变长度字段”部分。

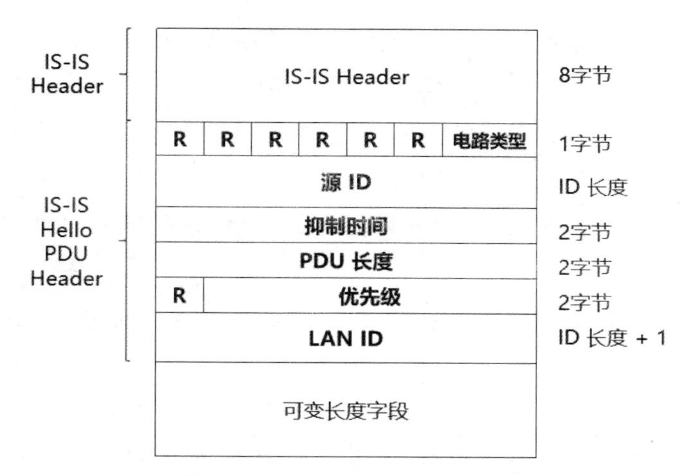

图 7-18　IS-IS Hello PDU Header

从定义来说，“可变长度字段”采用 TLV（Type、Length、Value）或 CLV（Code、Length、Value）格式，TLV 格式如图 7-19 所示。

从可扩展性角度来说，“可变长度字段”使得增加新的类型的字段成为可能，而且非常方便。例如，RFC 1195 对原生 IS-IS 做了扩展，增加了 IP 的支持，从而使 IS-IS 变成了集成 IS-IS。RFC 1195 所增加的 TLV 字段有很多，下面举一个例子，以使读者有一个直观的认识，如图 7-20 所示。

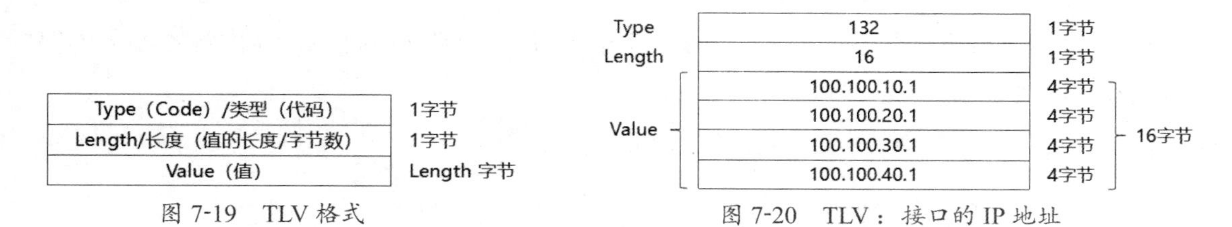

图 7-19　TLV 格式　　图 7-20　TLV：接口的 IP 地址

图 7-20 中，Type = 132（这是 RFC 1195 定义的）表示该字段是“接口的 IP 地址”；Length = 16，表示有 16 字节 /4 个 IP 地址（因为一个 IP 地址占用 4 字节）Value = 100.100.10.1 ~ 100.100.40.1，表示该接口的 4 个 IP 地址。

7.3 IS-IS 邻接关系的建立

IS-IS 是一个基于链路状态的路由协议，所以它的首要条件是路由器之间建立邻接关系。

说明： IS-IS 称路由器为中间系统，但是为了行文及阅读方便，本章仍以日常习惯称之为路由器。

我们知道，IS-IS 的路由器角色分为 L1 路由器、L2 路由器、L1/L2 路由器。而 L1/L2 路由器只是可以同时扮演两个角色（L1、L2），并不是一个新增的角色。

针对 L1、L2 两种角色，邻接关系建立的协议报文有所不同。不仅基于路由器角色有所不同，IS-IS 邻接关系的建立与网络类型也有密切关系。

相对于 OSPF 来说，IS-IS 的网络类型分类比较简单，只分为 3 类：P2P 网络、Broadcast 网络和虚连接。

P2P 网络对应的具体网络类型有 E1、SONET 等，Broadcast 网络对应的网络类型具体有以太网、令牌环网、FDDI 等。

虽然 IS-IS 的相关标准中（IS0 10859）定义了虚连接，但是基本上各个设备商都没有实现这一特性，因为运营商不需要，所以，本章也就不再讲述 IS-IS 的虚连接的内容。

7.3.1 邻接关系建立的基本原则

IS-IS 路由器之间能否建立邻接关系与路由器的角色和区域有关。

只有同一个 Level 的路由器之间才能建立邻接关系。L1/L2 路由器既可以与 L1 路由器建立邻接关系，也可以与 L2 路由器建立邻接关系。两个 L1/L2 路由器之间甚至可以建立两个邻接关系，一个是 L1 邻接关系，另一个是 L2 邻接关系。

L1 路由器之间若想建立邻接关系，则两个路由器所属区域必须相同。L2 路由器之间若想建立邻接关系，则不必要求其所属区域也相同。

对于以上这些基本原则的描述，如图 7-21 所示。

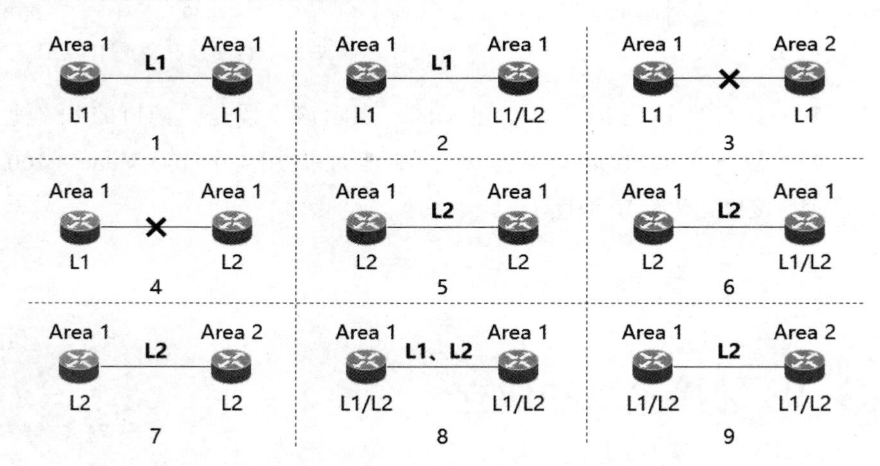

图 7-21　IS-IS 邻接关系建立的基本原则

针对图 7-21 的进一步说明如表 7-4 所示。

表 7-4　IS-IS 邻接关系建立的基本原则的说明

图示序号	左路由器 Level	左路由器区域	右路由器 Level	右路由器区域	邻接关系
1	L1	Area 1	L1	Area 1	L1
2	L1	Area 1	L1/L2	Area 1	L1
3	L1	Area 1	L1	Area 2	None
4	L1	Area 1	L2	Area 1	None
5	L2	Area 1	L2	Area 1	L2
6	L2	Area 1	L1/L2	Area 1	L2
7	L2	Area 1	L2	Area 2	L2
8	L1/L2	Area 1	L1/L2	Area 1	L1、L2
9	L1/L2	Area 1	L1/L2	Area 2	L2

7.3.2 邻接关系建立的报文概述

IS-IS 的协议报文一共有 9 种格式，其中建立邻接关系的报文有 3 种。这 3 种报文从名称上来说都可以称为 IS-IS Hello PDU（IIH）。3 种 IIH 的 PDU 报文的类型，如表 7-5 所示。

表 7-5　3 种 IIH 的 PDU 类型

PDU 名称	PDU 简称	PDU 类型
L1 LAN IS-IS Hello PDU	L1 LAN IIH	15
L2 LAN IS-IS Hello PDU	L2 LAN IIH	16
P2P IS-IS Hello PDU	P2P IIH	17

表 7-5 中，L1/L2 LAN IIH 对应的就是 Broadcast 网络中的 Hello 报文，而且 L1 和 L2 所对应的报文还有所区别（差别不大）；P2P IIH 对应的就是 P2P 网络中的 Hello 报文，此时 L1 和 L2 所对应的报文完全相同。

表 7-5 中的“PDU 类型”，即 IS-IS Header 中的“PDU 类型”字段，如图 7-17 所示。

IIH 的作用是发现邻居，建立邻接关系。当邻接关系建立以后，IIH 的作用就是 Keepalive（保活）。

IIH 是一个周期性发送的消息，对于普通路由器，发送周期或发送间隔（Hello Interval）是 10s；对于 DIS（Designated IS，指定 IS），其发送间隔是 3.3s。

但是，IS-IS 的 Hello 报文发送间隔是可以抖动的，即可以在发送间隔的基础上上下浮动，浮动幅度不超过原始发送间隔的 25%。这样做的目的，是规避大规模的 IIH 同时发生，以免造成网络风暴。

IIH 的保活时间（Holding Time）默认是发送间隔的 3 倍。发送消息时，如果超过一段时间仍然没有收到邻居的 Hello 报文，则认为对方已经 Down 了，这段时间就称为保活时间。

除了周期性发送 IIH 报文外，如下两种情形也会触发 IS-IS 即时发送 Hello 报文。

① TLV 信息改变。TLV 指的是 IIH PDU 中的可变长度字段，本质上指的是路由器的相关属性。

② DIS 选举或重新指定。

路由器收到对方的 IIH 以后，需要对相关参数进行校验，校验合格后才认为对方和自己建立了邻接关系。IS-IS 的合法性校验分为显示校验和隐式校验。

1. 显示校验

IS-IS 显示的合法性校验包括：校验双方的 System ID 长度是否一致；校验双方的最大区域地址数是否一致。这两个参数都位于 IS-IS Header 中。

IS-IS 显示的合法性校验还包括“接口的 IP 网段”字段，即双方 Hello 的接口的 IP 地址必须位于同一个网段。

IIH 的 IS-IS Header 及 IIH Header 中都没有包含“接口的 IP 地址”这一字段，该字段位于 IIH 报文的“可变长度字段”中，即以 TLV 的形式存在。

“接口的 IP 地址”字段由 RFC 1195 定义，其 Type = 132，如图 7-20 所示。

图 7-20 中，Type = 132（RFC 1195 定义），该字段表示“接口的 IP 地址”；Length = 16，表示有 16 字节 /4 个 IP 地址（因为一个 IP 地址占用 4 字节）；Value = 100.100.10.1 ~ 100.100.40.1，表示该接口的 4 个 IP 地址。

对于 P2P 网络，可以不校验“接口的 IP 网段”字段，此时需要配置接口忽略对 IP 地址的检查；对于 Broadcast 网络，如以太网接口，需要将以太网接口模拟成 P2P 接口，然后才可以配置接口忽略对 IP 地址的检查（此时也就意味着 Broadcast 网络变成了 P2P 网络）。

2. 隐式校验

IS-IS 还有一个隐式的合法性校验，其校验的对象是 MTU。

在 OSPF 协议中，只有两个路由器接口的 MTU 相同，双方才有可能建立邻接关系。MTU 的参数体现在 OSPF 的 DD 报文中。IS-IS 对于两个路由器接口的 MTU 的要求也是如此，即两者必须相同。但是，IS-IS 的协议报文中并没有 MTU 字段。为了保证双方的 MTU 一致，IS-IS 采用了一个比较“隐晦”的方案。

①发送方 A 发送 IIH 报文时，如果 IIH 报文没有达到接口 MTU 的大小，则填充该 IIH 报文，直至 MTU 大小。

②假设接收方 B 接口的 MTU 小于发送方的 MTU，那么 A 发送的 IIH 将被 B 丢弃，这样 A 就不能成为 B 的邻接关系。

③同理，B 也不能成为 A 的邻接关系。

IS-IS 填充 IIH 报文的方案是使用 TLV 字段，其中 Type = 8，为 IS0 10589 专门定义的填充字段，其数据结构如图 7-22 所示。

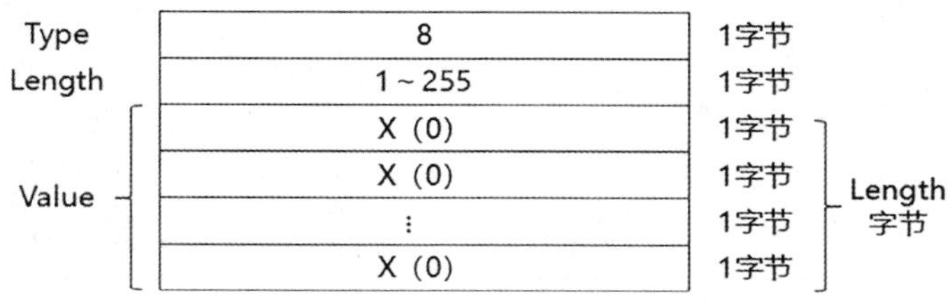

图 7-22　TLV：填充字段的数据结构

填充字段的 Type = 8，Length 占用 1 字节，所以它的值的范围是 1 ~ 255，具体到 Value，可以填写任意值（一般为 0）。由于一个填充字段最长是 255 字节，因此有时需要多个填充字段才能使 IIH 报文的长度达到发送接口 MTU。

7.3.3 P2P 网络的 IIH

P2P IIH PDU（PDU Type = 17）的数据结构如图 7-23 所示。

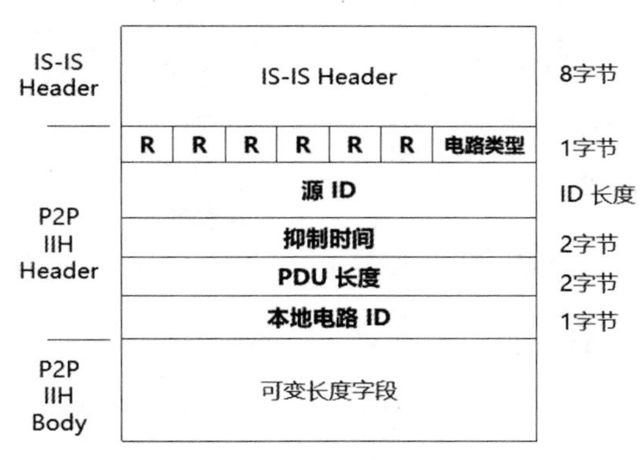

图 7-23　P2P IIH PDU 的数据结构

P2P IIH PDU 除了固定的 8 字节 IS-IS Header 外，仍然由两部分组成：固定长度字段（图 7-23 中的 P2P IIH Header）、可变长度字段（图 7-23 中的 P2P IIH Body）。

P2P IIH Header 各字段的含义如表 7-6 所示。

表 7-6　P2P IIH Header 各字段的含义

字段名（中文）	字段名（英文）	说明
电路类型	Circuit Type	一个 2 比特的字段。01（十进制 1）指 L1 路由器；10（十进制 2）指 L2 路由器；11（十进制 3）指 L1/L2 路由器；00 则表示无效，整个 PDU 都将被对方视为非法而忽略掉

续表

字段名（中文）	字段名（英文）	说明
源 ID	Source ID	发送 Hello 报文的 System ID
抑制时间	Holding Time	保活时间
PDU 长度	PDU Length	整个 PDU 的长度，以字节为单位
本地电路 ID	Local Circuit ID	标识路由器发送 IIH 报文的接口的 ID

表 7-6 中，Circuit Type 中的 Circuit 可以理解为 OSPF 中的链路。

P2P 网络的邻接关系建立非常简单，如图 7-24 所示。对于 P2P 网络而言，只要一个路由器（如图 7-24 中的 R2）收到另一个路由器（如图 7-24 中的 R1）的 IIH 报文，经过参数的合法性校验并认为合法以后，就认为该路由器是自己的邻居，而且邻居状态为 Up。

P2P 这种确认邻居的方式，好处是简单，坏处是过于简单，容易形成邻接关系的“单通”，即 R2 认为 R1 是它的邻居，R1 却没有认为 R2 是它的邻居。例如，7.3.2 小节介绍的“隐式校验”就有可能形成“单通”，如图 7-25 所示。

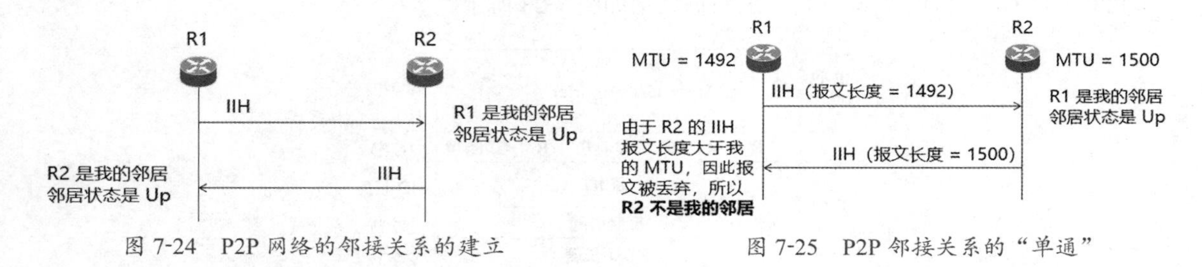

图 7-24　P2P 网络的邻接关系的建立　　图 7-25　P2P 邻接关系的“单通”

图 7-25 中，由于 R2 的 MTU 大于 R1 的 MTU，因此 R2 可以接收 R1 的 IIH，并且认为 R1 是它的邻居；但是 R1 不能接收 R2 的 IIH，所以认为 R2 不是它的邻居。这样就形成了邻接关系的“单通”。

为了修正“单通”问题，RFC 3373 为 P2P 的 IIH 设计了“3 次握手”机制，并增加了新的 TLV 类型。

7.3.4 Broadcast 网络的 IIH

Broadcast 网络的 IIH 比 P2P 网络的 IIH 要复杂。在 PDU 结构中，Broadcast 网络的 IIH 引入了 DIS、Pseudonode 等概念；在交互过程中，Broadcast 网络的 IIH 引入了“3 次握手”机制。

1. Broadcast IIH 的 PDU

Broadcast 网络的 IIH 也称为 LAN IIH，具体又细分为 LAN L1 IIH（PDU Type = 15）和 LAN L2 IIH（PDU Type = 16）两种报文，两种报文的格式相同，如图 7-26 所示。

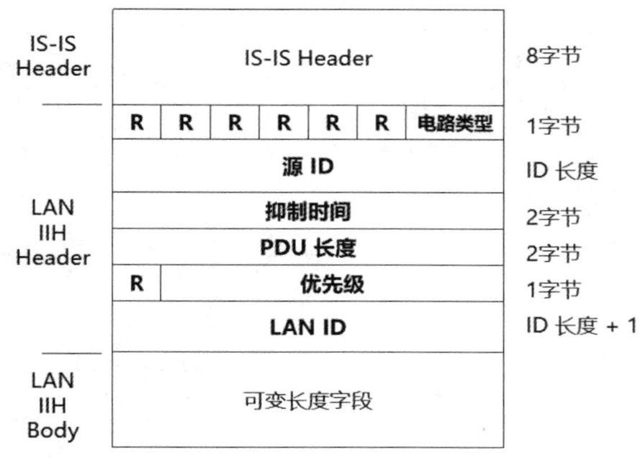

图 7-26 LAN IIH PDU

除了 IS-IS Header 外，LAN IIH PDU 也分为两部分：固定长度字段（图 7-26 中的 LAN IIH Header）、可变长度字段（图 7-26 中的 LAN IIH Body）。

LAN IIH Header 各字段的含义如表 7-7 所示。

表 7-7 LAN IIH Header 各字段的含义

字段名（中文）	字段名（英文）	说明
电路类型	Circuit Type	同 P2P IIH PDU 中的“电路类型”
源 ID	Source ID	发送 Hello 报文的 System ID。同 P2P IIH PDU 中的“源 ID”
抑制时间	Holding Time	同 P2P IIH PDU 中的“抑制时间”
PDU 长度	PDU Length	同 P2P IIH PDU 中的“PDU 长度”
优先级	Priority	7 比特长的一个字段，用来选举 DIS
LAN ID	LAN ID	DIS 的 System ID 加上伪节点 ID

表 7-7 中，除了“优先级”和“LAN ID”这两个字段外，其余都与 P2P IIH PDU 对应字段的含义相同。

LAN L1 IIH 和 LAN L2 IIH 的报文格式是一样的，但是 L1 创建邻接关系需要路由器之间的 Area ID 是相同的（L2 没有此要求），而图 7-26 中并没有体现 Area ID 字段，此时应怎么办?

IS-IS 在 LAN IIH PDU 中的“可变长度字段”部分（TLV 字段）中定义了 Area ID，如图 7-27 所示。

图 7-27 中的 Type 由 ISO 10589 定义，其值为 1，表示该字段类型是 Area ID；表示 Value 所占用的字节数；Value 由多对“(区域)地址长度 / 区域地址”字段组成。由于 IS-IS 中的区域地址长度是不确定的，因此需要首先定义区域地址长度。下面看一个具体的例子，便于读者理解，如图 7-28 所示。

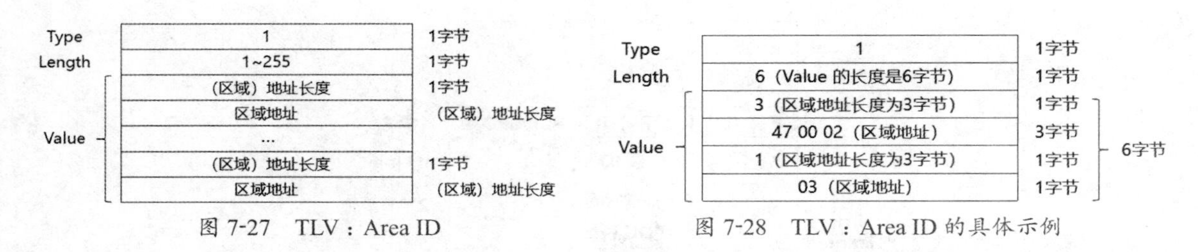

图 7-27 TLV：Area ID

图 7-28 TLV：Area ID 的具体示例

图 7-28 中一共有两个区域地址，分别是 47 00 02（3 字节）和 03（1 字节）。两个地址共为 4 字节，再加上 2 个区域地址长度（1 字节），一共是 6 字节，所以 Length 字段的值等于 6。

2. IS-IS 的 DIS

考虑到 IS-IS 把路由器称为 IS，那么 IS-IS 中的 DIS 也就相当于 OSPF 的 DR。所以，IS-IS 的 DIS 与 OSPF 的 DR 的目的是一样的，都是为了减少链路状态泛洪的次数，两者在 Broadcast 网络上也都需要选举 DIS/DR。所不同的是，相对于 OSPF，IS-IS 的 DIS 选举要简单得多。

（1）从基本原则来说，两者其实相差不大

OSPF DR 选举的基本原则是：Router Priority 最大者当选；如果 Router Priority 都相等，则 Router ID 最大者当选。

IS-IS DIS 选举的基本原则是：Router Priority 最大者当选；如果 Router Priority 都相等，则接口的 MAC 地址最大者当选（IS-IS 的 Router Priority 就是图 7-26 中的 LAN IIH Header 的“优先级”字段）。

其中的区别如下：OSPF 的 Router Priority 如果为 0，则意味着不能参选 DR；而 IS-IS 的 Router Priority 如果为 0，仍然可以参选 DIS。

（2）从竞选过程来说，两者则相差较大

OSPF 有 DR、BDR 的概念，而 IS-IS 则只有 DIS，没有 BDIS（备份 DIS）的概念。从这一点来说，DIS 的选举简单直接，而 DR/BDR 的选举则要复杂得多。

OSPF 还强调 DR 的稳定性，即如果 DR/BDR 选取出来以后，后加入的路由器则不能再竞选 DR/BDR（直到原有的 DR/BDR 失效）。而 IS-IS 则不然，即使已经选举出了 DIS，新加入的路由器也可以马上参选竞选，只要其 Router Priority/MAC 更大，就可以抢占原来的路由器成为新的 DIS。

由于 IS-IS 没有备选 DIS，因此 DIS 失效后，会马上触发新的 DIS 的选举；而 OSPF 的 DR 失效以后，BDR 会马上成为 DR，并且引发 BDR 的选举。

IS-IS 与 OSPF 的差别还在于路由器之间的邻接关系上。当选举了 DR 之后，OSPF 的 DROthers 之间就不能再是邻接关系。而 IS-IS 则不然，即使选举出了 DIS，其他不同的路由器之间仍然可以建立邻接关系，所以 IS-IS 不需要 DIS 专门发布 / 泛洪类似的 Network LSA（IS-IS 称 OSPF 的 LSA 为 LSP）。

最后需要补充一点：IS-IS 的 L1 和 L2 的 DIS 是分开选举的，或者说，L1 可以通过 LAN L1 IIH 选举 L1 DIS，L2 则可以通过 LAN L2 IIS 选举 L2 DIS。

3. IS-IS 的伪节点

OSPF 中并没有伪节点（Pseudonode）的概念，Broadeast 网络如图 7-29 所示。

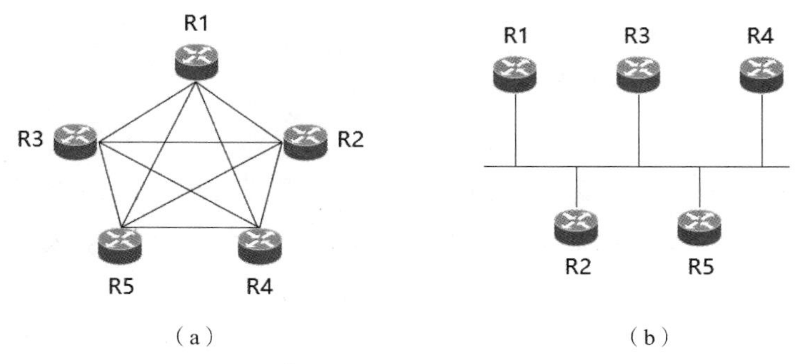

（a）　　　　　　　　（b）

图 7-29　Broadcast 网络

图 7-29（a）是为了表达网络中的路由器都是全互联，图 7-29（b）是为了表达路由器之间的组网图。但是，图 7-29 仅仅是示意，实际的组网图可能如图 7-30 所示。

图 7-30 表明，多个路由器之间组成 Broadcast 网络，需要接到一个交换机（或者路由器）上（当然还有其他组网方式），但不能真的像图 7-29（b）那样把各个网线接在一起。从这个角度来说，IS-IS 引入 Pseudonode，还是有它的合理性的，最起码是想表达 Broadcast 网络的一种实际组网形式，如图 7-31 所示。

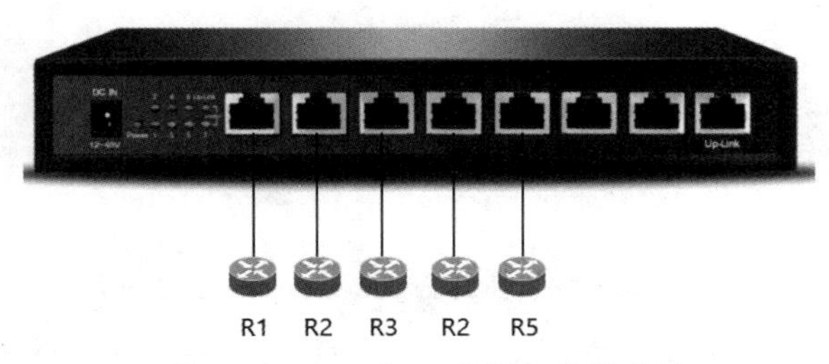

图 7-30　Broadcast 实际组网图示例

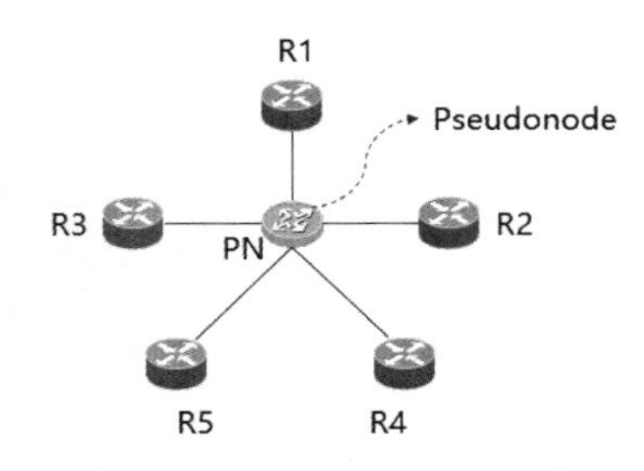

图 7-31　Pseudonode 的网络

图 7-31 中的中间节点（记为 PN）就是 Pseudonode，它起到了实际组网中的交换机（或者路由器）的作用，连接实际的路由器（R1 ~ R5）组成了一个 Broadcast 网络。

当然，IS-IS 设计 Pseudonode 的概念，绝不仅仅是为了更加逼真地模拟实际组网图，它还有其实际的作用。

从节约各路由器的 LSDB 的存储空间来说，Pseudonode 发挥了它的有效作用，如图 7-32 所示。

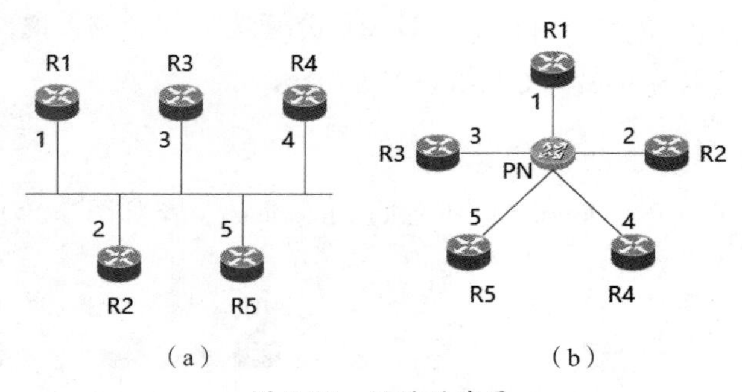

图 7-32　链路的度量

图 7-32 中的数字表示链路的度量(metric)。图 7-32(a)是没有 Pseudonode 概念的表达，图 7-32(b)是有 Pseudonode 概念的表达。Pseudonode 概念的引入，不仅体现在图示的表达方法的不同，还直接体现了路由器关于链路状态的存储，如图 7-33 所示。

	R1			...	R5			
	源	目的	度量		源	目的	度量	
无 Pseudonode	R1	R2	1	...	R1	R2	1	20行
	...	...	...		...	...	...	
	R1	R5	1		R1	R5	1	
	R2	R1	2		R2	R1	2	
	...	...	...		...	...	...	
	R2	R5	2		R2	R5	2	
	...	...	...		...	...	...	
	R5	R1	5		R5	R1	5	
	...	...	...		...	...	...	
	R5	R4	5		R5	R4	5	
	源	目的	度量		源	目的	度量	
有 Pseudonode	R1	PN	1	...	R1	PN	1	5行
	R2	PN	2		R2	PN	2	
	...	...	...		...	...	...	
	R5	PN	5		R5	PN	5	

图 7-33　链路状态的存储

图 7-33 关于链路状态的存储是一个示意，上半部分表达的是无 Pseudonode 时的存储，下半部分表达的是有 Pseudonode 时的存储。可以看到，后者所占的存储空间只有前者的 $1/(n-1)$，其中 n 为路由器的个数。

4. Broadcast IIH 的交互过程

除了参数合法性校验这个必备动作外，Broadcast 的 IIH 与 OSPF 的确认邻居一样，都采取“三次握手”机制，如图 7-34 所示。

图 7-34 中，R2 收到 R1 发过来的 IIH1 报文，由于是第 1 次 Hello，IIH1 中的邻居信息为空，因此 R2 收到 R1 的 IIH1 报文以后，可以认为 R1 是它的邻居，但是并不能像 P2P 网络那样，马上宣布 R1 的邻居状态是 Up（这是 Broadcast IIH 的一种改进机制），而是先认为 R1 的邻居状态是 Initial。

然后 R2 发送一个 IIH2 报文，该报文中包含的邻居信息就包括了 R1。R1 看到 IIH2 就认为 R2 是它的邻居，而且邻居状态是 Up。

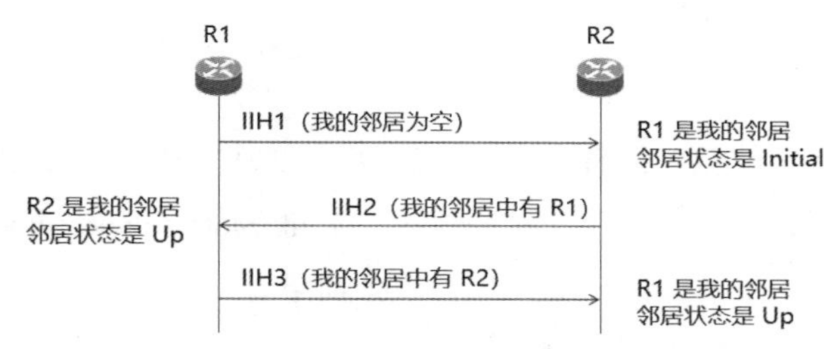

图 7-34　Broadcast IIH 的交互过程

R1 再发送一个 IIH3 报文，该报文中所包含的邻居信息就包括了 R2。R2 一看到 IIH3 便知 R1 接纳了自己，于是 R2 也就认为 R1 是它的邻居，并且邻居状态变成了 Up。

以上，经过了“三次握手”，R1 和 R2 就建立了邻接关系。

图 7-34 仅以两个路由器为例阐述了 Broadcast 网络的 IIH 过程，实际上 Broadcast 网络中有很多路由器，各个路由器之间 IIH 的交互过程都是一样的，而且 IIH 的发送并不是点对点的，而是广播的。ISO/IEC 10589 定义了 IS-IS 的广播所使用的 MAC 地址。

① 01-80-C2-00-00-14，称为 AllL1ISs，是所有 L1 的 IS-IS PDU 的组播 MAC。

② 01-80-C2-00-00-15，称为 AllL2ISs，是所有 L2 的 IS-IS PDU 的组播 MAC。

7.3.5 IS-IS 两种网络的邻接关系建立过程的比较

IS-IS 两种网络的邻接关系建立过程的比较如表 7-8 所示。

表 7-8　IS-IS 两种网络的邻接关系建立过程的比较

比较内容	P2P 网络	Broadcast 网络
Hello 报文	P2P IIH（Type = 17）	L1 LAN IIH（Type = 15） L2 LAN IIH（Type = 16）
Hello 报文传输形式	单播	组播 AllL1ISs：01-80-C2-00-00-14 AllL2ISs：01-80-C2-00-00-15
Hello Timer	10s	10s，DIS 3.3s
有无 DIS	无	有
交互过程	收到对方 Hello，即为邻居 （扩展的 IS-IS，也是“三次握手”）	“三次握手”

链路状态泛洪

创建邻接关系和链路状态泛洪是链路状态协议的两个主要步骤。OSPF 和 IS-IS 都是如此。

表达链路状态的报文，OSPF 称为链路状态通告（Link State Advertisement，LSA），IS-IS 称为 LSP（Link State PDU）。相对来说，IS-IS 的叫法更加简单直接，易于理解。但是，多协议标签交换（Multi-Protocol Label Switching，MPLS）也使用了 LSP（Label Switch Path，标签交换路径）这个缩写，因此非常容易引发混淆。

与 OSPF 一样，除了表达完整的链路状态的报文外，IS-IS 也有表达 LSDB 摘要的报文。OSPF 称这样的报文为数据库描述（Database Description，DD），IS-IS 称这样的报文为完全序列号数据包（Complete Sequence Number PDUs，CSNP）。相对来说，OSPF 的 DD 更好理解。

同样地，收到邻居的链路状态报文以后，OSPF 与 IS-IS 需要有所应答（不是每个场景都需要应答，这一点一定要注意）。OSPF 对应的报文是链路状态确认报文（Link State Acknowledgement Packet，LSAck），IS-IS 对应的报文是部分序列号数据包（Partial Sequence Number PDUs，PSNP）。可以看到，仍然是 OSPF 的 LSAck 比较简单直接。

另外，链路状态在数据库中需要有老化机制，并且通过泛洪进行全网老化，这一点 IS-IS 与 OSPF 也是一样的。

总之，从基本思路和原理的角度来说，IS-IS 的泛洪机制与 OSPF 基本相同，两者的不同之处在于细节。

7.4.1 链路状态泛洪相关的报文格式

IS-IS 中与链路状态泛洪相关的报文有 LSP、CSNP、PSNP 等，下面分别描述它们的报文格式。

1. LSP 的报文格式

LSP 用于表达链路的状态。LSP 分为 L1 LSP（PDU Type = 18）和 L2 LSP（PDU Type = 20），两者的报文格式相同，如图 7-35 所示。

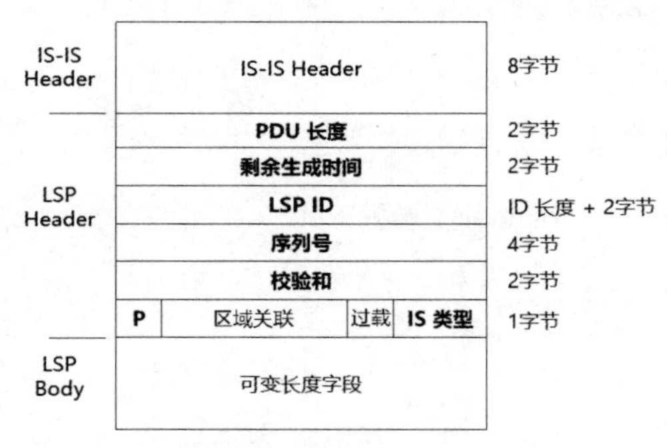

图 7-35　LSP 报文格式

除了固有的 IS-IS Header 外，LSP 报文格式也分为两部分：固定字节部分（LSP Header）、变长字节部分（LSP Body）。

（1）LSP Header

LSP Header 中各字段的含义如表 7-9 所示。

表 7-9　LSP Header 中各字段的含义

字段名（中文）	字段名（英文）	说明
PDU 长度	PDU Length	整个 PDU 的长度，以字节为单位
剩余生成时间	Remaining Lifetime	一个 LSP 还有多少时间（单位是 s）就将过期
LSP ID	LSP ID	包括 Sustem ID、Pseudone ID、ISP number 三部分
序列号	Sequence Number	LSP 的序列号
校验和	Checksum	针对整个 LSP 内容进行校验
P	P	占位 1bit。只与 L2 LSP 有关（L1 LSP 忽略此字段）。如果 P = 1，表明始发路由器支持自动修复区分分段。大部分厂家的路由器不支持此属性，都将其设置为 0
区域关联	ATT	占位 4bit，是 Attach 的缩写
过载	OL	占位 1bit，是 OverLoad 的缩写，一般设置为 0
IS 类型	IS Type	占位 2bit，标识始发路由器的类型。 00：表示未使用。 01：表示 L1 路由器。 10：表示未使用。 11：表示 L2 路由器

对于表 7-9 中的字段，有些比较好理解，有些还需要更进一步解释。

① LSP ID。一般来说，对于一个对象，总是会用一个 ID 字段来标识，不仅 IS-IS 的 LSP ID 如此，OSPF 也是如此。OSPF 的 LSA 报文有一个字段“Link State ID”，从字面意义上看好像也是标识一个 LSA 报文，实际上根本不是那么回事。例如，Router LSA 的 Link State ID 就是等于“生成该 LSA 的路由器的 Router ID”。要知道这一个 Router ID 所代表的 Router 可以发出无数个 LSA，所以这个所谓的 Link State ID 根本就无法标识任何一个 LSA。

OSPF 的 Link State ID，针对不同的 LSA 类型有不同的取值方法，但是无论怎么取值，都根本无法标识任何一个 LSA。而 IS-IS 的 LSP ID 虽然只有一种取值方法，但是与 OSPF 一样，也根本无法标识任何一个 IS-IS 的 LSP。LSP ID 由 3 部分组成格式如图 7-36 所示。

- System ID，其具体内容见 7.1 节。
- Pseudonode ID，标识一个 Pseudonode。对于普通路由器发出的 LSP，该字段的值是 0；对于 Pseudonode 发出的 LSP，该字段的值是该 Pseudonode 的 ID。

- LSP number，有的 LSP 报文比较长，大于 MTU，因此需要分片，而 LSP number 就用于标识该 LSP 报文属于第几分片。对于不需要分片的 LSP 报文来说，该值等于 0。

为了易于理解，我们对模型进行简化，假设 Pseudonode ID = 0、LSP number = 0（这样的假设符合大部分场景），那么 LSP ID = System ID.0.0（中间的两个点“.”只是为了方便阅读，实际上是没有的）。

这与 OSPF 是一样的：一个 System ID 代表的路由器可以发出无数个 LSP，但是它们的 LSP ID 都是一样的，都等于 System ID.0.0。那么这样的 LSP ID 该如何标识一个 LSP 呢？如图 7-37 所示。

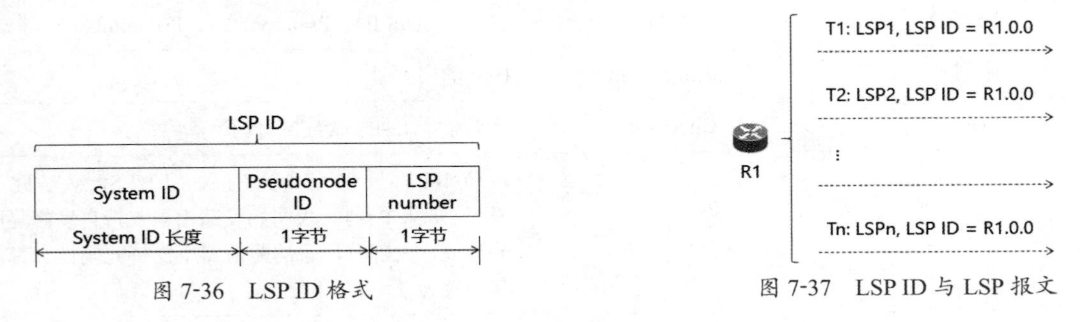

图 7-36　LSP ID 格式

图 7-37　LSP ID 与 LSP 报文

图 7-37 中，为了易于阅读，将 R1 的 System ID 就标识为 R1。在 T1、T2、…、T*n* 这 *n* 个时刻，R1 分别发送了 LSP1、LSP2、…、LSP*n* 一共 *n* 个 LSP 报文，可以看到，这 *n* 个 LSP 的 LSP ID 都等于 R1.0.0。

由此可知，LSP ID 标识的不是单个 LSP，而是一个路由器（包括 Pseudonode）发出的所有 LSP。

LSP ID 标识的是一个路由器发出的所有 LSP，那么一个个单独的 LSP 该如何标识呢?

② Sequence Number。Sequence Number 并没有宣称自己可以标识一个 LSP，但是客观上它在一定程度上起到了该作用。Sequence Number 是一个 32 位无符号整数。当路由器第一次启动时，它产生的 LSP 的 Sequence Number 等于 1，以后每生成一个 LSP，Sequence Number 相应地就加 1，一直到 4294967295（$2^{32}-1$）。当达到最大值以后，Sequence Number 需要从 1 开始，重新循环。所以，从一定程度上说，Sequence Number 不能完全标识一个路由器所生成的每一个 LSP，因为它的值会重复。

当然，Sequence Number 的作用也只是为了标识 LSP，还为了在 LSP 泛洪的过程中，比较两个（LSP ID 相同的）LSP 谁更“新”，谁更“旧”。

③ ATT。ATT 占有 4 bit 位。表面上看，ATT 字段属于任何路由器发送的任意一个 LSP 报文（因为它是 LSP Header 中的一个字段，每个报文都会包含它），但实际上它只是对于 L1/L2 路由器向 L1 区域发送的 LSP 才有意义，如图 7-38 所示。

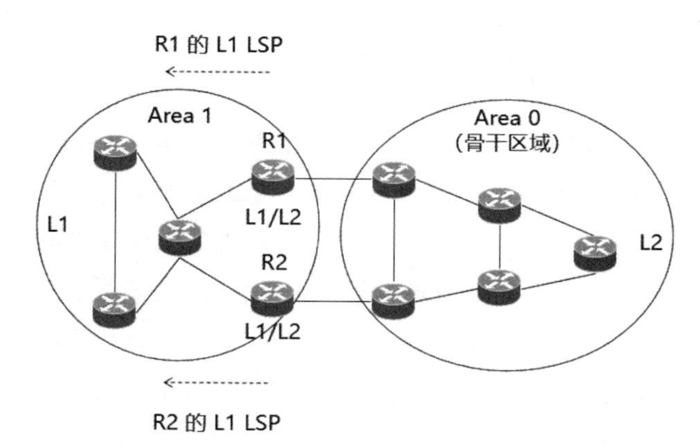

图 7-38　ATT 与 LSP

图 7-38 中，R1、R2 两个路由器是 L1/L2 路由器，它们在向 L1 区域发送 L1 LSP 时会对 ATT 字段赋值。当一个 L1/L2 路由器连接了骨干区域（图 7-38 中的 Area0）时，该路由器会对 ATT 字段赋上相应的值；如果该路由器没有连接骨干区域，那么 ATT 字段的值就等于 0。

我们知道，L1 区域的路由器（记为 R3）如果要到达区域外部，其只能通过 L1/L2 路由器。也就是说，R3 只能建立一个默认路由，默认网关是一个 L1/L2 路由器。对于图 7-38 来说，一共有 2 个 L1/L2 路由器（R1、R2），那么对于 R3 来说，它就会通过 L1/L2 路由器发送的 LSP 报文选择度量最小的那个路由器作为默认网关。LSP 报文中的度量包括多种类型，ATT 字段就是为了表达度量类型。

ATT 字段的含义如图 7-39 所示。

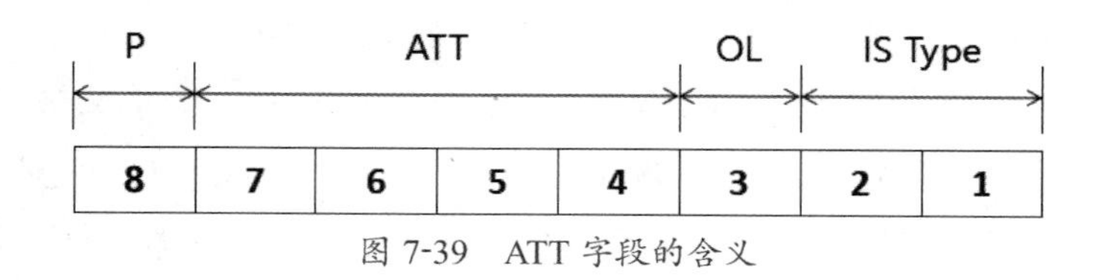

图 7-39　ATT 字段的含义

图 7-39 中，ATT 字段占用 4 ～ 7 个比特，各个比特的含义如表 7-10 所示。

表 7-10　ATT 各个比特的含义

比特位	含义
4	默认度量（Default）
5	时延度量（Delay）
6	代价度量（Expense）
7	差错度量（Error）

默认度量相当于 OSPF 中介绍的基于接口代价的度量，而另外 3 种度量类似于 OSPF 中介绍的基于 ToS 的度量。

与 OSPF 一样，IS-IS 的 ATT 虽然定义了 4 个类型，但在厂商生产的路由器中实际只支持一种默认度量，所以对于另外 3 种度量类型，读者不必关注其更具体的含义。也就是说，当一个 L1/L2 路由器与骨干网相连时，它发送到 L1 区域的 L1 LSP 中的 ATT 的值是 0001，其中第 4 个比特的值是 1，表示度量类型是默认度量，更表示该路由器与 L2 区域（骨干区域）是连通的。如果其与骨干区域并不相连，那么相应的 ATT 的值是 0000，其中第 4 个比特的值是 0。

L1 区域的路由器如果收到的 L1/L2 路由器发送的 LSP 报文中的 ATT 的值不为 0（0001），那么它们就会认为该路由器是一个默认网关的候选者。至于其会不会成为默认网关，则取决于其与其他 L1/L2 路由器的竞选，谁的度量值小，谁就会成为默认网关。

同时，我们也可以看到，对于其他类型的路由器所发送的 LSP，或者 L1/L2 路由器发送到 L2 区域的 L2 LSP，无论 ATT 取何值都没有意义，都会被忽略。

④ OL。OL 如果置为 1，表示产生该 LSP 的路由器超载。超载指的是路由器由于资源（CPU、内存）的限制，不足以支撑当前网络的规模，如内存已经不够存储当前网络的所有链路状态。

IS-IS 作为链路状态协议的一种，掌握全网的链路状态是一个路由器的根本，否则，它就会计算出错误的路由。所以，如果一个 LSP 的 OL 位被置为 1，那么该 LSP 将不会被其他路由器用于最佳路径计算，这也就意味着产生该 LSP 的路由器不会再转发流量，除非它是最后一跳。

（2）LSP Body

OSPF 的 LSA 分为 Router-LSA、Network-LSA、Network-Summary-LSA、ASBR-Summary-LSA、AS-External-LSA 等多种类型，分别对应不同场景的链路状态的表达。

而 IS-IS 的 LSP 仅仅分为 L1 LSP、L2 LSP 两种，而且两种 LSP 的报文格式相同。另外，从 LSP Header 的各个字段中无法看出它们与 OSPF 各个类型的 LSA 的对应性。这不是说 IS-IS 的 LSP 一定要仿照 OSPF 设置那么多类型，而是说 IS-IS 的 LSP 要和 OSPF 一样，能够覆盖相应场景。覆盖相应场景、实现相应功能的是位于 LSP 的 Body，即 LSP 报文中的变长字节的部分。

LSP 可以使用的 TLV 字段（变长字节）如表 7-11 所示。

表 7-11　LSP 可以使用的 TLV 字段

类型名称	类型（Type）	L1 LSP 是否支持	L2 LSP 是否支持
区域地址	1	是	是
中间系统邻居	2	是	是
终端系统邻居	3	是	否
区域分段指定的第二层系统	4	否	是

续表

类型名称	类型（Type）	L1 LSP 是否支持	L2 LSP 是否支持
前缀邻居	5	否	是
认证信息	10	是	是
LSP 缓存大小	14	是	是
扩展的 IS 可达性	22	是	是
IP 内部可达信息	128	是	是
支持的协议	129	是	是
IP 外部可达信息	130	是	是
域间路由选择协议	131	否	是
IP 接口地址	132	否	是
流量工程路由器 ID	134	是	是
扩展的 IP 可达性	135	是	是
动态主机名	137	是	是
MT 中间系统	222	是	是
多拓扑	229	是	是
IPv6 接口地址	232	是	是
MT 可达的 IPv4 前缀	235	是	是
IPv6 的可达性	236	是	是
MT 可达的 IPv6 前缀	237	是	是
实验用	250	是	是

表 7-11 列出了 L1 LSP、L2 LSP 各自支持的 TLV 字段。需要强调的是，支持该字段不代表就一定要发送该字段，具体在一个 LSP 中应包含哪些字段取决于具体的应用场景。

对于表 7-11，基于实际的场景介绍几种相对比较重要的 TLV 字段。

①区域内链路状态。区域内链路状态不是 LSP 的 TLV，它是一个类比，类比为 OSPF 的 Router-LSA，表达的是在一个区域内，一个路由器与它的邻居之间的链路状态（链路的度量值）。IS-IS 的区域内链路状态包括中间系统邻居、IP 接口地址、IP 内部可达信息等内容。

- 中间系统邻居。IS-IS 与 OSPF Router-LSA 直接对应的 TLV 就是中间系统邻居，其 Type 值等于 2，格式如图 7-40 所示。

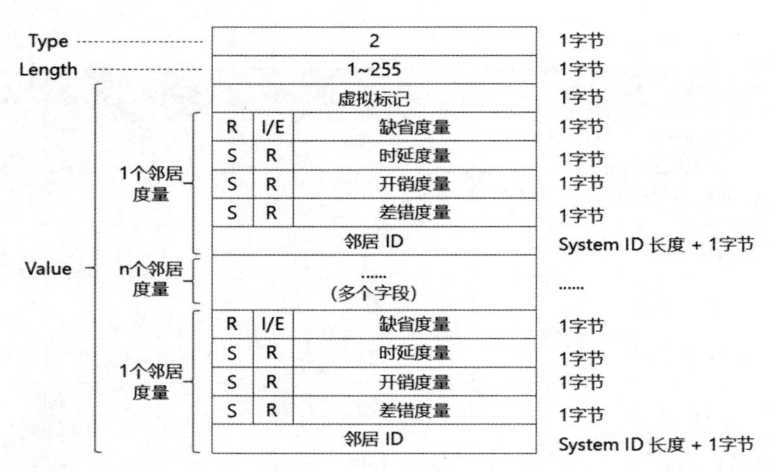

图 7-40　TLV：中间系统邻居

图 7-40 中的 Type、Length 两个字段前文已经多次介绍，这里不再赘述。其余字段的基本含义如表 7-12 所示。

表 7-12　中间系统邻居 TLV 的字段的基本含义

字段名称	字段长度	基本含义
虚拟标记（Virtual Flag）	1 字节	取值只有 0 和 1。当其值为 1 时，表示该链路是一个用来修复 L2 分段区域的虚链路。但是，一般来说，厂商生产的路由器都不支持此规格，所以此字段一般设置为 0
R	1 比特	保留位，始终为 0
默认度量	6 比特	相当于 OSPF 中介绍的基于接口代价的度量
时延度量	6 比特	厂商生产的路由器不支持此规格，其值始终为 0
开销度量	6 比特	厂商生产的路由器不支持此规格，其值始终为 0
差错度量	6 比特	厂商生产的路由器不支持此规格，其值始终为 0
S	1 比特	表明其所对应的度量是否支持。默认度量对应的 S 位，其值为 1；其余 3 个度量所对应的 S 位，其值为 0（因为不支持）
I/E	1 比特	Internal/External，表明相关的度量是 AS（自治域）内部度量还是 AS 外部度量。该字段始终为 0，即内部度量。因为既然是 IS-IS 的邻居，那么肯定是一个 IS-IS 自治域内的
邻居 ID	System ID 长度 + 1 字节	对于伪节点来说，其值为 DIS 的 System ID，再加上 1 字节的伪节点 ID；对于普通路由器来说，其值为该路由器的 System ID，再加上 1 字节的 0

中间系统邻居 TLV 表达了一个路由器和它的邻居之间的（链路）度量。该 TLV 随着每一个相应的 LSP 在一个区域内泛洪以后，该区域内所有的路由器就都能知道该区域的所有的链路状态，

进而就可以利用Dijkstra算法进行路由表的计算。中间系统邻居TLV用“邻居ID”字段来标识邻居。但是，对于IP系统来说这是不够的，因为邻居ID并不能表达最关键的信息：邻居的IP地址。

- IP接口地址。IS-IS路由器必须要知道邻居的IP地址，否则无法应用IP协议。为了解决这个问题，IS-IS采取的对策并不是定义一个TLV来标识邻居的IP地址，而是定义了一个TLV来标识自己接口的IP地址。当每个路由器发送的LSP报文中都包含自己接口的IP地址时，就相当于每个路由器都知道了所有邻居的IP地址。定义接口IP的TLV是IP接口地址，其Type值等于132，格式如图7-41所示。图7-41列出来4个IP地址，是因为有的接口可能有多个IP地址。
- IP内部可达信息。IP内部可达信息TLV可以在区域内传递，也可以在区域间传递。这里暂时先介绍区域内传递的场景，如图7-42所示。

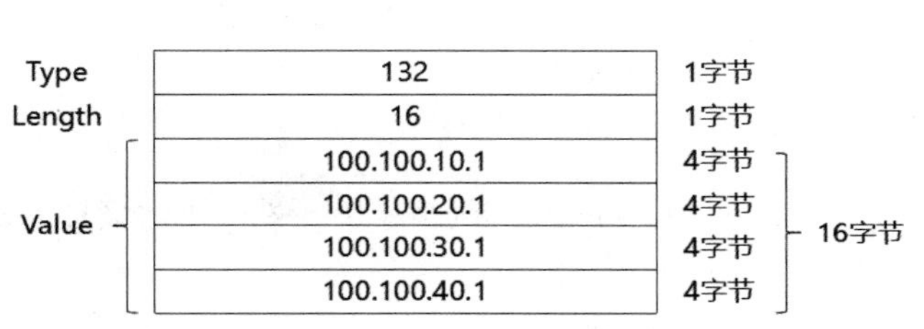

图7-41　TLV：IP接口地址

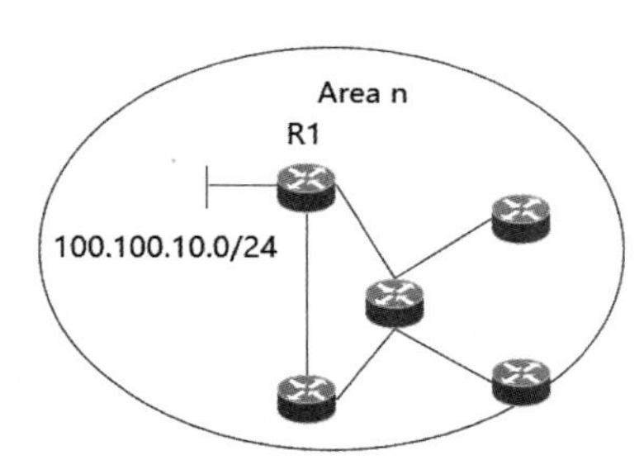

图7-42　IP内部可达信息在区域内传递的应用场景

图7-42中，R1连接一个子网 100.100.10.0/24，它需要将该子网信息通过LSP告知到区域内的其他路由器。承载该功能的就是IP内部可达信息TLV，其格式如图7-43所示。

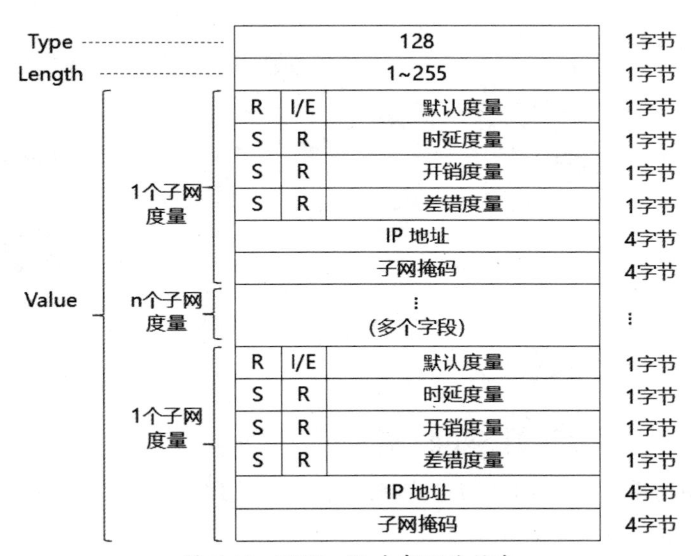

图7-43　TLV：IP内部可达信息

图7-43中，IP内部可达信息的Type值等于128，其余字段如R（始终为0）、I/E（始终为0）、

默认度量、时延度量、开销度量、差错度量的含义与中间系统邻居中对应字段的含义完全相同。其中“IP 地址”“子网掩码”两个字段表达了一个子网。

②区域链路状态汇总。区域链路状态汇总类似于 OSPF 的 Network-Summary-LSA，承载此功能的 TLV 也是 IP 内部可达信息。其应用场景即前文所说的“在区域间传递”，如图 7-44 所示。

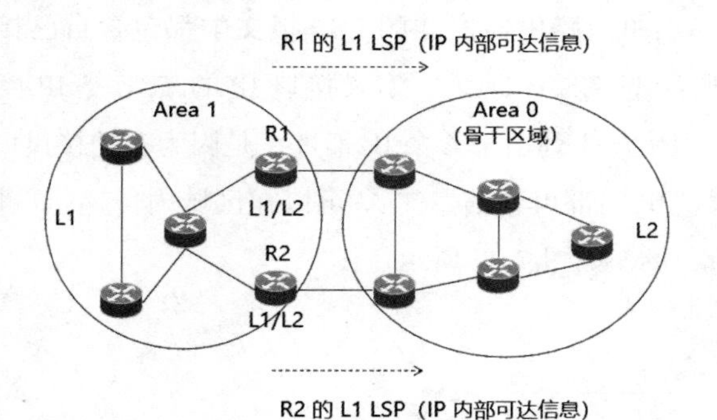

图 7-44　IP 内部可达信息在区域间的应用场景

图 7-44 中，Area 1 的两个 L1/L2 路由器 R1、R2 分别将 Area 1 的网络（IP 子网）可达信息汇总，然后发到 Area 0（骨干区域）中。

需要强调的是，在 IS-IS 中，这个发送是单向的，即只会从 L1 区域发送到 L2 区域，不会从 L2 区域发送到 L1 区域。这是因为 IS-IS 的 L1 区域相当于 OSPF 的 Total Stub 区域。

③ AS 外链路状态汇总。AS 外链路状态汇总类似于 OSPF 的 AS-External-LSA，承载此功能的 TLV 是 IP 外部可达信息。其应用场景如图 7-45 所示。

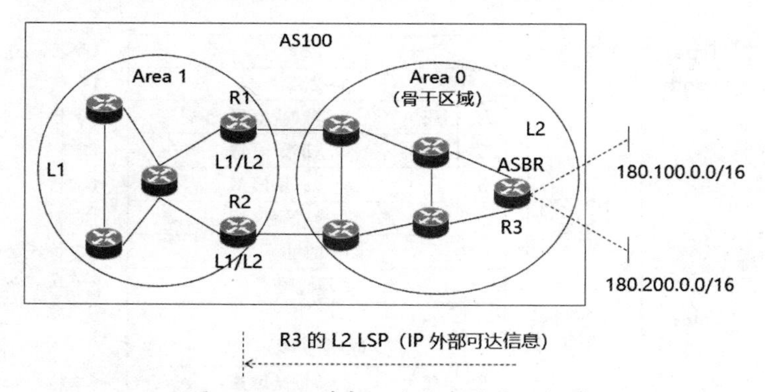

图 7-45　IP 外部可达信息的应用场景

图 7-45 中，R3 类似于 OSPF 的 ASBR，它与 AS 外的路由器建立了连接，并通过 BGP 协议学习到了到达 AS 外部的路由，然后 R3 将这些路由转化为 L2 LSP 中的 TLV：IP 外部可达信息。

这里需要强调如下两点。

①能够扮演类似 OSPF 的 ASBR 角色的路由器只能是骨干区域（L2 区域）内的路由器，相应地，IP 外部可达信息 TLV 也只能在 L2 LSP 中承载。

② L2 LSP 只能在 L2（包括 L1/L2）路由器中泛洪。

IP 外部可达信息与前面介绍的 IP 内部可达信息两个 TLV，其中的“外 / 内”指的是 AS 外和 AS 内。IP 外部可达信息与 IP 内部可达信息的格式相同，区别仅仅是 IP 外部可达信息的 Type 的值等于 130，如图 7-46 所示。

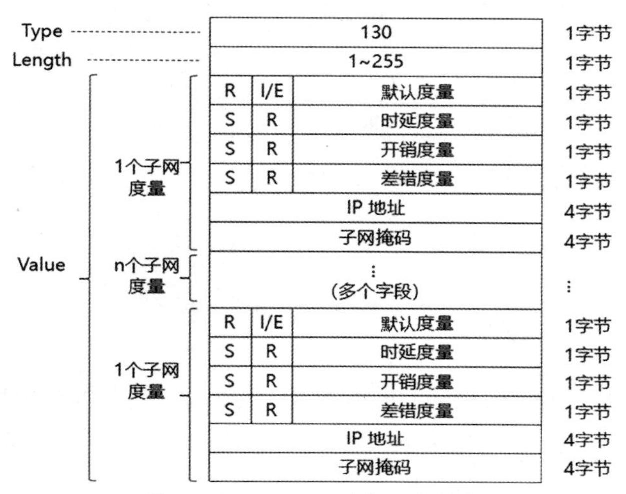

图 7-46　TLV：IP 外部可达信息

I/E 是 Internal（内部）/External（外部）的缩写，指的是 AS 的内部或外部。更具体地说，这里的 I、E 与 OSPF 的 Type1 的 External、Type2 的 External 相对应。所以可以肯定，区域内链路状态所涉及的 TLV 的 I/E 都要设置为内部（其值为 0），IP 外部可达信息 TLV 的 I/E 则可以设置为 I（0）或 E（1）。

2. SNP 的报文格式

SNP 分为两种类型，分别是完全序列号协议数据单元（Complete Sequence Numbers Protocol Data Unit，CSNP）和部分序列号协议数据单元（Partial Sequence Numbers Protocol Data Unit，PSNP）。再考虑到 L1、L2 两种区域类型，SNP 的报文就分为 L1 CSNP（PDU Type = 24）、L2 CSNP（PDU Type = 25）、L1 PSNP（PDU Type = 26）、L2 PSNP（PDU Type = 27）。其中 L1 CSNP、L2 CSNP 的报文格式与作用相同，L1 PSNP、L2 PSNP 的报文格式与作用相同，它们之间的区别仅仅是作用域不同（L1 区域或 L2 区域）。

CSNP 表达的是路由器 LSDB 中所有 LSP 的摘要，其目的是保证区域内路由器的 LSDB 的同步。在 Broadcast 网络上，由 DIS 周期性（默认周期是 10s）地发送 CSNP；在 P2P 网络上，只在第一次形成邻接关系时双方互相发送一次 CSNP。CSNP 类似于 OSPF 的 DD 报文。

PSNP 表达的是部分 LSP 的摘要。在 P2P 网络上，PSNP 用于收到某个 LSP 的应答，类似于 OSPF LSAck 报文；PSNP 还用于请求邻居发送 LSP 报文（适用于 P2P 网络或 Broadcast 网络），类似于 OSPF 的 LSR 报文。

（1）CSNP 的报文格式

CSNP 的报文格式如图 7-47 所示。

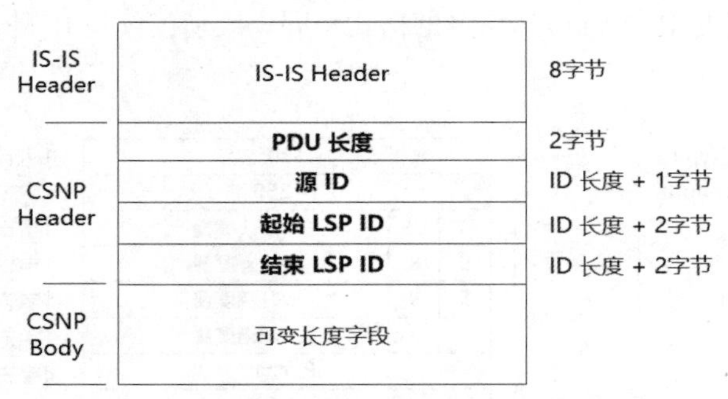

图 7-47　CSNP 的报文格式

除了固有的 IS-IS Header 外，CSNP 报文格式也分为两部分：固定字节部分（CSNP Header）、变长字节部分（CSNP Body）。

①CSNP Header。CSNP Header 中的“PDU 长度”表达的是整个 PDU 的长度（以字节为单位）。

CSNP Header 中的“源 ID”与 IIH 报文中的“源 ID”含义相同，表示发送该报文的 System ID。

CSNP Header 中的“起始 LSP ID（Start LSP ID）”“结束 LSP ID（End LSP ID）”两个字段与报文的分片有关。因为一个路由器的 LSDB 中的 LSP 会有很多，将其所有的 LSP 摘要信息（包括剩余生存时间、LSP ID、序列号、校验和）都放入一个 CSNP 报文中可能会超过 MTU，那么就需要将 CSNP 报文进行分片。而接收 CSNP 报文的路由器是如何知道报文是否分片了呢？如果分片，是否接收完整了呢（接收到了所有的分片）？

CSNP 就是使用了“起始 LSP ID”“结束 LSP ID”这两个字段来表达分片相关的信息。

LSP ID 的取值范围为 0000.0000.0000.00.00 ~ ffff.ffff.ffff.ff.ff。

首先，假设报文不需要分片，那么起始 LSP ID 的值等于 0000.0000.0000.00.00，结束 LSP ID 的值等于 ffff.ffff.ffff.ff.ff。接收的路由器看到这样的起始 LSP ID，就会知道是第一个分片；看到这样的结束 LSP ID，就会知道分片结束，即一共就只有一个分片（没有分片）。

其次，假设报文需要分为 3 片，每片包含的 LSP ID 如图 7-48 所示。

图 7-48 中，所有的 LSP 摘要分为 3 个分片（3 个 CSNP 报文）。第 1 个分片中，真正的起始 LSP ID 为 0000.0000.0030.00.01，但是第 1 个 CSNP 报文中的起始 LSP ID 为 0000.0000.0000.00.00。这是因为报文中的起始 LSP ID 并不是为了表达实际的起始 LSP ID 是什么，而是为了表达这是第 1 个分片，而 0000.0000.0000.00.00 就承担了这个作用。

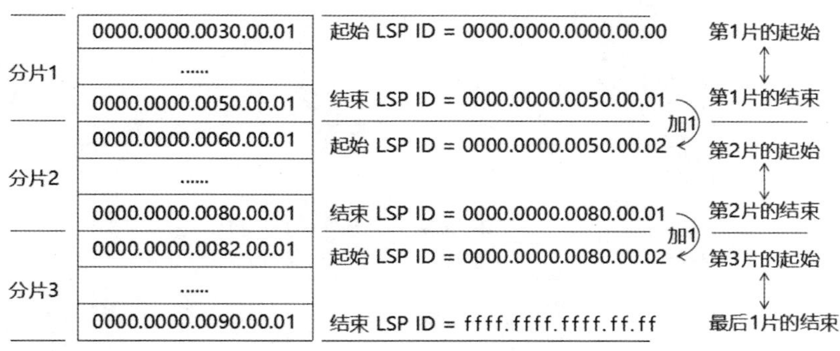

图 7-48　CSNP 分片举例

第 1 个分片中，真正的结束 LSP ID 为 0000.0000.0050.00.01，第 1 个 CSNP 报文中的结束 LSP ID 为 0000.0000.0050.00.01，两者相等。

第 2 个分片中，真正的起始 LSP ID 为 0000.0000.0060.00.01，但是第 2 个 CSNP 报文中的起始 LSP ID 一定要等于第 1 个报文中的结束 LSP ID 的值加 1，即起始 LSP ID 为 0000.0000.0050.00.02。这是因为该报文中的起始 LSP ID 仅仅是为了表达这是第 2 个分片。而它的值等于第 1 个报文的结束 LSP ID 加 1，则正好可以说明它是第 2 个分片。

第 2 个报文中的结束 LSP ID 和第 3 个报文中的起始 LSP ID 依据上述规则取值即可，笔者不再赘述。

第 3 个报文中的结束 LSP ID 取值为 ffff.ffff.ffff.ff.ff，它所表达的含义是报文分片结束，这是最后一个分片。

② CSNP Body。CSNP Body 用到了 4 个 TLV，分别是 LSP 条目（Type = 9）、认证信息（Type = 10）、校验和（Type = 12，可选）、实验用（Type = 250）。这 4 个 TLV 中只需要了解“LSP 条目”字段即可，从学习的角度而言，其他字段不是特别重要。

LSP 条目的格式如图 7-49 所示，该 TLV 包含了多个 LSP 摘要。LSP 摘要包含了 4 个字段：剩余生存时间、LSP ID、LSP 序列号、校验和。

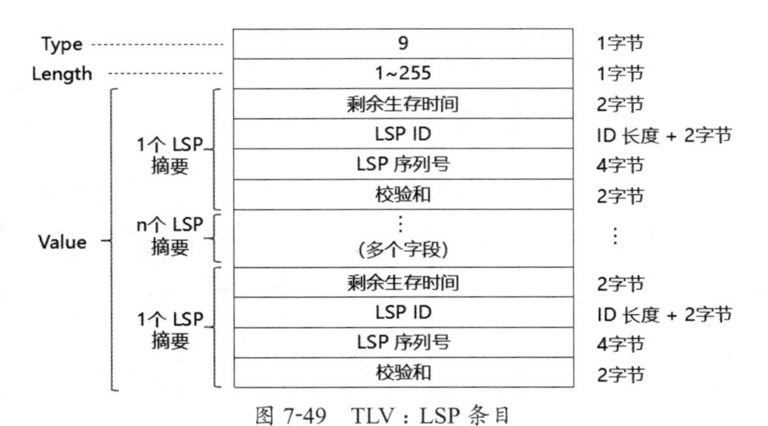

图 7-49　TLV：LSP 条目

（2）PSNP 的报文格式

PSNP 的报文格式如图 7-50 所示。

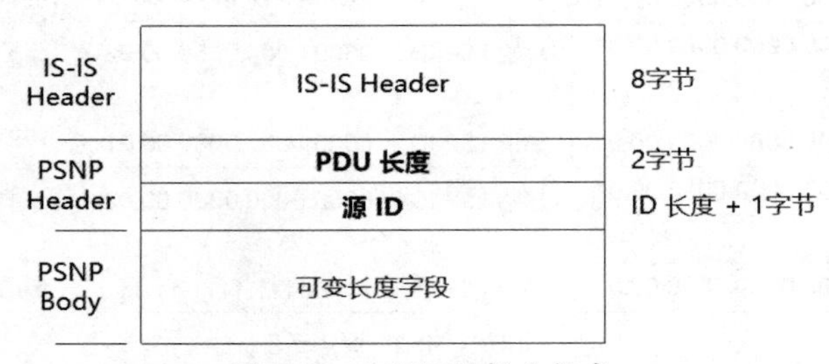

图 7-50　PSNP 的报文格式

可以看到，PSNP 的报文格式非常简单。PSNP 的固定字节部分（PSNP Header）只包含两个字段：PDU 长度、源 ID。这两个字段的含义与 CSNP 中对应字段的含义相同。PSNP 的变长字节部分（PSNP Body）包含的 TLV 与 CSNP 完全相同，这里不再赘述。

7.4.2 链路状态的泛洪

与 OSPF 一样，IS-IS 的链路状态泛洪也可以形容为“一传十,十传百”，如图 7-51 所示。

链路状态泛洪的目的是使全网的数据库所感知和存储的数据链路状态能够一致（简称数据库同步）。如果数据库不同步，路由计算可能会错误，甚至会引发路由环路。链路状态泛洪的基本流程可以简化为 4 个步骤：比较、应答、存储、转发，如图 7-52 所示。

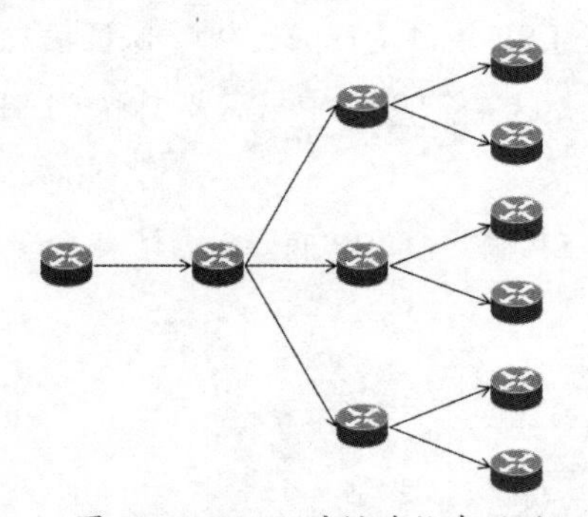

图 7-51　IS-IS 的链路状态泛洪

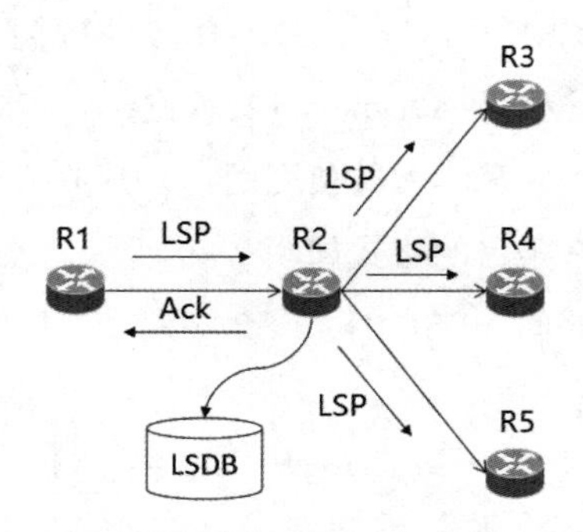

图 7-52　链路状态泛洪的简化步骤

图 7-52 中，当 R2 收到 R1 发送过来的 LSP 以后，它首先会比较自己的数据库（LSDB）中是否已经存在该 LSP。如果存在，R2 会继续比较两个 LSP 谁更“新”，然后决定该如何应答 R1。如果收到的 LSP 更“新”，那么 R2 除了将该 LSP 存入自己的数据库外，还会将其再转发到其他所有邻居（不再转发给 R1）。

图 7-52 讲述了 R2 收到 R1 发送过来的 LSP 以后的简化的泛洪过程，那么一个路由器何时会发送 LSP 呢？主要包括如下场景。

①邻居 Up 或 Down。

② IS-IS 相关接口 Up 或 Down。

③引入的 IP 路由发生变化。

④区域间的 IP 路由发生变化。

⑤接口被赋值了新的度量值。

⑥周期性更新（LSP 刷新间隔为 15min；LSP 老化时间为 20min；LSP 重传时间为 5s）。

IS-IS 的泛洪过程与其网络类型相关。P2P 网络与 Broadcast 网络的泛洪过程有很大的不同。

1. P2P 网络的泛洪过程

P2P 网络的泛洪机制分为两个部分：谁先发送 LSP？收到 LSP 之后该如何处理？

（1）泛洪前的试探

泛洪的前提是一个路由器收到了另一个路由器发送过来的 LSP。那么，当 P2P 网络上两个路由器第一次建立了邻接关系以后，它们是如何发送 LSP 的呢？是谁先发送 LSP 呢？如图 7-53 所示。

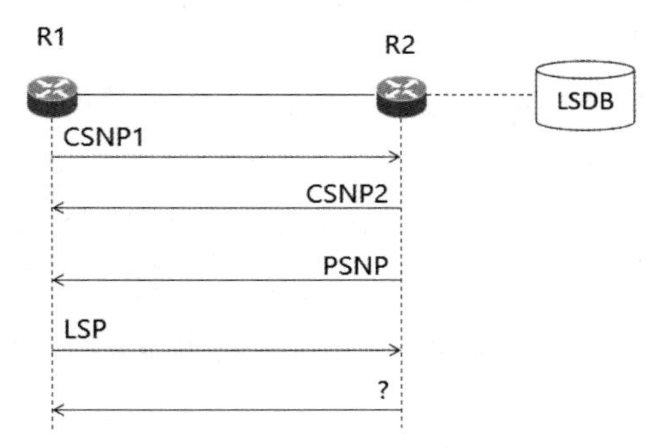

图 7-53　P2P 网络泛洪前的试探

图 7-53 中，R1 和 R2 建立了邻接关系以后，开始互相发送 CSNP 报文，告知对方自己所具有的全部的 LSP 摘要信息。

当路由器收到对方发送过来的 CSNP 后，会将 CSNP 中的信息与自己的 LSDB 中的对应信息进行比较。该比较过程如下。

①比较 LSP ID。如果自己的 LSDB 中没有该 LSP ID（邻居发送过来的 CSNP 报文中所包含的 LSP ID），则记为 A。

②如果自己的 LSDB 中具有该 LSP ID，则比较 LSP 的序列号。如果 CSNP 中的序列号更大，则表示 CSNP 中的 LSP 更“新”，记为 A；如果 CSNP 中的序列号更小，则表示 CSNP 中的 LSP 更“旧”，记为 B。

③如果两者的序列号相同，则比较 LSP 的剩余生存时间。如果 CSNP 中的剩余生存时间更多，则 CSNP 中的 LSP 更“新”，记为 A；如果 CSNP 中的剩余生存时间更少，则 CSNP 中的 LSP 更“旧”，记为 B。

④如果两者的序列号相同，则比较 LSP 的校验和。如果 CSNP 中的校验和更大，则 CSNP 中的 LSP 更“新”，记为 A；如果 CSNP 中的校验和更小，则 CSNP 中的 LSP 更“旧”，记为 B。

⑤如果两者的校验和相同，两者的“年龄”完全相同，记为 B。

“记为 A”或“记为 B”只是一个形象的说法，并不是真的做了记录。“记为 A”表示路由器需要向邻居发送 PSNP 报文，以请求自己所没有的 LSP，或者请求对方所具有的更“新”的 LSP；而“记为 B”表示不必向对方请求该 LSP。以上判断过程如图 7-54 所示。

一个路由器（记为 R2）向另一个路由器（记为 R1）请求 LSP 的报文就是 PSNP。R1 收到 R2 的 PSNP 报文后，会首先判断这是一个请求报文，因为应答报文也是 PSNP。而判断方法就是根据自己前面是否发送过对应的 LSP 给对方，如果曾经发送过，该 PSNP 就是应答报文；否则就是请求报文。当 R1 判断 R2 发送的请求报文以后，R1 就将对应的 LSP 通过 LSP 报文发送给 R2。

当 R2 收到 R1 发送过来的 LSP 以后，它会给予 R1 一个什么样的响应（图 7-53 中问号“？”）呢？

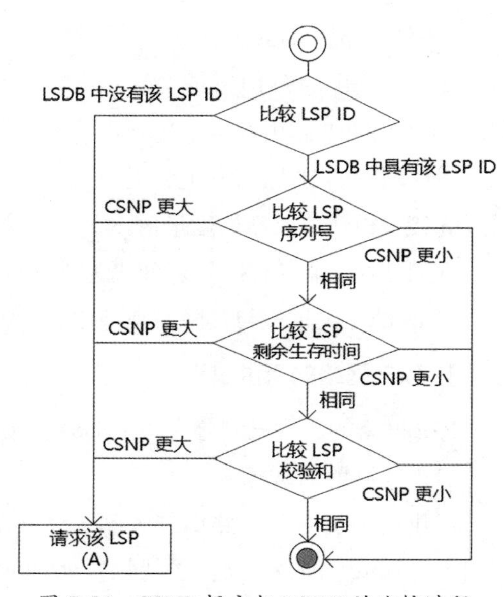

图 7-54 CSNP 报文与 LSDB 的比较过程

（2）收到邻居发送的 LSP 的处理流程

P2P 网络中的一个路由器会经常收到它的邻居发送过来的 LSP 报文，这些报文可以是自己通过 PSNP 请求邻居发送的，也可以是邻居主动发送的。

当 P2P 网络中的一个路由器收到邻居发送过来的 LSP 报文以后，其处理流程如图 7-55 所示。

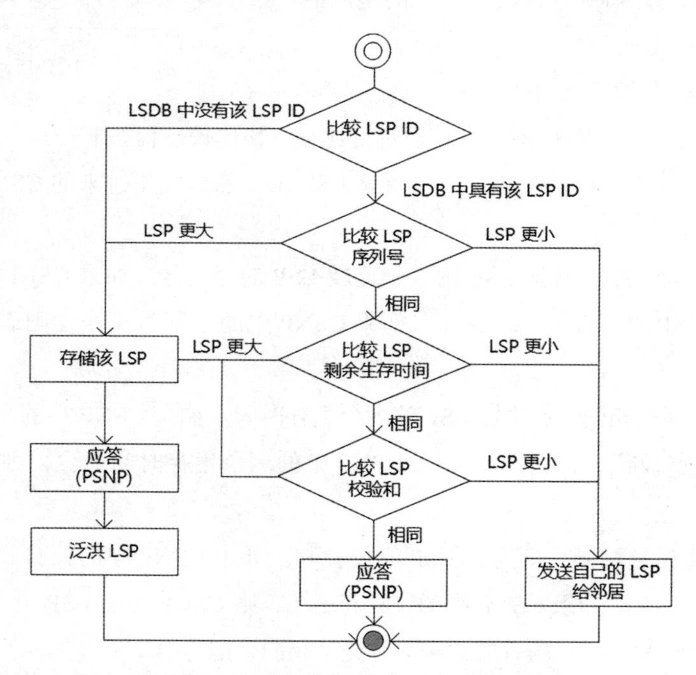

图 7-55 收到邻居发送的 LSP 的处理流程

图 7-55 表达的流程与一个路由器收到 CSNP 后的主干处理流程类似，也是判断所接收的 LSP ID 在自己的 LSDB 中是否存在，如果存在，再判断哪一个更“新”，具体判断过程，这里不再赘述。

如果自己的 LSDB 中不存在 LSP ID，或者所接收的邻居的 LSP 更“新”，那么路由器会将该 LSP 存入自己的 LSDB；回一个对应的 PSNP，作为显示应答；泛洪出去。

如果自己的 LSDB 中存在 LSP ID，并且 LSDB 中的 LSP 更“新”，那么路由器不会存储、泛洪该 LSP，反而会将自己的 LSP 回送给原来发送 LSP 给自己的邻居。这有两层含义：隐式应答，表明自己收到了邻居发送过来的 LSP；刷新邻居的 LSP，以保持双方的数据同步，因为邻居的 LSP 相比来说不是最“新”的。

如果自己的 LSDB 中存在 LSP ID，并且两者的“年龄”相同，那么路由器不会存储、泛洪该 LSP，只是回一个 PSNP 报文，作为显示应答。

通过以上流程看到，路由器收到邻居发送过来的 LSP 以后一定要有一个应答，或者是显示应答，或者是隐式应答。这也是为了保证全网数据库保持一致的一个机制。一个路由器发送 LSP 给它的邻居，它必须保证邻居能够收到该 LSP。这个机制就是发送—应答—重发，即发送给邻居 LSP 以后，必须要等到邻居的应答。如果在规定时间内（超时重传时间，5s）收不到邻居的应答，则进行重发。

图 7-55 中的“泛洪 LSP”并没有完全表达清楚泛洪的过程。路由器并不是马上泛洪，而是等待一个定时器到期后，将所有相关的 LSP 打包泛洪。

2. Broadcast 网络的泛洪

Broadcast 网络由于其网络特征及 DIS（Designated IS）的存在，其泛洪过程与 P2P 网络有所不同，主要区别如图 7-56 所示。

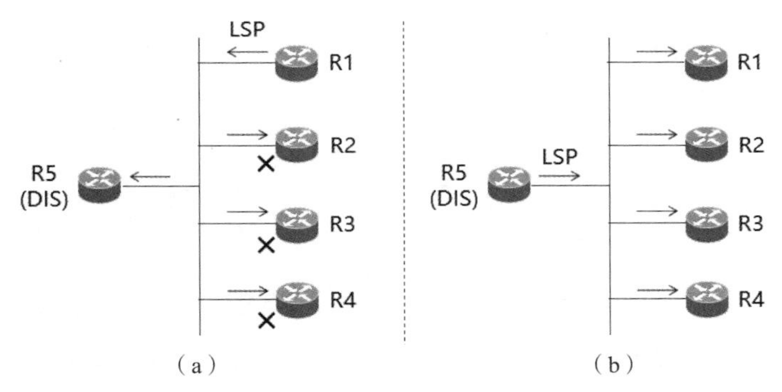

图 7-56 Broadcast 网络与 P2P 网络关于泛洪过程的主要区别

图 7-56（a）中，一个普通（非 DIS）路由器 R1 发送的 LSP 是以组播形式进行发送的（L1 LSP 发送到 01-80-C2-00-00-14 组播地址，L2 LSP 发送到 01-80-C2-00-00-15 组播地址），而且网络上所有的路由器都会收到该 LSP。但是，只有 DIS 会做相应的处理，其他路由器收到之后都会直接丢弃。

图 7-56（b）中，DIS 路由器 R5 也以组播形式发送 LSP，所有其他路由器收到 LSP 以后都会做相应的处理，但是不会再泛洪出去。

可以这么说，Broadcast 网络泛洪的“发动机”就是 DIS，这也正是 Broadcast 网络与 P2P 网络关于泛洪的主要区别。

从场景来看，可以把 Broadcast 网络的泛洪分为 3 种：新的路由器加入、DIS 周期性发送 CSNP、非新加入路由器发送 LSP。

（1）新的路由器加入

一个新的路由器加入 Broadcast 网络，通过 IIH 报文与网络中的路由器建立邻居以后，待到 LSP 刷新周期到了以后，该路由器会通过组播形式发送自己的 LSP。

网络中其他路由器收到该 LSP 以后会直接丢弃，只有 DIS 收到该 LSP 以后会做相应处理，如图 7-57 所示。

图 7-57 中，DIS 收到该 LSP 以后也要做正常的判断，判断该 LSP ID 是否在自己的 LSDB 中。因为该LSP ID在LSDB中存在的可能性几乎为0，所以这里不讨论该分支（图7-57中以圆圈叉号表示）。

另一个分支，就是该 LSP ID 在 LSDB 中不存在，此时 DIS 就将该 LSP 存入自己的 LSDB 中，但是并不会马上泛洪该 LSP，而是等待 CSNP 的发送周期的到来。

（2）DIS 周期性发送 CSNP

P2P 网络只是在邻接关系第一次建立时，双方互相发送一次 CSNP。而 Broadcast 网络的 DIS 会周期性（默认周期是 10s）地发送 CSNP，如图 7-58 所示。

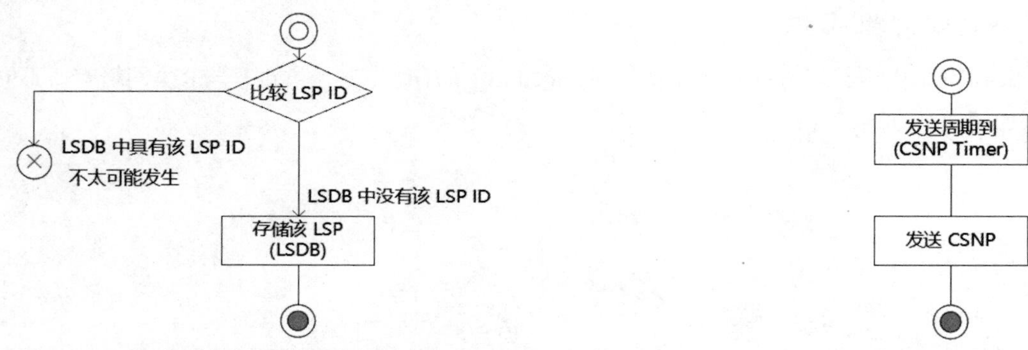

图 7-57　DIS 收到新加入路由器发送过来的 LSP

图 7-58　DIS 周期性发送 CSNP

在周期发送 CSNP 的过程中，DIS 会将新加入路由器发送过来的 LSP 相关信息合入 CSNP 中，通过组播的形式向网络中所有的路由器发送。网络中的其他路由器收到 CSNP 报文以后，其处理过程与图 7-55 相同，这里不再赘述。

（3）非新加入路由器发送 LSP

非新加入路由器也会发送 LSP（如路由器会周期性地发送 LSP）。Broadcast 网络中，路由器以组播形式发送 LSP 报文，所有其他路由器都会收到，但是其他路由器收到以后都会直接丢弃，只有 DIS 才会做相应处理。

DIS 路由器收到这种 LSP 以后，其处理过程与图 7-55 基本相同（只是泛洪 LSP 以组播形式发送这一点有区别）。其他路由器收到 DIS 发送过来的 LSP，其处理过程也与图 7-55 基本相同，只是最后不需要再做泛洪。

7.4.3 链路状态的老化

IS-IS 的 LSP 中有一个字段是 Remaining Lifetime（剩余生成时间），其默认是 1200s（20min）。当生成一条 LSP 时，其值是 1200，然后逐秒减少。当路由器收到其他路由器发送过来的 LSP 并存入自己的 LSDB 时，该 LSP 的 Remaining Lifetime 也逐秒减少。

当 LSDB 中的 LSP 的 Remaining Lifetime 减少到 0 时，路由器会再等待 60s（称为零老化时间）然后将此 LSP 从 LSDB 中清除，并且将该 LSP 的 LSP Header 泛洪出去，以使整个网络都将该 LSP 清除。

其实从报文角度来说，泛洪出去的 LSP 的 Header 仍然是一个 LSP 报文，只不过该 LSP 报文的 LSP Body（可变字节部分）为空。

以上描述的过程和机制称为 LSP 的老化。

正常情况下，IS-IS 是不会让一个 LSP 的 Remaining Lifetime 减少到 0 的，因为路由器每隔一段时间（默认是 15min，并且再加上 25% 的上下浮动时间）会刷新自己的 LSP，此时该 LSP 的 Remaining Lifetime 会重新设置为最大值（默认是 1200s）。也就是说，在 LSP 老化之前，路由器会重新刷新该 LSP。

路由器刷新 LSP 涉及 LSP 中的一个字段 Sequence Number。当路由器重启后，它产生的第 1 个 LSP 的 Sequence Number 是 1，以后每生成一个 LSP（如定时刷新），该值都加 1，一直加到最大值（4294967295）。

LSP 的 Sequence Number 达到最大值以后，需要从 1 开始重新赋值，然后递增。但是，从最大值到 1 之间，路由器需要暂停 21min[Remaining Lifetime（20min），加上零老化时间（1min）]。

暂停 21min 是为了网络上能够清除原来的 Sequence Number 达到最大值的 LSP（通过老化机制），否则“新”的 LSP 的 Sequence Number 是 1，而“旧”的 LSP 的 Sequence Number 是 4294967295，“新”的 LSP 将无法刷新网络中“老”的 LSP。暂停 21min 固然可以保证 LSP 的正确泛洪，但是这 21min 也会造成业务中断。

7.5 IS-IS 小结

IS-IS 虽然属于 ISO 体系，但是经过 RFC 1195 扩展以后，它与 OSPF 有很多相似之处，两者都属于基于链路状态的动态路由协议，两者的灵魂都是 Dijkstra 算法。

“分而治之”是协议解决“大网”问题的首选方案，OSPF 如此，IS-IS 也如此。所以，两者都有 Area 的概念，只是前者的机制比较复杂，后者的则相对简单，只分成两个类型：L1 Area、L2

Area。

同时，对于 Broadcast 网络，OSPF 设计了 DR 机制，IS-IS 设计了 DIS 机制，两者的实现细节有所不同，IS-IS 相对更简单一些，但两者的目标是一样的，都是为了减少协议报文的发送量。

另外，为了减少 LSDB 所占有的存储空间，IS-IS 还提出了 Pseudonode 的概念，这是 OSPF 所没有的。

IS-IS 生成了自己的 LSP，然后靠泛洪告知网络中的其他路由器。

路由器存在的意义，就是组建网络，所以建立邻接关系是 IS-IS 的首要任务。IS-IS 建立邻接关系的机制有两种，一种是发送 Hello 报文简单确认邻居的方式，一种是“三次握手机制”。前者应用于 P2P 网络，后者应用于 P2P 网络和 Broadcast 网络。

两个路由器建立了邻接关系以后，需要互相“通告”自己的 LSP。P2P 网络通过 CSNP、PSNP 的“试探”，进而决定随后的 LSP 泛洪过程。Broadcast 网络则将这个决定权交给 DIS。无论是网络中的老成员（周期性）发送的 CSNP，还是新成员加入时所发送的 CSNP，它们的目的地址都是组播 MAC，它们的处理方式也都是一样的：非 DIS 会忽略这些报文，只有 DIS 才会处理这些报文。

无论是 P2P 网络的路由器，还是 Broadcast 网络中的 DIS，它们收到邻居所发送过来的 LSP 以后，都要与自身的 LSP 做比较，只有那些自己所没有的或比自己更加“新”的 LSP 才会被泛洪出去。

IS-IS 与 OSPF 相比，有太多的相似性，同时也比较简单。然而相对复杂的 OSPF 更多地应用于相对简单的企业网络，反而是相对简单的 IS-IS 却更多地应用于相对复杂的运营商网络。

第8章

RIP

路由信息协议（Routing Information Protocol，RIP）与 OSPF、IS-IS 一样，也是一种内部网关协议，是一种动态路由协议。

RIP 协议是一种距离矢量协议，基于 Bellman-Ford 算法。其特点是协议先行，产品先发，标准后出。1988 年，RFC 1058 的发布，才算是 RIP 有了第一个协议标准。

8.1 Bellman-Ford 算法

RIP 所采用的“距离向量”算法最早是由 Ford and Fulkerson 提出的，故被称为 Ford-Fulkerson 算法。有时此算法也被称为 Bellman-Ford 算法，这是因为该算法是基于 Bellman 公式。本书采用 Bellman-Ford 算法这一称谓。

8.1.1 算法的目标

Bellman-Ford 算法的目标也是计算最短路径，或者更具体一点说，是为了求解边上带有负值的单源最短路径问题，即一个顶点（源）到另一个顶点（目的），如图 8-1 所示。

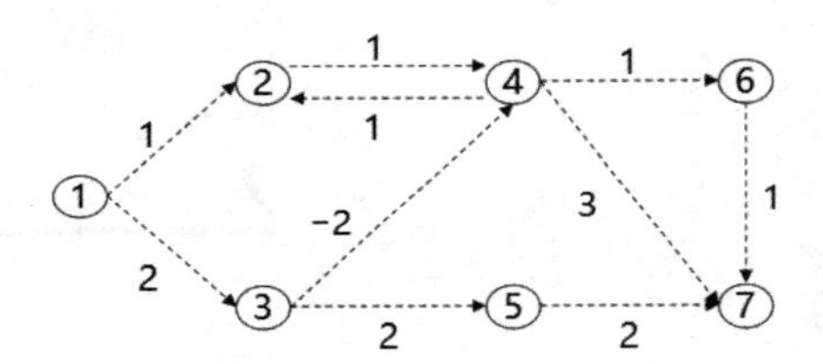

图 8-1　Bellman-Ford 算法的目标

图 8-1 表达的是一个有向图，其中带数字圆圈表示顶点；虚线代表边，并且有方向；边上的数字代表两个顶点的距离，或者称边的权值。

如果映射到 IP 网络，图 8-1 中的顶点就是路由器，边就是路由器之间的链路，边的权值就是链路的 Cost（代价），如图 8-2 所示。

Bellman-Ford 算法有一个约束（限制），即图中不能包含权值总和为负值的回路（负权值回路），如图 8-3 所示。

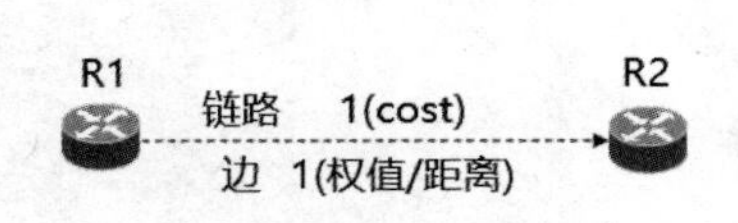

图 8-2　有向图与 IP 网络的映射

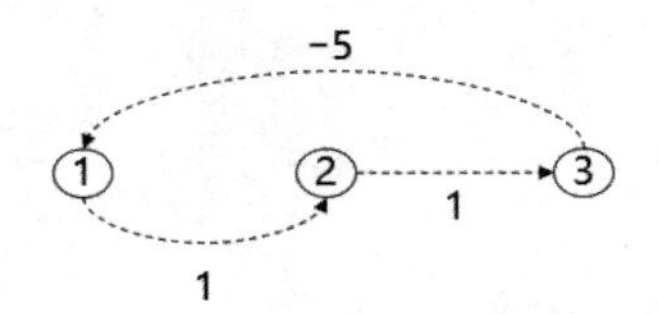

图 8-3　Bellman-Ford 算法的约束

图 8-3 中的顶点 1 到顶点 3，表面上看其路径是 1 → 2 → 3，路径权值总和为 1 + 1 = 2。但如果绕一圈，其路径变为 1 → 2 → 3 → 1 → 2 → 3，权值总和变为 1 + 1 + (-5) + 1 + 1 = -1。这就带来了一个问题，即无法计算顶点 1 到顶点 3 的最短距离。因为 3 → 1 → 2 → 3 是一个环路，每环绕一

次，其距离就变成了 -3，而且可以环绕无穷多次，从而使距离变为负无穷，也就是说顶点 1 到顶点 3 的最短距离不存在。

8.1.2 算法的基本思想

在介绍 Bellman-Ford 算法的基本思想之前，首先定义几个名词，如图 8-4 所示。

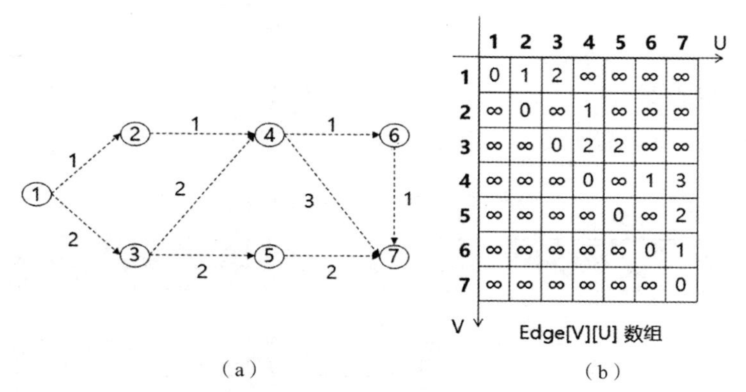

V \ U	1	2	3	4	5	6	7
1	0	1	2	∞	∞	∞	∞
2	∞	0	∞	1	∞	∞	∞
3	∞	∞	0	2	2	∞	∞
4	∞	∞	∞	0	∞	1	3
5	∞	∞	∞	∞	0	∞	2
6	∞	∞	∞	∞	∞	0	1
7	∞	∞	∞	∞	∞	∞	0

（a）　（b）

图 8-4　Bellman-Ford 算法中的几个名词

图 8-4（a）是一个有向图，为了简化起见，该图中没有负向边，也没有回路（即使加上回路也是一样的）。

图 8-4（b）是一个二维数组 Edge[V][U]，其中 V、U 都等于节点的个数（7 个），Edge[V][U] 表示节点 V 到节点 U 的边的长度。两者如果有边直连（需要注意边是有方向的），则 Edge[V][U] 就等于边的权值，否则就等于无穷大。

另外，Bellman-Ford 算法还有一个图 8-4 所未能表达的非常重要的概念：$dist^k(V,U)$。

说明：一般的资料都以 $dist^k[u]$ 这个形式来表达，但笔者以为 $dist^k(v,u)$ 的表达形式更准确。

$dist^k(v,u)$ 表达的意思是：从顶点 v 到顶点 u 的经过最多 *k* 条边的最短距离。下面以一个实际的例子 $dist^3(1,6)$ 来阐述具体含义，如图 8-5 所示。

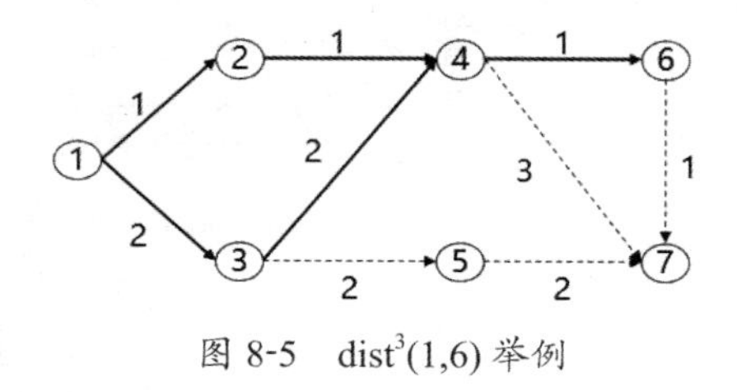

图 8-5　$dist^3(1,6)$ 举例

$dist^3(1,6)$ 表达的意思是：从顶点 1 到顶点 6，分别经过 1 条边、2 条边、3 条边，一共有多种路径，在这些路径中最短的那条路径就是所希望的，该最短距离就是 $dist^3(1,6)$，如表 8-1 所示。

表 8-1　$dist^3(1,6)$ 的候选路径

边数	路径	路径距离	备注
1	无	无穷大	没有路径可以只经过 1 条边就能从顶点 1 到达顶点 6
2	无	无穷大	没有路径可以只经过 2 条边就能从顶点 1 到达顶点 6
3	1→2→4→6	3	从顶点 1 到顶点 2，再到顶点 4，再到顶点 6
3	1→3→4→6	5	从顶点 1 到顶点 3，再到顶点 4，再到顶点 6

从表 8-1 可以看到，$dist^3(1,6) = 3$，对应的路径是 1→2→4→6。

下面再举一个例子，即 $dist^3(1,2)$，其候选路径如表 8-2 所示。

表 8-2　$dist^3(1,2)$ 的候选路径

边数	路径	路径距离	备注
1	1→2	1	从顶点 1 到顶点 2
2	无	无穷大	没有路径可以只经过 2 条边，从顶点 1 就能到达顶点 2
3	无	无穷大	没有路径可以只经过 3 条边，从顶点 1 就能到达顶点 2

从表 8-2 可以看到，$dist^3(1,2) = 1$，对应的路径是 1→2。

假设一个有向图有 n 个顶点，那么顶点 V 到顶点 U 的最短距离就是 $dist^{n-1}(V,U)$。这就是 Bellman-Ford 算法的基本思想。下面简单证明该思想。

$dist^{n-1}(V,U)$ 的候选路径有 $L^1(V,U),L^2(V,U),\cdots,L^{n-1}(V,U)$，其中 $L^k(V,U)$ 表示从顶点 V 到顶点 U 经过且必须经过 k 条边的最短路径（$k \in [1, n-1]$）。

假设 $dist^{n-1}(V,U) = L^m(V,U)$，其中 $1 \leqslant m \leqslant n-1$，即 $L^m(V,U)$ 是这些候选路径中的最短路径，如表 8-3 所示。

表 8-3　$dist^{n-1}(V,U)$ 的候选路径

边数	路径距离	备注
1	$L^1(V,U)$	$L^1(V,U)$ 表示经过且必须经过 1 条边的最短路径，以下同
2	$L^2(V,U)$	—
….	…	…
m	$L^m(V,U)$	$L^m(V,U)$ 在这些候选路径中距离最短
…	…	…
$n-1$	$L^{n-1}(V,U)$	—

这样，就能推导出：

$$L^{n-1}(V,U) \leqslant L^{m}(V,U)$$

另外，我们可以知道，所有这些候选路径 $L^1(V,U),L^2(V,U),\cdots,L^{n-1}(V,U)$ 都没有环路。因为 Bellman-Ford 算法有一个约束：有向图中不能出现负权值回路。基于该约束，每出现一个回路其路径长度必然增加（不考虑 0 权值回路，这样的回路没有意义）。

现在用反证法来证明。假设有一条路径 $L^q(V,U)$ 的距离比 $L^m(V,U)$ 的距离还小，其中 $q \geqslant n$，即：

$$L^q(V,U) < L^m(V,U),\ q \geqslant n$$

但是，当 $q \geqslant n$ 时，路径 $L^q(V,U)$ 必然要出现回路。而我们知道，Bellman-Ford 算法有一个约束：有向图中不能出现负权值回路。基于该约束，每出现一个回路，其路径长度必然增加。也就是说：

$$L^q(V,U) > L^{n-1}(V,U),\ q \geqslant n$$

而 $L^{n-1}(V,U) \leqslant L^m(V,U)$，这与一开始的假设是矛盾的，即原来的假设是错误的：

$$L^q(V,U) < L^m(V,U),\ q \geqslant n$$

也就是说，不存在这样一条路径 $L^q(V,U)$ 的距离比 $L^m(V,U)$ 的距离还小，其中 $q \geqslant n$。

由此可以证明：假设一个有向图有 n 个顶点，那么顶点 V 到顶点 U 的最短距离就是 $dist^{n-1}(V,U)$。

8.1.3 算法简述

通过 8.1.2 小节的介绍可以知道，Bellman-Ford 算法的基本思想就是计算 $dist^{n-1}(V,U)$。而计算 $dist^{n-1}(V,U)$ 时，Bellman-Ford 算法采用的是递归算法，其定义如下。

① $dist^0(V,V) = 0$。

② $dist^0(V,U) = W$，其中 W 表示无穷大，且 V 不等于 U。

③ $dist^1(V,U) = Edge[V][U]$。

下面是算法的递归公式：

$$dist^k(V,U) = \min\{dist^{k-1}(V,U),\ \{dist^{k-1}(V,j) + Edge[j][U]\}\}$$

其中，$2 \leqslant k \leqslant n\text{-}1$，$1 \leqslant j \leqslant n\text{-}1$，并且 j 不等于 U。

该递归公式有以下两个含义。

①当最大边数增加 1 条（变成 k 条）时，它的最短路径可能还是原来的路径（边数是 k−1 条），即 $dist^k(V,U) = dist^{k-1}(V,U)$。这种情形可以用一个简单的例子来说明，如图 8-6 所示，表达的是顶点 1 到顶点 2 的最短路径是 1→2，此时：

$$dist^6(1,2) = \cdots = dist^2(1,2) = dist^1(1,2)$$

②当最大边数增加 1 条（变成 k 条）时，它的最短路径变短。这种情形也可以用一个简单的情

形来说明，如图 8-7 所示。

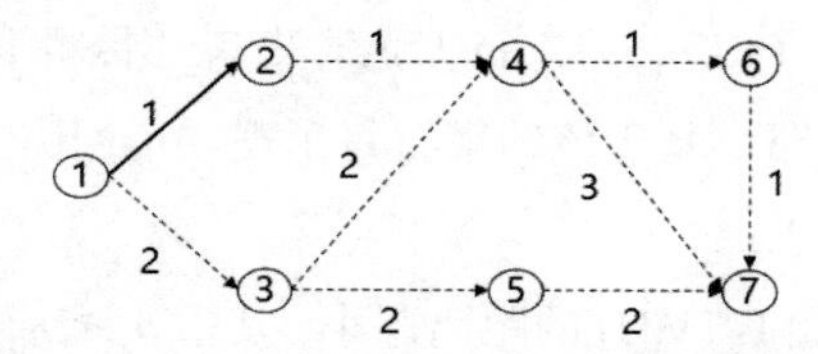

图 8-6　最大边数增加，最短路径不变

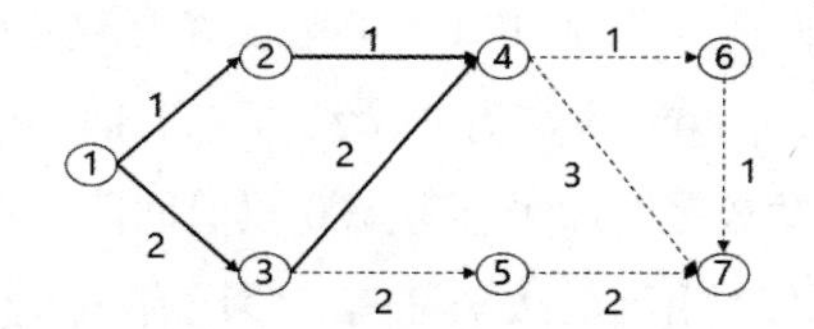

图 8-7　边数增加 1 条，路径长度变短

观察顶点 1 到顶点 4 的最短路径。当 $k=1$，即路径的最大边数是 1 时，$dist^1(1,4)=W$(无穷大)，即如果最大边数是 1，顶点 1 是无法到达顶点 4 的。

当将边数增加 1 条，即变成 2 条时，通过图 8-7 可以直观看到，此时的最短路径是 1 → 2 → 4，长度是 2，即 $dist^2(1,4)=2$。此时的最短路径是我们直接观察得到的，但是计算机必须经过一系列的计算才能知道这个最短路径。它的算法就是在一个候选路径的集合中，找到那个最短的路径：

$$\{dist^1(1,j)+Edge[j][4]\},\ 1\leqslant j\leqslant n-1, j\ != U$$

这样表述比较抽象，下面将该集合用表格的形式来表达，如表 8-4 所示。

表 8-4　$\{dist^1(1,j)+Edge[j][4]\}$ 的表格表达

j	$dist^1(1,j)$	$Edge[j][4]$	$dist^1(1,j)+Edge[j][4]$
2	1	1	2
3	2	2	4
5	无穷大	无穷大	无穷大
6	无穷大	无穷大	无穷大
7	无穷大	无穷大	无穷大

通过表 8-4 可以清楚地知道，当 $j=2$，即路径是 1 → 2 → 4 时，$dist^2(1,4)$ 最小，等于 2。

基于该递归公式，假设要计算图 8-4 中的 $dist^6(1,7)$，即计算顶点 1 到顶点 7 的最短路径，那么可以做一系列的递归计算，如图 8-8 所示。

图 8-8 中，表格中的数字代表路径的长度，括号里的内容代表路径。例如，1 → 2 → 4 → 6 → 7 就代表如下路径：从顶点 1 到顶点 2，再到顶点 4，再到顶点 6，最后到顶点 7。

同样，通过图 8-8 可以知道，$dist^6(1,7)=4$，即顶点 1 到顶点 7 的最短路径是 1 → 2 → 4 → 6 → 7。

以上就简单讲述了 Bellman-Ford 算法的内容。假设一个有向图有 n 个顶点，e 条边，则 Bellman-Ford 算法的复杂度是 $O(n^2)+O(e)$。

	$dist^k(1, 2)$	$dist^k(1, 3)$	$dist^k(1, 4)$	$dist^k(1, 5)$	$dist^k(1, 6)$	$dist^k(1, 7)$
***k* = 1**	1 (1→2)	2 (1→3)	∞	∞	∞	∞
***k* = 2**	1 (1→2)	2 (1→3)	2 (1→2→4)	4 (1→3→5)	∞	∞
***k* = 3**	1 (1→2)	2 (1→3)	2 (1→2→4)	4 (1→3→5)	3 (1→2→4→6)	5 (1→2→4→7)
***k* = 4**	1 (1→2)	2 (1→3)	2 (1→2→4)	4 (1→3→5)	3 (1→2→4→6)	4 (1→2→4→6→7)
***k* = 5**	1 (1→2)	2 (1→3)	2 (1→2→4)	4 (1→3→5)	3 (1→2→4→6)	4 (1→2→4→6→7)
***k* = 6**	1 (1→2)	2 (1→3)	2 (1→2→4)	4 (1→3→5)	3 (1→2→4→6)	4 (1→2→4→6→7)

图 8-8　Bellman-Ford 算法的递归计算

8.2 RIP 综述

RIP 是一种基于 Bellman-Ford 算法的距离矢量协议，一共有 3 个版本分别为：RIPv1、RIPv2、RIPng（RIP next generation），其中前两个版本是为 IPv4 服务，RIPng 是为 IPv6 服务。由于主题原因，本节只介绍 IPv4 的 RIPv1 和 RIPv2。

相对于 RIPv1 来说，RIPv2 并不是一个新的协议，它只是在 RIPv1 协议的基础上增加了一些扩展特性，以适用于现代网络的路由选择环境。

①每个路由条目都携带自己的子网掩码。

②路由选择更新更具有认证功能。

③每个路由条目都携带下一跳地址。

④外部路由标志。

⑤组播路由更新。

虽然 RIPv2 扩展了一些特性，但总的来说，RIPv2 与 RIPv1 相比并没有太大的差别，两者绝大部分是一样的。所以，本节也将两者放在一起讲述，如无特别说明，所述内容对两者都适用。

RIP 与 IS-IS、OSPF 一样，都属于 IGP，都是动态路由协议。那么 RIP 与后两者相比，有什么相同点和不同点呢？

8.2.1 RIP 与 OSPF、IS-IS 在基本概念上的对比

与 OSPF、IS-IS 相比，RIP 最大的不同点在于其最多只能支持 15 跳路由。这意味着，RIP 不存

在 OSPF、IS-IS 所面临的“大网问题”的烦恼。

也正是由于这一点，从模型上来说，RIP 不需要“分区”概念，而对于“网络类型”“邻居”这两个概念也处理得非常简单。

对于“分区”，因为 RIP 不需要面对“一锅炖不下”的问题，所以其没有必要将其路由域内的路由器再划分为不同的区域。

对于“网络类型”，RIP 并没有明确地提出这个概念，但其仍把网络分为 Broadcast 和 NBMA 两种类型。

OSPF 支持 Broadcast、P2P、NBMA、P2MP 等 4 种网络类型，而 NBMA 又细分为 5 种子类型。IS-IS 相对于 OSPF 来说比较简单，它只分为 Broadcast、P2P 两种网络，实际上 IS-IS 把 NMMA、P2MP 两种网络当作 P2P 网络来看待。OSPF、IS-IS 不仅从概念上提出了这些网络类型的概念，而且在具体协议层面也有所不同。其中，最为明显的区别是协议报文的目的地址，根据网络类型的不同，决定目的地址是广播 / 组播地址或者是单播地址。

RIP 的应对策略则是把 Broadcast、P2P、P2MP 等 3 种网络类型都当作 Broadcast 类型，因为 RIP 的目的地址都是广播地址（RIPv1）或组播地址（RIPv2），如图 8-9 所示。

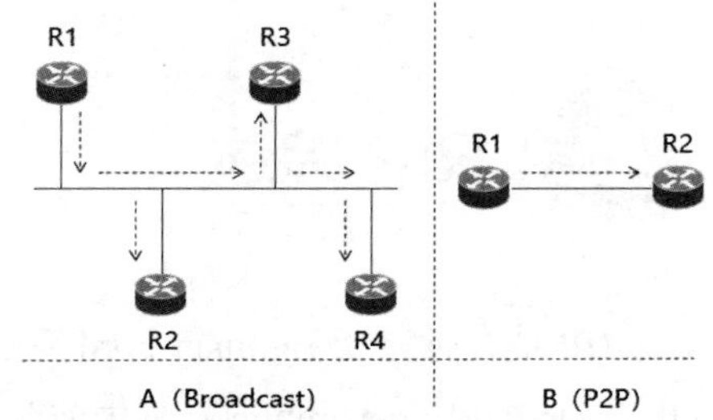

图 8-9　Broadcast 网络和 P2P 网络

从图 8-9 中可以看到，无论是 Broadcast 网络还是 P2P 网络，R1 以广播 / 组播的形式发送报文，它的邻居都能收到（对于 P2MP 网络来说也是如此）。

说明：对于 P2P 网络，有些厂商也可以将 RIP 的目的地址改为单播地址（对端路由器的地址），但这并不是关键问题，因为广播 / 组播地址能够满足需求。

由于 NBMA 网络并不支持广播 / 组播地址，因此 RIP 面对 NBMA 网络时需要另做对策：指定邻居，同时目的地址是邻居的单播地址。这一对策实际上有 3 种含义。

① RIP 的 RFC 并没有明确地提出“邻居”这一概念，相应地，也没有“邻居发现”“邻接关系创建”等一系列的概念。

②但是，无论 RFC 有没有定义“邻居”这一概念，邻居都是客观存在的。对于 RIP 而言，一个路由器的所有直连路由器都是它的邻居。

③虽然 RFC 没有定义“邻居”这一概念，但是在具体的实现中，路由器都有相应的命令行来指定它的邻居。

RIP 的这种处理邻居的方法更简单，但是它的代价是可维护性太差。但也正是由于 RIP 所能处理的网络比较小，因此这种维护代价还能接受（另外，现在广泛应用的链路层是以太网，也不需要“指定邻居”“指定目的地址”这些动作）。可以看到，RIP 的优点是简单，缺点是“过于简单”，而且有固有缺陷（最多只能处理 15 跳路由），所以它不能处理大型网络。然而在面对小型网络时，

RIP 不失为一种比较实用的路由协议。

最后再补充一点：在 OSPF 中，“路由器”实际上指的是路由器接口；在 IS-IS 中，“路由器”指的就是路由器本身；在 RIP 中，“路由器”实际上指的也是路由器接口。

8.2.2 RIP 的报文概述

路由协议的本质是交换路由信息的协议，无论是 RIP 还是 OSPF、IS-IS，都是如此，只不过后两者交换的是路由信息的变体“链路状态”（区域内是链路状态，区域间是路由信息）。另外，由于协议的需要，后两者还需要邻居的发现和创建（邻接关系），再加上链路状态泛洪、网络分区，OSPF、IS-IS 给人的感觉非常复杂。

从某种意义上来说，RIP 没有邻居的发现和创建过程，也没有复杂的泛洪过程（但有类似泛洪的动作），更没有分区，有的仅仅是路由信息交换。

1. 路由信息交换的场景

RIP 路由信息交换的场景可以分为 4 类，下面分别讲述。

（1）请求路由：一个新的路由器的加入

当网络中新加入一个路由器时，为了让它能尽快工作，该新加入的路由器需要马上知道网络中的路由信息，如图 8-10 所示。

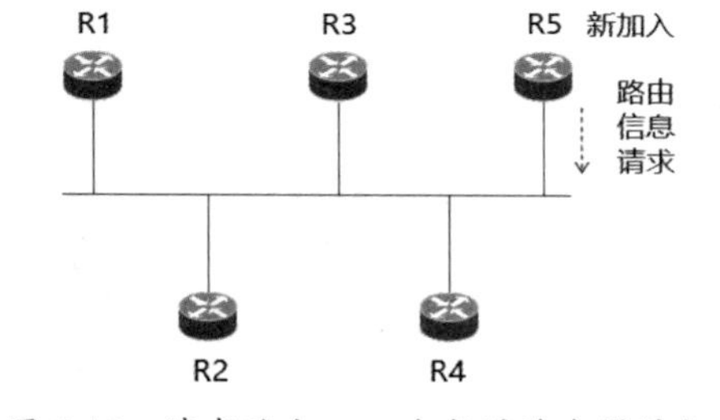

图 8-10　请求路由：一个新的路由器的加入

图 8-10 以一个 Broadcast 网络为例，网络中原本有 R1 ~ R4 四个路由器，R5 是一个新加入的路由器。当 R5 加入以后，它马上会发送一个广播 / 组播消息，向网络中的所有邻居路由器请求它们的完整路由信息。

（2）应答路由：一个新的路由器的加入

当一个新的路由器加入网络后，它会发送请求信息以请求路由信息，此时它的邻居需要应答自己的全部路由信息，如图 8-11 所示。

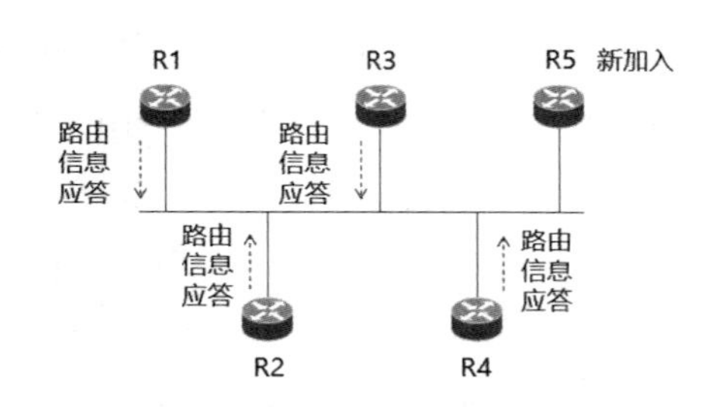

图 8-11　路由应答：一个新的路由器的加入

（3）定时路由信息更新

除了新加入的路由器这“一问一答”（或者多答）外，RIP 网络中的路由器还需要定时更新。更新周期是 30s，周期一到路由器就会将自己的路由信息发布出去。

为了避免网络中的路由器同时更新自己的路由信息（会引起网络风暴），RIP 采用了如下机制。

①每个路由器的更新定时器都是独立的，并且不受路由器负载等的影响。

②每个路由器的更新定时器的周期会加上一个周期扰动，即都加上一个随机变化（±5s），也就是说更新定时器的周期在 25 ~ 35s。

路由器接到邻居发送过来的定时更新后会做相应处理，但是并不会泛洪出去。这一点与 OSPF、IS-IS 不同。

（4）触发刷新路由信息

如果仅仅靠30s周期的定时更新（不考虑周期扰动），那么RIP的收敛速度会非常慢。图8-12中，R1 在 t_1 时刻知道了网络 N1 断开，极端情况下，R1 必须等 30s（更新周期）才能将这一路由信息发送给 R2。为了改善这一情况，RIP 提出了“触发更新”的概念。当路由器感知到路由度量的变化时，它几乎是立刻将这一更新发送出去。需要注意的是，不是“立刻”，而是“几乎是立刻”。

此时，就产生了泛洪的过程。邻居收到这种更新以后，也会几乎立刻再发送给它的邻居。如此，就产生了“一传十,十传百”，即泛洪的效果。但是，RIP 没有称之为泛洪，而是称之为触发更新。

泛洪过程中，如果处理得不好，就会产生网络风暴。RIP 对此的应对策略是：设定触发更新的间隔周期，即在两次触发更新之间间隔一定的时间，间隔时间为 1 ~ 5s 的一个随机数，如图 8-13 所示。

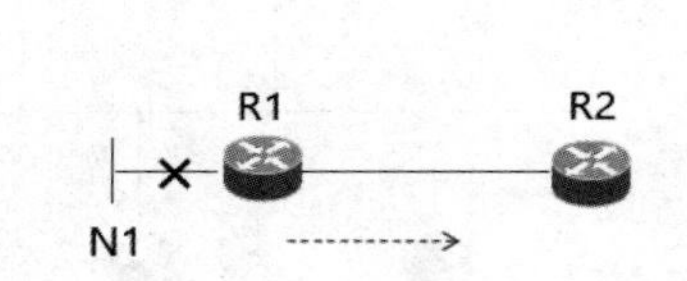

图 8-12　30s 定时更新的收敛速度

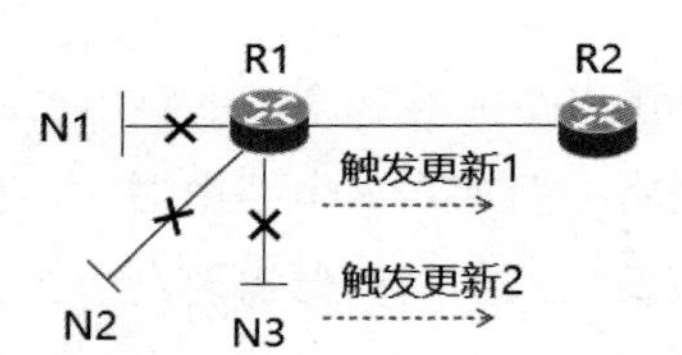

图 8-13　触发更新的间隔周期

图 8-13 中，假设在 t_1 时刻 R1 感知到 N1 网络断开，它会发送一个触发更新。在 t_2 时刻，R1 感知到 N2 网络断开，它并不会立刻发送触发更新，而是等到触发更新间隔周期到了以后才会再发送（如果 t_2 与 t_1 的间隔大于触发更新周期，则立刻发送）。这么做的目的，是等待这段时间内其他的路由变化，如这段时间内 N3 网络又断开，R1 会将两个路由变化汇聚到一个路由更新报文中。

对于 R2 来说，其原理相同。发送一个触发更新后，如果在极短的时间内又收到一个触发更新，R2 也会等到触发更新间隔周期到了以后，再将该触发更新发送出去。

OSPF、IS-IS 协议中也有类似的机制。例如，OSPF 中有一个变量 MinLSArrival（1s），如果在 MinLSArrival 时间内路由器收到多次 LSA 报文，那么除了第 1 次收到的报文外，其他报文都会被丢弃。

触发更新客观上增加了网络的收敛速度。同时，RIP 还利用触发更新机制进行防环（路由环路）处理。当然，防环本身也是网络收敛的一部分。

2. 路由信息交换的报文格式

介绍了 RIP 路由信息交换的场景以后，接下来介绍 RIP 的路由信息交换报文。该报文是一个

UDP 报文，如图 8-14 所示。

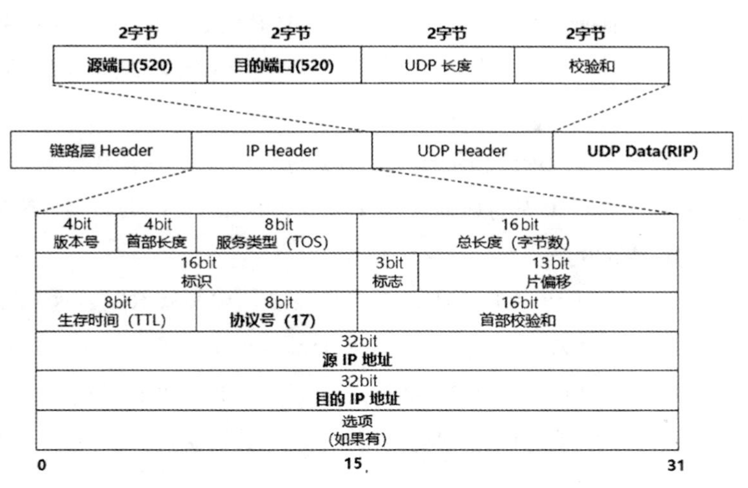

图 8-14　RIP 的路由信息交换报文

这里只介绍图 8-14 中与 RIP 密切相关的几个字段，如表 8-5 所示。

表 8-5　与 RIP 密切相关的几个字段

位置	字段名	长度（字节）	值	含义
IP Header	协议号	1	17	表示 IP 报文承载的是 UDP 数据包
IP Header	源 IP 地址	4	发送 RIP 报文的路由器接口 IP 地址	隐含表示路由表项中的“下一跳”
IP Header	目的 IP 地址	4	255.255.255.255	绝大部分场景是此广播地址
UDP Header	源端口号	2	520	—
UDP Header	目的端口号	2	520	—

对于 RIPv1 来说，RIP 报文的目的地址是一个广播地址，即 255.255.255.255；对于 RIPv2 来说，RIP 报文的目的地址是一个组播地址，即 224.0.0.9。这是 RIPv2 的一个优化，如图 8-15 所示。

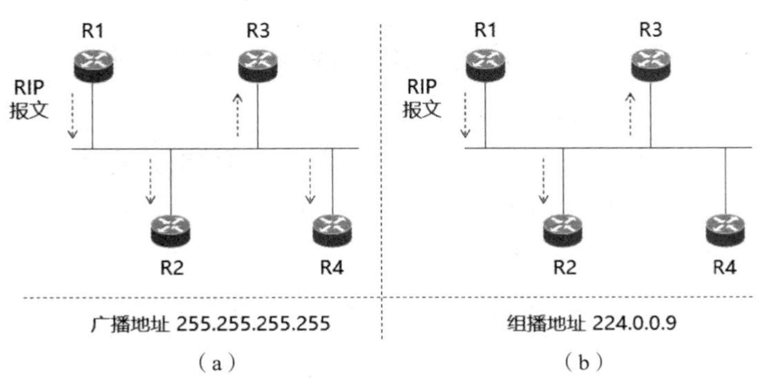

图 8-15　RIP 报文的目的地址

图 8-15 以一个 Broadcast 网络为例，假设 R4 并不运行 RIP 协议。图 8-15（a）中，R1 发送 RIP 报文，目的地址是广播地址（255.255.255.255），此时 R4 虽然并不运行 RIP 报文，但是仍然不得不接收该报文，并做相应处理（最后丢弃该报文）。而图 8-15（b）中，R1 以组播地址（224.0.0.9）发送 RIP 报文，此时 R4 就可以不接收该报文（R4 不加入该组播组）。

可以看到，目的地址从广播地址改为组播地址，其好处是使得网络中与 RIP 无关的路由器不必再接收 RIP 报文并做无效的处理（因为最终会丢弃），从而节约了 CPU、端口带宽等资源。RIP 的源端口号和目的端口号都是 520。

说明：在 NBMA 网络中，RIP 的目的报文是单播地址，即接收 RIP 报文的路由器接口地址。有些 RIP 诊断程序，它的源端口可以不是 520，而目的端口则必须是 520。

RIP 报文的数据包对应于图 8-14 中的 UDP Data 字段。但是 RIP 报文的格式只有两种，分别对应 RIPv1 和 RIPv2，而且两种报文还有很多地方相同，下面分别讲述。

（1）RIPv1 的报文格式

RIPv1 的报文格式如图 8-16 所示，RIP Header、RIP Body 两部分。RIP Header 包括 Command、Version 及未使用字段。RIP Body 包含多个（最多可以是 25 个）路由条目。路由条目不是一个字段，而是包括 AFI、IP Address、Metric 及多个未使用字段。

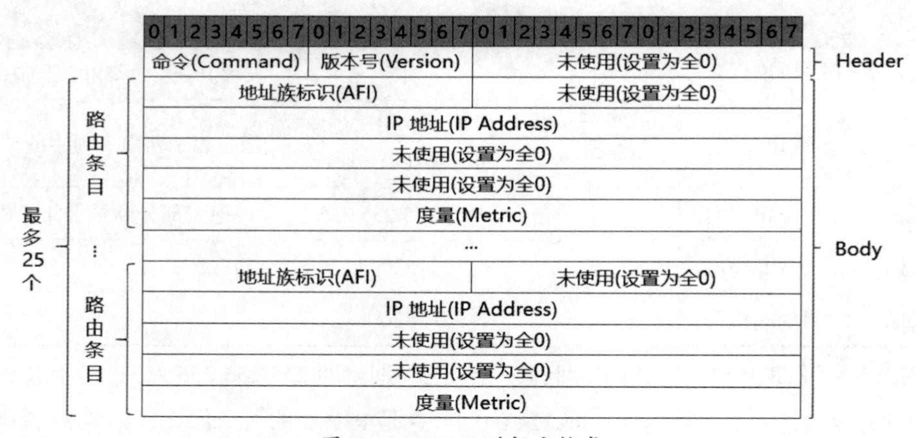

图 8-16　RIPv1 的报文格式

图 8-16 中，所有标记“未使用”的字段其值都设置为 0。对于其他字段，其含义如下。

①命令（Command）。命令代表报文类型。

Command = 1，表示请求报文。当一个新的路由器加入网络时，它会发送一个请求报文，向邻居请求它们的路由信息。该请求报文的 Command 就等于 1。

Command = 2，表示的含义比较多，包括应答路由报文（响应 Command = 1 的请求报文）、定时路由信息刷新报文、触发刷新路由信息报文 3 个场景。

②版本号（Version）。对于 RIPv1 而言，版本号的值等于 1。

③地址族标识（Address Family Identifier，AFI）。AFI=2 表示 IP 地址（IPv4）。如果一个路由器向它的邻居发送请求报文，请求邻居发送它的所有路由信息，那么 AFI = 0；如果请求的是某一个具体的路由条目信息（如目的地址是 1.0.0.0），那么 AFI = 2。

④ IP 地址（IP Address）。这里的 IP 地址指的是路由的目的地址。需要注意的是，此路由目的地址没有子网掩码，这也就是人们常说的 RIPv1 不支持无类别域间路由（Classless Inter-Domain Routing，CIDR）或可变长子网掩码（Variable Length Subnet Mask，VLSM）的原因。

如果一个路由器向它的邻居发送请求报文，请求邻居发送它的所有路由信息，那么 IP Address = 0.0.0.0；如果请求的是某一个具体的路由条目信息（如目的地址是 1.0.0.0），那么 Address = 目的网络地址（如 1.0.0.0）。

⑤度量（Metric）。在 OSPF、IS-IS 协议中，度量指的是链路的代价（基于端口带宽计算链路的代价）。但是，RIP 的度量与 OSPF、IS-IS 完全不同，这不仅体现在度量值的计算上，更体现在度量的对象上，如图 8-17 所示。

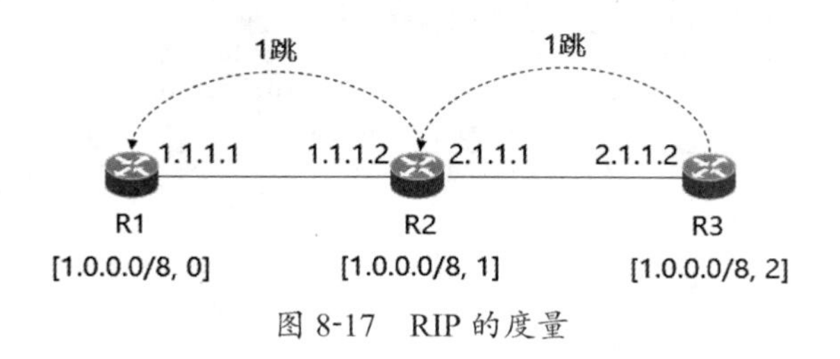

图 8-17　RIP 的度量

图 8-17 中，R1 直连网络 1.0.0.0/8（记为 N1），到它达 N1 的路由跳数是 0；R2 到达 N1 需要经过 R1，所以它的路由跳数是 1;R3 到达 N1 需要经过 R2、R1，所以它的路由跳数是 2。也就是说，RIP 度量的对象不是链路，而是目的网络。例如，图 8-17 中的 N1（1.0.0.0/8）的度量方法就是路由的跳数。

RIP 的度量值的范围是 1 ~ 15。如果度量值等于 16，则表示度量值是无穷大，即目的网络不可达。如果一个路由器向它的邻居发送请求报文，请求邻居发送它的所有路由信息，那么 Metric = 16；如果请求的是某一个具体的路由条目信息（如目的地址是 1.0.0.0），如果知道 Metric 的值，就填具体的值，否则填 16。

⑥下一跳（Next Hop）。IP 地址（路由的目的地址）和度量的含义是：到达该 IP 地址的路由跳数。其实，从路由表的完整性来说，其中还需要一个下一跳信息。下一跳并没有明确地体现在 RIP 字段中，而是体现在 IP 报文字段中的“源 IP 地址”，即发送路由信息的路由器接口的 IP 地址，如图 8-18 所示。

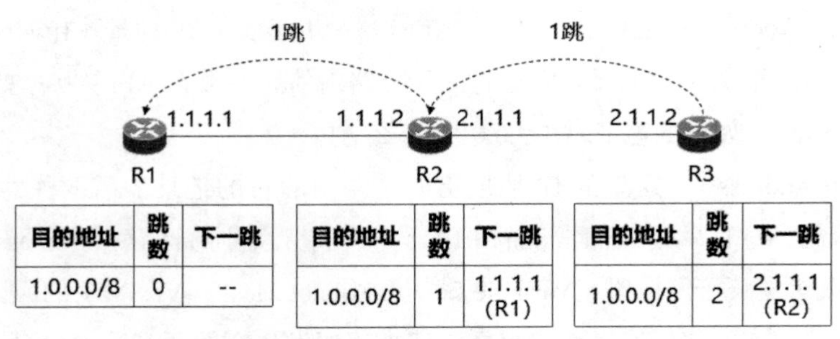

图 8-18　隐含的下一跳信息

图 8-18 中，对于 R1 发送给 R2 的路由信息来说，它隐含的下一跳信息就是 1.1.1.1；对于 R2 发送给 R3 的路由信息来说，它隐含的下一跳信息就是 2.1.1.1。

（2）RIPv2 的报文格式

RIPv2 的报文格式与 RIPv1 的报文格式基本相同，如图 8-19 所示。

图 8-19　RIPv2 的报文格式

图 8-19 中，与 RIPv1 报文名称相同的字段其含义也相同，下面讲述其中不同的 3 个字段。

①路由标记（Route Tag）。RIP 本身自己并不使用该字段，它只用来标记外部路由或重新分配到 RIPv2 协议中的路由（默认情况是标记注入到 RIPv2 的外部路由的 AS 号）。

②子网掩码（Subnet Mask）。相对于 RIPv1，RIPv2 多了该字段，所以 RIPv2 就支持 CIDR 或 VLSM。

③下一跳。RIPv1 的下一跳实际上是一个隐含字段，即发送路由信息的路由器接口的 IP 地址。那么什么情况下，下一跳不是该接口的 IP 地址，而一定要特别指明呢？如图 8-20 所示。

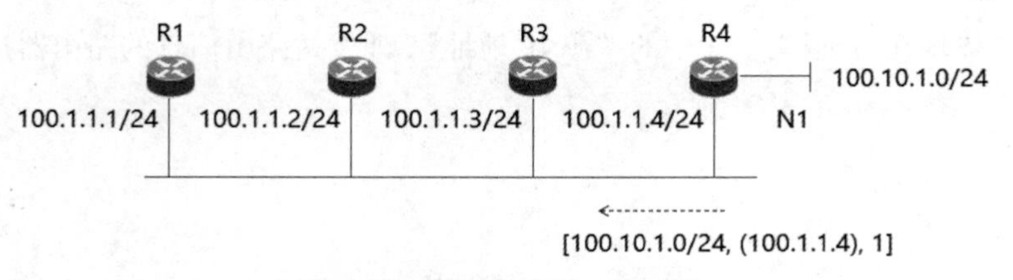

图 8-20　RIPv2 的下一跳（1）

图8-20中，R1 ~ R4位于一个Broadcast网络内（100.1.1.0/24），R4连接网络N1（100.10.1.0/24），此时它只需要广播发送一个RIPv2报文，表明到达N1的跳数是1，而该报文中是否包含下一跳信息（100.1.1.4）并不重要，R1 ~ R3会将它们所收到报文的发送地址（100.1.1.4）当作下一跳地址。这丝毫没有问题。

但是，事实并非如此，如图8-21所示。虽然R1 ~ R4仍然属于一个Broadcast网络，但是属于两个AS。此时R4即使广播发送RIPv2报文，也无法发送到R1 ~ R3。

R3作为一个ASBR，它是能够学习到达N1网络的路由的（下一跳是100.1.1.4，度量是2）。所以，R1会广播发送一个RIPv2报文，在该报文中需要特别指明下一跳是100.1.1.4。

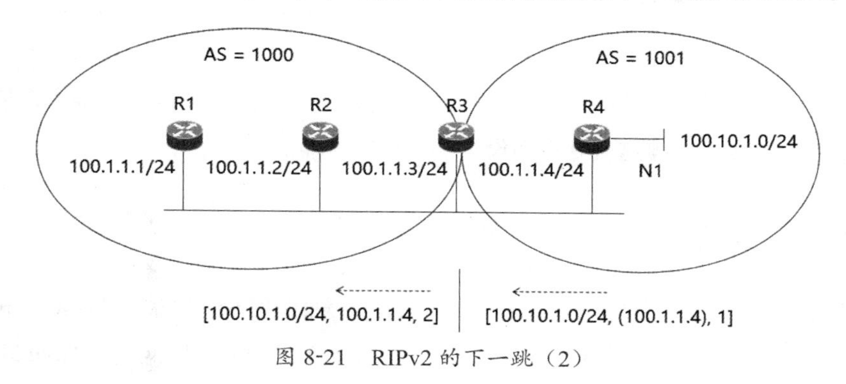

图 8-21　RIPv2 的下一跳（2）

（3）RIPv2的认证

RIPv2支持认证，而且认证的粒度是报文，即每一个RIPv2报文都可以选择认证或不认证。RIPv2并没有新增字段，而是借用了路由条目的字段来填充认证信息，如图8-22所示。

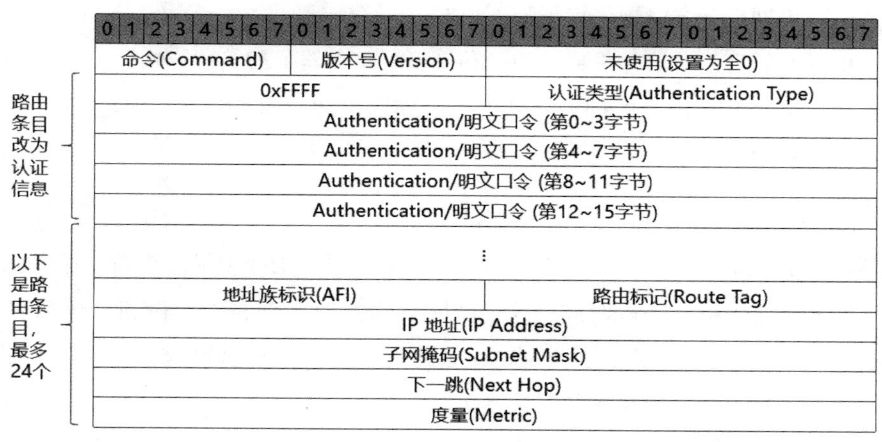

图 8-22　RIPv2 的认证

RIPv2将第一个路由条目的AFI字段赋值为0xFFFF，此值表示第一个路由条目所占用的20字节将变成认证信息。然后，RIPv2将第一个路由条目的路由标记字段改为认证类型（Authentication Type）字段。RFC 2453中定义的认证类型只有1个，即认证类型 = 2，表示是明文认证（Plain

Text）。紧接着，RIPv2 将第一个路由条目的剩余 16 字节全部用来存储明文口令。如果口令长度少于 16 字节，则用 0 来补齐；如果多于 16 字节，则 RIP 不支持。

RFC 2082 定义了一种密文认证：MD5 认证（认证类型 = 3），此时它利用第一个路由条目中的 16 字节和最后一个路由条目中的 20 字节来存储 MD5 相关的信息。

8.3 RIP 的报文处理

RIP 的报文处理包括如何响应一个路由请求、如何发送一个路由信息（包括应答请求、定时刷新、触发更新），以及为了支撑这些处理而设计的各种定时器。

8.3.1 RIP 的定时器

RIP 的定时器包括周期更新定时器（Update timer）、触发更新定时器（Trigger Update Timer）、路由老化定时器、垃圾回收定时器（Garbage Collection Timer）、路由抑制定时器（Holddown Timer）。

1. 周期更新定时器

周期更新定时器的周期是 30s，每隔 30s 路由器会将自己全部的路由信息通过 RIP 报文广播（RIPv1）或组播（RIPv2）给它的邻居。但是为了防止网络上所有的路由器在同一个时刻同时刷新而产生网络风暴，周期更新定时器采用了如下机制。

①每个路由器的刷新定时器都是独立的，并且不受路由器负载等的影响。

②每个路由器的刷新定时器的周期会加上一个周期扰动，即都加上一个随机变化（±5s），也就是说刷新定时器的周期在 25 ~ 35s。

2. 触发更新定时器

触发更新定时器也是为了防止频繁刷新而产生网络风暴。当一个触发更新发送以后或一个定时更新发送以后，RIP 会等待一小段时间。这个间隔时间为 1 ~ 5s 的一个随机数（每次的间隔时间都取一个随机数）。在间隔时间内，如果又产生了路由变化，RIP 会做如下处理。

①等待间隔时间到，才会发送触发更新报文。

②在等待间隔时间内如果发生了多个路由变化，这些路由变化会合并为一个触发更新报文（如果路由条目多于 25，会有多个触发更新报文）。

3. 路由老化定时器和垃圾回收定时器

路由器的路由表里，从邻居学习来的每一条路由都对应着一个路由老化定时器，RIP 称之为限时定时器（Expiration Timer）或超时定时器（Timeout Timer）。

当路由器收到邻居发送过来的路由更新（Update）报文后，它会将其中的路由条目写入自己的路由表。同时，针对这条路由，RIP 会马上启动一个路由老化定时器，其超时时间为 180s。

在这 180s 内，如果这条路由有更新（如邻居会定时更新），那么对应的路由老化定时器会重新初始化（从 0 开始重新计时）。

如果路由老化定时器时间到，这条路由还没有被刷新，那么 RIP 会做如下处理。将该条路由的 Metric 标记为 16（不可达），这也意味着这条路由实际上已经不通了；马上启动垃圾回收定时器（垃圾回收定时器有时也被称为 Flush Timer），其超时时间是 120s。

①在垃圾回收定时器的 120s 内，如果这条路由有刷新，那么 RIP 会做如下处理。

- 清除垃圾回收定时器（因为不再需要）。
- 更新该条路由，将该路由的 Metric 从 16 修改为最新更新的 Metric 值。
- 马上为该路由启动一个路由老化定时器。

②如果垃圾回收定时器时间到，这条路由还没有被更新，那么 RIP 会从路由表中将该条路由彻底删除。

一个从邻居学习到的路由，其从创建到老化、删除的过程如图 8-23 所示。

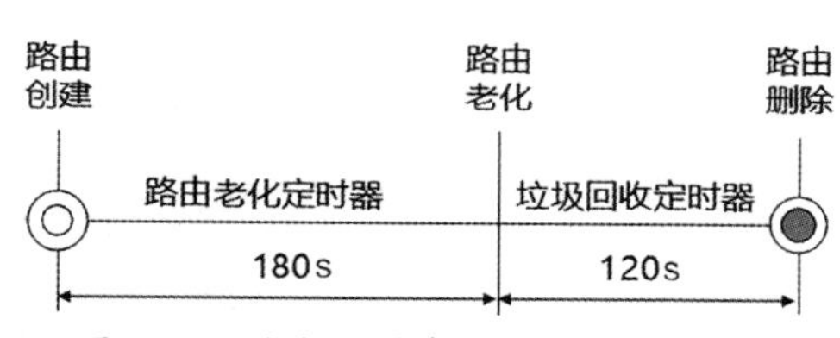

图 8-23　路由的创建、老化和删除过程

除了路由老化会立刻启动一个对应的垃圾回收定时器外，当路由器收到一个 Metric 为 16 的路由表项时，它一方面将该路由表项写入自己的路由表，另一方面也会立刻启动一个对应的垃圾回收定时器。此后，RIP 的处理过程与处理一个老化路由完全相同。

需要注意的是，路由老化或者收到一个不可达的路由（Metric = 16）时，RIP 为什么不直接删除，而是要启动一个垃圾回收定时器呢？

这是因为在垃圾回收的这段时间内（120s），即使不考虑该路由可能会被更新（实际上这种更新的概率非常小），RIP 还有一件重要的事情要做：通过自己的定时更新将这条路由发送出去，告知它所有的邻居这条路由不可达。

4. 路由抑制定时器

RFC 中没有定义路由抑制定时器，但是实际上很多厂商都实现了该功能。

如果路由表中一条路由被邻居更新后，其 Metric 变大（甚至不可达），如原来 Metric 等于 5，被更新成 6，那么 RIP 会为该路由启动一个路由抑制定时器，其超时时间为 180s。

在路由抑制定时器期间内（180s），路由器会忽略所有该路由的更新。这么做的目的是防止路由振荡（如路由一会儿通一会儿断）。路由抑制定时器的好处是防止路由振荡，但同时它也延长了路由收敛时间。在实际使用路由抑制定时器时，需要对其做一个权衡。

下面对 RIP 的定时器做一个小结，如表 8-6 所示。

表 8-6 RIP 的定时器小结

定时器名称（中文）	定时器名称（英文）	超时时间 /（s）	说明
周期更新定时器	Update Timer	[25,35]	30s 再加上一个扰动，扰动范围是 [-5,5] 之间的一个随机数。某些厂商有自己的扰动策略，不过都是大同小异，不必过多关注
触发更新定时器	Trigger Update Timer	[1,5]	两次触发更新之间或一次定时更新与一次触发更新之间，需要有一个时间间隔。间隔时间为 [1,5] 内的一个随机数
路由老化定时器	Expiration Timer 或 Timeout Timer	180	从邻居学习到路由的那一刻起，为该路由建立一个路由老化定时器。路由老化定时器时间到，则该路由老化（Metric = 16）
垃圾回收定时器	Garbage Collection Timer	120	路由一旦不可达（无论是自己老化还是从邻居学习），马上启动一个垃圾回收定时器。垃圾回收定时器时间到，该路由从路由表中删除
路由抑制定时器	Holddown Timer	180	从邻居学习到的路由的 Metric 变大时，马上启动一个路由抑制定时器。路由抑制定时器期间内（未超时），该路由不再接收邻居的刷新

8.3.2 处理路由请求报文

对于路由请求报文，RIP 定义了通用的源 / 目的 IP 地址和源 / 目的端口号，但是也说明了有特例，如表 8-7 所示。

表 8-7 RIP 请求报文的地址和端口号

请求报文字段	通用值	特例
源 IP 地址	发送请求报文路由器对应接口的 IP 地址	无
目的 IP 地址	RIPv1：255.255.255.255 RIPv2：224.0.0.9	接收方的 IP 地址（如 NBMA 网络）
源端口号	520	路由诊断程序，使用另外的端口号
目的端口号	520	无

与路由请求相对应的应答报文地址和端口号，如表 8-8 所示。

表 8-8　RIP 路由应答报文地址和端口号

应答报文字段	值	说明
源 IP 地址	发送应答报文路由器对应接口的 IP 地址	—
目的 IP 地址	等于请求报文中的源 IP	谁请求发给谁
源端口号	520	必须是 520
目的端口号	等于请求报文中的源端口号	谁请求发给谁

通过表 8-8 可以看到，路由应答报文的源 IP 地址就是自己，源端口号必须是 520，而目的 IP 地址和目的端口号则是“谁请求发给谁”，即等于请求方的源 IP 地址和源端口号。

除了正确填写源 / 目的 IP 地址和源 / 目的端口号外，路由器在应答报文中还有一个更重要的任务，即填写路由条目。请求报文有两种场景，应答报文也有相应的处理策略，如表 8-9 所示。

表 8-9　路由应答报文的路由条目填写策略

场景	策略	说明
请求所有路由条目	将自己路由表中的所有路由条目写入应答报文中，如果路由条目多于 25 个，则会发送多个应答报文。需要考虑水平分割（8.4 节会介绍，这里暂时先忽略）	新路由器加入
请求具体路由条目	将自己路由表中对应的路由条目写入应答报文中。不需要考虑水平分割	路由诊断

8.3.3 处理路由更新报文

一个路由器可以收到路由更新报文，无论该更新报文是什么原因引发的（路由应答、定时更新、触发更新），路由器处理该更新报文的过程都是一样的。对于路由更新报文的处理，RIP 将其分为合法性校验、计算路由的 Metric、安装路由条目、启动定时器等几个步骤。

1. 合法性校验

收到路由更新报文以后，路由器首先进行合法性校验，如表 8-10 所示。

表 8-10　收到更新报文后的合法性校验

校验内容	校验规则
源 IP 地址	源 IP 地址与自己的（接口）IP 地址必须属于一个直连网络。源 IP 地址不能是自己路由器相关接口的 IP 地址（广播网络，能够收到自己发送的广播 / 组播报文）
源端口号	必须是 520

续表

校验内容	校验规则
版本号	对于 RIPv1 而言，路由更新报文的版本号必须是 1（RIPv1）；对于 RIPv2 而言，路由更新报文的版本号必须是 1（RIPv1）或 2（RIPv2），因为 RIPv2 可以兼容 RIPv1
未使用字段	只针对 RIPv1，未使用字段必须为 0
目的 IP 地址	路由条目的 IP Address（目的 IP 地址），不能是广播 / 组播地址，不能是 0 网段地址，不能是 127 网段地址
Metric	路由条目的 Metric，其值必须在 [1,15]

表 8-10 所述的合法性校验中，对于前 4 条，如果有一个不合格，则丢弃整个报文；对于第 5、6 条，如果其中某一个（或多个）路由条目的 IP Address、Metric 的值不合法，则丢弃该条路由条目。

2. 计算路由的 Metric

当合法性校验完成以后，RIP 就会针对每一个路由条目计算路由的 Metric，如图 8-24 所示。

计算路由 Metric 的公式如下：

路由 Metric = min[16, (报文中 Metric + Cost)]

Cost 指的是两个路由器之间的 Cost，一般取值为 1 跳（有的厂商的实现可以允许修改 Cost 为多跳。这里就以 1 跳为准）。路由 Metric 等于报文中的 Metric + 1，但是如果该值大于 16（RIP 称 16 为 Infinity），仍然取值为 16。

R1 的路由更新报文：
- 目的地：N1，下一跳：R1，度量：10跳
- 目的地：N2，下一跳：R1，度量：15跳
- 目的地：N3，下一跳：R1，度量：16跳

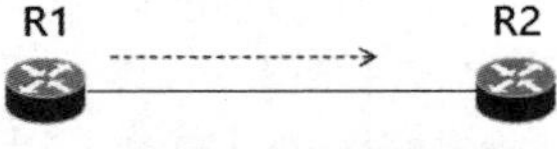

R2 的 Metric 计算结果：
- 目的地：N1，下一跳：R1，度量：10跳
- 目的地：N2，下一跳：R1，度量：15跳
- 目的地：N3，下一跳：R1，度量：16跳

图 8-24　计算路由的 Metric

3. 安装路由条目

计算好 Metric 以后，RIP 就开始针对该路由条目进行安装处理。安装处理可分为不同场景。

（1）自身路由表中没有该条目

如果自身路由表中没有该条目，那么就将该路由安装到（写入）自身的路由表中，但是该路由的 Metric 必须小于 16，否则就不安装（没有必要安装），如图 8-25 所示。两个表项（N2、N3）用了双删除线，表示它们不会被安装到 R2 的路由表中。

（2）自身路由表中具有该条目

如果自身路由表中具有该条目，则其又细分为几种场景。

①发送者是路由条目的下一跳，如图 8-26 所示。R2 原来的路由表中到达目的地 N1 的下一跳是 R1。如果 R1 发送了 N1 的路由更新报文，那么 R2 会根据此报文更新自己的路由表项，不管 Metric 是不变（如果不变，所谓更新其实等于不更新）、变小还是变大，甚至是更新后路由表项的 Metric = 16（Infinity）。

R1 的路由更新报文：
目的地：N1，下一跳：R1，度量：10跳
目的地：N2，下一跳：R1，度量：15跳
目的地：N3，下一跳：R1，度量：16跳

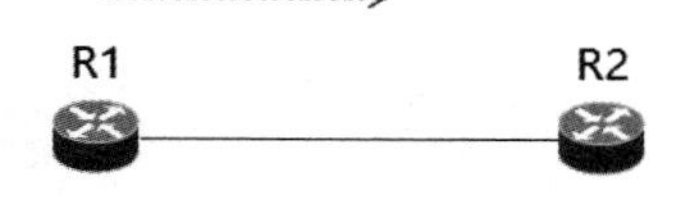

目的地	下一跳	跳数
N1	R1	11
~~N2~~	~~R1~~	~~16~~
~~N3~~	~~R1~~	~~16~~

图 8-25　路由表安装新表项

R1 的路由更新报文：
目的地：N1，下一跳：R1，度量：10跳

R1　R2

原路由表

目的地	下一跳	跳数
N1	R1	5

更新路由表

更新后的路由表

目的地	下一跳	跳数
N1	R1	11

图 8-26　发送者是路由条目的下一跳

这条路由虽然安装在 R2 的路由表中，但是归根结底是从 R1 学习过来的。所以，当 R1 再发送路由更新报文时，R2 便服从 R1 的决定。

②发送者不是路由条目的下一跳，如图 8-27 所示。R2 路由表中有一个路由条目：[目的地　N1，下一跳 R1，跳数 5]。此时，R3 发过来一个路由更新报文：[目的地 N1，下一跳 R1，跳数 10]。因为发送者不是路由的下一跳，而且 Metric 更大，所以 R2 不会以此为依据更新自己的路由表。

而 R4 发送过来的路由更新报文：[目的地 N1，下一跳 R1，跳数 3]，此时虽然发送者不是路由的下一跳，但是 Metric 更小，所以 R2 会以此为依据更新自己的路由表。

R3 的路由更新报文：
目的地：N1，
下一跳：R1，度量：10跳

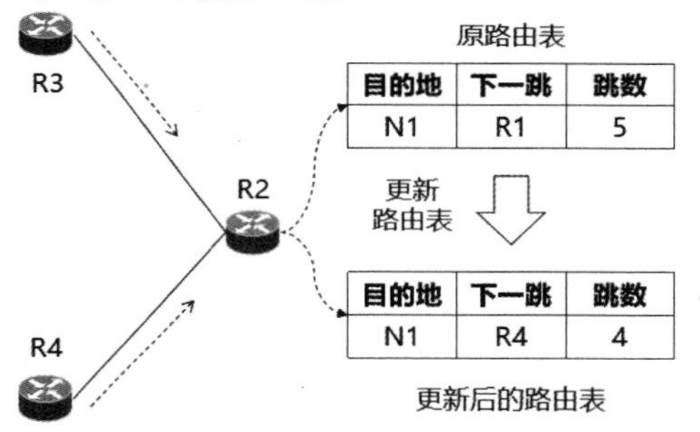

R4 的路由更新报文：
目的地：N1，
下一跳：R1，度量：3跳

图 8-27　发送者不是路由条目的下一跳

如果发送者不是路由的下一跳，但是 Metric 相同呢？这种情形如图 8-28 所示。

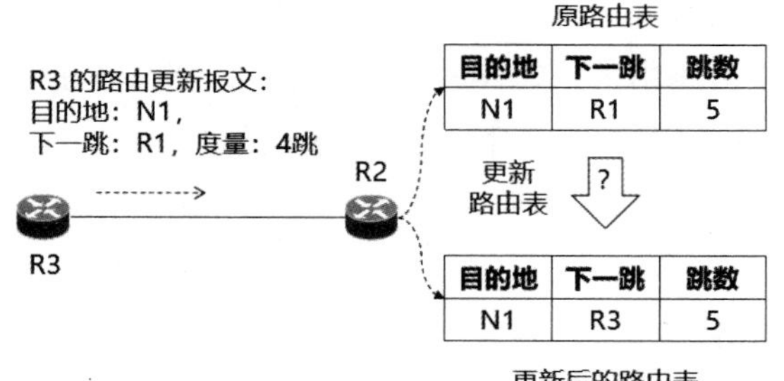

图 8-28　发送者不是路由条目的下一跳，Metric 相同

针对这种情形，RFC 2453 认为，R2 可以不做任何修改，因为路由跳数一样，如果修改下一跳，

反而会引发路由振荡。

但是，RFC 2453 同时又强烈建议，如果 R2 路由表中该路由条目即将老化，那么将此路由条目做一个改变（对应到图 8-28，下一跳修改为 R3）应该是更好的选择。RFC 2453 推荐的时间是：如果原路由已经老化超过一半，那么就修改路由条目。

4. **启动定时器**

当路由器将学习到的路由表项安装到路由表以后，它会马上启动定时器，如图 8-29 所示。

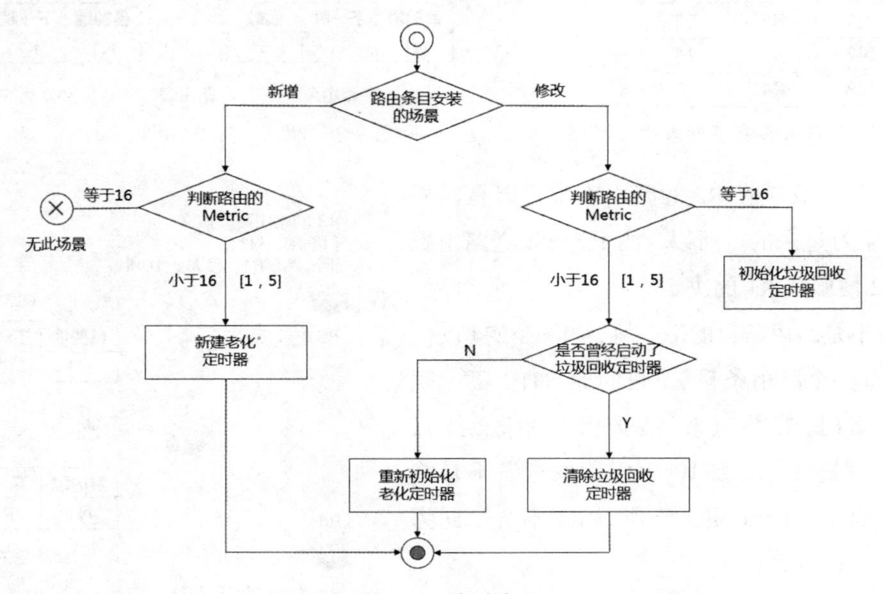

图 8-29　启动定时器

图 8-29 中实际上描述了两种情形。

①如果安装到路由表中的路由条目的 Metric 等于 16（Infinity），那么就启动垃圾回收定时器。有一点需要说明的是，如果为了该路由条目已经启动了垃圾回收定时器，那么就不必再重新启动。这种情形发生在上一次的路由更新其 Metric 已经是 16，已经启动了垃圾回收定时器，这一次的路由更新其 Metric 仍然是 16，那么此时就不必再启动垃圾回收定时器。

②如果安装到路由表中的路由条目的 Metric 在 [1,15]，那么新建路由老化定时器（对应新建的路由条目）或者重新初始化路由老化定时器（对应更改的路由条目）。如果该路由条目又对应一个垃圾回收定时器，那么需要清除该垃圾回收定时器。

8.3.4 处理触发更新报文

一个路由器收到的路由更新报文有路由应答、定时更新、触发更新 3 种场景。路由器收到更新报文以后应做相应的处理（合法性校验、计算路由的 Metric、安装路由条目、启动定时器）。对于前两者，这些处理做完以后流程即结束；但是对于触发更新场景来说，它还需要将变化的路由条目继续发送给它的邻居，类似于 OSPF、IS-IS 中介绍的泛洪。

泛洪如果处理不好，可能会引发网络风暴。为了解决触发更新的网络风暴问题，RIP 做了如下处理。

①设置触发更新间隔，具体可以参见 8.3.1 小节介绍的触发更新定时器。

②路由更新的报文只包含变化的路由。这一点对于主动触发更新（触发更新的源头）和被动触发更新（接收了触发更新的报文，然后再发送出去）都是有效的。尤其是对于被动触发更新更加有意义，因为可能会出现“变化的路由为 0”的情形，此时路由器就不必再发送更新报文，如图 8-30 所示。

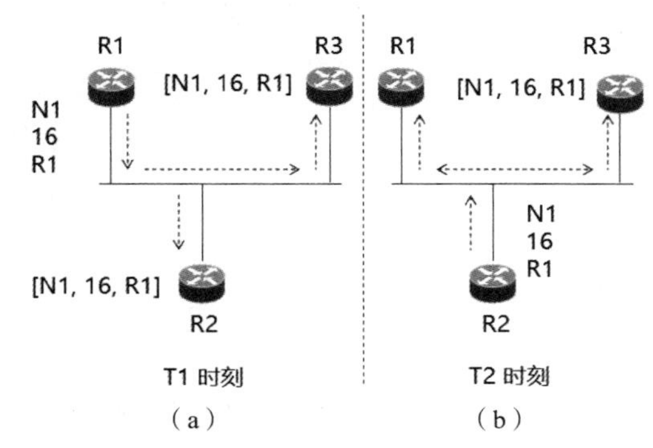

（a） （b）

图 8-30 触发更新，路由变化为 0

首先说明，在考虑水平分割（Split Horizon）的机制下，图 8-30 所描述的场景是不会发生的。这里作为一个示例，只是为了能更加简单清晰地描述触发更新并且路由变化为 0 的情况。

如图 8-30（a）所示，在 T1 时刻 R1 作为触发更新的源头，主动发送触发更新报文［N1,16,R1］，即表示 N1 不可达。R2、R3 收到 R1 发送的触发更新报文后，会修改自己的路由表。如图 8-30（b）所示，在 T2 时刻 R2 又发送了触发更新报文：［N1,16,R1］，R1、R3 收到 R2 发送的触发更新报文以后，与自己的路由表进行比较，发现没有变化，于是 R1、R3 就不会再接着发送触发更新报文。

8.4 RIP 的防环机制

防环指的是防止路由环路，路由环路如图 8-31 所示。

图 8-31 中，R1 为了到达网络 N，正常情况下，它只要经过 R2 就能访问 N；但是，在异常情况下，R1 为了到达 N，却可能进入一个死循环：R1 → R2 → R3 → R4 → R1 → R2 → R3 → R4 → R1……

需要特别说明的是，这只是异常情况下才可能发生的事情，正常情况下不会发生。

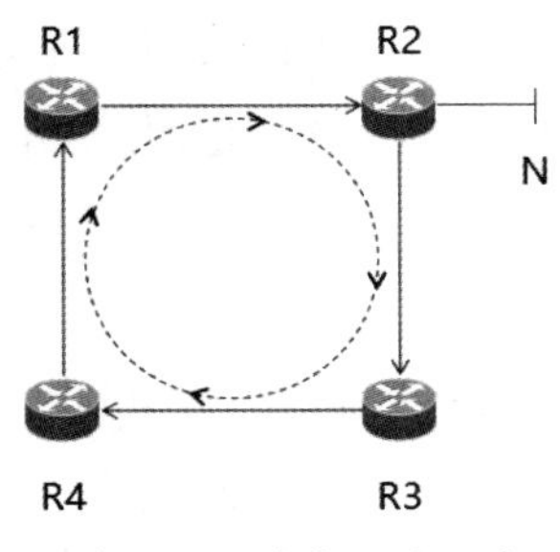

图 8-31 路由环路示意

8.4.1 水平分割

水平分割分为：简单水平分割（Simple Split Horizon）、毒性反转（Split Horizon with Poisoned Reverse，简称 Poisoned Reverse）两种。

1. 简单水平分割

在讲述简单水平分割之前，先看一个正常场景，如图 8-32 所示。

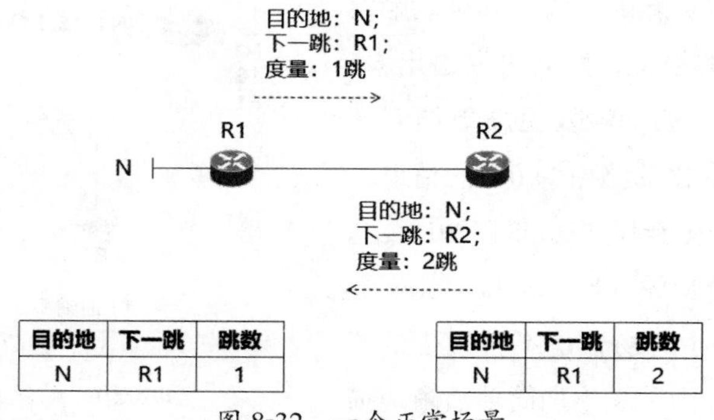

图 8-32　一个正常场景

图 8-32 中，R1 直连网络 N，所以它的路由表（伪码）是 [N,R1,1]。同时，R1 还会将此路由信息通过 RIP 报文发送给 R2。R2 收到该 RIP 报文后，修改自己的路由表为 [N,R1,2]。

如果没有简单水平分割机制，R2 还会将此路由信息再发送给 R1（如通过路由定时更新报文）。此时，R1 收到该路由信息后，发现路由的度量值比自己路由表中的度量值大，则丢弃该报文。

但是，如果 R1 与 N1 出现了断连，那么 R1 就会将自己的路由表改为 N1 不可达（Metric = 16）。假设 R1 和 R2 的定时更新时间都还没到，那么暂时不做任何处理，如图 8-33 所示。

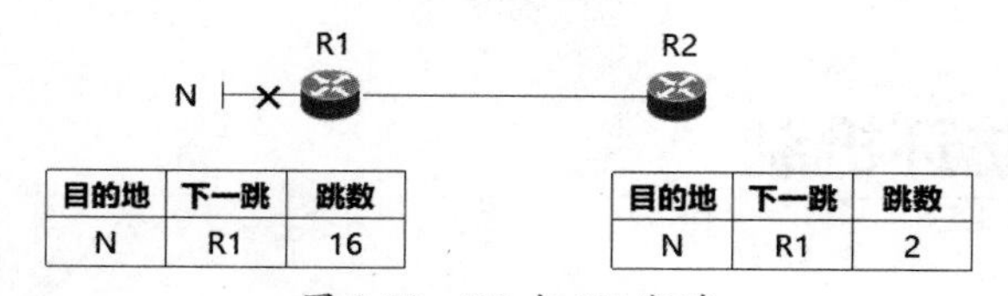

图 8-33　R1 与 N1 断连

图 8-33 中，如果 R2 的定时更新时间比 R1 先到，那么会引发比较严重的后果。

首先是两个路由器的路由表循环更新，如图 8-34 所示。

图 8-34 描述了如下几个时刻点。

① T0 时刻，R1、R2 的路由表分别为 [N,R1,16]、[N,R1,2]。

② T1 时刻，R2 的路由更新报文来到，R1 会将其路由表修改为 [N,R2,3]。

③ T2 时刻，R1 的路由更新报文来到，R2 会将其路由表修改为 [N,R1,4]。

④ T3 时刻，R2 的路由更新报文来到，R1 会将其路由表修改为 [N,R2,5]。

⑤ T4 时刻，R1 的路由更新报文来到，R2 会将其路由表修改为 [N,R1,6]。

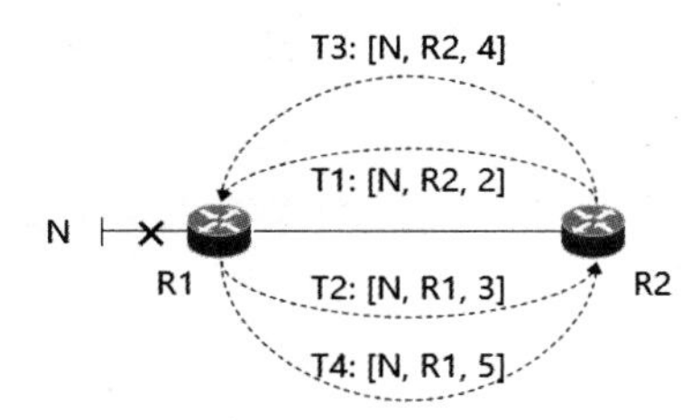

时刻	目的地	下一跳	跳数
T0	N	R1	16
T1	N	R2	3
T3	N	R2	5
...	...	...	...

时刻	目的地	下一跳	跳数
T0	N	R1	2
T2	N	R1	4
T4	N	R1	6
...	...	...	...

图 8-34　路由表循环更新

就这样一直循环下去，直到无穷（Metric = 16）。

比路由表循环更新还要“可怕”的是形成了路由环路，数据包在两个路由器之间循环发送，形成网络风暴，直至无穷（当 TTL = 0 时，路由器会丢弃该数据包），如图 8-35 所示。

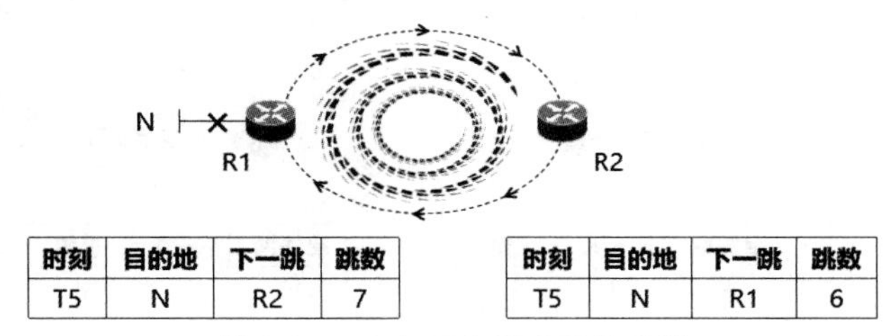

时刻	目的地	下一跳	跳数
T5	N	R2	7

时刻	目的地	下一跳	跳数
T5	N	R1	6

图 8-35　路由环路引发网络风暴

图 8-35 中，在 T5 时刻，R2 要发送一个数据包给网络 N，它查找路由表，发现下一跳是 R1，于是将该数据包转发到 R1。而 R1 接到该数据包后，查找路由表，发现下一跳是 R2，于是将该数据包转发到 R2……这样就形成了网络风暴。

解决这个问题的方法很多，简单水平分割就是其中之一，其基本思路就是“来而不往”，即从哪个接口学习到路由便不再从该接口发送出去。

下面举几个例子。首先为 Broadcast 网络，如图 8-36 所示。

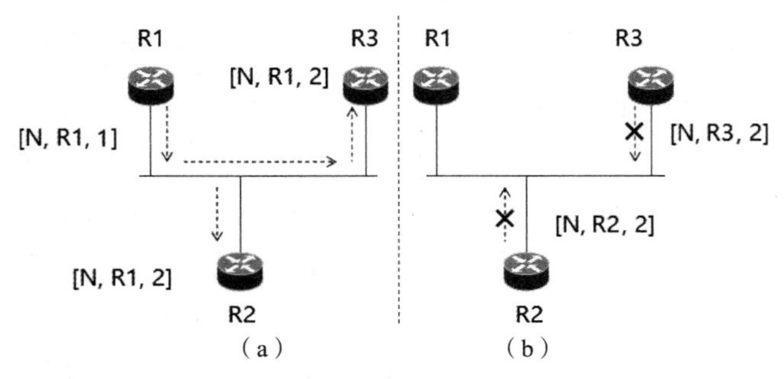

图 8-36　来而不往：Broadcast 网络

图 8-36（a）中，R1 发送的关于网络 N 的路由报文［N,R1,1］，即可以经过 R1 到达网络 N，R1 与 N 之间的 Metric 等于 1。R2、R3 都收到了该报文，并更新了自己的路由表。

图 8-36（b）表明，R2、R3 从某一个接口收到了 R1 发送过来的路由报文，不能再从该接口将此路由信息发送出去。

对于 P2P 网络也是同理，如图 8-37 所示。

图 8-37 中，R2 收到了 R1 发送过来的路由更新报文［N,R1,1］，它可以将该路由信息再发送给 R3，但是不能再通过接收报文的接口回发给 R1。

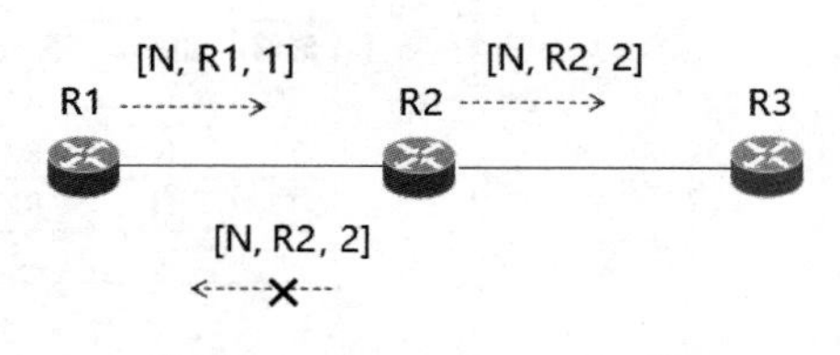

图 8-37　来而不往：P2P 网络

当实行了这种水平分割机制以后，路由器的路由表就不会有循环更新，而且也不会出现路由环路（水平分割机制只能防止邻居环路，不能解决网络环路）。

2. 毒性反转

毒性反转和简单水平分割要解决的问题是一样的（邻居环路），只是方法不同，如图 8-38 所示。

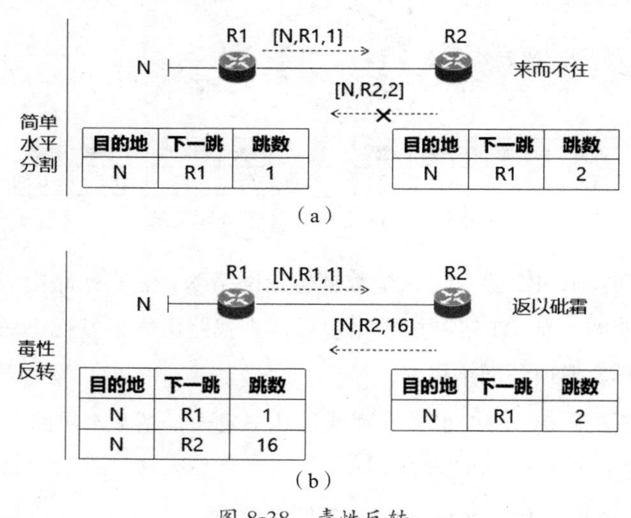

图 8-38　毒性反转

图 8-38（a）描述的简单水平分割，其基本思想就是“来而不往”；图 8-38（b）描述的毒性反转，其基本思想就是“返以砒霜”。

图 8-38（b）中，当 R1 将一个路由更新报文［N,R1,1］发送给 R2 时，R2 回应一个报文［N,R2,16］，该报文表明，如果经过 R2，将不可到达网络 N。业界有人把 Metric = 16 的路由称为“路由中毒”或“路由毒化”，所以这种回应一个毒化路由的机制称为“毒性反转”。其中面有几个问题需要明确。

① R2 的回应时机是什么？ R2 接到 R1 发送过来的报文后，是立即回应，还是等待自己定时更新定时器时间到再回应？笔者以为，如果 R2 收到的是 R1 的定时刷新报文，那么 R2 是在自己的定

时更新报文中回应；如果 R2 收到的是 R1 的触发更新报文，那么 R2 是立即回应。

②“返以砒霜”，是只回应一次，还是周期地回应？答案是周期地回应。

③回应接口和回应地址是什么？从哪个接口接收的报文就从哪个接口回应，回应地址是广播地址 255.255.255.255（RIPv1）或组播地址 224.0.0.9（RIPv2）。当然，对于 NBMA 网络而言，它回以对应的单播地址。

明确了这几个问题以后，我们再来看毒性反转是否能解决“路由表循环更新”和“路由环路”的问题，如图 8-39 所示。

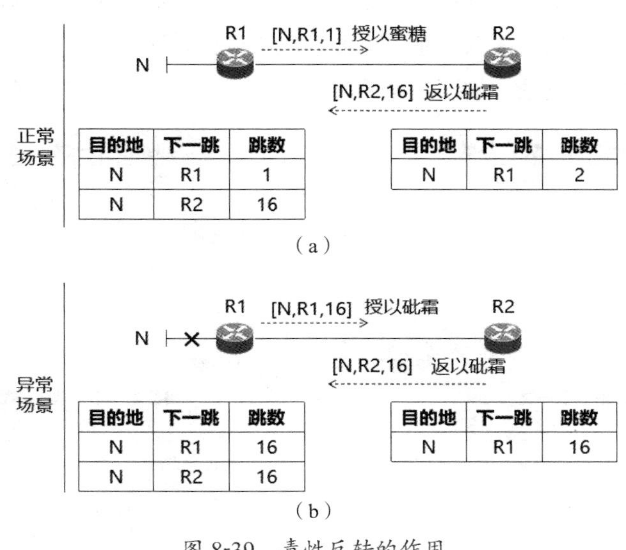

图 8-39　毒性反转的作用

图 8-39（a）描述的一个正常场景，R1 对 R2“授以蜜糖”，R2 对 R1“返以砒霜”，查看双方的路由表，都正确，报文可以路由到网络 N。

图 8-39（b）描述的是一个异常场景，此时网络 N 与 R1 断连，那么 R1 对 R2“授以砒霜”，R2 对 R1“返以砒霜”。查看双方的路由表，都正确，无论是哪个路由器都无法到达 N。

这不会形成路由环路，而且也不会导致路由表循环刷新。

3. 简单水平分割与毒性反转的比较

简单水平分割与毒性反转两者解决的问题域是一样的，只是解决方法不一样。

RFC 2453 认为毒性反转相对来说更好，但也有缺点，即会使路由器的路由表变大，如图 8-40 所示。

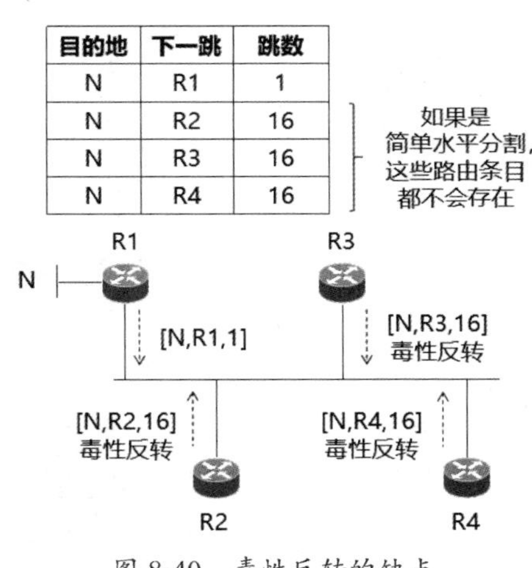

图 8-40　毒性反转的缺点

图 8-40 中画出了路由器 R1 的路由表，可以看到，相对于简单水平分割来说，毒性反转使 R1 的路由表的条目增加了 3 个。同理，其他路由器的路由表的条目也会增加。毒性反转不仅会使路由表的条目增加，而且路由更新报文（RIP 报文）的大小和数量也会增加。

所以，如果网络（Broadcast 网络）中路由器较多，毒性反转并不是一个好的选择。

8.4.2 计数到无穷大

水平分割（简单水平分割、毒性反转）实际上只能解决邻居路由器之间的环路，但是无法解决网络中的环路。网络环路的例子比较复杂，下面分阶段进行讲述。

首先看网络环路的正常场景，如图 8-41 所示。

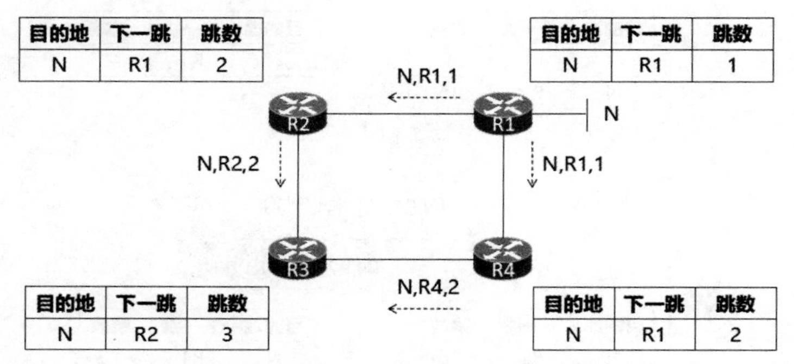

图 8-41　网络环路示例：正常场景

图 8-41 描述了一个可能引起网络环路的例子，但是此时还处于正常状态，并没有引起环路，每个路由器到达网络 N 的路由表都非常正确。

如果 R1 与网络 N 断连，那么将进入异常场景的第 1 阶段，如图 8-42 所示。

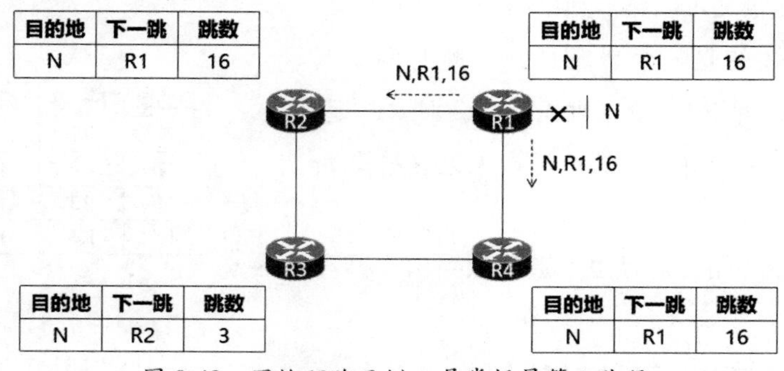

图 8-42　网络环路示例：异常场景第 1 阶段

图 8-42 中，R1 与网络 N 断连，此时 R1 通过定时更新报文，将相关路由信息发送给 R2、R4 两个路由器，两个路由器也相应地修改它们的路由表。这时，各个路由器的路由表还是正确的。

异常场景第 2 阶段如图 8-43 所示。

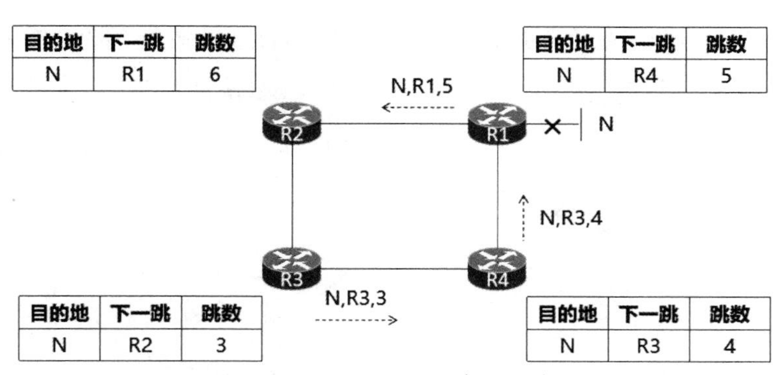

图 8-43　网络环路示例：异常场景第 2 阶段

图 8-43 中，R1 定时更新（对应图 8-42）以后，R3 的定时更新时间到（对应图 8-43），于是 R3 发送了一个路由刷新报文。随后，R4 定时刷新给 R1，R1 定时刷新给 R2。通过图 8-44 中描述的各个路由器的路由表可以看到，此时路由环路已经形成。

异常场景第 3 阶段如图 8-44 所示。

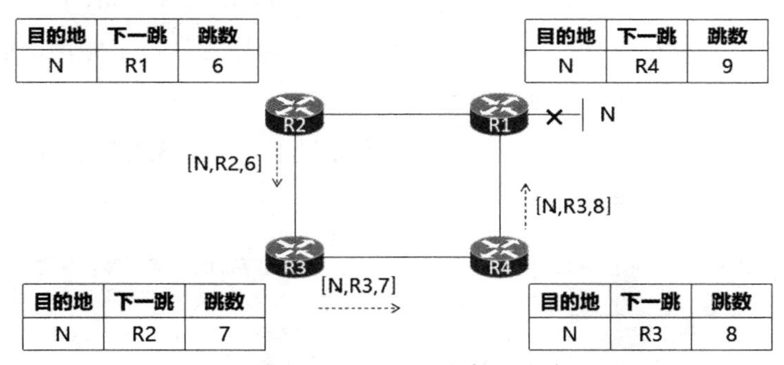

图 8-44　网络环路示例：异常场景第 3 阶段

图 8-44 中，路由器 R2 继续驱动着各个路由表的更新，可以看到，每个路由表中的跳数又增加了 4（正好是路由器的个数）。

异常场景第 4 阶段如图 8-45 所示。

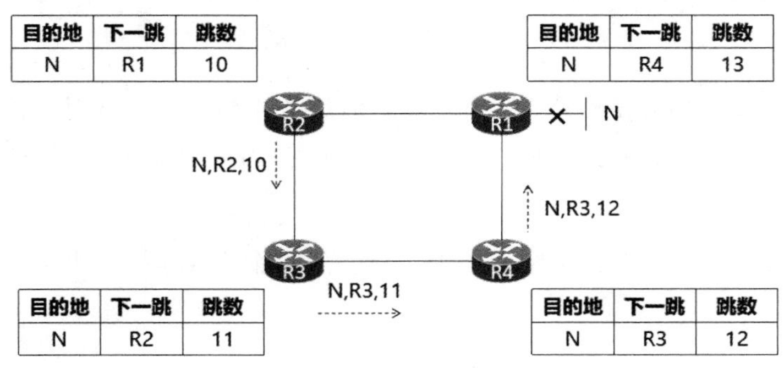

图 8-45　网络环路示例：异常场景第 4 阶段

图 8-45 表明，路由表继续在循环更新。这种循环更新可以用一个更简化的图来表示，如图 8-46 所示。可以看到，这种循环没完没了，直至无穷，而且水平分割也无法解决该问题。

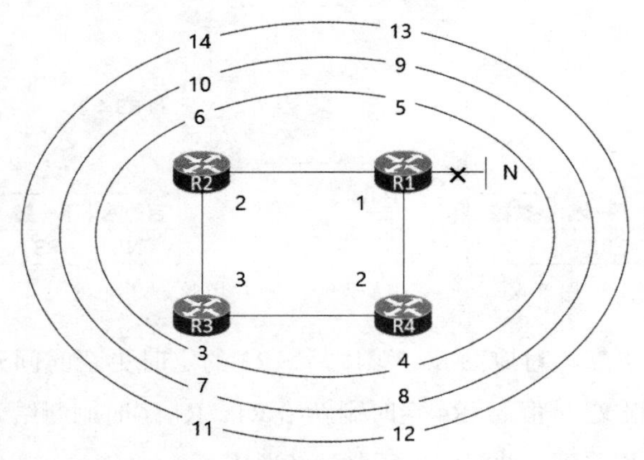

图 8-46 网络环路示例：循环示意

为了解决这种问题，RIP 提出了“计数到无穷大（Counting to Infinity）”方案，即规定路由的 Metric 的最大值：如果 Metric = 16，就表示无穷大（不必再增加，也不能再增加），当然同时也意味着网络不可达。

根据“计数无穷大”方案，上面所述的“循环没完没了，直至无穷”实际就变成了“循环终会结束，直至 16”，如图 8-47 所示。

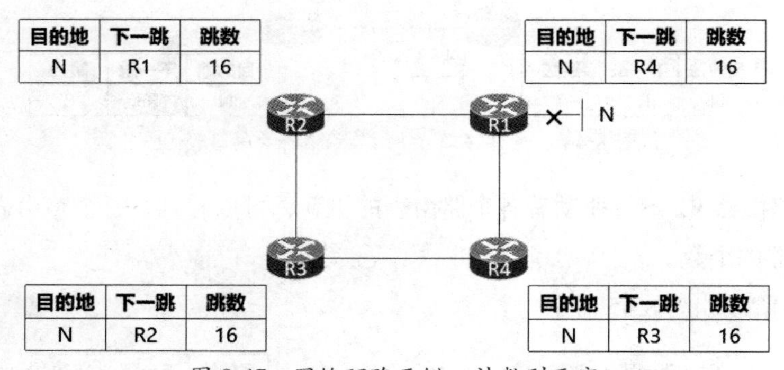

目的地	下一跳	跳数
N	R1	16

目的地	下一跳	跳数
N	R4	16

目的地	下一跳	跳数
N	R2	16

目的地	下一跳	跳数
N	R3	16

图 8-47 网络环路示例：计数到无穷

图 8-47 表明，各个路由表虽然还会循环更新，但是当其 Metric = 16 时，就不再更新。而且，当路由的 Metric = 16 时，会启动垃圾回收定时器（120s），当定时器时间到，该条路由会从路由表中删除。

可以看到，在面对网络环路场景时，“计数到无穷”方案不仅能够解决路由环路，还能解决路由表循环更新的问题。

RIP 小结

RIP 好像是动态路由协议中的一股“清流”，它不需要那些复杂的分区的概念。它甚至没有“邻居”的概念，虽然“邻居”是一种客观存在，但在 RIP 里看不到“邻居的发现”“邻接关系的建立”等操作。

RIP 也避免不了“泛洪”机制，“一传十，十传百”永远是路由协议的不二法宝。靠着这个法宝，路由协议才能使路由域（路由协议的作用范围）中的路由器构建完整的路由表成为可能。只是与 OSPF、IS-IS 相比，RIP 则要简单得多。

不过也正是因为“简单”，RIP 在防止环路的问题上没有最佳的方案。虽然有水平分割机制，但是该机制只能防止邻居环路，不能解决网络环路的问题。于是，“计数到无穷大”是 RIP 不得已的方案。

所谓“无穷大”，并不是真的无穷大，而是规定路由的 Metric 到了最大值（16）以后，就认为是无穷大，也就是网络不可达。所以“计数到无穷大”的本质，是将一个“无限循环”限制为一个有限循环——最多循环 16 次。

对于 RIP，很难说是防环机制限制了 RIP 的处理大网的能力（Metric 的最大值被设置为 16，造成了 RIP 最多只能处理 15 跳路由），还是因为 RIP 只能处理“小网”所以才选择了这样的防环机制（归根结底需要“计数到无穷”方案）。

第9章

BGP

为了解决“大网”的问题，OSPF 和 IS-IS 都提出了 Area（分区）概念。但是这个 Area 指的是在一个自治系统（Autonomous System，AS）内分成多个 Area。而多个 AS 之间该如何互通，OSPF、IS-IS 并没有任何解决方案。

我们知道，当前的内部网关协议（Interior Gateway Protocol，IGP）事实上只包括 OSPF、IS-IS、RIP。前两者不能解决 AS 之间的互通，而 RIP 更加无能为力。如此看来，如果单靠 IGP，那么世界上将形成一个个孤岛：任意两个 AS 之间都无法互联。

解决 AS 孤岛问题的方案就是外部网关协议（Exterior Gateway Protocol，EGP）。和 IGP 一样，EGP 也是一类协议的统称，它包括 EGP（这个时候，它是一个协议的名称，而不是一类协议的统称）和边界网关协议（Border Gateway Protocol，BGP）。

由于 EGP（指的是独立的一个协议）已经被淘汰，不再使用，所以现在只有 BGP。

那么 BGP 是如何解决 AS 孤岛的问题呢？这要从 BGP 的基本机制说起。

说明：本章介绍的 BGP 其全称是 A Border Gateway Protocol 4 (BGP-4)，对应 RFC 4271。RFC 4760 对 BGP-4 做了扩展（Multiprotocol Extensions for BGP-4，MP-BGP），第 12 章会讲述 MP-BGP 相关内容。如无特别说明，本章的 BGP 指的就是 BGP-4。

9.1 BGP 的基本机制

在介绍 BGP 基本机制之前，首先要明确 BGP 所要解决的本质问题。

为了解决“大网”问题，在网络层提出了一个综合解决方案。

①将“全世界”的第三层网络分成不同的 AS。

②每个 AS 内部的路由计算相对独立。这样“全世界”一张“巨大”网就被分隔成多个“较大”网（AS），减少了路由的计算量。

③每个“较大”网（AS）又被分隔成多个“小”网（Area），每个“小”网的路由计算相对独立，这样进一步减少了路由的计算量。

④ BGP 的目标是将多个“较大”网（AS）互联，即使得“全世界”这张“巨大”网能够互联。

可以看到，BGP 是“全世界”这张“巨大”网互联的综合解决方案的一部分，它所解决的本质问题还是“大网”问题，但是直接目标是“将多个 AS 互联”。

为了“互联多个 AS”，BGP 的方案是将一个 AS 内部的路由表项通告给另一个 AS，即 BGP 的基本机制：路由通告。

BGP 的路由通告分为 eBGP 路由通告、iBGP 路由通告。下面首先介绍 BGP 的相关概念。

9.1.1 BGP 的相关概念

BGP 只是一个协议，因此要想让 BGP 发挥作用，还需要路由器 —— 运行 BGP 协议的路由器。

一个运行 BGP 协议的路由器称为 BGP Speaker。这些 BGP Speakers 互相交互，从而达到“搬运路由”的目的。不是任意两个 BGP Speaker 都能互相交互，“搬运路由”。只有两个 BGP Speaker 组成一对（BGP peer，BGP 对等体），才能互相交互，“搬运路由”。

通信世界领域有很多地方涉及 peer 概念，有的对等体是自动发现的，有的对等体由人工配置。BGP peer 就是靠人工配置。BGP peer 的两端（两个路由器）互相是彼此的 BGP 邻居。

如果组成 BGP peer 的两个路由器分属两个 AS，那么它们之间运行的 BGP 就称为 eBGP（External Border Gateway Protocol）；如果两个路由器同属一个 AS，那么它们之间运行的 BGP 就称为 iBGP（Internal Border Gateway Protocol），如图 9-1 所示。

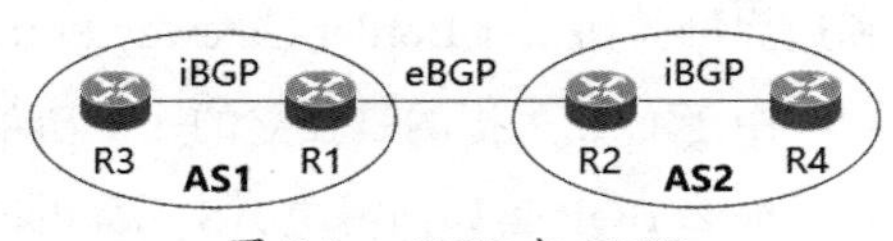

图 9-1　eBGP 与 iBGP

图 9-1 中，R1 与 R3 之间、R2 与 R4 之间运行的是 iBGP，R1 与 R2 之间运行的是 eBGP。

eBGP 与 iBGP 的内容绝大部分是一样的，后续章节中会讲述它们之间的异同。另外，本章如无特别说明，所讲述的 BGP 内容对 eBGP、iBGP 都适用。

这里读者可能会有一个疑问：我们一直说 BGP 是为了互联不同的 AS，那么 AS 内部为什么还要运行 BGP 协议？为什么还要有 iBGP 呢？这就与 BGP 的路由通告及场景有关。

9.1.2 BGP 的路由通告

BGP 路由通告，简单地说就是“BGP peer 互相把自己知道的路由表信息告诉对方”，如图 9-2 所示。

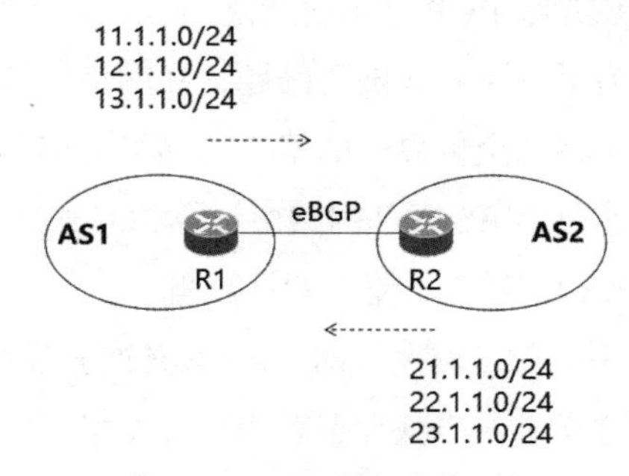

图 9-2　BGP 路由通告示例

图 9-2 以 eBGP 为例，示意了一个 BGP 的路由通告。R1 将自己路由表中的表项（分别是到达 11.1.1.0/24、12.1.1.0/24、13.1.1.0/24 网段的路由表项）通告给 R2，R2 也将自己路由表中的表项（分别是到达 21.1.1.0/24、22.1.1.0/24、23.1.1.0/24 网段的路由表项）通告给 R1。

那么，R1 和 R2 的“路由表”具体指的是什么？ R1 和 R2 又是在什么时机向对端通告路由呢？

1. BGP 的路由表和路由通告时机

路由器中，每个协议都有自己的路由表，BGP 也不例外。BGP 通告的就是 BGP 路由表中的内容。我们知道，IGP 的目标就是动态构建路由，即 IGP 可以自动将其路由表从 0 变成 1，但是 BGP

该如何构建其路由表呢？这是一个非常严峻的问题。因为BGP路由表的初始化是一张空表，如果BGP没有机制构建其路由表，那么BGP路由表将永远为空。这也就意味着BGP的路由通告毫无意义。

BGP路由表的来源并没有IGP那样复杂的过程（例如，OSPF为邻居发现、邻接关系建立、链路状态泛洪、路由计算），它的来源有如下几种。

①人工输入：人工直接添加BGP路由表。

②从IGP路由表引入：通过命令行配置相关引入规则后，IGP路由表中相应的路由表项会自动进入BGP路由表，以后IGP路由表发生变化，相应的表项也会自动进入BGP路由表。

③从EGP路由导入（因为EGP路由协议已经废弃，所以该来源可以忽略）。

④ IGP路由重分布（Redistribute）进入BGP路由。

⑤ BGP peer的路由通告。

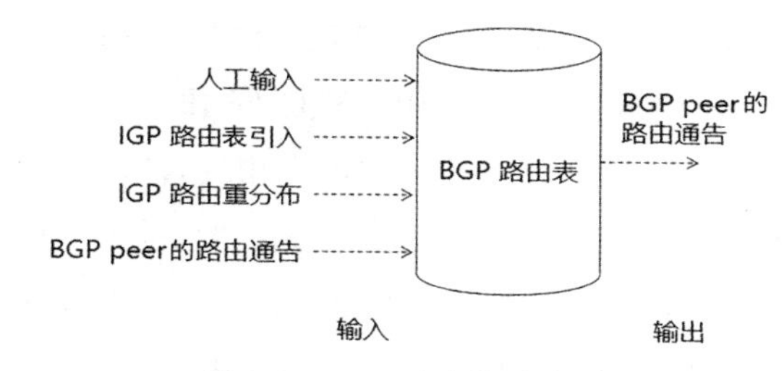

图9-3　BGP路由表的来源

以上几种来源如图9-3所示。BGP路由表有了内容以后，它就可以通告出去（图9-3的“输出”）。那么它何时向它的邻居（BGP peer的另一端）通告路由呢？

其实，BGP邻居发送路由通告是无固定周期的，即只要BGP路由表一变化，就向邻居发送路由通告。

以上内容对于eBGP和iBGP都适用。但是，如果涉及具体通告的细节，两者又有所不同。

2. eBGP的路由通告

BGP路由表里有内容以后，BGP peer即可互相通告。BGP路由器收到邻居发过来的路由通告后会做两件事情（这里先忽略具体细节）。

①填入自己的路由表中。

②通告给它的另外的邻居。

可以看到，BGP路由器收到其邻居发送过来的路由通告，再通告给它的其他邻居，这其实就相当于泛洪过程，如图9-4所示。

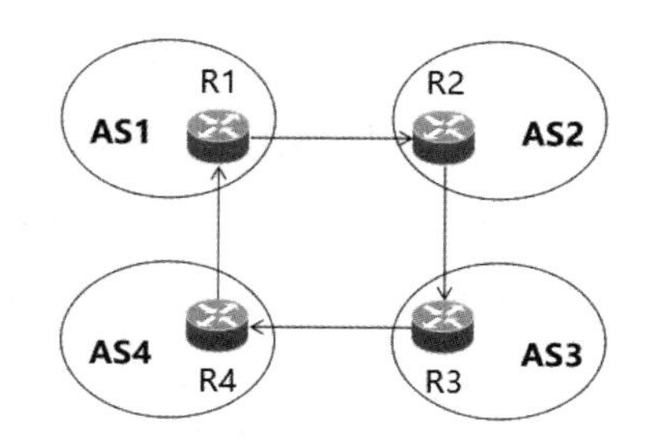

图9-4　eBGP路由通告示意

图9-4中，R1/R2、R3/R4、R4/R1互相组成eBGP peer。R1通告给R2的路由，R2会继续通告给R3，R3也会继续通告给R4，R4也会通告给R1。

需要说明的是，R1→R2→R3→R4这样的通告链是没有问题的。但是，R1→R2→R3→R4→R1这个通告链，即R1的路由绕了一圈又通告给自己，就会形成路由环路。

“全世界”的AS，就是通过eBGP的路由通告泛洪从而知道了每一个AS内的路由，避免了一个个AS孤岛。

3. iBGP 的路由通告

eBGP 路由通告泛洪连接了每一个 AS，但是无法做到让每个 AS 内的路由器都能连接“全世界”，如图 9-5 所示。

图 9-5 中，R1 与 R2 是 BGP Speaker，互相组成 BGP peer，通过 eBGP 路由通告，都具有到达两个 AS 域的路由信息。但是，假设没有运行 BGP 协议，图 9-5 中的 R3、R4 只能知道各自域内的路由信息，即 R3 与 R4 之间的路由其实是不通的。

11.1.1.0/24
12.1.1.0/24
13.1.1.0/24
21.1.1.0/24
22.1.1.0/24
23.1.1.0/24
eBGP
R3
R1
AS1
R2
R4
AS2
11.1.1.0/24
12.1.1.0/24
13.1.1.0/24
21.1.1.0/24
22.1.1.0/24
23.1.1.0/24
11.1.1.0/24
12.1.1.0/24
13.1.1.0/24
21.1.1.0/24
22.1.1.0/24
23.1.1.0/24

图 9-5　如果没有 iBGP

如此一来，“通过 eBGP 路由通告就能把一个个 AS 孤岛连起来”是无法实现的，“全世界”并没有完全连通。

解决该问题的方案有很多，其中对于 BGP 来说就是 iBGP，其基本思路如下。

① AS 内的路由器也运行 BGP 协议。

② AS 内的 BGP Speaker 互相组成 BGP peer。

③ BGP peer 之间互相进行路由通告。

这样的话，对于 AS 内部的每一个路由器，它也能感知到“外面的世界”。

但是，与 eBGP 相比，iBGP 的路由通告有一个致命特性。

eBGP 的路由通告规则是：一个路由器接到其邻居的路由通告后，可以再通告给它的另一个邻居，它的邻居可以再通告给它的邻居，即“一传十，十传百”的路由通告泛洪。但是 iBGP 的路由通告只能是 1 跳，如图 9-6 所示。

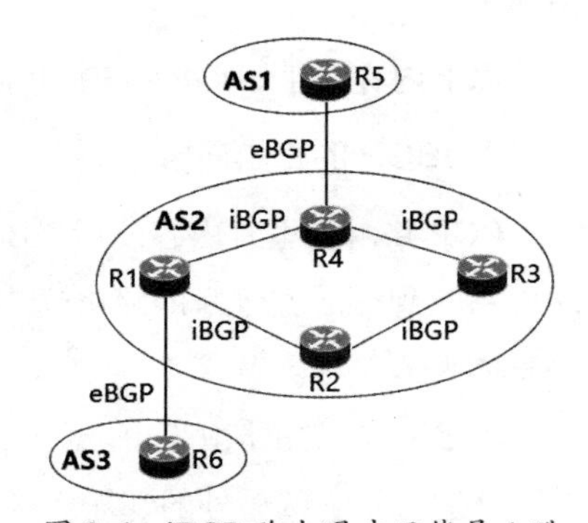

图 9-6　iBGP 路由通告只能是 1 跳

图 9-6 中，R1/R6、R4/R5 是 eBGP peer，R1/R2、R2/R3、R3/R4、R4/R1 是 iBGP peer。

R6 通告给 R1 的路由，R1 可以通告给 R2（1 跳），但是 R2 不会再通告给 R3（超过 1 跳）。

R6 通告给 R1 的路由，R1 可以通告给 R4（1 跳），R4 可以通告给 R5（是 eBGP，不受 iBGP 1 跳的限制），但是 R4 不会再通告给 R3（超过 1 跳）。

R5 通告给 R4 的路由也是同理。

如此可以看到，R3 并没有 AS3 的路由，也没有 AS1 的路由，这也意味着 R3 无法感知 AS2“外部的世界”。

为了解决该问题，BGP 提出了路由反射器和 BGP 的联邦两个方案。这里暂且认为 iBGP 解决了它的问题，最终使得 AS 内的路由器都“知晓”了其他 AS 的路由。

BGP 通过 eBGP 的路由通告和 iBGP 的路由通告（及相应的附属解决方案），使得“全世界”

的第三层网络达到了互联互通。

说明：由 iBGP 路由通告只能有 1 跳可以得出一个推论：一个 BGP 路由器从 iBGP 邻居收到的路由不能再通告给它的其他 iBGP 邻居，只能再通告给它的 eBGP 邻居。除了 iBGP 路由通告外，还有一种方法可以将 AS 外部的路由“导入”AS 域内的路由器，即路由重分布（Redistribute），即域内其他路由器还是只运行 IGP 协议，eBGP Speaker 使用路由重分布的方法，将其自身的路由信息告知 AS 域内的其他路由器。

9.2 BGP 的报文格式

BGP 报文承载于 TCP 报文，如图 9-7 所示。

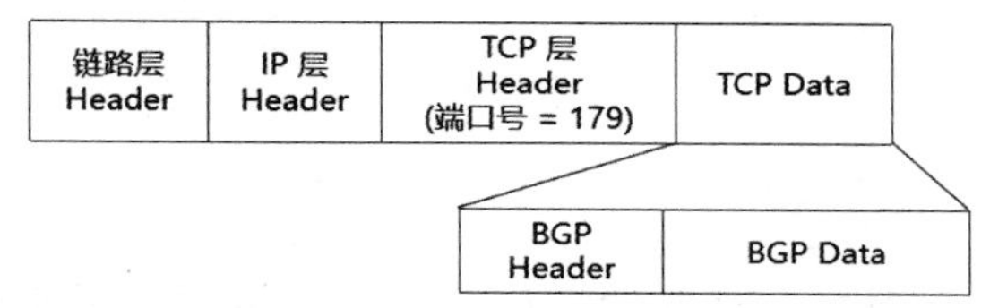

图 9-7 BGP 报文承载于 TCP 报文

BGP 报文所对应的 TCP 端口号是 179。与其他协议一样，BGP 报文也分为两部分：BGP Header、BGP Data。

9.2.1 BGP 报文头格式

BGP 报文分为 4 种类型，所有类型的 BGP Header 的格式都相同，包括 Marker、Length、Type 三个字段，如图 9-8 所示。

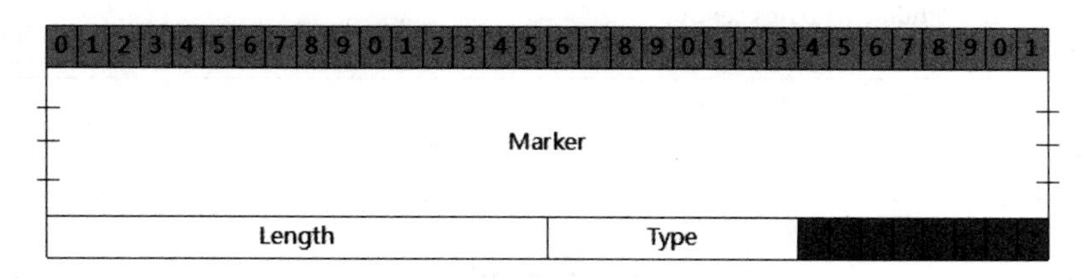

图 9-8 BGP Header 报文格式

1. Marker

Marker 字段占有 16 字节，其值全部设为 1。

2. Length

Length 字段占有 2 字节，其标识整个 BGP 报文的长度（计量单位是字节），等于 BGP Header 长度与 BGP Data 长度之和。

3. Type

Type 字段占有 1 字节，标识 BGP 的报文类型。BGP 报文类型一共有 4 种。

① Open（Type = 1）：用于建立 BGP peer 之间的连接关系。

② Update（Type = 2）：携带路由更新（删减、增加）信息。

③ Keepalive（Type = 3）：周期性地向 BGP 邻居发出 Keepalive 消息，用来保持 TCP 连接的有效性。

④ Notification（Type = 4）：当 BGP 检测到错误状态时，就向 BGP peer 发出 Notification 消息，之后 BGP 连接会立即被关闭。

BGP Update 报文（Type = 2）就是 BGP 路由通告报文。由于另外 3 种报文并不是本章的重点，所以接下来只讲述 BGP Update 报文格式。

9.2.2 BGP Update 报文格式

简单地说，BGP 路由通告就是：路由器将存放于自身 BGP 表中的路由信息，通过 BGP Update 消息发送给它的 BGP 邻居（peer）。

但需要强调的是，BGP 每次通告的是它的“变量”路由信息，而不是全量。这意味着路由器第 1 次将自己所有 BGP 路由信息通告给其邻居以后，后续的路由通告只需通告“变化”的路由信息即可。

其中，“变化”指当前的路由信息与上次通告时的路由信息相比，哪些是“删除”的路由，哪些是“新增”的路由。所以，在 BGP Update 报文中会看到“删除路由”和“新增路由”等相关字段，如图 9-9 所示。

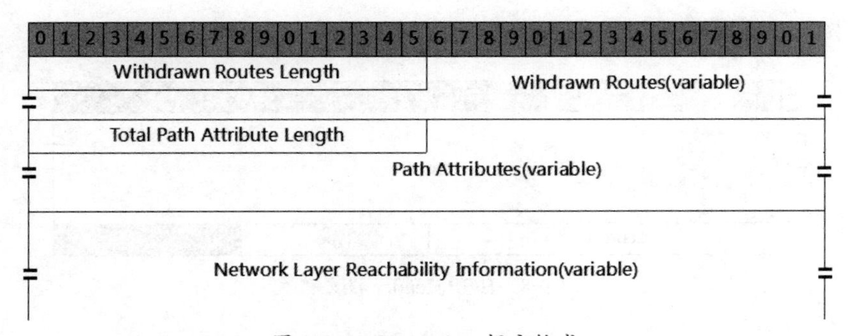

图 9-9 BGP Update 报文格式

图 9-9 所示的 BGP Update 报文格式分为 3 个部分。

①撤销（删除）路由的信息，包含两个字段：Withdrawn Routes Length 和 Withdrawn Routes。

当上次通告的路由中有些路由已经无效时，本次路由通告需要靠这两个字段告知邻居将这些无效的路由撤销。

②新增路由中的路径属性，包含两个字段：Total Path Attribute Length 和 Path Attributes。其表示新增的路由中除了目的网段外的其他相关的路径属性。

③新增路由的可达信息（Network Layer Reachability Information，NLRI），包含一个字段：Network Layer Reachability Information，表示新增路由的目的网段信息（这些网段的路由是可达的）。

1. 撤销路由的信息

由于所要撤销的路由（Withdrawn Routes）是一个变长字段（包含 0 ~ n 个撤销路由），因此需要用 Withdrawn Routes Length（撤销路由长度，占用 2 字节）来标识所有的撤销路由的长度（计量单位是字节）。

当然，如果 Withdrawn Routes Length = 0，则表示没有需要撤销的路由（Withdrawn Routes Length 字段的后面也不会再有 Withdrawn Routes 字段）。

Withdrawn Routes 是一个列表（List），包含 n 个二元组 <Length, Prefix>，其数据结构如图 9-10 所示。

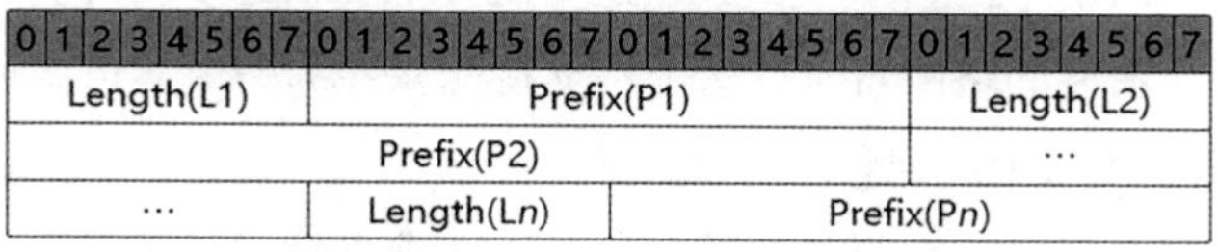

<table>
<tr><th>0 1 2 3 4 5 6 7</th><th>0 1 2 3 4 5 6 7</th><th>0 1 2 3 4 5 6 7</th><th>0 1 2 3 4 5 6 7</th></tr>
<tr><td>Length(L1)</td><td colspan="2">Prefix(P1)</td><td>Length(L2)</td></tr>
<tr><td colspan="3">Prefix(P2)</td><td>…</td></tr>
<tr><td>…</td><td>Length(Ln)</td><td colspan="2">Prefix(Pn)</td></tr>
</table>

图 9-10　Withdrawn Routes 数据结构

图 9-10 表达了 n 个二元组 <Length, Prefix>，其中 Length 占用 1 字节；Prefix 是变长的，其长度由 Length 字段的值表示（计量单位是 bit）。

一个路由表项中表达目的地址的方法是“网段 + 掩码长度”，二元组 <Length, Prefix> 中的 Length 表述的就是掩码长度，Prefix 表述的就是网络号。例如，1.1.1.0/24 用二元组的方法表示就是 <24(length), 1.1.1(prefix)>。

如果二元组的 Length = 0（Prefix 不用填写），那么意味着所有路由都撤销。

2. 新增路由的可达信息

NLRI 的根本含义就是路由表项中的“目的地址”，所以它的数据结构与 Withdrawn Routes 相同，也是一个 list，包含 N 个二元组 <Length, Prefix>。

NLRI 表示路由表项中的“目的地址”，那么路由表项中的“下一跳”该是什么呢？这就涉及了新增路由中的路径属性。

3. 新增路由中的路径属性

BGP Speaker 向它的邻居通告的路由表项中，不仅包含“目的地址”，还要包含“下一跳”，这样路由表项才会完整。BGP 将“下一跳”信息放到了 BGP Update 报文中的新增路由中的路径属性字段。除了“下一跳”外，路径属性还包括很多内容，而且非常复杂。

（1）路径属性的分类

我们知道，一个 BGP Speaker 在收到邻居的路由通告（BGP Update 报文）时，还会继续通告给它的其他邻居（需要注意 eBGP 和 iBGP 的区别）。这些属性分类的目的是约束路由器是否支持这些属性，以及是否传递这些属性。路径属性一共分为 4 类。

① Well-known mandatory（公认 / 必选）。这些属性必须支持，而且必须体现在 BGP Update 报文中。另外，如果需要再次通告给邻居，则必须再次将这些属性传递给邻居（在接下来的路由通告报文中必须包含这些属性）。

② Well-known discretionary（公认 / 自选）。这些属性必须支持，但是第 1 个路由通告，在通告路由时，不是必须体现在 BGP Update 报文中。如果第 1 个路由通告包含了这些属性，那么后续路由通告中必须再传递给邻居。

③ Optional transitive（可选 / 可传递）。这些属性不要求必须支持。当一个支持此属性的路由器通告给一个不支持此属性的路由器时，不支持此属性的路由器再次通告路由时，是丢弃还是传递此属性取决于报文中一个比特的值（1 为必须传递，0 为必须不传递）。

④ Optional non-transitive（可选 / 非传递）。这些属性不要求必须支持。当一个支持此属性的路由器通告给一个不支持此属性的路由器时，这个不支持此属性的路由器再次通告路由时必须丢弃此属性，不能在 Update 报文中带上此属性。

以上分类其实是表达了路由通告的两个行为：是否必须支持，是否必须传递，如表 9-1 所示。

表 9-1　路径属性分类的含义

分类	是否必须支持	是否必须传递
公认 / 必选 Well-known mandatory	是	必须传递
公认 / 自选 Well-known discretionary	是。路由器必须支持，但是第一个通告路由的路由器可以不带这些属性	必须传递。如果第一个通告路由的路由器没有带这些属性，那么传递将无从谈起；如果第一个通告路由的路由器带上了这些属性，那么以后的路由通告必须传递
可选 / 可传递 Optional transitive	否	不一定。是否传递取决于报文中一个 bit 位的值：1 为必须传递，0 为必须不传递
可选 / 非传递 Optional non-transitive	否	必须不能传递

从某种意义上来说，“必须支持”的属性就是 BGP 协议规定的“公有属性”；不是“必须支持”的属性就是厂商的私有属性，厂商可以任意扩展。当前 BGP Update 消息中的路径属性举例如表 9-2 所示。

表 9-2　路径属性举例

属性名称	属性类型
Origin	Well-known mandatory
AS_Path	Well-known mandatory
Next_Hop	Well-known mandatory
Multi_Exit_Disc	Optional non-transitive
Local_Pref	Well-known discretionary
Atomic_Aggregate	Well-known discretionary
Aggregator	Optional transitive
Communities	Optional transitive
Originator_ID	Optional non-transitive
Cluster_List	Optional non-transitive
Destination Pref (MCI)	—
Advertiser (Baynet)	—
Rcid-Path (Baynet)	—
MP_Reach_NLRI	—
MP_Unreach_NLRI	—
Extended_Communities	—

（2）路径属性的数据结构

BGP Update 消息中有两个字段表示路径属性（图 9-9）：Total Path Attribute Length、Path Attributes。

Total Path Attribute Length 占有 2 字节，它指明了 Path Attributes 字段的所有长度（计量单位是字节）。

Path Attributes 是一个变长字段，它是一个 list，包含 N 个三元组 <Attribute Type, Attribute Length, Attribute Value>。下面分别介绍这 3 个字段。

① Attribute Type。Attribute Type 占有 2 字节。Attribute Type 又细分为 2 个字段，第 1 个字段是 Attr.Flags（属性标签），第 2 个字段是 Attr.Type Code（属性类型值），如图 9-11 所示。

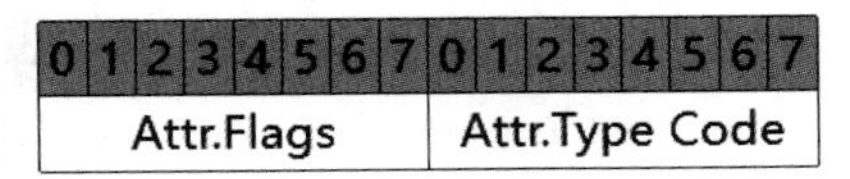

图 9-11　Attribute Type 数据结构

Attr.Type Code 是一个整数，表示一个属性类型，如 ORIGIN 属性的 Attr.Type Code = 1。而 Attr.Flags 则比较复杂，其前 4 个比特每个各表示一个含义（后 4 个比特暂时没有使用），如图 9-12 所示。

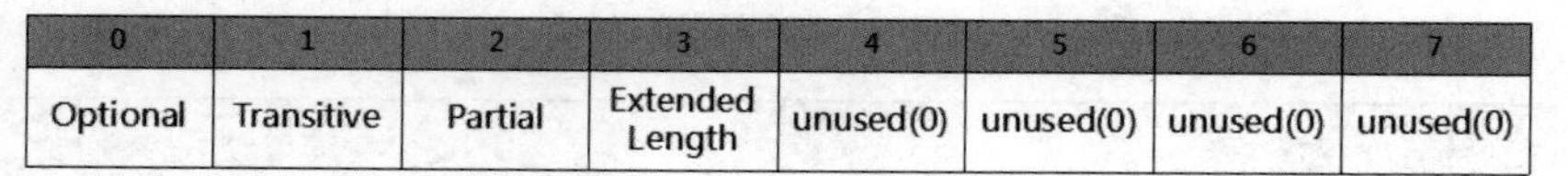

0	1	2	3	4	5	6	7
Optional	Transitive	Partial	Extended Length	unused(0)	unused(0)	unused(0)	unused(0)

图 9-12　Attr. Flags 数据结构

Attr. Flags 各比特的含义，如表 9-3 所示。

表 9-3　Attr. Flags 各比特的含义

bit	含义
0（Optional）	如果值等于 1，则表示属性是可选的（optional）；如果值等于 0，则表示属性是公认的（well-known）
1（Transitive）	针对可选属性，如果值为 1，则表示必须传递；如果值为 0，则表示必须不传递。针对 well-known 属性，其值必须设置为 1（必须传递）
2（Partial）	针对 Optional Transitive 属性，如果值为 1，表示该属性仅仅是部分；如果值是 0，表示该属性已经是完整的（complete）。针对 well-known 属性和 optional non-transitive 属性，其值必须为 0（complete）
3（Extend Length）	如果值等于 0，则表示接下来的属性长度字段占用 1 字节；如果值等于 1，则表示接下来的属性长度字段占用 2 字节
4 ~ 7（unused）	未使用，必须设置为 0

② attribute length。attribute length 可能占有 1 字节，也可能占有 2 字节，取决于表 9-3 中的 Extend Length 的值。如果 Extend Length = 0，则 attribute length 占有 1 字节；如果 Extend Length = 1，则 attribute length 占有 2 字节。

attribute length 表示 attribute value 的长度（计量单位是字节）。

③ attribute value。attribute value 是一个变长字段，表示属性的值。至于属性的值具体代表什么含义，与具体的属性类型相关。

（3）路径属性的说明

表 9-2 中列举了 16 个路径属性，这里挑选几个比较重要的属性进行介绍。

① Origin。Orgin 是一个 Well-known mandatory 属性，Attr.Type Code = 1。Origin 指的是这次路由通告（Update 报文）中的路由来源，不同的值代表不同的来源。

- IGP（attribute value = 0）表示 NLRI 来源于本 AS 的 IGP 导入。
- EGP（attribute value = 1）表示 NLRI 来源于 EGP（EGP 已经废弃）。
- INCOMPLETE（attribute value = 1）表示 NLRI 从其他方式获得，如路由重分布。

② AS_Path。AS_Path 是一个 Well-known mandatory 属性，Attr.Type Code = 2。

AS_Path 的数据结构是一个三元组 <path segment type, path segment length, path segment value>，这 3 个字段的含义如下。

- path segment type 表明 path segment value 里的 AS ID 的排列顺序。如果 path segment type = 1，表明是 AS_SET，无序排列；如果 path segment type = 2，表明是 AS_SEQUENCE，顺序排列。值得一提的是，这个顺序排列其实是倒序排列。例如，通告顺序是：R1(AS1) → R2(AS2)、R2(AS2) → R3(AS3)、R3(AS3) → R4(AS4)，那么 path segment value = AS4、AS3、AS2、AS1。
- path segment length 占有 1 字节，表明 path segment value 中包含的 AS ID 的数目（1 字节意味着最多有 255 个 AS ID）。
- path segment value 是一批 AS ID，表明到达此次通告中的路由所经过的 AS。这是一个变长字段，其长度取决于 AS ID 的数目，每个 AS ID 占用 2 字节。

AS_Path 的赋值规则如下。

- 如果是 iBGP 通告，则不会改变原来的 AS_Path 值，保持不变，通告下去。
- 如果是 eBGP 通告，则在 path segment value 中插入自己的 AS ID（注意区分 path segment type）。

AS_Path 有两大作用，第 1 个作用是防止 eBGP 路由通告环路，第 2 个作用是在 BGP 选择最优路径时发挥作用。

eBGP 的路由通告是“一传十，十传百”，这有可能会引发路由环路，如图 9-4 所示。

图 9-4 中，R1 自己的路由经过 R1 → R2 → R3 → R4 → R1 这样一个循环又通告给自己。然后，R1 再通告给 R2……如此循环反复，无穷无尽。而且，图 9-4 这样的场景不仅会造成路由通告环路，还会引发路由环路。

eBGP 解决该问题的方法就是，在 BGP Update 消息中，在路径属性里附加上 AS_Path 字段。例如，R1 通告给 R2，AS_Path 的值是 AS1（AS_Path 的值实际上是一个三元组列表，这里只是简单示例）。该路由再通过 R2 通告给 R3 时，AS_Path 的值是 AS2-AS1，依此类推，当该路由通过 R4 通告给 R1 时，AS_Path 的值变为 AS4 → AS3 → AS2 → AS1。当 AS1 得到该路由通告时，它发现 AS_Path 中有自己 AS1，那么它就将这条路由丢弃，这样就避免了环路。

③ Next_Hop。Next_Hop 是一个 Well-known mandatory 属性，Attr. Type Code = 3。

BGP Speaker 会将路由通告给它的 peer。那么其所通告的路由中的下一跳（Next_Hop）应该是什么呢？下面通过一个例子来进行讲解。如图 9-13 所示。

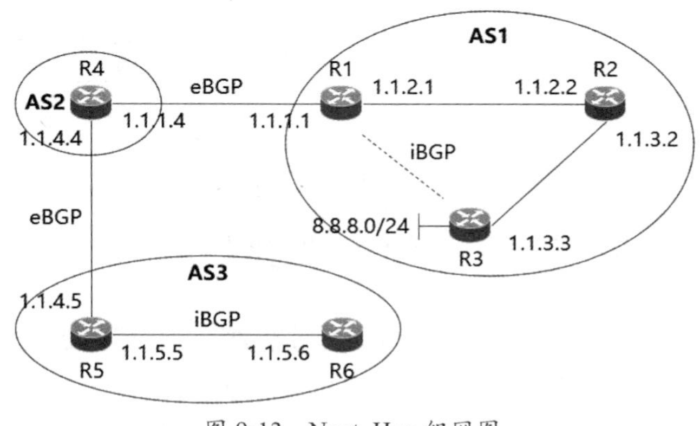

图 9-13 Next_Hop 组网图

图 9-13 中的拓扑关系如下。

- R1(1.1.1.1/24)/R3(1.1.3.3/24)，iBGP peer。
- R1(1.1.1.1/24)/R4(1.1.1.4/24)，eBGP peer。
- R4(1.1.4.4/24)/R5(1.1.4.5/24)，eBGP peer。
- R5(1.1.5.5/24)/R6(1.1.5.6/24)，iBGP peer。
- R3 连接 8.8.8.0/24 网段。

Next_Hop 的赋值规则如下。

- iBGP 通告，目的地址也在 iBGP 这个 AS 域内（图 9-13 中 R3 通告给 R1，目的网段是 8.8.8.0/24），Next_Hop 就是宣告路由器的地址（1.1.3.3）。
- iBGP 通告，目的地址不在 iBGP 这个 AS 域内（图 9-13 中 R5 通告给 R6，目的网段是 8.8.8.0/24），Next_Hop 是上一个 eBGP 宣告时的宣告者地址（图 9-13 中，上一个 eBGP 宣告是 R4 宣告给 R5，Next_Hop 是 R4 的 IP 地址 1.1.4.4）。
- eBGP 通告，Next_Hop 就是宣告路由器的地址（图 9-13 中，R1 通告给 R4，目的网段是 8.8.8.0/24，Next_Hop = 1.1.1.1；R4 通告给 R5，目的网段 = 8.8.8.0/24，Next_Hop = 1.1.4.4）。

说明：Next_Hop 的赋值规则并不是绝对的，可以通过人工配置改变。

把 Next_Hop 属性叠加到图 9-13 中，可以有更加直观的认识，如图 9-14 所示。

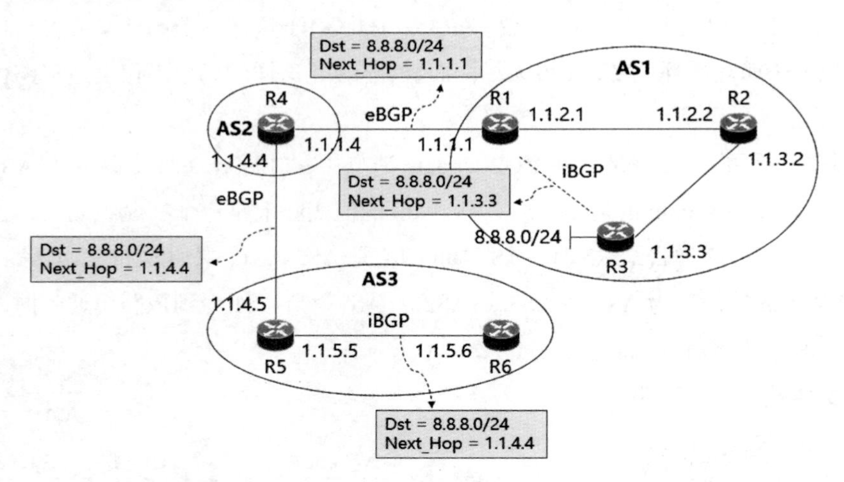

图 9-14　Next_Hop

④ Multi_Exit_Disc（Multi_Exit_Discriminate，MED）。MED 是一个 optional non-transitive 属性，Attr.Type Code = 4。

MED 是一个 4 字节的无符号整数，是目标在路由选择时，帮助 BGP 选择哪个出口，如图 9-15 所示。

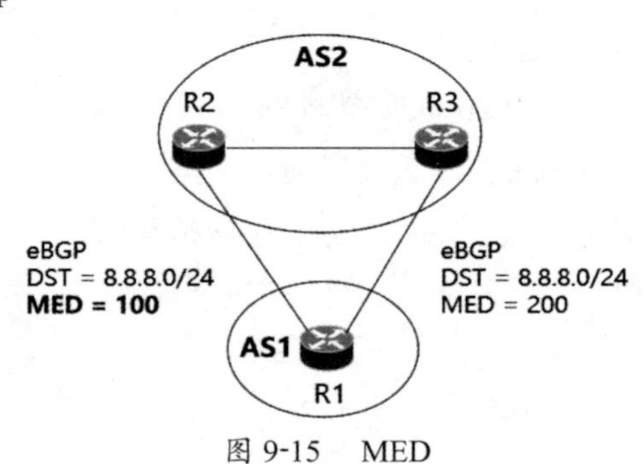

图 9-15　MED

图 9-15 是一个简化的组网图，而且其他条件都不考虑，只考虑 MED 这一个因素。图 9-15 中，R1/

R2、R1/R3 分别建立 eBGP peer。R2 与 R3 都向 R1 通告了路由，目的网段是 8.8.8.0/24，下一跳分别是 R2、R3。这样，R1 就会有两条 BGP 路由，都是前往 8.8.8.0/24，但是下一跳分别是 R2 和 R3。

现在问题来了，R1 应该选择哪一个作为下一跳呢？

BGP 在选择路由时，在其他条件都相同的情况下，会优先选择 MED 小的那条路由。也就是说，在图 9-15 中，BGP 会优先选择 R2 作为下一跳（去往 8.8.8.0/24）。

⑤ Local_Pref（Local_Preference，本地优先级）。Local_Pref 是一个 well-known mandatory 属性，Attr.Type Code = 5。

Local_Pref 只会在一个 AS 域内的 iBGP 路由通告中传递，不会在 eBGP 路由通告中传递。如果发送方故意在 eBGP 通告中附带了这个属性，那么接收者也应忽略并丢弃该属性。

Local_Pref 属性是为了选路，如图 9-16 所示，拓扑关系如下。

- R4/R2、R4/R3 分别是 eBGP peer。
- R2/R1、R3/R1 分别是 iBGP peer。
- R4 能够到达 8.8.8.0/24 网段。

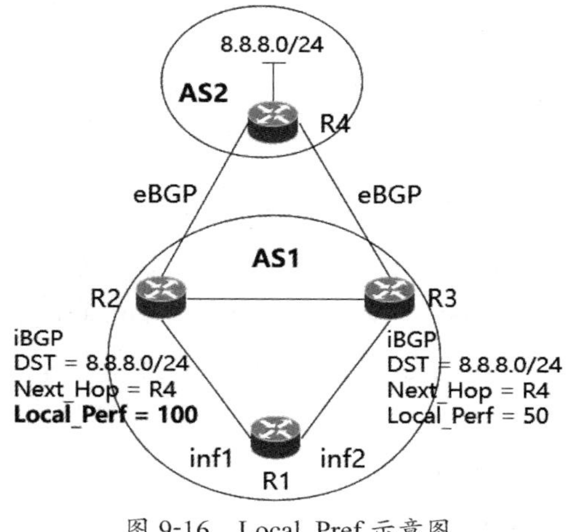

图 9-16　Local_Pref 示意图

图 9-16 中，R1 学习到的 BGP 路由信息中去往 8.8.8.0/24 网段的有两条路由，这两条路由的出接口不同（不同的出接口对应着不同的 iBGP peer）。那么 R1 会选择哪条路由呢？

BGP 为了解决这个问题，提出了 Local_Pref 属性。Local_Pref 是一个 4 字节无符号整数，它的值代表一个度量，值越大优先级越高，路由选择时就会优选。

图 9-16 中，如果其他条件都一样，那么 R1 就会选择出接口 inf1，即通过 R2 出去。

9.3 BGP 的路径优选

BGP Speaker 在收到它的邻居发送过来的路由通告（BGP Update 报文）时，除了要泛洪出去（如果需要）外，还会根据通告中的路由信息处理自己的 BGP 路由表。

对于通告信息中的 Withdrawn Routes 信息，其处理方式相对简单，根据 Withdrawn Routes 中的二元组 <Length, Prefix> 列表，逐个删除 BGP 路由表中的对应路由表项即可。

对于通告信息中的 NLRI，如果对应的目的地只有一条路径，那也比较简单，把相应的路由信息安装进 BGP 路由表即可。

但是，如果到达同一个目的地存在多条路径，应该将哪条路径所对应的路由信息安装进 BGP 路由表呢？或者说，BGP 的最优路径规则是什么呢？

简单地说，BGP 的最优路径规则就是比较候选路径上的相关属性及这些属性的优先级，以选出相对最优的路径。

9.3.1 第 1 优先级：Local_Pref

BGP 选择最优路径时，首先考虑的是域内的最优。也就是说，两条路径中，如果其中一条是域内最优的，那么 BGP 就会选择这条，而不会考虑整体的最短路径（最小 AS 跳数）。

而 BGP 所考虑的域内最优，是基于 Local_Pref 属性，如图 9-17 所示。

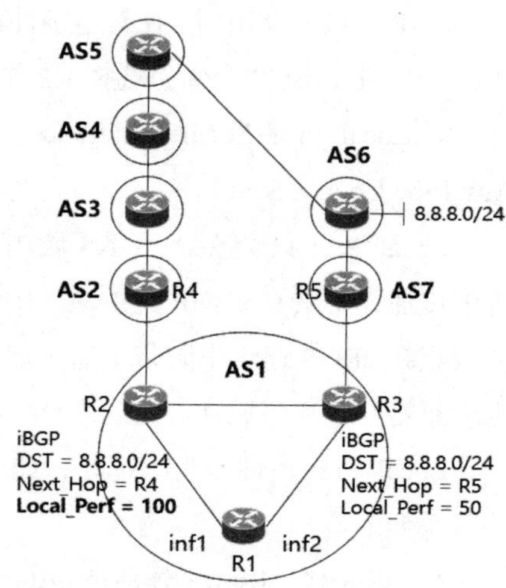

图 9-17　基于 Local_Pref 选择最优路径

图 9-17 中，R1 到达 8.8.8.0/24 网段的路由有两个。

① A 路径：AS1(R1 → R2) → AS2 → AS3 → AS4 → AS5 → AS6。

② B 路径：AS1(R1 → R3) → AS7 → AS6。

显然，如果比较 AS_Path，则 B 路径比 A 路径要优得多（因为路径短）。但是，BGP 优选路径的第 1 优先级规则不是最短 AS_Path，而是 Local_Pref。

说明：并不是说 Local_Pref 一定要与接口带宽挂钩，只是说绝大部分场景下，接口带宽与 Local_Pref 有着强相关性。AS_Path 最短并不意味着实际的物理距离最短，只不过两者也有一定的强相关性。

9.3.2 第 2 优先级：AS_Path

如果多条候选路径的 Local_Path 的值是一样的，那么 BGP 第 2 优先级选路的指标就是最短路径。BGP 中的最短路径，指的是 AS_Path 中的 AS 数量（经过了几个 AS），如图 9-18 所示。

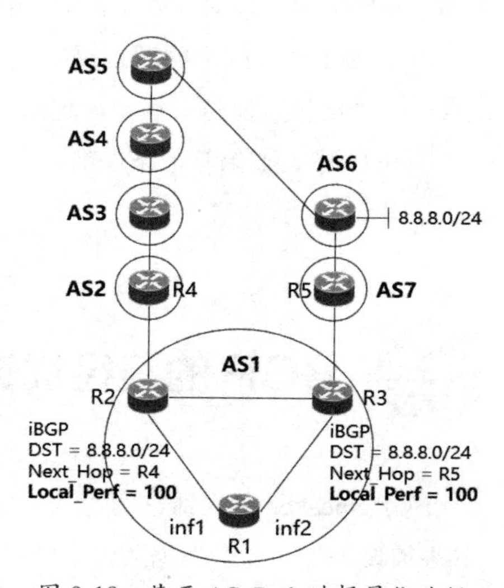

图 9-18　基于 AS_Path 选择最优路径

图 9-18 中，由于第 1 优先级的 Local_Pref 相同（均为 100），因此应基于第 2 优先级的 AS_Path 选择路径，即选择 B 路径 AS1(R1 → R3) → AS7 → AS6。

需要说明一点，既然是最短路径，为什么是选择最短的 AS 跳数（AS_Path），而不是更直接更彻底的路由器（网关）跳数呢？这是因为其无法实现。

在 BGP 当前协议中，直接与路径长短属性相关的是 AS_Path，间接相关或者说仅有一点点关系的是 Next_Hop。AS_Path 只有 AS 跳数，而没有网关跳数；而 Next_Hop 只有 1 跳而已。要想通过 Next_Hop 推导出到达目的地需要经过多少跳，这是 BGP 协议无法承担的重任。

9.3.3 第 3 优先级：MED

BGP 选择最优路径的第 3 优先级是 MED，如图 9-19 所示。其中，R1 到达 8.8.8.0/24 网段的路径有两个。

- A 路径：R1(AS1) → R2(AS2) → R4(AS3)。
- B 路径：R1(AS1) → R3(AS2) → R4(AS3)。

两个路径的 Local_Pref、AS_Path 两个指标都一样，按照第 3 个指标 MED（谁小谁优先），应选择 A 路径 R1(AS1) → R2(AS2) → R4(AS3)。

但是，MED 有一个特点，即只有多条路径到达同一个 AS，MED 才有意义，如图 9-20 所示。

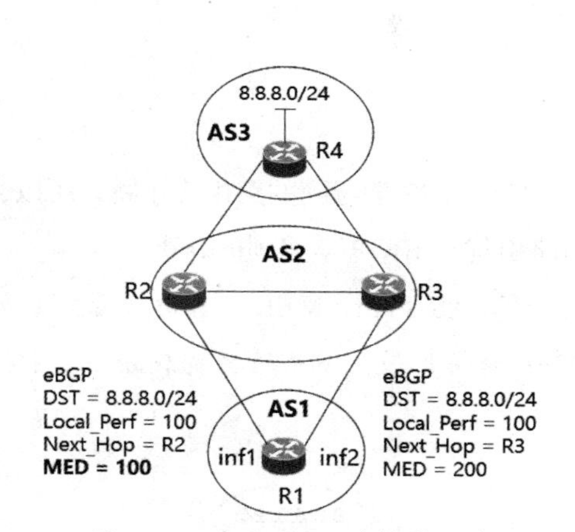

图 9-19　基于 MED 选择最优路径

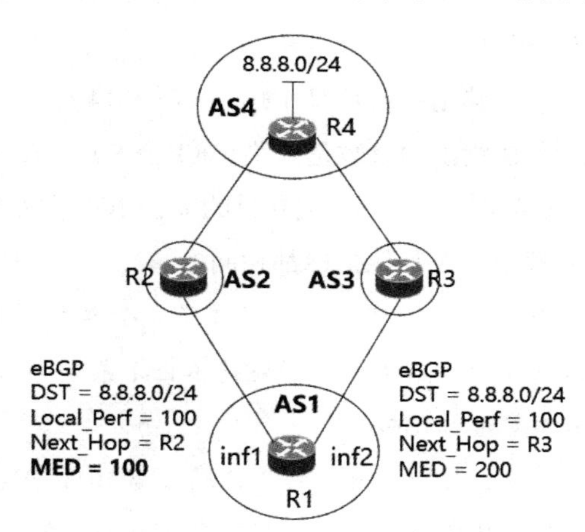

图 9-20　目的地是不同 AS 的 MED

图 9-20 中，R1 到达 8.8.8.0/24 网段的路径有两个。

- A 路径：R1(AS1) → R2(AS2) → R4(AS4)。
- B 路径：R1(AS1) → R3(AS3) → R4(AS4)。

图 9-20 与图 9-19 最大的不同是：前者的 R2、R3 分属不同的 AS，而后者的 R2、R3 属于同一个 AS。这就导致图 9-20 中无法根据 MED 来选择哪条路径更优。

当然，即使是属于同一个 AS，如果多条候选路径的 MED 相同（Local_Pref、AS_Path 这两个参数的值也相同），也无法选出哪条路径最优。此时，只能依赖第 4 个参数。

9.3.4 第 4 优先级：路由来源

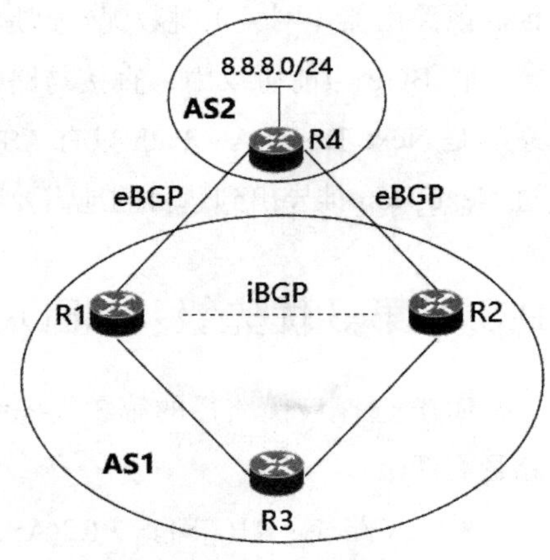

图 9-21 基于路由来源选择最优路径

BGP 选择最优路径所依据的前 3 个参数（Local_Pref、AS_Path、MED）都是路径的属性；第 4 个参数则与路径属性无关，而与路由来源有关。路由来源就是一个路由器所收到的路由信息，其来源是 eBGP 路由通告还是 iBGP 路由通告。

BGP 的选路规则是：eBGP 的路由优于 iBGP 的路由，如图 9-21 所示。

图 9-21 中，R1、R2 分别与 R4 组建了 eBGP peer，R1 与 R2 组建了 iBGP peer。R1 通过 eBGP 和 iBGP 学习到了两条路由。

① A 路由（路由来源 eBGP）：Dst = 8.8.8.0/24，Next_Hop = R4。

② B 路由（路由来源 iBGP）：Dst = 8.8.8.0/24，Next_Hop = R4。

表面上看这两条路由没有任何区别，仅仅是来源不同。但是两条路由所经历的的网关跳数其实是不一样的。

① A 路由的跳数是 1 跳（R1 → R4）。

② B 路由的跳数是 3 跳（R1 → R3 → R2 → R4）。

实际上，到达 AS 域外目的地，iBGP 学习到的路由至少要比 eBGP 学习到的路由多 1 跳。所以，BGP 规定（在其他指标都相同的情况下），eBGP 学习到的路由优于 iBGP 学习到的路由。

说明：到目前为止，经过了 4 个参数的比较（Local_Pref、AS_Path、MED、路由来源），如果所选择的“最优”路径还是不止 1 条，那么就有两种做法：放弃比较，多条路径负载分担；依据其他参数继续比较。

如果选择“放弃比较”，则需要 BGP 开启“负载分担”特性。但是一般来说，BGP 的“负载分担”特性都没有打开，所以绝大部分情况下，BGP 仍需继续比较，直到选出一个最优路径。

9.3.5 第 5 优先级：路由学习时间

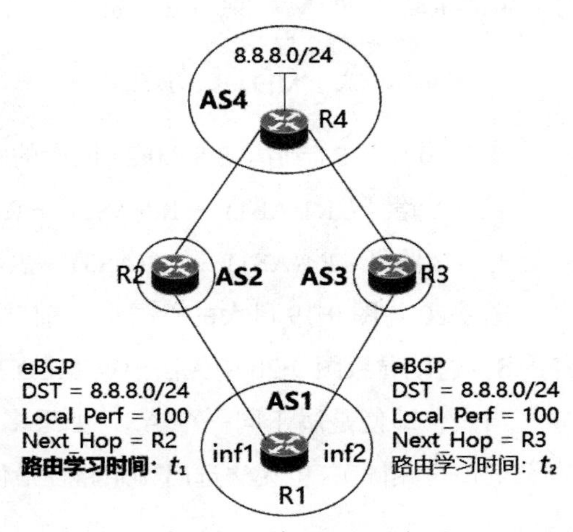

图 9-22 基于路由学习时间选择最优路径

所谓路由学习时间，实际上指的是路由器接收 BGP 路由通告的时间。路由学习时间也不是 BGP 的路径属性，而是 BGP 程序本身记录下来的，即什么时间收到了路由通告就记录下来，作为相应路由的学习时间，如图 9-22 所示。

图 9-22 中，如果前几个比较参数（Local_Pref、AS_Path、MED、路由来源）都相同，则 BGP 会比较路由学习时间。假设 $t_1 < t_2$（t_1 比 t_2 更早），那么 BGP 会选择路径 R1 → R2 → R4。

BGP 选择学习时间更早的路由，是考虑到路由翻转。由于接口不稳定等原因，BGP 的路由会出现路由翻转：增加这条路由或取消这条路由。而如果选择一个学习时间最长的路由，则这条路由出现路由翻转的概率会相对最小。

9.3.6 第 6 优先级：Cluster_List

Cluster_List、Cluster ID 会放到 9.4 节中详细讲述。但是，由于这两个概念与 BGP 最优路径选择相关，这里只对其进行简单介绍。

可以把 Cluster_List 类比为 AS_Path，把 Cluster ID 类比为 AS ID，这样就比较容易理解 BGP 基于 Cluster_List 的最优路径选择规则：Cluster_List 最短者当选。最短是指 Cluster_List 里所包含的 Cluster ID 最少。

该规则只有在 iBGP 选择路径时才会用到，因为 Cluster_List、Cluster ID 只与 iBGP 相关。

9.3.7 第 7 优先级：下一跳的 Router ID

BGP 选择最优路径规则是：如果 Local_Pref、AS_Path、MED、路由来源、路由学习时间这些参数的值都相同，那么下一跳的 Router ID 最小者，其所在路径为最优路径，如图 9-23 所示。

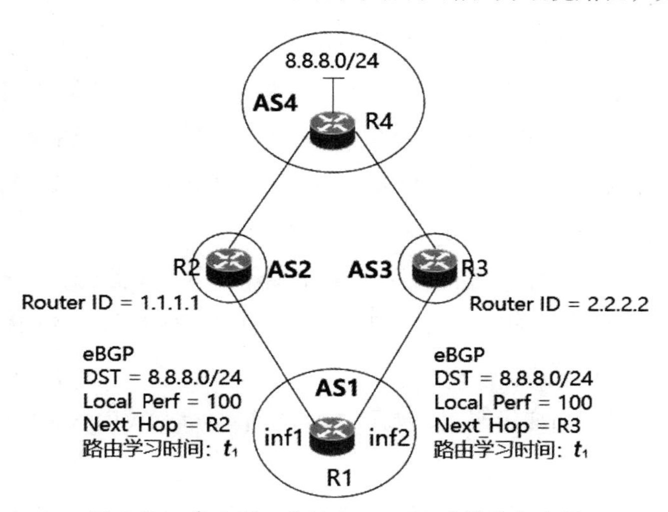

图 9-23　基于下一跳的 Router ID 选择最优路径

图 9-23 中，由于 R2 的 Router ID 比 R3 的小，因此 BGP 会选择路径 R1 → R2 → R4。

说明：BGP 在启用 BGP 协议时会自动赋值 Router ID，其赋值规则有两个：所有 loopback 地址中最大者为 Router ID。如果没有 loopback 接口，则所有处于 up 状态的物理接口地址最大者为 Router ID。

9.3.8 第 8 优先级：下一跳的 IP

“下一跳的 IP”其应用场景如图 9-24 所示，描述的场景是多个接口之间创建了多条 3 层连接，而且其他参数（Local_Pref、AS_Path、MED、路由来源、路由学习时间、下一跳的 Router ID）都相同，此时 BGP 就根据下一跳的 IP 选择最优路径，下一跳的 IP 最小者当选。

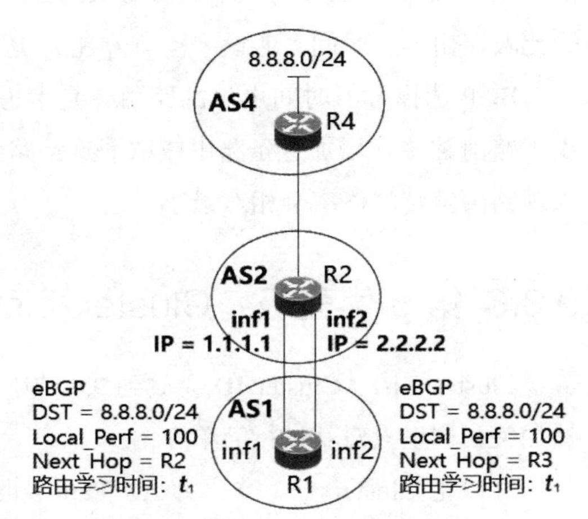

图 9-24　基于下一跳 IP 选择最优路径

对于图 9-24 来说，其最优路径是 R1.inf1 → R2.inf1 → R4。

需要说明的是，到此为止，BGP 可能选出一条最优路径，除非路由器接口 IP 重复。但是，IP 重复这种异常情况不是 BGP 最优路径规则中要考虑的范围。

9.4 iBGP 的“大网”解决方案

iBGP 的作用范围是一个 AS 领域，OSPF、IS-IS 的作用范围也是一个 AS。显然，后两者所遇到的一个 AS 内“大网”问题，iBGP 同样会遇到。但是，诱发 iBGP“大网”问题的原因，除了网络本身比较“大”外，还有一个 iBGP 自身的特性，即 iBGP 的路由通告只能是 1 跳，如图 9-25 所示。

图 9-25 中，R1/R2、R2/R3、R3/R4、R4/R1 分别组成 iBGP peer，R1/R5 组成 eBGP peer。可以看到，R1 同时承担了 eBGP Speaker 和 iBGP Speaker 的角色。

图 9-25 中，R5 通过 eBGP 路由通告发送给 R1 的路由，R1 只能通告给 R2、R4，却无法通告给 R3。因为 iBGP 的路由通告只能是 1 跳，R2、R4 不会再把 R1 通告过来的路由再转发给 R3。也就是说，R3 无法感知 AS2 的路由。

解决 R3 能收到 AS2 的路由通告的方法就是“eBGP Speaker 与域内的 iBGP Speaker 全面结对”，如图 9-26 所示。

通过图 9-26 可以看到，所谓“全面结对”，就是 eBGP Speaker 与域内的所有 iBGP Speakers 都组成 iBGP peer。如此一来，R1 就可以很“轻松”地将 R5 通告给它的路由，再通告给 R3。然后，R3 也可以收到 R5 的通告了。

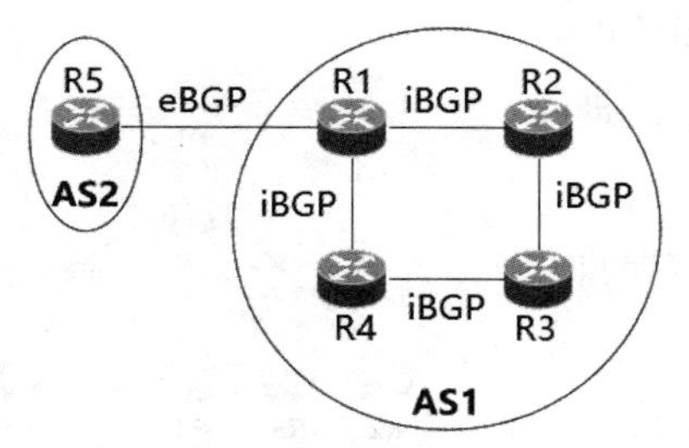

图 9-25 iBGP 的路由通告只能是 1 跳

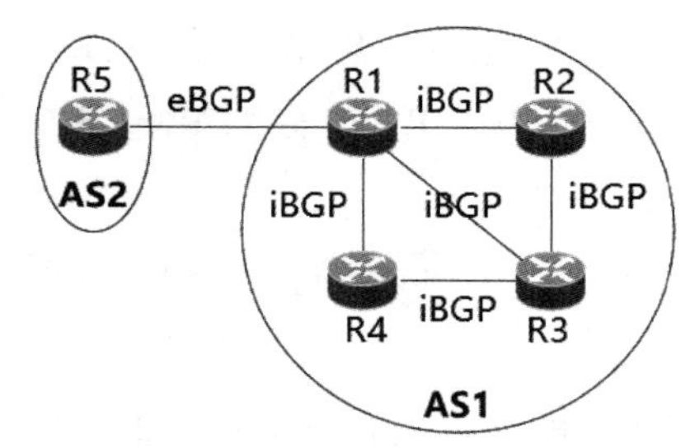

图 9-26 eBGP Speaker 与域内的 iBGP Speaker 全面结对

假设一个 AS 域内的所有路由器都是"eBGP Speaker/iBGP Speaker"双重角色，那么这个域内的路由器就得"全互联"，即两两之间需要建立 iBGP peer，如图 9-27 所示。从组网图来看，与 OSPF 的"大网"问题几乎一模一样。如果一个 AS 域内的路由器太多，iBGP 的路由通告报文一样会"淹没"整个网络，从而造成 AS"瘫痪"。

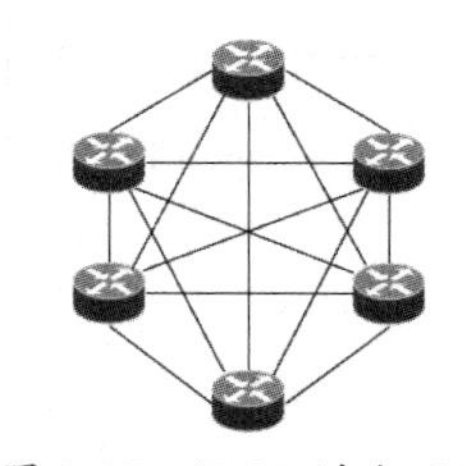

图 9-27 iBGP 的全互联

BGP 本来是要解决全世界范围内的"大网"问题，现在仅仅在一个 AS 内，反倒自己先遇到了"大网"问题。为此,BGP 提出了 2 个方案:BGP 路由反射器、BGP 联邦。

9.4.1 路由反射器方案

BGP 的路由反射器（Router Reflector，RR）方案与 OSPF 的指定路由器（Designated Router，DR）机制的思想相同，如图 9-28 所示。

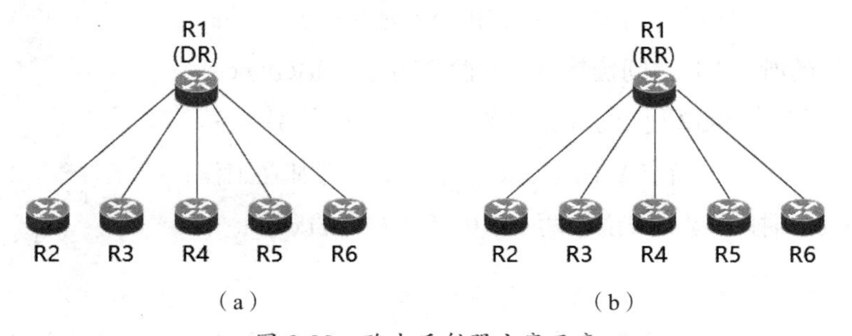

（a）（b）

图 9-28 路由反射器方案示意

图 9-28（a）是 OSPF 的 DR 机制逻辑组网示意，图 9-28（b）是 iBGP 的 RR 机制逻辑组网示意，可以看到两者非常相似。

其实，无论是路由器的角色还是路由信息"通告"，两者都很多相似之处。下面分别讲述路由反射器这两方面的概念。

1. RR 机制中的角色

RR 机制中各个路由器的角色如图 9-29 所示，R1 ~ R6 属于同一个 AS，而且 R1 分别与

R2 ~ R6 建立了 iBGP peer，R2 ~ R6 之间不再互相建立 iBGP peer。

图 9-29 中，R1 被称为 RR，R2 ~ R4 被称为 client，即 RR（R1）的 client；R5 ~ R6 被称为 none-client，即 R5 ~ R6 不是 RR（R1）的 client。这些角色都是人工指定的，不需要自动选举。

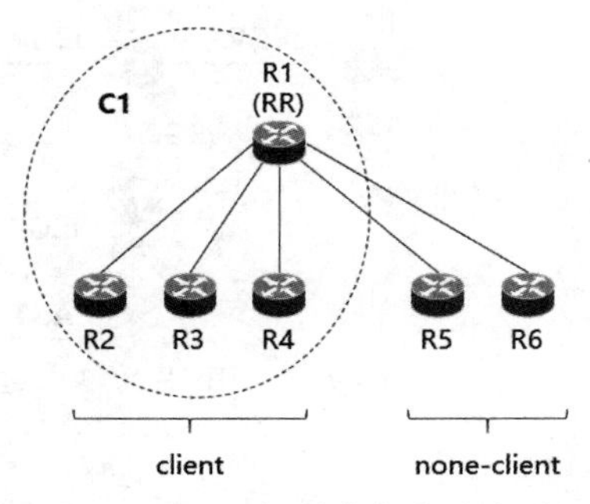

图 9-29 RR 机制中各个路由器的角色

RR（R1）和它的 client（R2 ~ R4）组成了一个 Cluster。每个 Cluster 用一个 Cluster ID 来标识。Cluster ID 是一个 4 字节无符号整数，由人工配置，其默认值等于 RR 的 Router ID。图 9-29 中的 C1，表示这是一个 Cluster，其 Cluster ID = 1。

一个 AS 可以包含多个 Cluster，如图 9-30 所示。

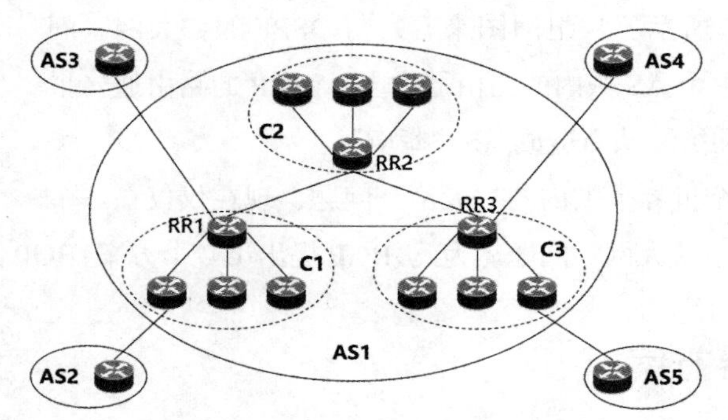

图 9-30 一个 AS 包含多个 Cluster

图 9-30 中，AS1 包含 3 个 Cluster：C1、C2、C3。

需要强调的是，为了保证 AS 内的所有路由器都能感知到“外面的世界”，一个 AS 内的所有 RR 之间仍然需要两两之间建立 iBGP peer。

为了避免单点故障，BGP 提出了冗余 RR 机制，如图 9-31 所示。R1 和 R2 都是 RR（都由人工指定），两个 RR 互相热备（即都在工作，并且互相备份）。从拓扑结构上来说，两个 RR 互为对方的 client。

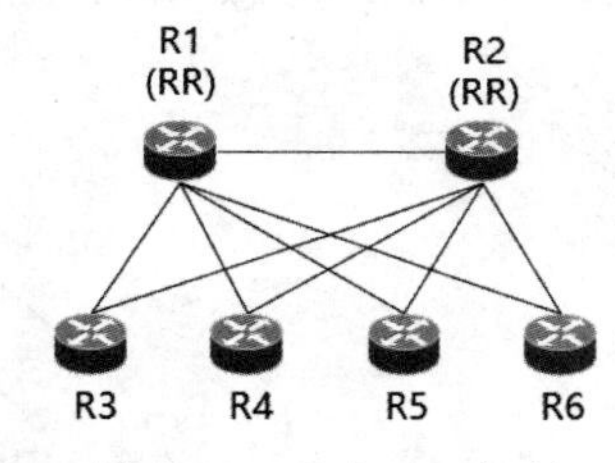

图 9-31 冗余 RR 机制

2. RR 机制的基本原理

iBGP 提出 RR 方案，其本质目的就是解决 iBGP 路由通告消息太多的问题。所以，RR 机制定义了 iBGP 路由通告的基本原则，当然这些原则也与 RR 机制中的各个角色相关。

当一个路由器从 eBGP 邻居那里学习到路由（或者被 IGP 注入路由）后，它会给它的 iBGP 邻居发送路由通告。发送路由通告的原则如下。

① RR 会给它的 client 及 none-client 邻居发送 iBGP 路由通告。

② client 会给 RR 发送 iBGP 路由通告。

③ none-client 会给 RR 发送路由通告。

当一个路由器从 iBGP 邻居那里收到 iBGP 路由通告后，它是否再转发该路由通告取决于路由器角色。其原则如下。

① client 和 none-client 收到 RR 发送过来的 iBGP 路由通告。client 和 none-client 收到 RR 发送过来的 iBGP 路由通告后，不再转发，这也符合 iBGP 通告只有一跳的原则。

② RR 收到 client 发送过来的 iBGP 路由通告。RR 收到 client 发送过来的 iBGP 路由通告后，会转发给其他所有 client，以及所有的 none-client，如图 9-32 所示。

图 9-32 中，R1 是 RR，R2 ~ R4 是 client，R5 ~ R6 是 none-client。R2 向 R1 发送的 iBGP 路由通告会被 R1 再度转发给 R3 ~ R6。

从某种意义上说，R1 这种行为是“非法”的。因为原本规定 iBGP 路由通告只能是 1 跳，但现在 R1 收到 R2 的 iBGP 路由通告后再转发给 R3 ~ R6，这就已经是 2 跳了，违反了原来的规定。

③ RR 收到 none-client 发送过来的 iBGP 路由通告。RR 收到 none-client 发送过来的 iBGP 路由通告后，会转发给所有的 client，但是不会再转发给其他的 none-client，如图 9-33 所示。

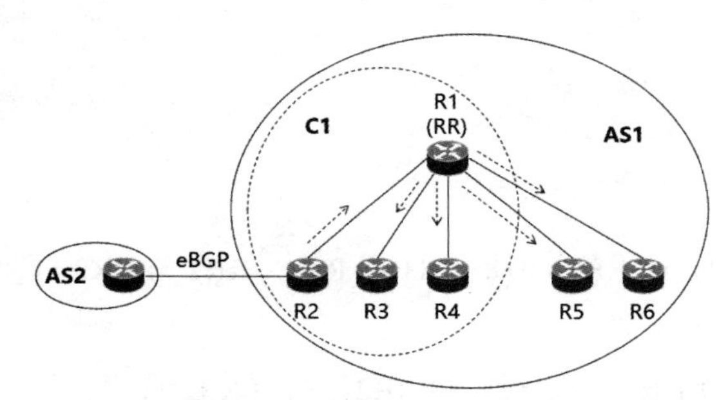

图 9-32 RR 收到 client 发送过来的 iBGP 通告

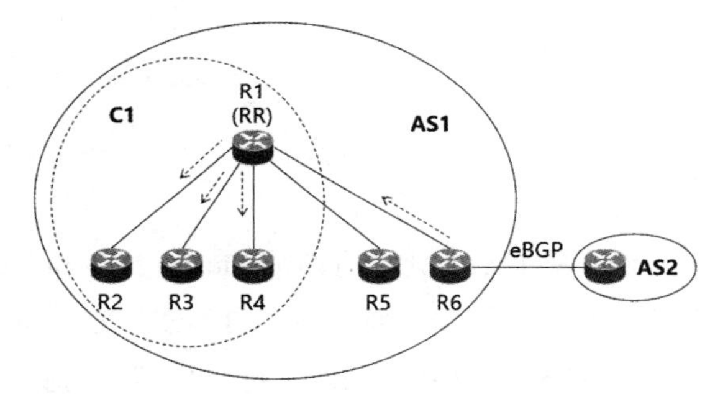

图 9-33 RR 收到 none-client 发送过来的 iBGP 通告

图 9-33 中，R1 是 RR，R2 ~ R4 是 client，R5 ~ R6 是 none-client。R6 向 R1 发送的 iBGP 路由通告会被 R1 再度转发给 R2 ~ R4，但是不会再转发给 R5。

其实通过图 9-33 可以看到，R5 仍然感知不到“外面的世界”（AS2 的路由），但这不是 RR 机制的问题，而是“人为”故意的设定。因为将 R5 定义为 none-client 角色，不是 RR 机制自己造成的，而是人工“特意”设定的。

3. RR 机制解决环路

根据不同的场景，iBGP 提出了两种解决环路的方案。

（1）通过 Cluster_List 避免环路

Cluster_List 是一个 Optional non-transitive 属性（BGP Update 消息中的路径属性），Type Code = 10。

需要强调的是，Cluster_List 的 Optional（可选）是针对其他路由器而言的，针对 RR 则是必选的；Cluster_List 的 non-transitive（非传递）也仅仅在 eBGP peer 之间是“非传递”，在 iBGP peer 之间是“必须要传递”。否则，RR 机制无法利用该属性解决路由环路问题。

既然是 BGP Update 消息中的路径属性，那么 Cluster_List 的报文结构与其他属性相同，如图 9-34

所示。

0 1 2 3 4 5 6 7	0 1 2 3 4 5 6 7	0 1 2 3 4 5 6 7	…
Attr.Flags	Attr.Type Code	Length	Value(Variable)

图 9-34　Cluster_List 实际报文结构

RR 在通告 iBGP 路由时，会将自己的 Cluster ID“塞进”Cluster_List（如果没有 Cluster_List，RR 在 iBGP 通告之前会首先创建该属性），添加到 Cluster_List 的最前面，即图 9-34 中 Value 的最前面（Value 实际上是一个 List）。由于不能确定到底有几个 Cluster ID，因此 Value 是一个变长字段。

BGP 利用 Cluster_List 所能解决的环路场景示例如图 9-35 所示。

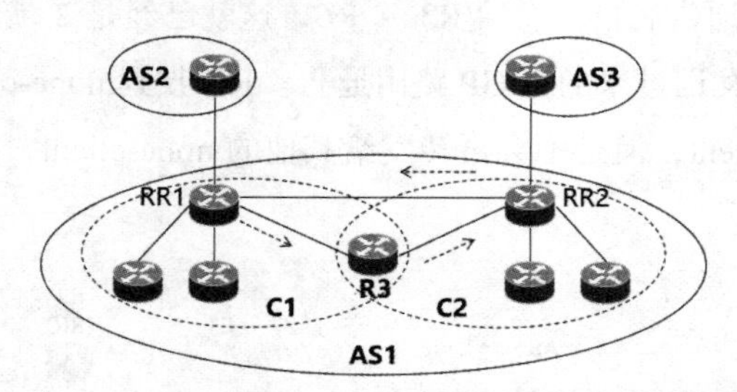

图 9-35　Cluster_List 所能解决的环路场景示例

图 9-35 中，AS1 内有两个 Cluster：C1 和 C2。两者的 RR 分别是 RR1 和 RR2。RR1 与 RR2 也组成 iBGP peer。最重要的是，R3 既属于 C1，也属于 C2。

图 9-35 中，RR1 向 R3 进行 iBGP 路由通告，R3 将该通告再通告给 RR2，然后 RR2 再通告给 RR1，RR1 再通告给 R3……循环往复，形成环路。

BGP 利用 Cluster_List 解决环路的基本原理如下。

① RR1 在向 R3 进行 iBGP 路由通告时，带上 Cluster_List 属性，其中 Cluster_List 的值等于 C1。

② R3 会将该属性一并通告给 RR2。

③ RR2 再通告给 RR1 时，也将 C2 插入 Cluster_List（Cluster_List 的值变成 C2C1）。

④ RR1 再收到该通告时，发现 Cluster_List 的值中包含自己的 Cluster ID（C1），因此就认为出现了环路，进而丢弃该通告报文。

可以看到，Cluster_List 解决环路的思路与 AS_Path 解决环路的思路完全相同，只不过前者是解决域内的环路，后者是解决域间的环路。

可以对图 9-35 所举的示例做进一步的抽象：非 RR 路由器（client 或 none-client）与多个 RR 之间组成的环路都可以利用 Cluster_List 属性来解决。

按照这一抽象，RR 的冗余机制（图 9-35）绝对会出现环路。当然，iBGP 完全可以利用 Cluster_List 这一属性来解决该环路问题。

（2）通过 Originator_ID 避免环路

Originator_ID 是一个 Optional non-transitive 属性（BGP Update 消息中的路径属性），Type Code = 9。

需要强调的是，Originator_ID 的 Optional（可选）是针对其他路由器而言的，针对 RR 则是必选的；Originator_ID 的 non-transitive（非传递）也仅仅在 eBGP peer 之间是“非传递”，在 iBGP peer 之间是“必须要传递”。否则，RR 机制无法利用该属性解决路由环路问题。

Originator_ID 的值是一个 4 字节无符号整数，每个路由器都可以通过人工配置该值，其默认值是 Router ID。虽然每个路由器都有 Originator_ID 值，但是在 Update 报文中，并不是每个路由器都能把自己的值添加到报文中，它由 RR 创建并传递。

当第一个路由通告是 RR 自己发起时，报文中该 Originator_ID 就是该 RR 的 Originator_ID（RR 首先创建该属性，然后赋值）。

当 RR 是接到其他路由器（client 或 none-client）通告过来的报文时，该报文里如果没有 Originator_ID 字段（属性），则 RR 必须创建该属性，其值是通告给它消息的路由器的 Originator_ID（不是 RR 的 Originator_ID）。

需要强调一点，当路由器接到路由通告，发现如果已经有 Originator_ID 属性时，它不能改变 Originator_ID（如果改变了，那会失去 Originator_ID 的本意）。Cluster_List 所能解决的环路场景 Originator_ID 一样也可以解决。

实际上，非 RR 路由器（client 或 none-client）与多个 RR 之间组成的环路是一个正常的场景，Originator_ID 还可以解决异常的场景，如图 9-36 所示。

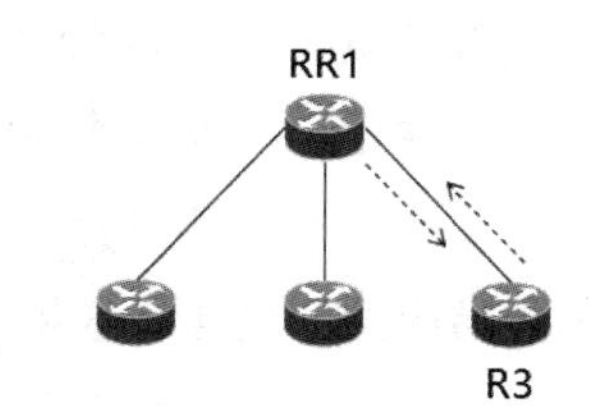

图 9-36 iBGP 的异常环路场景

图 9-36 中，RR1 是一个 RR，R3 是 RR1 的 client。正常来说，RR1 通告给 R3 的路由，R3 不应该再通告回去（反之亦然）。但是如果路由器出现了异常，R3 与 RR1 之间出现了“循环”通告，那么环路就会形成。

iBGP 利用 Originator_ID 仍然可以解决此类问题。图 9-36 中，R3 收到 RR1 通告过来的异常报文，发现报文中 Originator_ID 的值与自己的相同，就会认为出现了环路，进而丢弃该报文，可有效地解决该环路问题。

抽象地来说，Originator_ID 除了能解决非 RR 路由器（client 或 none-client）与多个 RR 之间组成的环路外，还能解决非 RR 路由器（client 或 none-client）与单个 RR 之间组成的环路。当然，更一般地来说，Originator_ID 能解决所有的环路问题，与 RR 和 iBGP 均无关。

9.4.2 联邦方案

如果说 BGP 的 RR 方案与 OSPF 的 DR 方案比较相像，那么 BGP 的联邦（Confederation）方案也与 OSPF 的分区方案有一定的相似性。BGP 联邦方案也是采用“分而治之”的思路，将一个 AS 分为多个子 AS，如图 9-37 所示。

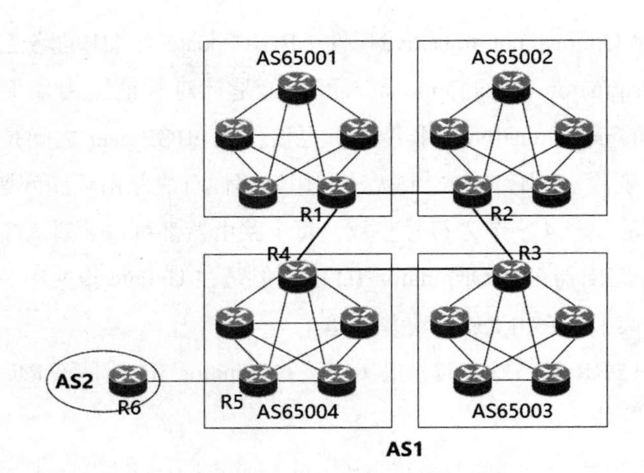

图 9-37 BGP 联邦方案示意

图 9-37 中，AS1 内的路由器又被分为 4 个 AS：AS65001 ~ AS65004。这 4 个 AS 具有如下特点。

①这 4 个 AS 是真正的 AS，AS 内部运行的是 iBGP，AS 之间运行的是 eBGP。

②这 4 个 AS 仅仅在 AS1 内部是“可见”的，AS1 外部（如 AS2）“看不见”这些 AS，所以这 4 个 AS 又被称为 AS1 的成员自治系统（Member Autonomous Systems）。另外，这 4 个 AS 与 AS1 的关系类似联邦与国家的关系，所以该方案被称为联邦方案，而这 4 个 AS 也被称为联邦。从这个角度来讲，AS1 也被称为联盟。

③由于外部不可见，理论上说，这 4 个 AS ID 可以任意赋值，只要不与 AS1 冲突即可。但是为了易读性，仍建议这 4 个 AS ID 取自私有 AS 范围（64512 ~ 65534）。

④ 4 个 AS 之间必须要建立 eBGP 关系，否则 AS1 内还会有路由器感知不到“外面的世界”。例如，图 9-37 中，R1 与 R2、R2 与 R3、R3 与 R4、R4 与 R1 就分别组建了 eBGP peer。

⑤ 4 个 AS 内部，各个路由器必须建立全互联的 iBGP peer，否则 AS1 内还会有路由器感知不到“外面的世界”。

下面以图 9-37 中的 R6 通过 eBGP 路由通告告知 R5 为例，介绍该路由通告传遍 AS1 内每一个路由器的过程。

① R5 收到 R6 发送过来的 eBGP 路由通告，通过 iBGP 路由通告告知 AS65004 内的所有路由器。

② AS65004 内的 R4 通过 eBGP 路由通告，告知 AS65001 内的 R1 和 AS65003 内的 R3；然后 R1 和 R3 又通过 eBGP 路由通告告知 AS65002 内的 R2。

③ R1、R2、R3 各自通过 iBGP 路由通告，分别告知了 AS65001、AS65002、AS65003 内的所有路由器。

BGP 联邦仍然会有环路的问题。例如，图 9-37 中就有可能出现“R4 → R1 → R2 → R3 → R4 → R1 →…”这种联邦间的环路。

除了“外部不可见”这一特征外，联邦与普通的 AS 没有任何区别，所以联邦间环路解决方案与普通的AS间的环路解决方案相同，也是利用AS_Path属性来解决，只是其没有采用原来的path segment type，而是引入了两个新类型。

① AS_Confed_Sequence：一个去往特定目的地所经路径上的有序AS ID列表，其用法与AS_Sequence完全一样，区别在于该列表中的AS ID属于本地联盟的AS。

② AS_Confed_Set：一个去往特定目的地所经路径上的无序AS ID列表，其用法与AS_Set完全一样，区别在于该列表中的AS ID属于本地联盟中的AS。

BGP为什么要引入两个新的path segment type呢？这又与联邦"外部不可见"有关。

之所以要求"外部不可见"，是因为这只是一个AS内部的事情：一个AS为了解决"大网"问题，而在内部创建了几个联邦，从而达到"分而治之"的效果。因为这一切都是该AS内部的事情，不能影响其他AS，所以这几个联邦才会"外部不可见"。

如何设置"外部不可见"呢？方案如下。

①以图9-37为例，AS2的R6要与AS1的R5组成eBGP peer。由于BGP的peer由人工创建，因此在人工创建该peer时指定R5的AS是AS1即可，没有必要将AS65004"暴露"给AS2的R6。

②为了解决联邦间的环路问题引入了"AS_Confed_Sequence""AS_Confed_Set"，如果不想"暴露"，只需要eBGP Speaker在向外部AS做eBGP路由通告时，将其"剥"去即可。

由于AS_Path是一个Well-known mandatory属性，它在BGP路由通告时必须被传递，因此它里面的值AS_Sequence/AS_Confed_Set必须一直存在（否则AS间可能会出现环路）。

如果联邦也采用AS_Sequence/AS_Confed_Set作为其解决联邦环路的方案，同时为了保证联邦"外部不可见"，就必须在对外部AS的eBGP路由通告中将AS_Sequence/AS_Confed_Set中的联邦的AS ID删除。因为该方案比较复杂，所以BGP引入了AS_Confed_Sequence/AS_Confed_Set。如此一来，AS内部就用它来解决联邦环路问题，如果路由通告要出AS，则直接删除AS_Confed_Sequence/AS_Confed_Set即可。

9.5 BGP路径属性：Communities

对于表9-2列举的一些BGP Update消息中的路径属性，前面小节简单介绍了Origin、AS_Path、Next_Hop、Multi_Exit_Disc、Local_Pref几个属性。本节再介绍一个属性：Communities。之所以要单独介绍Communities，有两个原因，一是因为第12章中需要用到该属性，二是因为Communities极大地强化了BGP，它使得BGP除了路由功能外还添加了信息传递和策略指定的功能。如果可以合理地进行Communities的部署，可有效地管理网络。

9.5.1 Communities 的基本概念

Communities 的数据结构与其他路径属性相同，如图 9-38 所示。

0 1 2 3 4 5 6 7	0 1 2 3 4 5 6 7	0 1 2 3 4 5 6 7	…
Attr.Flags	Attr.Type Code	Length	Value(Variable)

图 9-38 Communities 的数据结构

Communities 是一个 Optional transitive 属性，其 Type Code = 8。它的 Value 是由一系列的 Community 组成的，所以其是变长字段。

Community 分为标准 Community 和扩展 Community。扩展 Community 会在第 12 章中讲述，本小节只涉及标准 Community（以下简称 Community）。

Community 占有 4 字节，可以将其看作一个无符号整数。RFC 1997 规定，[0x00000000, 0x0000FFFF] 和 [0xFFFF0000, 0xFFFFFFFF] 这两个范围的整数作为 BGP 自身保留使用（具体如何使用，由相应的 RFC 定义），其他范围的整数提供给社会公开使用。

Community 是一个“全局唯一”的概念，要求 Community 在所有的 AS 范围内保持唯一性。

Community 按照一定的规则来保证全局不冲突，其规则如下：前两个字节是 AS ID，后两个字节由 AS 自己分配（AS 要保证自己所分配的数据在 AS 内唯一）。如果从方便人类阅读和理解的方式来表达这个规则，那就是“AS:NN”。其中，AS 代表 AS ID；NN 代表 AS 自己内部分配的数字；“:”只是为辅助阅读和理解，实际上并不存在。

当然，BGP 自己保留私有的 Community 可以不受此限制，因为它通过相应的 RFC 定义可以保证全局唯一性。RFC 1997 定义了 4 个 Community，这 4 个 Community 也被称为 well-known Community。

这 4 个 Community 定义如下。

① NO_EXPORT（0xFFFFFF01）：含有该 Community 的路由不向任何 AS 外的 EBGP 邻居发送。

② NO_ADVERTISE（0xFFFFFF02）：含有该 Community 的路由不向任何 BGP 邻居发送，包括 eBGP peer 和 iBGP peer。

③ Local_AS（0xFFFFFF03）：也称为 NO_ADVERTISE_SUBCONFED，含有该 Community 的路由不向任何 eBGP 邻居发送，包括联盟内的 eBGP 邻居。

④ INTERNET：这是一个默认的 Community，所有路由都属于该 Community。该 Community 没有对任何路由发布进行限制。

9.5.2 Communities 的应用举例

Communities 包含一系列的 Community，本小节介绍 Communities 的两个应用示例，以使读者有一个直观感受。

BGP 会默认“努力”把所有的网络连通，但有时用户也期望某些AS之间是不连通的，如图 9-39 所示。

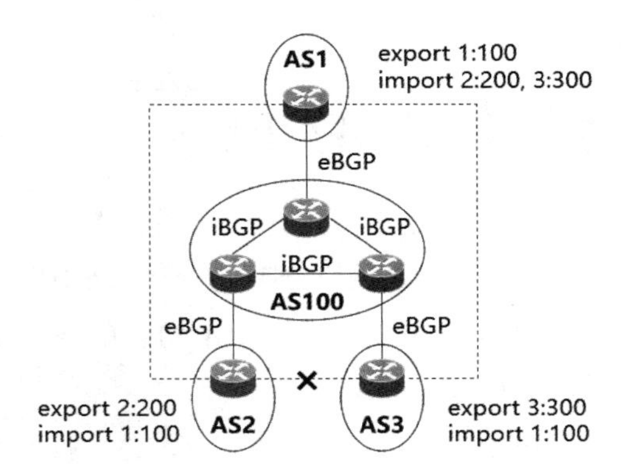

图 9-39　网络连通性设计

图 9-39 中，实线代表实际存在的物理连接，并且通过这些连接，相应的路由器建立了 iBGP/eBGP peer；虚线代表逻辑上的 3 层路由是否相通。其中，AS1 与 AS2、AS1 与 AS3 之间的 3 层路由是相通的，AS2 与 AS3 之间的 3 层路由是不通的。另外，需要强调的是，AS1、AS2、AS3 这三者彼此之间并没有建立 eBGP peer。

三者之间没有建立 eBGP peer 并没有任何影响。按照 BGP 路由通告的原则，它们通过 AS100 的转发，彼此仍然可以知道对方的路由，仍然可以做到彼此 3 层相通。但是，是什么使得 AS1 与 AS2、AS3 之间的 3 层相通，而 AS2 与 AS3 之间的 3 层不通呢？这就需要用到 Communities。

① AS1 在发布路由时，设置其 Community = 1∶100。

② AS2 在发布路由时，设置其 Community = 2∶200。

③ AS3 在发布路由时，设置其 Community = 3∶300。

④ AS1 设置的路由策略：Community = 2∶200 或 3∶300 的路由都可以引入。

⑤ AS2 设置的路由策略：Community = 1∶100 的路由可以引入，Community = 3∶300 的路由不引入。

⑥ AS3 设置的路由策略：Community = 1∶100 的路由可以引入，Community = 2∶200 的路由不引入。

说明：类似“Community = 1:100”这样的表达，其中“1:100”是为了方便阅读，其实际上表示一个 4 字节无符号整数，其中前 2 个字节是 1（代表 AS ID），后 2 个字节是 100（代表 AS 内部所分配的数字），“:”并不存在（只是为了方便阅读）。

可以看到，经过 AS1 ~ AS3 的路由通告中的 Community 的设置及路由策略的设置，能够得到如下结果。

① AS1 能够学习到 AS2、AS3 的路由。

② AS2 只能学习到 AS1 的路由，不能学习到 AS3 的路由。

③ AS3 只能学习到 AS1 的路由，不能学习到 AS2 的路由。

④三者都能学习到 AS100 的路由。

也就是说，AS1 与 AS2、AS3 在第 3 层相通的，而 AS2 与 AS3 则在第 3 层不通。

9.6 BGP 小结

将世界中的网络分割成一个网络小岛（AS），而且每个岛屿互不连通，要实现每个岛屿的互联，于是就有了 BGP。运行 BGP 协议的路由器叫作 BGP Speaker，只有两个 BGP Speaker 组建成 BGP peer 以后才能正式开始工作。

BGP peer 的基本工作原理就是“投桃报李”，即两个路由器互相通告自己的路由信息。

如果 A 和 B 组成 BGP peer，B 和 C 组成 BGP peer，C 和 D 组成 BGP peer……那么 A 的路由信息就能传给 B，B 再传给 C，C 再传给 D……就是这样“一传十，十传百”的泛洪机制，使得每个 AS 的路由信息都能通过 BGP peer 进行传播。所以说，BGP 不生产路由，它只是路由的搬运工。

然而，即便是搬运路由，也没有那么简单，有路由协议的地方就有环路。BGP 要想传遍“全世界”，首先得解决环路问题，不然就会限入死循环。为了解决环路问题，BGP 将自己细分成两个不同的协议：eBGP、iBGP。AS 间的 BGP 称为 eBGP，AS 内的 BGP 称为 iBGP。两个协议绝大部分是相同的，在某些细节上又有所区别。

eBGP 继续采用泛洪机制，但是利用 AS_path 属性来解决环路问题。而 iBGP 则规定路由通告只能是 1 跳，从而规避环路问题。

iBGP 路由通告只能是 1 跳，而且还得使得 AS 内所有的路由器都能收到彼此的路由通告，这就推导出极端情况下 AS 内的路由器需要“全互联”。

一个“全互联”的网络同样存在“大网”问题，为了解决这个问题，iBGP 提出了“路由反射器”和“联邦”两种方案。单纯从减少 iBGP peer 数量的角度来说，“路由反射器”更优。但是两种方案并不是竞争的关系，而是互补的关系，因为不同的方案适应不同的场景。两外，联邦方案仍然需要解决域内环路的问题，为此联邦方案在 AS_Path 的基础上又提出了两个“path segment type”：AS_Confed_Sequence、AS_Confed_Set。

在解决了环路问题和域内大网的问题后，BGP 又面临着到达同一个目的地存在多条路径的问题。

在多条路径中，BGP 也只会选择一条路径（如果不考虑负载分担），只不过 BGP 要选择一条最优的路径。

BGP 通过 Local_Pref、AS_Path、MED、Cluster_List、路由来源、路由学习时间、下一跳的 Router ID、下一跳的 IP 等参数的比较，来决定哪一条路径是最优的。这些参数中，前 4 个参数都属于 BGP 的路径属性。BGP 路径属性分为四大类型：Well-known mandatory（公认 / 必选）、Well-known discretionary（公认 / 自选）、Optional transitive（可选 / 可传递）和 Optional non-transitive（可选 / 非传递）。

第10章

MPLS

MPLS 的含义是多协议标签交换（Multi-Protocol Label Switching，MPLS），其中，MP（Multi-Protocol）指的是 MPLS 可以支持多种网络层的协议，包括 IP、IPX（Internet Packet Exchange）、Appletalk、DECnet、CLNP（Connectionless Network Protocol）等。但是这并不是关键，最关键的是 MPLS 能够与 IP 协议很好地配合。

所以，本章忽略 MP，而是将重点放在 MPLS 中的 LS（Label Switching）的含义，以及标签交换与 IP 转发的关系上。

IP Header 中有一个字段为“目的 IP”，路由器收到该报文时，会通过“目的 IP ”查找转发信息库（也称为转发表，Forwarding Information Base，FIB），进而查出“下一跳”“出接口”等关键字段，然后进行转发。类似地，MPLS 的报文头中也有 Label 字段，路由器收到该报文后，也会查找标签转发信息库（也称为标签转发表，Label Forwarding Information Base，LFIB）进行转发。

MPLS（RFC 3031）的报文格式如图 10-1 所示。

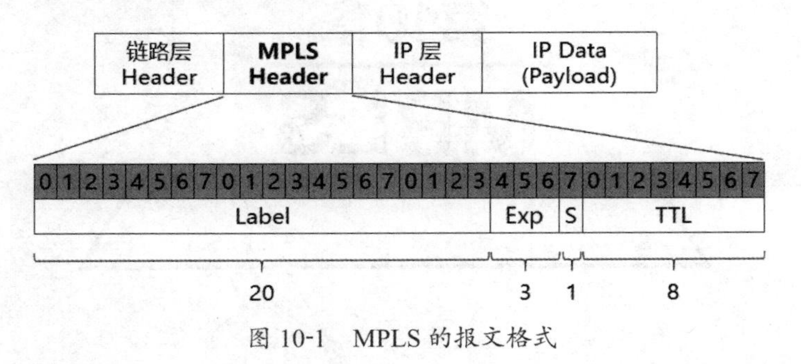

图 10-1　MPLS 的报文格式

MPLS 在第 2 层（数据链路层）和第 3 层（IP 层）之间插入了一个 MPLS Header。基于此，也有人称 MPLS 为 2.5 层协议。

MPLS 一共包含 4 个字段：Label、Exp（Experimental）、S（Stack，栈）和 TTL（Time to Live，生存期）。

① Label。Label 占有 20bit，标识标签的值。MPLS 就是利用 Label 进行转发的。

② Exp。Exp 是一个实验字段，但 MPLS 一般将其作为 QoS 标记。Exp 占有 3bit，可以标识 8 个 QoS 优先级。

③ S。当 S 为 1 时，表明此为最底层标签；当 S 为 0 时，表明后面还接有一个 MPLS Header，如图 10-2 所示。

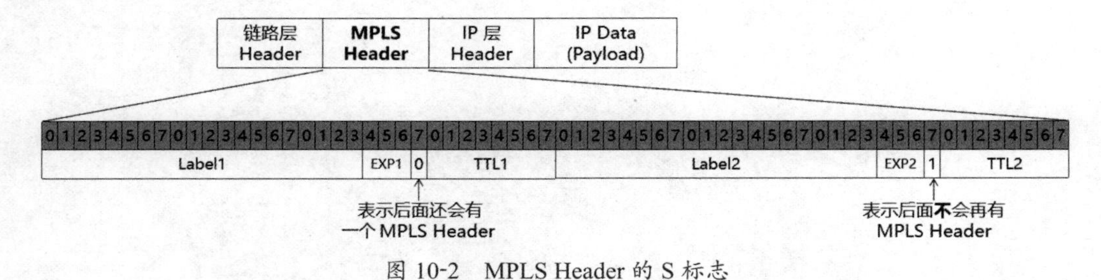

图 10-2　MPLS Header 的 S 标志

通过图 10-2 可以看到，MPLS 的标签理论上可以无限嵌套，从而提供无限的业务支持能力（MP-BGP MPLS L3VPN 就是利用了 MPLS 的多层标签）。

④ TTL。TTL 字段占有 8bit，其与 IP 报文中的 TTL 功能类似。

正如IP的报文格式仅仅是IP的一小部分一样，MPLS的报文格式也仅仅是MPLS协议的一小部分。

IP 可以分为两大部分：转发面和控制面。简单地说，转发面就是通过转发表进行路由转发，控制面就是构建路由表、转发表。IGP、BGP 都是属于 IP 控制面的协议。

同理，MPLS 协议也可以分为两大部分：转发面和控制面。简单地说，MPLS 的转发面就是通过标签进行转发，控制面就是构建 MPLS 的标签。

当然，除了转发面和控制面外，MPLS 和 IP 还都包括操作维护管理（Operation Administration and Maintenance，OAM）功能。由于主题的原因，本章不涉及 MPLS 的 OAM。下面分别讲述 MPLS 的转发和控制方面的内容。

10.1 MPLS 的转发

从报文格式的角度来说，MPLS Header 位于 IP Header 之前；但是从转发的角度来说，MPLS 却是位于 IP 之后，即一个 IP 报文先是经过 IP 协议栈，然后被“引流”到 MPLS 协议栈，才能进行 MPLS 转发。

10.1.1 MPLS 转发模型

MPLS 的转发模型可以分为两部分：转发基本模型、转发等价类（Forwarding Equivalence Class，FEC）。

1. 转发基本模型

MPLS 的转发基本模型如图 10-3 所示，路由器 R1 ~ R7 组成了一个 IP 网络，IF0、IF1 表示路由器接口（IF 是 Interface 的缩写）。网络中 R1 ~ R6 通过 IGP 协议（如 OSPF）构建了路由表 / 转发表。当 PC1（100.1.1.1）发送一个 IP 报文给 PC2（200.2.2.2）时，报文首先到达 R1。R1 查找转发表，发现

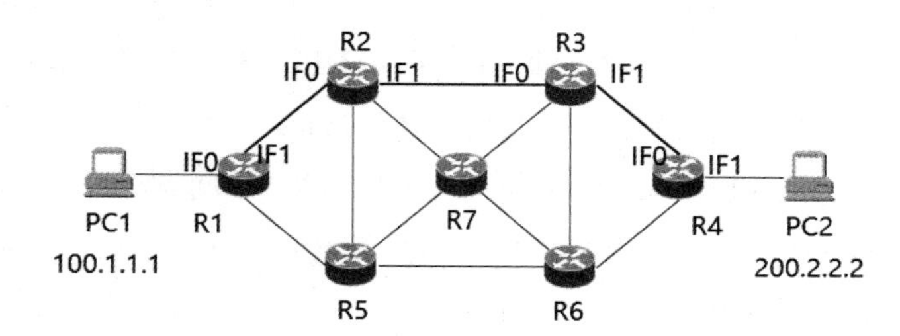

图 10-3　MPLS 的转发基本模型

下一跳是 R2（实际上还包括出接口的查找，这里暂时忽略），就将报文转发给 R2。同理，R2 转发给 R3，R3 转发给 R4，R4 转发给 PC2。就这样，R1 ~ R4 完成了一次路由转发。在这次转发中，R1 → R2 → R3 → R4 也可以称为一个 3 层路径（L3 Path，L 是 Layer 的缩写）。

与 IP 转发相比，MPLS 的转发从 R1 开始变化。IP 的路由转发是查找 FIB，而 MPLS 的标签转发是查找 LFIB。LFIB 的结构示意如图 10-4 所示。

In Interface（入接口）	In Label（入标签）	Dst.Address（目的地址）	Out Interface（出接口）	Out Label（出标签）
IF0	—	200.2.2.0/24	IF1	2020
...	...	...	...	...

图 10-4　LFIB 的结构示意（以 R1 为例）

通过图 10-4 可以看到，LFIB 与 FIB 的最大区别是将 FIB 的“下一跳”换成了“出标签”。

假设 MPLS 的转发路径与 IP 的转发路径是一样的，对于图 10-3 来说，PC1 到达 PC2 的路径都是“R1 → R2 → R3 → R4”，那么可以将 LFIB 叠加到转发路径上，以对 LFIB 有一个更加直观的认识，如图 10-5 所示。

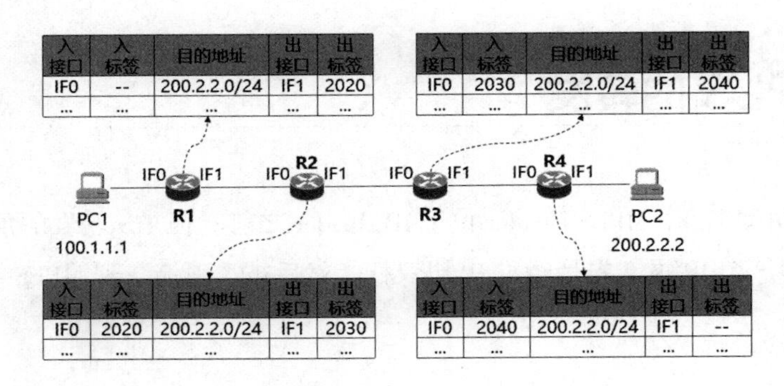

图 10-5　LFIB 示例

实际上对于图 10-5 中的 R2、R3、R4 来说，LFIB 中的目的地址并无实际意义。它们的转发只需要根据“入接口”和“入标签”这两个参数，查找到“出接口”“出标签”即可（R4 的“出标签”为空）。

对于 R1 来说，它的“入标签”为空，需要通过“入接口”“目的地址”这两个参数查找到“出接口”“出标签”。对于 R4 来说，它的“出标签”为空，因此下一步就不能是 MPLS 转发。

图 10-5 中的 R1 和 R4 分别是 MPLS 转发的“入节点（Ingress）”和“出节点（Egress）”，所以称为标签边缘路由器（Label Edge Router，LER）。

图 10-5 中的 R2 和 R3 是 MPLS 的“中间点（Transit）”，被称为标签交换路由器（Label Switch Router，LSR）。当然，LER 也是 LSR 的一种。

相应地，图 10-5 中的“R1 → R2 → R3 → R4”，就被称为标签交换路径（Label Switch Path，LSP）。

需要强调的是，LER、LSR、LSP都是与某一个具体的转发相关的。转发不同，路由器的角色也不同，如图10-6所示。

图10-6中，PC3到达PC4的路径是R2→R7→R6，所以R2、R6是LER，R7是LSR，R2→R7→R6是LSP。

另外，LSP也可以称为MPLS隧道（Tunnel）。隧道可以简单理解为“一种转发协议封装另一种转发协议”。例如，图10-6中，原本R2→R7→R6是IP转发，现在变成了MPLS转发。MPLS将IP报文封装起来，使得网络在转发的过程中不必感知IP协议。

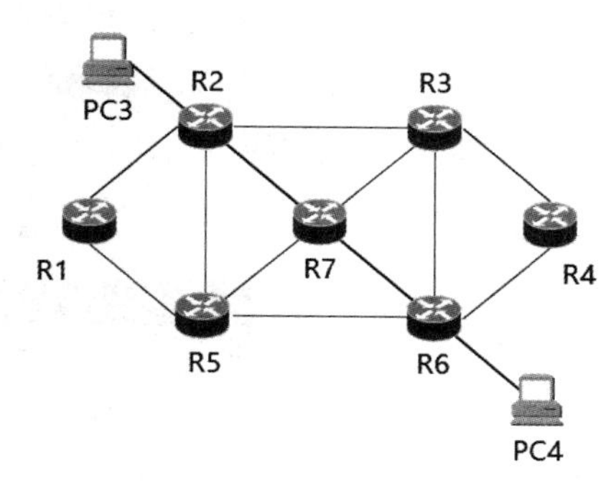

图10-6　MPLS转发示例

2. 转发等价类

转发等价类各名词含义如下。

①转发：MPLS转发。

②等价：转发走同一条LSP。

③类：类别。

由此可知，一个FEC与一条LSP相对应。

那么，什么样的流（IP报文）属于一个FEC呢？或者说FEC划分类别的标准是什么呢？

FEC的分类标准有很多种。MPLS可以将网络中的流按照源地址、目的地址、源端口、目的端口、传输层协议类型，以及其他参数进行任意的组合，并根据这些组合划分不同的类别，即FEC。

在这些FEC类别中，最常见的是Prefix FEC。下面以Prefix FEC为例来进行讲述，以使读者对FEC有一个直观的认知。

Prefix就是IP地址的Prefix（前缀），即IP地址中的网络地址（当然，如果Prefix的长度等于32，那Prefix就代表Host Address）。所以，Prefix FEC与网络地址（含Host Address）相关。

FEC的数据结构是TLV格式，如图10-7所示。

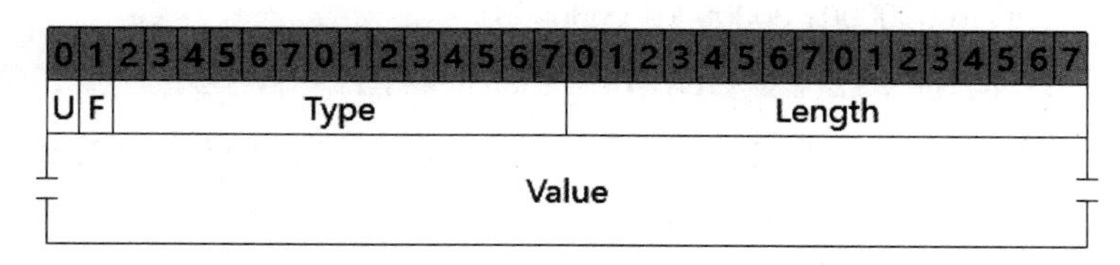

图10-7　TLV格式

图10-7中，各个字段的含义如下。

① U（Unknown TLV bit）：占有1bit，对于FEC TLV来说，其值为0。

② F（Forward unknown TLV bit）：占有1bit，对于FEC TLV来说，其值为0。U、F两个字段与本小节主题无关，这里不做解释，具体请参见RFC 5036。

③ Type：占有 14bit，表示数据类型，对于 FEC TLV 来说，其值为 0x0100。

④ Length：占有 16bit，表示数据长度，长度计量单位是字节。

⑤ Value：数据的值，是一个变长字段，数据的长度由 Length 字段标识。

具体到 FEC，其数据结构如图 10-8 所示。

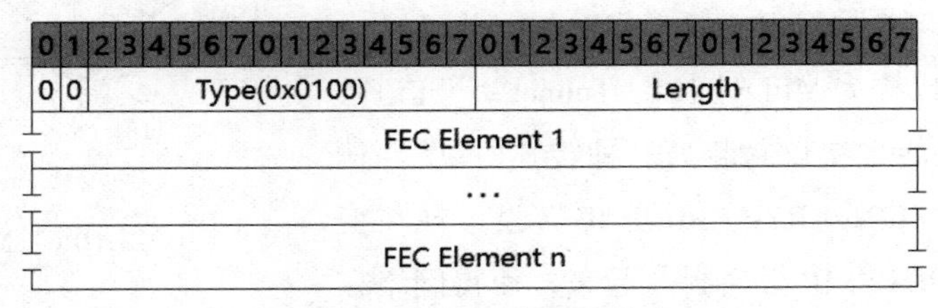

图 10-8　FEC 数据结构

图 10-8 中 FEC Element 1 ~ FEC Element *n* 是一个 FEC TLV 数据结构所包含的多个 FEC Elements，本质上是指多个 FEC 对应一个 LSP。

FEC Element 也有多种类型，Prefix FEC 只是其中的一种，其数据结构如图 10-9 所示。

0 1 2 3 4 5 6 7	0 1 2 3 4 5 6 7 0 1 2 3 4 5 6 7	0 1 2 3 4 5 6 7
FEC Type (2)	Address Family	PreLen
Prefix		

图 10-9　Prefix FEC 数据结构

图 10-9 中，各个字段的含义如下。

① FEC Type：占有 8bit，对于 Prefix FEC 来说，其值等于 0x02。FEC 还有一种类型是 Wildcard，其值为 0x01，具体可以参见 RFC 5036。

② Address Family：占有 16bit，对于 IPv4 Prefix 来说，其值等于 0x01。

③ PreLen：占有 8bit，指示 Prefix 的长度，长度计量单位是 bit。

④ Prefix：IP 地址的 Prefix 部分。例如，1.1.1.0/24 的 Prefix 就是 1.1.1，PreLen 等于 24。当然，1.1.1 要用 bit 的形式表示：00000001 00000001 00000001。

通过前面的介绍，读者应该已经对 Prefix FEC Element 有了一个初步的了解，下面继续以 Prefix 为例，介绍其与路由表、目的地址的关系，从而了解 MPLS 如何将 IP 转发变成 MPLS 转发。

10.1.2 MPLS 的转发过程

当一个 IP 报文到达 MPLS 的“入节点”（Ingress LER）时，Ingress LER 需要根据“目的地址”从 LFIB 中查询“出标签”和“出接口”。图 10-4 和图 10-5 表达的就是这个含义。

查询到“出标签”以后，Ingress LER 需要将 IP 报文封装为 MPLS 报文，然后从“出接口”转发出去。这个过程，MPLS 称之为 Push。

MPLS的“中间节点”（Transit LSR）接到MPLS报文以后，就直接根据“入标签”查询LFIB，查到“出标签”和“出接口”以后，Transit LSR会将MPLS报文中的Label字段替换为其所查到的“出标签”，然后通过“出接口”转发出去。这个过程，MPLS称之为Swap。

MPLS的“出节点”（Egress LER）接到MPLS报文以后，也是直接根据“入标签”查询LFIB。但是，Egress LER仅查询到了“出接口”，而没有查询到“出标签”，这时该路由器就会知道自己是MPLS的最后一跳，于是它将报文中的MPLS Header剥去，还原为原来的报文格式，然后从“出接口”转发出去。这个过程，MPLS称之为Pop。

Push、Swap、Pop就是MPLS的基本转发过程。其中，还有两个细节需要详细讲述，分别为LFIB和“倒数第二跳弹出”（Penulimate Hop Poping，PHP）。

1. LFIB

第10.1.1节中介绍的LFIB实际上只是一个逻辑意义上的表，从具体实现来说，各个厂商一般都会将LFIB分解为多张表：下一跳标签转发表项NHLFE（Next Hop Label Forwarding Entry）、FTN（FEC-to-NHLFE）和ILM（Incoming Label Map）。

（1）NHLFE

NHLFE用于指导MPLS报文的转发。NHLFE包括Tunnel ID、出接口（Out Interface）、下一跳（Next Hop）、出标签（Out Label）、标签操作类型（Operate Type）等信息，如图10-10所示。

Tunnel ID	Out Interface	Out Label	Next Hop	Operate Type
0x11	IF1	2020	R2.IP	Push
…	…	…	…	…

图10-10　NHLFE示意（R1）

图10-10以图10-5的R1为例，对NHLFE做了一个示意。因为LSP也可以成为MPLS Tunnel，所以图10-10中的Tunnel ID其本质是表示一条LSP。

图10-10中的Next Hop对于MPLS转发的意义将放到10.2节中讲述。

图10-10中的Operate Type指的就是MPLS转发过程中的动作。由于图10-5中的R1是MPLS转发的“入节点”，所以它的转发动作是Push。

（2）FTN

FTN，表示FEC到NHLFE的映射，包含FEC和Tunnel ID两个字段。仍以图10-5的R1为例，其FTN示意如图10-11所示。

FEC	Tunnel ID
FEC1	0x11
…	…

图10-11　FTN示意（R1）

图 10-11 中的 FEC 实际上包含源地址、目的地址、源端口、目的端口、传输层协议类型等各种组成 FEC 的字段。

图 10-11 中的 Tunnel ID 本质上是指代一条 LSP。如果 Tunnel ID = 0，就表示没有对应的 LSP，即不支持 MPLS 转发（支持 IP 转发）。这句话实际上隐含着 FIB 中的路由表项与 FEC 的映射关系。

对于 Prefix FEC 来说，一个 Prefix 对应着一条 LSP。对于 FIB 来说，一个目的地址也对应着一个 IP 转发路径。那么 FIB 中的目的地址与 Prefix 该如何映射呢？其有两种映射规则。

①精确匹配。只有路由表中的目的地址与 FEC 中的 Prefix 完全相同，才会认为两者是匹配的。这时，该路由表项才会与一个 LSP 挂钩。

②最长匹配。最长匹配就是不追求精确匹配，而是追求最长掩码匹配。路由表中的目的地址与 FEC 中的 Prefix 进行掩码匹配，谁的掩码匹配长度最长，就选择哪个 FEC。

路由器将路由表中的每一个路由表项按照其中一种映射规则映射到一个 FEC，其相当于映射到一个 LSP。所以，在具体实现中，有的厂商使用 FIB 承担 FTN 的职责：在 FIB 中增加一个字段 Tunnel ID，如果目的地址与某一个 FEC 有映射关系，那么就填上相应的 Tunnel ID；否则，Tunnel ID 就赋值为 0。

（3）ILM

ILM 表示“入标签”到 NHLFE 的映射，包括 Tunnel ID、In Label、In Interface 等信息。下面以图 10-5 的 R2 为例，其 ILM 如图 10-12 所示。

In Interface	In Label	Tunnel ID
IF0	2020	0x22
…	…	…

图 10-12 ILM 示意（R2）

相应地，图 10-5 中的 R2 的 NHLFE 如图 10-13 所示。

Tunnel ID	Out Interface	Out Label	Next Hop	Operate Type
0x15	IF2	2030	R3.IP	Swap
…	…	…	…	…

图 10-13 NHLFE 示意（R2）

通过图 10-10 ~ 图 10-13 可以看到，之所以将 LFIB 一分为三（NHLFE、FTN、ILM），其实是路由器厂商在具体的实现中，为了避免数据的冗余而做的数据解耦设计。

2. 倒数第二跳弹出

如果没有“倒数第二跳弹出（Penultimate Hop Popping，PHP）”机制，则 MPLS 是在最后一跳（MPLS 转发的“出节点”）做 Pop 动作（称为“最后一跳弹出”），如图 10-14 所示。

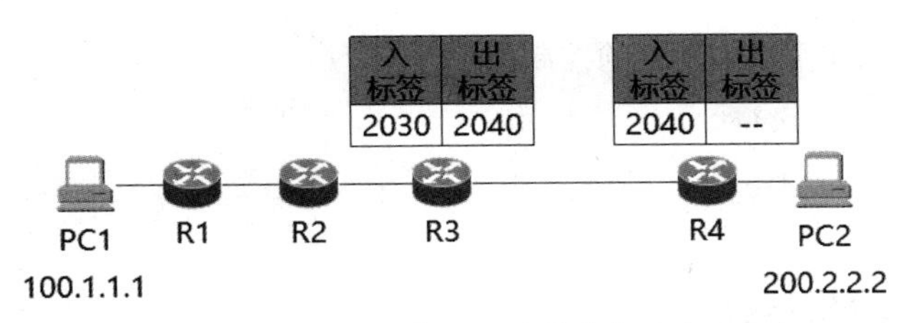

图 10-14 “最后一跳弹出”示意

图 10-14 是对图 10-5 的简化描述，而且为了突出主题，不仅没有将 LFIB 一分为三，还将 LFIB 做了简化，只保留了“入标签”“出标签”两个字段。

图 10-14 中的 R4 接到 R3 转发过来的 MPLS 报文时，会做以下 3 个动作。

①查找 LFIB 表，发现“出标签”为“空”。

②剥去 MPLS Header，还原为原来的报文格式（IP 报文）。

③查找 FIB（路由转发表），将 IP 报文转发出去。

这个过程中进行了两次查表，一次是查 LFIB，一次是查 FIB。有没有可能减少一次查表呢？准确地说是省略 LFIB 查询，只查询 FIB（因为最终需要路由转发，所以 FIB 查询无法省略）。

PHP 的目的就是将“最后一跳弹出”方案中的 LFIB 查询给省略。

PHP 的原理是在“倒数第二跳”将 MPLS Header 弹出。其具体实现有两种方法。

①“倒数第二跳”将“出标签”设置为 3。路由器看到“出标签”为 3，即可知道自己是“倒数第二跳”，于是直接将 MPLS 弹出。显然，“最后一跳”所收到的报文就是一个原生的 IP 报文，于是它只需要查找 FIB 即可。标签 3 也被称为 implicit-null label（隐式空标签），因为它的值是 3 而不是 0，而 0 在语义层面与空挂钩。

②“倒数第二跳”将“出标签”设置为 0，并不弹出 MPLS Header。路由器看到“入标签”为 0，即可知道自己是“最后一跳”，于是不必去查找 LFIB，只需要进行弹出和查找 FIB 即可。

标签 0 也被称为 explicit-null label（显式空标签）。

说明：“倒数第二跳”将“出标签”设置为 0，“倒数第二跳”将“出标签”设置为 3。除了最后一跳的 LSR 可以设置自己的“出标签”（当然，此时的“出标签”实际上也不存在）外，其他所有的 LSR（包括“倒数第二跳”）其“出标签”并不是自己“设置”的，而是依据下一跳通告的标签而赋值的，具体请参见 10.2 节。

以上两种方法都比较简单，从省略了查找 LFIB 这一步骤来说，两者的效果也是一样的。但是隐示空标签是真正地在“倒数第二跳”弹出了 MPLS Header。MPLS Header 中的 Exp 字段一般用来表达 QoS 信息，如果在“倒数第二跳”弹出了 MPLS Header，会对最后一跳的 QoS 处理造成一定的影响。所以，一般的实现默认都采用显式空标签。

这里在讲述两种方法时都有意忽略了一个关键点：路由器如何知道它是一条 LSP 的“倒数第二跳”的？

不仅如此，图 10-10 ~ 图 10-13 中的“入标签”和“出标签”，路由器又是如何知道的？是谁给它们赋的标签值？这就涉及了 MPLS 的控制面。

10.2 标签分发协议

对于 10.1 节中所讲述的 LFIB（NHLFE、FTN、ILM），表面上看每个路由器的 LFIB 是独立的，但是实际上各个路由器的 LFIB 互相“关联”，隐含着一条条的 LSP。

MPLS 构建这样一条条的 LSP 有两种方法：人工静态分配、通过控制面协议动态分配。

广义地来说，人工静态分配也是控制面的一种，即“人”对着网络拓扑图，“脑补”出一条条 LSP，然后再相应地配置标签及其他字段即可。

狭义的控制面指的是通过协议自动地进行标签分配。控制面协议包括 LDP（Label Distribution Protocol，标签分发协议）、CR-LDP（Constraint-Based LDP，基于路由受限标签分发协议）、RSVP-TE（Resource Reservation Protocol-Traffic Engineering，基于流量工程扩展的资源预留协议）等多种协议，本章只介绍 LDP。

10.2.1 LDP 概述

标签分发协议（Label Distribution Protocol，LDP）是 MPLS 的一种控制协议，相当于传统网络中的信令协议，负责 FEC 的分类、标签的分配及 LSP 的建立和维护等操作。LDP 规定了标签分发过程中的各种消息及相关处理过程。

1. LDP 报文格式

LDP 报文格式如图 10-15 所示。

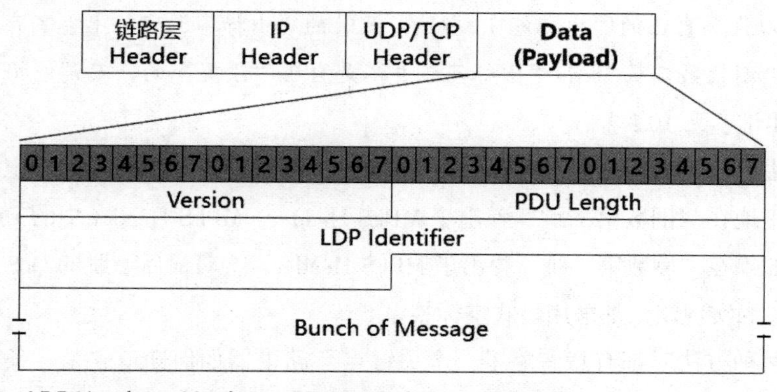

图 10-15　LDP 报文格式

LDP 一共有 4 种消息类型，即 Discovery（发现）、Session（会话）、Advertisement（通告）和 Notification（通知），这 4 种消息类型的报文格式都是一样的，如图 10-15 所示承载于 TCP 或者 UDP，报文分为两部分：LDP Header 和 LDP Data。

LDP Header 包含 3 个字段。

① Version：占有 16bit，表示版本号。目前 LDP 的版本号始终为 1。

② PDU Length：占有 16bit，表示整组 LDP 消息的总长度（计量单位为字节），不包括 LDP PDU 头部的长度。

③ LDP Identifier：占有 48bit，表示 LDP 标识符。前 32bit 为 LSR ID，后 16 比特为标签空间。

LDP Data 是一个变长字段，其数据结构如图 10-16 所示。

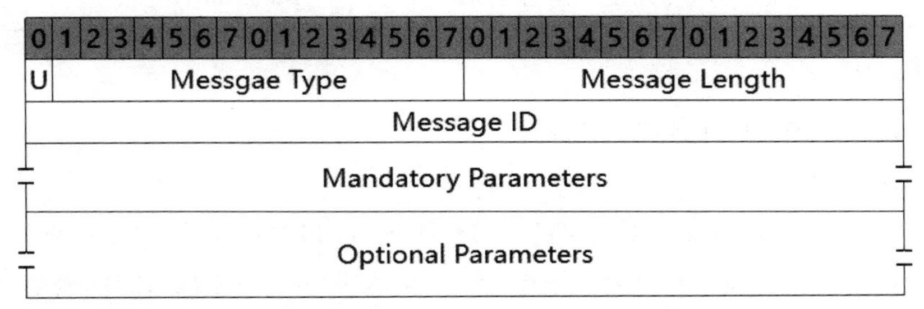

图 10-16　LDP Data 的数据结构

LDP Data 包含 6 个字段。

① U：占有 1bit，标志位，表示收到未知消息（未知的消息类型）时的处理策略：当 U = 0 时，会回应一个通知消息；当 U = 1 时，会默默忽略。一般来说，LDP 中的 U 都等于 0。

② Message Type：占有 15bit，LDP 消息的类型。

③ Message Length：占有 16bit，表示 Message ID、Mandatory Parameters、Optional Parameters 等 3 个字段的长度，计量单位是字节。

④ Message ID：占有 32bit，LDP 消息的编号，用于唯一地标识一个 LDP 消息。

⑤ Mandatory Parameters：LDP 消息的强制参数。

⑥ Optional Parameters：LDP 消息的可选参数。

LDP Data 的 4 种消息类型如表 10-1 所示。

表 10-1　LDP 消息类型

消息类型	功能简述	消息名称	传输类型
Discovery	用于 LDP Peer 的发现	Hello 消息	UDP
Session	用于建立、维护和终止 LDP Peer 之间的会话	Initialization 消息 Keepalive 消息	TCP

续表

消息类型	功能简述	消息名称	传输类型
Advertisement	用于创建、改变和删除 FEC 的标签映射	Address 消息 Address Withdraw 消息 Label Request 消息 Label Mapping 消息 Label Withdraw 消息 Label Release 消息 Label Abort Request 消息	TCP
Notification	用于提供建议性的消息和差错通知	Notification 消息	TCP

2. LDP 功能概述

LDP 的 4 种消息类型对应 4 种协议功能。

（1）Discovery

简单地说，Discovery 消息就是为了发现自己的对等体，即 LDP Peer。LDP Peer 的发现方式有 2 种。

①基本发现机制：用于发现链路上直连的 LSR。网络中每个 LSR 都周期性地发送 Hello 消息。Hello 消息承载于 UDP 报文，目的地址是组播地址 224.0.0.2。

有发送就有接收。如果某个 LSR 在某个接口上收到了 LDP Hello 消息，就说明该 LSR 在该接口存在 LDP Peer。

②扩展发现机制：用于发现链路上非直连的 LSR。扩展发现机制与基本发现机制相比只有一个不同点，即 Hello 消息的目的地址不同。由于是非直连，因此该机制的目的地址只能是单播地址，而且这个单播地址也需要人工指定。

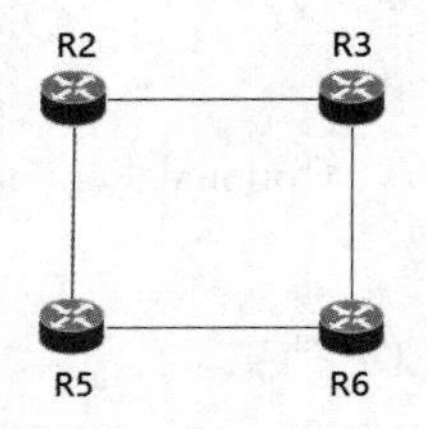

图 10-17　LDP Peer 示意

无论是哪种机制，通过 Hello 消息，网络中的 LSR 都可以发现自己的对等体，如图 10-17 所示。R2 与 R3、R3 与 R6、R6 与 R5、R5 与 R2 都互为 LDP Peer。

（2）Session

LDP Peer 的建立过程非常简单，其甚至都不存在建立过程，只是一个发现过程。发现了一个 LSR，就意味与对方是 LDP Peer，但 LDP Peer 之间要相互协商参数，只有参数一致，才能建立会话，进行标签分配和发布。这些参数包括 LDP 协议版本、标签分发方式、Keepalive 保持定时器的值、最大 PDU 长度和标签空间等。

LDP 协商参数的消息是 Initialization 消息，而承载 Initialization 消息的是 TCP，所以 LDP Peer 首先要建立 TCP 连接。TCP 连接的建立，以及参数的成功协商（Initialization 消息）过程称为建立 LDP Session。

既然 LDP Session 是基于 TCP 连接的，而且后续的消息还需要基于此 Session，那也就意味着 LDP 需要 Keepalive 消息长期保持 Session。

（3）Advertisement

LDP Peer 双方通过 Session 消息建立会话，并参数协商一致后，就可以通过 Advertisement 消息进行标签分配和发布。

LDP Advertisement 包括 Address 、Address withdraw 等多种消息，这里只介绍其中最重要的 Label Mapping 消息的数据结构。Label Mapping 就是 MPLS 中最关键的两个概念 FEC 与 Label 的映射。FEC 在前文已经介绍过，这里不再赘述。Label Mapping 中的 Label 也是 TLV 格式，其数据结构如图 10-18 所示。

0	1	2–7, 0–7	0–7, 0–7
U	F	Type：Generic Label(0x200)	Length
Label			

图 10-18　Label TLV 数据结构

Label TLV 数据结构中各个字段的含义如下。

① U（Unknown TLV bit）：占有 1bit，其值为 0。

② F（Forward unknown TLV bit）：占有 1bit，其值为 0。

③ Type：占有 14bit，表示数据类型，这里指 Generic Label TLV，对于 Label TLV 来说，其值为 0x0200。

④ Length：占有 16bit，表示 Label 字段的长度（4 字节）。

⑤ Label：占有 32bit，但是只有前 20bit 有意义，即 MPLS 的 Label。

Label Mapping 消息集成了 FEC 和 Label，其数据结构如图 10-19 所示。

0	1–7, 0–7	0–7, 0–7
U	Label Mapping(0x0400)	Message Length
Message ID		
FEC TLV		
Lable TLV		
Optional Parameters		

图 10-19　Label Mapping 消息的数据结构

Label Mapping 消息中各个字段的含义如下。

① U：占有 1bit，等于 0。

② Message Type：占有 15bit，表示 LDP 消息的类型。其值等于 0x0400，表示 Label Mapping 消息。

③ Message Length：占有 16bit，表示 Message ID、FEC TLV、Label TLV、Optional Parameters 等字段的长度，计量单位是字节。

④ Message ID：占有 32bit，表示 LDP 消息的编号，用于唯一地标识一个 LDP 消息。

⑤ FEC TLV：请参见 10.1.1 节。

⑥ Label TLV：请参见图 10-18。

⑦ Optional Parameters：Label Mapping 消息的可选参数。

标签的分发除了 Label Mapping 消息外，还涉及分发机制。该内容将在 10.2.2 小节中重点讲述。

（4）Notification

在 LDP Session 的保持过程中，总有可能会遇到各种状况和问题，所以 LDP 使用 Notification 消息以提供建议性的消息和差错通知。通过以上描述，LDP 的基本功能可以简单总结如下。

① LDP Peer 的发现。

② LDP 参数的协商（建立 LDP Session）。

③标签的分配和发布。

④ LDP Session 的维护（Session 的保持、建议性的消息和差错通知）。

下面重点讲述 MPLS 标签的分配和发布。

10.2.2 标签的分配和发布

MPLS 标签的分配和发布基于 LDP 的 Advertisement 消息。Advertisement 消息又细分为 Address、Address withdraw、Label request、Label mapping、Label withdraw Label release、Label abort request 等多种消息。本小节不介绍这些消息的详细格式和流程，而是基于标签的分配和发布的基本原理进行讲述。

在讲述标签的分配和发布的基本原理之前，首先澄清一个概念：上游和下游。在标签的分配和发布中，上游和下游是两个非常重要的概念，如图 10-20 所示。

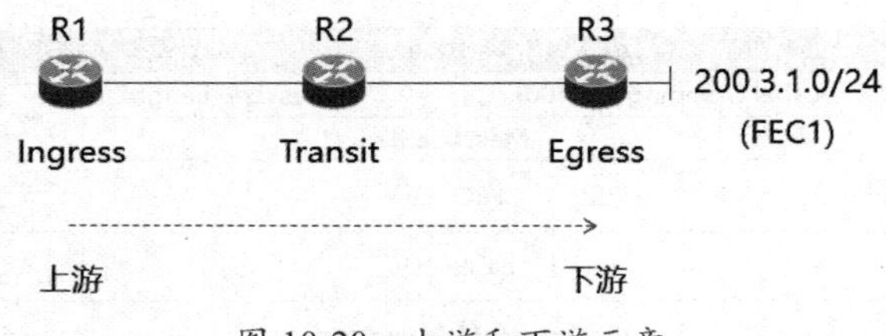

图 10-20　上游和下游示意

上游和下游是相对的，没有哪个路由器是另一个路由器的绝对上游或下游。

在 IP 转发中，一条 IP 路径对应的是目的地址；在 MPLS 转发中，一条 LSP 对应的是 FEC。FEC 的划分有很多种方法，这里简化模型，假设 FEC 就是 Prefix FEC。例如，图 10-20 中，200.3.1.0/24 就等价于一个 FEC（记为 FEC1）。

一条 LS 去往 FEC 所指代的方向就是上游去往下游的方向。图 10-20 中，FEC1 指代的就是 200.3.1.0/24，所以，R1 是 R2 的上游，R2 是 R3 的上游，R3 是 R2 的下游，R2 是 R1 的下游。

澄清了上游和下游的概念以后，下面正式讲述标签的分配和发布的基本原理。

1. 标签分配控制方式

标签分配就是路由器为其“心中”的每个 FEC 都分配一个“入标签”。这种分配行为也称为 FEC 标签映射，简称标签映射。

MPLS 的标签占 20bit，其取值范围是 0 ~ 1048575。这些范围有一定的分配原则，如下。

① 0 ~ 15：特殊标签（如前面介绍的 0、3）。

② 16 ~ 1023：静态 LSP 和静态 CR–LSP 共享的标签空间。

③ 1024 及以上：LDP、RSVP–TE 等动态信令协议的标签空间。

也就是说，LDP 只会在不小于 1024 的范围内分配标签。LDP 的标签分配控制方式（Label Distribution Control Mode）有两种：独立标签分配控制方式（Independent）、有序标签控制方式（Ordered）。

（1）独立标签分配控制方式

独立标签分配控制方式比较简单直接，符合人的直观理解，如图 10-21 所示。

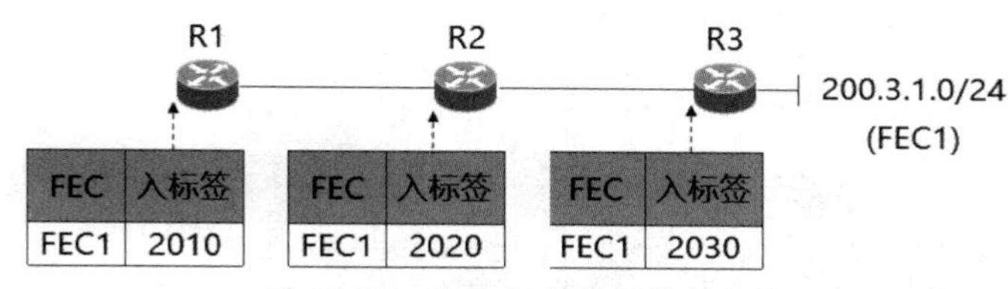

图 10-21　独立标签分配控制方式

图 10-21 中，R1、R2、R3 都知道有 FEC1 的存在，所以它们各自都可以独立地针对 FEC1 分配一个“入标签”。

需要强调的是，Ingress LER 是相对某一条 LSP 而言的角色。所以，对于图 10-21，读者不能认为 R1 就是 Ingress LER，认为它不需要分配“入标签”。

（2）有序标签控制方式

有序标签控制方式是指对于 LSR 上某个 FEC 的标签映射，只有当该 LSR 已经具有此 FEC 下一跳的标签映射信息，或者该 LSR 就是此 FEC 的出节点时，该 LSR 才可以向上游发送此 FEC 的标签映射，如图 10-22 所示。

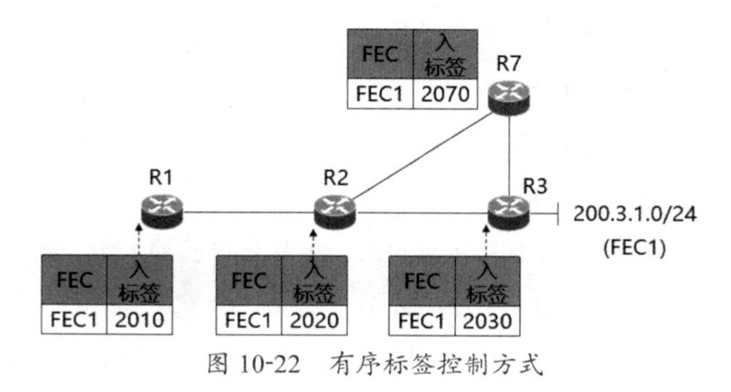

图 10-22　有序标签控制方式

图 10-22 中，R1、R2、R3、R7 是如何知道其关于 FEC1 的“下一跳”的？它们又如何知道自己是不是 FEC1 的“出节点”的？

我们知道，LDP 运转的前提是网络中各个路由器已经基于 IGP 先行构建了路由表（或者基于静态人工配置构建了路由表）。这就意味着，网络中的每个 LSR 都知道关于某个 FEC 的“下一跳”是谁。同理，LSR 也会知道自己是不是某个 FEC 的“出节点”（没有“下一跳”，并且可达，那就是“出节点”）。

2. 标签发布方式

一个 LSR 为其“心中”的每个 FEC 都分配了标签以后，需要告知其他 LSR，否则无法构建出 LSP（具体内容请参见 10.3 节）。LSR 将自己的标签映射信息告知其他 LSR 的行为称为标签发布。LDP 的标签发布方式（Label Advertisement Mode）有两种：下游自主方式、下游按需方式。

（1）下游自主方式

下游自主方式（Downstream Unsolicited，DU），首先举一个例子，以使读者对下游自主方式有一个直观认知，如图 10-23 所示。

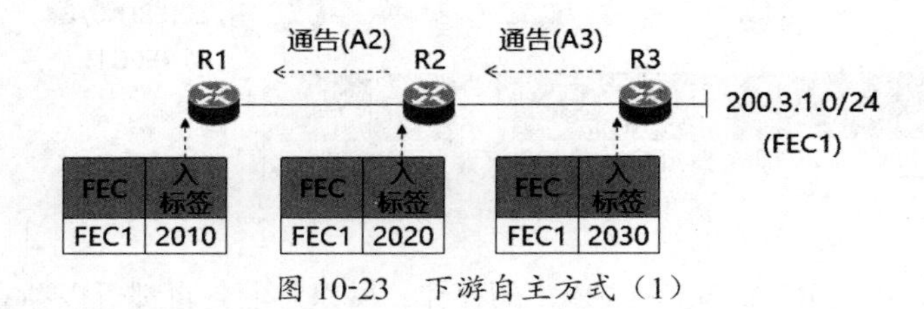

图 10-23　下游自主方式（1）

图 10-23 中，R3 将它的标签映射（FEC1/2030）通告（发布）给 R2，R2 将自己的标签映射（FEC1/2020）通告给 R1。这两个通告有如下特点。

①两个通告是独立的，互不影响。

②两个通告除了互不影响外，也不受其他因素影响。

③通告的方向是下游发布给上游。

这种下游将自己的标签映射信息独立自主地通告给上游的行为称为下游自主方式。下游自主方式比较简单直接，但其有两个问题需要澄清。

①下游通告给其上游以后，该上游还会继续通告给它自己的上游吗？或者说，标签映射信息需要类似“一传十，十传百”那样泛洪吗？

答案是不需要。下游通告上游以后，上游不会再将该通告信息继续向上通告。也就是说，标签映射信息的通告只有 1 跳，具体原因请参考 10.3 节。

②网络中的 LSR 是如何知道网络中的其他 LSR，哪些是自己的上游，哪些是自己的下游的？

这个问题非常重要，答案可从路由表里寻找。

- 对于 LSR 来说，它知道自己有哪些 LDP 邻居（与自己组成 LDP Peer 的 LSR 都是自己的

LDP 邻居）。

- 对于某一个 FEC 来说，LSR 知道针对该 FEC 谁是自己的“下一跳”。
- 在自己所有的 LDP 邻居中，针对某个 FEC，是自己“下一跳”的就是自己的下游，其余的，都是自己的上游。

根据判断规则，LSR 就可以通过下游自主方式，将自己的标签映射信息准确地发布给自己的上游，如图 10-24 所示。

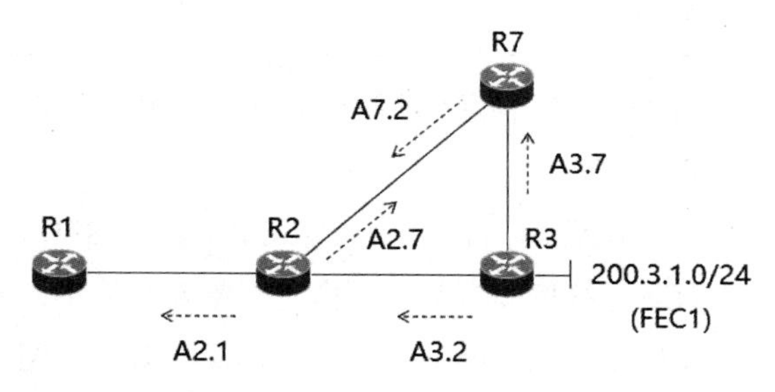

图 10-24　下游自主方式（2）

图 10-24 中，R3 将自己的 FEC1 标签映射信息发布给 R7（A3.7）、R2（A3.2），R2 将自己的 FEC1 标签映射信息发布给 R7（A2.7）、R1（A2.1），R7 将自己的 FEC1 标签映射信息发布给 R2（A7.2）。

可以看到，R2 与 R7 互相通告自己的标签映射信息，因为它们互相认为对方是自己的上游。另外，由于标签映射信息的通告只有 1 跳，因此它们这种互相通告的行为也不会引发环路。

（2）下游按需方式

下游按需方式（Downstream on Demand，DoD）是指对于某一个 FEC，LSR 收到标签请求消息之后才进行标签应答，如图 10-25 所示。

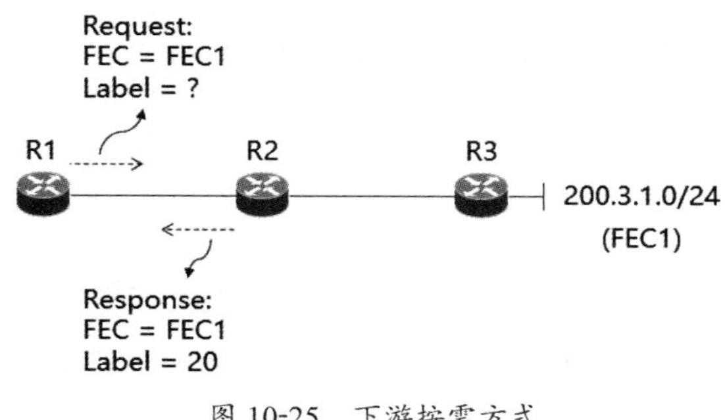

图 10-25　下游按需方式

图 10-25 中，R1、R2、R3 可能都已经有了 FEC1 的标签映射信息，但是它们并不通告给它们的上游。待到上游询问时，下游才会告知。例如，图 10-25 中，R1 向 R2 询问“你的 FEC1 所对应的标签是什么”，R2 才会回答 R1“我的 FEC1 所对应的标签是 20”。

但是，如果上游来问，下游是否马上应答呢？这与标签的分配与发布的排列组合方式有关。

3. 分配与发布的排列组合

标签的分配与发布各有两种方式，因此它们的排列组合就有 4 种方式，如表 10-2 所示。

表 10-2　标签的分配与发布

标签发布方式	独立标签分配控制	有序标签控制
下游自主	每个 LSR 独立构建 FEC 与 Label 的映射。每个 LSR 独立向上游通告自己的标签映射信息	收到“下一跳”的标签映射消息时，可以独立向上游通告自己对应的标签映射信息
下游按需	每个 LSR 独立构建 FEC 与 Label 的映射。每个 LSR 收到上游的请求时，才向上游通告（应答）自己的标签映射信息	收到上游的请求时，继续向下游请求。收到下游的应答后，再向上游应答

标签的分发包括分配与发布两部分。标签的分配是每个 LSR 内部的事情，与其他 LSR 无关；而标签的发布是不同 LSR 之间的事情。

笔者以为，LSR 内部的事情交由各厂商自己决定即可，标准（RFC）不必定义独立标签分配、有序标签等控制方式。而且，有序标签控制看起来更像是标签发布策略，而不是分配策略。

下面通过“下游按需 + 有序标签控制”的一个图例来加深理解，如图 10-26 所示。

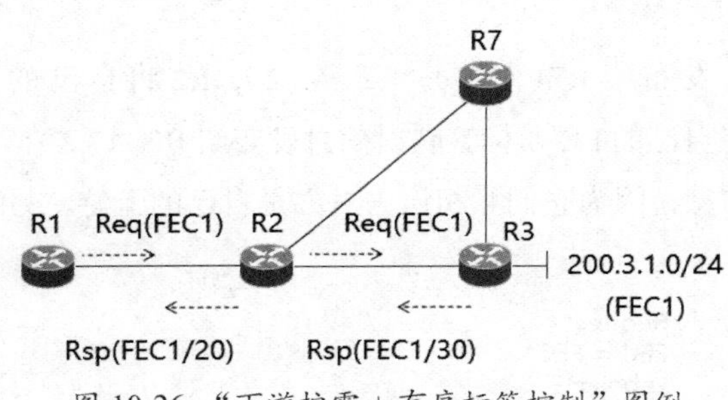

图 10-26 “下游按需 + 有序标签控制”图例

图 10-26 中，R1 向 R2 请求 FEC1 的标签映射，R2 并不能马上回答 R1，而是继续向 R3 请求 FEC1 的标签映射。R3 向 R2 回答其关于 FEC1 的标签是 30，R2 收到 R3 的应答以后，才能向 R1 应答其关于 FEC1 的标签（20）。

需要说明的是，R2 只向 R3 请求，不会向 R7 请求，因为针对 FEC1，只有 R3 才是 R2 的“下一跳”，R2 根据“下一跳”推断出只有 R3 才是它的下游。

无论标签的分配与发布如何排列组合，对于一个 FEC，路由器都知道它是否为“最后一跳”。例如，图 10-26 中，R3 就知道自己是 FEC1 的“最后一跳”。

既然知道自己是“最后一跳”，那么在向上游通告自己的“入标签”时，就可以将标签设置为 3 或者 0 通告出去。这样，它的上游看到这样的标签时，就会知道自己是该 FEC 的“倒数第二跳”。

4. 标签保留方式

标签保留方式（Label Retention Mode）与标签的分发没有直接关系，指的是 LSR 收到下游通告过来的标签映射信息的存储方式。

下游有两种：一种是“下一跳”，一种是“无用信息”，如图 10-27 所示。

图 10-27 中，R3 和 R7 都认为 R2 是自己的上游，于是都向 R2 通告了自己的标签映射关系（假设是“独立标签分配 + 下游自主”方式）。

现在，R2 关于 FEC1 收到了两份标签映射通告。假设 R2 到达 FEC1 的下一跳是 R3，那么 R7 的标签映射通告对于 R2 来说是“没用”的。此时，R2 对于 R7 的标签通告有两种处理方法。

①保守保留方式：直接删除，不保留在自己的标签绑定表里。

②自由保留方式：保留在自己的标签绑定表里。

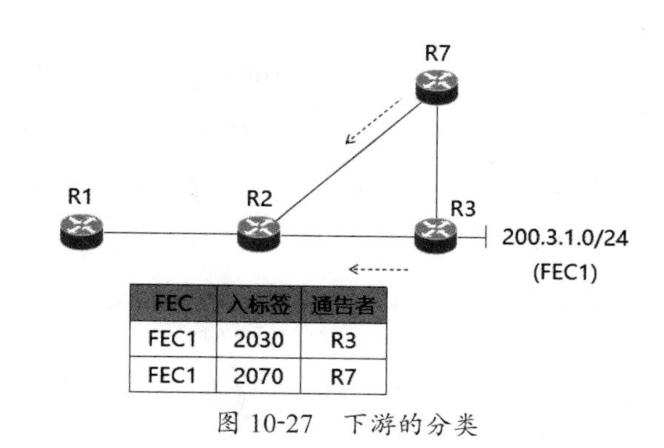

FEC	入标签	通告者
FEC1	2030	R3
FEC1	2070	R7

图 10-27　下游的分类

保守保留方式的好处是节省路由器的标签空间，但是对网络拓扑变化的响应会变慢。自由保留方式则恰恰相反，其缺点是浪费标签空间，优点是对网络拓扑变化的响应较快，如图 10-28 所示。

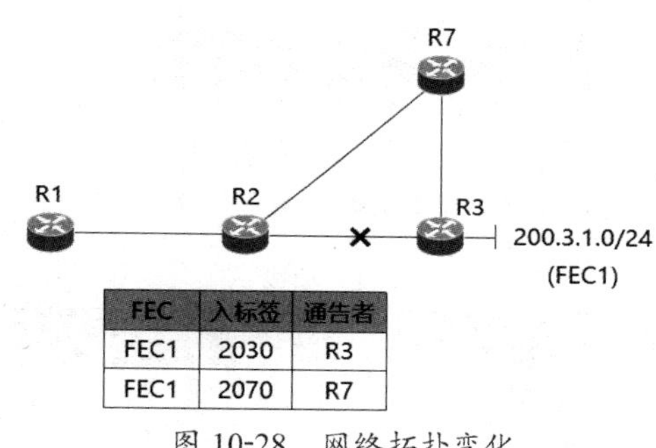

FEC	入标签	通告者
FEC1	2030	R3
FEC1	2070	R7

图 10-28　网络拓扑变化

图 10-28 中，假设 R2 采取的是自由保留方式，那么当 R2 与 R3 之间的链路断连时，R2 能够快速地构建新的到达 FEC1 的 LSP。

现在的问题是，MPLS 是如何构建 LSP 的呢？

说明：图 10-27 和图 10-28 中的“入标签”指的是“通告者”的“入标签”，如 2030 指的是 R3 的“入标签”。

10.3 LSP 的构建

LSP 的构建技术相对比较简单直接，但是其应用策略却有着鲜明的时代印记。下面首先介绍 LSP 构建的基本原理。

10.3.1 LSP 构建的基本原理

无论通过什么方式，MPLS 网络中的各个 LSR 最终总会得到下游的标签映射信息，如图 10-29

所示。

图 10-29 相对于图 10-27 和图 10-28 补充了“接口”和“下一跳”两个字段。“接口”指的是收到下游标签通告的接口，“下一跳”是标识标签映射的“通告者”是不是当前 LSR 的“下一跳”（针对通告中的 FEC）。再强调一遍，图 10-29 中的“入标签”指的是“通告者”的“入标签”，不是自己的“入标签”。

LSR 将非下一跳的标签通告过滤以后，一个 LSP 就将出现，如图 10-30 所示。

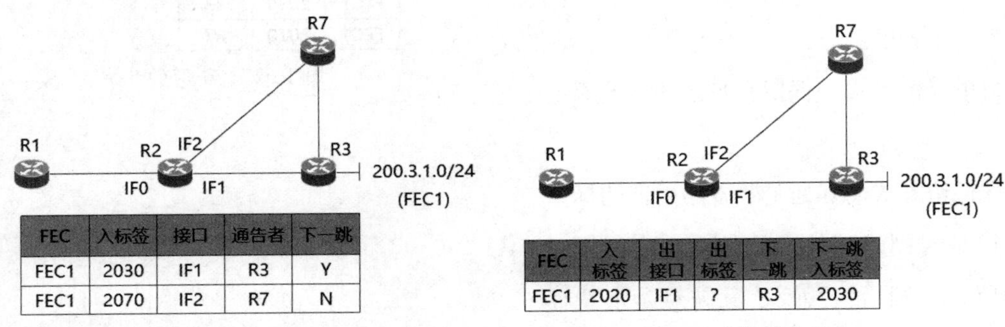

FEC	入标签	接口	通告者	下一跳
FEC1	2030	IF1	R3	Y
FEC1	2070	IF2	R7	N

图 10-29　下游的标签映射信息

FEC	入标签	出接口	出标签	下一跳	下一跳入标签
FEC1	2020	IF1	?	R3	2030

图 10-30　LSP“即将出现”

网络中的每个 LSR 都按照 R2 这样操作，一条通往 FEC1 的 LSP 就会被构建起来，如图 10-31 所示。因为 R3 是该 LSP 的 Egress，所以其“出标签”为空。

通过图 10-31 可以看到，R1 的“出标签”等于 R2 的“入标签”，R2 的“出标签”等于 R3 的“入标签”。R1、R2、R3 的这种“标签接力”的方式，构建了一条通往 FEC1 的 LSP。

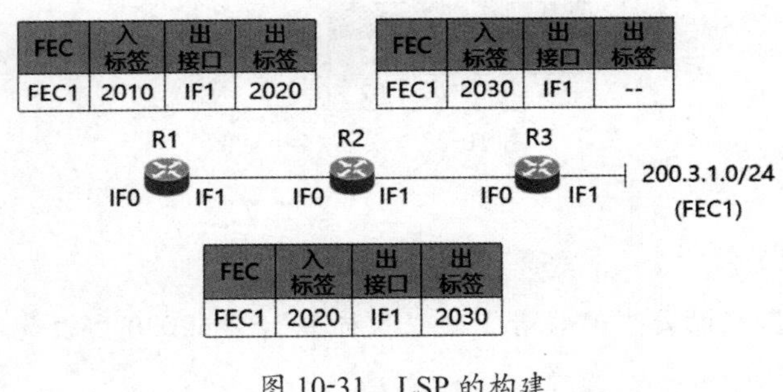

FEC	入标签	出接口	出标签
FEC1	2010	IF1	2020

FEC	入标签	出接口	出标签
FEC1	2030	IF1	--

FEC	入标签	出接口	出标签
FEC1	2020	IF1	2030

图 10-31　LSP 的构建

但是，仅仅构建出 LSP 还不够，该 LSP 还需要与路由绑定。路由与 LSP 绑定的绑定关系如表 10-3 所示。

表 10-3　路由与 LSP 的绑定关系

目的地址	出接口	下一跳	Tunnel ID	备注
200.3.1.0/24	IF1	IP1	0x11	FEC1
200.3.2.0/24	IF2	IP2	0x0	—

表 10-3 是 FIB 的伪码表示，虽然只有两行数据，却反映了一个事实：FIB 里有两个路由表项，一个有对应的 LSP，另一个没有对应的 LSP。

①路由器是基于路由表项来构建 LSP 的。因为一个报文到达路由器后，它首先会查找 FIB，只

有通过 FIB 查找到 Tunnel ID 以后，才会通过相应的 LSP 进行 MPLS 转发，否则通过 IP 转发。如果随意构建一个 LSP，而该 LSP 并没有对应的路由表项，那么该 LSP 实际上毫无意义：它显然不会出现在 FIB 中。

说明：与路由表项没有关联的 LSP 称为 Liberal LSP（自由 LSP）。

②路由器基于路由表项构建 LSP 也有两种选择：自动构建、手工构建。自动构建是指路由器针对路由表项去查找相应的 MPLS 标签，如果找到，就为其构建 LSP；或者更准确地说，路由器收到一个标签通告后，会查找相应的路由表项，如果找到，就为其构建 LSP。

③关于第②点还需要进行修正。路由器有时不需要为每个路由表项构建 LSP（或者说，对于有些路由，路由器还是选择 IP 转发，而不是 MPLS 转发），针对这种需求，路由器提供了 LSP 构建策略：只针对某些特征的路由表项才会构建 LSP。

路由器为什么需要这样的策略呢？这与 MPLS 所处的时代背景有一定的关系。

10.3.2 MPLS 的应用场景

20 世纪 90 年代中期，基于 IP 技术的 Internet 快速普及。但基于最长匹配算法的 IP 技术必须使用软件查找路由，转发性能低下。ATM（Asynchronous Transfer Mode，异步传输模式）采用定长标签（信元）能够提供比 IP 路由方式高得多的转发性能。然而，ATM 协议相对复杂，且 ATM 网络部署成本高，这使 ATM 技术很难普及。在这种背景下，结合双方优点（IP 的简单、部署成本低，ATM 转发性能高）的 MPLS 应运而生。

不过，MPLS 并不能独立于网络层而存在（网络协议事实上就被 IP 协议“垄断”），它原本也只是在转发层面比 IP 有优势，现在该优势可以忽略不计，那么在 IP 上叠加 MPLS 也就没有什么作用。

ASIC 技术的发展，使得企业对 VPN 等需求有了爆发性的增长。而 MPLS 原本就是隧道协议，而且它的多层标签及转发平面面向连接的特性使其具有“无限可能”，如图 10-32 所示。

MPLS 这种的“无限可能”，使得基于 MPLS 构建的 VPN 在当今得到了广泛应用。然而作为 VPN 的隧道协议，MPLS 在绝大多数场景下并不需要为一个网段构建 LSP，如图 10-33 所示。

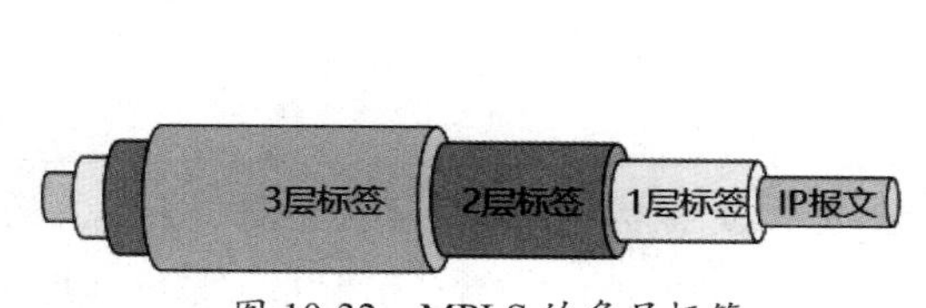

图 10-32 MPLS 的多层标签

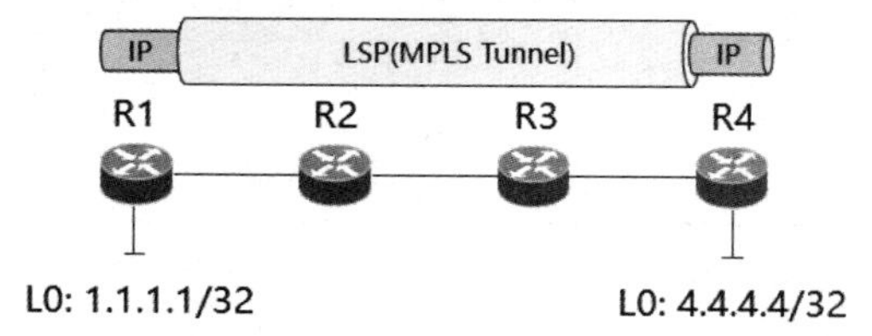

图 10-33 VPN 的隧道

通过图 10-33 可以看到，只需要在 1.1.1.1/32、4.4.4.4/32 两个 Host Address 之间创建一个 MPLS Tunnel（LSP）即可。

也正是因为此，有些厂商（如华为）的自动构建 LSP 的默认策略就是只为 Host Address 创建

LSP。当然，也有厂商（如思科）的默认行为则是为所有 IGP 路由创建 LSP。

既然是默认行为，那就改变 LSP 的构建策略。例如，华为的配置命令行为：

```
lsp-trigger { all | host | ip-prefix ip-prefix-name | none }
```

当配置路由器可以为 IGP 路由（网络地址）建立 LSP 时，可以写如下命令行：

```
lsp-trigger ip-prefix ip-prefix-name
```

当然，无论默认行为是什么，无论提供了多少灵活的配置能力，最终路由器的 LSP 构建策略必须与实际的应用场景相匹配（大部分应用场景只需为 Host Address 创建 LSP）。

10.3.3 跨域 LSP

虽然大部分应用场景只需为 Host Address 创建 LSP，但是在跨域（跨 AS）的情形下，却不能简单直接地创建出这样的 LSP，如图 10-34 所示。

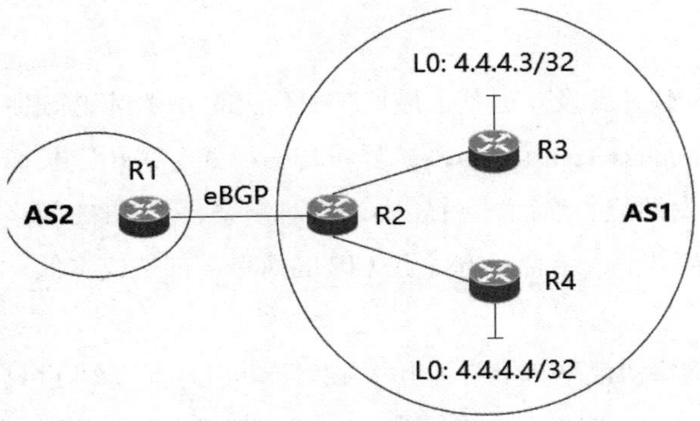

图 10-34　跨域 LSP 的组网示意

图 10-34 中，R1 属于 AS2，R2、R3、R4 属于 AS1。eBGP 的路由通告的特点是路由汇聚，即 R2 会先将 R3、R4 的主机地址汇聚成网络地址 4.4.4.0/24，然后再通告给 R1。

此时，期望 R1 自动构建到达 4.4.4.4/32 的 LSP 已经不可能。因为 R1 的 FIB 中只有到达 4.4.4.0/24 的路由，它已经找不到“入口”自动为 4.4.4.4/32 构建 LSP。

那么，如果单独为 4.4.4.4/32 手工构建一个 LSP 呢？这其中也有一个问题，如表 10-4 所示。

表 10-4　路由表项的目的地址与 FEC

R1 路由表项中的目的地址	R1 收到的标签通告中的 FEC
4.4.4.0/24	4.4.4.3/32
	4.4.4.4/32

也可以单独为 4.4.4.4/32 手工构建一个 LSP，但是，该 LSP 被构建出以后不会与路由表项关联，从而变成 Liberal LSP。因为路由器再通过目的地址查找对应的 LSP 时，默认情况是“精确匹配”，即目的地址与 FEC 要完全匹配。显然表 10-4 所述的情形不符合精确匹配，即手工构建的 LSP 会变成 Liberal LSP。

为了查找该 Liberal LSP，路由器又推出了最长匹配机制。华为配置最长匹配的命令行为

```
longest-match
```

最长匹配机制确实能为4.4.4.4/32构建出一个不会与路由表项关联的LSP，但是它也会引发另一个问题，如图10-35所示。

图10-35中，按照最长匹配原则，对于目的地址属于4.4.4.0/24网段的报文，R1都能查找到相应的Tunnel ID，然后通过MPLS转发。然而，如果图10-35中的R5、R6不支持MPLS（或者没有开启MPLS），则会出问题。

所以，在具体的应用中是否要通过最长匹配方法构建跨域LSP需要慎重考虑。

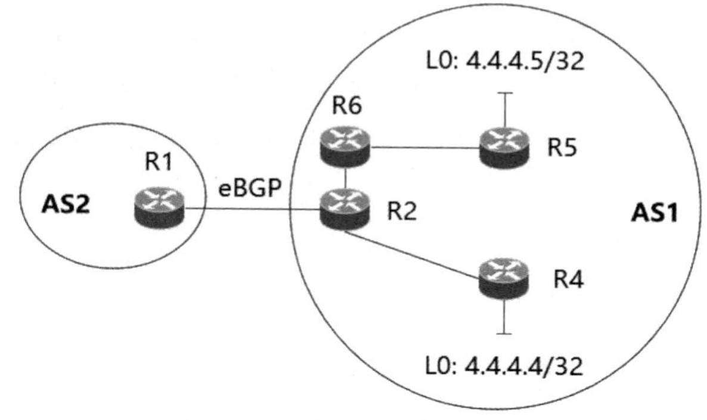

图 10-35 最长匹配机制的问题

10.4 MPLS小结

MPLS的思想起源于ATM的标签交换，其名称在1997年才被IETF正式认定。

MPLS报文在数据链路层（第2层）Header和网络层（第3层）Header之间添加了MPLS Header，所以MPLS也被称为2.5层协议。

MPLS利用MPLS Header中的标签（Label）字段进行转发，其转发所依据的转发表称为LFIB。MPLS的转发过程可以分为Push、Swap、Pop等3个阶段。在Ingress LER处，MPLS将IP报文封装成MPLS报文（Push）；在Transit LSR处，MPLS进行标签交换转发（Swap）；在Egress LER处，MPLS将MPLS报文解封装为IP报文（Pop）。

为了性能优化，MPLS还提出了“倒数第二跳弹出”机制。

从转发面来说，MPLS的标签交换转发是IP转发的一种替代；但是从控制面来说，MPLS的控制协议首先要依赖IP的路由协议（如OSPF）。

只有在路由协议构建好各个路由器的路由表的基础上，MPLS的控制协议才能有效工作。MPLS的控制协议有多种，LDP是其中比较基础而且重要的一个协议。

LDP（包括其他控制协议）的最终目的是要构建到达FEC的LSP。一条LSP的本质是多个LSR之间的“标签接力赛”。所以，LDP最核心的部分是标签的分配和发布。LDP的标签分配分为独立标签分配控制方式和有序标签控制方式，LDP的标签发布分为下游自主方式和下游按需方式。

除了标签的分发外，LDP还设计了两种标签保留方式：保守保留方式、自由保留方式。保守保留方式的好处是节省路由器的标签空间，但是对网络拓扑变化的响应会变慢；自由保留方式则与之相反。

LDP 通过 FEC 的分类、标签的分发、标签的过滤（过滤“非下一跳”的标签映射）及标签的“接力匹配”，构建出一条条通往各个 FEC 的 LSP。

随着 ASIC 技术的发展，虽然转发性能与 IP 相比不再有优势，但是 MPLS 支持多层标签和转发平面面向连接的特性，使其在 VPN、流量工程、QoS 等方面得到广泛应用。

第11章

MPLS L3VPN

对于 VPN，可以理解为一个私有网络（private network，以下简称私网）“穿越”公有网络（public network，以下简称公网）的故事，如图 11-1 所示，A 和 B 是两个私网，公网是 Internet。两个网络需要“穿越”公网进行通信。例如，A 中的 PC1（10.1.1.10）与 B 中的 PC2（10.1.2.10）通信。

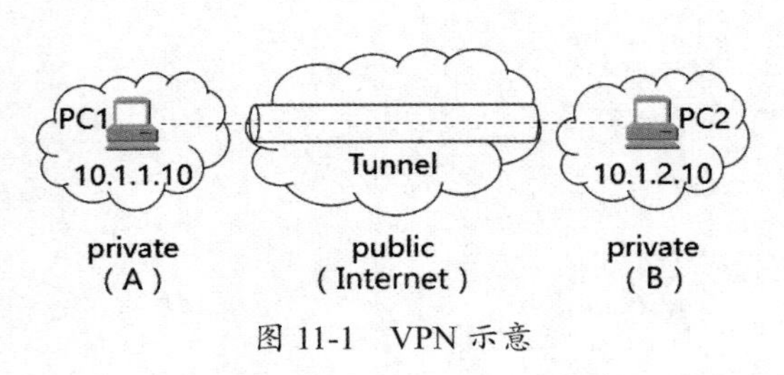

图 11-1　VPN 示意

说明：考虑到当前网络现状，公有网络本书不再泛化，专指 Internet。

我们知道，私有网络是不能“穿越”Internet 的，除非通过隧道技术。根据隧道技术的不同，VPN 可以分为 GRE VPN、IPSec VPN、MPLS VPN 等。

如果把隧道看作“透明”的，那么“穿越”Internet 的各个私网看起来就像一个互联的“大私网”，如图 11-2 所示。两个私网 A 和 B 组成了一个“大私网”。根据“大私网”的转发面，又可以将 VPN 分为两大类型：L2VPN 和 L3VPN。其中，L2VPN 就是第 2 层（Layer 2，简称 L2）转发，L2VPN 就是第 3 层（Layer 3，简称 L3）转发。

从 VPN 的“使用者”的角度来说，可以把中间的 Internet 当作“透明”的；但是从 VPN 的“实现者”来说，中间的 Internet 却是它必须跨越的“鸿沟”。

假设图 11-2 是一个 L3VPN（需要注意的是，A 和 B 中间有一个 Internet），如果没有技术手段，A 和 B 根本无法知道对方的路由信息，因此也不可能互通。私网之间如果不能互通，则无法“穿越”Internet。

乍一看图 11-2 有点像 BGP，即使中间隔了一个 Internet，如图 11-3 所示。

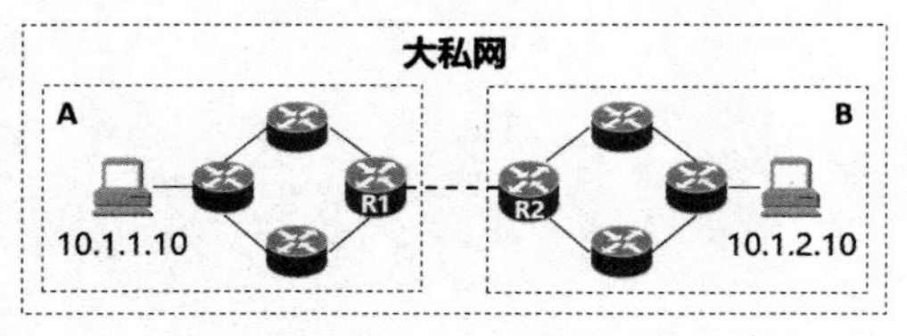

图 11-2　“大私网”示意

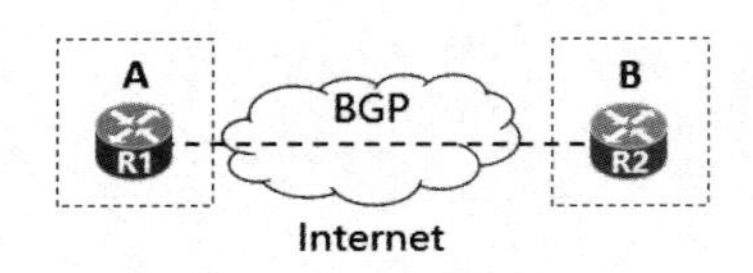

图 11-3　类似于 BGP

事实上，确定有一种方案可以利用 BGP，将各个私网的路由“穿越”Internet 进行互相通告，从而使得各个私网具备互联互通的可能性。

当然，从实现细节来说，其有两点需要澄清。

①运行 BPG 协议的并不是图 11-3 中的两个路由器 R1、R2，而是其他路由器。

②严格来说，运行的 BGP 不是 eBGP，而是 iBGP，而且还是 iBGP 的扩展（称为 MP–BGP，Multiprotocol Extensions for BGP–4）。

抛开这些细节不谈，可以看到如下的组合。

①“穿越”Internet 的技术是 MPLS 隧道。

②“大私网”的交换技术是第 3 层交换（IP 交换）。

③私网之间的路由通告技术是 MP-BGP。

这 3 种技术所组合的方案就称为 MP-BGP MPLS L3VPN。为了易于阅读和讲述，本章如无特别说明，会用 L3VPN 甚至用 VPN 指代 MP-BGP MPLS L3VPN。

需要强调的是，路由通告采用 iBGP 技术，意味着 L3VPN 所穿越的 Internet 只能在一个 AS 内。跨域（跨 AS）的 L3VPN 将在 11.4 节专门讲述，11.4 节之前的内容特指穿越一个 AS 的 L3VPN 技术。

11.1 L3VPN 的概念模型

从构建 VPN 的路由器的所属性质来说，VPN 可以分为 CE-Based VPN 和 Network-Based VPN 两大类型。其中，CE（Customer Edge）指的是客户的路由器，Network 指的是运营商（Provider）提供的网络。

对于 CE-Based VPN，VPN 的功能全都由 CE 实现，运营商网络对于该 VPN 并不感知，就像普通的 IP 转发一样，如图 11-4 所示。

图 11-4 中，两个 Customer Network（A、B）组成一个 VPN，而构建此 VPN 的路由器分别是 CE1、CE2，两者属于客户的资产，与运营商无关。而且，运营商网络（Internet）对 CE1、CE2 所构建的 VPN 毫无感知。

之所以将两者称为 Customer Edge（Router）（客户边缘路由器），是因为客户网络通过它们接入了 Internet，从逻辑拓扑的角度来看，它们位于客户网络的“边缘”。

与 CE-Based VPN 相对应的是，Network-Based VPN 功能全都由运营商的边缘路由器（Provider Edge，PE）实现，如图 11-5 所示。

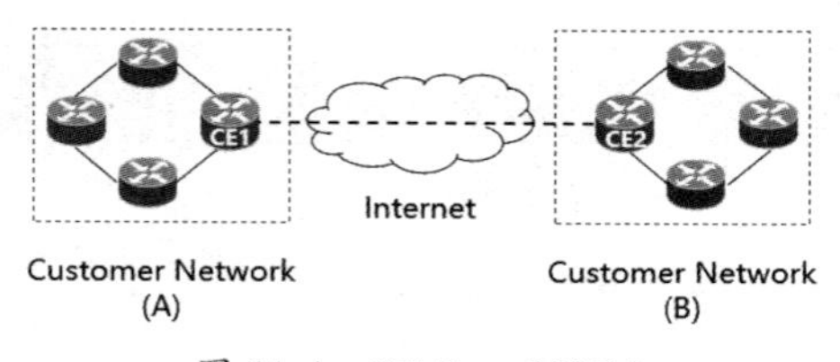

图 11-4　CE-Based VPN

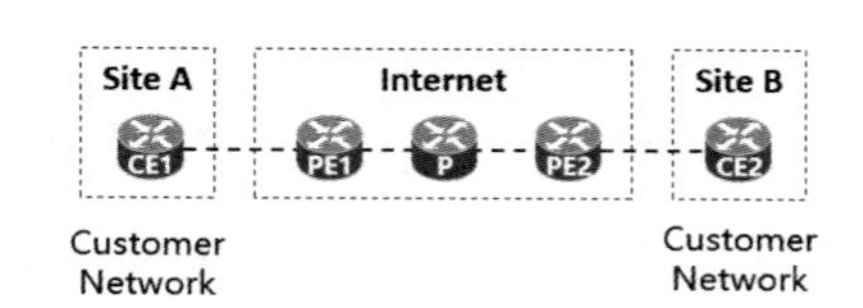

图 11-5　Network-Based VPN

图 11-5 中，Site A 与 Site B 是两个 Customer Network，它们组成的 VPN 是由运营商的两个路由器 PE1、PE2 所实现的。之所以称 PE1、PE2 为 PE，是因为运营商网络通过它们接入了客户网络（CE1 与 PE1 对接，CE2 与 PE2 对接）。

与 PE 对应的是 P 路由器（Provider Router）。P 路由器也是属于运营商的资产，只是从逻辑拓扑的角度来说，它们位于运营商网络的“中间”，并不负责接入客户网络，所以称为 P 路由器。

Network-Based VPN 由 PE 构建。对于 P 路由器来说，它并不感知该 VPN。

L3VPN 就属于 Network-Based VPN，如图 11-6 所示。Site A, Site B, Site C, Site D 组成了一个 L3VPN，除了已经标识了 CE1, PE1, …, CE4, PE4 的路由器外，其余路由器都是 P 路由器。

需要强调的是，iBGP 协议运行在 PE 上。PE1 ~ PE4 这 4 个 iBGP Speaker 两两之间组成 iBGP Peer。

说明： Site（站点）可以理解为一个场所，一个客户私网。或者是指相互之间具备 IP 连通性的一组 IP 系统，并且这组 IP 系统的 IP 连通性不需通过服务提供商网络实现。Site 的划分是根据设备的拓扑关系，而不是地理位置。一个 Site 中的设备可以属于多个 VPN，即一个 Site 可以属于多个 VPN。Site 通过 CE 连接到服务提供商网络，一个 Site 可以包含多个 CE，但一个 CE 只属于一个 Site。

PE 构建 L3VPN 的前提是拥有各个 Site 的路由，如图 11-7 所示。以 PE1 为例，介绍其路由表，如表 11-1 所示。

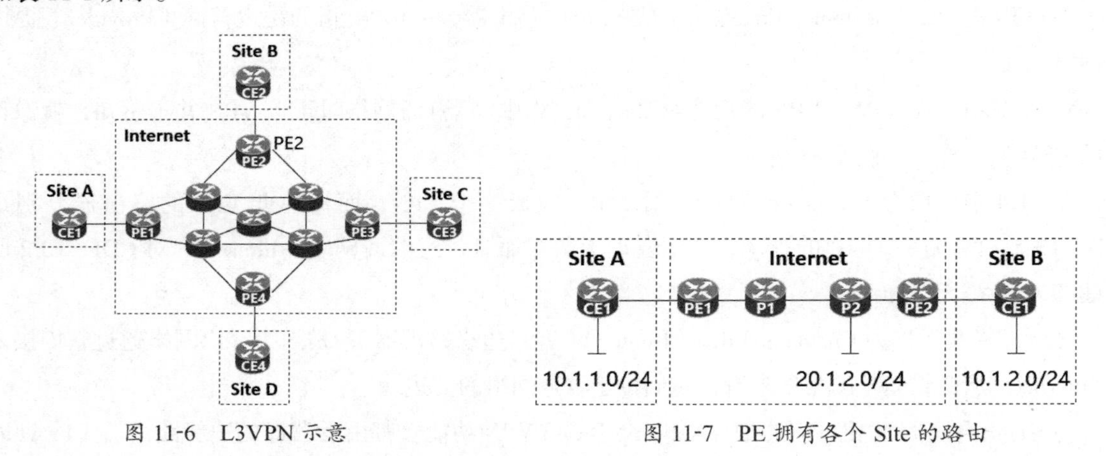

图 11-6　L3VPN 示意

图 11-7　PE 拥有各个 Site 的路由

表 11-1　PE1 的路由表（示意）

目的地址	下一跳	备注
10.1.1.0/24	CE1	私网路由，Site A
10.1.2.0/24	PE1.RouterID	私网路由，Site B
PE1.RouterID	P1	公网路由。通过此条路由，最终迭代出到达 Site B 的下一跳是 P1
20.1.2.0/24	P1	公网路由

表 11-1 中 PE1 如果没有 Site B 的路由，则无法构建出到达 Site B 的 MPLS 隧道。当然，更确切地说，PE1 是和 P1、P2、PE2 一起构建出到达 Site B 的 MPLS 隧道（MPLS 隧道本质上就是 MPLS LSP）。

然而，有私网的地方，就可能有 IP 地址重叠，如图 11-8 所示。Site A 与 Site B 组成 VPN1（L3VPN）、Site C 与 Site D 组成 VPN2（L3VPN）。由于都是私网地址，因此，Site A 的地址与 Site C 的地址重叠，Site B 与 Site D 的地址重叠。此时，PE1 的路由表就会出现问题，如表 11-2 所示。

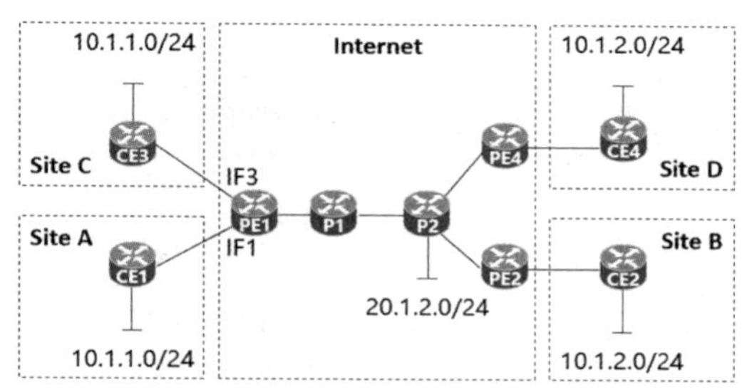

图 11-8　私网的 IP 地址重叠

表 11-2　地址重叠的 PE1 的路由表（示意）

行号	目的地址	下一跳	备注
1	10.1.1.0/24	CE1	私网路由，Site A，VPN1
2	10.1.1.0/24	CE3	私网路由，Site C，VPN2
3	10.1.2.0/24	PE1.RouterID	私网路由，Site B，VPN1
4	10.1.2.0/24	PE1.RouterID	私网路由，Site D，VPN2
5	PE1.RouterID	P1	公网路由。通过此条路由，最终迭代出到达 Site B 的下一跳是 P1
6	20.1.2.0/24	P1	公网路由

表 11-2 中的第 1 行和第 2 行的“目的地址”相同，第 3 行和第 4 行的“目的地址”也相同。这样的路由表会让 PE1 出现问题。

为了解决该问题，L3VPN 提出了 VRF（Virtual Routing Forwarding，虚拟路由转发）的概念。简单地说，就是 PE 将其路由表拆分成多张表。

①一张公网路由表，即原来的 FIB 保持不变。

②每个 VPN 一张路由表，该路由表就称为 VRF。

按照该原则，可以将表 11-2 分拆为 3 张路由表，如表 11-3 所示。

表 11-3　PE 路由表的分拆（示意）

表类型	表名称	目的地址	下一跳	备注
VRF	VRF1	10.1.1.0/24	CE1	私网路由，Site A，VPN1
VRF	VRF1	10.1.2.0/24	PE1.RouterID	私网路由，Site B，VPN1
VRF	VRF2	10.1.1.0/24	CE3	私网路由，Site C，VPN2
VRF	VRF2	10.1.2.0/24	PE1.RouterID	私网路由，Site D，VPN2

续表

表类型	表名称	目的地址	下一跳	备注
FIB	FIB	PE1.RouterID	R1	公网路由。通过此条路由，最终迭代出到达 Site B 的下一跳是 R1
FIB	FIB	20.1.2.0/24	R1	公网路由

通过表 11-3 可以看到，PE1 很容易找到其下一跳。

VRF 也称为 VPN 实例（VPN Instance）。图 11-8 中，CE1 的报文和 CE3 的报文都到达了 PE1，此时 PE1 又该如何区分这些报文属于哪一个 VPN 实例（VRF）呢？答案是通过报文的“入接口”。PE 实际上是将 VRF 与接口进行了绑定。例如，图 11-8 中，PE1 将 VRF1 与 IF1 绑定、VRF2 与 IF3 绑定。也就是说，从 IF1 进入的报文都属于 VRF1，从 IF3 进入的报文都属于 VRF2。

说明：与 VRF 绑定的接口可以是物理接口，也可以是子接口（Subinterface）。子接口是通过协议和技术将一个物理接口虚拟出来的多个逻辑接口。

通过 VRF 技术解决了私网地址重叠的问题以后，L3VPN 是不是就可以利用 MPLS 隧道（LSP）“穿越” Internet 呢？此时还需要分析 L3VPN 的转发。

11.2 L3VPN 的转发

L3VPN 的基本转发模型如图 11-9 所示，假设 PC1 要与 PC2 进行通信，其通信过程如下所示。

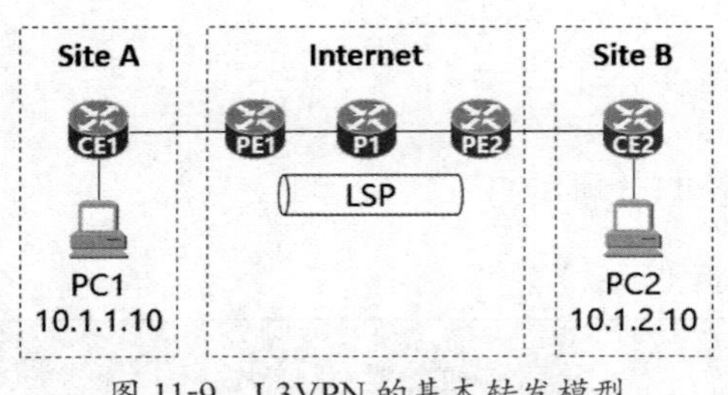

图 11-9　L3VPN 的基本转发模型

① PC1 的默认网关是 CE1，所以其将报文发送给 CE1。

② CE1 通过报文的目的地址（10.1.2.10）查找路由表，发现下一跳是 PE1，于是转发给 PE1。

③同理，PE1 也查找路由表，并且根据 MPLS 相关的规则将 IP 报文打上 MPLS 标签，转发出去。

④ MPLS 报文经过 LSP 达到 PE2。

⑤ PE2 剥去 MPLS 报文头（忽略“倒数第二跳弹出”），并根据路由表转发给 CE2。

⑥ CE2 再转发给 PC2 。

根据以上描述，可以看到 L3VPN 通信的两大特点。

①隧道外通过 IP 转发，隧道内通过 MPLS 转发。

②私网通过 MPLS Tunnel（LSP）“穿越” 了 Internet。

也就是说，IP 转发和 MPLS 转发两者无缝对接，“穿越”了 Internet，连接了 L3VPN 的各个站点。但是，如果多个 L3VPN 共享一个 MPLS Tunnel，又该如何处理呢？

图 11-10 中，Site A 与 Site B 组成一个 L3VPN（VPN1），Site C 与 Site D 组成一个 L3VPN（VPN2）。VPN1 与 VPN2 共享一个 MPLS Tunnel（LSP）。“多个 L3VPN 共享一个 MPLS Tunnel”与“私网 IP 地址重叠”没有关系，两者是不同的问题，所以笔者特意将图 11-10 的私网 IP 地址设置为“不重叠”。

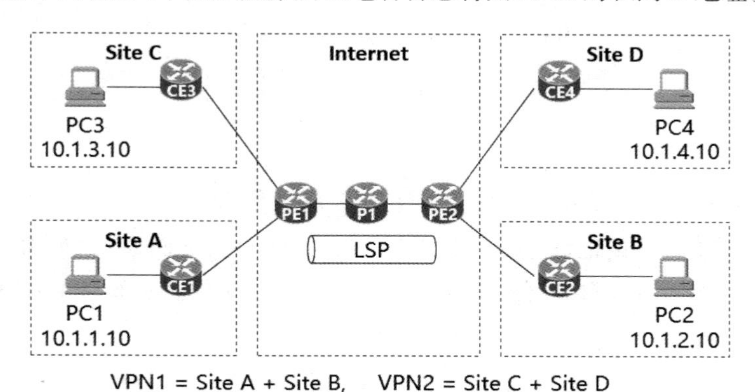

图 11-10　多个 L3VPN 共享一个 MPLS Tunnel

“多个 L3VPN 共享一个 MPLS Tunnel”的问题出现在隧道的最后一跳，即图 11-10 的 PE2。当 MPLS 剥去 MPLS Header 后，忽然间发现有两个 VRF，如图 11-11 所示。

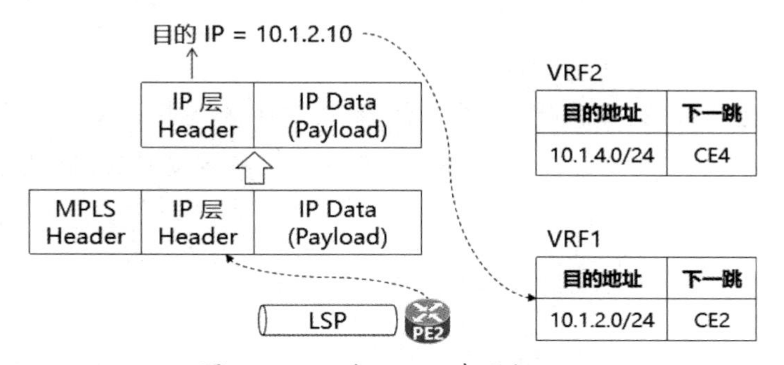

图 11-11　一个 MPLS 有两个 VRF

图 11-11 中，当 MPS 报文到达 PE2 后，PE2 会剥去 MPLS Header。假设 IP Header 中的目的 IP 是 10.1.2.10，那么该 IP 报文的下一跳是什么呢？

PE2 不知道该在哪个 VRF 中去查找下一跳，因为对于一个纯粹的 IP 报文，不知道怎么判断它属于哪个 VPN。

为此，L2VPN 提出了一个解决方案，即“两层标签”。MPLS Header 中的 S 字段是栈底标志。当 S 为 1 时，表明此为最底层标签，当 S 为 0 时，表明后面还接有一个 MPLS Header。L3VPN 把第一层标签当作隧道标签，把第二层标签当作 VPN 标识，如图 11-12 所示。

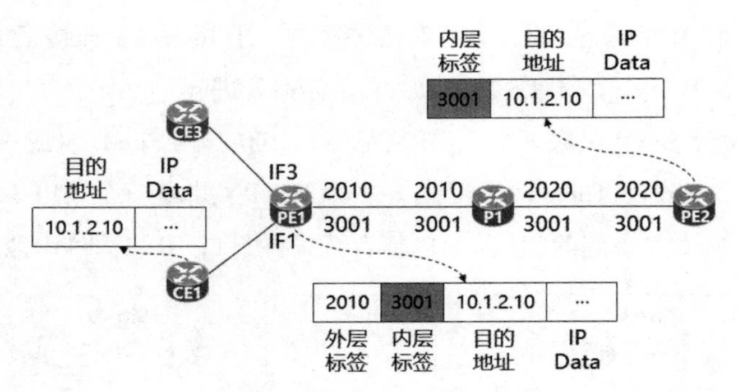

图 11-12　两层标签示意

图 11-12 中，2010、2020 是外层标签，3001 是内层标签。

CE1 发送的 IP 报文（目的地址是 10.1.2.10）到达 PE1 以后，PE1 做了两件事情。

①因为是从接口 IF1 进入的报文，该报文属于 VPN1，所以将该报文打上 VPN1 的专属标签 3001，该标签是内层标签。

②按照普通的 MPLS 转发，打上 LSP 标签 2010，该标签是外层标签。

当报文沿着 LSP 到达 PE2 以后，它会做 3 件事情。

①按照普通的 MPLS 转发，剥去外层标签 2020。

②发现内层标签是 3001，知道该报文属于 VPN1。

③剥去内层标签 3001。

④根据 VPN1 的 VRF（VRF1）进行转发。

以上所说的过程就是 L3VPN 两层标签的“故事”：内层标签标识 VPN，外层标签对应 LSP。外层标签分发和 LSP 的构建在前面已经介绍过，那么内层标签又是如何分发的呢？这就涉及了 L3VPN 的控制信令。

11.3 L3VPN 的控制信令

L3VPN 实际上是分为了几段，所以 L3VPN 的控制信令（控制面协议）也不是一个，而是由几部分组成。如图 11-13 所示，L3VPN 的控制信令分为 3 部分。

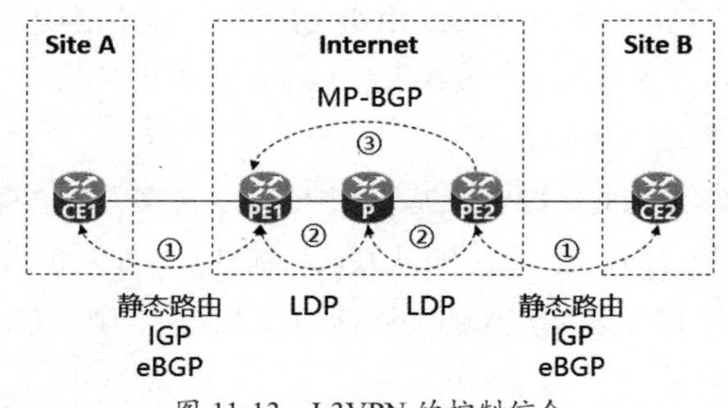

图 11-13　L3VPN 的控制信令

1. CE 与 PE 之间的路由协议

CE 与 PE 之间的路由协议对应的是图11-13

中标识为①的部分。CE1 与 PE1 之间、CE2 和 PE2 之间的路由协议可以是静态路由（人工配置）、IGP（OSPF、IS-IS、RIP）、eBGP。其中，有两点需要强调。

①私网路由的重叠。PE 需要为每个 VPN 创建一个 VRF。

② Site A、Site B 的 AS。既然是 eBGP，那就意味着图 11-13 中的 Site A 与 Internet 分属于不同的 AS。同理，Site B 与 Internet 也分属于不同的 AS。

AS 分为公有 AS 和私有 AS，公有 AS ID 的范围是 1 ~ 64511，私有 AS ID 范围是 64512 ~ 65534。公有 AS 只能用于互联网，并且全球唯一，不可重复；而私有 AS 可以在企业网络使用，不同的企业网络之间可以重复。显然，Site A 与 Site B 的 AS 应该是私有 AS，它们的 AS ID 范围应该是 64512 ~ 65534。

2. MPLS 外层标签分发协议

MPLS 外层标签分发协议对应的是图 11-13 中标识为②的部分，MPLS 外层标签是正常的 LSP 标签。所以，构建外层标签和 LSP 的协议就是 LDP（或者人工配置、CR-LDP、RSVP-TE 等）。

3. MPLS 内层标签分发协议

MPLS 内层标签分发协议对应的是图 11-13 中的部分③。MPLS 内层标签标识的是一个 L3VPN，分发该标签的协议就是 MP-BGP。

由于 IGP、BGP、LDP 在前文都讲述过，因此本节重点讲述 MP-BGP。

11.3.1 MP-BGP 概述

MP-BGP 是对 BGP 的扩展，它既能兼容 BGP，又对 BGP 所支持的网络层协议进行了扩展，如支持 IPv6、L3VPN 等。本小节只讲述 MP-BGP 针对 L3VPN 所做的扩展。

针对 L3VPN，MP-BGP 要做的最重要的一件事就是为 L3VPN 实例分配 MPLS 内层标签，如图 11-14 所示。

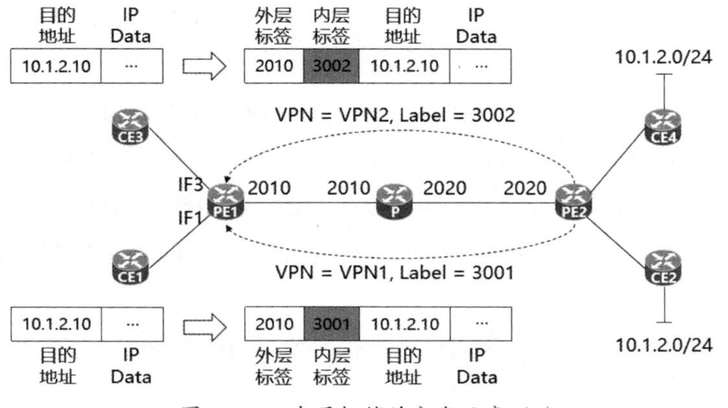

图 11-14　内层标签的分发示意（1）

图 11-14 中，CE1 与 CE2 组成 VPN1，CE3 与 CE4 组成 VPN2。对于 PE2 来说，它必须要有一种方法告知 PE1：VPN1 所对应的内层标签是 3001，VPN2 所对应的内层标签是 3002。否则，PE1 就无法做到图 11-14 所示的 MPLS 内层标签的封装。

①当 CE1 发送的报文到达 PE1 时，PE1 通过报文的入接口（IF1）判断出其属于 VPN1。

②通过报文的目的地，映射出 MPLS 报文的外层标签是 2010。

③通过 VPN1，映射出 MPLS 报文的内层标签是 3001。

④当 CE3 发送的报文到达 PE1 时也是同理：MPLS 外层标签是 2010，内层标签是 3002。

除了通告 VPN 实例与内层标签的映射关系外，图 11-14 中，两个 VPN 的 IP 地址重叠也是 MP-BGP 所面临的问题。

另外，MP-BGP 也必须通告原来 BGP 所通告的内容，如新增路由、撤销路由等。总之，针对 L3VPN，MP-BGP 除了兼容 BGP 外，所要做的事情一是通告 VPN 实例与内层标签的映射关系，二是处理私网路由重叠的问题。

11.3.2 VPN 实例与内层标签

本小节暂不细究 MP-BGP 的报文格式，可以直观地想象 MP-BGP 如何通告 VPN 实例与内层标签的映射关系。如图 11-15 所示，CE1 与 CE2 组成 VPN1，CE3 与 CE4 组成 VPN2。针对这样的 L3VPN 组网，我们可以做如下想象。

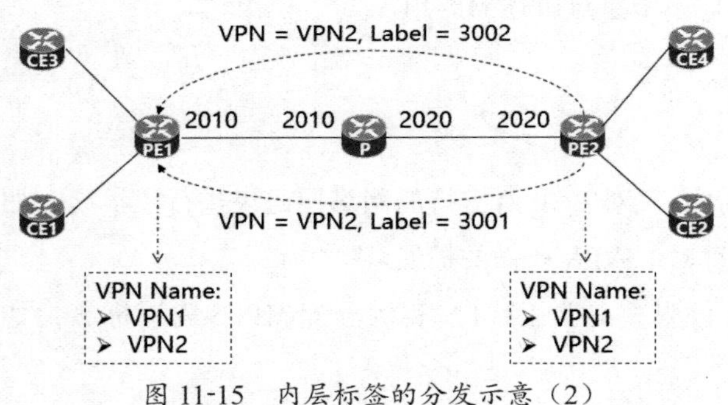

图 11-15　内层标签的分发示意（2）

①在 PE1、PE2 中分别人工配置两个 VPN 实例的 Name：VPN1、VPN2。

②像 BGP 一样，将 PE1、PE2 配置成 MP-BGP Peer。

③ PE2 分别针对 VPN1、VPN2 分配内层标签（3001、3002）。

④ PE2 将 VPN Name 与内层标签的映射关系通过 MP-BGP 通告给 PE1。

⑤同理，PE1 也将自己的 VPN Name 与内层标签的映射关系通告给 PE2。

当然，如果只考虑 VPN 实例与内层标签的映射关系，不使用 MP-BGP，而是采用纯手工配置也可以。但是，考虑到路由通告，此时手工配置就难以适应路由的“动态性”，所以这里不考虑人工配置，仍分析 MP-BGP。

应该说，MP-BGP 关于 VPN 实例与内层标签映射关系的通告机制并不是我们想象得那么简单直接，而是比较晦涩难懂。

首先，它在MP-BGP报文中并没有引入VPN Name的概念，而是通过RT（Router Target，路由目标）的概念引出的。

RT属于BGP路径属性Community的一种，Community分为标准Community和扩展Community，而RT就是扩展Community。

说明：严格来说，Communities是BGP的路径属性，Community只是Communities中Value字段里的一个元素。Value字段是一个列表，由一批Community组成。

RT占有8字节，其数据结构如图11-16所示。

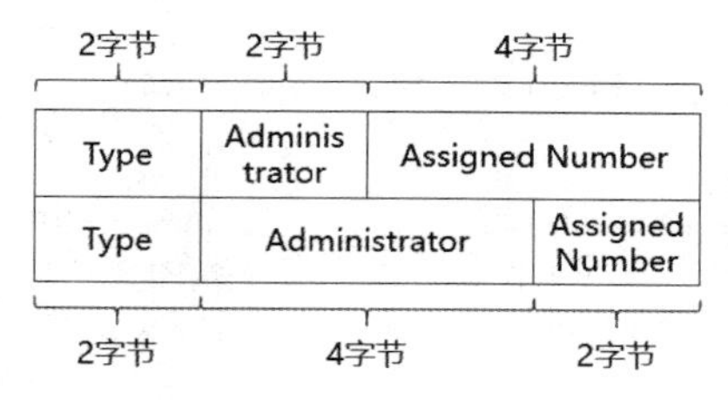

图11-16　RT的数据结构

RT分为3个字段：Type、Administrator和Assigned Number。随着Type的取值不同，后两个字段的长度及取值方法也不同，如表11-4所示。

表11-4　RT的取值规则

Type取值	Type长度（字节）	Administrator字段		Assigned Number字段	
		长度（字节）	取值规则	长度（字节）	取值规则
0	2	2	AS ID（PE路由器所在的AS ID）	4	用户自定义。用户需要保证AS ID + Assigned Number唯一
2	2	4	AS ID（PE路由器所在的AS ID）	2	用户自定义。用户需要保证AS ID + Assigned Number唯一

Type字段之所以会有两个类型，是因为AS ID的取值规则不同。AS ID由IANA统一规划和分配。在2009年1月之前，最多只能使用2字节长度的AS ID，即1 ~ 65535；在2009年1月之后，IANA决定使用4字节长度的AS ID，范围是65536 ~ 4294967295。当前，通常还是使用2字节长度的AS ID，即1 ~ 65535。所以，RT的Type一般取值为0。

为了方便阅读和理解，将RT以“AS:NN”的方式来表达。其中，AS代表AS ID；NN代表用户自己内部分配的数字；“:”只是为了方便人类的阅读和理解，实际上并不存在。

RT分为Export RT（导出RT）和Import RT（导入RT），两者的数据结构完全一样，只是两者所在的“位置”不同。

首先，两者都需要人工配置；其次，只有Export RT会出现在MP-BGP的路由通告报文里，

Import RT 只是存在 PE 的“心中”。MP-BGP PEER 正是靠分析路由通告中报文中的 Export RT 来决定该报文所通告的路由属于哪个 VPN 的，如图 11-17 所示。

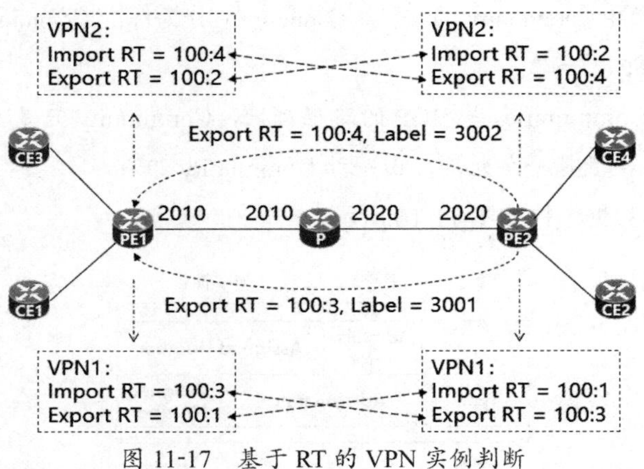

图 11-17　基于 RT 的 VPN 实例判断

图 11-17 中，CE1 与 CE2 组成 VPN1，CE3 与 CE4 组成 VPN2。针对这样的 L3VPN 组网，我们可以做如下配置。

①在 PE1 中配置 VPN1 的 RT：Import RT = 100:3、Export RT = 100:1。

②在 PE2 中配置 VPN1 的 RT：Import RT = 100:1、Export RT = 100:3。

③在 PE1 中配置 VPN2 的 RT：Import RT = 100:4、Export RT = 100:2。

④在 PE2 中配置 VPN2 的 RT：Import RT = 100:2、Export RT = 100:4。

由此，PE 的路由通告中就可以包含 RT（Export RT）和内层标签的信息。图 11-17 中，当 PE2 通告给 PE1 的报文中包含 Export RT = 100:3、Label = 3001 时，PE1 将此报文中的 Export RT 与自己的 Import RT 相比对，发现 VPN1 的 Import RT（100:3）正好等于该报文的 Export RT（100:3），于是 PE1 就认为 VPN1 的内层标签是 3001。

同理，PE1 也会将 VPN2 的内层标签映射为 3002。

根据以上描述可以看到，VPN 实例与内层标签的绑定本质上还是手工配置。通过手工配置，让属于同一个 VPN 实例的 Export RT 与 Import RT 相对应。

RT 在 BGP 路由通告的报文里属于扩展 Community，那么内层标签又属于哪个字段呢？

11.3.3 路由信息与内层标签

前面讲述了 RT 与内层标签的关系，但是并没有指出内层标签由路由通告中哪个字段承载，也没有讲述路由信息由哪个字段承载。BGP 路由通告信息分为撤销路由、新增路由两部分，首先介绍新增路由。

新增路由的数据结构如图 11-18 所示。

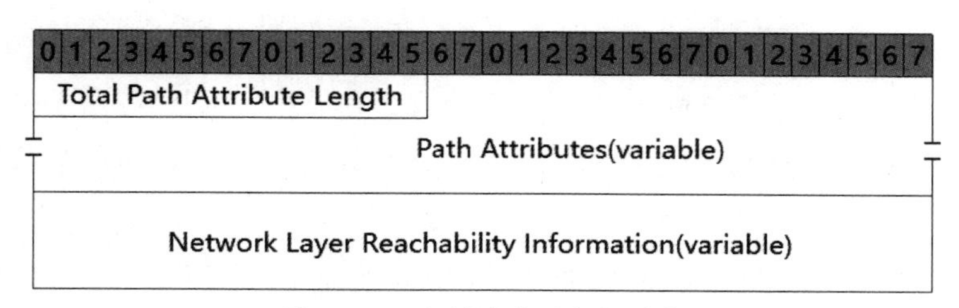

图 11-18　新增路由的数据结构

如果不看细节，那么表达路由信息的就是 Path Attributes 字段中的 Next_Hop 属性，以及 Network Layer Reachability Information（NLRI）所表达的一批“目的地址”。

说明：“目的地址”只是一种形象的说法，准确地说，它是 NLRI 中的二元组 <Length, Prefix>。当然，该二元组表达的含义就是“目的地址”。

需要强调的是，Export RT 就是 Path Attributes 字段中的 Communities 属性中的扩展 Community。

为了保持与 BGP 的兼容性，MP-BGP 保持这些字段不变，同时增加了一个属性 —— 多协议可达 NLRI（Multiprotocol Reachable NLRI，MP_REACH_NLRI），用于发布“目的地址”及“下一跳”信息。

但是，在讲述 MP_REACH_NLRI 之前，首先需讲述 VPN-IPv4 地址这个概念，因为 MP_REACH_NLRI 涉及了 VPN-IPv4 地址。

1. VPN-IPv4 地址

很多资料都提到了 MP-BGP 新增路由通告中的私网地址重叠的问题，如图 11-19 所示。

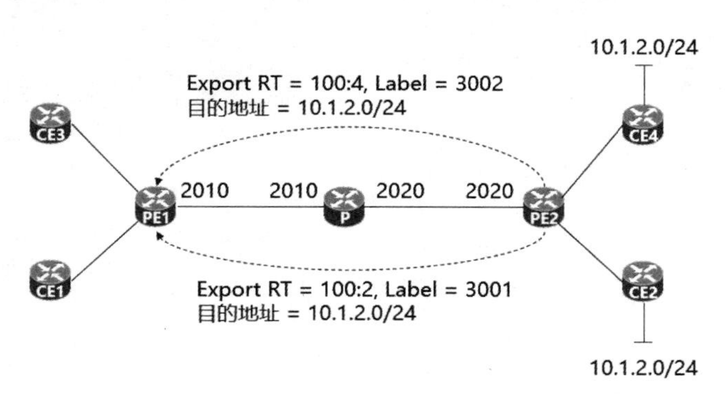

图 11-19　新增路由通告中的私网地址重叠

图 11-19 中，CE1 与 CE2 组成 VPN1，CE3 与 CE4 组成 VPN2。CE2 和 CE4 所对应的私网地址都是 10.1.2.0/24，即 VPN1 和 VPN2 的私网地址出现了重叠。

很多资料都认为，由于私网地址重叠，MP-BGP 在通告新增路由时会出现问题，如图 11-19 中的两个路由通告中的目的地址都是 10.1.2.0/24，这是不可行的。

实际上，这完全可行。因为路由通告中的 Export RT 已经表达了 VPN 实例的概念，根据自身 Import RT 与报文中的 Export RT 相对应，PE 完全可以将目的地址正确地引入相应的 VRF 中，而不论目的地址是否重叠。

但是，L3VPN 还是引入了 VPN-IPv4 地址这个概念，它虽然实际上与新增路由通告没有关系，但是却有着间接的关系（MP_REACH_NLRI 的数据结构与其相关），所以还是需要先介绍 VPN-IPv4 地址。

简单地说，VPN-IPv4 地址就是在原有的 IPv4 地址的前面加了一个字段 RD（Route Distinguisher，路由标识符），如图 11-20 所示。

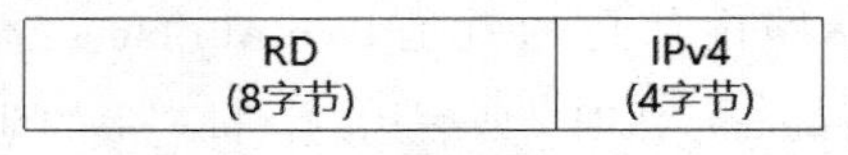

图 11-20　VPN-IPv4 地址

VPN-IPv4 地址的本质目的是让“私网 IP 地址重叠”变得“不再重叠”。既然原来的 IPv4 地址重叠，那就增加一个前缀 RD，使得 RD + IPv4 地址不再重叠。

既然 IPv4 地址有可能重叠，那就意味着不同 VPN 的 RD 不能再重叠，否则无法达到目的。如何保证 RD 不重叠呢？ L3VPN 设计了 RD 的数据结构。

RD 的数据结构与 RT 完全相同，也占有 8 字节，包含 3 个字段（Type、Administrator 和 Assigned Number），而且随着 Type 的取值不同，后两个字段的长度及取值方法也不同。与 RT 相比，RD 多了一个 Type 的取值，如表 11-5 所示。

表 11-5　RD 的取值规则

Type 取值	Type 长度（字节）	Administrator 字段		Assigned Number 字段	
		长度（字节）	取值规则	长度（字节）	取值规则
0	2	2	AS ID（PE 路由器所在的 AS ID）	4	用户自定义。用户需要保证“AS ID + Assigned Number”唯一
1	2	4	IPv4 地址（即重叠的地址）	4	用户自定义。用户需要保证“IPv4 地址 + Assigned Number”唯一
2	2	4	AS ID（PE 路由器所在的 AS ID）	2	用户自定义。用户需要保证“AS ID + Assigned Number”唯一

虽然 RD 有 3 种类型，但实际的应用一般还是采用 Type = 0 这一类型。为了方便阅读和理解，与 RT 一样，这里也采用“AS:NN”这样的方式来表达 RD。

RD 也是人工配置。同一个 PE 中的不同的 VPN 实例，其 RD 必须不同（否则没法保证 VPN-IPv4 地址不重叠）。同一个 VPN 实例中的不同的 PE，其 RD 可以不同（因为区分不同 VPN 实例的不是 RD，而是 RT）。当然，为了易读性，在实际的配置中一般会将“同一个 VPN 实例中的不同的 PE”配置成相同的 RD。

图 11-21 所示为 RD 与 VPN-IPv4 的示例。CE1 与 CE2 组成 VPN1，CE3 与 CE4 组成 VPN2。为了表达“同一个 VPN 实例中的不同的 PE，其 RD 可以不同”，笔者特意将 PE1 关于 VPN1 的 RD 设置为“300:1”，将 PE2 关于 VPN1 的 RD 设置为“300:3”。

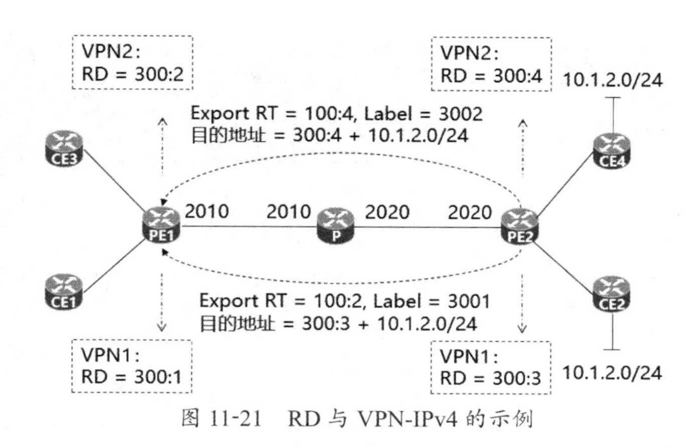

图 11-21　RD 与 VPN-IPv4 的示例

可以看到，虽然 VPN-IPv4 与新增路由通告没有直接关系，但是新增路由通告中的目的地址还是采用了 VPN-IPv4 地址格式。那么这两者到底该如何“和谐地相处”呢？

2. MP_REACH_NLRI

前文提到，虽然新增路由通告与 VPN-IPv4 地址格式无关，但是 MP-BGP 的新增路由通告中的目的地址还是采用了 VPN-IPv4 地址格式。

这就造成了 BGP 报文中原来的字段 NLRI 不能使用（因为 NLRI 的地址是 IPv4 格式）。为此，同时考虑到兼容性，MP-BGP 保持 NLRI 的格式及含义不变，新增了一个属性：MP_REACH_NLRI。

MP_REACH_NLRI 是一个 Optional non-transitive 属性，其 Type Code = 14。MP_REACH_NLRI 的数据结构如图 11-22 所示。

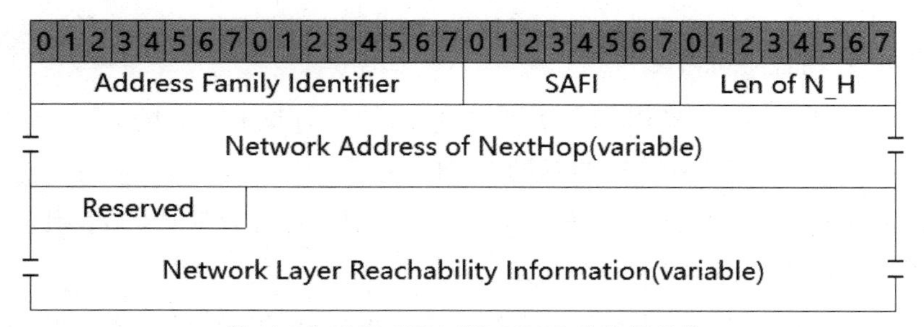

图 11-22　MP_REACH_NLRI 的数据结构

图 11-22 中各个字段的含义如表 11-6 所示。

表 11-6　MP_REACH_NLRI 各个字段的含义

字段缩写	字段名称（英文）	字段名称（中文）	字段长度（字节）	含义
AFI	Address Family Identifier	地址族标识	2	其值为 1 时，表示 IPv4；值为 2 时，表示 IPv6

续表

字段缩写	字段名称（英文）	字段名称（中文）	字段长度（字节）	含义
SAFI	Subsequent Address Family Identifier	子地址族标识	1	其值为 128 时，表示 MPLS-labeled VPN-IPv4 地址
Len of N-H	Length of Next Hop Network Address	下一跳地址长度	1	标识 Network Address of Next Hop 字段的长度（计量单位是字节）
—	Network Address of Next Hop	下一跳网络地址	变长	包含多个下一跳地址。对于 MP-iBGP 来说，下一跳地址就是通告该报文的 iBGP Speaker 的 IP 地址
—	Reserved	保留字段	1	其值必须为 0
NLRI	Network Layer Reachability Information	网络层可达信息	变长	NLRI 字段与 BGP 报文中的 NLRI 字段，两者名字相同，但是两者的语义有所区别，因为 MP_REACH_NLRI 中的 NLRI 采用的 VPN-IPv4 地址格式

MP_REACH_NLRI 中的 NLRI 的数据结构如图 11-23 所示。

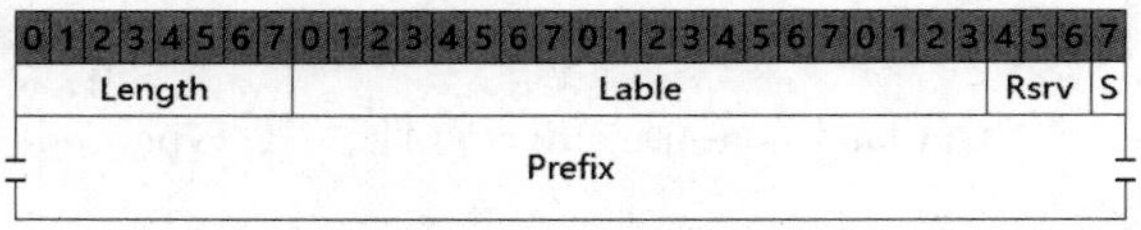

0 1 2 3 4 5 6 7	0 1 2 3 4 5 6 7 0 1 2 3 4 5 6 7 0 1 2 3	4 5 6	7
Length	Lable	Rsrv	S
Prefix			

图 11-23　NLRI 的数据结构

图 11-23 中各字段的含义如下。

① Length，占有 8bit，表示 NLRI 剩余字段的长度，长度计量单位是 bit。

② Label，占有 20bit，其含义是 L3VPN 的内层标签。

③ Rsrv，占有 3bit，对应 MPLS 标签的 Exp 字段，这里被定义为保留字段，其值必须为 0。

④ S，对应 MPLS 标签的 S 字段，其值必须为 0。

⑤ Prefix，是一个变长字段，其含义与长度随着 AFI/SAFI 的变化而变化。当 AFI = 1、SAFI = 128 时，其含义就是 VPN-IPv4 地址。

说明：NLRI 还可以支持多标签（Multiple Labels），由于篇幅和主题的原因，这里不再介绍，具体内容可以参见 RFC 8277。

了解了 MP_REACH_NLRI 中的 NLRI，也就明白 VPN-IPv4 与新增路由通告为什么能够“和谐相处”了：内层标签由 NLRI 中的 Label 字段承载，VPN-IPv4 地址由 Prefix 字段承载。

Label、Prefix，加上 MP_REACH_NLRI 中的 Network Address of Next Hop 字段，再加上路径属性中的扩展 Community（表示 RT），这 4 个字段就构成了 L3VPN 路由信息的核心内容（MP-BGP 兼容 BGP）。

当 PE 收到对端 PE 通告过来的新增路由信息时，会做如下处理。

①根据 RT 信息（扩展 Community）决定该路由信息属于哪个 VRF（VPN 实例）。

②根据 List_Label 知道该 VPN 实例的内层标签。

③剥去 List_Prefix 中的 VPN-IPv4 地址中的 RD，知道目的地址。

④根据 Network Address of Next Hop，知道“下一跳”。

当然，它还会保留 List_Prefix 中的 VPN-IPv4 地址，因为它与 MP-BGP 的另一个扩展属性 MP_UNREACH_NLRI（Multiprotocol Unreachable NLRI，多协议不可达 NLRI）相关联。

3. MP_UNREACH_NLRI

除了新增路由通告外，BGP 还有一个撤销路由通告，撤销路由的数据结构如图 11-24 所示。

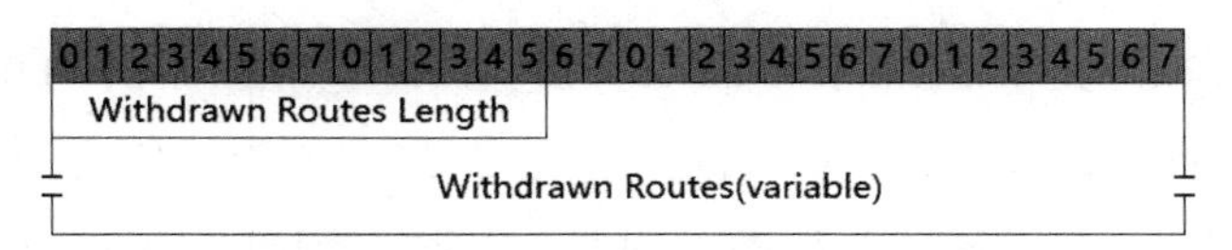

图 11-24　撤销路由的数据结构

撤销路由的数据结构在前面已经介绍过，这里重提该数据结构，关键的原因在于 Withdrawn Routes 的本质是 IPv4 地址，而该地址遇到 L3VPN 时，会出现很大的问题，如图 11-25 所示。

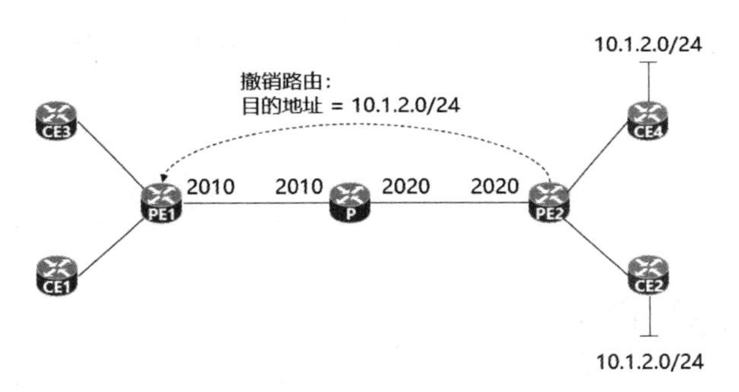

图 11-25　撤销路由示意

图 11-25 中，CE1 与 CE2 组成 VPN1，CE3 与 CE4 组成 VPN2。PE2 向 PE1 发送了一个撤销路由通告，所要撤销的路由的目的地址是 10.1.2.0/24。PE1 接到该路由通告以后，VPN1 和 VPN2 都有到达 10.1.2.0/24 的路由，那么该路由通告到底要撤销谁的路由?

可以看到，私网地址重叠在新增路由通告中没有问题，这是因为新增路由通告里包含路径属性，路径属性中包含扩展 Community，而扩展 Community 就是 Export RT，L3VPN 正是利用 Export RT 判断出了新增路由通告中的路由信息属于哪个 VPN 实例。

但是，撤销路由通告里没有路径属性，这也就意味着撤销路由不能根据 Export RT 来决定要撤销的路由属于哪个 VPN 实例。

因此，BGP 原有的撤销路由机制无法满足 L3VPN 的需求，而 MP_UNREACH_NLRI 就是为了解决该问题而提出的方案。

MP_UNREACH_NLRI 是一个 Optional non-transitive 属性，其 Type Code = 15。MP_UNREACH_NLRI 的数据结构如图 11-26 所示。

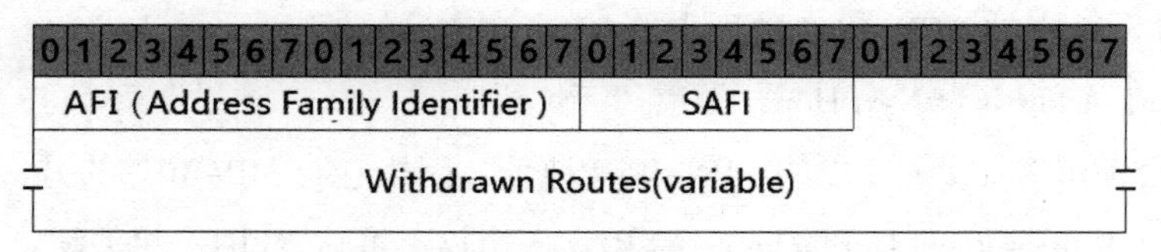

图 11-26　MP_UNREACH_NLRI 的数据结构

MP_UNREACH_NLRI 中的 AFI、SAFI 与 MP_REACH_NLRI 中的 AFI、SAFI 含义相同，对于 L3VPN 来说，它们的值分别等于 1 和 128。

MP_UNREACH_NLRI 中的 Withdrawn Routes 与 MP_REACH_NLRI 中的 NLRI 的数据结构也相同。这其中最关键的一点，即 Withdrawn Routes 所包含的地址是 VPN-IPv4 地址。

当初新增路由通告时，由于报文中有 RT，因此可以知道新增的路由属于哪个 VPN。而新增的路由中其所包含的目的地址就是 VPN-IPv4 地址。

现在撤销路由通告时，因为所撤销的路由是 VPN-IPv4 地址，所以根据该地址能够准确地判断出所要撤销的路由属于哪个 VPN。

L3VPN 在新增路由通告中所埋下的 VPN-IPv4 地址和“RD”的伏笔，原来是为了有一天能“撤销路由”。

11.4 跨域 L3VPN

到目前为止，我们讲述的都是域内 L3VPN，如果遇到跨域（如图 11-27 所示），L3VPN 会怎样呢？

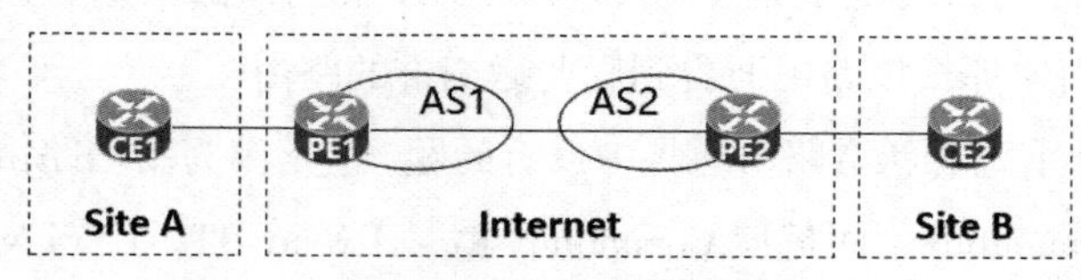

图 11-27　跨域 VPN 示意

图 11-27 中，Site A 与 Site B 组成一个 VPN，但是构建此 VPN 的 PE1、PE2 分属两个 AS（AS1、AS2）。这是域内 L3VPN 无法解决的问题。看到图 11-27，读者可能会猜想，两个 PE 只需要运行 MP-eBGP 即可，如图 11-28 所示。

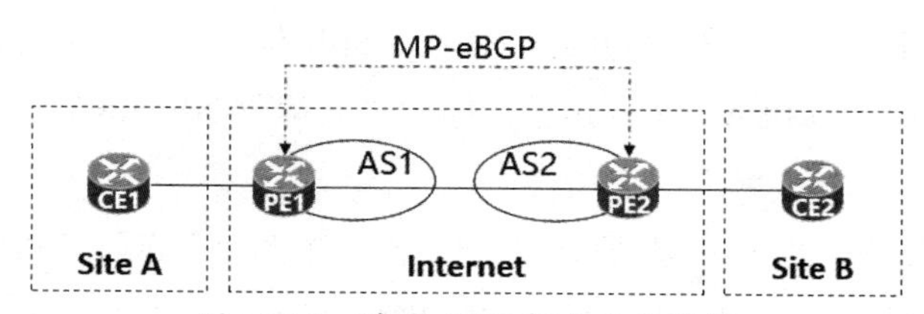

图 11-28 跨域 VPN 解决方案猜想

图 11-28 中，PE1 与 PE2 之间运行 MP-eBGP。而且，MP-eBGP 与 MP-iBGP 相比，如果单从 MP 的视角来看，两者并无区别。跨域 VPN 的问题似乎迎刃而解。

事实上，图 11-28 所示的方案，从思想来说，应该没有问题；但是从实施上来说，却有很多问题要解决。这是因为图 11-27 和图 11-28 对跨域 VPN 的组网描述不够全面。跨域 VPN 的全面的抽象拓扑如图 11-29 所示。

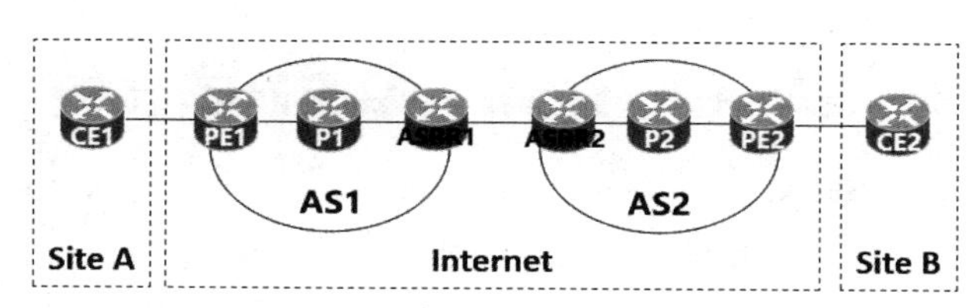

图 11-29 跨域 VPN 的拓扑抽象

图 11-29 与图 11-27 相比，最大的区别是前者多了 ASBR 这个角色。

虽然 PE、ASBR 都是路由器所扮演的角色，且一个路由器可以扮演多个角色，但是在实际的组网中，PE 和 ASBR 由同一个路由器承担的可能性不大，因为一个是与客户网络互联，另一个是与 AS 互联，两者的地理位置、重要性、性能、价格等都相差很远，如图 11-30 所示。

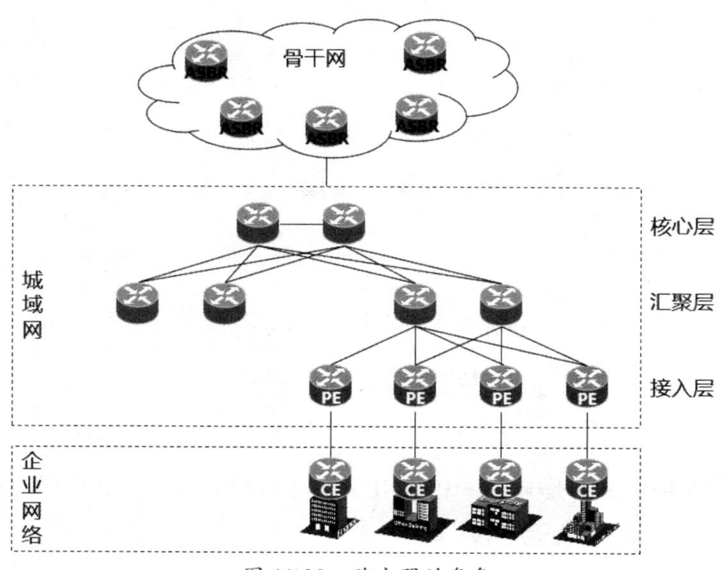

图 11-30 路由器的角色

从图 11-30 可以看到，PE 位于城域网的接入层，ASBR 位于骨干网，两者的区别很大。让两个位于城域网接入层的路由器承担 ASBR 的角色，两者之间运行 MP-eBGP，虽然不是不可以，但是需要做很多工作。

而且，从抽象的角度看，也不能假设两个角色由同一个路由器承担，否则基于此假设推导出的解决方案的适用场景将非常有限。所以，图 11-27 和图 11-28 中省略了 ASBR，故而不够全面。

为了加深认识，我们将域内 VPN 与跨域 VPN 的抽象拓扑放在一起，使得两者有一个直观的比较，如图 11-31 所示。

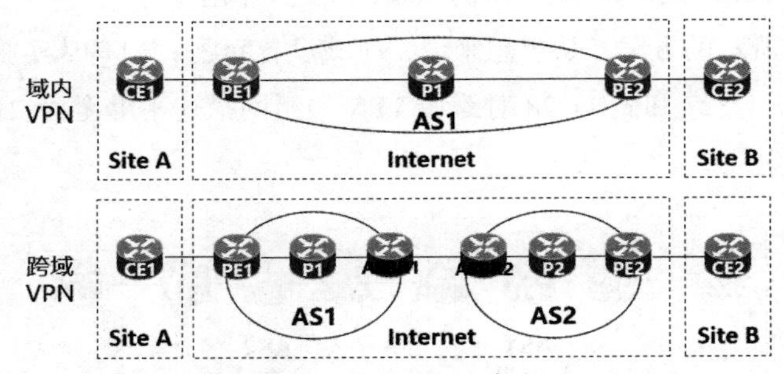

图 11-31　域内 VPN 与跨域 VPN

通过图 11-31 可以看到，所谓“穿越”Internet，域内 VPN 指的是 VPN 的转发面和控制面“穿越”P 路由器；而跨域 VPN 除了要“穿越”P 路由器外，还需要穿越 ASBR 路由器。

为了“穿越”ASBR 路由器，跨域 VPN 一共提出了 3 种方案，分别是 Option A、Option B 和 Option C，下面分别讲述这 3 种方案。

11.4.1 Option A 方案

Option A 方案如图 11-32 所示。

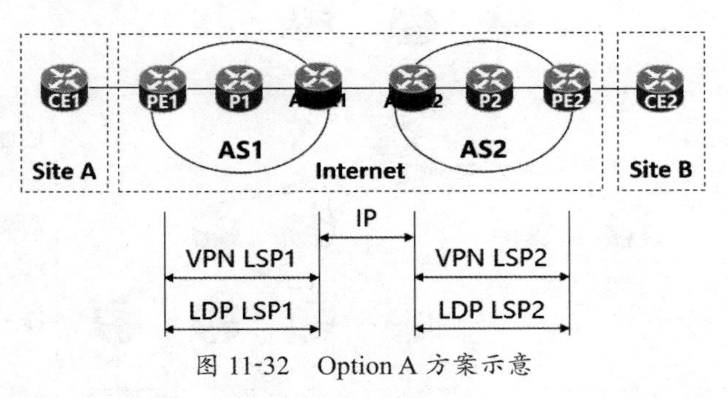

图 11-32　Option A 方案示意

图 11-32 中，VPN LSP 指的是通过 MP-iBGP 构建的 LSP，LDP LSP 指的是通过 LDP 构建的 LSP。从 PE1 到 PE2 的“运输”分为 3 段。

①从 PE1 到 ASBR1 是 MPLS 转发。这一段的 LSP 实际上有两层标签，外层标签是为了 MPLS

转发，内层标签是为了标识 VPN。

②从 ASBR1 到 ASBR2 是 IP 转发。上一段的 MPLS 报文到达 ASBR1 后，被 ASBR1 终止、剥去 MPLS 标签（两层标签都剥除），变成 IP 转发。

③从 ASBR2 到 PE2 是 MPLS 转发。上一段的 IP 报文到达 ASBR2 后，被 ASBR2 再度加上 MPLS 标签，进行 MPLS 转发。这一段的 LSP 也有两层标签，外层标签是为了 MPLS 转发，内层标签是为了标识 VPN。

Option A 方案的关键点就是 ASBR 把自己当作 PE，把邻居 ASBR 视为 CE，如图 11-33 所示。

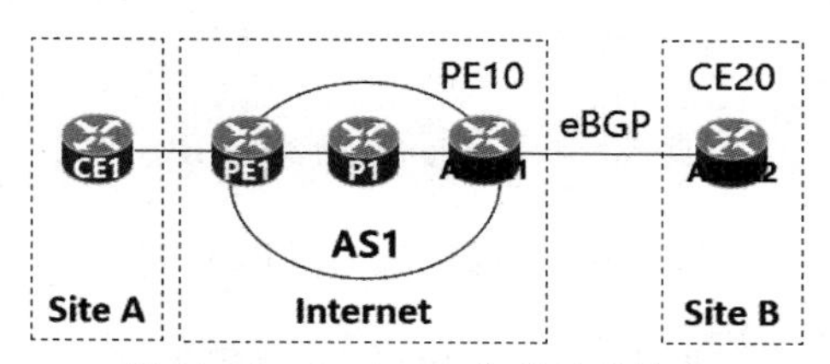

图 11-33　Option A 方案的关键点

图 11-33 是以 ASBR1 的视角来看 ASBR2。ASBR1 把自己当作 PE（PE10），把 ASBR2 看作 CE（CE20）。ASBR1 认为 Internet 到它那里已经结束了，它的邻居（ASBR2）只是私有网络的 CE。

域内 L3VPN 关于 PE 与 CE 之间的方案，在这里完全适用于 ASBR1 和 ASBR2，只不过两者之间的路由协议运行原本的 eBGP 即可。当然，域内 L3VPN 关于 PE 与 PE 之间的方案，在这里也完全适用于 ASBR1 和 PE1。

需要强调的是，既然是 PE，那么 ASBR1 就要创建 VRF，并且要基于接口绑定 VPN 实例，因为它一样会遇到私网地址重叠的问题。同理，基于 ASBR2 的视角也是如此，也是要与 PE2 构建两层标签的 LSP，把 ASBR1 当作 CE，创建 VRF，并且也要基于接口绑定 VPN 实例。

鉴于 ASBR1 与 ASBR2 都要创建 VRF，所以 Option A 方案也被称为 VRF-to-VFR 方案，或者背靠背方案。

Option A 方案的优点是比较简单，本质上来说，它并没有引入新的方法，只是域内 VPN 的一种级联应用。但是，Option A 方案同样也有缺点。

①需要一定的人工配置工作量。ASBR1、ASBR2 都需要进行相应的手工配置。

② ASBR 里需要存储大量的私网路由信息。

③两个 ASBR 之间需要多个接口进行对接（一个 VPN，一个接口）。

如果跨域 VPN 的数量较多，这 3 个缺点就会显得比较突兀。所以，Option A 方案一般适用于跨域 VPN 数量较少的场景。

11.4.2 Option B 方案

域内 VPN 的控制信令最关键的部分应该是 MP-BGP，因为 VPN 标签（内层标签）、RT、VPN-

IPv4 地址等信息的通告都依赖 MP-BGP。

从控制信令的角度来说，Option A 方案实际上是将 MP-BGP 截成 2 段，中间依靠 eBGP 进行连接，如图 11-34 所示。

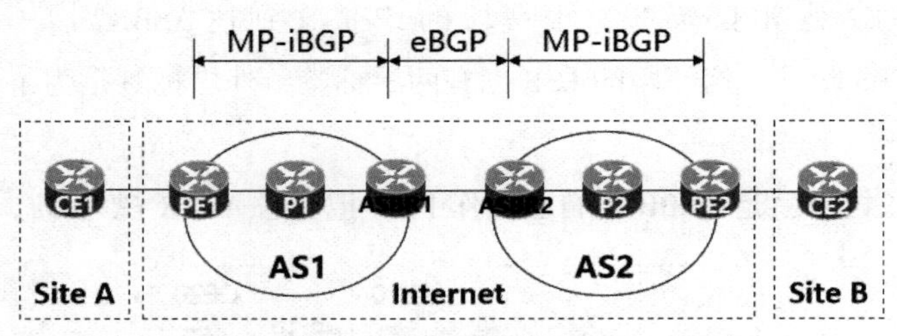

图 11-34　Option A 的 MP-BGP

那么，有没有可能让图 11-34 中的 eBGP 也换成 MP-BGP 呢？如图 11-35 所示。

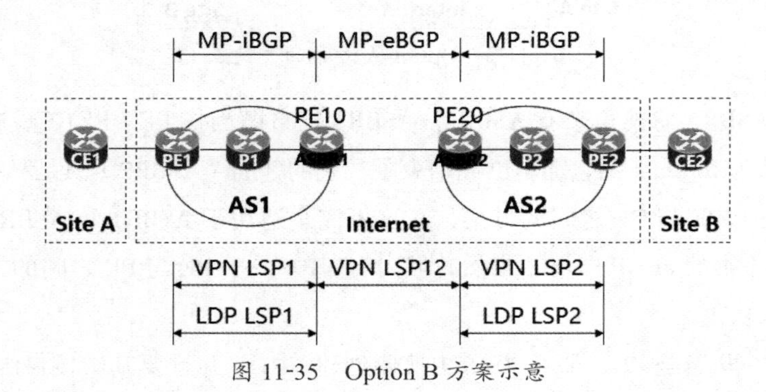

图 11-35　Option B 方案示意

图 11-35 中，ASBR1 与 ASBR2 之间运行的控制协议从 eBGP 变成了 MP-eBGP，两者之间的报文也从 IP 转发变成了 MPLS 转发。

图 11-35 所描述的方案，实际上就是 Option B 方案。鉴于 Option B 方案相对比较复杂，因此将其分解为控制和转发两部分讲述。

1. Option B 方案的控制信令

如果单从协议类型的角度来看，Option B 方案的控制信令并没有特别之处，其仍是 IGP/BGP、MP-BGP、LDP 等协议。下面以一个具体的例子来认识 Option B 的路由信令，如图 11-36 所示。

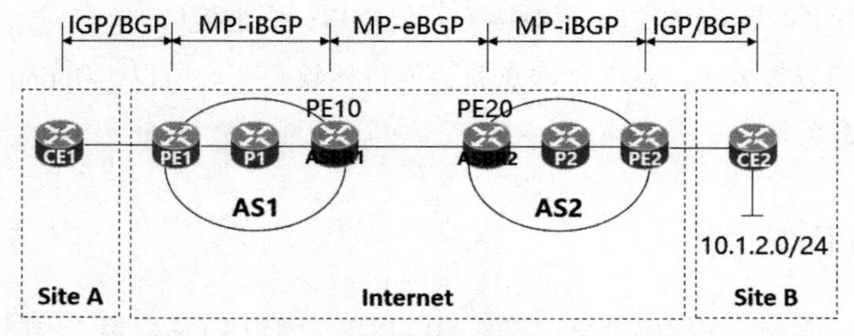

图 11-36　Option B 方案的路由通告示例（1）

图 11-36 中，假设 PE2 与 ASBR2 之间的公网 LSP，以及 PE1 与 ASBR1 之间的公网 LSP 都已经构建完毕。基于该假设，CE2 要将 10.1.2.0/24 这个路由通告给 CE1，需要经过 CE2 → PE2、PE2 → ASBR2、ASBR2 → ASBR1、ASBR1 → PE1、PE1 → CE1 5 个步骤。下面分别讲述这些步骤。

（1）CE2 → PE2

CE2 到 PE2 的路由通告就是普通的 IGP/BGP 路由通告，但对于 PE2 来说，其需要将 CE2 通告的路由放入相应的 VRF。这里不展开讲述，只以一个图例来表述该过程，如图 11-37 所示。

（2）PE2 → ASBR2

PE2 到 ASBR2 的路由通告就是 MP-iBGP 路由通告，该通告中存在 3 个关键信息：RT、RD（VPN-IPv4 地址）、内层标签，如图 11-38 所示。

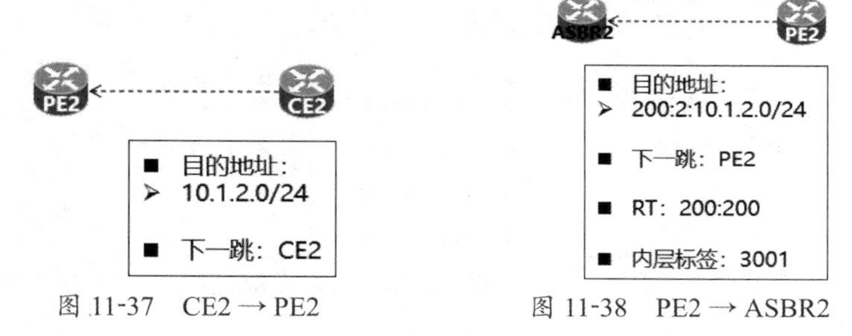

图 11-37　CE2 → PE2　　　图 11-38　PE2 → ASBR2

（3）ASBR2 → ASBR1

ASBR2 到 ASBR1 的路由通告与 PE2 到 ASBR2 的路由通告相比并没有特别之处，只是需要强调一点：ASBR2 所通告的 RT、RD（VPN-IPv4 地址）、内层标签并不需要与 PE2 保持一致，如图 11-39 所示。

（4）ASBR1 → PE1

ASBR1 到 PE1 的路由通告，除了下一跳的赋值，也没有特别之处。

ASBR1 接到 ASBR2 的 eBGP（MP-eBGP）路由通告，再通过 iBGP（MP-iBGP）通告给 PE1 时，关于“下一跳”有两种选择。

①保持“下一跳”不变，即“下一跳”还是 ASBR2。这也是 BGP 协议的通常做法。

②修改“下一跳”为自己，即“下一跳”是 ASBR1。

修改“下一跳”方案如图 11-40 所示。

（5）PE1 → CE1

PE1 到 CE1 的路由通告也是普通的 IGP/BGP 路由通告，如图 11-41 所示。

以上分步骤讲述了各段之间的路由通告，将各步骤合起来，Option B 方案的路由通告如图 11-42 所示。

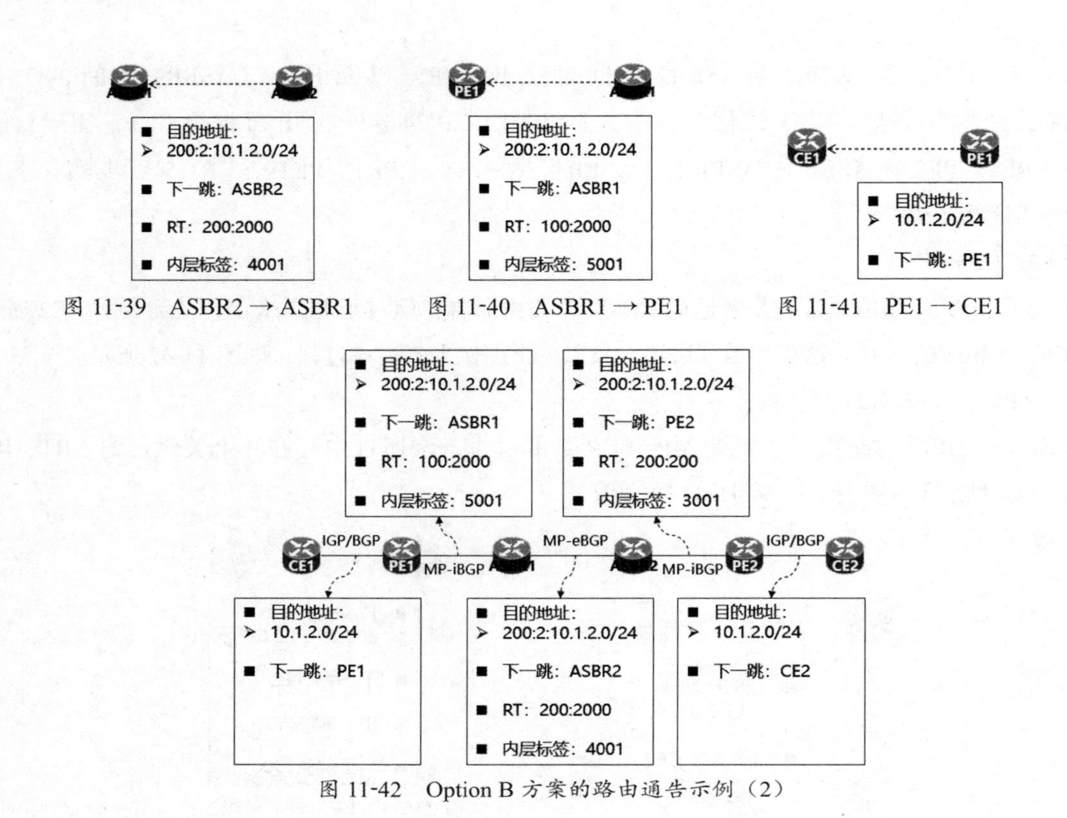

图 11-39　ASBR2 → ASBR1　　图 11-40　ASBR1 → PE1　　图 11-41　PE1 → CE1

图 11-42　Option B 方案的路由通告示例（2）

根据 ASBR1、ASBR2 对接的特点（ASBR1、ASBR2 之间是 MP-eBGP 信令），Option B 方案也称为单跳 MP-eBGP（Single Hop MP-eBGP）方案。

与 Option A 方案相比，Option B 方案比较复杂，但其也有一定的优点。

①人工配置工作量较少（不需要配置 VRF）。

②两个 ASBR 之间不需要多个接口进行对接（Option A 方案是一个 VPN，一个接口）。

但是 Option B 方案中，ASBR 仍需要存储大量的私网路由的信息，所以 Option B 方案的适用场景仍然是跨域 VPN 数量较少的情形。

2. Option B 的转发

Option B 方案的转发过程如图 11-43 所示，PC1（10.1.1.10）需要访问 PC2（10.1.2.10），它需要经过 CE1 → PE1、PE1 → ASBR1、ASBR1 → ASBR2、ASBR2 → PE2、PE2 → CE2 的转发。其中，CE1 → PE1、PE2 → CE2 是普通的 IP 转

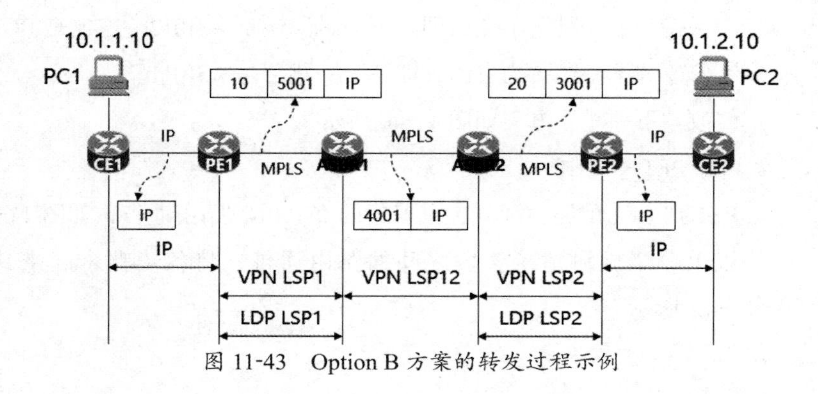

图 11-43　Option B 方案的转发过程示例

发，PE1 → ASBR1、ASBR2 → PE2 是 MPLS 两层标签转发（中间还需要经过 P 路由器，图 11-43 中没有体现），ASBR1 → ASBR2 是 MPLS 一层标签转发。

这些转发在前面已经讲述过，有一个问题需要强调：为什么 PE1 → ASBR1、ASBR2 → PE2 是 MPLS 两层标签转发，而 ASBR1 → ASBR2 是 MPLS 一层标签转发？这里其实有两个原因。

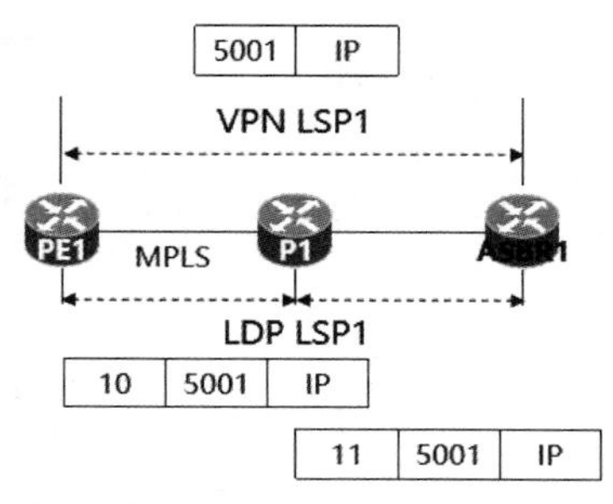

图 11-44　VPN LSP1 in LDP LSP1

①两层标签，实际上就意味着两层隧道。PE1 拿到报文，发现下一跳是 ASBR1，但是该报文的地址是私网地址，并不能穿越公网，于是 PE1 根据前期的 ASBR1 的 MP-iBGP 路由通告，查出对应的标签是 5001，然后就将该报文加上该标签，使之进入 VPN LSP1 隧道（第 1 层隧道）。

但是，VPN LSP1 逻辑上是连通的，物理上并不直连，它还需要装载入另一个隧道（第 2 层隧道）才能真正地到达 ASBR1，如图 11-44 所示。

通过图 11-44 可以看到，PE1 首先给 IP 报文加上内层标签 5001，然后加上外层标签 10。报文到达 P1 时，P1 再将外层标签换成 11，然后送达 ASBR1。

②报文到达 ASBR1 以后，ASBR1 首先剥去外层标签（因为它是公网 LSP1 的最后一跳）。此时，完全可以剥去内层标签，然后通过 IP 转发给 ASBR2。该报文虽然是私网地址，但是并不需要“穿越”公网，因为 ASBR1 和 ASBR2 是直连的。事实上，Option A 方案就是这么做的。

然而，Option B 方案是要通过 MPLS 隧道转发报文，于是 ASBR2 通过下一跳 ASBR2 查找出对应的标签是 4001，然后将 IP 报文加上标签 4001，进入隧道 VPN LSP12（请参见图 11-43）。

由于 ASBR1 与 ASBR2 是直连的，因此 VPN LSP12 并不需要再经过二次隧道的封装，就可以直达 ASBR2。

以上两点就是图 11-43 中所体现的：PE1 → ASBR1、ASBR2 → PE2 是 MPLS 两层标签转发，而 ASBR1 → ASBR2 是 MPLS 一层标签转发。

11.4.3 Option C 方案

Option A 和 Option B 两个方案有一个共同的缺点，如图 11-45 所示。

图 11-45 中，ASBR（ASBR1、ASBR2）原本的目标是骨干网中域间“沟通”的路由器，但是现在却要承担私网 VPN 的责任（如存储私网路由）。如果跨域 VPN 数量较多，无论是 Option A 还是 Option B 方案，都会“因私损公”，因为 ASBR 所处的网络位置是骨干网，代价将会非常大。

另外，从概念的角度来说，Option A、Option B 方案也不符合 VPN 的理念，如图 11-46 所示。VPN 强调感知 Customer Network 的只应该是 PE，Internet 中间的 P 路由器只负责 MPLS 转发，不应该感知到 Customer Network。显然，Option A 和 Option B 方案都违反了这一理念。

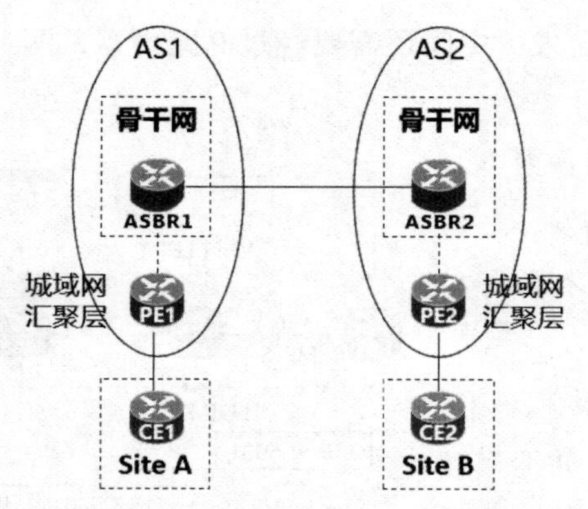

图 11-45 Option A 和 Option B 方案的缺点

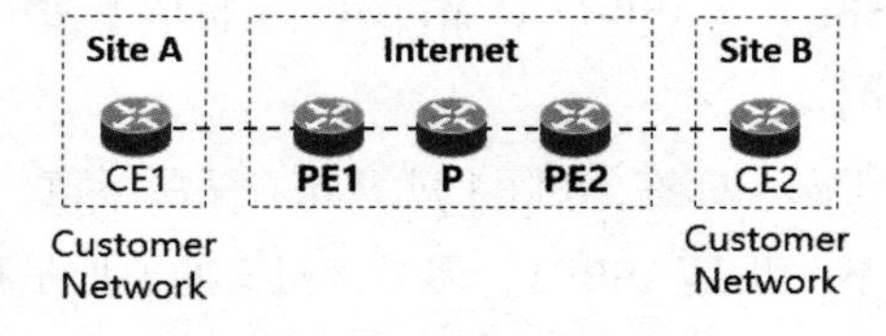

图 11-46 VPN 概念模型

而图 11-28 所示的猜想方案虽然有很多细节问题，但是它完全符合 VPN 的理念。实际上，图 11-28 所示的方案就是 Option C 方案的基本思想。

Option B 方案的特点是 ASBR1、ASBR2 之间是 MP-eBGP 信令，所以 Option B 方案也称为单跳 MP-eBGP 方案。与 Option B 方案对应的是，Option C 方案的特点是 PE1、PE2 之间是 MP-eBGP 信令，但是两者之间经历了多跳，所以 Option C 方案也称为多跳 MP-eBGP（Multi-Hop MP-eBGP）方案。

一般来说，路由器对于 eBGP 的设置是只支持 1 跳（直连），所以需要将 eBGP 的跳数打开，支持多跳。

但是，Option C 方案的问题不在于 eBGP 的跳数，而是跨域 LSP，如图 11-47 所示。

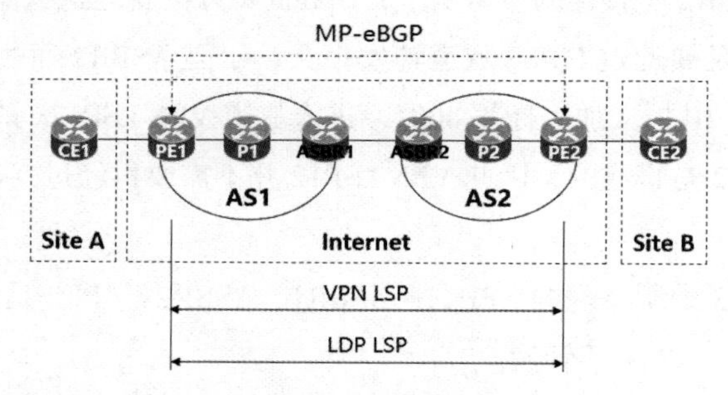

图 11-47 Option C 方案的细节问题

图 11-47 是图 11-28 的另一种表达方式，它补充了图 11-28 的一些细节。

图 11-47 中，通过 MP-eBGP 构建 VPN LSP 没有问题，MP-eBGP 本身也没有问题。但是，VPN LSP 还需要一个隧道承载，即图 11-47 中的 LDP LSP。

图 11-47 中的 LDP LSP 如果不是跨域（横跨 AS1 和 AS2），则不会有问题。但是，LDP LSP 确实跨域了。第 10.4.3 节讲述了创建跨域 LSP 的一种方法：最长匹配机制。但是最长匹配机制副作用很大，一般情况下不宜采用。所以，Option C 方案的核心问题变成：如何构建 PE1 与 PE2 之间的跨域 LSP，如图 11-48 所示。

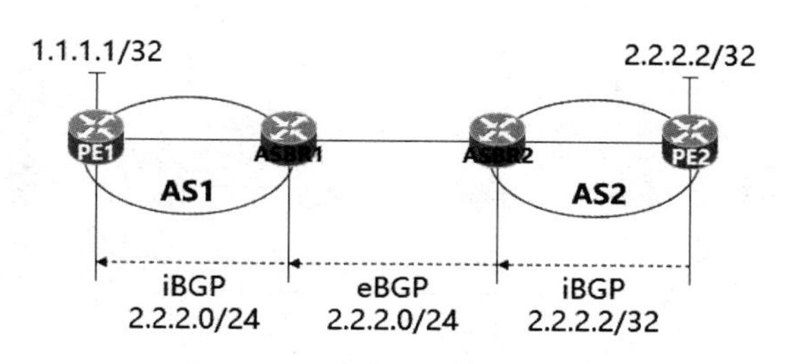

图 11-48 跨域 LSP 的“纠结”

跨域 LSP 面临的问题如下。

① 由于路由聚合，因此 PE1 收到的 PE2 的路由通告（通告路线是 PE2 → ASBR2 → ASBR1 → PE1）其目的地址从主机地址（2.2.2.2/32）变成了网络地址（如 2.2.2.0/24）。

② PE1 的路由表中已经没有到达地址 2.2.2.2/32 的精准路由，只有到达网络地址 2.2.2.0/24 的路由。

③ PE1 只能通过最长匹配将到达网络地址 2.2.2.0/24 的路由与 FEC2.2.2.2/32 进行映射，从而映射出一条 LSP。

④但是，最长匹配的副作用很大，不宜采用。

如果 PE2 将自己的主机地址（2.2.2.2/32）通过某种方法通告给 PE1，那问题是不是就解决了？如图 11-49 所示。

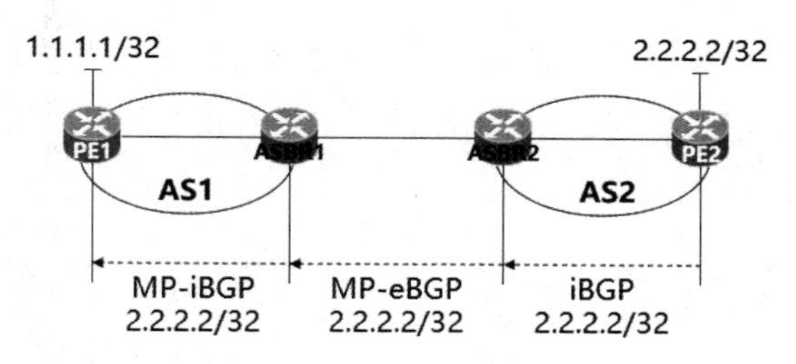

图 11-49 跨域 LSP 的思路

既然原本的路由地址“跳变”（从 2.2.2.2/32 变成 2.2.2.0/24）发生在 ASBR2 到 ASBR1 的 eBGP 通告中，那么该通告是不是应该从 eBGP 改成 MP-eBGP 呢？

MP-eBGP 新增的属性 MP_REACH_NLRI 中的 NLRI 在前面已经介绍过。这里有两个关键信息。

① Prefix。此时使用 MP-eBGP 的本意是为了通告 Host Address 2.2.2.2/32，所以 MP_REACH_NLRI 中的 AFI = 1、SAFI = 1，而 Prefix 就等于 2.2.2.2。

② Label。NLRI 中携带 Label 字段，即意味着要构建 MPLS LSP。

所以，图 11-49 中，ASBR2 与 ASBR1 之间及 ASBR1 与 PE1 之间就存在 MP-BGP LSP。当然，ASBR1 与 PE1 之间的 MP-BGP LSP 还需要承载于两者之间的 LDP LSP。

综合以上内容，Option C 方案的隧道如图 11-50 所示，描述了 PC1 发消息给 PC2，以及 CE1 到 CE2 之间的转发过程。

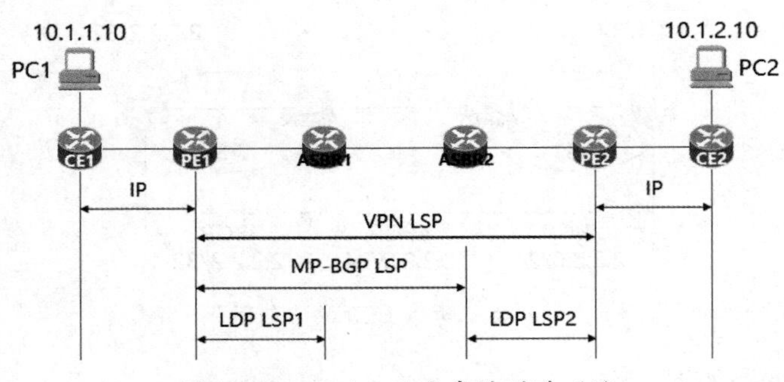

图 11-50 Option C 方案的隧道（1）

① CE1 到达 PE1，以及 PE2 到达 CE2，是 IP 转发。

② PE1 到达 PE2 是 VPN LSP 隧道。

③ PE1 到达 ASBR1，ASBR1 到达 ASBR2，是 MP–BGP LSP 隧道。

④ PE1 到达 ASBR1 还需要 LDP LSP 隧道。

⑤ ASBR2 到达 PE2 是 LDP LSP 隧道。

从图 11-50 还可以看到隧道的层数。

① PE1 到达 ASBR1：3 层隧道。

② ASBR1 到达 ASBR2：2 层隧道。

③ ASBR2 到达 PE2：2 层隧道。

为了更形象地表达隧道的层数，将图 11-50 换一种形式表达，如图 11-51 所示。为了更加清晰地看到隧道的层数，对图 11-51 关于隧道的画法做了一些“艺术”的加工，注意相关隧道的“起始点”和“结束点”实际上是对齐的。

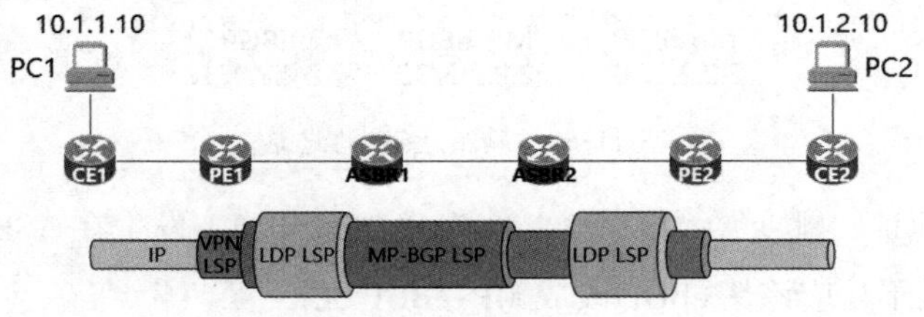

图 11-51 Option C 方案的隧道（2）

图 11-51 中示意的隧道层数如下。

① PE1 到达 ASBR1（3 层隧道）：VPN LSP、MP–BGP LSP 和 LDP LSP。

② ASBR1 到达 ASBR2（2 层隧道）：VPN LSP 和 MP–BGP LSP。

③ ASBR2 到达 PE2（2 层隧道）：VPN LSP 和 LDP LSP。

需要强调的是，隧道是单向的。图 11-50 和图 11-51 所表达的都是 CE1 到达 CE2 方向的隧道。CE2 到达 CE1 方向的隧道其构建原理相同，但是构建结果不同。

① PE2 到达 ASBR2（3 层隧道）：VPN LSP、MP–BGP LSP 和 LDP LSP。

② ASBR2 到达 ASBR1（2 层隧道）：VPN LSP 和 MP-BGP LSP。

③ ASBR1 到达 PE1（2 层隧道）：VPN LSP 和 LDP LSP。

相对于 Option A 和 Option B 方案来说，Option C 方案无论是控制、转发、配置都要复杂很多。但是，Option C 方案更符合 VPN 的思想，使得 ASBR 不感知 Customer Network，使得 VPN 私网路由处理的压力分布在各个 PE 上，适合跨域 VPN 数量较多的场景。

11.5 MPLS L3VPN 小结

L3VPN 所连接的客户的各个站点（Site），对它们中间 Internet 的存在并不感知，仿佛是站点紧紧相邻。

这也是 L3VPN 的理念之一：客户不感知，由运营商提供 Network-Based VPN。为了做到客户不感知，L3VPN 首先应使 Customer Network 的私有 IP 地址“穿越”Internet。为此，L3VPN 选择了 MPLS 隧道技术，如图 11-52 所示。

图 11-52 同时还体现了 L3VPN 的第 2 个理念：Customer Network 路由的处理只与 PE 相关，而 P 路由器并不感知。这对于简化运营商骨干网络的运维、提升骨干网络的处理能力都有极大的好处。

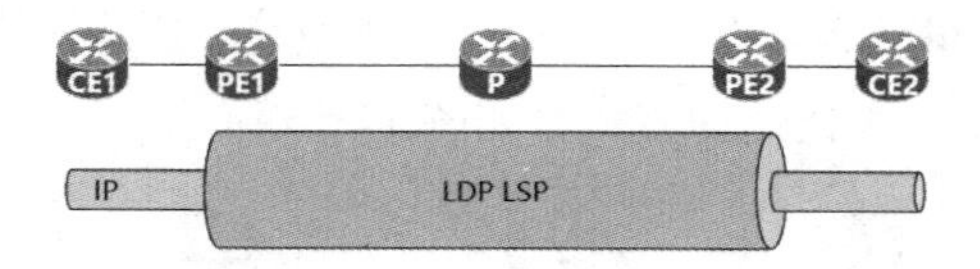

图 11-52　MPLS 隧道技术

但 Customer Network 的 IP 地址重叠是 L3VPN 所面临的问题。为了解决这个问题，L3VPN 提出了 VRF、RD、RT 等概念，并通过 MP-BGP 进行 VPN Label 的分发。这样我们就在 LDP 隧道（LDP LSP）里可以看到很多 VPN 隧道（VPN LSP，同时也是 MP-BGP LSP），如图 11-53 所示。

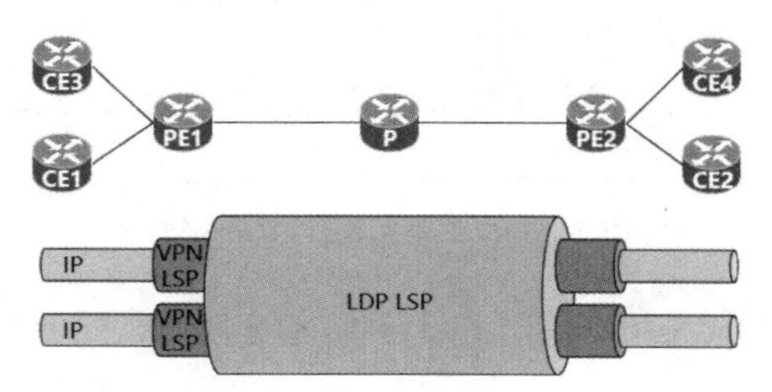

图 11-53　VPN 隧道技术

L3VPN 面临的问题除了私网地址重叠，还有跨域 L3VPN（以下简称“跨域 VPN”）。而跨域 VPN 的核心问题是跨域 LSP 的创建。为此，L3VPN 又提出了 3 种方案：Option A、Option B 和

Option C，如图 11-54 所示。

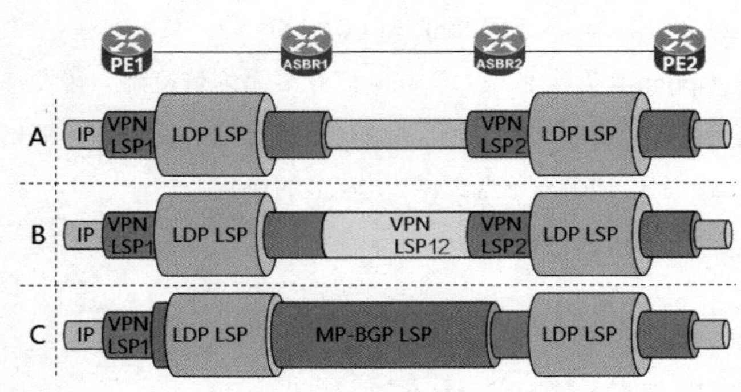

图 11-54　3 种跨域方案

Option A 方案也称为背靠背方案，它采取的是“专车”→“裸泳”（IP 转发）→“专车”的转发技术，即将“货物”（IP 报文）装载在“货车”（VPN）里，“货车”（VPN）运行在专线（LDP LSP）上，从 ASBR1 到 ASBR2，“货物”（IP 报文）在 PE1 装车（VPN LSP1），行驶至 ASBR1 卸车，然后“裸泳”（IP 转发）到 ASBR2，再装车（VPN LSP2）行驶至 PE2。

Option B 方案也称为单跳 MP-eBGP 方案，它采取的是“专车”→“专车”→“专车”的转发技术，即将“货物”（IP 报文）在 PE1 装车（VPN LSP1），行驶至 ASBR1 卸车，然后装车（VPN LSP12）运载到 ASBR2，再卸车，装车（VPN LSP2）行驶至 PE2。

Option C 方案也称为多跳 MP-eBGP 方案，它采取的是“专车”+“跨海大桥”（连接两个 AS）的转发技术，即“货物”（IP 报文）在 PE1 装车（VPN LSP），中间不停留，一路直达 PE2。

以上对 3 种方案的描述是一种比喻的方式，如图 11-55 所示。

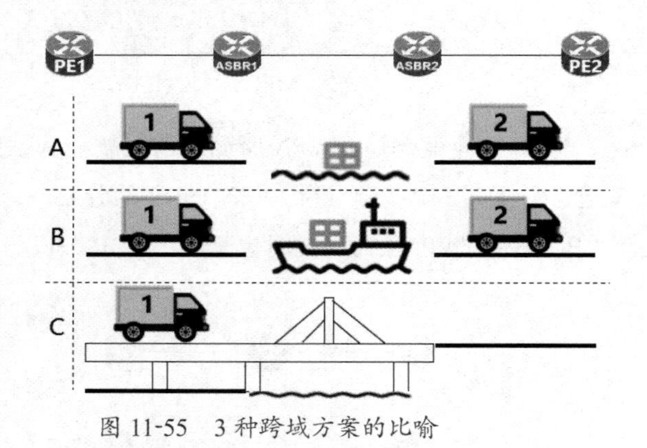

图 11-55　3 种跨域方案的比喻

以上 3 种跨域方案中，Option C 最符合 L3VPN 的理念，但同时也相对比较复杂，适合跨域 VPN 数量较多的场景。Option A 和 Option C 相对简单，但是并不符合 L3VPN 的理念（ASBR 路由器感知并处理了 Customer Network 的路由），适合跨域 VPN 数量较少的场景。

无论是域内还是跨域，L3VPN 都用到了 MPLS 和 MP-BGP 两种技术的组合。从 MPLS 的角度来看，

MP-BGP 是 MPLS 的补充，是 MPLS 标签分发协议的一种。作为 MPLS 的信令协议，MP-BGP 有两大特点。

① MP-BGP 路由通告：只要通告，必是隧道。从 MPLS 的角度来说，MP-BGP 就是 MPLS 的标签分发协议，因为它的 NLRI 中包含 MPLS 的 Label。无论 MP-BGP 想要传递什么样的 Prefix（如 VPN-IPv4、IPv4、IPv6），它都是在 MP-BGP peer 之间创建一个 MP-BGP LSP。

② MP-BGP 路由通告：凡是多跳，必走隧道。也就是说，如果 MP-BGP peer 之间的 IGP 路由是多跳，那么它们之间建立的 LSP 隧道需要承载于另外一个隧道（否则无法正确转发）。例如，PE1 与 ASBR1 之间的 VPN 隧道（MP-BGP LSP）就承载于两者之间的 LDP 隧道（LDP LSP），因为两者之间还隔有 P 路由器，如图 11-56 所示。

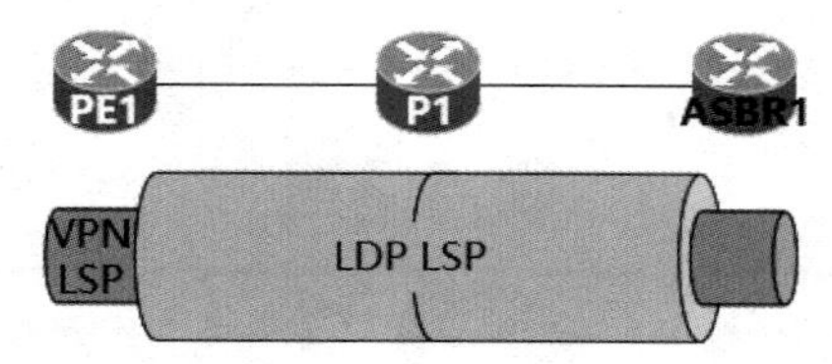

图 11-56　凡是多跳，必走隧道

如果说 MPLS 是 L3VPN 的基础，那么 MP-BGP 就是 MPLS 的主题。

第12章 MPLS L2VPN

对于两地之间的通信，假设R1与R2之间是运营商提供的一条纯净光纤线路，中间不经过任何交换机或路由器，只经过配线架或配线箱做光纤跳纤，那么这种“点到点”铺设专线（光纤）的方案称为裸纤（裸光纤）方案。

裸纤方案优点很多，如组网简单、管理简单、保密性好，带宽可以达到理论极限而不需要额外付费（只需要为租用光纤线路付费），所以到目前为止，裸纤方案仍然有一定的市场。但是，裸纤方案的缺点同样也很明显。

①价格贵。裸纤方案是按照距离收费，如果两个站点距离远，价格可能会难以承受。

②可靠性差。裸纤方案由于没有备份线路，因此可靠性较差。

③传输距离受限。受限于光纤本身的传输距离（几十千米），裸纤方案的应用场景一般是在同城之内。

从技术指标层面来说（如可靠性、传输距离），比裸纤方案更进一步的是专线方案，如图12-1所示。站点S1、S2的连接方案就是专线方案，它包括两部分（假设连接通道是S1—A—B—C—S2）。

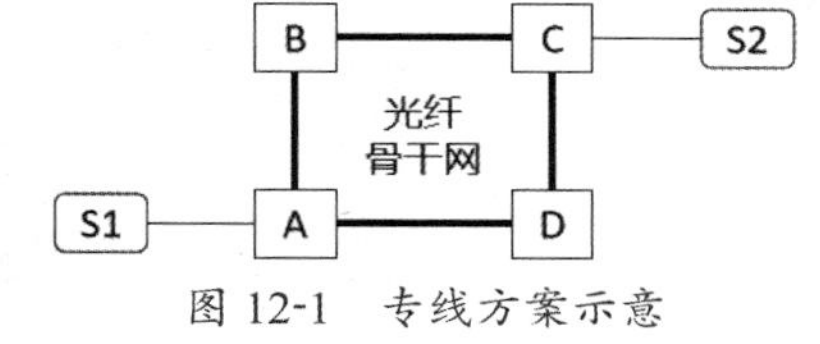

图12-1 专线方案示意

①裸纤线路。S1—A和S2—C这两段接入线路属于裸纤线路，是运营商专门为用户铺设的光纤。

②骨干线路。A—B—C之间建立的永久连接或半永久连接属于骨干线路。

也就是说，专线方案就等于裸纤线路+骨干线路。专线方案与裸纤方案相比有两个优点。

①可靠性增强。图12-1中，假设A—B—C这条线路中断，那么S1到S2可以通过A—D—C线路连接。

②裸纤线路较短。专线方案只有两端的接入线路属于裸纤线路，中间的大段传输采用的是骨干线路。

裸纤线路短，意味着用户专门为其所付的费用较少，但是用户仍然要为中间的骨干线路的带宽付费。另外，由于骨干线路是用户独占的（如图12-1中的A—B—C），因此专线方案的价格也较高。

L2VPN（Layer 2 VPN，二层VPN）的目标是多用户共享线路、提升网络利用率、降低资费、吸引用户，在推进通信事业发展的同时，也提升自己的盈利水平。

所谓VPN，从物理线路的角度来看，就是多个用户共享一条物理线路，但是用户之间彼此隔离。隔离即报文中有某些字段能够标识、区分不同的用户。例如，ATM网络通过VPI/VCI来标识用户。

L2VPN最初的主要技术是ATM（Asynchronous Transfer Mode，异步传输模式）、FR（Frame Relay，帧中继）等，可以使用一条线路为多个用户提供“专线”业务。但这对运营商来说还远远不够，因为它需要建立多张网络（ATM、FR等），MPLS的出现，使L2VPN的发展又跃上了新的台阶：用一张网络（MPLS）封装各种二层技术，提供L2VPN服务，如图12-2所示。

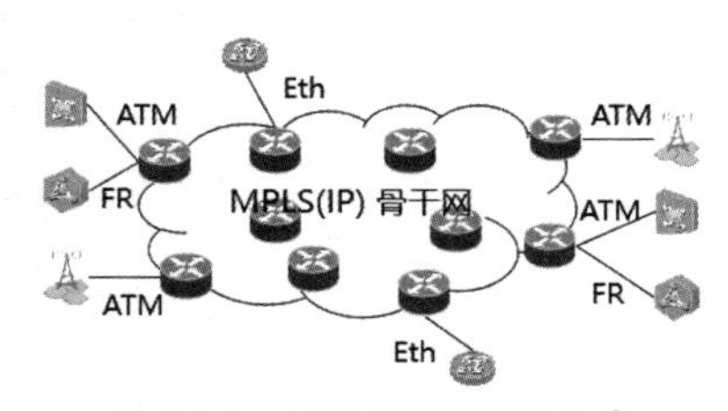

图12-2 MPLS L2VPN示意

由于历史原因和一定的应用场景，当前 ATM、FR 网络仍然沿用，但“IP + Ethernet”才是主流。图 12-2 中，一张 MPLS 骨干网络替代了原来的多张网络（ATM、FR），提供 L2VPN 服务，既有兼容历史的意义，更是技术发展的结果。

以上对 L2VPN 的发展进行了简要的概述，下面对专线进行梳理。“专线”在通信行业里是一个很宽泛的词语，它在不同的语境下有不同的含义。从使用场景的视角来看，专线分为接入专线和互联专线，如图 12-3 所示。

接入专线指的是客户（一般都是企业）接入公网的线路。互联专线指的是客户的两个（也可以是多个）站点通过专线进行互联。由于主题的原因，本章不涉及接入专线。互联专线，从裸纤一直发展到 MPLS L2VPN，如图 12-4 所示。

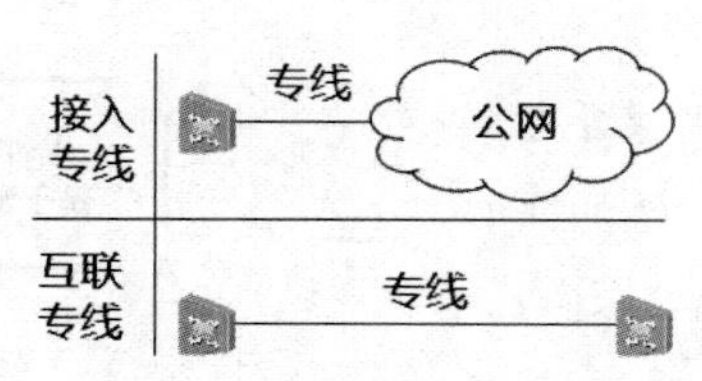

图 12-3　接入专线和互联专线

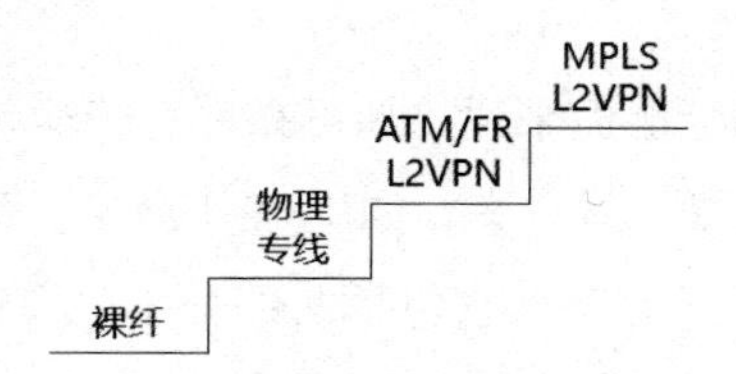

图 12-4　互联专线的发展

说明：专线也包括 L3VPN，但这里为了更好地对比，暂时忽略 L3VPN。关于 L3VPN 的理解，我们可以简单类比于 MPLS L2VPN。

互联专线的发展史就是一部“共享技术”的发展史。裸纤方案是完全没有共享的方案。一个客户两个站点之间的线路不会与其他客户共享。

物理专线方案等于裸纤线路 + 骨干线路，其中裸纤线路无法共享，而骨干线路是可以共享的。需要强调的是，骨干线路的共享是时间错开、空间共享模式，如图 12-5 所示。

图 12-5 中，骨干线路 A—B—C 在 T1 时刻租给了客户 X，在 T2 时刻租给了客户 Y(客户 X 退租)。X 和 Y 在不同时刻共享了这条线路。

ATM/FR L2VPN 方案的共享模式是“多张网络、时空共享”，如图 12-6 所示，无论是 ATM 还是 FR，由于使用了 L2VPN 技术，因此都可以做到时空共享：同一线路在同一时间可以共享给不同的客户。但是由于多种技术不能互通，因此需要建立多张网络。

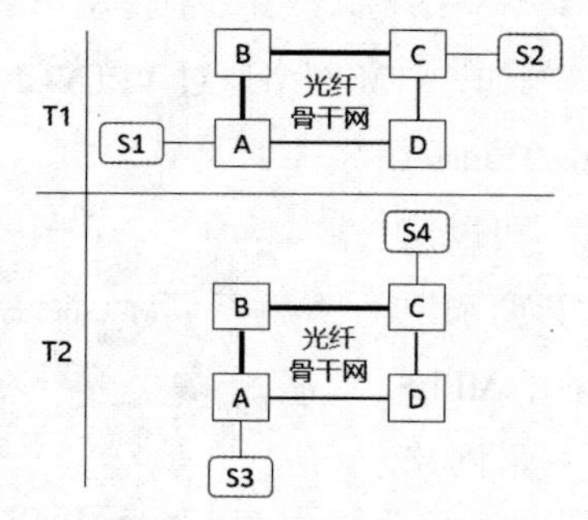

图 12-5　时间错开、空间共享

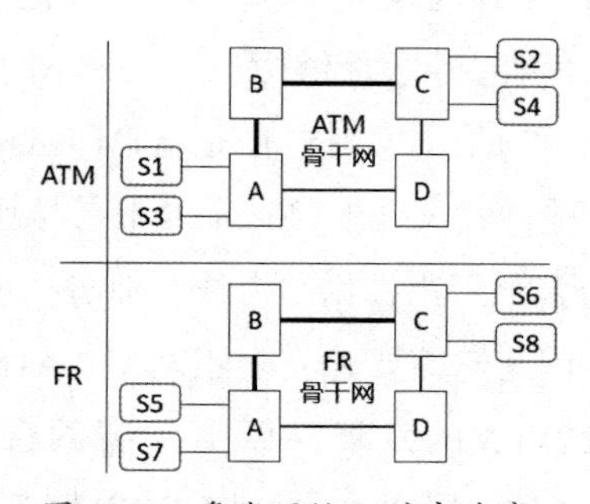

图 12-6　多张网络、时空共享

MPLS L2VPN 方案的共享模式是“一张网络、时空共享”，如图 12-7 所示，一张 MPLS 网络封装了 ATM/FR/ETH 等技术，完全做到了同一线路在同一时间共享给使用不同网络技术的客户。

说明：MPLS“一张网络”不仅能承载 L2VPN，还包括 L3VPN。

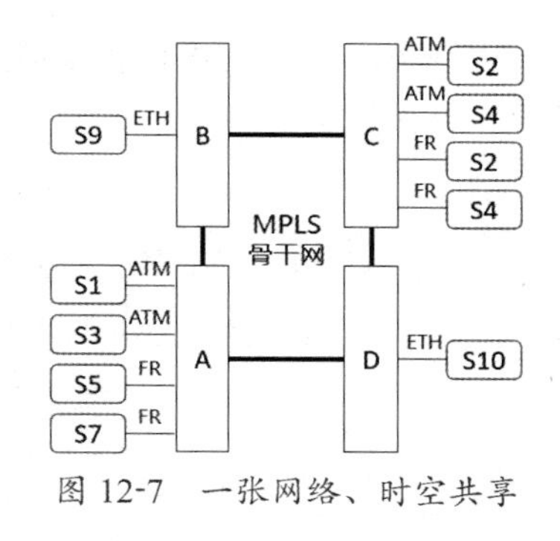

图 12-7　一张网络、时空共享

共享是因为“隔离”，互联专线共享技术发展的背后，是因为隔离技术的发展。对互联专线的发展轨迹进行总结，如表 12-1 所示。

表 12-1　互联专线的发展轨迹

专线名称	隔离技术	承载网络	共享模式
裸纤	物理层	裸纤	无
物理专线	物理层	光纤骨干网（物理层）	时间错开、空间共享
ATM/FR L2VPN	数据链路层	ATM/FR 骨干网	多张网络、时空共享
MPLS L2VPN	2.5 层（MPLS）	MPLS 骨干网	一张网络、时空共享

相对其他专线技术来说，MPLS L2VPN 乃当今主流，所以本章将重点讲述 MPLS L2VPN。为了阅读和讲述方便，如无特别说明，下面内容 L2VPN 专指 MPLS L2VPN。

12.1 L2VPN 的基本框架

从使用场景来说，L2VPN 分为两个基本类型：虚拟私有伪线服务（Virtual Private Wire Service，VPWS）和虚拟专用局域网业务（Virtual Private LAN Service，VPLS）。

VPLS，简单地说就是多个 LAN（Local Area Network，虚拟局域网）穿越公网，组成一个更大的 LAN，如图 12-8 所示。

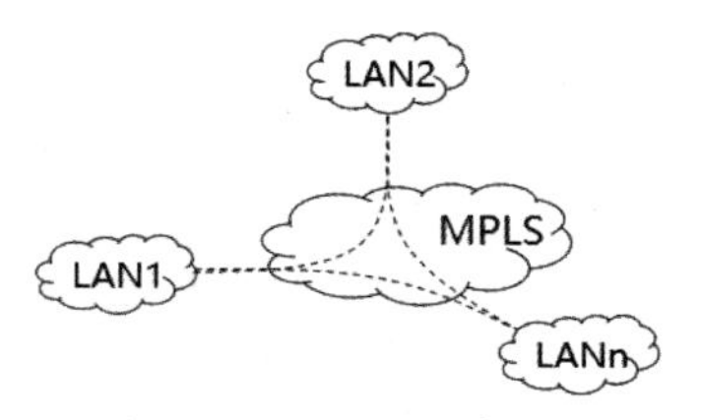

图 12-8　VPLS 示意（1）

从应用的角度来说，图 12-8 中的 MPLS 公网对于 LAN1,LAN2,⋯,LAN*n* 来说就是透明的，或者说 MPLS 公网对于各个 LAN 来说就是一个 Bridge，如图 12-9 所示。

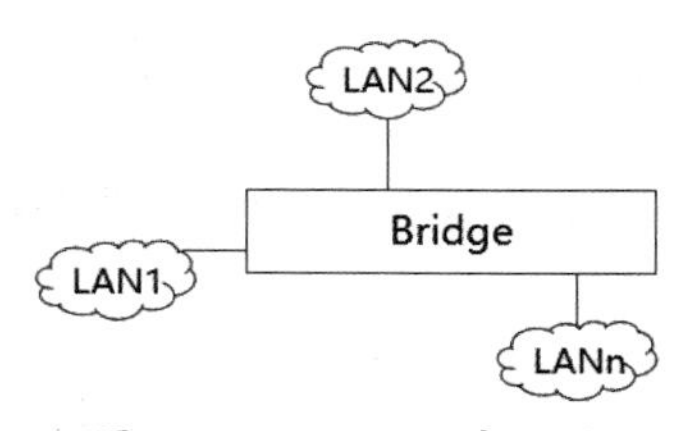

图 12-9　VPLS 示意（2）

如果把图 12-9 中的各个 LAN 换成企业的各个分支，就能非常明显地感受到 VPLS 是对现实需求的映射。

VPWS 又称为虚拟租用线路服务（Virtual Leased Line Service，VLLS，或者直接简称 VLL），如图 12-10 所示。

通过图 12-10 可以看到，VPWS（VLLS/VLL）就是在两点之间“穿越”MPLS 公网，铺设了一根“线”。所以，VPWS 也被称为点到点 VPN。

VPWS 和 VPLS 两种服务，各有各的合适的使用场景，VPLS 不是 VPWS 的“升级替代版”，VPWS 也不是 VPLS 的“低配版”。但是从网络技术来讲，VPWS 看起来确实像是 VPLS 的子集，如图 12-11 所示。

图 12-11 是对 VPWS 和 VPLS 的一种比喻。可以看到，对于 VPWS，MPLS 需要“模拟”一根线；对于 VPLS，MPLS 则需要“模拟”一个交换机。

但是，抛开实现的细节和复杂度，两者有一点是相同的，这一点是 MPLS L2VPN（同时也是 MPLS L3VPN）的基本点，即通过 MPLS 隧道“穿越”公网（如图 12-12 所示）也正是这个原因，MPLS L2VPN 和 MPLS L3VPN 的基本模型非常相似。

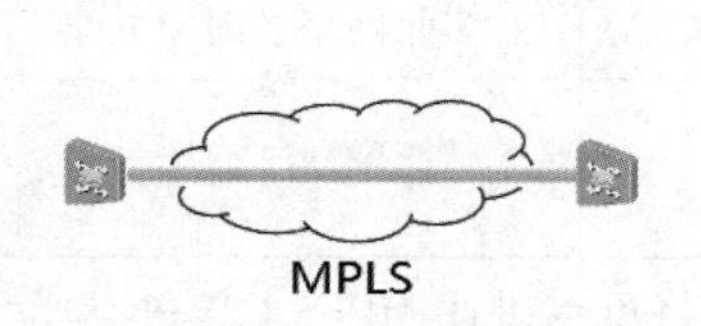

图 12-10 VPWS（VLLS/VLL）示意

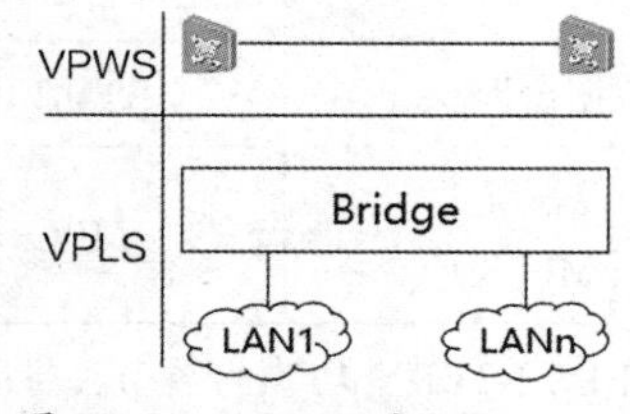

图 12-11 VPWS 和 VPLS

图 12-12 MPLS 隧道

12.1.1 L2VPN 的基本模型

L2VPN 的基本模型如图 12-13 所示。

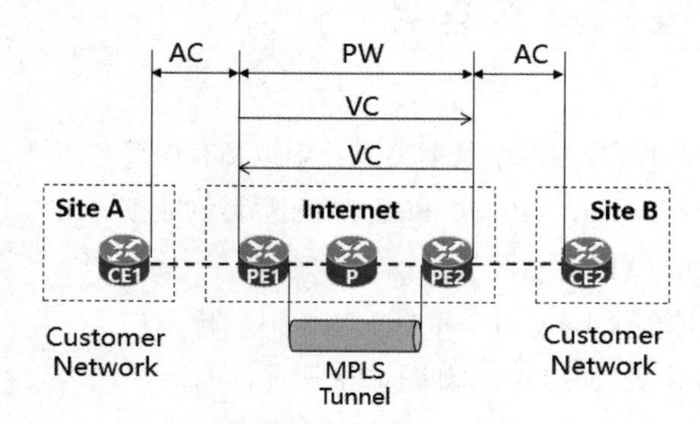

图 12-13 L2VPN 的基本模型

图 12-13 中各个元素的含义如表 12-2 所示。

表 12-2　L2VPN 的基本模型中各个元素的含义

类别	元素	说明
网络	Internet	L2VPN“穿越”的 MPLS 公网。现在这些公网一般来说都是 Internet
	Customer Network	客户私有网络。即使是点到点的 VLL 业务，用户的两个“点”的背后也“藏有”两个网络
网元	CE	CE（Customer Edge）：客户（网络）边缘设备，对接 PE。在 L3VPN 中，CE 是一个 3 层设备；在 L2VPN 中，CE 是一个 2 层设备（也可以是一个 3 层设备）
	PE	PE（Provider Edge）：运营商（网络）边缘设备，对接 CE。无论在 L3VPN 还是 L2VPN 中，PE 都是路由器
	P	P（Provider）：运营商（网络）中间路由器，只进行 MPLS 转发，不感知 VPN（跨域 VPN 例外）
链路	AC	AC（Access Circuit，接入电路）：从 CE 的出接口到 PE 的入接口的物理或虚拟电路
	PW	PW（Pseudo Wire，伪线）：一个从 PE 的用户侧接口到对端 PE 的用户侧接口双向的虚拟电路
	VC	VC（Virtual Circuit，虚拟电路）：一个双向的 PW，由两个单向的 VC 组成
	MPLS Tunnel	从 PE 的网络接口到对端 PE 的网络接口

L3VPN 并没有专门提及 AC、PW、VC（虽然它们客观存在），这是因为 L3VPN 的着眼点在于第 3 层。而 L2VPN 的一个重要使命是用一张网络封装 ATM、FR、ETH（Ethernet）等各种第 2 层链路，所以特别强调这 3 个概念。

PW 是一个抽象概念，在 MPLS 网络里，其具体实现就是 MPLS LSP，如图 12-14 所示。

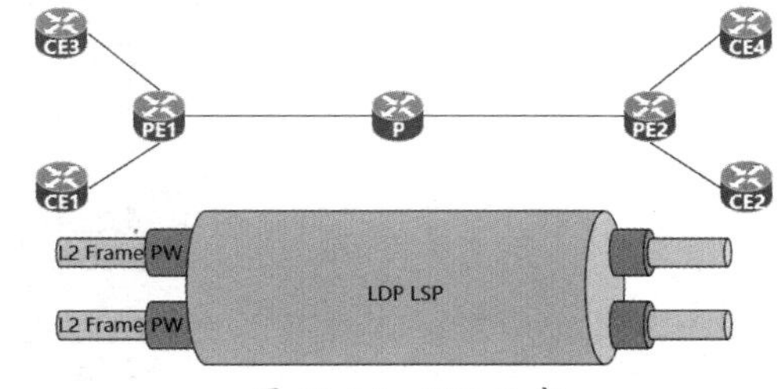

图 12-14　PW 示意

与 L3VPN 一样，L2VPN 也存在一个 Tunnel 承载多个 VPN 的场景，所以 L2VPN 的隧道也存在两层隧道（两层标签）的概念。

图 12-14 中，外层隧道的作用是“穿越”公网，其信令协议是 LDP（也可以是 RSVP-TE 等其他信令），所以称为 LDP LSP。内层隧道的作用是标识 VPN，所以被称为 VPN LSP，即 PW。PW 的信令协议可以是 MP-BGP、扩展 LDP、静态手工配置等。

说明：L2VPN 还有一种模式：一个 PW 独占一个隧道。此时，L2VPN 不需要两层隧道（标签）。

PW 分为点到点（Point-to-Point）、多点到点（Multipoint-to-Point）和点到多点（Point-to-Multipoint）3 种类型。本章只介绍 Point-to-Point PW（另两种类型可以参考 RFC 4664），如无特别说明，PW 专指 Point-to-Point PW。

PW 连接两个 PE，所以从概念上来讲，它是双向的，这也就意味着，从具体的实现来讲，其需要两个 PW LSP，如图 12-15 所示。

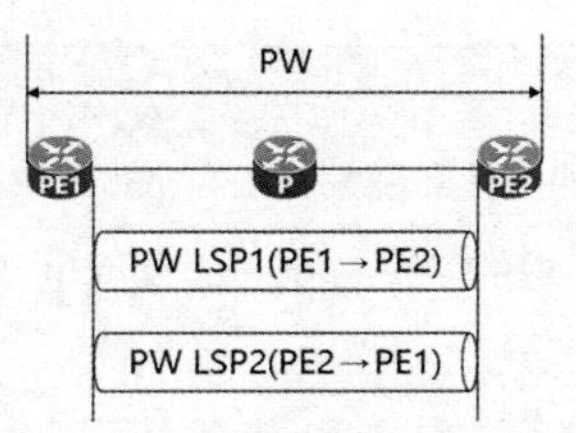

图 12-15　一个 PW 由 2 个 PW LSP 组成

图 12-15 中的 PW LSP1（PE1 → PE2）和 PW LSP2（PE2 → PE1）本质上都是 MPLS LSP。由于 PW 是双向的，LSP 是单向的，因此一个双向的 PW 需要两个单向的 LSP 才能构架出来。这两个单向的 LSP 也称为（两个）VC。

说明：无论是 PW 还是 VPN 隧道（L2VPN Tunnel、L3VPN Tunnel），还是最外层隧道，都需要两个单向的 LSP 才能构建出来。但为了便于讲述和理解，本书从第 12 章开始一直没有强调这一点。另外，如无特别说明，本书后面也是以一个方向的 LSP 为主来讲述相关内容（另外一个方向的 LSP 其机制完全相同）。

图 12-15 中的 PW LSP（VC）的起止点是 PE 的网络侧接口，图 12-13 中的 VC 的起止点是 PE 的用户侧接口，这是因为不同语境下表达方式不同。

图 12-15 中的 PW 的起止点是两个 PE 的用户接口（对接 CE），而 PW LSP 的起止点是两个 PE 的网络接口（对接 P 路由器），这只是概念上的说法，简单理解为两者的起止点都是 PE 即可。

PW 能将各种二层报文（如 ATM、FR 等）从一个 PE 传输到对端 PE，那么它是怎么做到的呢？这就涉及了 L2VPN 的封装。

12.1.2 L2VPN 的封装

L2VPN 的封装本质上就是 MPLS 的封装。第 10 章中关于 MPLS 报文的介绍对 L2VPN 来说可能会造成一定的困扰，这里有必要做一个澄清，如图 12-16 所示。

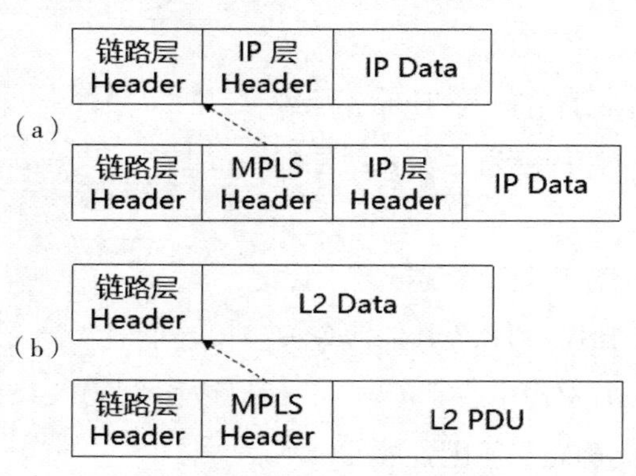

图 12-16　MPLS 报文格式的澄清

图 12-16（a）是第 10 章中介绍的内容，将 MPLS Header 插在链路层 Header 和 IP 层 Header 之间，所以 MPLS 也被称为 2.5 层协议。

但是，这样的 MPLS 对于 L2VPN 来说并不适用，因为 L2VPN 中，MPLS 所承载的是二层报文，并不是 IP 报文。所以针对 L2VPN，MPLS 的报文格式就是图 12-16（b）所示的内容，MPLS Header 后面是 L2 PDU。

抽象地讲，图 12-16（a）与图 12-16（b）是一样的，因为无论是 IP Header + IP PDU（以下简称 IP Packets）还是 L2 PDU，都可以理解为 MPLS Data，但是，对于 L2VPN 来说，MPLS Data 可能还包括其他类型的 PDU（如 ATM Frame），而不仅仅是 IP Packets。

但是，这种抽象的说法只对 MPLS 有意义，它只是说明 MPLS 的协议无须做任何改变，就可以完全适应 L2VPN 和 L3VPN。但是从报文的封装来说，两者的差别仍然非常明显。

1. L2VPN 的基本封装机制

L2VPN 与 L3VPN 的 MPLS 封装如图 12-17 所示。

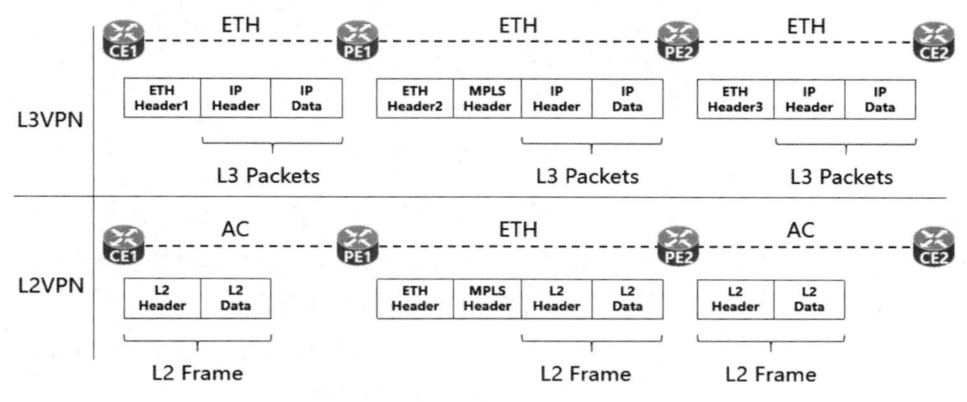

图 12-17　MPLS 封装：L2VPN 与 L3VPN

通过图 12-17 可以看到，对于 L3VPN 而言，它并不关注 L2 Header（ETH Header1），只需关注 IP Packets 从 CE1 传递到 CE2；而 L2VPN 则不同，它所实现的是整个报文 L2 Frame（L2 Header + L2 PDU）从 CE1 传递到 CE2。所以，对于 L3VPN 来说，MPLS 封装的是 IP Packets；对于 L2VPN 来说，MPLS 封装的是整个 L2 Frame。由于 L2VPN 的承载电路实际上是 PW，因此被封装的 L2 Frame 也称为 PW Data。

封装整个 L2 Frame 就是 L2VPN 的基本封装机制。但是，这只是基本封装机制，具体到不同的 L2 协议，其细节也有所不同。例如，对于 ATM，假设一个 ATM 被封装到一个 PW Data，其封装格式如图 12-18 所示。

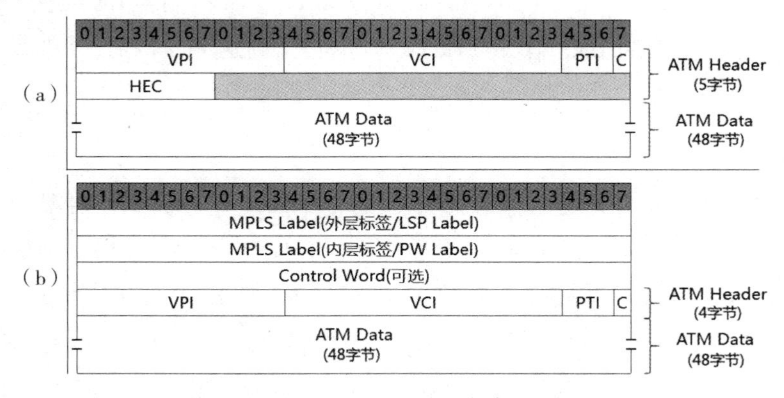

图 12-18　ATM 封装举例

图 12-18（a）表达的是一个原始 ATM 信元（ATM Cell）包含 5 字节的 ATM Header 和 48 字节的 ATM Data。图 12-18（b）表达的是该信元被 L2VPN 封装以后的格式。可以看到，5 字节的 ATM Header 被裁剪成了 4 字节，其中 HEC（Header Error Control，信息头差错控制）字段被移除。

说明：暂时忽略图 12-18 中的 MPLS Label 和 Control Word（控制字）。由于主题的原因，这里不再介绍 ATM Header 中各字段的含义。

再来看 Ethernet 报文被 L2VPN 封装的情形，如图 12-19 所示。

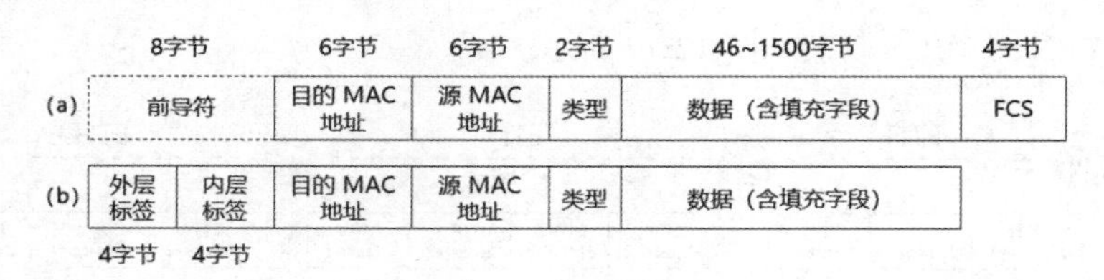

图 12-19　Ethernet 封装举例

图 12-19（a）是原生的 Ethernet 报文（其中 8 字节的前导符属于物理层，并不是 Ethernet 报文的一部分），图 12-19（b）是 L2VPN 所封装的 Ethernet 报文。可以看到，Ethernet Header 中的 FCS（Frame Check Sequence，帧校验序列）字段（及 8 字节的前导符字段）被移除了。

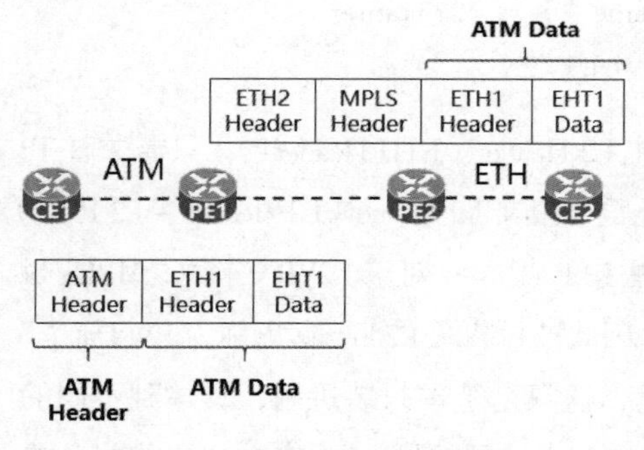

图 12-20　异种介质场景举例（1）

当然，无论是 ATM 的 HEC 还是 Ethernet 的 FCS，在 PE2 转发给 CE2 时，都会被再度添加上。

如果忽略这些细节（ATM 的 HEC、Ethernet 的 FCS），则仍然可以认为 L2VPN 的基本封装机制是封装整个 L2 Frame。不是每种场景都需要封装整个 L2 Frame，即有些场景可以不包含 L2 Header，只封装 L2 PDU。尤其在异种介质场景下，很可能会丢弃 L2 Header。异种介质场景指的是两端的 AC 类型不一致，如图 12-20 所示。

图 12-20 中，CE1 与 PE1 之间的 AC 类型是 ATM，CE2 与 PE2 之间的 AC 类型是 ETH。CE1 通过 Ethernet over ATM 机制与 CE2 通信，简单地说，就是将 Ethernet 报文封装在 ATM Data 中。当 CE1 发送的报文到达 PE1 以后，PE1 会将 ATM Header 剥去，只保留 ATM Data。

2. 异质传输

PW 两端 AC 类型相同的情形称为同质传输（Homogeneous Transport），两端 AC 类型不同的情形称为异质传输（Heterogeneous Transport）。异质传输有 3 种解决方案，图 12-20 所示的是其中之一。

①由其中一个 CE 在本地构建异质互通（Interwork）。图 12-20 中，CE1 通过 Ethernet over ATM 机制实现了 ATM 与 Ethernet 的异质互通。此时，对于相应的 PE（图 12-20 中的 PE1）来说，需要终结本地“母体连接”，即图 12-20 中剥去的 ATM Header，只传输 ATM PDU（本质上是 Ethernet 报文）。

②由其中一个PE构建异质互通，如图12-21所示。CE1与PE1之间的AC类型是ATM，CE2与PE2之间的AC类型是FR。CE1发送到PE1的报文是原生的ATM报文，PE1收到该报文以后，将ATM Header剥去，换成FR Header，然后将FR Frame转发到PE2，PE2再转发给CE2。

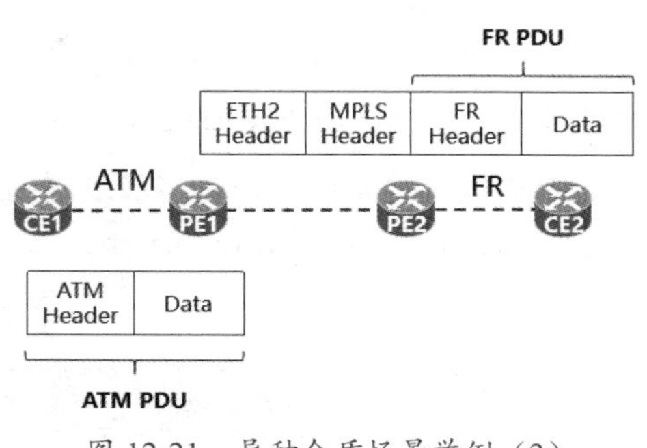

图12-21　异种介质场景举例（2）

可以看到，基于PE构建的异质互通，对于CE来说是透明的。还有一种方案是IPLS（IP-Only LAN-Like Service），该内容放在第12.1.3节中介绍。

3. 控制字

控制字（Control Word）是L2VPN在MPLS标签与PW PDU之间插入的一个4字节的可选字段，其数据结构如图12-22所示。

0	1	2	3	4	5	6	7	0	1	2	3	4	5	6	7	0	1	2	3	4	5	6	7	0	1	2	3	4	5	6	7
0	0	0	0	Flag				B	E	Length						Sequence															

图12-22　L2VPN的控制字的数据结构

图12-22中的前4比特是保留字段（Reserved），目前其值都为0。控制字的其余字段构建了控制字的四大功能。

（1）扩充小型报文

我们知道，Ethernet报文的最小帧长度是64字节。有时，对于一些较小的报文，L2VPN经过MPLS（2层标签）封装以后，其长度也没有达到64字节。此时，就需要将MPLS报文填充至64字节。标识是否有填充字节及填充了多少字节的任务即由控制字中的Length字段来承担，如图12-23所示。

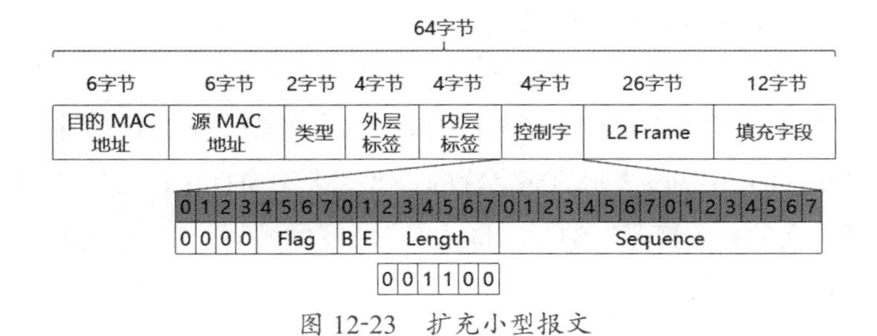

图12-23　扩充小型报文

图12-23中，原始的L2 Frame只有40字节，即使加上外层标签、内层标签、控制字3个字段也才有52字节，还需要填充12字节。

Ingress PE会在其报文的最后填充12字节，并将控制字中的Length字段（占6bit）赋上相应的值（001100）。待报文到达Egress PE时，Egress PE会剥去隧道标签、控制字和填充字段。

（2）承载控制字段

有些场景下，L2 Header 并不会被封装进 PW 中，但是其导致的后果就是 L2 Header 中的控制字段也会丢失。为了解决这种问题，L2VPN 会将 L2 Header 中的控制字段复制到控制字中承载。

是否需要将自己的控制字段复制到 L2VPN 的控制字中，与 PW 封装的 L2 类型有关（有的 L2 类型没有控制字段），如表 12-3 所示。

表 12-3　封装类型与控制字

封装类型	是否需要复制
ATM（AAL5）	是
Ethernet	否
Frame Relay	是
HDLC	否
PPP	否

控制字中承载原来 L2 报文控制字段的是图 12-22 的 Flag 字段（占 4bit）。以 FR 和 ATM（AAL5）为例，控制字所承载的控制字段如图 12-24 所示。

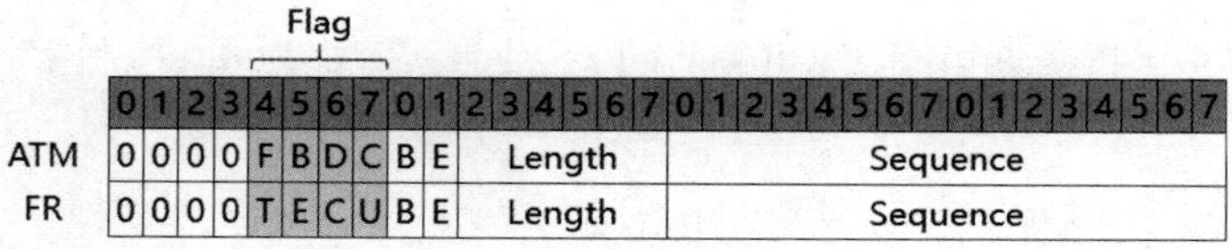

Flag

	0	1	2	3	4	5	6	7	0	1	2 3 4 5 6 7 0 1	2 3 4 5 6 7 0 1 2 3 4 5 6 7
ATM	0	0	0	0	F	B	D	C	B	E	Length	Sequence
FR	0	0	0	0	T	E	C	U	B	E	Length	Sequence

图 12-24　FR 和 ATM（AA5）的控制字段

由于主题的原因，读者对图 12-24 有一个直观的认识即可，这里不再解释其中各个字段的含义。

（3）承载序列号

控制字中承载序列号的是 Sequence 字段（占位 16 bit）。在负载分担场景中，报文可能会乱序，此时通过 Sequence 字段可以方便地重组报文。

（4）报文分片

L2VPN 的 MPLS 报文长度既有可能小于 64 字节，也有可能大于 MTU。小于 64 字节的，需要填充字段，控制字中的 Length 字段表示填充字段的长度；大于 MTU 的，需要分片。控制字中的 B、E 字段用来标识分片报文的相关情况。B（占 1bit）是 Begin 的缩写，E（占 1bit）是 End 的缩写，两者的含义如表 12-4 所示。

表 12-4　B、E 的含义

B	E	含义
0	0	表示报文没有分片
0	1	表示报文的最后 1 个分片

续表

B	E	含义
1	0	表示报文的第 1 个分片
1	1	表示报文的中间分片

报文会在 Ingress PE 上分片，在 Egress PE 上重组。

4. L2VPN 的基本报文结构

L2VPN 的基本报文结构如图 12-25 所示。

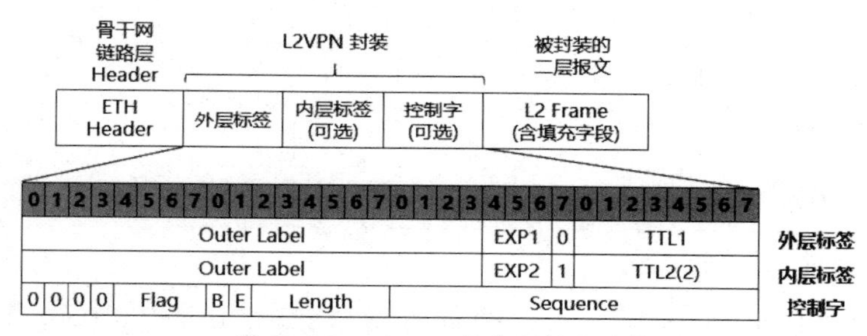

图 12-25　L2VPN 的基本报文结构

L2VPN 的报文其本质仍是 MPLS 报文。所以，L2VPN 报文满足 MPLS 报文的 3 段式：L2 Header + MPLS Header + MPLS PDU。

由于 MPLS 骨干网的数据链路层基本上就是 Ethernet，因此图 12-25 就使用 Ethernet Header 指代 MPLS 报文的 L2 Header。绝大部分的 L2VPN 是两层隧道，也有个别的 L2VPN 是一层隧道，所以图 12-25 中的 MPLS Header 包含两层标签，其中内层标签是可选字段。如果是两层标签，则外层标签的 S 字段等于 0，表示后续还有 MPLS 标签；而内层标签的 S 字段等于 1，表示自己是最后一层标签。另外，内层标签连接的是 PW 两端的 PE，所以内层标签的 TTL 的值等于 2。

L2VPN 的封装除了两层标签（第二层可选）以外，还包括一个 4 字节的可选字段“控制字”。L2VPN 封装的原始二层报文其基本封装机制是封装整个 L2 Frame，但是也有部分场景，L2VPN 封装的报文不包含原始的 L2 Header。

12.1.3 L2VPN 的分类

从使用场景或提供的服务类型来说，L2VPN 分为两个基本类型：VPWS、VPLS。另外，IPLS 也可以作为一种独立的 L2VPN 类型。下面分别讲述这些类型。

1. VPWS

VPWS 在较早的文献中被称为 VLLS。虽然现在 VLLS 这个名词已经不再使用，但仍有很多人习惯这样称呼。这是因为 VLLS 比较形象，更能体现出 VPWS 的特征：一个点到点的虚拟租用线路。

从技术实现角度来说，VPWS 这个名词更能体现其技术特征：采用点到点的 PW 提供 VPWS 服务。VPWS 又被称为 AToM（Any Transport over MPLS），这反映了运营商能够使用一张 MPLS 网络提供各种二层业务的封装。RFC 4446 定义了 VPWS 封装的部分二层业务类型，如表 12-5 所示。

表 12-5　VPWS 封装的业务类型（部分）

PW 类型	描述
0x0001	Frame Relay DLCI (Martini Mode)[帧中继 DLCI（Martini 模式）]
0x0002	ATM AAL5 SDU VCC transport（ATM AAL5 SDU VCC 传输）
0x0003	ATM transparent cell transport（ATM 透明单元传输）
0x0004	Ethernet Tagged Mode（以太标签模式）
0x0005	Ethernet（以太）
0x0006	HDLC（高级数据链路控制）
0x0007	PPP（点对点协议）
0x0008	SONET/SDH Circuit Emulation Service Over MPLS（MPLS 之上的 SONET/SDH 电路仿真服务）
0x0009	ATM n-to-one VCC Cell Transport（ATM 多对一 VCC 单元传输）
0x000A	ATM n-to-one VPC Cell Transport（ATM 多对一 VPC 单元传输）
0x000B	IP Layer2 Transport（IP 2 层传输）
0x000C	ATM one-to-one VCC Cell Mode（ATM 一对一 VCC 单元模式）
0x000D	ATM one-to-one VPC Cell Mode（ATM 一对一 VPC 单元模式）
0x000E	ATM AAL5 PDU VCC Transport（ATM AAL5 PDU VCC 传输）
0x000F	Frame-Relay Port Mode（帧中继端口模式）
0x0010	SONET/SDH Circuit Emulation over Packet（分组之上的 SONET/SDH 电路仿真）
0x0011	Structure-agnostic E1 over Packet（分组之上的结构无关的 E1）
0x0012	Structure-agnostic T1 (DS1) over Packet（分组之上的结构无关的 T1）
0x0013	Structure-agnostic E3 over Packet（分组之上的结构无关的 E3）
0x0014	Structure-agnostic T3 (DS3) over Packet（分组之上的结构无关的 T3）
0x0015	CESoPSN Basic Mode（CESoPSN 基本模式）
0x0016	TDMoIP AAL1 Mode（TDMoIP AAL1）
0x0017	CESoPSN TDM with CAS（带有 CAS 的 CESoPSN TDM）
0x0018	TDMoIP AAL2 Mode（TDMoIP AAL2 模式）
0x0019	Frame Relay DLCI（帧中继 DLCI）

2. VPLS

VPLS是在公共网络（MPLS骨干网）中提供的一种多点到多点的L2VPN业务。VPLS使地域上隔离的用户站点能通过公网相连，并且使各个站点间的连接效果像在一个LAN中一样，感知公网的存在。所以，VPLS以前也被称为TLS（Transparent LAN Service，透明局域网服务），但是，TLS的称呼，现在已经被VPLS替代。另外，VPSN（Virtual Private Switched Network，虚拟专有交换网络）现在也被VPLS所替代。

从AC的角度来说，VPLS的AC类型是广义的Ethernet，具体来说，可以是物理Ethernet Port、逻辑Ethernet Port（VLAN）、承载Ethernet Frame的ATM PVC，甚至是Ethernet PW等。

从网络拓扑的角度来说，VLPS是利用full-mesh（全互联）的PW构建多点到多点的拓扑结构，如图12-26所示，各个PE之间的连接都是PW。需要强调的是，全互联的结构只是VPLS的拓扑结构的一种。VPLS还有一种拓扑结构是分层结构。

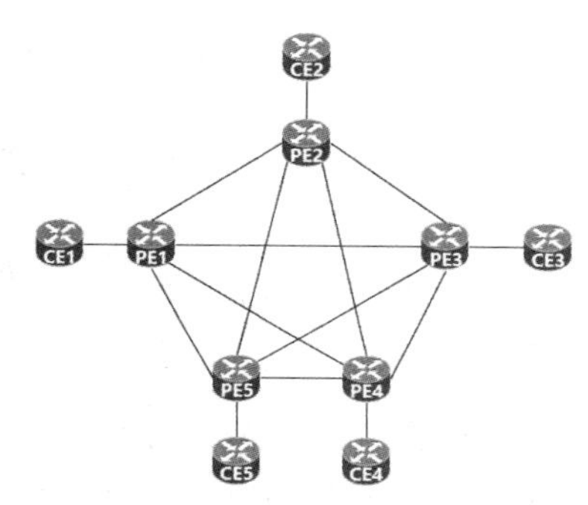

图 12-26　VPLS的拓扑结构

从业务仿真的角度来说，VPLS将MPLS骨干网封装成一个Ethernet Bridge。既然是封装成一个Bridge，那么从转发面的角度来说，构建VPLS的每个PE内部都应该有虚拟的网桥。这一点，VPLS与L3VPN比较相像，如图12-27所示。

图12-27中，CE1与CE2组成VPN_A（VPLS），CE3与CE4组成VPN_B（VPLS）。为了构建VPLS服务，PE需要为每个VPLS实例构建一个虚拟交换实例（Virtual Switch Instance，VSI）。VSI类似于L3VPN中的VRF，VRF存放的是私网路由表，相应地VSI存放的是私网MAC表。与普通的Bridge类似，VSI除了具有基于MAC地址（含VLAN）转发的功能外，也具有MAC地址学习、MAC地址老化等功能。

为了体现VPLS是一个多点到多点的服务，下面再看一个例子。如图12-28所示，CE1、CE2、CE3组成了一个VPLS实例，可以看到，PE1、PE2、PE3都有一个与之相对应的VSI。

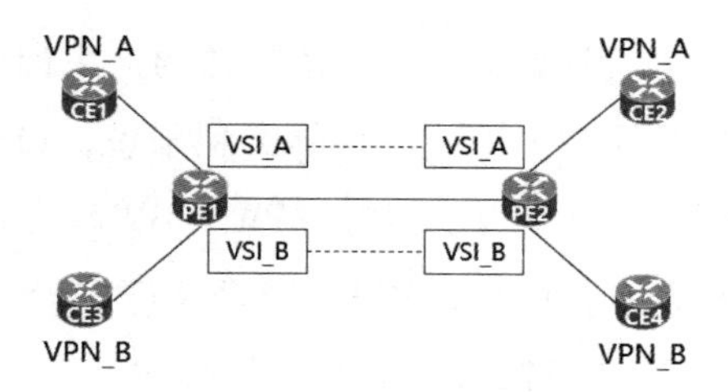

图 12-27　VSI示意（1）

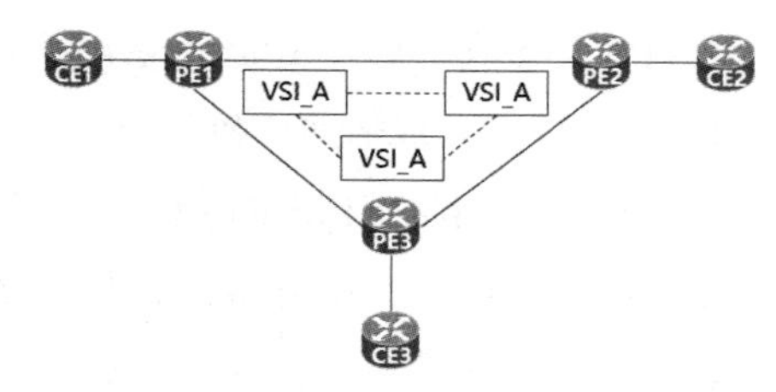

图 12-28　VSI示意（2）

3. IPLS

从某种意义上说，IPLS是VPLS的子集。IPLS和VPLS非常像，但有两点不同。

① CE只能是主机或路由器，不能是交换机。

② CE 到 PE 之间携带的 L2 PDU 只能是 IP 报文或 ICPM/ARP（IPv4）、邻居发现（IPv6），对于其他类型的 L2 PDU，IPLS 不支持。

从功能的角度来说，IPLS 是 VPLS 的子集；但是从 AC 的角度来说，IPLS 支持的 AC 类型比 VPLS 要多。VPLS 仅支持 Ethernet 类型的 AC，IPLS 却可以支持多种类型的 AC，否则就无法理解 IPLS 可以支持异质传输，如图 12-29 所示。

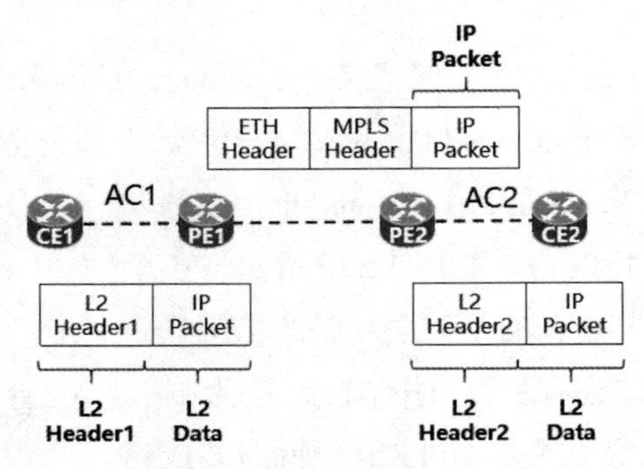

图 12-29　IPLS 支持异质传输

图 12-29 中，AC1 与 AC2 是两种不同的类型。CE1 发往 PE1 的原始报文中包含 L2 Header1 和 IP Packet（L2 PDU）；报文到达 PE1 后，PE1 会将原始的 L2 Header1 剥除，只将 IP Packet 封装入 PW 中，传输到 PE2；PE2 再将 IP Packet 添加上 CE2（AC2）所需要的报文头 L2 Header2，然后传递给 CE2。

12.2 L2VPN 的数据面

无论是 VPWS 还是 VPLS、IPLS，它们的基本构成都是 PW。单纯从拓扑结构上来说，VPWS 是 VPLS、IPLS 的特例，或者说 VPLS、IPLS 是 VPWS 的重复；而从 AC 的类型来说，VPLS 又变成了 VPWS、IPLS 的特例 [VPLS 的 AC 类型只能是 Ethernet（含 VLAN），VPWS、IPLS 的 AC 则包括 Ethernet、ATM、FR 等多种类型，具体请参见表 12-5]。所以，MPLS L2VPN（VPWS、VPLS、IPLS）的数据面有基本的共同点：AC 的接入、PW 的封装 / 解封装、PW 的转发等。

简单地说，VPLS 就是将 MPLS 骨干网模拟成一个 LAN Bridge。也正是因为此，VPLS 又有着与 VPWS（及 IPLS）不同的一面：Ethernet/VLAN 接入模式、基于 MAC 的转发、MAC 的学习和老化。

下面详细讲述 MPLS L2VPN 数据面的这些内容。

12.2.1 PW 的基本模型

对于 L2VPN 两端的 CE 来说，它们认为中间所“穿越”的骨干网是透明的，是一个 Bridge，如图 12-30 所示。

通过图 12-30 可以看到，IP/MPLS 骨干网对于 CE1、CE2 来说，就只是一个 ATM/FR/ETH（Ethernet）Bridge。

图 12-30　L2VPN 是一个 Bridge

CE 认为透明 Bridge，其背后却是 PW 的支撑，如图 12-31 所示，PW 承载于 PSN Tunnel[PSN（Packet Switching Network，包交换网络），如 IP 网络、MPLS 网络]。而 PSN Tunnel 既可以是 MPLS LSP，也可以是 GRE Tunnel[GRE（Generic Routing Encapsulation，通用路由封装）]。由于主题的原因，本章特指 MPLS LSP。

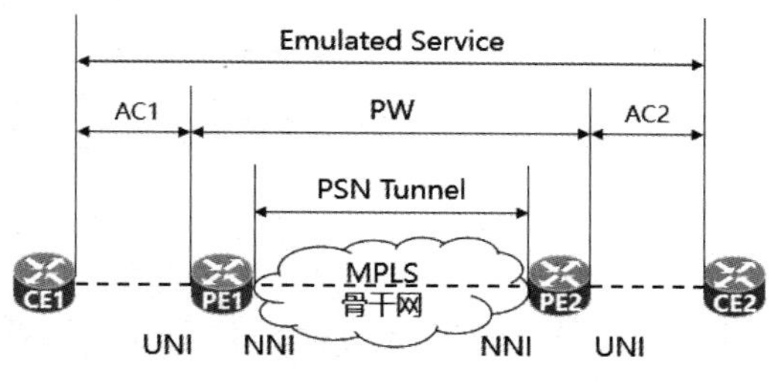

图 12-31　PW 的基本模型

图 12-31 中，读者可能会有疑问，PW 为什么起止于 PE 的连接 AC 的接口（UNI，User Network Interface）？为什么不像 PSN Tunnel 那样，起止于连接 PSN 网络的接口（NNI，Network Network Interface）？

这可能源于一种误解。有时我们会强调 PW 的双向特征，会说 PW 是由两条（单向的）MPLS LSP 组成的，如图 12-32 所示。这其实是不同场景下对 PW 的不同的表达。其实，PW 的起止点位于 PE 的内部，如图 12-33 所示。

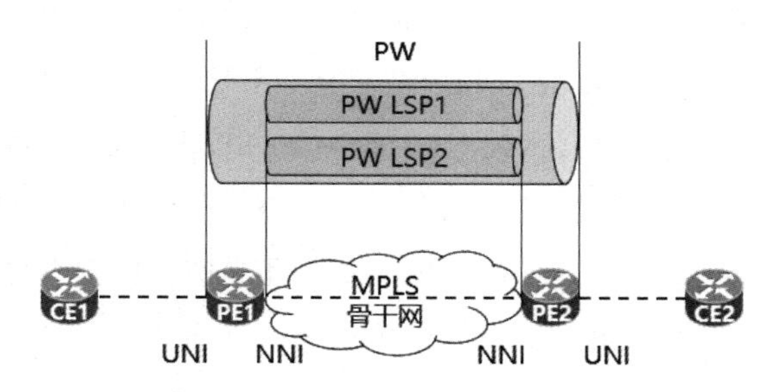

图 12-32　1 条 PW 由 2 条 PW LSP 组成

图 12-33（a）表达的数据流方向是从 CE 到 PSN，图 12-33（b）表达的数据流方向是从 PSN 到 CE。通过图 12-33 可以看到，物理接口（Physical Interface1，PHY）是 PE 的“边缘”，其中 PHY1 对接 AC，PHY2 对接 PSN。

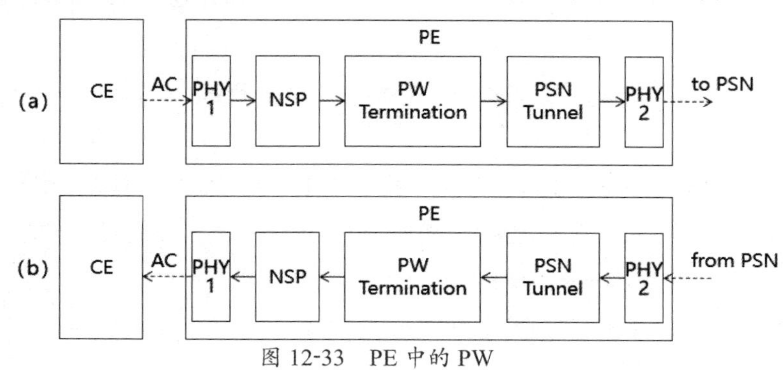

图 12-33　PE 中的 PW

本地报文处理（Native Service Processing，NSP）位于 PHY1 和 PW Termination 之间，它对原始报文进行处理后，发送给 PW Termination。前面讲述的内容，如 ATM Header 中的 HEC 字段被移除/添加、Ethernet Header 中的 FCS 字段被移除/添加，这都是 NSP 的行为。对于 Ethernet Frame 来说，NSP 还可能会进行剥离/添加/改写 VLAN 标签、流量整形等处理。

当报文从 NSP 送达 PW Termination 时，PW Termination 会加上相应的 PW 标签，然后送到 PSN Tunnel 模块；PSN Tunnel 再加上相应的 PSN Tunnel 标签，从 PHY2 送到 PSN。或者当报文从 PSN Tunnel 模块送达 PW Termination 时，PW Termination 会剥去相应的 PW 标签，再送达给 NSP。

所以，如果从 PW LSP 的角度来说，PW 的起止点是 PE 中的 PW Termination 逻辑点；但是，从业务的角度来说，PHY1 才是 PW 的起止点。这也正是图 12-31 所表达的含义：PW 起止于 PE 的 UNI。

12.2.2 PW 的 Ethernet 接入模式

L2VPN 对于 Ethernet Frame 的封装在图 12-19 中已经讲述过。图 12-19（a）表达的是原始 Ethernet Frame，图 12-19（b）表达的是 PW 封装后的 Ethernet Frame，其中内层标签就是 PW 标签，外层标签就是 PSN Tunnel 标签。

通过图 12-19 可以看到，PW（PE 中的 NSP）会剥去 Ethernet 的前导符、FCS，然后加上 PW 标签（PE 中的 PW Termination）、NSP 标签（PE 中的 PSN Tunnel）。但是，图 12-19 表达的只是 Raw Ethernet Frame 的封装情形。如果是面对 VLAN Frame，PW 该如何封装呢？为此，RFC 4448 提出了 PW 的两种接入模式：Raw Mode PW 和 Tagged Mode PW。两种模式都与 VLAN Tag 相关。

前面提到过，Ethernet Bridge 的 VLAN 接口模式主要分为 Access 模式、Trunk 模式、Hybrid 模式。PW 的两种接入模式就与此类似，虽然不完全相同，但也息息相关。同时，PW 的接入模式也与 Ethernet Frame 的分类相关。

1. PW 眼中的 Ethernet Frame 的分类

我们日常所说的 Ethernet Frame（以太帧）实际上包含两种格式：802.3/Ethernet II（无 VLAN Tag）格式、802.1q（有 VLAN Tag）。至于 QinQ，如果只看外层 VLAN Tag，也可以将其归为 802.1q。

简单地说，Ethernet Frame 可以分为两种帧格式：UnTag Frame（无 VLAN Tag）、Tag Frame（有 VLAN Tag）。

但是，PW 对于 Tag Frame 中的 VLAN Tag 做了更进一步的分类，即看（最外层）VLAN Tag 的作用是否是 service delimiting（业务定界）。例如，不同的 VLAN Tag 代表不同的客户（Customer），那么这样的 VLAN Tag 就是 service delimiting。

通过相关配置工具，在相应的 PE 上配置某些 VLAN Tag 属于 service delimiting，某些属于 non service delimiting（如果报文中没有 VLAN Tag，那么该报文属于 non service delimiting）。

VLAN Tag 是否属于 service delimiting，对于 PW 来说意味着什么呢？这就涉及了 PW Mode。

2. PW Mode

PW Mode 指的是 PW 的 Ethernet 接入模式，分为两种：Raw Mode（原始模式）、Tagged Mode（标签模式）。两种模式依据VLAN Tag属性（service delimiting or not）对Ethernet Frame进行不同的处理。

Raw Mode PW 是与 Tagged Mode PW 相对应的。表面上理解，Raw Mode PW 中传输的 Ethernet Frame 不包含 VLAN Tag，而 Tagged Mode PW 中传输的 Ethernet Frame 包含 VLAN Tag。实际上，PW 的处理要稍微复杂一些，体现为如下几点。

①对于 Raw Mode PW，如果 AC 传入的 Ethernet Frame 包含 service delimiting Tag，那么 PE 中的 NSP 会将最外层 VLAN Tag 剥离（最外层 VLAN Tag 被认为是 service delimiting Tag），然后传入 PW。

②对于 Raw Mode PW，如果 AC 传入的 Ethernet Frame 不包含 service delimiting Tag，那么 PE 中的 NSP 会将该 Frame 直接传入 PW。

③对于 Tagged Mode PW，如果 AC 传入的 Ethernet Frame 包含 service delimiting Tag，那么 PE 中的 NSP 会将 Ethernet Frame 添加上 dummy VLAN Tag（VLAN ID = 0），然后封装入 PW；或者直接传入 PW Ethernet。

④对于 Tagged Mode PW，如果 AC 传入的 Ethernet Frame 不包含 service delimiting Tag，那么 PE 中的 NSP 会将 Ethernet Frame 添加上 dummy VLAN Tag，然后传入 PW。

以上所说的 4 点可以总结为如表 12-6 所示。

表 12-6　PW Mode 与 VLAN Tag

PW Mode	service delimiting	non service delimiting
Raw Mode	剥去最外层 VLAN Tag，再传入 PW	直接传入 PW
Tagged Mode	添加 dummy VLAN Tag，再传入 PW。或者直接传入 PW	添加 dummy VLAN Tag，再传入 PW

表 12-6 表达的是不同的 PW Mode 在 Ingress PE 侧对 VLAN Tag 的处理策略。在 Egress PE 侧，对于被剥去的 VLAN Tag，不会再被添加上；对于被添加上的 dummy VLAN Tag，会被剥离。

12.2.3 VPLS 的数据面

对于 VPWS 来说，AC 与 PW 是一一对应的。所以，从一个 AC 进入的报文，PE 可以直接知道将该报文传入哪个 PW 进行转发。但是，对于 VPLS 来说，AC 与 PW 的关系是 1∶*n*，如图 12-34 所示。

图 12-34 中，CE1 与 CE2、CE3、CE4 同属于一个 VPLS，VPLS 就是一个模拟的（Ethernet）Bridge，如图 12-35 所示。

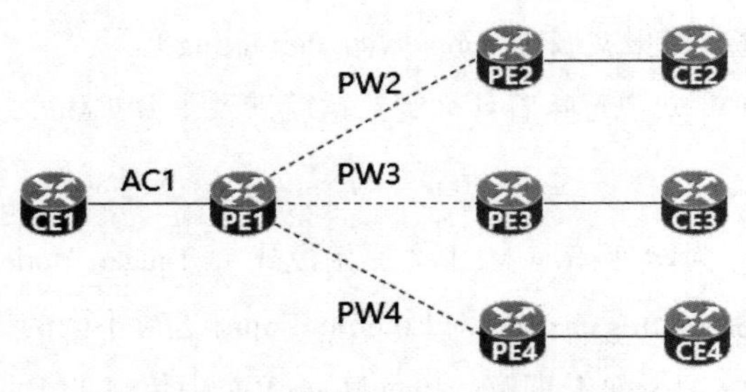

图 12-34 VPLS 中 AC 与 PW 的关系

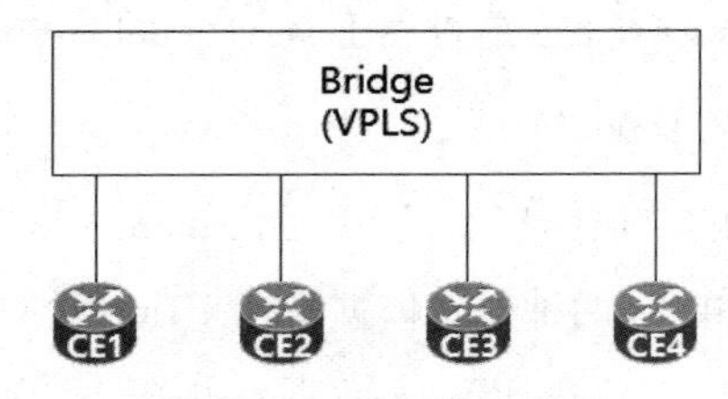

图 12-35 模拟的 Bridge

通过图 12-34 和图 12-35 可以看到，VPLS 与 Bridge 一样，都与 MAC 地址有着非常密切的关系。

①基于目的 MAC 的转发。

②基于源 MAC 的学习。

③ MAC 地址的老化。

对于每个 VPLS 实例，每个 PE 中都有一个 VSI。也就是说，VPLS 所模拟的 Bridge 实际上由多个 Bridge（VSI）组成。这也就引发了另一个问题：VPLS 是如何"防环"的？它需要 STP 或 RSTP 吗？

1. VPLS 与 MAC 地址

VPLS也是基于目的MAC地址转发。每个VSI中也都有二层转发数据库（一般称为二层转发表，Layer 2 Forward Database，L2FDB），如表 12-7 所示。

表 12-7 VSI 中的 L2FDB

MAC 地址	VLAN ID	PW ID 或 Port ID
MAC1	暂时忽略	P1
MAC2	暂时忽略	PW2
MAC3	暂时忽略	PW3
MAC4	暂时忽略	PW4

表 12-7 中的 VLAN ID 和 P1（端口 1）暂时忽略。由表 12-7 可以看到，VSI 中的 L2FDB 与传统的 L2FDB 没有本质区别，它只是将 MAC 地址与 PW 进行关联。

当一个 Ethernet Frame 通过 AC 到达 PE 时，PE 会找到相应的 VSI，然后基于该 VSI 中的 L2FDB 进行查表，查找到对应的 PW，接着通过该 PW 转发出去（当然，还需要 PW 封装）。

如果没有查找到 PW，那么 PE 就会将该报文通过对应的 VSI 中的所有的 PW 广播出去。

与传统的 Bridge 一样，VSI 也是通过源 MAC 学习来对 L2FDB 进行赋值，如图 12-36 所示。

图 12-36 中，CE1 与 CE2 属于同一个 VPLS 实例，PE1 中有一个对应的 VSI（记为 VSI1）。当 ETH Frame1 从 AC1 抵达 PE1 时，VSI1 通过 ETH Frame1 的 Src. MAC（MAC1）学习到对应关系：<MAC1，P1>（假设 PE1 对接 AC1 的接口是 P1）。同理，当 ETH Frame2 从 PW2 抵达 PE2 时，

VSI1 学习到对应关系：<MAC，PW2>。

该学习过程与普通的 Bridge 的 MAC 地址学习过程相比没有本质区别，仅仅是从 PSN 过来的报文（图 12-36 中的 ETH Frame2），其对应关系从 <MAC，PORT> 变成了 <MAC，PW>。

不过正是这个不同，推导出了 VPLS 对于 PW 的关键约束，如图 12-37 所示。

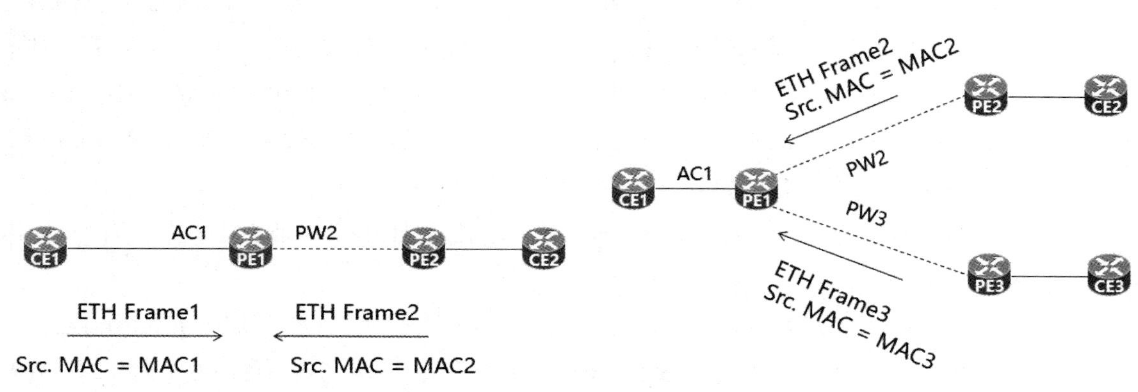

图 12-36　VPLS 的 MAC 地址学习

图 12-37　MAC 地址学习对 PW 的约束

图 12-37 中，CE1、CE2、CE3 属于同一个 VPLS 实例，PE1 中有一个对应的 VSI（记为 VSI1）。可以看到，VSI1 会通过 ETH Frame2 和 ETH Frame3 学习到相应的 MAC 与 PW 的关系，如表 12-8 所示。

表 12-8　VSI1 学习到 MAC 与 PW 的关系（示意）

MAC	PW	PW LSP（VC）	PW LSP（VC）标签
MAC2	PW2	LSP_A（PE2 → PE1）	La
MAC3	PW3	LSP_B（PE2 → PE1）	Lb

注意，表 12-8 只是一个示意，实际上 VSI 中的 L2FDB 并不是此种模式，这里只是为了说明问题。

我们知道，一个 PW 实际上是由两个 PW LSP 组成。所以，表 12-8 中学习到的 PW 其本质是 PE2、PE3 到达 PE1 的 PW LSP，或者更准确地说，是相应 PW LSP 的 Label。其中，关键的是 La、Lb 不能相等。假设两者相等（假设等于 10），那么 VSI1 学习到的 MAC 与 PW 的关系如表 12-9 所示。

表 12-9　VSI1 学习到的 MAC 与 PW 的关系（示意）

MAC	PW	PW LSP（VC）	PW LSP（VC）标签
MAC2	PW2	LSP_A（PE2 → PE1）	10
MAC3	PW3	LSP_B（PE2 → PE1）	10

通过表 12-9 可以看到，两个 PW LSP 的 Label 都等于 10，那么 VSI1（或者 PE1）就会认为它们是同一个 PW LSP，而事实上，它们应该是两个不同的 PW LSP。也就是说，对于同一个 VSI 来说，

不同的 PW LSP，其 PW Label 不应该相同。这就是 VPLS 中，MAC 地址学习对 PW 的关键约束。

抛开这些约束，VPLS 的 MAC 地址学习与普通 Bridge 的 MAC 地址学习则没有本质不同。除了基于源 MAC 学习的机制外，其同样也有 MAC 地址老化机制。

同理，与普通 Bridge 的 MAC 地址学习一样，VPLS 也存在 VLAN 场景下如何学习 MAC 地址的问题。

但是，相对来说，VPLS 比较灵活。即使面对 VLAN 报文，VPLS 在 MAC 地址学习时也可以忽略它。VPLS 在 MAC 地址学习时，如果忽略报文中的 Customer VLAN，仅仅是根据 MAC 地址学习，则这种学习称为 Unqualified Learning。此时学习到的内容就是类似 <MAC，PortID/PW ID> 的二元组。相反，如果根据报文中的 Customer VLAN + MAC 地址进行学习，这种学习方法就称为 Qualified Learning。此时学习到的内容就是类似 <MAC，VLANID，PortID/PW ID> 的三元组。

可以看到，Unqualified Learning 会要求不同的 VLAN 之中的 MAC 地址不能重叠，因为 VLAN Tag 在学习时被忽略。

更重要的是，Unqualified Learning 会造成所有的 VLAN 处于同一个广播域（Qualified Learning 的结果是一个 VLAN，一个广播域）。Qualified Learning 在广播 / 泛洪场景下更高效（因为广播域被限制在一个 VLAN），但是其所占用的 MAC 地址空间可能会更多（因为不同的 VLAN 之间 MAC 地址可能会重复）。具体 VPLS 该采用哪种学习方法，由用户配置。

2. VPLS 的拓扑与防环

从黑盒的角度来说，VPLS（一个 VPLS 实例）就是将 IP/MPLS 骨干网封装为一个（Ethernet）Bridge；但是从白盒的角度来说，该封装 Bridge 由多个具体的 Bridge（VSI）组成。针对这多个 VSI，VPLS 就存在拓扑与防环的问题。

为此，VPLS 提出了 4 个解决方案：Full Mesh（全连接）、RR（Route Feflector，路由反射器）、H-VPLS（Hierachical VPLS，分层 VPLS）和 Hub-Spoke。下面分别讲述这 4 个方案。

（1）Full Mesh

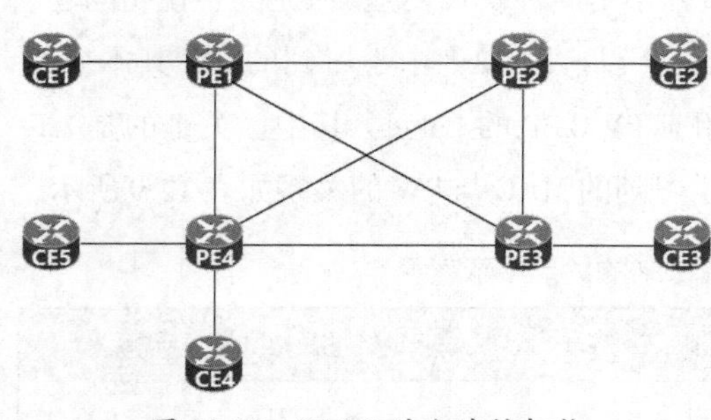

图 12-38　VPLS 的全连接拓扑

VPLS（一个 VPLS 实例）的拓扑默认是 Full Mesh，这就使得 VPLS 的防环变得非常简单，如图 12-38 所示。

VPLS 的全连接拓扑指的是组成一个 VPLS 实例的所有 PE 之间两两互联。正是因为两两互联，所以 VPLS 的防环机制只需要采取水平分割即可，不需要 STP/RSTP。

因为是全连接，当一个 PE 收到广播报文时，不用担心其他 PE 有没有收到（其他 PE 也能收到），所以不必再转发给其他 PE（只需转发给相应的 CE 即可）。这就是水平分割。

可以看到，“全连接 + 水平分割”既不会造成某些 PE“失联”，又能防环。

但是，全连接拓扑会引发 VPLS 的扩展性问题。假设有 n 个 PE，那么全连接的拓扑需要建立 $n(n-1)/2$ 个 PW。这就会造成两个问题。

① VPLS 信令开销太大。

②更严重的，报文复制的开销太大（如果是广播报文）。

这两个问题的本质就是“大网”问题。OSPF（第 6 章）、IS-IS（第 7 章）、BGP（第 9 章）中都提到了“大网”问题及其相应的解决方案。VPLS 的 Full Mesh 拓扑也存在“大网”问题。为了解决该问题，VPLS 提出了 3 个方案：RR、H-VPLS、Hub-Spoke。

（2）RR

RR 是 RFC 4761 中提议的方案。RFC 4761 的这种行为非常好理解，因为它的核心就是利用 BGP（严格来说，是 MP-BGP）构建 PW 的信令方案。既然是 BGP，那么一个很自然的想法就是借用 BGP 的 RR 方案。

但是需要强调的是，RR 方案仅解决了 VPLS 信令面临的“大网”问题，此时 VPLS 的转发面仍然是 Full Mesh。也就是说，RR 方案仅解决了 VPLS“大网”问题的一小部分，更大的问题（如数据面报文复制）RR 方案并没有解决（也无法解决）。

（3）H-VPLS

H-VPLS 是 RFC 4762 中提出的解决方案，如图 12-39 所示。

为了有一个直观的对比，图 12-39（a）是 Full Mesh 方案，图 12-39（b）是 H-VPLS 方案。为了能更清楚地说明问题，我们截取图 12-39（b）的一部分，如图 12-40 所示。

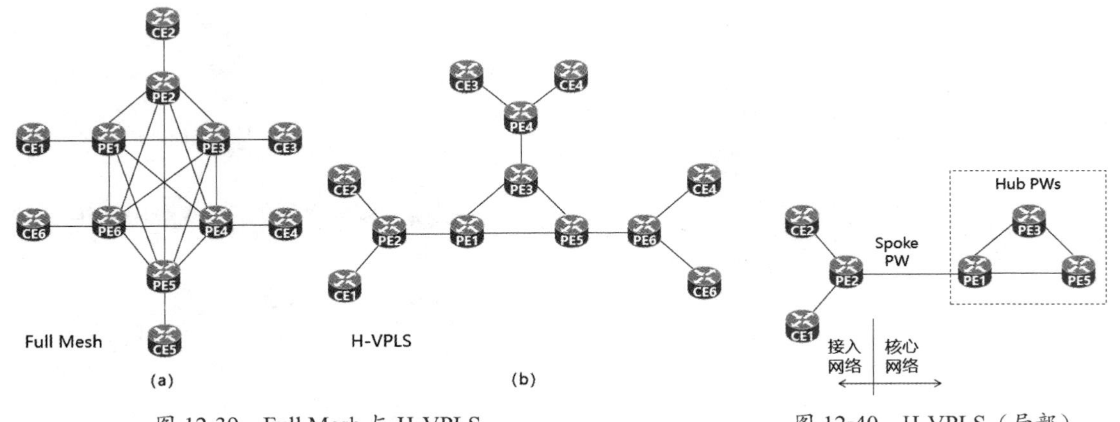

图 12-39　Full Mesh 与 H-VPLS

图 12-40　H-VPLS（局部）

图 12-40 可以分为两部分：接入网络、核心网络；PE2 对接 CE1、CE2，可以理解为接入网络；PE1、PE3、PE5 组成了核心网络。可以看到，H-VPLS 的核心网络只有 3 个 PE 组成了 Full Mesh 拓扑，这与 13-39（a）中 6 个 PE 组成的 Full Mesh 拓扑相比，显然其所需要的 PW 数量要少很多。

如果不那么严格地类比，H-VPLS 的方案与 OSPF 将自己分为骨干区域和普通区域的思路是一样的，都是“分而治之”。

H-VPLS 正是利用了“分而治之”的思想，解决了 Full Mesh 的“大网”问题：信令开销太大、报文复制开销太大。

从 PE 的角色来说，图 12-39（b）中的 PE2、PE4、PE6 因为对接的是 CE，所以它们被称为 U-PE 或 UPE（Use Facing PE 或 Underlayer PE）。与之相对应的，图 12-39（b）中的 PE1、PE3、PE5 被称为 N-PE（Network Facing PE 或 Super PE）或 NPE。

从 PW 的角色来说，UPE 与 NPE 之间的 PW 称为 Spoke PW，NPE 之间的 PW 称为 Hub PW。

不是因为 PW 分为两类角色，而是因为拓扑的变化，使得 H-VPLS 防环方案比 Full Mesh 较复杂。但总体来说，H-VPLS 防环方案比较简单，可以归纳为如下 3 点。

① NPE 接收到 Spoke PW 所转发过来的广播报文（或者未知目的报文），会转发给它所连接的所有 Hub PWs，即其他 Spoke PW 不会再从其所接收到的 Spoke PW 转发回去。

② NPE 接收到 Hub PW 所转发过来的广播报文（或者未知目的报文），会转发给它所连接的所有的 Spoke PWs，不会转发给其所连接的所有 Hub PWs（水平分割）。

③ UPE 接收到 Spoke PW 所转发过来的广播报文（或者未知目的报文），只会转发给其所连接的所有 CEs，不会再从所接收到的 Spoke PW 转发回去。

需要说明的是，UPE 与 NPE 之间不一定需要 PW 对接，也可以是 VLAN 对接，如图 12-41 所示。

从学习的角度，图 12-42 最大的作用是打破了 H-VPLS 的“神秘”感，把原来的 Full Mesh 的拓扑分为两层：下层做汇聚，上层做仿真（仿真为一个 Bridge）。

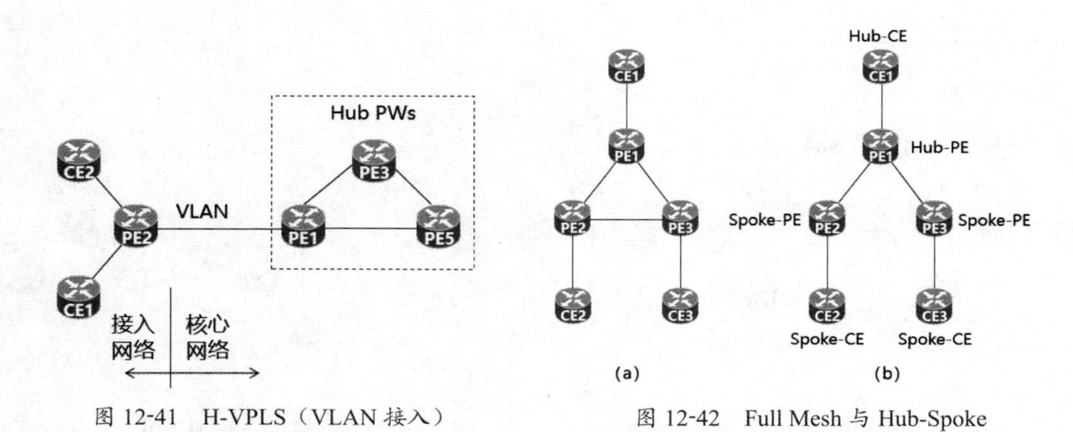

图 12-41　H-VPLS（VLAN 接入）

图 12-42　Full Mesh 与 Hub-Spoke

（4）Hub–Spoke

单纯从名字上看，Hub-Spoke 与 H-VPLS 容易让人混淆，因为 H-VPLS 中也有 Hub、Spoke 这两个关键词。但是，H-VPLS 指的是 Hub PW、Spoke PW，而 Hub-Spoke 方案指的是 Hub-PE、Spoke-PE，如图 12-42 所示。

为了有一个直观的对比，图 12-42（a）是 Full Mesh 方案，图 12-42（b）是 Hub-Spoke 方案。这

里忽略两者中PE角色的区别，只看两个方案中PE1、PE2、PE3的组网拓扑。

从防环的角度来说，Hub-Spoke方案就是将一个环路组网，通过人工规划设计剪枝为一个树形组网。所以说，Hub-Spoke“天生”防环。

当然，“天生”防环不是Hub-Spoke的直接目的，如果仅仅是为了防环，Full Mesh方案只需要简单的水平分割即可，因为Hub-Spoke方案还有一个缺点：没有故障恢复能力。图12-42（b）中的PE1与PE2之间的链路如果断开，故障就无法恢复（STP可以恢复，Full Mesh方案也可以恢复）。

从扩展性的角度来说，Hub-Spoke方案的根本目的是解决Full Mesh方案的那两个“大网”问题：信令开销太大、报文复制开销太大。通过图12-42（b）可以看到，显然信令开销和报文复制开销的压力都减小了。

另外，从转发的角度来说，Hub-Spoke方案的转发跳数增加。对于图12-42（b）来说，从PE2到PE3只需要1跳；而对于图12-42（a）来说，却需要2跳，而且PE1还是一个中心点，如果PE1的转发能力不够，它将成为网络的瓶颈点。

但是，如果规划做得好（如增强PE1的转发能力、选择合适的场景），Hub–Spoke方案的转发面是不会出现性能问题的。

图12-42（b）中的中心点PE1，或者说Hub-Spoke方案中的根节点称为Hub-PE，非根节点称为Spoke-PE。相应地，与之对接的CE分别称为Hub-CE和Spoke-CE。

可以看到，Hub-Spoke方案就是将Full Mesh拓扑裁剪为树形拓扑，以牺牲可靠性为代价，换取构建“大网”的能力。

如果把H-VPLS方案中全互联的PE抽象为一个“点”，那么Hub-Spoke与H-VPLS就会非常相似，如图12-43所示。

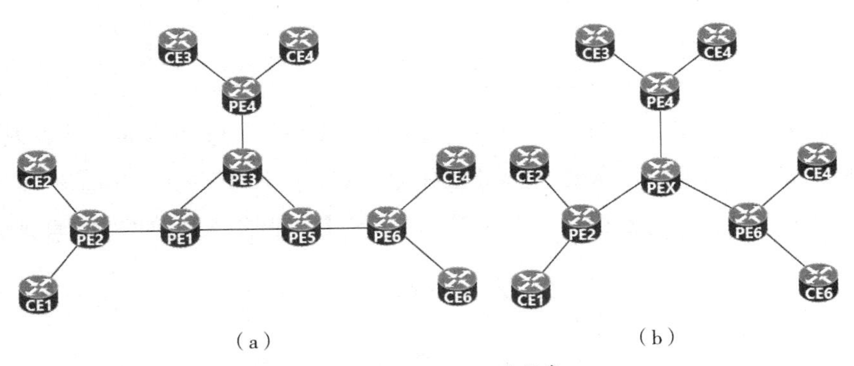

图12-43　H-VPLS的抽象

图12-43（a）表达的是H-VPLS方案，图12-43（b）是将PE1、PE3、PE5抽象为一个“点”PEX。可以看到，经过如此抽象以后，从拓扑结构来说，图12-43（b）就是Hub-Spoke方案。

VPLS的4种方案可总结为表12-10。

表 12-10　VPLS 的拓扑与防环

拓扑方案	防环方案	备注
Full Mesh	水平分割	VPLS 常用的拓扑方案。存在“大网”问题
RR	水平分割	控制面采用 RR 机制。转发面采用 Full Mesh 方案。只能解决信令开销太大的问题，不能解决复制开销太大的问题
H-VPLS	扩展的水平分割	分而治之：下层做汇聚，上层做仿真
Hub-Spoke	“天生”防环	有单点故障和中心转发瓶颈点的风险

12.3 L2VPN 的控制面

简单地说，L2VPN 的控制面指的是 PW 的创建和拆除（也称为 PW 的 VPLS 的信令）和自动发现所有属于同一个 VPLS 实例的 PE（简称自动发现）。

L2VPN 的控制面分为两个流派。

① Cisco 工程师 Luca Martini 提出的 Martini 流派：基于扩展的 LDP 构建（拆除）PW，不支持 Auto-Discovery。从信令的角度来说，PWE3 对 Martini 进行了扩展，但本章仍然将其归为 Martini 流派。

② Juniper 工程师 Keerti Kompella 提出的 Kompella 流派：基于 MP-BGP 构建（拆除）PW，支持 Auto-Discovery。

12.3.1 Martini 流派

Martini 流派本身并不支持 Auto-Discovery。哪些 PE 属于一个 VPLS 实例，或者说一个 VPLS 实例包含哪些 PE，需要人工配置。但是，Martini 流派可以与许多支持 Auto-Discovery 的协议兼容。

Martini 流派使用扩展的 LDP 构建 PW。PW 的本质还是 MPLS LSP，如图 12-44 所示。

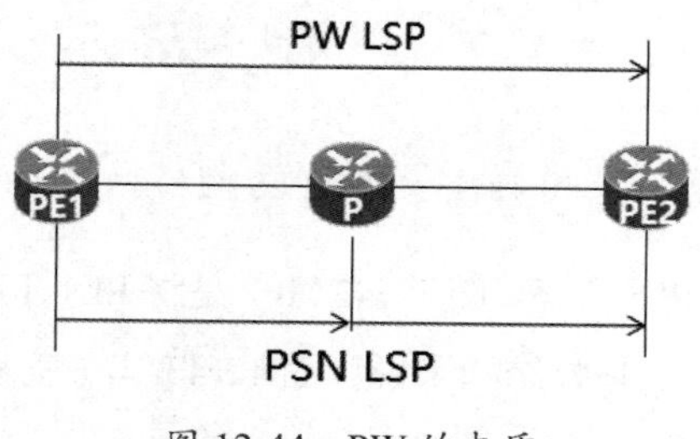

图 12-44　PW 的本质

一个PW由两个PW LSP组成（同理，对应的PSN LSP也需要两个），为了能更清楚地说明问题，图12-44中只画出了一个PW LSP和一个PSN LSP。

从转发的角度来说，PW LSP是内层隧道，不参与骨干网的转发。参与骨干网转发的是最外层隧道，PSN LSP。

从跳数来说，PW LSP仅有1跳：从PE1跳到PE2；而PSN LSP则是多跳，从PE1跳到P（P的数量是0到多个），再跳到PE2。

但是，无论如何，PW LSP仍然是一个MPLS LSP，这就会存在LSP标签如何分配和保存的问题。Martini流派使用LDP进行标签分配，其中标签分发的模式是“独立自主 + 下游自主”方式，标签的保存模式是自由保留方式。

另外，PW LSP的Label Mapping消息的数据结构即传统的LDP的Label Mapping的数据结构，如图12-45所示。

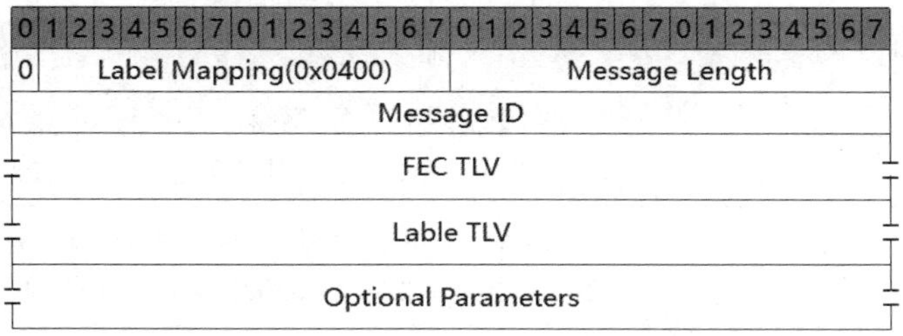

0–7	0–7	0–7	0–7
0 | Label Mapping(0x0400)		Message Length	
Message ID			
FEC TLV			
Lable TLV			
Optional Parameters			

图12-45　Label Mapping 消息的数据结构

这里需要特别关注的是FEC TLV字段，其数据结构如图12-46所示。

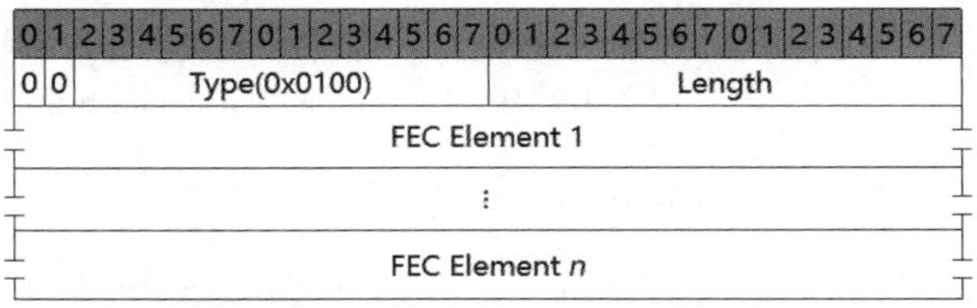

0–7	0–7	0–7	0–7
0 | 0 | Type(0x0100)		Length	
FEC Element 1			
⋮			
FEC Element *n*			

图12-46　FEC TLV 的数据结构

FEC TLV中最重要的是其所包含的FEC Element。例如，Prefix FEC就是其中的一种，其数据结构如图12-47所示。

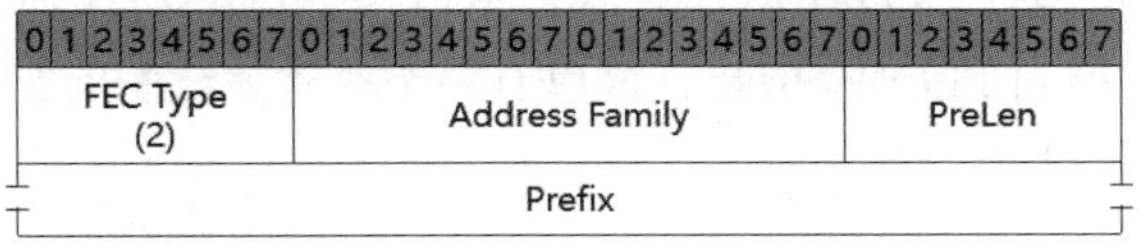

0–7	0–7	0–7	0–7
FEC Type (2)	Address Family		PreLen
Prefix			

图12-47　Prefix FEC 的数据结构

Prefix FEC表达的就是IP地址前缀（IP网络地址），如1.1.1.0/24的Prefix就是1.1.1。

但是，对于PW来说，它的FEC（PW FEC）应该是什么呢？RFC 8077对LDP进行了扩展，定义了两种类型的PW FEC，其类型分别为0x80和0x81。这也是Martini流派被称为使用扩展的

LDP 作为信令协议的原因。

1. PWid FEC

PWid FEC 的类型等于 0x80（128），其数据结构如图 12-48 所示。

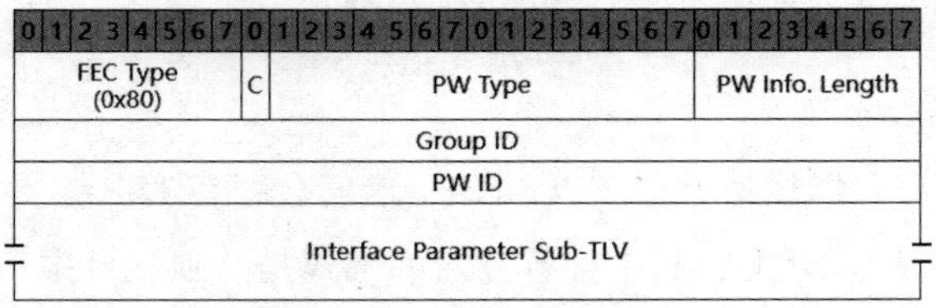

0 1 2 3 4 5 6 7	0	1 2 3 4 5 6 7 0 1 2 3 4 5 6 7	0 1 2 3 4 5 6 7
FEC Type (0x80)	C	PW Type	PW Info. Length
Group ID			
PW ID			
Interface Parameter Sub-TLV			

图 12-48 PWid FEC 的数据结构

图 12-48 中各个字段的含义如表 12-11 所示。

表 12-11 PWid FEC 各个字段的含义

字段名称	字段长度（比特）	含义
FEC Type	8	对于 PWid FEC 来说，其值等于 0x80（128）
C	1	Control word bit 的简写。当 C = 1 时，Control word 体现在 PW 的报文中；当 C = 0 时，Control word 不能体现在 PW 的报文中
PW Type	16	PW 的类型。例如，Ethernet Tagged Mode（VLAN）的类型等于 4，Ethernet 的类型等于 5
PW Info. Length	8	指 PW ID 和 Interface Parameter Sub-TLV 这两个字段的长度，计量单位是字节。如果 PW Info. Length = 0，表明该 PWid FEC 中没有包含 PW ID 和 Interface Parameter Sub-TLV 这两个字段
Group ID	32	32 位的字符串，指代一组 PWs
PW ID	32	PW ID 的值不能为 0，PW ID + PW Type 标识一个 PW。但一般来说，PW ID 足以标识一个 PW，PW Type 只是表明该 PW 的类型
Interface Parameter Sub-TLV	变长	PW 所关联的 NNI 接口参数，如 MTU 等

PWid FEC 与 Label TLV 共同完成了一件事情：指明某个 PW LSP 的标签（Label TLV），并指明该 PW LSP 的相关属性（PWid FEC）。但是，这里有一个非常关键的问题：该 PW LSP 到底属于哪个 L2VPN 实例?

（1）PW 与 L2VPN 实例关联

一个由两个 L2VPN 实例组成的简单而又典型的组网图如图 12-49 所示，CE1 与 CE3 属于同一个 L2VPN 实例（L2VPN_a），CE2 与 CE4 属于同一个 L2VPN 实例（L2VPN_b），其中 L2VPN 的类型可以是 VPWS，也可以是 VPLS（含 IPLS）。

但是，这是给“人”看的信息，LDP应如何知道这些信息呢？例如，PE2给PE1发送了两个Label Mapping消息：一个消息中的Label = 2001，另一个消息中的Label = 2002，LDP是如何知道这两个消息背后的PW LSP是属于两个L2VPN实例的呢？

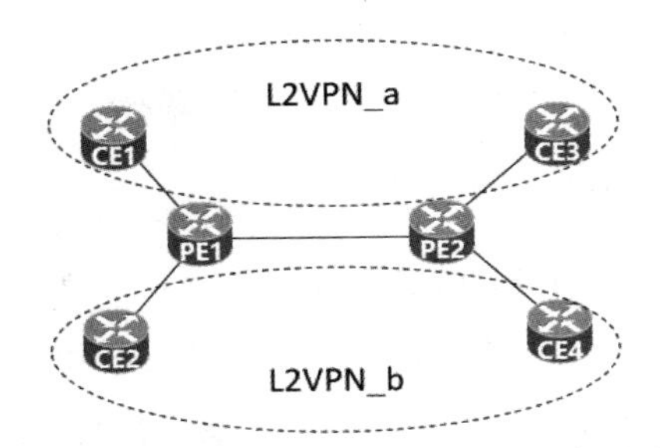

图 12-49 简单而又典型的L2VPN组网图

下面再看一个例子，如图12-50所示，CE1、CE2、CE3属于同一个VPLS实例（VPLS_c）。如果PE2、PE3分别向PE1发送了一个Label Mapping消息：一个消息中的Label = 2001，另一个消息中的Label = 2002，LDP是如何知道这两个消息背后的PW LSP是属于同一个L2VPN实例的呢？

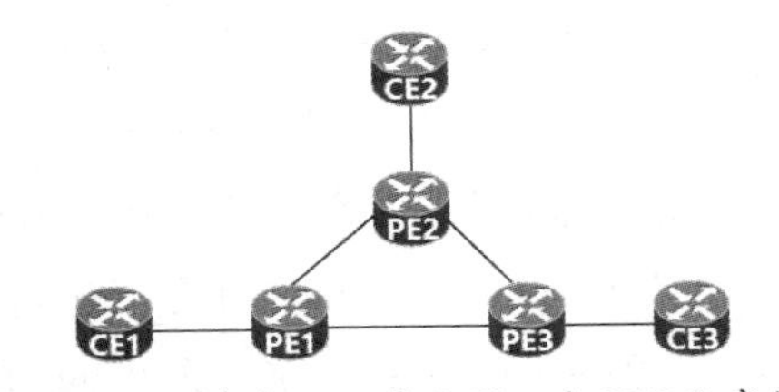

图 12-50 多个PW属于同一个VPLS实例

表面上看，Group ID完全具备这样的“潜质”：到达PE（如PE1）的Label Mapping消息有多个，如果其中某些消息的PWid FEC中的Group ID的值相同，则表明它们属于同一个L2VPN实例；否则，属于不同的L2VPN实例。

然而，Group ID并没有这样的功能。Group ID没有特别的含义，其仅代表一组PW，如标识属于同一个接口的PW。

对于图12-49和图12-50，可以看到不同的PW组成不同的L2VPN实例，那么从PWid FEC怎样找出哪一个字段用以区分它们呢？

为了解决该问题，首先介绍一个VPLS配置的具体示例，如图12-51所示。这是一个非常简单的例子，CE1、CE2属于同一个VPLS实例。PE1中相关的配置命令行如下。

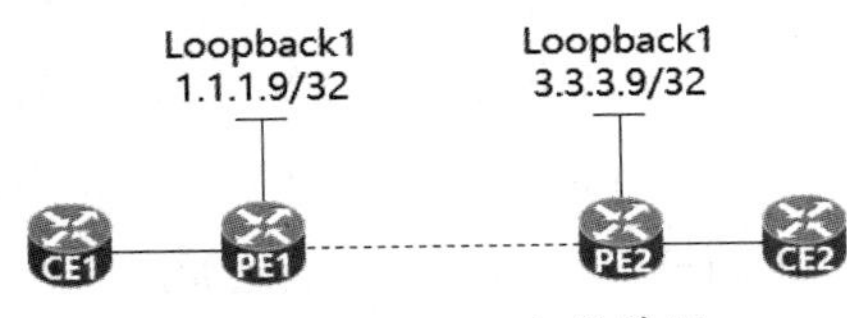

图 12-51 VPLS配置举例

```
# 在PE1上与PE2建立远端LDP会话
[～PE1]mpls ldp remote-peer 3.3.3.9
[*PE1-mpls-ldp-remote-3.3.3.9]remote-ip 3.3.3.9
[*PE1-mpls-ldp-remote-3.3.3.9]quit
[*PE1]commit
# 在PE1上使能L2VPN
[～PE1]mpls l2vpn
[*PE1-l2vpn]commit
# 在PE1上配置VSI
[～PE1]vsi a2
[*PE1-vsi-a2]pwsignal ldp
[*PE1-vsi-a2-ldp]vsi-id 2
```

```
[*PE1-vsi-a2-ldp]peer 3.3.3.9
[*PE1-vsi-a2-ldp]quit
[*PE1-vsi-a2]quit
[*PE1]commit
```

对于 PE2 的相关配置也是一样，这里不再赘述。这些配置中非常关键的一点是：PE1 与 PE2 的 vsi-id 要相同（都等于 2）。也就是说,PW 两端的 VSI ID 的值必须一致，否则 VSI 无法成功建立（如果两端 VSI ID 不一致，需要在执行命令 peer 配置对等体时使用参数 negotiation-vc-idvc-id，设置用于 PW 协商的 VSI ID。为了简化描述，这里忽略该配置）。这句话有以下两层含义。

①只有 PW 两端的 VSI ID 相同才能构建出 PW。

②最重要的是标识出了该 PW 属于哪个 VSI。

那么通过命令行配置的 VSI ID，应由 PWid FEC 中的哪些字段来承载呢？

对于 PWid FEC 中的各个字段：FEC Type、C、PW Type、PW Info. Length、Group ID、PW ID、Interface Parameter Sub-TLV，除了 Interface Parameter Sub-TLV 可能符合，其他均不能承载 VSI ID。

（2）其他参数补充说明

对于表 12-11 中 PWid FEC 的各个字段还有以下补充说明。

其中 PW Info. Length 的定义是：标识 PW ID 和 Interface Parameter Sub-TLV 这两个字段的长度，计量单位是字节。如果 PW Info. Length = 0，表明该 PWid FEC 中没有包含 PW ID 和 Interface Parameter Sub-TLV 这两个字段。

这里还有一个疑问：L2VPN 还需要 Interface Parameter Sub-TLV 来承载 VSI ID 等关键参数，它怎么可以不出现在 PWid FEC 中？这需要看场景。在 PW Status Notification 消息中，就不需要 Interface Parameter Sub-TLV 字段，而在 Label Mapping 消息中则必须要携带。

同理，PW ID 字段也是如此。我们知道，一个 PW 由两个 PW LSP 组成。而 L2VPN 如何知道两个 PW LSP 属于一个 PW，靠的就是 PW ID：两者的 PW ID 要相同。所以，在 Label Mapping 消息中，也必须要携带 PW ID 字段。

说明： PW ID 与 PE 一起才能真正标识一个 PW。例如，PW1 = <PE1, PE2, 5(PW ID)>，PW2 = <PE1, PE3, 5(PW ID)>，PW1 与 PW2 的 PE ID 虽然都等于 5，但是其两端的 PE 不同，所以它们是两个不同的 PW。

2. Generalized PWid FEC

除了 PWid FEC 外，RFC 8077 还定义了另一个更通用的 FEC：Generalized PWid FEC（通用 PWid FEC），其类型等于 0x81（129）。与 PWid FEC 相比，Generalized PWid FEC 有如下几点变化。

①废弃了 PW ID 字段，换成了更能够精确标识一个 PW 的字段。

②将 Group ID 字段移到 Generalized PWid FEC 之外，独立成一个可选的 PW Grouping ID TLV。

③将 Interface Parameter Sub-TLV 字段移到 Generalized PWid FEC 之外，独立成一个可选的

Interface Parameters TLV。

下面分别讲述这些内容。

（1）AI

PWid FEC 用来标识一个 PW 的字段是 PW ID。但是，PW ID 只能标识一个 PW，并不能标识一个 PW 的两端。这两个端点，指的并不是 PW 两端的 PE，因为一对 PE 之间可以建立很多 PW，仅仅靠一对 PE 无法精确地标识和区分 PW。

在 PW 的基本模型中将一个 PE 内与 PW 相关的组件分解为 PHY、NSP、PW Termination、PSN Tunnel 等模块，RFC 8077 将之抽象为 Forwarder（转发器），还有的资料将之抽象为 VSI。从 PW 的两端来说，这都是同一个含义，如图 12-52 所示。

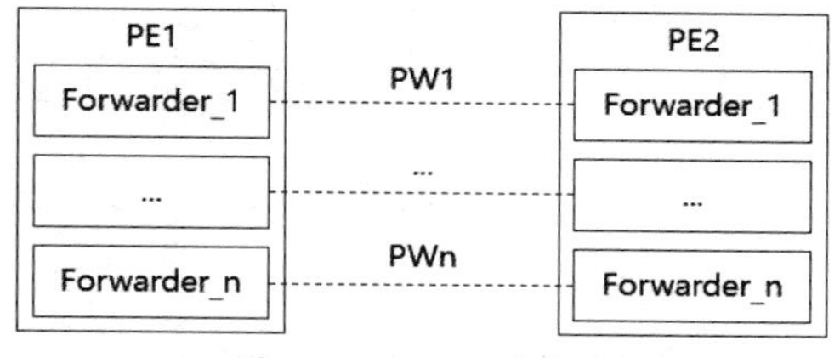

图 12-52　PW 的两端

图 12-52 采取了 RFC 8077 的说法，将 PW 的两端抽象为 Forwarder。可以看到，一个 PW 的标识是一对二元组：(<PEi, Forwarder_i>, <PEj, Forwrder_j>)。

如果用 Forwarder ID（简写为 FID）来标识 Forwarder，那么标识一个 PW 将更加简洁：(<PEi, FIDi>, <PEj, FIDj>)。RFC 8077 使用了 AI（Attachment Identifier）这个名词来标识 Forwarder。

可以看到，标识一个 PW 的一个端点的是一个二元组 <PEid, AI>，而且在一个 PE 内部，AI 不能重复。

为了方便管理和操作，有时候需要将一组 Forwarders 标记为一个统一的标识，于是 AI 又分解为两个字段：Attachment Group Identifier (AGI)、Attachment Individual Identifier (AII)。

RFC 8077 中对 AGI 的定义比较模糊，并没有明确说 AGI 绝对是为了表示一个 L2VPN 实例。但是，RFC 4762 中就明确地说明了它就是代表一个 VPLS 实例。

这非常重要，前面提到的“PW 与 L2VPN 实例关联”中提到的问题得以解决，因为在 PWid FEC 中并没有一个明确的字段表示 L2VPN 实例，而是通过 Interface Parameter Sub-TLV 字段非常间接和隐晦地表达。

说明： 虽然 RFC 4762 中认为 AGI 的 Value 代表 VPLS 的 name，但是考虑到 VPWS 也可以采用 Martini 方案，所以本章以 L2VPN 实例替代 VPLS 实例。

AII 是本地概念，在一个 PE 内不能重复。如此一来，标识一个 PW 的准确写法应该是：(<PEi, AGIx, AIIi>, <PEj, AGIx, AIIj>)。对于一条 PW LSP 来说，也可以这样标识：(<SPE, AGIx, SAII>, <T-PE, AGIx, TAII>)，其中 S、T 分别是 Source、Target 的缩写。

（2）Generalized PWid FEC 的数据结构

Generalized PWid FEC 的数据结构如图 12-53 所示，其中字段在前面已经介绍过，另外需要补充以下几点。

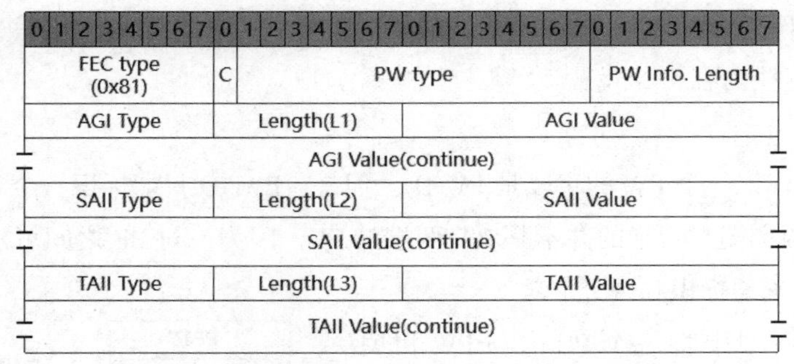

图 12-53　Generalized PWid FEC 的数据结构

① AGI Value、SAII Value、TAII Value 都可以为空（NULL），此时只需将对应的 Length 字段赋值为 0 即可。

② AGI Type、SAII Type、TAII Type 的取值可以参考 RFC RFC 4446。但是，在这里可以简单地将其理解为字符串。例如，对于 VPWS，可以将 TAII 赋值为 ATM3VPI4VCI5；对于 VPLS，可以将 AGI 赋值为对应的 VPN-id。

如果 AGI Type、SAII Type、TAII Type 的取值为空（PW Info. Length 的取值为 0），那么就需要 PW Grouping ID TLV 来表达 PW 的相关信息。

（3）PW Grouping ID TLV

PWid FEC 中的 Group ID 字段不属于 Generalized PWid FEC，而是一个独立的 TLV，如图 12-54 所示。

0	1	2 3 4 5 6 7 0 1 2 3 4 5 6 7	0 1 2 3 4 5 6 7 0 1 2 3 4 5 6 7
0	0	Type(0x096C) PW Grouping ID TLV	Length
Value			

图 12-54　PW Grouping ID TLV 的数据结构

通过图 12-54 可以看到，无论是 PWid FEC 中的 Group ID 字段，还是作为一个独立的 PW Grouping ID TLV，其本质都是一个 32bit 的数值，其作用也都是标识一组 PW（例如，标识属于同一个接口的 PW）。

然而，从一个普通字段变成了一个独立 TLV，其“重要性”还是有所不同。作为 PWid FEC 中的一个字段，Group ID 是必选字段，无论 PWid FEC 中的 PWid 字段是否为空，Group ID 都必须存在。作为一个独立的 TLV，PW Grouping ID TLV 却是一个可选的 TLV，它具有如下特征。

①只能在包含 FEC TLV 的 LDP 通告消息中出现。

②只有在 PW Info. Length 的取值为 0（AGI Type、SAII Type、TAII Type 的取值为 Null）时才会带有 PW Grouping ID TLV。

（4）PW Interface Parameters TLV

PWid FEC 中的字段 Interface Parameter Sub-TLV 不属于 Generalized PWid FEC，而是一个独立的

TLV（PW Interface Parameters TLV），如图 12-55 所示。

0 1 2 3 4 5 6 7	0 1 2 3 4 5 6 7	0 1 2 3 4 5 6 7	0 1 2 3 4 5 6 7
0 0 Type(0x096B) PW Interface Parameters TLV		Length(L1)	
Sub-TLV Type	Sub-TLV Length	Sub-TLV Value	
Sub-TLV Value(continue)			

图 12-55 PW Interface Parameters TLV 的数据结构

通过图 12-55 可以看到，即使表面上套了一个独立的 TLV 的“壳”，PW Interface Parameters TLV 的本质还是要表达 Interface Parameter Sub-TLV。

Sub-TLV Type 字段占有 8bit，定义接口参数的类型。Sub-TLV Length 字段占有 8bit，定义 Sub-TLV Type、Sub-TLV Length 和 Sub-TLV Value 这 3 个字段一共占有的字节数。

RFC 4446 定义了部分通用的接口参数的类型，如表 12-12 所示。

表 12-12 接口参数的类型（RFC 4446）

Sub-TLV 类型	Sub-TLV 长度（比特）	描述
0x01	4	Interface MTU in octets
0x02	4	Maximum Number of concatenated ATM cells
0x03	最大 82	Optional Interface Description string
0x04	4	CEP/TDM Payload Bytes
0x05	4	CEP options
0x06	4	Requested VLAN ID
0x07	6	CEP/TDM bit-rate
0x08	4	Frame-Relay DLCI Length
0x09	4	Fragmentation indicator
0x0A	4	FCS retention indicator
0x0B	4/8/12	TDM options
0x0C	4	VCCV parameter

PW Interface Parameters TLV 也有两大特征。

①只能在包含 FEC TLV 的 LDP 通告消息中出现。

②如果 PW Info. Length 的取值为 0（AGI Type、SAII Type、TAII Type 的取值为 Null），那么 PW Interface Parameters TLV 也不会出现。因为没有端口标识，端口参数的存在毫无意义。

3. PW Status Notification

PW 在运行过程中可能会出现各种问题，如一个 PE 所连接的 AC 出现了传输错误，此时该 PE 就可以通过 PW Stautus Notification 消息（携带 PW Status TLV）通知对端 PE。

PW Stautus Notification 消息的数据结构如图 12-56 所示。

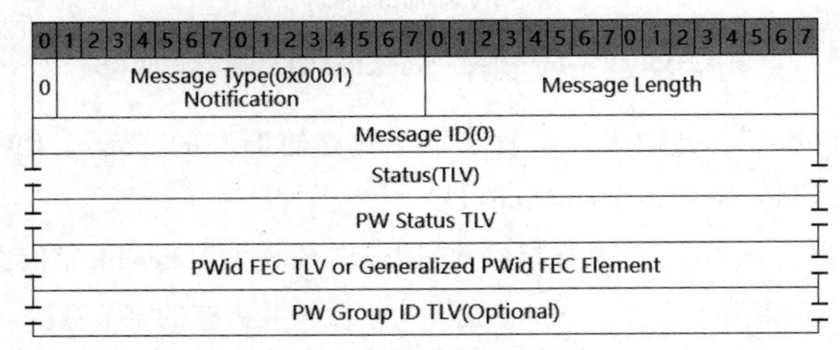

图 12-56　Notification 消息的数据结构

图 12-56 中，Message Type、Message Length、Message ID 的含义可参见“LDP 报文格式”，这里不再赘述。另外，对于 PW Stautus Notification 消息而言，其 Message ID 的值为 0。

Status 字段也是 TLV 格式，其状态编码（Status Code）为 0x00000028，用来指示本 LDP 消息用于传递 PW 的状态，PW 状态码封装于后续的 PW Status TLV 中。

说明：关于 Status 字段的状态编码，可以参见 RFC 5036。

PW Status TLV 的数据结构如图 12-57 所示。

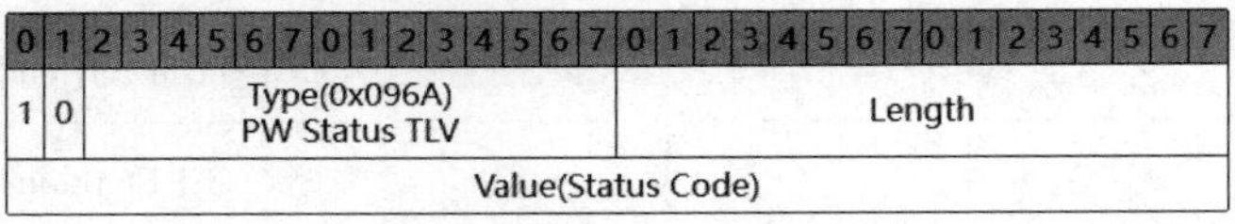

0 1 2 3 4 5 6 7 0 1 2 3 4 5 6 7 0 1 2 3 4 5 6 7 0 1 2 3 4 5 6 7
1 0 Type(0x096A) PW Status TLV | Length
Value(Status Code)

图 12-57　PW Status TLV 的数据结构

PW Status TLV 的 Value 字段也称为 Status Code，RFC 4446 中定义的 PW Status Code，如表 12-13 所示。

表 12-13　PW Status Code（RFC 4446）

PW Status Code	描述
0x00000000	Pseudowire forwarding (clear all failures)
0x00000001	Pseudowire Not Forwarding
0x00000002	Local Attachment Circuit (ingress) Receive Fault
0x00000004	Local Attachment Circuit (egress) Transmit Fault
0x00000008	Local PSN–facing PW (ingress) Receive Fault
0x00000010	Local PSN–facing PW (egress) Transmit Fault

既然是PW的状态通知，那么肯定有字段标识PW。PW Stautus Notification消息使用PWid FEC或Generalized PWid FEC来标识PW，其中对于前者来说，则不应该包含Interface Parameter Sub-TLV字段。

无论用哪种方式标识PW，PW Stautus Notification消息都可以用通配符（wildcard）方式标识一组PWs，即使用PWid FEC中的Group ID字段或者使用PW Grouping ID TLV。

4. PWE3与Martini、PW的关系

在L2VPN中，边缘到边缘的伪线仿真（Pseudo Wire Emulation Edge to Edge，PWE3）是一个比较容易引起混淆的概念。

（1）PWE3与Martini

作为控制面，PWE3与Martini有什么关系？实际上Martini是PWE3的一个子集。PWE3采用了Martini的部分内容，包括信令LDP和封装模式。同时，PWE3对Martini进行了扩展。

①信令扩展。PWE3信令增加了Notification方式（PW Status Notification）。另外，PWE3还支持L2TPv3、RSVP-TE作为信令。

②多跳扩展。增加PW多跳功能，扩展了组网方式（如H-VPLS、Hub-Spoke）。PW多跳能够降低对接入设备支持的LDP连接数目的要求，即降低了接入节点的LDP Session的开销。多跳的接入节点满足PW的汇聚功能，使得网络更加灵活，适合分级（接入、汇聚和核心）。

③ TDM接口扩展。支持更多的电信低速TDM接口。通过控制字及转发平面RTP（Real-time Transport Protocol）协议，引入对TDM的报文排序、时钟提取和同步的功能。

④其他扩展。控制层面增加分片能力协商机制；增加了PW连接性检测功能，提高了网络的快速收敛能力和可靠性；丰富和完善了MIB（Management Information Base，管理信息库）功能，提高了MIB的可维护性。

⑤实时信息的扩展。PWE3还对数据面进行了一定的扩展（与Martini无关），包括：引入RTP（Real-time Transport Protocol），进行时钟提取和同步；保证电信信号的带宽、抖动和时延。

⑥对报文进行乱序重传。

（2）PWE3与PW

PW是L2VPN中最基础、最重要的概念，PWE3有时候也会与之混淆。PW是一种“传输”机制，它在PSN（如MPLS网络）中，将各种二层报文（如ATM、FR等）从一个PE传输到对端PE。

PW只是PWE3的一部分，而PWE3此时的含义并不是一个控制面协议，而是一种完整的解决方案。它指的是在PSN中尽可能真实地仿真ATM、FR、Ethernet、TDM（Time Division Multiplexing）、SONET（Synchronous Optical Network）/SDH（Synchronous Digital Hierarchy）等业务的基本行为和特征。

5. Martini流派的可扩展性

无论是Martini还是它的扩展PWE3，Martini流派的扩展性都存在问题，因为它不支持Auto-

Discovery。

如图 12-58 所示，原本 PE1、PE2、PE3 属于同一个 VPLS 实例，现在该实例增加一个 PE：PE4。可以想象，除了 PE4 需要分别针对 PE1、PE2、PE3 进行相应的配置外，PE1、PE2、PE3 也需要针对 PE4 进行相应的配置。

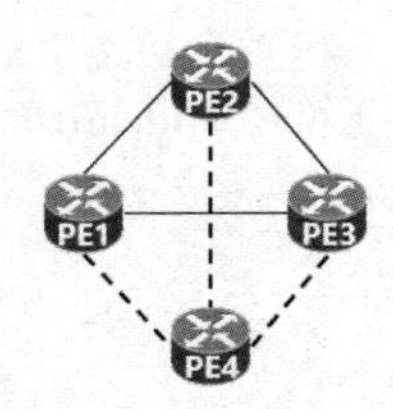

图 12-58　Martini 流派的扩展性

也就是说，一个 VPLS 实例每增加一个 PE, 都需要进行大量的配置，不仅新增的 PE 需要配置，原来的 PE 也都需要进行相应的配置。这正是 Martini 流派的可扩展性问题。为了解决该问题，Martini 流派引入了 BGP AD 方案。该方案利用了 MP-BGP 的 RT 属性。

同时，BGP AD 方案还扩展了 BGP 的路径属性，使之可以携带 Generalized PWid FEC 中的 AGI/AII 字段。

有了 BGP AD 以后，Martini 再使用 LDP 的 Label Mapping 消息，其中 FEC TLV 中采用 Generalized PWid FEC Element，就可以构建相应的 PW，从而避免大量的人工配置，解决其可扩展性问题。

12.3.2 Kompella 流派

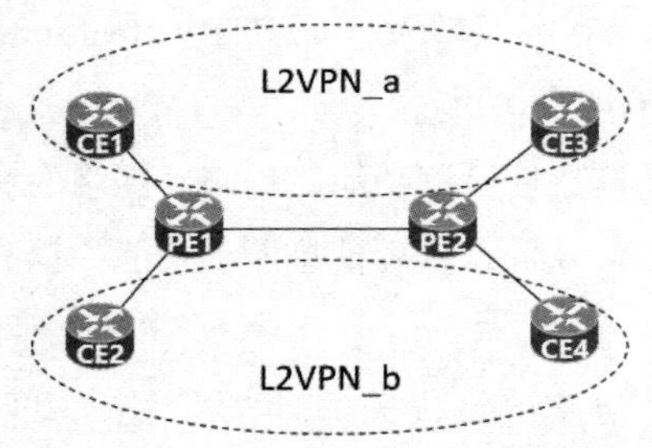

图 12-59　简单而又典型的 L2V 图 PN 组网

一个由两个 L2VPN 实例组成的简单而又典型的组网图，如图 12-59 所示。CE1 与 CE3 属于同一个 L2VPN 实例（L2VPN_a），CE2 与 CE4 属于同一个 L2VPN 实例（L2VPN_b），其中 L2VPN 类型可以是 VPWS，也可以是 VPLS（含 IPLS）。

从转发的视角来说，L2VPN 的本质是由一批 PW LSP 组成的。归根结底，一个 L2VPN 实例需要知道它所有的 PE，以及每个 PE 所对应的 PW LSP 的标签。也就是说，L2VPN 的控制面首先要能知道一个 L2VPN 实例由哪些 PEs 组成。如果能够自动发现这些 PE，那么就称为 Auto-Discovery。

通过图 12-59 可以看到，PE1 与 PE2 既属于 L2VPN_a，也属于 L2VPN_b。所以，仅发现组成一个 L2VPN 实例的所有 PE 是不够的，其仍然无法区分不同的 L2VPN 实例（因为这些 PE 可能还属于其他 L2VPN 实例）。这就引出了 L2VPN 控制面的第 2 点内容：基于某个 L2VPN 实例，针对每个 PE 构建（及拆除）相应的 PW（能够构建 PW 也就知道每个 PW LSP 的标签）。

以上两点就是 L2VPN 控制面的两个方面：Auto-Discovery、Signaling。对于 Kompella 流派来说，这两个方面实际上由一个步骤来完成，即 Kompella 流派的一个报文同时承担两个“重任”（Auto-Discovery、Signaling）。

与 MG-BGP MPLS L3VPN 一样，Kompella 流派也采用 MP-BGP 作为控制面协议，而且 Auto-

Discovery 的基本原理也采用 L3VPN 的 RT 机制。

1. Auto-Discovery

在 11.3.2 节中对 MP-BGP 的路由目标（Router Target，RT）进行了讲述，这里不再赘述。下面通过一个具体的例子回顾 RT 的基本原理。

假设图 12-59 中，PE2 给 PE1 发送了两个 MP-BGP Update 报文，其关键信息如下。

①报文 1：RT(Export RT) = 100 : 1，Label = 2001。

②报文 2：RT(Export RT) = 100 : 2，Label = 2002。

再假设 PE1 配置有两个 Import RT，如 100 : 1、100 : 2，那么 PE1 就可以构建出两个 PW LSP：LSP1 的“出标签”等于 2001，LSP2 的“出标签”等于 2002。更关键的是，PE1 知道这两个 PW LSP 分别属于两个不同的 L2VPN 实例。

下面再看一个例子，如图 12-60 所示，CE1、CE2、CE3 属于同一个 VPLS 实例（VPLS_c）。如果 PE2、PE3 分别向 PE1 发送了一个 MP-BGP Update 报文，其关键信息如下。

①报文 1：RT(Export RT) = 100 : 1，Label = 2001。

②报文 2：RT(Export RT) = 100 : 1，Label = 2002。

再假设 PE1 配置有一个 Import RT，如 100 : 1，那么 PE1 就可以构建出两个 PW LSP：LSP1 的“出标签”等于 2001(Egress PE = PE2)，LSP2 的“出标签”等于 2002(Egress PE = PE3)。更关键的是，PE1 知道这两个 PW LSP 属于同一个 L2VPN 实例。

那么什么是 Auto-Discovery？如图 12-61 所示，CE1、CE2、CE3 属于同一个 VPLS 实例（VPLS_c）。

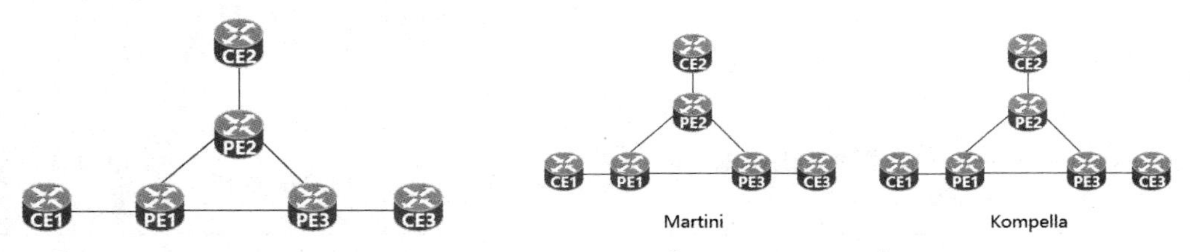

图 12-60 Auto-Discovery 示例　　图 12-61 Martini 与 Kompella

对于 Martini 流派来说，需要进行如下配置（关键部分）。

①针对每个 PE，配置其 LDP peer。

②针对每个 PE，配置其 vsi-name、vsi-id（每个 PE 的 vsi-id 需要相同，这样才能组成一个 VPLS 实例）。

③针对每个 PE 的 VSI，配置其 peer（Router ID）。

对于 Kompella 流派来说，需要进行如下配置（关键部分）。

①针对每个 PE，配置其 BGP peer。

②针对每个 PE，配置其 vsi-name（不需要配置 vsi-id，也不要求 vsi-name 彼此相同）。

③针对每个 PE 中对应的 vsi，配置其 RD/RT（要能互相呼应，组成一个 VPLS 实例）。

通过以上的配置说明可以看到，Martini 流派与 Kompella 流派相比虽然配置的内容不同，但是两者并没有本质不同：都需要在每个 PE 上配置相应的信息。

Auto-Discovery 的功能并不体现在初始的配置场景，而是体现在新增 PE 的配置场景，如图 12-62 所示。

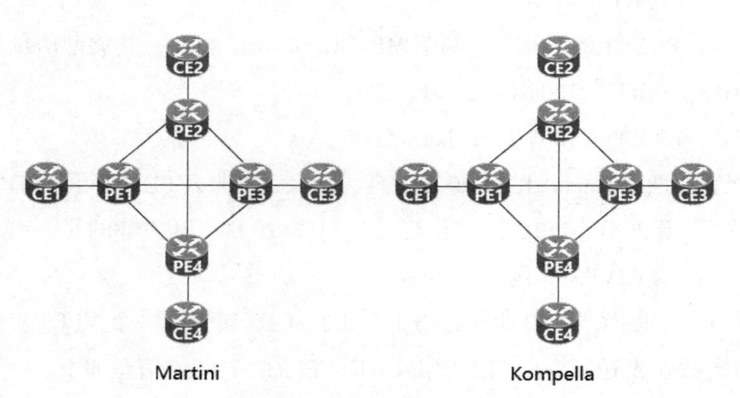

图 12-62 新增 PE 的场景

图 12-62 是在图 12-61 的基础上，VPLS_c 新增了 PE4、CE4。此时，对于 Martini 流派和 Kompella 流派来说，两者的配置如表 12-14 所示。

表 12-14 新增 PE 场景的配置

场景	Martini 流派	Kompella 流派	说明
新增 PE (PE4)	配置 LDP peer（PE1、PE2、PE3） 配置 VSI 配置 VSI peer（PE1、PE2、PE3）	配置 BGP peer（PE1、PE2、PE3） 配置 VSI 配置 RD/RT	两者配置量相当
原来的 PE (PE1 ~ PE3)	针对每个 PE，配置 LDP peer（PE4） 针对每个 PE，配置 VSI peer	针对每个 PE，配置 BGP peer(PE4）	Martini 流派配置量更大

通过表 12-14 可以看到，Martini 流派比 Kompella 流派多了一个配置步骤“针对每个 PE，配置 VSI peer”。

这可不是一个“小小”的配置。假设一个 VPLS 实例起初只有两个 PEs，后来逐步扩容到 100 个 PE，那么 Martini 流派需要比 Kompella 流派多配置 5049 次。或者，假设一个 VPLS 实例包含 n 个 PE，那么 Martini 流派比 Kompella 流派多配置的次数为

$$(1+n)\,n/2-1$$

Kompella 流派充分体现了 Auto-Discovery 的优势（也解决了 Martini 流派的可扩展性问题），而且只利用了一个 MP-BGP Update 报文就完成了两件事情：L2VPN 实例的标识（通过 RT 字段）、PW Label 的分发。

2. Signaling

对于 Kompella 流派的 Signaling，仍然从一个示例开始介绍。如图 12-63 所示，CE1、CE2、CE3 属于同一个 VPLS 实例（VPLS_c）。假设 PE1 分别给 PE2、PE3 通告 PW 标签。

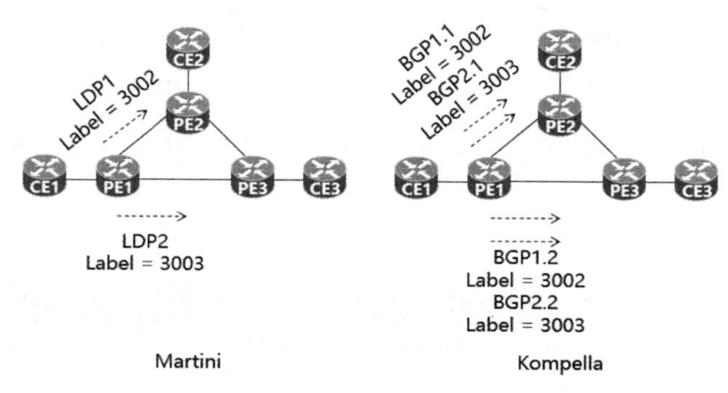

图 12-63　Martini 流派与 Kompella 流派（Signaling）

那么，对于 Martini 流派来说，PE1 只需分别给 PE2、PE3 各自发送一个 Label Mapping 的 LDP 报文即可（图 12-63 中的 LDP1、LDP2）。

因为 LDP 是 point-to-point 报文，而 BGP Update 报文是 point-to-multipoint 报文，所以在图 12-63 中会看到 4 个报文。

① BGP1.1：本意是发送给 PE2 的 BGP Update 报文，Label = 3002，该报文没有问题。

② BGP1.2：由于 point-to-multipoint 的性质，也会发送一份内容相同（Label = 3002）的 BGP Update 报文给 PE3，该报文多余。

③ BGP2.2：本意是发送给 PE3 的 BGP Update 报文，Label = 3003，该报文没有问题。

④ BGP2.1：由于 point-to-multipoint 的性质，也会发送一份内容相同（Label = 3003）的 BGP Update 报文给 PE2，该报文多余。

BGP Update 报文的这种性质类似发邮件时的“主送 / 抄送”。例如，A 给其他 10 人发邮件，如果只是主送而没有抄送，只需发 10 封邮件即可，如果对 10 个人都分别主送和抄送，则要发 100 封。

但是，对于 PW 的标签分发来说，这种“主送 / 抄送”的行为，不仅没有必要（PE2 并不需要知道 PE1 通告给 PE3 的标签，PE3 也是同理），而且还会造成烦恼（PE2/PE3 需要识别到底哪个标签是发布给自己的），另外还会造成非常大的带宽浪费。那么，该如何处理这些问题呢？为了解决这些问题，Kompella 提出了 Label Blocks（标签块）的思想。

（1）Label Blocks

前面讲过 PE 的角色分为 UPE、NPE 等。为了更加泛化处理，RFC 4761 中将这些角色统称为 VE（VPLS Edge）。

本小节所假设的 VPLS 拓扑还是 Full Mesh（没有 UPE、NPE 等角色之分），但仍使用 VE ID 这个名词（为了与 RFC 4761 中的名词一致）。一个 PE 可以有多个 VE ID，一个 VE ID 可以对应多个 Label Blocks。本小节简化模型，假设一个 PE 只有一个 VE ID，一个 VE ID 只对应一个 Label Block。这样的简化并不会损害对 Label Block 的本质理解。

Label Block 有起始标签和标签块大小两个参数。但是，RFC 4761 中为 Label Block 定义了 3 个参数，如图 12-64 所示。LB（Label Base）是一个基数，真正的 Label Block 是从 LB + VBO（VE Block Offset）到 LB + VBO + VBS（VE Block Size）- 1。这里不深究 RFC 4761 这样定义 Label Block 的原因，而是先看看 PE 如何将该 Label Block 通告给它所有的 BGP peer。

与 L3VPN 一样，Kompella 流派也使用扩展的 MP_REACH_NLRI 属性，MP-REACH-NLRI 的数据结构如图 12-65 所示。

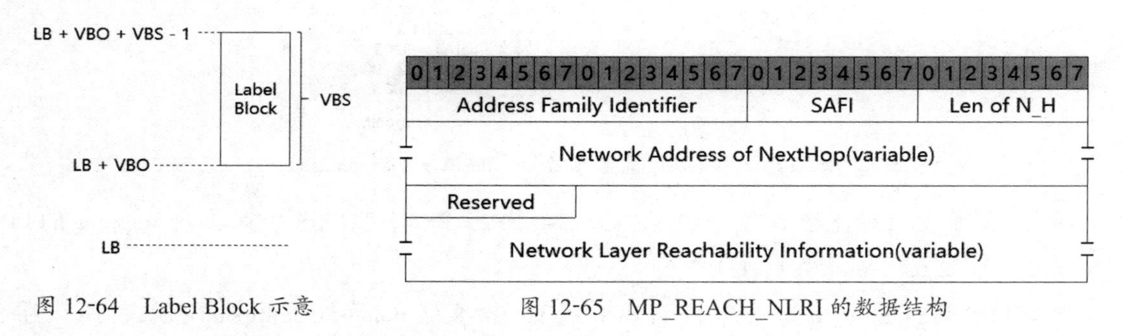

图 12-64　Label Block 示意　　　图 12-65　MP_REACH_NLRI 的数据结构

对于 Kompella 流派来说，MP_REACH_NLRI 中各字段的含义如表 12-15 所示。

表 12-15　MP_REACH_NLRI 各字段的含义（Kompella 流派）

字段缩写	字段名称（英文）	字段名称（中文）	字段长度（字节）	含义
AFI	Address Family Identifier	地址族标识	2	其值等于 25，表示 L2VPN AFI
SAFI	Subsequent Address Family Identifier	子地址族标识	1	其值等于 65，表示 VPLS SAFI
Len of N-H	Length of Next Hop Network Address	下一跳地址长度	1	标识 Network Address of Next Hop 字段的长度（计量单位是字节）
—	Network Address of Next Hop	下一跳网络地址	变长	包含多个下一跳地址。对于 MP-iBGP 来说，下一跳地址就是通告该报文的 iBGP Speaker 的 IP 地址
—	Reserved	保留字段	1	其值必须为 0
NLRI	Network Layer Reachability Information	网络层可达信息	变长	表示 VPLS BGP NLRI

表 12-15 中的 NLRI 字段表示 VPLS BGP NLRI，其数据结构如表 12-16 所示。

表 12-16　VPLS BGP NLRI 的数据结构

字段名	字段长度（字节）
Length	2
Route Distinguisher	8
VE ID	2
VE Block Offset	2
VE Block Size	2
Label Base	3

每个 PE 至少有一个 VE ID（为了易于理解和描述，这里假设一个 PE 只有一个 VE ID）。VE ID 在一个 VPLS 实例中不能重复。

VE ID、LB、VBO、VBS 都需要人工配置，因为正是靠这些参数的配合，Kompella 流派才能正确地分配 PW 的标签。

（2）PW 标签的计算

假设 PE1 相关的参数为：VE ID1 = 100，LB1 = 2000，VBO1 = 100，VBS1 = 200。PE2 的相关参数为：VE ID2 = 200，LB2 = 3000，VBO2 = 50，VBS2 = 150。

继续假设 PE1 发送给 PE2 一个 BGP Update 报文（记为 BGP1），其中 VPLS BGP NLRI 相关字段的值为：VE ID1 = 100，LB1 = 2000，VBO1 = 100，VBS1 = 200。

当 PE2 收到 BGP1 时，如果 PE2 计算相关参数合法，那么 PE2 就认为创建了一条 PE2 到 PE1 的 PW LSP（记为 LSP21）。其计算方法如下。

①计算 LSP21 的 Label：

$$\text{LSP21.Label} = \text{LB1} + \text{VE ID2} - \text{VBO1} = 2000 + 200 - 100 = 2100$$

②判断该 Label 是否合法，判断公式为

$$\text{LB1} + \text{VBO1} \leqslant \text{LSP21.Label} < \text{LB1} + \text{VBO1} + \text{VBS1}$$

等价于：

$$\text{VBO1} \leqslant \text{VE ID2} < \text{VBS1}$$

该判断是合理的。因为图 12-64 已经表明真正的 Label Block 是从 LB + VBO 到 LB + VBO + VBS− 1，这也就意味着 LSP21 的 Label 必须位于 PE1 通告给 PE2 的标签空间。

如果合法性判断没有通过，PE2 会忽略该通告；如果合法性判断通过，则 PE2 创建 LSP21。

同理，PE2 通告给 PE1 的 BGP Update 消息，PE1 也会做如此计算和构建 PW LSP（记为 LSP12）。

当双方都通过合法性判断时，一个完整的 PW 即构建完毕。如果合法性判断没有通过，则很可能是相关参数配置错误，这时需要人工纠错（重新配置相关参数）。

当然，每个 PE 都可能拥有不止一块 Label Block，当其中一块 Label Block 不合适时，PE 可以重新通告其他 Label Block。

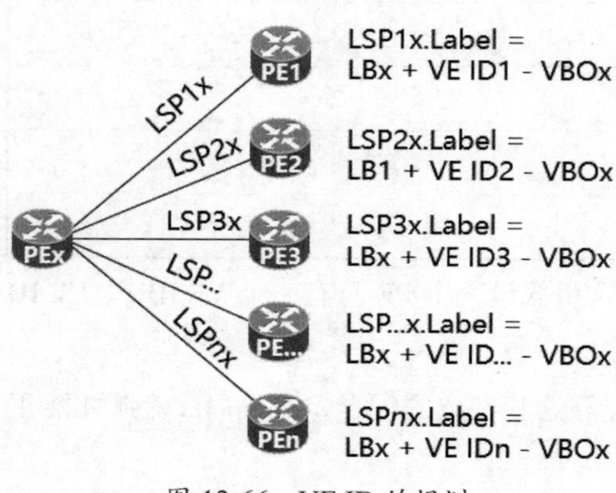

图 12-66 VE ID 的规划

还有一点需要特别强调，即关于 VE ID 的规划，如图 12-66 所示，LSP1x 是 PE1 到 PEx 的 PW LSP，…… LSP*n*x 是 PE*n* 到 PEx 的 PW LSP。LSP1x ~ LSP*n*x 属于同一个 VPLS 实例（记为 VPLS_a）。

前面提到过对于同一个 VSI 来说，不同的 PW LSP，其 PW Label 不应该相同，这也就意味着 LSP1x ~ LSP*n*x 的 Label 互不相同。通过图 12-66 可以看到，为了这些 LSP 的 Label 互不相同，那只能是各个 PE 的 VE ID 互不相同。这一点非常重要。

当然，还需要注意 VE ID 的合法性，使得每一个 PE 的 VE ID 相对于其他 PE 而言都满足如下公式：

$$\text{PEi.VBO} \leqslant \text{PEj.VE ID} < \text{PEi.VBS}$$

（3）标签的预留

回看图 12-66，为了使 LSP1x ~ LSP*n*x 的 Label 互不相同（同时 PE1 ~ PE*n* 的 VE ID 也都合法），PEx 的 Label Block 的大小（VBS）至少应等于 *n*。

假设 PEx 的 VBS 等于 *n*，那么当 VPLS_a 再增加一个 PE 时，会出现什么情况？如图 12-67 所示。

图 12-67 中，VPLS_a 新增了一个 PEy，但是由于 PEx 的 VBS 等于 *n*，这意味着图 12-67 中的 LSPyx 无法构建出来。这是因为要么是 VE IDy 违法，要么是 VE IDy 与 VE ID1 ~ VE ID*n* 中的一个重复。

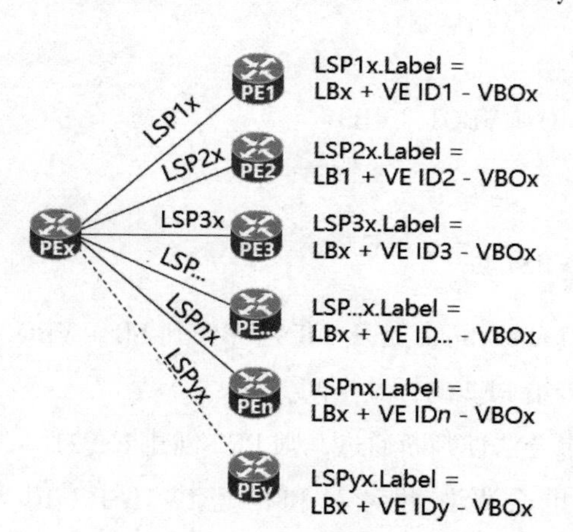

图 12-67 标签预留的意义

为了使 LSPyx 能够构建出来，只能配置 PEx，再增加 PEx 的 Label Block。这样的情形对于其他 PE 也同理。

此时，就能看出 VBS 的作用。如果 VBS 取得太小，那么一个 VPLS 实例新增一个 PE 时，该 VPLS 实例中的其他 PE 都可能需要人工配置以增加 Label Block。极端情况下，Kompella 流派也会出现和 Martini 流派一样的情形（需要很多配置）。

所以，预留标签对于 Kompella 流派来说意义重大，这也是它能在“配置工作量”这一点上优于 Martini 流派的根本原因。

预留标签就是实现预估出一个 VPLS 实例会包含多少个 PE，假设是 m 个，那么在给相应的 PE 配置 VBS 时，应使 VBS 大于 m。这样一来，在 VPLS 实例新增 PE 时，就不必在原有的 PE 上增加 Label Block 了。

（4）接口属性及 C 控制位

Martini 流派有 Interface Parameter Sub-TLV 或 PW Interface Parameters TLV，以标识接口的相关参数，如 MTU 等。Kompella 流派也得有能力表述接口参数，以及有能力表述 Martini 流派的 C 控制位。

为此，Kompella 引入了一个扩展 Community，即 Layer2 Info Extended Community，其数据结构如表 12-17 所示。

表 12-17 Layer2 Info Extended Community 数据结构

字段名	长度（字节）	备注
Extended community type	2	其值等于 0x800A
Encaps Type	1	—
Control Flags	1	8bit 的取值为 000000CS，其中，C 标识控制位。C = 1 时，表示在发送 PW 报文时必须携带控制字；C = 0 时，则必须不能携带控制字。S 标识顺序控制位。S = 1 时，表示在发送 PW 报文时必须顺序发送；S = 0 时，则表示不必顺序发送
Layer-2 MTU	2	—
Reserved	2	—

12.3.3 清流派

从学习的角度来讲，如果说 Martini 和 Kompella 是两股“泥石流”，纯人工构建（拆除）PW 则简直就是一股“清流”。清流派分为 CCC（Circuit Cross-Connect，电路交叉）和 SVC（Static Virtual Circuit，静态虚电路）两种方案。

1. CCC

CCC 方案一般只在 VPWS 中使用，这与 CCC 的 PW 方案有很大的关系，如图 12-68 所示。

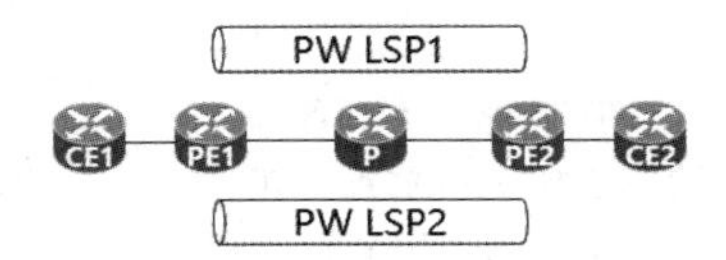

图 12-68 CCC 方案示意（远程连接）

一般的 PW 都是两层（乃至多层）隧道，唯独 CCC 的 PW 是单层隧道，而且该单层隧道还需要由人工配置。

由于 CCC 是管理员手工配置，不需要进行信令协商，不需要交互控制报文，因此其消耗的资源比较小，而且易于理解。但是 CCC 的维护不方便，扩展性非常差。可以想象，如果需要构建大量的 VPWS（或者 MPLS 网络比较复杂），CCC 的配置和维护工作量将是非常巨大的。所以，CCC 的应用场景是小型的、拓扑简单的 MPLS 网络。

图 12-68 表达的是 CCC 远程连接方案，CCC 还支持本地连接方案，如图 12-69 所示。

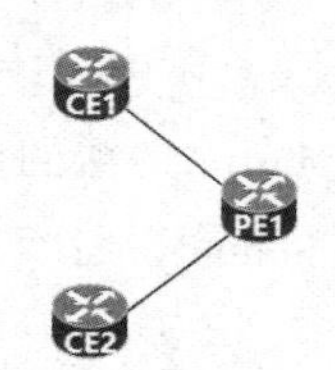

图 12-69　CCC 方案示意（本地连接）

图 12-69 中，CE1、CE2 接入的 PE1 相当于一个二层交换机，CE 之间不需要 LSP 隧道，可以直接进行 VLAN、Ethernet、FR、ATM AAL5、PPP、HDLC 等不同链路类型的数据交换。

2. SVC

SVC 方案中的 PW 是两层（或多层）隧道，其中内层隧道是 PW LSP，外层隧道是 PSN Tunnel。

但是，SVC 的 PW 标签不是由信令协议分发，而是由人工配置。由于只需要人工构建 PW LSP，因此其配置和维护工作量相较于 CCC 要小很多。SVC 可以用来构建 VPWS，也会被用来构建 VPLS。不过总的来说，SVC 适用的场景也是小型的、拓扑简单的 MPLS 网络。

需要强调的是，对于 VPLS 来说，虽然 PW 的 Label 是人工分配的，但是 Label 的发布仍需依赖 LDP。如果只看 Label 的发布，则 SVC 等同于 Martini 流派。

Martini 流派、Komella 流派和清流派这 3 种流派的对比如表 12-18 所示。

表 12-18　3 种流派的对比

对比项	Kompella 流派	Martini 流派	CCC（清流派）	SVC（清流派）
Signaling 协议	MP-BGP	LDP（扩展）	—	—
Auto-Discovery	是	否	否	否
可扩展性	好	中	差	差
本地连接	是	否	是	否
隧道层数	多层	多层	单层	多层
实现复杂度	高	较高	低	低
PE 的能力要求	高	较高	低	低
配置维护工作量	较大	大	巨大	非常大
应用场景	大型的、拓扑复杂的 MPLS 网络	大型的、拓扑复杂的 MPLS 网络（相对 Kompella 流派要简单一些）	小型的、拓扑简单的 MPLS 网络	小型的、拓扑简单的 MPLS 网络

3 种流派中，CCC 一般只用于 VPWS，其他的在 VPWS、VPLS 中都有使用，但在 VPLS 中 SVC

使用范围较小。

相对于 Kompella 流派，Martini 流派对 PE 的要求要简单很多，所以当前 Martini 流派的应用范围比 Kompella 流派要广泛得多。

12.4 L2VPN 与 L3VPN

MPLS 协议可以多层嵌套，能够在 VPN 场景下发挥极大作用。MPLS 对于运营商节约网络建设成本、提高网络建设效率，有着巨大的好处。一张 MPLS 网络可以封装 ATM/FR/ETH 等技术，能够提供各种 L2VPN 业务，同时还能提供 L3VPN 业务。无论是 MPLS L2VPN（简称 L2VPN）还是 MPLS L3VPN（简称 L3VPN），它们的基本模型都是一致的，如图 12-70 所示。

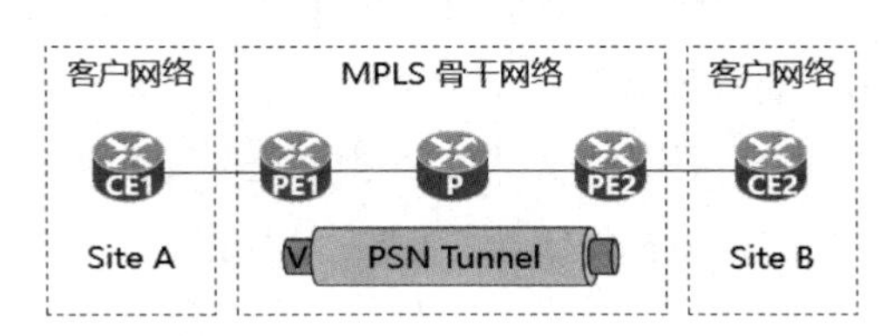

图 12-70　L2VPN 与 L3VPN 基本模型

MPLS 利用两层（乃至多层）隧道构建 VPN（L2VPN、L3VPN），其中内层隧道是 VPN 隧道（图 12-70 中“V”），用以标识 VPN，外层隧道是 PSN 隧道，用以转发。不过归根到底，两者都是 MPLS 隧道。

对于客户（Customer）来说，MPLS 骨干网就像一个路由器或交换机，对于运营商（Provider）来说，它只需要 PE 感知客户网络，P 路由器只是承载 MPLS 转发。

从某种意义上讲，L2VPN 与 L3VPN 的区分，正是因为对客户网络感知的不同。而这个不同点，本质上就是客户网络的私网路由。

L2VPN 不需要感知客户网络的私网路由，这使得它具有如下优点。

①责权分明。运营商只需要提供二层连接，三层连接完全由客户自己负责。当客户 Site A 中的 Host X 与 Site B 中的 Host Y 不通时，运营商只需证明 Site A 与 Site B 是相通的，而并不管 Host X 与 Host Y 通不通。

②运营商网络保护。客户网络的错误最多会影响到 CE 所对接的 PE 的接口，而不至于破坏运营商网络的路由（使得运营商网络的 PE 乃至整个网络都出问题）。

③减少 PE 的复杂性。PE 不需要为每个客户的私有路由做隔离（L3VPN 则需要为每个 VPN 构建 VRF），因为根本就不感知客户网络的路由，这极大地减少了 PE 的复杂性。

④ PE 的可扩展性。其不需要感知客户网络的路由，这对 PE 来说，是一个很大的负担减轻。从理论上说，如果是 L3VPN，PE 所需要存储的路由信息可能会“无限大”，如此一来，PE 所能接入的客户站点数将受到很大的限制。而 L2VPN 则不存在此问题。

⑤与 L3 技术独立、解耦。对于 L3VPN 来说，L3 技术必须是 IP，而 L2VPN 则不受此限制。

⑥易于传统 L2VPN 的迁移。传统的 ATM/FR 等 L2VPN，可以非常容易地迁移到 MPLS L2VPN。如果是 MPLS L3VPN，则需要对客户的 L3 路由体系架构进行大量的重新设计。

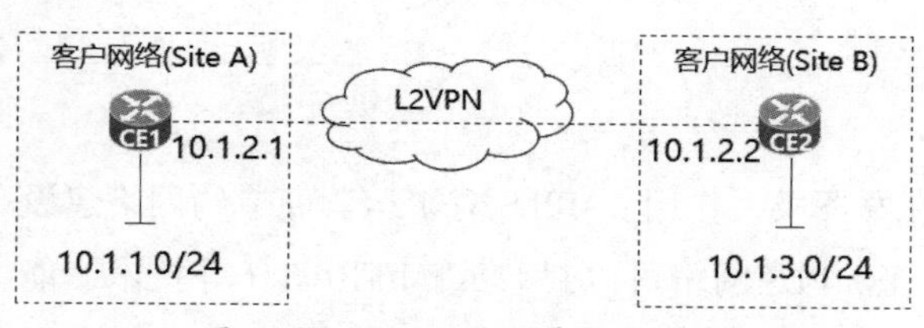

图 12-71　L2VPN 的跨站点路由

这些都是 L2VPN 的优点，同时，也正是 L3VPN 的缺点。想象一下 L2VPN 的跨站点路由，如图 12-71 所示。对于 L2VPN 来说，跨站点路由必须由客户自己构建。Site A 的 10.1.1.0/24 若想与 Site B 的 10.1.3.0/24 通信，则必须在两个站点内部署一对 CE peer（图 12-71 中的 CE1 和 CE2）。两者之间通过 L2VPN 连接的两个接口，属于同一个网段。也就是说，对于 L2VPN 来说，若想跨站点路由（这基本上是“刚需”），客户则必须在每两个站点之间部署 CE peer。而对于 L3VPN 来说，客户则没有这个烦恼，因为跨站点的路由通告，正是 L3VPN 的优势。

总的来说，L2VPN 与 L3VPN 各有优缺点，如表 12-19 所示。

表 12-19　L2VPN 与 L3VPN 的对比

对比项	L2VPN	L3VPN
是否感知客户私网路由	是	否
是否责权分明	是	否
是否运营商网络保护	是	否
PE 复杂性高还是低	低	高
PE 可扩展性高还是低	高	低
是否与 L3 技术的独立、解耦	是	否
传统 L2VPN 的迁移	简单	复杂
是否支持客户网络跨站点路由	否	是
是否支持 L3 层面的 QoS	否 (IPLS 支持)	是
是否与 L2 技术的独立、解耦	否	是

对于 L2VPN 与 L3VPN，无论是优点还是缺点，这都不是最主要的，最主要的是客户的选择。对于运营商来说，它只能默默地同时构建 L2VPN、L3VPN，为不同的客户、不同的场景，提供不同的服务。

参 考 文 献

[1] 百度百科.因特网[EB/OL].https://baike.baidu.com/item/%E5%9B%A0%E7%89%B9%E7%BD%91/114119, 2019-10-02.

[2] 百度百科 . arpanet[EB/OL].https://baike.baidu.com/item/ARPANET/3562284?fr=aladdin，2019-10-30.

[3] 许榕生，方兴东，杜康乐．中国的第一条 64K 国际互联网专线是怎么建成的 [J]．汕头大学学报（人文社会科学版），2017，33(174).

[4] 中国科学院高能物理研究所 . 第一个 WWW 网站的诞生 [EB/OL].http://www.ihep.cas.cn/kxcb/kpcg/jsywl/200909/t20090902_2461913.html，2009-09-02.

[5] 马如山 . 通向 Internet 的“金桥”：中国金桥信息网 CHINAGBN[J]．中国计算机用户，1999(02).

[6] 钱华林 . 中国科技网络（CSTNet）的发展 [J]．中国计算机用户，1999(02).

[7] 百度百科 . 互联网发展史 [EB/OL].https://baike.baidu.com/item/%E4%BA%92%E8%81%94%E7%BD%91%E5%8F%91%E5%B1%95%E5%8F%B2/4635625?fr=aladdin，2019-09-04.

[8] 中国互联网协会 . 中国互联网发展史（大事记）[EB/OL].http://www.isc.org.cn/ihf/info.php?cid=218，2013-06-27.

[9] 唐铮 . 中国上网坎坷路径：从羊肠小道走出来的互联网 [J]．国际人才交流，2014(10).